Informationssysteme im Bauwesen 1

Raimar J. Scherer · Sven-Eric Schapke
Herausgeber

Informationssysteme im Bauwesen 1

Modelle, Methoden und Prozesse

Springer Vieweg

Herausgeber
Raimar J. Scherer
Technische Universität Dresden
Dresden, Deutschland

Sven-Eric Schapke
Technische Universität Dresden
Dresden, Deutschland

ISBN 978-3-642-40882-3
ISBN 978-3-642-40883-0 (eBook)
DOI 10.1007/978-3-642-40883-0

Die Deutsche Nationalbibliothek verzeichnet diese Publikation in der Deutschen Nationalbibliografie; detaillierte bibliografische Daten sind im Internet über http://dnb.d-nb.de abrufbar.

Springer Vieweg

Gedruckt auf säurefreiem und chlorfrei gebleichtem Papier

Springer Berlin Heidelberg ist Teil der Fachverlagsgruppe Springer Science+Business Media
(www.springer.com)

Vorwort

Computergestütztes Planen und Bauen hat sich seit der Einführung von CAD rasant in drei größtenteils separat gebliebenen Schienen entwickelt, dem computerbasierten Analysieren und Berechnen, das auch als Computational Engineering bekannt ist, dem computerbasierten technischen Entwerfen, Planen und Bauen, kurz als CAD bezeichnet, und dem computerbasierten baubetrieblichen und kaufmännischen Planen, Managen und Bauen.

Die Integration aller drei Aspekte in einem gemeinsamen Informationsraum erfolgt erst seit Anfang der 90er Jahre über Dokumentenmanagementsysteme, auch als Projekträume bezeichnet. Eine tiefe Integration in Form von Datenbanksystemen, in denen nicht nur die Dokumente als in sich geschlossene Dateien, sondern die Dokumenteninhalte, Bauelemente, -vorgänge, -aufträge, -kosten, -zeiten etc., explizit erfasst, integriert und miteinander in Beziehung gesetzt werden, gelang nicht, obwohl seit Ende der 80er Jahre erst der internationale Standard STEP, ISO 10303, als Datenmodell für das gesamte Ingenieurwesen und seit Mitte der 90er Jahre die Industry Foundation Classes, IFC, ISO 16739, als Datenmodell speziell für das Bauwesen entwickelt wurden. Gerade durch die IFC und zudem durch die Projekträume, wie auch durch teilintegrative Entwicklungen einzelner Softwarehäuser angestoßen, entstand im angelsächsischen Sprachraum der Begriff **Building Information Modelling, BIM**, der mehr als nur computerbasiertes Planen und Bauen bedeutet. Vielmehr erhebt er den Anspruch, durch das Wort Modellieren nicht nur das einzelne Modell, sondern die Modellierung des gesamten mehrdimensionalen Informationsraumes zu erfassen.

Was ist BIM eigentlich?

BIM ist die ganzheitliche Arbeitsweise mit allen Daten des gesamten Baulebenszyklus in digitaler Form.

In dieser Aussage stecken zwei wesentliche Ansprüche.

Zum einem sollen alle Daten in digitaler Form und damit in digitalen Modellen vorhanden sein, sodass die Modelle ausgetauscht, modifiziert und zusätzlich durch den Computer, d. h. durch Softwaresysteme geprüft, validiert und mit weiteren Informationen manuell und automatisch angereichert werden können.

Zum anderen soll eine ganzheitliche Arbeitsweise möglich sein. Dies bedeutet, dass die digitalen Daten, sprich digitale Modelle, miteinander in Verbindung stehen und die Modelle keine singulären Informationsinseln bilden. Die Modelle müssen einerseits interoperabel sein, d. h. ihre Daten müssen gegenseitig austauschbar und vergleichbar sein. Somit müssen gleiche oder gegenseitig überführbare Datenmodelle und Datenformate vorliegen. Andererseits müssen die Modelle und damit die Daten untereinander verlinkt sein, um eineindeutig zu wissen, welche Daten und welche Informationen eine holistische, ganzheitliche Informationseinheit bilden. Erst damit ist ein anspruchsvolles, effizientes und ganzheitliches Arbeiten und Managen der Daten und ihrer Informationen möglich.

Mit den derzeitigen Informations- und Kommunikationstechnologien, IKT, im Bauwesen liegen die Baudaten größtenteils in digitaler, jedoch noch nicht in interoperabler, gegenseitig austauschbarer Form vor. Zudem sind sie nicht miteinander digital verlinkt. Der Multimodellansatz, der hier vorgestellt wird, ist ein BIM Ansatz, der alle derzeitigen BIM Methoden aufgreift und zudem das Problem der digitalen Verlinkung der Daten einschließlich des expliziten Austauschs der formalisierten Verlinkung löst und so eine durchgehende, ganzheitliche digitale Arbeitsweise erstmals ermöglicht.

Der Schwerpunkt des Buches liegt auf der BIM Anwendung im Baumanagement und Baubetrieb. Die vorgestellten Methoden und Arbeitsweisen gelten jedoch für das gesamte Bauwesen. Eine der ersten Anwendungen von BIM im Baubetrieb in Deutschland dürfte die Glasüberdachung der Gleise des Kölner Hauptbahnhofs 1990 gewesen sein. Alle Dachsegmente sind durch die Krümmung der Gleise in der Horizontalen individuelle geometrische Körper. Sowohl für die Konstruktion dieser Bauelemente als auch für die Einhebung und Montage mit Kranen wurde von der Fa. Züblin AG ein 3D Visualisierungssystem in Verbindung mit eigenentwickelten Algorithmen für die geometrischen Berechnungen eingesetzt. Damit konnten alle komplexen konstruktiv geometrischen sowie die bei der Montage auftretenden räumlichen Probleme bewältigt werden.

BIM hat sich seit der Jahrtausendwende rasant entwickelt und seit dem letzten Jahrzehnt als Eintrittsvoraussetzung bei internationalen Großprojekten etabliert. Auf dem deutschen Markt hingegen blieb es relativ unbeachtet. Großprojekte wurden weiterhin in der altbekannten Arbeitsweise des computerbasierten Planens und Bauens durchgeführt.

Das Mefisto Projekt

Im Frühjahr 2008 wurde auf Anregung von Herrn Ministerialdirigent a. D. Dr. Rainer Jansen vom Bundesministerium für Bildung und Forschung, BMBF, ein Seminar „IKT – Innovationspotential für das Bauwesen“ im Rahmen des BMBF Förderprogramms „IKT 2020 – Forschung für Innovationen“ durchgeführt. Diese Veranstaltung war Ausgangspunkt des Projekts Mefisto, ein Leitprojekt des BMBF für das Bauwesen, das Ende September 2012 abgeschlossen wurde. Mit einer Laufzeit von 3,5 Jahren und einem Projektvolumen von

15,7 Millionen Euro gehörte es zu den führenden Forschungsprojekten im Bereich des BIM in Europa und setzte neue Meilensteine im Hinblick auf modell- und prozessbasiertes Arbeiten, digitale Fabrik und das Thema Industrie 4.0 im Bauwesen.

Ziel des Forschungsvorhabens war die Entwicklung eines auf BIM basierenden Managementführungssystems für die partnerschaftliche, prozessgesteuerte und risikokontrollierte Abwicklung von Bauprojekten. Ausgangspunkt waren die Planungs- und Controllingmodelle, die heute in Bauprojekten eingesetzt werden. In jeder Planungs- und Ausführungsphase entsteht eine Vielzahl von Fachmodellen mit unterschiedlichen Detaillierungsgraden, wodurch ein mehrdimensionaler Informationsraum aufgespannt wird, der heute noch von keinem Softwaresystem vollständig integrativ unterstützt wird. Durch die gezielte Zusammenführung dieser Fachmodelle in einem Multimodell über die Grenzen von Unternehmen, Fachdisziplinen und Organisationshierarchien hinweg ergeben sich vielfältige neue Möglichkeiten, die Integrität der Planungen zu überprüfen und zu visualisieren sowie die Konsequenzen ihrer Umsetzung zu kontrollieren und zu analysieren, ohne dabei den Wirkungsbereich bestehender Softwaresysteme zu beeinträchtigen.

Im Projekt Mefisto haben die Partner die Multimodellmethode in Kombination mit der prozessbasierten Arbeitsweise sowie eine Vielzahl von Datenspezifikationen, Methoden und Softwaresysteme entwickelt, um Fachmodelle in Multimodellen zusammenzuführen und diese auszutauschen, zu überprüfen, zu visualisieren und zu transformieren sowie in Simulations- und Analysemodellen weiterführend zu nutzen. Ein beachtlicher Teil dieser Entwicklungen wurde von den Praxispartnern im operativen Geschäft getestet und wird seit Projektende in kommerziellen Softwareprodukten angeboten.

Neben den Softwarelösungen sind besonders wertvolle Projektergebnisse die gemeinsam entwickelten Vorstellungen darüber, wie BIM in der Praxis ganz konkret aussehen kann. Zahlreiche engagiert geführte Diskussionen und detaillierte Szenarioanalysen waren erforderlich, um ein gemeinsames Verständnis zu etablieren, für die unterschiedlichen Arbeitsaufgaben und Begriffswelten sowie die sich daraus ergebenden Anforderungen an die Fachmodelle und Softwarewerkzeuge in der Objektplanung, im Bauprojektmanagement, in der Arbeitsvorbereitung, in der Prozesssimulation sowie im Risikomanagement.

Für die Erprobung und Präsentation der neuen multimodell- und prozessbasierten Arbeitsweise wurden schließlich umfassende Szenarien auf der Grundlage von zwei realen Bauprojekten, einem Hochhaus und einem Flughafenterminal, erarbeitet. Die für das Mefisto Hochhaus und den Mefisto Flughafenterminal erstellten und in Multimodellen kombinierten Fachmodelle sowie Visualisierungen und Analysemodelle bieten die Grundlage für die Demonstration der Projektergebnisse, die in den Kapiteln des Buches, geordnet nach verschiedenen Themen, erläutert sind. Die erstellten Fach- und Multimodelle sind auf der Projektwebseite www.mefisto-bau.de veröffentlicht und stehen zur freien Nutzung zur Verfügung.

Insgesamt hat sich die Bedeutung digitaler Gebäudemodelle sowie integrierter Prozessmodelle für das BIM erneut bestätigt. Darüber hinaus wurden im Rahmen der Projektzusammenarbeit und im Dialog mit externen Partnern für die beiden Schlüsseltechnologien BIM und Multimodelle weitere Anwendungen identifiziert und Softwareanwendungen entwickelt, die besonders die folgenden vier Bereiche betreffen: (1) die Kombination von Fachmodellen, um Projektinformationen flexibler integrieren, synchronisieren und weiterverwenden zu können, (2) die hierarchische Modellierung, um aussagekräftige Fachmodelle bei geringer Komplexität und minimiertem Modellierungsaufwand zu erhalten, (3) der schnelle Aufbau von Simulations- und Analysemodellen, um die Konsequenzen der Planung und Ausführung effektiver vorhersagen zu können, und (4) die Definition von Modellinhalten und -qualitäten, um die Fachmodelle gezielter erstellen und effektiver prüfen zu können.

Die Fortsetzung der Entwicklungsarbeit an der multimodellorientierten Arbeitsweise, insbesondere für die virtuelle Baustelle, und am Zusammenspiel mit den Simulationsuntersuchungen erscheint sinnvoll und wichtig. Eine breitere Anwendung in der Baupraxis kann erwartet werden. Traditio et Innovatio – Tradition und Innovation. Innovative multimodellbasierte Baustellenplanung und Projektmanagement sollen die bewährten Traditionen und Methoden in Baustellenplanung und Projektmanagement aufgreifen und weiterentwickeln. Nur in der Hand kreativer Ingenieure werden die virtuelle Baustelle und das virtuelle Bauprojekt zu einem wirkungsvollen Werkzeug. Unsere Vision des neuen Werkzeugs ist ein realistisches Multimodell der gesamten geplanten Baustelle mit allen ihren Komponenten und Eigenschaften, ein virtuelles, dreidimensionales Baustellen- und Bauwerksmodell als Eintritt in die Anwendung von Industrie 4.0 in der Bauindustrie. Dieses virtuelle Bauprojekt, als Repräsentation für das geplante Bauvorhaben, soll strategische Entscheidungen unterstützen und absichern und die Informationen sicherer an die Endnutzer auf der Baustelle, die Handwerker, tragen. Die Einbindung von Handwerker wird sicher einen wichtigen Platz in Industrie 4.0 einnehmen, Um diese Vision Wirklichkeit werden zu lassen, sollen alle Bedingungen, die die Baustellen- und Bauorganisation prägen, so exakt wie erforderlich und so minimal wie möglich erfasst werden. Durch die im Multimodellansatz enthaltene Technologie der Level of Detail ist es möglich, für jede Phase minimalistische Fachmodelle mit unterschiedlichem Detaillierungsgrad einzusetzen und diese zwischen den Phasen zu verknüpfen.

Die virtuelle Baustelle und das virtuelle Bauwerk sollen den Rahmen bieten für eine aussagekräftige Analyse von Geometrie, Montagevorgängen, Kranbewegungen und ganzen Herstellprozessen sowie darüber hinaus den gesamten mehrdimensionalen Informationsraum des gesamten Bauprojekts als integrativen Informationsraum erfassen, um ihn ganzheitlich zu managen und zu beherrschen. Ein ganzheitliches Projektcontrolling in Verbindung mit einem Projektrisikomanagement muss das ultimative Ziel sein. Der Stand unserer Entwicklungen wird aufgezeigt und es wird ein Ausblick auf weitere wichtige Arbeiten gegeben. Das Zusammenspiel der entwickelten Vorlagen und Werkzeuge funktioniert, die Austauschformate sind abgestimmt und der Datentausch ist erprobt. Noch ist die Anwendung von virtuellen Baustellen- und Bauprojektmanagementmodellen in der Bauindustrie nicht sehr verbreitet. Deshalb wird hier der Versuch unternommen, die signifikanten Vorteile aufzuzeigen und so die Anwendung von BIM und von Multimodell- und Simulationsmethoden im Bauwesen attraktiver zu machen. Die multimodellbasierte Baustellenplanung ist an den Bedürfnissen der Bauindustrie ausgerichtet und wir erwarten, dass sich ein wichtiger Beitrag für künftige Planungsmethoden ergibt. Insbesondere erwarten wir eine spürbare Zunahme der Planungssicherheit.

Aus dem Projekt Mefisto heraus entstanden mehrere Standardisierungsgruppen, wie die Gruppe für Schemafilter, -transformationen und Schnittstellendefinitionen in buildingSMART, die die Methoden mvdXML und ifcXML weiterentwickelt, die Arbeitsgruppe für Multimodelle ebenfalls in buildingSMART, die die Definition und Formalisierung des Multimodells standardisiert, sowie die Arbeitsgruppe BIM im Verein Deutscher Ingenieure, VDI, die eine Richtlinie für das Arbeiten mit BIM erstellt.

Aufbau des Buches

Das Buch ist in vier Teile gegliedert, die jeweils mit I und II bezeichnet sind und in zwei Bänden publiziert werden. Band 1 enthält die Teile über Modelle, Methoden und Prozesse, Band 2 die Teile mit den Anwendungen von BIM und Multimodellen.

Band 1 – Teil I:	Modelle, Definitionen und Plattform
Band 1 – Teil II:	Methoden und Prozesse
Band 2 – Teil I:	Anwendung von Multimodellen in der Baustellenplanung und Bauablaufsimulation
Band 2 – Teil II:	Anwendung von Multimodellen im Bauprojektmanagement und Risikomanagement

Band 1 besteht zum großen Teil aus Ausführungen zu den mehr theoretischen Themen, was z. B. Modelle, Prozesse, Verlinkung, Konfiguration angeht. Hierbei erläutern aber die Kap. 7 in Teil I und Kap. 23 in Teil II die praktische Anwendung anhand zwei realer Bauprojekte und zeigen die Vorgehensweise, wie Multimodelle bauwerksorientiert und prozessorientiert aufgebaut und eingesetzt werden.

Band 2 liefert die Anwendung von Multimodellen in der Praxis hinsichtlich Baustellenplanung und Bauablaufsimulation und Bauprojekt- und Risikomanagement.

Die Autoren wünschen Ihnen viel Spaß beim Lesen und hoffen, Ihr Interesse an BIM und Multimodellen nicht nur geweckt zu haben, sondern Ihnen Ideen für den Einsatz in Ihrem Bereich gegeben zu haben.

Danksagung

Unser Dank gilt allen Mitwirkenden und Unterstützern des Projekts Mefisto. In erster Linie danken wir dem Bundesministerium für Bildung und Forschung für die Förderung des Projekts in Höhe von 9,2 Mio. Euro, die es erst ermöglicht hat, die komplexen Themen ganzheitlich in dieser Breite und Tiefe anzugehen. Spezieller Dank gilt Herrn Ministerialdirigenten a. D. Dr. Rainer Jansen sowie Herrn Dipl.-Ing. Michael Beichert und Herrn Jürgen Koch, beide Projektträger DLR, die durch ihr kritisches Engagement erheblich zum Gelingen des Projekts beitrugen.

Allen Projektpartnern sei an dieser Stelle gedankt, dass sie unter dem üblichen Zeitdruck sich die Muße genommen und ihre Beiträge über ihre Forschungs- und Entwicklungsergebnisse mit hohem Engagement, teilweise sogar in ihrer Freizeit, erstellt haben.

Dresden, Deutschland
September 2014

Prof. Dr.-Ing. Raimar J. Scherer
Sven-Eric Schapke

Zur Rechtschreibung

Der Text beinhaltet sehr viele Fachwörter, die als Fremdwörter aus dem englischen Sprachraum stammen. Ebenso beinhaltet der Text viele Abkürzungen und viele adjektivierte Substantive, wie z. B. Internet-basiert, die in der Fachsprache der Informatik beliebt geworden sind und dieser einen unverkennbaren, aber nicht unbedingt grammatikalisch schönen Charakter verleihen.

All diese Wörter sind teilweise schon Bindestrichwörter oder würden zu ebensolchen führen, wenn sie in zusammengesetzten Wörtern vorkommen, von denen wiederum unsere Sprache lebt. Als Konsequenz hätte sich im Mittel alle zwei Zeilen ein Bindestrich(-wort) eingeschlichen, ein Zeichen, das man in den meisten Sprachen gar nicht kennt.

Der Text würde dadurch in meinen Augen sehr unästhetisch anzusehen sein. Das dritthäufigste Zeichen nach dem e und n wäre, gefühlt, auf einmal der Bindestrich geworden.

Nachdem der Duden heute schon in einzelnen Fällen ein Zusammenschreiben ohne Bindestrich oder eine Einzelwortschreibung ohne Bindestrich als akzeptierte Alternative zulässt, habe ich mich entschieden, diese alternative Schreibweise aufzugreifen und ganz konsequent, d. h. über den Duden hinausgehend, anzuwenden, also entweder Zusammenschreibweise bei deutschen Wörtern und bei Fremdwörtern in Kombination mit deutschen Wörtern oder Einzelschreibweise bei Abkürzungen und Eigennamen.

Der Text wurde auf einmal wieder zu einem ästhetischen Buchstabentext und verlor seine Unruhe, die er durch die vielen Bindestrichhilfen vorher hatte.

Insgesamt habe ich mich für eine spartanische Textausgestaltung entschieden und so konsequent und einheitlich auf Schreibweisen in fett oder kursiv und in Anführungsstrichen verzichtet, bis auf ganz wenige Ausnahmen, wenn mehrere Wörter einen Begriff bildeten, dessen Erkennung im fließenden Satz untergegangen wäre. Auch habe ich die extensive Nutzung von Klammern stark reduziert und durch das weitaus schlichtere Komma ersetzt oder ganz darauf verzichtet.

Ich hoffe, dass die Grammatikenthusiasten mir diese noch nicht offizielle Schreibweise nachsehen.

Ein ganz persönlicher Dank

Ein ganz besonderer Dank gilt meiner Frau Maria Scherer für ihre Geduld mit mir, gerade in den letzten acht anstrengenden Monaten, in denen aus der Vielzahl der Beiträge eine Einheit zu formen war, und für die ehrenamtliche Übernahme des Lektorats, das unter enormem Zeitdruck stand, sodass nicht immer die Zeit blieb, alle Zuarbeiten in der erwünschten Tiefe zu kontrollieren.

Auch möchte ich allen Mitarbeitern meines Instituts, sowohl denen, die direkt am Buch beteiligt waren und auch in ihrer Freizeit am Gelingen beigetragen haben, als auch denen die mir Institutsarbeit abgenommen und dadurch den Rücken freigehalten haben, herzlich danken.

Ein besonderer Dank gilt meinem ehemaligen Mitarbeiter und Mitherausgeber, Herrn Sven-Eric Schapke, der mich gedrängt hat, dieses Buch anzugehen und der während seiner Zeit an meinem Institut, auch unter sehr großen Einsatz in seiner Freizeit, das Buch mit mir konzipiert und über viele Monate die Mitautoren motiviert und koordiniert hat, ihre Kapitel zum Buch beizutragen. Als er mein Institut zum Juli 2013 verließ, konnte er mir einen beachtenswerten Rohling von 595 Seiten übergeben.

Dresden, Deutschland — Prof. Dr.-Ing. Raimar J. Scherer
September 2014

Inhaltsverzeichnis

Teil I
Modelle, Definitionen und Plattform

Multimodellbasierte Zusammenarbeit in Bauprojekten

1

Raimar J. Scherer und Sven-Eric Schapke

Zusammenfassung

Die Zusammenarbeit von Auftraggeber und Auftragnehmer wird bis heute durch die Heterogenität ihrer Informationssysteme behindert. Vor diesem Hintergrund wurde ein Managementführungssystem für das partnerschaftliche, prozessgesteuerte und risikokontrollierte Bauen entwickelt.

Dieses basiert auf einer internetbasierten Informationslogistik, über die fachspezifische Softwareanwendungen vernetzt werden können. Für die integrierte Bearbeitung und Auswertung der Projektinformationen wurde die neue Modellierungsmethode der Multimodelle entwickelt, die bestehende Methoden erweitert. Sie ermöglicht digitale Bauwerksmodelle mit Leistungs-, Kosten-, Termin-, Risikomodellen etc. mittels Linkmodellen zu kombinieren und so eine neue Stufe in Building Information Modelling, BIM, der integralen, digitalen Betrachtung aller Prozesse und Informationen in einem Bauprojekt, zu erreichen. Die Multimodelle bieten eine transparente Darstellung komplexer Bauaufgaben, die Nutzung interdependenter Planungs- und Controllingmodelle und die effiziente Erstellung erweiterter Analysemodelle, z. B. zur Risikoanalyse. Multimodelle können mit Multimodellcontainern ausgetauscht und für die Koordination der Projektkollaboration genutzt werden. Das Management der Modelle, Rollen und Softwarewerkzeuge ist als Virtuelle Organisation konzipiert.

1.1 Einführung

Die angestrebte partnerschaftliche Zusammenarbeit von Auftraggeber, AG, und Auftragnehmer, AN, im Bauprojekt wird bis heute durch die Heterogenität der Planungs- und Controllingsysteme sowie die nicht hinreichende Abstimmung der Kooperationsprozesse behindert und führt zu Fehlinterpretationen und Missverständnissen.

R.J. Scherer (✉) · S.-E. Schapke
Institut für Bauinformatik, Technische Universität Dresden, Dresden, Deutschland

R.J. Scherer, S.-E. Schapke (Hrsg.), *Informationssysteme im Bauwesen 1*,
DOI 10.1007/978-3-642-40883-0_1

Während sich in der gesamtheitlichen Objektplanung mit dem Building Information Modelling, BIM, das Bauwerk als gemeinsamer Bezugspunkt für die Integration der Projektinformationen etablieren konnte, ist die inhaltliche Abstimmung der Informationen zur Bauausführung noch nicht so weit vorangeschritten. In den Ausführungsphasen werden weiterhin vielzählige unabhängige, digitale Modelle, wie z. B. Bauwerksmodelle, Leistungsverzeichnisse, Kostenmodelle und Terminpläne erstellt, um die technischen Systeme des Bauwerks sowie die wirtschaftlichen Systeme seiner Erstellung zu beschreiben. Diese digitalen Modelle werden im Folgenden als Fachmodelle bezeichnet.

Die Fachmodelle zur Bauausführung werden zumeist von Spezialisten bei AG und AN mit unterschiedlichen Fachanwendungen wie Softwareprogrammen bzw. Softwaresystemen oder -werkzeugen erstellt. Die Konzentration der Fachanwendungen auf einzelne Aspekte des Bauprojekts führt auf Fachdatenmodelle. Diese, nicht auf standardisierten Datenformaten und -strukturen basierenden Fachanwendungen behindern die durchgängige Nutzung der Planungs- und Controllinginformationen sowie ihre zeitnahe und systematische Zusammenführung, um den aktuellen Projektstand zu ermitteln und zu bewerten. Eine große Anzahl von Planungskonsequenzen, Ausführungsproblemen und Projektrisiken werden in der Baupraxis deshalb oft auf der Grundlage unvollständiger Informationen und ohne Einbeziehung des Fachwissens aller Projektpartner untersucht. Auch die computergestützte Auswertung der Projektinformationen in ganzheitlichen Analysen und Simulationen von Logistik- und Montageprozessen sowie der Projektrisiken sind auf dieser Datengrundlage nur eingeschränkt möglich.

1.2 Stand der Praxis

Die für die Planung und Abwicklung von Bauprojekten erforderlichen Prozessketten sind i. d. R. nicht formalisiert und nur unzureichend in die Geschäftsprozesse einer Unternehmensorganisation eingebunden. Die nahtlose Integration der Kosten- und Finanzdaten in das betriebliche Rechnungswesen ist in den seltensten Fällen gegeben. Leistungsänderungen und Terminverschiebungen finden dadurch mit einem zeitlichen Nachlauf Eingang in die Entscheidungsfindung im Unternehmen. Die im Zusammenhang mit einer Baumaßnahme entstehenden Risiken für das Unternehmen werden damit unzureichend erfasst. Durch die Dynamik des Projektgeschehens bedingt, entstehen folglich häufig ungeregelte Informationsstrukturen, die sich selbst in den Kommunikationsbeziehungen mit Externen wiederfinden lassen. Die Folge sind unübersichtliche Arbeitsabläufe, gut behütete Informationsinseln und damit verbunden, unterschiedlich interpretierbare Projektzustände. Verstärkt wird dies durch Verwendung verschiedener IKT Verfahren (Informations- und Kommunikationstechnologie), die als Insellösungen nur über unzureichende Datenschnittstellen verfügen. Insbesondere bei Projekten mit einer Vielzahl von zu koordinierenden Beteiligten führt dies zu erheblichen Verständnisschwierigkeiten und zu einem zusätzlichen Arbeitsaufwand, wenn aus zahlreichen und unterschiedlich strukturierten Unterlagen die tatsächliche Entwicklung eines Projekts abgeleitet werden muss.

Bauprojekte unterscheiden sich wesentlich von anderen Produktionssparten. Sie weisen in allen Produktionskomponenten Unikatcharakter auf. Das Bauwerk ist ein Unikatprodukt, das Planungsteam ist ein Unikatteam, die beauftragten Baufirmen bilden ein Unikatkonsortium, die Baustelle als Produktionsstätte ist eine Unikatstätte, der Bauprozess ist ein Unikatprozess mit einem hohen Anteil an handwerklicher Arbeit. Zudem ist die Produktionsstätte Baustelle nicht stationär, sondern verändert sich kontinuierlich mit dem Baufortschritt, da das Bauwerk gleichzeitig die Flächen für die Produktion und die Logistik zur Verfügung stellt. Der Wiederholungscharakter ist daher im operativen Geschäft sehr gering. Erst auf einer hohen Abstraktionsebene und über Projektgrenzen hinweg, aber auch in Details werden Wiederholungsmerkmale sichtbar. Diese in Form von Referenz- und Prozessmodulen zu beschreiben, um sie wiederholt in Vorgangsbeschreibungen einsetzen zu können, erfordert nicht nur schnelle Instanziierungsmethoden, sondern vor allem auch schnell erfassbare Visualisierungsmethoden, um die hochkomplexen Zusammenhänge transparent und begreifbar zu machen. Aus diesem Grund können effiziente IKT Methoden aus anderen Industriezweigen nicht einfach angewendet, sondern müssen innovativ in den Unikatkontext des Bauwesens übertragen, erweitert, modifiziert und durch neue Methoden und Verfahren ergänzt werden.

Derzeit werden einzelne Aspekte von Managementführungssystemen von den verschiedenen Projektbeteiligten in aktuellen Bauprojekten durch proprietäre Fachanwendungen für ihren speziellen Bedarf eingesetzt. Die Modellbildung einer Fachanwendung ist auf einen ganz speziellen Bedarf ausgerichtet und erfolgt normalerweise nur auf einer Ebene der Informationsmodellierung, d. h. einer Modellebene Level of Detail, LoD. Die Modelle der verschiedenen Fachanwendungen sind strukturell nicht ineinander überführbar und zudem semantisch und formal nicht interoperabel. Es sind Insellösungen (Abb. 1.1). Als Konsequenz sind jedes Modell, jeder Prozess und damit jeder Teilprozess und jedes Analysemodell immer wieder von neuem zu erstellen. Die Modellpflege ist für jedes Modell neu zu erbringen. Dies bedingt einen extrem hohen Zeit- und Kostenaufwand, der dazu führt, dass heute nur ausgewählte Prozesse oder Teilprozesse in wenigen großen oder hochspezialisierten Firmen wirtschaftlich durch singuläre Fachanwendungen, die spezielle Aspekte eines Managementführungssystems abbilden, unterstützt werden und viel zu wenige projektbegleitende Analysen durchgeführt werden. So können z. B. Simulationen für die Entscheidungsfindung bei Störungen des Bauablaufs nicht eingesetzt werden, da die Wartezeit, die sich durch den Zeitbedarf für die Aufstellung eines Simulationsmodells ergibt, d. h. für die Informationssammlung und die Prozessablaufmodellierung sowie deren Abbildung in ein Simulationsmodell, den verfügbaren Zeitrahmen sprengt. Zudem sind die Kosten, bedingt durch die Insellösung, meist höher als der erwartete Nutzen einer Variantenuntersuchung durch Simulation. Auch aufgrund der Datenfülle und des Erhebungsaufwands im Planungsbüro wie auch auf der Baustelle und der Inter- bzw. Intrakomplexität der Prozesse gibt es weder projektübergreifend integrierte, noch hochwertige, noch intelligente Managementführungssysteme. Es gibt zwar eine Vielzahl singulärer Simulationswerkzeuge sowie die auf alphanumerische Darstellung reduzierten, um einfache Geschäftsgraphik ergänzten und auf Data Warehouse Methoden basierenden Unterneh-

Abb. 1.1 Informationsraum, derzeit in der Praxis unterteilt in den Raum der Fachmodelle und der Analysemodelle in Form von Informationsinseln mit schwacher Kopplung der Modelle untereinander

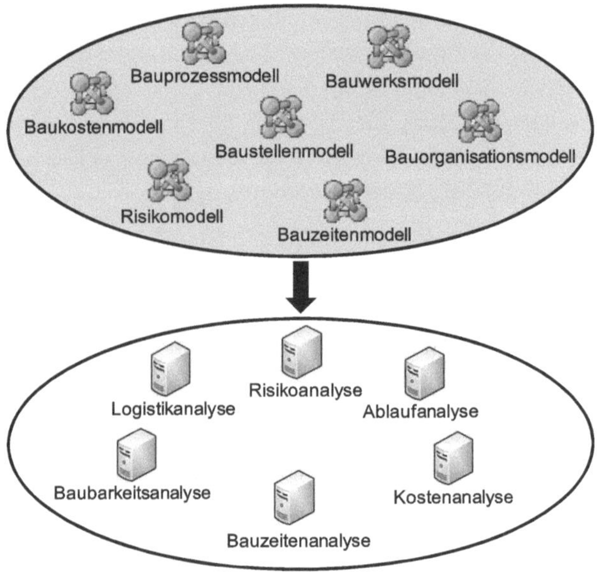

mensinformationssysteme, jedoch decken diese nur einzelne Aspekte ab und weisen zudem oftmals proprietäre Datenstrukturen auf.

Der Informationsraum ist heute in der Praxis in zwei lose gekoppelte Informationsräume geteilt, die unterschiedlich aufgebaute Datenstrukturen aufweisen. Zum einen sind dies die Datenerfassungs- und Modellierungssysteme, zu denen auch die 3D und objektorientierten CAD Systeme zählen. Diese sind nach Modellierungskriterien aufgebaut, da es wichtig ist, intuitiv vollständige und konfliktfreie Modelle zu erfassen (Abb. 1.1, oben). Sie sind nach informatorischen Kriterien aufgebaut und bilden Informationsmethoden ab, die ein konfliktfreies Informationsmanagement unterstützen. Sie sind nach dem Prinzip eines Fachmodells oder eines Multimodells strukturiert. Zum anderen sind dies die Analyse-, Berechnungs- oder Simulationssysteme, die nach den Kriterien einer Analyse und damit der softwaremäßigen Umsetzung eines mathematischen Algorithmus oder Systems aufgebaut sind (Abb. 1.1, unten) und i. d. R. Teilinformationen eines Multimodells als Informationseingabe benötigen. Ihre Daten- und Informationsstruktur unterscheidet sich zu den Datenmodellierungssystemen grundlegend, da sie entsprechend den mathematischen Algorithmen strukturiert sind. Zudem sind die einzelnen Softwareanwendungen und -systeme nicht untereinander über standardisierte Schnittstellen vernetzt.

Beide Informationswelten sind sehr inkompatibel bezüglich ihrer Informationsstrukturen, was in der Praxis dazu führte, dass die Softwareanwendungen der algorithmenorientierten Informationswelt als Insellösungen des Ingenieurs eingesetzt, die datenmodellorientierten hingegen als Hilfsmittel für technische und kaufmännische Mitarbeiter eingestuft werden.

Die Modellierung der komplex verzahnten Prozesse erfolgt meist nicht in formalisierter Form, sodass die Verzahnung nicht oder nur sehr vage erfasst wird und die Elemente der

Prozesse vereinfacht und durch Hinterlegung mit Kennzahlen beschrieben werden. Dies gibt jedoch nur Standardfälle treffend wieder. Für kritische Fälle, in denen sowohl die Standardbeschreibung als auch die Standardverzahnung zu hinterfragen sind und Erfahrungswerte fehlen, wäre eine detaillierte Betrachtung im Rahmen einer Simulation wünschenswert. Eine entsprechende realitätsnahe Simulation kritischer Fälle ist heute im operativen Geschäft nicht möglich, da zu zeit- und kostenintensiv. Es muss das komplette Simulations- und Informationsmodell für jeden Anwendungsfall wie bei einem Sonderfall neu erstellt werden. Damit fehlt einerseits der kumulative Aspekt zur kontinuierlichen Verbesserung des Projekt- bzw. Unternehmenswissens, das heute nur in Kennzahlen niedergelegt ist und viel besser in expliziter Form in den Prozessmodulen niedergelegt werden könnte. Andererseits fehlen die wichtigen Beiträge des Baustellenpersonals, was durch die Diskussion und Vorführung der Simulation im Baustellenbüro durch den Einsatz von neuen Präsentationstechniken, wie Touchscreen, erfasst werden könnte und die bekannte Informationsbruchstelle zwischen Planung und Baustelle schließen würde. Auch eine stufenweise verfeinerte Betrachtung in der abstrakten Ebene ist wegen fehlender Daten, fehlender Prozessverzahnung und fehlender kontinuierlich gepflegter Modelle nicht möglich. Jede Disziplin, wie Planung, Überwachung, Simulation, Steuerung, Controlling, Risikomanagement, bleibt eine Einzeldisziplin, für die sich jeder Projektbeteiligte die Dateninformation und -modelle selbst erstellen muss. Es entstehen Informationsinseln.

Es besteht ein Bedarf an Integration und integrativer graphischer Repräsentation von Planung, Überwachung, Simulation, Steuerung und Risikomanagement mit einem stetigen Übergang sowohl zwischen den horizontalen Anwendungsdimensionen als auch zwischen den vertikalen Detaillierungsebenen und der longitudinalen zeitlichen Projektphasen, um so einen informationsbruchfreien Dialog zwischen Planung, Baubetrieb, Auftraggeber und Auftragnehmer sowie den ausführenden Facharbeitern zu erreichen.

Die Detaillierungsebenen sind nicht nur für die individuellen Sichten der Beteiligten wichtig, sondern ein Kriterium für das Controlling und die Transparenz. Die effiziente, kontinuierliche Kontrolle durch das Projektmanagement erfolgt auf möglichst hoher Ebene, durch den Projektleiter auf seiner, aber wieder möglichst hohen Entscheidungsebene usw. Bei der Identifikation von kritischen Abweichungen sind im fokussierten Bereich die Prozesse bei Bedarf schrittweise in beliebige untere Ebenen aufzubrechen, um die komplexen Interaktionen immer realitätsnäher erfassen und visualisieren zu können, was bis zur 5D Simulation einzelner Arbeitsabläufe und Interaktionen mit parallel laufenden Arbeiten gehen kann. Dieses sollte in Echtzeit erfolgen können.

Heute erfolgt dieses Aufbrechen und die Simulation ausschließlich und getrennt in der gedanklichen Vorstellungswelt des Ingenieurs, des Bauleiters und des Poliers mit den bekannten Fehlerquellen einer zu idealisierten Modellierung, des Übersehens von kritischen Punkten, den nicht bewusst gewordenen Konflikten zwischen den Teilmodellen und der fehlenden vertikalen Integration. Ein hochwertiges und vor allem nachhaltiges Teamergebnis mit Durchdringung der komplexen Vernetzungen eines Bauprojekts ist noch nicht möglich. Es bleibt zu oft auf der Stufe widersprüchlicher Individuallösungen, deren Umsetzung durch die Bauausführenden aber in vollkommener Form erwartet wird.

1.3 Ein Managementführungssystem für das Bauprojekt

Vor dem Hintergrund heterogener Softwareanwendungen und Fachmodelle in der Bauausführung wurde im Projekt Mefisto ein integriertes Managementführungssystem für das partnerschaftliche, prozessgesteuerte und risikokontrollierte Bauen entwickelt. Anwendungsschwerpunkte des Systems sind zum einen das Bauprojektmanagement bei AG und AN, zum anderen Simulationsuntersuchungen der Bauabläufe und der Projektrisiken.

Für die Infrastruktur des Managementführungssystems bietet die Mefisto Plattform eine semantische Dienstplattform, die die Softwaresysteme der Projektpartner über zentrale Softwaredienste vernetzt. Anders als bei klassischen Managementführungssystemen werden darüber hinaus die operativen Fachmodelle nicht in einer zentralen Datenbasis zusammengeführt und konsolidiert, sondern lediglich für die einzelnen Aufgaben in sogenannten Multimodellen aufgabenspezifisch kombiniert. Diese Konzeption der Mefisto Plattform ist durch zwei Grundannahmen motiviert.

Zum einen wird davon ausgegangen, dass die Partner in einem Bauprojekt auch weiterhin unterschiedliche Fachanwendungen nutzen, um flexibel ihre disziplin- und aufgabenspezifischen Fachmodelle zu erstellen. Für deren Vernetzung wurden die im Folgenden allgemein als Fachanwendungen bezeichneten Softwaresysteme deshalb entweder um eine einheitliche Webserviceschnittstelle ergänzt oder über einen Verbindungsassistenten an die Plattform angebunden. Die gemeinsame Nutzung der so entstandenen Anwendungsdienste wird um zentrale Plattformdienste ergänzt, die den verteilten, koordinierten und interoperablen Einsatz der Fachmodelle auf der Plattform unterstützen. Darüber hinaus wurden mehrere Fachanwendungen entwickelt, mit denen Multimodelle unabhängig von der Mefisto Plattform erstellt, inspiziert und verändert werden können (Teil II, Kap. 14, 15 und 16).

Zum anderen wird davon ausgegangen, dass die Fachmodelle bei den verschiedenen Projektteilnehmern lokal gespeichert werden und somit in ihrer Verantwortung bleiben. Es ergibt sich damit eine klare Verantwortungsverteilung. Für die gezielte Zusammenführung und Auswertung von Projektinformationen wurden die Fachanwendungen deshalb um Softwarekomponenten ergänzt, die die flexible Verknüpfung ausgewählter Fachmodelle in einem Multimodell ermöglichen. Diese gezielte Verknüpfung einzelner Modelle ermöglicht es, die Integrität der Planungen lokal zu prüfen und die Konsequenzen und Risiken ihrer Umsetzung zeitnah zu untersuchen.

1.4 Techniken, Methoden und Anwendungen für Multimodelle

Für den verteilten Einsatz der Multimodelle auf der Mefisto Plattform wurden zahlreiche Methoden, Spezifikationen und Softwarekomponenten entwickelt und im Rahmen von zwei Bauprojekten erprobt. Das vorliegende Buch beschreibt und diskutiert diese Projektergebnisse. Es gliedert sich in die vier Teile, i.e., Teile I, II (Band 1) und Teile I, II (Band 2):

In Band 1, Teil I werden die im Projekt Mefisto entwickelten Datenmodelle, Datenspezifikationen, Definitionen, Softwaresysteme und die Plattform vorgestellt und der Modellaufbau anhand zweier Bauprojekte gezeigt.

Eine Einführung in das Konzept der Multimodelle und zu den Potentialen seiner verteilten und partnerschaftlichen Nutzung wird in Abschn. 1.5 gegeben.

Die entwickelten formalen Modelle und Datenspezifikationen für Multimodelle werden in Abschn. 1.6 vorgestellt. Eine detaillierte Diskussion dieser Spezifikationen findet sich in Teil I, Kap. 2, 3 und 4.

Ein Überblick über die Softwaredienste der Mefisto Plattform und ihre unterstützenden Funktionen für die virtuelle Organisation eines Bauprojekts wird in Abschn. 1.7 gegeben und in Teil I, Kap. 5 und 6 detailliert ausgeführt.

Die beiden Bauprojekte, anhand derer die entwickelten Modellierungen und Softwaresysteme erprobt und validiert wurden, werden anschließend in Abschn. 1.8 kurz vorgestellt und sind in Teil I, Kap. 7 und 8 beschrieben.

In Band 1, Teil II werden die Methoden zur Erstellung, Verteilung, Prüfung und Weiterverarbeitung von Multimodellen vorgestellt, die entwickelt und durch Softwareprototypen erprobt wurden. Einen Schwerpunkt bilden dabei die prozessbasierte Organisation der Baustelle und die prozessbasierte Arbeitsweise mit Multimodellen (Teil II, Kap. 23).

Einen Überblick über die entwickelten Methoden bietet Teil II, Kap. 9. Die weiteren Kapitel beschreiben:

(1) die Methoden zur prozessbasierten Organisation der Bauausführung sowie wissensbasierte Methoden für die prozesszentrierte Modellierung der Bauausführung und die Projektkollaboration von AG und AN (Teil II, Kap. 10–13 und 23)
(2) die Methoden zur Transformation und Filterung von Fach- und Multimodellen sowie für die weitere Expansion und Verdichtung ihrer Inhalte (Teil II, Kap. 14–17)
(3) die Methoden zur Visualisierung einzelner und kombinierter Fachmodelle (Teil II, Kap. 18–22)

In Band 2, Teil I werden die Anwendungsmöglichkeiten von Multimodellen in der Arbeitsvorbereitung und Bauausführung beim AN dargestellt.

Der Anwendungsbereich und die ausgearbeiteten Anwendungsbeispiele für die Baustellenplanung und die Bauablaufsimulation werden in Band 2, Teil I, Kap. 1 vorgestellt, während die hierzu entwickelten Softwareanwendungen in Band 2, Teil I, Kap. 2–7 besprochen werden.

In Band 2, Teil II werden die Anwendungen von Multimodellen im Bauprojektmanagement und Risikomanagement aufgezeigt.

Die hierbei untersuchten Multimodellanwendungen bei AG und AN für die Vergabe, Überwachung und Abrechnung von Bauaufträgen werden in Band 2, Teil II, Kap. 8–11 und für das Risikomanagement in Band 2, Teil II, Kap. 12–18 dargestellt.

1.5 Multimodelle in Bauprojekten

In jedem Bauprojekt werden heute digitale Modelle erstellt, um die räumlichen, funktionalen und technischen Systeme des Bauwerks sowie die wirtschaftlichen Systeme seiner Erstellung zu beschreiben. Neben fach- und nutzerspezifischen Aspekten enthalten viele dieser Fachmodelle natürlich auch gleiche Inhalte, wie z. B. die Bauteile eines Gebäudes. Im Projekt müssen die von den Teilnehmern parallel bearbeiteten Fachmodelle deshalb regelmäßig synchronisiert werden, um die Aktualität, Vollständigkeit und Konsistenz der verteilten Projektinformationen sicherzustellen.

Eine wichtige Grundlage für die integrierte Bearbeitung der verteilten Fachmodelle sind offene, herstellerunabhängige und domänenübergreifende Datenstandards, mit denen die Systeme mehrerer, ähnlicher oder angrenzender, Anwendungsdomänen, d. h. Fachbereiche, abgebildet werden können. Kann der Austausch von Modellinformationen zwischen zwei unterschiedlichen Fachanwendungen noch relativ einfach über eine direkte Schnittstelle realisiert werden, steigt der Aufwand für die Transformation der Modellinformationen mit der Anzahl der zu integrierenden Anwendungen quadratisch an.

Vor diesem Hintergrund ist es ein zentrales Ziel der Bauinformatik, integrierte Datenstandards im Bauwesen zu etablieren, welche die Kopplung möglichst vieler Fachanwendungen über einheitliche Schnittstellen ermöglichen. In Deutschland konzentrieren sich diese Bemühungen hauptsächlich auf zwei Bereiche. Zum einen veröffentlicht der Gemeinsame Ausschuss Elektronik im Bauwesen, GAEB, seit vielen Jahren Datenspezifikationen und Richtlinien für die einheitliche Beschreibung von Bauleistungen sowie für ihre elektronische Ausschreibung, Vergabe und Abrechnung [1]. Zum anderen werden Datenstandards für das BIM, wie insbesondere der IFC Standard, ISO 16739, zunehmend für den Austausch digitaler Bauwerksmodelle eingesetzt [2].

Insbesondere der Datenstandard IFC ermöglicht dabei heute weit mehr als den Austausch von 3D Gebäudegeometrien und unterstützt zahlreiche Ingenieur- und Managementdisziplinen, wie z. B. die Tragwerks-, Haustechnik- und Elektroplanung sowie auch das Kosten-, Termin- und Facility Management. Einige davon sind noch im Entwurfsstadium. Trotz dieses großen Anwendungsbereichs sind viele Aspekte des Bauprojektmanagements sowie Bauablauf- und Risikosimulation noch nicht hinreichend in IFC berücksichtigt. Gleichzeitig sind die Möglichkeiten, das Schema der IFC immer weiter auszubauen, begrenzt, da mit der Integration weiterer Anwendungsfelder bzw. Anwendungsdomänen auch die Komplexität des Datenmodells und der Aufwand für seine Implementierung steigen. Eine Konsequenz wäre unabhängige Datenmodelle zu konzipieren, die aber interoperabel sind.

Multimodelle stellen deshalb einen Gegenentwurf zu der viele Jahre verfolgten Strategie dar, Information durch integrierte Produktdaten- bzw. Bauwerksinformationsmodelle zusammenzuführen. Während die integrierten Modelle die Informationen unterschiedlicher Anwendungsdomänen zumeist im Hinblick auf die Strukturen des Bauwerks in einem Format vereinheitlichen, können Multimodelle vielfältige Fachmodelle mit unterschiedlichen Strukturen und Formalisierungen kombinieren. Die Abhängigkeiten zwischen den Fachmodellen eines Multimodells können durch Linkmodelle abgebildet werden, die Modellelemente unterschiedlicher Anwendungsdomänen, Detaillierungen oder Versionen verknüpfen (Teil I, Kap. 2).

Die folgenden Abschnitte bieten zuerst einen Überblick über alternative Integrationsansätze für Bauprojektinformationen und das Konzept des Multimodells. Anschließend werden die Inhalte der Multimodelle im Bauprojekt und die Möglichkeiten für ihre weiterführende Nutzung in der Projektanalyse und -simulation sowie in der kollaborativen Projektzusammenarbeit diskutiert.

1.5.1 Modellintegration im Bauwesen

Die Grundidee, die Informationen eines Bauprojekts systematisch zu gliedern, um ihre Integration zu vereinfachen, ist in der Bauinformatik auf unterschiedlicher Weise verfolgt worden. Eine Vielzahl von Techniken wurde entwickelt, um die Informationen unterschiedlicher Anwendungsdomänen aus getrennten Fachmodellen zu integrieren.

Nachdem frühe Ansätze der Produktdatenmodellierung noch das Ziel hatten [3, 4], prinzipiell alle Projektinformationen in einer bauwerksbezogenen Struktur zusammenzuführen, wurden seit den 90er Jahren hauptsächlich integrierte Produktdatenmodelle entwickelt. Bei diesen ermöglicht eine zentrale Modellkomponente aus gemeinsam genutzten Elementen die Interoperabilität, d. h. die Harmonisierung und spätere Synchronisierung von fachlich unterschiedlichen Modellteilen, die auch als Aspekt-, Teil- oder Partialmodelle bezeichnet werden [5–8] und in etwa den hier verwendeten Fachmodellen entsprechen. Ein weitergehender Ansatz wurde mit der Einführung eines Metamodells in [8] versucht, um Prozess- und Produktmodelle als Teilmodelle definieren zu können und so beide miteinander explizit in Verbindung zu setzen, ohne sie starr miteinander zu integrieren. Auch wenn das Ziel dieser zentralen Komponenten offensichtlich ist, unterscheiden sich die Ansätze jedoch durchaus bei der Auswahl der gemeinsamen Elemente und in ihrem Abstraktionsgrad.

Eine Harmonisierung der Produktdatenmodelle bottom up, d. h. verallgemeinernd, wurde insbesondere im Umfeld der STEP Standardisierung verfolgt. Auf der Grundlage wiederverwendbarer Modellressourcen wurden zuvor entwickelte, anwendungsspezifische Aspektmodelle angeglichen und neue Anwendungsprotokolle wie z. B. das AP 225 für Gebäudemodelle entwickelt [9–11]. Die gemeinsamen Modellressourcen beschreiben dabei hauptsächlich formale und physikalische Modellaspekte, wie z. B. geometrische Repräsentationen und Materialien. Die Idee des Domänekernmodells ist, wie oben schon angesprochen, in den 90er Jahren entstanden und wurde für das Bauwesen in Form des Building Core Model ISO 10303, Part 106 in der Arbeitsversion von 1996, explizit umgesetzt. Aus diesem hat sich der IFC Nukleus, die IFC Version 1.0 (ISO 16739), entwickelt. Um den Part 106 wurde eine Reihe von AP 200er angelegt, die Fachdomänemodelle des Bauwesens repräsentieren, wie z. B. AP 230 Stahlbau [12], AP 228 Heizung/Klima/Lüftung oder AP 236 Möbel [13]. Außer dem AP 236 Möbel kamen diese wegen dem in der Mitte der

90er neu entstandenen IFC Standard nie über die Entwurfsphase hinaus und wurden daher auch nicht als ISO 10303 Standard veröffentlicht. Aus dem AP 230 entstand später der Industriestandard CIMSteel bzw. CIS [14], der heute als CIS Version 2 der weltweit meistverbreitete Datenstandard für den Stahlbau ist [15].

Die Integration mehrerer Anwendungsdomänen top down, d. h. detaillierend bzw. spezialisierend in einer hierarchischen Gliederung, stand gleichzeitig im Mittelpunkt zahlreicher Forschungsprojekte, wie z. B. in ATLAS [3], COMBI [6] und TOCEE [8]. Durch die hierarchische Gliederung der Datenmodelle definieren diese allgemeine Integrationskomponenten und anwendungsspezifische Modellkomponenten getrennt. Die oberen Modellebenen beschreiben abstrakte Konzeptualisierungen von Produkt- und Produktionssystemen. Sie legen formale Modellkonzepte und universelle Objektkategorien fest und werden deshalb auch als neutrale Modellkerne bezeichnet [16, 17]. Die darunter liegenden Ebenen beschreiben anwendungsspezifische Schichtenmodelle bzw. Fachmodelle, in denen die abstrakten Klassen des Modellkerns weiter spezialisiert werden.

Mit den Industry Foundation Classes, IFC [2], wird seit Ende der 90er Jahre schließlich ein hierarchisch gegliedertes, integriertes Produktdatenmodell entwickelt, das auf vielen der beschriebenen Forschungsprojekte und Standardisierungsbemühungen aufbaut und immer weitere Domänen des Bauwesens über ein gemeinsames Kernmodell integriert. Im IFC Modell, das ebenfalls in Kern-, Interoperabilitäts- und Anwendungsmodelle gegliedert ist, sind hingegen schon im Kernmodell explizit Bauwerkselemente als Objekte abgebildet. Das IFC Kernmodell stellt schon ein rudimentäres Architekturmodell dar und ist damit kein ideales Kernmodell, das neutral ist und keine fachspezifische Semantik enthält. Vielmehr ist das Fachmodell Architektur Rohbau zum Kernmodell erklärt worden.

In der Baupraxis hat es sich historisch herausgebildet, dass für

- Bauplanung ein produkt-, d. h. bauwerkszentriertes,
- Baumanagement ein leistungszentriertes

Informationsmodell bevorzugt wird (Abb. 1.2). Beide Informationsmodelle sind in Mefisto über die Softwaresysteme RIB iTWO und GRANID repräsentiert. Inwieweit diese Zentrierung der historischen Entwicklung entspringt, den informatorischen Hilfsmitteln geschuldet ist oder ob dies objektive Vorteile gegenüber einem prozesszentrierten Multimodellmanagement aufweist, kann erst die weitere Entwicklung zeigen.

Die Informationsmodelle, im Weiteren als Fachmodelle bezeichnet, liegen in unterschiedlich standardisierter Form vor, GAEB [1], IFC [2], bzw. sind bisher noch nicht standardisiert, also proprietär. Interaktionen (Relation, Assoziation) zwischen den Fachmodellen sind bisher nicht formalisiert, also proprietär, und nicht systematisch erforscht. Trotzdem sind hochkomplexe Informationsnetzwerke in den Softwaresystemen der führenden Softwareanbieter, z. B. für die Gebiete Bauwerksplanung, Kostenkalkulation, Ausschreibung, AVA, Controlling und Steuerung, aufgebaut, wie z. B. in GRANID von gibGREINER oder RIB iTWO.

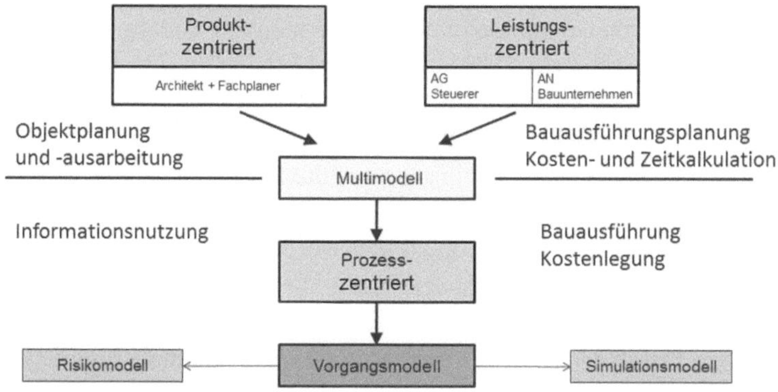

Abb. 1.2 Aktueller Stand der Modellzentrierung der Bauinformation im Lebenszyklus eines Bauprojekts (*oberer Teil* IST Zustand, *unterer Teil* angestrebter SOLL Zustand)

Parallel zur Harmonisierung und Integration von Datenschemas wurden auch zahlreiche Techniken untersucht, um zwischen heterogenen und verteilten Fachmodellen zu vermitteln. In [18] wird eine linkbasierte Integrationsplattform vorgeschlagen, welche die Daten verteilter Partialmodelle verbindet und aktualisiert. Grundlage der Plattform ist eine zentrale Komponente zur semiautomatischen Erstellung und dynamischen Verwaltung von Abbildungen, Mappings, zwischen den Modellen. Entsprechend fordern [19] die Erweiterung des IFC Standards für die externe Verlinkung mehrerer IFC Modelle.

Untersucht wurde die parallele Bearbeitung und Synchronisation verteilter Produktmodelle, insbesondere auch im DFG Schwerpunktprogramm 1103 vernetzt kooperative Planungsprozesse im Konstruktiven Ingenieurbau [20]. Forschungsschwerpunkte waren u. a. Methoden und Systeme für die Versionskontrolle bei verteilt bearbeiteten Objekten mit zwei unterschiedlichen Ansätzen von [21] und [22] sowie Methoden zum Filtern, Mappen und Mergen von parallel bearbeiteten Modellen von [17]. Die weitere Ausarbeitung des ersten Ansatzes zur Objektversionierung findet sich bei [23]. Darüber hinaus wurden u. a. agentenbasierte Systeme entwickelt, um zwischen verteilten Modellen und Systemen zu vermitteln [24], die sich jedoch nicht durchgesetzt haben, da die Skalierung auf die Komplexität der Realwelt noch nicht gelang.

In der Baupraxis werden seit einigen Jahren vermehrt zentrale Produktmodellserver, BIM Server, oder auch Produktdatenmanagementsysteme, PDM, sowie Produktlebenszyklusmanagementsysteme, PLM, aus dem Maschinenbau eingesetzt [25]. Zunehmend werden diese Systeme als cloudbasierte Softwaredienste angeboten [26]. Darüber hinaus wurden Datawarehousetechniken genutzt, z. B. von [27], um den Zugriff und die Visualisierung von Projektmanagementinformationen aus unterschiedlichen Modellen zu ermöglichen.

Schließlich wird seit mehreren Jahren auch der Einsatz semantischer Ontologien erforscht, um die unterschiedlichen Konzeptualisierungen und Bezeichnungen in den Anwendungsdomänen und Datenschemas zu überwinden. Einen frühen Ansatz stellt das Engineering Ontology Framework von [28] dar, das die Abfrage von Produktmodellinformationen insbesondere durch den Nutzer unterstützt. Eine vollständige Übersetzung des IFC Schemas in die Ontologiesprache OWL wurde von [29] erstellt, die derzeit eine weltweite Verbreitung und Nachfrage erfährt.

Andere Forschungsprojekte wie z. B. e-Cognos [30], FUNSIEC [31], InteliGrid [32] und BauVOGrid [33] haben gezeigt, wie ausgewählte Konzepte der unterschiedlichen Anwendungsdomänen eines Bauprojekts in einer Ontologie integriert werden können. Im Vergleich zu den integrierten Produktmodellen werden hierbei nicht vornehmlich Bauwerksinformationen, sondern insbesondere auch die Projektorganisation und ihre Geschäftsprozesse sowie teilweise ihre Fachdisziplinen, Ressourcen und IKT Infrastrukturen berücksichtigt. Durch den Einsatz logikbasierter Sprachen und Semantikwebtechniken sollen Datenschemas wie die IFC sowie allgemeine Klassifikationssysteme und Objektkataloge flexibler kombiniert werden können, um die Verwaltung und Bearbeitung sowie die automatische Auswertung verteilter Informationsressourcen zu ermöglichen. Auf einem ähnlichen Konzept basieren auch die Ansätze für verlinkte Daten, z. B. von [34] und [35]. Heterogene, verteilte Informationsressourcen werden in einer zentralen Informationsbasis zu Informationseinheiten verlinkt, um ihre Abhängigkeiten aufzuzeigen und diese für ganzheitliche Projektanalysen zugänglich zu machen.

Insgesamt verhindern die Komplexität der Ontologien, die fehlenden Entwicklungswerkzeuge und insbesondere die erforderlichen Anpassungen heutiger Planungs- und Controllingsysteme jedoch bisher noch die praktische und effektive Realisierung ontologiebasierter Kollaborationsumgebungen und Wissensbasen.

1.5.2 Multimodellkonzept

Multimodelle stellen einen vielversprechenden Ansatz dar, um die kollaborative Bearbeitung und Analyse von Projektinformationen über die Grenzen von Fachdisziplinen und Organisationen hinweg zu unterstützen und so eine allgemeingültige und flexible Interoperabilität zu erreichen. Grundidee des Multimodells ist es, ausgewählte Fachmodelle aus der Planung und aus dem Projektmanagement in einer einzigen Informationsressource zu kombinieren und ihre Abhängigkeiten durch ergänzende explizite Linkmodelle abzubilden. Multimodelle sind Geschäftsobjekte, da sie die Informationen einer Geschäftsaktivität in einem Geschäftsprozess bündeln. Die Informationen können Eingangs- oder Ergebnisinformationen einer Geschäftsaktivität sein, wie es in Teil II, Kap. 23 illustriert ist.

Multimodelle können zum einen dafür genutzt werden, ausgewählte Fachmodelle für einzelne Planungs- und Controllingaufgaben gezielt zu kombinieren. Abbildung 1.3 zeigt beispielhaft die Inhalte eines Multimodells aus der Arbeitsvorbereitung, das die Fachmodelle der Objektplanung (Rohbau), Ausschreibung und Vergabe (Leistungsverzeichnis), Kalkulation, Logistikplanung und -simulation sowie der Verfahrensauswahl, Baustelleneinrichtungs- und Bauablaufplanung enthält. Durch die Verknüpfung der Modelle mit einem Linkmodell können zum anderen Aussagen über die Qualität, die örtliche Position sowie die verbrauchten Ressourcen und Kosten von einzelnen Bauteilen zu unterschiedlichen Zeitpunkten mit einer Abfrage gemacht werden.

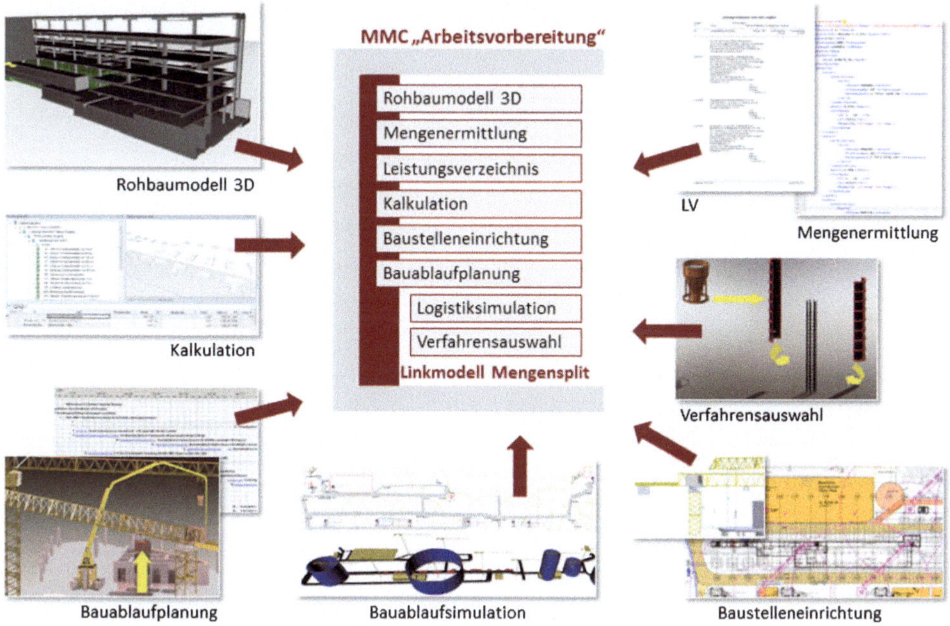

Abb. 1.3 Inhalte eines Multimodells zur Arbeitsvorbereitung #X:960 Y:720

Um Multimodelle zu erstellen, wurden im Projekt Mefisto eine Reihe von Softwareanwendungen zur Kombination, Verlinkung und Auswertung von Fachmodellen entwickelt. Für den Austausch der Multimodelle wurde das Austauschformat des Multimodellcontainers (Teil I, Kap. 2) definiert. Das Multimodellkonzept und der Multimodellcontainer sind dabei generisch und machen keinerlei Vorgaben für die fachlichen Inhalte der Fach- und Linkmodelle. Entsprechend werden im Multimodellcontainer die Fachmodelle als unabhängige Informationsressourcen mit eigenem Datenschema und eigenem Datenformat behandelt. Dies ermöglicht:

- die Nutzung etablierter und standardisierter Datenformate aus unterschiedlichen Anwendungsbereichen und Ländern
- die flexible Berücksichtigung neuer Anwendungsdomänen und Integration entsprechender Fachmodelle und Softwareanwendungen
- die Weiterverwendung vorhandener Bausoftwareanwendungen, um einzelne Fachmodelle zu erstellen
- das dateibasierte Speichern, Austauschen und Verwalten von Projektinformationen

Die Abhängigkeiten unter den Fachmodellen eines Multimodells können durch separate Linkmodelle abgebildet werden. Diese umfassen üblicherweise eine Vielzahl von Linkelementen, welche die zusammengehörigen Elemente aus zwei oder mehreren Fachmodellen über ihren Identifikatoren referenzieren. Die externe Verlinkung der unabhängigen Fachmodelle ermöglicht:

- Abhängigkeiten zwischen den Fachmodellen zu repräsentieren, ohne die Fachmodelle transformieren, physisch integrieren, ergänzen oder verändern zu müssen
- Zusammenhänge zwischen mehreren Planungsmodellen aufzuzeigen und damit komplexe interdisziplinäre Planungen, z. B. der Bauproduktion, transparent darzustellen
- zusammengehörige Modelle zu vergleichen und die Konsistenz interdisziplinärer Planungen sowie ihrer Erfüllung in Soll Ist Vergleichen zu überprüfen
- weiterführende Analysemodelle, z. B. für die Bauablauf- oder Risikosimulationen, auf der Grundlage mehrerer verlinkter Fachmodelle aufzubauen
- Abhängigkeiten nicht nur zwischen den Fachmodellen unterschiedlicher Anwendungsbereiche, sondern auch zwischen den unterschiedlichen Detaillierungen und Versionen explizit aufzuzeigen

1.5.3 Informationsraum der Multimodelle

Zusätzlich zur Kombination einzelner Planungs- und Controllingmodelle unterstützen Multimodelle auch die partnerschaftliche Nutzung der Fachmodelle. So spannen die Multimodelle eines Bauprojekts in ihrer Gesamtheit einen mehrdimensionalen Informationsraum verlinkter Fachmodelle auf, die so von den Projektpartnern verteilt und asynchron bearbeitet werden können.

Anders als bei einem zentralen Modellserver erhalten die Projektpartner in der multimodellbasierten Zusammenarbeit die Möglichkeit, eigenverantwortlich Fachmodelle zu erstellen und zu verknüpfen, ohne dass die Aktualität und Integrität des gesamten Datenbestands geprüft werden muss. Je nach Bedarf können die Multimodelle daraufhin lokal im Rahmen einzelner Planungs- und Controllingaufgaben fortgeschrieben oder global als Grundlage für die Ausarbeitung weiterer Fachmodelle in angrenzenden oder auch entfernteren Anwendungsbereichen genutzt werden. Die Konsistenzprüfungen erfolgen nicht automatisch, sondern verbleiben in der Verantwortung der Planer und des Projektmanagers, die selbst bestimmen, wann und mit welchen Werkzeugen sie ihrer Verantwortung nachkommen. Der Zwang zur Konsistenz ist aufgehoben, die liberalisierte Konzentration auf die individuelle Fachkompetenz des Bearbeiters wieder in den Mittelpunkt gestellt. Im Vergleich zu den häufig verfolgten zentralen Projekt- oder Produktmodellserver stellt dieser Ansatz einen Paradigmenwechsel dar.

Voraussetzung für eine verteilte und asynchrone Bearbeitung von Fachmodellen im Bauprojekt sind Mechanismen und Techniken, die es ermöglichen, die Abhängigkeiten unter den Fachmodellen über die Grenzen der Projektpartner hinweg zu identifizieren und zu verfolgen. Abbildung 1.4 illustriert die drei grundlegenden Arten von Modellabhängigkeiten, die dabei zu berücksichtigen sind [36].

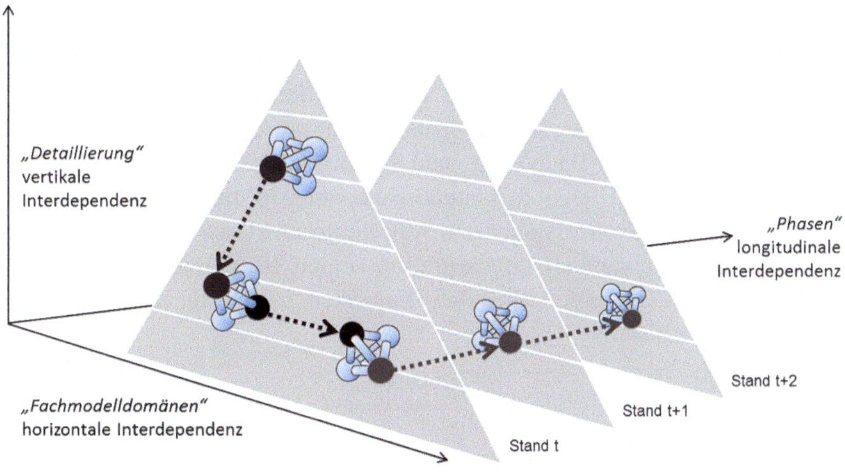

Abb. 1.4 Interdependenzen zwischen unterschiedlichen Fachmodellen; Fachmodelle, hier Molekülsymbole, sind über die Verlinkung ihrer einzelnen Objekte, hier Kugelsymbole, verknüpft

Horizontale Interdependenzen bestehen zum einen häufig zwischen Fachmodellen unterschiedlicher Fachdomänen, da in diesen gleiche Objekte mit unterschiedlichen Fachinformationen repräsentiert werden. Zum anderen treten Interdependenzen zwischen Fachmodellen gleichen Typs, aber unterschiedlicher Formalisierungen auf, wie bspw. zwischen zwei Bauwerksmodellen in unterschiedlichen Dateiformaten oder unterschiedlicher Visualisierung.

Vertikale Interdependenzen zeigen die Abhängigkeiten zwischen zwei Modellen mit unterschiedlicher Detaillierung, Level of Detail, LoD, auf. Häufig wurde dabei das eine Fachmodell aus dem anderen detaillierend oder verallgemeinernd abgeleitet. So werden in der Planung viele Fachmodelle durch die Detaillierung bestehender gröberer Modelle erstellt. Im Controlling hingegen werden die Informationen detaillierter Fachmodelle im Hinblick auf unterschiedliche Bezugseinheiten wieder zu Kennzahlen zusammengefasst und somit strukturell verdichtet.

Longitudinale Interdependenzen beschreiben die Bezüge zwischen verschiedenen Versionen eines Fachmodells im Verlauf seines Lebenszyklus. Im Mittelpunkt stehen dabei die Änderungen und Ergänzungen, die von einzelnen Bearbeitern im Laufe der Zeit an den Fachmodellen vorgenommen werden. Sie repräsentieren die zeitliche Entwicklung der Fachmodelle, d. h. den Level of Development, LOD, in den verschiedenen Phasen des Lebenszyklus.

1.5.4 Modelldomänen im Bauprojektmanagement

Um den Einsatz der Multimodelle zu untersuchen, wurden unterschiedliche Anwendungsbereiche und Modellierungsdomänen des Bauprojektmanagements identifiziert und Leitlinien für die Strukturierung und Formalisierung der einsetzbaren Fach- und Multimodelle erarbeitet [36].

Die Anwendungsbereiche und Modelle wurden im Rahmen einer Szenarioanalyse in drei Arbeitsschritten bestimmt [37]. Im ersten Schritt wurden die Fachmodelle identifiziert, die bereits heute in der Bauplanung und im Bauprojektmanagement eingesetzt werden. Sie wurden in neun Fachmodelldomänen geordnet in drei Ebenen (Abb. 1.5) mit unterschiedlichen Modellkonzeptionen und Anwendungen klassifiziert.

Ein Fachmodell, allgemein als Informationsressource, IR, bezeichnet, kann daher entsprechend den in Abb. 1.4 vorgestellten drei Dimensionen wie folgt spezifiziert und annotiert werden.

$$
{}_{\textit{phase } p}\mathrm{IR}^{\textit{level of detail } l}_{\textit{model domain } d} \tag{1.1}
$$

Diese drei Kriterien stellten die fachlichen Grundkriterien und damit die fachliche Grundannotation dar.

Diese Klassifikation ist jedoch für eine eindeutige fachliche Verwaltung nicht ausreichend. Hinzu kommen als weitere Information (Teil I, Kap. 2 und Teil II, Kap. 9) der Status s, das Sachgebiet subject matter m, das Datenmodell, d. h. die Datenstruktur bzw. Klassenstruktur, k und das Datenformat f. Das Datenformat kann als eine Untermenge des Datenmodells gesehen werden und ist damit abhängig davon. In der Praxis wird daher vereinfacht das Datenmodell k und das Datenformat f zu einem Kriterium mit einem Index vereint und mit f bezeichnet. Es ergeben sich insgesamt sechs unabhängige Aspekte, nach denen die Informationsressource klassifiziert werden kann.

$$
{}^{\textit{status } s}_{\textit{phase } p}\mathrm{IR}^{\textit{subject matter } m,\ \textit{level of detail } l}_{\textit{model domain } d,\ \textit{data format } f} \tag{1.2}
$$

Der Informationsraum ist entsprechend den fachlichen Kriterien sechsdimensional. Das Schema in XML Notation ist in Teil I, Kap. 2 wiedergegeben und in Teil I, Kap. 4 als Ontologie formuliert. Die Wertebereiche der fachlichen Kriterien werden in Teil II, Kap. 13 diskutiert und sind für die wichtigsten Kriterien dokumentiert.

Neben der fachlichen ist noch die organisatorische Klassifikation zu beachten. Hier kann auch wieder eine organisatorische Grundannotation identifiziert werden, die sich aus der Metainformation bzgl. der Softwareanwendung (tool, t), mit der die Informationsressource erstellt wurde, sowie das Erstellungsdatum (created, c) und der Ersteller (creator oder actor, a) ergibt (Teil I, Kap. 2). Diese sind sowohl im XML Schema als auch in der Ontologie berücksichtigt und werden für das Multimodellmanagement auf der Mefisto Plattform (Teil I, Kap. 6) eingesetzt und sind auch in der Übersicht der Multimodellinhalte (Teil II, Kap. 23) mit ausgewiesen.

$$
{}^{\textit{tool } t}\mathrm{IR}^{\textit{created } c}_{\textit{creator } a} \tag{1.3}
$$

Die organisatorische Grundannotation wird in [38] auch als Erstellungskontext bezeichnet und durch weitere Kriterien wie Sichten'Views, von Modellen und damit Fachteilmodelle betreffend (Teil I, Kap. 2), erweitert.

Ein Linkmodell, allgemein als Linkinformationsressource, LIR, bezeichnet, kann entsprechend den verknüpfenden Informationen wie folgt fachlich viergliedrig klassifiziert und annotiert werden

$$ {}^{\textit{status } s}_{\textit{phase } p}\mathrm{LIR}^{\textit{subject matter } m}_{\textit{model domains } [d]} \tag{1.4} $$

mit dem Status s, der Phase p, dem Sachgebiet subject matter m und den in einer Liste aufgeführten Domänen $[d]$, die verknüpft werden. Hierzu korrespondierend ist wieder eine organisatorische Grundannotation anzugeben, die mit der organisatorischen Grundannotation einer Informationsressource identisch ist. Sie beinhaltet das Softwarewerkzeug, tool t mit der die Ressource erzeugt wurde, sowie das Erzeugungsdatum c und der Ersteller a.

$$ {}^{\textit{tool } t}\mathrm{LIR}^{\textit{created } c}_{\textit{creator } a} \tag{1.5} $$

Ein Multimodell ist eine Multiinformationsressource. Ihre fachliche Grundannotation ist von denen einer Informationsressource in einigen Punkten verschieden:

$$ {}^{\textit{status } s}_{\textit{phase } p}\mathrm{MIR}^{\textit{subject matter } m,\ \textit{level of detail } l}_{\textit{domain } \text{space } \textit{ds},\ \textit{model domains } [d]} \tag{1.6} $$

Da ein Multimodell mehrere Fachmodelle beinhalten kann, ist eine Klassifikation nach einer Fachdomäne nicht mehr möglich. Ein Multimodell kann jedoch entsprechend seines Anwendungsbereichs bzw. Domänenraums, ds, klassifiziert werden, wie er in Teil I, Kap. 2 als eine Spezialisierung von Multimodellen als Multimodellraum eingeführt wird. Zusätzlich können die enthaltenen Fachdomänen als Liste explizit aufgeführt werden, $[d]$, die aus einer zulässigen Menge gewählt werden können (Teil I, Kap. 2).

Abbildung 1.5 illustriert die identifizierten neun wesentlichen Fachmodelldomänen des Bauprojektmanagements, die in den Ebenen 2 bis 4 strukturiert sind. Auf der Ebene 2 sind die Modelldomänen der Basisobjekte angeordnet. Die Ebene 3 beinhaltet hingegen Modelldomänen, mit denen die Basisobjekte der Ebenen 1 und 2 mit weiteren Informationen zu Quantifizierung und Strukturierung versehen werden können, z. B. Kosten, Zeiten oder Gruppierung zur Strukturierung von Leistungsverzeichnis, Logistikparkettierung etc., während Ebene 4 Modelldomänen aufweist, mit denen die deterministischen Informationen der Basisobjekte der Ebene 1 und 2 mit Unsicherheiten belegt werden können, so dass z. B. unterschiedliche Aspekte von Risiken modelliert und fundierte Risikoanalysen durchgeführt werden können. Ebene 1 umfasst Modelle konkreter zeitlicher Phänomene, die als Prozessmodelle bezeichnet werden.

Im zweiten Schritt wurden für die Fachmodelldomänen die bestehenden, standardisierten und etablierten Datenspezifikationen identifiziert. Die ausgewählten Datenschemas bzw. Datenmodelle und -formate spezifizieren die Grundkonzepte für die Modelle der Fachmodelldomänen. Für die Domänen, für die keine etablierten Spezifikationen existierten, wurden neue Datenschemas definiert.

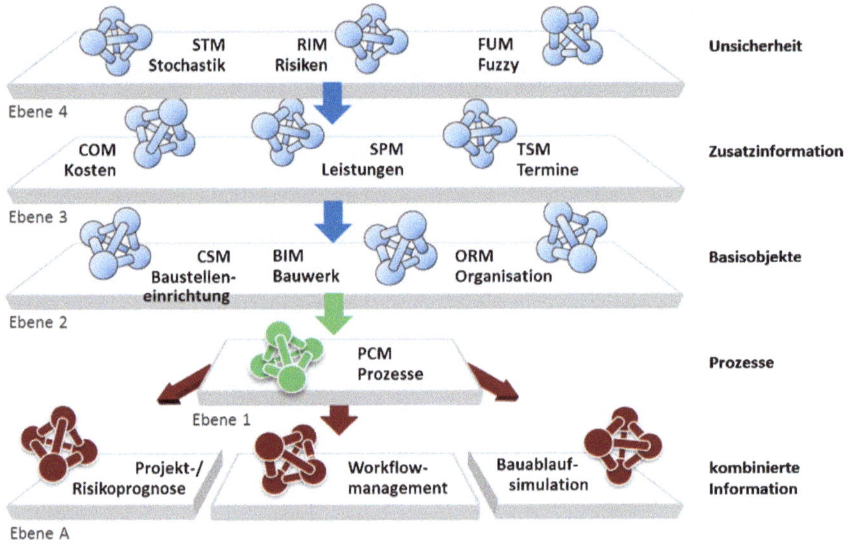

Abb. 1.5 Hierarchische Struktur der Fachmodelldomänen #X:960 Y:720

Im dritten Schritt wurden schließlich die Anforderungen an die in Multimodellen kombinierten Fachmodelle untersucht. Multimodelle sind die als Einheit zusammengefassten Eingabeinformationen für Aktivitäten, die sich aus Fachmodellinformationen zusammensetzen. Ebenso sind sie die Ergebnisinformationen von Aktivitäten und stellen im Sinne der Betriebswirtschaft Geschäftsobjekte dar (Teil I, Kap. 5 und Band 2, Teil II Kap. 8). Ebene A zeigt drei Beispiele, in denen die Fachmodelle der Ebenen 2 bis 4, bedingt durch Prozessaufgaben, zu kombinieren sind. Dies sind Multimodelle für Risikosimulation, für Bauablaufsimulation und für Workflowmanagement mit den zugeordneten Multimodellen für den Bauablauf und seine Organisation. Weitere Multimodelle, die betrachtet werden, sind u. a. Vertrag, Nachtrag, Unterauftrag, Leistungsstand oder Controlling. Die korrespondierenden Domänen werden im Weiteren als Anwendungsdomänen bezeichnet. Anwendungsmodelle sind nahezu immer Multimodelle.

Jede Fachmodelldomäne kann eine Reihe von weiteren Teilfachmodellen umfassen und in weitere Unterdomänen gegliedert werden (Teil I, Kap. 2). Die Semantik der Teilfachmodelle für drei Fachdomänen ist in Teil II, Kap. 13 tabellarisch zusammengestellt. Im Folgenden werden die Fachmodelldomänen und zugehörige Fachmodellformate kurz vorgestellt.

Die Modelldomäne der Bauwerksmodelle, Building Information Model, BIM, enthält Modelle, mit denen die funktionalen, geometrischen und topologischen Eigenschaften von Gebäuden, Gebäudeteilen sowie deren Zusammensetzung beschrieben werden. Auf der Mefisto Plattform werden die Fachmodellschemas für Gebäudemodelle auf der Basis des IFC 2×3 Standards [39] sowie CPIXML [40] spezifiziert. Unterdomänen und damit Teilfachmodelle sind z. B. Tragwerksmodell, Heizungsmodell, Sanitärmodell, Fluchtwegemodell oder Sensorenmodell.

Die Modelldomäne der Baustelleneinrichtungsmodelle, Construction Site Model, CSM, umfasst die infrastrukturellen Einrichtungen, die Baugeräte und Bauhilfsstoffe sowie die Baustoffe und -elemente einer Baustelle, die jedes für sich ein Teilfachmodell bilden können (Teil I, Kap. 7). Für die Abbildung der unterschiedlichen Baustellenelemente mit den jeweils erforderlichen geometrischen, mechanischen, ökonomischen oder verfahrenstechnischen Eigenschaften wurden erste Fachmodellschemas auf der Grundlage von IFC 2×3 [39], der Baugeräteliste [41] sowie proprietärer Spezifikationen der Softwarepartner entworfen und in einzelnen Softwarekomponenten umgesetzt.

Die Modelldomäne der Organisationsmodelle, Organisation Models, ORM, definiert die Organisationsstruktur, die Akteure sowie ihre Zuständigkeiten und die jeweiligen Informations- und Kommunikationstechniken in der virtuellen Organisation eines Bauprojekts (Teil I, Kap. 6). Für den Austausch der entsprechenden Organisationsmodelle wurde ein eigenes Fachmodellschema auf der Grundlage von ontologiebasierten Beschreibungen der virtuellen Organisationen entwickelt [42], das sich an die betriebswirtschaftlichen Definitionen in ARIS [43, 44] anlehnt.

Die Modelldomänen der Leistungsmodelle, Specification Models, SPM, fasst verschiedene formale und informale Modelle zur Beschreibung der qualitativen Eigenschaften von Bauleistungen zusammen. Im Mittelpunkt der Untersuchungen stehen dabei zunächst die Leistungsverzeichnisse, SPM.BoQ, Bill of Quantity, zu Einheitspreisverträgen sowie zugehörige Mengenmodelle, SPM.QTO, Quantity Take off, die in den Formaten GAEB DA XML [1] und REB 23.003 [43, 45] definiert und ausgetauscht werden. Sie stellen Teilfachmodelle von SPM dar, die im Weiteren in Teil II, Kap. 13 erläutert sind. Darüber hinaus wurde auch der Austausch von Raum- und Objektbüchern mit raum- bzw. elementbezogenen Qualitätsbeschreibungen untersucht.

Die Modelldomäne der Kostenmodelle, Cost Model, COM, umfasst alle Modelle, mit denen die Elemente anderer Fachmodelle monetär bewertet werden. Dabei gibt es in der Baupraxis zahlreiche Vorgaben für die Bezeichnungen und Inhalte der Kostenmodelle beim Auftraggeber zur Kostenplanung und -steuerung sowie beim Auftragnehmer zur Kalkulation und zum Kostencontrolling. Anerkannte formale Fachmodellschemas gibt es jedoch lediglich für den Austausch von Einheitspreisen im Rahmen der GAEB DA XML Spezifikationen. Für die Einbindung anderweitiger Kostenmodelle in den Multimodellcontainer, wie bspw. das Kalkulationsmodell, in dem Aufwandswerte für die Bauablaufsimulation enthalten sind, werden deshalb proprietäre Datenformate verwendet.

Die Modelldomäne der Terminmodelle, Time Schedule Model, TSM, fasst Fachmodelle zusammen, in denen zeitliche Vorgänge, Ereignisse und ihre Beziehungen sowie zugehörige Ressourcen und Kalender beschrieben sind. Für den Austausch dieser Terminmodelle im Multimodellcontainer werden sowohl proprietäre Datenformate von kommerziellen Terminplananwendungen als auch entsprechende Teilschemas der ifcXML Spezifikationen (Teil I, Kap. 3) genutzt.

Die Modelldomäne der Risikomodelle, RIM, umfasst allgemeine Risikokataloge sowie projektspezifische Risikolisten, in denen Ereignisse und Maßnahmen erfasst sind, die sich positiv oder kritisch auf die Projektergebnisse auswirken können. Für den Austausch dieser

Risikomodelle wurde von [46] ein neues XML basiertes Format spezifiziert, das auch die in einem weiteren Schritt auszulagernden Stochastikmodelle, STM, und Fuzzymodelle, FUM, beinhaltet.

1.6 Datenspezifikationen für Multimodelle

Die Inhalte eines Multimodells sowie ihre Strukturen, Semantik und Formalisierung werden durch eine Reihe allgemeiner Datenspezifikationen sowie darauf aufbauender, erweiterter Spezifikationen vorgegeben. Diese Spezifikationen werden in den folgenden Abschnitten vorgestellt und in Teil I, Kap. 2 detailliert.

1.6.1 Multimodellcontainer

Zum Austausch von Multimodellen wurde ein spezieller Multimodellcontainer mit einem XML Schema entwickelt. Dieses erlaubt Metainformationen über die Fach- und Linkmodelle des Containers sowie weitere Informationen über die Bedeutung des Containers festzuhalten. Letzteres kann auch Arbeitsanweisungen beinhalten und stellt dann einen lokalen Workflow, also ein instanziiertes, lokales Prozessmodell dar.

Allgemeine Grundlage aller Multimodelle sind zuerst die XML Schemas, d. h. das Datenmodell, für die Multimodellcontainerbeschreibung, mmcXML, und das Linkmodell, linkXML. Darüber hinaus gelten die ausgewählten Fachmodellformate, d. h. die Datenschemas der einzelnen Fachmodelle mit ihren jeweiligen Datenformaten. Die einzelnen Spezifikationen werden in Teil I, Kap. 2 beschrieben und ihr Zusammenwirken wird erläutert. Die Wertebereiche der Annotationen, die in Gl. 1.1–1.3 definiert sind, werden in Teil II, Kap. 13 ausgearbeitet.

Die Multimodellcontainerbeschreibung fasst zunächst alle Metainformationen zusammen, die für die Beschreibung der Inhalte eines Multimodells und ihre Erstellungskontexte erforderlich sind. So bietet die Multimodellcontainerbeschreibung Informationen zu den Domänen, Detaillierungen, Formaten und Speicherorten der enthaltenen Fachmodelle sowie zu Akteuren, Projektphasen und Status ihrer Bearbeitung. Entsprechende Metainformationen werden auch für die Linkmodelle aufgeführt.

Für die einsetzbaren Fachmodellformate wurden, wie im vorherigen Abschnitt diskutiert, eine Reihe etablierter und eigens definierter Dateiformate ausgewählt. In einem Bauprojekt können bzw. sollten solche Vorgaben im Rahmen allgemeiner Projekthandbücher definiert werden. Mit den in Teil II, Kap. 13 beschriebenen Multimodellvorlagen können diese formal vorgegeben werden.

Die Linkmodelle stellen schließlich Sammlungen von Linkelementen dar, die unterschiedliche Abhängigkeiten unter einer Reihe von Fachmodellen aufzeigen. Die Linkelemente im Linkmodell sind als mehrwertige Relationen konzipiert und enthalten jeweils einen Satz zusammengehörender Links, mit denen n ausgewählte Elemente aus m Fachmodellen referenziert werden. Ein Link besteht zunächst aus der Angabe der zu verlinkenden Fachmodelle und den Identifikatoren der verlinkten Elemente. Darüber hinaus kann der Link mit Zusatzinformationen versehen werden, um z. B. seine Art, seine Bedeutung oder auch eine Gewichtungen anzugeben (Teil I, Kap. 2).

1.6.2 Ergänzende Spezifikationen und Modellierungsmethoden

Prinzipiell kann die semantische Tiefe eines Datenschemas durch die weitere Klassenbildung, Spezialisierung genannt, sowie durch die Erweiterung der Attribut- und Relationsdefinitionen erreicht werden (Teil I, Kap. 3). Um in der Praxis den flexiblen Einsatz der Fachmodelle in unterschiedlichen Anwendungsbereichen und Softwareanwendungen zu gewährleisten, werden die festgelegten Datenschemas im Projekt Mefisto jedoch nicht verändert, sondern durch weitere Spezifikationen sowie Referenzmodelle ergänzt (Teil II, Kap. 9, 10 und 13).

Ausgangspunkt für die Erweiterung der Multimodellspezifikationen sind wiederum die in der Baupraxis und auf der Mefisto Plattform eingesetzten Fachmodelle. Aus Sicht der sprachlichen Metamodellierung stellt das Datenschema eines Fachmodells bereits ein übergeordnetes Metamodell einer Fachmodelldomäne dar, das seinerseits aus weiter übergeordneten Metamodellen abgeleitet ist. So repräsentiert die GAEB DA X83 Spezifikation für Ausschreibungen bereits eine Spezialisierung des allgemeinen GAEB DA Schemas, das wiederum eine Spezialisierung des XML Schemas [47] und letztlich auch der SGL Spezifikationen darstellt [48].

Im Vergleich zu den generischen Containerbeschreibungen und Linkmodellen sind die Fachmodelle somit bereits für den Einsatz in bestimmten Anwendungsbereichen spezialisiert. Dennoch umfassen die Fachmodellschemas immer auch eine Vielzahl an generalisierten Klassen, rekursiven Modellstrukturen sowie optionalen und generischen Attributen mit offenen Wertebereichen. Die sich daraus ergebenden Modellierungsfreiheiten ermöglichen einerseits die kompakte Spezifikation und den flexiblen Einsatz der Fachmodelle, erschweren andererseits aber auch die gezielte Weiterverwendung der Modelle. Mithilfe ergänzender Modellspezifikationen können deshalb weitere Modelleinschränkungen für spezielle Anwendungsbereiche definiert werden (Teil I, Kap. 2 und 3), d. h. die Datenmodelle werden für ihren anvisierten Anwendungsbereich zugeschärft. Darüber hinaus unterstützen Referenzmodelle (Teil II, Kap. 9 und 10) und Multimodellvorlagen (Teil II, Kap. 13) die Erstellung einheitlicher Modelle.

Diese Vielzahl von Modellen, Spezialisierungen und Techniken wurden in sechs aufeinander aufbauenden Ebenen, den Modellierungsmethodenebenen, vereinfacht auch als Modellierungsebenen bezeichnet, geordnet, die jedoch nicht mit den Modellierungsebenen (Teil I, Kap. 7) verwechselt werden sollten, die im Grunde die Detaillierungsebenen bei der Modellierung, d. h. bei der Eingabe und dem Erstellen von Modellen, z. B. mit CAD Systemen, bezeichnen. Diese wären in Abb. 1.6 auf Ebene 6 anzusiedeln. Modelle untergeordneter Ebenen können Datenstrukturen übergeordneter Ebenen nutzen. Modelle untergeordneter Ebenen müssen valide gegenüber übergeordneten Ebenen sein. Hieraus können automatische Prüfungsmechanismen abgeleitet werden, die helfen, die für jedes

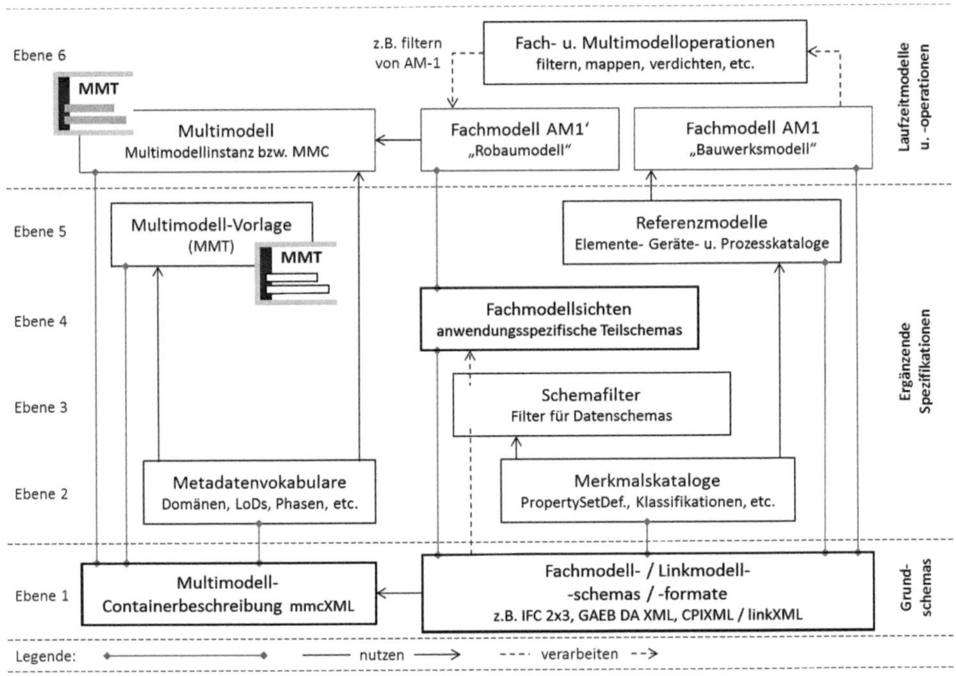

Abb. 1.6 Übersicht über die sechs Modellierungsmethodenebenen #X:960 Y:720

Bauprojekt erzeugten, individuellen und komplexen Datenstrukturen der Ebene 1, manchmal auch Ebene 2 bis 4, auf Fehlerfreiheit und Konsistenz zu überprüfen. Das System der sechs Modellierungsmethodenebenen bildet die Grundlage der Mefisto Ontologie, die in Teil I, Kap. 4 vorgestellt wird.

Abbildung 1.6 illustriert die unterschiedlichen, im Projekt Mefisto eingesetzten Datenspezifikationen und Referenzmodelle auf sechs Modellierungsmethodenebenen:

- Die erste Modellierungsmethodenebene umfasst die grundlegenden Datenspezifikationen der Multimodellcontainerbeschreibung sowie der eingesetzten Fach- und Linkmodellschemas, kurz als Modellschemas bezeichnet, wie sie in Teil I, Kap. 2 diskutiert werden.
- Die zweite Modellierungsmethodenebene weist Metadaten- und Merkmalskataloge auf. Diese definieren einheitliche Vokabulare zur Annotation der Fach- und Linkmodelle im Multimodellcontainer sowie auch ihrer einzelnen Elemente. Die Einsatzmöglichkeiten von Metadaten- und Merkmalskatalogen werden in Teil I, Kap. 3 und 4 beschrieben.
- Die dritte Modellierungsmethodenebene repräsentiert Techniken zur Schemafilterung der Fachmodellschemas aus Ebene 1.
- Die vierte Modellierungsmethodenebene repräsentiert die mit den Filtern generierten Teilschemas bzw. Fachmodellsichten. Eine detaillierte Darstellung der im Projekt Mefisto eingesetzten Methode zur Definition von Fachmodellsichten findet sich in Teil I,

Kap. 3, während in Teil II, Kap. 9 die entwickelten Filtermethoden und ihre Umsetzung in Filterwerkzeuge erläutert werden.
- Die fünfte Modellierungsmethodenebene zeigt den Einsatz von modularen Referenzmodellen und Multimodellvorlagen bei der Erstellung von Fachmodellen und ihrer Kombination in einem Multimodell. Detaillierte Ausführungen der entsprechenden Modellierungsmethoden finden sich in Teil II, Kap. 9, 13–15 und 17 und anwendungsorientiert in Teil I, Kap. 7.
- Die sechste Modellierungsmethodenebene repräsentiert schließlich die Bearbeitung und weitere Verwendung der Fachmodellinstanzen im Multimodell. Die durch Modelloperationen umgesetzten Methoden zum Anfragen, Erstellen, Veröffentlichen, Prüfen und Weiterbearbeiten von Multimodellen werden in Teil II sowie auch im Rahmen der Anwendungsszenarien in Band 2, Teil I und II beschrieben. Abb. 1.6 illustriert in Ebene 6 exemplarisch das Filtern eines Fachmodells FM1 zu einem Teilfachmodell FM2.

Die folgenden Abschnitte geben zunächst einen Überblick über die ergänzenden Spezifikationen der zweiten und dritten Modellierungsmethodenebene, die in den Kapiteln von Teil A erläutert werden. Einen Überblick über die weiteren Modellierungsmethoden der dritten, vierten und fünften Ebene bietet Teil II, Kap. 9.

1.6.3 Metadatenkataloge

Eine weit verbreitete Form ergänzender Modellspezifikationen sind Merkmalskataloge, auch als Metadaten- oder Attributkataloge bezeichnet, mit denen die Attributierung und die Annotationen der Modelle im Unternehmen oder im Projekt harmonisiert werden können. Um eine einheitliche Attributierung zu erreichen, müssen in einem Attributkatalog Vorgaben sowohl für die Attributnamen, d. h. den sog. Schlüssel, als auch für die jeweils verwendbaren Attributwerte, Wertebereich, gemacht werden. Darüber hinaus muss festgelegt werden, für welche Fachmodelle oder Fachmodellteile und Anwendungsbereiche diese Vorgaben gelten, d. h. es ist ein Metadatenschema zu erstellen.

Die Attributierung der Fachmodelle kann sowohl auf der Ebene der Modellinhalte als auch auf der Ebene der Metadaten erfolgen. Entsprechend werden teilweise unterschiedliche Bezeichnungen für die eingesetzten Techniken genutzt. Der Einsatz von Metadaten wird durch Metadatenkataloge festgelegt, denen ein Metadatenschema und ein Metadatenvokabular zugrunde liegen. Bei der Attributierung der Modellelemente wird auch von Merkmalskatalogen, Merkmalsarten und Merkmalsskalen gesprochen.

Im Projekt Mefisto wurde der Einsatz von Metadatenkatalogen, insbesondere bei der Annotation der Fach- und Linkmodelle im Multimodellcontainer sowie bei der Attributierung von Bauwerkselementen in IFC Modellen, untersucht.

In Teil I, Kap. 3 wird die Erweiterung der Fachmodellspezifikationen am Beispiel von IFC dargestellt und anhand des IFC Standards werden die Möglichkeiten, Vorgaben für freie Objekteigenschaften zu machen und externe Merkmalskataloge und Klassifikationen einzusetzen, diskutiert. Darüber hinaus wird gezeigt, wie mithilfe geschickter Vorgaben auch wiederverwendbare Objekttypen definiert werden können.

In Teil I, Kap. 4 wird das ganzheitliche Ontologieframework für die Annotation und Analyse der Modellinformationen auf der Mefisto Plattform präsentiert. In der formalen, semantischen Sprache OWL2 definiert sie semantische Kategorien sowohl für unterschiedliche Modelle, z. B. Multimodelle, Fach- und Linkmodelle und ihre Elemente, z. B. Fachmodellelement und Link, als auch zugehörige Attributkataloge. Genutzt werden kann das Ontologieframework zunächst für die Annotation und weitere Differenzierung von Modellen und Modellinhalten. Darüber hinaus bietet es die Grundlage für den Aufbau von Wissensbanken zur materiellen Integration und Überprüfung der verteilten Modellinhalte sowie zur weiteren Identifikation von modellinternen oder auch modellübergreifenden Systemen.

1.6.4 Modellfilter und Modellsichten

Ausgehend von den Datenschemas der Fachmodelle können weitere Fachmodellsichten, allgemein als Subschemas oder Modellsichten, model views, bezeichnet, entwickelt werden. Eine Fachmodellsicht oder Fachteilmodelle bilden nur ausgewählte Teile des ursprünglichen Gegenstandbereiches ab, die in bestimmten Anwendungsbereichen erforderlich sind. Die Einschränkungen der abbildbaren Objekttypen sowie ihrer Eigenschaften werden dabei im Allgemeinen so gewählt, dass alle auf der Modellsicht basierenden Modelle auch hinsichtlich des ursprünglichen Fachmodellschemas valide sind.

Die Methoden und Werkzeuge, die im Projekt Mefisto für das Filtern von Datenschematas entwickelt und eingesetzt wurden, werden in Teil I, Kap. 3 und für das Filtern von instanziierten Modellen, den Fachmodellen, in Teil II, Kap. 14 und 16 beschrieben. Es werden die Spezifikation und Dokumentation für die Erstellung und Anwendung unterschiedlicher Modellsichten des IFC Schemas sowie detailliert Filtermethoden und -werkzeuge dargestellt. Die Vielzahl der möglichen Filteraspekte und korrespondierenden Methoden wurden zu einem generischen, modularen Filterwerkzeugkasten BIMfit zusammengefasst, der leicht für weitere Filteraspekte erweitert werden kann.

1.7 Dienstplattform für die verteilte, multimodellbasierte Zusammenarbeit

Die Infrastruktur für die kollaborative Nutzung der Multimodelle bietet die Mefisto Plattform. Sie ist eine semantische Dienstplattform, die die eingesetzten Softwaresysteme der Bauprojektpartner vernetzt und den koordinierten Austausch von Multimodellcontainern unterstützt. Der Aufbau der Mefisto Plattform wird in Teil I, Kap. 5 vorgestellt, ihre Funktionalität und ihr Einsatz als virtuelle Organisation eines Bauprojekts wird von [37] und in Teil I, Kap. 6 beschrieben.

Die Mefisto Plattform ermöglicht zuerst die Vernetzung der Bausoftwareanwendungen unterschiedlicher Projektpartner. Durch die Erweiterung der Fachanwendungen um einheitliche Webserviceschnittstellen oder die Externalisierung einzelner Komponenten als Webservices entstehen fachspezifische Anwendungsdienste, die über die zentralen Plattformdienste interagieren können. Im Projekt Mefisto wurden prototypisch die bestehenden Fachanwendungen GRANID für den Einsatz beim AG von der gibGREINER GmbH und RIB iTWO für den Einsatz beim AN von RIB Software AG mit den Plattformdiensten verbunden.

Die zentralen Plattformdienste stellen unterschiedliche Funktionen für das Zusammenwirken der Anwendungs- und Plattformdienste sowie für die Zusammenarbeit der Anwender zur Verfügung.

Die Plattformdienste der Informationslogistik verwalten die dezentralen Anwendungsdienste und zentralen Verwaltungsdienste genauso wie ihre Nutzer. Grundlage sind semantische Modelle der Serviceinfrastruktur und der Virtuellen Organisation von Bauprojekten (Teil I, Kap. 6). Darüber hinaus ermöglichen sie die Verwaltung der Multimodellcontainer, die über die Plattform ausgetauscht wurden sowie die Steuerung dieser Kommunikation auf der Grundlage von Workflowmodellen.

Die Plattformdienste zum Multimodellmanagement umfassen einen zentralen Datenspeicher sowie einen webbasierten Viewer für Multimodellcontainer, den Multimodellnavigator (Teil II, Kap. 21). Darüber hinaus bieten sie zentrale Dienste für das Filtern von IFC Modellen mit BIMfit (Teil II, Kap. 14) sowie von Multimodellen mit der M2A2 Plattform (Teil II, Kap. 15).

Die Plattformdienste zur Vorlagenverwaltung stellen zum einen Vokabulare für die einheitliche Annotation des Multimodellcontainers im Projekt bereit, indem sie z. B. die Modelldomänen, Projektphasen, Detailstufen und den Bearbeitungsstatus eines Projekts definieren. Zum anderen verwalten die Dienste zentrale Kataloge mit Modellierungsvorlagen (a) für Multimodellcontainer durch sogenannte Multimodellvorlagen, Multimodelltemplates, MMT (Teil II, Kap. 13), (b) für die Prozessmodellierung mithilfe von Referenzprozessen (Teil II, Kap. 10) und (c) für Baugeräte und Baustelleneinrichtungen in einem Baugerätekatalog (Teil I, Kap. 7) und (Band 2, Teil I, Kap. 3).

1.8 Anwendung und Demonstration der Multimodelltechniken

Die Methoden und Techniken für Multimodelle wurden für eine Reihe von Anwendungsszenarien entwickelt und im Rahmen von zwei Bauprojekten (Teil I, Kap. 7) und einer interaktiven Kommunikationsstudie (Teil I, Kap. 8) erprobt.

Für den Entwurf der Modellierungsmethoden und Softwarewerkzeuge wurden umfassende Anwendungsszenarien ausgearbeitet [37]. Sie zeigen die einzelnen Prozessschritte auf, in denen Multimodelle bei AG und AN in unterschiedlichen Projektphasen eingesetzt werden können (Teil II, Kap. 23). Im Mittelpunkt der Untersuchungen standen dabei die Prozesse:

- zur Ausschreibung und Angebotsbearbeitung
- zur Baustelleneinrichtungsplanung
- zur Logistikplanung und -simulation
- zur Bauablaufplanung und Montagesimulation
- zur Leistungsänderung und Nachtragsabwicklung
- zur Leistungsfeststellung
- zum Leistungs-, Termin-, und Kostencontrolling
- zum Risikomanagement

Die Beiträge der Buchteile C und D beschreiben die verschiedenen Prozesse der Anwendungsszenarien im Detail und diskutieren den jeweiligen Einsatz der entwickelten Modellierungsmethoden und -werkzeuge. Die für die Szenariomodellierung eingesetzten Methoden werden in Teil II, Kap. 9 vorgestellt.

Für die Erprobung und Präsentation der Entwicklungen wurden zwei Bauprojekte ausgewählt und als fiktive Mefisto Projekte aufgebaut. Es entstanden so das Mefisto Hochhaus und der Mefisto Flughafenterminal. Auf der Datengrundlage der realen Bauprojekte wurden für jedes fiktive Projekt mehrere Multimodelle erstellt (Teil I, Kap. 7), die in den unterschiedlichen Szenarien zum Testen eingesetzt wurden.

- Mefisto Flughafenterminal: Beim Mefisto Flughafenterminal wurden Szenarien zur Ausschreibung und Angebotsbearbeitung, zum Leistungs-, Termin-, und Kostencontrolling sowie insbesondere zur Logistikplanung und -simulation, zur Leistungsänderung und Nachtragsabwicklung, zur Leistungsfeststellung und zum Risikomanagement aufgebaut.
- Mefisto Hochhaus: Beim Mefisto Hochhaus wurden Szenarien zur Ausschreibung und Angebotsbearbeitung, zum Leistungs-, Termin-, und Kostencontrolling sowie insbesondere zur Baustelleneinrichtungsplanung, Bauablaufplanung und Montagesimulation ausgearbeitet.

In Teil I, Kap. 7 wird detailliert die Erstellung der Multimodelle des Mefisto Flughafenterminals und Mefisto Hochhaus beschrieben. Neben den Inhalten der unterschiedlichen Multimodelle wird in Teil I, Kap. 7 auch die Möglichkeit, Bauwerks- und andere Fachmodelle zu strukturieren, zu attributieren und zu verlinken, diskutiert.

Es wird gezeigt, wie im Verlauf eines Projekts die Fachmodelle weiter detailliert und ihre Elemente durch Expansion untergliedert werden können. Neben klassischen CAD und AVA Anwendungen für das Bauwesen werden hierbei auch CAD Systeme aus dem Maschinenbau und neue 5D Anwendungen eingesetzt. Nach der Expansion eines Fachmodells müssen zunächst die abhängigen Fachmodelle und ihre Verlinkungen entsprechend angepasst werden. Darüber hinaus ist es häufig erforderlich, neu erstellte Modellinformationen und Analyseergebnisse wieder im Hinblick auf die ursprünglichen, gröberen Modellstrukturen durch Verdichtung zusammenzufassen.

Zusätzlich zur prototypischen Anwendung und Demonstration der Projektentwicklungen unter Forschungsbedingungen wurde der Einsatz modellbasierter Softwareanwendungen und Multimodelltechniken auch in praxisnahen Situationen der verteilten Projektkollaboration betrachtet. Die Ergebnisse dieser Untersuchungen sind in Teil I, Kap. 8 dokumentiert.

1.9 Software für Multimodelle und BIM

Im Rahmen des Projekts Mefisto ist eine Reihe von Softwarewerkzeugen entstanden, mit denen die Vorgehensweise und die entwickelten Methoden für den Umgang mit Multimodellen und mit BIM im Allgemeinen erprobt wurden. Diese Softwarewerkzeuge sind in Tab. 1.1 und Tab. 1.2 aufgelistet. Alle Softwareanwendungen die in Tab. 1.1 aufgelistet sind, stehen zur freien, nicht kommerziellen Nutzung zur Verfügung und können von der

Tab. 1.1 Softwareanwendungen – Public Domain

<table>
<tr><th>Name</th><th>Hersteller/Vertrieb</th><th>Status</th><th>Lizenz</th></tr>
<tr><td rowspan="2">M2A2
Multimodell Filter- und Analyseplattform</td><td>TU Dresden
Institut für Bauinformatik</td><td>Prototyp</td><td>frei für nicht kommerzielle Verwendung</td></tr>
<tr><td colspan="3">Universelle Multimodellplattform
Plattform zur Erzeugung und Analyse von Multimodellen - bestehend aus beliebigen heterogenen, domänenübergreifenden Fachmodellen
Programmatische Erweiterungsmöglichkeiten für Fachmodellparser,-filter und -viewer
Deklarative Erweiterungsmöglichkeit für XML basierte Fachmodelle
Multimodellabfragesprache MMQL inkl. Editor und Interpreter
MMQL Server auf TCP/IP Basis
Multimodell Viewer
Wiederverwendbare Softwarekomponenten zur Erstellung beliebiger Multimodellanwendungen</td></tr>
<tr><td rowspan="2">CoMa
Plattform
Collaboration Manager</td><td>TU Dresden
Institut für Bauinformatik</td><td>Prototyp</td><td>frei für nicht kommerzielle Verwendung</td></tr>
<tr><td colspan="3">Lokale Version des Plattform Collaboration Manager zum Bearbeiten von Multimodellvorlagen und Annotationsvokabularen</td></tr>
<tr><td rowspan="2">ProCon
Processconfigurator</td><td>TU Dresden
Institut für Bauinformatik</td><td>Prototyp</td><td>frei für nichtkommerzielle Verwendung</td></tr>
<tr><td colspan="3">Editor für das Instanziieren und Editieren von IFC basierten Prozessmodellen</td></tr>
<tr><td rowspan="2">M2V
Multimodell-visualisierungen</td><td>TU Dresden
Institut für Bauinformatik</td><td>Prototyp</td><td>GPL, LGPL, BSD & EPL</td></tr>
<tr><td colspan="3">Java Framework zum Erstellen von Visualisierungsmodellen aus bauspezifischen Domainmodellen und Visualisierungskonfigurationen, modulare Architektur erweiterbar um Domain- und Visualisierungsmodelle</td></tr>
</table>

Tab. 1.1 (Fortsetzung)

<table>
<tr><th>Name</th><th>Hersteller/Vertrieb</th><th>Status</th><th>Lizenz</th></tr>
<tr><td rowspan="2">CST
Construction
Simulation Toolkit</td><td>TU Dresden
Institut für Bauinformatik</td><td colspan="2">frei für nicht kommerzielle Verwendung</td></tr>
<tr><td colspan="3">CST ist ein prozessbasierter Simulationsbaukasten für die Bauindustrie. CST ermöglicht eine schnelle und realitätsnahe Modellierung der Unikatprozesse im Bauwesen und bietet verschiedene Import- und Exportdatenschnittstellen sowie Validierungs- und Verifikationsmethoden</td></tr>
<tr><td rowspan="2">BIMfit</td><td>TU Dresden
Institut für Bauinformatik</td><td>Version 1.5</td><td>AGPL, Apache 2.0, New BSD, MIT, LGPL & Clearthrough 2.0</td></tr>
<tr><td colspan="3">BIMfit ist ein modularer Werkzeugkasten zur Filterung und Abfrage von IFC Gebäudemodellen. BIMfit bietet eine Vielzahl von generischen, semantischen und algorithmischen Filterbasisfunktionen, die flexibel miteinander kombiniert und zu erweiterten domäne- und anwendungsspezifischen Filteroperationen zusammengesetzt werden können</td></tr>
<tr><td rowspan="2">Multimodellnavigator</td><td>TU Dresden
Institut für Bauinformatik</td><td>Webservice</td><td>frei für nicht kommerzielle Verwendung</td></tr>
<tr><td colspan="3">Web Applikation, um die Multimodellcontainer online zu verwalten. Sie bietet eine benutzerfreundliche Oberfläche, um neue Multimodellcontainer zu registrieren, die Struktur der vorhandenen Container symbolisch zu präsentieren und Online Viewer für die Daten aus verschieden Fachmodellen: Mefisto XML Terminpläne, Mengenermittlung sowie das Linkmodell</td></tr>
<tr><td rowspan="2">ProSIM
online Simulation-
Schnittstelle</td><td>TU Dresden
Institut für Bauinformatik</td><td>Webservice</td><td>frei für nicht kommerzielle Verwendung</td></tr>
<tr><td colspan="3">Die ProSIM Web basierte Schnittstelle ermöglicht es, die Simulationsmodelle, die mit dem Construction Simulation Toolkit, CST, erstellt wurden, online darzustellen. Das macht die Kollaboration zwischen dem Fachplaner und dem Simulanten viel effektiver und schafft eine höhere Transparenzebene.
Simulationsmodelle für Mefisto Hochhaus/ Flughafenterminal:
• Mefisto Hochhaus
http://mefisto-bau.de/simweb/
• Mefisto Flughafenterminal (Angebotphase + Top-Down Methode)
http://bci52.cib.bau.tu-dresden.de:3000/sim_models/3
• Mefisto Flughafenterminal (Rohbau für eine Etage)
http://bci52.cib.bau.tu-dresden.de:3000/sim_models/8</td></tr>
<tr><td rowspan="2">M2G</td><td>TU Dresden
Institut für Bauinformatik</td><td>Webservice</td><td>frei für nicht kommerzielle Verwendung</td></tr>
<tr><td colspan="3">Geovisualisierung des geplanten Baustellenzustands mit Google Earth</td></tr>
</table>

Tab. 1.1 (Fortsetzung)

Name	Hersteller/Vertrieb	Status	Lizenz
SiteSim Editor	Ruhr Universität Bochum Lehrstuhl für Informatik im Bauwesen	Beta	Auf Anfrage
	Konfiguration von Logistiksimulationen aus Multimodellen Import des Multimodellcontainers, Darstellung der Mengenströme Definition der Liefer- und Verpackungseinheiten der Materialien Definition der Lieferketten und Transportmittel, Definition der Restriktionen der Logistikprozesse, Verwaltung der Szenarien Darstellung der Ergebnisse		
Billie, BISL	TU Dresden Institut für Bauinformatik	frei für nicht kommerzielle Verwendung	
	Building Information Stylesheet Engine (BISL Processor) Java-Framework zum Erstellen von Visualisierungsmodellen aus bauspezifischen Domainmodellen und Visualisierungskonfigurationen, modulare Architektur erweiterbar um Domain- und Visualisierungsmodelle		
VISO	TU Dresden Institut für Software- und Multimediatechnik	Prototyp	Creative Commons, Attribution-ShareAlike 4.0
	Die Visualization Ontology, VISO, ist eine modulare Ontologie aus der Domäne der Informationsvisualisierung. Sie strukturiert und formalisiert insbesondere Konzepte und Relationen aus den Bereichen Daten, graphische Komposition und graphische Repräsentationen. Sie bietet damit ein anwendungsübergreifend nutzbares Vokabular zur eindeutigen Identifikation und Referenzierung von Domänenwissen https://github.com/viso-ontology		

Webseite http://www.mefisto-bau.de/resources/resources_software.html kostenlos heruntergeladen werden. In Tab. 1.2 sind alle kommerziellen Softwareanwendungen aufgelistet, die im Rahmen des Projekts Mefisto für die BIM und die Multimodellarbeitsweise erweitert wurden oder die wesentliche Bausteine in der BIM Anwendungskette darstellen.

1.10 Modelldaten

Für das Studium der BIM und der Multimodellarbeitsweise sowie zum Testen der entwickelten Methode und Softwarewerkzeuge wurden zwei reale Bauprojekte in wesentlichen Teilen in BIM und Multimodellen abgebildet (Teil I, Kap. 7). Die dabei entstandenen Multimodelldaten stehen interessierten Nutzern zum kostenfreien Herunterladen von der Website http://www.mefisto-bau.de/resources/resources_models.html zur Verfügung. Einen Überblick über alle Modelldaten gibt Tab. 1.3.

Tab. 1.2 Softwareanwendungen – Kommerziell

Name	Hersteller/Vertrieb	Status	Lizenz
SolidWorks	Solidpro GmbH	Version 2014	kommerziell
	Solidpro ist Dassault Systèmes SolidWorks Partner. SolidWorks ist ein produktmodellbasiertes CAD System mit kinematischer Funktionalität, extensiver parametrischer Funktionalität und Bibliotheksfunktionen		
RIB iTWO	RIB Software AG	Version 2013	kommerziell
	RIB iTWO ist ein 5D Softwaresystem für ein ganzheitliches BIM Projektmanagement und stellt damit eine technisch hochentwickelte ERP Lösung für das Bauwesen dar. In RIB iTWO können ganzheitlich Leistungsspezifikation, Kostenermittlung, Terminplanung, Mengenermittlung bearbeitet, verwaltet und gemanagt werden		
GRANID	gibGREINER GmbH	Version 6.0	kommerziell
	GRANID ist eine modellbasierte Plattform für das Projektcontrolling. Diese unterstützt die Abwicklung von Investitionsprojekten aus Sicht des Investors beginnend mit der Bedarfsplanung bis zur Inbetriebnahme. Auf der Basis von Bauwerksmodellen erhält der Bauherr alle relevanten Controlling Informationen zu den Themen Kosten, Finanzen, Termine, und Risiken. Diese bilden ein integriertes Controllingmodell. Gleichzeitig haben die Fachinformationen einen direkten Bezug zu den Planungs- und Realisierungsprozessen in den jeweiligen Projektphasen		
PlantSimulation	Siemens PLM Software/ SimPlan AG	Version 10.0	kommerziell
	PlantSimulation ist eine diskrete, ereignisorientierte Simulationsumgebung, die sich für die Modellierung aller Arten von produktionslogistischen Abläufen in unterschiedlichen Branchen eignet. Die Qualität wird durch die branchenspezifische Modellierung bestimmt, die u. a. von der Firma SimPlan AG, ein Siemens Partner, angeboten wird		
Simulation Tool Shipbuilding (STS)	SimPlan AG/RUB/Flensburger Schiffbauges.		kommerziell
	Der Baukasten STS ist eine Objektbibliothek zur Spezialisierung der Simulationsumgebung PlantSimulation für die Sparten Schiffsbau und Bauwesen. Mit einer Reihe spezialisierter Objekte lassen sich Unikatprozesse wesentlich schneller und effizienter modellieren als mit der Basisversion von PlantSimulation. Es handelt sich um eine Gemeinschaftsentwicklung mehrerer Partner. Die Basisentwicklung wurde vor mehr als zehn Jahren von der Flensburger Schiffbaugesellschaft begonnen. Die Vermarktung erfolgt durch die SimPlan AG		

Tab. 1.2 (Fortsetzung)

Name	Hersteller/Vertrieb	Status	Lizenz
Revit	Autodesk	Version 2014	kommerziell
	Revit ist ein mehrere Planungsprodukte umfassender Technologiezweig von Autodesk für Architekten, Gebäudetechniker und Tragwerksplaner. Revit ist objektorientiert und unterstützt die neue BIM Technologie. Revit besteht aus Revit Structure für die Tragwerksplanung im konstruktiven Ingenieurbau und Hochbau, Revit Architecture für die Gebäudeplanung sowie Revit MEP für die Gebäudetechnik		
Allplan	Nemetschek Allplan Systems GmbH	Version 2014	kommerziell
	Allplan ist ein BIM basiertes CAD System der Firma Nemetschek Allplan Systems GmbH, einer Tochter der Nemetschek AG, für Architekten, Bauingenieure und Bauausführende. Allplan wird seit 1984 angeboten und unterstützt den Planungs- und Bauprozess von Gebäuden hinsichtlich Qualität, Kosten und Zeitaufwand		
SketchUp	Trimble Navigation Ltd.	Version 14	kommerziell
	SketchUp ist eine Software zur Erstellung eines dreidimensionalen Modells am Computer. Von diesem Modell können Bilder oder Animationen erstellt werden. Aufgrund der schnellen Arbeitsweise und des Erscheinungsbildes der Ergebnisse spielt der Name auf die klassische Handskizze an. Die erstellten Modelle können direkt zu Google Earth hochgeladen werden. Die Software wurde von „@Last Software" für den Architekturbereich konzipiert und steht seit August 2000 zur Verfügung		

1.11 Zusammenfassung und Ausblick

Im Projekt Mefisto wurde ein Managementführungssystem für das partnerschaftliche, prozessgesteuerte und risikokontrollierte Bauen entwickelt. Infrastruktur des Führungssystems ist die Mefisto Plattform, eine semantische Dienstplattform, die modellbasierte Planungs- und Controllingsysteme und zentrale Plattformdienste vernetzt.

Neue Möglichkeiten für die verteilte, modellbasierte Projektkollaboration bietet das Projekt Mefisto insbesondere mit den entwickelten Methoden und Werkzeugen für Multimodelle. Im Bauprojektmanagement ermöglichen Multimodelle die Kombination und Verlinkung digitaler Bauwerksmodelle mit anderen Leistungs-, Kosten-, Termin- und Risikomodellen. Sie bieten die Grundlage für die transparente Darstellung komplexer Bauaufgaben und die effiziente Erstellung von Analysemodellen, beides grundlegende Komponenten eines Managementführungssystems.

Multimodelle können mit dem Multimodellcontainer ausgetauscht und zur Koordination der verteilten Projektkollaboration eingesetzt werden. Sie können asynchron und verteilt bearbeitet werden und in Planungs- und Controllingaufgaben lokal fortgeschrieben oder global als Grundlage für die Ausarbeitung weiterer Fachmodelle veröffentlicht wer-

Tab. 1.3 Übersicht der frei zur Verfügung stehenden Multimodelldaten

ID	Phase	Enthaltene Fachmodelle
Mefisto Hochhaus		
12	Angebot	Bauwerksmodell, Grobterminplan, Rahmenterminplan, Angebot-LV, Mengenmodell, Angebotskalkulation
13	Ausschreibung	Bauwerksmodell, Rahmenterminplan, Ausschreibung LV, Mengenmodell, Ausschreibungskalkulation
14	Vertrag	Bauwerksmodell, Rahmenterminplan, Grobterminplan, Angebot-LV, Mengenmodell, Auftragskalkulation
15	Ausführung	Bauwerksmodell, Baustellenmodell, Rahmenterminplan, Grobterminplan, Taktterminplan, Controllingsterminplan, Ausführung LV, Mengenmodell, Arbeitskalkulation
Mefisto Flughafenterminal		
1	Angebot-Fertigteilvariante	Bauwerksmodell, Grobterminplan, LV mit Preisen, Mengenmodell, Angebotskalkulation
9	Angebot Ortbeton	Bauwerksmodell, Grobterminplan, LV mit Preisen, Mengenmodell, Angebotskalkulation
6	Ausschreibung	Bauwerksmodell, Rahmenterminplan, LV ohne Preisen, Mengenmodell
2	Vertrag Ortbeton	Bauwerksmodell, Detailterminplan, vertraglich vereinbartes LV mit Preisen, LV Mengenmodell, Vertragskalkulation
4	Ausführung	Bauwerksmodell, Baustellenmodell, Detailterminplan, Ausführung LV, Mengenmodell, Ausführungskalkulation
11	Leistungsfeststellung	Bauwerksmodell, Leistungsfeststellung für die Projektmonat 4–8, LV
8	Nachtragsangebot-Hauptträger	Bauwerksmodell (Istmodell), Rahmenterminplan, Baufortschritt, LV mit Leistungsmeldung und Nachtragspositionen, Mengen für Nachtragspositionen
Baugeräte		
5	Turmdrehkran Liebherr LH 180 ECH 10	Kranmodell in zwei LoD, einmal detailliert, einmal vereinfacht für die Simulation

Die Multimodelle sind unter http://bci52.cib.bau.tu-dresden.de:3000/multi_model_containers/ID verfügbar

den. Im Vergleich zu den häufig verfolgten, zentralen Projekt- oder Produktmodellservern stellt dieser Ansatz einen Paradigmenwechsel dar und bietet die Möglichkeit, auch sehr große und komplexe Bauprojekte zu beherrschen.

Das Multimodell und der Multimodellcontainer sind zunächst generisch und machen keinerlei Vorgaben für die fachlichen Inhalte der Fach- und Linkmodelle. Dies ermöglicht die flexible Nutzung etablierter Datenformate aus unterschiedlichen Industriebereichen und Ländern und unterstützt die Weiterverwendung bestehender Softwareanwendungen.

Die Beiträge von Teil I diskutieren zuerst die allgemeinen Datenspezifikationen für Multimodelle sowie mögliche ergänzende Spezifikationen, um den effektiven Einsatz der Multimodelle im Bauprojektmanagement zu ermöglichen. Die Methoden zur Bearbeitung von Multimodellen werden in Teil II und die untersuchten Anwendungen von Multimodellen in Band 2, Teile I und II beschrieben.

Insgesamt bieten die Entwicklungen für die multimodellbasierte Kollaboration neue Möglichkeiten, modellbasierte Projektinformationen flexibler erstellen, integrieren, synchronisieren und weiterverwenden und vor allem ohne Datenverlust formell austauschen zu können. Auf Grundlage der erarbeiteten Methoden eröffnet sich ein breites Spektrum weiterer Forschungs- und Entwicklungsthemen, die den Einsatz von Multimodellen im Bauprojektmanagement weiter fördern und die Kooperation in Bauprojekten sowie das Projektmanagement essentiell verbessern werden. Hierzu sollten besonders die Methoden und Softwarewerkzeuge weiter ausgearbeitet werden:

- für die Definition von Modellinhalten und -qualitäten, um die Fachmodelle gezielter erstellen und effektiver prüfen zu können
- für die Definition und Auswertung der Linkmodelle, um die unterschiedlichen Linkstrukturen unter den Fachmodellen eines Bauprojekts genauer erfassen zu können
- für die hierarchische Modellierung, um aussagekräftige Fachmodelle bei geringer Komplexität und minimiertem Modellierungsaufwand zu erhalten
- für den Aufbau von Simulations- und Analysemodellen, um die Konsequenzen der Planung und Ausführung effektiver vorhersagen zu können

Literatur

1. GAEB (2007) GAEB-Datenaustausch XML, Version 3.1, Ausgabe 2007.11.20, Deutsches Institut für Normung e V, www.gaeb-da-XML.de
2. ISO 16739 (2013) Industry Foundation Classes (IFC) for data sharing in the construction and facility management industries. International Organization for Standardization, Geneva, Switzerland (in der Version 4.0)
3. Tolman F, Poyet P (1995) The ATLAS models. In: Scherer RJ (Hrsg) European conference on product and process modelling (ECPPM), ISBN 90-5410-584-8. Balkema, Rotterdam, S 473–477
4. Augenbroe G (1994) An overview of the COMBINE project. In: Scherer RJ (Hrsg) European conference on product and process modelling 1994, ISBN 90-5410-584-8. Balkema, Rotterdam
5. Scherer RJ, Katranuschkov P (1993) Architecture of an object-oriented product model prototype for integrated building design. In: 5th international ASCE conference on computing in civil and building engineering, Anaheim, Kalifornien
6. Katranuschkov P (1994) COMBI: integrated product model. In: Scherer RJ (Hrsg) European conference on product and process modelling 1994, ISBN 90-5410-584-8. Balkema, Rotterdam
7. Eastman C (1999) Building product models: computer environments supporting design and construction. CRC Press, Boca Raton
8. Scherer RJ (1998) A framework for the concurrent engineering environment. In: Amor R (Hrsg) European conference on product and process modelling 1998, Building Research Establishment, Watford, Clowes Group, Beccles, Suffolk, UK

9. ISO 10303-225 (1999) Industrial automation systems and integration – product data representation and exchange – Part 225: Application protocol: building elements using explicit shape representation. International Organization for Standardization, Geneva, Switzerland
10. Haas W (2000) STEP and its application in the construction industry. In: Goncalves R, Steiger-Garcao A, Scherer R (Hrsg) European conference on product and process modelling 2000, ISBN 90-5809-179-1. Balkema, Rotterdam
11. Haas W (1994) Data exchange of 3D building models based on STEP. In: Scherer RJ (Hrsg) European conference on product and process modelling 1994, ISBN 90-5410-584-8. Balkema, Rotterdam
12. Ward MA, Watson AS (1996) Working Draft. ISO 10303 Part 230 Building structural frame: steelwork. University of Leeds
13. Jardim-Gonçalves R (1998) ESPRIT #22056: the funStep project – integration of product and business data for furniture industry. In: Amor R (Hrsg) European conference on product and process modelling 1998, Building Research Establishment, Watford, Clowes Group, Beccles, Suffolk, UK
14. Watson A, Crowley A (1995) CIMsteel integration standards. In: Scherer RJ (Hrsg) European conference on product and process modelling 1994, ISBN 90-5410-584-8. Balkema, Rotterdam, Niederlande, S 491–494
15. CIS/2 and IFC – product data standards for structural steel. Website http://cic.nist.gov/vrml/cis2.html, last access 09.05.2014
16. Scherer RJ, Wasserfuhr R, Katranuschkov P, Hamann D, Amor R, Hannus M, Turk Z (1997) A concurrent engineering IT environment for the building construction industry. In: Proceedings of the conference on integration in manufacturing, Dresden, Germany
17. Scherer RJ, Katranuschkov P (2006) From data to model consistency in shared engineering environments. In: Smith IFC (Hrsg) Intelligent computing in engineering and architecture. Lecture notes in artificial intelligence (LNAI), Bd 4200. Springer, Berlin
18. Willenbacher H, Hübler R (2004) Intelligent link-management for the support of integration in building life cycle. In: Proceedings of 10th international conference on computing in civil and building engineering (ICCBE-x), Weimar
19. Kiviniemi A, Fischer M, Vladimir Bazjanac V (2005) Multi-model environment: links between objects in different building models. In: Proceedings of CIB-W78 conference on information technology in construction, Dresden
20. Firmenich B, Rank E (2007) Überblick zum themenbereich verteilte produktmodelle. In: Rüppel U (Hrsg.) Vernetzt-kooperative Planungsprozesse im Konstruktiven Ingenieurbau: Grundlagen, Methoden, Anwendungen und Perspektiven zur vernetzten Ingenieurkooperation. Springer, Berlin
21. Weise M, Katranuschkov P, Scherer RJ (2004) Generic services for the support of evolving building model data, ISBN 3-86068-213-X (abstracts). In: Proceedings (CD-ROM) of the xth international conference on computing in civil and building engineering – ICCCBE, Weimar, Germany, paper no. 016
22. Nour MM, Firmenich B, Richter T, Koch C (2006) A versioned IFC database for multi-disciplinary synchronous cooperation. In: Proceedings of 11th international conference on computing in civil and building engineering (ICCBE-XI), Montreal, Canada. http://www.uni-weimar.de/cms/fileadmin/bauing/files/professuren/bauinf/Publikationen/ICCCBE/06NourFirmenichRichterKoch.pdf
23. Koch C, Firmenich B (2011) An approach to distributed building modeling on the basis of versions and changes. Adv Eng Inform 25(2):297–310. http://www.sciencedirect.com/science/article/pii/S1474034610001059

24. Hartmann D (2007) Überblick zum Themenbereich Agentensysteme. In: Rüppel U (Hrsg) Vernetzt-kooperative Planungsprozesse im Konstruktiven Ingenieurbau: Grundlagen, Methoden, Anwendungen und Perspektiven zur vernetzten Ingenieurkooperation. Springer, Berlin
25. Borrmann A, Filitz A, Günthner WA, Kisselbach A, Klaubert C, Schorr M, Sanladerer S (2011) Projektdaten zentral verwalten. In: Günthner W, Borrmann A (Hrsg) Digitale Baustelle- innovativer Planen, effizienter Ausführen. Springer, Berlin
26. Zhang L, Issa RRA (2012) BIM cloud computing adoption strategy in the AEC industry. In: Proceedings of international workshop: intelligent computing in engineering (eg-ice), Herrsching, Germany
27. Ye J (2009) Integrating data models, analysis and multidimensional visualizations. A unifed construction project management arena. PhD dissertation, University of British Columbia
28. Katranuschkov P, Gehre A, Scherer RJ (2003) An ontology framework to access IFC model data. Electron J Inf Tech Constr 8:413–437
29. Beetz J, van Leeuwen JP, de Vries B (2009) IfcOWL: a case of transforming EXPRESS schemas into ontologies. Artif Intell Eng Des Anal Manuf 23(1):89–101
30. Lima CP, Fiès B, Lefrancois G, Diraby TE (2003) The challenge of using a domain ontology in KM solutions: the e-COGNOS experience. In: 10th international conference on concurrent engineering ISPE, Funchal, Portugal
31. Lima CP, Fiès B, Silva C, Barresi S (2004) Setting up the open semantic infrastructure for the construction sector in Europe the FUNSIEC project. In: 5th European conference on product and process modelling (ECPPM), Istanbul, Turkey
32. Dolenc M, Katranuschkov P, Gehre A, Kurowski K, Turk Z (2007) The InteliGrid platform for virtual organisations interoperability. Electron J Inf Tech Constr 12:459–477, e-journal
33. Katranuschkov P, Scherer RJ (2008) BauVOGrid: a grid-based platform for the virtual organization in construction. In: Zarli A, Scherer R (Hrsg) eWork and eBusiness in architecture, engineering and construction, European conference on product and process modelling 2008 (Hardbook), ISBN 978-0-203-88332-7 (eBook). Taylor & Francis, London
34. Curry E, O'Donnell J, Corry E, Hasan S, Keane M, O'Riain S (2013) Linking building data in the cloud: integrating cross-domain building data using linked data. J Adv Eng Inform 27(2):206–219
35. Baumgärtel K, Katranuschkov P, Scherer RJ (2012) Design and software architecture of a cloud-based virtual energy laboratory for energy-efficient design and life cycle simulation. In: Gudnason G, Scherer R (Hrsg) eWork and eBusiness in architecture, engineering and construction. European conference on product and process modelling 2012, ISBN 978-0415621281. CRC Press/Balkema, Rotterdam
36. Scherer RJ, Schapke SE (2011) A distributed multi-model-based management information system for simulation and decision-making on construction projects. J Adv Eng Inform 25:582–599
37. Schapke S-E, Baling M, Hienz R, Muntzing H-D, Renz J, Zeller G (2010) Kontextadaptive Informationsräume. Dissertation, Technische Universität Dresden, Fakultät für Bauingenieurwesen, Institut für Bauinformatik, TU Dresden
38. Hilbert F (2015) Kontextadaptive Informationsräume. Dissertation, Technische Universität Dresden, Fakultät für Bauingenieurwesen, Institut für Bauinformatik, TU Dresden
39. Liebich T, Adachi Y, Forester J, Hyvarinen J, Karstila K, Wix J (2006) Industry Foundation Classes: IFC2× edition 3 TC1. Model Support Group, International Alliance for Interoperability
40. CPIXML. RIB Software AG. Website http://www.rib-software.com/en/main/about-rib/rib-magazine-transparent/transparent-37/mefisto-project-the-magic-of-a-new-vision.html, last access 09.05.2014

41. Hauptverband der Deutschen Bauindustrie e V (Hrsg) (2001) BGL Baugeräteliste 2001 – Technisch-wirtschaftliche Baumaschinendaten. Bauverlag, Gütersloh
42. Gehre A, Katranuschkov P, Scherer RJ (2007) Managing virtual organization processes by semantic web ontologies. In: Proceedings of 24th W78 conference, Maribor, Slovenia
43. Scheer AW (2000) Business process modeling, 3. Aufl. Springer, Berlin
44. Scheer AW, ARIS (2001) Modellierungsmethoden, Metamodelle Anwendungen, 4. Aufl. Springer, Berlin
45. REB (2009) Regelungen für die elektronische Bauabrechnung, Bundesministerium für Verkehr, Bau und Stadtentwicklung. Bundesministerium für Verkehr, Bau und Stadtentwicklung (BMVBS), Berlin
46. Sharmak W (2011) Dynamic network planning in construction projects using configurable reference process models. Dissertation, Technische Universität Dresden, Fakultät für Bauingenieurwesen, Institut für Bauinformatik, Heft 9
47. Extensible Markup Language (XML). Website http://www.w3.org/XML/, last access 09.05.2014
48. Lobin H (2000) Informationsmodellierung in XML und SGML. Springer, Berlin

Multimodell und Multimodellcontainer

2

Jürgen Demharter, Sebastian Fuchs, Sven-Eric Schapke und Raimar J. Scherer

Zusammenfassung

Mit dem generischen Multimodell wird eine allgemeine Methode zur Abbildung verknüpfter, heterogener Fachmodelle vorgestellt und mit dem Multimodellcontainer wird ein hierzu korrespondierendes, allgemeines Datenformat zum Austausch von Multimodellen präsentiert. Multimodelle und Multimodellcontainer werden anschließend für die Domäne des Bauprojektmanagements weiter spezialisiert. Dabei kommen Vokabulare zur Beschreibung von Fach- und Linkmodellen zum Einsatz. Diese Informationen über Modelldomäne, Projektphase, Detaillierung und Status werden als Metadaten gespeichert. Mit dieser Methode lassen sich auch Multimodellvorlagen erstellen, die Spezifikationen für die zu erzeugenden Multimodelle darstellen.

2.1 Einführung

Mit dem Übergang von bauwerksorientierter zu prozessorientierter Arbeitsweise erlangt die domänenübergreifende Bereitstellung von Informationen generell wachsende Bedeutung, bspw. bei der Erstellung von Controllingkennwerten oder der Vorbereitung von Simulationen des Bauablaufs, der Baukosten oder des Bauprojektrisikos. Allerdings können die aktuellen Datenmodelle im Bauwesen diese Herausforderung nicht allein meistern.

Multimodellierung ist eine Methode, um beliebig austauschbare Bauinformationsmodelle, BIM, aus unterschiedlichen Fachmodellen zusammenzustellen und als Einheit zu verknüpfen. Hierbei sind alle Modelle gleichberechtigt. Ein führendes Modell ist nicht not-

J. Demharter (✉)
RIB Software AG, Stuttgart, Deutschland

S. Fuchs · S.-E. Schapke · R.J. Scherer
Institut für Bauinformatik, Technische Universität Dresden, Dresden, Deutschland

R.J. Scherer, S.-E. Schapke (Hrsg.), *Informationssysteme im Bauwesen 1*,
DOI 10.1007/978-3-642-40883-0_2

wendig. Eine bauwerksmodellzentrierte Modellbildung ist möglich (Teil I, Kap. 7), aber nicht notwendig. Multimodelle bestehen aus heterogenen Fachmodellen und expliziten, externen Links zwischen deren Elementen [1, 2]. Der Ansatz ermöglicht die Überbrückung der Anwendungsgrenzen einzelner Fachmodelle. Die aufgabenspezifische Kombination etablierter Datenmodelle erlaubt deren optimierten Einsatz in Hinblick auf semantische Praktikabilität, Konfliktfreiheit sowie Kommunikation, Koordination und Benutzerakzeptanz. BIM ist in diesem Kontext nicht nur als Bauwerksinformationsmodell zu verstehen, sondern als Bauprojektinformationsmodell, kurz Bauinformationsmodell, im Sinne der in Teil I, Kap. 1 dargelegten Bedeutung von BIM als Building Information Modelling. BIM Modelle sind im eigentlichen Sinn Multimodelle, denn sie formen die notwendigen, umfassenden Informationsräume für die einzelnen Bauaufgaben innerhalb der Bauprozesse und können Informationen aus beliebigen Fachgebieten kombinieren.

Multimodelle stellen somit einen vielversprechenden Ansatz dar, um die kollaborative Bearbeitung sowie die Analyse von modellbasierten Projektinformationen über die Grenzen von Organisationen und Fachdisziplinen hinaus zu unterstützen. Im Folgenden wird der allgemeine Multimodellansatz erläutert sowie das Datenschema und das Datenformat vorgestellt, die spezifiziert wurden, um den interoperablen Austausch der Multimodelle auf der Mefisto Plattform zu ermöglichen.

2.2 Allgemeiner Multimodellansatz

2.2.1 Das generische Multimodell

Für einen Austausch von domänenübergreifenden Informationen mit Multimodellen muss der Zugriff auf die zugrunde liegenden Daten geregelt werden. Ein wesentlicher Aspekt ist dabei die Datenstruktur zur Bündelung und Verlinkung von Fachmodellen. Mit dem generischen Multimodell werden ein Datenschema sowie zugehörige Bedingungen und Metadaten zum neutralen Austausch und Zugriff auf Multimodelle beschrieben [3]. Der Ansatz erlaubt, wie im Folgenden gezeigt, die Einbeziehung von Fachmodellen aus beliebigen Domänen. Hierfür ist das Konzept Fachmodell ebenfalls zu verallgemeinern und es wird das Konzept Elementarmodell eingeführt. Elementarmodelle werden in diesem Zusammenhang wie folgt definiert:

▶ **Definition** Ein Elementarmodell *EM* ist eine übertragbare Instanz eines Datenmodells, das einen abgegrenzten Informationsraum mittels einer vereinbarten Semantik beschreibt, der nicht weiter unterteilt wird.

Das bedeutet u. a., dass ein Elementarmodell nicht zwangsläufig ein korrespondierendes, explizites Schema benötigt. Bspw. sind XML Dokumente ohne XSD möglich. Lediglich die Bedeutung der Daten muss dem Empfänger in irgendeiner Form bekannt sein.

Des Weiteren wird das Konzept des Linkmodells eingeführt:

▶ **Definition** Ein Linkmodell *LM* ist eine serialisierbare, übertragbare Instanz eines Datenmodells mit zugehörigem Schema, das Referenzen zwischen Elementen verschiedener Elementarmodelle, sogenannte Links, speichert.

Linkmodelle ermöglichen somit die Speicherung und den Austausch von Verknüpfungen sog. Links zwischen Elementarmodellelementen in einer einheitlichen Art und Weise. Die Identifikation von Elementen erfolgt dabei über Elementidentifikatoren IDs, die innerhalb eines Elementarmodells eindeutig sind.

▶ **Definition** Ein Link *L* ist eine Menge von Identifikatoren von Elementen aus verschiedenen Elementarmodellen, die miteinander verknüpft sind.

Die Links werden außerhalb der Elementarmodelle gehalten. Somit können die Elementarmodelle von konventionellen Softwareprodukten weiterhin uneingeschränkt genutzt werden. Multimodellanwendungen ist es darüber hinaus möglich, die zusätzlichen Informationen der domänenübergreifenden Links auszuwerten.

▶ **Definition** Ein Multimodell *MM* ist eine serialisierbare, übertragbare Zusammensetzung aus einer nicht leeren Menge von Elementarmodellen *EM* und einer leeren oder nicht leeren Menge von Linkmodellen mit Elementen von *EM* als Subjekt.

Ausgehend von diesen Grundlagen wurde das generische Multimodell als objektorientiertes Datenmodell mithilfe des Ecore Meta Modells [4] entwickelt. Auf diese Weise konnten eine Java Implementierung sowie eine korrespondierende XML Serialisierung inklusive Parser automatisch aus dem Modell generiert werden. Abbildung 2.1 zeigt das resultierende Klassendiagramm nach [3].

Die Klasse *MultiModel* bildet den Einstiegspunkt in die Datenstruktur. Sie besteht aus Elementarmodellen, Klasse *ElementaryModel* und Linkmodellen, Klasse *LinkModel*. Elementarmodelle können entweder als Array von Bytes eingebettet, *EmbeddedElemenary-Model* oder per URI referenziert *UriElementaryModel* werden, um die zu übertragende Datenmenge zu minimieren. In einem Linkmodell können mehrere Links, Klasse *Link*, zusammengefasst werden. Außerdem werden die in diesen Links verwendeten Elementarmodelle noch einmal explizit aufgeführt, Referenz *LinkModel::linkedModels*. Links sind generell mehrwertig, d. h. *ein* Link kann n Elemente aus m Elementarmodellen beinhalten ($n \geq 2$, $m \geq 2$, $n \geq m$). Die Klasse *LinkedElement* repräsentiert ein solches Element. Es besteht aus einer ID und dem zugehörigen Elementarmodell. Da IDs nur innerhalb *eines* Elementarmodells eindeutig sein müssen, was bei vielen Modellen des Bauwesens der Fall ist, ergibt sich erst durch das Hinzuziehen des Elementarmodells ein eindeutiger Schlüssel bzw. eine globale ID. Allen Komponenten außer *LinkedElement* können Metadaten in Form von Schlüsselwertpaaren zugeordnet werden. Da dort beliebige Daten,

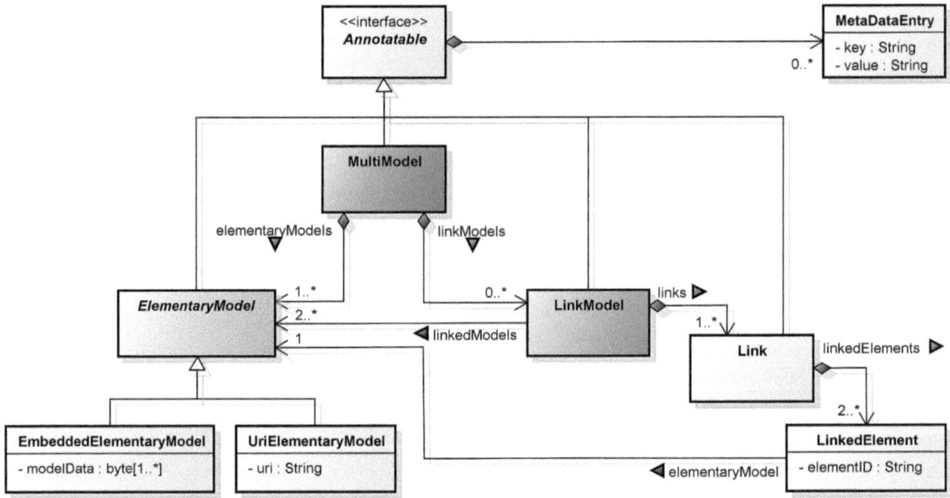

Abb. 2.1 Schema des generischen Multimodells als UML Klassendiagramm

deren Semantik nicht im Multimodellschema definiert ist, platziert werden können, sollte deren Bedeutung in externen Katalogen erfasst werden, um diese Informationen eindeutig kommunizieren zu können.

Das generische Multimodell, d. h. das in Abb. 2.1 dargestellte Datenschema des Multimodells, wurde mittels der generierten Java Klassen in die M2A2 Multimodell Filter- und Analyse Plattform der TU Dresden (Teil II, Kap. 15) und der Mefisto Version von RIB iTWO der RIB Software AG (Teil II, Kap. 16 und 20) implementiert. In der M2A2 Plattform können auf dieser Grundlage Elementarmodelle, zugehörige Parser sowie Elementarmodellfilter, -viewer und -converter implementiert und getestet werden. Abbildung 2.2 zeigt ein Bildschirmfoto der Anwendung. Die Software basiert auf dem in [1] vorgeschlagenen Multimodellframework. Dieses ist um beliebige Elementarmodelltypen erweiterbar und erlaubt die Erstellung, Analyse, Bearbeitung, Filterung und Visualisierung von Multimodellen, die aus den entsprechenden Elementarmodellen bestehen können.

2.2.2 ID basierte Links

Die lose Kopplung von Elementarmodellen im Multimodell beruht auf der Verwendung von ID basierten Links. Dabei dienen Zeichenketten als Identifikator für Elemente. Zeichenketten sind leicht serialisierbar und behalten auch außerhalb des Elementarmodells ihre Bedeutung. Dies ermöglicht das externe Aufstellen, Speichern und Nachverfolgen von Elementreferenzen auf Datenebene. Der Multimodellansatz fordert demnach die Existenz von ID Attributen in jedem Elementarmodell. Für den Fall, dass keine ID Attribute vorhanden sind, bspw. bei unzulänglicher Modellqualität oder weil das Datenschema

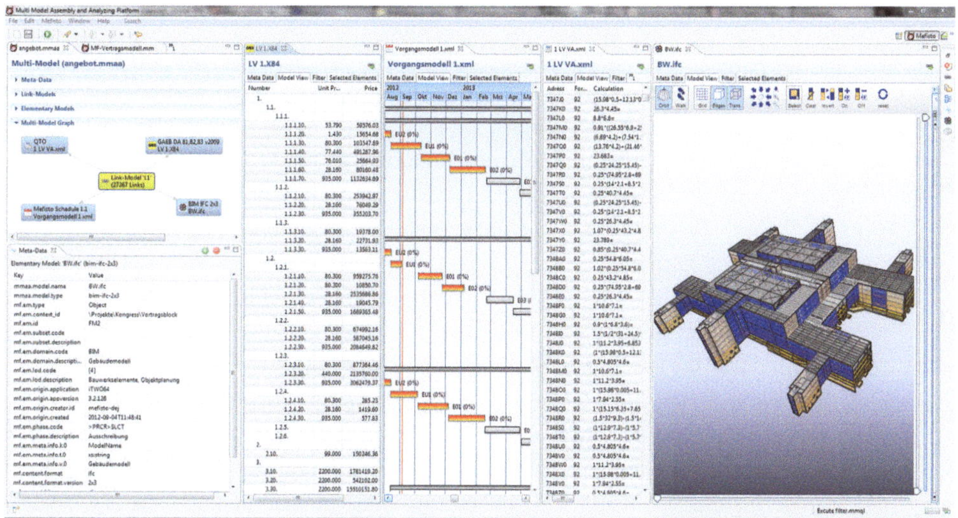

Abb. 2.2 Bildschirmfoto der M2A2 Multimodell Filter- und Analyse Plattform der TU Dresden. Geöffnetes Multimodell (o. l.), Metadaten des Bauwerksmodells (u. l.) sowie die Fachmodellviewer für Leistungsverzeichnis-, Terminplan-, Mengen- und 3D Bauwerksmodell (v. l. n. r.)

überhaupt keine solchen Attribute vorsieht, können nach [3, 5] unter anderem folgende Ausweichlösungen angewendet werden:

1. Nichtmanipulative Ausweichlösungen

   Nichtmanipulative Ausweichlösungen lassen das Elementarmodell unberührt und schließen aus den existierenden Daten auf die Identität eines Elements.

   (a) In Relationalen Datenbanksystemen gespeicherte Elementarmodelle: Der Primärschlüssel des Elements kann direkt als ID verwendet werden. Zusammengesetzte Schlüssel können durch einen geeigneten Separator, bspw. Komma oder Semikolon, konkateniert werden. Im Multimodell sollen Metadateneinträge für das Elementarmodell dem Empfänger eines Multimodells den Zugriff auf diese Elemente vereinfachen. Die Methode ist auf andere Persistenzsysteme übertragbar, wenn diese eine inhärente, dauerhafte und als Zeichenkette repräsentierbare Identität ihrer Objekte bereitstellen.

   (b) Feature Path mit Collectionindex: Die Identität eines Elements wird über den Navigationsweg in der Datenstruktur des Elementarmodells ermittelt. Dabei werden die Features, bspw. Referenzen oder Attribute, ausgehend vom Wurzelknoten in der angegebenen Reihenfolge ausgewertet. Mehrwertige Features können über die Angabe eines nullbasierten Collection Index, d. h. die Zählweise beginnt bei 0, berücksichtigt werden. Der Ausdruck Root→Building(1)→Wall(17) würde demnach die 18. Wand des 2. Gebäudes eines fiktiven Bauwerksmodells liefern. Ein nicht gesetzter Collectionindex liefert für mehrwertige Features das erste Element.

2. Manipulative Ausweichlösungen

   Bei manipulativen Ausweichlösungen werden IDs neu generiert und im Elementarmodell gespeichert. Damit verstoßen die generierten IDs zwar gegen das Multimodellprinzip, Fachmodelle nicht zu verändern, sie sind jedoch eine Alternative für Fälle, in denen die Anwendung nicht manipulativer Methoden unmöglich ist. Hierbei kann man unterscheiden in manipulative Methoden, die mit dem Datenschema kompatibel sind (a, b) und solchen, die das Datenschema erweitern und damit zu missverständlichen Informationen führen können.

   (a) Das Elementarmodellschema sieht ID Attribute vor, sie sind in der Modellinstanz jedoch nicht belegt: Fehlende IDs können nach der Direktive des Schemas erzeugt und an den dafür vorgesehenen Stellen gesetzt werden.
   (b) Das Elementarmodellschema sieht keine ID Attribute vor. Falls das Datenformat Kommentare unterstützt, bspw. wie XML oder INI, können IDs generiert und dort gesetzt werden. Dafür sollte eine geeignete Zeichenkette der ID vorangestellt werden, um den speziellen Kommentar von regulären Anmerkungen zu unterscheiden.
   (c) Das Fachmodellschema sieht keine ID Attribute vor. ID Attribute können den Elementen hinzugefügt werden, falls das Datenformat dies generell unterstützt, z. B. XML oder JSON. Dazu muss ein einzigartiger und repräsentativer Attributname gewählt werden. Das Hinzufügen neuer Attribute verletzt allerdings das Elementarmodellschema und kann zu missverständlichen Informationen führen.

2.3 Multimodellspezialisierung

Das generische Multimodell bildet die Systematik für allgemeine Multimodelle ohne Beschränkung auf ein Anwendungsgebiet. Damit ist es sogar vollständig außerhalb des Bauwesens oder gemischt zur Verbindung von Bauwerksinformationsmodellen, BIM, mit beliebigen anderen Modellen einsetzbar. Dies erlaubt vielfältige Anwendungen, bspw. die Verbindung von Baustellenmodellen mit Stadtmodelldaten wie z. B. Google Earth's Keyhole Markup Language (Teil I, Kap. 7) [6] oder City Geography Markup Language [6] sowie meteorologischen Daten, bspw. im Format von EnergyPlus [7].

2.3.1 Multimodellraum

Werden dauerhaft Multimodellinformationen ausgetauscht, die zur gleichen Klasse von Bauinformationsprozessen gehören, ist es ratsam, diesen abgeschlossenen Informationsraum bzw. Multimodellinformationsraum, kurz Multimodellraum, zum Zweck der eindeutigen Datenübertragung abzugrenzen und näher zu beschreiben. Damit eröffnet sich auch die Möglichkeit, ein Multimodell zu spezifizieren, ohne dass es mit Daten gefüllt ist, was durch die in Abschn. 2.8 vorgestellten, Multimodellvorlagen realisiert wird. Es eröffnet weiterhin die Möglichkeit, Vorgaben vorzunehmen, nach denen eine Qualitätskontrolle von Multimodellen erfolgen kann (Teil I, Kap. 3, Teil II, Kap. 23). Je spezialisierter ein

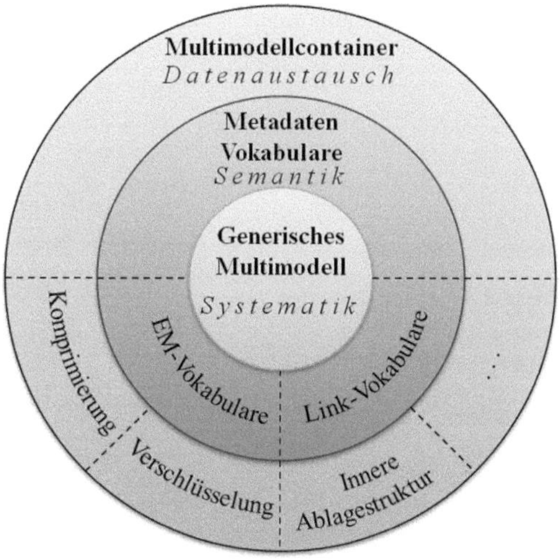

Abb. 2.3 Metaebenen der Multimodellspezialisierung

Informationsraum ist, umso höherwertigere Qualitätskontrollen können durchgeführt werden. Dieser Vorgang wird Spezialisierung genannt. Eine Spezialisierung wurde auch für das IFC Modell vorgenommen, auf das in Kapitel A3 eingegangen wird.

Abbildung 2.3 zeigt die übergeordneten Ebenen, an denen eine Konkretisierung des Multimodelldatenaustauschs vorgenommen werden kann. Der innere Ring steht für das generische Multimodell. Dessen Systematik der gleichgestellten, heterogenen und originalen Elementarmodelle sowie externer Linkmodelle ist die konstante Grundlage jeglicher Multimodelle. Der zweite Ring symbolisiert die semantische Beschreibung eines speziellen, abgegrenzten Informationsraums durch die Aufstellung eines kontrollierten Vokabulars für die Multimodellmetadaten. Der dritte Ring symbolisiert die Möglichkeit zur Definition eines individuellen Datenformats für den physischen Datenaustausch. Im Projekt Mefisto erfolgte eine Multimodellspezialisierung für den Informationsraum des Bauprojektmanagements. Die Eigenschaften des dabei entstandenen Multimodellcontainers werden im nachfolgenden Abschn. 2.4 beschrieben.

2.3.2 Multimodelltaxonomie

Die Grundtaxonomie der Multimodelle ist zweistufig, wie aus dem Multimodellschema in Abb. 2.1 ersichtlich ist. Die Taxonomie besteht aus den drei Konzepten, dem generischen Multimodell, dem Elementarmodell und dem Linkmodell (Abb. 2.4). Es bildet den Mechanismus, aus mehreren Elementarmodellen ein Multimodell zu formen. Elementarmodelle sind die Objektmenge der Multimodelle, Linkmodelle sind die Relationsmenge.

$$gMM = \{EM, LM\} \tag{2.1}$$

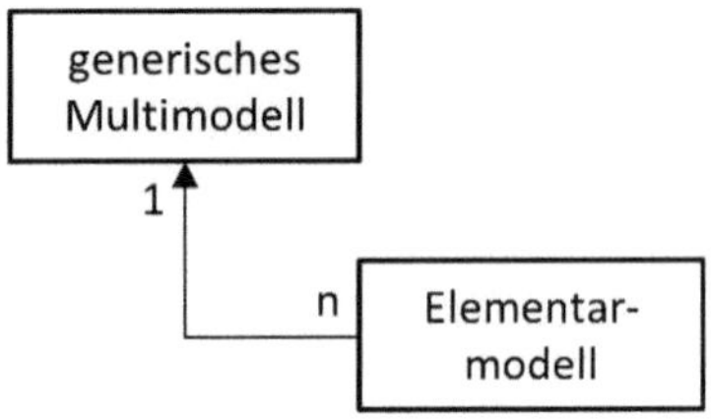

Abb. 2.4 Grundtaxonomie

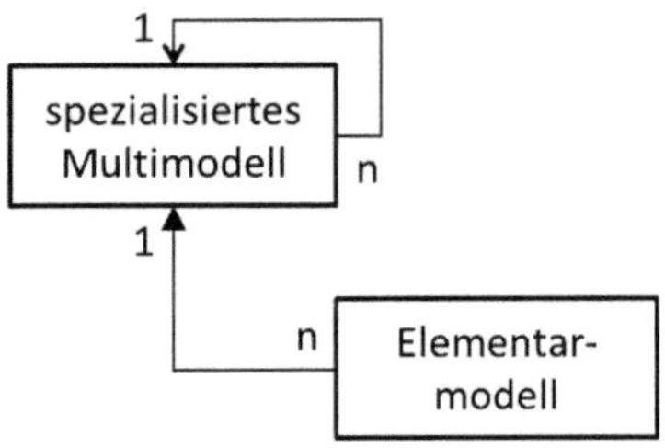

Abb. 2.5 Taxonomie des spezialisierten Multimodellraums

Die Elementarmodelle sind objektorientierte Modelle mit einer Objektmenge *EO* und einer Relationsmenge *ER*, die abgesehen von der Referenzierung externer Informationsquellen, wie z. B. Kataloge, abgeschlossen ist.

$$EM = \{EO, ER\} \tag{2.2}$$

Wird die Definition des generischen Multimodells nicht nur durch die Spezialisierung erweitert, sondern wird auch erlaubt, dass Multimodelle selbst Elemente von Multimodellen bilden können, ist es möglich, eine Taxonomie mit beliebiger Tiefe zu bilden,

$$MM_i = \big\{\{MM_j, EM\}, LM\big\}, \quad \forall MM_i \neq MM_j \tag{2.3}$$

wobei gilt, dass das instantiierte Multimodell sich nicht selbst enthalten darf. Hierbei ist wieder zu fordern, dass die Multimodelle MM_j, die ein neues Multimodell MM_i bilden, einen abgeschlossenen Informationsraum abbilden (Abb. 2.5). Dies entspricht dem in der Praxis vorhandenen Konzept des Fachbereichs oder des Fachgebiets. Entsprechend werden diese Multimodelle in der Praxis auch als Fachmodelle bezeichnet.

► **Definition** Ein Fachmodell *FM* ist eine übertragbare Instanz eines Datenmodells, dessen Informationsraum ein Fachgebiet oder eine Fachdomäne darstellt. Es kann ein Elementarmodell als auch ein Multimodell sein.

$$FM \in \{MM, EM\} \tag{2.4}$$

Damit ist es möglich, das Konzept Teilfachmodell einzuführen, wie es häufig in der Praxis benutzt wird, das sich von Fachmodellen dadurch unterscheidet, dass der Informationsraum nicht durch das Fachgebiet begrenzt wird, sondern nur einen Teil des Fachgebiets repräsentiert. Es bleibt aber weiterhin die Forderung bestehen, dass es einen abgeschlossenen Informationsraum repräsentiert. Dies bedeutet, alle Links des Informationsraums

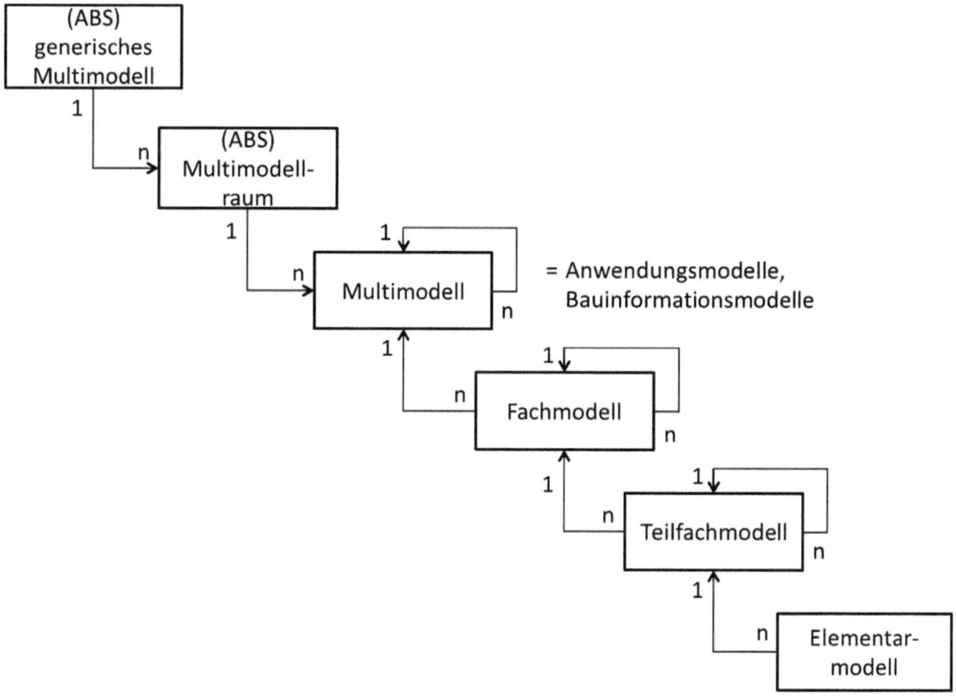

Abb. 2.6 Modelltaxonomie

sind im Teilfachmodell enthalten (Abb. 2.6). In der Praxis gibt es eine Vielzahl weiterer Begriffe, wie Unterfachgebiet, sog. Subdomain, etc., die aber keine neue informatorische Bedeutung haben, sondern nur Bezeichnungen sind, um die geschachtelten Fachmodelle in den damit gebildeten Fachmodellebenen mit eindeutigen Namen zu bezeichnen.

Zu unterscheiden sind hiervon Sichten, sog. Views, von Fachmodellen, also durch Filter erzeugte Teilmengen der Fachmodelle. Diese unterliegen nicht der Forderung, dass sie durch einen Informationsraum vollständig abgeschlossen sind. Sie können beliebige Teile eines Fachmodells abbilden und werden deshalb als Teilmodelle bzw. Fachteilmodelle bezeichnet. Entsprechend beinhalten sie Links, die über das Fachteilmodell hinausreichen und als Konsequenz beim Filtern abgeschnitten werden. Für das Abschneiden bestehen verschiedene Möglichkeiten, wie z. B. direktes Abschneiden aller Relationen oder weitere Betrachtung von bestimmten Relationen oder die Beschränkung der Relationskettenglieder, d. h. der Relationstiefe [8, 14], was auch in Teil I, Kap. 14 kurz angesprochen ist. Diese Links bedürfen bei Änderung im Teilmodell oder bei der Vereinigung von Teilmodellen einer besonderen Beachtung, die einer der derzeit größten und noch unvollständig gelösten Probleme der Synchronisation und damit des Versionsmanagements von Modellen darstellen [8].

Mit der Möglichkeit der Spezialisierung des generischen Multimodells wird die Definition des allgemeingültigen, generischen Multimodells eingeschränkt, das spezialisierte

Multimodell jedoch aussagekräftiger. Ein spezialisiertes Multimodell sollte ein übergreifendes Fachgebiet wie z. B. Baumanagement abbilden, in dem viele Multimodelle existieren wie z. B. Multimodell Ausschreibung, Angebot, Vertrag, Bauübergabe, etc. Das spezialisierte Multimodell wird daher als Multimodellraum bezeichnet, wie in Abschn. 2.3 beschrieben ist. Damit kann die in Abb. 2.6 dargestellte Taxonomie gebildet werden. Das generische Multimodell als auch der Multimodellraum sollten als abstrakte Klassen angesehen werden.

Ein Elementarmodell muss nicht absolut gesehen ein Modell sein, das nicht weiter in verlinkte Untermodelle aufgebrochen werden kann. Diese Eigenschaft als elementares Modell gilt nur im zugehörigen Multimodellraum. Gehört das Elementarmodell zu einem anderen Multimodellraum, so kann es zu einem Fachmodell werden, das aus anderen Modellen bestehen kann. Ebenso kann der Modellraum weiter spezialisiert werden. Als Konsequenz können dabei einzelne Elementarmodelle zu Fachmodellen bzw. auch zu Multimodellen werden.

Im Allgemeinen annotiert ein Multimodellsender im Zuge der Spezialisierung die Fach- und Linkmodelle mit Metadaten, welche die Semantik der Daten beschreiben, um eine Fehlinterpretation beim Multimodellempfänger zu vermeiden. Die Semantik der Daten ist ihre Klassifikation durch Klassennamen bzw. entspricht den Klassen des Datenmodellschemas. Sind die Bauwerkselemente nur durch geometrische Daten beschrieben, liegt noch kein semantisches Datenmodell vor. Die Bauwerkselemente haben nur eine Form, aber noch kein Wissen über ihre Funktionen. Dies wird ihnen erst über die Semantik mitgegeben. Eine noch mächtigere Form als die Semantik stellt die Ontologie dar, die in Teil II, Kap. 11 und 12 für die Prozesskonfiguration eingesetzt wird. Die Metadaten nutzen dabei das vereinbarte Vokabular des speziellen Informationsraumes. Dabei kann bspw. eingeschränkt werden, welche Fachmodelle in welchen Formaten genutzt werden und eine Klassifizierung der Fachmodelle hinsichtlich relevanter Parameter des Informationsraums, z. B. Domäne, Prozessfortschritt oder Detaillierungsgrad (Teil I, Kap. 1) erfolgen. Linkmodellen kann auf diese Weise ein spezialisierter Linktyp (Teil I, Kap. 4) zugeordnet werden, der den Zweck der Relation benennt.

2.4 Das spezialisierte Mefisto Multimodell

Im Gegensatz zum allgemeingültigen Datenschema des generischen Multimodells kann das spezialisierte Mefisto Multimodell des Multimodellraums Bauprojektmanagement viel speziellere Informationen über die Fach- und Linkmodelle des Bauprojektmanagements bereits auf Schemaebene abbilden. Da bei einem generischen Ansatz keinerlei fachliche Semantik im Schema modelliert werden darf, muss dieses im spezialisierten Multimodell mithilfe extern spezifizierter Metadaten, bspw. in Vokabularkatalogen, annotiert werden. Dies erschwert einerseits die Implementierung fachspezifischer Multimodellanwendungen, da semantische Spezifikationen nur informal oder semiformal und über unterschiedliche Dokumente verteilt vorliegen. Andererseits können so ad hoc neue Vokabulare aufgebaut und verändert werden, was in der Phase des Testens einer neuen Methode sehr wichtig ist, u. a. um ein optimiertes Vokabular zu finden, das dann zu einer Normierung führt. Langfristig gesehen können und sollen solche Vokabularkataloge standardisiert werden. Ein alternativer Ansatz hierzu ist, ein standardisiertes Ontologiemodell aufzustellen, wie es in Teil I, Kap. 4 entwickelt worden ist, das im Vergleich zu einem Vokabularkatalog wesentlich mächtiger ist, jedoch auch größeren Implementierungs- und Pflegeaufwand und zuvor entsprechende Absprachen bzw. Standardisierungen benötigt.

Im Mefisto Multimodellraum sind die fachlichen Belange des Bauprojektmanagements direkt modelliert. Das Mefisto Multimodell ist mehr als nur ein Modell. Der Begriff steht für den Multimodellraum Bauprojektmanagement, bestehend u. a. aus den Multimodellen Ausschreibung, Angebot, Vertrag, Baustelle, um nur die vier wichtigsten zu nennen. So existieren für Fachmodelle bspw. die Attribute für Projektphase, Bearbeitungsstatus und Level of Detail. Diese Informationen sind in anderen Informationsräumen, z. B. Gebäudeautomation in der Betriebsphase, möglicherweise gar nicht relevant. Auch die Domäne der Fachmodelle wird aus einer abgeschlossenen Liste erlaubter Werte gewählt. Dies ist möglich, da der spezialisierte, abgeschlossene Informationsraum des Bauprojektmanagements zuvor systematisch analysiert [9] und ein Ontologieframework (Teil I, Kap. 4) und ein Vokabularkatalog entworfen wurde. Zum Entwurfszeitpunkt der Mefisto Multimodellbeschreibung standen daher alle Fachmodelltypen und deren Bedeutung und Datenformate fest. Der erste detaillierte Entwurf des Vokabularkatalogs ist in [9] publiziert.

Die direkte Modellierung semantischer Daten im Mefisto Multimodellschema erleichtert die Implementierung fachspezifischer Anwendungen für das Bauprojektmanagement wie RIB iTWO, GRANID oder SiteSimEditor (Abb. 2.8 o. r.). Da relevante Attribute nun formal spezifiziert wurden, können dort mithilfe von Programmierwerkzeugen und Standardbibliotheken automatisiert Klassenstrukturen und Parser erzeugt und eingebunden werden. Des Weiteren sind Mefisto Multimodellcontainer wesentlich einfacher zu validieren, da semantische Daten nun explizit und automatisiert gegen ihr Schema geprüft werden können und nicht implizit und mit manuell erstellten Regeln gegen eine semiformale Spezifikation geprüft werden müssen. Im Folgenden wird die Multimodellspezialisierung des Projekts Mefisto detailliert beschrieben.

Seit einigen Jahren werden verschiedene 4D und 5D Softwareanwendungen angeboten, mit denen Bauwerksmodelle und andere Planungs- und Controllingmodelle verbunden und analysiert werden können. Während Softwareanwendungen wie Navisworks© von Autodesk Inc., RIB iTWO© von RIB Software AG, Synchro© von Synchro Ltd. oder Vico Office Suite© von Vico Software, Inc. den Import einer Vielzahl von Dateiformaten ermöglichen, gibt es bis heute jedoch keine einheitliche Form für den Austausch der dabei erstellten Multimodelle.

2.5 Multimodellcontainer

Für den Austausch von Multimodellen für Bauprojektmanagementinformationen wurde im Projekt Mefisto ein spezialisiertes Mefisto Multimodellschema mit einem expliziten

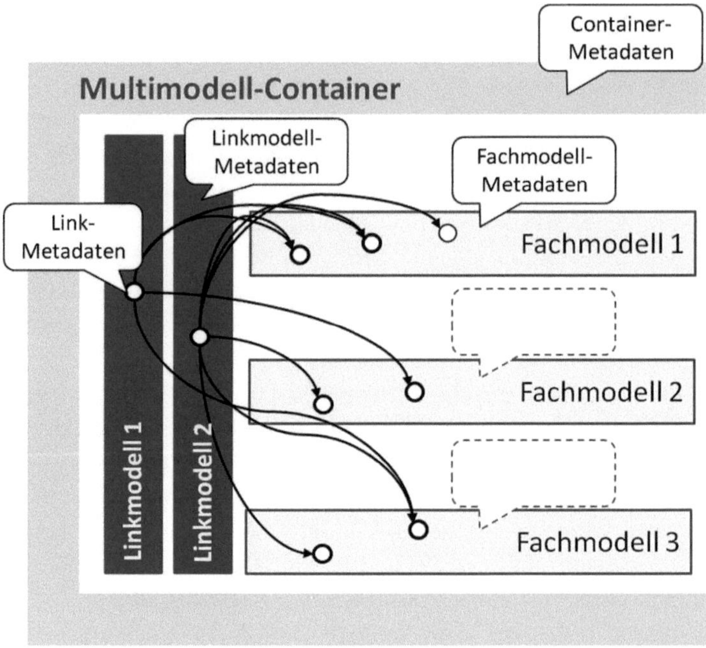

Abb. 2.7 Prinzipieller Aufbau des Multimodellcontainers

Linkmodell (Abschn. 2.2) und ein spezialisierter Mefisto Multimodellcontainer als Austauschformat entwickelt. Im Gegensatz zu Datenstandards für einzelne Fachmodelle, wie z. B. die IFC für Bauwerksinformationsmodelle oder GAEB DA für Leistungsverzeichnisse, definiert der Multimodellcontainer lediglich eine Grundstruktur, in die verschiedene Fachmodelle und zugehörige Linkmodelle eingeordnet werden können. Die einzelnen Fachmodelle des Containers können somit nicht nur mit speziellen 4D und 5D Anwendungen, sondern immer auch mit den herkömmlichen Fachanwendungen bearbeitet werden.

Der physische Datenaustausch erfolgt über serialisierte Multimodelle, sog. Multimodellcontainer, d. h. ein Multimodell wird über einen Multimodellcontainer ausgetauscht. Dabei liegt der Multimodellcontainer als eine komprimierte Datei vor. Hier werden die Fachmodelle selbst bzw. die Beschreibung ihres Speicherorts, die Linkmodelle sowie die Metadaten abgelegt. Die dazu notwendige Struktur, eine denkbare Verschlüsselung oder Datenkomprimierung sind mögliche Parameter zur Konfiguration eines spezialisierten Multimodellcontainers. Der Multimodellcontainer ist in XML formalisiert. Abbildung 2.7 zeigt den prinzipiellen Aufbau des Mefisto Multimodellcontainers.

Die Multimodellcontainerdatei mit der Dateinamenerweiterung mmc besteht dabei aus den Komponenten:

- Containerbeschreibung in Form der obligatorischen Datei MultiModel.xml in der MMC Root

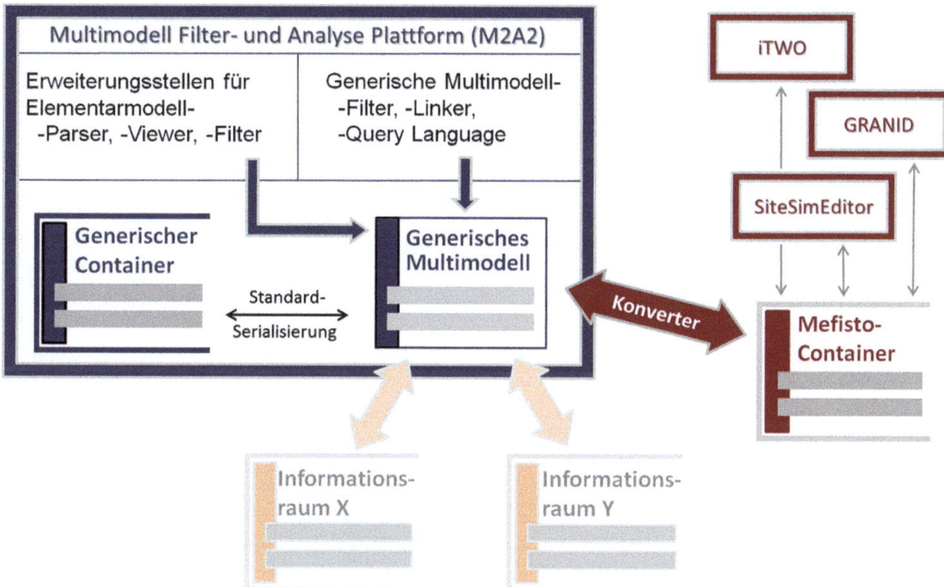

Abb. 2.8 M2A2 – Übergang zu abgeschlossenen Informationsräumen mittels Konverter [1]

- einzelne Dateien für den Austausch der Fachmodelle
- einzelne Dateien für den Austausch der Linkmodelle

Die Multimodellcontainerdatei kann beliebig viele Linkmodelle mit beliebig vielen Links enthalten sowie Metadaten für jedes Fachmodell, jedes Linkmodell, jeden Link und den Container selbst. Das XML Datenmodell ist ausschnittsweise in Abschn. 2.7 wiedergegeben.

2.6 Filter- und Analyseplattform M2A2

Die allgemeingültige und universelle M2A2 Plattform (http://www.youtube.com/watch?v=fkzrmRy3W58) stellt die Verbindung zu spezialisierten, abgeschlossenen Informationsräumen über Konverter her (Abb. 2.8). Dadurch entsteht zwar ein einmaliger Programmieraufwand, dieser ist jedoch wesentlich geringer als die wiederholte Neuimplementierung der generischen Multimodelloperationen wie Filter, Linker oder der Multimodellabfragesprache, Multimodell Query Language, MMQL (Teil II, Kap. 15). Somit bleibt der hohe Aufwand für die allgemeingültigen, multimodell- und linkspezifischen Algorithmen in M2A2 geschützt, und die Plattform kann ohne Änderung auch in weiteren spezialisierten Multimodellinformationsräumen, bspw. für Energieeffizienz- oder Infrastrukturinformationsprozesse, eingesetzt werden. Der primäre Anwendungszweck der M2A2 Plattform als universelles Test- und Analysewerkzeug für beliebige Multimodelle bleibt somit gewahrt.

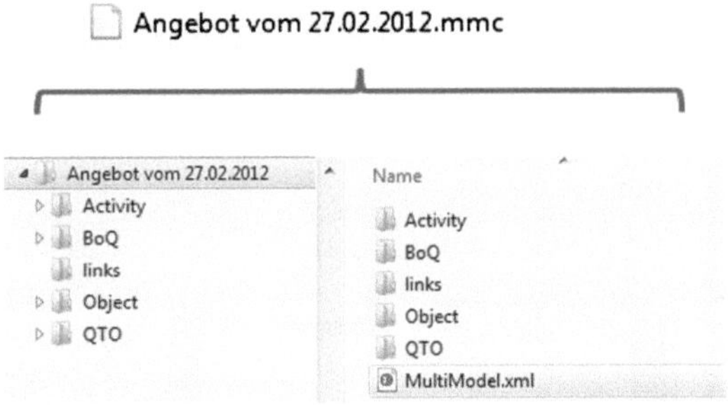

Abb. 2.9 Mefisto Multimodellcontainer Ausschreibung in der Browseransicht

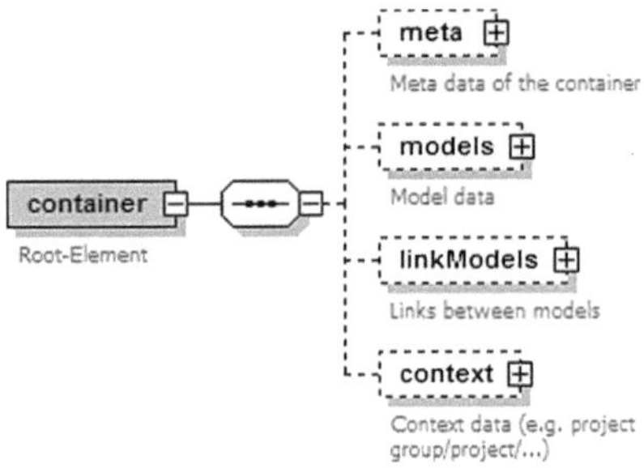

Abb. 2.10 Datenstruktur der Multimodellcontainerbeschreibung

2.7 Datenmodell des Multimodellcontainers

Abbildung 2.9 zeigt beispielhaft einen Multimodellcontainer für eine Ausschreibung. Auf der Mefisto Plattform bestehen Multimodellcontainer aus mehreren Dateien, die in einer komprimierten Archivdatei ausgetauscht werden. Die Annotationsklassen bzw. -kriterien wurden in Teil I, Kap. 1, Gl. 1.1 bis 1.3 eingeführt. Die prozessorientierte Verwendung der Annotationskriterien wird in Teil II, Kap. 13 analysiert und praxisrelevante Wertebereiche werden vorgeschlagen. Im Folgenden wird das Schema der Annotationsklassen in XML, die die Kernmetadatenstruktur des Multimodellcontainers bildet, entwickelt. Ein Schema in XML wird auch als XSD, XML Schema Definition bezeichnet.

Wurzelelement des Datenmodells der Metadaten ist die Klasse Container, welche die Referenzen zu den Fach- und Linkmodellen sowie die zugehörigen Metadaten enthält. Die Schemas der Metadaten sind in den nachfolgenden Abschnitten detailliert dargestellt. Im Weiteren wird in allen Kapiteln des Buchs vereinfacht vom Multimodellcontainer gesprochen, auch wenn es sich meistens um den hier spezialisierten Mefisto Multimodellcontainer handelt.

Das Datenmodell bzw. das Schema des Multimodellcontainers bildet die Grundlage für die Multimodellcontainerbeschreibung. Sie gliedert sich in vier Hauptbereiche zur Angabe von Container Metadaten <meta>, Fachmodellen <models>, Linkmodellen <linkModels> und zusätzlichen Kontextinformationen <context> (Abb. 2.10).

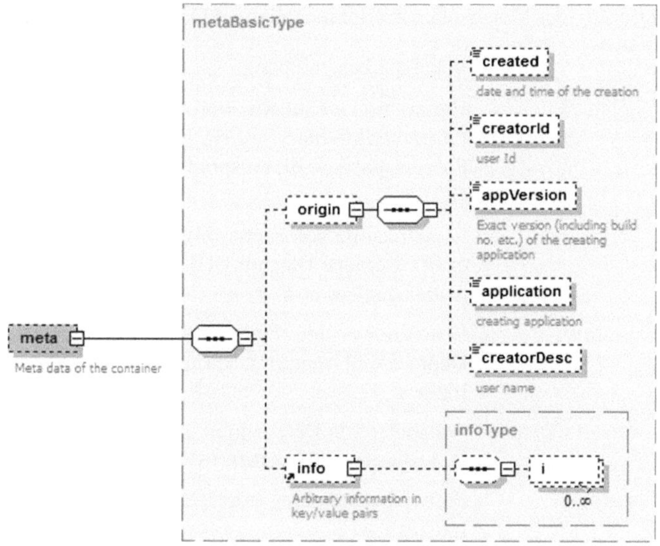

Abb. 2.11 Datenstruktur der allgemeinen Multimodellcontainermetadaten

2.7.1 Formalisierung der Metadaten

In allen vier Bereichen können die Inhalte durch Multimodellcontainermetadaten zur deren Erstellung <origin> sowie durch frei zu vergebende Schlüsselwertepaaren ergänzt werden <info>, wie es in Abb. 2.11 für die Metadaten des Multicontainers (Abb. 2.7) dargestellt ist.

Die Fachmodelle <model> und die Linkmodelle <linkModel> können darüber hinaus durch weitere Metadaten zur fachlichen Beschreibung der Modellinhalte ausgezeichnet werden (Tab. 2.1). Abbildung 2.12 stellt die entsprechenden Metadatenelemente bzw. fachlichen und organisatorischen Annotationen für Fachmodelle und Linkmodelle im XML Schema, d. h. einer XSD der Multimodellcontainerbeschreibung dar.

2.7.2 Formalisierung der Fachmodelle

Neben den Metadaten stellen die Fachmodelle einen wesentlichen Inhalt der Multimodellcontainerbeschreibung dar. Die Definition der einzelnen Fachmodelle <model> enthält die Verweise auf die Inhalte in Form der Bereiche <content>, die mehrfach je Fachmodell zulässig sind, d. h. es darf dasselbe Fachmodell in verschiedenen Datenformaten und damit redundant ausgetauscht werden. Inwieweit diese redundanten Daten widerspruchsfrei sind, liegt in der Verantwortung des Senders.

Über den Bereich <contentOptions> sind die einzelnen Formatinhalte eines Fachmodells näher beschrieben. Im nachfolgenden Beispiel wird hier die Datenaustauschphase des Leistungsverzeichnisses, type="BoQ", konkretisiert. Dazu zählen das Format GAEB

Tab. 2.1 Strukturierung der Metadaten von Fachmodellen und Linkmodellen

Metadatenklasse		Vokabularbeschreibung
Projektphase	<phase>	Hierarchische Klassifikation von Projektphasen und ihren Leistungsaktivitäten auf Basis der HOAI und detaillierter Prozessanalysen [9] entspricht Index p, nach Teil I, Kap. 1, Gl. 1.2
Modelldomäne	<domain>	Klassifikation von Fachmodellen nach Softwareanwendungen (tool), Domäne Datenmodell, Datenformaten und Praxiseinsatz matter, Indizes d, k, f, m
Status	<status>	Bearbeitungsstatus eines Modells [Request, Draft, Approved, Deprecated][Angefordert, Entwurf, Angenommen, Abgelehnt], Index s
Detaillierung	<levelOfDetail>	Vokabular von Detailstufen in Bezug auf das Bauwerksmodell in Analogie zu CityGML [6] Index l
Organisation	<origin>	Softwareanwendung (tool), Ersteller (actor), erstellt (created), Indizes t, a, c

DA84 [10] sowie die Definition bzgl. des Datenaustauschs der Einheitspreisanteile (unitrate):

```
...
<model contextId="\Projekte\Mefisto\\M02 V1
(Angebot)\Projektvarianten\01" type="BoQ"
 id="FM1">
    <meta/>
    <content format="gaebxml" id="1" formatVersion="3.1">
        <contentOptions>
            <i k="description" t="xs:boolean" v="0"/>
            <i k="extension" t="xs:string" v="DA84"/>
            <i k="qtosplit" t="xs:boolean" v="0"/>
            <i k="unitrate" t="xs:boolean" v="1"/>
            <i k="unitrate_breakdown" t="xs:boolean" v="1"/>
        </contentOptions>
        <file namespace="BoQ1">file:///BoQ/1/LV 1.X84</file>
    </content>
</model>
...
```

Die mehrfache Bereitstellung eines Fachmodells über verschiedene Datenaustauschformate erfolgt über die Definition entsprechend vieler <content> Bereiche. Im nachfolgenden Beispiel enthält der Multimodellcontainer das Fachmodell Bauwerksmodell, type="Object" als Datenaustauschformat ifc2×3 und cpixml. Die Differenzierung erfolgt über das Attribut id:

```
...
<model contextId="\Projekte\Mefisto\M02 V1
(Angebot)\Projektvarianten\01" type="Object" id="FM2">
    <meta/>
    <content format="ifc" id="c1" formatVersion="2x3">
```

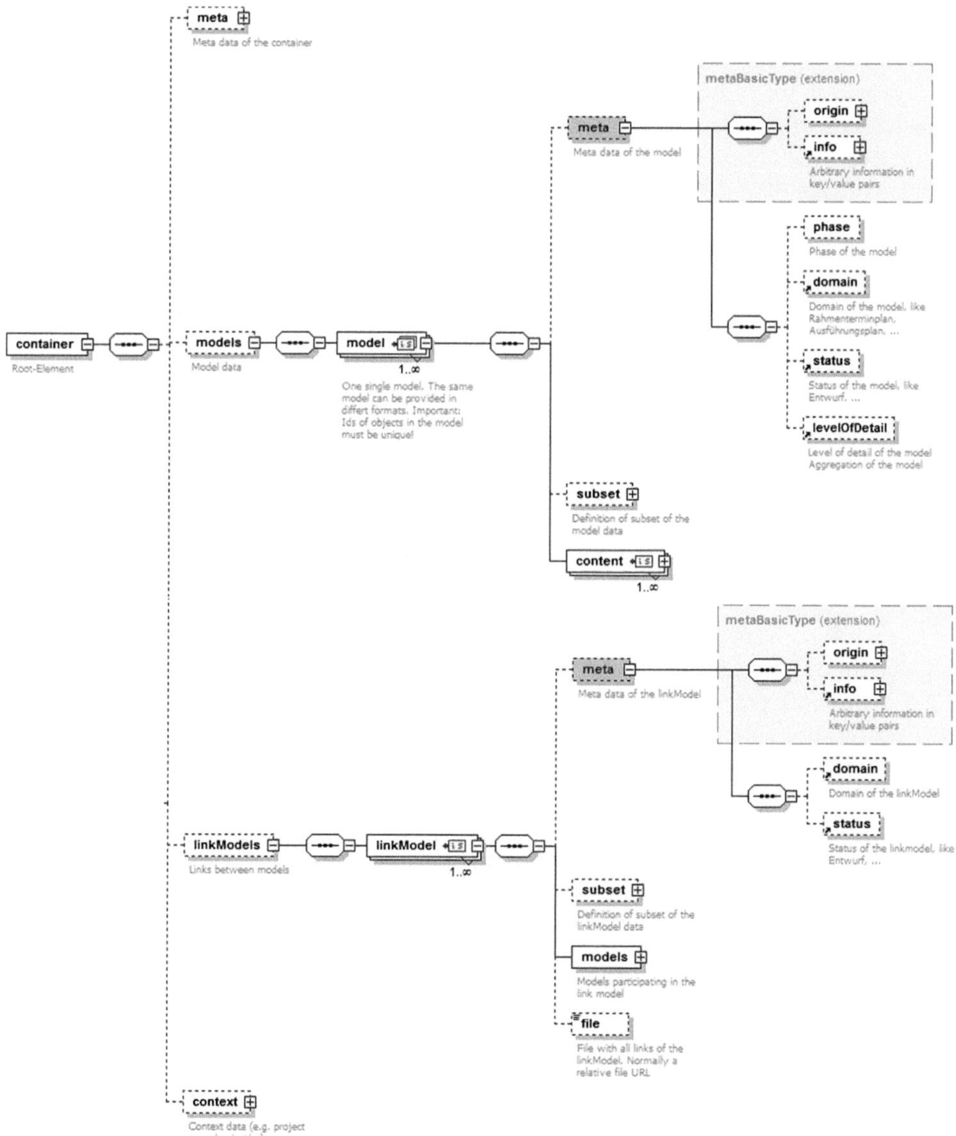

Abb. 2.12 Datenstruktur der Metadaten von Fach- und Linkmodellen im Multimodellcontainer

```
        <file>file:///Object/c1/BW.ifc</file>
    </content>
    <content format="cpixml" id="c2" formatVersion="1.4">
        <file>file:///Object/c2/BW.cpixml</file>
        <file>file:///Object/c2/buildingStructure.cpixml</file>
    </content>
</model>
...
```

Die Einschränkung der Dateninhalte eines Fachmodells erfolgt über die Definition eines <subset> Bereichs. Neben der programmübergreifenden Verständigung auf Filter für Erzeugung von bspw. Leistungsverzeichnis- (LV), voraussichtlichen Ausführungs- (VA), Abrechnungs- (RE) oder Leistungsmengen (LE) können auch programmindividuelle, adaptierte Filterausdrücke hinterlegt werden. Damit können diese Regeln von korrespondierenden Softwareprodukten automatisch interpretiert werden. Das nachfolgende Beispiel zeigt die Definition eines mit WQ benannten LV Mengenfilters für die Multimodellanwendungen M2A2 und RIB iTWO:

```
...
<model contextId="\Projekte\Mefisto\M02 V1
(Angebot)\Projektvarianten\01" type="QTO" id="FM3">
    <meta/>
    <subset subsetCode="LV" subsetDesc="LV-Mengen">
        <subsetFilter application="M2A2">WQ</subsetFilter>
        <subsetFilter application="iTWO">WQ</subsetFilter>
    </subset>
    <content format="xml" id="1" formatVersion="1.0">
        <file namespace="QTO1">file:///QTO/1/1 LV VA.xml</file>
    </content>
</model>
...
```

2.7.3 Formalisierung der Linkmodelle

Als zweite Hauptkomponente stehen neben den Fachmodellen die Linkmodelle in der Containerbeschreibung zur Verfügung.

Im nachfolgenden Beispiel ist das Linkmodell als Mengensplitmodell type= "QuantitySplit" zwischen den Fachmodellen Leistungsmodell, FM1, Bauwerksmodell, FM2, Mengenmodell, FM3 und Terminmodell, FM4 spezifiziert. Die Daten der einzelnen Links sind durch den Verweis auf die Linkdatei, <file>, definiert:

```
...
<linkModel type="QuantitySplit" id="L1">
    <meta/>
    <models>
        <model id="FM1"/>
        <model id="FM2"/>
        <model id="FM3"/>
        <model id="FM4"/>
    </models>
    <file>file:///links/links.xml</file>
</linkModel>
...
```

2.7.4 Spezifikationen für Fachmodelle

Die Fachmodelle im Container werden als unabhängige Informationsressourcen mit eigenem Datenschema und eigener Datenformalisierung behandelt, um die flexible Nutzung

Tab. 2.2 Fachmodelle und Datenformate, die im Rahmen vom Projekt Mefisto unterstützt werden

Modelldomäne	Inhalte	Formate
Bauwerksmodelle	Bauwerke mit funktionalen, geometrischen oder topologischen Eigenschaften	IFC 2×3 [11], cpixml [12]
Baustellen-einrichtungsmodelle	Infrastrukturelle Einrichtungen, Geräte und Baustoffe mit geometrischen, funktionalen und leistungsbezogenen Parametern	Erweiterung IFC 2×3 XML Format für Gerätekataloge auf Basis BGL [5]
Organisationsmodelle	Akteure sowie deren Zuständigkeiten und Informationssysteme im Bauprojekt	XML Format auf Basis ifcXML 2×3 [13]
Leistungsmodelle	Qualitative und quantitative Beschreibungen von Bauleistungen	GAEB DA XML XML Format auf Basis REB VB 23.003 [10]
Kostenmodelle	Kostenansätze in Kostenplanung und Kostensteuerung, Kalkulation, Vergabe und Kostencontrolling	GAEB DA XML Neues XML Format für Kalkulationen
Terminmodelle	Vorgänge, Ereignisse und ihre Beziehungen sowie zugehörige Ressourcen und Kalender	XML Format auf Basis ifcXML 2×3 Neues XML Format für Terminpläne
Risikomodelle	Ereignisse und Maßnahmen mit kritischem oder positivem Einfluss auf die Projektergebnisse	Neues XML Format für Risikokataloge und -listen

etablierter Datenformate zu ermöglichen. Für die weitere Unterstützung des interoperablen Datenaustausches können zusätzliche Leitlinien für deren Strukturierung und Formalisierung der Fachmodelle festgelegt werden.

Es wurden auf der Grundlage einer Szenarioanalyse [9] die in Tab. 2.2 aufgeführten Fachmodelldomänen und Datenformate ausgewählt. In einem Bauprojekt können solche Vorgaben im Rahmen allgemeiner Projekthandbücher definiert oder auch formal durch die in Abschn. 2.8 beschriebenen Multimodellvorlagen spezifiziert werden.

2.7.5 Spezifikationen für Linkmodelle

Die Linkmodelle stellen eine Liste von Linkelementen dar, die Linkinterdependenzen eines bestimmten Typs unter einer Reihe von Fachmodellen aufzeigen. Grundsätzlich wird dabei unterschieden zwischen (Teil I, Kap. 1, Abb. 1.2):

- horizontalen Interdependenzen unter Fachmodellen unterschiedlicher Domänen und Formate

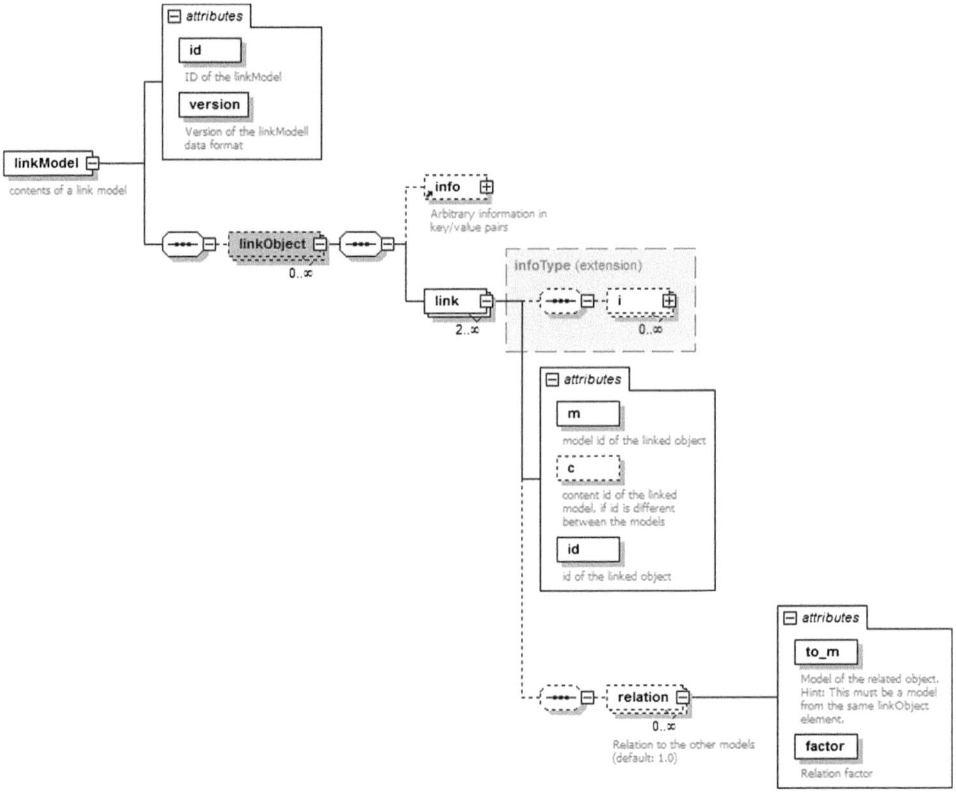

Abb. 2.13 Struktureller Aufbau des Linkmodells

- vertikalen Interdependenzen unter Fachmodellen unterschiedlicher Detaillierungen
- longitudinalen Interdependenzen unter Fachmodellen unterschiedlicher Versionen

Auf der Mefisto Plattform sind die Linkmodelle in separaten XML Dateien gespeichert, die auf dem neu entwickelten Linkmodellschema basieren, das in Abb. 2.13 dargestellt ist.

Die Linkelemente <linkObject> im Linkmodell sind als mehrwertige Relationen konzipiert und enthalten jeweils einen Satz zusammengehörender, mehrwertiger Links <link>, mit denen n ausgewählte Elemente aus m Fachmodellen referenziert werden. Da IDs nur innerhalb eines Fachmodells eindeutig sein müssen, wird ein verlinktes Element durch seine ID im Attribut id und sein Fachmodell im Attribut m, bei Partialmodellen oder Alternativformaten zusätzlich im Attribut c beschrieben. Darüber hinaus können die einzelnen Links mit Zusatzinformationen versehen werden, um bspw. ID Konflikte zu behandeln oder die Mengensplitanteile eines Bauteils an einer verlinkten Mengenmodellposition anzugeben. Wie in Abb. 2.13 dargestellt, können auch wieder beliebige Schlüsselwertpaare hinzugefügt werden. Die Kombination aller Links eines Linkelements muss eindeutig sein,

d. h. es darf keine zwei Linkelemente mit derselben Menge an Verknüpfungen geben. Der Vorgang der Verlinkung ist in Teil II, Kap. 15 und 16 anhand von Beispielen dargestellt.

2.7.5.1 Horizontale Linkmodelle

Die Beispiele 1 bis 3 zeigen zwei Linkelemente zur Verlinkung der vier Fachmodelle Leistungsverzeichnis M1, Mengenmodell M2, Bauwerksmodell M3 und Terminplan, M4, wie sie in Abb. 2.2 dargestellt sind und in den erstellten Multimodellen der beiden Mefisto Projekte (Teil II, Kap. 23) zum Einsatz kommen.

Beispiel 1

```
...
<linkObject>
        <link m="M1" id="BoQ1::2.10."/>
        <link m="M4" id="Activity1::001.002.002.001"/>
        <link m="M4" id="Activity1::001.002.002.003"/>
        <link m="M3" id="1csK8Ps2D7QvH56tcltp74"/>
        <link m="M2" id="QTO1::0001F0"/>
</linkObject>
<linkObject>
        <link m="M1" id="BoQ1::2.20."/>
        <link m="M4" id="Activity1::001.001.002.002"/>
        <link m="M3" id="1csK8Ps2D7QvH56tcltp4H"/>
        <link m="M2" id="QTO1::0001G0"/>
</linkObject>
...
```

Für Fälle, bei denen die ID zwischen den alternativen Datenformaten eines Modells abweicht, z. B. cpixml und ifc2×3, kann je content Format ein Link für das gleiche Fachmodell durch eine erweiterte optionale Angabe der content ID erfolgen (vgl. Attribut „c" in Abb. 2.13 und Beispiel 2), wie es z. B. für das BIM Fachmodell des Mefisto Flughafenterminals (Teil I, Kap. 7) zum Einsatz kommt.

Beispiel 2

```
...
<linkObject>
        <link m="M1" id="BoQ1::2.10."/>
        <link m="M4" id="Activity1::001.002.002.001"/>
        <link m="M4" id="Activity1::001.002.002.003"/>
        <link m="M3" c="C1"
        id="Projektname::b4e5c2e2-afdb-4c97-8e3b-65ceb0d40241"/>
        <link m="M3" c="C2" id="1csK8Ps2D7QvH56tcltp74"/>
        <link m="M2" id="QTO1::0001F0"/>
</linkObject>
...
```

Für die Fälle, bei denen sich die Links lediglich auf Teile eines Objekts beziehen, wie bspw. bei der Mengenermittlung, kann für die Mengenrelation ein Faktor ausgegeben werden. Beispiel 3 zeigt Mengenzuordnungen der Menge "QTO1:0001E0" aus dem Mengenmodell M2 mit dem Faktor factor=„7.001" zu einer Unterposition, UPos des Kalkulationsmodells M6 und zu einem Vorgang im Terminplan M4.

Beispiel 3

```
...
<linkObject>
        <link m="M1" id="BoQ1::2.10."/>
        <link m="M4" id="Activity1::001.001.002.001">
            <relation to_m="M2" factor="7.001"/>
        </link>
        <link m="M3" id="1csK8Ps2D7QvH56tcltp4H" c="1"/>
        <link m="M3" id="131b1ARz1E2dYUR8GyPGbQ" c="2"/>
        <link m="M2" id="QTO1::0001E0"/>
        <link m="M6" id="[1]2.10.[1]">
            <relation to_m="M2" factor="7.001"/>
        </link>
</linkObject>
...
```

2.7.5.2 Vertikale Linkmodelle

Das nachfolgende Beispiel zeigt Linkelemente zur Verlinkung der unterschiedlichen Detaillierungen eines Terminplans, hier die Verlinkung des Fachmodells M1 eines Rahmenterminplans mit dem Fachmodell M2 eines Ausführungsterminplans.

```
...
<linkObject>
        <link m="M1" id="Activity1::001.002"/>
        <link m="M2" id="Activity1::001.002.002.003"/>
</linkObject>
...
```

2.7.5.3 Longitudinale Linkmodelle

Ebenso kann die zeitliche Fortschreibung, d. h. die Versionierung eines Fachmodells über ein Linkmodell abgebildet werden. Das Beispiel zeigt die Linkelemente zur Verlinkung der identischen Vorgänge zwischen der Version 1 und 2, die hier über die Fachmodelle M1 und M2 abgebildet sind.

```
...
<linkObject>
        <link m="M1" id="Activity1::001.002.002.001"/>
        <link m="M2" id="Activity1::001.002.002.002"/>
</linkObject>
...
```

2.8 Spezifikationen für Multimodellvorlagen

Zur Datenspezifikation eines Multimodellcontainers wurden entsprechende Multimodellvorlagen entwickelt. Diese spezifizieren den zukünftigen Dateninhalt, indem per Metadaten entsprechend dem Vokabularkatalog des Ontologiemodells [9] (Abschn. 2.4) die Inhalte und Eigenschaften der zu erstellenden Fach- und Linkmodelle qualitativ vorgegeben werden. Hierzu wird der Multimodellcontainer auf die Metadaten reduziert, d. h. Modelldaten sind nicht enthalten.

Weiterhin wurde die Syntax der Multimodellmetadaten um freie Parameter, im Sinne von Variablen, erweitert, wodurch eine wesentlich flexiblere Erstellung von Multimodellen aus den Vorlagenvorgaben ermöglicht wird. So können auf diese Weise bereits durch den Vorlagenersteller sinnvolle Filterkonfigurationen in prägnanter Ausdrucksweise vorgegeben werden. Für BIMfit steht hierzu über die GMSD Methode eine mächtige, formalisierte Filterspezifikationssprache zur Verfügung (Teil II, Kap. 14). Diese Parametrisierung wurde durch eine entsprechende programmseitige Erweiterung in RIB iTWO erfolgreich auf ihre Funktionalität und Mächtigkeit getestet.

Das nachfolgende Beispiel zeigt eine parametrisierte Multimodellvorlage für die Abgabe eines Nachtragsangebots. Als freie Parameter in den Metadaten kamen hier die Multimodellcontainerbeschreibung „MMC_Beschreibung" und die Nachtragsnummer „Nachtrags_Nr" zum Einsatz, wie sie in Band 2, Teil II, Kap. 11 eingesetzt wird.

```
...
<?xml version="1.0"?>
<container guid="" formatVersion="1.0"
xmlns:xsi="http://www.w3.org/2001/XMLSchema-instance"
xsi:noNamespaceSchemaLocation="http://mefisto-bau.de/
xsd/container.xsd">
        <meta>
            <info>
                <i k="ContainerName" v="${MMC_Beschreibung}"/>
                <i k="ContainerDescription"
                    v="MMC-Datenaustausch zur Angebotsabgabe
                    eines Nachtrages."/>
                <i k="ContainerType" v="MMC NTAngebot"/>
                <i k="ContainerFromTemplate"
                    v="Angebot_Abgabe_Nachtrag.mmt"/>
                <i k="TemplateName" v="Angebotsabgabe (Nachtrag)"/>
            </info>
        </meta>
        <models>
            <model type="BoQ" id="FM1">
                <meta/>
                <subset subsetCode="NT[${Nachtrags_Nr}]"
                    subsetDesc="Nachtrag[${Nachtrags_Nr}]">
                    <subsetFilter application="MMCFilterService">
                        NT[${Nachtrags_Nr}]</subsetFilter>
                </subset>
                <content format="gaebxml" id="1" formatVersion="3.1">
                    <contentOptions>
                        <i k="extension" v="DA81"/>
                        <i k="description" t="xs:boolean" v="1"/>
                        <i k="unitrate" t="xs:boolean" v="1"/>
                        <i k="unitrate_breakdown"
                            t="xs:boolean" v="1"/>
                    </contentOptions>
                </content>
        </model>
...
```

2.9 Zusammenfassung und Ausblick

Eine prozessorientierte Arbeitsweise erfordert eine hohe und flexible Vernetzung der heterogenen und interdisziplinären Baudaten. Das Multimodellkonzept ermöglicht mit seinen expliziten Linkmodellen den Austausch solcher domänenübergreifenden Informationsräume auf Basis der originalen Fachmodelle. Die Möglichkeit zur Spezialisierung erlaubt die Definition eines auf den Anwendungsbereich zugeschnittenen Multimodells, z. B. für Bauprojektmanagement sowie die Erstellung von Multimodellvorlagen, die sich als Handlungsvorschriften für Dritte eignen, was für ein Multimodell sie erstellen sollen, und zudem können Multimodellvorlagen die Basis für die Datenqualitätskontrolle bilden.

Die Multimodellmethode ist vor allem dazu geeignet, Dritten einen ganzheitlichen Informationsausschnitt aus einer Menge von mehreren Fachmodellen, wie sie derzeit schon erzeugt und ausgetauscht werden, zu übermitteln. Das Linkmodell bildet die bisher fehlende, verknüpfende Information ab. Eine Pflege der Links, die notwendig wird, wenn sich Fachmodelle verändern, ist derzeit noch nicht möglich. Dies ist kein Manko der Multimodellmethode, sondern der Tatsache geschuldet, dass es noch keine Werkzeuge und auch nicht ausreichende Methoden gibt, die diese Pflege übernehmen. Dies liegt derzeit noch in der Verantwortung des Erstellers bzw. Senders eines Multimodells. Mit dem derzeitigen Linkmodell der Multimodellmethode ist es erstmals möglich, die Informationsinseln der Fachmodelle zu überwinden. Die Ausführenden erhalten den benötigten ganzheitlichen und verlinkten Informationsausschnitt aus mehreren Fachmodellen.

Die Anwendbarkeit der Multimodellmethode wurde unter anderem durch die Erweiterungen der Industrieprodukte RIB iTWO von RIB und GRANID von gibGreiner nachgewiesen. Dabei zeigte sich, dass die Anforderungen und Erwartungen erfüllt und das Potential für weitere Anwendungsszenarien eröffnet wurden. Es ist daher vorhersehbar, dass der multimodellbasierte Datenaustausch Einzug in Bausoftwareprodukte mittelfristig finden wird. Durch die beiden o. g. Produkte ist er bereits schon jetzt nutzbar.

Der Multimodellcontainer besteht aus einem offenen Datenmodell. Dieses wird durch die buildingSMART weiterentwickelt. Eine entsprechende Projektgruppe wurde im Oktober 2013 im German chapter der buidlingSMART eingesetzt.

Literatur

1. Fuchs S, Katranuschkov P, Scherer RJ (2010) A framework for multi-model collaboration and visualisation. In: Menzel K, Scherer R (Hrsg) eWork and eBusiness in architecture, engineering and construction, European conference on product and process modelling 2010. CRC Press/Balkema, Rotterdam
2. Scherer RJ, Schapke SE (2011) A distributed multi-model-based management information system for simulation and decision making on construction projects. Adv Eng Inform 25:582–599
3. Fuchs S, Kadolsky M, Scherer RJ (2011) Formal description of a generic multi-model. In: Reddy S, Tata S (Hrsg) Proceedings of the 2011 IEEE 20th international workshops on enabling technologies: infrastructure for collaborative enterprises, WETICE'11. IEEE Computer Society, Washington, DC, USA, S 205–210

4. Steinberg D, Budinsky F, Paternostro M, Merks E (2008) EMF: eclipse modeling framework, 2. Aufl. Addison-Wesley Professional, Reading
5. BGL (2001) Baugeräteliste, http://www.bgl-online.info/
6. KLM (2013) Keyhole markup language, https://developers.google.com/kml/documentation/
7. US Department of Energy (2013) Weather data for EnergyPlus energy simulation software, http://apps1.eere.energy.gov/buildings/energyplus/weatherdata_about.cfm
8. Weise M (2006) (2006) An approach for description of changes in model-based object planning, in German: Ein Ansatz zur Abbildung von Änderungen in der modellbasierten Objektplanung. PhD thesis, Berichte des Instituts für Bauinformatik, Heft 4, ISBN 978-3-86005-557-1, Dresden
9. Schapke SE, Baling M, Hienz R, Muntzinger HD, Renz J, Zeller G (2010) Mefisto-Bericht B-1.1: Anforderungen an das Gesamtsystem. Institut für Bauinformatik, Technische Universität Dresden
10. GAEB (2013) Gemeinsamer Ausschuss Elektronik im Bauwesen, http://www.gaeb.de/
11. ISO 16739 (2005) International Organization for Standardization: ISO/PAS 16739:2005 Industry Foundation Classes, Release 2×, Platform Specification (IFC2× Platform). Standard
12. RIB iTWO (2013) http://www.rib-software.com/de/landingpage/rib-itwo.html
13. ifcXML for IFC2× Edition 3 (2013) http://www.buildingsmart-tech.org/specifications/ifcxml-releases/ifcxml2x3-release/summary
14. Weise M, Katranuschkov P, Scherer RJ (2003) Generalised model subset definition schema. In: Proceedings of the CIB-W78 conference 2003 – information technology for construction, Auckland

Prüfung und Erweiterung von Fachmodellen am Beispiel von IFC

3

Thomas Liebich, Matthias Weise und Raimar J. Scherer

Zusammenfassung

Der Multimodellansatz führt unterschiedliche Fachbereiche zusammen. Hierbei werden verschiedene Datenstandards eingesetzt, die fachlich und technologisch in das Gesamtkonzept integriert werden müssen, das zum Mulitmodellkonzept führt. Der offene IFC Standard bildet dabei die Basis für gleich mehrere Fachmodelle. Es sollen hier die im Projekt Mefisto entwickelten Erweiterungen des IFC Datenmodells vorgestellt werden, die die Anwendung und Implementierung von IFC erleichtern. Es wird gezeigt, wie der vorhandene IFC Standard durch einschränkende Vorgaben auf bestimmte Anwendungsbereiche fokussiert und damit die Datenqualität erhöht werden kann. Dazu muss die notwendige Datenqualität für ein bestimmtes Anwendungsszenario definiert und Prüfmethoden dafür entwickelt werden. Neben diesen fachlichen Erweiterungen werden auch technische Aspekte wie die Formalisierung von Model View Definition, MVD, und die Nutzung von XML als alternatives Austauschformat diskutiert. Es werden konkret das mvdXML Format sowie Vereinfachungen von ifcXML vorgestellt, die Einzug in die Standardisierung von buildingSMART gefunden haben.

3.1 Einführung

Die erfolgreiche Einführung modellbasierter Arbeits- und Übergabeprozesse in der Baupraxis wird sehr davon abhängen, wie genau die, für die jeweiligen Prozessschritte notwendigen Inhalte sowie deren Qualität und Austauschformate beschrieben sind. Dies muss für

T. Liebich (✉) · M. Weise
AEC3 Deutschland GmbH, München, Deutschland

R.J. Scherer
Institut für Bauinformatik, Technische Universität Dresden, Dresden, Deutschland

R.J. Scherer, S.-E. Schapke (Hrsg.), *Informationssysteme im Bauwesen 1*,
DOI 10.1007/978-3-642-40883-0_3

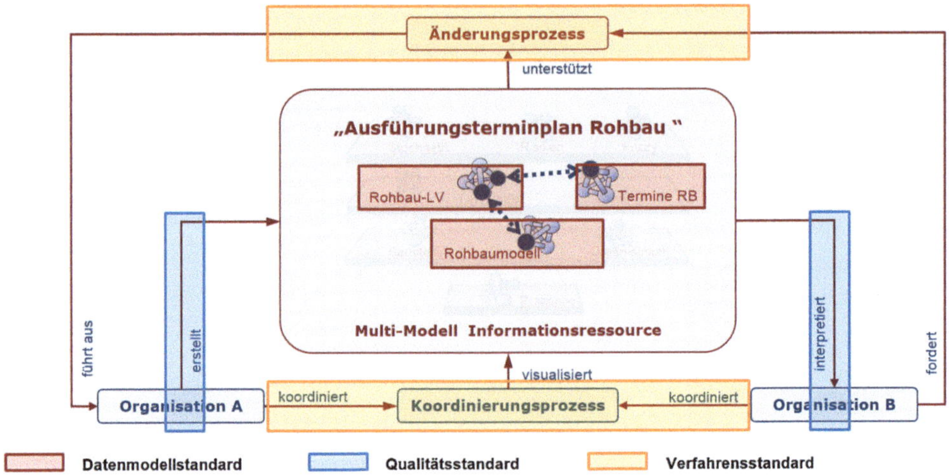

Abb. 3.1 Definition von Qualitätsstandards

die Projektbeteiligten transparent und überprüfbar sein, damit den modellbasierten Informationen vertraut wird und diese als belastbar angesehen werden.

Für die Standardisierung eines Informationsraums sind drei Arten von Standards zu unterscheiden (Abb. 3.1):

- Datenmodellstandards definieren die interne Abbildung der notwendigen Objekt-, Termin-, Mengen- und andere Informationen, um diese zuverlässig in der Prozesskette bereitstellen zu können.
- Datenqualitätsstandards definieren die notwendige Informationstiefe für den Prozessschritt, die zu erfüllen ist, z. B. welche Modellelemente im Objektmodell beinhaltet und welche Attributwerte ausgefüllt sein müssen. Sie werden über den Detaillierungsgrad Level of Detail, LoD, vorgegeben. Für die Einhaltung sind Prüfverfahren und -methoden bereitzustellen.
- Verfahrensstandards legen fest, wie dieser Prozessschritt abläuft, z. B. hinsichtlich Verantwortlichkeiten, Häufigkeit und Prüfkriterien. Dies wird oft unter dem Begriff BIM Management zusammengefasst.

3.1.1 Umsetzung der BIM Methode in Mefisto

BIM steht für die ganzheitliche Betrachtung eines Bauwerks mithilfe eines virtuellen Abbildes des zu erschaffenden Gebäudes, das in elektronisch auswertbarer Form vorliegt. Der Begriff ganzheitlich umfasst dabei formal alle Maßnahmen von der Planung, Ausführung, Instandhaltung bis hin zum Abbruch des Gebäudes, wobei der Fokus von Mefisto auf dem Bereich der Bauausführung inklusive Projektüberwachung liegt. Für die Umsetzung der BIM Methode hat sich das Mefisto Konsortium für einen ganz neu zu entwickelnden Ansatz entschieden, der verschiedene Fachmodelle über zusätzliche Linkmodelle zu einem virtuellen Gesamtmodell verbindet (Teil I, Kap. 1 und 2). Jedes Fachmodell steht für einen der benötigten Fachbereiche und wird, soweit vorhanden, durch ein etabliertes Datenaustauschformat wie beispielsweise GAEB DA XML [4], REB 23.003 [5] oder IFC 2×3 [6] unterstützt (Teil I, Kap. 1). Auf diese Weise wird eine Fachmodellkonfiguration gewählt, die eine hohe praktische Bedeutung besitzt und mit vielen verfügbaren Werkzeugen genutzt werden kann. Die zusätzlich benötigte Funktionalität für das Aufstellen und die Pflege der Linkmodelle wird durch ergänzende Werkzeuge gewährleistet [7].

3.1.2 Die Verwendung des IFC Standards als gleichberechtigtes Fachmodell

Der IFC Standard wird für die Bereiche Bauwerk, Baustelle, Organisation und Termine eingesetzt und zählt damit zu den Fachmodellen. Obwohl der IFC Standard für den fachübergreifenden Datenaustausch geschaffen wurde, werden im Rahmen von Mefisto bewusst immer nur Teilbereiche des Gesamtstandards verwendet. Dieses Vorgehen entspricht der mit dem Coordination View [8] innerhalb von buildingSMART eingeführten Strategie, dass zur Reduzierung des Implementierungsaufwands immer nur spezielle Fachdomänen bzw. aufgabenbezogene Datenaustauschszenarien zu implementieren sind. Dem zugeordnet ist eine Model View Definition, MVD, die den zu implementierenden Teilbereich des IFC Modells definiert. Während eine MVD [9] bisher nur beschreibender Natur war, konnte mit der Unterstützung von Mefisto eine formale Spezifikation entwickelt werden, die nicht nur für Menschen lesbar ist, hier konkret die Zielgruppe der Softwareentwickler, sondern auch maschinell auswertbar ist. Das hierfür entwickelte mvdXML Format und der umgesetzte Dienst zur Erzeugung von Subschemas sind in Abschn. 3.4 beschrieben bzw. Subschemas sind in Abschn. 3.2.2 definiert. Im Ausblick am Ende des Beitrags wird kurz auf weiterführende Entwicklungen eingegangen, die die Zielrichtung und das Potenzial der mvdXML Spezifikation verdeutlichen.

3.1.3 Prüfung von Fachmodellen

Die Nutzung standardisierter Formate für die Datenmodellstandards, z. B. innerhalb der vertraglich zu vereinbarenden Übergabe von Multimodellen, inklusive des Gebäudemodells, Leistungsmodells und Terminmodells, ermöglicht dem Arbeitgeber, AG, und anderen befugten Teilnehmern im Planungsprozess den offenen Zugang zu den Planungs- und Ausführungsinformationen. Darauf aufbauende Datenqualitätsstandards ermöglichen es sicherzustellen, dass Folgeprozesse auf diesen Modellinformationen aufgesetzt werden können und die direkte Weiterverarbeitung der Planungs- und Ausführungsinformationen und deren Auswertungen in unterschiedlichen Simulations- und Bewertungsverfahren effizient ermöglichen. Beispiele wären unter anderem die Energie- und Nachhaltigkeitsanalysen während der Planung, die Generierung vom Mengen und Bauteillisten für die Ausschreibung, der Vergleich von Planungs- bzw. Ausführungsrevisionen oder die Übergabe

Fundament		Format	erforderlich in folgenden Leistungsphasen				
			LPh 1-2	*LPh 3-4*	*LPh 5*	*LPh 6-8*	*LPh 9*
Modellelementetyp / Bauteiltyp							
Bodenplatte							
Einzelfundament							
Maschinenfundament							
Streifenfundament							
Geometrie							
vereinfachte Bauteilgeometrie	stark vereinfachte Geometrie ohne Anschlüsse und Aussparungen	REF	NEIN	JA	NEIN	NEIN	NEIN
genaue Bauteilgeometrie ohne Aussparungen	Bauteile mit Bauteilabmessungen und Materialien; vereinfachte Geometrie der	REF	NEIN	NEIN	JA	NEIN	NEIN
exakte Bauteilgeometrie mit Aussparungen	Bauteile mit ihren exakten Maßen und Materialien inkl. aller Anschlüsse und	REF	NEIN	NEIN	NEIN	JA	JA
Bauteilgeometrie mit Einbauteilen und	exakte Bauteilgeometrie mit Einbauteilen, Befestigungstechnik und	REF	NEIN	NEIN	NEIN	JA	JA
Eigenschaften							
Allgemeine Eigenschaften für Bauteile							
Material	Materialname nach Auswahlliste (TAB Auswahlliste)	Liste	NEIN	JA	JA	JA	JA
Fundamenttyp	Bezeichnung zur Zusammenfassung gleichartiger Fundamente	Text	NEIN	NEIN	JA	JA	JA
Eigenschaften für Stahlbetonbauteile							
Ausführung	Ausführungsart nach Auswahlliste (TAB Auswahlliste)	Liste	NEIN	NEIN	JA	JA	JA
Betonklasse	Expositionsklasse nach Auswahlliste (TAB Auswahlliste)	Liste	NEIN	NEIN	JA	JA	JA
Expositionsklasse	Betonklasse nach Auswahlliste (TAB Auswahlliste)	Liste	NEIN	NEIN	JA	JA	JA
Bew. Schlaff_kg_m³	geforderter Bewehrungsgrad (Angabe in kg/m3)	R	NEIN	NEIN	NEIN	JA	JA
Bew. Schlaff_kg_m²	geforderter Bewehrungsgrad (Angabe in kg/m2)	R	NEIN	NEIN	NEIN	JA	JA
Bew. Gittertraeger_kg_m²	Angabe nur bei geforderter Gitterbewehung	R	NEIN	NEIN	NEIN	JA	JA

Abb. 3.2 BIM Objektkatalog (Auszug) – geforderte Modellinhalte für Fundamente

einer für die Belange des Facility Managements gefilterten Bestandsdokumentation an den AG und die späteren Nutzer.

Um diese Qualitätskontrolle in realen Bauprojekten und insbesondere bei Projekten öffentlicher Auftraggeber einsetzen zu können, muss die Kontrolle auf nachvollziehbaren und offenen Verfahren und Standards beruhen, also z. B. auf den als ISO16739, IFC, und GAEB DA XML normierten Bestandteilen des Multimodells. Dazu wurden durch die AEC3 Deutschland GmbH umfangreiche BIM Objektkataloge so erstellt, dass diese eine Auswahl normierter Bauelementbeschreibungen enthalten, die in Bezug auf den Planungszyklus ausgewählt, ergänzt und vereinbart werden können (Abb. 3.2). Die organisatorischen Verantwortlichkeiten (wer und wie) werden in der BIM Richtlinie verankert, und die im Multimodell übergebenen Einzelmodelle, wie z. B. das Gebäudemodell in Abb. 3.3, können dann durch Qualitätsregeln automatisch geprüft werden. Dies kann sowohl als Selbstprüfung beim Planer oder Arbeitnehmer, AN, geschehen oder bei der Übernahme durch den AG oder auch durch einen Dienstleister, der das BIM Management sicherstellt. In Teil II, Kap. 20 wird eine weitere Methode vorgestellt, die es erlaubt, die Datenqualität visuell unterstützt durch Selektionsalgorithmen auf ihre Verlinkungsqualität zu überprüfen. Als Anwendungsbeispiel ist dort die Überprüfung der Verlinkung von Bauelementen mit Terminen, Kosten, Mengen und dem Leistungsverzeichnis gewählt.

Die Datenqualität kann umso besser kontrolliert werden, je spezialisierter ein Datenmodell ist, im Weiteren auch als Modelleinschränkung bezeichnet. Ist ein Datenmodell wenig spezialisiert, muss es komplett durch Objektkataloge übernommen werden.

3.2 Fachmodellerweiterungen durch zusätzliche Modelleinschränkungen

Die Erweiterung der Fachmodellspezifikationen hat das Ziel, die auszutauschenden Informationen für die Softwareimplementierung zu konkretisieren. Wie in Kap. Teil I, Kap. 1.

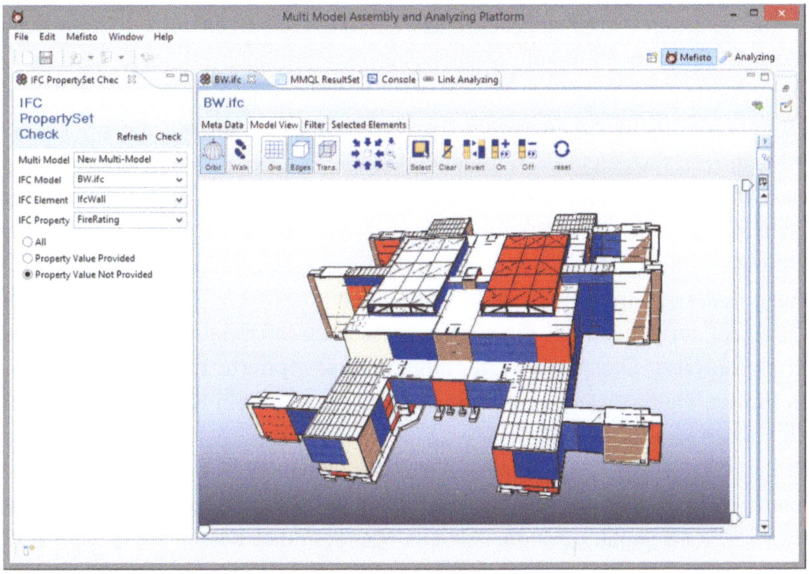

Abb. 3.3 Ergebnis einer Qualitäts- und Vollständigkeitsprüfung – fehlende Brandschutzangaben in rot eingefärbten Bauteilen

gezeigt, geht es im Kontext von BIM und der Nutzung des offenen IFC Standards [1] im Wesentlichen um die Definition zuschärfender Einschränkungen der allgemeinen Datenstruktur, um die Unterstützung der betrachteten Datenaustausch- und Koordinierungsprozesse zu verbessern und so diese letztendlich zu vereinfachen. Diese dringend notwendigen Vereinfachungen werden im Rahmen von IFC nicht nur auf inhaltlicher, sondern auch auf technischer Ebene verfolgt, indem für den Datenaustausch neben dem Step Physical Format, SPF, nach ISO 10303-21 [2], an der Dateiendung.ifc erkennbar, auch das weit verbreitete XML Format des W3C nach ISO 10303-28 [3], an der Dateiendung.ifcxml erkennbar, unterstützt wird.

Derzeit beschreibt der Standard IFC die Datenstruktur von Objekt- und teilweise auch Terminmodellen in einer generischen Form, sodass dieses Format über alle Leistungsphasen und Planungsdisziplinen hinweg genutzt werden kann. IFC selbst legt nicht fest, welche Information zwingend abgelegt werden muss, sondern nur wie diese abgelegt wird, wenn sie vorhanden ist. Im Rahmen der Entwicklung einer Model View Definition, MVD, wird der Gültigkeitsbereich der dort verankerten Untermenge an IFC Spezifikationen auf einige Leistungsphasen und Austauschszenarien festgelegt, z. B. die Koordination zwischen Architektur- und Haustechnikfachmodell oder Übergabe Architekturmodell an die thermische Berechnung. Hier können jetzt Qualitätskriterien definiert werden, wie z. B. welche Rauminformationen für eine thermische Berechnung als Ausgangsinformationen vorhanden sein müssen. Diese Datenaustauschanforderungen konnten bislang nur verbal festgelegt werden, im Rahmen von Mefisto wurde hierzu eine computerauswertbare Sprache, mvdXML, mit entwickelt und pilotiert Abschn. 3.4.

Bevor auf die Arten von Einschränkungen näher eingegangen wird, soll am Beispiel des IFC Standards die Notwendigkeit solcher Zusatzdefinitionen erläutert werden. Um dies besser zu verstehen, ist zunächst der Anwendungsbereich eines Fachmodells zu klären. Für das IFC Modell ist der Anwendungsbereich sehr allgemein auf die Koordination von Planungsleistungen festgelegt. Vereinfachend ist hiermit der reibungslose Datenaustausch zwischen und innerhalb der Fachbereiche gemeint. Die zu übertragenden Informationen sind entsprechend vielfältig. Auch deshalb wurde für das IFC Schema eine Modellierung gewählt, die ein hohes Maß an Flexibilität und somit viele Freiheitsgrade besitzt. Als Modellierungsgrundlage wird das in der Informatikwelt inzwischen fest etablierte, objektorientierte Konzept verwendet, das die auszutauschenden Informationen bis zu einem gewissen Grad klassifiziert. Die verwendete, allgemein akzeptierte Klassifikation bildet dabei die Basis für den Datenaustausch. Sie ist aber immer auch ein Kompromiss aus Sicht der einzelnen Fachanwendungen.

Durch das Prinzip der Klassifikation kann die Genauigkeit der abgebildeten Informationen relativ frei gewählt werden. Unter Umständen sind allgemeine Konzepte wie Bauelement ausreichend genau oder müssen aus Mangel einer besser geeigneten IFC Klasse verwendet werden. Ein nicht näher definiertes Bauelement wird in IFC in der Klasse IfcBuildingElementProxy zusammengefasst. Die entstehende, nicht klassifizierte Vielfalt ist für die Weiterverarbeitung der Daten ein Problem, da entweder keine Unterscheidung zwischen relevanten und nicht relevanten Informationen möglich ist oder umgekehrt eine bestimmte Informationsart oder -tiefe von einer Fachanwendung nicht verarbeitet werden kann. Eine Model View Definition soll deshalb als ergänzende Spezifikation die Möglichkeiten des Datenmodells soweit einschränken, dass die Daten den Anforderungen der damit verknüpften Aufgabe in Art, Umfang und Qualität entsprechen. Die Notwendigkeit solcher Vereinbarungen wird beim IFC Modell durch das potentiell abdeckbare Aufgabenspektrum besonders deutlich, betrifft aber auch andere Datenmodelle, insbesondere wenn unterschiedliche Datenaustauschanforderungen bestehen. Die hier diskutierten Fragestellungen treten also nicht nur bei dem offenen BIM Standard IFC, sondern auch bei anderen für Fachmodelle verwendeten Datenmodellen auf.

3.2.1 Art der Einschränkungen in IFC

Es können folgende Arten von Einschränkungen unterschieden werden:

- Auswahl relevanter Klassen und Attribute aus dem Datenmodellschema
- Festlegung gültiger Wertebereiche und notwendiger Daten

Während der erste Fall mit Einschränkungen über sogenannte Subschemas definiert werden kann, wird der zweite Fall mit Attributvorgaben und Objektvorlagen assoziiert. Die Unterscheidung in Attributvorgaben und Objektvorlagen bezieht sich bereits auf eine Besonderheit des IFC Modells und wird nach einer allgemeingültigen, von IFC unabhängigen Betrachtung der Subschemas in Abschn. 3.2.3 und Abschn. 3.2.4 diskutiert.

Eine weitere Art von Einschränkung ist die Erweiterung des IFC Datenmodellschemas durch Spezialisierung, d. h. die Einführung neuer Klassen und Attribute. Um eine Einschränkung handelt es sich meist deshalb, weil die bestehende Klassifikation weiter verfeinert bzw. spezialisiert wird. Zur allgemeinen Wand, IfcWall, könnten bspw. neben der bereits bestehenden Standardwand IfcWallStandardCase weitere Wandarten als Unterklasse dem IFC Schema hinzugefügt werden. Eine solche Modellerweiterung ist jedoch an eine neue IFC Version gekoppelt und muss mit der hierfür verantwortlichen Organisation buildingSMART koordiniert werden. Diese Art der Erweiterung ist sehr zeitintensiv und wurde nur für das Mefisto Terminmodell gewählt, das im Unterschied zu anderen Fachmodellen somit bereits auf der kommenden IFC Version 4 beruht.

3.2.2 Definition von Subschemas

Das IFC Modell in der Version 2×3 [10] besitzt 653 Klassen und 327 Typen, in der kommenden Version 4 [11] sind es bereits 764 Klassen und 390 Typen. Für die Abbildung des Rohbauwerks, der Termine oder anderer Fachinformationen ist aber nur ein kleiner Teil dieser Klassen- und Typdefinitionen relevant. So besitzt das aus der IFC Version 4 abgeleitete Terminmodell nur noch 51 Klassen und 27 Typen, was einer Reduzierung von knapp 93% entspricht. Das Subschema des IFC Terminmodells ist somit auf genau die Strukturen beschränkt, die für den Austausch von Terminmodellen notwendig sind. Hierbei gilt die Regel, dass Teildatensätze sowohl gegenüber dem Subschema als auch gegenüber dem Gesamtschema gültig sein müssen. Auf diese Weise wird sichergestellt, dass jeder Teildatensatz problemlos in einen Gesamtdatensatz integriert werden kann.

Es wurde ein Werkzeug entwickelt, das auf den generalisierten Filtermethoden von [12] aufbaut und die Erzeugung von Subschemas automatisiert. Mithilfe des Editors ViewEdit (Abb. 3.4) werden die benötigten Klassen, und sofern erforderlich deren Attribute, ausgewählt. Hierbei brauchen nur die Definitionen selektiert zu werden, die für den fachlichen Datenaustausch relevant sind. Alle zusätzlich benötigten Definitionen werden bei der Subschemagenerierung automatisch hinzugefügt. Hierzu gehören bspw. Klassen, die für die Datenverwaltung und allgemeine Projekteinstellungen notwendig sind. Dieses Vorgehen garantiert, dass stets ein gültiges Subschema erzeugt wird. Auf diese Weise wird das Erzeugen von Subschemas zusätzlich erleichtert. Bspw. wurden für das Terminmodell von Mefisto nur 35 Klassen und 2 Typen ausgewählt, was ungefähr 47% des aus dem IFC Terminmodell generierten Subschemas entspricht.

Werden bspw. für die nachfolgend gezeigte, in EXPRESS [13] repräsentierte Klasse IfcRoot die Attribute Name und Description als zu übertragende Information ausgewählt, so wird die weiter unten gezeigte Definition als valides Subschema generiert.

```
ENTITY IfcRoot;
    GlobalId : IfcGloballyUniqueId;
    OwnerHistory : OPTIONAL IfcOwnerHistory;
    Name : OPTIONAL IfcLabel;
    Description : OPTIONAL IfcText;
END_ENTITY;
```

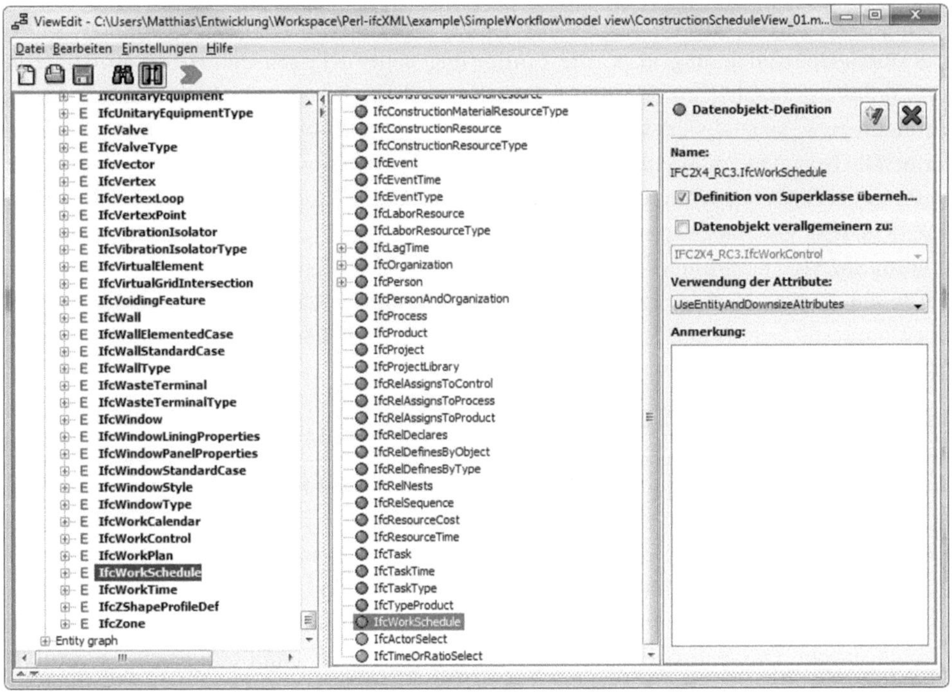

Abb. 3.4 Bildschirmfoto des Programms ViewEdit zum Erstellen und Generieren von Subschemas

Hierbei werden zu den beiden Attributen die verwendeten Typen IfcLabel und IfcText hinzugefügt. Für das Attribut GlobalId wird zusätzlich der Typ IfcGloballyUniqueId hinzugefügt, da es sich um eine nichtoptionale Information handelt. Das Attribut OwnerHistory ist dagegen optional und darf deshalb unbesetzt bleiben. Da es aber kein inverses Attribut ist, darf es aus dem Subschema nicht entfernt werden und wird deshalb in dem nachfolgend dargestellten, automatisch vervollständigten Klassenschema über den Typ IfcStrippedOptional als Platzhalter markiert.

```
ENTITY IfcRoot;
    GlobalId : IfcGloballyUniqueId;
    OwnerHistory : OPTIONAL IfcStrippedOptional;
    Name: OPTIONAL IfcLabel;
    Description : OPTIONAL IfcText;
END_ENTITY;
TYPE IfcGloballyUniqueId = STRING(22) FIXED;
END_TYPE;
TYPE IfcLabel = STRING(255);
END_TYPE;
TYPE IfcText = STRING;
END_TYPE;
TYPE IfcStrippedOptional = BOOLEAN;
END_TYPE;
```

Ein auf diese Weise erzeugtes Subschema kann von den Softwareherstellern als technologische Basis verwendet werden, um geeignete Werkzeuge für den Datenaustausch von Termindaten zu entwickeln. Wie das IFC Gesamtschema basieren die genierten Subschemas auf dem EXPRESS Standard [13]. Für die Implementierung der Subschemas können somit die gleichen Entwicklungswerkzeuge wie für das Gesamtschema eingesetzt werden. Darüber hinaus wurde auch an der Umwandlung in eine XML Schemadefinition gearbeitet, da die Nutzung von XML für viele Softwareentwickler eine niedrigere technologische Hürde darstellt. Diese Entwicklung ist in Abschn. 3.3 beschrieben.

Zum Thema der Subschemas sei noch erwähnt, dass die entwickelte Lösung auch für andere EXPRESS basierte Schemadefinitionen eingesetzt werden kann. Es ist also möglich, zukünftige bzw. ältere IFC Versionen gleichermaßen zu unterstützen. Dieser Vorteil wurde bereits für das Terminmodell genutzt, das nicht auf der Version IFC 2×3, sondern der neuen IFC Version 4 [11] beruht.

3.2.3 Definition von Attributvorgaben

Attributvorgaben können über die Einschränkung des Wertebereichs bzw. die Kardinalität von Beziehungen erreicht werden. Im ersten Fall könnte bspw. ein Namensattribut auf ein bestimmtes Namensmuster beschränkt werden. Mithilfe der Kardinalität kann dagegen die Wertigkeit einer Beziehung z. B. auf genau ein Vorkommen beschränkt werden. Tritt die Beziehung häufiger oder gar nicht auf, so ist dies im Sinne der Attributvorgaben ein fehlerhaftes Modell.

Attributvorgaben sind an vielen Stellen sinnvoll und notwendig. Auf diese Weise können Datenaustauschkonventionen formal beschrieben und überprüft werden. Speziell für das IFC Modell wird nachfolgend auf zwei Bereiche eingegangen, die für diese Art von Einschränkungen besonders interessant sind.

3.2.3.1 Vorgaben für freie Objekteigenschaften

Das IFC Modell bietet die Möglichkeit, an nahezu jedes Objekt frei definierbare Eigenschaften, z. B. Properties und Element Quantities, anzuhängen. Jede Eigenschaft besitzt einen eindeutigen Namen und kann entweder einen einfachen Wert oder auch komplexere Daten wie Listen oder Tabellen definieren. Dieses Schlüsselwertepaar kann allerdings nur dann vom Empfänger richtig interpretiert werden, wenn der Schlüssel einer benötigten Eigenschaft bekannt ist. Genau dies geschieht mit den Vorgaben für freie Objekteigenschaften. Hierbei werden die möglichen Schlüssel und zugehörigen Wertebereiche festgelegt. Auch hier gilt wieder, dass alle Eigenschaften mit unbekanntem Schlüssel im Sinne einer Model View Definition entweder fehlerhaft sind oder ignoriert werden können. Da beliebig viele Eigenschaften an ein Objekt angehängt werden können und diese Funktionalität häufig zur Abbildung proprietärer Informationen genutzt wird, ist vor allem das Fehlen von Eigenschaften kritisch und weniger das Vorhandensein unbekannter Eigenschaften.

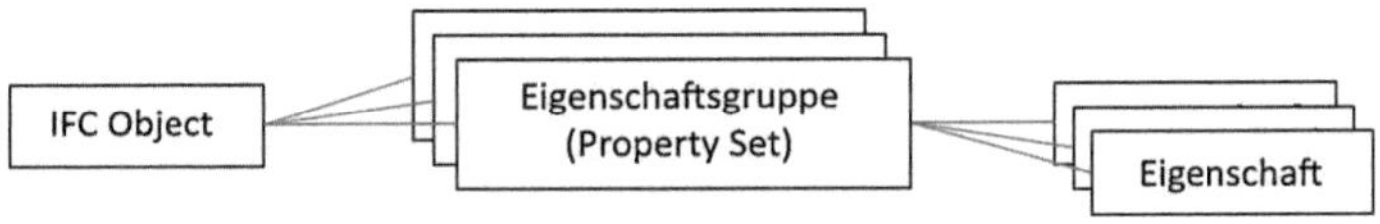

Abb. 3.5 Zuweisung von Eigenschaften zu Elementen in IFC

Tab. 3.1 Beispiele für vordefinierte Eigenschaften des IFC Standards (Version 4)

IFC Klasse	Eigenschaftsgruppe	Eigenschaft
IfcBeam Beschreibung von Balken	Pset_BeamCommon Zusammenfassung von allgemeingültigen Eigenschaften	Bauteiltyp
		Status
		Spannweite
		Neigungswinkel
		Kippwinkel
		Außenbauteil
		U Wert
		Tragendes Bauteil
		Feuerwiderstandsklasse
	Pset_ConcreteElementGeneral Allgemeingültige Eigenschaften von Betonbalken	Ausführung
		...
	...	
...		

Die prinzipielle Umsetzung dieser Erweiterungsmöglichkeit ist in Abb. 3.5 gezeigt. Einem Objekt, bspw. einem Balken, Raum oder Arbeitsvorgang, können beliebig viele Eigenschaften zugewiesen werden, wobei jede Eigenschaft in einer Eigenschaftsgruppe mit korrespondierenden Eigenschaften zusammengefasst wird.

buildingSMART veröffentlicht mit dem IFC Schema eine Reihe von Objekteigenschaften, die die vorhandenen Objektdefinitionen um wichtige Zusatzinformationen ergänzen. Auf diese Weise wird der IFC Standard erweitert, ohne das Schema selbst verändern zu müssen (siehe Tab. 3.1). Die neue IFC Version 4 ergänzt diese Funktionalität noch um Mehrsprachigkeit und bietet darüber hinaus eine nochmals verbesserte Integration in die IFC Dokumentation. Da diese Mechanismen auch für die Definition von freien, also selbstdefinierten Eigenschaften genutzt werden können, kann diese Art von Erweiterung sehr einfach in die IFC Spezifikation integriert werden.

3.2.3.2 Vorgaben zur Nutzung externer Kataloge

Kataloge bieten allgemein die Möglichkeit, Objekte nach unterschiedlichen Kriterien zu klassifizieren. Ein Raumobjekt kann nach DIN 277 bspw. die Nutzungsart festlegen. An jede Nutzungsart sind weitere Eigenschaften gekoppelt, die aus dem Katalog bzw. der Norm entnommen werden können. Wenn nicht nur der Sender, sondern auch der Empfän-

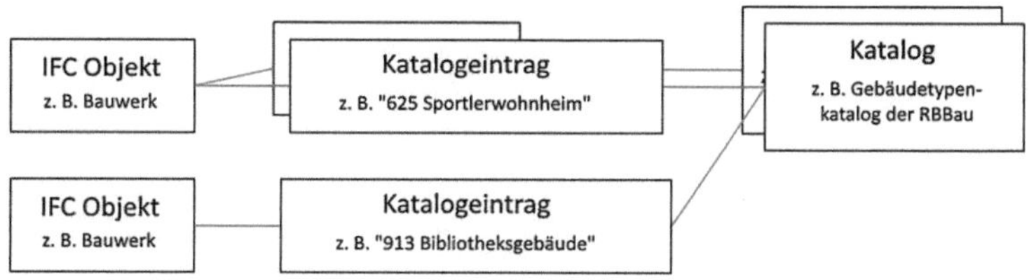

Abb. 3.6 Klassifikation von Elementen in IFC

ger den verwendeten Katalog kennt, ist die Angabe des Katalogeintrags für den Datenaustausch ausreichend. Demzufolge kann eine geforderte Information vollständig beschrieben sein, wenn die Klassifikation bestimmter Elemente entsprechend vorgegebener Kataloge erfolgt. Auch diese Art der Konkretisierung definiert analog zu den Eigenschaftsobjekten eine Einschränkung der normalerweise beliebig nutzbaren Kataloge.

Das Prinzip der Katalogverweise ist in Abb. 3.6 gezeigt. Einem Objekt wird hierbei ein Schlüssel zugewiesen, dessen Bedeutung sich aus dem verwendeten Katalog erschließt. In diesem Beispiel wird ein Bauwerk über die Richtlinien für die Durchführung von Bauaufgaben des Bundes, RBBau, als Sportlerwohnheim bzw. Bibliotheksgebäude klassifiziert. Auf diese Weise lassen sich länder- bzw. projektspezifische Datenanforderungen erfüllen, ohne die damit kodierten Kataloginformationen abbilden zu müssen. Als einschränkende Fachmodellspezifikation müsste für die diskutierten Beispiele gefordert werden, dass alle Bauwerke, d.h. Objekte des Typs IfcBuilding gemäß RBBau, und alle Räume, d.h. Objekte des Typs IfcSpace, nach DIN 277 kodiert werden.

3.2.4 Definition von Objektvorlagen und Bereitstellung einer Bauteilbibliothek

Im Unterschied zur Einschränkung der zulässigen Daten über Subschemas und Attributvorgaben wird mit der Definition von Objektvorlagen ein wiederverwendbares Muster als sogenannter Objekttyp vordefiniert, der eine Unterklasse von IfcTypeObject darstellt. Ein Objekttyp kann bereits Attribute und Eigenschaften definieren, die automatisch an die damit verknüpften Objekte, auch als Occurrences bezeichnet, übertragen werden. Im weitesten Sinne kann hier von einer teilweisen Vorinstanziierung gesprochen werden. Die Objekte bzw. ihre Attribute können nicht mehr alle möglichen Werte, sondern nur eine eingeschränkte Menge an Werten, im Sonderfall nur einen ganz bestimmten Wert, annehmen. Auf diese Weise kann eine Bibliothek mit erlaubten Objekttypen als IFC Modell dem Planer zur Verfügung gestellt werden. Die Aufgabe des Planers besteht anschließend darin, alle benötigten Objekte zu platzieren und mit einem der vorgegebenen Objekttypen zu verknüpfen. Dieses Vorgehen wird z. B. für Fenster und Türen intensiv genutzt und ist für andere Bauelemente ebenso verfügbar. Der Grad der vorgegebenen Information ist dabei frei wählbar und kann über die Objekte auch individuell abgeändert werden. Lediglich objektspezifische Informationen wie die Identifikation, die Lage und Position sowie

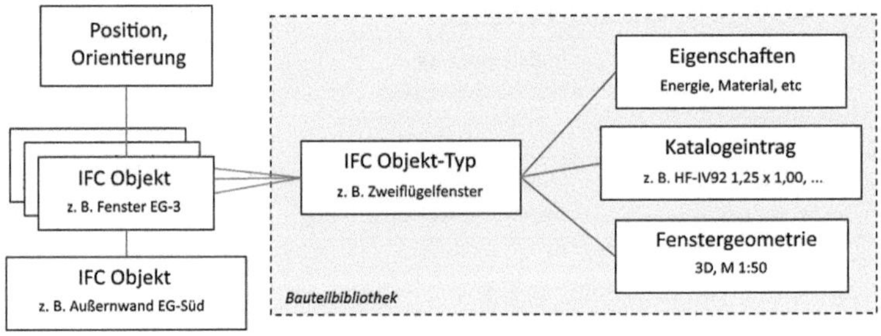

Abb. 3.7 IFC Objekttypen zur Definition von Bauteilbibliotheken

Objektrelationen wie „ist enthalten in", „ist verbunden mit" oder „ist Auflager für" können nicht über Objekttypen vorgegeben werden.

Abbildung 3.7 verdeutlicht das Prinzip der Objekttypen. Für die meisten Objekte steht ein entsprechender Objekttyp bereit, der die gleichen objektspezifischen Attribute besitzt. Darüber hinaus können beliebige Eigenschaften und Katalogverweise wie für Objekte definiert werden.

3.3 Umwandlung in eine ifcXML Schemadefinition

Aus rein technischer Sicht ist die Beschreibungssprache EXPRESS auf Grund ihrer Mächtigkeit im Vergleich zu XML Schema für die Modellierung des IFC Modells besser geeignet. Die Beschreibbarkeit von Umkehrrelationen, auch als inverse Relationen bezeichnet, sowie komplexer Regeln sind zwei Beispiele, die die höhere Ausdrucksstärke von EXPRESS verdeutlichen. Dennoch gibt es Gründe, eine Abbildung auf XML zu verfolgen. Zunächst muss zwischen dem XML Datenschema und dem XML basierten Datenaustausch unterschieden werden, wobei die nachfolgend besprochene ifcXML Schemadefinition für den Datenaustausch definiert und nicht als äquivalent zur EXPRESS Definition angesehen wird. Das ifcXML Schema legt also fest, wie IFC Modelldaten in einer XML Datei übertragen werden. Hierfür ist die Ausdrucksstärke vom XML Schema ausreichend. Für das Wiederherstellen von Umkehrrelationen oder die Validierung zusätzlicher Regeln muss dagegen auf das EXPRESS Schema zurückgegriffen werden. Da in den anvisierten Szenarien für den Einsatz im Baubetrieb diese Funktionalität in der Regel nicht relevant ist, entsteht durch die Verwendung des ifcXML Schemas kein Nachteil.

Der Vorteil von XML ist die große Verbreitung der Technologie in der Softwareindustrie. Viele Entwickler sind mit XML vertraut und können auf zahlreiche, häufig sogar kostenlose XML Werkzeuge zurückgreifen. Dadurch wird der Entwicklungsprozess beschleunigt und steigert so die Akzeptanz des IFC basierten Datenaustauschs bei den Softwareherstellern. Nicht zuletzt wird auf Basis von XML der Einsatz moderner Webservices erleichtert, die auch in Mefisto eingesetzt werden.

3.3.1 Abbildung von EXPRESS auf XML Schema

Die Abbildung von EXPRESS auf XML Schema ist in ISO 10303, Teil 28 geregelt [3]. In dieser Norm gibt es eine vordefinierte Abbildungsvorschrift, die über separate Konfigurationseinstellungen auf spezielle Anforderungen hin verändert werden kann. Für die aktuelle IFC Version 2×3 wird die Standardabbildungsvorschrift verwendet, die jedoch häufig zu einer unnötig komplizierten Darstellung in XML führt [10]. Die Nutzung der separaten Konfigurationseinstellungen bietet also Optimierungsmöglichkeiten, die insbesondere im Hinblick auf Dateigröße und Datenzugang von Interesse sind.

Die Unterschiede der verschiedenen Übertragungsformate von IFC sind nachfolgend an einem einfachen Beispiel gezeigt. Ein Punkt mit den Koordinaten $x = y = z = 0.0$ wird zunächst im *.ifc Format [2] und danach im *.ifcxml Format von IFC2×3 sowie der optimierten Version von IFC 4 beschrieben. Auffallend sind die Unterschiede der beiden *.ifcxml Formate, die zu einer deutlich kompakteren Darstellung der neuen Version führt.

Datenaustausch sowohl nach IFC2×3 als auch nach IFC4 mit Austauschformat SPF:

```
\$36= IFCCARTESIANPOINT((0.,0.,0.));
```

Datenaustausch nach IFC2×3 mit Austauschformat ifcxml:

```
<IfcCartesianPoint id="ID36">
    <Coordinates ex:cType="list">
        <IfcLengthMeasure pos="0">0.</IfcLengthMeasure>
        <IfcLengthMeasure pos="1">0.</IfcLengthMeasure>
        <IfcLengthMeasure pos="2">0.</IfcLengthMeasure>
    </Coordinates>
</IfcCartesianPoint>
```

Datenaustausch nach IFC4 mit Austauschformat ifcxml:

```
<IfcCartesianPoint id="ID36" Coordinates="0. 0. 0."/>
```

Im Rahmen von Mefisto wurde das bestehende Optimierungspotenzial zur Vereinfachung der ifcXML Dateien ausgelotet und entsprechende Hilfswerkzeuge zur automatisierten Generierung und Verarbeitung entsprechender Konfigurationseinstellungen geschaffen. Die aus dieser Untersuchung für die kommende IFC Version 4 abgeleiteten Konfigurationseinstellungen sind in [14] dokumentiert.

3.3.2 Erzeugung eines XML Fachmodellschemas

Ein IFC Fachmodellschema wird als EXPRESS und XML Schema bereitgestellt. Diese Definitionen sind für den Datenaustausch bindend. Dadurch wird ein formal gültiges IFC Fachmodell garantiert. Der in Mefisto angewendete Ablauf zur Erzeugung von IFC Fachmodellschemas stellt sich wie folgt dar:

1. Auswahl der benötigten Klassen und Attribute aus dem IFC Datenmodellschema
2. Erzeugen des EXPRESS Subschemas, Dateiendung.exp
3. Umwandlung in eine optimierte ifcXML Schemadefinition, Dateiendung.xsd

Die Schritte 2 und 3 erfolgen mithilfe der entwickelten Werkzeuge automatisch. Der Definitionsaufwand ist somit auf den Schritt 1 beschränkt, der unmittelbar aus den fachlichen Anforderungen abgeleitet werden muss. Beim Erzeugen des EXPRESS Subschemas muss, wie in Abschn. 3.2.2 beschrieben, jedoch ein Platzhalterobjekt IfcStrippedOptional eingeführt werden, das zur Wahrung der Kompatibilität mit dem Gesamtschema erforderlich ist. Dieses automatisch hinzugefügte Objekt ist in ifcXML nicht notwendig und kann über die Konfigurationseinstellung wieder entfernt werden. In der für das IFC 4 Gesamtmodell optimierten Konfigurationseinstellung ist diese Einstellung bereits enthalten und kann somit auch für die Umwandlung von Subschemas eingesetzt werden.

3.3.3 Fachmodellspezifische Anpassungen

Für die Umwandlung eines EXPRESS Subschemas in eine ifcXML Schemadefinition kann die optimierte Konfigurationseinstellung des IFC Gesamtschemas verwendet werden. Abweichend hiervon kann allerdings eine zusätzliche fachmodellspezifische Optimierung sinnvoll sein, wobei insbesondere die Richtung der Beziehungen im Fokus steht. Im IFC Modell sind nämlich häufig beide Richtungen einer Beziehung definiert. Die primär benötigte Richtung hängt jedoch oft vom jeweiligen Anwendungsszenario ab. Da beim Datenaustausch stets nur eine Richtung einer Beziehung übertragen wird, kann dies zu aufwändigen Importvorgängen führen, weil Umkehrrelationen erst nach vollständigem Einlesen der Datei wiederhergestellt werden können. Mithilfe der Konfigurationsdatei kann die Richtung der zu übertragenden Beziehung festgelegt und somit das Einlesen und Weiterverarbeiten der Daten optimiert werden. Je nach Beschränkung des Fachmodells können weitere Vereinfachungen in Betracht kommen, besitzen aber nicht das Optimierungspotenzial wie die Umkehrung von Beziehungen.

Abbildung 3.8 zeigt die Richtung der direkten Beziehung zwischen Materialeigenschaften, IfcMaterialProperties, und der Materialdefinition, IfcMaterialDefinition, so wie sie in IFC definiert ist. Der Zugang von einem IFC Objekt zu einer Materialeigenschaft muss über die inverse Beziehung hasProperties von IfcMaterialDefinition erfolgen. Wenn dies wie in diesem Beispiel der primär genutzte Zugang zu einer Information darstellt, so ist es sinnvoll, die inverse statt der direkten Beziehung in der ifcxml Datei abzubilden.

Für die in Mefisto betrachteten IFC Fachmodelle wurde keine gesonderte Konfiguration vorgenommen. Um die Kompatibilität mit einer bestehenden ifcXML Schemadefinition zu wahren, wurde je nach IFC Version entweder die vorgegebene Standardkonfiguration

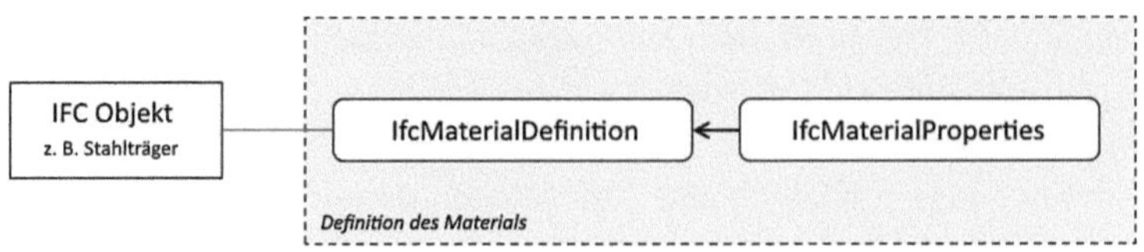

Abb. 3.8 Beispiel zur Nutzung von inversen statt direkter Beziehungen

für die von IFC2×3 abgeleiteten Fachmodelle oder die für das Gesamtmodell optimierte Konfigurationseinstellung für das von IFC 4 abgeleitete Terminmodell verwendet.

3.4 mvdXML Format zur Spezifikation einer Model View Definition

Die in Abschn. 3.2 beschriebenen Fachmodellerweiterungen sind Zusatzvereinbarungen zum IFC Modell, die entsprechend dokumentiert werden müssen. Ein Subschema allein ist hierfür aus verschiedenen Gründen nicht ausreichend. Das Subschema ist vielmehr ein mögliches Ergebnis einer Model View Definition und unterstützt als technisches Dokument die Implementierung. Neben einigen technischen Fragen ist vor allem die menschenlesbare Dokumentation inklusive aussagekräftiger Beispiele ein wichtiges Element, das in einem Subschema nicht beschrieben werden kann. Ein weiterer Aspekt ist die Frage der Wartbarkeit, die bei potentiell sehr vielen Szenarien und gleichzeitig häufig wiederkehrenden Definitionen ein nicht zu unterschätzendes Thema in Bezug auf die Zukunftsfähigkeit einer Lösung ist.

Diese Fragestellungen werden mit dem hierfür geschaffenen mvdXML Format adressiert. Zwei frühere Entwicklungen werden dabei zusammengeführt, einerseits das seit 2006 von buildingSMART verwendete MVD Format mit dem Fokus auf einer anschaulichen Dokumentation [9], andererseits das Generalized Model Subset Definition Schema, GMSD, [12], das an der TU Dresden als technische Spezifikation für die serverseitige Datenverwaltung von Teildatensätzen entwickelt wurde. GMSD und das darauf aufbauende Programm ViewEdit wurden im Rahmen von Mefisto noch für die Erstellung der EXPRESS Subschemas verwendet. Wie im Ausblick in Abschn. 3.5 beschrieben ist, wird diese Entwicklung in Zukunft durch eine mvdXML basierte Lösung ersetzt.

Durch die Unterstützung von Mefisto konnte die Standardisierung von mvdXML über zwei Teilschritte erreicht werden. Im Teil I wurde das bestehende MVD Format auf eine formale Grundlage auf Basis von XML gestellt. Mit Teil II wurde eine hierzu passende Abbildung des GMSD Schemas vorgeschlagen. Beide Teile wurden schließlich in der Version 1.0 zusammengeführt und im Mai 2012 von buildingSMART als neues MVD Format verabschiedet.

Das mvdXML Format ermöglicht neben der Dokumentation und der Definition von Subschemas auch die Definition der im Abschn. 3.2.3 beschriebenen Attributvorgaben. Als abzubildende Erweiterung verbleiben demzufolge nur die Objektvorlagen, die als separate IFC Datei mit entsprechenden Objekttypen bereitzustellen sind. Nachfolgend wird auf die Modularisierung eingegangen, die ein wesentliches Designmerkmal von mvdXML ist.

3.4.1 Aufbau von mvdXML

Das ursprüngliche MVD Format von buildingSMART hat die sog. Konzepte, concepts, eingeführt, die logisch zusammenhängende Daten zusammenfassen. Beispielsweise beschreibt das Konzept Position die Lage eines Bauteils, die in IFC über mehrere Klassen

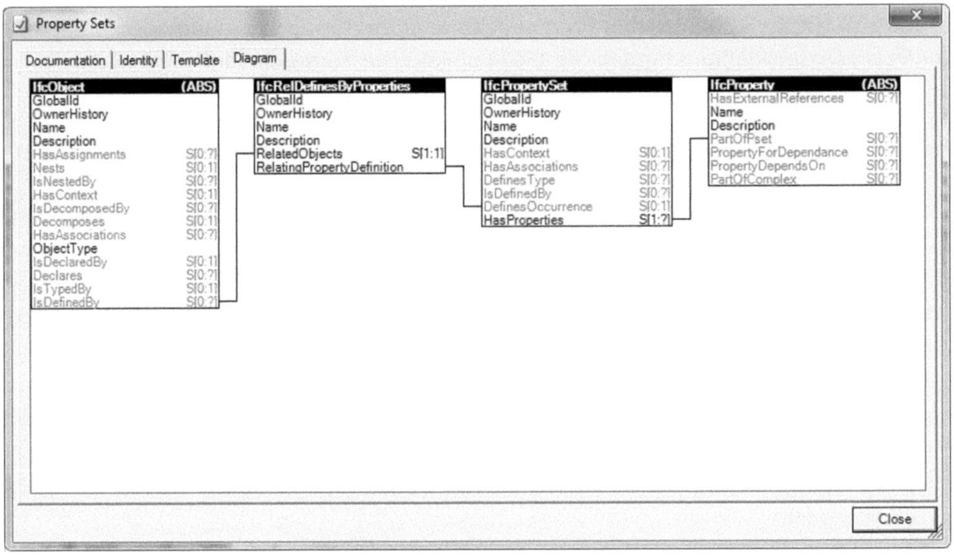

Abb. 3.9 Technische Details des Konzeptmusters zur Beschreibung von Eigenschaften, generiert mit dem Werkzeug IfcDoc von buildingSMART, [15]

und Attribute definiert ist. Das Beschreiben eines Views wird dadurch einfacher und übersichtlicher als es bspw. auf Basis der reinen IFC Definition möglich wäre. Es hat sich allerdings gezeigt, dass solche Konzepte häufig nicht 1:1 bei anderen Views angewendet werden können und dementsprechend anzupassen sind. Dies hat dazu geführt, dass viele ähnliche Konzepte entstanden sind und der Wartungsaufwand stetig gestiegen ist.

Das mvdXML Format erweitert das Prinzip der Konzepte um Konzeptmuster, concept template, die je nach Anwendung angepasst werden können. Abbildung 3.9 zeigt bspw. ein Konzeptmuster für die Beschreibung der in Abschn. 3.2.3.1 diskutierten Eigenschaften, wobei alle hierfür relevanten IFC Klassen, deren Attribute und Beziehungen spezifiziert werden. Im einfachsten Fall braucht bei der Nutzung eines Konzeptmusters nur definiert zu werden, ob die beschriebenen Daten in einem Datenaustauschszenario vorhanden sein müssen, mandatory, vorhanden sein dürfen, optional, oder nicht vorhanden sein sollen, excluded. Darüber hinaus können Einschränkungen wie zulässige Wertebereiche und Kardinalitäten definiert werden. Solche Einschränkungen können in den Konzeptmustern entweder als fertige oder anpassbare Regeln formal beschrieben werden. In einem Konzept, also der Anwendung eines Konzeptmusters, wird die Regel übernommen bzw., wenn erforderlich, konkretisiert. Jedes Konzept wird dabei einer Model View Definition zugeordnet und kann für die hierfür zugeordneten Datenaustauschszenarien separat über die Einstellungen mandatory, optional und excluded eingesetzt werden.

Für die Beschreibung der Einschränkungen wird das Prinzip des GMSD Ansatzes übernommen, das zu einem Hauptelement alle benötigten Informationen über Referenzen einsammelt. Als Hauptelement zählen in IFC nur solche Objekte, die zu einer von IfcRoot abgeleiteten Klasse gehören. Dieses Vorgehen hat sich als sinnvoll erwiesen, weil die zu einem Element gehörigen Informationen häufig über viele Objekte verteilt sind und hierfür oft mehrere Referenzen verfolgt werden müssen. Auf diese Weise kann die Verwendung einer Klasse zusätzlich differenziert werden, was mit einem Subschema nur schwer möglich wäre.

Neben den Möglichkeiten der Formalisierung kann das mvdXML Format auch die erläuternde Dokumentation zu einer Model View Definition verwalten. Dies kann mehrsprachig erfolgen, sodass nicht nur die üblicherweise in Englisch verfasste Beschreibung, sondern auch eine deutsche Übersetzung parallel bereitgestellt werden kann.

3.4.2 Definition und Nutzung von mvdXML

Für das Erstellen von mvdXML Definitionen sind zusätzliche Werkzeuge ähnlich dem in Abb. 3.4 bereits gezeigten ViewEdit notwendig. Verfügbare XML Standardwerkzeuge sind hierfür nicht geeignet. Aus diesem Grund und mit dem darüber hinausgehenden Ziel, die IFC Dokumentation zu vereinheitlichen und die derzeit noch separat vorliegenden Definitionen zusammenzuführen, hat sich buildingSMART dazu entschieden, ein eigenständiges Werkzeug zu entwickeln. Diese Entwicklung mit dem Namen IFC Documentation Generator (Abb. 3.10) [15] ist ein von buildingSMART finanziertes Open Source Projekt und wurde im Rahmen von Mefisto durch Spezifikationsarbeit und umfangreiche Tests unterstützt. Die Koordination erfolgt durch die Model Support Group, MSG, in der die ersten beiden Autoren aktiv sind. Das Werkzeug selbst richtet sich an Modellierer und Softwareentwickler, die entweder an der IFC Spezifikation arbeiten oder die zu implementierenden Subschemas inkl. aller damit verbundenen Einschränkungen adäquat spezifizieren wollen.

Zu Beginn werden alle verfügbaren Definitionen in das Werkzeug eingelesen. Hierzu gehören das EXPRESS Schema von IFC, inklusive der damit verknüpften Dokumentation, die Beschreibung der vordefinierten Eigenschaftsobjekte und Elementmengen wie Properties oder Element Quantities, ggf. vorhandene Beispiele sowie verfügbare Model View Definitionen. In der neuen IFC Version 4 ist das Prinzip der Konzeptmuster und Konzepte bereits in die Dokumentation integriert, wobei die Konzeptmuster in den allgemein einleitenden Kapiteln der Dokumentation bei Fundamental concepts and assumptions eingeordnet sind (Abb. 3.11). Dies entspricht den Forderungen, die an eine ISO konforme Dokumentation gestellt werden.

Die Konzepte tauchen bei der Beschreibung der IFC Klassen auf. Hierfür gibt es den Bereich der sog. Use definitions, die die Standardanwendung des Konzeptmusters für diese konkrete IFC Klasse beschreibt. Für die Spezifikation der in diesem Artikel beschriebenen Fachmodellerweiterungen kann ein neuer View hinzugefügt werden. Zusätzlich ist mindestens ein Anwendungsszenario, Exchange Requirement, zu definieren. Anschließend können zu den benötigten IFC Klassen entsprechende Konzepte hinzugefügt und deren Verwendung in den damit verbundenen Anwendungsszenarien festgelegt werden. Aus dieser Definition kann danach eine HTML Dokumentation erzeugt werden, die alle relevanten

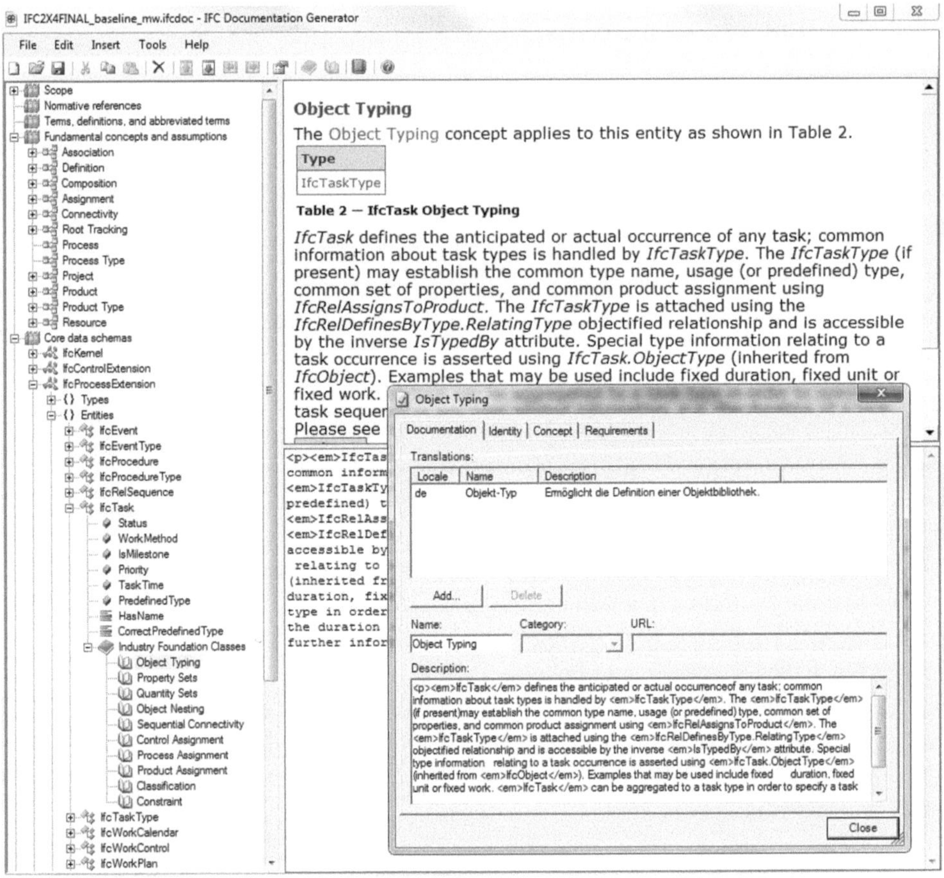

Abb. 3.10 IFC Documentation Generator zum Erstellen von IFC Dokumentation und MVDs

Informationen zu einer Model View Definition enthält. Das Erzeugen eines Subschemas ist ebenfalls möglich, sodass auch adäquate technische Spezifikationen generiert werden können.

3.5 Zusammenfassung und Ausblick

Es wurde ein Einblick in die Ergebnisse der Fachmodellerweiterungen gegeben. Als Beispiel wurde das IFC Modell gewählt, das die Basis für mehrere Fachmodelle bildet. Die Notwendigkeit der diskutierten Erweiterungen entsteht aus der Vielfalt der Anwendungsmöglichkeiten, die insbesondere beim fachübergreifenden IFC Modell deutlich wird. Bei der Definition von Fachmodellerweiterungen geht es somit um die Einschränkung der Beschreibungsvielfalt, damit die Softwareimplementierung der entsprechenden Fachmodelle präzisiert und vereinfacht werden kann.

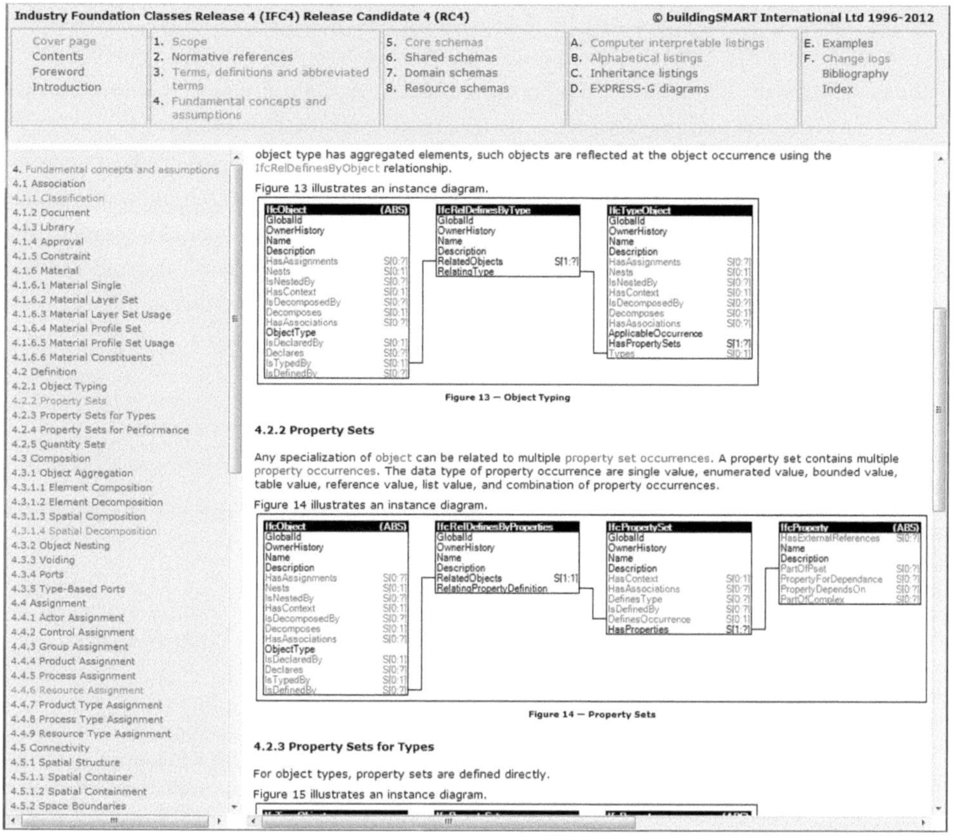

Abb. 3.11 Auszug aus der Beschreibung der Konzeptmuster, wie sie in der Dokumentation von IFC 4 zu finden sind

Die erforderlichen Einschränkungen können auf mehreren Wegen erreicht werden. Vorgestellt wurde das Generieren von Subschemas, die Definition von Attributvorgaben und das Bereitstellen von Objektvorlagen. Als IFC spezifische Attributvorgaben wurden insbesondere die Beschreibung freier Objekteigenschaften sowie die Nutzung externer Kataloge diskutiert. Mit diesen beiden sehr leistungsfähigen Mechanismen und der teilweisen Nutzung der kommenden IFC Version 4 konnte auf eine weitere Art von Fachmodellerweiterungen, nämlich das Hinzufügen neuer Klassen und Attribute zum IFC Schema, verzichtet werden. Die Fachmodellerweiterungen sind somit auf Zusatzvereinbarungen zum bestehenden IFC Schema beschränkt.

Separate Zusatzvereinbarungen zum IFC Schema gibt es bereits seit Beginn der ersten Implementierungen. Es wurde gezeigt, dass Mefisto einen wichtigen Beitrag zur Wiedereingliederung dieser Zusatzvereinbarungen in die offizielle IFC Dokumentation geleistet hat. Die technische Grundlage bildet das mvdXML Format, das die Formalisierung der Fachmodellerweiterungen ermöglicht. Hieraus können Subschemas generiert werden, die wiederum die technologische Basis für die Softwareimplementierung bilden. Subschemas können auch im XML Format bereitgestellt werden. Diesbezüglich wurde eine Optimierung des bisher verwendeten ifcXML Formats erreicht. Auf diese Weise konnte die Größe der Dateien reduziert und die Verarbeitung der Daten vereinfacht werden.

Die Anwendungen von mvdXML werden zeigen, wie gut das Prinzip der Konzeptmuster langfristig funktioniert und die Definition von Fachmodellerweiterungen erleichtern kann. Interessant wird auch sein, wie schnell das mvdXML Format von Softwareherstellern akzeptiert und als Basis für Zusatzdienste wie Teildatensatzgenerierung und Modellvalidierung genutzt wird [16]. Nicht zuletzt kann mvdXML auch genutzt werden, um die Import- und Exportfähigkeiten einer Software besser zu dokumentieren. Auf diese Weise ist es denkbar, mögliche Probleme beim Datenaustausch bereits vorab zu erkennen und entsprechend zu reagieren.

Literatur

1. ISO 16739 (2013) Industry Foundation Classes (IFC) for data sharing in the construction and facility management industries. International Organization for Standardization, Geneva, Switzerland
2. ISO 10303-21 (1999) Industrial automation systems and integration – product data representation and exchange – Part 21: Implementation methods: clear text encoding of the exchange structure. International Organisation for Standardisation. ISO TC 184/SC4, Geneva
3. ISO 10303-28 (2007) Industrial automation systems and integration – product data representation and exchange – Part 28: Implementation methods: XML representations of EXPRESS schemas and data, using XML schemas. International Organisation for Standardisation. ISO TC 184/SC4, Geneva
4. GAEB (2007) GAEB-Datenaustausch XML, Version 3.1, Ausgabe 2007.11.20. Deutsches Institut für Normung e V, www.gaeb-da-xml.de
5. REB 23.003 (2012) REB-Verfahrensbeschreibung, Allgemeine Mengenberechnung, Ausgabe 2012. Bundesministerium für Verkehr, Bau und Stadtentwicklung (BMVBS), Berlin
6. Liebich T, Adachi Y, Forester J, Hyvarinen J, Karstila K, Wix J (2006) Industry Foundation Classes: IFC2× Edition 3 TC1. Model Support Group, International Alliance for Interoperability
7. Schapke SE, Baling M, Hienz R, Muntzinger HD, Renz J, Zeller G (2010) Mefisto-Bericht B-1.1: Anforderungen an das Gesamtsystem. Institut für Bauinformatik, Technische Universität Dresden
8. IFC Coordination View Version 2.0 (2012) verfügbar unter http://www.buildingsmart-tech.org/specifications/ifc-view-definition/coordination-view-v2.0/summary
9. Hietanen J (2006) IFC model view definition format. BuildingSMART International
10. ifcXML XSD (2012) (IFC2×3) verfügbar unter http://www.buildingsmart-tech.org/downloads/ifcxml/ifcxml2x3
11. IFC 4 Online Specification (2013) verfügbar unter http://www.buildingsmart-tech.org/specifications/ifc-releases/ifc2x4-release
12. Weise M, Katranuschkov P, Scherer RJ (2003) Generalised model subset definition schema. In: Proceedings of the CIB-W78 conference, Auckland, New Zealand

13. ISO 10303-11 (1999) Industrial automation systems and integration – product data representation and exchange – Part 11: Description methods: the EXPRESS language reference manual. International Organisation for Standardisation, ISO TC 184/SC4, Geneva
14. Liebich T, Weise M (2012) ifcXML4 specification methodology – specification of the mapping methodology from EXPRESS to XML schema definition for IFC4. BuildingSMART International
15. IFC Documentation Generator Tool (2012) OpenSource project buildingSMART. Verfügbar unter http://www.buildingsmart-tech.org/downloads/accompanying-tools/ifcdoc/application
16. Katranuschkov P, Fuchs S, Muntzinger HD, Hienz R, Liebich T, Hauber T, Zeller G (2011) Interoperabilitätsmethoden und Filtern von Informationen und Modellen – Stand der Forschung und Technik und Anforderungsspezifikation. Mefisto Bericht B-4.1.

Ontologieframework

4

Sven-Eric Schapke, Mathias Kadolsky und Raimar J. Scherer

Zusammenfassung

Um die partnerschaftliche Nutzung der Multimodelle in der Projektzusammenarbeit zu verbessern, wurde im Projekt Mefisto ein Ontologieframework entwickelt, das den Multimodellcontainer um semantische Spezifikationen ergänzt. Das Ontologieframework ist hierarchisch gegliedert und macht zunächst allgemeine semantische Vorgaben für die einheitliche Bezeichnung, Klassifikation und Kombination der Fachmodelle, Linkmodelle und ihrer Modellinhalte. Durch die hierarchische Erweiterung des Ontologieframeworks können spezielle Anwendungsontologien aufgebaut werden, in denen Projektinformationen aus verschiedenen Multimodellen gesammelt und modellübergreifende Datenanalysen durchgeführt werden.

Der Einsatz des Ontologieframeworks wurde im Projekt Mefisto in einer Reihe von Anwendungsbereichen, z. B. zur Annotation und Verwaltung der Fach- und Linkmodelle, zur Modellierung der modellbasierten Kollaborationsprozesse und zur Auswertung der Modellverlinkung, untersucht. Das vorliegende Kapitel bietet einen Überblick über den Aufbau des Ontologieframeworks und seine Teilontologien und diskutiert die Erweiterung und Anwendung des Ontologieframeworks anhand von zwei Beispielen.

4.1 Einführung

Die Spezifikationen des Multimodellcontainers ermöglichen die flexible Kombination von Fachmodellen und Softwaresystemen. Die unterschiedlichen Inhalte, Strukturen und Begrifflichkeiten der Fachmodelle erschweren jedoch ihre Kombination und die weitere Auswertung ihrer gegenseitigen Abhängigkeiten. Das Fehlen einer einheitlichen Ordnungsstruktur aller Daten und die eingeschränkten Möglichkeiten, den jeweiligen Informati-

S.-E. Schapke (✉) · M. Kadolsky · R.J. Scherer
Institut für Bauinformatik, Technische Universität Dresden, Dresden, Deutschland

R.J. Scherer, S.-E. Schapke (Hrsg.), *Informationssysteme im Bauwesen 1*,
DOI 10.1007/978-3-642-40883-0_4

onsbedarf von Projektpartnern und Softwareanwendungen vorauszusehen, beeinträchtigen das Arbeiten mit unterschiedlichen Fachmodellen und die Nutzung des darin formulierten Wissens.

Um die Schwächen in der Zusammenarbeit mit heterogenen und schwach spezifizierten Modellen zu überwinden, wurde ein hierarchisches Ontologieframework entwickelt, das zum einen auf die Homogenisierung der Modellinhalte abzielt und zum anderen auch ihre Anwendungskontexte beschreibt. Auf der obersten Stufe definiert das Framework ein globales Referenzmodell aus wenigen Basiskonzepten für die grundlegende Klassifikation und Kombination der Fachmodelle und ihrer Modellinhalte. Durch die hierarchische Erweiterung des Ontologieframeworks können spezielle Anwendungsontologien aufgebaut werden, in denen die Projektinformationen aus verschiedenen Multimodellen gesammelt und modellübergreifende Datenanalysen durchgeführt werden können.

Das vorliegende Kapitel bietet zuerst einen Überblick über den Einsatz von Ontologien im Bauwesen und stellt anschließend den Aufbau und die Anwendungen des Ontologieframeworks vor. Die weiteren Abschnitte diskutieren ausgewählte Teilontologien des Frameworks. Abschnitt 4.3 präsentiert die generischen Spezifikationen der ersten Frameworkstufe, die sog. Baukernontologie. Abschnitt 4.4 diskutiert ausgewählte Erweiterungen der Baukernontologie auf der zweiten Frameworkstufe. Sie bieten die Grundlagen für die systematische Differenzierung der Fachmodelle und für die einheitliche Bezeichnung ihrer Kernelemente und Systemelemente. Die folgenden Abschnitte demonstrieren schließlich die Ausgestaltung des Ontologieframeworks für zwei Anwendungsfälle: die Annotation der Fach- und Linkmodelle auf der Mefisto Plattform in Abschn. 4.4.3 und die materialisierte Integration verlinkter Modellelemente in Abschn. 4.5.1.

4.1.1 Motivation

Der Multimodellcontainer und das Linkmodell ermöglichen die flexible Kombination unterschiedlicher Planungs- und Controllingmodelle sowie ihren einfachen Austausch im Bauprojekt. Die relativ einfachen und fachneutralen Spezifikationen bieten jedoch wenig Unterstützung für die Erschließung und weiterführende Prüfung, Aus- und Weiterverwertung der Projektinformationen.

Erstens ist der Multimodellcontainer generisch und macht keine inhaltlichen Vorgaben für die Fachmodelle. Die Fachmodelle können ganz unterschiedliche Aspekte beschreiben und in unterschiedlichen Datei- und Datenformaten vorliegen. Zwar können die Modelle im Container mit zusätzlichen Metadaten ausgezeichnet werden, jedoch fehlt es noch an einheitlichen Vokabularen bzw. semantischen Systemen, um die Modellinhalte eindeutig zu bezeichnen und automatisch zu interpretieren.

Zweitens ist auch das Linkmodell generisch und referenziert Fachmodellinhalte ausschließlich über die Identifikatoren ihrer Modellelemente. Das Linkmodell kann somit die Abhängigkeiten zwischen Fachmodellen aufzeigen, allerdings lassen sich aufgrund der fehlenden Semantik die Zusammenhänge bei der Verlinkung nicht eindeutig und automatisch identifizieren und daher im Nachhinein nicht automatisch überprüfen und auswerten.

Drittens werden die Multimodelle eines Projekts zunächst mit lokalen Softwareanwendungen erstellt und weiterverarbeitet. Die integrierte Sicht einiger Modelle auf das Projekt bleibt somit ebenfalls eingeschränkt und vernachlässigt immer Modellinformationen aus anderen Fachdisziplinen und Projektphasen. Zusätzlich zu den Beschreibungssystemen für Fachmodellinhalte sind deshalb semantische Systeme erforderlich, um die Kontexte zu beschreiben, in denen die Fach- und Multimodelle erstellt, verteilt, geprüft, genutzt und überarbeitet werden.

Viertens sind der Multimodellcontainer, das Linkmodell und die Fachmodelle in Datenformaten, wie z. B. XML, SPF oder auch CSV, mit teilweise sehr eingeschränkter semantischer Expressivität formalisiert. Das direkte Validieren und die Integration der Modellinhalte oder auch die Identifizierung und das Verifizieren neuer Modellaussagen und -abhängigkeiten mithilfe formaler Kalküle sind somit praktisch nicht möglich.

4.1.2 Grundlagen

Viele Integrationsmethoden wurden schon entwickelt, um insbesondere die semantische Heterogenität in den Daten zu überwinden. Diesbezüglich hat im Zuge der Semantik Web Initiative in jüngster Vergangenheit die Wissensrepräsentationsform der Ontologie in diverse Fachbereiche Einzug erhalten. Auch im Bauwesen kam sie schon in diversen Projekten und wissenschaftlichen Arbeiten zur Anwendung, mit dem Ziel, den Datenaustausch zu verbessern.

4.1.2.1 Semantische Heterogenität

Die Ursache semantischer Heterogenität liegt in der unterschiedlichen Deutung einer Nachricht, die zwischen Adressant und Adressat ausgetauscht wird. So kann im Falle semantischer Heterogenität der Adressat die vom Adressanten gewählte Symbolik zur Codierung der Nachricht gar nicht oder nur unvollständig deuten. Die semantische Heterogenität zeigt sich dabei a priori in den unterschiedlichen Modellschemas bzw. ihrer unterschiedlichen Implementierung, die zur Codierung bzw. Decodierung der Nachricht Verwendung finden, und kann sich in Form von Konflikten äußern. Aber selbst bei Schemaidentität kann die Nachricht semantische Heterogenität aufweisen. So können Dateneinträge widersprüchlich sein oder in unterschiedlicher Repräsentationsform vorliegen [1].

4.1.2.2 Ontologien als Integrationstechnik

Um Fehlinterpretationen und Missverständnisse zu vermeiden bzw. zu reduzieren, wird die Ontologie als vermittelnde Schicht zwischen der Symbolik und der zu codierenden Nachricht installiert. Als formales Beschreibungsmodell soll sie unter den Beteiligten für ein gemeinsames Verständnis über einen konkreten Diskursbereich sorgen (Abb. 4.1).

In der Informatik existiert eine Vielzahl von Definitionen für den Begriff der Ontologie. Die am meisten zitierte Definition ist die von [2]: „An ontology is an explicit specification of a conceptualization“. Die Konzeptualisierung beschreibt dabei das konzeptionelle Verständnis einer Domäne durch den Menschen. Sie bezeichnet ein abstraktes Modell der

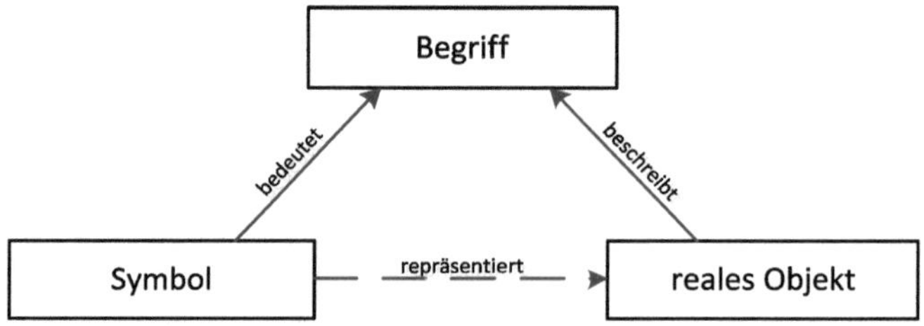

Abb. 4.1 Semiotisches Dreieck nach [19]

Realität, das ausgewählte Phänomene anhand von Konzepten beschreibt. Der Begriff explizite Spezifikation setzt voraus, dass die Art der Konzepte und die Regeln für ihre Anwendung unmissverständlich definiert sind.

Die Definition von [2] ist sehr allgemein und für die weitere Verwendung zu unpräzise. Grundlage für diesen Bericht soll daher die formale Definition von [3] darstellen, welche die Ontologie als Tupel bestehend aus einem Ontologie Schema, einem Axiomensystem, einer Wissensbasis und einem Lexikon formalisiert:

- Das Ontologieschema spezifiziert die intentionalen Aspekte einer Wissensdomäne. Es setzt sich zusammen aus der Konzepthierarchie sowie der Relationenhierarchie. Hierbei kennzeichnen Konzepte, auch als Klassen oder Kategorien bezeichnet, Mengen von Elementen mit gleichen Merkmalen. Relationen spezifizieren die Bezüge zwischen den Konzepten.
- Das Axiomensystem dient zur Beschreibung logischer Zusammenhänge, die zwischen den Konzepten und/oder den Relationen vorherrschen können. Zur Formulierung dieser Zusammenhänge wird Aussagenlogik ersten Grades oder Hornlogik verwendet [4].
- Die Wissensbasis adressiert Aspekte des assertionalen Wissens. Hierbei bezeichnet das assertionale oder auch extensionale Wissen das Wissen über konkrete Instanzen der Konzepte bzw. Relationen.
- Beim Lexikon handelt es sich um eine Struktur, die eine Menge von Bezeichnern für Konzepte, Relationen und Instanzen enthält. Über sog. lexikalische Referenzen wird den Bezeichnern das entsprechende Sprachvokabular zugeordnet.

4.1.3 Ontologien im Bauwesen

Die Idee von einem standardisierten, maschinenlesbaren Informationsmodell, das für Interoperabilität zwischen den verschiedenen Anwendungen in den unterschiedlichen Bauprojektphasen sorgt, gewann Anfang der 90er Jahre mit dem Konzept des Building Information Modeling, BIM, stark an Bedeutung. Erste Visionen gehen bis in die 70er Jahre zurück. Bis heute wurde eine Vielzahl von Modellierungsmethoden entwickelt, um insbesondere die semantische Heterogenität in den verschiedenen Datenformaten zu überwinden und Bauwerksinformationen über den gesamten Lebenszyklus zwischen den verschiedenen Parteien auszutauschen.

4.1.3.1 Semantische Ressourcen im Bauwesen

Neben den kontrollierten Vokabularen zählen Klassifikationssysteme zu den Techniken, die zu allererst ihren Weg in allgemein anerkannte Baustandards fanden. Die Harmonisierung der Informationen erfolgt dabei meist über bauteil- und bauprozessspezifische Kategorien, die den vorhandenen Produktinformationen zur Referenzierung dienen. Viele dieser Klassifikationssysteme legen dabei den Fokus vorwiegend auf länderspezifische Anforderungen wie das für den US Markt publizierte CSI MasterFormat [5] und Uniformat II [6] oder das im britischen Raum entstandene Uniclass Format [7]. Mit dem OmniClass Construction Classification System, OCCS, bekannt als OmniClass™, [8] entstand schließlich ein Klassifikationssystem, das die Zusammenführung der verschiedenen existierenden Klassifikationssysteme wie MasterFormat, Uniformat, Uniclass und weiteren Klassifikationen zum Ziel hatte. OmniClass umfasst heute 15 hierarchische Tabellen, die den kompletten Gebäudelebenszyklus von der Gebäudekonzeptionierung bis hin zur Gebäudedemontage abdecken. Mit ihren hierarchischen Tabellen, die unterschiedliche Facetten an Bauinformationen abbilden, weisen Klassifikationssysteme dabei einen sehr hohen Detailierungsgrad auf. Sie unterscheiden sich meist in den Objektbezeichnungen wie auch in deren Kategorisierung, was eine Zusammenführung verschiedener Klassifikationssysteme erschwert.

Eine andere Art von Klassifikationssystem repräsentiert die LexiCon Taxonomie [9], die wie die OmniClass auf der Annotationsmethodik der ISO Standards 12006-2/3 [10, 11] basiert. Die generische Struktur dieses Standards formt dabei die oberste Hierarchieebene der Taxonomie. Von ihrer semantischen Ausdrucksstärke geht die LexiCon Bibliothek über rein klassische Klassifikationssysteme hinaus, da das adaptierte Strukturierungsprinzip des ISO Standards unter anderem auch Querbezüge ermöglicht.

Anfang der 90er entstand mit den bereits erwähnten Industry Foundation Classes, IFC, [11] definiert von buildingSMART International, bSI, ein ganzheitliches Modell, um die Integration von verschiedenen Bauinformationsmodellen zu ermöglichen. Die IFC basieren auf einem in EXPRESS definierten generischen Modell, das Bauwerksbasiselemente wie Wände, Türen, Fenster etc. und allgemeine Baumanagementelemente wie Prozesse, Kosten etc. beinhaltet. Als übergeordnete Beschreibungsstruktur ist die Detailtiefe der IFC dementsprechend gering. Im Gegensatz zu den bisher entwickelten Informationsmodellen zeichnet sie jedoch eine hohe Expressivität aus, die auch das Formulieren von Regeln ermöglicht.

4.1.3.2 Ontologieanwendungen im Bauwesen

Trotz der breiten Akzeptanz, die die IFC erlangt haben, zeigt die Modellstruktur einige Nachteile, die sich insbesondere in der Definition und Erweiterung von Modellen bemerkbar machen. So erschwert die schwache modelltheoretische Grundlage, die aus der verwendeten Modellierungssprache EXPRESS resultiert, die Formulierung eindeutiger und verifizierbarer IFC Modelle. Auch entsprechende Erweiterungsmechanismen zur flexiblen Einbindung von Kataloginformationen, baudomänenfremder Inhalte oder neuer Elementklassen wurden nur bedingt berücksichtigt. Zwar bieten diesbezüglich die IFC Konzepte wie Property Sets, Proxys oder Typ Definition an, allerdings muss die Interpretation der darüber integrierten Informationen über zusätzliche Softwareentwicklungen gewährleistet werden. Eine entsprechende mathematische Logik, die die Spezifikation von Regeln ermöglicht, um auf einfache Art z. B. das IFC Konzept Wall über das Vererbungskonzept um die Subklasse MasonaryWall zu erweitern, mit dem Material Masonary zu verknüpfen und damit interpretierbar zu machen, steht nicht zur Verfügung.

In Projekten wie e-COGNOS [13] und dem Nachfolgeprojekt FUNSIEC [14] wurden semantische Datenmodelle entwickelt, die die genannten Schwachstellen der IFC aufgreifen und Methoden einführen, um insbesondere eine flexible Einbindung von semantischen Ressourcen in IFC zu ermöglichen. Grundlage dieser beiden Ansätze bildet eine ontologische Informationsbasis, die in der Semantic Web Sprache Web Ontology Language, OWL [21] bzw. der Vorgängersprache DAML+OIL formuliert ist. Mit der Entwicklung von ifcOWL [15] wurde IFC fast vollständig in OWL abgebildet und die Möglichkeit geschaffen, interne IFC Modellerweiterungen in eine ontologische Form zu überführen und mit Regeln anzureichern. Neben der Integration verschiedener semantischer Ressourcen wurden auch Ontologien entwickelt, die zur Generierung von semantischen Ressourcen wie der Produktmodellierung dienen. So wurde mit dem Projekt SWOP [16] und der dort spezifizierten Product Modelling Ontology, PMO, ein generischer Ansatz zur Produktspezifikation geschaffen. Mit FreeClassOWL wurde eine Ontologie im Rahmen des Forschungsprojekts BauDataWeb [17] entwickelt, die insbesondere eine detaillierte Klassifikation von Baumaterialien und Gebäudekomponenten bereitstellt. Bisher blieb eine breite Anwendung von Ontologien im Bauwesen allerdings aus, da der Aufwand/Nutzeneffekt für eine notwendigerweise durchgängige Anwendung nicht attraktiv war.

4.2 Ontologieframework

Das Ontologieframework definiert eine semantische Grundlage für die einheitliche Beschreibung der verteilten Multimodellinhalte und ihrer Anwendungskontexte. Um die durchgängige Nutzung der Modelle bei allen Projektteilnehmern zu unterstützen, nimmt es eine ganzheitliche Perspektive auf die modellbasierte Projektzusammenarbeit ein.

Für die Ausarbeitung anwendungsspezifischer Ontologien ist das Framework hierarchisch in mehrere Stufen gegliedert. Auf den oberen Stufen definiert es allgemeine semantische Kategorien für die in der Projektzusammenarbeit genutzten Informationsressourcen. Im Gegensatz zu den integrierten Produktmodellen ermöglicht das Ontologieframework damit ganz bewusst nicht die detaillierte Beschreibung von fachlichen Bauwerkselementen oder zugehörigen Produktions- und Managementprozessen der einzelnen Modelle. Vielmehr repräsentiert das Framework zunächst ein einfaches Referenzmodell, das die globalen Mindestanforderungen für die Identifikation und Kombination von Informationen innerhalb der einzelnen Modelle und insbesondere auch über ihre Grenzen hinweg festlegt.

Durch die hierarchische Erweiterung des Frameworks können Ontologien für spezielle Anwendungsbereiche aufgebaut werden. Je nach Anwendungsschwerpunkt werden dabei die Taxonomien unterschiedlicher Modelltypen, z. B. von Fach- und Linkmodellen sowie die Taxonomien der Modellelemente, z. B. der Produkte und Prozesse, spezialisiert und weitere Attributklassen bzw. Qualitäten für ihre Attributierung eingeführt (Abschn. 4.4). Auf diese Weise können in einer Ontologie technische Fachinformationen, z. B. einzelner Bauelemente oder LV Positionen sowie organisatorischer Managementinformationen, z. B. der abgegebenen Fachmodelle und ihrer Freigabestatus, untereinander kombiniert werden. Ziel ist es, interdisziplinäre und interorganisationale Auswertungen der Daten zu ermöglichen, die von den Softwareanwendungen der einzelnen Fachbereiche üblicherweise nicht geleistet werden.

4.2.1 Struktur

Um einheitliche Bezeichnungen und Ordnungsstrukturen für die heterogenen Fachmodelle in unterschiedlichen Bauprojekten festlegen zu können, gliedert sich das Ontologieframework in vier Ebenen, die offen und hierarchisch erweiterbar sind.

Die erste Ebene definiert allgemeine Konzepte der Modellierung und modellbasierten Zusammenarbeit. Die Teilontologie der ersten Stufe wird als Baukernontologie bezeichnet. Sie wird in Abschn. 4.3 vorgestellt. Grundlage der Baukernontologie ist die Konzeption des generischen Multimodells Teil I, Kap. 2. Sie ist anwendungsneutral und definiert im Wesentlichen die Informationsressourcen Multimodell, Fachmodell und Linkmodell mit ihren jeweiligen Elementen.

Die zweite Ebene des Ontologieframeworks legt semantische Kategorien fest, nach denen die Modelle (Teil I, Kap. 1) und ihre Elemente im Projekt weiter qualifiziert werden können. Grundlage sind allgemein anerkannte Konzepte der Ontologiewissenschaft sowie der Produkt- und Organisationsmodellierung. Die Teilontologie der zweiten Ebene wird in Abschn. 4.4 diskutiert.

Die dritte Ebene definiert anwendungsspezifische Informationstypen und zughörige Attributsysteme auf der Grundlage bauspezifischer Begriffs-, Organisations- oder Datenmodelle. Die Teilontologien der dritten Ebene können für verschiedene Branchensegmente und Projektarten vordefiniert werden. Im Projekt können dann passende Teilontologien ausgewählt und für die jeweilige Projektorganisation und insbesondere die eingesetzten Dateiformate der Fachmodelle angepasst werden. Die Abschnitte 4.5 und 4.6 stellen exemplarisch zwei der entwickelten Erweiterungen auf der dritten Ebene vor.

Auf der vierten Ebene können schließlich ontologische Informations- und Wissensbasen aufgebaut werden, die die Informationen der im Projekt erstellten Multimodelle integrieren, überprüfen und auswerten. Je nach Anwendungsschwerpunkt der Informations- und Wissensbasis müssen hierfür die erforderlichen Informationen aus Multimodellen importiert und durch weiteres Fachwissen in Form von ergänzenden Fachinformationen, Integritätseinschränkungen oder Ableitungsregeln erweitert werden. Der folgende Abschnitt zeigt die untersuchten Anwendungen des Ontologieframeworks auf.

4.2.2 Anwendungen

Das Ontologieframework schafft die Grundlage für den Aufbau verschiedener Informationsbasen, um die Verarbeitung der Multimodelle durch lokale Fachanwendungen und zentrale Plattformdienste zu unterstützen.

Ausgehend von der generischen Baukernontologie können zunächst Vorgaben für die im Projekt zu verwendenden Modelle, Modellelemente und für die Beschreibung ihrer Eigenschaften gemacht werden. Im Projekt lassen sich dann sowohl die Metadaten der erstellten Fach- und Linkmodelle als auch die Objektdaten ihrer Elemente in spezielle Ontologien importieren, um die Projektdaten dort weiter auszuwerten. Der Einsatz der Ontologiesprache OWL 2 [18] ermöglicht es dabei, zum einen ergänzendes Domänenwissen in weiteren Teilontologien und Regelbasen zu formulieren. Zum anderen gibt es formale Kalküle, sog. Engines, für die Validierung der Projektdaten sowie für die Identifizierung und Verifizieren neuer Aussagen und Abhängigkeiten. Die im Laufe eines Projekts gewonnenen Schlussfolgerungen können schließlich semantisch erfasst und in Form einer Wissensbank auch über Projektgrenzen hinweg bewahrt und wiederverwendet werden.

Es wurde der Einsatz des Ontologieframeworks in einer Reihe von Anwendungsbereichen untersucht:

- Begriffssysteme für die Modellannotation: Für die einheitliche Annotation der Fach- und Linkmodelle im Multimodell wurden auf der zweiten Frameworkstufe allgemeine Kategorien für die unterschiedlichen Ausprägungen der Modelle definiert. Darauf aufbauend wurde auf der dritten Frameworkstufe eine Reihe von Vokabularen und Klassifikationen für die Annotation der Modelle in den Multimodellcontainern und Multimodellvorlagen entwickelt (Abschn. 4.4).
- Modellierung multimodellbasierter Koordinationsprozesse: Für die Planung und Koordination der multimodellbasierten Kollaboration wurden zahlreiche Prozessmodelle erarbeitet. Als semantische Grundlage für die Modellierung der Ablaufstrukturen wurde eine Auswahl an BPMN Konzepten festgelegt. Für die Modellierung der Multimodellinhalte und ihrer Nutzer wurden die allgemeine Multimodellontologie und die Begriffssysteme für ihre Annotation genutzt (vgl. Teil II, Kap. 13).
- Verwaltungsdienste der Mefisto Plattform: Bei der Entwicklung der Mefisto Plattform wurden die semantischen Vorgaben für die zentralen Plattformdienste zur Verwaltung der Softwaredienste, der virtuellen Organisation, der Multimodellcontainer und der Multimodellvorlagen mithilfe des Ontologieframeworks definiert. Die entwickelten Teilontologien werden von einigen Plattformdiensten auch als Datenbasis, z. B. für die Suche nach bestimmten Fach- und Linkmodellen im Projekt, genutzt (vgl. Teil I, Kap. 6).

- Basis interdependenter Modellelemente: Für die Analyse der Modellzusammenhänge wurde eine Informationsbasis entwickelt, die Elementdaten aus unterschiedlichen Fach- und Linkmodellen integriert (Abschn. 4.5). Im Rahmen einer materialisierten Datenintegration werden zunächst nur ausgewählte Elementdaten zur Identifikation und Klassifikation der Elemente berücksichtigt. Diese bieten die Grundlage für eine detaillierte Analyse der Modellzusammenhänge, wie der Überprüfung der Vollständigkeit, Korrektheit oder Redundanz der Verlinkung. Neben der Modellanalyse schafft die Spezifikation einer einheitlichen Informationsbasis auch die Möglichkeit, auf entsprechende Unvollständigkeit oder Fehlerhaftigkeit zu reagieren, wie der semiautomatisierten Korrektur von fehlerhaften Verlinkungen.

4.2.3 Umfang und Detaillierung

Wenn man davon ausgeht, dass es nicht möglich ist, die Vielzahl der heterogenen Fachinformationen eines Bauprojekts durchgängig nach einheitlichen fachlichen Kriterien zu strukturieren und gemeinsam in einer zentralen Datenbasis zu verwalten, müssen Aggregationsstufen festgelegt werden, auf denen die datentechnische und die fachliche Kohärenz und Konsistenz der Projektinformationen gewährleistet werden kann.

Allgemein ist die Detaillierung eines Informationsmodells durch zwei Dinge bestimmt: zum einen durch das zugrundeliegende Datenschema und zum anderen durch die mit dem Modell auszuführenden Aufgaben. Entsprechend wird zwischen der datentechnischen Detaillierung, d. h. semantischer Tiefe, und der fachlichen Detaillierung unterschieden:

- Semantische Tiefe: Je nachdem wie differenziert die Auswahl der Modellierungskonstrukte eines Modellschemas und seiner Modellierungssprache ist, um die Objekte eines Gegenstandsbereiches, einer sog. Fachdomäne, zu klassifizieren, zu attributieren und in Beziehung zu setzen, wird ein Modellschema als semantisch mehr oder weniger tief bezeichnet.
- Fachliche Detaillierung: Je nachdem wie detailgetreu die Objekte eines Gegenstandsbereiches unter Verwendung eines bestimmten Modellschemas in einem Fachmodell abgebildet sind, wird dieses Modell als fachlich mehr oder weniger detailliert, ausgedrückt durch den Detaillierungsgrad, Level of Detail, LoD, bezeichnet.

Das Ontologieframework unterstützt die zielgerichtete Detaillierung der Projektinformationen durch drei Komponenten:

Die erste Gliederung der Detailebenen erfolgt durch die Unterscheidung von Fach- und Multimodellen. Fachmodelle definieren die Grenzen von etablierten Anwendungsdomänen. Üblicherweise repräsentieren einzelne Dateien dabei Geschäftsobjekte, die von einzelnen Fachingenieuren oder Teams bearbeitet werden. Die semantische Tiefe dieser Geschäftsobjekte wird durch die ausgewählten Fachmodellschemas bestimmt. Multimodelle legen dahingegen Kollaborationsdomänen abhängiger Fachmodelle fest, die von den verschiedenen Modellautoren nicht alle bearbeitet, aber zumindest gekannt und überprüft werden müssen. Die fachliche Detaillierung eines Multimodells ergibt sich aus den Detaillierungen der enthalten Fachmodelle und zusätzlich seiner Linkmodelle.

Zweitens definiert das Ontologieframework ein kontrolliertes Vokabular für die fachlichen Detailebenen von Fach- und Linkmodellen (vgl. Abschn. 4.4.1). Die fachliche Detaillierung von Modellen kann im Allgemeinen nur sehr eingeschränkt durch die formale Analyse der Modelle bestimmt werden. Sie ist maßgeblich vom Autor des Modells sowie von der Projektphase, Fachdisziplin und seiner jeweiligen Arbeitsaufgabe bei der Modellerstellung abhängig. Die Ontologie definiert deshalb zunächst einheitliche Detailebenen, nach denen die Autoren ihre Modelle klassifizieren können.

Eine dritte Möglichkeit, die Detaillierungen von Fach- und Linkmodellen festzulegen, bietet die Unterscheidung von Grundelementen und Systemelementen in einem Fachmodell (Abschn. 4.4.2). Systemelemente repräsentieren Aggregationen mehrerer Grundelemente. Sie werden in verschiedenen Anwendungsbereichen eingesetzt, um zum einen berechenbare Ingenieursysteme wie z. B. Leitungssysteme oder vertikale und horizontale Tragsysteme zu identifizieren. Zum anderen können Baugruppen (Teil II, Kap. 15) gekennzeichnet werden, die in der weiteren Bearbeitung als einzelne Modellkomponenten behandelt werden können.

Systemelemente werden insbesondere in integrierten Produktdatenmodellen eingesetzt, um Teilmodelle, die unterschiedliche Ingenieursysteme repräsentieren, zu unterscheiden. Die Produktmodellforschung untersucht seit mehreren Jahren den Einsatz unterschiedlicher numerischer, semantischer und heuristischer Methoden, um diese Ingenieursysteme automatisch zu identifizieren, zu überprüfen und zu analysieren [19, 20]. Die Multimodellontologie bietet eine gute Grundlage für den flexiblen Einsatz semantischer Methoden in einzelnen Fachmodelldomänen sowie insbesondere auch über ihre Grenzen hinaus.

4.2.4 Formalisierung

Für die flexible Erweiterung und Anwendung ist das Ontologieframework in der logikbasierten Ontologiesprache OWL 2 spezifiziert. Die formale und reichhaltige Semantik von OWL 2 vereinfacht die Integration unterschiedlich formalisierter Modelldaten und ermöglicht ihre Prüfung, Auswertung und Weiterverwertung durch logische Ableitungen. Die XML basierte Serialisierung ermöglicht weiterhin die Verteilung von Spezifikationen und Daten sowie den Einsatz weiterer Semantik Web Techniken und unterstützt damit die im Folgenden beschriebene materialisierte Datenintegration.

4.3 Baukernontologie

Die erste Stufe des Ontologieframeworks repräsentiert die Baukernontologie. Sie definiert die Grundkonzepte für die Beschreibung der informatorischen und materiellen Dinge im

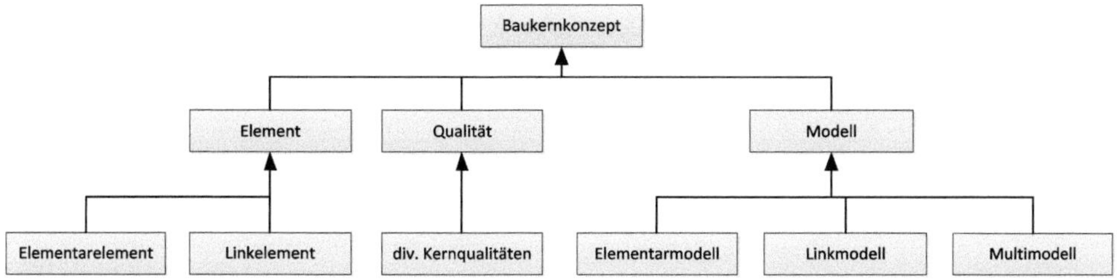

Abb. 4.2 Taxonomie der Baukernontologie

Multimodell. Grundlage ist die Konzeption des generischen Multimodells in Teil I, Kap. 2. Den Ausgangspunkt der Baukernontologie bildet das Konzept Baukernkonzept, von dem alle weiteren Konzepte abgeleitet sind Abb. 4.2.

4.3.1 Modelle, Elemente und Qualitäten

Es wird davon ausgegangen, dass den digitalen Modellen im Bauprojekt ein konstruktivistisches Modellverständnis zugrunde liegt und diese gezielt konstruierte Abbilder von konkreten oder mentalen Objekten eines Bauwerks und seiner Entwicklung, Planung, Erstellung oder seines Betriebs repräsentieren. Voraussetzung für die Abbildung der Modelle in der Ontologie ist eine objektbezogene Konzeptualisierung, durch die einzelne Informationsressourcen und ihre Eigenschaften identifiziert werden können.

Definiert wird eine Modellbasis T, die Informationen eines Bauprojekts anhand von Modellen M, Elementen E und Qualitäten Q repräsentiert. Modelle, Elemente und Qualitäten sind paarweise disjunkt.

$$\top \equiv M \sqcup E \sqcup Q, \qquad \bot \equiv M \sqcap E, \qquad \bot \equiv M \sqcap Q, \qquad \bot \equiv E \sqcap Q \tag{4.1}$$

Elemente können in übergeordneten Elementen und Modellen und Modelle in anderen Modellen zusammengefasst werden. Definiert ist eine Rolle isPartOf, die partitive Beziehungen unter Elementen und Modellen aufzeigt, wobei Elemente immer Teil von genau einem Modell sind und Elemente immer nur Elemente als Teile haben. Umgekehrt müssen jedoch nicht alle Modelle auch Elemente haben, um Modelle referenzieren zu können, die geplant, aber noch nicht erstellt wurden. Die Rolle ist transitiv.

$$\forall isPartOf.(M \sqcup E) \equiv M \sqcup E \tag{4.2}$$

$$\exists isPartOf.E \sqsubseteq E \sqsubseteq = 1\ isPartOf.M \tag{4.3}$$

$$Tra(isPartOf) \tag{4.4}$$

Die Eigenschaften von Modellen und Elementen werden durch Qualitäten repräsentiert. Definiert ist eine Rolle hasQuality, die Modellen und Elementen Qualitäten zuordnet.

$$\forall hasQuality.Q \equiv M \sqcup E \tag{4.5}$$

Die separate Definition der Qualitäten durch Klassen anstelle von OWL Rollen dient dazu, die Qualitäten in unterschiedlichen Ordnungssystemen weiter differenzieren und flexibel um Zusatzinformationen ergänzen zu können.

4.3.2 Kernqualitäten von Modellen und Elementen

Um die Erschließung und Integration der Modellinhalte zu unterstützen, werden wichtige Modell- und Elementeigenschaften vereinheitlicht. Grundlage ist die Teilontologie der Qualitäten, die zunächst allgemeine Eigenschaftsklassen definiert.

Definiert werden drei paarweise disjunkte Qualitätsklassen mit abstrakten Qualitäten QA, objektbeschreibenden Qualitäten QO und temporalen Qualitäten QT, die auch als Kernqualitäten bezeichnet werden. Sie beinhalten die in Teil I, Kap. 1, Gl. 1.1–1.6 eingeführten Annotationen.

$$Q \equiv QA \sqcup QO \sqcup QT, \qquad \bot \equiv QA \sqcap QO, \qquad \bot \equiv QA \sqcap QT, \qquad \bot \equiv QO \sqcap QT \tag{4.6}$$

Um die Qualitäten von Informationsressourcen weiter auswerten zu können, werden weitere Rollen für Qualitäten eingeführt. Definiert werden die Rolle is Greater für die ordinale Anordnung von abstrakten und objektbeschreibenden Qualitäten und die Rolle isSuccessor für temporale Qualitäten. Die Rollen sind transitiv und invers zu den Rollen isLesser und isPredecessor.

$$\forall isGreater.(QA) \equiv QA, \quad \forall isGreater.(QO) \equiv QO \tag{4.7}$$

$$\forall isSuccessor.QT \equiv QT \tag{4.8}$$

$$Tra(isGreater), Tra(isSuccessor) \tag{4.9}$$

4.3.2.1 Identifikatoren und Typen

Voraussetzung für die Erschließung der Projektinformationen in der Modellbasis sind zuerst Qualitäten zur Identifikation und Typisierung von Informationsobjekten sowie zu ihrer Urheberschaft und ihrem Erstellungszeitpunkt. Alle Modelle und Elemente in der Modellbasis haben einen eindeutigen Identifikator und mindestens einen Typ.

Definiert sind die Qualitäten Identifikator QA_UI und Typ QA_Type sowie entsprechende Subtypen für Modelle, der Modellkennung QA_MUI und Modeltyp QA_MType, sowie für Elemente, der Elementkennung QA_EUI, Elementtyp QA_EType.

$$QA\_MUI \sqcup QA\_EUI \sqsubseteq QA\_UI \sqsubseteq QA \tag{4.10}$$

$$QA\_MType \sqcup QA\_EType \sqsubseteq QA\_Type \sqsubseteq QA \tag{4.11}$$

$$Model \equiv = 1\ hasURI.QA\_MUI \sqcap \leq 1\ hasType.QA\_MType \tag{4.12}$$

$$Element \equiv = 1\ hasURI.QA\_EUI \sqcap \leq 1\ hasType.QA\_EType \tag{4.13}$$

Die Formalisierungen der Identifikatoren sind abhängig von den Technologien zur Modellspezifikation und Umsetzung der Kooperationsumgebung, z. B. unterschiedliche Dateiformate wie XML oder JSON, Internet- und Serviceprotokolle. Beim Registrieren der Modelle in der Modellbasis müssen die bestehenden Identifikatoren deshalb im Allgemeinen normiert werden (Teil I, Kap. 2).

Die Qualität Typ erfasst die durch Klassen von Datenschemas oder Annotationen definierten Element- und Modelltypen. In der Ontologie kann diese Typisierung durch die Spezialisierung der Modell- und Elementklassen sowie durch die Definition entsprechender Typenvokabulare weiter differenziert werden. Weil die Ontologie immer nur eine begrenzte Zahl an grundlegenden Modell- und Elementklassen aufführen kann, werden weitere Typinformationen als Qualitäten erfasst. Für die Registrierung der Modelle in einer Anwendungsontologie ist somit ein Mapping der Typinformationen erforderlich.

4.3.2.2 Ersteller und Erstellungszeitpunkt

Alle Modelle und Elemente haben mindestens einen Ersteller und genau einen Erstellungszeitpunkt. Definiert sind die Qualitäten Akteur *QO_Actor* und Zeitpunkt *QT_DateTime*. Als Ersteller haben alle Modelle mindestens einen zugewiesenen Autor und genau einen Erstellungszeitpunkt.

$$QO\_Actor \sqsubseteq QO \tag{4.14}$$

$$QT\_DateTime \sqsubseteq QT \tag{4.15}$$

$$M \sqsubseteq \exists hasCreator.QO\_Actor \tag{4.16}$$

$$M \sqsubseteq \exists hasCreationDate.QT\_DateTime \tag{4.17}$$

4.3.3 Elementarmodelle und Linkmodelle

In der Modellbasis werden zwei grundsätzliche Arten von Modellen unterschieden: Elementarmodelle und Linkmodelle. Alle im Multimodell verlinkten fach- und anwendungsspezifischen Planungs-, Controlling- und Koordinationsmodelle repräsentieren Elementarmodelle nach der Definition des generischen Multimodells in Teil I, Kap. 2. Linkmodelle stellen eine besondere Modellform dar, welche speziell dazu dient, Interdependenzen unter den Elementarmodellen aufzuzeigen.

Die Elementarmodelle werden als *EM* und die Linkmodelle als *LM* bezeichnet. Elementar- und Linkmodelle sind disjunkt und haben unterschiedliche Modelltypen der Qualität ModelType.

$$EM \sqcup LM \sqsubseteq M, \qquad \bot \equiv EM \sqcap LM \tag{4.18}$$

$$QA\_EMType \sqcup QA\_LMType \sqsubseteq QA\_MType \tag{4.19}$$

$$EM \sqsubseteq \forall hasType.QA\_EMType \tag{4.20}$$

$$LM \sqsubseteq \forall hasType.QA\_LMType \tag{4.21}$$

Die Spezifikationen des generischen Multimodells fordern zu jedem Linkmodell auch die Angabe der durch ihre Elemente verbundenen Elementarmodelle. In der Ontologie erfolgt diese Zuordnung durch die im Folgenden beschriebenen Linkelemente.

4.3.4 Elementarelemente

Es wird davon ausgegangen, dass die Elemente der Elementarmodelle, die Elementarelemente, anhand klassifizierender, attributiver und relationaler Eigenschaften beschrieben werden. Um die flexible Verwendung der unterschiedlichen Formate zu ermöglichen, werden jedoch lediglich die Anforderungen an die Identifikatoren aufrechterhalten und an die Typeneigenschaften weiter spezialisiert.

Ein Elementarelement EE ist ein Element, das Teil eines Elementarmodells ist und mindestens einen Elementtyp hat, der vom ElementaryElementType *QA_EEType* ist.

$$QA\_EEType \sqsubseteq QA\_EType \tag{4.22}$$

$$EE \equiv E \sqcap isPartOf.EM \sqcap \forall hasType.QA\_EEType \tag{4.23}$$

4.3.5 Linkelemente

Linkelemente bezeichnen die Elemente von Linkmodellen. Sie zeigen Beziehungen zwischen Elementarelementen auf. Jedes Linkelement referenziert mindestens zwei Elemente aus einem oder mehreren Elementarmodellen. Die Anzahl der referenzierten Elemente eines Linkelements wird dabei als Linkkardinalität bezeichnet. Die Anzahl der Elementarmodelle, denen diese Elemente angehören, wird durch die Linkarität angegeben.

Ein Linkelement LE ist definiert als ein Element, das Teil eines Linkmodells ist und mindestens einen Elementtyp hat, die alle von LinkElementType *QA_LEType* sind, sowie mindestens zwei verlinkte Elementarelemente hat. Linkelemente sind disjunkt mit Elementarelementen.

$$QA\_LEType \sqsubseteq QA\_EType \tag{4.24}$$

$$LE \equiv E \sqcap isPartOf.LM \sqcap \forall hasType.QA\_LEType \\ \sqcap \leq 2\ hasLinkedElement.EE \tag{4.25}$$

$$\forall hasLinkedElement.EE \sqsubseteq LE \tag{4.26}$$

$$\bot \equiv EE \sqcap LE \tag{4.27}$$

Um ein möglichst direktes Abbild der Linkmodelle zu erhalten, werden die Elemente eines Linkmodells, die Links, in der Ontologie ebenfalls durch Relationsobjekte, die Linkelemente, repräsentiert. Damit unterscheiden sich die Linkelemente in der Ontologie grundsätzlich von den Relationen, die durch die Fachmodelle definiert sind, wie z. B. die

Zuordnung eines Bauteils zu einem Raum oder dessen Zughörigkeit zu einem Bauwerksmodell. Diese modellinternen Relationen werden in der Ontologie durch abstrakte Rollen abgebildet.

Die Spezifikationen des generischen Multimodells legen fest, dass die Elemente eines Linkmodells, die Links, immer mindestens zwei Elemente aus unterschiedlichen Elementarmodellen referenzieren (Teil I, Kap. 2). Diese Vorgabe ist dadurch motiviert, dass die Abhängigkeiten innerhalb eines Fachmodells nicht durch externe Linkmodelle abgebildet werden sollen. Zum einen bieten die Fachmodellschemas im Allgemeinen differenziertere Möglichkeiten, die Elementbeziehungen darzustellen, und zum anderen sind die Linkmodelle gezielt entwickelt worden, um die modellübergreifenden Abhängigkeiten zu repräsentieren. In der Ontologie wird diese Forderung nicht aufrechterhalten, um u. U. auch die Elementbeziehungen innerhalb eines Modells identifizieren und mit Linkmodellen beschreiben zu können.

4.3.6 Multimodelle

Multimodelle bezeichnen Aggregate mehrerer Elementar- und Linkmodelle, die für bestimmte Aufgaben zusammengestellt sind. Die Elementarmodelle sind durch Linkmodelle untereinander verknüpft.

Definiert ist ein Multimodell MM als Modell, das mehrere Elementar- und Linkmodelle zusammenfasst, wobei es mindestens ein Elementarmodell enthält. Multimodelle sind paarweise disjunkt zu Elementarmodellen EM und Linkmodellen LM und haben mindestens einen Modelltyp *QA_MType* von MultiModellType *QA_MMType*. Enthält ein Multimodell Linkmodelle, müssen alle durch Linkelemente LE verlinkten Elementarelemente ebenfalls im Multimodell enthalten sein.

$$MM \equiv M \sqcap \forall isPartOf^{-}.(EM \sqcup LM) \sqcap \leq 1\ isPartOf^{-}.EM \tag{4.28}$$

$$\bot \equiv MM \sqcap EM, \qquad \bot \equiv MM \sqcap LM \tag{4.29}$$

$$QA\_MMType \sqcup QA\_EMType \sqcup QA\_LMType \sqsubseteq QA\_MType \tag{4.30}$$

$$MM \sqsubseteq \leq 1\ hasType.QA\_MMType \tag{4.31}$$

$$\exists(hasLinkedElement \circ isPartOf \circ isPartOf \circ isPartOf^{-} \circ isPartOf^{-}).Self \sqsubseteq EE \tag{4.32}$$

4.3.7 Erweiterter Multimodellansatz

Entsprechend der in Teil I, Kap. 2 vorgestellten Erweiterung des generischen Multimodells, auf den sich die hier vorgestellte Ontologie stützt, ist das Konzept Elementarmodell auf den Begriff Elementmodell zu verallgemeinern, der in die Modelltypen Elementarmodell, Fachmodell, Multimodell, etc. nach Teil I, Kap. 2, Abb. 2.6 spezialisiert werden kann.

Die Ontologie für den erweiterten Multimodellansatz nach Teil I, Kap. 2 ist noch im Entwurfsstadium und deshalb hier nicht wiedergegeben.

4.4 Erweiterung der Baukernontologie

Die Spezifikationen der Baukernontologie sind offensichtlich nicht ausreichend, um die Fachmodelle eines Bauprojekts eindeutig zu integrieren, zu analysieren oder zielgerichtet einzusetzen. Die zweite Ebene des Ontologieframeworks erweitert deshalb die Modell- und Elementklassen um grundlegende Kategorien von Informationsobjekten der Projektzusammenarbeit. Die folgenden Abschnitte stellen drei dieser Erweiterungen vor:

Abschnitt 4.4.1 zeigt die Differenzierung der Qualitätskonzepte, um Ordnungssysteme für Fachmodelle und Elemente definieren zu können. Sie bilden die Grundlage für nominale, ordinale und taxonomische Annotationsvokabulare für die Fachmodelle in der Prozessmodellierung und in den Verwaltungsdiensten der Mefisto Plattform.
Abschnitt 4.4.2 führt das Konzept des Systemelements als besondere Form der Elementarelemente ein. Systemelemente fassen mehrere Elementarelemente zusammen, die vereinfacht von einem System repräsentiert werden können, ohne dass sich das Verhalten des Modells verändert. Mit der Identifikation von Systemelementen werden modellinterne und modellübergreifende Abhängigkeiten unterschieden und Teilmodelle können einfacher referenziert werden.
Abschnitt 4.4.3 gibt einen Einblick, wie Links vorteilhaft in Linktypen klassifiziert werden können. Auf generischer Stufe und auf Grundlage der Kernqualitäten Identifikator, Typ, Akteur und Zeitpunkt werden hierfür mengentheoretische Abhängigkeiten als Linktypen eingeführt.

4.4.1 Differenzierung der Fachmodelle

Im Bauwesen sind die Konzeptualisierungen der Modelle wesentlich durch die Untergliederung der Objektplanung und des Bauprojektmanagements in einzelnen Ingenieur- und Managementdisziplinen geprägt. Wie bereits in Teil I, Kap.1 motiviert und in Teil I, Kap. 2 diskutiert, werden die für bestimmte Anwendungsbereiche qualifizierten Elementarmodelle deshalb als Fachmodelle bezeichnet.

Um die Differenzierung unterschiedlicher Fachmodelle zu ermöglichen, können zum einen das Konzept der Elementarmodelle weiter spezialisiert und zum anderen weitere Modellqualitäten eingeführt werden. Ausgehend von den Szenarioanalysen [21] wurde beschlossen, auf der zweiten Frameworkstufe sechs weitere Qualitätskonzepte zusätzlich zum Identifikator und den drei organisatorischen Grundqualitäten Typ, Ersteller und Erstellungszeitpunkt (Abschn. 4.3.2) zu spezifizieren. Dies sind die fachlichen Qualitäten, die sich in vier objektbeschreibende Qualitäten für inhaltliche Angaben und zwei temporale Qualitäten zur Beschreibung des Bearbeitungskontextes einer Informationsressource aufteilen und in Teil I, Kap. 1, Gl. 1.1–1.4 als Annotationen bezeichnet werden..

Die entwickelte Taxonomie der Qualitäten wurde insbesondere für die Bezeichnung der Fachmodelle in den Prozessmodellen der multimodellbasierten Zusammenarbeit (Teil II, Kap. 4) und in den Teilontologien der zentralen Plattformdienste zur Verwaltung von Multimodellen und Multimodellvorlagen (Teil I, Kap. 5) genutzt. Für diese Anwendungen wurden auf der dritten Ebene des Ontologieframeworks detaillierte Vokabulare für die einzelnen Qualitäten ausgearbeitet, die in Teil II, Kap. 13 im Detail vorgestellt werden.

4.4.1.1 Objektbeschreibende Qualitäten

Die objektbeschreibenden Qualitäten ermöglichen die Bezeichnung der Fachdomäne *QO_Domain*, des Datenmodells und Dateiformats *QO_Format*, des Sachgebietes *QO_Subject* und der Detailstufe *QO_LODeiner* Informationsressource. Die Qualitäten lassen sich zuerst den Fachmodellen zuordnen, sind aber nicht auf diese beschränkt.

$$QO\_Domain \sqcup QO\_Format \sqcup QO\_Subject \sqcup QO\_LOD \sqsubseteq QO \tag{4.33}$$

$$\bot \equiv QO\_MDomain \sqcap QO\_MFormat \sqcap QO\_Subject \sqcap QO\_MLoD \tag{4.34}$$

$$M \sqcup E \sqsubseteq \forall hasDomain.QO\_Domain \tag{4.35}$$

$$M \sqcup E \sqsubseteq \forall hasFormat.QO\_Format \tag{4.36}$$

$$M \sqcup E \sqsubseteq \forall hasSubject.QO\_Subject \tag{4.37}$$

$$M \sqcup E \sqsubseteq \forall hasLOD.QO\_LOD \tag{4.38}$$

Fachmodelldomänen bezeichnen typische Diskursbereiche von Softwareanwendungen und Fachmodellen, die eine Auswahl an bestimmten Konzepten beinhalten. Es wurden Vokabulare für insgesamt zehn Domänen ausgearbeitet. Für die differenzierte Bezeichnung der Modelldomänen wurden Taxonomien mit Unterdomänen definiert. Gleichung 4.39 zeigt exemplarisch die Spezialisierung der Bauwerksmodelle aus Raumelementen (vgl. Teil II, Kap. 13).

$$QO\_Raumstruktur \sqsubseteq QO\_Raummodell \sqsubseteq QO\_Bauwerksmodell \sqsubseteq QO\_Domain \tag{4.39}$$

Für den Austausch der Fach- und Linkmodelle wurden anwendbare Datenmodelle und Dateiformate ausgewählt oder falls keine adäquaten vorhanden waren, neue Formate spezifiziert. Als Vokabular für die Datenformate wurde eine einfache, ungeordnete Liste der anwendbaren Internet Medientypen zusammengestellt (Teil II, Kap. 13).

Um Fachmodelle anhand verschiedener Sachgebiete einordnen zu können, wurde die Objektqualität Sachgebiete eingeführt. Für die Demonstrationsprojekte wurde eine monohierarchische Klassifikation von Sachgebieten in Anlehnung an die DIN 276 entwickelt (Teil II, Kap. 13).

Die Qualität Detaillierung gibt die Detailstufe, Level of Detail, LOD, eines Fach- oder Linkmodells an. Im Projekt Mefisto wurden die Detailstufen mit der Rolle isGreater in einer geordneten Liste definiert, wie folgende Gleichung zeigt:

$$LoD5 \equiv isGreater.LoD4, \qquad LoD4 \equiv isGreater.LoD3, \ldots \tag{4.40}$$

4.4.1.2 Temporale Qualitäten

Die temporalen Qualitäten ermöglichen die Angabe der Projektphase, in der eine Informationsressource erstellt wurde sowie ihres aktuellen Bearbeitungsstatus. Definiert sind die temporalen Qualitäten *QT_Phase* und *QT_Status* mit den zugehörigen Rollen hasPhase und hasStatus.

$$QT\_Phase \sqcup QT\_Status \sqsubseteq QT, \qquad \bot \equiv QT\_Phase \sqcap QT\_Status \tag{4.41}$$

$$\forall hasPhase.QT\_Phase \sqsubseteq \forall hasQuality.Q \equiv M \sqcup E \tag{4.42}$$

$$\forall hasStatus.QT\_Status \sqsubseteq \forall hasQuality.Q \equiv M \sqcup E \tag{4.43}$$

Für die Einteilung der Projektphasen wurde im Projekt Mefisto ein hierarchisches Begriffssystem erstellt. Ausgangspunkt sind die Phasen der HOAI, die hierarchisch untergliedert und erweitert sowie zeitlich angeordnet wurden. Die Gleichungen 4.44 und 4.45 zeigen exemplarisch die Unterphasen der Phase Vergabe und ihre zeitliche Anordnung. Die weitere Phasengliederung wird in Teil II, Kap. 13 dargestellt.

$$QT\_Ausschreibung \sqcup QO\_Angebot \sqcup QT\_Vertrag \sqsubseteq QT\_Vergabe \tag{4.44}$$

$$\begin{aligned} &QT\_Vertrag \equiv isSuccessor.Angebot, \\ &QT\_Angebot \equiv isSuccessor.Ausschreibung \end{aligned} \tag{4.45}$$

Mit der Qualität Status kann der jeweilige Bearbeitungsstand eines Modells oder Elements angegeben werden. Im Projekt Mefisto wurde eine einfache ordinale Skala mit vier Werten, den Bearbeitungsstatus Anfrage α, Entwurf β, Vereinbart/Freigegeben γ, Verworfen/Veraltet ε für die Modellierung und das Management der Kollaborationsprozesse genutzt (Teil II, Kap. 13).

4.4.2 Systemelemente

Systeme stellen Elemente dar, die durch die Komposition mehrerer Grund- oder Systemelemente entstehen. In Anlehnung an die Ontologiewissenschaft wird davon ausgegangen, dass diese sich „wie ein Element“ verhalten und zusätzlich zu den enthaltenen Elementen Eigenschaften aufweisen, die sich erst durch deren Kombination ergeben [22], wie es schon Aristoteles lehrt: „Das Gesamte ist mehr als die Summe seiner Einzelteile“, sog. Übersummativität. Dabei nimmt man bei der Systemsicht eine umgekehrte Sichtweise zur Elementsicht ein. Während bei der Elementsicht die Komposition von Elementen ein System definiert, definiert bei der Systemsicht das System die Elemente, aus denen es besteht.

So kann die Zusammenstellung der Elemente Wand und deren Eigenschaften Wandhöhe, Wandmaterial etc. das System Raum und dessen Eigenschaften wie Raumvolumen, Raumheizwärmebedarf etc. definieren. Änderungen des Systems werden bei dieser Sicht über die Änderungen des einzelnen Elements definiert, wie die Änderung des Wandmaterials. Die Auswirkungen solcher Elementänderungen auf das Gesamtsystem können dabei über Aggregatsfunktionen, wie im einfachsten Fall durch die Aufsummierung der Wandflächen zur Bestimmung der Rauminnenfläche oder einer komplexen, nichtlinearen Berechnung des Computational Engineerings bei eineindeutiger Modellierung, automatisiert bestimmt werden.

Bei der systemischen Sicht liegt der Fokus auf dem System und dessen Eigenschaften. Änderungen am System wie die Änderung des Heizwärmebedarfs eines Raums sollen die systeminternen Zusammenhänge möglichst verbergen bzw. automatisiert ableiten. D. h. bei der Systemdefinition bedarf es einer entsprechenden Definition von Methoden, die die Elementdefinitionen und die Elementzusammenhänge möglichst automatisiert herleiten. Während bei Aggregatsfunktionen über die Summanden die Summe bestimmt wird, sorgen Systemfunktionen umgekehrt dafür, dass die Summe auf sinnvolle Weise auf die Summanden aufgeteilt wird. Eine Änderung des Raumheizwärmebedarfs könnte bspw. eine Verteilungsfunktion aufrufen, die die Materialänderung auf die Wände gleichermaßen verteilt. Neben einer solchen Verteilungsfunktion müssten zudem weitere Funktionen dafür sorgen, dass die Randbedingungen unter den Kompositionselementen eingehalten werden. D. h. Änderungen des Wandmaterials und entsprechende Änderungen der Wandstärke dürfen nicht dazu führen, dass die Wände nicht mehr bündig abschließen.

Änderungen des Systems bewirken dabei nicht nur Änderungen auf die direkten Kompositionselemente. Wurden die Kompositionselemente ebenfalls als Systeme definiert, stoßen Änderungen des übergeordneten Systems Änderungen der Subsysteme an. So können sich Änderungen des Wandsystems auf die Anordnung der enthaltenen Fenster auswirken.

Auf Modellschemaebene dient die Betrachtung von Systemelementen dazu, die Inhalte eines Fachmodells einfacher bezeichnen und erfassen zu können. In der Praxis konzentrieren sich viele Fachmodellschemas auf die Abbildung eines einzelnen hierarchischen Systems, z. B. eines hierarchisch gegliederten Terminplans oder Kostenanschlags. Um den flexiblen Einsatz der Softwareanwendungen zu ermöglichen, sind die Kompositionsstrukturen i. d. R. allgemein gehalten und über Rekursionen abgebildet. Die einzelnen Hierarchiestufen und das Gesamtsystem sind häufig semantisch nicht bezeichnet, was ihre weitere Verwendung in komplexen Zusammenhängen limitiert.

Ausnahmen stellen dabei insbesondere standardisierte und domänenübergreifende Modellschemas dar, die häufig detailliertere semantische Vorgaben machen. So umfasst das IFC Schema weit mehr Modellierungsdomänen als nur die Baukonstruktion. Entsprechend können die Elemente eines IFC Bauwerksmodells unterschiedlichen Systemen zugeordnet werden. Die Organisation von Raumelementen, Bauwerkselementen und Elementen des technischen Ausbaus in ihren jeweiligen Systemen bleibt jedoch optional und lässt sich durch das IFC Schema nicht fachlich prüfen. Umgekehrt kann die Definition eines Systems nicht vollständig von einem Modellschema abgedeckt werden, sondern bedarf der semantischen Verlinkung und Komposition von Elementen verschiedener Modellschemas. Solche Linksysteme beschreiben dabei keine Ausnahmesituation, sondern stellen vielmehr den Regelfall in der anwendungsorientierten Modellierung dar.

Ein Systemelement *SE* ist ein Element, das Teil eines Elementarmodells ist und mindestens einen Elementtyp hat, der vom SystemElementType *QA_SEType* ist.

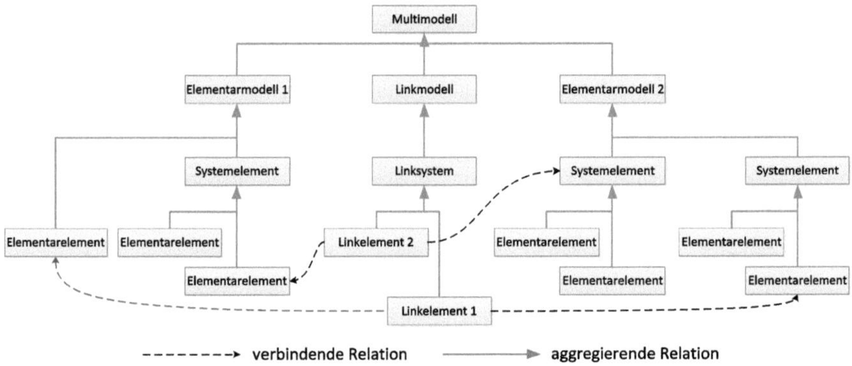

Abb. 4.3 Baukernontologiepartonomie am Beispiel zweier verlinkter Elementarmodelle mit zwei qualitativ unterschiedlichen Verlinkungen

$$QO\_SEType \sqsubseteq QO\_EType \tag{4.46}$$

$$SE \equiv E \sqcap isPartOf.EM \sqcap \forall hasType.QO\_SEType \sqcap \forall isPartOf^{-}.EE \tag{4.47}$$

$$\bot \equiv SE \sqcap EE \sqcap LE \tag{4.48}$$

Abbildung 4.3 illustriert die Kompositionsstruktur der Baukernontologie am Beispiel von zwei verlinkten Elementarmodellen. Die Linkelemente des Linkmodells können dabei sowohl Elementar- als auch Systemelemente verbinden. Darüber hinaus können sie in Analogie zum Elementarmodell in Linksystemen zusammengefasst werden. Diese Linksysteme dienen dabei nicht nur der Gruppierung von Linkelementen, sondern auch der Repräsentation von modellübergreifenden Systemen, die durch die Verlinkung mehrerer Elementar- oder Systemelemente aus unterschiedlichen Elementarmodellen gebildet werden können.

4.4.3 Linktypenspezifikation auf generischer Ebene

Auf generischer Ebene und auf Grundlage der Kernqualitäten Identifikator, Typ, Akteur und Zeitpunkt können die in Abschn. 4.4.3 definierten Linktypen weiter spezifiziert und Regeln für ihr Auftreten erstellt werden. Das so definierte Qualitätsmanagement schafft ein allgemeines Anforderungsszenario für den korrekten Austausch von Informationen unter den verschiedenen Vertragsparteien. Klassendefinitionen für Kernelemente und damit eine konkrete Zuordnung der Elementinstanzen zu konkreten Kernelementklassen der Ontologie finden auf dieser Stufe noch keine Berücksichtigung. Die Ausgangssituation bilden somit die noch unklassifizierten Elemente und Modelle des Multimodellcontainers, die mittels der oben genannten generischen Qualitäten annotiert wurden. Die folgende Bezeichnung der Elemente, wie Building, Roof etc. dient somit lediglich der Orientierung und stellt keine Annotation dar.

Identitätsbeziehung: Konkrete Elemente werden als identisch bezeichnet (Abb. 4.4), wenn sie sich lediglich in den Qualitäten Akteur und Zeitpunkt unterscheiden. Auf Grund-

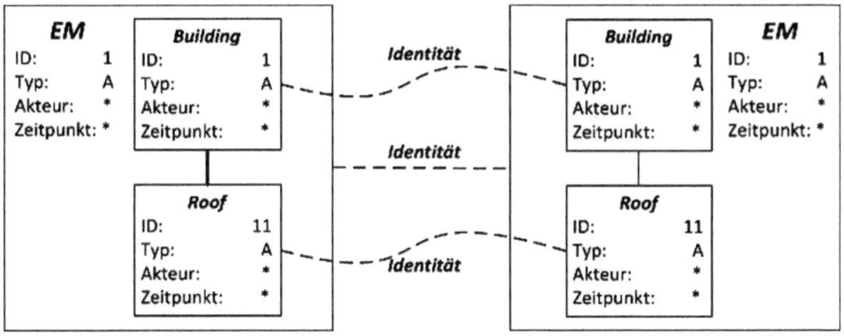

Abb. 4.4 Beispiel für Identitätsbeziehungen, * bedeutet beliebig

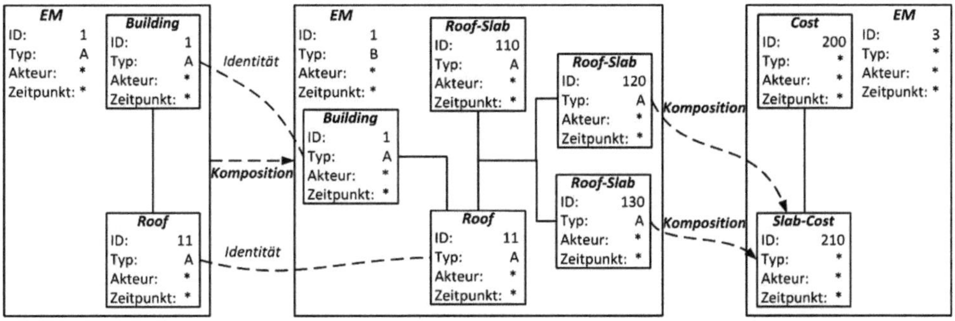

Abb. 4.5 Beispiel für Kompositionsbeziehungen, * bedeutet beliebig

lage dieser Regeln lassen sich nun Identitätsbeziehungen bei gleicher Identifikator- und Typannotation ableiten bzw. umgekehrt die Elementannotationen bei gegebener Identitätsbeziehung automatisch generieren. Die Ableitungsregeln beziehen sich dabei nur auf die Annotationen bzw. Linktypspezifikationen. Modellinterne Unterschiede bei den Relationen müssen über eine entsprechende Typbelegung berücksichtigt werden. Elementarmodellinstanzen werden als identisch bezeichnet, wenn zu jedem Element eines Elementarmodells ein entsprechendes identisches Element existiert. Auf analoge Weise wird die Identität zwischen Multimodellen definiert. Die Identitätsbeziehung ist eine ungerichtete, reflexive und transitive Beziehung.

Kompositionsbeziehung: Eine Kompositionsbeziehung zwischen konkreten Elementen liegt vor (Abb. 4.5), wenn ein Element, z. B. Roof-Slab eines Elementarmodells, Teil eines größeren Elements, z. B. Slab-Cost eines anderen Teilmodells, ist. Einzige Bedingung für diesen Beziehungstyp ist, dass zwischen aggregierendem Element und den aggregierten Elementen nicht bereits eine Identitätsbeziehung vorliegt. Auf Elementarmodellebene besteht eine Kompositionsbeziehung, wenn die Elemente einer Elementarmodellinstanz vollständig in einer anderen Elementarmodellinstanz enthalten und über Identitätsbeziehungen miteinander verknüpft sind. Beide Elementarmodellinstanzen besitzen den gleichen Identifikator, müssen allerdings unterschiedlichen Typs sein. Die Kompositionsbeziehung ist eine gerichtete, reflexive und transitive Beziehung.

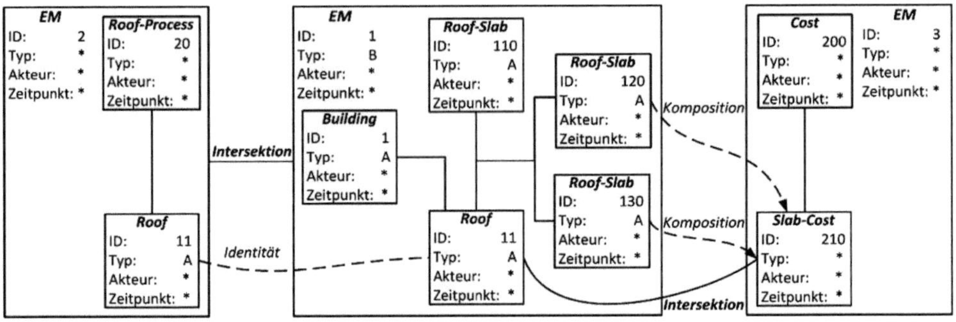

Abb. 4.6 Beispiel für Intersektionsbeziehungen, * bedeutet beliebig

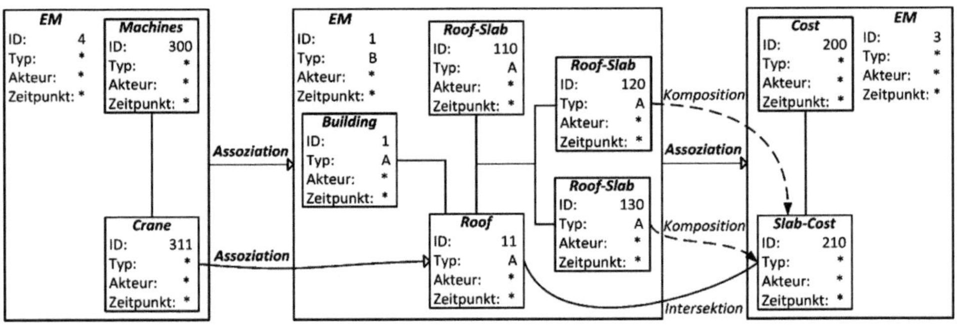

Abb. 4.7 Beispiel für Assoziationsbeziehungen, * bedeutet beliebig

Intersektionsbeziehung: Ähnlich wie Kompositionsbeziehungen beschreiben Intersektionsbeziehungen (Abb. 4.6) Beziehungen zwischen Elementen verschiedener Elementarmodellinstanzen, die aufgrund gemeinsamer Inhalte in Relation stehen. Als Verallgemeinerung der Kompositionsbeziehung spezifiziert eine Intersektionsbeziehung zwischen zwei Elementen, dass beide Elemente eine gemeinsame Schnittmenge aufweisen, d. h. eine gewisse Anzahl, nicht unbedingt alle, von gleichen Elementen aggregieren, z. B. Roof↔Roof-Slab und Roof↔Slab-Cost. Diese Beziehung ist ungerichtet und wird meist durch Kompositionsbeziehungen weiter spezifiziert, z. B. Roof-Slab↔Slab-Cost. Eine Intersektionsbeziehung zwischen Elementarmodellinstanzen liegt vor, wenn beide Modellinstanzen mindestens ein identisches Element aufweisen und nicht in einer der vorher erwähnten Beziehungen stehen. Die Intersektionsbeziehung ist reflexiv, aber im Allgemeinen nicht transitiv.

Assoziationsbeziehung: Elemente, die in keiner der genannten Beziehungen zueinander stehen, sich aber dennoch gegenseitig unmittelbar beeinflussen, stehen in einer Assoziationsbeziehung, z. B. Crane↔Roof, (Abb. 4.7). Auf Elementarmodellebene liegt eine Assoziationsbeziehung vor, wenn auf Elementebene eine Kompositions-, Intersektions- und/oder Assoziationsbeziehung zwischen zwei Modellinstanzen besteht. Assoziationsbeziehungen fassen auf Modellebene somit die drei genannten Beziehungstypen zusammen.

Zwischen zwei Modellinstanzen kann dabei bereits eine der vorher genannten Beziehungen existieren. Lässt sich auf Elementebene eine eindeutige Richtung zwischen den Modellinstanzen identifizieren, wird diese nach oben weiterpropagiert. Assoziationsbeziehungen sind gerichtete, irreflexive und nicht transitive Beziehungen (Abb. 4.7).

Die Definition der vier generischen Linktypen dient dazu, einfache Modellzusammenhänge aufzuzeigen, um die Erstellung einer einheitlichen Kernmodellbasis zur Modellintegration zu unterstützen. Hierfür wird zunächst auf Modellebene untersucht, ob und wie stark sich die Modellinstanzen bzgl. Identität, Komposition, Intersektion überlappen bzw. ob sie nur über oder durch zusätzliche Elemente, eine sog. Assoziation, zu einer gemeinsamen Informationseinheit zusammengefasst werden können. Detaillierte Informationen über den Überlappungsgrad bzw. die Modellassoziation findet man schließlich auf Elementebene. So werden dort Modellüberlappungen über Identitätsbeziehungen weiter aufgeschlüsselt und Modellassoziationen über Elementkomposition, -intersektion und/oder –assoziation weiter detailliert. Damit können Beziehungen zwischen Elementen auf sehr hoher Ebene spezifiziert und damit viele einzelne Links zu einer verallgemeinerten Beziehung zusammengefasst werden.

Auch wenn auf generischer Ebene noch keine Zuordnung der Instanzen zu Kernelementklassen erfolgt, eröffnet doch die allgemeine Spezialisierung des Linkmodells um die oben definierten Linktypen dem Anwender neue Möglichkeiten, Fachmodellzusammenhänge nach weiteren Gesichtspunkten zu betrachten und zu analysieren. So lassen sich bspw. Identitätsgraphen oder auch Kompositionsgraphen extrahieren und deren Elemente bzw. Modelle auf ihre Identität oder Kompositionsstruktur hin überprüfen. Neben der visuellen Validierung bietet die Einführung der Linktypen auch regelbasierte Validierungsmöglichkeiten. So lässt sich auf Elementebene anhand der Annotation Identität bzw. Komposition direkt ableiten. Ebenso besteht ein direkter Zusammenhang zwischen Modellebene und Elementebene, der sich über Regelanwendungen entsprechend überprüfen lässt.

Durch die Repräsentation der Linktypen bzw. der zugehörigen Ableitungsregel in ontologischer Form lässt sich die Linktypendefinition auf einfache Art für beliebige Anwendungen weiter spezialisieren. Die sich hieraus ergebende Möglichkeit der regelbasierten Kernelementidentifikation wird beispielhaft in Abschn. 4.5.2 diskutiert.

4.5 Spezialisierung der Ontologie

Um die Fachmodelldomänen für ein konkretes Projekt zu erfassen und zu spezifizieren und sie für regelbasierte Analysen nutzbar zu machen, bedarf es der weiteren Spezialisierung der Multimodell Ontologie.

Im Folgenden wird deshalb die Spezialisierung der Fachmodelle anhand von projektspezifischen Klassen aufgezeigt. Sie bietet die Grundlagen für die systematische Differenzierung der Fachmodelle und für die einheitliche Bezeichnung ihrer Kernelemente und Systemelemente.

Tab. 4.1 Kernkonzepte der Ontologie zur Gebäudebeschreibung mit dem Datenschema IFC [12]

Kernkonzept	IFC Konzepte
Raumstrukturelement	Streng hierarchische Raumstrukturelemente • IfcSite: Baustelle • IfcBuilding: Gebäude, Gebäudekomplex oder Gebäudesektion • IfcBuildingStorey: Stockwerk oder Geschoss • IfcSpace: Raum Nichthierarchische Raumstukturelemente, die Überlagerungen zulassen • IfcSpatialZone: Raumzone, z. B. thermische Zone, Bauzone
Bauwerkselemente	IfcBuildingElement: Kernelemente eines Gebäudes, z. B. Wand, Dach etc. • IfcElementComponent: Teilelemente eines Elements, z. B. Bewehrung im Stahlbetonbauteil • IfcDistribbutionElementen: Element eines Versorgungssystems, z. B. des Heizungssystems • IfcTransportElement: Elemente zum Transport von Personen, Gütern etc., wie z. B. Fahrstuhl • IfcFurnishingElement: vor Ort gefertigte oder montierte Ausbauelemente

Neben der Spezialisierung der Klassen erfordert die projektspezifische Sichtweise eine weitere Ausdifferenzierung der Linktypen. Diese weitere Spezialisierung von Linktypen dient zur Identifikation zusammengehörender Modelle und Elemente unterschiedlicher Fachdomänen. So wird in Abschn. 4.5.2 aufgezeigt, wie eine weitere Detaillierung der Linktypen zur Identifikation von Kernelementen herangezogen werden kann.

4.5.1 Definition von Kernelementen

Die Ontologie als projektspezifisches Annotationsvokabular erfordert zur einheitlichen Repräsentation der heterogenen Modellinhalte die Integration der verwendeten Modellschemas und der dort definierten Elementkonzepte. So geht der Definition von Kernelementen und deren Einordnung in die Ontologie die Identifikation von semantisch relevanten Elementen der Anwendungsmodelle voraus. Formuliertes Ziel der Ontologie und deren kollaborativen Einsatzes ist es, den Austausch und damit die Verlinkung zwischen den Domänen zu unterstützten. So sollen lediglich die über eine Domäne hinausgehenden notwendigen Eingaben bzw. die unterschiedliche Domänen beeinflussenden Resultate einzelner Anwendungen identifiziert und semantisch konsolidiert werden. Domäneninterne Aspekte und Abläufe werden den Modellen und deren entsprechenden Anwendungen überlassen. Die Identifikation relevanter Elemente konzentriert sich somit auf Elemente, die eine Verbindung zwischen unterschiedlichen Domänen schaffen und den erforderlichen Qualitäten genügen. Maßgeblich für die Identifikation von Modellzusammenhängen und Kernelementen sind zum einen die Szenarienanalyse [21] und zum anderen die verwendeten Modellformate. Kernelemente lassen sich dabei allgemein in zwei Arten kategorisieren, in konkrete Kernelemente, die konkrete Einzelaspekte einer Domäne modellieren, und

Tab. 4.2 Kernelemente zur Leistungsbeschreibung

Kernkonzept	Beschreibung in IFC	Beschreibung in GAEB DA XML
Leistungsverzeichnis	IfcCostSchedule	<BoQ ID="LV-I">Name des LV</BoQ>
Leistungsposition	IfcCostItem	<Item ID="Positions-Id" RNoPart="OZ">
Leistungsmenge	IfcElementQuantity	<Qty>Leistungsmenge</Qty>

in abstrakte Kernelemente, die einen Zusammenschluss verschiedener Einzelaspekte hinsichtlich eines bzw. mehrerer Gesamtaspekte formulieren.

Beispielhaft lässt sich hier das Bauwerksmodell erwähnen, das eines der zentralen Modelle im kollaborativen Arbeiten und insbesondere im Projekt Mefisto darstellt. Die am häufigsten verwendete Repräsentationsform zur Darstellung bauwerksrelevanter Zusammenhänge ist hier das Datenschema IFC in der Serialisierung mit dem Datenformat SPF [23]. Dabei lassen sich die für die eigentliche Modellierung des Bauwerks zum Tragen kommenden Kernkonzepte für die Ontologie auf die konkreten Kernelemente Gebäudeelemente und die abstrakten Kernelemente Raumstrukturelemente reduzieren (Tab. 4.1).

Im Projekt Mefisto formen die angegebenen Elemente den Kern des ontologischen Bauwerksmodells und die Anschlusspunkte zur Vernetzung der Baudomäne mit den übrigen Domänen. Die Verlinkung nach außen kann dabei sowohl über Gebäudeelemente als auch über Raumstrukturelemente erfolgen.

4.5.2 Spezialisierung der Linktypen für eine beispielhafte Anwendung

Nachdem im Abschn. 4.4.3 ein Anwendungsszenario für Linktypenspezifikation auf generischer Ebene aufgezeigt wurde, erfolgt in diesem Abschnitt eine Spezialisierung der Linktypen auf Kollaborationsebene. So wird beispielhaft dargestellt, wie die oben definierten Linktypen Identitätsbeziehungen, Kompositionsbeziehungen, Intersektionsbeziehungen und Assoziationen zur Kernelementidentifikation bei der Ontologieschemaerstellung herangezogen werden können.

Innerhalb eines Anwendungsmodelles bzw. des umgebenden Modellschemas wie dem IFC Modell können mehrere Domänen wie BIM oder SPM definiert sein. Zwischen den verschiedenen Anwendungsmodellen kann es dabei zu inhaltlichen Überlappungen kommen. Solche Elementüberlappungen können dabei zur weiteren Identifikation sowie zur späteren Validierung von Kernelementen dienen. Hierzu zeigt zunächst Tab. 4.2 beispielhaft die im Projekt Mefisto vorkommenden unterschiedlichen Repräsentationen zur Leistungsbeschreibung.

Lässt sich nun eine entsprechende Überlappung zwischen zwei Anwendungsmodellen feststellen, können über die Identität der vorkommenden Elemente Applikationselement 12 $\leftrightarrow$ Applikationselement 22 auch die Anschlusspunkte zwischen den beiden Modellen identifiziert werden (vgl. Tab. 4.2). Da Anschlusspunkte zwischen zwei Modellen durch Kernelemente bzw. Kernelementklassen repräsentiert werden, kann auf diese Weise das

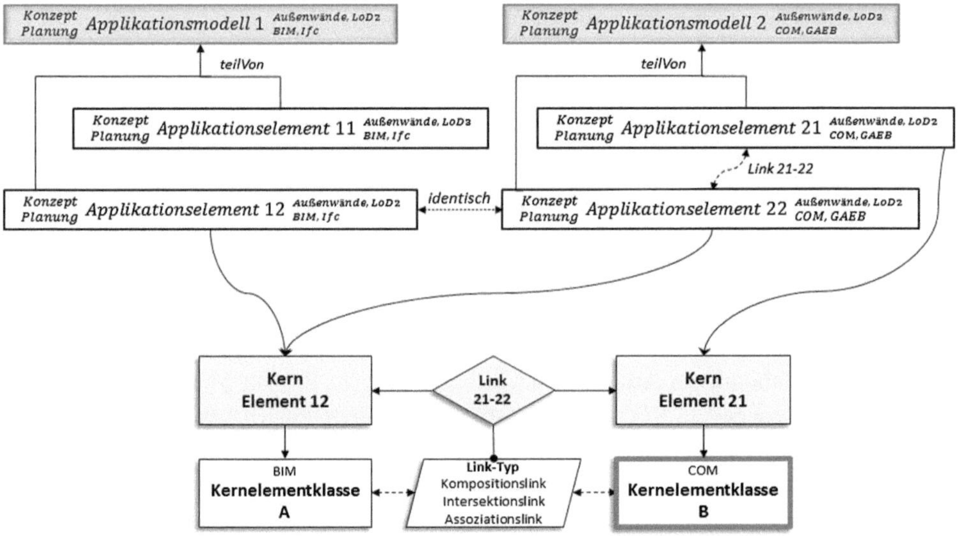

Abb. 4.8 Kernelementidentifikation

Ontologieschema automatisiert erstellt werden. Abbildung 4.8 zeigt hierzu als Applikationsmodell 1 das Elementarmodell BIM und dessen zugehörige Elemente Applikationselement 11 und Applikationselement 12. In einem vorherigen Schritt wurde das Applikationselement 12 bereits als Kernelement identifiziert und ein entsprechendes Kernelement mit zugehöriger Kernelementklasse in die Ontologie aufgenommen.

Beim Applikationsmodell 2 handelt es sich um ein Kostenmodell, das die beiden Elemente Applikationselement 21 und Applikationselement 22 umfasst. Applikationselement 21 und Applikationselement 22 stehen dabei in Relation zueinander. Die Identität der Applikationselemente 12 und 22 hat zur Folge, dass zunächst beide Elemente in der Ontologie den gleichen Identifikator, z. B. Applikationselement 12, erhalten und zudem der gleichen Kernelementklasse als Instanzen zugeordnet werden. Da das Applikationselement 22 in einer Relation mit dem Applikationselement 21 steht, wird das Applikationselement 21 als Anschlusspunkt zwischen den beiden Modellen Bauwerksmodell, BIM, und Kostenmodell, COM, interpretiert und als Kernelement mit zugehöriger Kernelementklasse in die Ontologie aufgenommen. Je nachdem um was für einen Link es sich zwischen Applikationselement 22 und Applikationselement 21 handelt, kann der entsprechende Linktyp auf Klassenebene propagiert werden.

Neben der Erweiterbarkeit bietet die ontologische Form den Vorteil, dass die Komplexität der Regeldefinition und Regelanwendung für den Anwender selbst weitestgehend verborgen bleibt und sich sein Mitwirken auf die Auswahl und das Setzen von Annotationen, Linktypen und Kernklassen fokussieren kann, soweit diese nicht schon automatisiert ermittelt wurden. Somit erfordert die ontologiebasierte Integration eine gewisse Mehrarbeit vom Anwender, die allerdings bei einem entsprechenden Ontologiemodell und einer entsprechenden Regeldefinition mit zunehmender Identifikation von Kernelementklassen und Linktypen stetig abnimmt, da der Automatisierungsgrad ansteigt.

4.6 Zusammenfassung und Ausblick

Das Ontologieframework bietet neue Möglichkeiten für die Integration heterogener Fachmodelle, indem es die Spezifikationen des Multimodells um fachliche und formale Semantik ergänzt. Sie bietet den Projektteilnehmern einheitliche Bezeichnungen für Projektinformationen und neue Möglichkeiten für ihre materielle Integration.

Das Framework ist hierarchisch in mehrere Teilontologien gegliedert. Auf der ersten Stufe definiert die Baukernontologie grundlegende Konzepte der Zusammenarbeit mit Multimodellen. Die zweite Stufe spezialisiert die Grundkonzepte, um unterschiedliche Produkt-, Organisations- und Linkmodelle zu bezeichnen und ihre Strukturen, z. B. anhand von Systemen und Kompositionsbeziehungen, zu beschreiben. Auf der dritten Stufe werden schließlich anwendungsspezifische Bezeichnungen und Konzepte, z. B. nach Projektvorgaben, festgelegt. Sie bieten die Grundlage für die Integration und Analyse der Projektinformationen aus unterschiedlichen Fach- und Linkmodellen in Anwendungsontologien auf der vierten Ebene.

Im Projekt Mefisto wurde das Ontologieframework mit einer Reihe von Anwendungsontologien für die Modellverwaltung und Linkanalyse in der Ontologiesprache OWL 2 entwickelt und erprobt. Die formale Mächtigkeit der Sprache und die strikt taxonomische Untergliederung der Objekte, Qualitäten und ihrer Beziehungen ermöglicht die flexible Präsentation und Klassifikation ganz unterschiedlicher Modellinformationen. Die in Abschn. 4.4 und Abschn. 4.5 diskutierten Anwendungsontologien wurden jedoch nur beispielhaft ausgearbeitet. Aufgabe zukünftiger Forschung ist daher, die Spezifikationen des Ontologieframeworks insbesondere der vierten Ebene zu ergänzen, um weitere Vokabulare, Modellvorlagen und Prüfregeln für die Übernahme, die weitere Modellvalidierung und auch die Modellverifikation von Projektinformationen zu ermöglichen.

Literatur

1. Kim W, Seo J (1991) Classifying schematic and data heterogeneity in multidatabase systems. IEEE Comput 24(12):12–18
2. Gruber TR (1993) A translation approach to portable ontologies. Knowl Acquis 5(2):199–220
3. Stumme G (2003) The Karlsruhe view on ontologies. Technical report, University of Karlsruhe
4. Pahl J, Damrath R (2000) Mathematische Grundlagen der Ingenieurinformatik. Springer, Berlin
5. Construction Specifications Institute, CSI, und Construction Specifications Canada, CSC, (1978) MASTERFORMAT – Master list of sections titles and numbers, Alexandria, VA
6. Charette R, Marshall H (1999) National Institute of Standards und Technology, UNIFORMAT II elemental classification for building specifications, cost estimating, and cost analysis [microform]. US Dept of Commerce, Technology Administration, National Institute of Standards and Technology, Gaithersburg, MD, S xii, 93 S

7. Crawford MJ, O'Leary R, Cann J (1997) Uniclass: unified classification for the construction industry. RIBA
8. OmniClass (2006) OmniClass construction classification system, Edition 1.0, Construction Specifications Institute (CSI), http://www.omniclass.org
9. Woestenenk K (2002) The LexiCon. In: Proceedings of 4th European conference on product and process modelling (ECPPM), Portoroz, Slovenia
10. ISO 12006-2 (2001) Building construction – organisation of construction works – Part 2: Framework for classification of information. International Organisation for Standardization, Geneva, Switzerland
11. ISO/DIS 12006-3 (2007) Building construction – organisation of construction works – Part 3: Framework for object-oriented information exchange. International Organisation for Standardization, Geneva, Switzerland
12. Liebich T, Adachi Y, Forester J, Hyvarinen J, Karstila K, Wix L (2006). Industry foundation classes ifc2×3
13. Lima C, El Diraby T, Fies B, Zarli A, Ferneley E (2003) The e-COGNOS project: current status and future directions of an ontology-enabled IT solution infrastructure supporting Knowledge Management in Construction, ASCE2003, Honolulu, Hawaii
14. Lima C (2006) A framework to support interoperability among semantic resources. In: Interoperability of enterprise software and applications. Springer, Berlin, S 87–98
15. Beetz J (2009) Facilitating distributed collaboration in the AEC/FM sector using Semantic Web Technologies. Eindhoven: Technische Universiteit Eindhoven
16. Böhms M (2007) "Semantic Web-based open engineering platform" EU STRP 016972 report D23 draft version available at http://www.swop-project.eu (last accessed 2007) and at TNO, Delft, NL
17. Radinger A, Rodriguez-Castro B, Stolz A, Hepp M (2013) BauDataWeb: the Austrian building and construction materials market as linked data. ACM, New York, S 25–32
18. Hitzler P, Krötzsch M, Parsia B, Patel-Schneider PF, Rudolph S. OWL 2 Web ontology language primer
19. Eisfeld M, Scherer RJ (2003) Assisting conceptual design of building structures by an interactive description logic based planner. J Adv Eng Inform 17(1):41–56
20. Hauser M, Scherer RJ (1998) A cognitive architecture to support structural design tasks. Comput Struct 67:339–346
21. Schapke SE, Baling M, Hienz R, Muntzing HD, Renz J, Zeller G (2010) Anforderungen an das Gesamtsystem. Mefisto Bericht B-1.1. Institut für Bauinformatik, TU Dresden
22. Wand Y, Storey VC, Weber R (1999) An ontological analysis of the relationship construct in conceptual modeling. ACM Trans Database Syst 24:494–528
23. 10303-21 ISO (2002) Industrial automation systems and integration – product data representation and exchange – Part 21: Implementation methods: clear text encoding of the exchange structure

5 Eine intelligente Plattform für die verteilte Zusammenarbeit

Sebastian Popescu, Frank Hilbert, Sven-Eric Schapke und Raimar J. Scherer

Zusammenfassung

Bei der interdisziplinären Organisation von Bauprojekten spiegelt sich die Spezialisierung der Projektbeteiligten auch in der Diversifizierung der verwendeten proprietären Fachsoftware wider, die zu einem Interoperabilitätsproblem mit eingeschränkter Kommunikation, begrenztem Dokumentenzugriff und Versionsproblemen führt. Es entstehen Informationsinseln. Um diese aufzubrechen und die Interoperabilität durch eine gemeinsame Kommunikations- und Informationsbasis zu unterstützen, wird im Projekt Mefisto der Ansatz der serviceorientierten Architektur, SOA, verfolgt. Über Webserviceschnittstellen werden Softwarebausteine externalisiert und den Projektpartnern zur Verfügung gestellt. Die Informationen über die dezentralen Dienste werden gemeinsam mit Informationen über die verwendeten Multimodellcontainer auf der Mefisto Plattform gebündelt. Zentrale Dienste dienen der Verwaltung eines einheitlichen Vokabulars für die semantische Beschreibung der Multimodelle durch Metadaten, die Verwaltung der Projektbeteiligten sowie die verteilte Prozesssteuerung. Es werden die Metadaten der Multimodelle und Multimodellvorlagen durch zentrale Plattformdienste verwaltet sowie das Multimodellmanagement und die Dienstorchestrierung unterstützt. Die Verknüpfung der Geschäftsanwendungen über die Mefisto Plattform und die Multimodellmethode ermöglicht den Projektbeteiligten eine effiziente, unternehmensübergreifende, standortverteilte Kooperation.

S. Popescu (✉)
gibGREINER GmbH, München, Deutschland

F. Hilbert · S.-E. Schapke · R.J. Scherer
Institut für Bauinformatik, Technische Universität Dresden, Dresden, Deutschland

R.J. Scherer, S.-E. Schapke (Hrsg.), *Informationssysteme im Bauwesen 1*,
DOI 10.1007/978-3-642-40883-0_5

5.1 Einleitung

Im Fokus des Projekts Mefisto stand die Unterstützung des partnerschaftlichen, prozessgesteuerten und risikokontrollierten Bauens durch die Verbesserung der Arbeits- und Kommunikationsprozesse zwischen den Beteiligten in Bauprojekten. Unter Anwendung moderner Informations- und Kommunikationstechnologie, IKT, wurden verbesserte Möglichkeiten für den Austausch, die Verlinkung und die Auswertung von Abstimmungs-, Planungs- und Kontrollinformationen entwickelt. Insbesondere entstand der Multimodellansatz zur Abbildung der Abhängigkeiten von Elementen zwischen und innerhalb der verschiedenen Fachmodelle der Projektbeteiligten, der in Teil I, Kap. 1 bereits vorgestellt wurde. Die verschiedenen Bauprojektbeteiligten fügen dabei ihre Anwendungsmodelle und deren Abhängigkeiten zu Multimodellen zusammen und übertragen diese als Multimodellcontainer an die Projektbeteiligten. Zur Koordination, Bearbeitung, Registrierung und Filterung von Multimodellen wurden zusätzlich zentrale Multimodelldienste entwickelt. Zentrale Plattformdienste unterstützen die Verwaltung des Annotationsvokabulars für die semantische Beschreibung der Multimodelle, Multimodellvorlagen und Rollen, die Verwaltung der virtuellen Organisation sowie die verteilte Prozesssteuerung. Für die Koordination des Zusammenspiels der Softwarewerkzeuge und der zentralen Dienste wurde eine Modell-, Informations- und Wissensplattform entwickelt. Die Mefisto Plattform bündelt die Informationen über die verwendeten Multimodelle, die vorhandenen zentralen Multimodelldienste und bereits formalisiertes Domänenwissen und führt somit Informationen zur baubetrieblichen Planung und zum Controlling zusammen.

Ausgehend von einem kurzen Überblick über die Kollaboration im Bauwesen im anschließenden Abschn. 5.2 wird in Abschn. 5.3 die Idee der Service Orientierten Architekturen, SOA, vorgestellt, gefolgt von dem neuen Ansatz der Verwendung der Baufachanwendungen als dezentrale Dienste in Abschn. 5.4 unter näherer Beschreibung der verwendeten Baufachanwendungen GRANID, RIB iTWO und SolidWorks. In Abschn. 5.5 wird die Mefisto Plattform vorgestellt, dazu wird näher auf die Aufgaben, die Architektur, die Komponenten und die technische Realisierung der Plattform eingegangen. Abschnitt 5.6 gibt eine Zusammenfassung der erreichten Ergebnisse und einen Ausblick unter Benennung noch offener Problemstellungen.

5.2 Kollaboration in der Planungsphase

Bauen ist ein kooperativer interdisziplinärer Prozess, der im Gegensatz zu Projektrealisierungen in anderen Ingenieurdomänen, wie z. B. dem Maschinenbau oder der Elektroindustrie, maßgeblich durch die Einmaligkeit seiner Rahmenbedingungen, einen hohen Bedarf an unterschiedlichen fachlichen Kompetenzen und einer hohen Dynamik gekennzeichnet ist. Dabei handelt es sich sowohl bei dem Projektinhalt als auch bei der Projektorganisation um Unikate; ein Bauwerk wird selten ein weiteres Mal am selben Ort mit derselben Partnerkonstellation erstellt. Die Vielzahl der in einem Bauprojekt anfallenden physischen und funktionalen Informationen wird in diverse domänenspezifische Fachmodelle gesplittet, z. B. Bauwerksmodell, Kostenmodell, Terminmodell, auf deren Grundlage gewerkespezifisch die einzelnen Bauleistungen ausgeführt werden. Diese sowohl parallele als auch verteilte Bearbeitung von Projektaufgaben durch Fachexperten erfordert immer komplexere Modelle für die Projektorganisation. Im Rahmen der Projektausführung können teilweise unvorhersehbare Rahmenbedingungen dynamische Plan- und Ausführungsänderungen erfordern, bspw. Änderungen der Projektkonstellation, z. B. durch den Wegfall eines Partners, oder Dynamik in der Objektplanung, z. B. durch unscharf formulierte Zielsetzungen und Vorgaben, die erst schrittweise in konkrete Anforderungen überführt werden können. Um auf diese Änderungen zeitnah reagieren zu können, muss eine Projektorganisation im Bauwesen eine stetige dynamische Anpassung ermöglichen.

Diese wesentlichen Gegebenheiten und Einschränkungen spiegeln sich natürlich in der Kollaboration der Beteiligten der Baudomäne wider. Bei der Organisation und Abwicklung von Bauprojekten müssen sowohl Informationen über geplante oder existierende Bauobjekte als auch Informationen über die Projektpartner und ihre Zusammenarbeit ausgetauscht werden. Je mehr sich dabei die Anzahl und die räumliche Verteilung der Beteiligten erhöht, umso aufwändiger ist die Projektkommunikation [1]. Seit den 1980er Jahren, als sich Computer zunehmend in den Planungsbüros verbreiteten und die Entwicklung des Computer Aided Design, CAD, es ermöglichte, Pläne und Zeichnungen auch als digitale Modelle zu speichern, zu vervielfältigen und zu übertragen, wird deshalb zunehmend versucht, den Projektkommunikationsbedarf durch moderne Informations- und Kommunikationstechnologien zu unterstützen.

Mit verschiedenen technologiebasierten Ansätzen wurde und wird versucht, die Effektivität und Effizienz der Kommunikation, Koordination und Kooperation zu erhöhen. Die Formen der informationstechnischen Unterstützung entwickelten sich dabei im Laufe der Zeit von reinen Webseiten mit relativ geringem Unterstützungswert über redaktionelle Katalogsysteme und branchenspezifische Portalseiten, sog. Enterprise Information Portals [2], internetbasierte Projektkommunikationssysteme [3], Projektserver mit virtuellen Projekträumen [4] über Bauportale hin zu reichhaltigen Kollaborationsplattformen [5]. Eine gute Zusammenfassung über die ursprüngliche Entwicklung von Kollaborationsplattformen im Bauwesen wird bspw. in [6] gegeben. Die Herausforderungen für die IKT gestützte Kommunikation, Koordination und Kooperation zwischen den Projektpartnern wird in [7] zusammen gefasst.

Die verschiedenen Lösungsansätze für die Herausforderungen der unternehmensübergreifenden und standortverteilten Kooperation im Bauwesen konzentrieren sich zum einen auf organisatorische Aspekte, z. B. durch Verwendung virtueller Organisationen (Teil I, Kap. 6), und zum anderen auf die technischen Möglichkeiten moderner Informationstechnologie, auf die wir im nachfolgenden Abschnitt eingehen.

5.3 Der Ansatz Software orientierte Architektur

Die Spezialisierung der Bauprojektbeteiligten, z. B. Planungsbüros, Fachplaner, Bauunternehmen und Handwerker spiegelt sich auch in der Diversifizierung der verwendeten Fachsoftware wider [8]. Für die Bearbeitung von Planungs- und Ausführungsarbeiten wird bevorzugt aufgabenspezifische Fachsoftware eingesetzt, die in ihrer Anwendungsdomäne einen so hohen Reifegrad erreicht hat, dass ihre Verwendung trotz einer allgemeinen Bereitschaft zur übergreifenden Kollaboration unabdingbar ist [9]. Dabei führt die Heterogenität der verschiedenen proprietären Systeme der beteiligten Unternehmen zu potentiellen Inkompatibilitäten zwischen den einzelnen Insellösungen, die Kommunikationseinschränkungen, begrenzte Dokumentenzugriffe und Versionsprobleme mit sich bringen [10]. Leider ist eine durchgängige Standardisierung der Arbeitsprozesse im Bauwesen schwer durchführbar, da damit für eine Vielzahl der beteiligten Unternehmen Kosten erzeugt werden würden, die diese aufgrund ihrer geringen Firmengröße häufig nicht tragen können [2]. In der Folge haben sich entsprechende Standards in der Baudomäne nicht in einem Maße durchsetzen können, wie es in anderen Branchen der Fall ist. Selbst wenn in größeren Unternehmen durch die Benutzung einheitlicher Software zwischen den hausinternen Abteilungen ein Quasistandard eingeführt wurde, ist dieser für den Datenaustausch mit externen Projektpartnern in vielen Fällen nicht anwendbar.

Zur Schaffung einer gemeinsamen Kommunikations- und Informationsbasis für die Projektbearbeitung müssen die Einzelprogramme der Projektpartner integriert werden. Statt einer kostspieligen Neuentwicklung steht darum bei den aktuellen Entwicklungen der Informationstechnologie die Zusammenführung vorhandener Anwendungen und ihre Integration durch Informations- und Dateninteroperabilität, sog. Enterprise Application Integration, im Vordergrund. Der zentrale Datenpool, der einmal die technische Voraussetzung für die Integration war, kann heute mit der SOA Architektur und der entwickelten Multimodellmethode durch einen virtuellen, zentralen Datenpool ersetzt werden. Dabei wird die organisationsübergreifende Kommunikation zusätzlich begleitet von IKT Unternehmensrichtlinien, die die Datenschutzaspekte der einzelnen Beteiligten adressieren, um Betriebsgeheimnisse, z. B. technische Sachverhalte wie Konstruktionspläne, oder Geschäftsgeheimnisse, z. B. kaufmännische Sachverhalte wie etwa Kundendaten, zu schützen. Hier wird oft ein Lokalitätsprinzip gefordert, d. h. Daten sollen vorzugsweise lokal vorhanden bleiben und nicht auf zentrale Server ausgelagert werden.

Für die Verknüpfung von geschäftlichen Konzepten und Abläufen in Szenarien unternehmensinterner und -übergreifender Kommunikation als auch für die leichtere und schnellere Anpassung von Anwendungen wurde bereits 1996 das Softwarekonzept der Software Oriented Architecture, SOA, diskutiert [11]. Dieser Ansatz beschreibt ein abstraktes, technologieunabhängiges Architekturkonzept, das als primäres Ziel den flexiblen Aufbau verteilter Systeme hat und auf der losen Koppelung wiederverwendbarer Softwarebausteine, den Services bzw. Diensten, beruht. Aus fachlicher Sicht kapseln Services logisch zusammengehörende, grundlegende Funktionen, die spezifische Aufgaben ausführen. Die Schnittstellen der Services werden in einer standardisierten Sprache, der Web Services Definition Language, WSDL [31], veröffentlicht. Diese WSDL Schnittstelle stellt eine strikte Abstraktionsschicht dar, die sämtliche Aspekte der Serviceimplementierung nach außen verbirgt. Daher sind SOA Services autonom und plattformunabhängig, die Implementierung kann in unterschiedlichen Sprachen bzw. auf verschiedenen Plattformen realisiert werden. Die Services befinden sich in einem zentralen Servicepool und können über einen so genannten Service Bus, auch Enterprise Service Bus, ESB genannt, von verschiedenen Anwendungssystemen gemeinsam parallel genutzt und darüber hinaus durch eine Servicekomposition zu beliebig komplexen Gesamtsystemen kombiniert werden. Diese, auch als Orchestration bezeichnete Kombination von verschiedenen verteilten Services aus oft unterschiedlichen administrativen Domänen ist ein wesentliches Merkmal einer serviceorientierten Architektur. Mit dem SOA Konzept lässt sich somit eine unternehmensübergreifende, lose Koppelung unterschiedlicher Fachanwendungen unter dem projektweiten Einsatz bewährter, wiederverwendbarer und weitgehend redundanzfreier Softwarekomponenten erreichen.

Es ist bei der Einführung einer SOA Architektur jedoch nicht zielführend, sämtliche Funktionalitäten aller bestehenden Anwendungssysteme komplett in Services zu zerlegen. Dieser Aufwand würde in keinem Verhältnis zum Nutzen stehen. Vielmehr werden im Rahmen einer partiellen SOA nur solche Services aus den Anwendungssystemen herausgezogen und in einen zentralen Servicepool ausgelagert, bei denen eine Kernfunktionalität unbedingt zentral implementiert und verfügbar sein muss, weil sie bspw. so kompliziert oder wichtig ist, dass sie überall exakt gleich ablaufen muss, z. B. bei komplexen Berechnungen oder sicherheitsrelevanten Buchungen [12].

Damit eine Kollaborationsplattform für alle Baubeteiligten gleichermaßen offensteht, muss sie auf Normen und allgemeinen Standards aufbauen. Die Realisierung von SOA Szenarien in verteilten Anwendungen erfolgt typischerweise auf der Basis von Webservices, deren Schnittstellen auf XML Basis implementiert sind, wobei die einzelnen Services zustandslos und robust sind. Ob die Services als Grid Services [13] oder Cloud Services [14] laufen, spielt nur eine untergeordnete Rolle. Für die wesentlichen Elemente einer SOA Architektur, bestehend aus Services, Dienstverzeichnis, Servicebus und Application Frontend, werden allgemein eingeführte Protokolle und Standards verwendet, wie SOAP, WSDL und UDDI [32], die vom W3C in einer eigenen Arbeitsgruppe betreut werden [15]. Zusätzlich fasst diese Architektur wichtige grundsätzliche Ansätze der Softwareentwicklung zusammen, wie z. B. Datenkapselung und Information Hiding [16].

Eng mit der SOA Idee verknüpft sind Anwendungen für die Geschäftsprozessmodellierung und die automatisierte Ausführung von Workflows, da Webservicedienste so konzipiert werden können, dass sie sich zu Dienstleistungsketten bzw. Geschäftsprozessen zusammenfügen lassen. Prozesse können über Standards wie Business Process Modeling Notation, BPMN [17] oder Business Process Execution Language, BPEL, [18] beschrieben werden. Diese Prozesse können in Services gekapselt werden. Dabei kann die Granularität der Services gröber oder feiner sein, wichtig dabei ist, dass ein Service eine funktional abgegrenzte, fachlich autarke Funktionalität zur Verfügung stellt. Eine zu feine Granularität bildet oft keine fachliche logische Sinndeutung eines Service, während eine zu grobe Granularität eine zu abstrakte Zielsetzung formuliert. Je grobgranularer Funktionalitäten in Services differenziert werden, desto unabhängiger gestalten sich die verteilten Systeme.

5.4 Baufachanwendungen als dezentrale Plattformdienste

Zur Unterstützung der Projektbearbeitung durch eine gemeinsame Kommunikations- und Informationsbasis ist die Integration der Einzelanwendungen der Projektpartner nötig. Unter Verfolgung des Ansatzes der partiellen SOA wurden bestehende, aufgabenspezifische Fachanwendungen der Projektbeteiligten um Webserviceschnittstellen erweitert, um so Funktionalitäten zu externalisieren und in einem zentralen Servicepool verfügbar zu machen. Über Webserviceschnittstellen können nun Fachdienste der Partner als dezentrale Plattformdienste an die Plattform angeknüpft werden. Aufgrund des Dualitätsprinzips der SOAP Architektur kann jeder Partner sowohl als Dienstanbieter, sog. Serviceprovider, als auch als Dienstkonsument, sog. Servicenutzer, in diesem Verbund agieren. Diese Lösung erlaubt es Fachplanern, eigene Softwarefunktionalitäten und Dokumente anderen Teilnehmern zur Verwendung anzubieten, bzw. diese von anderen Anbietern zu benutzen. Zur Registrierung der dezentralen Plattformdienste wurden zentrale Dienste implementiert, die den Zugriff reglementieren und durch eine semantische Beschreibung die Suche und Orchestrierung unterstützen.

Ausgangspunkte der Mefisto Plattform sind die Fachanwendungen von Auftraggeber und Auftragnehmer, die bereits heute in der Planung und im Projektcontrolling eingesetzt werden. Im Projekt Mefisto wurden die Fachanwendungen exemplarisch durch die Softwaresysteme GRANID von gibGREINER GmbH, RIB iTWO von RIB Information Technologies AG und SolidWorks von Solidpro GmbH repräsentiert. Darüber hinaus kommt eine Reihe von weiteren kommerziellen Ingenieuranwendungen für die Bauwerksmodellierung, Terminplanung und Logistiksimulation sowie eigene Entwicklungen im Bereich der Risikoanalyse, Produktionssimulation und Prozessmodellierung zum Einsatz. Im Folgenden werden die angebundenen Fachanwendungen einzeln vorgestellt.

5.4.1 GRANID

Die Projektplattform GRANID [36] unterstützt die im Projekt anfallenden Prozesse des Projektcontrollings von der Programmplanung bis zur Verbuchung. Die einzelnen Fachmodule sind so integriert, dass jeweils der aktuelle Stand der Projektentwicklung abgebildet wird. Dabei werden strukturierte Daten für das Multiprojektcontrolling zu aussagekräftigen Analysen und Berichten aufbereitet. Alle Projektbeteiligten arbeiten rollenbasiert mit der gleichen Datenbasis. Die Anbindung an kaufmännische Systeme ist jederzeit möglich, die gängigen Schnittstellen sind verfügbar. Ergänzend zu den Controllinginformationen werden alle im Rahmen der Geschäftsprozesse anfallenden Dokumente zentral verwaltet. Änderungs- und Genehmigungsprozesse werden damit nachvollziehbar dokumentiert.

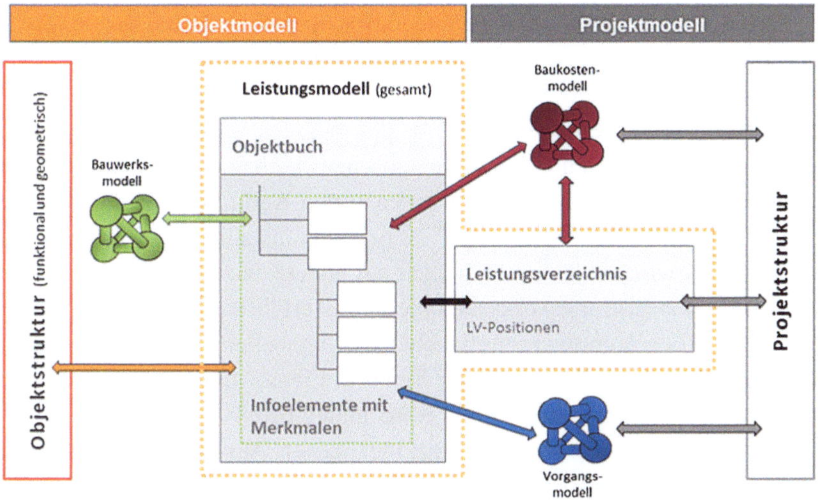

Abb. 5.1 Integration des Objektmodells des Projektcontrollings entsprechend der Umsetzung in GRANID als Geschäftsmodell

Eine effiziente Zusammenarbeit der Projektbeteiligten wird durch konfigurierbare Workflows unterstützt und sichert die qualifizierte Bearbeitung ihrer Projekte ab. Damit entsteht eine umfassende Wissensbasis für die Projekte des Auftraggebers. Ein durchgängiges Zugriffs- und Sicherheitskonzept gewährleistet die Sicherheit der Daten. Das Projektcontrolling basiert auf Daten, die als Ergebnis der Planungs- und Ausführungsphase einer Baumaßnahme als Geschäftsobjekte in GRANID erhoben werden (Abb. 5.1) Fachmodelle organisieren die Datenhaltung mit dem Ziel, aussagekräftige Berichte und Analysen für Entscheidungsprozesse zu erstellen. Entlang der Projektphasen werden funktionale und qualitative Anforderungen sowie die Geometrie des Bauwerksmodells in die Controllingmodelle integriert. Damit beziehen sich die für das Projektcontrolling relevanten Kosten- und Terminstrukturen auf die in der jeweiligen Projektphase geplanten Leistungen. Das qualitativ und quantitativ beschriebene Bauwerksmodell liefert aktuelle und nachvollziehbare Mengendaten für das Kosten- und Termincontrolling. Ebenso können die Controllingergebnisse am Bauwerksmodell visualisiert werden. Aufwändige Variantenuntersuchungen und Simulationen werden erheblich vereinfacht.

Multimodellbasiertes Informationsmanagement sorgt für höhere Transparenz bei den Projektbeteiligten. Dies führt zu einem qualitativ hochwertigen Bausoll, an dem die Leistungen der Baufirmen gemessen werden. Aus Sicht eines Auftraggebers muss jedoch immer auch der Bezug zu den ursprünglichen funktionalen und qualitativen Anforderungen und Zielen sowie den finanziellen und terminlichen Rahmenbedingungen gewährleistet sein. Nur so ist ein über alle Projektphasen durchgängiges Projektcontrolling sichergestellt.

Im Folgenden werden die wesentlichen Merkmale von GRANID, der modulare Programmaufbau (1), das integrierte Datenmodell (2), die offene Systemarchitektur (3), die organisierte Kommunikation (4) und die Integration operativer Fachanwendungen und Datawarehouse Datensammlungen für Berichte und Analysen (5) vorgestellt.

5.4.1.1 Modularer Systemaufbau

GRANID zeichnet sich durch einen systematischen Aufbau und eine dynamische Skalierung und Erweiterbarkeit aus. Es gibt einen festen Kern, der durch das so genannte Basisframework gebildet wird. Dieser Teil ist bei allen Installationen identisch. Änderungen in diesem Teil wirken sich deshalb auch auf andere Installationen aus. Wesentliche Bestandteile dieses Basisframeworks sind die Benutzerführung, Verwaltung von Projektstruktur und Zugriffsrechten sowie zusätzliche Katalogtabellen. Aufbauend auf dem Basisframework stehen u. a. Anwendungen wie Termin-, Finanz- und Kostencontrolling sowie Bereiche für Ausschreibung, Vergabe und Abrechnung bereit.

Die als Customizing bezeichneten projektbezogenen Anpassungen und funktionalen Erweiterungen der bestehenden Anwendungen für einen Kunden bilden die dritte und höchste Stufe des GRANID Schalenmodells. Zusammenfassend besteht das System aus folgenden wesentlichen Modulen:

- Basissystem
  - Struktur- und Stammdaten
  - Benutzerverwaltung
  - Schnittstellen, u. a. IFC und zu SAP R/3 [33]
- Fachanwendungen
  - Objektverwaltung, fokussiert auf Mengen u. Qualitäten
  - Kosten, fokussiert auf Kostenplanung bis Abrechnung
  - Finanzierung
  - Termine
  - Chancen/Risiken
- Berichts- und Analyseplattform

5.4.1.2 Integriertes Datenmodell

Entscheidungen für das Management von Projekten brauchen eine professionelle Vorbereitung, die zu den Aufgaben des Projektcontrollers gehört. Die Entscheidungsvorbereitung benötigt eine hohe Informationsqualität und diese setzt wiederum eine vollständige Datenbasis voraus. Dies war einer der wesentlichen Gesichtspunkte bei der Konzeption von GRANID. Man war sich bewusst, dass qualitativ hochwertige Informationen nur dann zeitnah verfügbar sind, wenn ein zentraler Datenpool für alle Projektbeteiligten auf der Basis einer integrierten Lösung zur Verfügung gestellt wird. GRANID ermöglicht nicht nur die Integration in das vorhandene Systemumfeld eines Unternehmens und der Projekte, sondern unterstützt darüber hinaus eine weitergehende Integration der Projektdaten nach folgenden Gesichtspunkten:

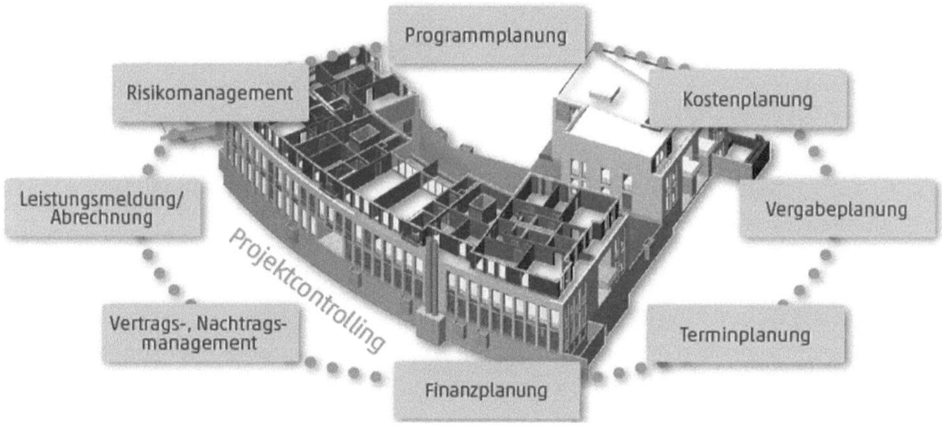

Abb. 5.2 GRANID Controllingfunktionen

- Integration der unterschiedlichen Fachanwendungen für die Bearbeitung der Geschäftsprozesse
- Integration der operativen Systembereiche mit dem, für das Controlling der Projekte wichtigen
- Analyse- und Berichtsbereich
- Integration der strukturierten Geschäftsprozessdaten mit deren Kontextinformationen
- Integration grafischer und alphanumerischer Daten aus dem Projektmanagement

Ein Großteil der bei Projekten anfallenden Daten hat neben der alphanumerischen auch eine grafische Ausprägung. Während im kaufmännischen Bereich meist eine alphanumerische Darstellung bevorzugt wird, ist im technischen Bereich oft eine grafische Darstellung günstiger. Um zu vermeiden, dass getrennte Dateninseln entstehen, ist eine Verknüpfung der grafischen und alphanumerischen Daten erforderlich. Je nach Sicht auf das Projekt können so beide Anforderungsprofile abgedeckt werden. GRANID kann die von klassischen CAD Konstruktionssystemen erstellten Bauwerksmodelle übernehmen und mit vorhandenen Prozessdaten verknüpfen. Damit wird eine höhere Transparenz in der Projektabwicklung erreicht (Abb. 5.2).

5.4.1.3 Offene Systemarchitektur

GRANID kann an die bestehende Organisation des Kunden flexibel angepasst werden. Dies liegt u. a. an der Möglichkeit, als offenes System mit anderen Anwendungen wie z. B. SAP, MS Excel, MS Project oder SQL Datenbanken zu kommunizieren und flexibel Daten auszutauschen. Dabei können mit Fremdsystemen abgestimmte Datenformate nach einer Plausibilitätsprüfung in die GRANID Datenbank eingelesen bzw. Daten für Fremdsysteme aufbereitet und exportiert werden.

5.4.1.4 Organisierte Kommunikation

Projekte werden heute in einer arbeitsteiligen Welt organisiert. Dabei arbeiten die Projektbeteiligten selten am gleichen Ort und müssen oftmals über weite Entfernungen kommunizieren. GRANID bietet hier verschiedene Strategien, um auf einer gemeinsamen GRANID Plattform arbeiten zu können. Durch das Projekt Mefisto wurde die Kommunikation mit Geschäftsanwendungen des Auftraggebers effizienter über den Multimodellcontainer in Verbindung mit Workflows realisiert.

5.4.1.5 Integration operativer Fachanwendungen und Datawarehouse für Berichte und Analysen

GRANID trennt zwischen den aus den Geschäftsprozessen gewonnenen operativen Daten und den Daten für Analysen und die Berichterstattung. Das bedeutet, dass ausgewählte Daten der operativen Systemmodule in eine separate, für Analysen optimierte Datenbank geschrieben werden. Dabei erfolgt einerseits eine Historisierung und andererseits eine teilweise mehrstufige Verdichtung der Daten. Damit ist hier eine vertikale, abstrahierende Modellinterdependez (Teil I, Kap. 1) umgesetzt. Auf diesem Wege können kritische Entwicklungen des Projekts transparent und performant ohne Belastung des operativen Systems dargestellt werden. Für Analysen nach dem Top Down Prinzip entlang der vertikalen, detaillierenden Modellinterdependenzen ermöglichen spezielle Technologien ein flexibles Navigieren in den Daten.

5.4.2 RIB iTWO

RIB iTWO [37] vereint klassisches Baumanagement und zukunftsweisende 5D Planung. Dabei werden im Wesentlichen die folgenden Bearbeitungsprozesse unterstützt:

- Ausschreibung und Vergabe, einschl. Einkauf von Nachunternehmerleistung Vergabe/Preisspiegel, Auftragsvergabe, Rechnungsprüfung
- Kalkulation von Leistungen, Angebots-/Auftragskalkulation
- Projektbezogene Angebots-, Auftrags und Nachtragsverwaltung
- Abrechnung von Bauleistungen
- Mengenermittlung auf Basis von manuellem Aufmaß/Nebenrechnung, 2D Daten, 3D Modelldaten
- Einkauf von Materialien
- Preisanfragen, Preisangebot, Auftrag, Bestellung, Lieferschein
- Baustellensteuerung/Controlling
- Bauleistungskontrolle, incl. Leistungsermittlung, Soll Ist Vergleiche
- Baumanagement
- Mängelmanagement, Bautagebuch
- Bauablaufsteuerung
- Ablaufplanung in Verbindung mit der Kalkulation
- Simulation von Ressourcen anhand des Bauablaufes

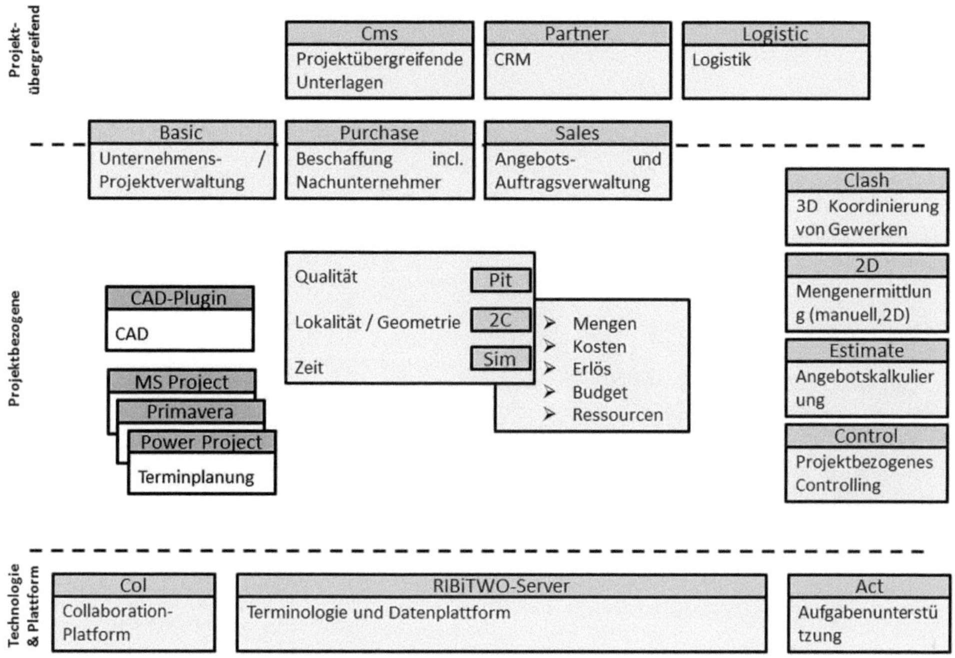

Abb. 5.3 Übersicht über die Ebenenstruktur und Modulkomponenten von RIB iTWO

- Koordination Planungsprozesse
- Kollisionsprüfung, sog. ClashDetection

Im Projekt Mefisto wird der Generalunternehmer, GU, als Hauptakteur von RIB iTWO angesehen. Dieser nutzt RIB iTWO dabei mindestens für die folgenden internen Prozesse:

- Angebotserstellung auf Basis einer Kalkulation, wobei nachgeordnete Prozesse zum Einsatz kommen, in denen ein GU die Rolle des AG für Einkauf von Nachunternehmerleistungen und Materialien einnimmt
- Auftrags- und Ausführungskalkulation sowie Ablaufplanung, u. a. als Basis für Controlling
- Abrechnung

Abbildung 5.3 zeigt die in den verschiedenen Arbeitsprozessen eingesetzten Modulkomponenten. Dabei werden im Wesentlichen Fachmodelle für Bauwerk, Bauleistung und Vorgang bearbeitet, die im Folgenden genauer beschrieben werden. Die drei Fachmodelle können durch verschiedene Modulkomponenten verknüpft werden. Im Idealfall werden sie dabei über eine ermittelte Menge zueinander in Beziehung gesetzt, können aber auch durch andere Informationen verbunden werden. Da alle diese Fachmodelle als optionale Modelle angesehen werden, erhebt kein Modell dabei einen Führungsanspruch.

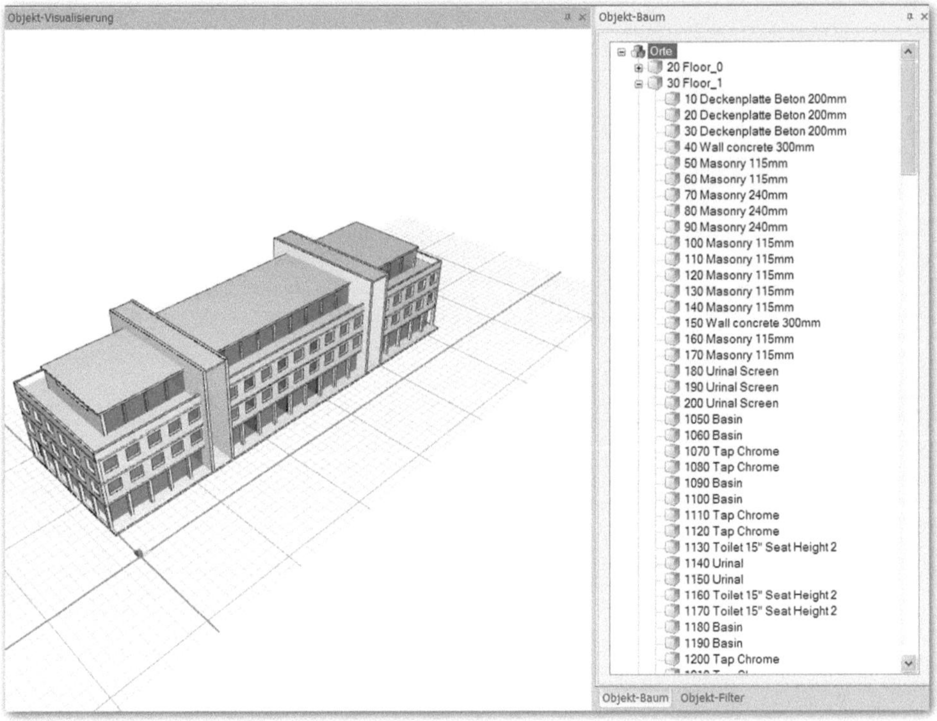

Abb. 5.4 Ansicht eines Bauwerksmodells in RIB iTWO

5.4.2.1 Bauwerksmodell

Digitale Bauwerksmodelle sind eine notwendige Vorbedingung für eine rechnerbasierte Verwendung von Bauwerksinformationen. Dabei beschreibt das Bauwerksmodell geometrisch, topologisch und funktional die Eigenschaften des zu erstellenden Bauwerks und seiner Teile mithilfe einer Bauteiltypologie, wie z. B. Wand, Decke usw.. Hierfür bilden Bauwerksmodelle zuerst die räumlichen und materiellen Elemente eines Bauwerks als Modellkomponenten mitsamt ihrer Funktionen und Beziehungen ab. Im Rahmen von RIB iTWO werden hauptsächlich 3D Bauwerksmodelle verwendet.

Die Bauwerksmodelle bieten die Basis für die voll integrierte, modellbasierte Mengenermittlung von RIB iTWO Business Suite, die in allen Planungs- und Ausführungsphasen die Grundlage für Leistungsbewertungen in einer neuen Qualitätsstufe bildet. So lassen sich Mengen entweder direkt am Modell oder, falls keine Modelldaten bereitstehen, auch klassisch mit manueller Erfassung sowohl frei als auch nach vorgegebenen Standards, bspw. nach VOB [19], SMM7 [20] oder REB [21] ermitteln. Mithilfe dieses völlig neuen Mediums offeriert die RIB Software AG die Möglichkeit für mehr Transparenz bei der Projektsteuerung für alle Projektbeteiligten, sei es für den Architekten, den Ingenieur, den Investor, den Generalunternehmer oder den Subunternehmer (Abb. 5.4).

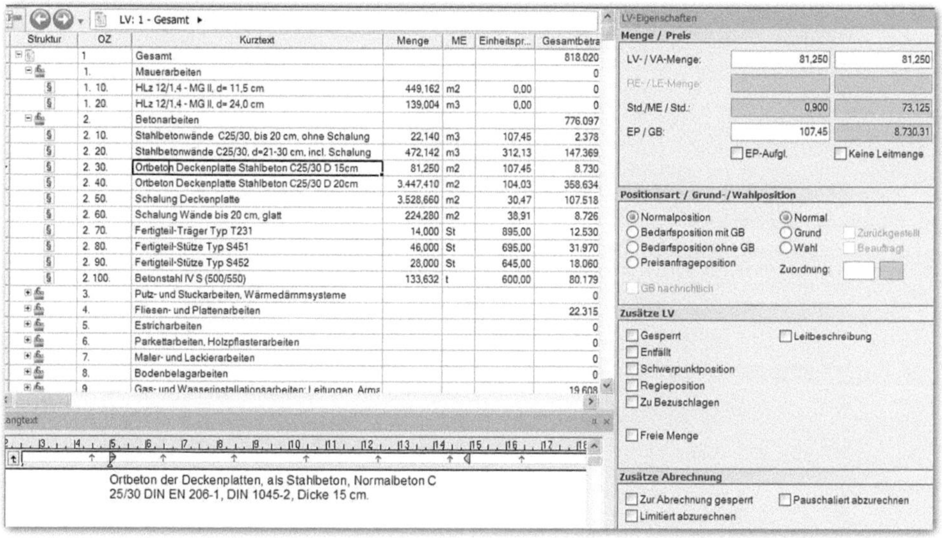

Abb. 5.5 Ansicht eines Leistungsverzeichnisses in RIB iTWO

5.4.2.2 Leistungsmodell

Als Leistungsmodelle werden die Modelle bezeichnet, welche die Arbeits- und Dienstleistungen in einem Bauprojekt qualitativ und quantitativ beschreiben. Grundlage der Leistungsmodelle in RIB iTWO sind die Leistungsverzeichnisse mit den dazugehörigen Mengenangaben (Abb. 5.5).

5.4.2.3 Vorgangsmodell

Das Vorgangsmodell ist die Basis für eine detaillierte Terminplanung in der Arbeitsvorbereitung unter Berücksichtigung der Bauwerks-, Material- und Mengenangaben im Bauwerks- und im Bauleistungsmodell. Hierbei werden die Leistungen im Vorgangsmodell nicht nach vertraglicher Sicht sondern nach Ausführungssicht strukturiert (Abb. 5.6).

5.4.3 SolidWorks

Zur computerbasierten Unterstützung von Entwurfsprozessen mit CAD Systemen und speziell zum Konstruieren und Visualisieren geometrischer Gebilde haben sich in verschiedenen Anwendungsbereichen unterschiedliche Programmsysteme etabliert. Das CAD System SolidWorks von Dassault Systems [34] wurde 1995 auf dem Markt eingeführt und anfänglich hauptsächlich im Maschinenbau für die Entwicklung von Konsum- und Investitionsgütern eingesetzt. Bei der Entwicklung von SolidWorks lag das Hauptaugenmerk von Anfang an auf der einfachen Bedienbarkeit. Dies wurde konsequent umgesetzt, ohne Kompromisse an die Leistungsfähigkeit des Systems zu machen. Auch wurde das Arbeiten in 3D unterstützt und durch die Verwendung parametrischer Technologien wird eine dy-

Struktur	Name	Bezeichnung	Start	Dauer
	Bauablaufplan			
	01	Rohbau		
	01.01	EG		
	01.02	OG 1		
	01.02.01	Wände		
	01.02.01.01	Schalen	27.10.2009	4,000
	01.02.01.02	Bewehren	02.11.2009	2,000
	01.02.01.03	Betonieren	04.11.2009	1,000
	01.02.01.04	Mauerwerksarbeiten	04.11.2009	4,000
	01.02.02	Decken		
	01.02.02.01	Schalen	12.11.2009	3,000
	01.02.02.02	Bewehren	17.11.2009	1,000
	01.02.02.03	Betonieren	18.11.2009	1,000
	01.03	OG 2		
	01.03.01	Wände		
	01.03.01.01	Schalen	19.11.2009	4,000
	01.03.01.02	Bewehren	25.11.2009	2,000
	01.03.01.03	Betonieren	27.11.2009	1,000
	01.03.01.04	Mauerwerksarbeiten	27.11.2009	4,000
	01.03.02	Decken		
	01.03.02.01	Schalen	07.12.2009	3,000
	01.03.02.02	Bewehren	10.12.2009	1,000
	01.03.02.03	Betonieren	11.12.2009	1,000
	01.04	OG 3		
	01.05	DG		
	02	Ausbau		

Abb. 5.6 Ansicht eines Vorgangsmodells in RIB iTWO

namische Assoziativität der Modelle gewährleistet. Änderungen können schnell und effizient durchgeführt werden und wirken sich automatisch auch auf alle abhängigen Modelle und Dokumente aus. Zusätzlich wird die Entstehungsgeschichte der Modelle gespeichert, wodurch jederzeit Änderungen rückgängig gemacht werden können. Bibliotheksfunktionen sorgen für eine einfache Wiederverwendung von bereits erstellten Modellen in neuen Konstruktionen. SolidWorks besitzt eine standardisierte Programmierschnittstelle, Application Programming Interface, API, auf der Basis von Microsofts Component Object Model, COM [35]. Mithilfe dieser Programmierschnittstelle kann ein Entwickler bspw. Informationen austauschen oder Anforderungen an das Programm stellen und dadurch automatisiert Informationen aus SolidWorks Modellen und Dokumenten extrahieren. Ebenso können neue Schnittstellen über diese API hinzugefügt werden.

5.4.3.1 Spezifischer Einsatz und Erweiterungen in Mefisto

Für das modellzentrierte Arbeiten in Mefisto kommt SolidWorks neben dem BIM CAD System als Werkzeug zum Erzeugen der geometrischen Modelle zum Einsatz und dient insbesondere zum Modellieren des Bauwerks und der Baustelle. Besonderes Augenmerk liegt dabei auf der parametrischen Arbeitsweise von SolidWorks. So können Änderungen am Bauwerk vorgenommen werden, die sich automatisch in abhängige Elemente, wie z. B. Rüstung und Schalung, fortsetzen. Da es sich bei SolidWorks um einen Volumenmodellierer handelt, können aus der erzeugten Geometrie sofort verschiedene physikalische Informationen ermittelt werden, wie z. B. Mengeninformationen. Diese physikalischen Informationen aktualisieren sich ebenfalls automatisch, wenn Änderungen an der assoziierten Geometrie vorgenommen werden. Physikalische Größen, die im Rahmen von Mefisto verwendet wurden, sind Volumen, Masse, und Oberfläche.

Verschiedene Konfigurationen können in SolidWorks dazu genutzt werden, um den gesamten oder für einzelne Gewerke gefilterten Baufortschritt, basierend auf demselben Modell, darzustellen. Das Modell der Baustelle mit der Auswahl an Baugeräten und Hilfsmitteln stellt dabei eine der Eingangsgrößen für die Simulation dar. Dabei werden die Leistungsdaten und spezifischen Kennwerte mit den Modellen der einzelnen Geräte verknüpft.

Im Rahmen von Mefisto dienen die mit SolidWorks entwickelten Modelle als Datenquelle für die weitere Bearbeitung mit RIB iTwo, worin die aus SolidWorks stammenden physikalischen und geometrischen Informationen mit kalkulatorischen Daten erweitert werden.

Diese Modelle stellen die Grundlage für nachgeschaltete Prozesse dar.

5.4.3.2 Durchgeführte Erweiterungen

Um SolidWorks in die Mefisto Baudatenwelt zu integrieren und so effizient und zielführend anzuwenden, wurde in SolidWorks eine Schnittstelle, basierend auf dem Format CPIxml, zu RIB iTwo implementiert. Unter Verwendung der SolidWorks API werden Modelldaten ermittelt und in das CPIXML Format geschrieben.

RIB iTwo benötigt über die Geometrie hinausgehende, nichtphysikalische Informationen. Deshalb wurde die SolidWorks API dazu genutzt, diese Informationen zu erfassen und mit den geometrischen Elementen zu verknüpfen. Dabei können Elemente definiert werden, die mit spezifischen Attributen versehen werden sollen. Attributsätze werden zu Klassen zusammengefasst. So kann eine geometrische Kante im SolidWorks Modell bspw. der Klasse Sockelleiste zugeordnet werden. Eines der Attribute der Klasse Sockelleiste wäre dann der Sockelleistentyp. Zusammen mit der Kantenlänge kann somit in diesem Beispiel die benötigte Menge der Sockelleisten in laufenden Metern ermittelt und in RIB iTwo weiterverarbeitet werden. Die Vergabe dieser Attribute wird vollständig in die Nutzerschnittstelle von SolidWorks integriert und kann somit vom Anwender effizient genutzt werden.

5.5 Die Mefisto Plattform

Die Mefisto Plattform ist eine semantische Dienstplattform für das partnerschaftliche Bauen und zeigt die Möglichkeiten der interoperablen Vernetzung von bestehenden Projektplanungs- und Projektmanagementsystemen auf. Durch die Erweiterung der in Abschn. 5.4 beschriebenen lokalen Fachanwendungen um Webserviceschnittstellen werden einzelne Funktionen in Form von Services projektweit nutzbar und es entsteht eine Infrastruktur für die weiterführende Nutzung von Multimodellen. Diese Dienstvernetzung wird von verschiedenen Komponenten und Diensten der Mefisto Plattform gesteuert.

Das vorliegende Kapitel stellt sowohl die grundlegende Konzeption der Mefisto Plattform als auch ihre wesentlichen Fachkomponenten aus funktionaler Sicht vor. In den folgenden zwei Abschnitten wird die Mefisto Plattformarchitektur sowie die Ebenenarchitektur der Softwarekomponenten aus logischer und technischer Sicht vorgestellt. Danach werden kurz die zentralen Plattformdienste und ihre Funktionen für das Zusammenwirken der vorgestellten Fachanwendungen erläutert. In den anschließenden Abschnitten werden die entwickelten Werkzeugkästen beschrieben.

5.5.1 Die Mefisto Plattformarchitektur

Die grundlegende Annahme für das Konzept der Mefisto Plattform ist, dass die Modellinformationen in einem Bauprojekt bei den einzelnen Projektpartnern dezentral gespeichert sind und dort in unterschiedlichen Granularitäten, Fachsichten und proprietären Dateiformaten vorgehalten werden. Gleichzeitig gelten bei den Partnern für die Modelle unterschiedliche Sicherheitsrichtlinien und Zugriffsrechte. Ziel der Mefisto Plattform ist es, die Anwendungssysteme der Projektpartner zu vernetzen und die verteilt gespeicherten, einzelnen oder auch gekoppelten Fachmodelle projektweit nutzbar zu machen, sodass ein virtueller, zentraler Informations- und Datenpool entsteht. Realisiert wird die Plattform als Service Orientierte Architektur, SOA, auf der Basis von Webservicetechnologien. Sie umfasst eine Reihe wiederverwendbarer Softwaremodule und zentraler Plattformdienste, mit denen Fachanwendungen vernetzt werden können. Darüber hinaus wurden zahlreiche Plugins entwickelt, die weiterführende Funktionen für die Erstellung, Auswertung und Nutzung, z. B. Visualisierung von Multimodellen in Anwendungs- sowie zentralen Basisdiensten bereitstellen. Schließlich wird der gezielte Einsatz der Multimodelle durch ein verteiltes Prozessmanagement unterstützt. Im Vergleich zu anderen Webserviceplattformen zeichnet sich die Mefisto Plattform durch folgende Besonderheiten aus:

- Jeder Partner nutzt seine eigenen vertrauten Tools. Die Kommunikation mit anderen Partnern wird in transparenter Weise über Plattformdienste, spezielle Plugins oder in Webbrowser integrierte GUIs erreicht. Der Datentransport wird durch Multimodellcontainer, MMC, organisiert, die durch spezielle Multimodellmanagementservices nutzergerecht zur Verfügung gestellt werden.
- Die Nutzer werden stets als Teil einer virtuellen Organisation, VO, im Hinblick auf die Authentisierung, Autorisierung und Zugriffsrechte mittels eines rollenbasierten Ansatzes basierend auf den Standards RBAC [22] und ABAC [23] behandelt. Daher ist nur eine minimale notwendige Menge an projektöffentlichen, zentral gehaltenen Daten erforderlich, während die gesamte Datenmenge dezentral gespeichert und der gesamte Informationsaustausch durch spezialisierte, kontextsensitive Dienste durchgeführt werden kann [24].

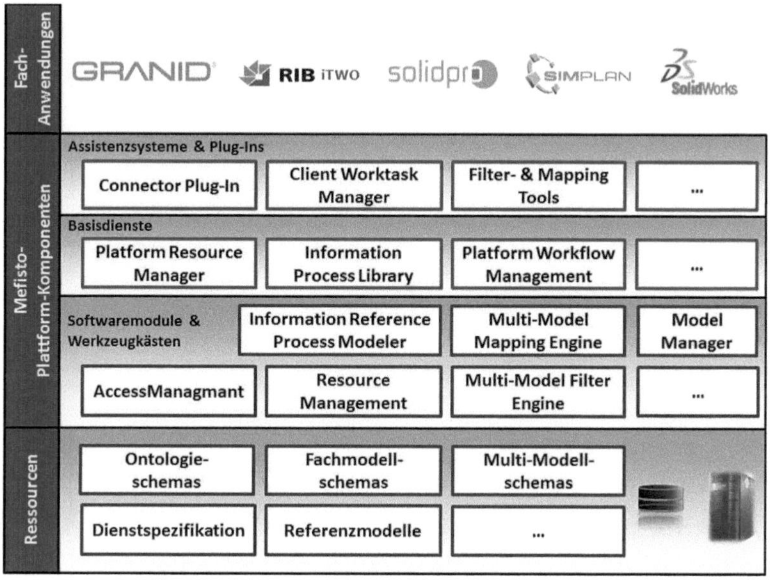

Abb. 5.7 Ebenenarchitektur der Softwarekomponenten der Mefisto Plattform

- Die Zusammenarbeit wird auf vorgegebenen Referenzprozessen und Wissensmustern mithilfe der Kollaborationsontologie [25] und durch die Bereitstellung dynamisch instanziierter Geschäftsobjekte in prozesszentrierter Weise ermöglicht. Dieser Ansatz erweitert die früheren Konzepte und Ergebnisse, die z. B. in [26] beschrieben wurden.

5.5.2 Ebenenarchitektur der Softwarekomponenten

Aus logischer Sicht können die in Mefisto verwendeten Plattformkomponenten in die verschiedenen Ebenen der in Abb. 5.7 dargestellten Architektur eingeordnet werden. Jede Ebene fasst Komponenten mit ähnlichen kommunikationstechnischen Funktionen und ingenieurtechnischen Aufgaben zusammen.

Die unterste, 3. Ebene der Mefisto Plattformarchitektur fasst die Informationsressourcen zusammen, die von den Softwarekomponenten aller darüber liegenden Ebenen genutzt werden können. Zu diesen gemeinsamen Informationsressourcen gehören projektweit genutzte Modellschemas, wie z. B. die Datenmodelle der Informationsressourcen, der Plattformdienste und der Multimodellvisualisierung sowie verschiedene Datenkataloge, wie z. B. Referenzmodulkataloge für die Erstellung von Baustellen oder Simulationsmodellen. Die darüber liegende mittlere, 2. Plattformebene repräsentiert den direkten Überbau der technischen Middleware und teilt sich in drei Fachkomponentenebenen auf:

- Softwaremodule und Werkzeugkästen unterstützen einzelne Aufgabenkomplexe des modellbasierten Arbeitens.

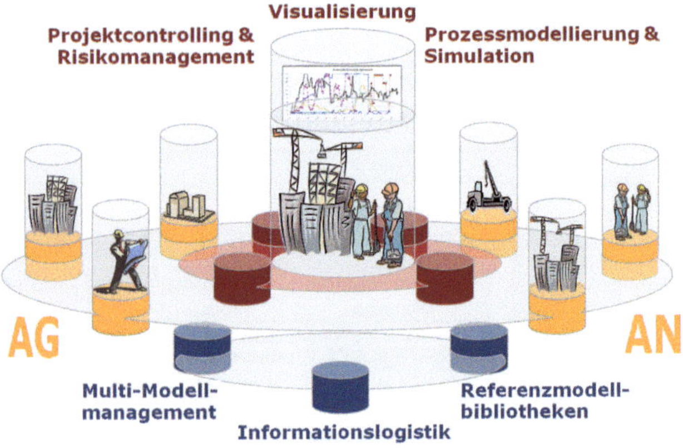

Abb. 5.8 Fachanwendungen und zentrale Dienste der Mefisto Plattform

- Basisdienste dienen der Verbindung, Unterstützung und Koordination der Fachanwendungen.
- Assistenzsysteme und Plugins repräsentieren einzelne Werkzeuge zum Bearbeiten, Veröffentlichen und Auffinden von Modellinformationen, die mithilfe der Softwaremodule umgesetzt wurden.

Auf die mittlere Plattformebene aufbauend befindet sich schließlich die 3. Ebene mit den Fachanwendungen, die mittels Webserviceplugins mit der Mefisto Plattform verbunden sind. Die in Mefisto verwendeten Fachanwendungen wurden bereits im vorherigen Abschnitt vorgestellt.

5.5.3 Zentrale Plattformdienste

Um die Fachdienste in die Mefisto Plattform einzubinden, wurden sie um Webserviceschnittstellen erweitert. Für die effektive Vernetzung der Fachdienste über die Plattform werden diese durch eine Reihe von Plattformdiensten ergänzt.

Abbildung 5.8 gibt einen Überblick über die verschiedenen Fachanwendungen bei AG und AN, die zentralen Plattformdienste und unterstützen den Basisdienste der Mefisto Plattform, deren Zusammenwirken im Folgenden anhand der zentralen Plattformdienste beschrieben wird.

- Projektcontrolling und Risikomanagement: Die Plattformdienste zum Projektcontrolling (Band 2, Teil II Kap. 8–11) und Risikomanagement (Band 2, Teil II, Kap. 12–17) unterstützen die Entscheidungsfindung durch Zusammenstellung der Soll- und Istzustände des Projekts für unterschiedliche Controllingsichten und -ebenen. Die Verknüpfung der Fachmodelle innerhalb von Multimodellen bietet dabei die Grundlage für ein integriertes Ablauf-, Kosten- und Qualitätscontrolling sowie für den effizienten Abgleich der Soll- und Istdaten zwischen AN und AG. Mit Diensten zur Modelltransformation und -verdichtung (nicht in Abb. 5.8 dargestellt) können darüber hinaus Kennwertmodelle und Multimodellsichten für die Entscheidungsträger bei AG und AN automatisch generiert werden.

- Visualisierung: Grundlegende Bedeutung haben die Plattformdienste zur Modellvisualisierung. Diese ermöglichen die grafische Darstellung von Planungs-, Simulations-, Analyse-, Ist- und Sollinformationen auf Basis der Multimodellinformationen. Im Vordergrund stehen dabei einerseits die Veranschaulichung von Fachinformationen einer Modellierungsdomäne mithilfe von Fachmodellen anderer Domänen, z. B. Kosteninformationen auf dem Bauwerksmodell, sowie andererseits die grafische Gegenüberstellung von Fachmodellen unterschiedlicher Detaillierung oder Projektstände (Teil II, Kap. 18, 20, 21 und 22), z. B. Baufortschritt nach einem Monat. Kontext- und nutzersensitive Visualisierungsdienste erlauben schließlich die Navigation in Fach- und Kennwertmodellen innerhalb unterschiedlicher Sichten (Teil II, Kap. 19 und 21). Für die Navigation im modellbasierten Informationsraum auf der Plattform wurden dabei neben den heute üblichen 4D und 5D Modelle der Baustelle und des Gebäudes auch topologische Informationslandkarten und Dashboards untersucht.
- Prozessmodellierung: Die Plattformdienste zur Prozessmodellierung sind Schlüsselkomponenten der Mefisto Plattform. Sie bieten die Grundlage sowohl für die Planung und Simulation der Bauausführungsprozesse als auch für die Gestaltung der Kollaborationsprozesse auf der Plattform. Wie in Teil II, Kap. 10, 11 und 12 beschrieben, werden dabei einzelne Prozessschritte durch Prozessmodule repräsentiert, über die Verbindungen zu anderen Fachmodellen und -objekten gehalten werden können. Die Modellierung wird darüber hinaus durch Bibliotheken mit vordefinierten Referenzprozessmodulen für die computergestützte Auswahl und Anpassung der Referenzprozessmodule sowie ihrer Komposition und Konfiguration im Gesamtmodell unterstützt.
- Simulation: Die Plattformdienste zur Erstellung und Ausführung von Simulationen der Bauausführungsprozesse unterstützen die Überführung der Informationen aus den Multimodellen der Projekt- und Bauausführungsplanung in Simulationsmodelle zur Montage- und Logistiksimulation (Band 2, Teil I, Kap. 1 bis 7). Ausgangspunkt für die Erstellung der Simulationsmodelle sind die Prozessmodelle der Bauausführung und die Linkmodelle, über die weitere Informationen aus verknüpften Fachmodellen erreicht werden können. Gleichzeitig wird die Ergänzung und Detaillierung der Bauwerks- und Baustellenmodelle durch Bibliotheken mit parametrischen Referenzmodellen für Bauwerks- und Baustelleneinrichtungselemente, z. B. Baugeräte, Schalungen, Sicherheitsvorrichtungen oder Lagerflächen, unterstützt.
- Multimodellmanagement: Die Plattformdienste zum Multimodellmanagement unterstützen die angebundenen Fachanwendungen, indem sie auf zweifache Weise zwischen den elementaren und den kombinierten Fachmodellen vermitteln. Zum einen wird die horizontale Interoperabilität zwischen Fachmodellen unterschiedlicher Modellierungsdomänen und Formalisierungen mithilfe von Filter- und Mappingmodulen hergestellt. Zum anderen unterstützen Verdichtungs- und Expansionsmodule darüber hinaus die vertikale Informationstransformation zwischen Planungs- und Controllingmodellen unterschiedlicher Detaillierung (Teil II, Kap. 9, 14–16).

- Informationslogistik: Die Plattformdienste der Informationslogistik unterstützen die Kommunikation der verbundenen Fachanwendungen und verwalten die Informationsressourcen auf der Plattform. Basis der Informationslogistik ist eine zentrale Projektkollaborationsontologie, in der die Fachanwendungen, die Nutzer, die Informationsressourcen und die Anwendungsdienste der Plattform registriert werden. Auf diese Weise können die zu bearbeitenden Aufgaben effizient koordiniert und die dabei verwendeten oder erstellten Informationsressourcen verwaltet werden (Teil I, Kap. 4 und 6, Teil II, Kap. 9).
- Referenzmodellbibliotheken: Die Plattformdienste für die Referenzmodellbibliotheken stellen Funktionen für die Verwendung von Referenzmodellierungskatalogen zur Verfügung (Teil I, Kap. 6).

Die externen Plattformdienste sorgen dafür, dass die Inkompatibilität zwischen den einzelnen beteiligten Fachanwendungen aufgebrochen wird, während die zentralen Plattformdienste für eine projektweite Bekanntgabe der verfügbaren externen und internen Plattformdienste durch die Registrierung und Verwaltung mit domänenspezifischen Metadaten sorgen. Zusätzlich wird die Kontrolle des Zugriffs auf Ressourcen, z. B. Multimodelle und ihre Fachmodelle sowie Dienste, durch die Registrierung der Beteiligten in einem Organisationsmodell reguliert (Teil I, Kap. 6). Nur so kann sichergestellt werden, dass alle Projektbeteiligten ihre benötigten, aufgabenspezifischen Informationen schnell und sicher zur Verfügung gestellt bekommen.

5.5.4 Werkzeugkästen und Softwaremodule

In der ersten, untersten Plattformfachkomponentenebene der Mefisto Plattform sind unterschiedliche Softwaremodule angeordnet, mit denen die Funktionalitäten und Nutzerschnittstellen für die Modellbearbeitung und Modellverwaltung umgesetzt werden. Die Plattformfachkomponentenebene der Werkzeugkästen und Softwaremodule liegt direkt über der Ebene der Ressourcen (siehe Abb. 5.7). Zur einfacheren Wiederverwendung der Softwaremodule sind diese in sog. Werkzeugkästen zusammengefasst. Technisch zeichnen sich diese Softwaremodule durch das Fehlen einer vollständig ausgebauten Nutzerschnittstelle sowie eines höchst generischen Aufbaus aus. Die technische Umsetzung der Softwaremodule und Werkzeugkästen hängt maßgeblich vom Aufgabenbereich und von der anvisierten Wiederverwendung der Komponenten in den Fachanwendungen und Assistenzsystemen ab. Sie können als reine Plugins, reine Webservices oder auch als Webservices mit zugehörigen Clients realisiert werden.

5.5.5 Basisdienste

Als Basisdienste werden die Softwaredienste im Zentrum der Mefisto Plattform, der zweiten Fachkomponentenebene, bezeichnet, die zentrale Funktionen für die Informationslogistik, für das Multimodellmanagement und für die Verwaltung der Nutzer auf der Plattform sowie für die Verwaltung anderen weiterer Softwaredienste bereitstellen. Zusätzlich gibt es eine Reihe von Bibliotheksdiensten, die die Anbindung, Auswahl und Verwendung der Informationskataloge auf der Ressourcenebene ermöglichen. Die Plattformebene der Basisdienste liegt direkt über der Ebene der Werkzeugkästen und Softwaremodule (s. Abb. 5.7). Die Basisdienste sind im Allgemeinen als Webservices realisiert und können über SOAP sowohl von anderen Plattformdiensten als auch von den Fachanwendungen genutzt werden. Sie zeichnen sich durch folgende Merkmale aus:

- direkte Verwendung der Plattformressourcen
- i. d. R. keine eigene Nutzerschnittstelle
- Steuerung der Basisdienste erfolgt über die Assistenzsysteme und Plugins der höheren Ebenen
- eindeutige Richtlinien und Unterstützung für das Aufsetzen, Managen und Beenden Virtueller Organisationen
- Autorisierungsstrukturen auf Rollenbasis, Unterstützung sowohl für Organisations-, Projekt- als auch aufgabenbezogenes Rechtemanagement
- Unterstützung für die Anbindung vorhandener Standardanwendungen
- Unterstützung von Backup Lösungen, Projektarchivierung
- umfassende Sicherheitsmechanismen
- Richtlinien für das Service Monitoring

5.5.6 Assistenzsysteme und Plugins

Die Assistenzsysteme und Plugins der dritten Fachkomponentenebene repräsentieren einzelne Werkzeuge zum Bearbeiten, Veröffentlichen und Auffinden von Modellinformationen, die mithilfe der Softwaremodule umgesetzt wurden. Durch die Assistenzsysteme werden dem Endnutzer somit Softwaredienste zum gemeinsamen Bearbeiten, Analysieren und Visualisieren von Modellinformationen bereitgestellt. Des Weiteren kommen hier Softwaredienste zur Nutzerregistrierung und Anbindung an die Mefisto Plattform zum Einsatz. Im Rahmen einer einheitlichen Nutzerschnittstelle für den Endanwender stehen diese ausgewählten Softwaremodule in Form einer eigenständigen Client Anwendung, als Webanwendung oder als Plugin für bereits bestehende Fachanwendungen bereit.

Technisch zeichnen sich die Assistenzsysteme und Plugins durch folgende Merkmale aus:

- direkter Zugriff der Endanwender
- voll ausgebaute, an die jeweilige grafische Umgebung angepasste Nutzerschnittstelle
- wiederholte Einbindung von Softwaremodulen, insbesondere zur Anbindung der Client Anwendung an die Mefisto Plattform sowie zur Modellvisualisierung
- Orientierung der technischen Implementierung an den angebundenen und parallel genutzten Fachanwendungen

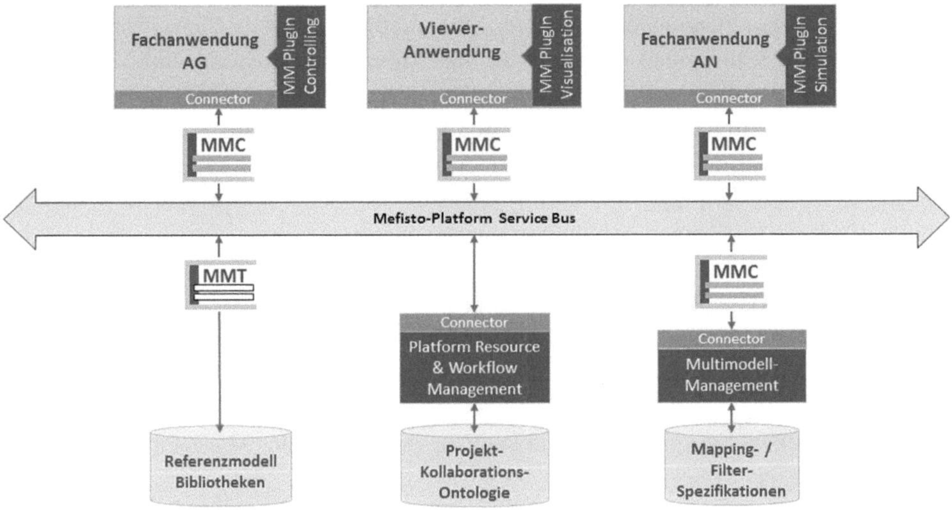

Abb. 5.9 Technische Architektur der Mefisto Plattform

- Verwaltung der Zugriffsrechte auf Multimodelle und Funktionen durch die Rollenprofile der Softwaremodule zur Nutzer-, Dienst- und Modellverwaltung

Zu den wichtigsten Assistenzsystemen auf der Mefisto Plattform zählen der Multimodellviewer sowie die Assistenzsysteme zur Prozess- und Simulationsmodellierung (Teil II, Kap. 11, 14 und 15, sowie Band 2, Teil I, Kap. 5).

5.5.7 Technische Plattformarchitektur

Aus technischer Sicht setzen sich die Komponenten der Mefisto Plattform aus einer Reihe von Softwaremodulen zur Bearbeitung und Auswertung von Multimodellen sowie zur Koordination der dafür erforderlichen Kollaborationsprozesse zusammen. Abbildung 5.9 zeigt die Architektur der Plattform und verdeutlicht das Zusammenwirken der Informationsressourcen, Plattformdienste wie Basisdienste, Werkzeugkästen und Assistenzsysteme und den darüber liegenden Fachanwendungen.

Das SOA basierte System ist somit für die technische Organisation der Werkzeuge und Datenbanken zuständig, die über Webservices angesprochen werden. Die Anwendbarkeit muss sowohl auf verteilten persistenten Datenhaltungen mit unterschiedlich zusammengesetzten Kernmodellen als auch mit externen Services, z. B. der Planung und der Baustelle, möglich sein. Die Erweiterung auf Grid Services und Managementsystem und damit eine Migration in eine Grid Umgebung ist konzeptionell möglich, aber erst sinnvoll, wenn ein marktfähiges, stabiles Grid Basissystem angeboten wird, wie es derzeit in der D Grid Initiative [27] über Projekte wie DGI [28] und VOMS [29] entwickelt wird und zu dem BauVOGrid [37] Anforderungen beitrugen. Weiterhin wurde auch in einem Testszenario eine Cloudanbindung mit Microsoft Azure [19] untersucht. Dieser erfolgreiche Test hat ergeben, dass eine Cloudanbindung in der weiteren Entwicklung erfolgen sollte. Ein Cloudlösungsansatz für die Mefisto Plattform wurde entwickelt und ist im nächsten Abschnitt dargestellt.

5.5.8 Cloudanbindung der Mefisto Plattform

Um die mobile und informationsintensive Natur von Bauprojekten zu beherrschen, wurden im Projekt Mefisto ständig neue kreative und intelligente Möglichkeiten der Zusammenarbeit untersucht. Eine aktuell diskutierte Entwicklung ist das Cloud Computing, dessen Anwendung in der Baudomäne momentan rege erforscht wird [29, 30, 37]. Von den Autoren wird Cloud Computing als ein potenziell wichtiges Instrument angesehen, um die Bauindustrie und ihre derzeit verfügbaren Tools für die Zusammenarbeit zu unterstützen. Es existieren zahlreichen Definitionen des Begriffs Cloud Computing [14], die zu dem einheitlichen Verständnis führen, dass Servicebasierte IKT Funktionalitäten auf einer hoch skalierbaren Infrastruktur über standardisierte Schnittstellen angeboten werden. In diesem Kontext kann eine IKT Funktion eine virtualisierte Hardware, sog. Infrastructure as a Service, IaaS, ein Infrastruktur- oder Anwendungsservice, sog. Plattform as a Service, PaaS, oder ein Softwaresystem, sog. Software as a Service, SaaS, sein. Anwender können eigene Anwendungen um Cloud Serviceschnittstellen erweitern, um z. B. Datenaustausch und die Speicherung von Daten in der Cloud zu realisieren oder eigene Anwendungen in der Cloud erstellen, überwachen und betreiben, die dann über Standardschnittstellen erreichbar sind, z. B. http, REST, SOAP, XML, etc.

Für die Mefisto Plattform wurden die auf dem Markt vorhandenen, kommerziellen Cloud Lösungen analysiert. Dabei handelte es sich um Windows Azure von Microsoft, Amazon Web Services von Amazon und Google App Engine von Google. Unterschiedliche Kriterien wie z. B. Verfügbarkeit, mögliche Programmiersprachen, Aufbau von Testszenarien, Dienstangebot, Installationsaufwand, Einarbeitungszeit, Einsatz bei Projektpartnern wurden analysiert. Für den Aufbau der Mefisto Plattform wurde schließlich Windows Azure ausgewählt, da diese Lösung folgende Vorteile bietet:

- reichliches Dienstangebot: Vielseitige Dienste im Bereich IaaS, PaaS sowie SaaS werden angeboten.
- Programmiersprachen und Entwicklungsprozess: Breite Unterstützung verschiedener Programmiersprachen und viele existierende Plugins sowohl für die Entwicklungsumgebung Microsoft Visual Studio als auch für Eclipse existieren. Die standardmäßig unterstützten Programmiersprachen sind C#, C++, Visual Basic und Java.
- Benutzerzugriff: Access Control Service, ACS, für Windows Azure AppFabric sorgen für einen vereinfachten Zugriff auf die Clouddienste. Active Directory wird nativ von ACS unterstützt.

Die Windows Azure Plattform stellt hochverfügbare und skalierbare Rechen- und Speicherdienste zur Verfügung, um Serviceanbietern die Anschaffung und Verwaltung von kostenintensiven Serversystemen zu ersparen. Dabei stellt die Plattform über Standardschnittstellen eine Reihe von vielfältigen Cloud Services zur Verfügung, die von unterschiedlichsten Anwendungen genutzt werden können. Physikalisch läuft Windows Azure weltweit auf Servern in Rechenzentren von Microsoft.

Windows Azure besteht aus drei Komponenten:

- Windows Azure, eine auf Windows basierte Laufzeitumgebung, um Anwendungen in der Cloud zu betreiben und Daten zu speichern: Die vorhandenen Cloudressourcen werden dabei von der sogenannten Windows Azure Fabric gebündelt und verwaltet. Darauf aufgesetzt sind die Azure Compute Services und Azure Storage Services. Cloudanwendungen werden auf dem Azure Compute Service als Web Role Instanzen und Worker Role Instanzen ausgeführt und haben über REST, SOAP oder auch XML Zugriff auf den Azure Storage Service. Dabei richtet sich die Anzahl der Instanzen nach der Rechenleistung. Azure Storage Services ermöglichen die Speicherung von Daten als Blobs, Tabellen und Queues.
- Datenbankmanagementsystem SQL Azure, Datendienste zum Speichern und Synchronisieren von Daten: Es werden mehrere Dienste angeboten, unter anderen der SQL Azure Databasedienst, der auf Microsoft SQL Server basiert. Für ein besseres Load balancing können die verwendeten Datenbanken auch repliziert vorliegen.
- Infrastrukturdienst.NET Services, Rechteverwaltung und Zugriffsverwaltung für Cloudbasierte und lokale Anwendungen: Der Access Control Service realisiert die Benutzerrechteverwaltung für die Anwendungen und der Service Bus ermöglicht es, gekapselte Dienste anderen Anwendungen über sogenannte Endpoints mit eindeutigem URI, Uniform Resource Identificator, anzubieten.

Für die Realisierung der Mefisto Plattform wurden die Komponenten verteilt in verschiedenen Umgebungen entwickelt. Während die vorhandenen Fachanwendungen in ihrer originären Programmierumgebung, z. B. Microsoft Visual Studio, um Webserviceschnittstellen erweitert wurden, entstanden die zentralen Plattformdienste als AXIS Webservices und wurden komplett in Java entwickelt. Ebenfalls wie die Werkzeugkästen und der Collaboration Manager wurden diese Anwendungen unter Verwendung von aktuellen Frameworks und Plugins in der Entwicklungsumgebung Eclipse erstellt. Für die Persistenz der zentral abgelegten Daten sorgten zum einen für die relationalen Datenbanken der Dienst SQL Azure und zum anderen für die als BLOB abgelegten Multimodellcontainer der Dienst Azure Storage. Als Messaging Infrastruktur für die Fachanwendungen wurde der Windows Azure Service Bus verwendet.

5.6 Zusammenfassung und Ausblick

Durch die Modell-, Informations- und Wissensplattform Mefisto wurde demonstriert, wie bestehende Fachanwendungen durch innovative IKT Methoden fach- und unternehmensübergreifend zu Gesamtsystemen verknüpft werden können und damit die hohe Komplexität von Bauprojekten beherrscht werden kann. Das verwendete SOA Konzept erlaubt eine unternehmensübergreifende, lose Koppelung unterschiedlich spezialisierter Fachanwendungen unter dem projektweiten Einsatz bewährter, wiederverwendbarer und weitgehend redundanzfreier Softwarekomponenten. Dadurch verlassen die einzelnen Anwendungen ihre Beschränkung als spezialisierte Fachsoftware und bieten als Teil einer Kollaborationsumgebung einen erheblichen Mehrwert in der Funktionalität und Effektivität der gemeinsamen Projektbearbeitung. Die Plattformanbindung erlaubt es nun, fachspezifische Funktionalitäten als dezentrale Plattformdienste anderen Projektpartnern zur Verwendung anzubieten, bzw. diese von anderen Partnern zu benutzen, und es kann ein gemeinsames zentrales Informations- und Wissensrepository bei gleichzeitig dezentraler Datenhaltung erzeugt werden.

Zukünftige Arbeiten werden sich mit der Entwicklung von erweiterten Plattformkomponenten für die wissens- und kontextgesteuerte Informationsfilterung, -verknüpfung und -transformation beschäftigen. Durch die ontologische Modellierung von Eigenschaften, Attributen und Rollen der Projektbeteiligten, der verfügbaren Dienste und der vorhandenen Modelle in einer Wissensbasis kann so gemeinsam mit einer semantischen Beschreibung der Aufgaben erreicht werden, dass für die jeweiligen Projektteilnehmer aufgabenspezifisch komplexitätsreduzierte Informationen aufbereitet werden können und eine zeitaufwendige Suche, sowohl nach Modellen als auch innerhalb von Modellen, entfällt.

Literatur

1. von Both P (2004) Ein systemisches Projektmodell für eine kooperative Planung komplexer Unikate, Universität Karlsruhe. Dissertation, Karlsruhe
2. Schreyer M (2002) met@BiM – Ein semantisches Datenmodell für Baustoffinformationen im WWW (Anwendungen für Beton mit rezyklierter Gesteinskörnung). Universität Stuttgart, Holzgartenstr 16, 70174 Stuttgart. Online verfügbar unter http://elib.uni-stuttgart.de/opus/volltexte/2002/1088
3. Ilieva D (2003) Verbundprojekt ODABAU – der objektorientierte Datenpool in der Bauplanung – ein Werkzeuge für den bedarfsgerechten Datenaustausch, Teilvorhaben: Konzept und Implementierung des vom Anwender definierten Workflows, Installation von PlanNet, Betreuung und Schulung der Pilotanwender: Schlußbericht; Laufzeit des Vorhabens: 1.1.2001–31.12.2002; Berichtszeitraum, 1.1.2001–30.09.2002. WeltWeitBau Ingenieurgesellschaft für Angewandte Bauinformatik
4. Klauer T (2005) Eine prozessorientierte Kooperationsplattform für Bauprojekte auf Basis eines internetbasierten Workflow-Managements. Shaker Verlag, Aachen. Zugl.: Dissertation, Techn Univ, Darmstadt
5. Schapke S, Hilbert F (2010) Eine Serviceplattform für die virtuelle Organisation im Bauwesen. In: Tagungsband 1. Mefisto-Kongress, Dresden, Germany
6. Mersch H (2002) Vom Kellerarchiv zum Internet; http://www.netzwerkplan.de/fileadmin/user_upload/download/planmanagement2002.pdf (Zugriff: 22.01.2014)
7. Keller M (2007) Informationstechnisch unterstützte Kooperation bei Bauprojekten. Dissertation, Berichte des Instituts für Bauinformatik, Heft 6, ISBN 978-3-86780-004-4, Dresden

8. Hauschild T (2003) Computer Supported Cooperative Work- Applikationen in der Bauwerksplanung auf Basis einer integrierten Bauwerksmodellverwaltung. Dissertation, Bauhaus-Universität, Weimar
9. Rivard HA (2004) Case studies on the use of information technology in the Canadian construction industry. Int J IT Archit Eng Constr (ITcon) 9:19–34
10. Weise M (2006) Ein Ansatz zur Abbildung von Änderungen in der modellbasierten Objektplanung. PhD thesis, Berichte des Instituts für Bauinformatik, Heft 4, ISBN 978-3-86005-557-1, Dresden
11. Schulte WR, Natis YV (1996) „service oriented" architectures, part 1. Research note. Gartner Inc.
12. Mandl P (2012) Ist SOA obsolet? – Eine kritische Betrachtung. In: Proceedings of Praxis der Informationsverarbeitung und Kommunikation, S 119–123
13. Foster I, Kesselmann C (1998) The GRID: blueprint for a new computing infrastructure. Morgan Kaufmann Publishers, San Francisco, USA
14. Baun C, Kunze M (2009) Cloud computing. Web-basierte dynamische IT-services. In: Informatik im Fokus. Springer, Berlin/Heidelberg, ISBN 978-3-642-01593-9
15. World Wide Web Consortium (2014) SOAP specifications. http://www.w3.org/TR/soap/ (Zugriff: 22.01.2014)
16. Booch G (2007) Object-oriented analysis and design with applications. Addison-Wesley, Reading, ISBN 0-201-89551-X, S 51–52
17. Allweyer T (2008) BPMN business process modeling notation. Einführung in den Standard für die Geschäftsprozessmodellierung Books on Demand, Norderstedt, S 8–16
18. Alves A, Arkin A, Askary S, Barreto C, Bloch B, Curbera F, Ford M, Goland Y, Guizar A, Kartha N, Liu CK, Khalaf R, Koenig D, Marin M, Mehta V, Thatte S, van der Rijn D, Yendluri P, Yiu A (2007) Web services business process execution language version 2.0. Committee specification, 31 January 2007, http://docs.oasis-open.org/wsbpel/2.0/CS01/wsbpel-v2.0
19. VOB (2010) VOB Vergabe- und Vertragsordnung für Bauleistungen. Beuth-Verlag GmbH, Berlin, 10787
20. SMM7 (2000) SMM7 – standard method of measurement of building works, Royal Institution of Chartered Surveyors/Construction Confederation, 7. Aufl, revised 1998, RICS, London
21. REB (1968) Sammlung REB, Richtlinien für die elektronische Bauabrechnung, Verfahrensbeschreibung zur REB Erlasse, Herausgeber: Forschungsgesellschaft für das Straßenwesen e V, Köln, 3. Lieferung, Köln
22. Ferraiolo D, Kuhn DR, Chandramouli R (2007) Role-based access control, 2nd edn. Artech House information security and privacy series. Artech House, Boston, S xix, 381
23. Hilbert F, Katranuschkov P, Scherer RJ (2010) Fine-grained information access in virtual organisations. In: Proceedings of the eChallenges e-2010 conference, Warsaw, Poland
24. Hilbert F, Katranuschkov P, Scherer RJ (2010) Dynamic context-aware information access in virtual organizations. In: Proceedings of the ICCCBE conference 2010, Nottingham
25. Gehre A, Katranuschkov P, Scherer RJ (2006) Management and integration of virtual enterprise information on grid spaces through semantic web ontologies. In: Martinez M, Scherer R (Hrsg) EWork and eBusiness in architecture, engineering and construction, European conference on product and process modelling 2006, ISBN 978-0-415-41622-1. Taylor & Francis Group/Balkema, London/Rotterdam, S 255–266
26. Katranuschkov P, Gehre A, Scherer RJ (2007) Reusable process patterns for collaborative work environments in AEC. In: Pawar KW, Thoben K-D, Pallot M (Hrsg) ICE 2007 – proceedings of the 13th international conference on concurrent enterprising. Centre of Concurrent Enterprise, Nottingham, UK, S 87–96, ISBN 978-0-85358-233-5
27. Die deutsche Grid-Initiative (D-Grid, 2014) http://www.d-grid.de (Zugriff: 22.01.2014)

28. D-Grid Integrationsprojekt (DGI, 2014) http://www.d-grid-ggmbh.de/index.php?id=51 (Zugriff: 22.01.2014)
29. Alfieri R (2004) VOMS, an authorization system for virtual organizations. Lect Notes Comput Sci 2970:33–40. 2004
30. Fathi MS, Abedi M, Rambat S, Rawai S, Zakiyudin MZ (2012) Context-aware cloud computing for construction collaboration. J Cloud Comput 2012:644927, 11 S. http://www.ibimapublishing.com/journals/JCC/jcc.html. doi:10.5171/2012.644927
31. WSDL (2012). Web service Description Language. Available http://www.w3.org/TR/wsdl.html
32. UDDI Universal Description, Discovery and Integration. Available http://uddi.xml.org/
33. SAP r/3. http://erp-software.org/sap-r3/
34. SolidWorks. http://www.SolidWorks.de
35. COM – Component Object Model Technologies. Available https://www.microsoft.com/com/default.mspx
36. GRANID. http://gibgreiner.net/en/GRANID
37. RIB iTWO (2013) http://www.rib-software.com/de/landingpage/rib-itwo.html
38. Hilbert F, Katranuschkov P, Scherer RJ (2010) Dynamic context-aware information access in virtual organizations. In: Proceedings of the ICCCBE conference 2010, Nottingham

Virtuelle Organisation für Bauprojekte 6

Frank Hilbert und Raimar J. Scherer

Zusammenfassung

Die Anzahl und räumliche Verteilung der Projektbeteiligten erschwert die Gestaltung der Projektkollaboration, da sowohl BIM Daten als auch Informationen über die Projektpartner und ihre Zusammenarbeit übertragen werden müssen. Die traditionelle, starre IKT Projektorganisation ermöglicht keine Berücksichtigung der bauprojekteigenen, hohen Dynamik. Um dynamische Organisationsstrukturen abzubilden, wird der Ansatz der virtuellen Organisation, VO, gewählt, in der die Baubeteiligten mit ihren Rechten und Pflichten formal abgebildet werden. Trotz des Unikatcharakters der Bauprojekte können im Detail Ähnlichkeiten in den Prozessmodellen und Projektorganisationsstrukturen identifiziert werden. Diese können in Form von Referenzmodellen für Organisationsprozesse erfasst werden. Wenn Multimodellvorlagen, in denen Geschäftsprozesse, und Organisationsmodelle, in denen Organisationsprozesse abgebildet sind, semantisch durch ein einheitliches Metadatenvokabular beschrieben werden, kann in einem VO Modell sichergestellt werden, dass die Projektpartner kontextabhängig Zugriff auf genau die Informationsmodelle erhalten, die sie für ihre jeweilige Aufgabe benötigen. Als Ergebnis erhalten wir ein VO Modell, das die Wiederverwendung von komplexen Prozess-, Produkt- und Kollaborationsmodellen unterstützt.

6.1 Einleitung

Im Fokus des Projekts Mefisto stand die Unterstützung des partnerschaftlichen, prozessgesteuerten und risikokontrollierten Bauens durch die Verbesserung der Informations-, Arbeits- und Kommunikationsprozesse zwischen den Beteiligten in Bauprojekten. Unter Anwendung moderner Informations- und Kommunikationstechnologie, IKT, wur-

F. Hilbert (✉) · R.J. Scherer
Institut für Bauinformatik, Technische Universität Dresden, Dresden, Deutschland

R.J. Scherer, S.-E. Schapke (Hrsg.), *Informationssysteme im Bauwesen 1*,
DOI 10.1007/978-3-642-40883-0_6

den verbesserte Möglichkeiten für den Austausch, die Verlinkung und Auswertung von Abstimmungs-, Planungs- und Kontrollinformationen entwickelt. Insbesondere entstand der Multimodellansatz zur Abbildung der Abhängigkeiten von Informationselementen zwischen und innerhalb der verschiedenen Fachmodelle der Projektbeteiligten, der in Teil I, Kap. 1 und Teil I, Kap. 2 bereits vorgestellt wurde. Die verschiedenen Baufachanwendungen der Bauprojektbeteiligten fügen dabei ihre Anwendungsmodelle und deren Abhängigkeiten zu Multimodellen zusammen und übertragen diese als Multimodellcontainer an die Projektbeteiligten. Zur Koordination, Bearbeitung, Registrierung und Filterung von Multimodellen wurden zentrale Multimodelldienste entwickelt. Zentrale Plattformdienste unterstützen zusätzlich die Verwaltung des Annotationsvokabulars für die semantische Beschreibung der Multimodelle, Vorlagen und Rollen, die Verwaltung der virtuellen Organisation sowie die verteilte Prozesssteuerung. Für die Koordination des Zusammenspiels der Softwarewerkzeuge und der zentralen Dienste wurde eine Modell-, Informations- und Wissensplattform entwickelt. Diese Mefisto Plattform bündelt die Informationen über die verwendeten Multimodelle, die vorhandenen zentralen Multimodelldienste sowie bereits formalisiertes Domänenwissen und führt somit Informationen zur baubetrieblichen Planung und zum Controlling zusammen.

Ausgehend von einem Überblick über die Kollaboration in Bauprojekten im anschließenden Abschnitt werden im darauffolgenden Abschnitt Möglichkeiten für die Formalisierung der Kollaboration in Bauprojekten beschrieben und die Abbildung der Organisationsstruktur und die Beschreibung der Informationslogistik skizziert. In Abschnitt vier wird ein neuer Ansatz für eine multimodellbasierte, kontextgerechte Informationslogistik vorgestellt. Dafür werden zunächst die Konzepte des Informationsangebots und des Informationsbedarfs beschrieben und deren Kontextabhängigkeit erörtert. Konkret werden der Kollaborationskontext und insbesondere die Kontextaspekte des Nutzerkontextes spezifiziert und eine kontextgerechte Informationsversorgung durch situative Multimodelle dargestellt. Der fünfte Abschnitt beschreibt das Konzept der virtuellen Organisation und im darauf folgenden sechsten Abschnitt wird das im Projekt Mefisto entwickelte VO Modell vorgestellt. Der siebte Abschnitt beschäftigt sich mit der Implementierung der Plattform Services, die die Verwaltung des VO Modells kapseln. Als Benutzerschnittstelle für die Plattformservices wird in Abschnitt acht der Clientanwendung Collaboration Manager, CoMa, vorgestellt. Anhand dieser Anwendung werden im Anschluss drei verschiedene Anwendungsszenarien vorgestellt. Der neunte Abschnitt fasst die erreichten Ergebnisse zusammen und gibt einem kurzen Ausblick.

6.2 Kollaboration im Bauwesen

6.2.1 Charakteristik der Projekte im Bauwesen

Die Realisierung von Bauvorhaben ist eine äußerst komplexe Aufgabe, die oft einen Kompetenz- und Ressourcenbedarf erzeugt, den einzelne Unternehmer allein nicht abdecken können. In der Geschichte des Bauwesens lassen sich aus diesem Grund schon sehr früh Bestrebungen finden, dieser Herausforderung durch Spezialisierung und Kooperation zu begegnen, und bereits bei Bauvorhaben im Mittelalter fanden sich unabhängige Partner zusammen, um ihre Kernkompetenzen für die Bearbeitung großer, komplexer Bauprojekte in Form verschiedener, kurzfristiger Organisationstypen zu bündeln [1]. Die Aufgabenteilung zwischen den Projektbeteiligten ist die wesentliche Grundlage für die erfolgreiche Spezialisierung vieler Unternehmen in der Bauindustrie. Aufgrund dieser Entwicklung sind auch heute aktuelle Bauprojektorganisationen von stark ausgeprägter Arbeitsteilung und großer Heterogenität der beteiligten Leistungsträger wie Architekten, Planer und Bauunternehmen gekennzeichnet. Borrmann und Günthner [2] attestiert der Baubranche eine „starke Fragmentierung (...) und die ausgeprägte Segmentierung entlang der Prozesskette".

Um dem Wettbewerbsdruck gerecht zu werden, müssen die einzelnen Unternehmen ihr Leistungsangebot an der gesamten Wertschöpfungskette ausrichten. Dabei ist es allerdings nicht zielführend, die für die gesamte Leistungspalette erforderlichen Ressourcen im eigenen Unternehmen vorzuhalten. Mit einem geeigneten Netzwerk von Leistungspartnern können sich Projektpartner auf ihre Kernkompetenzen konzentrieren, wobei eine Kooperation insbesondere dann ideal ist, wenn sich die Leistungsbilder der jeweiligen Partner ergänzen.

Der kooperative und interdisziplinäre Charakter von Bauprojekten in dieser Konstellation erfordert, wie schon in der Einleitung angedeutet wurde, eine intensive Zusammenarbeit aller Beteiligten. Zusätzlich wird bei der Projektbearbeitung im Bauwesen die Notwendigkeit der erhöhten Kooperation maßgeblich durch folgende Faktoren erforderlich:

1. Einmaligkeit seiner Rahmenbedingungen: Es handelt sich sowohl bei dem Projektinhalt als auch bei der Projektorganisation um Unikate, ein Bauprojekt wird nie ein weiteres Mal am selben Ort mit derselben Partnerkonstellation durchgeführt. Deshalb sind im Gegensatz zu Projektrealisierungen in anderen Ingenieurdomänen keine direkten iterativen Verbesserungen in der Wertschöpfungskette möglich.
2. Hoher Bedarf an unterschiedlichen Fachkompetenzen: Da die Komplexität der Bauwerkserstellung und der damit verbundenen Aufgaben nur von den wenigsten Unternehmen mit eigenen Ressourcen kompetent abgedeckt werden kann, ist die Unterstützung durch externe Fachleute unabdingbar. Mit zunehmender Spezialisierung in Fachdisziplinen wie bspw. Fassadentechnik, Brandschutz etc., nimmt damit die Anzahl der Planungsbeteiligten und der Informationsschnittstellen zu. Die Komplexität des entstehenden Beziehungsgeflechts führt zu einem erhöhten Koordinationsbedarf.
3. Erhöhung der Modellkomplexität: Bei der Planung und Ausführung aktueller Bauprojekte gestalten sich die verwendeten Baudatenmodelle zunehmend komplexer, z. B. BIM mit Annotationen. Die Modelle müssen immer öfter verschiedene Aspekte abdecken und zum einen für erweiterte Berechnungen, wie z. B. Wind- und Energieberechnungen, und zum anderen für verschiedene Fachanwendungen verwendbar sein. Zusätzlich stellen erweiterte Restriktionen und gesetzlichen Vorschriften sowie aktuelle, ganzheitliche Betrachtungsziele erhöhte Anforderungen an Exaktheit und Infor-

mationsreichtum der verwendeten Modelle. Dabei erhöht sich nicht nur die Komplexität, sondern auch die Vielfalt der meist auch voneinander abhängigen Datenmodelle.
4. Dynamische Änderungen: Im Rahmen der Projektdurchführung können unerwartete und teilweise unvorhersehbare Rahmenbedingungen Plan- und Ausführungsänderungen bewirken, wie bspw. unscharf formulierte Zielsetzungen und Wünsche, Umwelteinflüsse oder geografische Gegebenheiten. Die Projektkonstellation ist ebenfalls von Dynamik gekennzeichnet und kann nicht als statisches Modell betrachtet werden, da sich ihre Zusammensetzung und Struktur mit dem zeitlichen Verlauf ändert. Insbesondere zwischen den Übergängen der Projektphasen verlassen viele Projektbeteiligte das Konsortium und neue Teilnehmer kommen hinzu. Darüber hinaus können sich auch die Positionen der bestehenden Projekteilnehmer ändern oder Partner wegfallen, wenn weitere Leistungen beauftragt oder Auftragsänderungen vorgenommen werden.

Die Bauprojektorganisationen müssen daher dynamische Reaktionen auf Änderungen in Plan- und Umgebungsbedingungen unterstützen und eine stetige dynamische Anpassung des Organisationsmodells ermöglichen. Durch die Verknüpfung von Kernkompetenzen und Ressourcen der Projektpartner können sich sehr komplexe Kollaborationsnetzwerke ergeben, in denen die Partnerbeziehungen auch über die klassische, singuläre Lieferanten-, Kundenbeziehung hinausgehen [3]. Hier sind weitere Beziehungen wie Kontroll- und Prüf-, aber auch Nachunternehmerbeziehungen zu beachten.

6.2.2 Von der Kooperation zur Kollaboration

Der Informationsaustausch zwischen den Wertschöpfungspartnern innerhalb von Unternehmensnetzwerken basiert auf verschiedenen Interaktionsmechanismen. Basierend auf einem Merkmalsraster, das die Interaktionsmechanismen sowohl nach der Intensität als auch dem Grad der Integration einordnet, wird in der Literatur zwischen Kommunikation, Koordination, Kooperation und Kollaboration unterschieden [4]. Dieser Zusammenhang wird in Abb. 6.1 illustriert und im Folgenden kurz erläutert.

Der Begriff Kommunikation beschreibt einen wechselseitigen, verlässlichen, zweckgerichteten und zielorientierten Austausch von Informationsobjekten zwischen mindestens zwei Akteuren, z. B. Personen, Organisationseinheiten, Softwareagenten oder Maschinen [5]. Kommunikationsprozesse können sowohl durch das Erweitern, Absichern und Korrigieren vorhandener Daten- und Informationsbestände Informationsdefizite beheben als auch eine Verständigung über Vorgehensweisen und Ziele herbeiführen. Kommunikation basiert auf dem aktiven Austausch von Informationsobjekten durch Pushmechanismen im Gegensatz zu Informationen, die für einen Abruf mittels Pullmechanismen bereitgestellt werden [6]. Zur Vermeidung von Redundanzen oder zusammenhanglosen Ergebnissen sind Koordinationsprozesse notwendig, die einen lenkenden Einfluss auf die beteiligten Akteure ausüben. Diese Prozesse informieren darüber, zu welchem Zeitpunkt welche Handlungen zum Zweck der Zielerreichung des Gesamtsystems notwendig sind.

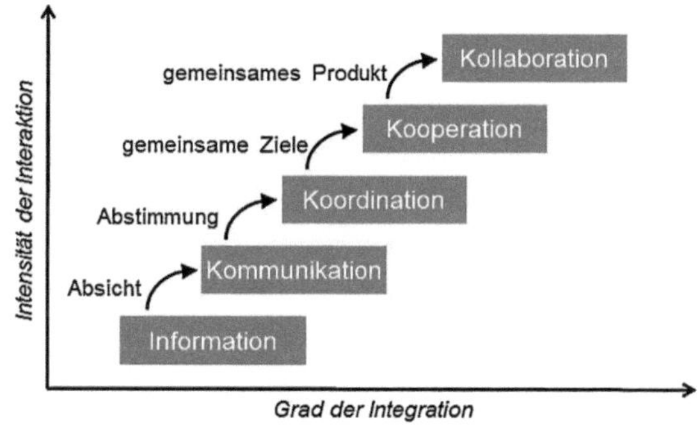

Abb. 6.1 Übersicht der Interaktionsmechanismen nach [4]

Koordination bedingt Kommunikation sowie ein gemeinsames Interesse der beteiligten Akteure. Wenn die beteiligten Akteure gemeinsam arbeitsteilig eine Leistung erzeugen oder an einer gemeinsamen Aufgabe arbeiten, spricht man von Kooperation. Eine Grundvoraussetzung ist hier eine starke Übereinstimmung von Zielen und das Bewusstsein von globalen Konsequenzen einzelner lokaler Handlungen [5]. Die gemeinsame Bearbeitung einer Aufgabe am selben Objekt bildet einen Spezialfall der Kooperation und wird als Kollaboration bezeichnet. Während bei der Kooperation noch abgegrenzte Teilaufgaben jeweils isoliert von Akteuren bearbeitet werden, findet bei der Kollaboration eine Integration der Aufgabenbearbeitung solchermaßen statt, dass sich einzelne Teilaufgaben nicht mehr klar abgrenzen lassen [4].

Ein Kollaborationsbeispiel ist die gemeinsame, verteilte Spezifizierung von Produktanforderungen im Rahmen von Bauplanungsprozessen. Mit der unterschiedlichen Strukturierung der verteilten Aufgabenbearbeitung unterscheiden sich auch die für eine Sicherstellung eines gemeinsamen Arbeitsergebnisses notwendigerweise auszutauschenden Informationen.

6.3 Formalisierung der Kollaboration

6.3.1 Die Bauprojektorganisation

Die Bauprojektorganisation muss bei der Modellierung von Organisationsstrukturen nicht nur die komplexen Beziehungsgeflechte und die unterschiedlichen Beziehungsarten abbilden, sondern auch die unterschiedlichen Interessen aller Beteiligten. Neben dem gemeinsamen Interesse der Projektpartner an der Bearbeitung eines Bauprojekts ist die Gewinnerzielung ein intrinsisches Ziel aller Wirtschaftsunternehmen. Um den Erfolg des Gesamtprojektes in den Vordergrund zu rücken, ohne die Einzelinteressen der verschiedenen Partner aus den Augen zu verlieren, ist ein transparentes Organisationsmodell nötig, das die nötige Balance zwischen den Interessen der Beteiligten fördert. In internationalen Studien wurde festgestellt, dass ein kooperatives und vertrauensvolles Verhältnis zwischen den Projektbeteiligten eine Grundvoraussetzung für die erfolgreiche Projektumsetzung ist [7]. Um der natürlichen Interessenambivalenz der Projektbeteiligten zu begegnen, ist eine transparente und klare Definition der Rechte und Pflichten der Beteiligten notwendig, die mit probaten Mitteln in einer Organisationsstruktur abgebildet werden müssen. Für eine partnerschaftliche, transparente Zusammenarbeit ist daher eine konkrete und nachvollziehbare Benennung folgender Aspekte notwendig:

- Benennung der Akteure
- Benennung und Zuteilung der Aufgaben, z. B. Informationsprozesse, Informationslogistik
- Benennung und Zuteilung der Rollen, z. B. Zuständigkeiten, Kompetenzen

Dies kann bereits die Identifizierung gleichgelagerter Interessen bei den Projektpartnern unterstützen und dazu animieren, Informationen auszutauschen und Verständnis für die Position des jeweiligen Gegenüber aufzubauen. Bei der Durchführung von Bauprojekten liegt der Fokus der Planungsaufgaben des Projektmanagements darum auf zwei Kernbereichen, zum einen auf der Gestaltung des zu planenden Objekts mit geeigneten Methoden und Techniken und zum anderen auf der Planung und Bereitstellung eines geeigneten koordinierenden Planungsrahmen bestehend aus Methoden, Hilfsmitteln und Organisationsformen [1]. Dabei sind die traditionellen Formen der Organisation und Abwicklung von Projekten im Bauwesen nur bedingt für die Lösung komplexer Problemstellungen geeignet. Da sie weitgehend auf zentralisierte Kommunikations- und Koordinationsstrukturen aufbauen und die Projektbeteiligten gleichzeitig in die aktuellen Projektstrukturen und in die Aufbauorganisation ihrer Institution eingebunden sind, wird die effektive und konfliktfreie Bearbeitung interdisziplinärer Teamprozesse erschwert. Nicht nur in Deutschland, auch international wird daher versucht, dieses Beziehungsgeflecht durch geeignete Organisationsstrukturen umzusetzen. Ein guter Überblick über verschiedene aktuelle und innovative Kooperationsformen wird in [8] gegeben.

6.3.2 Die Informationslogistik im Bauprojekt

Analog der effizienten Verwendung wirtschaftlicher Ressourcen, z. B. Menschen, Rohstoffe und Betriebsmittel, muss auch der Einsatz von Informationsressourcen systematisch geplant, gesteuert und kontrolliert werden [9, 10]. Es ist Aufgabe des Informationsmanagements, die effiziente Planung, Beschaffung, Verarbeitung, Verteilung und Speicherung von Informationsressourcen zur Unterstützung von Entscheidungsprozessen zu realisieren [11]. Das Teilgebiet der Informationslogistik stellt darüber hinaus die Qualität der Informationsbereitstellung in den Mittelpunkt und konzentriert sich auf eine möglichst hohe thematische Übereinstimmung der angebotenen Informationen mit dem situativen Informationsbedarf der Akteure [12]. Die Informationslogistik befasst sich folglich mit der Bereitstellung der richtigen Information in der notwendigen Qualität zur richtigen Zeit am richtigen Ort. Dabei beschäftigt sich der qualitative Aspekt der Informationsbereitstellung mit Granularitäten, Ausschnitten und Datenformaten. Eine effiziente Informationslogistik verhindert eine Informationsüberflutung mit vielen situativ nicht relevanten Informationen.

Insbesondere in Projekten mit wissensintensiven Informationsprozessen ist eine effiziente Informationslogistik unbedingt notwendig [13].

Mit verschiedenen Lösungen wird versucht, die Informationslogistik in Bauprojekten informationstechnisch zu unterstützen. Dabei gibt es wesentliche Unterschiede im Umfang der angebotenen Unterstützung. Während bei kleineren Bauprojekten mit wenigen Partnern Informationen über dateibasierte Austauschplattformen, z. B. in der Cloud, oder Raumplanungswerkzeuge ausgetauscht werden können, stellt die Informationslogistik größerer gewerblicher und industrieller Bauprojekte eine neue Herausforderung dar. Insbesondere große internationale Bauprojekte verwalten mitunter Tausende von Fachmodellen, die durch eine Vielzahl von Projektpartnern in verschiedenen Ländern parallel bearbeitet, geprüft und freigegeben werden müssen. Hierfür muss die Verwaltung, Archivierung und Bearbeitung geeignet organisiert werden. Die Formen der informationstechnischen Unterstützung entwickelten sich dementsprechend im Laufe der Zeit von reinen Webseiten mit relativ geringem Unterstützungswert über branchenübergreifende Kommunikationsstandardwerkzeuge, z. B. Mail, Foren, Chat, hin zu branchenspezifischen Portalseiten, Enterprise Information Portals, und Projektkommunikationssystemen, PKS, [14]. Insbesondere PKS in Form von sog. virtuellen Projekträumen dienen als zentrale Plattformen für alle Projektbeteiligten und bieten neben dem Dokumentenmanagement zusätzliche Kommunikationsdienste und Prozessunterstützung.

6.4 Kontextgerechte Informationslogistik mit Multimodellen

6.4.1 Informationsangebot und Informationsbedarf

Informationsprozesse basieren auf einem Vorhandensein von richtigen, ausreichenden und rechtzeitigen Informationen. Die gesamte Menge der in einem Projekt verwendeten Informationen bildet ein potentielles Informationsangebot, das allen Projektpartnern für ihre Aufgabenbearbeitung zur Verfügung steht. Dazu benötigen die Akteure jedoch nur aufgabenrelevante Teilmengen des gesamten Informationsangebotes. Solche Teilmengen werden durch den Informationsbedarf repräsentiert [15]. Der Informationsbedarf wird durch die Informationslogistik gedeckt, wobei nur der Bereich gedeckt werden kann, in dem sich der Informationsbedarf mit dem Informationsangebot überschneidet. Die Relevanz der angebotenen Informationen für eine vorliegende Problemstellung wird sowohl von objektiven Kriterien, z. B. Vollständigkeit, Korrektheit, Verfügbarkeit, Aufgabenbezogenheit und Pünktlichkeit, als auch von subjektiven Kriterien, z. B. Verknüpfungsmöglichkeiten mit individuellem Wissen und Erfahrungen, bestimmt. Diese Kriterien lassen sich erst nach der Instanziierung der Prozesse und Zuordnung von Akteuren konkret bestimmen und als sog. Kollaborationskontext beschreiben.

6.4.2 Der Kollaborationskontext

Die Nutzer interagiert mit einem Informationssystem immer in einem situativen Handlungsrahmen. Dieser Rahmen kann sowohl durch messbare Faktoren, z. B. Lautstärke,

Abb. 6.2 Aspekte des Nutzerkontextes

Helligkeit, als auch durch nichtmessbare Faktoren, z. B. Intuition, Ahnung, Erfahrung, bestimmt werden. Die Gesamtheit dieser situationsbeschreibenden Informationen wird als Kontext bezeichnet [16]. Eine breite Verwendung findet hierzu die Definition von [17], die den Begriff Kontext als Sammlung von Informationen über eine Situation im Rahmen eines Kommunikationsvorganges beschreiben: "Context is any information that can be used to characterize the situation of an entity." Der Kontext umfasst somit alle Informationen, die die Situation einer Entität zu einem bestimmten Zeitpunkt beschreiben und für eine spezifische Betrachtung, den Diskursbereich, relevant sind. Da ein Kontext immer in Bezug zu einer Entität betrachtet wird, existiert kein entitätsunabhängiger bzw. allgemeingültiger Kontext [15]. Diese entitätszentrierte Kontexte können gleichzeitig nebeneinander existieren, z. B. der Nutzerkontext oder der Prozesskontext, und sich dabei teilweise überdecken [18]. Bei der Betrachtung von Bauinformationsprozessen lassen sich drei direkt beteiligte Entitäten, Informationsressource, Prozess und Nutzer sowie vier indirekt beteiligte Entitäten, Projekt, Objekt, Organisation und Umgebung, identifizieren. Abbildung 6.2 illustriert beispielhaft die Kontextaspekte des Nutzerkontextes.

Da laut Definition jede Information aus dem Umfeld einer Entität eine potentielle Kontextinformation darstellt, lassen sich beliebig viele potentielle Kontextinformationen sammeln. Je nach Problemstellung ist meist jedoch nur ein Teilbereich des Gesamtkontextes relevant, weshalb sich die meisten Ansätze der Kontextbetrachtung auf die Modellierung von Kontextausschnitten, den sog. Kontextaspekten, beschränken. Bei der Betrachtung des Kollaborationskontextes müssen also der Nutzerkontext, der Prozesskontext und der Ressourcenkontext betrachtet werden. Diese sind mit dem Projekt-, Objekt-, Organisations- und Umgebungskontext verknüpft und setzen sich aus mehreren Kontextaspekten zusammen. Bspw. repräsentiert der Nutzerkontext profilbasiert die Kenntnisse, Erfahrungen und Präferenzen von Akteuren und ist mit Projekt, Objekt, der technischen Ausstattung und der aktuellen Umgebung verknüpft. Abbildung 6.3 zeigt diese Kontextverknüpfungen.

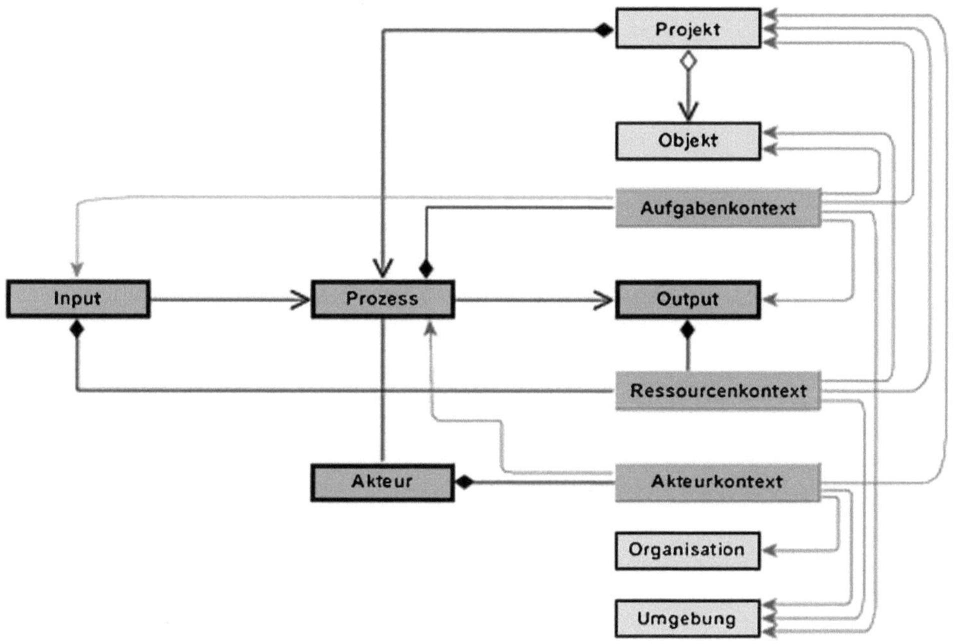

Abb. 6.3 Entitäten eines Informationsprozesses und ihre Kontexte

6.4.3 Kontextgerechte Informationslogistik

Für eine kontextgerechte Informationsversorgung sind insbesondere Fragestellungen zu betrachten, in welchem Kontext welche Information für einen Nutzer relevant sind und wieweit diese Informationen aktiv von einem System bereitgestellt werden können. Für die Informationslogistik müssen daher die Konzepte der Situation, des Informationsbedarfs und des Informationsangebots formal beschrieben werden. Wie bereits erwähnt, lässt sich die Bearbeitungssituation als Kontext erfassen. Da im Rahmen des Projekts Mefisto für die projektweite Informationsversorgung multimodellbasierte Informationsräume verwendet werden, lässt sich ein ableitbarer Informationsbedarf als Multimodellvorlage (Teil II, Kap. 13) formalisieren. Die Beschreibung des Informationsangebots findet letztendlich durch die Metadaten des Multimodells statt (Teil I, Kap. 2). Abbildung 6.4 verdeutlicht den Zusammenhang zwischen der konzeptionellen und der formalen Ebene.

6.4.4 Situative Multimodelle

Zwei Besonderheiten bei der Verwendung von Multimodellen gilt es noch zu erwähnen. Zum einen wurde zur Vermeidung unnötiger Informationsübertragung, sog. Information Pollution, sowie der Entstehung übergroßer Multimodelle als auch zur Erhöhung der Datenkonsistenz die Variante des extern verlinkten Elementarmodells eingeführt. Hier befindet sich i. d. R. statt des realen Datenmodells nur ein Verweis mit einer entsprechenden

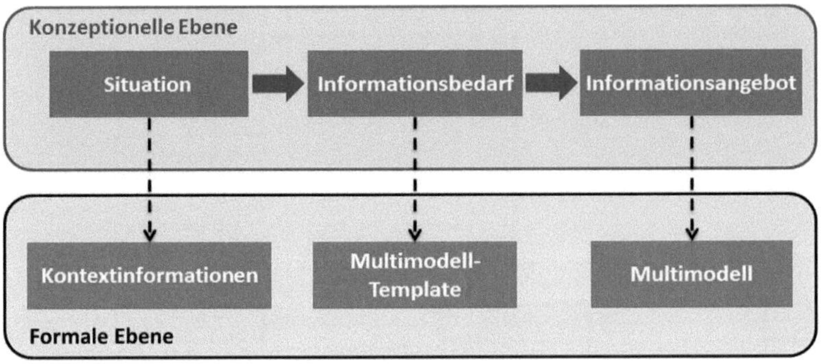

Abb. 6.4 Konzepte der kontextgerechten Informationsversorgung

URL im Multimodell. Das Modell wird dann bei der Bearbeitung vom jeweiligen Modellbesitzer erst angefordert. Im Zuge dieser Anforderung wird eine Nutzer ID gesendet, anhand derer die Rolle des Anfragenden ermittelt und über die Herausgabe des Modells entschieden werden kann. Zum zweiten erfüllt diese Vorgehensweise bereits Anforderungen für den sogenannten prefilled Template Ansatz, bei dem Arbeitsaufgaben in Form von teilausgefüllten Multimodellvorlagen vergeben werden. Durch die Zugriffssteuerung auf Elementarmodellebene kann genau definiert werden, welche Rolle in welchem Kontext welches Modell lesen und schreiben darf. Im Szenario der Ausschreibung soll der Angebotsbearbeiter nicht das verknüpfte 3D Gebäudemodell ändern dürfen, sondern lediglich das Modell des Leistungsverzeichnisses. Im Idealfall wird dann im Angebotsmultimodell das Gebäudemodell nur verlinkt und nicht nochmals übertragen.

6.5 Die virtuelle Organisation als Kontextaspekt

Um Kernkompetenzen und Ressourcen für die Bearbeitung komplexer Projekte zu bündeln, wurden bereits 1992 sog. virtuelle Organisationen, VO, diskutiert [19], wobei die Begriffe virtuelle Organisation und virtuelles Unternehmen, VU, in der Literatur oft synonym verwendet werden. Die virtuelle Organisation stellt eine organisatorische Virtualisierung dar, die von einem bestimmten Geschäftszweck und einem aktiven Agieren am Markt gekennzeichnet ist und durch eine entsprechende IKT Infrastruktur unterstützt wird [20]. Dieser Ansatz geht davon aus, dass organisatorisch problembezogene, interdisziplinäre und unternehmensübergreifende Projektteams als VO stets neu gebildet, zielorientiert betrieben und nach Erreichen des Projektziels wieder aufgelöst werden. Das VO Konzept wird von [21] weiterhin folgendermaßen definiert:

> „Ein virtuelles Unternehmen ist eine Kooperationsform rechtlich unabhängiger Unternehmen, Institutionen und/oder Einzelpersonen, die eine Leistung auf der Basis eines gemeinsamen Geschäftsverständnisses erbringen. Die kooperierenden Einheiten beteiligen sich an der horizontalen und/oder vertikalen Zusammenarbeit vor-

rangig mit ihren Kernkompetenzen und wirken bei der Leistungserstellung gegenüber Dritten als ein einheitliches Unternehmen. Dabei wird auf die Institutionalisierung zentraler Funktionen weitgehend verzichtet und der notwendige Koordinations- und Abstimmungsbedarf durch geeignete Informations- und Kommunikationssysteme realisiert. Das virtuelle Unternehmen besteht solange, bis sein Geschäftszweck erfüllt oder hinfällig geworden ist.“

Der in dieser Definition verwendete Begriff der Kernkompetenz wird in derselben Arbeit folgendermaßen definiert:

> „Kernkompetenzen stellen das unternehmensspezifische Wissen, die Fertigkeiten und die vorhandenen Technologien eines Unternehmens, einer Institution oder Einzelperson dar, die als Kern der Eigenleistung in die auf dem Markt angebotenen Produkte bzw. Dienstleistungen eingehen.“

Für den Fall, dass sich aus der Kooperation negative Auswirkungen für einen oder mehrere Projektpartner ergeben sollten, ist der Austritt des Partners oder die Auflösung der Kooperationsvereinbarungen relativ einfach möglich und es können weitreichende negative Konsequenzen, die bei Fusionen und Unternehmenszusammenschlüssen zu erwarten wären, verhindert werden.

Im Bereich der Forschung und der akademischen Projektbearbeitung ist diese Form der kollektiven Zusammenarbeit besonders in der Informatik weit verbreitet. So wird bspw. im GRID Bereich [22] die Projektkooperation als VO geregelt [23]. Allerdings gibt es einige Unterschiede in der Verwendung von VOs im akademischen und im wirtschaftlichen Umfeld. Während die Zielsetzung bei der akademischen Verwendung hauptsächlich auf der gemeinsamen Zusammenarbeit liegt, ist die Motivation der Beteiligten an einer VO in der freien Wirtschaft eine andere. Die Beteiligten sind, wie es schon im ersten Abschnitt beschrieben wurde, trotz der Projektverbundenheit vorrangig sich selbst und eigenen Interessen verpflichtet.

Die VO orientiert sich an den Projektstrukturen und ist modular aufgebaut. Ein VO Modell bildet die Partner mit ihren Rechten und Pflichten formal ab. Durch die Definition von typischen Rollen der Projektbeteiligten mit ihren Berechtigungen können VO Modelle als Referenzmodelle verwendet werden, die dann projektspezifisch verfeinert und ausgefüllt werden.

Im nächsten Kapitel wird das im Projekt Mefisto konzipierte VO Modell für Bauprojekte vorgestellt, das mit dem Ziel entwickelt wurde, die Kompetenzen, Rollen, Abhängigkeiten und Zuständigkeiten der Projektpartner in transparenter Form abzubilden.

6.6 Das Mefisto VO Modell

6.6.1 Abbildung der Projektorganisation

Im Projekt Mefisto hat das VO Modell grundsätzlich zwei unterschiedliche Aufgaben zu erfüllen. Zum einen wird es zur Identifikation von Organisationseinheiten genutzt und

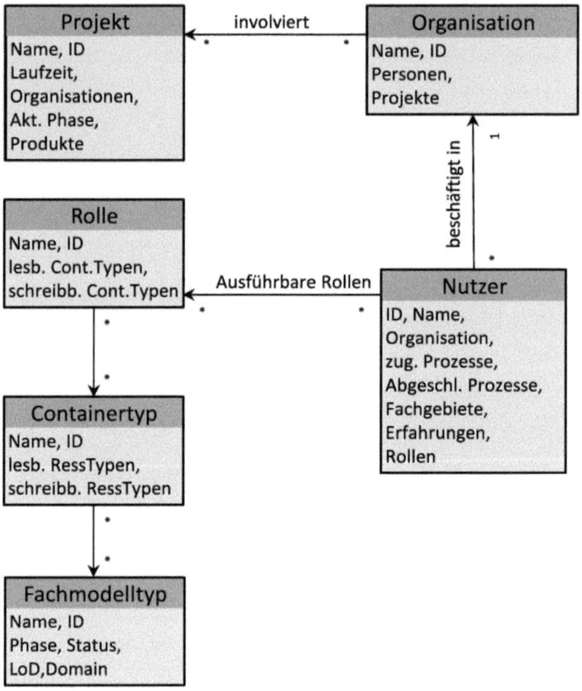

Abb. 6.5 Klassendiagramm des Mefisto VO Modells

dient im Rahmen des Multimodellcontainers dazu, die Einheiten eindeutig zu bezeichnen, die für bestimmte Bauwerksteile, Bauleistungen, Bauprozesse, Baustellengeräte sowie zugehörige, in den Fach- und Linkmodellen gespeicherten Informationen verantwortlich sind. Zum anderen dient das VO Modell zur Gestaltung von Organisations- und Kommunikationsstrukturen auf der Mefisto Plattform, indem die formale oder semiformale Abbildung der Organisationsstruktur eines Projekts dazu genutzt wird, Werkzeuge zur Steuerung der Informationsflüsse und Zugriffsrechte besser planen und umsetzen zu können. Auf der Mefisto Plattform wird die Aufgabe der Identifikation von Organisationseinheiten vor allem von den einzelnen Fachanwendungen genutzt, wohingegen die Aufgaben zur Gestaltung der Organisations- und Kommunikationsstrukturen vorwiegend durch die zentralen Plattformdienste der Informationslogistik erfüllt werden. Dennoch wird hier aufgrund der Dynamik der Modelle und ihrer inhaltlichen und strukturellen Übereinstimmungen von einer zentral koordinierten Verwaltung des VO Modells ausgegangen. Das Mefisto VO Modell beschreibt eine Organisationsstruktur, das die Kompetenzen der beteiligten Partner einer VO und die Regeln ihrer Zusammenarbeit als VO Rollen, z. B. als OmniClass Roles [24], abbildet und sich eng an den IFC Standard [25] anlehnt, da es sich hierbei um ein in der Baudomäne gut eingeführtes Datenmodell handelt. Es wurden lediglich einige Erweiterungen an der Struktur vorgenommen, um dem Aspekt der kontextsensitiven Zugriffssteuerung gerecht zu werden [20]. Das VO Modell von Mefisto baut auf den Entwicklungen der Projekte InteliGrid [26, 36] und BauVOGrid [27, 37] auf. Die Klassenstruktur, d. h. das Schema des Mefisto VO Modells, ist in Abb. 6.5 dargestellt.

Um eine eindeutige Definition der Partner, Rollen und Berechtigungen zu ermöglichen, die von allen Partnern in gleicher Weise verstanden und benutzt wird, ist es notwendig, eine projektweit gemeinsam genutzte Begriffswelt zu schaffen. Dafür ist die Einigung auf ein einheitlich benutztes Vokabular sinnvoll, das sowohl bei der Definition der Rollen und Rechte als auch bei der semantischen Modellbeschreibung als Annotationsvokabular Verwendung findet. Dieses Projektvokabular (Teil II, Kap. 13) wird im Projekt Mefisto auf der Mefisto Plattform zur Verfügung gestellt und durch zentrale Plattformservices verwaltet.

6.6.2 Rollen und Berechtigungen

Rollen bilden Kompetenzen von Partnern im Rahmen der gemeinsamen Projektbearbeitung ab, wobei verschiedene Ansätze bei der Verwendung des Rollenbegriffs für die Berechtigungszuweisung in der Literatur diskutiert werden. Die klassische, rollenbasierte Zugriffskontrolle, Role Based Access Control, RBAC, wie sie 1995 von [28] vorgeschlagen wurde, lässt sich in der Praxis selten direkt umsetzen. Vielmehr muss der Rollenbegriff differenziert betrachtet werden. RBAC definiert vereinfacht den Zusammenhang: „WER, Projektrolle, darf WAS, Berechtigungen?“. Da allerdings VO Teilnehmer unter Umständen verschiedene Fähigkeiten oder Kompetenzen in eine VO einbringen können, wurde sowohl in [29] als auch in [20] festgestellt, dass die Rollenzuordnung in der Praxis nicht starr festgeschrieben werden kann, sondern jeweiligen kontextbezogenen, dynamischen Beschränkungen unterliegt. Somit muss die Rollenzuweisung kontextabhängig modelliert und dynamisch ausgewertet werden. Nur auf diese Weise kann die Einhaltung wichtiger Forderungen bei der Rollenzuordnung, wie bspw. das Prinzip der Aufgabentrennung, Separation of Duty [28], und das Prinzip der minimalen Rechte, Principle of least privilege [30], sichergestellt werden. Im Projekt Mefisto wird ein erweitertes Rollenmodell verwendet, das Zugriffskontrolle unter Einbeziehung eines Zugriffskontextes bietet und vereinfacht dargestellt bestimmt: „WER, aktuelle Rolle, darf WAS, Berechtigungen, mit WEM, Objekttyp, und WANN, in welcher Situation d. h. Kontext“ [31].

Das VO Modell basiert auf einem hierarchisch organisierten Rollenmodell (Abb. 6.6), in dem Rollen explizit Berechtigungen für den Zugriff auf Elementarmodelltypen definieren. Im Folgenden wird von Modelltypen gesprochen, wenn ganz bestimmte, durch die Annotationswerte ausgeprägte Modelle gemeint sind. Die erforderlichen Rollenberechtigungen für die Ausführung von Prozessen werden implizit aus den Zugriffsrechten der verwendeten Elementarmodelltypen abgeleitet, indem Leserechte für konsumierte und Schreibrechte für produzierte Modelle abgefragt werden. Sowohl die Unterscheidung zwischen potentiellen und aktuell ausgeführten Benutzerrollen [31] als auch zwischen exogenen und endogenen VO Rollen [4] wird hier vernachlässigt.

Berechtigungen werden als Zugriffsberechtigungen auf Datenobjekte modelliert. Da sich im Projekt Mefisto die verwendeten Datenobjekte ausschließlich auf Multimodellcontainer beschränkten, wurden die Berechtigungen entsprechend auf der Basis von Elementarmodelltypen modelliert, da aus ihnen hierarchisch alle weiteren Modelltypen aufgebaut sind, so auch der Fachmodelltyp (Teil I, Kap. 2). Dabei leiten sich implizit die Berech-

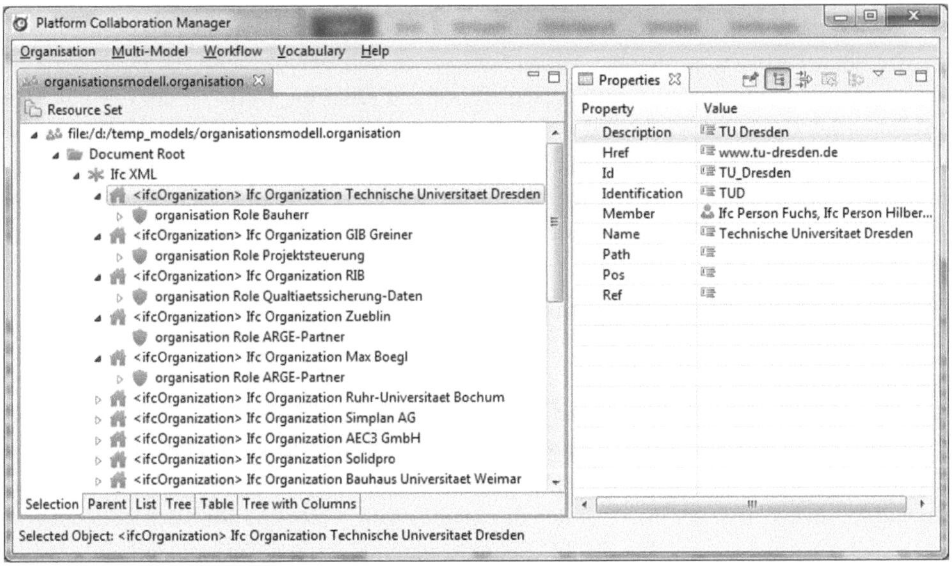

Abb. 6.6 Mefisto Organisationsmodell, Bildschirmbild, CoMa

tigungen für die Bearbeitung und Erstellung von Multimodelltypen aus den enthaltenen Elementarmodelltypen ab. Bedingungen für die Gültigkeit der Berechtigungen werden dabei durch die geforderten Elementarmodelltypen definiert. Abbildung 6.6 illustriert die Verknüpfung des VO Modells mit den multimodellbasierten Rollen- und Berechtigungskonzepten (Abb. 6.7).

Für die Beschreibung von Elementarmodellen wurde in der Prototypimplementierung ein eingeschränkter Satz von vier der sechs fachlichen Annotationskriterien der Modellbeschreibung einer Informationsressource verwendet, wie sie in Teil I, Kap. 1 und Teil I, Kap. 4 eingeführt wurden. Es wurde auf die zwei Annotationskriterien Datenformat, f, und Sachgebiet, m, bei der Implementierung des Prototypen der Mefisto VO verzichtet. Damit kann weder die Zuordnung zwischen Bearbeitungswerkzeug und Elementenmodell noch die Einordnung in das Sachgebiet, sondern nur die Phase erfolgen. Für die Entwicklung des Prototyps waren diese zwei Kriterien von untergeordneter Bedeutung. Das verwendete Annotationsvokabular beinhaltet dabei folgende Konzepte:

- Projektphase, p, mit dem Konzept von Vorgänger und Nachfolger sowie von Super- und Subphase
- Modelldomäne, d, sowohl mit den Konzepten von Vorgänger und Nachfolger als auch von Super und Subdomain
- Detaillierung, Level of Detail, LoD, l, mit dem Konzept von feiner und gröber, feiner_als, gröber_als
- Projektstatus, s, mit dem Konzept von Vorgänger und Nachfolger, vorgänger_von, nachfolger_von

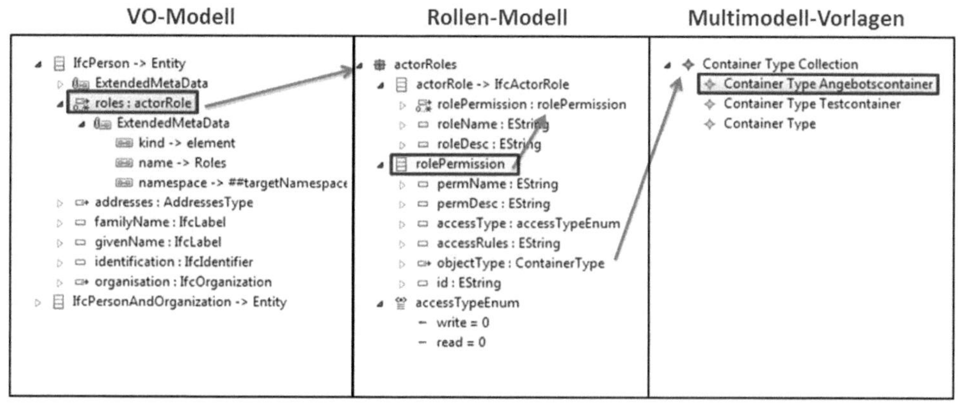

Abb. 6.7 Rollen- und Berechtigungskonzepte des VO Modells

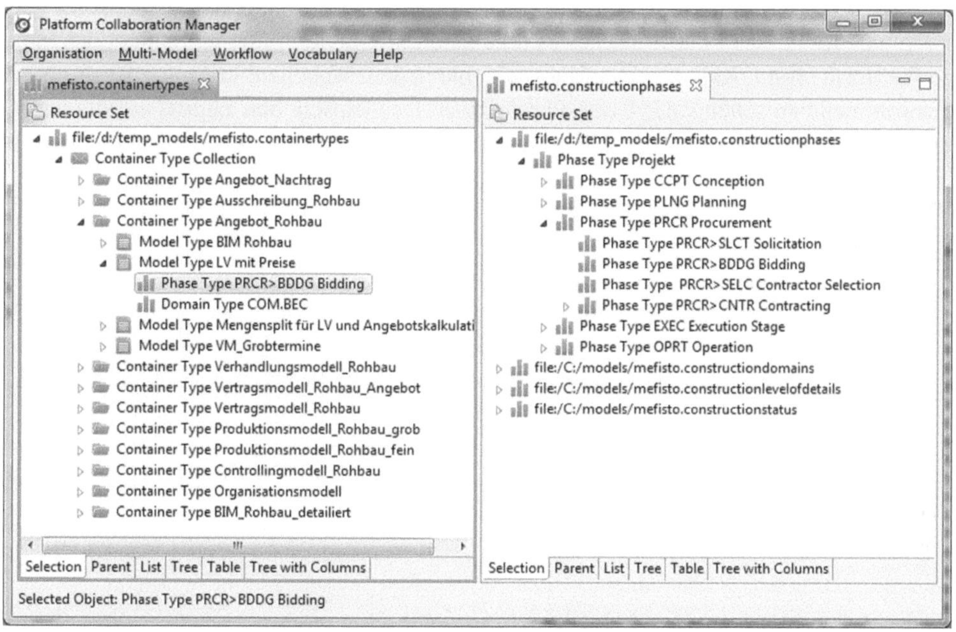

Abb. 6.8 Modelltypen definiert auf der Basis von Metadaten am Beispiel einer Multimodellcontainers Angebot, Bildschirmbild, CoMa

Abbildung 6.8 zeigt die Definition eines Multimodellcontainers für ein Angebot auf der Basis von Metadaten.

Mithilfe dieser Modellattribute lassen sich Modelltypen definieren, die abhängig von der Modellierungsdomäne wesentliche Strukturierungskonzepte des Elementarmodells bestimmen. Auf Basis dieser Modelltypen lassen sich wiederum Multimodelltypen konstruieren. Die implementierten Modelltypen haben Bezeichnungen wie in Abb. 6.8 wiedergegeben und sind für den Prototypen der Mefisto VO ausreichend. Für eine professionelle Implementierung sollte auf die Modelltypenliste zurückgegriffen werden, die aus der Szenarioanalyse abgeleitet wurde und ca. 100 Modelltypen in strukturierter Annotation auflistet (Teil II, Kap. 13). Der Einsatz des einheitlichen Projektannotationsvokabulars ermöglicht die Verbindung zwischen dem Rollenkonzept, dem Multimodellkonzept und der Beschreibungssemantik in der Baudomäne.

6.7 Plattform VO Services

6.7.1 Architektur der Plattformservices

Das entwickelte VO Modell wird auf der Mefisto Kollaborationsplattform durch verschiedene Plattformservices umgesetzt. Diese Services kapseln dabei den Zugriff auf die Daten der VO, die Projektvokabulare und die Multimodellvorlagen. Abbildung 6.9 verdeutlicht diese Strukturierung. Die Informationslogistik der Kollaborationsplattform wird durch eine Reihe von Plattformservices organisiert, die in der mittleren Schicht der Mefisto Plattform (Teil I, Kap. 6) angeordnet sind und in dem Webclient in Abb. 6.10 als oberes Auswahlmenü zu sehen sind. Diese Plattformservices kapseln den Zugriff auf die darunterliegende Datenbasis des Cloud Repository. Dabei handelt es sich um folgende Dienste:

- Service Registry verwaltet alle internen Plattformdienste, die zu der Kollaborationsplattform gehören.
- VO Registry fragt ab und bearbeitet das Organsiationsmodell.
- Transfer Manager organisiert den Zugriff auf die dezentral vorgehaltenen Fachmodelle der Partner auf ihren jeweiligen Serversystemen.
- Model Registry verwaltet die Informationen der auf der Plattform ausgetauschten Multimodelle.
- Template Registry verwaltet die Multimodellvorlagen
- Workflow Registry verwaltet externe Dienste, die an die Plattform angekoppelt werden können.
- Vocab Registry verwaltet die Vokabulare.

Der in der obersten Schicht abgebildete Collaboration Manager Client, CoMa, der als Nutzerschnittstelle für die Plattformservices dient, wird im nächsten Kapitel näher beschrieben.

Diese Architektur wurde anhand verschiedener Anwendungsszenarien evaluiert. Dabei wurden Aufgabenstellungen sowohl für das Management des Organisationsmodells der Nutzer- und Rollenverwaltung als auch für die Verwendung der Organisationsinformationen für Zugriffsentscheidungen erörtert. Diese Zugriffsentscheidungen werden dabei zentral auf der Plattform durch die Plattformservices, z. B. Zugriff auf Plattformressourcen, oder dezentral bei den externen Plattformservices der Partner getroffen. Das XML basierte Organisationsmodell ist zentral auf der Mefistoplattform hinterlegt und für die Organisationsmanagementfunktionen existiert ein VO Registry Service. Abbildung 6.10 zeigt die

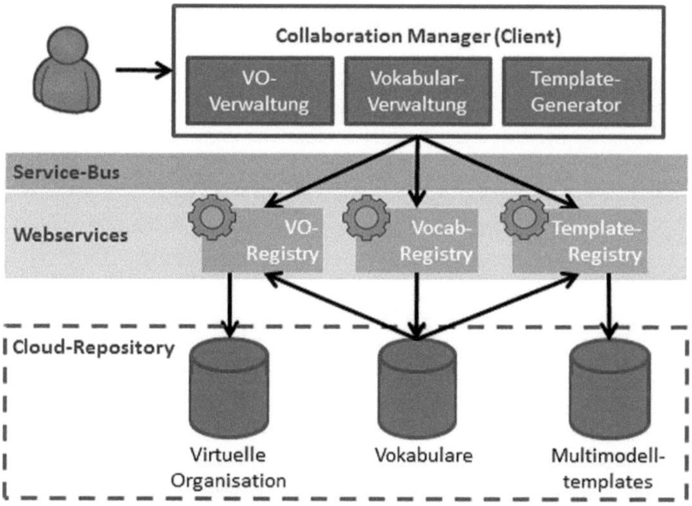

Abb. 6.9 Architektur der Plattformservices

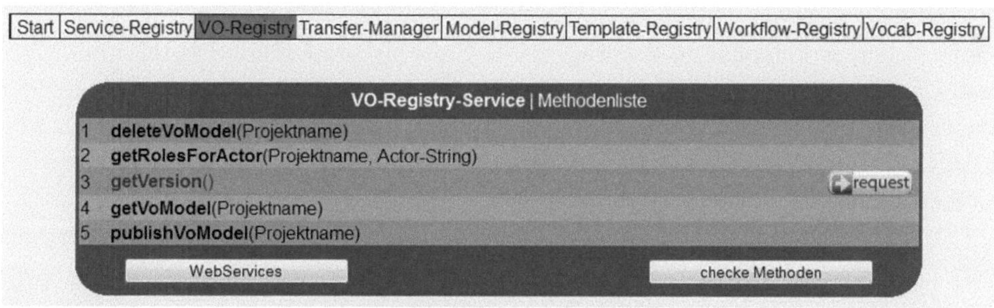

Abb. 6.10 Plattformservice für das Organisationsmanagement

Übersicht der Funktionen dieses Services innerhalb des Mefisto Plattform Developer Frameworks. Diese Hypertext Preprocessor, PHP, basierte Umgebung [32] gestattet ein vereinfachtes Management der verknüpften Plattformservices. Die WSDL Beschreibungen [33] der Services werden ausgewertet und zu jeder Methode können Informationen wie Funktion, Version, Ein- und Ausgabeparameter und der Implementierungsstand hinterlegt und Entwicklungspartnern kommuniziert werden. Zusätzlich lassen sich Testfälle hinterlegen, um sowohl die Erreichbarkeit und Funktionalität der Plattformservices zu testen als auch ad hoc Anwendungsmöglichkeiten demonstrieren zu können.

6.7.2 VO Registry Service

Zugriffs- und Autorisierungsentscheidungen unterstützt der VO Registry Service mit der Methode getRolesForActor. Über diese Methode kann das Organisationsmodell abgefragt

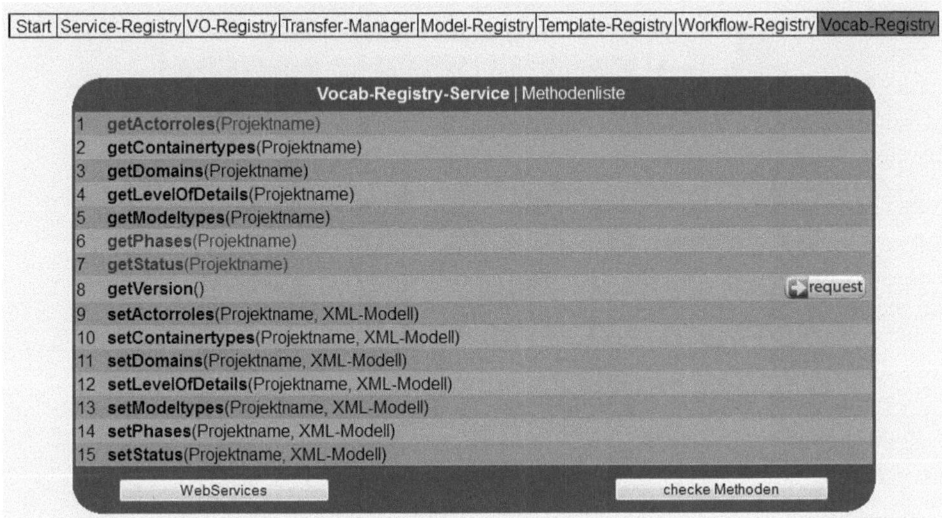

Abb. 6.11 Schnittstellen des Vocab Registry Services

werden, ohne es komplett zu übertragen. Als Ergebnis werden alle Organisationsrollen zurückgegeben, die im Organisationsmodell des angegebenen Projekts dem betreffenden Akteur zugeordnet sind. Da, wie schon beschrieben, die Rollen Berechtigungen für Modellzugriffe definieren, können die anfragenden externen und zentralen Plattformservices mit dieser Information eine Zugriffsentscheidung treffen.

Die Nutzerverwaltung wird über die Bearbeitung des Organisationsmodells durchgeführt. Leseberechtigte Rolleninhaber können mit der Methode getVOModel das komplette Organisationsmo–dell herunterladen. Wenn der anfragende Akteur auch eine Rolle mit Berechtigung zum Schreiben des VO Modells besitzt, so kann er dieses Modell bearbeiten und als neue Version mittels der Methode publishVoModel wieder auf die Plattform hochladen. Für die Bearbeitung des Organisationsmodells genügt prinzipiell ein einfacher XML Editor, eine komfortablere und fehlervermeidende Variante ist allerdings die Verwendung des Collaborationmanagers, CoMa, der im nächsten Abschnitt beschrieben wird.

6.7.3 Vocab Registry Service

Da sowohl die Annotation der Multimodelle als auch der Rollen und Berechtigungen auf einem einheitlichen Projektvokabular basieren, ist es notwendig, dieses zentral verfügbar zu halten. Der Vocab Registry Service bietet dafür die Methoden getDomains, getLevelOf Details, getPhases und getStatus sowie die zugehörigen Set Methoden. Diese Vokabulare sind sehr modular aufgebaut und lassen sich leicht verschiedenen Verwendungsaspekten anpassen. Zur Verwaltung der auf diesen Attributen basierenden Multimodell- und Elementarmodelltypen dienen die Methoden getModeltypes und getContainertypes. Für die

Definition der Rollen und Berechtigungen wird die Methode getActorroles verwendet. Abbildung 6.11 zeigt die Schnittstellenübersicht des Vocab Registry Services. Als Argument wird jeweils der Projektname angegeben, da Informationen für mehrere Projekte verwaltet werden können. Die ID des anfragenden Akteurs wird im SOAP Header des Service Requests mitgesendet und dient der Autorisierung des Methodenaufrufs.

6.8 Pilotanwendung Collaboration Manager

Für die vereinfachte Verwaltung der Mefisto Plattform wurde die Rich Client Anwendung Collaboration Manager, CoMa, entwickelt, die die vorhandenen Plattformservices nutzt, um sowohl Informationen über die Geschäftsobjekte, in diesem Fall Elementar- und Multimodelle, Multimodellvorlagen und Workflowmodelle als auch Informationen über die Projektstruktur in Form von Projektrollen, dem VO Modell sowie die Annotationsvokabulare zu verwalten. Bei CoMa handelt es sich um einen XML Editor, der um Webserviceschnittstellen erweitert wurde. Die Basis dieser Anwendung wurde mit dem Eclipse Model Framework, EMF, [34] entwickelt, die u. a. modellzentriert aus XML Schemas entsprechende Editoren zur Visualisierung und Bearbeitung der spezifizierten Modelle generiert. Die Verwendung der Multimodellcontainer und -vorlagen auf der Mefisto Plattform wurde in Teil I, Kap. 5 eingehend besprochen, während hier das Management der virtuellen Projektorganisation und der Annotationsvokabulare betrachtet wird.

Die auf der Mefisto Plattform genutzten Modelle, wie VO Modell, Rollenmodell, Beschreibung der Multimodellcontainer und Multimodellvorlagen, wurden als XML Schemas definiert und zur Generierung des Editors verwendet. Durch das Hinzufügen der Webservicefunktionalität wurde dieser Editor zu einem Riech Client ausgebaut und an die Mefisto Plattform angekoppelt. Somit ist es relativ einfach möglich, unter Verwendung der Plattform Services, die Datenmodelle der Plattform herunterzuladen, zu bearbeiten und anschließend wieder zu veröffentlichen. Der wesentliche Vorteil bei der Verwendung des CoMa ist neben der einfachen Zuordnung von Vokabular zu Rollen, Berechtigungen oder Containertypen per Drag & Drop die Erzeugung eines verlässlich validen XML Modells, das den vereinbarten Schemas entspricht. Somit kommt es beim Austausch der Modelle weder zu Unstimmigkeiten noch zu einem Ausfall der Kollaborationsplattform. Die Verwendung des CoMa wird durch drei Szenarien in Abschn. 6.8.1 bis 6.8.3 demonstriert. Szenario 1 beschreibt die Verwendung des CoMa für die Verwaltung der Vokabulare und Containertypen, Szenario 2 die Definition der Rollen, worauf aufbauend in Szenario 3 die Verwendung zur Nutzerverwaltung gezeigt wird.

6.8.1 Verwaltung von Vokabularen und Multimodellcontainertypen

CoMa ermöglicht unter anderem auch das bequeme Ansprechen des Plattform Vocab Registry Services. Dadurch können die Annotationsvokabulare direkt in den Editor geladen werden. Wenn diese XML Schema konform bearbeitet wurden, können sie anschließend wieder auf der Plattform veröffentlicht werden. Abbildung 6.12 zeigt CoMa mit

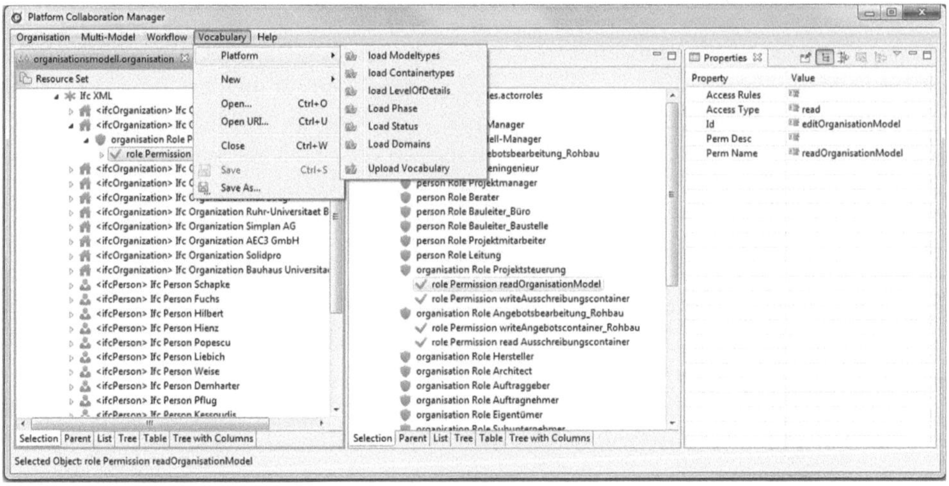

Abb. 6.12 Benutzerschnittstelle des Collaboration Managers

dem geöffneten Menü für das Vokabularmanagement. Für das Herunterladen muss das gewünschte Vokabular ausgewählt werden, während bei der Veröffentlichung CoMa das Modell selbstständig erkennt und die entsprechende Methode des Vocab Registry Services aufruft. Bei der Bearbeitung von Multimodellcontainertypen, Multimodellvorlagen oder des VO Modells ist es sinnvoll, die Annotationsvokabulare geöffnet zu halten, da ihnen so mittels Drag & Drop relativ einfach entsprechende Elementarmodellattribute zugewiesen werden können.

6.8.2 Definition von Rollen

Für die Definition von Rollen kann auf ein vorbereitetes Referenzrollenmodell, organisiert als Katalog, zurückgegriffen werden, das bereits übliche Kollaborationsrollen der Baudomäne enthält. Für die Erstellung von Berechtigungen ist es sinnvoll, die vorbereiteten Multimodellcontainertypen zu nutzen. Anschließend muss noch die Zugriffsart, d. h. lesen und/oder schreiben, gewählt und ein eindeutiger Name vergeben werden (Abb. 6.13, rechts). Es können natürlich auch neue Rollen und Berechtigungen erzeugt werden. Die erstellten Rollen können dann bequem mit ihren verknüpften Berechtigungen in das VO Modell übernommen werden.

6.8.3 Nutzerverwaltung/Bearbeitung des Organisationsmodells

Zur Übertragung des Organisationsmodells werden die Methoden getVoModel und publishVoModel des Plattform VO Registry Services aus dem CoMa direkt angesprochen. Somit wird das VO Modell direkt in den Editor geladen bzw. auf der Plattform veröf-

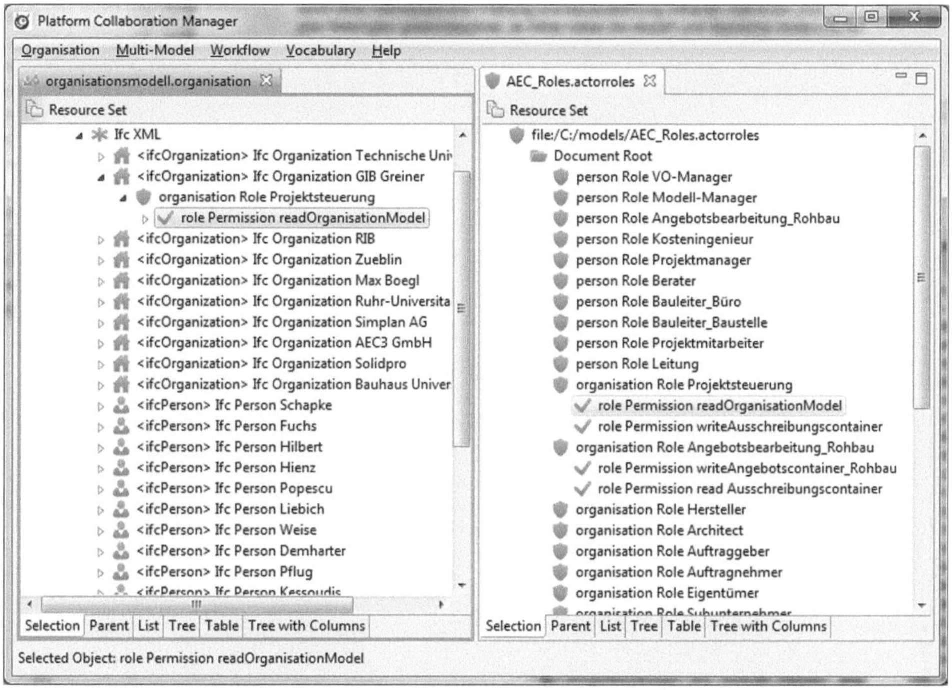

Abb. 6.13 Rollenzuweisung im Mefisto VO Modell

fentlicht. Zur Bearbeitung des Organisationsmodells können Akteure und Organisationen erstellt, miteinander verknüpft und anschließend vordefinierte Rollen direkt zugewiesen werden (Abb. 6.13, rechtes Fenster).

6.9 Zusammenfassung und Ausblick

Eine zentrale Informations- und Wissenssteuerung bei gleichzeitig dezentraler Datenhaltung unter Beachtung vertraulicher Daten ist eine Herausforderung, die nur unter Verwendung moderner IKT Methoden erfüllt werden kann. Um die hohe Komplexität der Kollaboration in Bauprojekten als Gesamtsystem beherrschbar abzubilden, wurden die Konzepte der Virtuellen Organisation, VO, und der Service Orientierten Architektur, SOA, verwendet und ein VO Management mit semiautomatischer Rollenunterstützung implementiert. Ausgehend von dem planlastigen Projektmanagement der Vergangenheit [35] wurde unter Betonung der Selbstorganisation und Interdisziplinarität virtueller Organisationen ein ganzheitlicher Ansatz entwickelt, der den Schwerpunkt der Zusammenarbeit von Information hin zu Kooperation verlagert.

Es hat sich gezeigt, dass sich durch die systematische Formalisierung des domänenspezifischen Vokabulars und dessen stringenter Verwendung für die Annotation sowohl der Rollen und Berechtigungen als auch der Multimodellcontainer und -vorlagen ein erheblicher Mehrwert für das Management Virtueller Organisationen erreichen lässt. Zukünftige Entwicklungen werden sich mit der wissensbasierten Unterstützung der Generierung von projektangepassten Organisationsmodellen und Rollendefinitionen befassen.

Literatur

1. Binding G (1993) Baubetrieb im Mittelalter. Wissenschaftliche Buchgesellschaft, Darmstadt, Germany
2. Borrmann A, Günthner WA (2011) Digitale Baustelle – innovativer Planen, effizienter Ausführen, Werkzeuge und Methoden für das Bauen im 21. Jahrhundert. Günthner WA, Borrmann A (Hrsg) Springer, Berlin, ISBN 978-3-642-16485-9
3. Vanderhaeghen D, Zang S, Scheer AW (2005) Interorganisationales Geschäftsprozessmanagement durch Modelltransformation, Bd 182. Universität des Saarlandes, Saarbrücken
4. Hofer A, Adam O, Zang S, Vanderhaeghen D (2007) Modellierung und Management kollaborativer Geschäftsprozesse. In: Loos P, Vanderhaeghen D (Hrsg) Kollaboratives Prozessmanagement: Unterstützung kooperations- und koordinationsintensiver Geschäftsprozesse am Beispiel des Bauwesens. Logos, Berlin, S 61–81
5. Gronau N (2002) Kollaborative Engineering Communities – Architektur und Integrationsansätze. In: Mertens P (Hrsg) Proc der Multikonferenz Wirtschaftsinformatik 2002, Nürnberg
6. Lehner F, Hildebrand K, Maier R (1995) Wirtschaftsinformatik – Theoretische Grundlagen. Carl Hanser Verlag, München
7. Camarinha-Matos LM, Afsarmanesh H (2008) On reference models for collaborative networked organizations. Int J Product Res 46(9)
8. Heidemann A (2011) Kooperative Projektabwicklung im Bauwesen unter der Berücksichtigung von Lean-Prinzipien – Entwicklung eines Lean-Projektabwicklungssystems. KIT Scientific Publishing, Karlsruhe, ISSN 1868-5951
9. Krcmar H (2003) Informationsmanagement. Berlin, S 1
10. Gabriel R, Beier D. (2003) Informations-management in organisationen. Stuttgart
11. Biethahn J, Muksch H, Ruf W (2004) Ganzheitliches Informationsmanagement. Oldenbourg, Munich
12. Voß S, Gutenschwager K (2001) Informationsmanagement. Springer, Berlin
13. Härtwig J (2010) Konzept, Realisierung und Evaluation des semantischen Informationsraums. Dissertation
14. Rüppel U (Hrsg) (2007) Vernetzt-kooperative Planungsprozesse im Konstruktiven Ingenieurbau. Springer, Berlin
15. Morgenroth K (2006) Kontextbasiertes Information Retrieval: Modell, Konzeption und Realisierung kontextbasierter Information Retrieval Systeme. Logos-Verlag, Berlin
16. Zimmer TH (2007) Verbesserung der Kontexterkennung in Ubiquitären Informationsumgebungen. Dissertation
17. Dey AK, Abowd GD, Wood A (1999) CyberDesk: a framework for providing self-integrating context-aware services. Knowl-Based Syst 11:3–13
18. Hilbert A, Wieland U (2012) Zur adaptiven Steuerung von wissensintensiven Geschäftsprozessen. Institut für Wirtschaftsinformatik, Braunschweig. http://www.digibib.tu-bs.de/?docid=00048028
19. Flaig LS (1992) The „Virtual Enterprise": your new model for success. Electron Bus, S 153–155 (30.03.1992)
20. Hilbert F, Katranuschkov P, Scherer RJ (2010) Dynamic context-aware information access in virtual organizations. In: Proceedings of the ICCCBE conference 2010, Nottingham

21. Oksana A, Härtling M (1995) Virtuelle Unternehmen – Begriffsbildung und -diskussion; Arbeitspapier der Reihe „Informations- und Kommunikationssysteme als Gestaltungselement Virtueller Unternehmen", Nr 3, 1995, Universität Bern/Leipzig, Erlangen-Nürnberg
22. Foster I, Kesselmann C (1998) The GRID: blueprint for a new computing infrastructure. Morgan Kaufmann Publishers, San Francisco, S 206
23. Sotomayor B, Childers L (2006) Globus Toolkit 4: programming Java services. Elsevier, Morgan Kaufmann, Amsterdam, Boston, S 383
24. OCCS (2006) OmniClass Edition 1, OCCS Development Committee. Available from Internet: http://www.omniclass.org
25. ISO16739 (2005) Industry Foundation Classes, Release 2×, Platform Specification. ISO Publicly Available Specification
26. TUD (2004) InteliGrid (1.9.2004–28.2.2007). Available http://inteligrid.eu-project.info
27. TUD (2008) BauVOGrid (1.6.2007–30.5.2010). Available http://www.bauvogrid.de
28. Ferraiolo DF, AC J, Kuhn DR (1995) Role-based access control (rbac): features and motivations. In: Proceedings of 11th annual computer security application
29. Sohr K, Drouineaud M, Ahn GJ (2005) Formal specification of role-based security policies for clinical information systems. In: Proceedings of the 2005 ACM symposium on applied computing
30. Saltzer JH, Schroeder MD (1975) Protection of information in computer systems. In: Proceedings of the IEEE
31. Hilbert F, Scherer RJ, Araujo L (2011) Multi-model-based access control in construction projects. In: Proceedings of the working conference on virtual enterprises, PRO-VE 2011, São Paulo, Brazil
32. PHP (2012) Hypertext preprocessor. Available http://www.php.net/
33. WSDL (2012) Web service Description Language. Available http://www.w3.org/TR/wsdl.html
34. EMF (2012) Eclipse modeling framework project. Available http://www.eclipse.org/modeling/emf/
35. Balck H (1990) Neuorientierung im Projektmanagement, Arbeitstexte der Gesellschaft für Projektmanagement. Verlag TÜV Rheinland, Köln
36. Gehre A, Katranischkov P, Scherer RJ (2006) Managemanet and intergration of virtual enterprise information on grid spaces through semantic web ontologies. In: Martinez M, Scherer R (Hrsg) eWork and eBusiness in architecture, engineering and construction, proc 6th European conference on product and process modelling (ECPPM) Sept 13–15, Valencia, Spain. Taylor & Francis Group, London, UK, S 255–266, ISBN 0-415-41622-1
37. Katranuschkov P, Scherer RJ (2008) BauVOGrid: a grid-based platform for the virtual organization in construction. In: Tarli A, Scherer R (Hrsg) ECPPM 2008 – eWork and eBusiness in architecture, engineering and construction – proc of the 7th European conference on product and process modelling (ECPPM), ISBN 978-0-415-48245-5 (Hardbook), 978-0-203-88332-7 (eBook). Taylor & Francis Group, The Netherlands

Multimodellaufbau unter Einsatz von Bauteilbibliotheken

7

Alexander Blickle, Anja Feigel, Simon Jagenow, Thomas Hauber, Nicole Baiker-Ulmschneider, Jochen Renz, Stephan Stock und Raimar J. Scherer

Zusammenfassung

Es werden Multimodelle für zwei Projekte aus dem Hochbau aufgebaut, die besondere Herausforderungen an den Bauwerksentstehungsprozess und die Logistik stellen. Es wird ein direkter Informationsbezug zwischen 3D Bauteilen, Mengen, Kosten, Terminen, Baumaschinen, Baustelleneinrichtung, Bauprozessen und Aufwandswerten geschaffen. Für die Planungsphasen werden Modelle in unterschiedlicher Detailliertheit erstellt, die auf den Vorgängermodellen basieren, mit diesen verlinkt sind und mit dem Planungs- und Baufortschritt immer weiter verfeinert werden.

Zuerst werden eine Bauteilannotation und Baugruppenstrukturierung vorgestellt, die sich für den Aufbau von Bauteilbibliotheken eignen und die objektorientierte Modellierung für die Bauwerks- und Baustelleneinrichtungsmodelle ergänzen, um ein strukturiertes prozessorientiertes Baustellenmodell zu erhalten.

Anschließend werden die modellierten Bauprojekte, der Mefisto Flughafenterminal und das Mefisto Hochhaus, vorgestellt. Beim Flughafenterminal liegt der Schwerpunkt auf dem Bauwerksmodell und seiner kontinuierlichen Verfeinerung bzgl. der Bauausfüh-

A. Blickle (✉) · A. Feigel · S. Jagenow
Ed. Züblin AG, Stuttgart, Deutschland

T. Hauber
Max Bögl Bauservice GmbH & Co. KG, Sengenthal, Deutschland

N. Baiker-Ulmschneider · J. Renz
keytech Software GmbH (vormals SolidPro GmbH), Sulz a. N., Deutschland

S. Stock
SolidPro GmbH, Langenau, Deutschland

R.J. Scherer
Institut für Bauinformatik, Technische Universität Dresden, Dresden, Deutschland

R.J. Scherer, S.-E. Schapke (Hrsg.), *Informationssysteme im Bauwesen 1*,
DOI 10.1007/978-3-642-40883-0_7

rung, den Mengen, Kosten, Terminen und dem Nachtragsmanagement, während beim Hochhaus der Schwerpunkt auf dem Baustellenmodell mit den Aspekten Baubarkeit, Aufwandswerte, Maschineneinsatz, Bauverfahren und Baustelleinrichtung liegt.

7.1 Multimodelle in den Projektphasen

7.1.1 Einleitung

Ein Bauprojekt durchläuft während seiner Umsetzung unterschiedliche Projektphasen. Nach der Festlegung auf einen Entwurf wird dieser für die Ausschreibung weiter ausgearbeitet. Dies erfolgt von Seiten des Auftraggebers, oftmals unterstützt durch ein Planungsbüro, das die Projektbetreuung übernimmt. Es entsteht ein Multiinformationsraum, da aus mehreren Fachdisziplinen Informationen zusammenkommen, die als eine vernetzte Einheit gesehen werden sollten. Um diesen vernetzten Informationsraum zu verwirklichen, ist ein Ansatz mit Multimodellen notwendig, in denen die Fachmodelle integriert und verlinkt und damit ihre Informationen vernetzt werden können.

Auf Seiten des Auftraggebers werden diese Multimodelle ebenfalls weiterentwickelt, teilweise für den internen Gebrauch für den Baubetrieb und das Bauprojektmanagement, teilweise für die Kommunikation und die Abstimmung mit dem Bauherrn und dessen Vertretern, teilweise zur Spezifizierung, Vergabe und Abwicklung von Unteraufträgen an Nachunternehmer sowie für das Risikomanagement. Es ist das Ziel, einen durchgängigen, modellbasierten Prozess- und Informationsfluss über alle Projektphasen zu realisieren und die Multimodelle mit der Fortschreitung der Planung, basierend auf den Ursprungsdaten, kontinuierlich zu verfeinern.

Der Schwerpunkt der Untersuchungen liegt auf dem Zusammenspiel zwischen Auftraggeber und Auftragnehmer, wobei der Generalunternehmer als Auftragnehmer im Mittelpunkt steht. Hierzu wurden für die unterschiedlichen Projektphasen Multimodelle mit den Schwerpunkten Bauwerks- und Baustellenmodelle erstellt, die Grundlage für die betrachteten Szenarien sind. Die Prozessmodellierung und Informationslogistik zu den Szenarien ist in Teil II, Kap. 23 dargestellt.

7.1.2 Horizontale und vertikale Modellübergänge

In jeder Projektphase entstehen ein oder mehrere charakteristische Multimodelle (Teil I, Kap. 1), die sowohl horizontale Verknüpfungen über die Fachgebiete als auch vertikale entsprechend den Detaillierungsgraden der Fachmodelle aufweisen (Abb. 7.1).

Während der Planungsphasen verdichten sich die Informationen und Fachmodelle zunehmend. So liegen je nach Planungsstand unterschiedliche Detaillierungs- bzw. Granularitätsstufen vor. Dies betrifft neben dem 3D Modell besonders die Mengensplits und die Terminpläne. Während in den ersten Phasen ein grobes Modell ausreichend ist, wird das

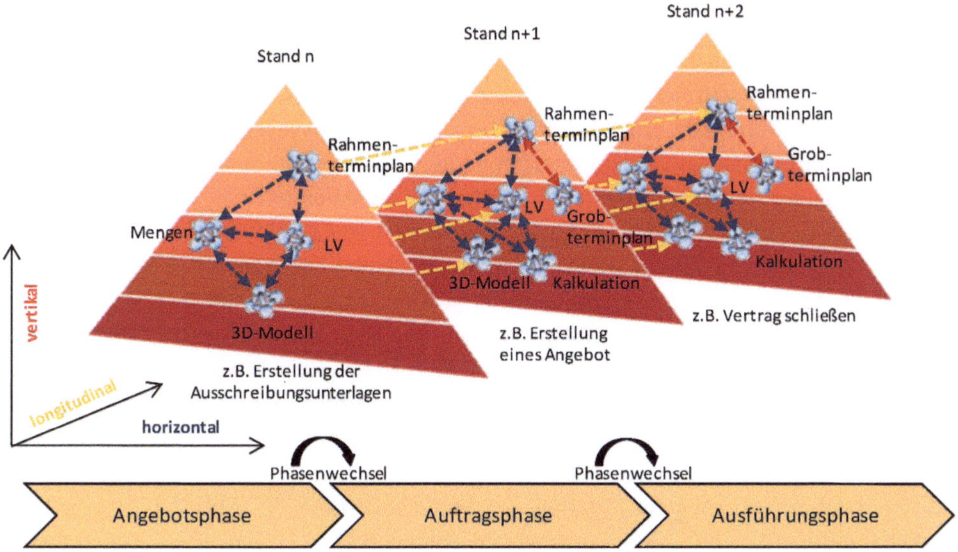

Abb. 7.1 Typische horizontale und vertikale Fachmodellvernetzungen und Modellübergänge entlang der Bauphasen, die zu einem 3D vernetzten Informationsraum führen

Abb. 7.2 Prinzipieller Aufbau des Multimodellcontainers

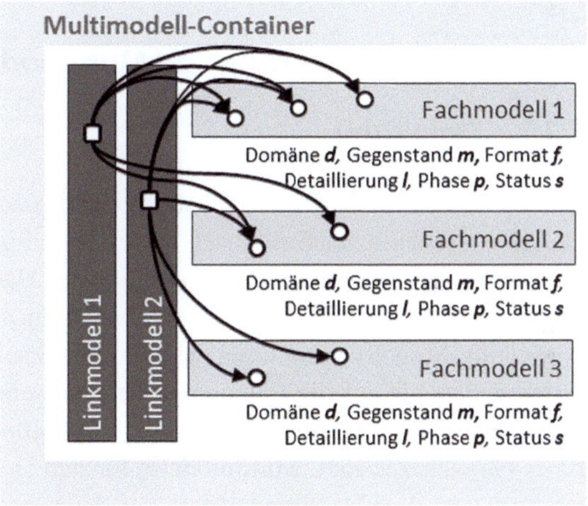

Modell in der Ausführungsphase stets weiter verfeinert, um den Bauprozess auf der Baustelle klar und deutlich zu beschreiben.

Die Multimodelle der verschiedenen Planungs- und Ausführungsphasen werden sinnvollerweise chronologisch verlinkt, sodass jederzeit nachvollziehbar ist, wie sich etwas entwickelt hat. Es entsteht der in Abb. 7.1 dargestellte 3D vernetzte Informationsraum, der sich durch die Verlinkung mehrerer Fachmodelle Abb. 7.2 zu einem für einen bestimmten Arbeitsschritt sinnvollen Multimodell (Teil I, Kap. 1) ergibt, das in einem Multimodellcontainer (Teil I, Kap. 2) ausgetauscht werden kann.

Aufgrund vieler unterschiedlicher Modellierwerkzeuge, die in der Bauplanung eingesetzt werden und jeweils Fachmodelle oder implizit verlinkte Multimodelle erzeugen, kann ein informationsverlustfreier Datenaustausch zwischen den Anwendungen nur über explizit verlinkte Multimodelle erfolgen, die in einem standardisierten Multimodellcontainer zu repräsentieren sind, falls die Linkinformationen nicht verlorengehen sollen. Der Multimodellcontainer beinhaltet bevorzugt standardisierte Datenmodelle, wie z. B. IFC [1], CPIxml und GAEB [2], repräsentiert in ihren jeweiligen Datenaustauschformaten, wie SPF, IFCxml (beide für IFC) und GAEBxml sowie weitere Datenaustauschformate (Teil I, Kap. 2). Ein solcher Multimodellcontainer ist in Abb. 7.2 schematisch dargestellt.

Für eine qualitativ hochwertige Datenstruktur und Bauteildefinition, die Grundlage für ein strukturiertes Arbeiten mit den Multimodellen ist, wurden für Fachmodelle, für die noch keine Datenstandards vorliegen, neue Standards definiert (Teil I Kap. 3). Diese können als noch unvollständige Entwürfe für die spätere Normierung angesehen werden. Sie basieren auf der IFC Klassifizierungsmethode. Darüber hinaus wurden projekt- und gewerkeabhängige Vorgaben zur Filterung der Modelle definiert. In Abb. 7.1 sind die horizontalen und vertikalen Modellübergänge entsprechend (Teil I, Kap. 1 und 2) dargestellt. Sie zeigen beispielhaft, welches komplexe Informationsnetzwerk sich mit den laufenden Projektphasen entwickelt, das es zu beherrschen gilt. Dies kann von den derzeitigen BIM Ansätzen noch nicht bzw. höchstens ansatzweise geleistet werden.

7.2 Standardisierung von Multimodellen

7.2.1 Einleitung

Um auf der Grundlage von Multimodellen Prozesse definieren und abbilden zu können, bedarf es einheitlicher Strukturen in den jeweiligen Fachmodellen. Diese sollten auf Basis bestehender nationaler und internationaler Datenstandards definiert werden, um einen eindeutigen, fehlerfreien Austausch von Daten und Informationen zu erhalten. So ist es vorteilhaft, Modellvorlagen für die einzelnen Fachmodelle anzulegen und sie so zu strukturieren, dass sie auf die Folgeprozesse angewendet werden können. Dabei sind auch internationale Konventionen und Austauschrichtlinien zu berücksichtigen. Darüber hinaus ist es ein weiteres Ziel, Multimodelle für den Hochbau und die Baustellenplanung so zu strukturieren, dass Multimodellvorlagen definiert werden können. Diese können dann auch die Grundlage für Bibliothekselemente bilden [3] (Teil II, Kap. 13).

Um zu verhindern, dass einzelne Fachmodelle zu viele Informationen beinhalten, wurde eine strikte Trennung der Informationen für die Fachmodelle in den beiden Demonstrationsprojekten umgesetzt. Sie wurden in mehreren Detaillierungsstufen entsprechend den Projektphasen modelliert:

- Bauwerksmodell, BIM
- Baustelleneinrichtungsmodell, BE
- Mengenmodell, QTO

- Kostenmodell, BoQ
- Vorgangsmodell, Activity
- Terminmodell, TSM bzw. vereinfachend auch mit Activity bezeichnet

Das 3D Modell des Bauwerks mit seinen Bauteilinformationen stellt weiterhin den zentralen Informationsträger dar, auch wenn es prinzipiell im Multimodell kein führendes Fachmodell geben muss (Teil I, Kap. 1). Auf Grundlage dieses 3D Bauwerksmodells werden weitere Fachmodelle konzipiert. Da das Bauwerksmodell als zentrales Informationsmodell eingesetzt wird, werden davon ausgehend die einzelnen Fachmodelle aufgebaut und anschließend untereinander verlinkt. Bei der strikten Trennung der Modelle wurde die bestehende Arbeitsweise und Bezeichnungsweise übernommen. In der Praxis wird das Baustelleneinrichtungsmodell zur Bezeichnung aller Informationen und Teilfachmodelle verwendet, die die Baufabrik bilden. Es ist das Fachmodell, das die Informationen und Teilmodelle enthält, die die Baustelle ohne Bauwerk, ohne Kosten, ohne Termine enthält, da diese Informationen durch entsprechende Fachmodelle schon abgebildet sind. Das Multimodell Baustelle bildet sich aus den Fachmodellen der Baustelleneinrichtung und des Bauwerks sowie gegebenenfalls weiteren Fachmodellen. Die wichtigsten Multimodelle, die während der Bauausführungsphasen entstehen, sind das Vertragsmodell, das das Bauwerk, die vertraglich vereinbarten Preise und Bauzeiten enthält, sowie das zuvor beschriebene Baustellenmodell, das ebenfalls das Bauwerk und Baustelleneinrichtungsmodell sowie weitere Fachmodelle enthält.

7.2.2 BIM Standards

Um einen qualitativ hochwertigen Datenaustausch zwischen Auftraggeber, Auftragnehmer und weiteren Projektpartnern zu gewährleisten, der möglichst keine Nacharbeit nach dem Austausch erfordert, werden standardisierte Austauschformate verwendet. Als Standarddatenaustauschformate für die Bauwerks- und Baustellenmodelle werden neben dem IFC Datenmodell in der Version 2×3 [4] mit dem Datenformat SPF (STEP Physical File Format [5]) das GAEB Datenmodell [2] und weitere in XDS definierte Datenmodelle verwendet, die alle XML als Datenformat für den Datenaustausch verwenden. Ein Objektbezug zwischen den Geometriedaten, Mengen, Kosten und Vorgängen wird über das Linkmodell hergestellt, das ebenfalls als XDS Schema definiert ist (Teil I, Kap. 2).

Im Mittelpunkt des Multimodells steht das 3D Modell des Bauwerks, das u. a. die geometrische Sicht auf das Bauwerk darstellt. Diesem sind auf Bauteilebene Informationen zugeordnet, welche die Baukörper in ihren Eigenschaften beschreiben. Hierzu ist es zwingend notwendig, dass alle Bauteile dieselben Strukturen und Klassifizierungen beinhalten, um eine eindeutige Filterung für die Folgeprozesse zu ermöglichen.

Auf Grundlage der IFC IfcBasequantities Klasse werden hierzu Bauteilklassifizierungsbibliotheken definiert, wie in den nachfolgenden Unterkapiteln gezeigt wird, die als Grundlage für die Modelle über alle Planungsphasen hinweg dienen. Diese werden mit den Konsortialpartnern vereinbart und sind als Vertragsanhang verbindlich zu fixieren. Darüber hinaus werden Bauteileigenschaften definiert, die für die Mengenermittlung des Rohbaus, der Baustelleneinrichtung und der Baugeräte notwendig sind. Ergänzend dazu werden auch die Informationen für die Folgeprozesse, die für die Montage- und Logistiksimulation benötigt werden, berücksichtigt, um die Modelle strukturiert verwenden zu können. Das ist notwendig, da die IFC noch nicht für Baustellenprozesse spezialisiert und damit noch nicht so aufbereitet vorliegen, wie dies für das Bauwerksmodell für die Entwurfsphasen durch die CAD Hersteller erfolgte.

Hierbei ist anzumerken, dass die Mefisto Partner im Vorfeld bereits unabhängig voneinander Bauteileigenschaften definierten. Bei der anschließenden Abstimmung war eine erstaunlich hohe Übereinstimmung der für den Bauprozess benötigten Bauteileigenschaften zu erkennen. Sie unterschieden sich zum Teil nur in der Schreibweise, d. h. der Namensgebung und somit der Semantik, und nur geringfügig in den Eigenschaften und damit in der Ontologie. Dies bestätigt die Notwendigkeit, dass für eine multimodellbasierende Planung allgemeingültige Standards definiert werden sollten, die evtl. weiter für die einzelnen Länder zu spezialisieren sind, um die Zusammenarbeit mit der zukünftigen Arbeitsweise länderübergreifend sowohl in Europa als auch international zu unterstützen.

7.3 Modellierung mit hierarchischen Baugruppen

7.3.1 Allgemeines

Der Mefisto Flughafenterminal als auch das Mefisto Hochhaus wurden in den gängigen CAD Systemen aus dem Bauwesen als auch in dem parametrischen 3D CAD System SolidWorks [6] aus dem Bereich Maschinenbau, das um eine BIM Klassifizierungsbibliothek und eine Exportschnittstelle für IFC Proxy und Property Set sowie alternativ für CPIxml erweitert wurde, modelliert. Aufgrund der historienbasierenden Modellierung und der durchgängigen Parametrik bietet dieses System einige Vorteile für das baustellengerechte Bauwerksmodell. Der Einsatz von SolidWorks erschien auch angeraten, da CAD Systeme aus dem Bauwesen derzeit noch auf dem Bauwerksentwurf fokussiert sind und einige Anforderungen der Bauausführung noch nicht unterstützen, wie z. B. die Kinematik von Objekten, die für Bauablauf und Bewegungsstudien von Baumaschinen benötigt wird. Weiterhin ist es mit SolidWorks möglich, unterschiedliche Konfigurationen der Bauwerksbauteile und Baustelleneinrichtungsgegenstände zu erstellen und eine durchgängige Eindeutigkeit der Eigenschaften über die Konfigurationen hinweg sicherzustellen. Dadurch ergibt sich die Möglichkeit, z. B. einen Kran in unterschiedlichen Detaillierungsstufen parametrisch darzustellen, ohne einen Informationsverlust der Kraneigenschaften bei den Übergängen der Detaillierungsstufen zu erhalten. SolidWorks unterstützt so die vertikale Dimension des Multimodells direkt. Dies hat den Vorteil, dass je nach Prozess unterschiedliche Sichten auf ein Modell und die Objekteigenschaften direkt abrufbar sind.

Anders als bei klassischen CAD Systemen aus dem Bauwesen, wie z. B. Autodesk Revit, Nemetschek Allplan o. ä., gibt es in SolidWorks für die Modellierung der Gebäudeobjekte keine Semantik, d. h. vordefinierte Objektvorlagen wie die Klassen der IFC, die dem Anwender zur Verfügung stehen. Dies ist eine gravierende Einschränkung, hat aber den Vorteil, dass die Modellerstellung frei erfolgt und die Baumstruktur der Bauteil- und Baugruppen individuell definiert werden kann. Defacto muss eine eigene Ontologie und Semantik aufgebaut werden, wie sie in den nachfolgen Unterkapiteln beschrieben wird. Damit wird eine firmenspezifische Datenstruktur definiert, die nicht standardisiert ist. Dies relativiert sich aber durch andere Vorteile. So ist es möglich und auch unerlässlich, je nach Bauwerk, das erstellt werden soll, diese Struktur sowohl auf das individuelle Bauwerk als auch auf den individuellen Bauprozess anzupassen, um so eine möglichst hohe Flexibilität in der Modellfilterung und Navigation zu erzielen. Ein großer Vorteil dieser Strukturdefinition ist, dass man nahezu beliebig große und komplexe Modelle erstellen kann, da die Möglichkeit besteht, in einer Baugruppenstruktur zu arbeiten, die für die Tätigkeit des Modellierens in den Prozessabschnitten sinnvoll ist. Da Bauteile und Baugruppen in einzelnen Dateien erzeugt und in einem datenbankbasierenden Product Data Management System, PDM System, verwaltet werden, können Bauteile und Baugruppen des Modells flexibel untereinander verwendet werden. Dadurch erhält man immer ein eindeutiges Modell, ohne doppelte Daten zu erzeugen. Als Beispiel sei hier die Einbindung des Bauwerksmodells in das Baustellenmodell genannt, das immer die referenzierten Originaldaten enthält. Das bedeutet, dass eine Änderung, egal auf welcher Ebene sie durchgeführt wird, Auswirkungen in allen referenzierten Modellen hat.

Es wird mit Baugruppenstrukturen und Bauteilen, die als Wiederholteile konzipiert sind, gearbeitet. Da die Baugruppenstruktur als auch die Bauteile individuell erstellt wurden, sind sie nicht standardisiert und damit nicht allgemein bekannt. Dies bedeutet, die Baugruppenstruktur und die Bauteile, d. h. die Ontologie und Semantik des Datenmodells, sind durch den Bauvertrag als verpflichtend für alle Projektpartner festzulegen.

Aufgrund der nicht vorhandenen Objektvorlagen für das Erstellen von bauspezifischen Bauteilen erfolgt die Erstellung einer Stütze z. B. über die freie parametrische Modellierung. Eine Stütze kann somit auf unterschiedlichen Modellier- bzw. Detaillierungsebenen, LoD, modelliert werden. Je nach Erfordernis des zu modellierenden Objekts werden die Modellierebenen auf Bauwerksstrukturebenen oder Objektebenen festgelegt. Das hat den Vorteil, dass das Modell so aufgebaut werden kann, wie es das individuelle Bauwerk erfordert und nicht wie die Funktion des Programmierers eines herkömmlichen Systems für das Bauwesen es für das Durchschnittsbauwerk vorgesehen hat, da dieser nur eine beschränkte Funktionalität für das Modellieren vorsehen kann.

Die Parametrik des Systems kann so eingesetzt werden, dass individuelle, parametrische Bibliotheken für wiederverwendbare Bauteile als neue Objektklassen angelegt werden können, wie es z. B. schon in ähnlicher Weise von [7] für das Bauwesen vorgeschlagen wurde. Über eine eigens dafür entwickelte IFC Schnittstelle für SolidWorks, die IFC Proxy und IFC Propertyset unterstützt, können diese neu definierten Objektklassen und die instanziierten Objekte in das IFC Modell integriert werden. Somit können über die

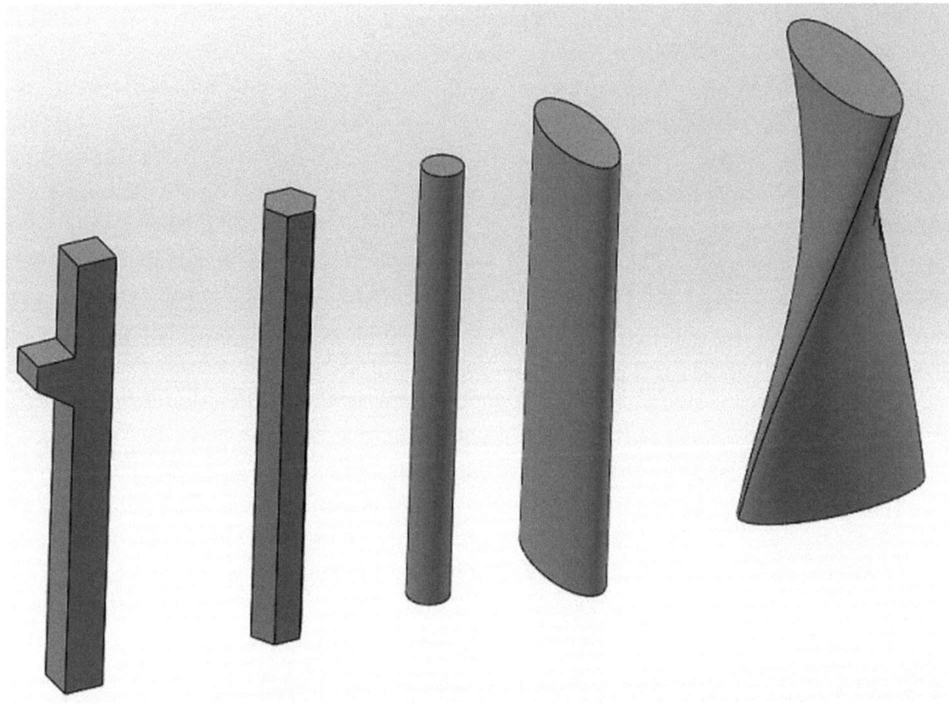

Abb. 7.3 Freie Modellierung von beliebig geformten Stützen in SolidWorks, erzeugt über die Parameterfunktion aus einer Grundklasse

Standardfunktionalität von SolidWorks eigene Bauteilfunktionen angelegt werden, die der Arbeitsweise des Anwenders und den Anforderungen des individuellen Bauwerks genügen. Durch die einfache und intuitive Oberfläche von SolidWorks kann sie vom Anwender schnell erlernt und angewendet werden. Die selbst definierte Ontologie und Semantik, d. h. die Bedeutung der Bauteile und die Bauteilstruktur sowie ihre Benennung, ist für IFC basierte Werkzeuge damit aber noch nicht verständlich. Sie bilden aber im IFC Sprachraum abgesehen von der Geometrie eine unbekannte Semantik- und Ontologieinsel. Diese kann nur mit dem Werkzeug SolidWorks erschlossen werden, mit dem sie erzeugt wurden. Für IFC basierte Werkzeuge sind diese Bauteile nur Objekte mit einer Geometrie und einem Namen sowie einem Informationsanhang, dessen Bedeutung unbekannt ist.

Die folgenden beiden Abbildungen sollen die vorhandenen Möglichkeiten kurz aufzeigen. In Abb. 7.3 wird eine Stütze neu angelegt und Varianten von ihr durch Variation ihrer Parameter erzeugt. In Abb. 7.4 wird die Stütze attributiert, d. h. ihr wird ein Attribute- bzw. Parameterprofil zugeordnet. Die Attributierung erfolgt in Anlehnung an die IFC Attribute, um eine möglichst hohe Kompatibilität zu erreichen. Diese Parameter können zu einem späteren Zeitpunkt beliebig verändert werden. In allen Variationen der Stütze werden diese Parameter immer automatisch aktualisiert.

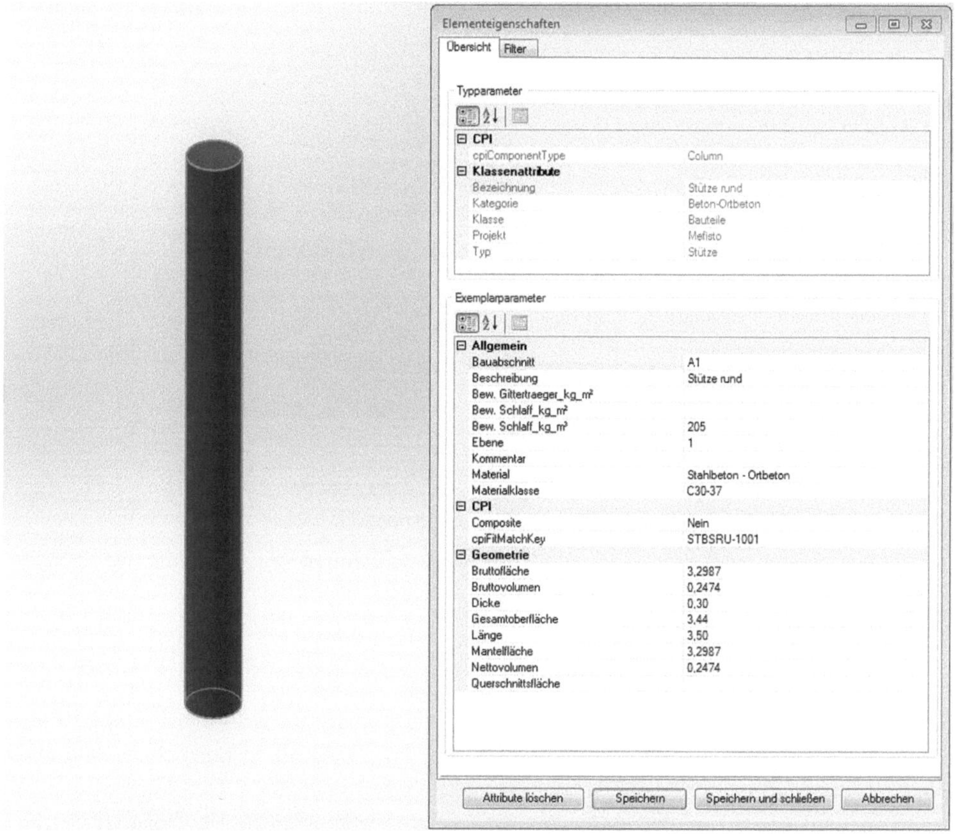

Abb. 7.4 Attribuierung einer Ortbetonstütze mit einer Klassifizierungsvorlage in Anlehnung an die IFC Attributierung

7.3.2 Baugruppenbaumstruktur

Aufgrund von fortlaufenden Planungsschritten in einer Projektphase entwickeln sich die Modelle kontinuierlich weiter. Da die Modelle auf vorherigen Multimodellen aufbauen, die auf den in den Multimodellcontainern enthaltenen IFC und XML Daten basieren, ist es vorteilhaft, für diese fortführende Planung Projekt- und Konzernstandards zu verwenden. Dazu ist eine eindeutige Baugruppenbaumstruktur zu definieren. Die Baugruppenstrukturierung dient, wie oben schon erwähnt, der Organisation des Bauerstellungprozesses.

Die Baumstruktur, wie in Abb. 7.5 dargestellt, ist maßgebend für die Modellerstellung und kann die Filterung der Bauwerks- und Baustellenmodelle unterstützen. Hierzu wurde seitens der Fa. Züblin ein Bauteilcode und damit eine Semantik entwickelt, um die Bauteile eindeutig zu definieren. Er umfasst derzeit das Teilfachmodell Rohbau des Fachmodells Bauwerksmodell. Eine ähnliche Struktur wurde für das Baustelleneinrichtungsmodell entwickelt (Band 2, Teil I, Kap. 2). Am Beispiel des Mefisto Hochhauses soll

Baugruppenstruktur					Dateiendung	Dateityp
MFHH-1000-AN-BW-RB					sldasm	Baugruppe
	MFHH-1000-AN-BW-RB-EG				sldasm	Baugruppe
		MFHH-1000-AN-BW-RB-EG-W			sldasm	Baugruppe
			MFHH-1000-AN-BW-RB-EG-W-STB		sldasm	Baugruppe
				MFHH-1000-AN-KO-001	sldprt	Bauteil
				MFHH-1000-AN-BW-RB-EG-W-STB-001	sldprt	Bauteil
				MFHH-1000-AN-BW-RB-EG-W-STB-002	sldprt	Bauteil
				MFHH-1000-AN-BW-RB-EG-W-STB-003	sldprt	Bauteil
			MFHH-1000-AN-BW-RB-EG-W-MW		sldasm	Baugruppe
				MFHH-1000-AN-KO-001	sldprt	Bauteil
				MFHH-1000-AN-BW-RB-EG-W-MW-001	sldprt	Bauteil
				MFHH-1000-AN-BW-RB-EG-W-MW-002	sldprt	Bauteil
				MFHH-1000-AN-BW-RB-EG-W-MW-003	sldprt	Bauteil
		MFHH-1000-AN-BW-RB-EG-D			sldasm	Baugruppe
			MFHH-1000-AN-BW-RB-EG-D-STB		sldasm	Baugruppe
				MFHH-1000-AN-KO-001	sldprt	Bauteil
				MFHH-1000-AN-BW-RB-EG-D-STB-001	sldprt	Bauteil
				MFHH-1000-AN-BW-RB-EG-D-STB-002	sldprt	Bauteil
				MFHH-1000-AN-BW-RB-EG-D-STB-003	sldprt	Bauteil
		MFHH-1000-AN-BW-RB-EG-ST			sldasm	Baugruppe
			MFHH-1000-AN-BW-RB-EG-ST-STB		sldasm	Baugruppe
				MFHH-1000-AN-KO-001	sldprt	Bauteil
				MFHH-1000-AN-BW-RB-EG-ST-STB-001	sldprt	Bauteil
				MFHH-1000-AN-BW-RB-EG-ST-STB-002	sldprt	Bauteil
				MFHH-1000-AN-BW-RB-EG-ST-STB-003	sldprt	Bauteil

Abb. 7.5 Baugruppenbaumstruktur für das Teilfachmodell Rohbau des Bauwerksmodells Mefisto Hochhaus

illustriert werden, wie die Struktur aufgebaut ist. Grundlage für die Bauteil- und Baugruppenbezeichnung sind unter anderem Projektname, Projektnummer, horizontale und vertikale Gliederung, Bauteilklassifizierung und zugehörige Materialien. Der Annotationscode ist eine neungliedrige Zeichenkette. Die einzelnen Glieder sind durch einen Bindestrich getrennt. Die Glieder der Zeichenkette bezeichnen dabei von links nach rechts:

- Projektname
- Projektnummer
- Projektphase
- Fachmodell
- Gewerk
- Geschossebene
- Bauteiltyp
- Material
- Bauteilnummer

Die für das Mefisto Hochhaus entwickelte Baugruppenstruktur und ihre Semantik ist in Abb. 7.5 ausschnittsweise dargestellt. Hierbei wurde darauf geachtet, dass die Anzahl der Attribute so klein wie möglich blieb und es wurden einige Kompromisse eingegangen, um auf weitere Attribute verzichten zu können. Trotzdem ergaben sich bis 53 Attribute pro Bauteil. Die Bauteile sind weiterhin in Gruppen sortiert, die jeweils in separate Dateien abgelegt sind.

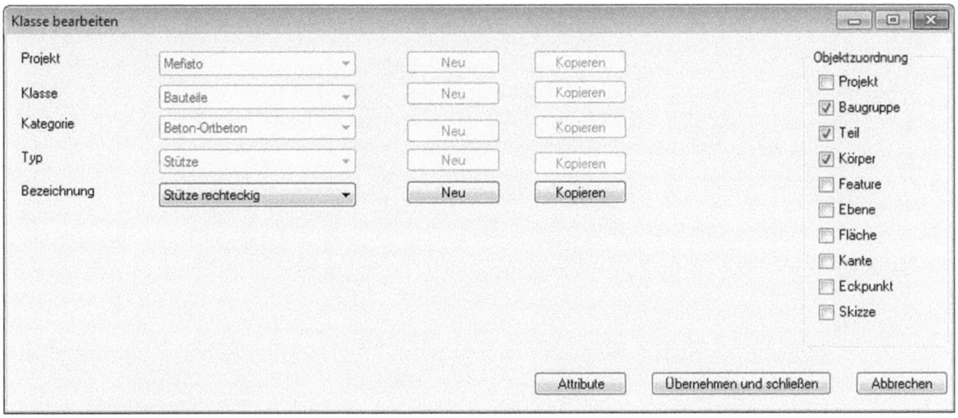

Abb. 7.6 Klassifizierung eines neuen Elements für die BIM Bauteilbibliothek

7.3.3 BIM Klassifizierung der Modelle

Durch die Baumstruktur wurde eine mögliche und effiziente Struktur geschaffen, die das Bauwerksmodell in einer festgelegten Ordnung beschreibt. Die gewählte Ordnung wird durch den Produktionsablauf bestimmt, den sie unterstützen soll. Da nicht alle Informationen durch die von SolidWorks zur Verfügung gestellten Funktionen des Bauteilcodes umfassend beschrieben werden können, wurde zusätzlich eine erweitere BIM Klassifizierung für SolidWorks entwickelt.

Die BIM Klassifizierung hat das Ziel, die frei modellierten Bauteile intelligent zu machen. Hierzu wurde von SolidPro eine BIM Klassifizierung entwickelt, die flexibel auf Bauwerke unterschiedlichster Gewerke angewendet werden kann. Durch die Kombination von freien Baugruppenstrukturen, freier Modellierung und der auf alle Objekte anwendbaren BIM Klassifizierung bietet sich ein Einsatz von SolidWorks für alle Gewerke des Baubereichs an wie Tiefbau, Hochbau, Infrastrukturbauwerken, Geoingenieurwesen und Baustelleneinrichtung. Er ist nicht auf den Hochbau beschränkt.

Die BIM Klassifizierung ist so aufgebaut, dass der Anwender zunächst bestimmt, um welche Art des Objekts es sich handelt. So können nicht nur Baugruppen- und Bauteildateien klassifiziert werden, sondern auch darin enthaltene Körper, Flächen, Kanten, Eckpunkte, Ebenen und Skizzen. In Abb. 7.6 ist die Klassifikation einer Stütze dargestellt. Dadurch erhält der Anwender die Möglichkeit, seine BIM Bauteilebibliothek auf alle Bauwerke individuell anzupassen.

Ist eine neue Klasse angelegt, werden dieser Attribute zugeordnet (Abb. 7.7). Es werden für die Bauteile beider Projekte bis zu 53 Attribute vergeben. Hierzu stehen unterschiedlichste Attributtypen zur Auswahl, die für ein Attribut verwendet werden können. Eine detaillierte Beschreibung ist hierzu in Teil II, Kap. 17 zu finden.

Um ein strukturiertes, bibliotheksbasiertes Arbeiten zu ermöglichen, ist es zwingend notwendig, dass vor Projektbeginn festgelegt wird, wie das Klassifizierungssystem der

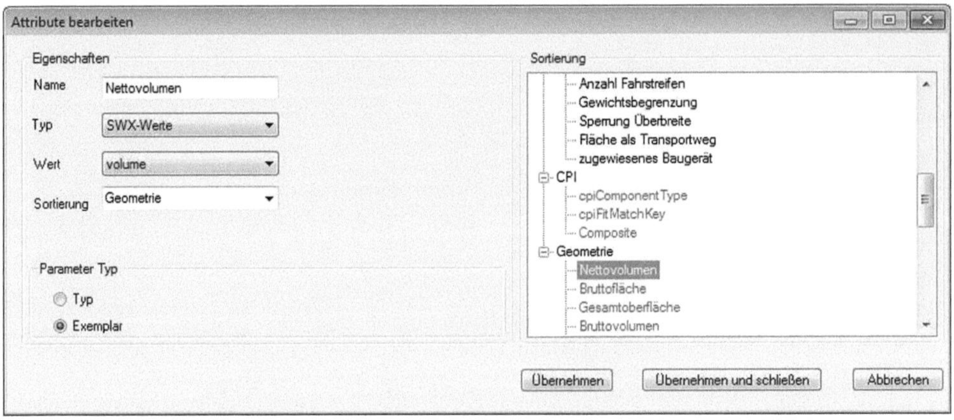

Abb. 7.7 Festlegung der Attribute zu einem klassifizierten neuen Element für die BIM Bauteilbibliothek

BIM Bauteilbibliothek zu definieren ist. Dies ist zu Beginn eines Projekts eine der Aufgaben des Projektleiters in Abstimmung mit den Planungspartnern. Diese Festlegungen sollten als festverbindlich in allen Bau- und Planungsverträgen fixiert werden.

Nach gemeinsamer Einigung auf ein Klassifizierungssystem für die Bauteilbibliothek können die Objekte des Modells per Drag & Drop bemustert werden, eine Arbeitsweise, die sich an das Bemustern von Texturen in Systemen wie Autodesk Maya [8] orientiert. Somit kann auf einfache und schnelle Weise ein einfaches Modell intelligent gemacht werden.

Ein hierarchischer Aufbau einer Bauteilbibliothek nach dem Muster einer Bauteilstruktur, wie es heute im Maschinenbau üblich ist, ist eine wichtige und sinnvolle Ergänzung der objektorientierten Fachmodelle, wie sie aus dem CAD und weiteren IKT Systemen dem Bauwesen zu Verfügung stehen.

Die Gruppierung der Bauteile erfolgt entsprechend dem geplanten Erstellungsprozess (Band 2, Teil I, Kap. 2).

Beim Mefisto Hochhaus wurde entschieden, immer drei Stützen in einem gemeinsamen Herstellprozess zu vereinen und gemeinsam zu betonieren. Aus diesem Grunde wurden immer drei Stützen zu einer Bauteilgruppe zusammengefasst. Darüber hinaus werden alle Stützen in einem Geschoss, d. h. als Stützenbaugruppen pro Geschoss, zu einer weiteren Bauteilgruppe zusammengefasst (Abb. 7.8), da sie alle gemeinsam in einem abgeschlossenen Zeitintervall hergestellt wurden. Danach folgt eine längere Zeiteinheit, in der keine Stützen hergestellt werden können, da zunächst die nachfolgende, auf den Stützen aufliegende Decke erstellt werden muss. Die Zusammenfassung von Bauteilen zu Bauteilgruppen ist flexibel und folgt immer gleichen Mustern, die sich aus dem Strategiewissen um die Herstellung der Bauteile ergeben. Die erkennbaren Muster wurden identifiziert, formalisiert und angewendet.

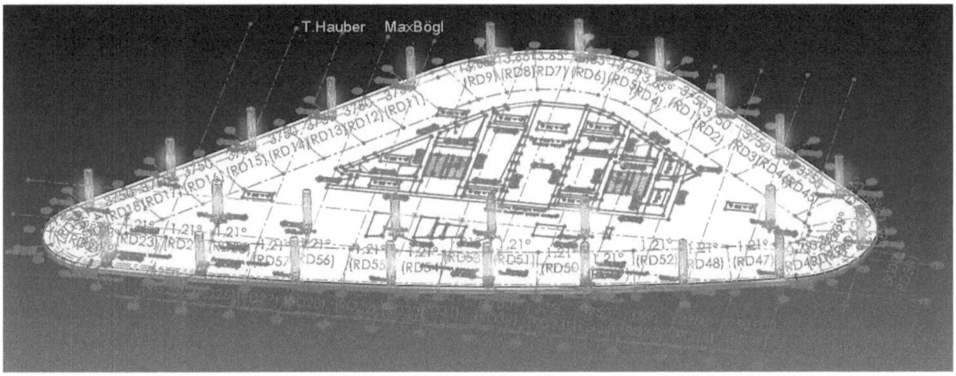

Abb. 7.8 Bauteile Stützen, gruppiert in Dreiergruppen, mit ihren Gruppenbezeichnungen dargestellt

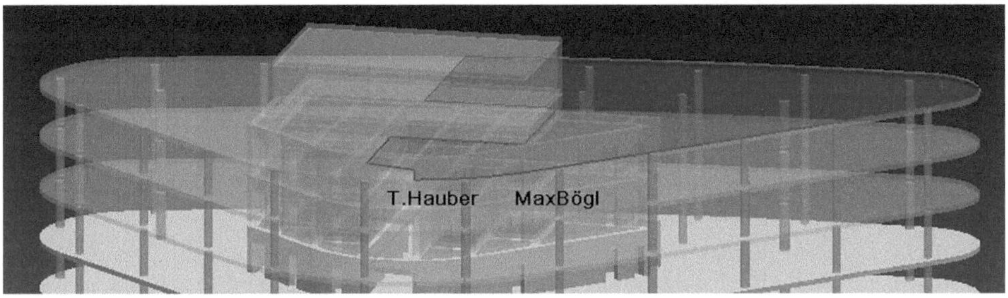

Abb. 7.9 Bauteil Decke, unterteilt in zwei Bauteile, die jeweils den Stützen oberhalb und unterhalb der Decke als Bauteilgruppe zugeordnet sind

Die Herstellung der Decken kann erst erfolgen, wenn alle darunterliegenden, tragenden Bauteile, wie Stützen und Wände, fertiggestellt sind. Ebenso sollte man die darunterliegenden Bauteile bei der Festlegung von Arbeitsfugen im Auge behalten, sodass eine Arbeitsfuge nicht über eine Stütze hinweg läuft und damit alle Arbeitsfugen mit den Wänden zusammenpassen. Hier bietet sich an, alle Bauteile, die mit der Decke in Interaktion stehen, mit der Decke zu einer Bauteilgruppe zusammenzufassen. Die Decke wird entsprechend in zwei Bauteile unterteilt Abb. 7.9. Die beiden Deckenbauteile bilden dann die Baugruppe Decke pro Geschoss. Diese ist mit der Baugruppe Stützen pro Geschoss wiederum zu einer Baugruppe Tragende Betonbauteile pro Geschoss zusammengefasst. Die flexiblen Bauteilgruppen sind dazu geeignet die Herstellprozesse und Bauteile logisch und effektiv zu strukturieren. Letztendlich ist durch die Gruppierung der Bauteile im Baustellenmodell ein Multimodell mit implizitem Linkmodell entstanden, da das Bauwerksmodell mit der logischen Ablaufstruktur des Vorgangsmodells verknüpft wurde, wobei nicht explizit die Vorgänger-/Nachfolgerinformation gespeichert, sondern nur die Gruppierung des Herstellungsprozesses abgebildet wird. Über die Baugruppenbildung ist damit implizit eine Art Meilensteinvorgangsplanung des Vorgangsmodells abgebildet worden.

7.3.4 Prozessintegration durch direkte Integration in RIB iTWO

Um eine direkte Prozessintegration in RIB iTWO [9] zu erhalten, wurde zusätzlich zu der BIM Klassifizierung eine qualitativ hochwertige Export Schnittstelle in der CPIxml Datenstruktur und dem zugehörigen CPIxml Format [9] von RIB in SolidWorks entwickelt. Aufgrund der hohen Anforderungen an die Datenstruktur und Geometrie wurde diese im speziell für RIB iTWO konzipierten Datenformat CPIxml realisiert, um Datenverluste, wie sie häufig beim Austausch mit IFC Dateien auftreten, zu vermeiden. Dies gewährleistet eine verlustfreie Informations- und Prozessintegration von Bauwerksmodellen mit weiteren Fachmodellen. So wurde das Bauwerksmodell in SolidWorks mit dem Bauteilbibliothekssystem erzeugt. Dieses wurde nach RIB iTWO weitergegeben, mit dem weitere Fachmodelle erzeugt wurden, die anschließend mit dem Bauwerksmodell zusammen zu Multimodellen kombiniert werden.

7.3.5 Terminmodell

Um Multimodelle produktiv einsetzen zu können, ist es notwendig, nicht nur das Bauwerks- und das Baustelleneinrichtungsmodell klar gegliedert aufzubauen, sondern auch das Terminmodell. Zur Generierung eines detaillierten Terminmodells auf Grundlage eines Rahmenterminplanes werden die Mengen des Bauwerks und die Aufwandswerte für die jeweiligen Prozesse benötigt. Diese Daten liegen in einem Multimodell vor. Beim Erstellen des Terminmodells kann auf diese Informationen zurückgegriffen werden. Es werden so eindeutige Werte projektübergreifend verwendet. Ziel ist auch hier eine einheitliche Benennung der Vorgänge.

7.3.6 Filtern von Modellen

Um eine Filterung der Modelle vornehmen zu können, wie sie z. B. in der Mengenermittlung, der Terminplanverknüpfung oder der Simulation benötigt wird, können die Baumstruktur und die Attribute der Bauteilklassifizierung verwendet werden. Da je nach Bauvorhaben unterschiedliche Leistungspositionen abgefragt werden, ist es möglich, in den Anwendungen dynamische Filter einzusetzen, die sich im Falle von Modelländerungen anpassen. Auf Grundlage dieser Filter, die ebenfalls standardisiert sind (Teil II, Kap. 14 und 15), kann ein durchgängiger Prozess erzielt werden.

7.4 Multimodellaufbau für den Mefisto Flughafenterminal

7.4.1 Einleitung

Beim Mefisto Flughafenterminal handelt es sich um den Erweiterungsbau eines fiktiven Flughafens. Dieses Beispiel wird aufgrund der zusätzlichen Randbedingungen gewählt, die sich bei der Erweiterung von bestehenden öffentlichen Bauwerken ergeben. Sie

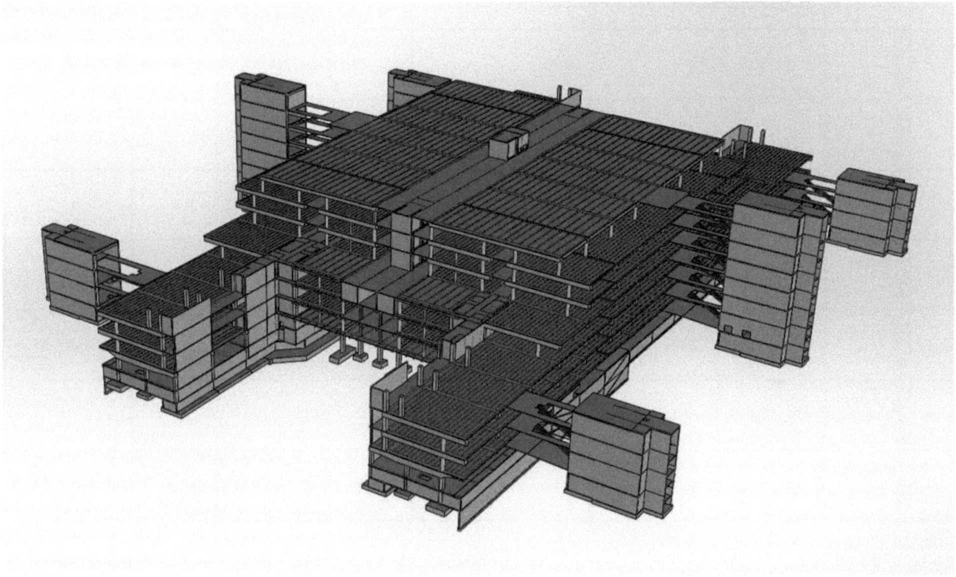

Abb. 7.10 Bauwerksmodell des Mefisto Flughafenterminals in seiner Detaillierung als Fachmodell für die Phase Ausschreibung Rohbau

drücken sich durch sehr hohe Anforderungen an die Logistik und die Baustellenplanung aus. Zusätzlich hat ein Flughafen sehr strenge Auflagen und Sicherheitsbereiche, die es zu beachten gilt und die zu weiteren Randbedingungen im Vergleich zu herkömmlichen Bauwerken führen.

In einem solchen Projekt wird i. d. R ein Baulogistikhandbuch angelegt, das die Sicherheitsvorschriften und logistischen Bedingungen für einen reibungslosen Bauablauf während des Flughafenbetriebes gewährleistet. Diese beinhalten neben ausgewiesenen Verkehrs-, Lager- und Stellflächen weitere Bestimmungen, u. a. die Logistikstrategien. Um den Betrieb des Flughafens nicht zu beeinträchtigen, gibt es zudem Bestimmungen, in welchen Bereichen Fahrzeuge verkehren dürfen, ohne die Abläufe auf dem Flughafen zu behindern. Auf Flughäfen sind Radaranlagen installiert,die auf keinen Fall behindert werden dürfen. So sind bei diesem Projekt Bestimmungen über die maximalen Kranhöhen vorgegeben, um die Sicherheit der Flugzeuge und des Flughafenbetriebs zu gewährleisten. Dies kann sogar dazu führen, dass Krane temporär ab- und wiederaufgebaut werden.

In Abb. 7.10 ist das Bauwerksmodell des Flughafenterminals, Phase Ausschreibung Rohbauarbeiten, dargestellt.

Als Multimodelle stehen für den Mefisto Flughafenterminal zur Verfügung (s. Abb. 7.11):

- 1 Ausschreibungsmodell
- 2 Angebotsmodelle, in Ortbetonvariante und in Fertigteilevariante
- 1 Vertragsmodell

	Show	MMC name	Created_at	Creator	Application
7.4.3	MMC	MefistoFlugsteig- Ausschreibung Rohbau	2012-09-06 13:52:00 UTC	mefisto-dej	iTWO64(3.2.126)
7.4.4	MMC	MefistoFlugsteig Angebot Rohbau	2012-09-12 10:34:00 UTC	dej	iTWO64(3.2.133)
7.4.4	MMC	MefistoFlugsteig: Angebot Rohbau (Fertigteilevariante)	2012-07-06 11:39:00 UTC	blickle	iTWO64(2.3.616)
7.4.5	MMC	20120821_Flughafen_Vertragsmodell_Ortbetonvariante	2012-08-22 13:13:00 UTC	jagenow	iTWO64(3.2.113)
7.4.6	MMC	20120831_MMC_AV3_Ausfuehrungsmodell	2012-08-31 10:09:00 UTC	blickle	iTWO64(3.2.113)
7.4.9	MMC	MefistoFlugsteig Leistungsfeststellung Projektmonat 4	2012-09-13 09:33:00 UTC	dej	iTWO64(3.2.134)
7.4.7	MMC	MefistoFlugsteig Nachtragsangebot 1 - Hauptträger	2012-09-12 10:50:00 UTC	dej	iTWO64(3.2.133)

Abb. 7.11 Übersicht der frei zur Verfügung stehenden Multimodelldaten vom Flughafenterminal

- 1 Ausführungsmodell
- 1 Leistungsfeststellungsmodell für Projektmonat 4
- 1 Nachtragsmodell

In Abb. 7.12 sind Fachmodelle aufgelistet, die in den Multimodellen des Mefisto Flughafenterminals enthalten sind. Die einzelnen Fach- und Multimodelle, die im weiteren beschrieben werden, sind unter http://mefisto-bau.de/demos/mefisto_flugsteig.html frei verfügbar. Verschiedene Softwareprogramme zum Visualisieren und zum Bearbeiten der Modelldaten können ebenfalls frei verfügbar unter http://mefisto-bau.de/resources/resources_software.html heruntergeladen werden.

7.4.2 Planungsphasen und Szenarien

Das Bauwerksmodell Phase Rohbau enthält alle Bauteile des Rohbaus, wie z. B. die Stahlbeton-, Fertigteil- und Stahlbauteile, keine Ausbaubauteile, keine Fassaden. Seitens des Auftraggebers liegt zudem noch eine Zonierung der Gebäude für die Nutzung vor (Teil II, Kap. 23, Abb. 23.12). Die Feingliederung des Bauwerksmodells ist so aufgebaut, dass sie in der kleinsten notwendigen Aufteilung vorliegt, die sich aus den Anforderungen der jeweiligen Projektphase ergibt. Die Modelle werden kontinuierlich mit den Projektphasen verfeinert. So beinhaltet ein Modell in der Ausschreibungsphase einen geringeren Detaillierungsgrad, LoD, als ein Modell in der Ausführungsphase. Auch der Inhalt der weiteren Fachmodelle orientiert sich an den Projektphasen und unterscheidet zwischen

Multimodelle Flugsteig

ID	Phase	Szenario	Simulations-szenario	Multimodell-Bezeichnung	Bauabschnitte	AG	AN	Bauwerksmodell [BM]	Vorgangsmodell [VM]	Leistungsmodell [LM]	Mengenmodell [MeM]	Kostenmodell [KM]	Baustellenmodell [BSM]
1	Ausschreibung	Ausschreibung	-	Auschreibungsmodell	1-7	x		3D-Rohbau mit Bauabschnitten	Rahmenterminplan	LV ohne Preise	Mengensplit für LV-Positionen	-	-
2	Angebotsphase	Angebotsbearbeitung	-	Angebotsmodell	1-7	x	x	3D-Rohbau mit Bauabschnitten	Grob-Terminplan mit BA und Geschossen (mit Ressourcen)	LV mit Preisen	Mengensplit für LV-Positionen	Angebotskalkulation (mit KOA und Artikel)	BE ohne 3D
3	Auftragsphase	Nachtrag	-	Vertragsmodell	1-7	x	x	Geometrie vertraglich vereinbaren	vertraglich vereinbarte Rahmentermine	vertraglich verinbartes LV mit Preisen	LV-Mengen vertraglich vereinbart	Vertragsmodell	BE ohne 3D
4	Ausführungsphase	Nachtrag	-	Ausführungsmodell	1-7	x	x	3D-Rohbau-Ausführungsplanung	Dateilterminplan	Ausführungs-LV	Mengensplit für LV-Positionen	Ausführungskalkulation	3D-BE mit Baugeräten, Kränen, Lager- und Verkehrsflächen
5	Ausführungsphase	Nachunternehmer / Ausführungsvariante	Logistiksimulation / Mantagesimulation	Ausführungsvarianten Teilfertigungslösung	1-7		x	3D-Rohbau-Ausführungsplanung	Dateilterminplan	Ausführungs-LV	Mengensplit für LV-Positionen	Ausführungskalkulation	3D-BE mit Baugeräten, Kränen, Lager- und Verkehrsflächen
6	Ausführungsphase	Nachtrag	-	Nachtragsmodell	1-7	x	x	IST-3D-Rohbau	IST-Baufortschritt du Prognose aufgrund Störungen - Rahmentermine	LV mit Leistungsmeldung und Nachtragspositionen	LV-/VA-Mengen für Nachtragspositionen	Nachtragskalkulation	BE ohne 3D

Abb. 7.12 Übersicht der Multimodelle des Mefisto Flughafenterminals mit Auflistung der Fachmodelle

denen des Auftraggebers und denen des Auftragnehmers durch verschiedene Informationsdetails oder -aspekte. Es sollten jedoch keine widersprüchlichen Informationen enthalten sein, was durch den Multimodellansatz leichter sichergestellt werden kann als durch die herkömmliche Arbeitsweise oder eine niedrigere BIM Stufe.

Das Bauwerksmodell wurde für mehrere Projektphasen erstellt (Abb. 7.10). Mit Fortschreiten der Projektphasen weist es eine immer feinere Granularität, d. h. Detailliertheit, auf. In den Projektphasen wurden teilweise zusätzlich Alternativen erstellt, z. B. wurde für das Angebot eine Variante mit Fertigteilen erstellt. Eine Übersicht über alle zur Verfügung stehenden Datenmodelle mit Nennung der Fachmodelle gibt Abb. 7.11.

7.4.3 Ausschreibungsmodell

Das Ausschreibungsmodell wird vom Auftraggeber erstellt. Es enthält alle relevanten Bauteile, die für die Mengen- und Kostenermittlung benötigt werden. Die Granularität der Bauteile ist auf einem Detaillierungsniveau, LoD, von dem aus weiterführende Mengen für Leistungen aus den Objekten abgeleitet werden können (Abb. 7.10). Als Beispiel wäre hier z. B. ein Raumobjekt zu nennen, das seine umschließenden Bauteile kennt, d. h. das Raumtopologiemodell ist vollständig enthalten. Hier ist es möglich, trotz ansonsten geringer Granularität schon die Mengen z. B. für die Wand- oder Bodenbeschaffenheit abzuleiten.

Im Ausschreibungsmodell bestehen die Wände und Decken des Bauwerksmodells aus Ortbeton und die Hauptöffnungen und Deckendurchbrüche größer als 1 m^2 sind bereits dargestellt. Die Stützen, Unterzüge, Treppen und Gründungsbauteile sind aus Ortbeton. Der Stahlbau ist grob und die Fassade lediglich als Oberfläche modelliert. Das Fachmodell Baustelleneinrichtung und die Lagerflächen sind noch nicht modelliert. Wie in der Ausschreibungsphase typisch, sind grobe Architektenpläne mit Hauptmaßen in Grundrissen und Schnitten ableitbar. Es ist schon ein Vorgangsfachmodell, FM4 Activity, mit einem

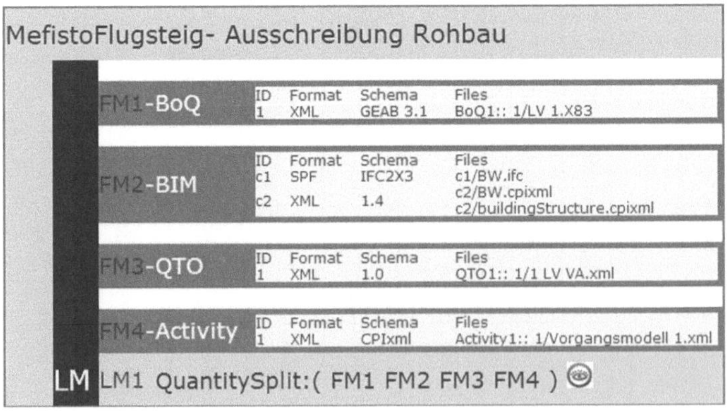

Abb. 7.13 Multimodell Auschreibung Rohbau

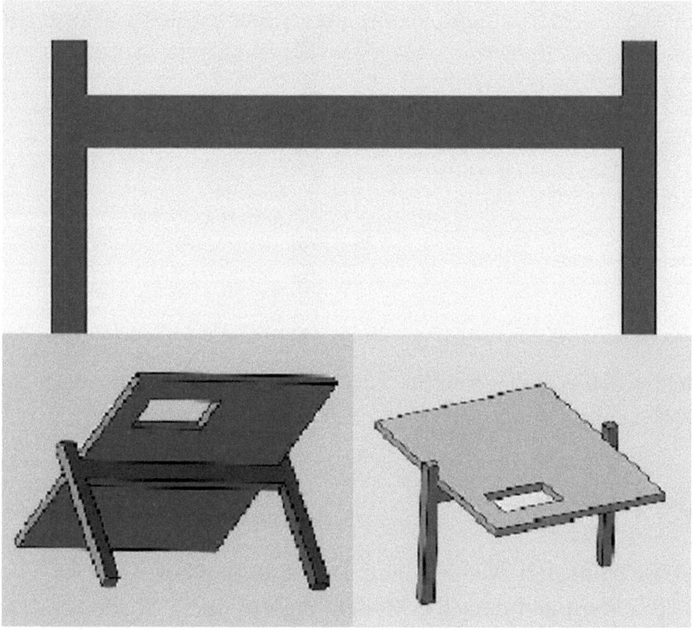

Abb. 7.14 Prinzipskizze zum Ausschreibungsmodell, Decke auf Unterzug mit Aussparung größer 1 m^2

Abb. 7.15 Ein Detailausschnitt zum Ausschreibungsmodell, Schnitt EG am Außenbereich

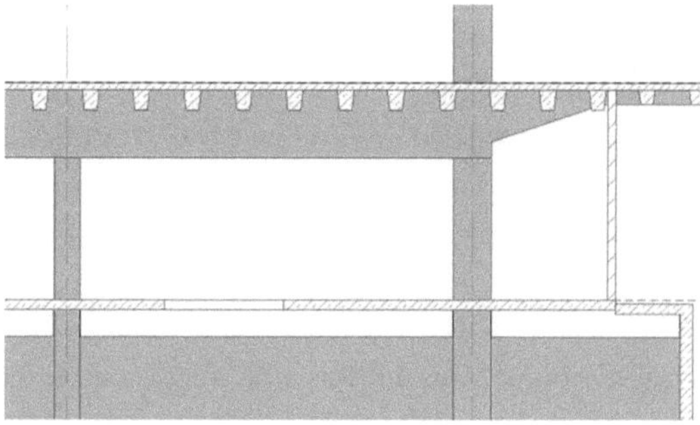

groben Terminplan für das Gesamtmodell vorhanden sowie die Fachmodelle Leistungsmodell, FM1 BoQ, und Mengen, FM3 QTO, entsprechend der Abb. 7.13.

Das Modell ist noch sehr grob, wie die in Abb. 7.14 dargestellte Prinzipskizze eines Modellausschnitts und der in Abb. 7.15 dargestellte Schnitt des Erdgeschosses am Außenbereich zeigen. Zu diesem Zeitpunkt sind noch alle Bauteile aus Ortbeton pauschal angenommen, d. h. es sind noch keine Angaben zu möglichen Auflagerungen und Übergängen der unterschiedlichen Bauteile vorhanden, und es sind nur Durchbrüche größer als 1 m^2 modelliert.

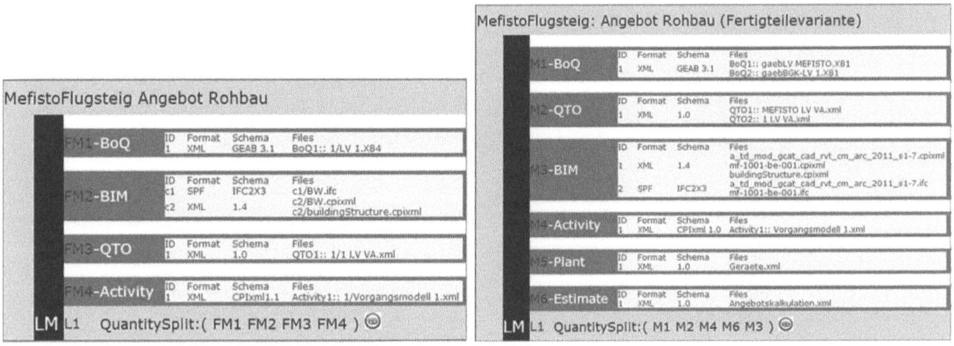

Abb. 7.16 Multimodell Angebot Rohbau, *links* Ausschreibungsmodell, *rechts* Sondervorschlag Fertigteilevariante

7.4.4 Angebotsmodell

Die nächste Phase beinhaltet zwei Modelle. Dies sind zum einen das Angebotsmodell des Auftraggebers/Bauherrn und dasselbe Modell, ergänzt durch Sondervorschläge des Auftragnehmers/Baufirma, z. B. um den Bauablauf zu optimieren. Das Angebotsmodell ist ein Multimodell mit LoD Rohbau, das die in Abb. 7.16 aufgeführten Fachmodelle enthält. Es wird nach Vergabe des Auftrags mit den eingepflegten Informationen der Vertragsverhandlungen zum Vertragsmodell. Beide Angebotsmodelle enthalten ein Gebäudemodell, BA07, sowie ein grobes Baustelleneinrichtungsmodell und haben ansonsten denselben Inhalt, was das Grundmodell des Bauwerksmodells betrifft. Der Unterschied zwischen beiden Modellen ist, dass das eine Modell das Angebot entsprechend des Ausschreibungsmodells enthält, während das zweite Modell ein Sondervorschlag ist, in dem alle Rohbauteile aus dem Bauwerkskern und den Untergeschossen als Betonfertigteile angeboten werden. Entsprechend weisen alle Fachmodelle in einigen Aspekten unterschiedliche Information auf.

Im Angebotsmodell des Bauherrn sind im Bauwerksmodell noch alle tragenden Bauteile in Ortbeton. Bei der Fassade wurde schon die horizontale Aufteilung vorgenommen, und bei dem Baustelleneinrichtungsmodell, Plant, wurden grob die Durchgänge für die Baustraßen berücksichtigt. Das Terminmodell, Activity, ist bereits unterteilt in Bauabschnitte und Ebenen und ist somit verlinkt mit allen relevanten Bauteilen des Bauwerksmodells, BIM.

7.4.5 Vertragsmodell

Das Vertragsmodell basiert inhaltlich auf dem Angebotsmodell des Auftragnehmers und dem Ausschreibungsmodell des Auftraggebers. Es beinhaltet die von beiden Parteien in der Vertragsverhandlung festgelegten Bauteile mit den entsprechenden Mengen und Prei-

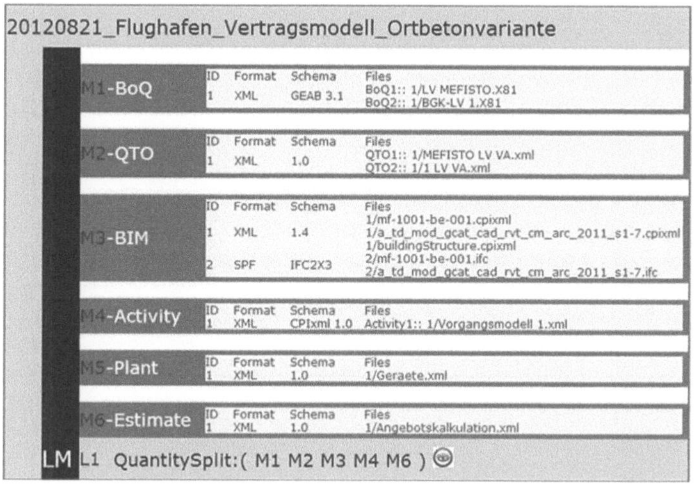

Abb. 7.17 Multimodell Vertrag Rohbau

sen. Zugrunde gelegt wird hier auch ein vertraglich festgelegter Rahmenterminplan für den beauftragen Umfang.

Durch den Multimodellansatz sind nicht nur die Fachmodelle evtl. in verschiedenen Detaillierungsgraden als Vertragsbestandteil vorhanden, sondern auch ihre gegenseitigen Verlinkungen Abb. 7.17. Diese können von beiden Vertragsseiten unabhängig voneinander geprüft werden und bilden dann eine eindeutige Basis für Ausführungen und Abrechnungen sowie für spätere Änderungen und Nachträge.

7.4.6 Baustellenmodell

Das Baustellenmodell bzw. Bauausführungsmodell (Abb. 7.18) unterscheidet sich vom Entwurf des Baustellenmodells, das der Auftragnehmer als Grundlage des Angebots erstellt hat, dadurch, dass das Fachmodell Baustelleneinrichtung wesentlich weiter detailliert ist, um den Informationsanforderungen für die Bauausführung zu genügen. Das Fachmodell Baustelleneinrichtung repräsentiert die temporäre Fabrik zur Erstellung des Produkts Bauwerk. Sie ist nicht nur temporär, sondern auch hoch dynamisch. Die Geräte sind nahezu alle mobil oder werden mehrfach umgesetzt. Dies stellt sehr hohe Anforderungen an ein flexibles und transparentes Planungsmodell, das für die verschiedenen Planungsuntersuchungen vorteilhaft in verschiedenen Detaillierungsgraden und Approximationen vorgehalten werden sollte.

Das Baustelleneinrichtungsmodell liegt in den unterschiedlichen Planungsphasen in unterschiedlicher Granularität vor. Während in der Angebotsphase eine grobe Auflösung der Baugeräte vorliegt, wird diese je nach Erfordernis der gekoppelten Prozesse verfeinert, wie sie z. B. für die Visualisierung oder die Anbindung der Logistik- und Montagesimulation benötigt wird.

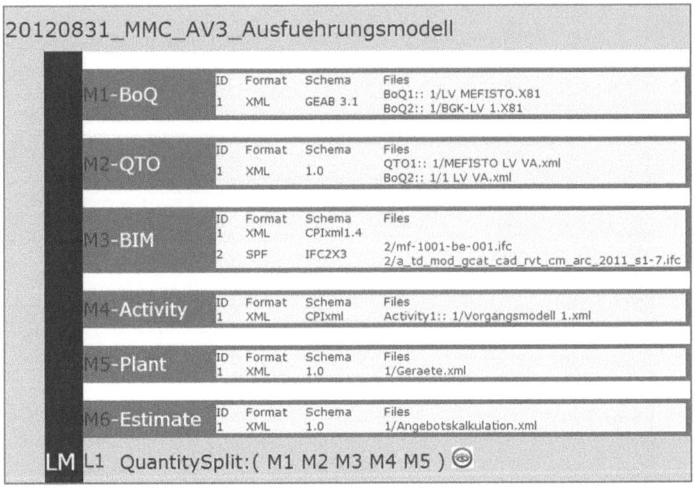

Abb. 7.18 Multimodell Baustelle Variante Fertigteile

Das Baustelleneinrichtungsmodell beinhaltet die Anforderungen aus dem Logistikhandbuch, die Auswirkungen auf das Baustellenlayout haben. Im Projekt Mefisto Flughafenterminal wurde der Schwerpunkt auf Verkehrsflächen, Zu- und Ausfahrt, Lager- und Stellflächen, Betonpumpen, Mobilkrane und Turmdrehkrane gesetzt. Die 3D Objekte enthalten über die BIM Klassifizierung alle relevanten Informationen, die in der Prozessverarbeitung der Mengen- und Kostenermittlung, Terminplanung und der Simulation benötigt werden. Diese basieren auf standardisierten Katalogen, bzw. sie befinden sich in der Datenbank eines Baugerätekonfigurators, der Modelle anhand von baustellenspezifischen Eingabedaten konfiguriert und mit Informationen versieht.

Um die Baustellenplanung vornehmen zu können, wird ein flexibles Mengenmodell, QTO, des Bauwerks aus dem Bauwerksmodell abgeleitet und als Teilfachmodell angelegt. Dies hat den Hintergrund, dass man je nach Informationsbedarf leicht zwischen den Granularitätsstufen der Baustellenmodelle wechseln kann, die stark durch die Gruppierung der Baumassen bestimmt werden.

In Abb. 7.19 sind die Elemente der Baustelleneinrichtung entsprechend der Strukturierung nach [10] wiedergegeben. Diese Strukturierung wurde so übernommen und für zwei Kategorien wurden unterschiedliche Modellierungsansätze untersucht. Für Großgeräte wurde ein Baugerätekonfigurator entwickelt, der es zulässt, Geräte auf Basis von Komponenten zu konfigurieren, und zwar in unterschiedlichen Granularitätsstufen, LoD. Für eine zweite Kategorie, die Verkehrsflächen und Transportwege, wurde eine bibliotheksbasierte Variante gewählt, die die Bibliotheksfunktion eines bestehenden CAD Systems nutzt, wie es im Unterkapitel 7.3 für das Bauwerksmodell dargestellt ist.

In Abb. 7.20 ist die parametrisch abhängige Konfiguration des Bauwerksmodells zur Erstellung des Multimodells Baustelle dargestellt. Diese Parametrisierung erlaubt es, das Bauwerksmodell entweder als objektorientiertes Modell oder als parametrisiertes Modell

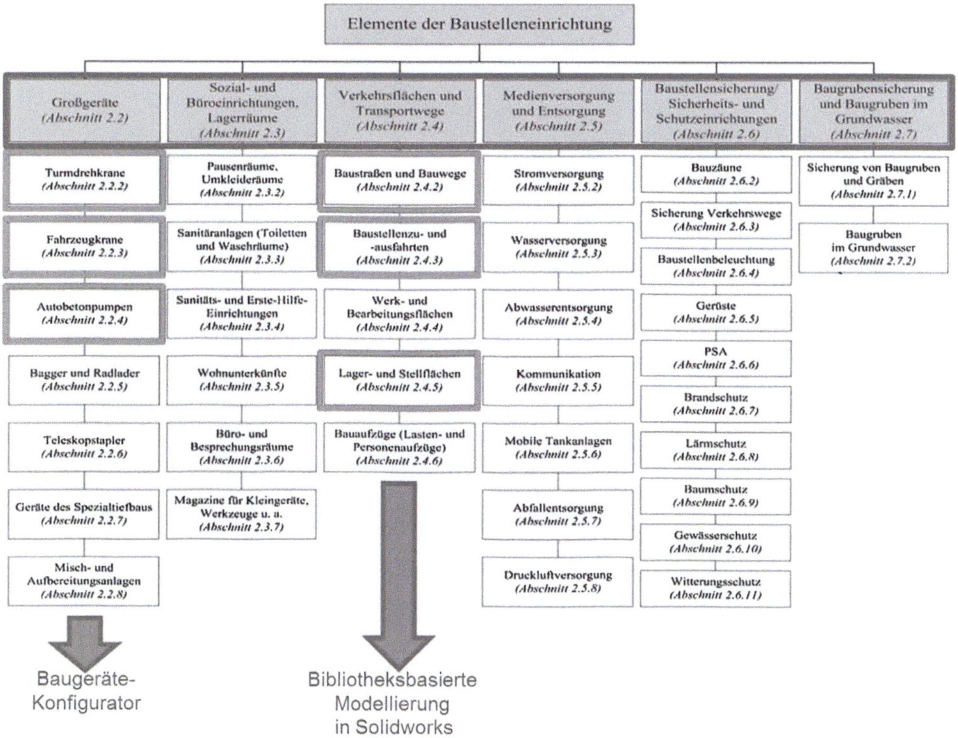

Abb. 7.19 Elemente der Baustelleneinrichtung, nach [10]

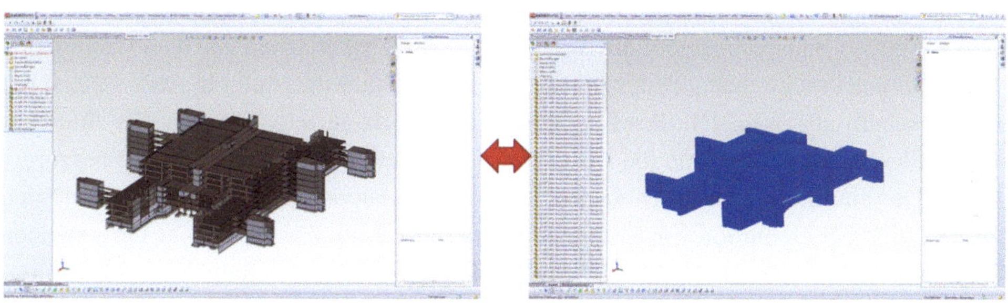

Abb. 7.20 Erstellen einer parametrisch abhängigen Konfiguration des Bauwerksmodells (nach Abb. 7.10) für die Konfiguration des Baustellenmodells

entsprechend dem Bauteil-/Baugruppenansatz (Abb. 7.4) in unterschiedlichen Granularitätsstufen abzuspeichern und je nach Anwendungsfall zu verwenden. Im Baustellenmodell kann somit für die Planung der Baustelle das Bauwerksmodell in einer sehr vereinfachten Darstellung verwendet werden. Je nach Bedarf können einzelne Bauteile oder ganze Baugruppen detailliert nachgeladen werden. Die Verlinkung zwischen den einzelnen Konfigurationen gewährleistet jederzeit, dass die Modelle synchron bleiben.

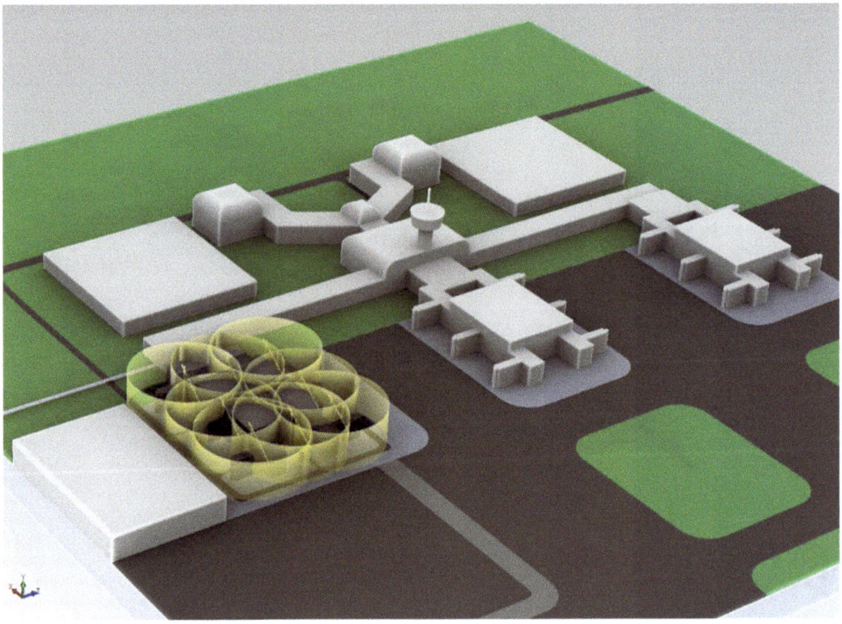

Abb. 7.21 Baustellenmodell mit der Gesamtübersicht über den Flughafen und den neu zu erstellenden Flughafenterminal

In Abb. 7.21 ist die Gesamtübersicht über den Flughafen und den neu zu erstellenden Flughafenterminal in einer sehr groben Granularitätsstufe des Bauwerksmodells dargestellt sowie das Baustellenlayout mit Verkehrs-, Lager-, Stellflächen und Turmdrehkranen im Baustelleneinrichtungsmodell in einer mittleren Granularitätsstufe. In Abb. 7.22 ist nur der Ausschnitt als Draufsicht des Flughafenterminals dargestellt. Für den neu zu erstellenden Flughafenterminal sind die Erreichbarkeitsvolumen der Turmdrehkrane hervorgehoben. Die einzelnen Baustellenobjekte bzw. Objektgruppen, z. B. alle Krane, können entsprechend der Definition von Multimodellen (Teil I, Kap. 2, Abb. 2.4–2.6) in separaten Teilfachmodellen oder in einem Teilfachmodell abgespeichert werden. Das Teilfachmodell, z. B. eines Krans (Abb. 7.23), kann dazu als Bauteilgruppe modelliert sein, wobei seine Komponenten die Bauteile sind. Werden mehrere Teilfachmodelle gewählt, die miteinander mit dem Multimodellansatz verlinkt sind, bleiben die Vorteile eines Teilfachmodells erhalten. Durch die zusätzliche Verlinkung gewinnt man aber eine höhere Flexibilität hinzu, einzelne Teilfachmodelle hinzufügen oder zu löschen oder unterschiedliche Detaillierungsgrade für sie zu wählen, wie es z. B. für Krane in Band 2, Teil I, Kap. 2, Abb. 2.9–2.12 dargestellt ist. Mit der Modellierung eines Krans in einer Bauteilgruppe sind die unterschiedlichen Granularitäten so flexibel, dass jederzeit leicht Komponenten des Krans ausgetauscht und unterschiedliche Darstellungsformen gewählt werden können (Band 2, Teil I, Kap. 2).

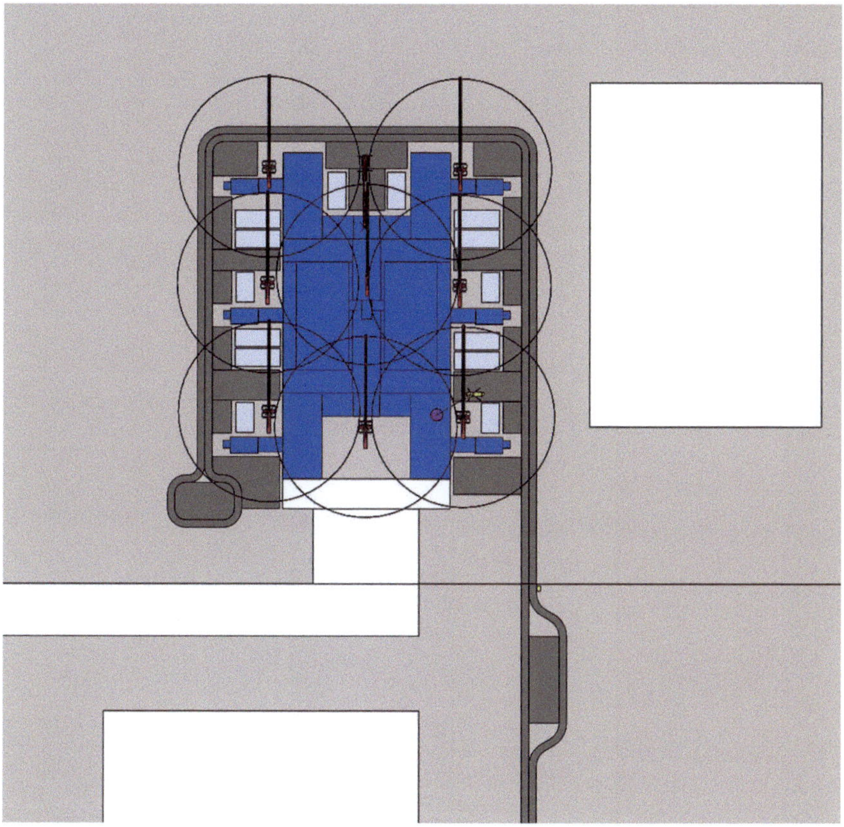

Abb. 7.22 Baustellenlayout mit Verkehrs-, Lager- und Stellflächen und Turmdrehkrane

Abbildung 7.23 zeigt einen Ausschnitt aus dem Baugerätekonfigurator. Das Modell des Krans ist im Konfigurator in unterschiedlichen Granularitäten und Eigenschaften anpassbar und kann so einzeln oder im lokalen Produktionskontext beurteilt werden (Band 2, Teil I, Kap. 2) und in das Baustellenmodell bzw. die Logistik- oder die Montagesimulation (Band 2, Teil I, Kap. 4, 5 und 6) in der passenden Granularität übernommen werden.

Die eingesetzten Baugeräte werden durch den Baugerätekonfigurator und weitere Baustellenobjekte werden durch die Bauteile-/Baugruppenfunktion, wie am Anfang des Abschnitts beschrieben, einmalig erstellt und stehen dann über die Baugeräte- und Baustellenbibliothek immer zur Verfügung, wie in Abschn. 7.5.8 beschrieben.

7.4.7 Baustellenmodell mit Ausführungsvariante Teilfertigteillösung

Das Baustellenmodell bzw. Bauausführungsmodell Abb. 7.18 ist eine verfeinerte Version des Vertragsmodells. Zum Beispiel ist der Terminplan aufgeteilt nach Bauabschnitten, Ebenen und Bauteiltypen wie Stützen, Wände, Decken.

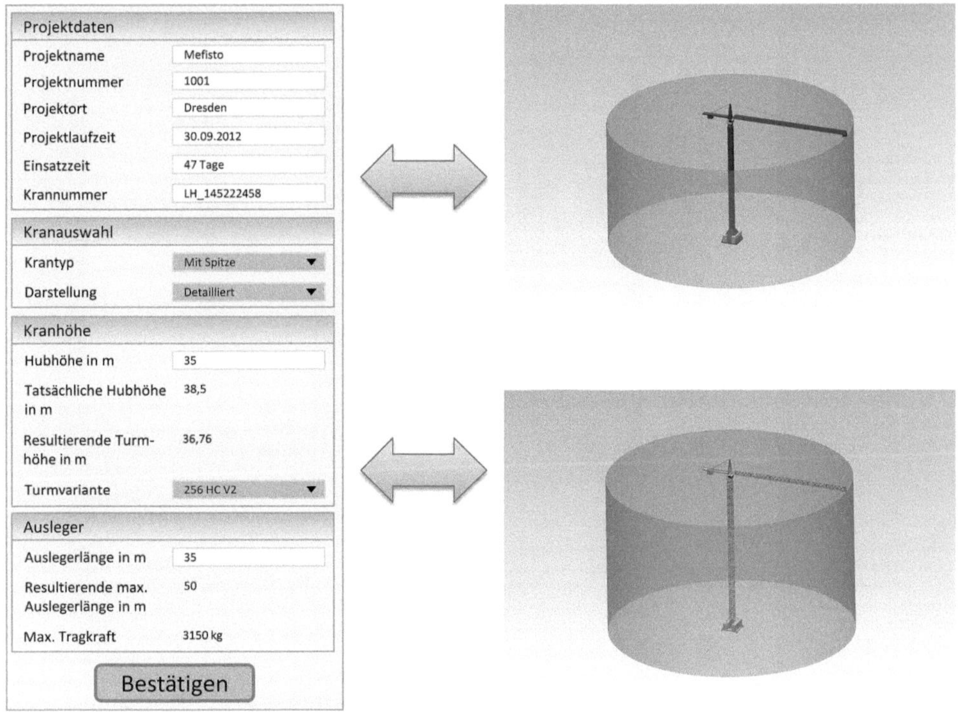

Abb. 7.23 Erstellung eines Turmdrehkrans mit dem Baugerätekonfigurator

Um die Prozesse nach dem Vertragsabschluss auch weiter zu optimieren, ist es üblich, dass geprüft wird, welche Bauteile in vorgefertigten Fertigteilen ausgeführt werden können.

Die Modelle werden in ihrer Granularität weiter verfeinert, um sie für die Produktionsplanung verwenden zu können. In Abb. 7.24 ist die Ausführungsvariante Teilfertigteillösung mit Aufbeton und Nebenträger als Fertigteile dargestellt, die mit der groben Modellierung für die Ausschreibung (Abb. 7.15) durch weitere Detaillierung und Ausführungsvariationen korrespondiert. Beide Modelle mit ihren unterschiedlichen Detaillierungsgraden können über das Linkmodell des Multimodells eindeutig und nachvollziehbar in Beziehung gesetzt werden. Diese Beziehungen können jederzeit sowohl für automatisierte Auswertungen als auch für manuelle Inspizierungen genutzt werden können, was heute nur durch mühsame manuelle Sucharbeit, basierend auf visuellen Vergleichen, möglich ist.

So beinhaltet das Ausführungsmodell mit Ausführungsvariante Teilfertigteillösung im Gegensatz zum Vertragsmodell Decken aus Teilfertigteilen, die bereits grob eingeteilt wurden (eine Deckenplatte pro Feld) sowie Nebenträger aus Fertigteilen. Auch die Treppenläufe wurden in diesem Modell durch Fertigteile ersetzt.

Abbildung 7.25 zeigt die weitere Detaillierung durch Aufteilung der Elementdecken in Betonierabschnitte, die als Grundlage für die Simulation und, falls durch die Simula-

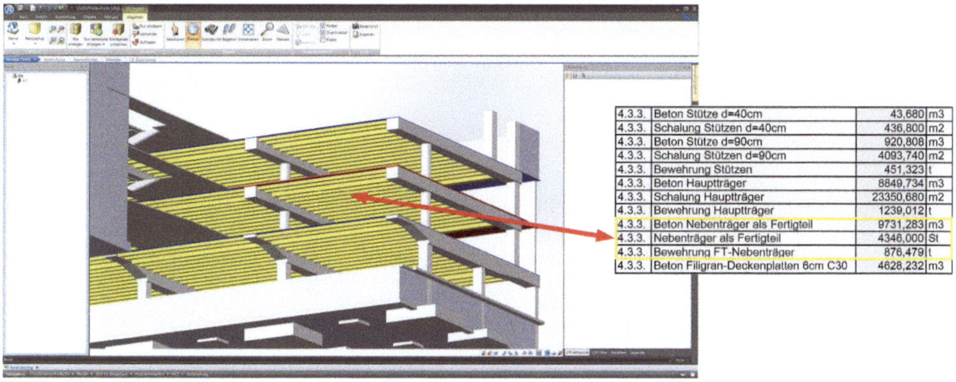

Abb. 7.24 Ausführungsvariante Teilfertigteillösung, eine Detaillierung zum Ausschreibungsmodell von Abb. 7.15 mit Fertigteilen

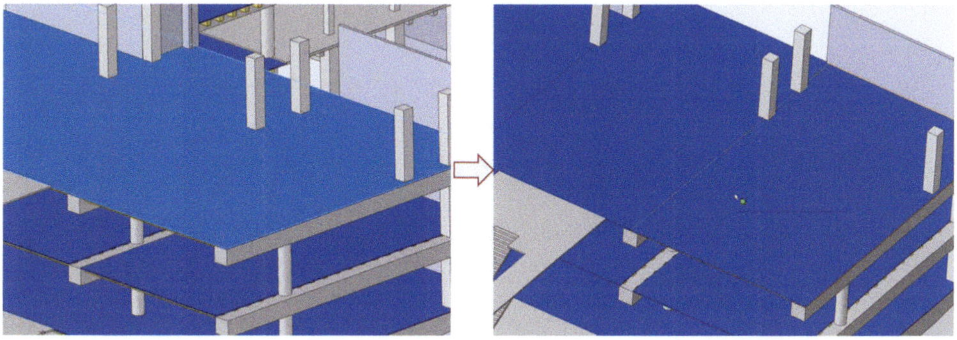

Abb. 7.25 Weitere Detaillierung der Decke (Abb. 7.15 und Abb. 7.24) durch Aufteilung in Betonierabschnitte

tion bestätigt, auch für die Ausführung dienen. Hier bietet der Multimodellansatz wieder gewichtige Vorteile, da durch das Linkmodell die Fachmodelle in ihren Ausführungsvarianten und den verschiedenen Detaillierungsgraden einschließlich ihrer Beziehungsinformationen gespeichert sind.

7.4.8 Leistungsfeststellungsmodell

Während des Baufortschritts erfolgt durch den Auftragnehmer eine Leistungsfeststellung (täglich, wöchentlich), und der Auftragnehmer stellt auf Basis der Leistungsfeststellung Abschlagsrechnungen (monatlich) an den Auftraggeber. Der Auftraggeber erhält zur Abschlagsrechnung die Leistungsmeldung als Multimodell, das die Fachmodelle Rohbaumodell, BIM, LV Rohbau mit Preisen, BoQ, und Aufmaß, QTO enthält (Abb. 7.26). Es ist die zeitabhängige Ergänzung des Vertragsmodells. Aus beiden kann der aktuelle Baufort-

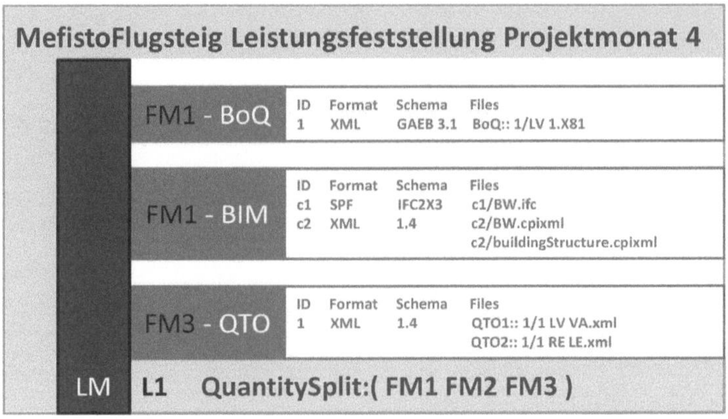

Abb. 7.26 Multimodell Leistungsfeststellung im Projektmonat 4

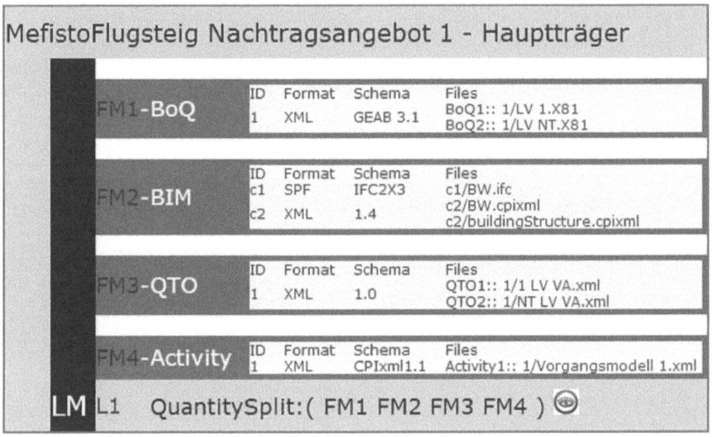

Abb. 7.27 Multimodell Nachtrag mit Änderungen bei den Hauptträgern

schritt abgelesen und z. B. im 3D Bauwerksmodell visualisiert werden (Teil II, Kap. 20, 21 und Band 2, Teil II, Kap. 9).

7.4.9 Nachtragsmodell

Das Nachtragsmodell, ebenfalls ein Multimodell, basiert auf dem Multimodell Vertragsmodell. Es weist dieselbe Granularitätsstufe auf. Es beinhaltet aber alle Änderungen und Ergänzungen, die nach Vertragsabschluss vorgeschlagen, vom Bauherrn geprüft und als erforderlich erachtet wurden (Abb. 7.27).

Im Nachtragsmodell sind diese Änderungen transparent und nachvollziehbar dokumentiert. Das Bauwerksmodell und die damit verlinkten Fachmodelle sind nicht nur unterein-

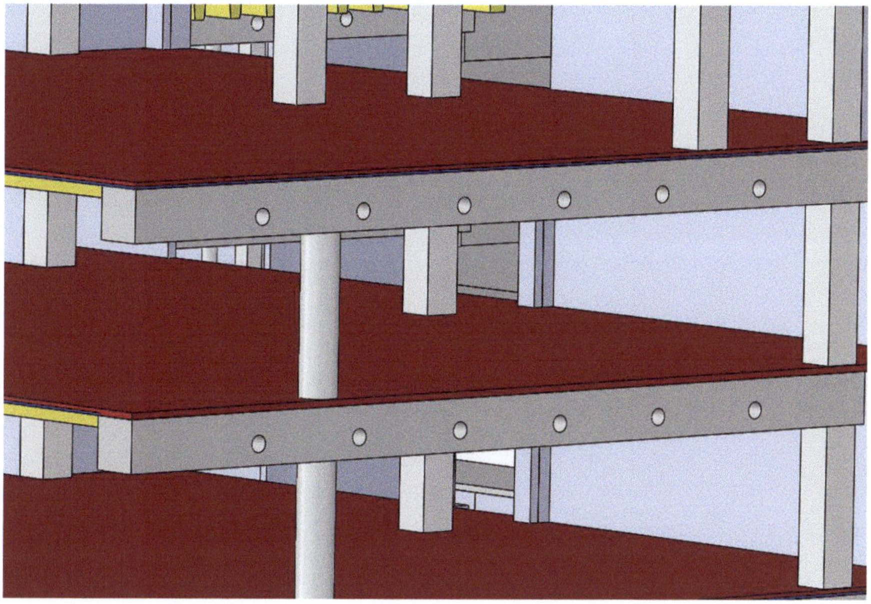

Abb. 7.28 Aussparungen im Hauptträger als Nachtragsposition im Nachtragsmodell, das aus den Modellen der Abb. 7.15 und Abb. 7.24 hervorging

ander verlinkt, sie sind auch mit dem Vertragsmodell verlinkt, sodass jede Nachtragsposition transparent nachvollziehbar gestaltet ist. In Abb. 7.28 ist das Fachmodell Bauwerk des Multimodells Nachtragsmodell in der 3D Darstellung visualisiert, in dem die nachträglichen Aussparungen in den Hauptträgern zu sehen sind.

7.5 Multimodellaufbau für das Mefisto Hochhaus

7.5.1 Einleitung

Beim Mefisto Hochhaus liegt das Gewicht auf der multimodellbasierten Baustellenplanung und entsprechend auf dem Fachmodell Baustelleneinrichtung sowie der systematischen Vorgehensweise bei der Erweiterung und Detaillierung der Dateninformationen durch geeignete Expansionsmethoden. Das Ziel ist, alle Modelleigenschaften so zu strukturieren, dass Bauprojekt und Bauprozesse wirklichkeitsnah beschrieben werden können.

7.5.2 Planungsphasen und Szenarien

Der konsequente Entwicklungs- und Detaillierungsprozess im Zuge der fortschreitenden Bauplanung wurde durch verschiedene Fachmodelle und Modellübergänge realisiert. Die

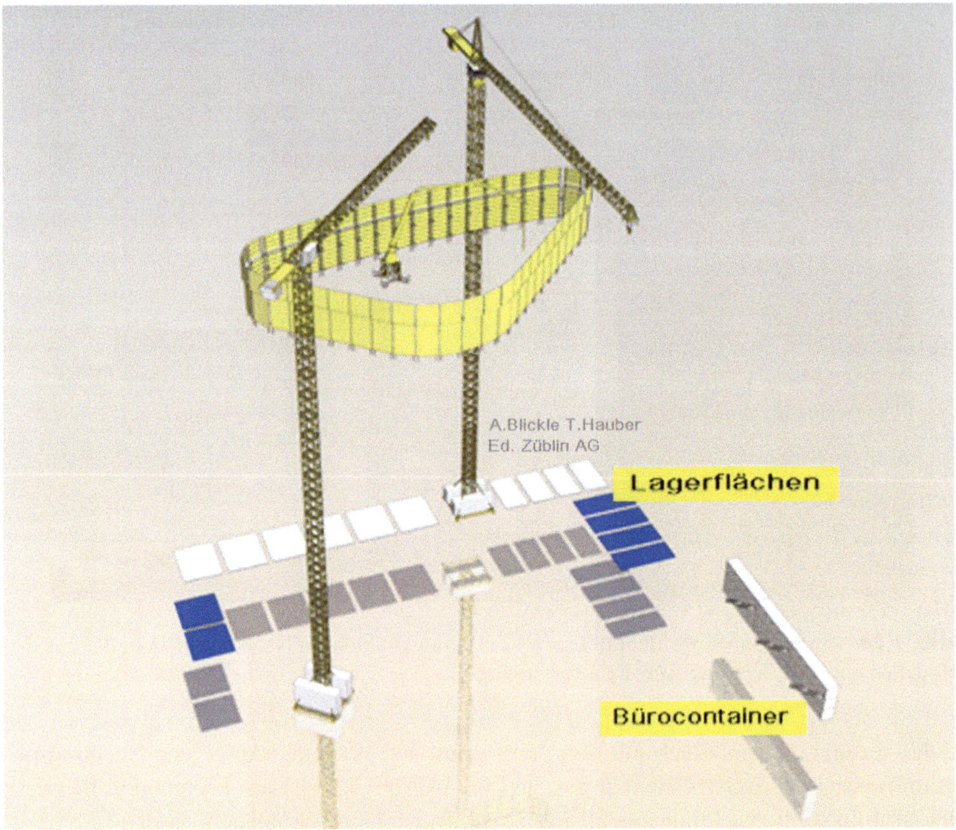

Abb. 7.29 Baustelleinrichtungsmodell zum Zeitpunkt Erstellung 16. OG mit Kranen, Betonpumpe, Baucontainer und Lagerflächen, dargestellt mit transparentem Spiegelbild, um die Oberkante der Baustelle zu verdeutlichen

Fachmodelle repräsentieren jeweils einen definierten Planungsstand. Dieser Planungsstand wurde von den Projektpartnern als Projektmodellstandard abgestimmt. Dieser Projektmodellstandard ist von großer Bedeutung für den Informationsgehalt und die Qualitätsabsicherung der Fachmodelle (Teil I, Kap. 3). Neben der Standardisierung der Informationstiefe wurden auch die Austauschformate definiert und die Modellübergänge geregelt. Für das Mefisto Hochhaus erfolgt die Darstellung der Fachmodelle und der Modellübergänge strukturiert nach der zeitlichen Abfolge, vom Bauwerksentwurf bis zur Virtuellen Baustelle nebst Simulationsmodellen (Abb. 7.29). Die vier wichtigsten, hierbei entstandenen Multimodelle sind in Abb. 7.30 zusammengestellt.

Die grundsätzlichen Konzepte und Genehmigungsverfahren münden im Bauwerksentwurf des Bauherrn. Der Bauwerksentwurf stellt das erste Fachmodell für das Bauwerk dar und wird zusammen mit weiteren Fachmodellen wie Grobterminplan, Mengen- und

	Show	MMC name	Created_at	Creator	Application
7.5.3	MMC	Hochhaus - Angebot	2011-09-09 09:48:00 UTC	tarigan	iTWO64(2.3.371
7.5.4	MMC	Hochhaus-Ausschreibung	2011-09-09 09:46:00 UTC	tarigan	iTWO64(2.3.371
7.5.5	MMC	Hochhaus-Vertrag	2011-09-09 09:52:00 UTC	tarigan	iTWO64(2.3.371
7.5.6	MMC	Hochhaus-Ausführung	2011-09-09 09:56:00 UTC	tarigan	iTWO64(2.3.371
7.5.8	MMC	LIEBHERR KRAN LH 180 ECH 10	2011-07-20 12:09:00 UTC	thhauber	iTWO(2.2.330)

Abb. 7.30 Übersicht der frei zur Verfügung stehenden Multimodelle des Mefisto Hochhauses

Leistungsbeschreibung zum Multimodell Ausschreibung (Abb. 7.31a), das vom Bauherrn erstellt und über die Mefisto Plattform veröffentlicht wird. Der Bieter entwickelt das Ausschreibungsmodell weiter zum Angebotsmodell, indem er das Angebot kalkuliert, die Termine prüft, konkretisiert und die Bauverfahren analysiert und um das Fachmodell Kosten erweitert, sowie gegebenenfalls die vorhandenen Fachmodelle verfeinert, was in das Multimodell Angebot mündet, das beim Bauherrn eingereicht wird (Abb. 7.31b). Dieses wird zusammen mit den Modifikationen durch die Vertragsverhandlungen und einem detaillierten Terminplan zum Vertragsmodell (Abb. 7.31c). Das Vertragsmodell bietet ein Mengen-, Kosten- und Terminmodell in den Datenmodellen IFC, CPIxml, und GAEB und wurde ebenfalls als Mefisto Multimodellcontainer strukturiert. Im Auftragsfalle stellt dieses Bauwerksmodell den Bauvertrag dar und wird in dieser Form nicht mehr verändert. Das Vertragsmodell markiert den ersten festgelegten und im Sinne von BIM visualisierten Planungsstand, der für den Auftragnehmer bindend ist. Zur Beschreibung der Bauaufgabe finden sich im Vertragsmodell alle Informationen zur Beschreibung der Bauteile, der Kosten und der Rahmentermine. Dies ist Anlass für einen weiteren Modellübergang. Nach dem Modellübergang wird das Bauwerksmodell zur Ausführungsreife, dem Bauwerksausführungsmodell, weiterentwickelt. Durch eine intensive Informationsverdichtung gelangt man zum nächsten Multimodell, dem Baustellenmodell (Abb. 7.31d). Dem visionären Ansatz von Mefisto folgend wird das Bauwerksausführungsmodell zusammen mit den funktionalen Großgerätemodellen des Baustelleneinrichtungsmodells zum Baustellenmultimodell, der virtuellen Baustelle. Dies kann dann ergänzt um weitere Informationen zu Bauerstellung und verschiedenen Bauverfahren einer Simulationsuntersuchung unterzogen werden.

Der entscheidende Prozess auf dem Weg zu einer multimodellbasierten Baustellenplanung ist die Verknüpfung des Bauwerksmodells mit dem Baustelleneinrichtungsmodell und speziell den Teilfachmodellen der Baumaschinenmodelle, die als Fachmodelle in das Multimodell Baustelle eingebettet werden. Als Ergebnis erhält man ein virtuelles Baustellenmodell, das, wenn es mit weiteren Fachmodellen, z. B. dem Modell des Krans (Abb. 7.23) verknüpft wird, zum Baustellenmodell wird (Abb. 7.38), das für die Baustellenplanung bestens geeignet ist. Das Baustelleneinrichtungsmodell beinhaltet per De-

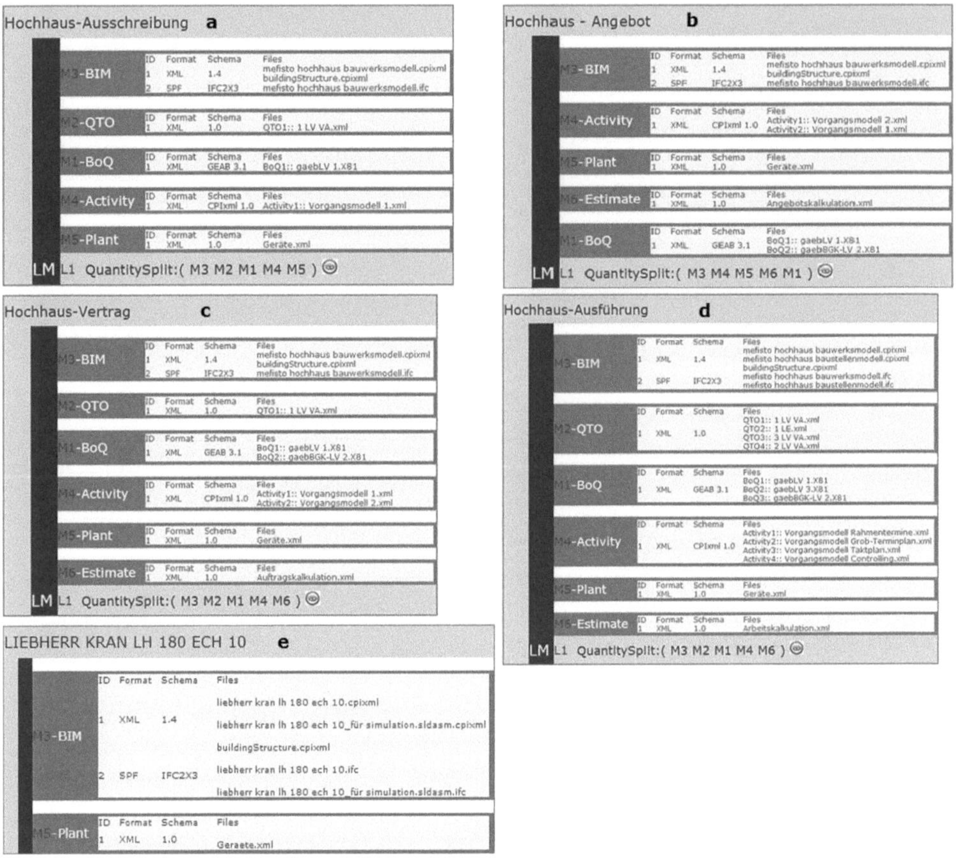

Abb. 7.31 Multimodelle mit Metadaten für (a) Auschreibung, (b) Angebot, (c) Vertrag, (d) Ausführung des Mefisto Hochhauses, sowie (e) Turmdrehkran

finition nur die Objekte, die für die Bauwerkserstellung benötigt werden. Diese sind in die sechs Gruppen nach Abb. 7.19 eingeteilt. In Abb. 7.32 ist das Baustelleneinrichtungsmodell, d. h. die Baufabrik [10] dargestellt, die zu dem gezeigten Zeitpunkt nur die aktiven Baugeräte wie die beiden Turmdrehkrane und eine Betonpumpe sowie die Wind- und Absturzsicherung, Bürocontainer (rechts unten) und Lagerflächen enthält. In Abb. 7.32 ist das Bauwerksmodell Rohbau bis zum aktuellen Stand der Bauerstellung transparent eingeblendet, in Abb. 7.33 als Volumenmodell. Abbildungen 7.32 und 7.33 zeigen somit das Baustellenmodell, das sich mindestens aus den beiden Fachmodellen Bauwerk und Baustelleneinrichtung zusammensetzt. Für die Gesamtheit aller Objekte auf der Baustelle wird der Begriff Baustellenmodell verwendet.

Das Baustellenmodell bietet weitere Anwendungsmöglichkeiten, die nachfolgend dargestellt werden. Zu nennen sind die Informationsgewinnung, die Geometrieprüfung und speziell die Bewegungsanalyse in der virtuellen Planungsumgebung. Weiterhin wird auf Vorgangs- und Prozessanalysen eingegangen und der Übergang zu den Simulationsun-

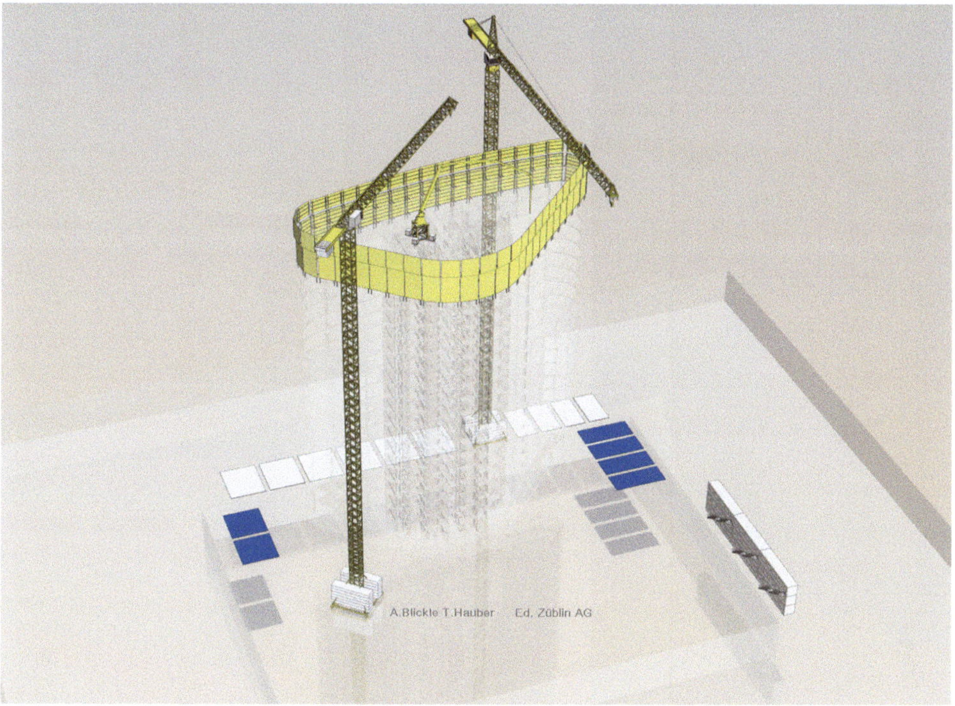

Abb. 7.32 Baustelleneinrichtungsmodell mit transparentem Bauwerksmodell

tersuchungen aufgezeigt. Ein Vergleich mit der klassischen Baustellenplanung skizziert den Mehrwert der multimodellbasierten Baustellenplanung. Das Filtern der Teilfachmodelle aus einem neu erstellten Vorlagenkatalog und das Kombinieren zum multimodellbasierten Baustellenmodell fanden in der CAD Entwicklungsumgebung von SolidWorks [6] statt. Das übliche Anwendungsgebiet von SolidWorks ist der Maschinenbau. Deshalb waren zahlreiche Anpassungen erforderlich (Teil II, Kap. 17). Die Veröffentlichung des konfigurierten Baustellenmodells fand auf der Projektplattform RIB iTWO [9] statt. Der Datenaustausch sowohl zwischen den Softwareanwendungen SolidWorks und RIB iTWO als auch zwischen den Projektpartnern erfolgte über den Multimodellcontainer (Teil I, Kap. 2). Die einzelnen Fach- und Multimodelle sind unter http://mefisto-bau.de/demos/mefisto_hochhaus.html frei verfügbar. Verschiedene Softwareprogramme zum Visualisieren und zum Bearbeiten der Modelldaten können ebenfalls frei verfügbar unter http://mefisto-bau.de/resources/resources_software.html heruntergeladen werden.

7.5.3 Ausschreibungsmodell

Das Ausschreibungsmodell wird vom Auftraggeber zur Verfügung gestellt. Das Ausschreibungsmodell transportiert die Gesamtidee des Auftraggebers an alle Projektbeteilig-

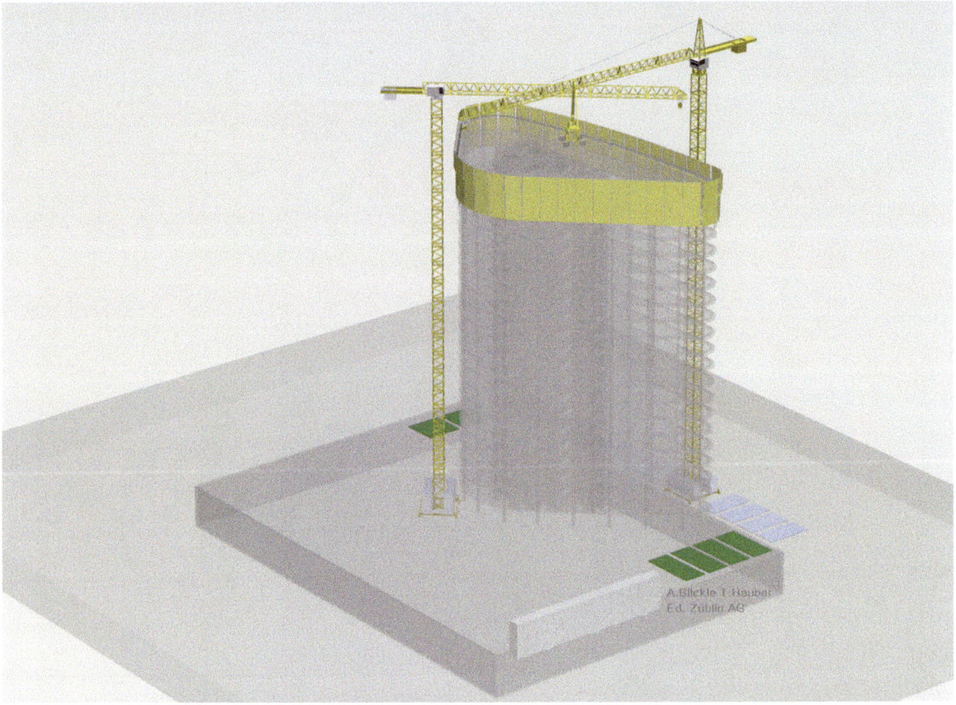

Abb. 7.33 Baustellenmodell mit Volumenmodell des Bauwerksmodells

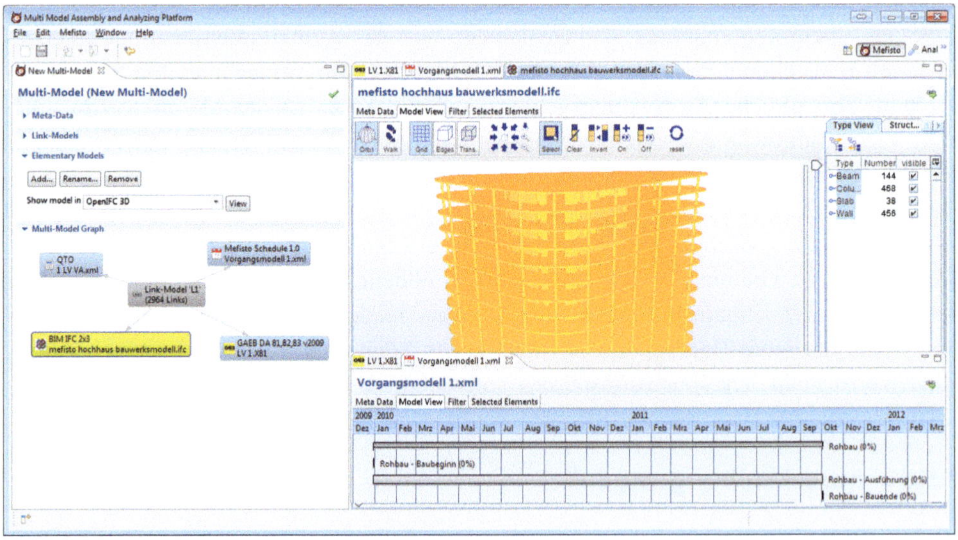

Abb. 7.34 Multimodell Ausschreibung Rohbau

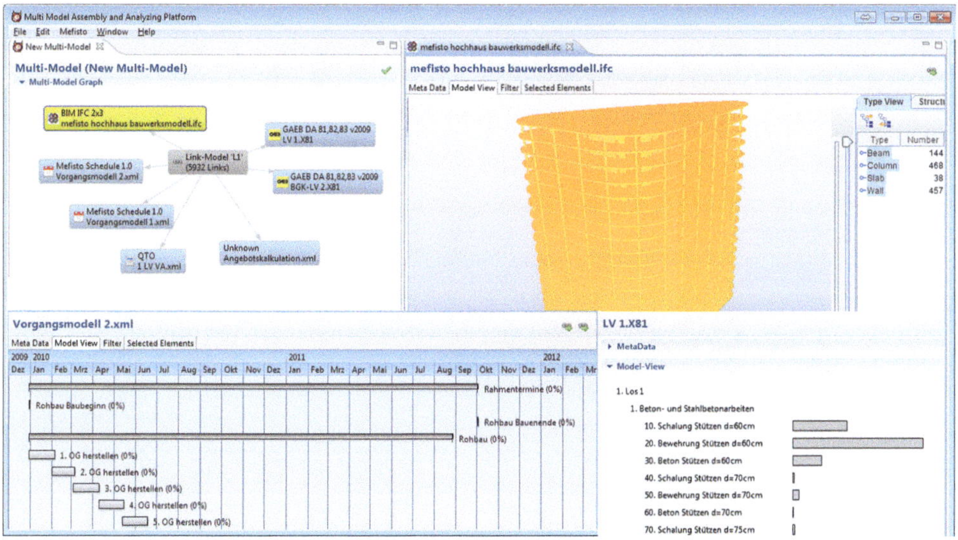

Abb. 7.35 Multimodell Angebot Rohbau

ten und Interessenten. In diesem Sinne enthält es alle relevanten Bauteile, Rahmentermine und Baugenehmigungsinformationen, die für eine Mengen-, Bauzeit- und Kostenermittlung benötigt werden. Die Granularität der Bauteile ist auf einem Detallierungsniveau, LoD, das geeignet ist, alle relevanten Mengen und Baustoffqualitäten automatisiert bestimmen zu können.

Im Ausschreibungsmodell des Mefisto Hochhauses bestehen die Wände, Decken und der zentrale Kernbereich des Bauwerksmodells aus Ortbeton. Alle Hauptöffnungen und Deckendurchbrüche größer als 1 m^2 sind bereits dargestellt. Die Stützen, Unterzüge und Gründungsbauteile sind aus Ortbeton. Die Aufzüge des Hochhauses sind in der Planung berücksichtigt, müssen aber später an das konkrete Aufzugsmodell angepasst werden. Das Fachmodell Baustelleneinrichtung mit Zufahrten und Lagerflächen ist noch nicht modelliert. Erforderlichenfalls sind grobe Werkpläne mit Hauptmaßen in Grundrissen und Schnitten ableitbar. Aus Abb. 7.34 ist zu ersehen, dass das Bauwerksmodell noch sehr grob ist. Es sind schon ein Vorgangsfachmodell, M4 Activity, mit einem groben Terminplan, für das Gesamtmodell vorhanden sowie die Fachmodelle Leistungsmodell, M1 BoQ, und Mengen, M2 QTO, entsprechend der Abb. 7.34.

7.5.4 Angebotsmodell

In der Angebotsphase entstehen zwei Bauwerksmodelle. Zum einen das Angebotsmodell des Auftraggebers und ein zweites Modell, das detaillierter ist und auch einen Sondervorschlag des Auftragnehmers enthalten kann. Das Angebotsmodell ist ein Multimodell mit LoD Rohbau, das die in Abb. 7.35 aufgeführten Fachmodelle enthält. Beide Angebotsmo-

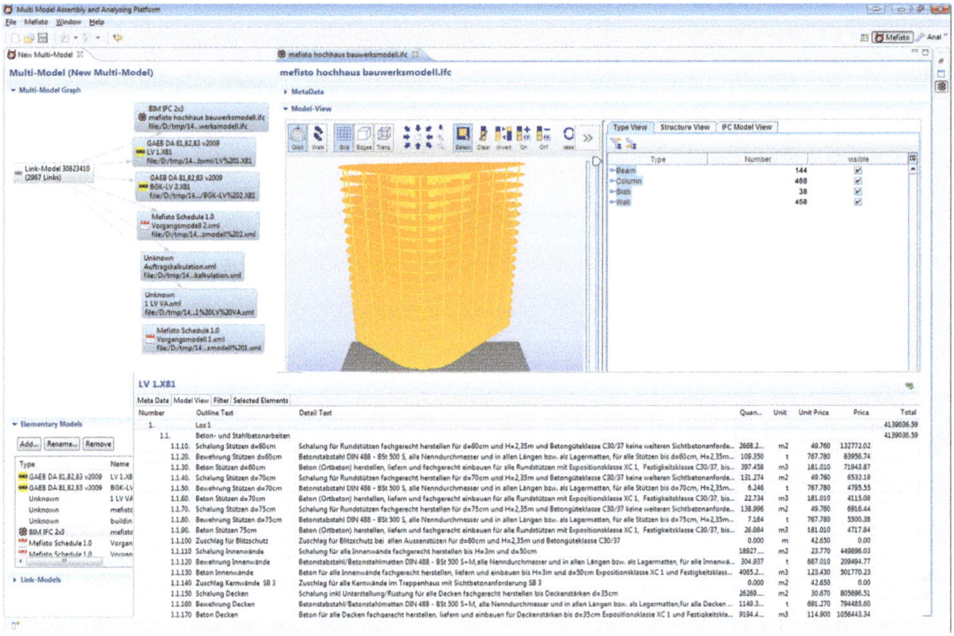

Abb. 7.36 Multimodell Vertrag Rohbau

delle enthalten ein Gebäudemodell, BIM, sowie ein grobes Baustelleneinrichtungsmodell und haben prinzipiell denselben Inhalt, was das Grundmodell des Bauwerksmodells betrifft. Der Unterschied zwischen beiden Modellen ist, dass das eine Modell das Angebot entsprechend des Ausschreibungsmodells enthält, während im zweiten Modell alle Rohbauteile mit präziseren Angaben, zum Beispiel Mengenabweichungen, angeboten werden. Entsprechend weisen alle Fachmodelle in einigen Aspekten unterschiedliche Informationen auf.

Im Angebotsmodell des Bauherrn finden sind im Bauwerksmodell alle tragenden Bauteile in Ortbeton. Das Terminmodell, Activity, ist bereits unterteilt in Bauabschnitte und Ebenen und ist somit verlinkt mit allen relevanten Bauteilen des Bauwerksmodells, BIM.

7.5.5 Vertragsmodell

Das Vertragsmodell basiert inhaltlich auf dem Angebotsmodell des Auftragnehmers. Es beinhaltet die von beiden Parteien in der Vertragsverhandlung festgelegten Bauteile mit den entsprechenden Mengen und Preisen. Zugrunde gelegt wird hier auch ein vertraglich festgelegter Rahmenterminplan für den beauftragen Umfang.

Durch den Multimodellansatz sind nicht nur die Fachmodelle evtl. in verschiedenen Detaillierungsgraden als Vertragsbestandteil vorhanden, sondern auch ihre gegenseitigen Verlinkungen (Abb. 7.36). Diese können von beiden Vertragsseiten unabhängig voneinander geprüft werden und bilden dann eine eindeutige Basis für Ausführungen und Abrechnungen sowie für spätere Änderungen und Nachträge.

7.5.6 Baustellenmodell

Die Grundlage des Baustellenmodells ist das Bauwerksmodell erweitert zum Bauausführungsmodell, das der Auftragnehmer als Grundlage des Angebots erstellt hat. Das Fachmodell Baustelleneinrichtungsmodell ist, im Unterschied zum zugrunde gelegten Bauwerksmodell, wesentlich weiter detailliert, um den Informationsanforderungen für die Bauausführung zu genügen und repräsentiert die temporäre Fabrik zur Erstellung des Produkts Bauwerk. Sie ist nicht nur temporär, sondern hoch dynamisch, und die Geräte sind nahezu alle mobil oder werden mehrfach umgesetzt. Dies stellt sehr hohe Anforderungen an ein flexibles und transparentes Planungsmodell, das für die verschiedenen Planungsuntersuchungen vorteilhaft in verschiedenen Detaillierungsgraden und Approximationen vorgehalten werden sollte (Abb. 7.37).

Das Baustelleneinrichtungsmodell liegt in den unterschiedlichen Planungsphasen in unterschiedlicher Granularität vor. Während in der Angebotsphase eine grobe Auflösung der Baugeräte vorliegt, wird diese je nach Erfordernis der gekoppelten Prozesse verfeinert, wie sie z. B. für die Visualisierung oder die Anbindung der Montagesimulation benötigt wird.

Das Baustelleneinrichtungsmodell beinhaltet die Anforderungen für einen optimierten Bauablauf auf einer beengten Hochhausbaustelle, die Auswirkungen auf das Baustellenlayout haben. Im Projekt Mefisto Hochhaus wurde der Schwerpunkt auf die Zu- und Ausfahrt, variable Lager- und Stellflächen, stationäre, aber mit in die Höhe wachsende Betonpumpen und Arbeitsbühnen sowie Turmdrehkrane gesetzt. Die 3D Objekte enthalten über die BIM Klassifizierung alle relevanten Informationen, die in der Prozessverarbeitung der Mengen- und Kostenermittlung, Terminplanung und der Simulation benötigt werden. Diese basieren auf standardisierten Katalogen und werden nach Bedarf individuell variiert. Die Baugeräte werden über einen datenbankbasierenden Baugerätekonfigurator, mit dem Baugeräte bzw. die Modelle der Baugeräte modular aus seinen Komponenten zusammengestellt werden können, anhand von baustellenspezifischen Eingabedaten konfiguriert und mit Informationen versehen.

Alle Elemente der Baustelleneinrichtung wurden aus der Teilebibliothek selektiert und konfiguriert. Die Einzelmodelle der Teilebibliothek sind mit parametrischen Koordinatenbeziehungen und dynamischen Freiheitsgraden ausgestattet. Bei der Konfiguration von Großgeräten passen sich die Einzelmodelle automatisiert aneinander an und verfügen über die spezifischen Bewegungsmöglichkeiten.

Um die Baustellenplanung vornehmen zu können, wird ein flexibles Baumassenmodell, Mengenmodell, QTO, des Bauwerks aus dem Bauwerksmodell abgeleitet und als Teilfachmodell angelegt. Dies hat den Hintergrund, dass man je nach Informationsbedarf leicht zwischen den Granularitätsstufen der Baustellenmodelle wechseln kann, die stark

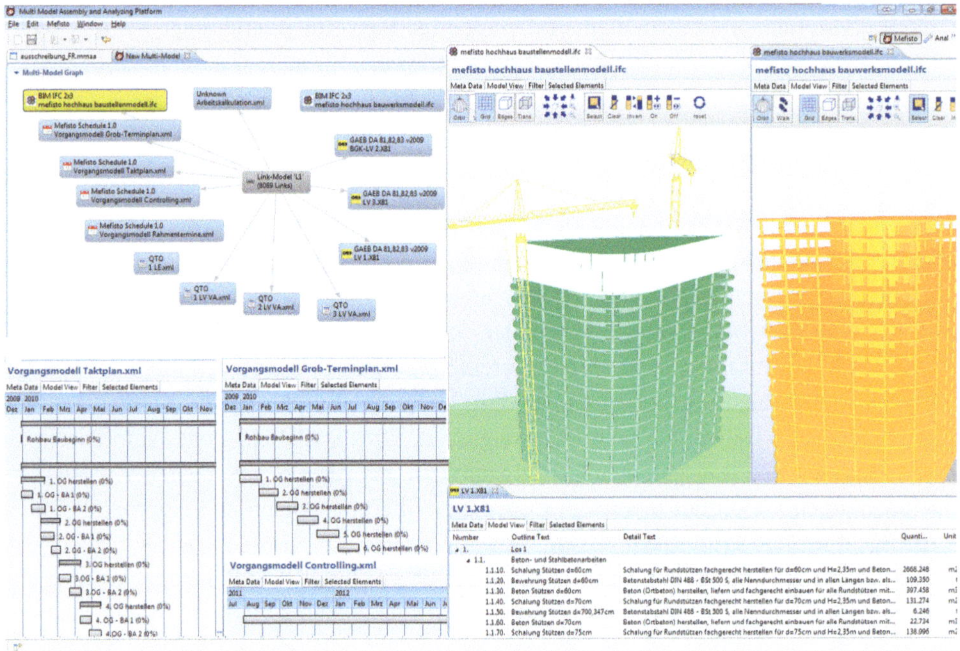

Abb. 7.37 Multimodell Ausführung

durch die Gruppierung der Baumassen bestimmt werden, bspw. durch Aufteilung in optimierte Bauabschnitte.

7.5.7 Aufbau des Baustellenmodells

In der Angebotsphase stehen üblicherweise wenige Informationen über die Baustellenumgebung und die Baustelle zur Verfügung. Ausgangspunkt ist das zur Verfügung stehende Grundstück als Umgebungsmodell in einem GIS Datenmodell mit einer bestehenden oder noch herzustellenden Erschließung (Abb. 7.38).

Im ersten Schritt wird das Umgebungsmodell, ein GIS Datenmodell, mit dem geplanten Bauwerk kombiniert (Teil II, Kap. 22). Das geplante Bauwerk wird hierbei durch das Bauwerksmodell repräsentiert. Über die Verknüpfung werden die maßgebenden Lage- und Höhenkoordinaten ausgewertet und sichergestellt, dass sich das Umgebungsmodell und das Bauwerksmodell relativ zueinander in der richtigen Lage befinden und alle Erschließungen, d. h. Ent- und Versorgungsleistungen und Anschlussstraßen der Umgebung mit denen des Bauwerks konfliktfrei zusammenpassen. Durch die Verknüpfung dieser beiden Fachmodelle mit einem Linkmodell erhält man ein Multimodell (Abb. 7.39), das als erster Stand des Baustellenmodells angesehen werden kann. Idealerweise liegt das Bauwerksmodell als BIM IFC, d. h. als Building Information Modell in der IFC Datenstruktur vor, in der sich alle Informationen aus vorherigen Planungsprozessen abrufen lassen.

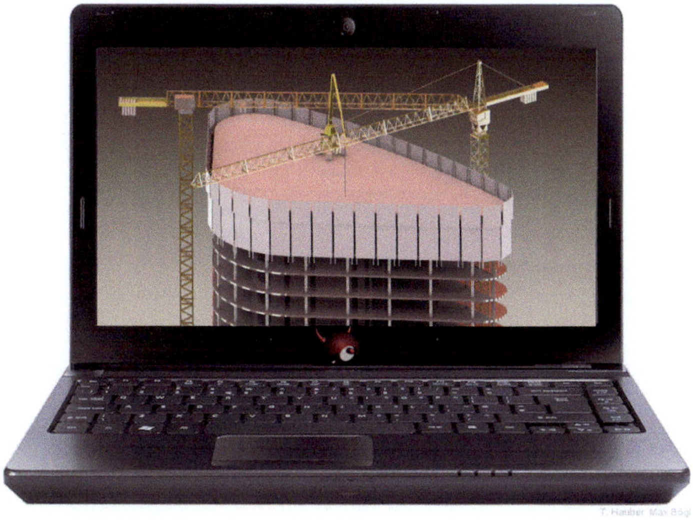

Abb. 7.38 Die virtuelle Baustelle, basierend auf dem Multimodell Baustellenmodell, als konsequente Weiterentwicklung des Bauwerksmodell

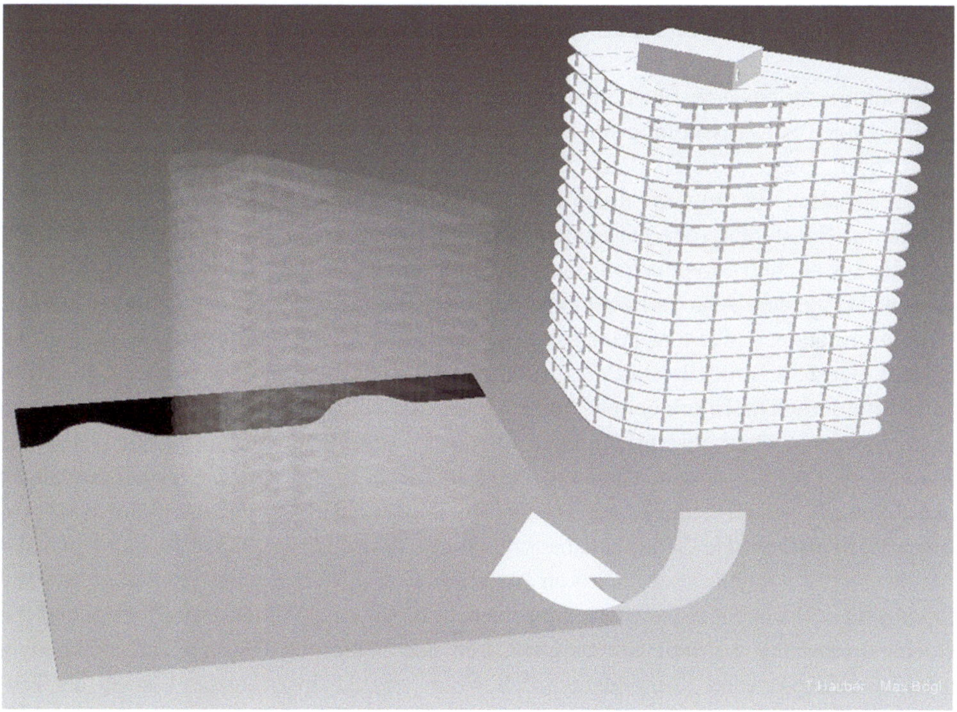

Abb. 7.39 Verknüpfung des Umgebungsmodells mit dem Bauwerksmodell mittels eines Linkmodells zum Baustellenmultimodell

Abb. 7.40 Verknüpfung des Baustellenmodells mit Bürocontainern und Lagern des Baustelleneinrichtungsmodells

7.5.8 Modulares Baustelleneinrichtungsmodell

Die multimodellbasierte Baustellenplanung findet ihre Fortsetzung in grundsätzlichen Überlegungen zur Ausstattung für Erste Hilfe und der Bereitstellung von Sozialräumen (Abb. 7.40) sowie weiteren Baustelleneinrichtungsobjekten wie Bürocontainern für die Bauorganisation vor Ort und Lageflächen und temporären Lagerobjekten.

Die zur Baustellengröße passenden Büro- und Sanitärcontainer können als Teilfachmodelle aus der neu entwickelten Baustellenbibliothek (Abschn. 7.4 und Teil II, Kap. 17) ausgewählt werden. Alle Teilfachmodelle aus der Baustellenbibliothek enthalten spezifische Informationen. Weitere grundsätzliche Bestandteile der Baustellenplanung und damit des Baustellenmodells sind die benötigten Lagerflächen und Baustraßen. Die zwingend erforderlichen Überlegungen finden ihren Abschluss mit der Festlegung der vorgeschriebenen Sicherheitseinrichtungen für das zu erstellende Bauwerk. Hier ist insbesondere als Objekte des Baustellenmodells an Gerüste, Schutznetze, Abschrankungen und Schutzdächer zu denken. Im Beispiel des Hochhauses kommt ein Wind- und Absturzschutz als zentrale Sicherheitsbaugruppe zur Anwendung. In jedem Fall muss der Absturz von Personen, aber auch von Materialien und Werkzeugen verhindert werden. Ergänzend soll die Sicherheitsbaugruppe einen Wind- und Wetterschutz bieten und die Hochhausbaustelle, so weit wie möglich, von den Witterungsbedingungen unabhängig machen. Die einzelnen Komponenten des Wind- und Absturzschutzes können als Teilfachmodelle (Abb. 7.41) aus der neu entstandenen Baustellenbibliothek ausgewählt werden. Die selektierten Teilfachmodelle sind mit allen wichtigen Informationen ausgestattet, bspw. dem Gewicht, den verwendeten Materialien, dem empfohlenen Montage-

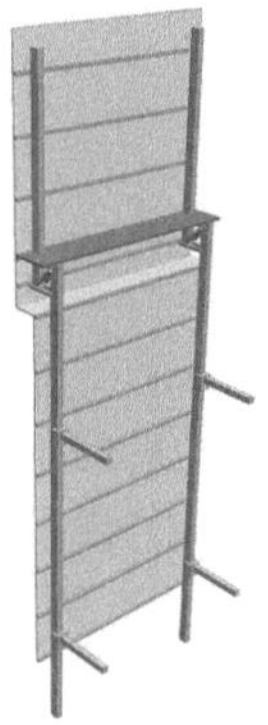

Arbeiten	ID	Mengen			Bewehrung	10 Mann	Mannschaft		
Beschreibung	ST= Stützenschalung	qm cbm	kg	Materialart	pro Mindesteinh	Zeitaufwand	min	Standard	max
	WA=Wind- und Absturzschutz								
Wind- und Absturzschutz	WA001BA1		ca. 1200kg	Stahl/Holz	0,60h	0,06 h	2	3	5
Wind- und Absturzschutz	WA002BA1		ca. 1200kg	Stahl/Holz	0,60h	0,06 h	2	3	5
Wind- und Absturzschutz	WA003BA1		ca. 1200kg	Stahl/Holz	0,60h	0,06 h	2	3	5
Wind- und Absturzschutz	WA004BA1		ca. 1200kg	Stahl/Holz	0,60h	0,06 h	2	3	5
Wind- und Absturzschutz	WA005BA1		ca. 1200kg	Stahl/Holz	0,60h	0,06 h	2	3	5
Wind- und Absturzschutz	WA006BA1		ca. 1200kg	Stahl/Holz	0,60h	0,06 h	2	3	5
Wind- und Absturzschutz	WA007BA1		ca. 1200kg	Stahl/Holz	0,60h	0,06 h	2	3	5
Wind- und Absturzschutz	WA008BA1		ca. 1200kg	Stahl/Holz	0,60h	0,06 h	2	3	5
Wind- und Absturzschutz	WA009BA1		ca. 1200kg	Stahl/Holz	0,60h	0,06 h	2	3	5
Wind- und Absturzschutz	WA010BA1		ca. 1200kg	Stahl/Holz	0,60h	0,06 h	2	3	5
Wind- und Absturzschutz	WA011BA1		ca. 1200kg	Stahl/Holz	0,60h	0,06 h	2	3	5
Wind- und Absturzschutz	WA012BA1		ca. 1200kg	Stahl/Holz	0,60h	0,06 h	2	3	5
Wind- und Absturzschutz	WA013BA1		ca. 1200kg	Stahl/Holz	0,60h	0,06 h	2	3	5
Wind- und Absturzschutz	WA014BA1		ca. 1200kg	Stahl/Holz	0,60h	0,06 h	2	3	5
Wind- und Absturzschutz	WA015BA1		ca. 1200kg	Stahl/Holz	0,60h	0,06 h	2	3	5
Wind- und Absturzschutz	WA016BA1		ca. 1200kg	Stahl/Holz	0,60h	0,06 h	2	3	5

T. Hauber Max Bögl

Abb. 7.41 Elementarmodelle – hier als Beispiel das Grundmodul der Wind- und Absturzsicherung – sind mit allen wichtigen Grundinformationen ausgestattet

vorgang und den gültigen Montagetoleranzen. Die Teilfachmodelle können über einen Multimodellcontainer einfach und flexibel zu einem Baustelleneinrichtungsteilfachmodell kombiniert werden, z. B. dem Wind- und Absturzschutzsystem, das wieder Teil des übergeordneten Fachmodells Baustelleinrichtung und dieses wieder ein Fachmodell des Multimodells Baustellenmodell wird, indem als weitere Fachmodelle z. B. das Bauwerksmodell, das Kosten- und das Terminmodell durch Verlinkung integriert werden.

Eine schnelle Anpassung auf die konkreten Einsatzbedingungen ist über Kalibrierungsregeln möglich. Das Teilfachmodell Sicherheitsbaugruppe Wind- und Absturzschutz entsteht aus dem Grundmodul (Abb. 7.41) durch Kombinieren der selektierten Teilfachmodelle unterstützt durch Verknüpfungsregeln. Die Verknüpfungsregeln erschließen die Information der Bauwerksgeometrie und der erforderlichen Montagetoleranzen. Mit der Ergänzung des Baustelleneinrichtungsmodells durch die modular aufgebaute Sicherheitsbaugruppe Wind- und Absturzschutz und deren Verknüpfung (Abb. 7.42) über ein Linkmodell mit dem Bauwerksmodell findet die Planung der Sicherheitseinrichtungen und damit das technische Multimodell der Bauausführung ihren Abschluss.

In Vorbereitung der Bauausführung folgen weitere, ergänzende Überlegungen. Ausgangspunkt ist das bisher sukzessiv entstandene Multimodell der Baustelle, das nun konsequent mit allen weiteren benötigten Objekten des Baustelleneinrichtungsmodells wie den Baumaschinen, Baugerüsten und Schalsystemen ergänzt wird. Diese Datenexpansion des vorliegenden Multimodells mit den spezifischen Eigenschaften der Baumaschinen, Baugerüste und Schalsysteme soll am Beispiel der Kranmodelle erläutert werden. Zunächst wird, wie schon früher, über die Einschätzung von erforderlicher Reichweite und benötigtem Hublastvermögen ein Krantyp ausgewählt. Im Interesse höchstmöglicher Flexibilität wird der ausgewählte Krantyp aus seinen Komponenten, die als Elementarmodellen vorliegen, kombiniert. Jedes dieser Teilfachmodelle repräsentiert einen Kranbestandteil, z. B.

Abb. 7.42 Kombinieren der Sicherheitsbaugruppe Wind- und Absturzschutz aus dem Grundmodul nach (Abb. 7.41) zu einem Teilfachmodell

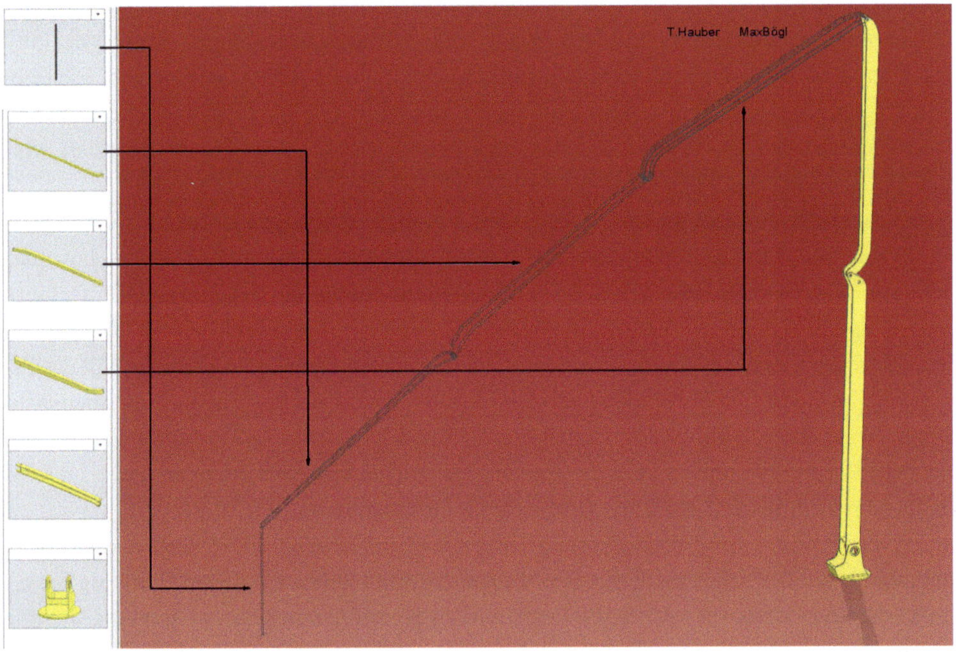

Abb. 7.43 Konfigurieren des Pumpenarms einer stationären Betonpumpe aus der Baumaschinenbibliothek

ein Turmstück, oder wie in Abb. 7.43 ein Auslegerteilstück. Die Teilfachmodelle sind in einer Baumaschinenbibliothek zusammengefasst, die im Rahmen des Forschungsvorhabens Mefisto entstanden ist.

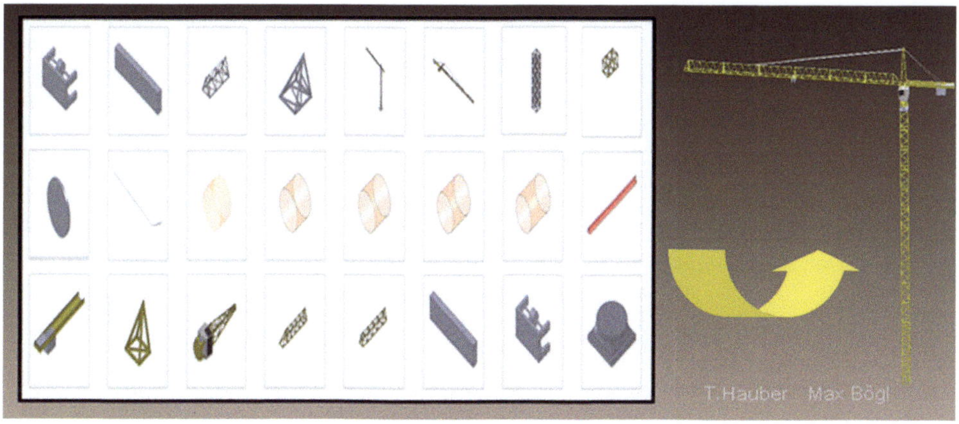

Abb. 7.44 Filtern der modularen Elementarmodelle für das Kranmodell aus der Baumaschinenbibliothek

Abbildung 7.44 zeigt einen Ausschnitt aus der Baumaschinenbibliothek. Das Modell des Krans und der stationären Betonpumpe werden aus der Baumaschinenbibliothek in unterschiedlichen Granularitäten und Eigenschaften selektiert und an die lokalen Gegebenheiten angepasst und können so einzeln oder im lokalen Produktionskontext beurteilt werden (Band 2, Teil I, Kap. 2) und in das Baustellenmodell bzw. die Logistik- oder die Montagesimulation (Band 2, Teil I, Kap. 3, 5 und 6) in der passenden Granularität übernommen werden. Alle Elemente der Baustelleneinrichtung wurden aus der Baumaschinenbibliothek selektiert und konfiguriert. Die Einzelmodelle der Baumaschinenbibliothek sind mit parametrischen Koordinatenbeziehungen und dynamischen Freiheitsgraden ausgestattet. Bei der Konfiguration von Großgeräten per Drag & Drop passen sich die Einzelmodelle automatisiert aneinander an und verfügen über die spezifischen Bewegungsmöglichkeiten.

Durch Filtern nach dem gewählten Krantyp werden alle geeigneten Elementarmodelle aus der Baumaschinenbibliothek selektiert und zur Auswahl angeboten (Abb. 7.44). Diese Elementarmodelle sind Referenzmodelle für die Komponenten eines bestimmten Krantyps und stellen dessen Eigenschaften zur Verfügung. Die Elementarmodelle besitzen darüber hinaus auch parametrische Eigenschaften. Hierbei ist es nicht notwendig, sich wiederholende Teile mehrfach einzeln zu konfigurieren und zu platzieren. Dies erfolgt über Konfigurationsalgorithmen, die prototyphaft für den Turmdrehkran (Abb. 7.45) entwickelt wurden. Der Turm des Krans wird automatisch mit den passenden Verbindungsteilen auf Basis der gewählten Turmkomponenten vom Baugerätekonfigurator konfiguriert. Auf diese Weise kann sichergestellt werden, dass ein Krantyp, der sich nicht in der Baumaschinenbibliothek finden lässt, schnell und effektiv durch entsprechende Kalibrierung der Elementarmodelle nachmodelliert werden kann. Wenn ein Kranhersteller ein neues Kranmodell auf den Markt bringt, kann ebenfalls über die Parametrik eine schnelle Anpassung der Elementarmodelle für den neuen Krantyp erfolgen. Die erforderliche Aktualisierung der Baumaschinenbibliothek ist jederzeit gewährleistet. Das gewünschte

Abb. 7.45 Erstellung eines Turmdrehkrans aus Elementarmodellen der Teilebibliothek

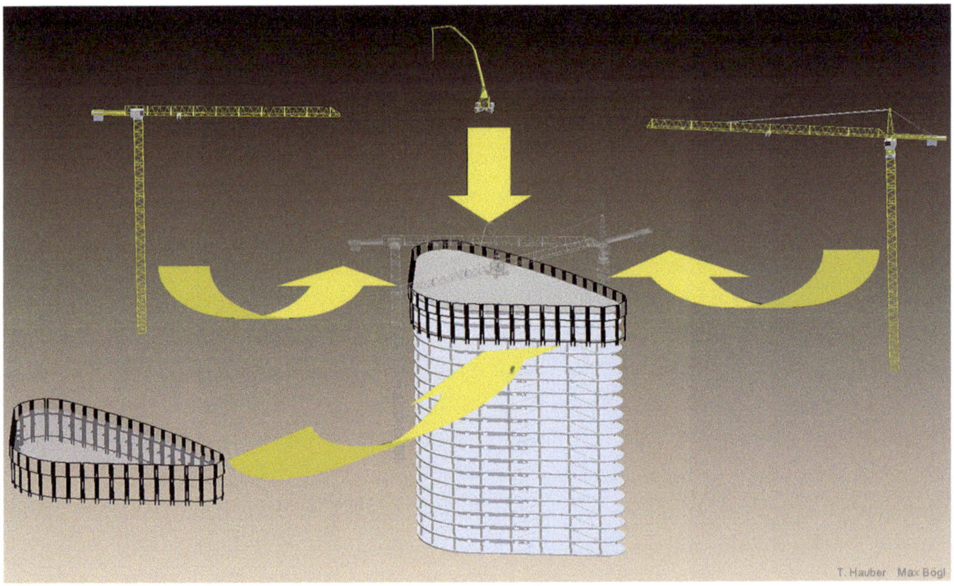

Abb. 7.46 Ergänzen des Baustelleneinrichtungs- und damit des Baustellenmodells um Baumaschinen, Wind- und Absturzschutz

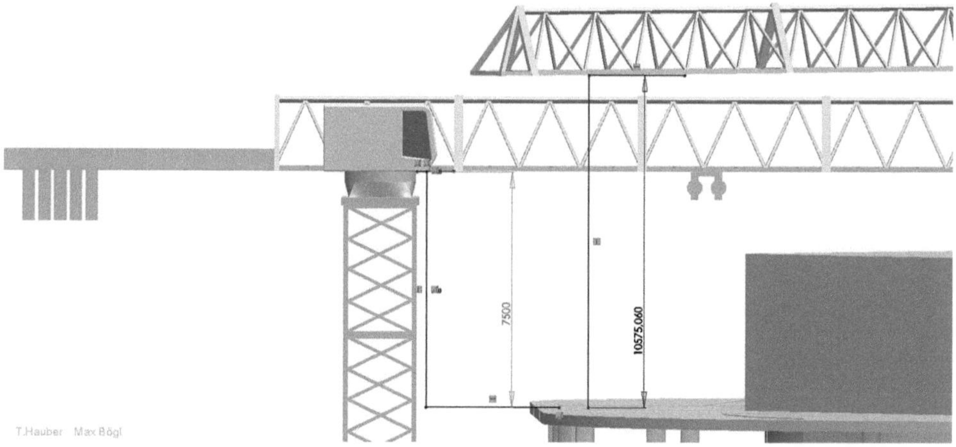

Abb. 7.47 Tiefenstaffelung der Krane, Kollisionsprüfregeln werden über das Linkmodell zur Verfügung gestellt

Kranmodell wird aus den modularen Elementarmodellen als Multifachmodell organisiert zu einem Teilfachmodell zusammengesetzt. Das Teilfachmodell des Krans steht zusammen mit anderen Teilfachmodellen, die ebenfalls als Multimodell organisiert sein können, unter http://mefisto-bau.de/quellen/mmcs/LIEBHERR_KRAN_H180_ECH10.mmc zur freien Nutzung zur Verfügung.

Für das Zusammensetzen gelten Verknüpfungsregeln, die Hakenhöhe, Drehradius und Passung berücksichtigen. Abschließend wird das Multimodell Baustelleneinrichtungsmodelle bzw. das Baustellenmodell um die Kranmodelle ergänzt. Auch dieser Vorgang folgt definierten Regeln, die Lage- und Höhenkoordinaten auswerten (Abb. 7.46).

Die einzelnen, aus Elementarmodellen modular aufgebauten Teilfachmodelle für den kombinierten Wind- und Absturzschutz, für Baumaschinen etc. werden über Linkmodelle zum Baustelleneinrichtungsmodell und weiter mit dem Bauwerksmodell zum Baustellenmodell verknüpft (Abb. 7.47). Sie können somit als Gesamtmodell mit den Multimodellwerkzeugen, z. B. Filtern (Teil II, Kap. 14 und 15), angesprochen werden. Es können aber weiterhin die Fachmodelle und die Teilfachmodelle, die wieder aus den Teilfachmodellen oder einzelnen Objekten gebildet werden, einzeln angesprochen, extrahiert, modifiziert und gelöscht werden.

Werden mehrere Krane benötigt, so tragen die über das Linkmodell aktivierten Kollisionsregeln einer möglichen Kollision über eine Tiefenstaffelung der Krane Rechnung (Abb. 7.47). Solche einfachen Kompatibilitätsregeln können in die Linkmodelle eingebaut werden und müssen nicht aufwendigen Simulationsuntersuchungen vorbehalten bleiben. Aufwendige lokale Kollisions- bzw. Kompatibilitätsprüfungen sollten nicht in das Linkmodell mit einbezogen werden, da das Linkmodell nur die funktionale Bedeutung einer Verknüpfung hat. Die Überprüfung der Plausibilität der Verknüpfungen kann beliebig komplex werden und sollte daher separat mit den notwendigen und geeigneten Methoden überprüft werden. Dies sind die lokalen und globalen Simulationen, die in den Kapiteln in

Abb. 7.48 Kollisionsprüfung durch visuelle Prüfung kritischer Situationen der Kranspiele und Traglastanalyse der Krane

Band 2, Teil I behandelt werden. Einfache, grundlegende Plausibilitätsprüfregeln für eine Grob- und Vorprüfung können hingegen eingebaut werden.

7.5.9 Nutzen des Baustellenmodells zu visuellen und geometrischen Prüfungen

Sobald alle Kranmodelle in dem multimodellbasierten Baustellenmodell vorliegen, kann mit der Prüfung der zu Beginn getroffenen Annahmen begonnen werden. Im Zentrum steht die aktive Kollisionsprüfung der Krane, aber auch die Frage, ob die Krane alle Arbeitsbereiche der Baustelle erreichen und ob sie dort auch alle anfallenden Lasten aufnehmen können (Abb. 7.48). Nach der Kombination des Multimodells mit den benötigten Baumaschinen, Baugerüsten und Schalsystemen ergibt sich das grundlegende Baustellenlayout.

Das dreidimensional visualisierte Baustellenmodell (Abb. 7.49) bietet eine gute Vorstellung der geplanten Bauaufgabe und der vorgesehenen Baustelleneinrichtung. Eine 3D Modellierung einer Baustelle mit den verschiedenen Bauzuständen oder gar eine Bauablaufsimulation ist heute noch immer mit den Hilfsmitteln des computergestützten Planens und Bauens oder mit der Technologie BIM Level 1 oder 2, wie sie in der Praxis verbreitet ist, extrem zeitaufwendig und wird daher sehr selten eingesetzt. Mit der Multimodellmethode ist nicht nur die Erstellung des Baustellenmodells mit vertretbarem Aufwand möglich, sondern auch seine kontinuierliche Fortschreibung, und aus dem Baustellenmodell sind dann jederzeit mit geringem Zusatzaufwand beliebige Simulationsmodelle erstellbar.

Allein mit der 3D Visualisierung von verschiedenen Bauablaufsituationen ist es schon möglich kritische, beengte oder kollisionsgefährdete Zustände zu erkennen, ohne gleich eine Simulation oder Animation einsetzen zu müssen. Wichtig ist, dass die verschiedenen Fachmodelle verlinkt vorliegen und mächtige Filtermethoden zur Verfügung stehen, um

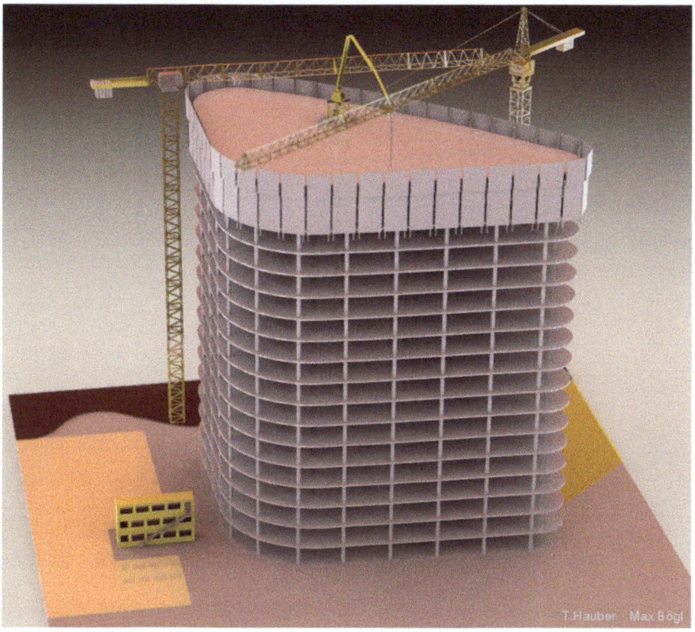

Abb. 7.49 Eine der visuell untersuchten Situationen der Baustelle zur Prüfung bzgl. Maschinenstellung, -einsatz und -interaktion

schnell mit wenigen Handgriffen die situationsabhängigen Zustände aus dem vieldimensionalen Informationsraum heraus zu filtern und diese Informationszustände mit gängigen Visualisierungsprogrammen zu visualisieren.

Die Visualisierungsprogramme stellen heute eine ausreichende Funktionalität zur Verfügung. Ihr geschickter Einsatz bietet weitere, entscheidende Vorteile. Durch überlegtes Ändern der Bauteiltransparenz und Hervorhebung möglicher Kollisionen können bauentscheidende Überblicke gewonnen werden (Abb. 7.50). Das gezielte Ausblenden von Bauteilen kann wichtige Einblicke eröffnen. Das gesteuerte Einblenden von Bauteilen kann markante Bauzustände visualisieren und die geplanten Ausführungsstrategien verdeutlichen (Abb. 7.51). Eine wichtige Möglichkeit ist die Durchführung einer Kollisionskontrolle. Ungewollte Durchdringungen und Berührungen von Bauteilen werden durch die Kollisionskontrolle ermittelt und durch eine optische Hervorhebung visualisiert (Abb. 7.52). Abhängig von der verwendeten Software ist eine automatisierte Modellprüfung von Kollisionen zu ausgewählten Situationen möglich. Diese Methode deckt auch ungewollte Fehlstellungen von Bauteilen auf und markiert einen fehlenden Kontakt zwischen Modellelementen. Hier entsteht ein fließender Übergang zu der lokalen 3D Simulation, die in Band 2, Teil I, Kap. 2 beschrieben ist.

Unbedingt empfohlen wird auch eine geometrische Überprüfung durch die Visualisierung einer wandernden Schnittanalyse entlang der Bauwerkshauptachsen.

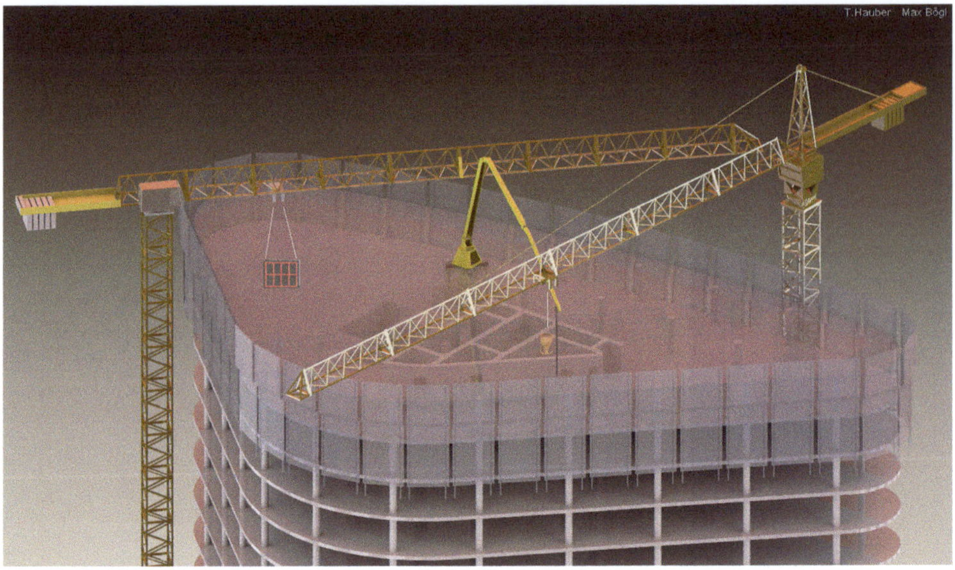

Abb. 7.50 Einsatz der Bauteiltransparenz und Hervorhebungen, um Kollisionen oder Erreichbarkeiten visuell zu prüfen

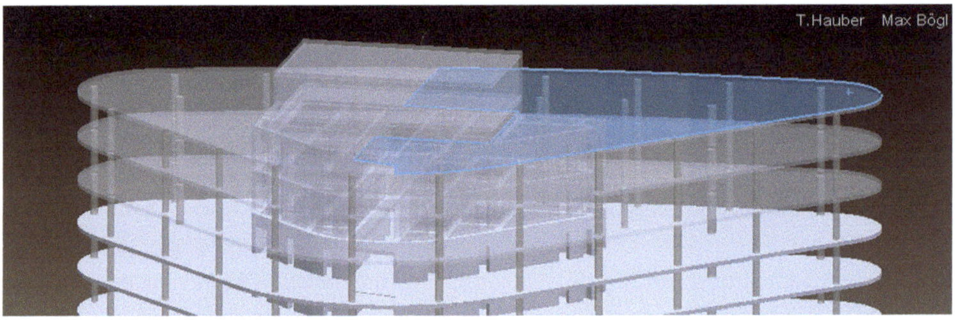

Abb. 7.51 Visualisieren von markanten Bauzuständen

Mit dieser Methode können ungünstige Leitungsführungen und impraktikable Ausführungsvarianten aufgedeckt werden. Alle verwendeten Kranmodelle verfügen über die spezifischen Bewegungsmöglichkeiten der nachgebildeten Originale und so können Untersuchungen zum Anheben, Drehen und zum Katzfahren der Nutzlasten für ausgewählte Situationen durchgeführt werden (Abb. 7.53). Diese Untersuchungen erfolgen i. d. R. in vereinfachter visueller Darstellung, wobei die Farben bevorzugt für die Unterscheidung verschiedener Objekte anstatt für die fotorealistische Darstellung eingesetzt werden. Hier ergibt sich ein fließender Übergang zur lokalen 3D Simulation nach (Band 2, Teil I, Kap. 2).

So empfiehlt es sich, die geometrische Überprüfung des Baustellenmodells mit einer Bewegungsanalyse der Baumaschinen im Rahmen von lokalen 3D Simulationen (Band 2,

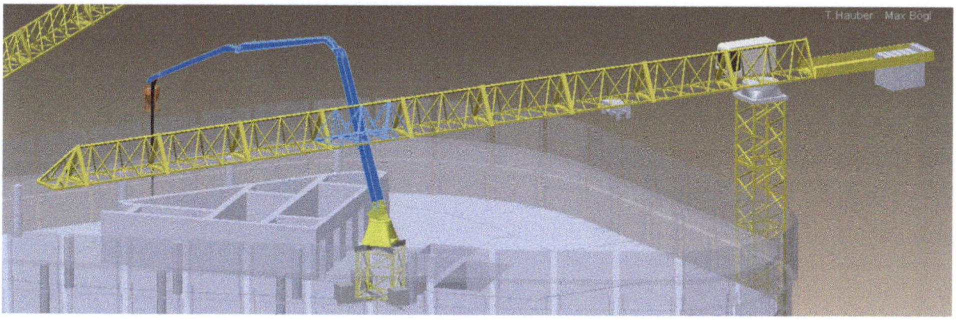

Abb. 7.52 Optische Hervorhebung von Kollisionen

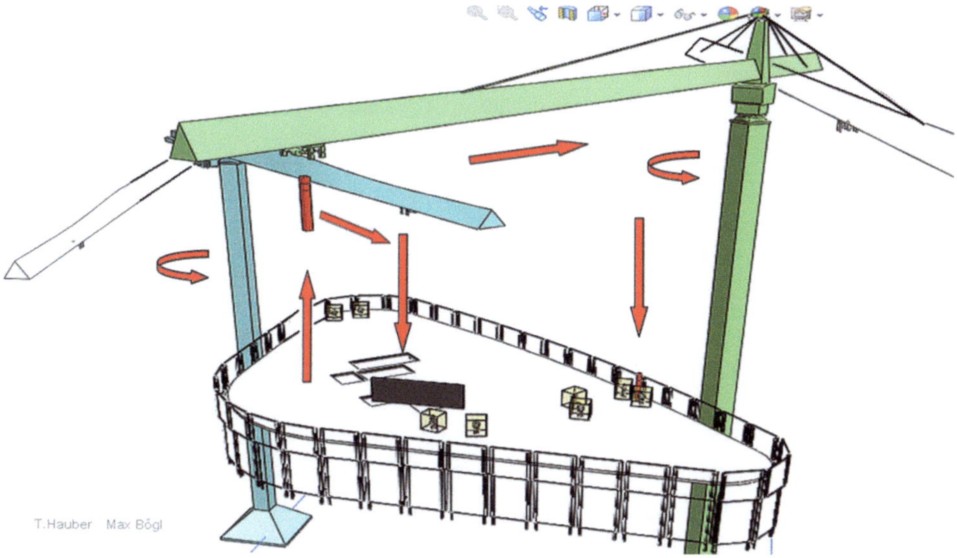

Abb. 7.53 Bewegungsanalyse der Kranmodelle in einer vereinfachten visuellen Situationsdarstellung

Teil I, Kap. 2) oder Montagesimulationen (Band 2, Teil I, Kap. 5 und 6) fortzusetzen. Hierdurch kann eine sinnvolle und abgesicherte Auswahl der wichtigsten Baumaschinen getroffen werden. Die Bewegungsanalyse liefert eine präzise Aussage zur Erreichbarkeit betrachteter Baustellenabschnitte durch die ausgewählten Baumaschinen, zum Beispiel mit Kranen und Betonpumpenauslegern. Durch die Analyse des Kranspiels mehrerer Krane können gegenseitige Behinderungen und Krankollisionen aufgedeckt werden. Hier wird man unmittelbar versuchen, in der Analyse identifizierte Probleme zu lösen. Auf dieser Ebene können auch einzelne Montagevorgänge überprüft werden. Als Beispiel wurde das Anheben einzelner Module des Wind- und Absturzschutzes überprüft (Abb. 7.54). Besonderes Augenmerk sollte auf die Passung und die Montagetoleranzen gelegt werden. Der

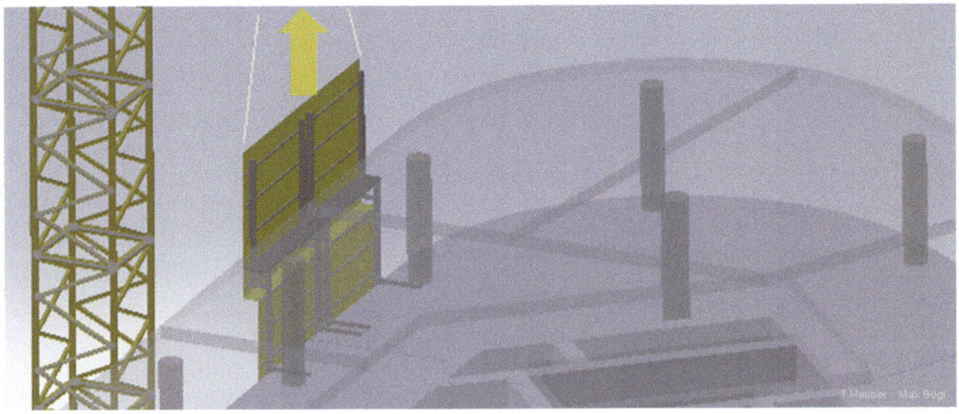

Abb. 7.54 Bewegungsanalyse: Anheben des Wind- und Absturzschutzes

Vergleich mit der klassischen Baustellenplanung zeigt hier zahlreiche neue Möglichkeiten bei der konsequenten Anwendung einer multimodellorientierten Baustellenumgebung.

7.5.10 Fachmodell der Leistungsansätze

Obwohl jedes Bauwerk einzigartig ist, sind viele Herstellprozesse ähnlich. Für die üblichen Herstellprozesse gibt es Leistungsansätze in der einschlägigen Fachliteratur, z. B. ARH Tabellen, Arbeitszeitrichtwerte Hochbau [11]. Diese können als Leistungsansatzkataloge vergleichbar den Kostenkatalogen oder als Fachmodelle der Leistungsansätze bezeichnet werden. Ein Leistungsansatz beschreibt, wie viel Zeit der Betoniervorgang einer Rundstütze in Anspruch nimmt, bezogen auf einen Kubikmeter Stützenbeton und die Leistung einer Arbeitskraft. Der Leistungsansatz bietet einen gemittelten Durchschnittswert über die vielen möglichen Situationen und Einschränkungen. Für den Betoniervorgang einer Wand gilt ein anderer Leistungsansatz als für eine Stütze.

Spezielle Herstellprozesse können i. d. R. nicht durch Leistungsansätze aus der Literatur genügend genau beschrieben werden. Die virtuelle Baustelle kann den speziellen Herstellprozess durch die Interaktion zwischen Bauwerkselementen, den eingesetzten Baumaschinen, Schalungen, Baustoffen und den beteiligten Arbeitskräften und ihrer Arbeitsleistung nachbilden und beschreiben. Die exakte Analyse des nachgestellten Herstellprozesses liefert den gesuchten Leistungsansatz. Dazu folgendes Beispiel: Die Geschossdecken des Mefisto Hochhauses werden unter Einsatz einer stationären Betonpumpe hergestellt. Die Pumpleistung der Betonpumpe entspricht in diesem Fall nicht der Standardleistung, da der Beton bis in die oberen Geschosse des Hochhauses gepumpt werden muss. Die Pumpleistung wird durch die hydrostatische Druckhöhe und durch die Innenreibung der außergewöhnlich langen Förderleitung gemindert. Das Baustellenmodell bietet Informationen über die zum Einsatz vorgesehene Betonpumpe, den Typ, die Standardpumpleistung, die exakte Länge der Förderleitung mit der Anzahl der eingeplanten Leitungskrümmer und die

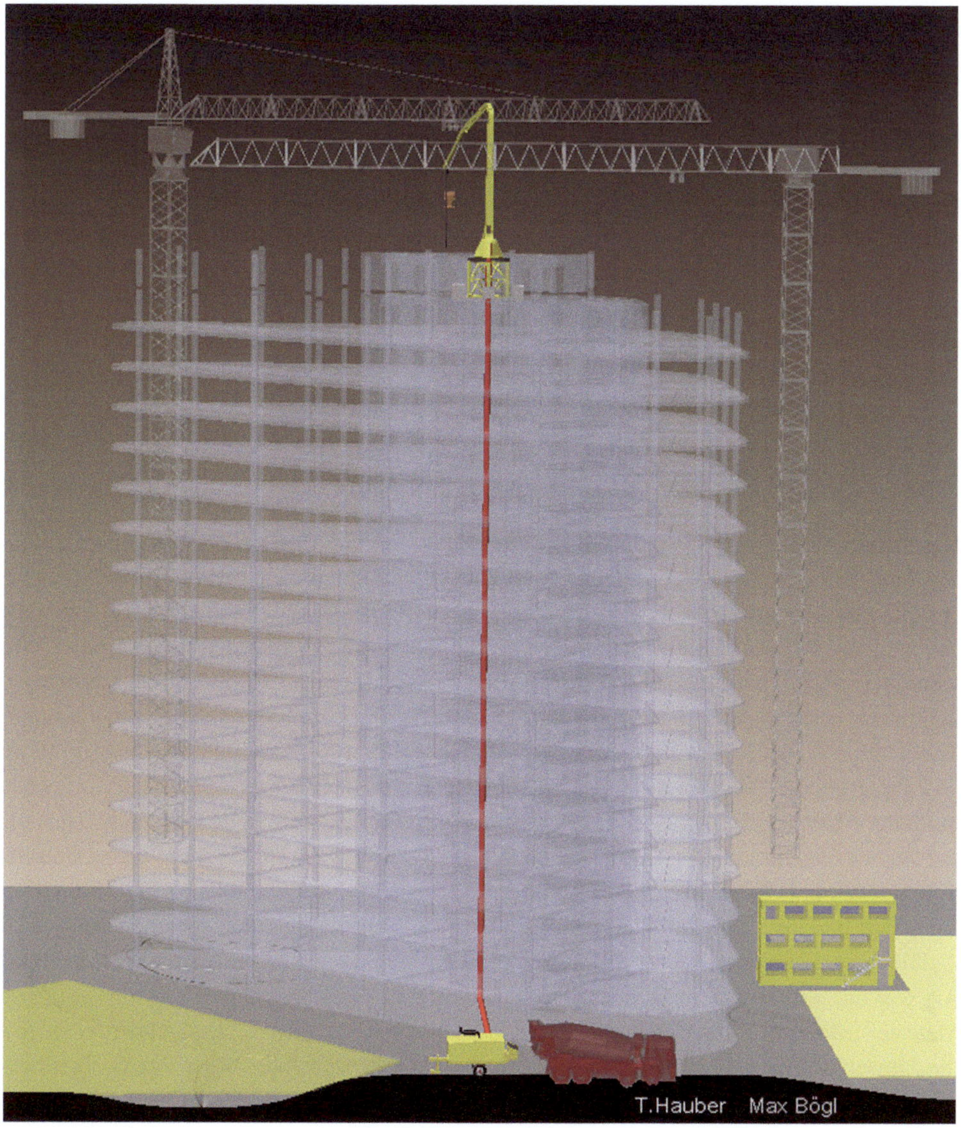

Abb. 7.55 Analyse der Pumpleistung für die ungünstigste Situation mit maximaler Druckhöhe und Leitungslänge

tatsächliche hydrostatische Druckhöhe Abb. 7.55). Mit diesen Angaben kann die zu erwartende Pumpleistung unter realen Baustellenbedingungen entweder für die ungünstigsten Situationen statisch durchgespielt oder gemittelte Leistungswerte für ganze Situationsabschnitte mittels einer lokalen 3D Simulation (Band 2, Teil I, Kap. 2) ermittelt werden. Die Pumpleistung und der Herstellvorgang bestimmen den konkreten Personalbedarf zur regelgerechten Verarbeitung des geförderten Betons. Dazu kommt der Zeitbedarf für die Bereitstellung und obligatorische Reinigung der Betonpumpe.

Das realistische Multimodell der gesamten Baustelle bietet eine mächtige Umgebung für zahlreiche Untersuchungen über die Dauer von Herstellprozessen. Der ermittelte Zeitbedarf für einen untersuchten Herstellprozess in der lokalen 3D Analyse (s. o.) bzw. der lokalen 3D Simulation (Band 2, Teil I, Kap. 2) wird dann als Leistungsansatz im Fachmodell Leistungsansätze zur Verfügung gestellt, sei es für die Terminplanung oder für eine Montage- oder Logistiksimulationsuntersuchung. Die aussagekräftige Analyse von Geometrie, Kranbewegungen, Montagevorgängen und ganzen Herstellprozessen zur Ermittlung von Leistungsansätzen ist eine zentrale Innovation im Vergleich zur klassischen Baustellenplanung.

7.5.11 Referenzprozesse für die Baustellenplanung

Die virtuelle Baustelle ist das effektive Instrument für eine moderne Baustellenplanung. Mit großem Nachdruck wurde der Versuch unternommen, alle einzelnen Teilbauprozesse in Teilfachmodellen nachzubilden, die die künftige Baustelle für Detailvorgänge, wie z. B. den Vorgang Stahlbetonstütze in Ortbeton erstellen, möglichst realistisch beschreiben. Sie werden als Referenzprozesse bezeichnet [12, 13] (Teil II, Kap. 10). Sie sind als Multimodelle strukturiert, da einzelne Baumaschinen und Bauhilfsmittel als unabhängige modulare Teilmodelle verwaltet werden, u. a. wegen dem gewählten Aufbau in Produktteilstrukturen und Baugruppen (Abschn. 7.3). Referenzprozesse sind Teilfachmodelle, die Prozessteilmodelle, Bauwerksteilmodelle und Baustelleneinrichtungsteilmodelle enthalten. Sie stellen eine Filtersicht auf das Baustellenmodell dar. In Abb. 7.56 ist der Bauprozess Bewehren, Schalen und Betonieren mit Betonkübel nachgestellt, in einer lokalen 3D Simulation analysiert und als Teilfachmodell für das Bauausführungsmodell abgespeichert worden.

Die Interaktion des geplanten Bauwerks mit Kranen, Gerüsten und Baumaschinen aller Art war das Ziel der Bemühungen. Der Herstellprozess des geplanten Bauwerks fordert Materialströme, die über Transportketten bedient werden müssen. Bedeutsam ist z. B., die Umsetzung der Schalsysteme über alle Einsatzorte sicherzustellen. Dafür ist es erforderlich, die Schalung zu Transporteinheiten zusammenzufassen. In Abb. 7.57 sind für die Erstellung von Stahlbetonstützen unterschiedliche Konfigurationen und die dazu notwendigen Hilfsmittel dargestellt. Die bei diesen Untersuchungen des Multimodells erstellten Teilfachmodelle können später in weiteren Simulationen als modulare Multimodelle oder Referenzmodelle für die Modellierung einzelner Vorgänge (Teil II, Kap. 23, Abschn. 23.10) eingesetzt und je nach Situation modifiziert werden.

Mit dem Teilfachmodell für die typisierten Transporteinheiten wird der Weg vom Ausschalen über die Reinigung bis zur nächsten Verwendung nachgezeichnet. Auf diese Weise erfolgt eine geometrische Kontrolle der Transportwege und der Kranförderung mittels einer statischen 3D Situationsvisualisierung (Abb. 7.58) oder einer lokalen 3D Simulation (Band 2, Teil I, Kap. 2).

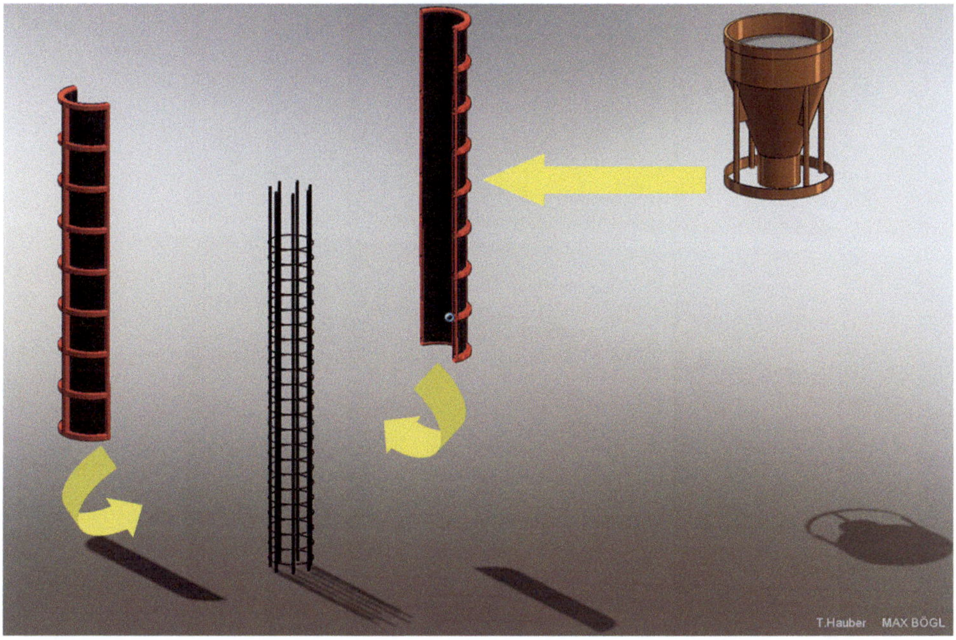

Abb. 7.56 Realistische Nachbildung des Bauteilprozesses für den Vorgang Stahlbetonstütze in Ortbeton erstellen zur Konzeption eines Referenzprozesses

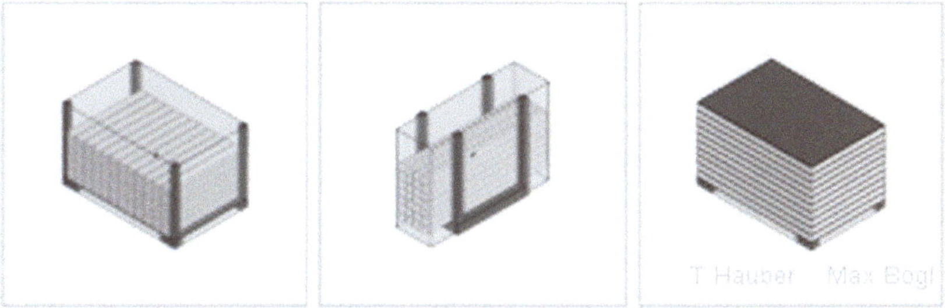

Abb. 7.57 Drei Varianten für die Transporteinheiten eines Deckenschalsystems als Teilfachmodell

7.5.12 Statische 3D Situationsanalyse

Eine Querschnittsanalyse der Terminplanung ergibt alle Bauteile, die in bestimmten Zeitabschnitten erstellt werden sollten. Im vorliegenden Beispiel wurde die Analyse der Mengen modellbasiert auf der Projektplattform RIB iTWO durchgeführt. Der ermittelte, zeitabhängige Materialbedarf wurde den Transportketten gegenübergestellt. Die betrachtete Transportkette für die Schalung beginnt mit der Anlieferung am Lager, der nachfolgenden Kranförderung und dem Einbau. Der Raumbedarf der Schalung kann als vereinfachter Volumenkörper in Form eines umschriebenen Prismas Bounding box, typisiert und abge-

Abb. 7.58 Geometrische Kontrolle der Transportwege eines Deckenschalsystems, Bewegungsabläufe durch gelbe Pfeile simuliert

schätzt werden. Mit den Volumenkörpern kann das für die Schalung vorgesehene Lager überprüft werden. Die grundsätzliche Machbarkeit des Materialtransports kann mit dieser Methode abgeschätzt werden. In einem nächsten Schritt können die Ergebnisse der Untersuchung als Eingangsdaten für eine nachfolgende Logistiksimulation genutzt werden. Die Logistiksimulation ist die geeignete Instanz zur Klärung aller Fragen zu Materialströmen, Lagerkapazität, Transportketten und der Robustheit der Logistikstrategie gegen Störungen. Die Analyse der Herstellprozesse und der zugehörigen Zeitfenster zeigt möglicherweise mehrere Ausführungsvarianten auf. Für das Mefisto Hochhaus war eine konventionelle Herstellung des Kernbereiches mit Treppen und Aufzügen geplant (Abb. 7.59). Alternativ ist die Herstellung des Kernbereiches mit einer automatisierten Hubkletterbühne (Abb. 7.60) möglich. Es war eine Entscheidung zwischen zwei Ausführungsvarianten zu treffen. Welche der beiden Varianten würde mehr prozessindividuelle Vorteile bieten? In aller Regel kann die optimale Ausführungsvariante nicht ohne detaillierte Analyse eindeutig identifiziert werden. Eine qualifizierte Entscheidungshilfe wäre jedoch schon von entscheidender Bedeutung.

Dies kann erst eine visuelle, statische 3D Situationsuntersuchung leisten. Eine exakte Untersuchung ginge über eine lokale 3D Simulation hinaus und entspräche schon einer Montagesimulation (Band 2, Teil I, Kap. 6). Neben der Identifikation der optimalen Ausführungsvariante bietet die statische 3D Situationsuntersuchung eine Aussage über deren Robustheit gegen mögliche Störungen im Bauablauf. Die vorgangsbezogene, ereignisbasierte Bauablaufsimulation ist die geeignete Instanz zur Klärung aller Fragen in Richtung Herstellungsstrategie, Optimierung des Bauablaufs und zur Bewertung der Wirksamkeit von Baubeschleunigungsmaßnahmen. Die 3D Visualisierung des Simulationsablaufs

Abb. 7.59 Erste Ausführungsvariante: konventionelle Herstellung Kernbereich

Abb. 7.60 Zweite Ausführungsvariante: Kernbereich mit Hubkletterbühne

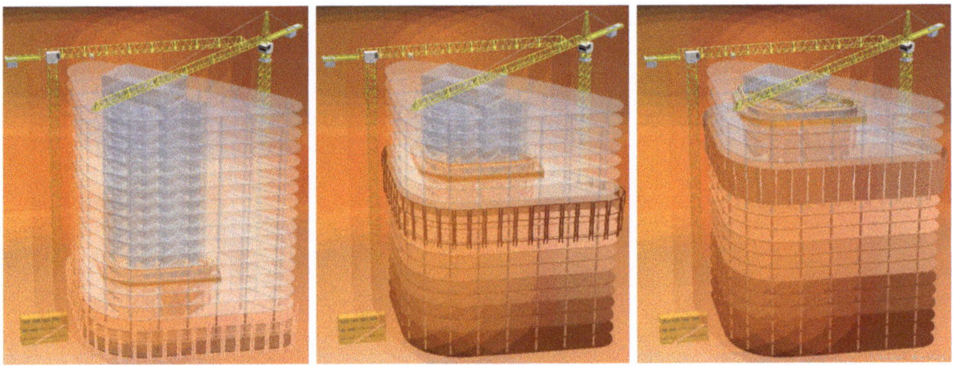

Abb. 7.61 Visualisierte Ergebnisse einer visuellen 3D Situationsuntersuchung

zur abschließenden Bewertung des Bauverfahrens und des Bauprozesses ist eine wichtige Komponente der Montagesimulation (Abb. 7.61), während bei einer Logistiksimulation (Band 2, Teil I, Kap. 5) mehr die Visualisierung von Kapazitätsverläufen im Mittelpunkt steht.

Eine abschließende visuelle Kontrolle als auch wiederholte Zwischenkontrollen sollten immer anhand von Szenarien mit eingeblendeten Bauarbeitern erfolgen. Erst hierdurch ist eine realistische räumliche Kontrolle des Bauraumbedarfs abzuschätzen (Abb. 7.62), auf den in Band 2, Teil II, Kap. 11 noch einmal speziell bzgl. des Arbeitsstellenraumbedarfs eingegangen wird.

7.5.13 Veröffentlichung des Baustelleneinrichtungsmodells

Eine kontinuierliche Optimierung der virtuellen Baustelle erfolgt laufend im Zuge der weiteren Projektbearbeitung. Das konsolidierte, multimodellbasierte Baustelleneinrichtungsmodell wird abschließend aus SolidWorks über die neuentwickelte CPIxml Schnittstelle exportiert. Im nächsten Schritt werden die exportierten Daten des Baustelleneinrichtungsmodells in RIB iTWO eingelesen und als Multimodell, mit unterschiedlichen Fachmodellen kombiniert, veröffentlicht (Abb. 7.63). RIB iTWO bietet neben der Mefisto Plattform die Projekt- und Informationsplattform, auf die alle Projektpartner Zugriff haben und über die eine Veröffentlichung erfolgen kann. Hier wird dem Umstand Rechnung getragen, dass die Entwicklungsumgebung SolidWorks nicht von allen Projektpartnern genutzt wird.

Mit der Veröffentlichung wird der Stand der multimodellbasierten Baustelleinrichtungs- und Baustellenplanung für alle Projektpartner dokumentiert. Es wird erwartet, dass die aussagekräftige Visualisierung zu Verbesserungsvorschlägen führt, die, zusammen mit den Ergebnissen aus einer Simulationsuntersuchung, in die Baustellenplanung einfließen sollen. Das Ziel ist ein transparenter Entwurfs- und Verbesserungsprozess, dessen Ergebnisse auf der Projekt- und Informationsplattform RIB iTWO oder der Mefisto Plattform veröffentlicht und dokumentiert werden sollen. Unabhängig von der gewählten Projekt-

Abb. 7.62 Die virtuelle Baustelle einschl. Bauarbeiter zur wirklichkeitsnahen visuellen Einschätzung des Platzbedarfs

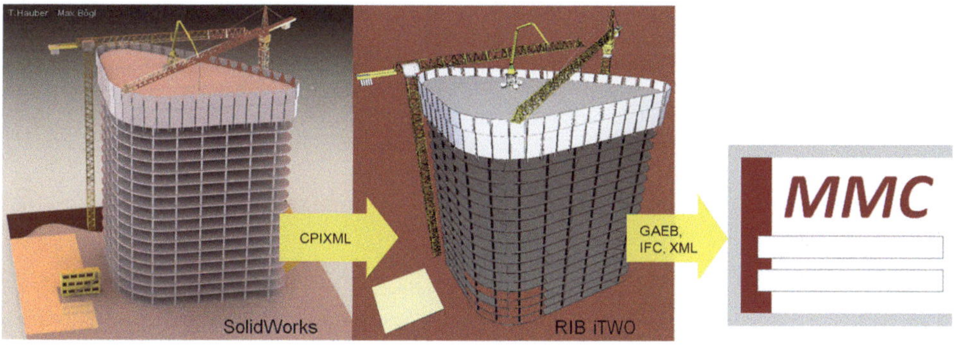

Abb. 7.63 Veröffentlichung des Baustelleinrichtungsmodells, visualisiert zusammen mit dem Bauwerksmodell, für alle Projektpartner

plattform ist der Planungsstand des Projekts festzustellen, unveränderlich zu notieren und zu veröffentlichen. Alle Veränderungen des Planungsstands durch die Ergebnisse einer Datenvalidierung oder durch eine Datenexpansion sollten zu einer Neuveröffentlichung führen. Der Datenaustausch mit Projektpartnern, die die veröffentlichten Daten weiterverwenden wollen, z. B. in einer Simulationsuntersuchung, wird über den Multimodellcontainer abgewickelt.

7.6 Zusammenfassung

Die beschriebenen Szenarien des Bauherstellungsprozesses zeigen deutlich den Mehrwert einer multimodellbasierten Planung für alle Phasen eines Projekts, sowohl von Seiten des Bauherren als auch des Auftragnehmers. Daraus resultiert eine Transparenz und Nachvollziehbarkeit der Kosten, Termine und Bauprozesse, die das Ziel verfolgt, gemeinsam auf einer eindeutigen Datengrundlage zu planen und ein Projekt erfolgreich abzuschließen.

Der Multimodellansatz bietet hierzu eine geeignete Methode, Projekte effizienter zu gestalten. Vor allem können jederzeit sehr schnell Prozessanalysemodelle für die statische 3D Situationsanalyse, lokale 3D Simulation, Montagesimulation oder Logistiksimulation abgeleitet werden, die die Bauausführung revolutionieren könnten. Ziel muss es sein, diese Methoden schon in der Phase der Projektentwicklung für alle Beteiligten eines Vorhabens zu definieren und Standards für die multimodellbasierte Planung festzulegen.

Literatur

1. Liebich T, Adachi Y, Forester J, Hyvarinen J, Karstila K, Wix J (2006) Industry Foundation Classes: IFC2× Edition 3 TC1. Model Support Group, International Alliance for Interoperability
2. GAEB (2007) GAEB-Datenaustausch XML, Version 3.1, Ausgabe 20.11.2007. Deutsches Institut für Normung e V, www.gaeb-da-xml.de
3. Nityantoro E, Scherer RJ (2012) Ontology supported recombination of multi-models. In: Camarinha-Matos LM, Scherer RJ (Hrsg) Collaborative systems for reindustrialization, 14th IFIP WG 5.5 working conference on virtual enterprises, PRO-VE 2013. Springer, Berlin, S 257–264
4. ISO 16739 (2005) International Organization for Standardization: ISO/PAS 16739:2005 Industry Foundation Classes, Release 2×, Platform Specification (IFC2× Platform). Standard
5. ISO 10303, Teil 21, STEP physical File Format SPS
6. SolidWorks, http://www.SolidWorks.de
7. Kowalczyk W (1997) Ein interaktiver Modellierer für evolutionäre Produktmodelle. Dissertation, Fachgebiet Elektronisches Rechnen, Fakultät für Bauingenieurwesen, TU München
8. Autodesk Maya User's Guide, http://download.autodesk.com/global/docs/maya2013/en_us/
9. iTWO Produktinformation, http://www.rib-software.com/de/loesungen/architektur-und-bauplanung/itwo-5d.html
10. Schach R, Otto J (2011) Leitfaden des Baubetriebs und der Bauwirtschaft – Baustelleneinrichtung, 2 Aufl. Vieweg+Teubner, Wiesbaden
11. Zentralverband des Deutschen Baugewerbes (1999) Hauptverband der Deutschen Bauindustrie, Industriegewerkschaft Bauen-Agrar-Umwelt. ARH – Tabellen, Arbeitszeit-Richtwerte Hochbau
12. Fettke P, Loos P (2004) Referenzmodellierungsforschung. Wirtschaftsinformatik 46(5):331–340
13. Keller M, Menzel K, Scherer RJ (2003) Use of workflow patterns for process modelling in the building industry. In: Proceedings of the PRO-VE 2003, 4th IFIP working conference on virtual enterprises, Lugano, Switzerland

8 Interaktive Kommunikation zwischen Baustelle und Bauherrn

Thomas Hauber, Sebastian Dippold und Tobias Gottschalk

Zusammenfassung

Das Bauwesen ist geprägt von Teamwork. Spezialisten mit unterschiedlichsten Qualifikationen arbeiten zusammen. Die Teams müssen laufend kommunizieren, um ihre Vorstellung über die konkrete Bauaufgabe aufeinander abzustimmen. Kommunikation unter Verwendung von visualisierten 5D Modellen mit 3D Bauwerksmodellen als Basismodell bietet mehr Eindeutigkeit und reduziert mögliche Missverständnisse. Kommunikation, über Distanzen hinweg, profitiert von der Anwendung moderner Kommunikationstechnologien und kann durch die Anwendung von visualisierten 5D Bauplanungs- und Baustellenmodellen weiter optimiert werden.

8.1 Einführung

Der schnelle und fehlerfreie Austausch von Informationen in der Planungs- und Ausführungsphase von Baumaßnahmen ist von entscheidender Bedeutung. Die objektorientierte Modellierung von BIM Modellen bietet hier eine Methode der optimierten Planung. Gleichzeitig ist es von Bedeutung, die Kommunikationsmethoden auszubauen, um das mögliche Potential vollständig auszuschöpfen. Folgerichtig war eines der angestrebten Ziele die Untersuchung und Verbesserung der Kommunikationsmethoden (Abb. 8.1) im Bereich der modellbasierten Planung und Steuerung. Angestrebt wurde ein schnellerer und besserer Informationsaustausch. Die gewünschten Verbesserungen konnten über spezielle Webservices realisiert werden. Die verschiedenen Webservices wurden über die Mefisto Plattform organisiert und zusammengefasst. Mit dieser Entwicklungsarbeit wurde eine Komponente der übergeordneten Vision eines Management Führungssystems verfolgt, mit dem Ziel, die kooperative und effektive Zusammenarbeit der zahlreichen am

T. Hauber (✉) · S. Dippold · T. Gottschalk
Max Bögl Bauunternehmung GmbH, Sengethal, Deutschland

R.J. Scherer, S.-E. Schapke (Hrsg.), *Informationssysteme im Bauwesen 1*,
DOI 10.1007/978-3-642-40883-0_8

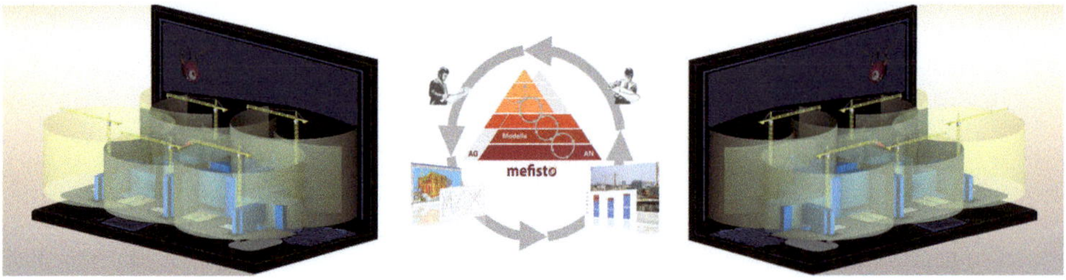

Abb. 8.1 Kommunikationsmethoden im Bereich der modellbasierten Planung

Bauprozess beteiligten Projektpartner zu fördern. Verbesserungen in der Kommunikation sind ein wichtiger Beitrag, um den erforderlichen Fortschritt im Bauwesen sicherzustellen und die Wettbewerbsfähigkeit zu erhöhen. Angestrebte Einsparungen bei Reisekosten und ein schnellerer Informationsfluss sind geeignet, um die Wirtschaftlichkeit entscheidend zu verbessern.

8.2 Stand der Technik

Der Begriff Kommunikation ist abgeleitet vom lateinischen Begriff communicare und steht für mitteilen, kann aber auch teilen oder gemeinsam machen bedeuten. Kommunikation ist unerlässlich für alle Projektbeteiligten, um Wissen zu teilen und das Projekt gemeinsam umzusetzen. Wenn die Kommunikationsinhalte für einen einzigen Empfänger bestimmt sind, spricht man von einer 1:1 Kommunikation. Kommunikation mit einer unüberschaubar großen Menge von Zuhörern wird als 1:n bezeichnet, mit einer klar umrissenen Gruppe von Gesprächspartnern, bspw. einem Projektteam, hingegen als 1:m Kommunikation. Ein Anstieg der Kommunikationspartner bedingt einen Anstieg der Komplexität und des erforderlichen Kommunikationsaufwands. Zur Überwindung einer größeren Distanz erfolgt Kommunikation über technische Kommunikationskanäle.

Im Vordergrund steht hier das Telefon. Es ist sehr schnell und effektiv. In kurzer Zeit können Sachverhalte von allen Seiten beleuchtet werden. In seiner klassischen Variante, mit Anrufer und Angerufenem, ist das Telefon eine 1:1 Kommunikation. Technische Verbesserungen sind Sprachbox oder Anrufbeantworter, die Zeiten der Abwesenheit überbrücken. Hinzu kommen Mobiltelefone, im Bedarfsfall auch Satellitentelefone, die die Erreichbarkeit wesentlich verbessern. Bei Vorliegen der technischen Voraussetzungen ist es möglich, mit mehreren Teilnehmern gleichzeitig zu kommunizieren. Man spricht dann von einer Telefonkonferenz, einer 1:m Kommunikation. Nicht selten stößt das gesprochene Wort bei der Darstellung komplexer technischer Zusammenhänge an Grenzen. In diesem Fall ist die Kombination der Telefonkonferenz mit einem Webservice, z. B. einer gemeinsamen Plattform wie der Mefisto Plattform, oder einem Projektraum wie z. B. Sharepoint von Microsoft (Abb. 8.2), ideal [1].

Dies erlaubt den Teilnehmern der Telefonkonferenz die gleichzeitige Betrachtung einer identischen visuellen Darstellung, idealerweise eines 3D Modells, dessen Inhalte dann

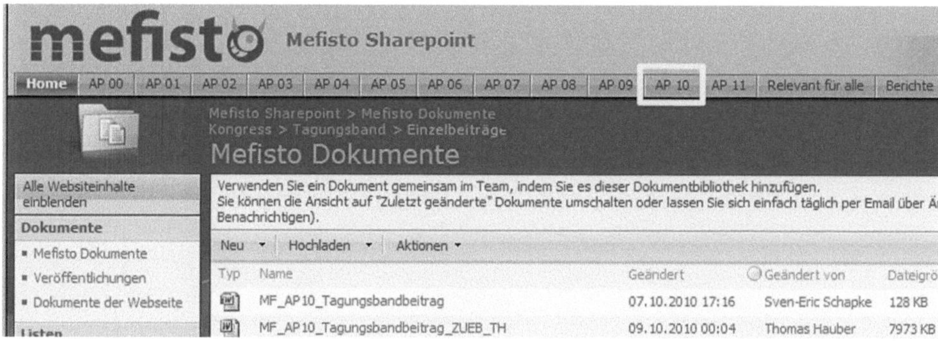

Abb. 8.2 Kommunikation mit Mefisto Sharepoint

in der Telefonkonferenz in eindeutiger Weise erörtert werden können. Dem Wesen eines Telefongesprächs vergleichbar ist das Instant Messaging, auch als Chat bezeichnet. Ohne Umstände kann hier von der 1:1 in die 1:*m* Kommunikation gewechselt werden. Die Nachrichtenübertragung ist sehr schnell und die Kommunikationsinhalte werden, je nach eingesetzter Technik, aufgezeichnet. Ein sehr hoher Stellenwert kommt der elektronischen Post zu, als orts- und zeitunabhängige Informationsplattform zum Austausch von Informationen. eMail erlaubt, als Anhang, auch das Versenden von langen Texten, Bilddateien, technischen Planungsunterlagen und dynamischen Tabellen. Mit einer eMail können Empfängergruppen definiert und zielgerichtet mit elektronischen Dokumenten und Informationen versorgt werden. Die Kommunikation über eMail ist schnell, effizient und flexibel. Sie ermöglicht, je nach Bedarf, eine 1:1 oder eine 1:*m* Kommunikation. Ein weiterer technischer Kommunikationskanal von globaler Bedeutung ist das Internet. Kommunikation ist auf allen bidirektionalen Internetanwendungen möglich, auf denen ein Informationsaustausch stattfinden kann. Genannt seien hier als Beispiel Webservices, Sharepoints, Blogs und Internetforen, üblicherweise eine typische 1:*n* Kommunikation. Bei weiter fortschreitender Verbesserung der Datenübertragungsqualität bietet die Videokonferenz (Abb. 8.3) eine interessante Möglichkeit für einen hochtransparenten Informationsaustausch, im Regelfall eine 1:1 oder 1:*m* Kommunikation. Die visuellen Möglichkeiten stehen hier im Vordergrund. Technische Unterlagen, bevorzugt 3D Modelle, können gemeinsam eingesehen werden. Zudem ist es möglich, seine Gesprächspartner zu sehen und Mimik und Gestik zu interpretieren.

8.3 Produktdesignmanagement

Das Projekt Mefisto beinhaltet zwei große reale Projekte, ein Hochhaus und einen Flughafenterminal. Die Projekte dienten der Entwicklung, Erprobung und Optimierung der neuen Mefisto Werkzeuge und Methoden. Das Hochhaus und der Flughafenterminal stellen komplexe, anspruchsvolle Großprojekte dar. Die entstandenen BIM Modelle wurden in Teamarbeit bei den Mefisto Partnern Max Bögl und Züblin und unter Mitwirkung des

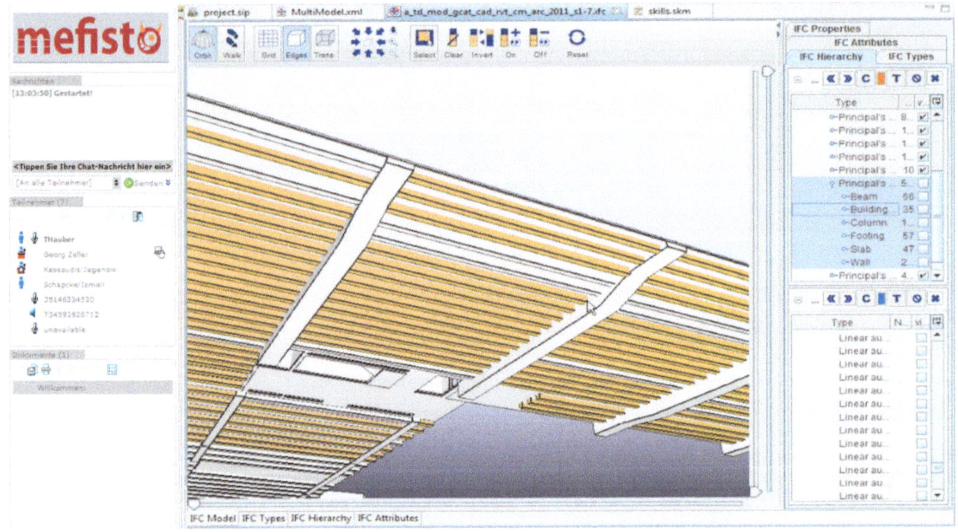

Abb. 8.3 Videokonferenz zur Abstimmung des Flughafenterminalmodells

Abb. 8.4 Anmeldeverfahren für den Zugang auf den Terminalserver

Mefisto Partners SolidPro erarbeitet und sind im Teil II, Kap. 23 beschrieben. Es wurden örtlich verteilte Planungsteams gebildet. Über eine Virtual Desktop Infrastrukture wurde der Zugriff auf ein zentral verwaltetes BIM organisiert. Dabei erfolgte der Zugriff von jedem beliebigen Ort auf einen leistungsfähigen Terminalserver (Abb. 8.4), der den virtualisierten Desktop zur Verfügung stellte. Die erforderliche Datensicherheit wurde über ein geschütztes, mehrstufiges Anmeldeverfahren sichergestellt. Der Zugriff war nur auf eine speziell geschützte Serverinsel, dem Projektserver (Abb. 8.5), innerhalb des Firmennetzwerks gestattet und unterlag strengen Sicherheitskontrollen.

Der Terminalserver lieferte Bildschirminhalte an den Terminalclient. Daneben wurden Maus- und Tastatureingaben vom Terminalclient entgegengenommen, aber auf dem Terminalserver verarbeitet (Abb. 8.6). Sofern das Übertragungsprotokoll dies erlaubt, kann auch eine Sprachübertragung stattfinden. Im dargestellten Anwendungsfall sollte die Kommunikation ausschließlich modellorientiert über das BIM erfolgen. Zahlreiche Konstruktionsmängel wurden durch die Eindeutigkeit der 3D Darstellung erkannt. Die Abstimmung

Abb. 8.5 Anmeldeverfahren für den Zugang auf den Projektserver

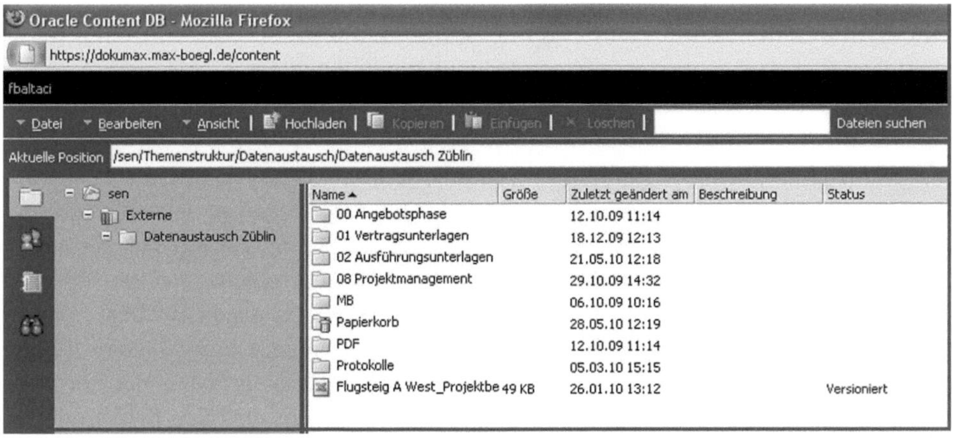

Abb. 8.6 Kollaborationsinsel auf dem Projektserver

der erforderlichen Gegenmaßnahmen erfolgte jedoch über das Telefon. Eine zusätzliche Sprachübertragung erscheint aus diesem Grunde sinnvoll. Alle Partner in den verteilten Planungsteams hatten Zugriff auf ein zentrales Datenmodell, das aus weiteren zentralen Teilobjektmodellen bestehen kann. Redundante Datenversionen und damit verbundene Fehler wurden so vermieden und jeder Partner verfügte über identische, aktuelle Planungsstände. Bei der Bearbeitung der beiden Mefisto Projekte wurde schnell erkannt, dass die gemeinsam genutzten Daten flüchtige Inhalte darstellen. Die eingesetzten CAD Systeme bieten funktionierende Schutzmechanismen an. Trotzdem gab es in der Startphase Datenverluste. Erforderlich ist hier eine konsequente, engmaschige Datensicherung. Zunächst müssen sich die Planungsteams aufeinander eingespielt haben und alle Schutzmechanismen des CAD Systems müssen konfiguriert und erprobt werden. Für die Datensicherung und die Administration der Schutzmechanismen müssen klare Verantwortlichkeiten defi-

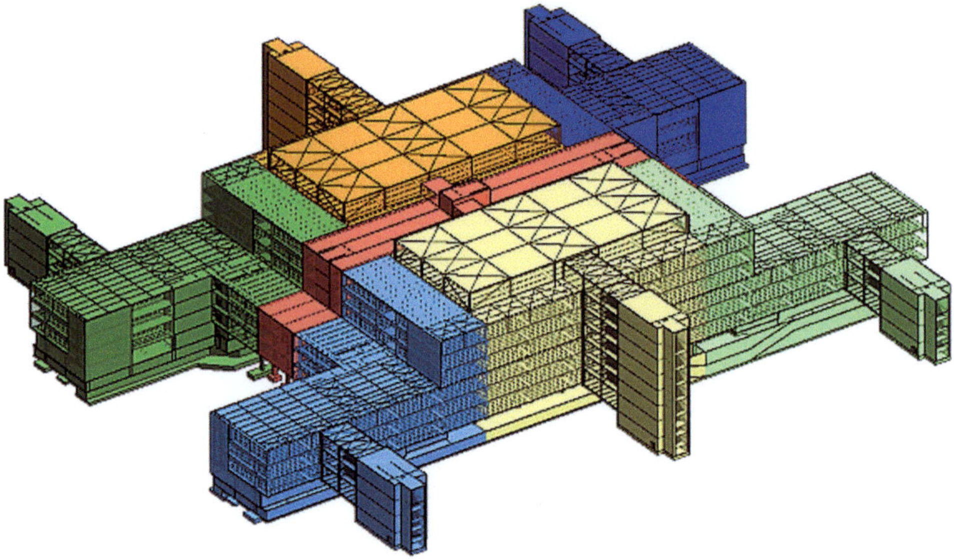

Abb. 8.7 Das BIM des Flughafenterminals mit abgegrenzten Bearbeitungsbereichen

niert werden. Gelegentliche Probleme traten mit der Datenleitung auf. Sehr selten wurde der Kontakt unterbrochen oder die Verbindung konnte nicht aufgebaut werden. Regelmäßiger war die Reaktion auf Tasten- und Mauskommandos langsam und der Bildaufbau erfolgte verzögert. Davon abgesehen gab es keine weiteren Probleme und die Modellierung von zwei komplexen und anspruchsvollen Großprojekten, einem Hochhaus und einem Flughafenterminal, wurde mit räumlich verteilten Planungsteams zeitnah realisiert. Das BIM des Flughafenterminals (Abb. 8.7) entstand im Zusammenspiel der Planungsteams von Max Bögl und Züblin. Der Terminalserver mit dem zentralen BIM wurde bei Max Bögl in Sengenthal administriert und der Zugriff der Terminalclients erfolgte bei Züblin in Stuttgart.

Das BIM des Hochhauses entstand durch die Zusammenarbeit von Züblin und SolidPro. Hier wurde kein virtueller Desktop mit permanenter Datenleitung eingesetzt. Der Abgleich der bearbeiteten Teilmodelle erfolgte laufend über Webservices und aktuell in Arbeit stehende Teilmodelle waren gegenseitig durch Schreibzugriff gesperrt. Der Terminalserver mit dem zentralen BIM wurde bei Züblin in Stuttgart administriert und die Planungsteams von SolidPro arbeiteten in Vöhringen und Langenau und weiteren Orten. Diese erfolgreiche Zusammenarbeit wurde im Anschluss auf die Modellierung der Baumaschinenmodelle und des Baustellenarbeitsplatzmodells, beide Teilmodelle des Baustelleneinrichtungsmodells, ausgedehnt. Abbildung 8.8 zeigt die abgegrenzten Bearbeitungsbereiche für den Kernbereich des Mefistohochhauses.

Die Planung an einem BIM bedingt einen hohen Abstimmungsbedarf, da die Konsequenzen einer Planungsentscheidung auf die Planung der Partner oftmals unmittelbar erkennbar sind. Der Planungspartner kann dann oft nicht mehr sinnvoll weiterarbeiten und

Abb. 8.8 Das BIM des Hochhauses mit abgegrenzten Bearbeitungsbereichen

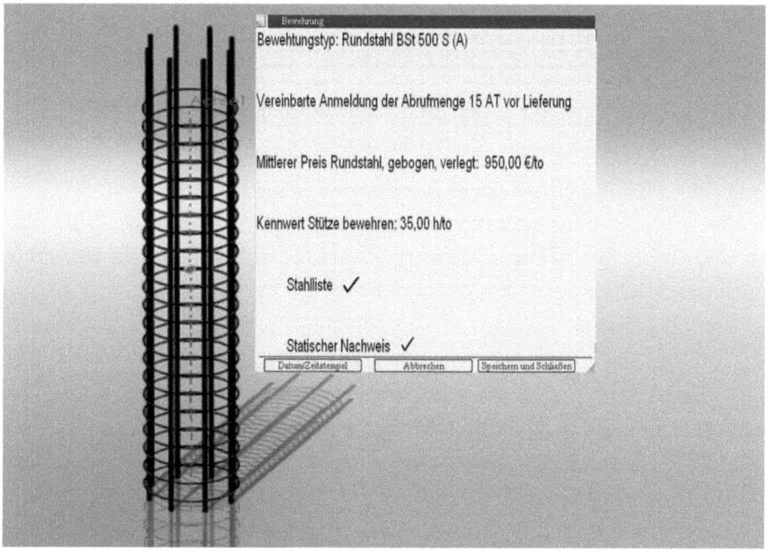

Abb. 8.9 Kommentarfeld zur Kommunikation über die Modellebene

benötigt eine schnelle Abstimmung. Hier konnten wir feststellen, dass erforderliche Abstimmungen unmittelbar stattfanden und dass alle die gleiche bzw. ähnliche Vorstellung von der geplanten Baumaßnahme hatten, auch von den eventuell noch ungelösten Problemen. Die gemeinsame Modellierung an einem Gesamtmodell verhindert, dass auftretende Probleme mehrfach gelöst werden, da ausgeschlossen ist, dass Planungspartner u. U. nicht wissen, dass der andere Partner schon eine Lösung erzielen konnte. Die Arbeit an einem gemeinsamen BIM erleichtert es sehr, alle Beteiligten auf schnellstem Wege über die sie betreffende Änderung zu informieren. Änderungen und Anfragen können innerhalb des Modells als Kommentarfelder (Abb. 8.9) dargestellt werden. Die Kommentarfelder können über verschiedene Filter strukturiert werden. Damit ist sichergestellt, dass der Überblick jederzeit gewahrt bleibt.

Abb. 8.10 Leistungsfähiges Team für den Einbau des Deckenbetons

Es hat sich als absolut sinnvoll erwiesen, das sich entwickelnde Gebäudemodell nicht nur als konstruktiven Planungsentwurf wahrzunehmen, sondern als Kristallisationskern für Fachwissen und Erfahrungsschätze aller am Projektbeteiligten. Damit soll angeregt werden, dass sich der Modellentwurf nicht ausschließlich im Focus der modellierenden BIM Spezialisten befinden sollte, sondern in einer frühen Phase im Blickfeld aller beteiligten Fachleute. Es stellte sich heraus, dass nur Projektbeteiligte, die sich sehr lange kennen, ihr gegenseitiges Fachwissen realistisch einschätzen können und zudem kleine, persönliche Teams bilden. In großen Projektteams ist es nicht möglich, das vorhandene Wissenspotential zutreffend zu taxieren. Diesen unbezahlbaren Wissens- und Erfahrungsschatz gilt es zu erschließen. Im Projekt Mefisto waren die realitätsnahen 3D Gebäudemodelle Ausgangspunkt für zahlreiche konstruktive Verbesserungen, gelegentlich auch für leidenschaftliche Fachdiskussionen. Das flüchtige Fachwissen wurde umgehend im Modell fixiert. Unter diesem Blickwinkel erhält der Begriff Modelling von BIM eine weitere, wichtige Bedeutung.

8.4 Multimodelle zur Kommunikation mit Baustelle und Nachunternehmern

Eine große Bedeutung kommt der Kommunikation der Planungsbüros mit der Baustelle und den Nachunternehmern zu. Durch die oft erhebliche räumliche Distanz entsteht ein verteilter Informationsraum. Die auftretenden Änderungen sollten so schnell wie möglich allen Betroffenen bekannt werden. Bau- und Planungsprozesse müssen u. U. sofort angehalten oder im Ablauf geändert werden. Das Ziel ist, dass alle Beteiligten dieselbe Vorstellung von der geplanten Baumaßnahme haben. Ein eindeutig und realitätsnah visualisiertes BIM trägt diesem Ziel Rechnung. Hierzu gehört auch die Untersuchung von

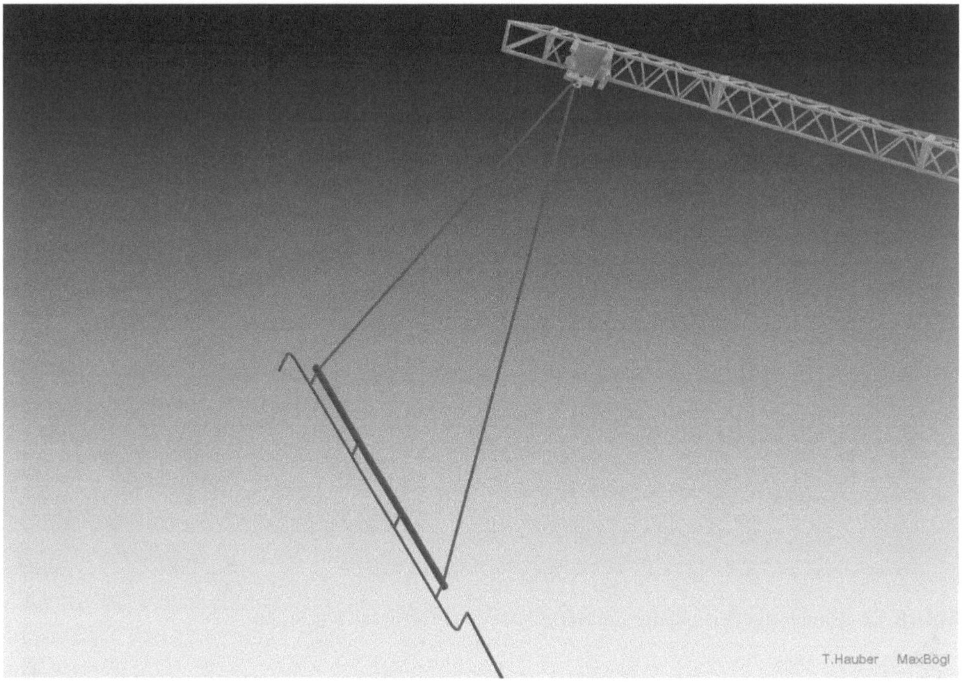

Abb. 8.11 Rohrverlängerung für eine Betonpumpe mit Haltekonstruktion

3D Szenarien von der Baustelle, in die die tätigen Arbeiter eingeblendet sind (Abb. 8.10), um zu vermeiden, dass gegenseitige Behinderungen durch Überkapazitäten oder wegen räumlicher Engpässe entstehen. Gesamtmodelle, aber auch nur Teilmodelle, können über das Datennetz parallel von zahlreichen Projektbeteiligten eingesehen werden. Da alle die gleichen Inhalte vor Augen haben, können Missverständnisse minimiert werden.

Angestrebt wurde ein schnellerer und besserer Informationsaustausch und die konsequente Vermeidung von redundanten Arbeiten. Ein Problem, für das schon eine Lösung erarbeitet wurde, soll nicht immer noch einmal gelöst werden. Im vorliegenden Fall war für den Mefisto Flughafenterminal eine Verlängerung der Pumpleitung für die Betonpumpe erforderlich, damit die gesamte Fläche der Decke von der Pumpe erreicht werden konnte (Abb. 8.11). Das BIM stellte für alle Projektbeteiligten eindeutig dar, dass das Problem erkannt und gelöst worden war. Alle Projektbeteiligten konnten die technische Lösung am Modell ablesen und gegebenenfalls eingreifen, sollte der Lösungsansatz sich als nicht durchführbar erweisen.

Alle Projektteams müssen alle ihre Aufgaben und Termine kennen und über alle Aktualisierungen unmittelbar informiert werden. Konsequenterweise ist auch das Controlling von Aufgaben, Kosten und Terminen auf leistungsfähige Kommunikationsmethoden angewiesen. Führungskräfte befinden sich kontinuierlich in Kommunikationsprozessen, um einen koordinierten Informationsaustausch sicherzustellen, Prozesse rechtzeitig anzustoßen und den erforderlichen Überblick zu bewahren. Die vorgestellte Neustrukturierung

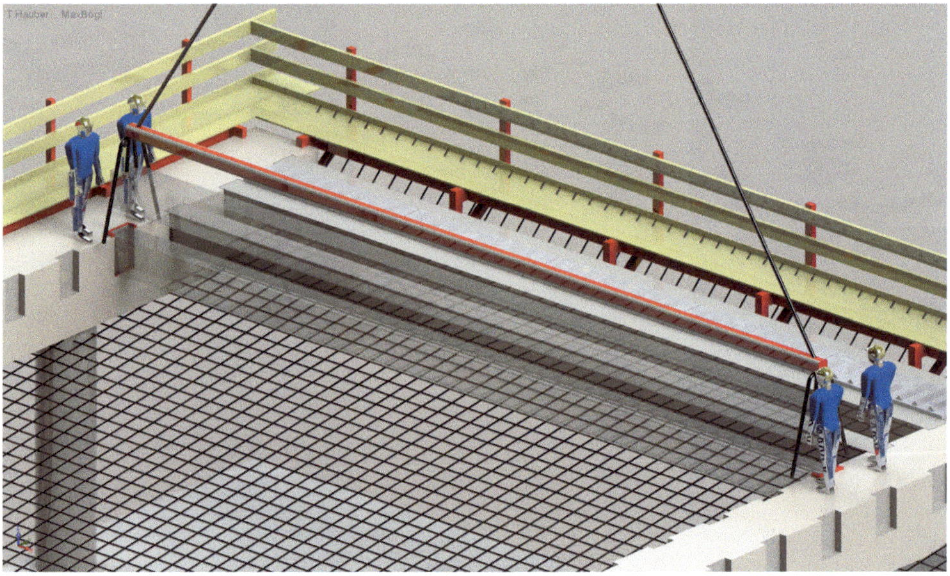

Abb. 8.12 Eindeutige Visualisierung der relevanten Absturzsicherungen

der Kommunikationsmethoden könnte auch der Optimierung des Wissensmanagements dienen. Ziel der Kommunikation ist unter anderem alle Projektpartner auf dem gleichen, aktuellen Wissenstand zu halten. Effektive Teamarbeit ist nur mit intensivem und erfolgreichem Informationsaustausch möglich! Bei der Projektabstimmung kommt es zu vielen Missverständnissen, weil jeder Projektbeteiligte ein anderes Bild im Kopf hat. Die Aufklärung der Missverständnisse kann, je nach Lage der Dinge, den Charakter einer Komödie, aber auch einer Tragödie annehmen. Das Wichtigste ist Eindeutigkeit. Die Visualisierung von Planungszuständen durch 3D Modelle schafft Eindeutigkeit und hilft Missverständnisse zu vermeiden (Abb. 8.12).

8.5 Kommunikation über eine Web Plattform

Im Rahmen des Projekts Mefisto entstand eine Informations- und Wissensplattform zur strukturierten und schnellen Informations- und Wissenskommunikation. Bei der Umsetzung des Projekts Mefisto wurden Projekttreffen durchgeführt, bei denen sich die Projektteams klassisch an einem Ort getroffen haben. Zusätzlich gab es virtuelle Projekttreffen mit Telefonkonferenzen und der Unterstützung durch Webservices.

Gegen Ende des Projekts Mefisto konnte eine Zunahme der virtuellen Projekttreffen verzeichnet werden. Eine Gegenüberstellung der klassischen Projekttreffen mit den virtuellen Projekttreffen ergab folgende Unterschiede:

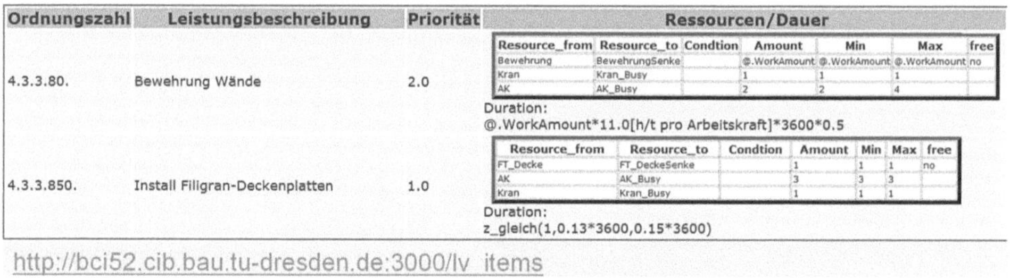

Ordnungszahl	Leistungsbeschreibung	Priorität	Ressourcen/Dauer
4.3.3.80.	Bewehrung Wände	2.0	siehe Tabelle A; Duration: @.WorkAmount*11.0[h/t pro Arbeitskraft]*3600*0.5
4.3.3.850.	Install Filigran-Deckenplatten	1.0	siehe Tabelle B; Duration: z_gleich(1,0.13*3600,0.15*3600)

Resource_from	Resource_to	Condtion	Amount	Min	Max	free
Bewehrung	BewehrungSenke		@.WorkAmount	@.WorkAmount	@.WorkAmount	no
Kran	Kran_Busy		1	1	1	
AK	AK_Busy		2	2	4	

Duration:
@.WorkAmount*11.0[h/t pro Arbeitskraft]*3600*0.5

Resource_from	Resource_to	Condtion	Amount	Min	Max	free
FT_Decke	FT_DeckeSenke		1	1	1	no
AK	AK_Busy		3	3	3	
Kran	Kran_Busy		1	1	1	

Duration:
z_gleich(1,0.13*3600,0.15*3600)

http://bci52.cib.bau.tu-dresden.de:3000/lv_items

Abb. 8.13 Abstimmungsroutine an der Simulationsdatenbank über Webservices

Körpersprache, Gestik, Mimik und Blickkontakt fehlen in einem virtuellen Projekttreffen. Sachinformationen können gut übermittelt werden, nicht jedoch Zwischentöne und unausgesprochene Botschaften. Es ist sehr schwierig, den Wahrheitsgehalt eines Vortrags einzuschätzen und die vielschichtigen Beziehungen der Teilnehmer untereinander zu erfassen. Das kann von Vorteil sein, wenn die Sachverhalte im Vordergrund stehen und es um Daten und Fakten geht. Nachteilig ist an einem virtuellen Projekttreffen, dass es schwer fällt, die nötige Konzentration über längere Zeit aufrecht zu erhalten. Vorteile liegen in einer enormen Zeitersparnis und entfallenden Reisekosten, aber die virtuellen Projekttreffen können kein Ersatz für reale Treffen sein. Sie ergänzen reale Treffen und reduzieren so ihre Anzahl.

Planungsroutinen, also der fest eingeplante Informationsaustausch in kleinen, eingespielten Projektteams, waren im Projekt Mefisto sehr gut über Webservices zu organisieren. Die Ergebnisse waren überzeugend und viele Reisen konnten entfallen. Ein Beispiel hierfür war der gemeinsame Aufbau von Simulationsmodellen für den Bauablauf zwischen der Baufirma und den Simulationsexperten (Abb. 8.13).

8.6 Zusammenfassung und Ausblick

Die Bauindustrie steht vor der Herausforderung, zahlreiche Prozesse in der Planung, Produktion und Logistik zu optimieren und effizienter zu gestalten. Allgemein ist jede mögliche Verbesserung der Kommunikation in einer Gesellschaft, die oft als Informationsgesellschaft bezeichnet wird, von entscheidender Bedeutung. Der technische Fortschritt bietet heute weitreichende Möglichkeiten, um eine 3D Bauwerks- und Baustellenplanung mit den zugehörigen Bauwerksdaten zu verknüpfen. Auf diese Weise entsteht in gemeinsamer Teamarbeit ein umfassendes Building Information Modell, BIM. Um ein Team zu bilden, ist Kommunikation entscheidend. Idealerweise wird durch den Einsatz eines BIM die Kommunikation entscheidend verbessert.

Literatur

1. Eastman C, Teicholz P, Sacks R, Liston K (2011) BIM handbook. Wiley & Sons, Hobaken

Teil II
Methoden und Prozesse

Methoden für den prozessorientierten Einsatz verteilter Multimodelle 9

Sven-Eric Schapke, Sebastian Fuchs und Raimar J. Scherer

Zusammenfassung
Um die verteilte und kombinierte Bearbeitung der Fachmodelle im Multimodell zu ermöglichen, müssen die bestehenden Methoden zum Erstellen, Prüfen, Auswerten und Weiterverwenden von Modelldaten erweitert werden. Ausgehend von einem fiktiven Kollaborationsszenario werden zuerst die grundlegenden Phasen und Aufgaben für den verteilten Einsatz der Multimodelle identifiziert und die erforderlichen Operationen zur Bearbeitung von Fach-, Link- und Multimodellen definiert. Grundlagen sind zum einen das Konzept des generischen Multimodells und die elementaren Operationen der Datenmanipulation aus der Datenbanktheorie. Zum anderen werden die verwendeten Methoden zur Referenzmodellierung und die fachsemantischen Festlegungen der Multimodellontologie vorgestellt. Die systematische Aufstellung wichtiger Operationen für Multimodelle zeigt neue Möglichkeiten auf, Projektinformationen gezielt anzufragen, zu verlinken, auszutauschen, zu visualisieren, zu überprüfen, zu detaillieren, zu aggregieren und zu filtern.

9.1 Einführung

Die Kombination von mehreren Fachmodellen in einem Multimodell bietet die Möglichkeit, neue Arbeitsverfahren für die verteilte, modellbasierte Planung, Kollaboration und Entscheidungsfindung einzusetzen. Das durch die Kombination entstandene Multimodell repräsentiert ein Geschäftsobjekt, in dem zusammengehörige Projektinformationen aus unterschiedlichen Quellen für bestimmte Einsatzbereiche und Projektzeitpunkte zusammengefasst werden können. Durch den Austausch der Multimodellcontainer können die

S.-E. Schapke (✉) · S. Fuchs · R.J. Scherer
Institut für Bauinformatik, Technische Universität Dresden, Dresden, Deutschland

R.J. Scherer, S.-E. Schapke (Hrsg.), *Informationssysteme im Bauwesen 1*,
DOI 10.1007/978-3-642-40883-0_9

Multimodelle darüber hinaus für die Integration und Koordination der verteilten Modellbearbeitung genutzt werden. Wichtige Anwendungen von Multimodellen sind dabei:

- Erstellung neuer Projektinformationen: Die bestehenden Fachmodelle eines Multimodells können durch neue Planungs- und Controllingmodelle ergänzt und verlinkt werden, ohne dass die ursprünglichen Modelle überarbeitet und aktualisiert werden müssen.
- Kohärenz- und Konsistenzprüfung: Die Links im Multimodell ermöglichen es, die Abhängigkeiten zwischen den Fachmodellen systematisch zu erfassen. Auf der Grundlage der explizit modellierten Interdependenzen können die Kohärenz und Konsistenz der Planungs- und Controllinginformationen im Multimodell visualisiert, überprüft und weiter ausgewertet werden.
- Koordination multimodellbasierter Informationsprozesse: Multimodelle können für die Koordination und die Dokumentation der modellbasierten Zusammenarbeit genutzt werden, indem alle Informationen zur Bearbeitung einer Aufgabe dem Aufgabenträger in einem Container gebündelt übergeben werden. Im Gegenzug können die Ergebnisse der Aufgabenbearbeitung wieder als Multimodellcontainer geliefert werden.
- Ableitung erweiterter Analysemodelle: Der generische Ansatz zur Verlinkung von Fachmodellen unterstützt die Entwicklung neuartiger Kombinationen von Planungs- und Controllinginformationen. Insbesondere wird die Erstellung von prozesszentrierten Multimodellen für den Aufbau von Bauablauf- und Logistiksimulationen sowie von Risiko- und Projektprognosen untersucht.

Im Projekt Mefisto wurde der Einsatz der Multimodelle hauptsächlich im Bauprojektmanagement sowie bei Simulationsuntersuchungen erprobt. Hierbei wurden bestehende Planungs- und Controllingmodelle durch weitere Fachmodelle ergänzt, zwischen den Projektbeteiligten ausgetauscht und in entsprechende Analysemodelle überführt. Die folgenden Abschnitte geben einen Überblick über die Methoden, die entwickelt wurden, um diesen kollaborativen Einsatz der Multimodelle auf der Mefisto Plattform zu ermöglichen.

Ausgangspunkt der Betrachtungen ist ein fiktives Szenario für den kollaborativen Einsatz von Multimodellen in Abschn. 9.2, in dem die einzelnen Arbeitsschritte zum Erstellen, Verschicken und Weiterverwerten von Multimodellen aufgezeigt werden.

Abschnitt 9.3 zeigt anschließend die methodischen Grundlagen auf, nach denen die einzelnen Operationen zur Modellbearbeitung unterschieden und bezeichnet werden können.

In Abschn. 9.4 werden schließlich ausgewählte Methoden zur Bearbeitung von Multimodellen vorgestellt und aufgezeigt, wo diese im Projekt Mefisto angewendet wurden. Detaillierte Informationen zu den einzelnen Methoden bieten schließlich die anschließenden Kapitel in Teil II, in denen die Methoden, ihre Anwendungsmöglichkeiten sowie insbesondere ihre Implementierungen diskutiert werden.

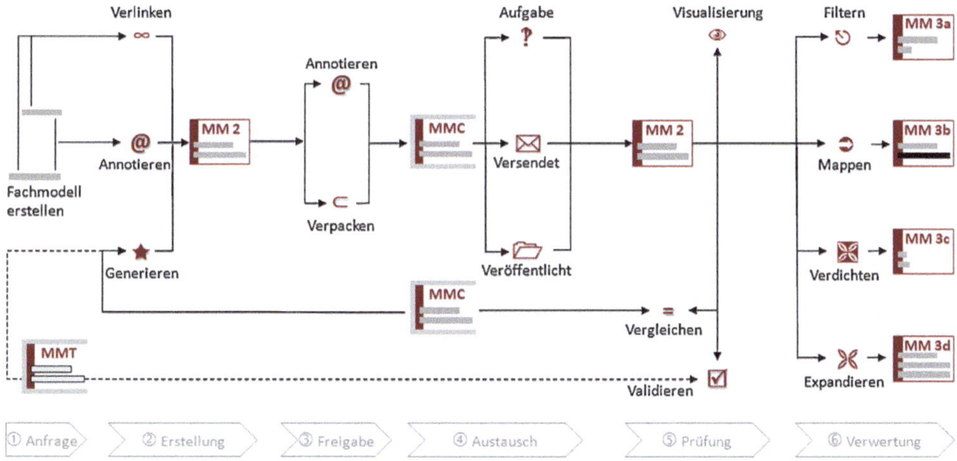

Abb. 9.1 Szenario für den kollaborativen Einsatz von Multimodellen

Symbol	*Kürzel*	*Operation*	*Symbol*	*Kürzel*	*Operation*
★	*Gen*	Generieren (Generate)	👁	*Vis*	Visualisieren (Visualize)
∞	*Lnk*	Verlinken (Link)	=	*Cmp*	Vergleichen (Compare)
@	*Ant*	Annotieren (Annotate)	☑	*Val*	Validieren (Validate)
⊂	*Pck*	Verpacken (Package)	↻	*Flt*	Filtern (Filter)
?	*Tsk*	Aufgabe (Task)	➲	*Map*	Mappen (Map)
✉	*Snd*	Versenden (Send)	⊠	*Cnd*	Verdichten (Condense)
🗁	*Pub*	Veröffentlichen (Publish)	✂	*Exp*	Expandieren (Expand)

Abb. 9.2 Symbole der Operationen für das Arbeiten mit Multimodellen

9.2 Operationen für den Einsatz von Multimodellen

Für den effektiven Einsatz von Multimodellen sind neue Methoden zur Modellverarbeitung erforderlich, die über die heute etablierten Operationen für Fachmodelle hinausgehen. Um die kollaborative Nutzung der Multimodelle zu ermöglichen, wurden im Wesentlichen Methoden für die Erstellung, den Austausch, die Prüfung und die Weiterverarbeitung der Multimodelle entwickelt.

Abbildung 9.1 illustriert die durch die Methoden unterstützten Arbeitsschritte im Rahmen eines fiktiven Kollaborationsszenarios, in dem ein Multimodellcontainer, MMC, von einem Projektteilnehmer erstellt und von einem anderen genutzt wird. Das Szenario gliedert sich in sechs Kooperationsphasen, in denen das Multimodell (1) angefragt, (2) erstellt, (3) freigegeben, (4) ausgetauscht, (5) geprüft und (6) weiterführend verwertet wird.

Für die einzelnen Operationen für das Multimodell bzw. seine Komponenten wurde folgende in Abb. 9.2 dargestellte Schreibweise eingeführt.

Ausgangspunkt des Szenarios ist eine Anfrage für ein konkretes Multimodell mit bestimmten Inhalten in Phase 1, Abb. 9.1. Diese Anfrage kann mithilfe einer Multimodellvorlage, Multimodelltemplate, MMT, gestellt werden.

Das Erarbeiten des Multimodells MM2 in Phase 2 Erstellung erfolgt innerhalb der Multimodellanwendung des ersten Akteurs und kann vier unterschiedliche Arbeitsschritte umfassen:

- das Erstellen von Fachmodellen durch den Fachingenieur
- die Annotation der Fachmodellinhalte mithilfe externer Annotationsvokabulare
- das Verlinken mehrerer Fachmodelle durch den Fachingenieur
- das semiautomatische Generieren von Fachmodellinhalten und Links auf der Grundlage vorhandener Fach- und Linkmodelle, z. B. durch Regeln oder konfigurierbare Referenzmodelle

Die Arbeitsschritte in Phase 3 Freigabe dienen der Vorbereitung des Austauschs der Modelle sowie der Koordination zugehöriger Ingenieur- und Managementaufgaben. Hierzu wird das Multimodell MM2 in einem Multimodellcontainer, MMC, gespeichert, um übertragen und auch in anderen Softwareanwendungen genutzt werden zu können. Beim Verpacken der einzelnen Fach- und Linkmodelle in einen Container werden diese um Metainformationen zu den Inhalten und Formalisierungen sowie den Erstellern ergänzt, d. h. annotiert.

In Phase 4 Austausch wird der Multimodellcontainer anschließend anderen Projektteilnehmern zur Verfügung gestellt. Dafür werden Multimodellcontainer innerhalb der Mefisto Plattform nach der Information Pull Methode veröffentlicht, d. h. sie sind anhand ihrer Metadaten bei einer entsprechenden Suchanfrage für alle Projektpartner auffindbar nach der Information Pull Methode (Teil I, Kap. 5). Darüber hinaus können Container auch immer mittels herkömmlicher Datenübertragung, d. h. der Information Push Methode, z. B. per email, versendet werden. Handelt es sich bei dem Container nur um eine Multimodellvorlage, wird diese i. d. R. im Zuge einer Aufgabenzuteilung an den Empfänger übertragen.

Der Empfänger überprüft in Phase 5 das erhaltene Multimodell in seiner Multimodellanwendung. Dabei können manuelle Kontrollen mittels Visualisierungen sowie semiautomatische und automatische Validierungs- und Vergleichsoperationen angewandt werden, um Abhängigkeiten oder Inkonsistenzen zu anderen Planungs- und Controllingmodellen festzustellen.

In Phase 6 Verwertung werden die Informationen des Multimodells für weiterführende Aufgaben, wie z. B. weitere Fachplanungen, Simulationsuntersuchungen oder Risikoanalysen genutzt. Hierbei können Multimodellfilter zum Auffinden aufgabenrelevanter Informationen, Mappingoperationen zur Überführung eines Fachmodells in andere Formate sowie zu Expansions- oder Verdichtungsoperationen zur Anpassung der Modelldetaillierung angewandt werden. Die Operationen der Phase 6 sind somit die Bausteine für die horizontalen, vertikalen und longitudinalen Modellübergänge.

Das Ergebnis der Bearbeitungsphase kann schließlich ein neues Multimodell sein (Abb. 9.1 MM3a bis d), das wiederum selbst Objekt eines neuen Austauschszenarios werden kann. In Teil II, Kap. 23 sind die Prozess- und Informationslogistikmodelle für die beiden Mefisto Projekte dargestellt.

9.3 Grundlagen der Multimodelloperationen

Die Systematik des generischen Multimodells ist zunächst domänenneutral, d. h. der Inhalt von Fach- und Linkmodellen kann nicht automatisch semantisch erschlossen werden (Teil I, Kap. 2). Ausgehend von den Grundstrukturen können jedoch bereits die möglichen datentechnischen Elementaroperationen bestimmt werden, die die Basis der softwaretechnischen Realisierung der einzelnen Multimodellanwendungen bilden.

Um Multimodelle im Bauprojektmanagement effizient und zielgerichtet einsetzen zu können, werden darüber hinaus auch methodische Aspekte zur Fachmodellerstellung mithilfe von Vorlagen entsprechend der Referenzmodellierung sowie baufachliche Aspekte zur Differenzierung basierend auf einer Fachmodellsemantik unterschiedlicher Fach- und Linkmodelle sowie ihrer möglichen Kombinationen einbezogen.

9.3.1 Elementaroperationen

Elementaroperationen sind domänenneutrale, datentechnische Operationen, die aus den Strukturen des generischen Multimodells ableitbar sind. Die Operationen ändern den Datenbestand von Multimodellen. Dieser muss vor und nach der Operation mit *(pre)* und *(post)* konsistent gekennzeichnet sein. Daher ist es notwendig zu untersuchen, welche Operationen für allgemeine Multimodelle möglich sind und wie diese untereinander in Beziehung stehen.

In Analogie zu relationalen Datenbanken existieren für alle Dateneinheiten prinzipiell die vier Elementaroperationen Erstellen, Lesen, Ändern und Löschen, Create, Read, Update, Delete, CRUD [7]. Tabelle 9.1 zeigt die Elementaroperationen für die fünf Dateneinheiten des generischen Multimodells, das Multimodell, *MM*, das Fachmodell, *FM* bzw. Anwendungsmodell, *AM*, das Linkmodell, *LM*, den Link bzw. das Linkelement, *LE*, und die zugehörigen Metadaten, *MD*.

Da reine Lesezugriffe keine Änderungen bewirken, kann die Leseoperation $rd(x)$ hier als trivial betrachtet werden. Die Lesezugriffe werden im Folgenden nicht explizit aufgeführt, auch wenn sie natürlich Bestandteil jener komplexen Operationen sind, die schlussendlich die Funktionalität einer Multimodellanwendung ausmachen.

Die Dateneinheiten des Multimodells, auf welche die Operationen angewandt werden können, sind im generischen Multimodell strukturiert (Teil I, Kap. 2). Die grundlegende Datenstruktur und die zugehörigen Integritätsbedingungen implizieren Abhängigkeiten zwischen den einzelnen Dateneinheiten, sodass die Elementaroperationen im Allgemeinen nicht isoliert betrachtet werden können und verschiedene Vor- und Nachbedingungen

Tab. 9.1 Notation der Elementaroperationen des Multimodells

	Erstellen (Create)	Lesen (Read)	Ändern (Update)	Löschen (Delete)
Datenelement x	$crt(x)$	$rd(x)$	$upd(x)$	$del(x)$
$x \in \{Multimodell\ MM, Fachmodell\ AM, Linkmodell\ LM, Link\ E, Metadatum\ MD\}$				

eingehalten werden müssen, wie z. B.: Das Erstellen eines Linkmodells oder das Einbetten eines Fachmodells erfordert die Existenz eines Multimodells, das auch leer sein kann.

$$\forall crt(x),\ x \in \{AM, LM\} : \exists MM(pre) \wedge x \in MM(post) \tag{9.1}$$

Das Erstellen eines Links erfordert die Existenz eines Linkmodells.

$$\forall crt(LE) : \exists LM(pre) \wedge LE \in LM(post) \tag{9.2}$$

Das Erstellen von Metadaten erfordert die Existenz der zu annotierenden Dateneinheit.

$$\forall crt(MD) : \exists x \in \{MM, AM, LM, E\}(pre) \wedge MD \in x(post) \tag{9.3}$$

Aus der Kompositionsbeziehung ergibt sich, dass beim Löschen des Kompositums auch dessen Komponenten gelöscht werden müssen.

$$del\big(x \in \{MM, AM, LM, E\}\big) \ \Rightarrow\ del(MD) \mid MD \in x \tag{9.4}$$

$$del(MM) \ \Rightarrow\ del(AM) \wedge del(LM) \mid AM \in MM \wedge LM \in MM \tag{9.5}$$

$$del(LM) \ \Rightarrow\ del(E) \mid E \in LM \tag{9.6}$$

Beim Löschen eines Fachmodells sind auch diejenigen Links zu löschen, die Elemente des Fachmodells beinhalten.

$$del(AM) \ \Rightarrow\ del(E) \mid \exists x \in (AM \cap E) \tag{9.7}$$

Änderungsoperationen von Kompositumeinheiten können durch Erstellungs-, Änderungs- oder Löschoperationen einer Komponenteneinheit begründet sein.

$$upd(MM) := crt(x) \vee upd(x) \vee del(x) \mid x \in \{AM, LM, E, MD\} \tag{9.8}$$

$$upd(LM) := crt(x) \vee upd(x) \vee del(x) \mid x \in \{E, MD\} \tag{9.9}$$

$$upd(AM) := crt(MD) \vee upd(MD) \vee del(MD) \vee \widetilde{upd}(AM) \tag{9.10}$$

$$upd(L) := crt(MD) \vee upd(MD) \vee del(MD) \vee upd\big(AM \mid \exists x \in (AM \cap E)\big) \tag{9.11}$$

$$upd(MD) := \widetilde{upd}(MD) \tag{9.12}$$

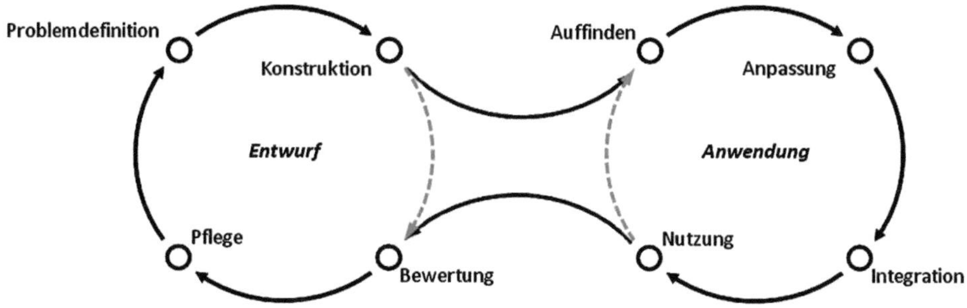

Abb. 9.3 Aufgaben der Referenzmodellierung, [3]

9.3.2 Referenzmodellierung

Die Theorie der Referenzinformationsmodellierung befasst sich mit Methoden zur Wiederverwendung von Modellinhalten. Referenzmodelle sind demnach verallgemeinerte Informationsmodelle, die Ausgangslösungen für die Gestaltung von branchen-, unternehmens- und projektspezifischen Informationssystemen darstellen [1, 2]. Im Gegensatz zu konzeptuellen Modellen für spezifische Anwendungsbereiche formulieren sie universelle und wiederverwendbare Empfehlungen für eine ganze Klasse von Anwendungsbereichen.

Die Referenzmodellierung bezeichnet die Menge aller Handlungen zur Entwicklung und Anwendung von Referenzmodellen. In den meisten Referenzmodellierungsansätzen werden diese beiden Aufgabenbereiche als zyklische Prozesse, Entwurfs- und Anwendungsprozesse, angesehen, die in einzelne Teilaufgaben unterteilt und durch entsprechende Modellierungstechniken unterstützt werden können.

Abbildung 9.3 illustriert die Aufgaben der Referenzmodellierung nach [3]. Hierbei umfasst der Entwicklungszyklus die Problemdefinition und Konstruktion der Referenzmodelle sowie deren spätere Bewertung und Pflege. Die Anwendung, auch als Zyklus definiert, besteht wiederum aus dem Auffinden, dem Anpassen und der Integration sowie der schlussendlichen Nutzung der Referenzmodelle. Ein entsprechender Vorschlag für das Bauwesen findet sich bspw. auch bei [4], die ihren Ansatz zur aktiven Prozesswiederverwendung in die fünf Aufgaben Acquire Process Knowledge, Process Mining, Make Conceptual Process and Workflow Models, Use Process Models und Analyze Use of Process Models unterteilen.

Die Referenzmodellierungsansätze unterscheiden sich im Wesentlichen darin, wie das betriebswirtschaftliche und informationstechnische Wissen der Referenzmodelle wiederverwendet wird. Je nach der Gestalt der Anwendungsdomäne und ihrer Modelle werden für das Auffinden, Anpassen und Integrieren der Referenzmodelle unterschiedliche Technologien genutzt. So unterscheiden [5] insgesamt zwölf Formen der Modellanpassung in Abhängigkeit von der Dekomposition der Referenzmodelle und ihren Variationsmöglichkeiten. Zu diesen gehören bspw. die direkte Übernahme eines statischen Referenzmodells oder dessen dynamische Konstruktion aus mehreren konfigurierbaren Teilmodellen. In An-

Tab. 9.2 Notation der Aufgaben der Referenzmodellierung bei Multimodellen

	Konstruieren (Construct)	Auffinden (Retrieve)	Anpassen (Adapt)	Integrieren (Integrate)
Referenzmodell-Element x	$cstr(x)$	$rtv(x)$	$adp(x)$	$int(x)$
$x \in \{MMT, AMT, LMT, EER, LER, MDV\}$				

lehnung an die Klassifikationen von [5–7] werden in dieser Arbeit fünf elementare Formen der Modellanpassung unterschieden:

- Modellübernahme: Hier wird das Referenzmodell ohne weitere Anpassungen an den jeweiligen Anwendungsfall verwendet.
- Kompositorische Modellanpassung, Komposition: Hier wird ein neues Modell für den jeweiligen Anwendungsfall aus einzelnen Referenzmodellbausteinen zusammengesetzt.
- Generische Modellanpassung, Derivation: Hier wird das Referenzmodell nach den allgemeinen Regeln der Modellierungstechnik für den vorliegenden Anwendungsfall angepasst, d. h. bspw. spezialisiert oder instanziiert.
- Deterministische Modellanpassung, Konfiguration: Hier sind die Regeln zur Anpassung des Referenzmodells an den jeweiligen Anwendungsfall im direkten Zusammenhang mit dem jeweiligen Modell spezifiziert.
- Analogiebildung: Hier dient das Referenzmodell lediglich als Vorbild und kann ohne weitere Einschränkungen kombiniert und verändert werden.

Grundsätzlich können die einzelnen Maßnahmen zur Modellanpassung in unterschiedlicher Reihenfolge kombiniert werden. In der Forschung verfolgt die Mehrheit der Referenzmodellierungsansätze jedoch entweder eine ganzheitliche oder eine modulare Wiederverwendungsstrategie [3, 6]. Entsprechend letzter Strategie wird in Teil II, Kap. 11 und Teil II, Kap. 12 eine wissensbasierte Prozesskonfigurationsmethode entwickelt.

Tabelle 9.2 zeigt beispielhaft einige Operationen der Referenzmodellierung für die unterschiedlichen Dateneinheiten des generischen Multimodells sowie der Elemente der Elementarmodelle und Elementarelemente auf, die im Projekt Mefisto erprobt wurden. Die Vorlagen für Fach-, Link- und Multimodelle werden dabei als Vorlage, sog. Template, und die Vorlagen für Elemente als Referenzen bezeichnet:

- *MMT*: Multimodellvorlage
- *AMT*: Fachmodellvorlage
- *LMT*: Linkmodellvorlage
- *EER*: Elementarmodellreferenz
- *LER*: Linkmodellreferenz
- *MDV*: Metadatenvokabular

Die Begriffssysteme für die Annotation der Modelle und ihrer Elemente werden als Vokabulare oder auch Merkmalskataloge bezeichnet.

9.3.3 Fachmodellsemantik

Die Spezifikationen der Multimodellontologie, des Multimodellcontainers und der einzelnen Fachmodelle ermöglichen die differenzierte Unterscheidung von Fach-, Link- und Multimodellen mit unterschiedlichen Inhalten und Anwendungsmöglichkeiten. Für die einfache fachsemantische Beschreibung der Informationsressourcen wurden im Rahmen einer Szenarioanalyse [10] und der Ontologieentwicklung Annotationsvokabulare für Fach- und Linkmodelle definiert (Teil I, Kap. 1, Kap. 4 und Teil II, Kap. 13).

Zentrale Bedeutung für den Modelleinsatz auf der Mefisto Plattform haben die Annotationsvokabulare für die Auszeichnung der Fachmodelle. Zum einen können mit diesen die im Projekt erstellten Fachmodelle einheitlich beschrieben und gezielt wieder aufgefunden und eingesetzt werden. Zum anderen können aber auch Vorlagen für Fach-, Link- und Multimodelle definiert werden und somit eindeutige inhaltliche, formale und organisatorische Anforderungen an die noch zu erstellenden Modelle formuliert werden (Teil II, Kap. 13).

Ausgehend von den in der Szenarioanalyse genutzten Kategorien zur Beschreibung der Fachmodelle wurden in der Multimodellontologie sechs Klassen von Qualitäten definiert. Die vier objektbeschreibenden Qualitäten Fachmodelldomäne, Model Domain d, Sachgebiet, Subject Matter m, Datenmodell und Dateiformat, Data Format f, und Detaillierungsgrad, Level of Detail l ermöglichen zunächst die inhaltliche Beschreibung der Informationsressourcen. Die zwei temporalen Qualitäten Projektphase, Phase p, und Bearbeitungsstatus, Status s, wurden zur Beschreibung ihres Bearbeitungskontextes gewählt. Die Anordnung erfolgt entsprechend Teil I, Kap. 1 als positionierte Indizes wie folgt:

$$ {}^{\mathit{status}\ s}_{\mathit{phase}\ p}IR^{\mathit{subject\ matter}\ m,\ \mathit{level\ of\ detail}\ l}_{\mathit{model\ domain}\ d,\ \mathit{data\ format} f} \tag{9.13} $$

Diese Notation repräsentiert eine einfache Darstellung der fachsemantischen Annotationen einer Informationsressource, IR, d. h. eines Fach- oder Linkmodells. Die zugehörigen Annotationsvokabulare werden in Teil I, Kap. 4 und Teil II, Kap. 13 ausführlich diskutiert und im Folgenden kurz vorgestellt.

Fachmodelldomäne, Model Domain: Eine Fachmodelldomäne bezeichnet eine Menge von Fachmodellen, die dieselben Konzepte zur Repräsentation von geometrischen, physikalischen, monetären, organisatorischen oder anderweitigen Aspekten nutzen. Das Vokabular der Fachmodelldomänen wurde als eine hierarchische Klassifikation definiert. Durch die weitere Untergliederung der Fachmodelldomänen können dabei auch Teile, Sichten oder Systeme der unterschiedlichen Fachmodelle identifiziert werden. Wie in Teil I, Kap. 1 diskutiert, unterscheidet das Vokabular zunächst drei konkrete Modelldomänen mit physischen Objekten in Bauwerksmodellen, Baustellenmodellen und Organisationsmodellen sowie eine Modelldomäne mit temporalen Objekten in Prozessmodellen. Darüber hinaus wurden drei Modelldomänen mit additiven und strukturierenden Aspekten in Leistungsmodellen, Kostenmodellen und Terminmodellen definiert und zuletzt drei Modelldomänen mit Unsicherheitsinformationen in Risikomodellen, Stochastikmodellen und Fuzzymodellen festgelegt.

Sachgebiet, Subject Matter: Das Vokabular zeigt unterschiedliche Sachgebiete der Bauplanung, Bauausführung und des Projektmanagements in einer hierarchischen Klassifikation auf, die auf der Grundlage der DIN 276 entwickelt wurde. Auch wenn die Fachmodelle einer Domäne dieselben Konzepte nutzen, befassen sie sich nicht notwendigerweise mit denselben Themen- und Sachgebieten. Bspw. können Terminplanmodelle leicht nach Netzplänen oder Vorgangsplänen mit oder ohne Ressourcen unterschieden werden, aber es ist schwierig herauszufinden, ob es sich um einen Bauablaufplan oder um einen Ausführungsterminplan handelt. Sachgebiet ist demnach eine weitere Spezifizierung von Fachdomäne und keine neue, unabhängige Dimension des Informationsraums.

Datenmodell und Dateiformat, Data Model und data format: Für viele Fachmodelldomänen des Bauprojektmanagements gibt es heute etablierte Datenmodelle, die die Semantik und Klassifikation der Objekte festlegt sowie etablierte Dateiformate, durch welche die Formalisierung und Serialisierung der entsprechenden Fachmodelle geregelt sind. Das Vokabular der Dateiformate stellt eine einfache, ungeordnete Liste dar, die die in den verschiedenen Modelldomänen einsetzbaren Internetmedientypen zusammenstellt [8].

Detaillierungsgrad, Level of Detail: Das Vokabular der Detaillierungsgrade bezeichnet in mehreren Stufen, wie detailliert die Elemente eines Fachmodells modelliert sind. Die einzelnen Detailstufen, Level of Detail, LOD, sind in einer Ordinalskala angeordnet, die auf der Grundlage der Skala von CityGML [9] aufgebaut wurde und in sechs Ebenen (0 bis 5) geteilt ist (Teil II, Kap. 13). Diese zunächst für die Bauwerksumgebung und für das Bauwerk definierten Detailstufen können auch in anderen Fachmodelldomänen angewendet werden. Demnach ergibt sich der Detaillierungsgrad eines Leistungsverzeichnisses oder eines Terminplans aus der Detaillierung des Bauelements, das mit der LV Position oder dem Vorgang zu verlinken ist.

Projektphase, Phase: Die Projektphase gibt an, zu welchem Zeitpunkt und Zweck eine Informationsressource erstellt wurde. Als Vokabular der Projektphasen wird eine hierarchische Klassifikation genutzt, die auf der Grundlage der HOAI [10] aufgebaut wurde. In der dritten und vierten Hierarchieebene identifizieren diese auch allgemeine Kommunikationsaufgaben bei AG und AN sowie Aufgaben, die in den jeweiligen Projektphasen typischerweise durchgeführt werden, wie z. B. Informationsanfragen, Leistungs- und Mangelmeldungen.

Bearbeitungsstatus: Das Vokabular der Bearbeitungsstatus umfasst lediglich vier Status, welche in einer einfachen Ordinalskala angeordnet sind: Modellanfrage α, Modellentwurf β, akzeptierte und freigegebene Modelle γ sowie überholte und abgelehnte Modelle ε.

9.4 Multimodelloperationen für das Bauprojektmanagement

Werden die strukturellen Operationen (Abschn. 9.3.1) mit den Strategien der Referenzmodellierung (Abschn. 9.3.2) kombiniert, so ergeben sich methodische Grundoperationen für Vorlagen und Modelle. Gemeinsam mit der Fachsemantik der Fachmodelle (Abschn. 9.3.3) können auch baufachliche Multimodelloperationen in der Planung und im Bauprojektmanagement beschrieben werden.

Die folgenden Abschnitte geben einen Überblick über die verschiedenen Modelloperationen, die untersucht und in den folgenden Kapiteln vorgestellt werden. Grundlage sind zuerst die im Kooperationsszenario identifizierten Phasen. Zu den einzelnen Kooperationsphasen werden exemplarisch folgende Modelloperationen (vgl. Abb. 9.1) diskutiert:

- Anfrage: Konstruieren von Referenzmodellen
- Erstellen: Erstellen von Fach-, Link- und Multimodellen
- Freigabe und Austausch: Annotation und Freigabe von Fachmodellen
- Prüfung: Visualisierung und Vergleich von Fachmodellen
- Verwertung: Filtern von Fach-, Link- und Multimodellen, Mappen, Detaillieren/Expandieren und Aggregieren/Verdichten von Fachmodellen

Für die Bezeichnung der Operationen wird auf Klassifikationen der Elementaroperationen und der Referenzmodellierung zurückgegriffen. Die vereinfachte Notation der Modellannotationen wird schließlich genutzt, um die Zusammenhänge zwischen den Eingangsinformationen der Quellmodelle und den Ausgangsinformationen der Zielmodelle einer Operation in formelartigen Ausdrücken darzustellen. Den ausgeführten Operationstyp und den erreichten Bearbeitungsstatus zeigen die Zielmodelle im linken oberen Index an (Gl. 9.13). Die anderen Indizes werden genutzt, um Veränderungen der Modellinhalte zu beschreiben.

9.4.1 Referenzmodelle konstruieren

Konstruieren bezeichnet den Vorgang zum Erstellen von Modellierungsvorlagen. Dieser wird in verschiedenen Bereichen eingesetzt. Teil II, Kap. 13 zeigt, wie Multimodellvorlagen genutzt werden können, um Vorgaben für Inhalt, Formalisierung und Bearbeitungsstand der noch zu erstellenden Fach-, Link- und Multimodelle zu machen. Das Konstruieren von neuen Fachmodellvorlagen, AMT, und Linkmodellvorlagen, LMT, stellt erste Komplexoperationen dar, die lediglich die Metadatenvokabulare nutzen (Gl. 9.14). Die Konstruktion von Multimodellvorlagen, MMT, entspricht daraufhin der Kombination mehrerer Fach- und Linkmodellvorlagen.

$$\left\{{}^{*,(\gamma)}AMT,\, {}^{*,(\gamma)}LMT\right\} \xrightarrow{cstr(MMT)} {}^{(\beta)}MMT \tag{9.14}$$

Für die einfachere Erstellung der Fachmodelle wurden darüber hinaus zahlreiche Referenzmodelle für Modellelemente konstruiert und in Katalogen zusammengefasst. Bei der Anwendung der Referenzmodelle wurde zumeist ein modularer Ansatz verfolgt, in dem sog. Referenzmodule ausgewählt, konfiguriert und komponiert wurden (Teil II, Kap. 10, Teil II, Kap. 11 und Teil II, Kap. 12). Durch die Wiederverwendung geprüfter Module können Effizienz und Qualität der Modellerstellung erhöht werden.

Der Einsatz von Referenzmodellen wurde im Rahmen der Baustellenmodellierung, in der Prozess- und Simulationsmodellierung, aber auch in der Bauwerksmodellierung erprobt. Teil II, Kap. 10 gibt einen Überblick über die entwickelten Methoden zur wissensbasierten Modellierung mit Referenzprozessen und beschreibt ausführlich die dabei verwendeten Modelloperationen. Die Konfiguration der Prozessreferenzmodelle wird in Teil II, Kap. 11 und Teil II, Kap. 12 detailliert behandelt. Die Möglichkeiten, die Referenzmodelle bei der Bauwerksmodellierung mit der Baugruppenmethode bieten, wird in Teil I, Kap. 7 demonstriert.

In Band 2, Teil I befassen sich schließlich alle Kapitel mit der Anwendung von Referenzmodellen in der Baustellen- und Bauablaufplanung. Band 2, Teil I, Kap. 1 gibt einen Überblick über die unterschiedlichen Einsatzgebiete der Modellierungsbausteine, z. B. für Bauwerkselemente, Baugeräte, Bauhilfsstoffe, Lagerflächen und Materiallieferungen sowie die Logistik- und Montageprozesse, in denen diese eingesetzt werden.

9.4.2 Erstellen

Erstellt werden die Fachmodelle eines Projekts von den einzelnen Teilnehmern mithilfe ihrer Fachanwendungen. Die Komplexoperation Erstellen kann zunächst ohne weitere Voraussetzungen ausgeführt werden und beliebige Eingangsdaten, z. B. von bestehenden Fachmodellen, einbinden und modifizieren. Empfohlen wird aber zumindest die Verwendung einheitlicher Merkmalskataloge.

$$^{(\gamma)}MMT \xRightarrow{crt\ (AM)} {}^{*,(\beta)}AM \tag{9.15}$$

Darüber hinaus gibt es verschiedene Möglichkeiten, die Modellvorlagen anzuwenden. Bei der Erstellung von Fach- und Linkmodellen mit entsprechenden Vorlagen werden zunächst die modellbeschreibenden Metadaten festgelegt, etwa der Detaillierungsgrad oder die Modelldomäne.

$$^{(\alpha)}_{p}AMT^{m,l}_{d,f} \xRightarrow{crt(AM)} {}^{*,(\beta)}_{p}AM^{m,l}_{d,f} \tag{9.16}$$

Die umfassendsten Vorgabemöglichkeiten bietet das Erstellen mithilfe von Referenzmodellen. Diese repräsentieren vordefinierte Elemente und konfigurierbare Teilmodelle, die auf der Grundlage einheitlicher Merkmalsvokabulare aufgebaut wurden. Darüber hinaus ist auch die Verwendung von Generierungs- und Konfigurationsregeln möglich. Die zur Erstellung eines Fachmodells genutzten Referenzmodelle beeinflussen dabei im Allgemeinen auch die Modelldomäne, das Sachgebiet und den Detaillierungsgrad.

$$^{(\gamma)}AMR_{db}^{m_e,l_i} \xrightarrow{crt(AM)} {}^{*,(\beta)}AM_{dc}^{m_r,l_k} \mid d_c \subseteq d_b \wedge m_r \subseteq m_e \wedge l_k \geq l_i \qquad (9.17)$$

Multimodelle müssen nicht zwingend auch Linkmodelle beinhalten und können erstellt werden, indem mehrere Fachmodelle eingebettet werden. Von einem echten Multimodell wird gesprochen, wenn das Multimodell auch ein oder mehrere Linkmodelle umfasst, durch die alle Fachmodelle untereinander verlinkt sind.

Ein Linkmodell wird durch die Operation Verlinken, interlink, erstellt, die die Existenz von mindestens zwei Fachmodellen voraussetzt, wie die Gl. 9.18 am Beispiel eines Linkmodells mit der Linkiarität n illustriert. Prinzipiell können auch hier wieder Fach- und Linkmodellvorlagen angewandt werden.

$${}_{p}^{s}AM1_{d,f}^{m,l}, \ldots, {}_{p}^{s}AMn_{d,f}^{m,l} \xrightarrow{interlink} {}_{p}^{s}AM1_{d,f}^{m,l}, \ldots, {}_{p}^{s}AMn_{d,f}^{m,l}, {}_{p}^{s}LM_{f}^{AM1,\ldots,AMn} \qquad (9.18)$$

9.4.3 Freigabe und Austausch

In den Kooperationsphasen Freigabe und Austausch werden die Multimodelle verpackt, veröffentlicht, versendet oder im Rahmen einer Workflowaufgabe vergeben. Bei diesen Aktionen wird das Multimodell als Gesamtkonstrukt behandelt, es werden lediglich die Metadaten der Fach-, Link- und Multimodelle bei der Vorbereitung zur Übertragung bearbeitet. Insbesondere für Fachmodelle wird empfohlen, die Modelldomäne, das Format, die Projektphase und den Detaillierungsgrad anzugeben (Gl. 9.19). Der Bearbeitungsstatus wird schließlich über die Operationen zur Modellfreigabe, approve verändert (Gl. 9.20).

$$^{(\gamma)}MMT \xrightarrow{crt(AM)} {}_{p}^{(\beta)}AM_{d,f}^{m,l} \qquad (9.19)$$

$${}_{p}^{s_u}AM_{d,f}^{m,l} \xrightarrow{approve} {}_{p}^{*,s_v}AM_{d,f}^{m,l} \mid s_u < s_v \qquad (9.20)$$

Die Annotation der Multimodelle ist Grundlage für die serviceorientierte Verteilung und die kollaborative Bearbeitung der Multimodelle auf der Mefisto Plattform (Teil I, Kap. 5). Angewendet werden die Annotationen, insbesondere in den in Band 2, Teil C beschriebenen Kollaborationsszenarien, z. B. für die Ausschreibung und Vergabe von Bauleistungen sowie für die Leistungsmeldung.

9.4.4 Filtern

Durch das Filtern von Modellen können die für eine Aufgabe relevanten Teile eines Modells identifiziert und fachspezifische Modellsichten erstellt werden. Filter können prinzipiell auf Fach-, Link- und Multimodelle angewandt werden. Gleichung 9.21 zeigt die Zusammenhänge zwischen dem Quell- und Zielmodell beim Filtern eines Fachmodells. Eine besonders komplexe Operation stellt das Filtern von Multimodellen dar (Teil II, Kap. 7 und 8). Wie in Gl. 9.22 illustriert, umfasst dieses zumeist mehrere konkatinierte Filteroperationen, in denen z. B. zuerst ein Fachmodell, *AMx*, gefiltert und anschließend auch das abhängige Linkmodell, *LM*, und das verlinkte Fachmodell, *AMy*, gefiltert werden.

$$ {}_{p}^{s}AM_{db,f}^{m_e,l_k} \xrightarrow{filter(AM)} {}_{p}^{*,s}AM_{dc,f}^{m_r,l_i} \mid d_c \subseteq d_b \wedge m_r \subseteq m_c \wedge l_k \geq l_i \tag{9.21} $$

$$ \begin{aligned} &{}_{p}^{*,s}AMx_{d,f}^{m,l}, {}_{p}^{s}AMy_{db,f}^{m_e,l_k}, {}_{p}^{s}LM_{d,f} \\ &\xrightarrow{filter(MM)} {}_{p}^{*,s}AMy_{dc,f}^{m_r,l_i}, {}_{p}^{*,s}LM_{d,f} \mid d_c \subseteq d_b \wedge m_r \subseteq m_e \wedge l_k \geq l_i \end{aligned} \tag{9.22} $$

Die entwickelten Methoden und Werkzeuge zum Filtern werden von mehreren Kapiteln in Teil II diskutiert. Das Kapitel Teil II, Kap. 14 gibt zunächst einen Überblick über die unterschiedlichen Möglichkeiten, IFC Modellschemas und IFC Modellinstanzen zu filtern sowie über die Methoden, um aus einem Filterbefehl konkatenierte Filteroperationen zu erzeugen. In Teil II, Kap. 15 werden neue Methoden aufgezeigt, um zusätzlich zum Filtern alleinstehender Fachmodelle auch die Links nachzuverfolgen und verlinkte Elemente auswählen zu können. In Teil II, Kap. 16 wird demonstriert, wie diese neuen Methoden in der Fachanwendung RIB iTWO umgesetzt wurden.

9.4.5 Visualisieren und Prüfen

Die Multimodelle bieten vielfältige Möglichkeiten, ihre verlinkten Fachmodelle zu visualisieren und zu überprüfen. Hierbei werden weitestgehend lesende Operationen und damit Filteroperationen genutzt, die keine Modelländerungen zur Folge haben.

Im Mittelpunkt der Untersuchung stand zunächst die Visualisierung der interdependenten Projektinformationen. In Teil II, Kap. 18 werden unterschiedliche Varianten, wie die Informationen mehrerer Fachmodelle in gekoppelten und integrierten Visualisierungen dargestellt werden können, diskutiert, in Teil II, Kap. 19 werden darüber hinaus Möglichkeiten aufgezeigt, wie für unterschiedliche Modellinhalte und Anwendungskontexte diese Visualisierungen auch semiautomatisch erzeugt werden können. Die anschließenden Kapitel präsentieren unterschiedliche Anwendungsmöglichkeiten dieser Visualisierungsmethoden.

Neben den Visualisierungsmethoden werden auch regelbasierte Auswahlfilter für die Überprüfung der abhängigen Fachmodelle eingesetzt, wie es in Teil II, Kap. 20 demonstriert wird. Darauf aufbauend können schließlich auch Modellvergleiche realisiert werden. Bei der Bauausführung kommt es häufig zu Änderungen gegenüber geplanten Sachverhalten. Oftmals werden dabei nicht alle betroffenen Fachmodelle konsistent nachgepflegt. Durch die Linkmodelle wird es ermöglicht, bei Veränderungen eines Fachmodells die betroffenen Elemente anderer Fachmodelle zu erkennen. In Band 2, Teil II, Kap. 11 wird die Anwendung der Vergleichstechniken bei Leistungsänderungen demonstriert. Dabei werden zwei Bauwerksmodelle, z. B. gleicher Domäne, gleichen Sachgebiets und gleichen Level of Detail, aber unterschiedlicher Phase, mittels Leseoperationen miteinander verglichen und über die Nachverfolgung der Links betroffene Positionen im Leistungsverzeichnis, LV, mittels Multimodellfilter ermittelt. Dieses LV kann anschließend durch ein geändertes oder korrigiertes LV gleichen Typs ersetzt werden, wobei die Links überprüft und ggf. angepasst werden müssen.

9.4.6 Mappen

Mapping bzw. Abbilden bezeichnet die Transformation von Modelldaten von einer Formalisierung in eine andere, wobei die jeweiligen semantischen, strukturellen und syntaktischen Eigenheiten der Quell- und Zielformate berücksichtigt werden müssen. Mappings werden im Wesentlichen auf Fachmodelle angewandt, wobei die Zieldatei ein anderes Format sowie evtl. auch einen kleineren Gegenstandsbereich hat, sodass nicht immer alle Informationen im Zielformat abgebildet werden können.

$$ {}_{p}^{s}AM_{db,fg}^{m_e,l_k} \xrightarrow{map(AM)} {}_{p}^{*,s}AM_{dc,fh}^{m_r,l_i} \mid f_g \neq f_h \wedge m_r \subseteq m_e \wedge l_k \geq l_i \quad (9.23) $$

Mappingmethoden werden in der Praxis hauptsächlich beim Import und Export von Modellen eingesetzt. In Teil II, Kap. 17 werden z. B. die entwickelten Konverter des Mappings von den SolidWorks in das CPIxml Datenmodell für den Austausch von Bauwerksmodellen zwischen RIB iTWO und Solidworks diskutiert. Neben der vollständigen Überführung der Modellinformationen beim Im- und Export ist insbesondere die persistente Behandlung der Elementidentifikatoren eine Grundvoraussetzung für die Weiterverwendung eines Fachmodells auf der Mefisto Plattform.

9.4.7 Vertikale Modellübergänge

Vertikale Modellübergänge repräsentieren komplexe Modelloperationen, die eine Änderung des Detaillierungsgrades bei einem Modell bewirken. Vertikale Modellübergänge werden zunächst auf Fachmodelle angewandt, um ein inhaltlich ähnliches Fachmodell gleichen Typs und Formats zu erstellen. Die Inhalte des neuen Fachmodells sind dabei jedoch entweder aggregiert, d. h. verdichtet, und auf einem niedrigeren Detailierungsgrad abgebildet oder sie sind um weitere Detailinformationen ergänzt, d. h. expandiert, worden und erreichen jetzt einen höheren Detaillierungsgrad. Die Gleichungen 9.24 und 9.25 illustrieren die zwei vertikalen Modelloperationen Detaillieren und Aggregieren von Fachmodellen.

$$ {}_{p}^{s}AM_{d,f}^{m,l_k} \xrightarrow{detail(AM)} {}_{p}^{*,s}AM_{d,f}^{m,l_i} \mid l_k < l_i \quad (9.24) $$

$$ {}_{p}^{s}AM_{d,f}^{m,l_k} \xrightarrow{aggregate(AM)} {}_{p}^{*,s}AM_{d,f}^{m,l_i} \mid l_k > l_i \quad (9.25) $$

Nach einer vertikalen Modellüberführung kann in einem Multimodell das ursprüngliche Fachmodell durch das neue, detaillierte oder aggregierte Fachmodell ersetzt werden. Dieses erfordert im Allgemeinen jedoch auch umfangreiche Anpassungen der abhängigen

Link- und Fachmodelle. Es wird deshalb empfohlen, so weit als möglich Gruppenelemente in den Fachmodellen zu verlinken, die auch bei abstrakteren Modellen, d. h. kleineren Detailstufen, existieren und deren Teilelemente über eine modellinterne Relation zu erreichen sind.

Eine besondere Form der vertikalen Modellüberführung repräsentieren die Multimodelloperationen zum Expandieren und Verdichten. Hierbei werden das Quellmodell und das Zielmodell mit unterschiedlichem Detaillierungsgrad in einem Multimodell kombiniert und durch ein Linkmodell zur vertikalen Verlinkung verbunden. Vorteile hat die getrennte Verwaltung abstrakter und detaillierter Fachmodelle insbesondere dann, wenn die detaillierten Modelle lediglich einzelne Modellkomponenten beinhalten, die im Projektverlauf weiter überarbeitet werden können, ohne dass das abstrakte, unter den Projektpartnern vereinbarte Fachmodell verändert werden muss.

$$ {}_{p}^{s}AMx_{d,f}^{m,l_k} \xRightarrow{expand(AM)} {}_{p}^{s}AMx_{d,f}^{m,l_k}, {}_{p}^{s}AMy_{d,f}^{m,l_i}, {}_{p}^{s}LM_{f}^{AMx,AMy} \mid l_k < l_i \tag{9.26} $$

$$ {}_{p}^{s}AMx_{d,f}^{m,l_k} \xRightarrow{compress(AM)} {}_{p}^{s}AMx_{d,f}^{m,l_k}, {}_{p}^{s}AMy_{d,f}^{m,l_i}, {}_{p}^{s}LM_{f}^{AMx,AMy} \mid l_k > l_i \tag{9.27} $$

Diskutiert und angewendet werden die Methoden zur vertikalen Modellüberführung zum einen in der Prozess- und Simulationsmodellierung sowie in der Baustellen- und Bauwerksplanung. Sie werden hauptsächlich in den Beiträgen in Band 2, Teil I diskutiert. Die Detaillierung der Modelle wird dabei zumeist durch entsprechende Modellierungsbausteine in Form von Referenzmodellen unterstützt. Die Aggregation der Fachmodelle wurde darüber hinaus auch in den Anwendungsszenarien zum multimodellbasierten Projektcontrolling untersucht, die ebenfalls in Band 2, Teil I besprochen werden.

9.5 Zusammenfassung und Ausblick

Es wurden vielfältige Methoden für den verteilten, kollaborativen Einsatz der Multimodelle neu entwickelt. Wesentliche Grundlagen der Methoden sind das Konzept des Multimodells und die ergänzenden, fachsemantischen Festlegungen der Multimodellontologie. Darüber hinaus werden in mehreren Bereichen Methoden zur Referenzmodellierung eingesetzt, um die Modelle effizienter und zielgerichteter zu erstellen.

Die starke Formalisierung der vorgestellten Multimodelloperationen ist wichtig, damit zum einen eindeutige, vergleichbare Werkzeuge von verschiedenen Softwareherstellern entwickelt werden können und zum anderen, um möglichst viele und eindeutige Konfigurationen und Anwendungen von Operationen zu ermöglichen.

Weiterhin wurde ein Überblick über die einzelnen Operationen für Fach-, Link- und Multimodelle gegeben, die von den Bausoftwareanwendungen unterstützt werden sollten. Neuartige Modellierungstechniken erfordern dabei insbesondere die Operationen zur Referenzmodellierung und zur Verlinkung von Fachmodellen, aber auch zum Austausch, zur Visualisierung und zur Überprüfung von Multimodellen sowie insbesondere das Verdichten und Expandieren für die vertikale Modellüberführung der Fachmodelle.

Viele der aufgezeigten Modelloperationen wurden im Projekt Mefisto im Rahmen prototypischer und kommerzieller Softwarekomponenten umgesetzt. Für die durchgängige Bearbeitung der Multimodelle müssen diese jedoch weiter ausgearbeitet und erprobt werden. Weitere Untersuchungen sind insbesondere erforderlich für die Überprüfung, den Vergleich, die Synchronisation, die Integration und die Versionierung der interdependenten Fachmodelle.

Literatur

1. Fettke P, Loos P (2007) Reference Modeling for Business Systems Analysis. Idea Group, Hershey, USA
2. Schütte R (1998) Grundsätze ordnungsmäßiger Referenzmodellierung. Konstruktion konfigurations- und anpassungsorientierter Modelle. Gabler, Wiesbaden
3. Fettke P, Loos P (2005) Der Beitrag der Referenzmodellierung zum Business Engineering. In: HMD – Praxis der Wirtschaftsinformatik, Bd 241, S 18–26. dpunkt.verlag, Heidelberg
4. Cerovsek T, Katranuschkov P (2006) Active process reuse model for collaboration. ITcon 11:467–488. http://www.itcon.org/2006/35, Special issue process modelling, process management and collaboration
5. Becker J, Delfmann P, Knackstedt R (2002) Eine Modellierungstechnik für die konfigurative Referenzmodellierung. In: Becker J, Knackstedt R (Hrsg) Referenzmodellierung 2002. Methoden – Modelle – Erfahrungen. Münster: Inst. für Wirtschaftsinformatik, 2002 – Arbeitsberichte des Instituts für Wirtschaftsinformatik, S 35–79
6. Fettke P, Loos P (2002) Methoden zur Wiederverwendung von Referenzmodellen – Übersicht und Taxonomie. In: Becker J, Knackstedt R (Hrsg) Referenzmodellierung 2002. Methoden – Modelle – Erfahrungen. Physica, Heidelberg
7. vom Brocke J (2007) Design Principles for Reference Modeling: Reusing Information Models by Means of Aggregation, Specialisation, Instantiation, and Analogy. In: Fettke P, Loos P (Hrsg) Reference Modeling for Business Systems Analysis. Idea Group, Hershey, USA
8. W3C (2002) Internet Media Type registration, consistency of use. W3C. http://www.w3.org/2001/tag/2002/0129-mime
9. Kolbe T, Gröger G, Czerwinski A (2006) City geography markup language, OpenGIS CityGML Implementation Specification. Discussion Paper, OGC Doc No 06-057r1
10. Müller R (2013) HOAI 2013 – Honorarordnung für Architekten und Ingenieure – Textausgabe: Mit Erläuterung der Neuerungen und Musterrechnungen. 5. Aufl

Wissensbasierte Modellierung von Bauprozessen auf Basis von Referenzmodulen

10

Markus König, Raimar J. Scherer, Michael Baling, Kateryna Shapir und Veronika Hartmann

Zusammenfassung

Die Definition von individuellen und konsistenten Planungs- und Ausführungsprozessen für Bauprojekte ist eine sehr große Herausforderung. Insbesondere bei sehr umfangreichen Bauvorhaben ist eine manuelle Prozessverwaltung sehr fehleranfällig. Die notwendigen Prozesse sind i. d. R. sehr eng mit den vorhandenen Planungsinformationen verknüpft. Für eine ganzheitliche Abbildung und Integration des Prozessmodells wird ein Ansatz benötigt, der eine äußerst flexible und effiziente Modellierung sowie die Anpassung der bereits gestalteten Prozesse für ähnliche Projekte ermöglicht. Im Rahmen des Projekts Mefisto wurden daher innovative Konzepte für eine flexible und modellbasierte Modellierung von Bauprozessen entwickelt. Der Ansatz basiert auf der Verwendung von Referenzmodulen in Kombination mit Wissensmodulen für eine effiziente Auswahl, Konfiguration und Komposition von Prozessen im Rahmen der Planung und Ausführung von Bauprojekten.

10.1 Einleitung

Für die erfolgreiche Durchführung von Bauprojekten sind effiziente, transparente und flexible Prozesse sowohl auf Unternehmensebene als auch für die eigentliche Ausführung auf der Baustelle erforderlich. Eine Vielzahl unterschiedlicher Fachplaner ist dabei zu koordinieren und sehr schnell mit relevanten Informationen für die durchzuführenden Arbeiten zu versorgen. Eine große Herausforderung stellt dabei die häufig erst-

M. König (✉) · K. Shapir · V. Hartmann
Lehrstuhl für Informatik im Bauwesen, Ruhr Universität Bochum, Bochum, Deutschland

R.J. Scherer · M. Baling
Institut für Bauinformatik, Technische Universität Dresden, Dresden, Deutschland

R.J. Scherer, S.-E. Schapke (Hrsg.), *Informationssysteme im Bauwesen 1*,
DOI 10.1007/978-3-642-40883-0_10

malige Zusammenarbeit der Projektpartner dar, die darüber hinaus die Erstellung eines oft komplexen Unikatbauwerks zum Ziel hat. Folglich werden bei jedem neuen Projekt sehr individuelle Planungs- und Ausführungsprozesse benötigt, die im Zuge des Projektfortschritts flexibel an unterschiedliche Randbedingungen angepasst werden müssen. In anderen Wirtschaftsbereichen, wie z. B. im Finanzwesen oder der Automobilindustrie, werden Prozessabläufe in gleicher Art und Weise sehr häufig ausgeführt. Aus diesem Grund können feste Prozesse, z. B. zur Bearbeitung eines Versicherungsfalls oder zur Produktion einer bestimmten Fahrzeugkomponente, ausgiebig geplant, optimiert und durch entsprechende Software, z. B. ERP, PPS und SCM Systeme, automatisierte Robotersteuerung, gezielt unterstützt werden. Der Aufwand bei der Einrichtung und Konfiguration wird dabei durch den repetitiven Charakter der Prozesse über größere Laufzeiten hin amortisiert. Des Weiteren bestehen häufig längerfristig angelegte Kooperationen mit Geschäftspartnern und Zulieferern, was ebenfalls einer rechnergestützten Prozessoptimierung zugutekommt. Wie bereits erwähnt, sind solche Randbedingungen i. d. R. im Rahmen von Bauprojekten nicht gegeben. Zwar versucht jeder Partner oder jedes Unternehmen wie Bauherr, Bauunternehmer, Projektsteuerer, etc. seine eigenen Prozesse zu optimieren, jedoch sind immer wieder umfangreiche Anpassungen für ein konkretes Bauprojekt vorzunehmen. Besonders schwierig gestalten sich dabei die Informationsprozesse zwischen verschiedenen Unternehmen und die kontinuierliche Anpassung der detaillierten Ausführungsprozesse. Insbesondere die Ausführungsprozesse müssen durch Planungsänderungen oder Störungen im Bauablauf permanent aktualisiert werden. Für die Definition und Aufstellung einer optimierten Reihenfolge von Bauprozessen ist umfangreiches Fach- und Erfahrungswissen notwendig. Dieses Wissen besitzen aktuell nur die einzelnen Fachplaner in den unterschiedlichen Unternehmen. Sollen also optimierte Gesamtprozesse auch unternehmensübergreifend definiert werden, ist es notwendig, dieses implizite Wissen verfügbar zu machen. Zusätzlich ist auch im eigenen Unternehmen spezielles Prozesswissen i. d. R. auf unterschiedliche Personen verteilt und kann häufig nicht gezielt genutzt werden. Aus diesen Gründen muss das Wissen für Verwendung und Zusammenstellung von Prozessen im Rahmen des Prozessmanagements expliziert werden.

Im Rahmen des Projekts Mefisto wurden daher neuartige Konzepte zur flexiblen Beschreibung und effektiven Wiederverwendung von Informationsprozessen, Organisationsprozessen und Ausführungsprozessen im Rahmen der Bauprojektplanung entwickelt. Hauptaugenmerk lag dabei auf der transparenten Gestaltung und dynamischen Anpassung von Prozessstrukturen auf Basis von vorhandenen Informationen und verfügbaren Wissensbausteinen. Fachinformationen liegen dabei in verschiedenen Detailierungsstufen vor, die wiederum Auswirkungen auf die zu definierenden Prozesse haben. Eine weitere Anforderung besteht in der komfortablen Nutzbarmachung der aufgestellten und konfigurierten Prozesse für Detailanalysen und dem Controlling auf Basis von verschiedenen Simulationen.

10.2 Referenzprozessmodellierung im Bauwesen

Im Gegensatz zu automatisierten Geschäftsprozessen oder festen Produktionslinien sind Prozesse im Rahmen eines Bauprojekts in ihrer Gesamtheit Unikate. Einzel- oder Teilprozesse werden jedoch in ähnlicher Art und Weise bei unterschiedlichen Bauprojekten häufig wiederverwendet. So existieren schon heute in den einzelnen Unternehmen der Baubranche wohl definierte Prozesse, bspw. für die Bearbeitung von Ausschreibungen und Preiskalkulationen oder die Herstellung bestimmter Bauelemente. Um jedoch einen effizienten Einsatz zu gewährleisten, bedarf es eines ganzheitlichen Ansatzes, der eine geregelte Konstruktion, Verwaltung und Wiederverwendung von Prozessen gewährleistet.

Eine Methode, die Flexibilität und Anpassungsfähigkeit für die Erstellung und Verwaltung von Prozessen bietet, ist der Referenzmodellierungsansatz. Referenzprozessmodelle sind Informationsmodelle, die als verallgemeinerte Basis für die Gestaltung von branchen-, unternehmens- und projektspezifischen IKT Systemen dienen [1, 2]. Die grundlegende Aufgabe der Referenzmodellierung ist es, Techniken für die systematische Wiederverwendung und Anpassung der Modelle für den Modellbauer und den Nutzer verfügbar zu machen. Der Entwicklungszyklus für diesen Ansatz umfasst neben der Definition des Problems und des Baus von Referenzmodellen auch deren anschließende Evaluation und Pflege. Der Nutzungszyklus deckt hingegen Retrieval, Anpassung, Integration und die Anwendung ab [1].

Basierend auf der grundlegenden Einordnung von [2] bestehen für den Anpassungsschritt zwei grundlegende Methodenklassen. Die Konfiguration als Gruppe generischer Methoden beschreibt explizite, regelhafte Vorgehensweisen, um ein angepasstes Modell automatisiert abzuleiten. Im Gegensatz dazu beschäftigt sich die Adaption als Klasse kompositorischer Methoden mit dem manuellen Hinzufügen, Ändern und Löschen von Prozessmustern und ihren Objekten sowie der Anordnung zu einem Gesamtprozess [1, 2]. Typischerweise kommen mehrere Methoden für die Anpassung eines Modells zum Einsatz, die i. d. R. in beliebiger Reihenfolge kombiniert werden können.

Das im Rahmen des Projekts Mefisto entwickelte Konzept basiert auf einzelnen wiederverwendbaren Prozessbausteinen, die im Folgenden Referenzprozessmodule genannt werden. Referenzprozessmodule werden mithilfe von speziellem Wissen zu sog. Wissensmodulen erweitert, was die semiautomatische Komposition zu einem Gesamtprozess erlaubt. Konzepte der Referenzprozessmodellierung werden heutzutage schon in verschiedenen Bereichen erfolgreich eingesetzt, wobei jedoch in den meisten Fällen der Bezug zu den vorhanden bauspezifischen Informationen sowie die Formalisierung des zugehörigen Wissens fehlen. Im Fokus der Arbeiten im Projekt Mefisto stand die Verknüpfung von notwendigen Informationen zu einzelnen Prozessen sowie automatische Wiederverwendung von Referenzprozessmodulen im Rahmen der Bauablaufplanung [3–5].

Auf Basis einer bauspezifischen Ontologie konnten wiederverwendbare Referenzprozessmodule definiert werden, die in unterschiedlichen Bauprojekten sehr flexibel eingesetzt werden können. Der hier vorgestellte Ansatz baut auf den Methoden von [6, 7] auf. Im Folgenden wird das generelle Konzept zur Verwendung von Referenzprozessmodulen auf Grundlage von speziellen Wissensbausteinen erläutert (Abb. 10.1).

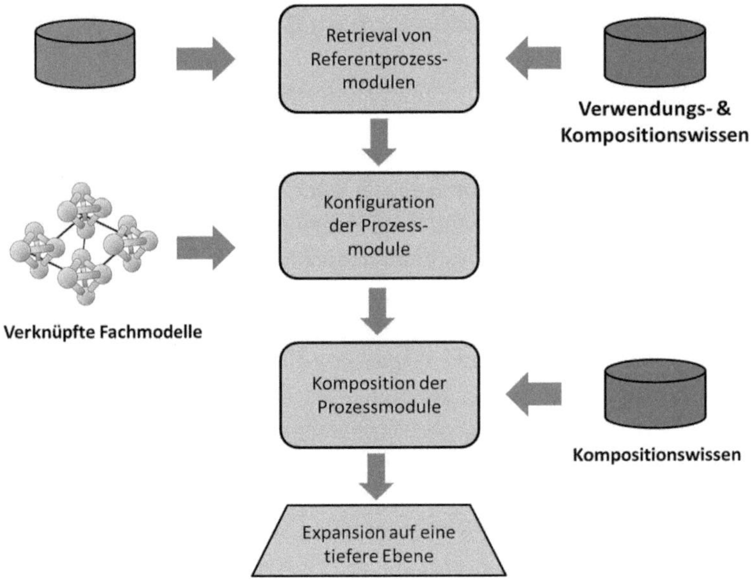

Abb. 10.1 Konzept zur Verwendung von Referenzprozessmodulen

Es wird davon ausgegangen, dass einzelne Prozesse oder Teilprozesse für Aufgaben, die während der Bauprojektbearbeitung ausgeführt werden müssen, wiederverwendbar als Referenzprozessmodule in einer Modulbibliothek abgelegt sind. Sollen für ein neues Bauprojekt individuelle Planungsprozesse oder Ausführungsprozesse zusammengestellt werden, können die zugehörigen Fachplaner hierfür auf diese Bibliothek zurückgreifen. Um geeignete Referenzprozessmodule auffinden und auswählen zu können, wird ein Retrieval auf Basis bestimmter Eigenschaften und Regeln durchgeführt. Aktuell werden zwei Möglichkeiten für die Auswahl von Modulen verfolgt. In diesem Zusammenhang wird von Verwendungs- bzw. Kompositionswissen gesprochen, das zusätzlich zu den Prozessmodulen formalisiert ist und diese zu Wissensmodulen erweitert.

Nach dem Retrieval geeigneter Referenzprozessmodule müssen die Fachplaner nun entscheiden, welche Module für das aktuelle Projekt übernommen werden können. Die so selektierten Referenzprozessmodule werden für das aktuelle Projekt konfiguriert und instanziiert. Dabei werden Verknüpfungen zu den vorhandenen Fachinformationen aufgebaut, die für die Bearbeitung der Prozessmodule benötigt werden. Auch bei dieser notwendigen Konfiguration müssen die Mitarbeiter im Unternehmen gezielt durch entsprechende Software unterstützt werden. Sind für bestimmte Aufgaben, z. B. Ausschreibung erstellen, Ausführung Rohbau planen, etc., alle Prozessmodule definiert und konfiguriert, müssen im nächsten Schritt diese noch unabhängigen Einzelprozesse zu einem Gesamtprozess zusammengesetzt werden. Gewisse Reihenfolgen zwischen den Prozessmodulen können automatisch ermittelt werden. Hierzu wird sog. Kompositionswissen eingesetzt [8]. Jedoch muss auch die Möglichkeit bestehen, dass die Fachplaner aktiv die Komposition beeinflus-

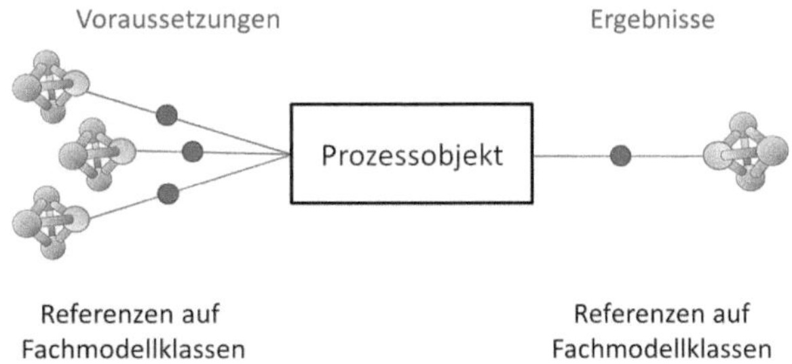

Abb. 10.2 Modellierung von Referenzprozessmodulen

sen können. Die gemachten Erfahrungen können anschließend wiederum als allgemeines oder spezielles Wissen zur Komposition abgelegt werden.

10.3 Aufbau von Referenzprozessmodulen

Die rechnergestützte Verarbeitung von Referenzprozessmodulen erfordert eine formale und effiziente Beschreibungslogik [9–11]. Im Rahmen des Projekts Mefisto besitzen Referenzprozessmodule zwei wesentliche Bestandteile. Zum einen das sog. Prozessobjekt, das die eigentlichen Eigenschaften des Prozessmoduls definiert. Hierzu gehören eine Bezeichnung, ein Prozesstyp, Kennwerte für Zeiten und Kosten sowie ein übergeordnetes Prozessmodul, falls ein hierarchischer Aufbau sinnvoll ist. Wichtiger sind jedoch die Verknüpfungen zu relevanten Fachobjekttypen, für die bestimmte Zustände definiert sind. Dabei werden zwei unterschiedliche Verknüpfungsarten unterschieden: Voraussetzungen und Ergebnisse [8]. Ist eine Verknüpfung zu einem Fachobjekttyp in einem bestimmten Zustand als Voraussetzung definiert, dann muss vor Ausführung eines instanziierten Prozessmoduls das entsprechende Fachobjekt im definierten Zustand verfügbar sein. Ist hingegen eine Verknüpfung als Ergebnis gekennzeichnet, wird das entsprechende Fachobjekt entweder neu erzeugt oder in den angegebenen Zustand nach Beendigung des Prozessmoduls überführt. Da es sich bei Referenzprozessmodulen um Vorlagen handelt, können die notwendigen Verknüpfungen nicht auf Basis von realen Fachobjekten definiert werden. Bspw. wird zum Herstellen einer Stütze als Voraussetzung definiert, dass ein tragendes Bauelement existieren muss. Nach Ausführung des Prozessmoduls existiert eine Stütze im Zustand „fertiggestellt". Diese Vorgehensweise ist auch auf die Informationsprozesse anwendbar. Dabei werden Informationsressourcen als Voraussetzungen und Ergebnisse beschrieben. Der Aufbau eines Referenzmoduls ist in Abb. 10.2 dargestellt. Die detaillierte Beschreibung eines ontologiebasierten Referenzmoduls wird in [8] (Teil II, Kap. 11) präsentiert.

Um eine abstrakte Verknüpfung zu bestimmten Informationen der unterschiedlichen Fachmodelle zu ermöglichen, ist eine grundlegende Klassifizierung der Fachmodelle und der dort beschriebenen Daten notwendig. Im Rahmen von Mefisto wurde ein formaler Multimodellansatz entwickelt [12, 26] (Teil I, Kap. 2). Hierdurch können verschiedene Fachinformationen einfach und konsistent verknüpft und wiederverwendet werden. Über

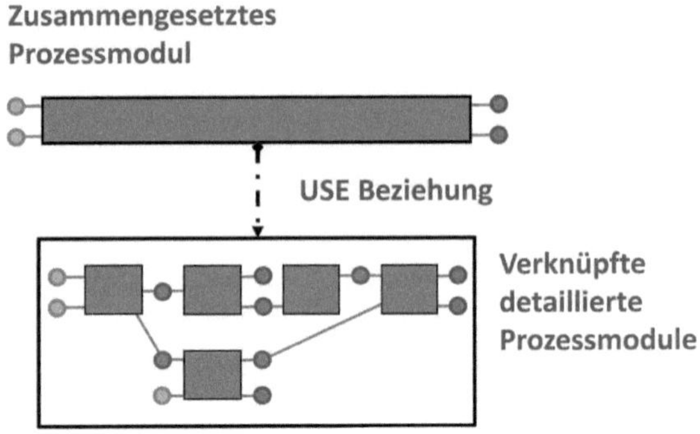

Abb. 10.3 Hierarchischer Aufbau von Prozessmodulen mittels use Beziehung

eine einheitliche Ontologie werden bestimmten Daten der Fachmodelle eindeutig referenziert. Bei der Referenzierung werden das entsprechende Fachmodell und der Begriff der Ontologie angegeben. Bspw. ist eine Voraussetzung für die Herstellung einer Stütze, dass ein Bauelement des Bauwerksmodells im Zustand tragend vorhanden ist. Es wird somit auf das Fachmodell Bauwerksmodell und den Ontologiebegriff tragendes Bauelement verwiesen. Als Zustand wird zusätzlich definiert, dass ein entsprechendes Fachmodellobjekt fertiggestellt sein muss.

Die Definition von solchen Referenzprozessmodulen mit den entsprechenden Referenzen auf die Ontologie ist nicht trivial. Zum einen muss eine verständliche Ontologie vorhanden sein und des Weiteren müssen geeignete Benutzeroberflächen verfügbar sein, damit die Definition schnell und transparent erfolgen kann. Auch unterscheiden sich die einzelnen Ausprägungen sehr deutlich. Bei den Informationsprozessen kann auf ganze Dateien oder einzelne Datensätze in einem Fachmodell verwiesen werden. Häufig werden auch nur gewisse Ergänzungen durch die einzelnen Fachplaner vorgenommen. Hingegen werden die Referenzprozessmodule zur Ausführung innerhalb der Ausführungsplanung verwendet und orientieren sich am aktuellen Zustand des Bauwerksmodells.

Die Module können hierarchisch aufgebaut werden, was bedeutet, dass auf Basis relativ allgemeiner Wissensmodule für die jeweiligen Projekte sehr spezielle Prozesse abgeleitet werden können [9]. Somit besteht auch die Möglichkeit, dass während eines Projekts Wissen aufbereitet wird, das in zukünftigen Projekten wiederverwendet werden kann. In diesem Zusammenhang wurden in [13] verschiedene Beziehungstypen zur Verknüpfung bzw. Detaillierung von Prozessen vorgestellt. Um auch hierarchische Strukturen abbilden zu können, wird die sog. use Beziehung eingeführt. Diese beschreibt die Verbindung zwischen einem übergeordneten Prozessmodul und einer Abfolge detaillierterer Untermodule. Die Zusammenfassung der Voraussetzungen und Ergebnisse der Untermodule entspricht jeweils den Voraussetzungen und Ergebnissen des übergeordneten Prozessmoduls (Abb. 10.3). D. h. das übergeordnete Prozessmodul kann durch die Abfolge seiner Untermodule ersetzt werden und umgekehrt. Untergeordnete Prozessmodule können dabei auch im Rahmen verschiedener übergeordneter Module verwendet werden (Abb. 10.3).

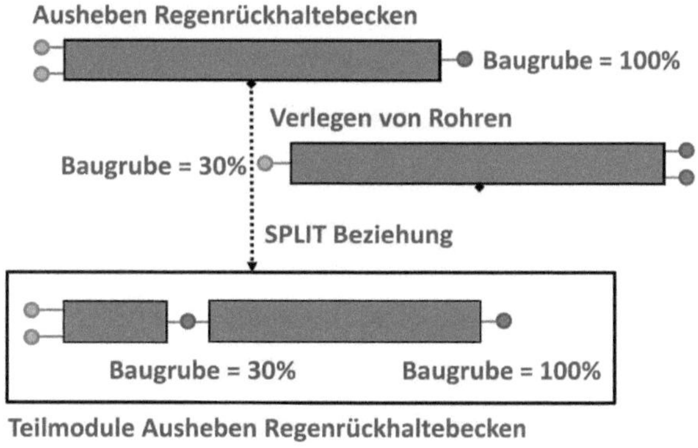

Abb. 10.4 Teilung von Prozessmodulen unter Verwendung von Zwischenzuständen infolge einer Detaillierung

Im Rahmen der kontinuierlichen Detaillierung von Planungs- und Ausführungsprozessen kann es in bestimmten Fällen sinnvoll sein, Zwischenzustände zu verwenden. Häufig werden Zwischenzustände bei der Ausführung von großflächigen Arbeiten benötigt, wie es am Beispiel des Aushebens eines Regenrückhaltebeckens im Folgenden illustriert wird. Im ersten Schritt wird ein Prozessmodul Ausheben Regenrückhaltebecken definiert. Ein Ergebnis ist folglich die Baugrube für das Regenrückhaltebecken, die zu 100% ausgehoben wurde. Im Zuge der Planung werden jetzt andere Referenzprozessmodule verwendet und konfiguriert, bspw. für das Verlegen von Rohren in der Baugrube. Diese Prozesse können jedoch schon begonnen werden, wenn ein Teil der Grube ausgehoben wurde. Folglich muss der sehr umfangreiche Prozess Ausheben Regenrückhaltebecken in mehrere Teilmodule zerlegt werden, damit eine gültige Reihenfolge definiert werden kann. Hierzu wurden in [13] entsprechende Konzepte zur automatischen Teilung von Prozessmodulen entwickelt (Abb. 10.4). Durch die Teilung entsteht eine weitere Hierarchie, die jedoch individuell für jedes Bauprojekt angegeben werden muss. Im Rahmen der Referenzprozessmodellierung kann definiert werden, ob eine Teilung in Zwischenzustände generell möglich ist. Bei der Generierung von Zwischenzuständen zur Darstellung von sich zeitlich überlappenden Prozessen wird somit ebenfalls eine Folge detaillierterer Unterprozesse erzeugt. Dieser hierarchische Aufbau ist ein Sonderfall der use Beziehung und wird als split Beziehung definiert (vgl. Abb. 10.4).

10.4 Auswahl von Referenzprozessen

Zu Beginn eines Bauprojekts sind Daten teilweise nur sehr grob oder unvollständig verfügbar. Dies gilt sowohl für die Informations- als auch die Ausführungsprozesse. Erst im Lauf des Projektfortschritts werden Informationen detailliert und ergänzt. Somit werden auch die Prozesse zu einem Bauprojekt schrittweise erstellt. Mithilfe des Verwendungswissens [5] sollen zu jedem Zeitpunkt die richtigen und notwendigen Referenzprozessmodule ermittelt werden, um bereits erstellte Prozesse fortzuführen oder auf einer hierarchisch niedrigeren Ebene weiter zu detaillieren (Abb. 10.5). Dies ist besonders für die Informationsprozesse auf Seiten von Auftraggeber und Auftragnehmer und deren Zusammenspiel

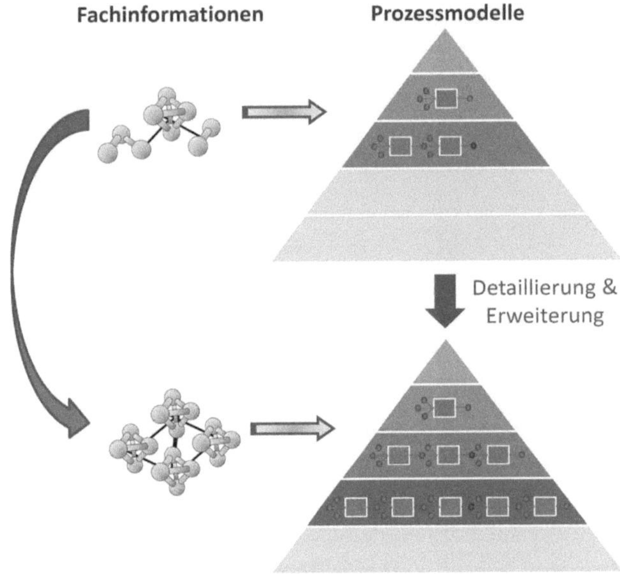

Abb. 10.5 Aktualisierung von ausgewählten Referenzprozessmodulen infolge der Detaillierung von Fachinformationen

wichtig. In der Regel liegt die Verantwortlichkeit, die nächsten Bearbeitungsschritte zu planen bzw. zu detaillieren, bei einzelnen Fachplanern. Den Wissensmodulen kommt nun die Aufgabe zu, den Anwender bei der Analyse und Auswahl zu unterstützen.

Ein grundlegendes Konzept dabei ist die automatische Analyse des aktuellen Datenbestands und die anschließende Anwendung von Auswahlregeln. Dieses Prinzip kann sowohl für Informations- als auch Ausführungsprozesse angewendet werden. Sind bspw. im Bauwerksmodell einzelne Bauelemente wie Stützen, Wände, Träger, etc. und entsprechende Bauverfahren wie Ortbeton, Fertigteil, etc. definiert worden, kann unter Verwendung dieser Informationen gezielt nach Referenzprozessmodulen für diese neuen Fachobjekte gesucht werden (Abb. 10.6). Ein weiteres Attribut für die Suche stellen die Zustände dar, die bereits aus einem Teilprozess folgen, z. B. Anfangszustand ZA, oder die erzeugt werden sollen, z. B. Endzustand ZE. Gleiches gilt für die Informationsprozesse, d. h. liegen bestimmte Planungsunterlagen in einem bestimmten Detaillierungsgrad vor, können Prozessmodule gesucht werden, die solche Unterlagen als Voraussetzungen benötigen. Somit ist es erforderlich, dass die Wissensmodule auf Basis von definierten Anfragen den aktuellen Datenbestand des Mefisto Multimodells durchsuchen und analysieren können. Mithilfe einer Anfragesprache auf Basis der definierten Ontologie können diese Wissensmodule formal beschrieben und gespeichert werden [14]. Es wird in diesem Zusammenhang auch von regelbasiertem Retrieval gesprochen. Wichtig ist dabei, dass die einzelnen Wissensmodule kontinuierlich überprüft werden, damit keine falschen oder unsinnigen Referenzmodule verwendet werden.

Für das regelbasierte Retrieval, d. h. das Auffinden und Abrufen, wurde auf Basis der Partial Model Query Language, PMQL, [15] ein Konzept zur Speicherung von Auswahlregeln für Referenzprozesse definiert [16]. Hierbei können beliebig komplexe Regeln unter

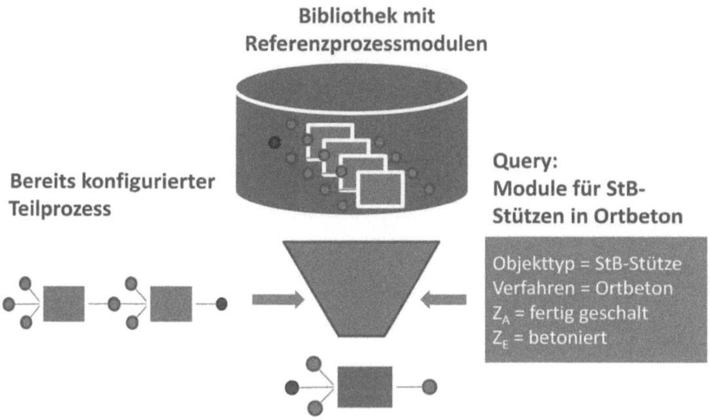

Abb. 10.6 Strategien für die Auswahl von Referenzprozessmodulen

Verwendung von Informationen von Multimodellcontainern aufgestellt werden. Die Auswahlsprache verwendet zur Auswahl von bestimmten Attributen der Fachmodelle eine SQL ähnliche Syntax. Die Structured Query Language, SQL, ist eine sehr umfangreiche, allgemeingültige Anfragesprache für relationale Datenbanken. Sie benötigt wegen ihrer Allgemeingültigkeit tiefes Wissen über das Datenmodell, das abgefragt werden soll (Teil II, Kap. 15). Die vorhandenen Fachinformationen werden mithilfe der Anfragesprache analysiert. Eine bestimmte Anfrage wird in diesem Zusammenhang für die Auswahl eines bestimmten Referenzmoduls verwendet. In [17] wird bspw. eine Regel zur Auswahl des Referenzprozessmoduls Wand in Ortbeton herstellen definiert. Dieses Referenzprozessmodul kann für alle Elemente des Gebäudemodells verwendet werden, die mit dem Objekttyp IfcWall und mit der Leistungsverzeichnisposition Betonarbeiten verknüpft sind (Abb. 10.7). Solche einfachen Regeln können in Form von XML Dateien wiederverwendbar gespeichert werden. Im Rahmen des Projekts Mefisto wurde ein einfacher PMQL Interpreter umgesetzt, um die definierten Regeln automatisch auswerten zu können.

10.5 Instanziierung und Konfiguration

Nachdem für aktuelle Aufgaben oder Anforderungen geeignete Referenzprozessmodule vorliegen, müssen diese Module instanziiert und konfiguriert werden. Je nach Art der Aufgabe werden spezielle Instanziierungs- und Konfigurationsmethoden verwendet. Wenn bspw. ein Referenzprozessmodul für die Herstellung von Rundstützen ermittelt wurde, dann wird für jede Rundstütze im Gebäude eine entsprechende Instanz erstellt und mit der konkreten Rundstütze über einen eindeutigen Bauwerksidentifikator verknüpft (Abb. 10.8). Dies bedeutet, dass jede Voraussetzung und jedes Ergebnis in Form einer Fachmodellklasse mit einem entsprechenden Fachmodellobjekt assoziiert wird. Sind bestimmte, vorausgesetzte Fachobjekte noch nicht über den Multimodellcontainer verfügbar,

```
<assign_process_pattern>
   <where>
      <expr value="Name = 'in-situ concrete wall construction'">
   </where>
   <to>
      <select GlobalId from IfcModel>
         <where>
           <expr value="ObjectType = 'IfcWall'">
         </where>
         <where op="AND">
           <expr value="StoreyName = 'Level 01'">
         </where>
      </select>
   </to>
</assign_process_pattern>
```

Abb. 10.7 PMQL Regel in XML Notation zur Auswahl eines Referenzprozessmoduls für die Herstellung von Wänden in Ortbeton

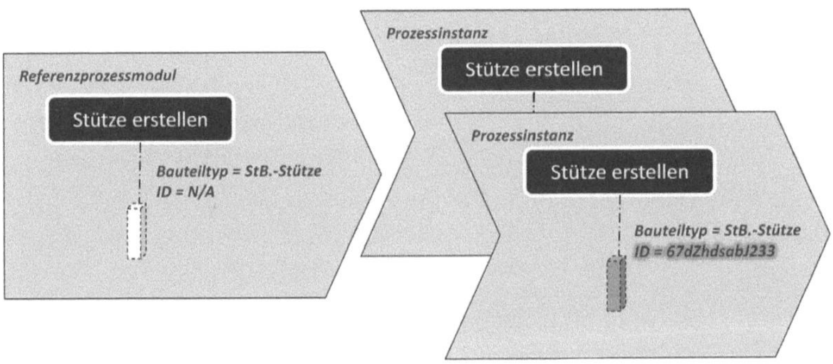

Abb. 10.8 Instanziierung und Konfiguration von Referenzprozessmodulen

kann das instanziierte Prozessmodul noch nicht ausgeführt werden. Durch die Angabe von Ergebnisklassen wird dem Bearbeiter mitgeteilt, in welcher Form die Ergebnisse erwartet werden. Nur wenn die Ergebnisobjekte im richtigen Fachmodell vom richtigen Typen abgelegt werden, können Folgeprozesse gestartet werden. Somit ergibt sich automatisch eine gewisse Steuerung des Gesamtprozesses.

Des Weiteren wird das instanziierte Prozessmodul um weitere projektspezifische Informationen wie bspw. Aufwandswerte, Kosten oder Bearbeiter ergänzt. In gleicher Art und Weise erfolgt die Instanziierung und Konfiguration für die Informationsprozesse des Auftraggebers und Auftragnehmers. Ein Referenzprozessmodul zur Erstellung von Ausschreibungsunterlagen wird mit entsprechenden Informationsobjekten verknüpft, die zur Bearbeitung der Prozesse erforderlich sind. Als Ergebnis wird ein bestimmtes Dokument in einem bestimmten Zustand definiert. Der Bearbeiter erhält auch hier wiederum eine Information, wie die Ergebnisse an die Mefisto Plattform übergeben werden sollen.

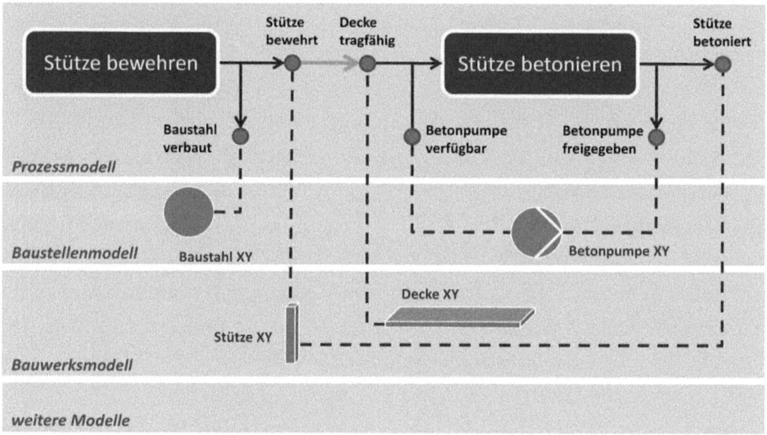

Abb. 10.9 Komposition von Prozessmodulen

10.6 Komposition von Prozessmodulen

Das Zusammensetzen von einzelnen, instanziierten Prozessmodulen zu einem korrekten und sinnvollen Gesamtprozess ist nicht trivial. Heutzutage übernehmen diese Aufgabe die einzelnen Fachplaner. Da jeder Fachplaner i. d. R. einen Überblick nur über sein Aufgabengebiet besitzt, kann es zu Problemen während der Planung und Ausführung kommen. Insbesondere wenn das Bauprojekt sehr komplex ist, sollten die Planer durch ein entsprechendes System gezielt unterstützt werden.

Daher wurden im Rahmen des Projekts Mefisto modellbasierte Konzepte zur formalen Beschreibung von Kompositionswissen umgesetzt. Im Wesentlichen basiert dieses Konzept auf der Kopplung von ähnlichen Voraussetzungen und Ergebnissen der Prozessmodule [6, 17]. Liefert ein bestimmtes Prozessmodul ein Fachobjekt in einem gewissen Zustand und erfordert ein anderes Modul dieses Fachobjekt genau in diesem Zustand, dann können die beiden Prozessmodule verbunden werden (Abb. 10.9).

Dieses generelle Kompositionswissen muss um weiteres Wissen angereichert werden, damit strukturelle als auch inhaltliche Inkonsistenzen bei der Kopplung ausgeschlossen werden. Bspw. können bestimmte Kopplungen mithilfe von Ausschlussregeln verboten werden. Des Weiteren muss geprüft werden, ob infolge der Komposition bestimmte Deadlocks oder mehrfach Ausführungen auftreten können. Diese strukturellen Inkonsistenzen wurden in [18] behandelt. Neben den strukturellen Problemen bei der Zusammenfügung von Prozessmodulen können natürlich auch inhaltliche Inkonsistenzen auftreten. Inhaltliche Probleme können nur sehr schwer erkannt werden.

Einige inhaltliche Prüfungen können erfolgen, wenn der Gesamtprozess im Lauf des Projektfortschritts hierarchisch aufgebaut wird. Dann kann bei jeder Verfeinerung bzw. Detaillierung geprüft werden, ob die verwendeten Fachobjekte auch inhaltlich zu entsprechenden Fachobjekten auf höherer Ebene passen. Hierzu sind entsprechende Regeln zu definieren und in die Wissensbasis abzulegen.

In [16] wurde auf Basis der PMQL [15] auch eine wiederverwendbare Regel zur Erzeugung von komplexen Prozessreihenfolgen entwickelt. Der Fokus lag jedoch auf den Ausführungsprozessen und deren technologischen bzw. strategischen Abhängigkeiten. Die Prozessreihenfolgen hängen in starkem Maße vom entsprechenden Bauprojekt ab. Jedoch existieren auch generelle Kompositionsregeln, die wiederverwendbar als Wissensmodule gespeichert werden können. Ein typisches Wissensmodul für technologische Reihenfolgen ist, dass Deckenplatten eines bestimmten Geschosses erst dann erstellt werden können, wenn alle Stützen oder Wände des darunterliegenden Geschosses die entsprechenden Lasten aufnehmen können. Zur Definition einer solchen Kompositionsregel müssen Informationen über die verwendeten Referenzprozessmodule und Bauelemente ausgewertet werden. Zum Aufbau von Reihenfolgeregeln wurde eine spezielle *assigned to* Klausel in die PMQL integriert (Abb. 10.10).

Kompositionsregeln berücksichtigen sehr häufig topologische oder geometrische Restriktionen. Bspw. sollen Reihenfolgen nur zwischen bestimmten Prozessen innerhalb eines Bauabschnitts definiert werden können. Daher ist es erforderlich, dass die Anfragesprache zur Definition von Kompositionsregeln um topologische und geometrische Eigenschaften erweitert werden muss. Im Rahmen des Projekts Mefisto wurden einige Aspekte bereits umgesetzt. Bspw. ist es möglich, bestimmte Bauelemente zu gruppieren. Diese Gruppen können im Rahmen der Kompositionsregeln verwendet werden. Dies kann bspw. für die Definition und Planung von Betonierabschnitten mit entsprechenden Reihenfolgen verwendet werden. In Teil II, Kap. 12 wird präsentiert, wie aus einzelnen Referenzprozessmodulen der gesamte Prozess konfiguriert werden kann. In [19] und [20] wurden des Weiteren erste Konzepte für räumliche Anfrageregeln aufgezeigt. Auch in [21] wurde eine sehr generische, räumliche Anfragesprache definiert, um ein Gebäudemodell topologisch auswerten zu können. In zukünftigen Forschungsarbeiten werden diese Konzepte weiter ausgearbeitet und konkretisiert.

Bei jeder neuen Komposition von Prozessmodulen werden diese Kompositionsregeln erneut angewendet. Jedoch kann niemals automatisch sichergestellt werden, dass ein Gesamtprozess in jederlei Hinsicht korrekt, vollständig und konsistent ist [22]. Mithilfe des Kompositionswissens kann nur eine begrenzte Anzahl von Fällen abgedeckt werden, so dass der Planer gezielt unterstützt wird. Somit ist es zwingend erforderlich, dass verschiedene visuelle Möglichkeiten zur manuellen Prüfung der definierten Prozesse entwickelt werden. Eine weitere Überprüfungsmöglichkeit besteht durch den Einsatz von Simulationen. Dabei können die Prozesse vorab virtuell durchgespielt und Ergebnisse sowie Abläufe anschließend analysiert und aufbereitet werden. Es wird erwartet, dass durch diese Vorgehensweise die Transparenz steigt und die Koordination, insbesondere zwischen unterschiedlichen Planern und Unternehmen, erheblich verbessert wird.

10.7 Generierung von Referenzprozessmodulen

Zur einfachen Erzeugung von Referenzprozessmodulen wurde im Rahmen des Projekts Mefisto aufbauend auf den Erkenntnissen von [27] ein fallbasierter Ansatz zur Erzeugung

```
<interdependencies>
    <predecessors status='finished'>
        <select Id from ProcessPattern>
            <where>
                <expr value="Name = 'cure concrete'">
            </where>
            <assigned_to>
                <select GlobalId from IfcModel>
                    <where>
                        <expr value="ObjectType = 'IfcColumn'">
                    </where>
                    <where op="AND">
                        <expr value="StoreyName = 'Level 01'">
                    </where>
                </select>
            </assigned_to>
        </select>
    </predecessors>
    <successors>
        <select Id from ProcessPattern>
            <where>
              <expr value="Name = 'install formwork'">
            </where>
            <assigned_to>
              <select GlobalId from IfcModel>
                  <where>
                        <expr value="ObjectType = 'IfcSlab'">
                  </where>
                  <where op="AND">
                        <expr value="StoreyName = 'Level 02'">
                  </where>
              </select>
            </assigned_to>
        </select>
    </successors>
</interdependencies>
```

Abb. 10.10 Kompositionsregel zur Erzeugung von technologischen Reihenfolgen zwischen Deckenplatten und Stützen

von Referenzprozessmodulen implementiert. Der Aufbau orientiert sich an dem Konzept zum fallbasierten Schließen [23]. Hierbei werden einzelne individuelle Planungs- und Ausführungsprozesse als sog. Fälle in einer Datenbank abgelegt. Die Bauprozesse werden, wie zuvor beschrieben, mit ihren jeweiligen Voraussetzungen und Ergebnissen manuell definiert. Durch die Verwendung von Ähnlichkeitsregeln, die wiederum eine Form von Wissensmodulen repräsentieren, können für neue Bauprojekte vorhandene Prozesse aus der Fallbasis ermittelt und wiederverwendet werden [24]. Werden bestimmte Prozessmodule im Rahmen verschiedener Bauprojekte immer wiederverwendet, können daraus im nächsten Schritt generelle Referenzprozessmodule abgeleitet werden. Hierzu werden die Anzahl der Verwendungen und zusätzliche Informationen über die erfolgreiche Verwendung in der Falldatenbank abgelegt. Für die zukünftige Planung werden dann anschließend vorrangig die bewerteten Referenzmodule zur Definition von individuellen Prozessmodulen verwendet (Abb. 10.11).

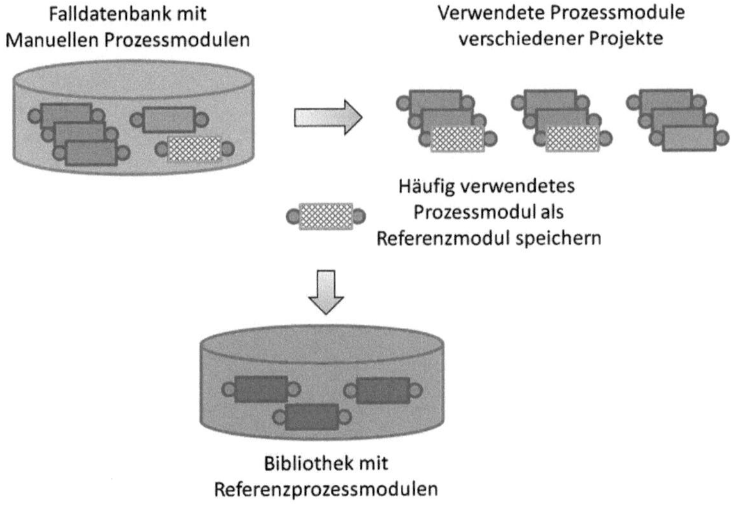

Abb. 10.11 Ableitung von Referenzmodulen

Im Rahmen zukünftiger Forschungsarbeiten sollen auch Algorithmen zur automatischen Erkennung von wiederkehrenden Prozessmustern entwickelt werden [25]. Zum Erkennen von Mustern wird nach strukturellen und inhaltlichen Ähnlichkeiten in Prozessen bzw. Prozesssequenzen gesucht. Die inhaltlichen Ähnlichkeiten betreffen die Beschreibung von Elementen, Zuständen und Prozessen. Für die Erkennung von strukturellen Ähnlichkeiten sollen die Beziehungen zwischen den Prozessen untersucht werden. Durch die Verwendung von Algorithmen zur Mustererkennung wird eine weitere hierarchische Struktur aufgebaut. Die Referenzprozessmodule können mittels einer Inferenzbeziehung mit den individuellen Prozessmodulen verknüpft werden. Somit kann sehr leicht nachvollzogen werden, auf welcher Grundlage ein Referenzprozessmodul erzeugt wurde. Jedoch soll es auch weiterhin möglich sein, dass ein Referenzprozessmodul völlig unabhängig von vorhandenen Prozessmodulen erstellt werden kann.

10.8 Zusammenfassung und Ausblick

Der beschriebene Ansatz für das Prozessmanagement im Bauwesen basiert auf der Idee von wiederverwendbaren Prozess- und Wissensmodulen und ermöglicht das semiautomatische Design von Planungs- und Ausführungsprozessen. Durch die konsistente Verwendung von vorhandenen Planungsgrundlagen in Form eines Multimodellcontainers können Referenzprozessmodule für die Spezifikation von Planungs- und Ausführungsvorgängen systematisch definiert und wiederverwendet werden.

Auf Basis der verknüpften Fachmodelle konnten einfache Regeln zur Auswahl und Komposition von komplexen Planungs- und Ausführungsprozessen entwickelt werden. Das Verwendungswissen hilft bei der adäquaten Modulauswahl im Kontext des aktuellen

Projekts. Das kompositorische Wissen garantiert hingegen zu einem gewissen Grad korrekte Abläufe. Zusammen mit den vorkonfigurierten Prozessmodulen tragen beide dazu bei, den Arbeitsaufwand und das benötigte Expertenwissen für das Design von Bauprozessen zu reduzieren sowie Herstellbarkeit und Produktqualität zu gewährleisten.

Die limitierenden Faktoren dabei sind sowohl Vollständigkeit als auch Qualität der Wissensbasis. Somit können grobe Informationen Vollständigkeit und Richtigkeit nur auf einem sehr hohen Modellierungsniveau garantieren. Widersprüchliche oder falsche Angaben können zur falschen Auswahl und Komposition der Prozessmodule und damit zu einem suboptimalen Prozessdesign führen.

Literatur

1. Fettke P, Loos P (2004) Referenzmodellierungsforschung. Wirtschaftsinformatik 46(5):331–340
2. Schütte R (1998) Grundsätze ordnungsmäßiger Referenzmodellierung. Konstruktion konfigurations- und anpassungsorientierter Modelle. Gabler, Wiesbaden
3. Scherer RJ, Katranuschkov P, Wix J (2004) A method to meet business and user requirements with ICT standards for eBusiness and eWork. In: Thoben K-D, Pawar KS, Weber F (Hrsg) Proc of the 10th int conf on concurrent enterprising (ICE 2004), Escuela Superior de Ingenieros, 14–16 June 2004, Seville, Spain. Centre for Concurrent Enterprising, Univ of of Nottingham, UK, 345–356, ISBN 0-85358-128-2
4. Katranuschkov P, Gehre A, Keller M, Schapke SE, Scherer RJ (2006) Ontology-based reusable process patterns for collaborative work environments in the construction industry. In: Cunningham P, Cunningham M (Hrsg) Exploiting the knowledge economy. IOS Press, Amsterdam, S 1055–1063, ISBN 1-58603-682-3
5. Baling M, Katranuschkov P, Schapke SE, Scherer RJ (2010) Semiautomatic process generation with reusable process and knowledge modules. In: Proc 16th international conference on concurrent enterprising (ICE 2010), 21–23 June 2010, Lugano, Switzerland
6. Huhnt W (2009) Process modeling in civil engineering. Structural engineering international 1/2009. J Int Assoc Bridge Struct Eng IABSE, 91–101
7. Mikulakova E, König M, Tauscher E, Beucke K (2010) Knowledge-based schedule generation and evaluation. J Adv Eng Inform. doi:10.1016/j.aei.2010.06.010
8. Tauscher E (2011) Vom Bauwerksinformationsmodell zur Terminplanung – Ein Modell zur Generierung von Bauablaufplänen. Dissertation, Verlag der Bauhaus-Universität Weimar
9. Benevolenskiy A, Roos K, Katranuschkov P, Scherer RJ (2012) Construction processes configuration using process patterns. Adv Eng Inform 26(4):727–736
10. Rybenko K, Katranuschkov P, Scherer RJ (2010) Towards ontology-based business process management in construction. In: Menzel K, Scherer R (Hrsg) eWork and eBusiness in architecture, engineering and construction, European conference on product and process modelling 2010. CRC Press/Balkema, Boca Raton/Rotterdam
11. Scherer RJ, Katranuschkov P, Rybenko K (2008) Description logic based collaborative process management. In: Rafiq Y, de Wilde P Borthwick M (Hrsg) ICE08 – proc 15th workshop of the European group for intelligent computing in engineering (EG-ICE), Plymouth, UK, S 291–302, ISBN 978-1-84102-191-1
12. Scherer RJ, Schapke SE (2011) A distributed multi-model-based management information system for simulation and decision making on construction projects. Adv Eng Inform 25(4): 582–599

13. Hartmann V, Beucke K, Shapir K, König M (2012) Model-based scheduling for construction planning. In: Proceedings of the XIVth international conference on computing in civil and building engineering, Moscow
14. Benevolenskiy A, Katranuschkov P, Scherer RJ (2011) Ontology-based configuration of construction processes using process patterns. In: Proceedings of the 2011 EG-IC workshop, July 6–8, Enschede, The Netherlands
15. Adachi Y (2002) Overview of partial model query language – VTT-TEC-ADA-12. SECOM Co, Ltd/VTT building and transport. Accessed December 23, 2012. http://cic.vtt.fi/projects/ifcsvr/tec/VTT-TEC-ADA-12.pdf
16. König M, Habenicht I, Koch C, Spieckermann S (2012) Intelligent BIM-based construction scheduling using discrete event simulation. In: Proceedings of the 2012 winter simulation conference, Berlin
17. Tauscher E, Mikulakova E, König M, Beucke K (2007) Generating construction schedules with case-based reasoning support. In: ASCE international workshop on computing in civil engineering, Pittsburgh
18. König M (2004) Ein Prozessmodell für die kooperative Gebäudeplanung. Dissertation, Shaker Verlag
19. Tulke J (2010) Kollaborative Terminplanung auf Basis von Bauwerksinformationsmodellen. Dissertation, Verlag der Bauhaus-Universität Weimar
20. Marx A, Erlemann K, König M (2010) Simulation of construction processes considering spatial constraints of crane operations. In: Proceedings of the XIIIth international conference on computing in civil and building engineering, Nottingham
21. Borrmann A, Rank E (2009) Specification and implementation of directional operators in a 3D spatial query language for building information models. Adv Eng Inform 23(1):32–44
22. Kog F, Scherer RJ, Dikbas A (2012) Petri Net based verification of BPMN represented configured construction processes. In: Gudnason G, Scherer R (Hrsg) eWork and eBusiness in architecture, engineering and construction, European conference on product and process modelling 2012. CRC Press/Balkema, Boca Raton/Rotterdam, ISBN 978-0415621281
23. Aamodt A, Plaza E (1994) Case-based reasoning – foundational issues, methodological variations and system approaches. AI Commun 7(1):39–59
24. Mikulakova E (2011) Wissensbasierte Bauablaufplanung mit Fallbasiertem Schließen. Dissertation, Verlag der Bauhaus-Universität Weimar
25. Shapir K, König M (2012) Process knowledge preparation based on machine learning methods. In: Gudnason G, Scherer R (Hrsg) eWork and eBusiness in architecture, engineering and construction, European conference on product and process modelling 2012. CRC Press/Balkema, Boca Raton/Rotterdam, S 235–241, ISBN 978-0415621281
26. Fuchs S, Kadolsky M, Scherer RJ (2011) Description of a generic multi-model. In: 20th IEEE international workshops on enabling technologies: infrastructure for collaborative enterprises, WETICE 2011, Paris, France
27. König M (2013) Modellierung von Ausführungsvarianten in der Bauprozessplanung. Forschungsprojekt

11 Ontologiebasiertes Framework für Referenzprozesse und Prozesskonfiguration

Alexander Benevolenskiy, Ksenia Roos, Peter Katranuschkov und Raimar J. Scherer

Zusammenfassung

Das Ziel der Prozesskonfiguration ist es, typische Bauprozesse zu unterstützen. Die Bauprozessmodelle sind meistens nur in einer semiformalen Sprache dargestellt, was die weitere Formalisierung zum Zweck der intelligenten Konfiguration der Prozesse erfordert. Die ontologiebasierte Wissensbasis mit Referenzprozessen bietet ein Modell mit klarer Semantik, die die schnelle und effektive Prozessmodellierung ermöglicht. Es wird ein automatisiertes Verfahren dargestellt, das mittels einer Ontologie realisiert und mit zusätzlichen Prozessregeln erweitert wird. Es kombiniert die Menge von Referenzprozessen in einem konsistenten Gesamtprozess auf allen Hierarchieebenen. Die Regeln bieten einen starken Schlussfolgerungsmechanismus, der verwendet werden kann, um intelligente Lösungen zu implementieren und somit die komplexen Bauprozesse zu optimieren.

11.1 Einführung

Bei der Darstellung und Beschreibung der komplexen Bauprozesse auf einer abstrakten Ebene spielt die Modellierung eine wichtige Rolle. Heutzutage werden Prozessmodellierung und Prozesskonfiguration in der Bauindustrie öfter genutzt, um die Simulation zu unterstützen sowie Ressourcen und Kosten besser zu planen und einzuschätzen. Wegen des einmaligen Charakters vieler Bauprojekte ist die manuelle Erstellung eines detaillierten Projektablaufplans sehr zeitaufwändig und wird deshalb sehr selten durchgeführt. Jedoch besteht der gesamte Prozess aus mehreren ähnlichen, wiederholbaren Subprozessen. Diese Subprozesse werden formalisiert und als generische Referenzprozesse gespeichert, die für

A. Benevolenskiy (✉) · K. Roos · P. Katranuschkov · R.J. Scherer
Institut für Bauinformatik, Technische Universität Dresden, Dresden, Deutschland

R.J. Scherer, S.-E. Schapke (Hrsg.), *Informationssysteme im Bauwesen 1*,
DOI 10.1007/978-3-642-40883-0_11

mehrere Bauprojekte instanziiert und wiederverwendet werden können (Teil II, Kap. 10). Das kann den Zeitaufwand bei der Prozessmodellierung deutlich reduzieren.

In diesem Kapitel wird ein Ansatz für die ontologiebasierte Prozesskonfiguration vorgestellt. Im ersten Abschnitt wird der aktuelle Stand der Forschung im Bereich der Prozessmodellierung dargestellt, mit besonderem Schwerpunkt auf der Prozesskonfiguration im Bauwesen. Außerdem wird hier der theoretische Hintergrund für die Formalisierung der Prozesse beschrieben. Er beinhaltet eine kurze Einführung in die Beschreibungslogiken, eine Familie von Sprachen zur Wissensrepräsentation, die einen logischen Formalismus für Ontologien bieten. Der zweite Abschnitt präsentiert die vorgeschlagene Systemarchitektur für die ontologiebasierte Prozesskonfiguration. Der dritte Abschnitt gibt einen Überblick über das ontologische Framework und die Referenzprozesse. Das ontologische Framework beinhaltet zwei auf einem Schema basierende Ontologien, die für zwei unterschiedliche Anwendungen spezifiziert werden. Die erste wird genutzt, um die Referenzprozesse zu modellieren und zu speichern. In der zweiten Ontologie werden Prozessbeschreibungen für ein konkretes Bauprojekt gespeichert. Der vierte Abschnitt beschreibt die Methodologie für die Prozesskonfiguration mithilfe von Regeln. Es werden unterschiedliche Arten von Regeln sowie der hierarchische Ansatz bei der Implementierung der Regeln beschrieben. Eine detaillierte Beschreibung wissensbasierter Prozesskonfiguration wird in Teil II, Kap. 12 vorgestellt. Im fünften Abschnitt werden ein Softwareprototyp sowie ein Anwendungsbeispiel für die Verifizierung des vorgeschlagenen Ansatzes präsentiert. Abschließend werden im sechsten Abschnitt die Zusammenfassung und ein Ausblick auf zukünftige Forschung gegeben.

11.1.1 Grundlagen – Stand der Forschung und Technik

11.1.1.1 Prozesskonfiguration im Bauwesen

Die Prozesskonfiguration im Bauwesen unterscheidet sich von der allgemeinen Prozesskonfiguration, in dem sie nicht nur Prozessablaufvarianten anbietet [1], sondern alle Etappen des Bauprozesses unterstützt: Auswahl der Prozesspatterns, Komposition und Anpassung der Prozesspatterns am Anwendungsfall, Instanziierung mit Berücksichtigung aller technischen und nutzerdefinierten Beschränkungen [2].

Bei den Prozesspatterns handelt es sich um Standardprozessbausteine, die dazu geeignet sind, ein bestimmtes Problem zu lösen und auch für die Lösung ähnlicher Probleme wiederverwendet werden zu können. Das Konzept von Prozesspatterns ist auf der Basis vom Referenzprozessmodellen [3] entstanden. Solche Prozesspatterns können in der Ontologie leicht modelliert werden und ermöglichen eine gezielte, schnelle Suche, Extraktion und Datenverwaltung.

11.1.1.2 Ontologie und Formalisierung der Prozesse

Die vorgeschlagenen Ontologien für die Prozessmodelle basieren auf einer Formalisierung in OWL [4]. Die OWL Sprache beruht auf den Beschreibungslogiken. Die Beschreibungslogiken sind eine Familie von Wissensrepräsentationsformalismen, die es erlauben, die

Tab. 11.1 Syntax und Semantik von ALCQI

Name	Syntax	Semantik
Top Konzept	T	Δ^I
Existenzrestriktion	$\exists r.C$	$\{x \in \Delta^I \| \exists y.(x, y) \in r^I \wedge y \in C^I\}$
Werterestriktion	$\forall r.C$	$\{x \in \Delta^I \| \forall y.(x, y) \in r^I \rightarrow y \in C^I\}$
Negation	$\neg C$	$\Delta^I \backslash C^I$
Konjunktion	$C \cap D$	$C^I \cap D^I$
Disjunktion	$C \cup D$	$C^I \cup D^I$
Mindestens Restriktion	$(\geq nrC)$	$\{x \in \Delta^I \| \#\{y \in C^I \| (x, y) \in r^I\} \geq n\}$
Höchstens Restriktion	$(\leq nrC)$	$\{x \in \Delta^I \| \#\{y \in C^I \| (x, y) \in r^I\} \leq n\}$
Inverse Rolle	r^-	$(r^I)^{-1}$

wichtigen Konzepte eines Anwendungsbereichs sowie die Relationen zwischen ihnen in einer formalen, logikbasierten Darstellung zu beschreiben [5, 6].

Die elementaren Beschreibungen in den Beschreibungslogiken bilden atomare Konzepte und atomare Rollen. Komplexe Beschreibungen lassen sich induktiv mittels entsprechender Konstrukteure bilden. Die meist verwendete Beschreibungslogik ist ALCQI. Die in dieser Logik vorhandenen Hauptkonstrukteure sind in Tab. 11.1 zusammengestellt.

Die Beschreibungslogik, die nur über Negation, Konjunktion, Disjunktion, Existenzrestriktion und Werterestriktion verfügt, heißt ALC. Q steht für Zahlenrestriktionen, L steht für inverse Rollen. Das erklärt den Namen ALCQI.

Die Semantik der ALCQI Konzepte ist mittels Interpretation definiert. Eine Interpretation I besteht aus einer nicht leeren Menge Δ^I (Domäne der Interpretation) und aus der Interpretationsfunktion, die jedem atomaren Konzept A eine Menge $A^I \subseteq \Delta^I$ und jeder atomaren Rolle eine binare Relation $R \subseteq \Delta^{\mathrm{I}} \times \Delta^I$ zuordnet. Die induktive Erweiterung der Interpretationsfunktion auf Konzeptbeschreibungen ist in Tab. 11.1 dargestellt.

Eine Ontologie beschreibt typischerweise Klassen, Instanzen und die Relationen zwischen ihnen. Klassen werden in diesem Zusammenhang auch als Konzepte, Relationen als Rollen bezeichnet. Natürlich ist die genaue Realisation von der Sprache abhängig, in der die Ontologie formalisiert wird. Jedoch beinhalten alle Realisationen diese Elemente. Normalerweise sind die Relationen durch die Klassenhierarchie darstellbar, aber sie können auch anders repräsentiert werden.

Eine Ontologie kann mittels verschiedener Ontologiesprachen modelliert werden. Die meist verwendeten Sprachen dafür sind: Knowledge Interchange Format, KIF [7], F Logik [8], Resource Description Framework, RDF [9] und Web Ontology Language, OWL [10]. Sie alle haben unterschiedliche Aussagekraft, aber eine klar definierte und daher maschinenlesbare Syntax.

Es wurde entschieden, dass OWL benutzt wird, um Ontologien zu beschreiben. OWL ist heutzutage die meist verwendete Ontologiesprache. OWL erweitert z. B. die Ausdrucksstärke der RDF durch ein zusätzliches Vokabular für die Klassenbeschreibung.

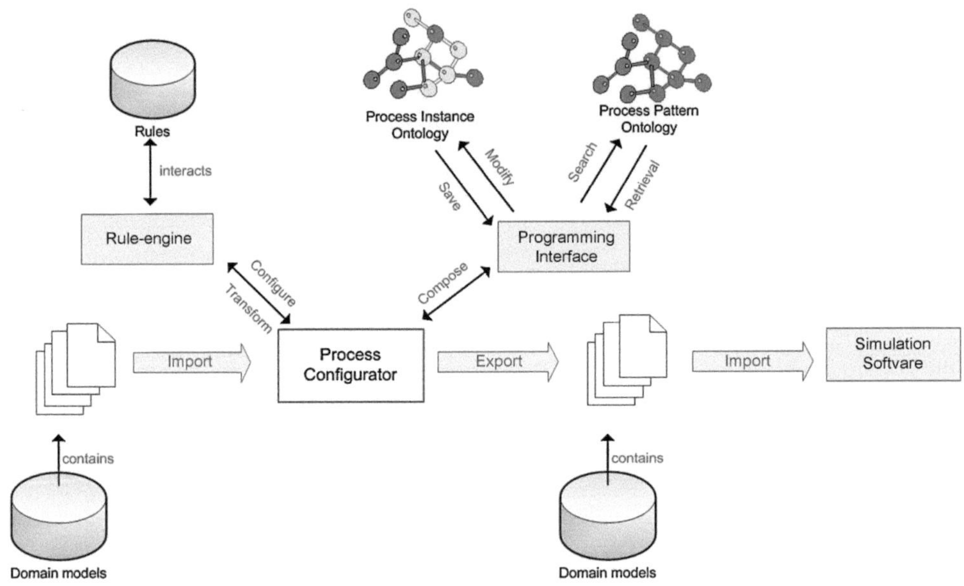

Abb. 11.1 Systemarchitektur

Im Bezug auf die ontologische Darstellung von Geschäftsprozessen gibt es viele unterschiedliche Arbeiten, z. B. [4, 11]. Im Bauwesen steigt die Notwendigkeit, das Umfeld formell darzustellen. In [12] werden die Voraussetzungen zur Nutzung der Ontologie für das Bauwesen definiert. In [13] wird z. B. eine Ontologie benutzt, um die kontextsensiblen Gebäudeinformationen darzustellen. Das ist eine interessante, alternative Form, um Bauinformationen zu handhaben. Im europäischen Forschungsprojekt Intelligrid wurden die ersten Versuche unternommen, Geschäftsprozesse mithilfe einer Ontologie zu formalisieren [14]. Im europäischen Forschungsprojekt eConstruct [15] wurde eine Bauontologie vorgeschlagen, die ein allgemeines Vokabular für die Bauindustrie anbietet. Außerdem existieren zahlreiche Modellierungssprachen, für die die formale Darstellung nicht vollständig ist. Ein Geschäftsprozessmodell und eine Geschäftsprozessnotation in BPMN [16] wurde z. B. mittels der OWL Sprache in [17] formalisiert. Als Basis für die Formalisierung wurde die OMG Spezifikation [18] benutzt. Eine auf Petri Netz basierende Ontologie wurde in [20] vorgeschlagen und in der OWL Sprache modelliert. Eine semantische Darstellung der ereignisgesteuerten Prozessketten, EPK, wurde in [22] und [19] gezeigt.

11.2 Systemarchitektur

Die vorgeschlagene Systemarchitektur für die ontologiebasierte Prozesskonfiguration ist in Abb. 11.1 dargestellt. Die Grundidee des Ansatzes ist die Entwicklung formaler Modelle für Bauprozesse auf einer höheren Ebene [23]. Diese Modelle werden mittels zwei getrennter Ontologien realisiert und danach mit einer allgemeinen Regel Engine, die für die Prozesskonfiguration benutzt wird, verknüpft. Die beiden Ontologien, die Process Pattern Ontologie und die Process Instance Ontologie, sind getrennt, aber so miteinander verknüpft, dass die Referenzprozesse aus der ersten Ontologie für viele unterschiedliche Instanzen der zweiten Ontologie verwendet werden können. Mithilfe von SPARQL [24], eine RDF Abfragesprache, können die beiden ontologischen Modelle abgefragt werden. Die Suche nach den Referenzprozessen wird ebenfalls mittels SPARQL implementiert und bietet eine dynamische Bindung der gesuchten Attribute bzw. Begriffe.

Die Process Pattern Ontologie verwaltet und speichert die Hierarchie der generischen Referenzprozesse, die die konfigurierbare Reihenfolge der Subprozesse beinhaltet.

Die Process Instance Ontologie wird mit den instanziierten Bauprozessen ausgefüllt und für jedes Bauprojekt spezifisch definiert.

Die beiden Ontologien werden mit einer gemeinsamen Menge von Konzepten beschrieben, um die Interaktion miteinander zu unterstützen. Zum Arbeiten mit den Ontologien wird das Jena Framework [21] eingesetzt. Es bietet programmiererische Mittel und Methoden, um mit OWL, RDF und RDFS zu arbeiten.

Während des Konfigurationsprozesses bleibt der Inhalt der Process Pattern Ontologie unverändert, weil sie ausschließlich für die Suche nach den Referenzprozessen genutzt wird. Im Gegensatz dazu ändert sich der Inhalt der Process Instance Ontologie ständig, da die ausgewählten Referenzprozessmodule nach dem Konfigurationsprozess instanziiert und modifiziert in der Process Instance Ontologie abgelegt werden.

Um die instanziierten Prozessmodule aus der Process Instance Ontologie zu konfigurieren, werden unterschiedliche Regeln benutzt. Für die Anwendung der Regeln wird eine externe Java basierte Regel Engine genutzt. Die Regeln sind getrennt von der Regel Engine als Textdateien im DRL Dateiformat [25] gespeichert. Eine DRL Datei kann mehrere Regeln sowie einige Ressourcendeklarationen und Attribute beinhalten, die in den Regeln verwendet werden. Man kann die Regeln auf den ontologischen Darstellungen der Prozesse in OWL nicht direkt anwenden. Deshalb wird im Programm eine Prozedur durchgeführt, um die Prozesse aus dem OWL Format in das geeignete DRL Format zu transformieren. Schließlich kann der Bauprozess nach der Konfigurationsphase, die im Prozesskonfigurator durchgeführt wird, mittels einer Simulationssoftware simuliert werden. Unterschiedliche Simulationsszenarien werden definiert und mit dem prozessbasierten Simulationstoolkit CST untersucht. Die Simulationsmethoden sowie der Simulationsbaukasten CST sind in Band 2, Teil I, Kap. 6 detailliert dargestellt.

Um mit anderen Domänenmodellen zu interagieren, werden entsprechende Konzepte in den Ontologien definiert. Außerdem ist die Struktur dieser Konzepte den originalen Konzepten ähnlich, die im IFC Modell definiert werden. Deshalb werden in den Ontologien solche Konzepte wie IFCBuilding, IFCStorey, IFCColumn und weitere modelliert.

11.3 Ontologisches Framework und Referenzprozesse

Bezüglich der ontologischen Repräsentationsart ist es wichtig, die Prozessmodelle in zwei separate Ontologien zu teilen, die mit einander verwandt sind, die oben genannten Process

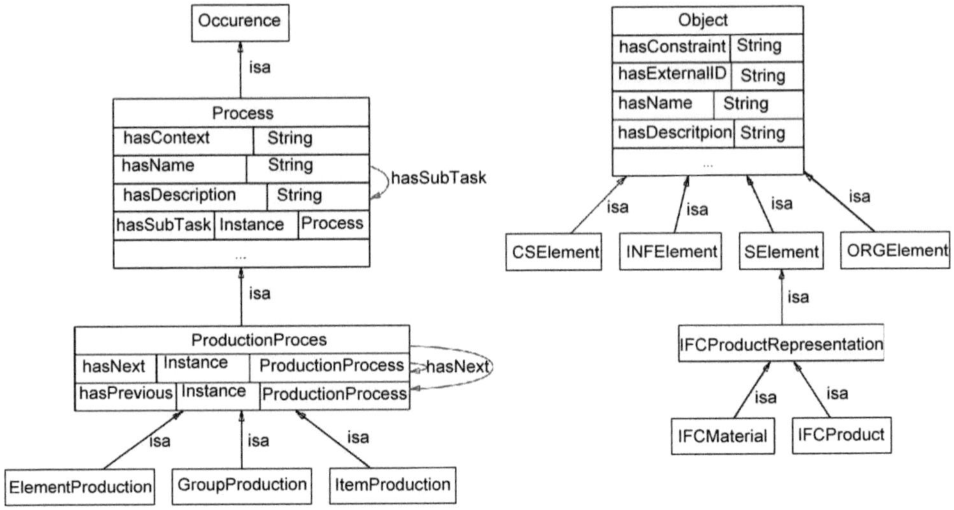

Abb. 11.2 Die Konzepte Process und Object

Pattern Ontologie und die Process Instance Ontologie. Damit können die Referenzprozesse von der ersten Ontologie mittels spezifischen Instanziierungen für viele verschiedene Bauprojekte in der zweiten Ontologie repräsentiert werden.

11.3.1 Process Pattern Ontologie

Die Process Pattern Ontologie spielt eine sehr wichtige Rolle in der entwickelten Systemarchitektur. Sie bietet wiederverwendbare Referenzprozesse, die für eine dynamische Prozesskonfiguration genutzt werden.

Die zwei Konzepte, Prozess und Objekt, werden auf der obersten Stufe in der Process Pattern Ontologie definiert (Abb. 11.2).

Bauprozesse können als Informationsprozesse oder Ausführungsprozesse klassifiziert werden. Die Informationsprozesse werden mit Planungs- und Steuerungsvorgängen sowie mit ihren Anforderungen und zugehörigen Objekten assoziiert. Ausführungsprozesse bilden materialtransformierende Prozesse ab, die materielle Güter erzeugen oder verarbeiten. Sie finden normalerweise auf der Baustelle statt und werden mit Produktions- und Logistikprozessen assoziiert. Im Rahmen dieser Arbeit werden ausschließlich die Ausführungsprozesse betrachtet, genauer Produktionsprozesse, jedoch kann der gleiche Ansatz und die Struktur auch auf Informationsprozesse angewandt werden.

Der Prozess ist das Basiskonzept, um alle Arten von Prozessen, die in unserer Arbeit betrachtet werden, zu modellieren.

Das Konzept Objekt modelliert verschiedene Arten von Objekten, die in anderen Datenmodellen gespeichert werden und bei den Produktionsprozessen benutzt werden.

In der OWL Sprache werden zwei Arten von Relationen definiert:

- Die Objektrelationen verbinden Instanzen miteinander
- Die Datenrelationen verbinden die Instanzen mit einem Datenwert

Um eine Prozesshierarchie zu erstellen, wird die Relation hasSubTask, die die use Beziehung (Teil II, Kap. 10, Abschn. 10.3) weiter differenziert, genutzt. Die anderen Objektrelationen werden benutzt, um einen Prozessablaufplan zu erstellen wie hasNext und hasPrevious, oder um ein Objekt zu referenzieren, hasObject.

11.3.2 Process Instance Ontologie

Im Vergleich zu der Process Pattern Ontologie ist der Inhalt der Process Instance Ontologie einmalig für jeden modellierten Bauprozess. Er beinhaltet die spezifischen Prozessbeschreibungen und wurde mit speziellen Prozessinstanziierungen für jeden Bauprozess aufgefüllt.

Die Process Instance Ontologie hat die gleiche Taxonomie wie die Process Pattern Ontologie, jedoch wurde eine Reihe ihrer definierten Eigenschaften mit einigen zusätzlichen Dateneigenschaften erweitert. Diese werden für die qualitative und quantitative Beschreibung des Bauprozesses genutzt, um ihn auch als einen Ablaufplan betrachten zu können. Ursprünglich hat diese Ontologie keine Instanzen, sie werden später während des Konfigurationsprozesses hinzugefügt. Der Instanziierungsprozess der Ontologie ist semiautomatisch. Er kann nicht vollautomatisch sein, da in einigen Fällen spezifische Verlinkungen für die Referenzprozesse festzulegen sind. Einige Verlinkungen können automatisch generiert werden, jedoch sollten Referenzen auf spezifische Bauobjekte oder Baumaschinen manuell erstellt werden. Während die Process Pattern Ontologie nicht beim Endnutzer modifiziert werden kann und nur für die Suche und Abfrage der Referenzprozesse dient, wird die Process Instance Ontologie ständig geändert, indem neue Instanzen oder Relationen zu der Ontologie hinzugefügt werden.

11.3.3 Referenzprozess

Die Process Pattern Ontologie speichert typische Prozessprototypen, auch als Referenzprozesse bezeichnet, die mehrmals als vordefinierte Module verwendet werden können. Jeder Referenzprozess ist eine Instanz eines spezifischen Prozesses, die Informationen über das Bauobjekt, notwendige Ressourcen und verbundene Subprozesse beinhaltet (Abb. 11.3).

Mithilfe der Ontologie ist es möglich, eine Hierarchie der Begriffe zu definieren, in der die Subbegriffe alle Eigenschaften ihrer Oberbegriffe erben. Dies ermöglicht, eine flexible und generische Struktur für den Referenzprozess zu definieren.

Weiterhin beinhaltet ein Referenzprozess Metainformationen, die es ermöglichen, nach Prozessen zu suchen, die bestimmte Anforderungen erfüllen. Diese kann man auch für das Filtern der Referenzprozesse nutzen. Deshalb ist es auch möglich, nach einem bestimmten Referenzprozess, der ein partikuläres Bauelement mithilfe einer spezifischen Baumaschine

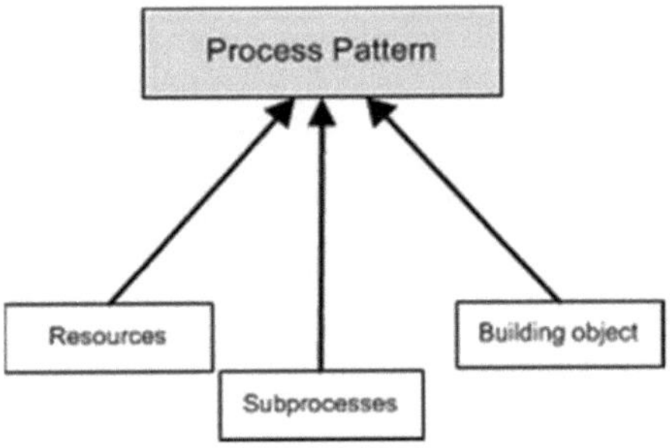

Abb. 11.3 Struktur des Referenzprozesses

erstellt, zu suchen. Zudem ist es nicht notwendig, den genauen Typ der Baumaschine zu spezifizieren. Dies ist dann der Fall, wenn die Information über vorhandene Ressourcen zum Zeitpunkt der Abfrage fehlt. Ein Beispiel für eine solche Abfrage ist: „Finde alle Referenzprozesse, die eine Stütze mithilfe einer Baumaschine erstellen".

Ein Beispiel für den Referenzprozess, der einen Herstellungsprozess einer Stütze mithilfe eines Kranes beschreibt, wird in Abb. 11.4 und Abb. 11.5 gezeigt.

11.4 Prozesskonfiguration

Dank der Nutzung der ontologischen Struktur für die Formalisierung der Bauprozesse besteht die Möglichkeit, einen Schlussfolgerungsmechanismus anzuwenden, um den konfigurierten Bauprozess zu prüfen und zu modifizieren. Die Nutzung der Regeln ermöglicht es, einige spezifische Baurandbedingungen festzulegen und sie dann zu überprüfen so-

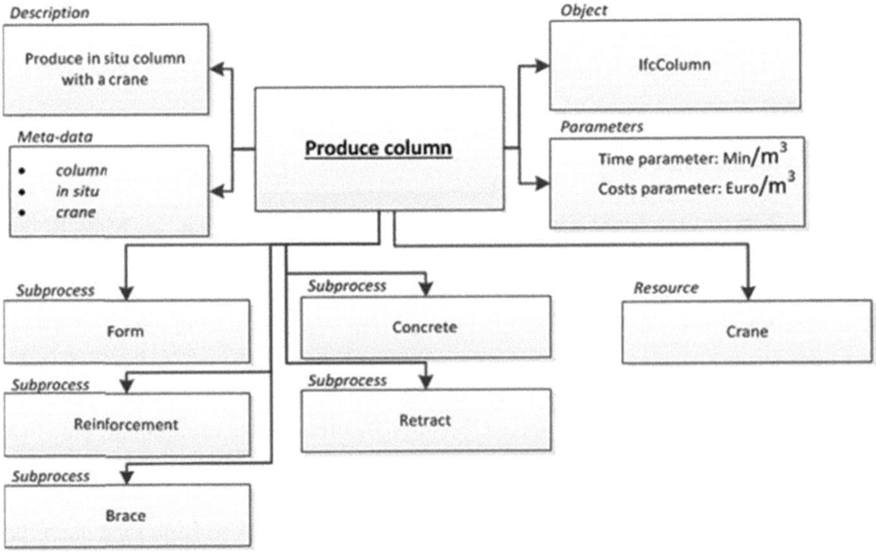

Abb. 11.4 Beispiel eines Referenzprozesses für Stütze erstellen

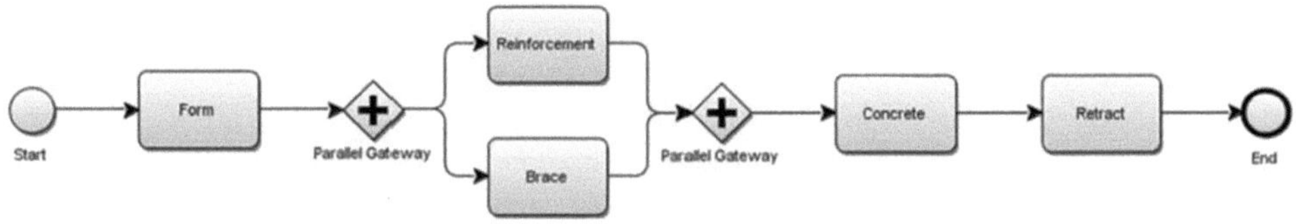

Abb. 11.5 BPMN Diagramm für den Referenzprozess Stütze erstellen

wie weitere Konfigurationen der in der Prozess Instance Ontologie gespeicherten Prozesse auszuführen.

11.4.1 Regeln und Regel Engine

Der erste Ansatz war die Nutzung der SWRL Sprache. Das ist eine aussagekräftige OWL basierte Regelsprache, die es erlaubt, die Regeln mit den Begriffen aus der OWL Sprache zu formulieren. Sie bietet eine einfache Unterstützung von Schlussfolgerungen, jedoch ist diese Unterstützung des Schlussfolgerungsmechanismus nicht ausreichend, da die SWRL Sprache nur monotone Schlussfolgerung beinhaltet und die schwache Negation sowie einige andere Funktionalitäten deshalb nicht möglich sind. Für unser Ziel werden die Jena Regeln [25], eine opensource Regel Engine, ausgewählt, deren Syntax anspruchsvolle Regelkonstruktionen unterstützt.

Die wichtige, technische Herausforderung bei der Nutzung der allgemeinen Regelsprache besteht darin, dass eine entsprechende Transformation der ontologischen Darstellung in das Regelformat notwendig ist. Die Inferenz Engine wird benutzt, um die im Production Memory gespeicherten Regeln mit den Fakten aus dem Working Memory zu vergleichen. Mithilfe der Jena Programmierschnittstelle werden diese Klassen mit den entsprechenden Instanzen aus der Ontologie instanziiert. Außerdem werden nur die ontologischen Konzepte, die in den Konfigurationsregeln benutzt werden, in Java Klassen transformiert.

11.4.2 Hierarchischer Ansatz

Die Innovation bei der Implementierung der Regeln ist ein hierarchischer Ansatz. Dies bedeutet, dass für jeden Detaillierungsgrad relevante Regeln und Strategien implementiert werden sollen (Abb. 11.6). Dieser Ansatz erlaubt, die Bauprozesse schnell von oben nach unten zu konfigurieren. Der Regelmechanismus ist so flexibel, dass auch die Kombination mehrerer Regeln auf einer Ebene möglich ist.

Großer Wert wird auf die so genannten Baustrategien gelegt. Die Strategie ist ein Plan von Aktivitäten, die entworfen wurden, um ein bestimmtes Ziel zu erreichen. In unserer Arbeit ist die Realisierung der Strategie eine Menge von Regeln, die für ein Konfigurationsziel verwendet wird. Das Ziel ist es, ein Projekt mit minimalen Kosten, Zeitaufwand und Ressourcenverbrauch durchzuführen.

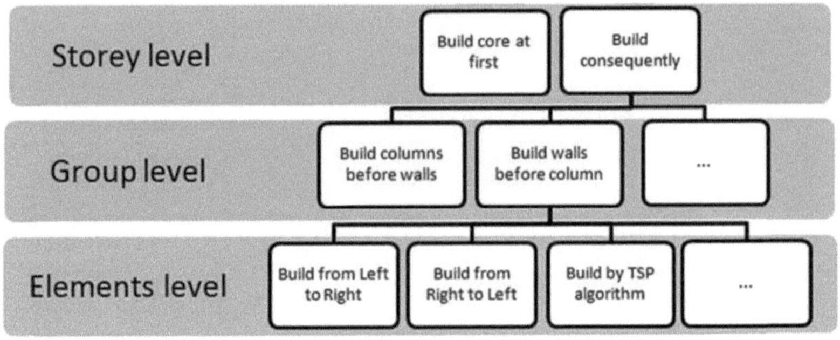

Abb. 11.6 Hierarchie von Regeln

Es werden unterschiedliche Konfigurationsstrategien für diesen Prototyp vorgeschlagen. Konfigurationsstrategien repräsentieren einen wichtigen Teil des verschiedenen Baufachwissens, das oft intuitiv angewandt wird. Die Repräsentation mithilfe von Regeln macht dieses Wissen und deren Anwendung intuitiv begreifbarer und daher verständlicher für den Nutzer. Eine detaillierte Beschreibung der Konfigurationsprozesse sowie verschiedener Arten von Regeln erfolgt in Teil II, Kap. 12.

11.5 Implementierung

Um den vorgeschlagenen Ansatz zu validieren, wurde eine prototypische Anwendungssoftware implementiert. Dieser Java basierte Prototyp des ontologiebasierten Prozesskonfigurators, OnProK, realisiert die Interaktion zwischen der Ontologie und anderen Komponenten des Systems und unterstützt die Generierung der Prozessablaufpläne mithilfe von Referenzprozessen.

11.5.1 Prozesskonfigurator

Der Prozesskonfigurator unterstützt die Prozessplanung in Top Down. Dabei werden die entsprechenden geometrischen Informationen über das Gebäude sowie notwendige Ressourcen, Baumaschinen und Konfigurationsstrategien betrachtet. Während des Konfigurationsprozesses arbeitet der Nutzer mit der graphischen Oberfläche des Prozesskonfigurators (Abb. 11.7).

Die ontologiebasierte Prozesskonfiguration besteht aus folgenden drei Schritten:

1. Erstellung der allgemeinen Modelle
2. Adaption mithilfe von Referenzprozessen
3. Konfiguration mithilfe von Regeln

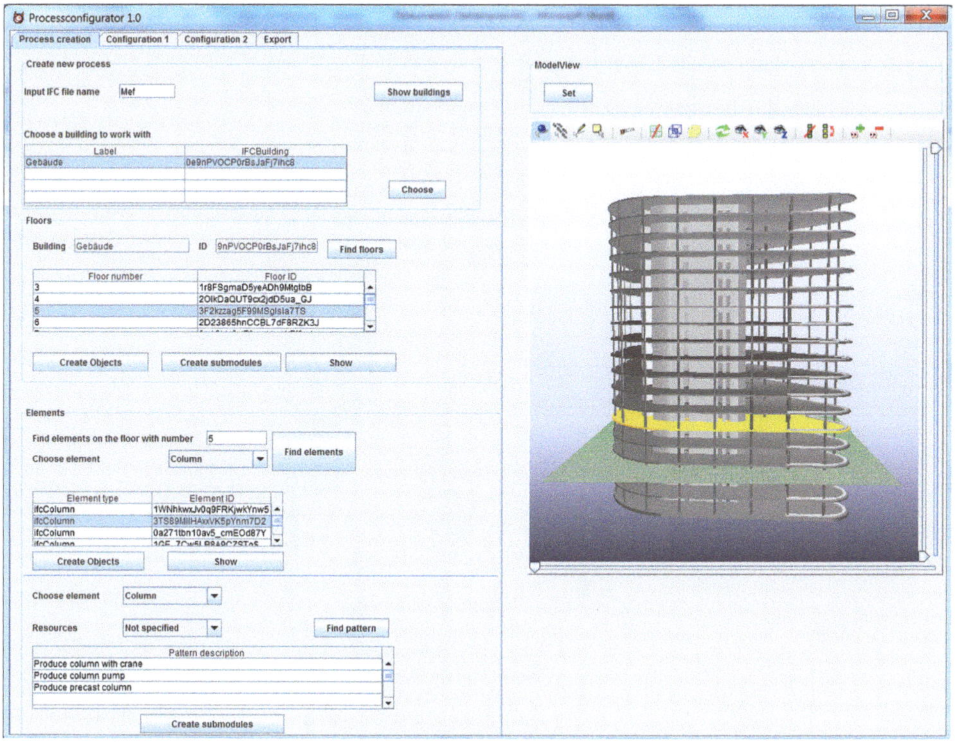

Abb. 11.7 Graphische Oberfläche des Prozesskonfigurators

Im folgenden Abschnitt wird der Ansatz der ontologiebasierten Prozesskonfiguration in einem detaillierten Beispiel dargestellt.

11.5.2 Anwendungsbeispiel

Für die primäre Validierung des Systems wird das Modell des Mefisto Hochhauses genutzt. Der gesamte Konfigurationsprozess verläuft hierarchisch und besteht aus drei Schritten. Der Nutzer fängt mit dem ganzen Gebäude an und detailliert dann den Prozess weiter, bis die Elementebene erreicht wird.

1. Abstraktes Prozessmodell

   Im ersten Schritt bekommt der Nutzer die notwendigen Informationen aus dem BIM Modell und erstellt ein allgemeines Objektmodell und ein korrespondierendes Prozessmodell. Die beiden Modelle beinhalten nur taxonomische Informationen über das Gebäude, d. h. Gebäudestruktur, Bauelemente und dazu gehörige Prozesse, und werden in der Process Instance Ontologie gespeichert Abb. 11.8. Das allgemeine Objektmodell repräsentiert in diesem Fall das Gebäude des Hochhauses und beinhaltet mehr als 1000

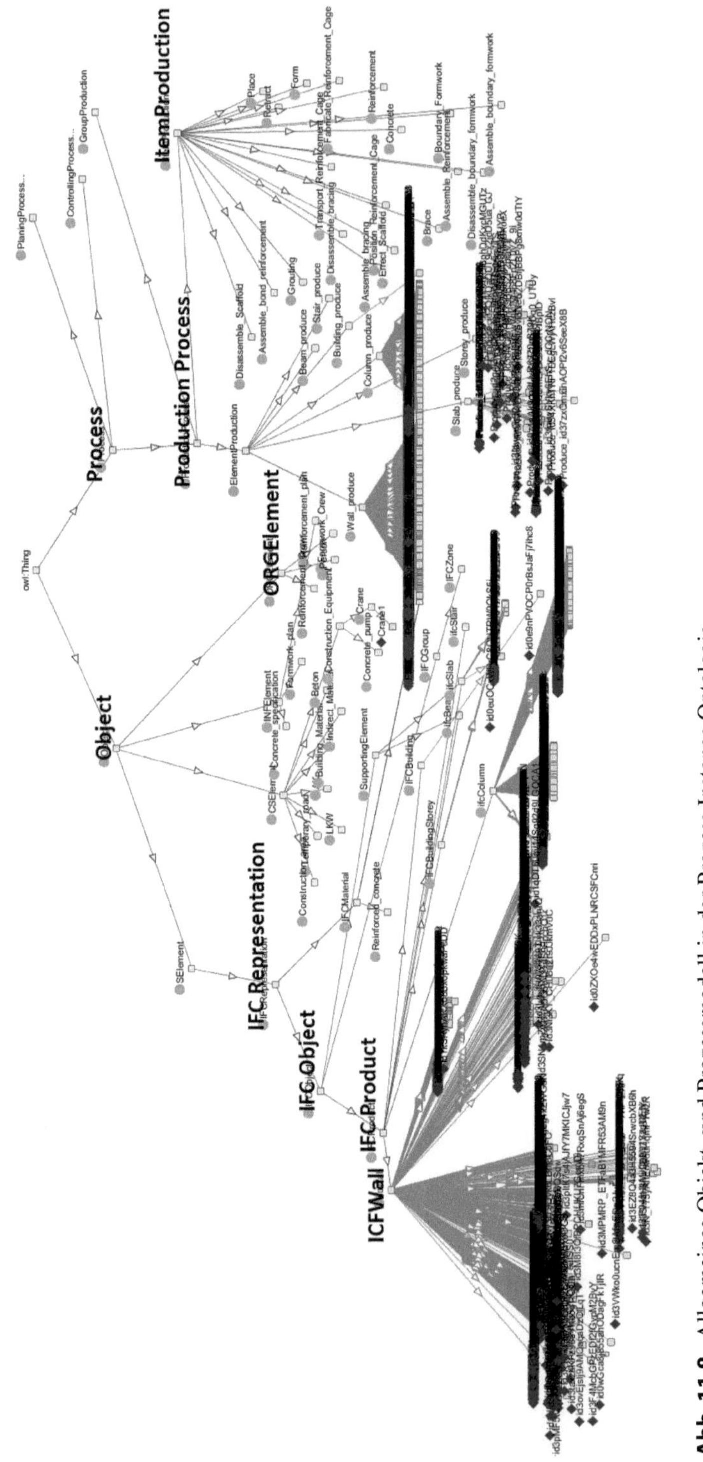

Abb. 11.8 Allgemeines Objekt- und Prozessmodell in der Prozess Instance Ontologie

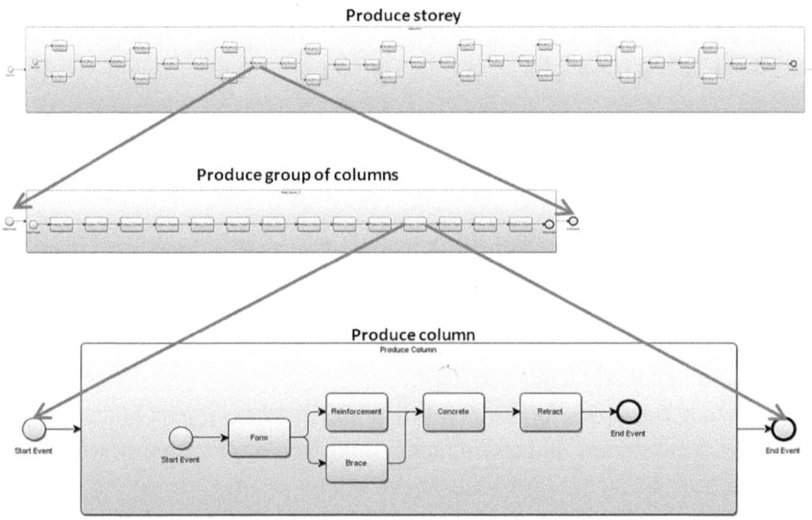

Abb. 11.9 Konfigurierter Prozess mit verschiedenen LOD

verschiedene Elemente sowie Relationen zwischen ihnen. Das korrespondierende Prozessmodell wird automatisch im ersten Schritt generiert und wird als eine Basis für die zusätzlichen Erweiterungen in den folgenden Schritten genutzt. Als BIM Model wird ein standardisiertes, IFC basiertes Modell verwendet. Die taxonomischen Relationen zwischen den Elementen werden mittels entsprechender ontologischer Relationen modelliert, d. h. es werden contains für das Objektmodell und hasSubTask für das Prozessmodell genutzt.

2. Spezifisches Prozessmodell ohne Sequenzen

   Im nächsten Schritt wird die Konfiguration des allgemeinen Prozessmodells mithilfe von Referenzprozessen durchgeführt. Der Nutzer sucht nach vorhandenen Referenzprozessen in der Process Pattern Ontologie und verwendet dann diese Referenzprozesse, um einen speziellen Bauprozess zu konfigurieren. Der konfigurierte Bauprozess wird dann in der Process Instance Ontologie gespeichert. Der Konfigurationsprozess wird sequenziell in jedem Geschoss durchgeführt. Nach diesem Schritt wird die komplette Hierarchie der Prozesse modelliert, jedoch werden nicht alle sequentiellen Relationen zwischen den Subprozessen dargestellt. Diese fehlenden Relationen können vom Nutzer manuell eingetragen oder aus den von der Regel Engine vorgeschlagenen Varianten ausgewählt werden.

3. Spezifisches Prozesssequenzmodell

   Der letzte Schritt ist die Konfiguration der Bauprozesse mithilfe von Regeln. Bei diesem Schritt hat der Nutzer die Möglichkeit, unterschiedliche Strategien anzuwenden, um die Prozesse auf den verschiedenen Detaillierungsebenen zu konfigurieren (Teil II, Kap. 12). Nach der Konfigurationsphase wird der gesamte Prozessablaufplan in der Process Instance Ontologie gespeichert. Dieser Ablaufplan, d. h. der konfigurierte Prozess, kann dann in BMPN exportiert (Abb. 11.9) und für die Simulation verwendet werden (Band 2, Teil I, Kap. 6).

11.6 Zusammenfassung und Ausblick

Der Schwerpunkt dieser Arbeit liegt im Schließen der Lücke für die Prozesskonfiguration, indem eine Kombination aus Prozessen, Ontologien und Regeln eingesetzt wird. Es werden zwei formale Modelle für die Bauprozesse entwickelt und mittels zweier Ontologien realisiert. Diese Modelle werden mit einer allgemeinen Regel Engine, die für die Prozesskonfiguration benutzt wird, verknüpft.

Die Prozesse auf Basis des formal beschriebenen Prozesswissens können teilautomatisch instanziiert, konfiguriert und zusammengestellt werden. Für den beschriebenen Ansatz wurde eine prototypische, Java basierte Anwendungssoftware, der ontologiebasierte Prozesskonfigurator, OnProK, implementiert. Sie beinhaltet die ontologischen Spezifikationen, eine Wissensbasis der Referenzprozesse und die Bauregeln für die Subdomäne Rohbau.

Das aktuelle Anwendungsbeispiel basiert auf vorhandenen Projektinformationen des Mefisto Hochhauses. Unterschiedliche Konfigurationsstrategien werden vorgeschlagen und mittels hierarchischer Regelmengen realisiert (Teil II, Kap. 12). Die Nutzung des regelbasierten Ansatzes hat eine sehr flexible Konfigurierbarkeit des Bauprozesses auf jeder Detaillierungsebene demonstriert.

Die erzielten Ergebnisse werden aus der Process Instance Ontologie in ein spezielles Format transformiert, um in der Simulationssoftware verwendet werden zu können. Unterschiedlich konfigurierte Prozessablaufpläne für ein Bauprojekt haben sich nach der Simulation in verschiedenen Prozessterminplänen realisiert. Das hilft dem Nutzer, eine optimale Lösung bei der Anwendung unterschiedlicher Baustrategien zu finden.

Jedoch gibt es noch viele weitere Themen zu untersuchen. Das aktuelle Simulationsmodell benötigt eine weitere Verfeinerung, um die Qualität der Ergebnisse zu erhöhen. Die nächsten Arbeitsschritte werden die Erweiterung der Referenzprozess- sowie der Regelbasis beinhalten. Ein anderes Ziel ist die Erweiterung des Konzepts des Referenzprozesses mit Rücksicht auf Risiken und deren Einfluss auf den gesamten Prozessablaufplan.

Literatur

1. Schierholdt K (2001) Process configuration: mastering knowledge-intensive planning tasks. Hochschulverlag AG, ETH Zurich
2. Keller M, Scherer RJ, Menzel K, Theling T, Vanderhaeghen D, Loos P (2006) Support of collaborative business process networks in AEC. ITcon 11:449–465
3. Fettke P, Loos P (2007) Reference modeling for business systems analysis. Idea Group Publishing, London, ISBN 1-59904-054-9

4. Osterwalder A (2004) The business model ontology – a proposition in a design science approach. PhD thesis, University of Lausanne, Ecole des Hautes Etudes Commerciales HEC, S 173
5. Baader F, Calvanese D, Mcguiness D, Nardi D, Patel-Schneider PF (2003) Description logic handbook: theory, implementations, and applications. Cambridge University Press, Cambridge
6. Pahl J, Damrath R (2000) Mathematische Grundlagen der Ingenieurinformatik. Springer, Berlin
7. Genesereth M, Fikes R, Brachman R, Gruber T, Hayes P, Letsinger R, Lifschitz V, Macgregor R, Mccarthy J, Norvig P, Patil R (1992) Knowledge interchange format, version 3.0 reference manual
8. Kifer M, Lausen G (1989) F-logic: a higher-order language for reasoning about objects, inheritance, and scheme. In: ACM SIGMOD conference
9. W3C (2004) Resource Description Framework (RDF). W3C recommendation, http://www.w3.org/RDF
10. OWL Web Ontology Language Reference. W3C recommendation, http://www.w3.org/2004/OWL/
11. Gailly F, Poels G (2007) Ontology-driven business modelling: improving the conceptual representation of the REA ontology. Working papers of Faculty of Economics and Business Administration, Ghent University, Belgium
12. Turk Z (2006) Construction informatics: definition and ontology. J Adv Eng Inform 20(2):187–199
13. Wang HH, Boukamp F, Elghamrawy T (2010) An ontology-based approach to context representation and reasoning for managing context-sensitive construction information. J Comput Civil Eng 25(5)
14. Dolenc M, Katranuschkov P, Gehre A, Kurowski K, Turk Z (2007) The InteliGrid platform for virtual organisations interoperability. ITcon 12:459–477
15. van Rees R (2007) New instruments for dynamic building-construction: computer as partner in construction. PhD thesis, TU Delft, Faculty of Civil Engineering and Geosciences, ISBN 978-90-808007-3-1
16. Business Process Model and Notation (BPMN) Version 2.0 (2011) OMG group, http://www.omg.org/spec/BPMN/2.0/
17. Ghidini C, Rospocher M, Serafini L (2008) A formalisation of BPMN in description logics. Technical report TR 2008-06-004, FBK-irst, Italien
18. OMG specification, BPMN 1.2 (2009) http://www.omg.org/spec/BPMN/1.2/
19. Katranuschkov P, Rybenko K, Scherer RJ (2009) Ontology-based dynamic process support on the example of defect management. In: Dikbas A, Ergen E, Giritli H (Hrsg) Proc 26th CIB W078 conf „managing IT in construction", Istanbul, Turkey, 1–3 Oct 2009. CRC Press/Balkema, Boca Raton/Rotterdam, ISBN 978-0-415-56744-2
20. Koschmider A, Ried D (2005) Semantische Annotation von Perti Netzen. In: Schmidt K, Stahl C (Hrsg) Proc of AWPN. Informatik-Berichte, Humboldt-Universität, Berlin, S 66–71
21. Jena Framework, https://jena.apache.org/
22. Kindler E (2006) On the semantics of EPCs: resolving the vicious circle. J Data Knowl Eng 56(1):23–40
23. Benevolenskiy A, Roos K, Katranuschkov P, Scherer RJ (2012) Construction processes configuration using process patterns. Adv Eng Inform 26(4):727–736
24. W3C (2013) SPARQL 1.1. W3C recommendation, http://www.w3.org/TR/sparql11-overview/
25. Jena-rules, http://jena.apache.org/documentation/inference/

12 Wissensbasierte Prozesskonfiguration von Bauprozessen

Ksenia Roos, Alexander Benevolenskiy, Peter Katranuschkov und Raimar J. Scherer

Zusammenfassung

Bauwerke sind komplexe Unikatprodukte, die in einer Unikatfabrik, der Baustelle, mit vielen Beteiligten erstellt werden. Die elementaren Fertigungsabläufe sind zwar meistens gleich, aber ihre Anordnung im gesamten Fertigungsprozess ist sehr individuell. Einzelne Fertigungsketten wiederholen sich im Prinzip, sind jedoch durch eine individuelle Ausprägung gekennzeichnet. Es ist daher naheliegend, Bauprozesse als ein Konfigurationsproblem anzusehen, was aber durch die hohe Komplexität einen holistischen Ansatz erfordert. Der Schwerpunkt der wissensbasierten Prozesskonfiguration liegt auf der Anwendung unterschiedlicher Konfigurationswissensarten, die sich aus der Kombination von Referenzprozessmodellen, d. h. Prozessmustern, sowie Ontologien und Regeln zusammensetzt.

Auf Basis von regelbasierten, globalen Referenzprozessmodellen wird mithilfe von Strategieregeln ein prinzipieller Bauprozess in Topdown Vorgehensweise entworfen, der durch lokale Referenzprozessmodelle für die elementaren Aktivitäten detailliert wird. Durch eine intelligente Schnittstelle zu Multimodellen erfolgt eine hoch automatisierte Versorgung des Prozesskonfigurators mit Informationen über Bauwerk, Ressourcen, Zeit und Kosten.

12.1 Einführung

Das Ziel der Prozesskonfiguration ist es, typische Bauprozesse wie Planungsprozesse, Ausführungsprozesse, Steuerungs- und Entscheidungsprozesse, in ihrer projektspezifischen Erstellung und ihrer Pflege, d. h. Anpassung an veränderte Gegebenheiten, zu unterstützen. Infolgedessen bilden die Prozesse und der Einsatz von Prozessmodellen für

K. Roos (✉) · A. Benevolenskiy · P. Katranuschkov · R.J. Scherer
Institut für Bauinformatik, Technische Universität Dresden, Dresden, Deutschland

R.J. Scherer, S.-E. Schapke (Hrsg.), *Informationssysteme im Bauwesen 1*,
DOI 10.1007/978-3-642-40883-0_12

verschiedene Aufgabenbereiche im Bauwesen die Grundlage für die computerunterstützte Bearbeitung von Bauvorhaben. Die Bauprozessmodelle sind meistens in einer semiformalen Sprache dargestellt, was zuerst eine weitere Formalisierung zum Zweck der intelligenten Konfiguration der Prozesse erfordert. Erst dann können die Prozesse auf Basis des formal beschriebenen Prozesswissens automatisch konfiguriert, zusammengestellt und instanziiert werden. Dies ist besonders für das Risikomanagement aktuell, das in den letzten Jahren im Bauwesen an Bedeutung gewonnen hat. Die Suche nach alternativen Prozessabläufen im Fall einer Prozessstörung sollen ad hoc konfiguriert und zur Verfügung gestellt werden, was semiautomatisch durch den Einsatz intelligenter Methoden ausgeführt werden kann. Die Prozesse im Bauwesen bergen diverse, spezielle Eigenschaften in sich, die die Problematik der typischen Konfigurationsvorgehensweise sichtbar machen. Die wesentlichen Merkmale der Bauprozesse sind der durchgängige Informationsfluss und der hohe Kommunikationsbedarf zwischen allen am Bauprojekt Beteiligten. Dieses stellt Anforderungen an eine effektive Interoperabilität innerhalb des Bauprojekts. In einem signifikant großen Projekt wie z. B. im Flughafenbau, bei dem sich die Baustelle über Tausende Hektar Fläche erstreckt und in das mehrere Dutzend Firmen involviert sind, die über unterschiedliche Fachsoftware, Baudatenmodelle und Standards verfügen, sind Koordination sowie effektiver Informationsaustausch und als Folge die Prozesskonfiguration gravierend erschwert. Dementsprechend spielt die Anwendung von übergeordneten Strukturen eine wichtige Rolle, die die Heterogenität der verteilten Umgebung kapseln würde. Hinzukommend bringt ein ontologiebasierter Ansatz Vorteile bei Betrachtung der existierenden Problematik. Ontologie ist die explizite formale Spezifikation einer gemeinsamen Konzeptualisierung [1]. Darunter kann eine konzeptuelle Formalisierung von Wissensbereichen und Begriffssystemen verstanden werden. Mittels Ontologie kann Wissen verteilt werden, was eine verbesserte Interoperabilität in komplexen Systemen mit vielen heterogenen Ressourcen wie z. B. Bausystemen gewährleistet. Die Anwendungsbereiche der Ontologie sind Kommunikation und Repräsentation sowie Wiederverwendung von Wissen. Die Ontologie ist i. d. R. in Form einer Taxonomie dargestellt. Dies ermöglicht es, die Struktur leichter umzusetzen. So kann eine allgemeine, bereichsübergreifende Ontologie, top level ontology, eine übergeordnete Baustruktur bequem abbilden. Potenziell ermöglicht eine Ontologie die Analyse des Domänenwissens auf semantischer Basis, wie Schlussfolgerung, Konsistenzprüfung und gezielte Suche. Die Konfigurationsflexibilität wird durch den regelbasierten Einsatz unterstützt. Darüber hinaus können intelligente Lösungen erzielt werden, wie die Anwendung von Baustrategien, die den Prozessablauf optimieren können.

12.1.1 Stand der Forschung und Technik

Wie die Analyse im Baubereich zeigte, bestehen noch keine wissenschaftlichen Vorschläge bzgl. eines Gesamtkonzepts für die Prozesskonfiguration mittels Ontologien und Regeln. Jedoch existieren ähnliche Ansätze, die sich in Teilbereichen mit dieser Thematik befassen. Eine detaillierte Beschreibung zur Modellierung der Prozessmuster in einer

Ontologie wird in Teil II, Kap. 11 vorgestellt. In diesem Kapitel wird die Erzeugung der Prozessschritte für den Bauablauf und ihre Speicherung in einer Ontologie untersucht.

12.1.1.1 Prozesskonfiguration im Bauwesen

Viele Methodologien der Prozesskonfiguration basieren auf der Terminplanung. [2] schlagen bspw. eine wissensbasierte Plattform vor, die unterschiedliche Bauweisen, Produktmodelle und Informationsressourcen mit Bauplänen und Terminplänen integriert. Ein 3D Modell wird als Eingabedatei für die Erstellung des Terminplans benutzt. Ein anderes Konzept basiert auf 4D CAD, in dem die Bauprozesse mit den Bauelementen verbunden sind. Die Beschreibung von Referenzprozessen und deren Struktur in diesen 4D Systemen werden in [3] detailliert dargestellt. Jedoch wird 4D CAD oftmals nur benutzt, um die Visualisierung und nicht die Prozesskonfiguration zu unterstützen. In [4] wird auf die Beschreibung der Vor- und Nachbedingungen, die notwendig sind, um Prozesse mittels der Graphentheorie zu erstellen, eingegangen. In [5] wird dieses Verfahren mit zusätzlichen logischen Konnektoren, wie XOR oder OR, erweitert. In [6] wurde es um ein constraintbasiertes Verfahren erweitert, das für die Beschreibung von Bauprozessen verwendet wird. Dieses Verfahren wurde zusammen mit dem Konzept von [2] in [7] implementiert.

In verschiedenen Forschungsprojekten zur Nutzung der Regeln für die Prozesskonfiguration wurden regelbasierte Planer wie BUILDER, GHOST, ConsPlan und OARPLAN eingesetzt, um ein Netzwerk der Aktivitäten innerhalb eines Bauprojekts zu erstellen [8]. Dennoch hat keiner dieser Ansätze einen wesentlichen Einfluss auf die Bauindustrie gehabt oder sich als ein standardisiertes Verfahren im Bauwesen etablieren können. Fallbasierte Systeme werden auch sehr selten in anderen Bereichen verwendet, weil sie meist zu komplex für einen durchschnittlichen Nutzer sind. Ein grundlegendes Problem fallbasierter Systeme ist, die Fälle sowohl scharf voneinander abzutrennen und eindeutig zu beschreiben als auch mit ausreichendem Modifikationswissen anzureichern, um sie in den jeweils aktuellen Kontext einpassen zu können. Jedoch ist die Notwendigkeit, ein komplexes System zu entwickeln, in den letzten Jahren kontinuierlich gestiegen.

12.1.1.2 Einsatz von Ontologien und Regeln im Bauwesen

In [9] sind verschiedene Einsätze zur Schlussfolgerung mit Ontologien und Regeln gründlich analysiert. Dabei wird zwischen homogener, d. h. in einer logischen Sprache, und hybrider, d. h. in unterschiedlichen Sprachen, Integration von Ontologien und Regeln unterschieden. Diese Abhandlung bildet eine gute technische Basis, die auch in der Baudomäne einsetzbar ist. Die früheren Ansätze der Bauindustrie repräsentieren hauptsächlich sehr spezifische Fachbereiche des Bauwesens. [10] hat das System zur automatischen Planerstellung mit Regeln für die Gebäudegestaltung vorgeschlagen. [11] präsentierte ein objektorientiertes CAD System, das mittels Regelanbindung die Baukosten und Zeiten evaluieren kann. Eine ähnliche wissenschaftliche Arbeit wird in [12] vorgeschlagen. Die chinesische Architekturdomäne ist mittels OWL Ontologie formalisiert, die Regeln in Semantic Web Rule Language/Jess, SWRL, werden für die Sequenzierung, Abbildung von Constraints und Instanziierung eingesetzt. Dennoch konzentriert sich dieser Ansatz hauptsächlich auf der Animation und Visualisierungsunterstützung. In [13] wird der Einsatz der regelbasierten IT Unterstützung im Baubereich untersucht, was sich als zeiteffizient ergeben hat. In [14] wird eine Product Modelling Ontology mit Regeln als Alternative zu IFC entwickelt. Dabei werden allerdings die Regeln als Ontologie fest kodiert und sind daher nicht ausführbar. [15] beschreiben sehr ähnliche Ansätze zur Konfiguration von Geschäftsprozessen, wo sie eine OWL Ontologie als Konfigurationswissensbasis verwenden und sie mit Regeln erweitern, um die Abhängigkeiten zwischen den Prozessvarianten zu erfassen.

Schwerpunkt der nachfolgenden Ausführungen ist es, nicht nur eine Ontologie und Regeln zu Konfigurationszwecken, sondern eine einheitliche Methode zum Aufbau des Konfigurationswissens mit Schwerpunkt Baustrategienanwendung zu entwickeln.

12.2 Referenzprozessbasierter Ansatz für Prozesskonfiguration

12.2.1 Musterbasierte Prozessmodellierung

Es gibt verschiedene Arten, wie Referenzprozesse abgebildet werden können. Im Weiteren wird die musterbasierte Lösung verfolgt. Allgemeine Definitionen zur musterbasierten Referenzprozessmodellierung sind in [16] erläutert. Demnach sind musterbasierte Ansätze durch folgende Eigenschaften charakterisiert:

- Problem: Jedes Prozessmuster löst ein bestimmtes Problem. Anhand des Problems wird entschieden, ob das Muster dafür geeignet ist.
- Kontext: Der Kontext beschreibt die Anwendungsvoraussetzungen eines Prozessmusters.
- Lösung: Die Lösung löst das Problem und ist eine bewährte, in der Praxis etablierte Lösung.

Diese Prozessmuster werden in einer Wissensbasis gespeichert. In ihr kann nach den Mustern gesucht werden, und die gefundenen Lösungen können wiederverwendet werden.

Aus dieser Definition ergibt sich eine Vielzahl von Anforderungen an die Prozessmuster im Bauwesen. Diese werden im Zusammenhang mit der Ontologieanwendung in [17] vorgestellt.

12.2.2 Anforderungen an die Prozessmuster

Generisch Prozessmuster sollen möglichst sowohl methodenunabhängig als auch plattformunabhängig erstellt werden. Sie sollen somit generisch sein, um innerhalb einer Domäne eingesetzt werden zu können. Domänenunabhängigkeit ist dabei ebenfalls erstrebenswert, denn eine Domänenapplikation soll leicht erweiterbar sein, um in einer anderen Domäne, in dem Fall außerhalb der Domäne Bauwesen, verwendbar zu sein. Zusätzlich sollen Prozessmuster auf die gleiche Fachsprache zurückgreifen, um Eindeutigkeiten zu erreichen. Somit entsteht eine Anforderung an ein allgemeingültiges Begriffssystem innerhalb der Domäne. Im Bauwesen nehmen u. a. die IFC die Rolle eines solchen Begriffssystems ein.

Abstrakt Die Prozessmuster sollen verschiedene Abstraktionsstufen darstellen, um auf entsprechender Ebene der Prozesskonfiguration eingesetzt werden zu können. Dabei soll auch darauf geachtet werden, welche Referenzlösungen auf welchen Abstraktionsebenen bereits existieren. Diese sollen bei der Auswahl in die engere Betrachtung kommen. In der Regel löst ein Prozessmuster ein bestimmtes Problem, das von den anderen abstrahiert werden kann, z. B. Stütze erstellen. Es soll außerdem eine in sich zeitlich und logisch abgeschlossene Einheit bilden [18].

Strukturiert Ein Prozessmuster kann aus mehreren Subprozessen bestehen, die ebenfalls als Prozessmuster definiert werden können. Hierzu wird die Beziehung hasSubProcess aus der Ontologie eingesetzt. Somit entsteht eine Art Hierarchie der Prozesspatterns, die die komplexe, strukturierte Wissensbasis für Prozessmuster bildet. Nach [18] können Prozessmuster auch mehreren Oberkategorien zugeordnet werden. Diese Wissensbasis soll regelmäßig gepflegt werden, um die bestehenden Prozessmuster sowohl in Bezug auf ihren Inhalt als auch im Hinblick auf ihren Einsatz aktuell zu halten, insbesondere ist regelmäßig zu überprüfen, ob ein bestimmtes Prozessmuster tatsächlich Best practice darstellt. Die Hierarchie der Wissensbasis soll außerdem die Einordnung neu entworfener Prozessmuster unterstützen.

Auffindbar Der Nutzer soll die Möglichkeit haben, die benötigten Prozessmuster schnell aus der Wissensbasis auszufiltern. Diese Suche soll anhand einer standardisierten Abfragesprache erfolgen und sich am Verwendungswissen, das in den Prozesspatterns als Kontextinformation gespeichert werden kann, orientieren. Beispiele für solche Kontexte sind z. B. für die Auffindung des Prozessmuster „Stütze erstellen" Wörter wie Stütze, erstellen, Kran oder Rohbau. [18] definiert diese Kontextinformationen als generische Rahmenbedingungen und speichert sie ebenfalls als Hierarchie ab. So eine Lösung kann erforderlich sein, wenn die Anzahl der Kontextinformationen unübersichtlich wird, was im Testbeispiel noch nicht der Fall war.

Konfigurierbar Die Schnittstellen eines Prozessmuster sollen mit den Schnittstellen der anderen Prozessmuster zusammenpassen, die durch den Konfigurationsprozess miteinander in Kompositionsbeziehung stehen können. In der Ontologie wird dies mittels der Beziehung hasNext/hasPrevious realisiert. In Anlehnung an [18] und dessen Theorie zu Anordnungsbeziehungen zwischen Prozessbausteinen wird ebenfalls die Beziehung hasParallel verwendet. Der andere Aspekt der Konfiguration, die Instanziierbarkeit, kann ebenfalls mittels Beschreibungslogikontologie realisiert werden, wobei die allgemeinen Prozessmuster in der TBox repräsentiert sind und die instanziierten Prozessmuster in der ABox.

12.2.3 Anwendung der Prozessmuster

Im Bauwesen wurde die musterbasierte Lösung in [19] intensiv untersucht.

Hier wird der Begriff Prozessmuster als ein allgemeingültiges, projektunabhängiges Prozessmodell definiert, das in unterschiedlichen Projekten wiederverwendet werden kann. Im Anwendungsszenario von [19] werden die vier Phasen Auswahl, Konfiguration, Anpassung und Nutzung zur Anwendung von Referenzmodellen durchlaufen, um ein Prozessmuster in einen Bauprozess zu integrieren.

Dabei entspricht die Auswahlphase der Nutzung von Verwendungswissen, nach dem die Prozessmuster anhand der projektbezogenen Kontextinformationen ausgesucht werden.

Die Konfigurationsphase entspricht der Instanziierung der ausgewählten Prozessmuster in der projektspezifischen Prozessinstanzontologie.

Auf Grundlage des ausgewählten und instanziierten Prozessmusters kann die Anpassung auf Basis der projektbezogenen Informationen aus den Fachmodellen erfolgen.

Die Nutzungsphase ist die Phase, die im weiteren als die eigentliche Konfiguration betrachtet wird. Sie erfolgt entsprechend Abb. 12.3, die in Abschn. 12.3 erläutert ist.

Für die Wiederverwendung von Referenzmodellen werden wissensbasierte Methoden eingesetzt, die in den folgenden Abschnitten dargestellt sind.

12.3 Wissensbasierter Ansatz für Prozesskonfiguration

Konfigurieren ist das Zusammenfügen eines technischen Systems aus einzelnen, parametrisierbaren Objekten zu einer Konfiguration, die eine gegebene Aufgabenstellung erfüllt [20]. Das Konfigurieren zeichnet sich durch folgende Komponenten aus:

- Konfigurationsziele, z. B. Kostenreduktion, Zeitersparnis, Ressourceneffizienz
- Objekte der Fachdomäne, d. h. Prozesse, und deren Eigenschaften
- Beziehungen zwischen diesen Objekten, z. B. Nachfolgerbeziehung hasNext
- Wissen über die Vorgehensweise bei der Konfigurierung. Es wird im Weiteren als Strategiewissen bezeichnet und wurde in [21] (Teil II, Kap. 10) eingeführt
- Einschränkungen, die vom Nutzer eingeführt werden

Bei komplexen Prozessen wird das Konzept der Konfiguration erweitert, indem verschiedene Wissensarten zum Einsatz kommen.

Der Konfigurationsprozess ist in Abb. 12.1 dargestellt. Aus dem vorgeschlagenen Vorgang können 4 Wissensarten identifiziert werden:

- Verwendungswissen: Dieses Wissen beschreibt die Anwendungsbedingungen eines Prozessmusters und kann als hilfreiches Wissen bei der Suche nach geeigneten Prozessmustern betrachtet werden. In der Ontologie kann solches Wissen mittels Kontextinformationen abgebildet werden [22].

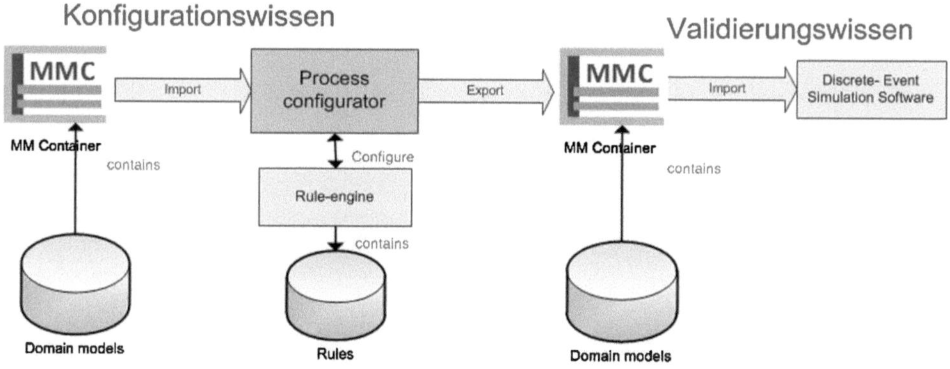

Abb. 12.1 Wissensbasierter Prozesskonfigurationsvorgang

Tab. 12.1 Beispiele für Strategien im Bauwesen

Strategie	Beispiel
innen vor außen	Tragende Wandteile vor Putzarbeiten
schmutzig vor sauber	Wandfliesen vor PVC Belag
nass vor trocken	Estricharbeiten vor Trockenbauwänden
Abbruch vor Aufbau	Entkernungsarbeiten vor neuen Innenwänden
grob vor fein	Erst Fliesenflächen, dann Ränder anarbeiten
kompliziert vor einfach	Mauerecken, dann die Füllarbeiten
oben vor unten	Abgehängte Decken vor Bodenbelägen

- Strategiewissen: Dieses Wissen beschreibt unterschiedliche Baustrategien. Strategie kann als Vorgehensweise/Plan zur Erreichung der Konfigurationsziele definiert werden. Im Bauwesen existieren zahlreiche Strategien. Beispiele für bewährte Strategien wurden in [23] definiert: „Verkehrsflächen in Hochhäusern (Flure, Treppenhäuser) werden absteigend ausgebaut"; „wenn es keine natürliche Arbeitsrichtung gibt, sollte eine eindeutige Arbeitsrichtung vorgegeben werden." Solche Arbeitsrichtungsstrategien sind in Tab. 12.1 nach [23] zusammengestellt. Weitere gebräuchliche Grundprinzipien, aus denen entsprechende Strategien entstehen können, sind z. B. Variabilität schaffen, d. h. viele Arbeiter schaffen an möglichst vielen Stellen die Vorarbeiten für Nachfolgetätigkeiten, oder gelegenheitsorientiert, d. h. Witterung, Verkehrsaufkommen berücksichtigen. In [24] wurde eine interviewgesteuerte Konfigurationsmethode vorgeschlagen. Laut [24] existieren in einem Prozess zahlreiche Variationspunkte, an denen der Nutzer Entscheidungen treffen muss, wie ein Prozess weiter konfiguriert werden soll. Um solche Variationspunkte zu vermeiden, werden ebenfalls Strategien benutzt. Es soll mindestens eine Strategie angewendet werden, die die endgültige Konfiguration festlegt. Bei Erstellung der Gruppe von Stützen kann solche Strategie z. B. von links nach rechts heißen, was die eindeutige Ausführungsreihenfolge sichert. Falls die eindeutige Rei-

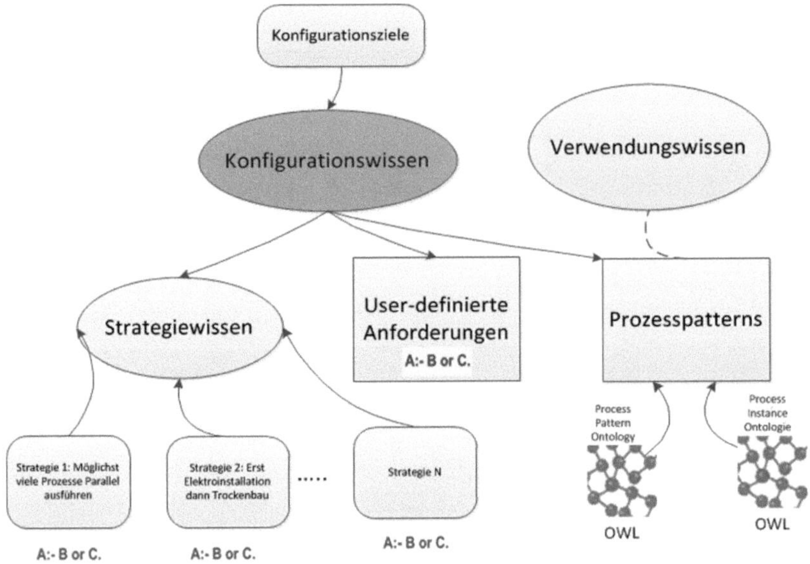

Abb. 12.2 Integration des Konfigurationswissens

henfolge nicht festzulegen ist, werden zusätzlich vom Nutzer definierte Bedingungen eingeführt oder Zufallsfunktionen für die zufälligen Verknüpfungen zwischen Prozessen an Variationspunkten eingesetzt.

- Konfigurationswissen: Konfigurationswissen ist das für die Konfigurierung benötigte Wissen zur Problemlösung und Evaluierung, das auf einem Rechnersystem abgebildet werden muss [25]. Dieses Wissen besteht aus den oben beschriebenen Komponenten des Konfigurierens. Die detaillierte Interaktion zwischen den vorhandenen Wissensarten ist in Abb. 12.2 und Abb. 12.3 dargestellt. Die detaillierte Erläuterung zu Abb. 12.3 ist in [11] zu finden.
- Validierungswissen: Dieses Wissen beinhaltet Regeln und Algorithmen, die dazu dienen, den konfigurierten Gesamtprozess auf syntaktische und semantische Korrektheit zu prüfen. Zu diesem Zweck werden Petrinetzmethoden eingesetzt.

12.4 Regelbasierter Ansatz für Prozesskonfiguration

12.4.1 Regelbasierte Systeme

Laut Semantik Web W3C Methodologie und deren Semantic Web Stack [26] liegt die Regelschicht oberhalb der Ontologieschicht. Zurzeit ist die Integration von Ontologien und Regeln ein Thema für die aktive Forschung. Die existierenden Ansätze können zwei Kategorien zuordnen [9]:

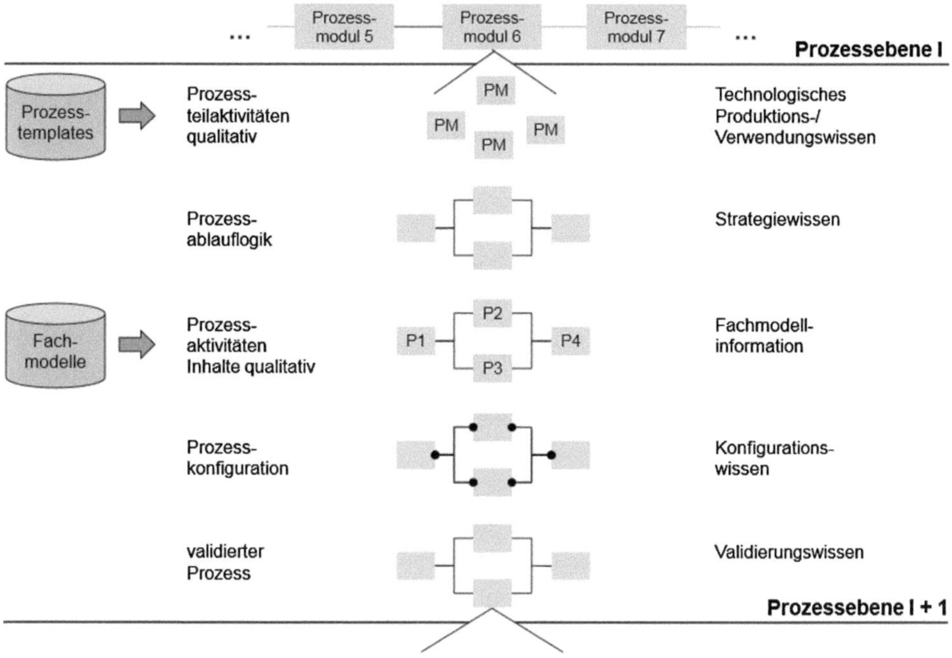

Abb. 12.3 Konfigurationswissen

- Hybrid Ansatz: Es gibt eine strikte Unterteilung in Regelprädikate und Ontologieprädikate. Schlussfolgerungen sind mittels Interfacing der existierenden Regel Engine mit dem Ontologie Reasoner durchgeführt.
- Homogener Ansatz: Beide Ontologien und Regeln werden in einer logischen Sprache repräsentiert. Dabei wird nicht zwischen Regelprädikaten und Ontologieprädikaten unterschieden. Für die Schlussfolgerung wird ein genereller Reasoner benutzt.

Ein hybrider Ansatz ist sicherlich schwieriger zu realisieren als ein homogener. Jedoch haben sich die homogenen Methoden wenig etabliert. Ein Grund dafür ist, dass für Regeln und Ontologien bereits seit langem Java Schnittstellen existieren, während homogene Werkzeuge diesbezüglich nur eine limitierte Funktionalität anbieten.

Regelbasierte Systeme waren die erste Generation der Konfiguratoren. Der berühmteste Vertreter regelbasierter Systeme ist das System R1/XCON mit 18000 Regeln für die Auslegung von VAX 11 Systemen bei DEC, das Ende der 70er Jahre entwickelt wurde [27]. Konfiguratoren sind aus dem Bereich der künstlichen Intelligenz, KI, gekommen. Deren Ziel ist das Lösen komplexer Anwendungsprobleme auf Basis von definierten Methoden und Techniken. Konfiguratoren werden auch als wissensbasierte Systeme oder Expertensysteme bezeichnet.

Eine regelbasierte Lösung ermöglicht, die Beschreibung der komplexen Regeln außerhalb der Programmiersprache. Somit können die Regeln von Bauprozessexperten unabhängig von einer Programmiersprache ohne Programmierkenntnisse entworfen werden. Weiterhin ist eine Trennung von Verarbeitungslogik, d. h. Regeln, und Daten, d. h. Fakten, vorhanden. Damit wird eine bessere Qualität der Prozesse erreicht. Außerdem ist eine schnelle und einfache Anpassung von Regeln möglich.

Ein solches regelbasiertes System für die Prozesskonfiguration besteht aus 3 Komponenten:

- einer Wissensbasis, demzufolge aus einer oder mehreren Ontologien
- einer Menge von Regeln d. h. Regelbasis
- einem Kontrollsystem mit Regelinterpreter (Regel Engine)

Ein Beispiel für eine Regel ist das If Then Prinzip. Mehrere solcher Regeln bilden die Regelbasis.

Eine RegelEngine ist ein Framework, das Funktionen zur Automatisierung und Verwaltung von Regeln zur Verfügung stellt. Der Kern jeder Regel Engine ist die automatisierte Ausführung der Regeln. Eine RegelEngine interpretiert und kompiliert die Regeln und stellt diese einer Anwendung zur Verfügung.

12.4.2 Theoretische Grundlage für Regeln

Eine der entscheidbaren Regel basierten Formalismen sind funktionsfreie Hornregeln [29]. Beispiel für solche Regel: hasNext(x, y) and hasNext(y, z) $\rightarrow$hasFollowsAfter (y, z), Transitivitätsregel [30].

Die linke Seite der Implikation wird Body genannt und die rechte Seite Head. Die Beschreibungslogik, Description Logic, DL, wurde mittels Hornregeln in [28] erweitert, was sich allerdings als unentscheidbar erwiesen hat. In [29] wurde die entscheidbare Kombination von DL und Regeln vorgeschlagen. Die Entscheidbarkeit wurde durch die Restriktion zu sog. DL Safe Regeln erreicht. In DL Safe Regeln dürfen Konzepte und Rollen als unäre und binäre Prädikate in Body und Kopf vorkommen, aber alle Variablen in einer Regel müssen an die Individuen der ABox gebunden sein. Somit ist die Transitivitätsregel DL Safe gegeben, wenn die Basis für die Schlussfolgerung die Menge von ABox Individuen bildet.

Jena [31] bietet im Rahmen der Java basierten Framework für Semantik Webapplikationen eine RegelEngine, die eine regelbasierte Inferenz über RDF Graphen unterstützt und Vorwärtsverkettung, Rückwärtsverkettung und ein Hybridausführungsmodell bietet. Mit Jena Rules ist es möglich, DL Safe Regeln zu implementieren. Es sollte allerdings auf die Nutzung der Built Ins geachtet werden, da manche keine Safeness Bedienung in einer solchen Regel bieten.

Jena unterstützt die Interaktion mit der OWL Ontologie und bildet eine perfekte Basis für die programmatische Lösungen mittels Java.

Jena Rules haben eine eigene Syntax:

```
     Rule := bare-rule.
             or [bare-rule]
             or [ruleName: bare-rule]
bare-rule := term, ... term → hterm, ... hterm        //forward rule
             or term, ... term ← term, ... term       //backward rule
    hterm := term
             or [bare-rule]
     term := (node, node, node)        //triple pattern
             or (node, node, functor)       //extended triple pattern
             or builtin(node, ... node)       //invoke procedural primitive
  functor := functorName(node, ... node)       //structured literal
     node := uri-ref       //e.g. http://foo.com/eg
             or prefix:localname       //e.g. rdf:type
             or <uri-ref>       //e.g. <myscheme:myuri>
             or ?varname       //variable
             or 'a literal'       //a plain string literal
             or 'lex'^^typeURI       //a typed literal, xs:* type names supported
             or number       //e.g. 42 or 25.5
```

12.4.3 Konfiguration mit Regeln

Es werden 2 Arten von Regeln betrachtet:

- Prüfungsregeln: Sie prüfen, ob die gegebene Reihenfolge der Prozesse korrekt ist, z. B. Schalen muss vor Betonieren ausgeführt werden.
- Strategieregeln: Sie generieren die Reihenfolge der Prozesse auf Basis von definierten Strategien. Dabei müssen meistens bestimmte Restriktionen, technologische als auch nicht technologieabhängige, berücksichtigt werden: „Decke darf erst dann gebaut werden, wenn die Wände und die Stützen bereits gebaut sind“, „Baue von links nach rechts“ etc.

Die ursprüngliche Konfiguration mit Beziehungen hasNext, hasPrevious, hasParallel wird in der Process Instance Ontologie gespeichert. Diese dient als Regelwissensbasis.

Die Regeln ermitteln dabei entweder die Entstehung neuer Beziehungen zwischen den Prozessmustern hasNewNext oder machen einen Vorschlag, welche Beziehungen gelöscht werden müssen hasOldNext, z. B. wenn eine Bedienung in einer Regel zum Widerspruch in der Regelbasis geführt hat. Diese Prädikate kommen im Head einer Regel vor und werden mit den neuen Instanzen nach dem Ausführen der Regel instanziiert. Somit werden mittels Regeln keine direkten Änderungen in der Ontologie vorgenommen, sondern sie dienen nur dazu, Rekonfigurationsbeziehungen zu ermitteln und zu speichern. Somit kann ein Konfigurationsschritt dokumentiert werden und, falls nicht erwünscht, auch leicht zurückgesetzt werden. Komplexere Konfigurationen können die Entstehung neuer Konzepte in der Ontologie erfordern, z. B. wenn eine neue Gruppe von Elementen erstellt werden muss. Diese Konzepte werden ebenfalls nicht sofort in die Ontologie eingefügt, sondern in einem zu diesem Zweck reservierten, leeren Konzept gespeichert. Die Konfigurationsschritte werden in der Prozesskonfigurationsontologie gespeichert.

12.5 Ontologiebasierter Ansatz für Prozesskonfiguration

Die vorgeschlagene Methodologie der ontologiebasierten Prozesskonfiguration wird teilweise auf den Konzepten von [32] aufgebaut und in Teil II, Kap. 11 erläutert.

In diesem Kapitel wird lediglich die Konfigurationsontologie zur Speicherung der Strategien, der vom Nutzer definierten Constraints und Konfigurationsschritte vorgestellt. Die Entwicklung der Ontologie wurde in Anlehnung an [33] gemacht. Er schlägt eine generische Ontologie für die Wiederverwendung und Verteilung des Konfigurationswissens vor. Sie kann auch als Basis benutzt werden, das Konfigurationswissen in einer verständlichen Form zu dokumentieren. Dieser generische Ansatz bezieht sich hauptsächlich auf Produktkonfiguration und kann daher aus technischer Sicht nicht zur Ontologiemodellierung für Bauprozesse übernommen werden.

In Abb. 12.4 sind die wichtigsten Konzepte und Rollen dieser Ontologie dargestellt. Eine Strategie hat einen Namen, eine Priorität, die die Reihenfolge der Strategienausfüh-

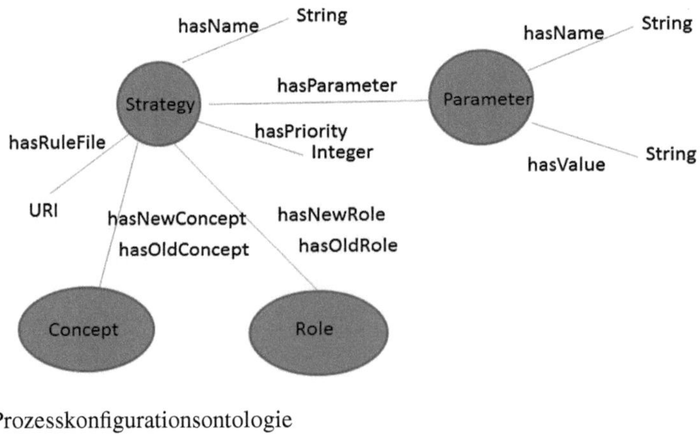

Abb. 12.4 Prozesskonfigurationsontologie

rung definiert. Je höher die Priorität ist, desto früher wird die Strategie ausgeführt. Vom Nutzer definierte Parameter, die aus den Fachmodellen nicht gewonnen werden konnten, können ebenfalls einer Strategie zugeordnet werden. Beispiele für solche Parameter sind Informationen wie die Anzahl der Schalungsgitter. Diese Parameter werden nur dann gespeichert, wenn es notwendig ist, sie in die Strategieregeln einzubinden.

Die Rollen hasNewConcept, hasOldConcept, hasNewRole, hasOldRole werden zum Zweck der Dokumentierung des Konfigurationsschritts sowie zum eventuellen Zurücksetzen des Konfigurationsschritts gespeichert. Sie haben die Rolle eines Log Files.

12.6 Prozesskonfigurationsvorgang

12.6.1 Allgemeine Konfigurationsmethode

Die allgemeine Konfigurationsmethode basiert auf dem Ansatz Propose, Critique and Modify, PCM, [34, 35]. Bei dieser Methode wird zuerst eine Konfiguration vorgeschlagen, die gegenüber den Constraints und Anforderungen getestet wird. Wenn Widersprüche gefunden werden, werden diese durch weitere Regeln eliminiert.

12.6.2 Konfigurationsvorgang

12.6.2.1 Vorbereitung

In Teil II, Kap. 11 wird die ontologiebasierte Konfiguration beschrieben, die bis zu einem bestimmten Zeitpunkt gilt. Zu diesem Zeitpunkt ist die komplette Prozesshierarchie in der Process Instance Ontologie modelliert, allerdings sind noch nicht alle sequenziellen Beziehungen wie hasNext oder hasPrevious repräsentiert. Diese Beziehungen werden im nächsten Schritt wissensbasiert und regelbasiert erzeugt.

12.6.2.2 Konfiguration

Die Eingabe für die Konfiguration ist die Process Instance Ontologie, die projektspezifische Informationen aus dem Bauwerksmodell, implementiert für das IFC Datenmodell, beinhaltet und auf Basis dessen die entsprechenden Prozessschritte erzeugt, Prozesspatterns verwendet und diese instanziiert.

Als nächstes wird Konfigurationswissen erzeugt, bestehend aus dem Wissen der Prozess Instance Ontologie, dem Strategiewissen mit Konfigurationsregeln und dem Nutzerwissen, definiert durch die Nutzer mittels Constraints. Strategiewissen besteht aus Jena Regeln und wird als Datei angelegt. Die Metainformationen zu dieser Datei sowie zu der Strategie selbst werden in der Prozesskonfigurationsontologie gespeichert. Zu jeder Strategie können nutzerdefinierte Constraints als Parameter mit Wert zugewiesen werden.

Im Laufe der Konfiguration wird neues Wissen gewonnen durch die Schlussfolgerung mit Regeln. Dieses Wissen wird als Konfigurationsschritt in der Ontologie gespeichert. Bei jeder neuen Konfiguration mittels einer bestimmten Strategie wird dieses Wissen umgeschrieben.

Es können gleichzeitig mehrere Strategien verwendet werden. Sie werden dann nach ihren Prioritäten ausgeführt. Damit können durch die verschiedenen Konfigurationsschritte evtl. entstehende Konflikte vermieden werden.

Es soll mindestens eine Strategie angewandt werden, die die endgültige Verbindung der Prozesse garantiert. Falls die Prozesse auf mindestens einem Hierarchielevel nicht verbunden sind, kann auf diesem Level kein einheitlicher BPMN Prozess erzeugt werden. In diesem Fall wird der Nutzer informiert oder aufgefordert eine Lösung vorzuschlagen.

Nach erfolgreichem Konfigurieren wird aus der Process Instance Ontologie ein BPMN Process erzeugt. Dieser Prozess wird schließlich an die Simulation/Validierung/Verifikation weiter geleitet. Die für die Simulation verwendeten Methoden sind in Band 2, Teil I, Kap. 6 detailliert beschrieben. Die Simulationsergebnisse spielen eine wichtige Rolle und werden als Feedback an die Prozesskonfiguration weitergeleitet. Nach dem Feedback können die angewandten Strategien evaluiert werden, z. B. auf Zeit- und Kostenersparnis, und so ein grober Ablaufplan erzeugt werden.

12.6.3 Evaluierung

Im Laufe der Konfiguration werden viele Änderungen in der Ontologie vorgenommen. Dies kann durch das Löschen und Hinzufügen der Beziehungen zwischen Prozessen vorkommen sowie durch die Umgruppierung der Prozesse und der dazu gehörigen Objekte, z. B. Gruppe löschen oder hinzufügen. Es ist dabei wichtig, dass die endgültige Konfiguration syntaktisch und semantisch korrekt bleibt.

Syntaktische Korrektheit Die syntaktische Korrektheit wird vom OWL Compiler geprüft. Aufgrund der Tatsache, dass mit der Ontologie nicht direkt, sondern mittels Jena Framework gearbeitet wird, werden nur geprüfte Funktionen für die Ontologiebearbeitung genutzt, die ein syntaktisch korrektes Ergebnis garantieren.

Semantische Korrektheit Die semantische Korrektheit kann als Abwesenheit von Widersprüchen in der Ontologie bezeichnet werden. Widersprüche können vorkommen, wenn mittels Regeln eine Umgruppierung der Instanzen erzeugt wird, sodass die Ontologie gleichzeitig die Konzepte von der Form $\neg C(a)$ und $C(a)$ enthält. In diesem Fall wird die Widersprüchlichkeit dem Nutzer gemeldet und der Konfigurationsschritt zurückgesetzt. Es kann erneut mit neuen Nutzer definierten Constraints oder Strategien ausgeführt werden.

Syntaktische und semantische Korrektheiten müssen außerdem auf der Prozesslogikebene überprüft werden, wenn aus der OWL Ontologie ein BPMN Prozess erzeugt wird.

12.7 Anwendung

Das Anwendungsbeispiel ist die Weiterführung der in Teil II, Kap. 11 vorgestellten Prozesskonfiguration und wird als Erweiterung des Prozesskonfigurators betrachtet.

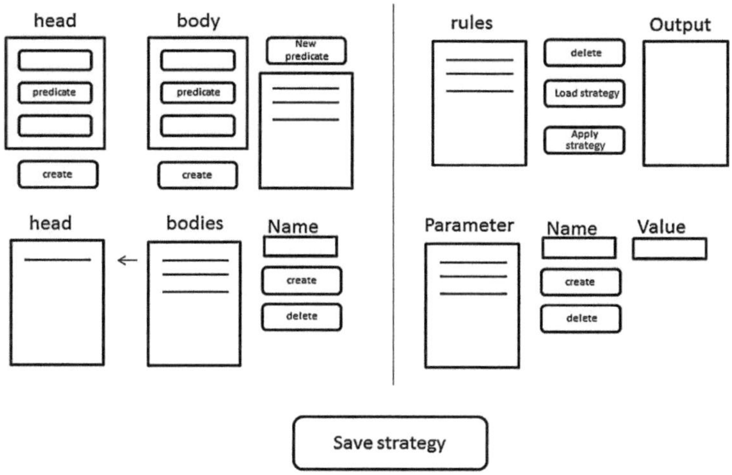

Abb. 12.5 Strategieeditor

Als erstes werden die Strategien für den spezifischen Fall des Mefisto Hochhauses entworfen. Sie werden dann mithilfe von Regeln und dem Strategieeditor in der Prozesskonfigurationsontologie gespeichert (Abb. 12.5).

12.7.1 Kern/Rest Konfigurationsstrategie

Für das Mefisto Hochhaus wurde die sog. Kern/Rest Konfigurationsstrategie implementiert.

Im Hochhausbau gibt es Regelgeschosse, die auf die gleiche Art gebaut werden. Das sind meistens alle Geschosse oberhalb des Erdgeschosses.

Typische mehrgeschossige Wohnungshochhäuser werden dabei geschossweise in der Zellenbauweise erstellt. Zuerst werden Stützen und Wände und anschließend Decken und Unterzüge eines gesamten Geschosses hergestellt.

Stahlbetonskelettbauwerke dagegen haben einen Kern. Der Kern eines typischen Hochhauses besteht aus Aufzügen, Treppenhäusern und Versorgungsschächten [36]. Im Kernbereich befinden sich auch die durchgehenden massiven Wände. Eine mögliche Baustrategie im Hinblick auf eine Schalungsoptimierung für vertikale Wandelemente wäre, den aussteifenden Kern und die Decken mit gleicher Geschwindigkeit zu errichten, um eine hohe, freie Höhe des Kerns zu vermeiden. Somit kann der Zeitaufwand für das Schalen minimiert werden. Meistens werden die Kerne von Hochhäusern mit den Decken etagenweise oder um ca. 2 bis 3 Geschosse vorlaufend vor den nachlaufenden Decken errichtet. Die Arbeiten an Kern und Decken laufen meist gleichzeitig ab [36].

Bei Stockwerksbauweise eines Stahlbetonskelettbauwerks wird zuerst die Decke erstellt, dann der Kern, usw. (Abb. 12.6)

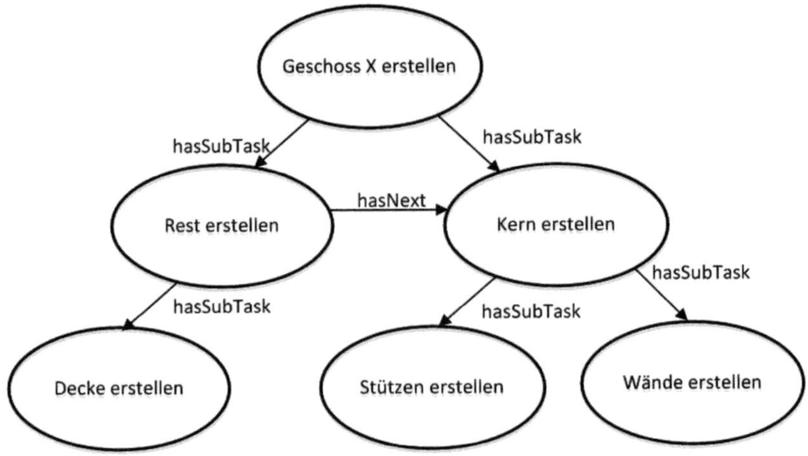

Abb. 12.6 Strategie Kern/Rest für die Stockwerksbauweise

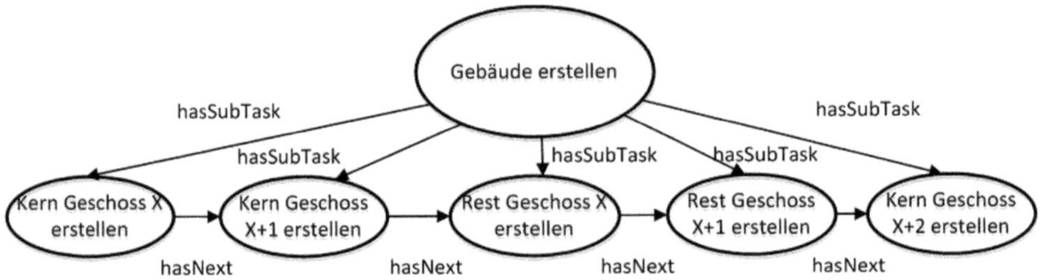

Abb. 12.7 Strategie Kern/Rest für die vorauseilende Bauweise

Bei vorauseilender Bauweise eines Stahlbetonskelettbauwerks wird zuerst der Kern unabhängig von der Decke erstellt, die Erstellung der Decke erfolgt mit Anschlussbewehrung an den Kern (Abb. 12.7).

Als Ergebnis der Konfiguration wird die Konfigurationsontologie instanziiert. Anhand dieser Instanzen, die durch Propagierung der Regeln entstanden sind, wird der Prozess in der Process Instance Ontologie konfiguriert. Somit dient die Konfigurationsontologie als Logfile für die Konfiguration. Abbildung 12.8 zeigt die instanziierte Konfigurationsontologie nach der Anwendung der Strategie Kern/Rest für die Stockwerksbauweise. Es zeigt die 18 neue hasNext Beziehungen für die Verbindung des Restes mit dem Kern für jeweils 18 Geschosse des Mefisto Hochhauses.

Nachdem der Gesamtprozess in der Process Instance Ontologie fertig konfiguriert ist, wird er in BPMN exportiert und an die Simulation (Band 2, Teil I, Kap. 6) weitergeleitet.

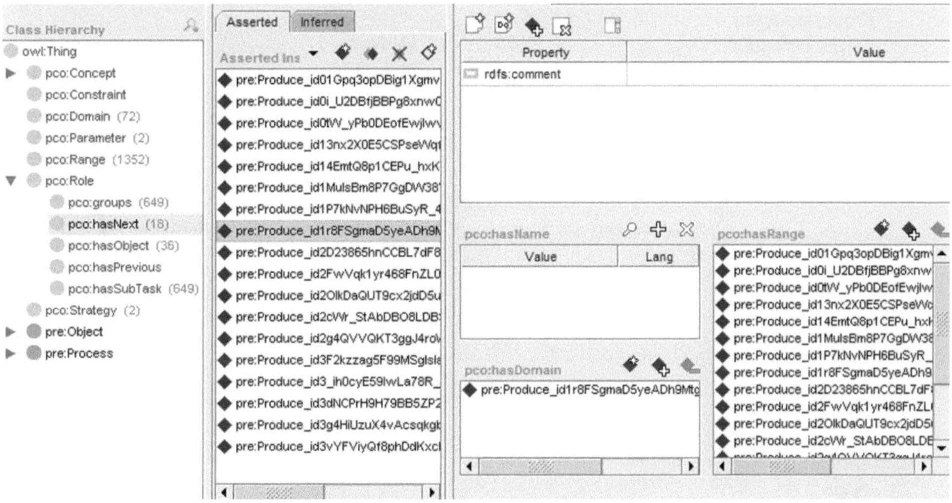

Abb. 12.8 Instanziierte Konfigurationsontologie in Protege Editor

12.7.2 Konfigurationsprozess

Im folgenden Beispiel ist eine Regeldatei dargestellt, die Prüfungsregeln für die Prüfung der korrekten Reihenfolge des bereits konfigurierten Prozesses beinhaltet. Zuerst wird mit rule1 und rule2 ermittelt, welche Prozessreihenfolgen existieren. Rule3 prüft, ob es eine Reihenfolge gibt, in der zuerst die quadratischen Objekte, z. B. Stützen, gebaut werden, dann die runden. Dies würde der definierten Strategie „erst runde Stützen, dann quadratische" widersprechen. Es wird eine Konfliktmeldung verursacht.

```
@prefix pre: <http://www.mefisto-bau.de/ontologies/ProcessOntology.owl#>.
@prefix xsd: <http://www.w3.org/2001/XMLSchema#>.
[rule1: (?a pre:hasNext ?b) → (?a pre:hasAfter ?b)]
[rule2: (?a pre:hasAfter ?b) (?b pre:hasAfter ?c) → (?a pre:hasAfter ?c)]
[rule3: (?p1 pre:hasAfter ?p2) (?p1 pre:hasObject ?o1) (?p2 pre:hasObject ?o2)
(?o1 pre:hasName 'square'^^xsd:string) (?o2 pre:hasName 'round'^^xsd:string) →
(?p1 pre:hasNewConflict ?p2)]
```

Abbildung 12.9 zeigt das vorgegebene Konfigurationswissen aus der Process Instance Ontology. Im Abschnitt Etage existieren 6 Stützen, 4 davon sind rund, 2 quadratisch. Alle Stützen auf dieser Etage sollen mit Verwendung der Prozessmuster „Stütze erstellen" gebaut werden. Allerdings ist es nicht sinnvoll, 6 Prozessmuster, sog. Prozesspattern, für jede Stütze einfach miteinander zu verbinden, denn die Stützen werden nicht einzeln betoniert, sondern alle gleichzeitig. Es erfordert eine gewisse Anpassung des Musters, die nach der Einführung der Strategie „Betoniere mehrere kleine Elemente in einem Vorgang" erfolgt.

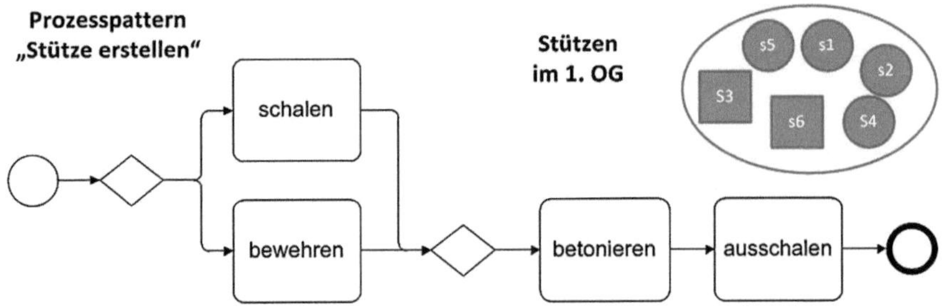

Abb. 12.9 Konfigurationswissen: Prozesspattern für Objekt „Stütze" aus der Process Instance Ontology

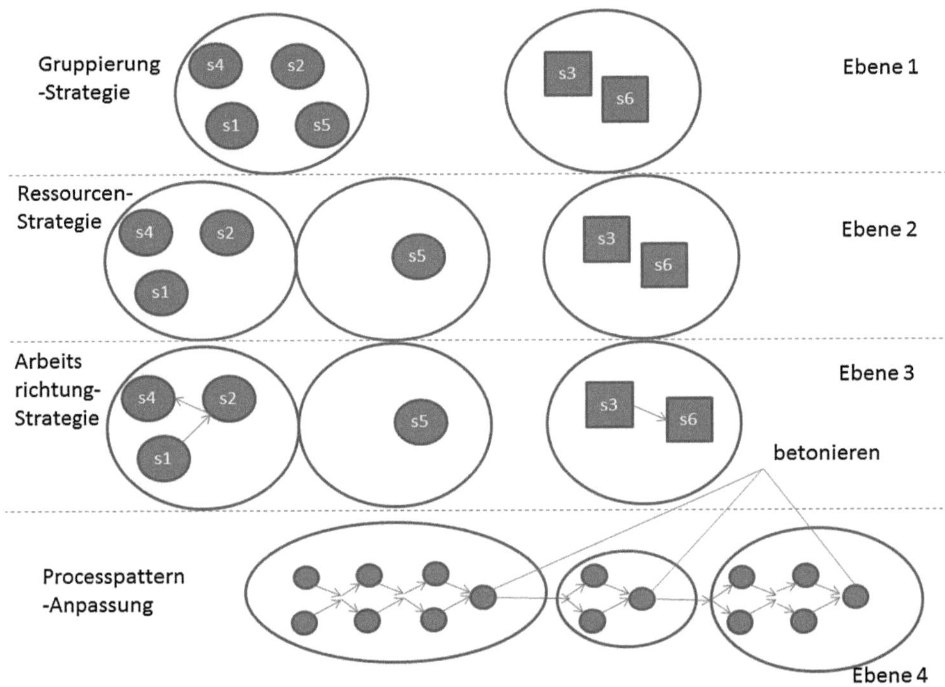

Abb. 12.10 Prozesskonfiguration mit Anwendung des Strategiewissens

Schließlich wird in Abb. 12.10 die schematische Darstellung der Prozesskonfigurationsablaufstruktur in vier Ebenen gezeigt.

- Ebene 1: Es wird die Gruppierungsstrategie angewandt, nach der zuerst runde, dann quadratische Stützen gebaut werden.
- Ebene 2: Es wird die Ressourcenstrategie angewandt, nach der 3 Schalungen gleichzeitig vorhanden sind. Somit entsteht eine Gruppe von runden Stützen, die in einem Extraschritt zu fertigen sind.

- Ebene 3: Anschließend wird die Arbeitsrichtungsstrategie (Abschn. 12.3) angewandt. Sie besagt „von links nach rechts" mit Vergleich der Koordinaten der Stützen und verbindet die Prozessschritte endgültig, sodass keine Variationspunkte übrig bleiben.
- Ebene 4: Schließlich wird auf der letzten Ebene immer mithilfe des Prozessmusters Konfiguration der Konfigurationsprozess abgeschlossen und die einzelnen Vorgänge werden entsprechend der zuvor erfolgten Gruppierung und Reihung miteinander vernetzt. Im vorliegenden Fall wird das oben präsentierte Prozessmuster gesplittet und so angewandt, dass der Betonierungsprozessschritt immer am Ende erfolgt.

Um diesen Prozess noch zu optimieren, ist eine andere Reihenfolge der Strategien erforderlich, z. B. erst Schalen und Betonieren nach Ressourcenverfügbarkeit, dann Gruppierung nach rund und eckig. Somit würden lediglich zwei Gruppen von Prozessschritten entstehen. Falls nach der Konfiguration noch immer einige Prozessteile nicht verbunden sind, ist die Anwendung einer Arbeitsrichtungsstrategie erforderlich. Die Gruppierung erfolgt erst hierarchisch auf Elementebene und am Schluss auf der Einzelaktivitätsebene.

Die Implementierung der Strategien wird einer der nächsten Schritte bei der Umsetzung von wissensbasierter Konfiguration der Bauprozesse sein.

12.8 Zusammenfassung und Ausblick

Bei der Untersuchung der Prozessmuster bzw. des Gesamtprozesses spielt das Strategiewissen eine entscheidende Rolle. Strategiewissen muss bezüglich verschiedener Projektgegebenheiten und Projektziele definiert und ausgewählt werden können. Werden bspw. durch den Auftraggeber definitive Meilensteine bzw. Fertigstellungszeitpunkte definiert, müssen die Strategien so gewählt werden, dass diese Termine gehalten werden können. Sind auf der anderen Seite die Kosten das wesentliche Zielkriterium, sind wiederum andere Strategien sinnvoll. Des Weiteren hängen die Strategien von den verfügbaren Ressourcen und den Gegebenheiten auf der Baustelle ab.

In einem komplexen Bauprojekt mit vielen Geschäftsprozessen, Geschäftsbeziehungen und heterogenen Ressourcen ist von entscheidender Bedeutung, die Geschäftslogik klar und effizient darzustellen. Ein Regelwerk ist daher eine bevorzugte Lösung, um die entstehende Komplexität erfolgreich bewältigen zu können. Es soll auch die Tatsache berücksichtigt werden, dass die Projekte eine Tendenz zu einem schnellen Anwachsen der Regelanzahl haben, und so aus dutzend Regeln schnell einige Hunderte im Laufe der Implementierungen werden können. Die vorgestellte Prozesskonfigurationsontologie hilft, das Konfigurationswissen zu strukturieren und ermöglicht so, zusammen mit der Process Instance Ontologie die Kombination aus Ontologien und Regeln auf vorteilhafte Weise zu implementieren.

Die weiteren Schritte sind weitere Implementierungen auf Basis der vorgeschlagenen Methodologie sowie deren Evaluierung und schließlich ihre Anwendung in der realen Praxis.

Literatur

1. Gruber TR (1993) A translation approach to portable ontology specifications. Knowl Acquis 5
2. Fischer M, Aalami F (1995) Scheduling with computer-interpretable construction method models, CIFE working paper, Center for Integrated Facility Engineering, Stanford, CA, June
3. Huhnt W, Richter S, Wallner S, Habashi T, Krämer T (2010) Data management for animation of construction processes. J Adv Eng Inform 24(4):404–416
4. Huhnt W (2005) Generating sequences of construction tasks. In: Proceedings of 22nd of W78 conference on information technology in construction, Dresden, Germany, S 17–22
5. König M, Beucke K, Tauscher E (2006) Management and evaluation of alternative construction tasks. In: Joint international conference on computing and decision making in civil and building engineering, June 14–16, Montreal, Canada
6. Beißert U, König M, Bargstädt HJ (2007) Constraint-based simulation of outfitting processes in building engineering. In: Proc 24th international conference managing IT in construction CIB W078, Maribor, Slovenia
7. Wu IC, Borrmann A, Beißert U, König M, Rank E (2010) Bridge construction schedule generation with pattern-based construction methods and constraint-based simulation. J Adv Eng Inform 24(4):379–388
8. Dzeng RJ, Lee H-J (2004) Critiquing contractors' scheduling by integrating rule-based and case-based reasoning. J Autom Constr 13(5):665–678
9. Antoniou G, Damásio CV, Grosof B, Horrocks I, Kifer M, Małuszyński J, Peter F (2005) Combining rules and ontologies. A survey. REWERSE-DEL-2005-I3-D3
10. Xuejun C, Yunhe P (1990) Automated design of house-floor layout with distributed planning. Comput Aided Des 22(4):213–220
11. Ganeshan R, Stumpf A, Chin S, Liu L, Harrison B (1996) Integrating object-oriented CAD and rule-based technologies for construction planning. US Army Corps of Engineering – Construction Engineering Research Laboratories
12. Wei G, Bai W, Yin M, Zhnag S (2010) Building the knowledge base to support the automatic animation generation of Chinese traditional architecture. In: Knowledge science, engineering and management, 4th international conference, KSEM 2010, Belfast, Northern Ireland, UK
13. Sandberg M, Johnsson H, Larsson T (2008) Knowledge-based engineering in construction: the prefabricated timber housing case. ITcon 13:408–420. http://www.itcon.org/2008/26
14. Böhms M, Bonsma P, Bourdeau M, Kazi AS (2009) Semantic product modelling and configuration: challenges and opportunities. ITcon 14:507–525. Special issue Next generation construction IT: technology foresight, future studies, roadmapping, and scenario planning. http://www.itcon.org/2009/33
15. Ciuksys D, Caplinskas A (2007) Reusing ontological knowledge about business processes in IS engineering: process
16. Hagen M (2001) Ein Referenzmodell für Online-Transaktionssysteme im Electronic Government. Rainer Hampp Verlag, München und Mering, ISBN 3-87988-612-1
17. Rybenko K, Katranuschkov P, Scherer RJ (2010) Towards ontology based business process management in construction. In: Menzel K, Scherer R (Hrsg) eWork and eBusiness in architecture, engineering and construction, European conference on product and process modelling 2010. CRC Press/Balkema, Boca Raton/Rotterdam
18. Rupprecht C (2002) Ein Konzept zur projektspezifischen Individualisierung von Prozessmodellen. Dissertation, Universität Karlsruhe, Fakultät für Wirtschaftswissenschaften
19. Keller M (2007) Informationstechnisch unterstützte Kooperation bei Bauprojekten (IT supported co-operation in construction projects). Dissertation, Report No 6, Institute of Construction Informatics, TU Dresden (in German)

20. Günter A, Kreuz I, Kühn C (1999) Kommerzielle Software-Werkzeuge für die Konfigurierung von technischen Systemen. Künstl Intell 99(3):61–65
21. Baling M, Katranuschkov P, Schapke SE, Scherer RJ (2010) Semiautomatic process generation with reusable process and knowledge modules. In: Proc 16th international conference on concurrent enterprising (ICE 2010), Lugano, Switzerland
22. Benevolenskiy A, Roos K, Katranuschkov P, Scherer RJ (2012) Construction processes configuration using process patterns. Adv Eng Inform 26(4):727–736
23. Bargstädt HJ (2008) Montagestrategien und die Logik der Bauprozesse. In: Bargstädt H-J (Hrsg) Tag des Baubetriebs 2008; Auf dem Weg zum digitalen. (Bau-)Haus-Bau. Bauhaus-Universität Weimar, Weimar, S 81–94
24. La Rosa M (2009) Managing variability in process-aware information systems. PhD thesis, Queensland University of Technology
25. Schlingheider A (1994) Methodik zur Entwicklung rechnergestützter Konfigurationssysteme. Carl Hanser Verlag, München, Wien. (Produktionstechnik – Berlin 145), 156 S, Zugl, Berlin, Technische Universität, Dissertation, ISBN 3-446-17827-9
26. Berners-Lee T (2003) WWW past & future http://www.w3.org/2003/Talks/0922-rsoc-tbl/
27. McDermott JP (1982) R1: a rule-based configurer of computer systems. Artif Intell 19(1):39–88
28. Horrocks I, Patel-Schneider PF, Boley H, Tabet S, Grosof B, Dean M (2004) SWRL: a semantic web rule language combining OWL and RuleML, http://www.daml.org/rules/proposal/
29. Motik B, Sattler U, Studer R (2005) Query answering for OWL-DL with rules. Web Semant, Sci Serv Agents World Wide Web 3(1):41–60, ISSN 1570-8268
30. Pahl J, Damrath R (2000) Mathematische Grundlagen der Ingenieurinformatik. Springer, Berlin
31. Jena-Rules, http://jena.apache.org/documentation/inference/
32. Benevolenskiy A, Roos K, Scherer RJ (2012) Using rules for the configuration of construction processes. In: Proceedings of the ICCCBE 2012, Moscow, Russia
33. Soininen T, Tiihonen J, Männistö T, Sulonen R (1998) Towards a general ontology of configuration. AI EDAM 12(4):357–372
34. Chandrasekaran B (1990) Design problem solving: a task analysis. AI Mag winter issue, 59–71
35. Wielinga B, Schreiber G (1997) Configuration-design problem solving. IEEE Expert 4:49–56
36. Girmscheid G (2007) Bauproduktionsprozesse des Tief-und Hochbaus. Eigenverlag des IBB an der ETH Zürich, Zürich

Prozessgesteuerter Einsatz und Annotation von Multimodellen und Multimodellvorlagen 13

Sven-Eric Schapke und Raimar J. Scherer

Zusammenfassung

Multimodellcontainer ermöglichen den projektweiten Austausch und gezielten Einsatz integrierter, fachübergreifender Informationen. Anhand von Fachmodellspezifikationen können differenzierte Vorgaben für die Inhalte eines Multimodells formuliert, in einer Vorlage gespeichert und so kann die verteilte Bearbeitung durch unterschiedliche Projektteilnehmer geplant und koordiniert werden. Der Multimodellcontainer wird dabei als Geschäftsobjekt angesehen, das sowohl Eingangsinformationen als auch Ergebnisse einzelner Aufgaben zusammenfasst. Das Multimodell eignet sich damit besonders gut zur prozessbasierten Planung und Steuerung von Bauprojekten.

Aufbauend auf mehreren Szenario- und Anforderungsanalysen wurden die Modellierungsmethoden, die Identifikation der erforderlichen Softwarefunktionen und die Ausgestaltung von Prozessmodellen erarbeitet. Für die Planung der multimodellbasierten Kollaborationsprozesse wurden eine Methode zur Referenzmodellierung sowie entsprechende Modellierungstechniken und -werkzeuge entwickelt. Wichtige Modellierungsinstrumente waren zum einen Prozessvorlagen in BPMN Notation, die in herkömmlichen BPMN Editoren genutzt werden können. Zum anderen wurden Annotationsvokabulare und Editoren entwickelt, um Multimodellvorlagen bzw. Multimodelltemplates, MMT, zu definieren und diese in die BPMN Prozessdiagramme zu integrieren.

13.1 Einführung

Die Kombination von mehreren Fachmodellen in einem Multimodell bietet zahlreiche Möglichkeiten, neue Arbeitsverfahren für die verteilte modellbasierte Planung und Entscheidungsfindung einzusetzen. Das entstandene Verbundmodell repräsentiert zuerst ein

S.-E. Schapke (✉) · R.J. Scherer
Institut für Bauinformatik, Technische Universität Dresden, Dresden, Deutschland

R.J. Scherer, S.-E. Schapke (Hrsg.), *Informationssysteme im Bauwesen 1*,
DOI 10.1007/978-3-642-40883-0_13

koordinierendes Informationsobjekt, in dem Projektinformationen aus unterschiedlichen Quellen für bestimmte Einsatzbereiche und Projektzeitpunkte kombiniert werden können. Die Linkmodelle können dabei Gemeinsamkeiten, Inkonsistenzen und andere Abhängigkeiten der Fachmodelle untereinander aufzeigen. Sie können weiterhin ausgewertet werden, um die Fachmodellinhalte zu synchronisieren und umfassende Datengrundlagen für weiterführende Untersuchungen aufzubauen.

Ein weiterer Einsatzbereich der Multimodelle ist die Planung und Koordination der Projektzusammenarbeit. Hierbei wird das Multimodell als Geschäftsobjekt eingesetzt, das die Projektinformationen zu einzelnen Aufgaben bündelt. Für die Vergabe einer Aufgabe können die zur Bearbeitung erforderlichen Informationen dem Aufgabenempfänger in einem Multimodellcontainer übergeben werden. Im Gegenzug können auch die Ergebnisse der Aufgabenbearbeitung wieder als Multimodellcontainer geliefert werden.

Während die Multimodelle zur Synchronisation und Analyse der Projektinformationen zunächst lokal von einzelnen Anwendern und Softwaresystemen genutzt werden, steht im Mittelpunkt der multimodellbasierten Zusammenarbeit der prozessgesteuerte Austausch von Multimodellen sowie die Kommunikation über ihre geplante bzw. erfolgte Nutzung.

Um die Einsatzmöglichkeiten der Multimodelle zu untersuchen, wurde eine Reihe von Prozessanalysen durchgeführt und es wurden verschiedene Prozessmodelle erstellt. Das vorliegende Kapitel bietet einen Überblick über die hierbei eingesetzten und neu entwickelten Analyse- und Modellierungstechniken. Er gliedert sich in drei Teile: Abschn. 13.2 beschreibt prozessbasierte Anforderungsanalysen auf der Grundlage von Anwendungsszenarien, die zum Anfang des Projekts Mefisto durchgeführt wurden. Abschnitt 13.3 stellt die entwickelten Modellierungstechniken für den Entwurf von Referenzprozessen der Projektkollaboration dar, und Abschn. 13.4 gibt schließlich einen Überblick über die Annotationsvokabulare, die für die detaillierte Beschreibung der einzelnen Fach- und Linkmodelle erarbeitet wurden.

13.2 Anforderungsanalysen

Am Anfang des Projekts Mefisto wurden mehrere prozesszentrierte Anforderungsanalysen durchgeführt. Sie waren die Grundlage für die Erarbeitung neuer Modellierungsmethoden, die Identifikation erforderlicher Softwarefunktionen und die Ausarbeitung von Demonstrationsszenarien. In den Analysen wurden die Kollaborationsprozesse auf drei Ebenen untersucht:

- Unternehmensprozesse: Ausgangspunkt war eine Szenarioanalyse [4], in der die Nutzung der Multimodelle durch die am Bauprojekt beteiligten Mitarbeiter in ihrem Unternehmen beschrieben wird.
- Projektzusammenarbeit: Auf der Ebene der Projektzusammenarbeit wurden anschließend die Prozesse für den koordinierten Austausch der Multimodelle über die Unternehmensgrenzen hinweg analysiert und später in Referenzmodellen zusammengestellt.

- Softwaresysteme: Auf der Grundlage der Arbeits- und Kommunikationsprozesse wurden schließlich auch detaillierte Untersuchungen der Kommunikationsprozesse der Softwaredienste untereinander auf der Mefisto Plattform (Teil I, Kap. 5) sowie der erforderlichen Operationen zur Modellbearbeitung (Teil II, Kap. 9) erstellt.

Das vorliegende Kapitel diskutiert zuerst die Untersuchungen der Unternehmensebene im nachfolgenden Abschn. 13.2.1 sowie die der Projektzusammenarbeit im Abschn. 13.3.

13.2.1 Szenarioanalyse

Ziel der Szenarioanalyse [4] war es, Arbeits- und Kommunikationsprozesse im Bauprojekt zu identifizieren, die durch den Einsatz neuer Multimodell- und Analysetechniken verbessert werden können. Darüber hinaus sollten erste Referenzprozesse entworfen werden, mit deren Hilfe die multimodellbasierten Kollaborationsprozesse im Projekt geplant und gesteuert werden können.

In der Szenarioanalyse wurden die Arbeits- und Kommunikationsprozesse der Teilnehmer eines Bauprojekts im Zeitraum der Vergabevorbereitung bis zur Bauabrechnung in Anwendungsszenarien beschrieben und analysiert. Grundlage der mehrstufigen Untersuchung waren die Analysetechniken der Szenariomatrix [1, 2] und das sich daraus entwickelte Information Delivery Manual nach ISO 29481-1 [3].

Ausgangspunkt der Szenarioanalyse war die Szenarioentwicklung. In dieser wurden die Aufgaben der Mitarbeiter beim AG und AN anhand von Aufgabenmodulen beschrieben. Ein Aufgabenmodul fasst eine Reihe funktional abgeschlossener Planungs-, Koordinations-, Prüfungs-, Genehmigungs- oder Berichtsaufgaben zusammen, denen ein eindeutiges Ergebnis sowie typischerweise eine einzelne Rolle, d. h. ein oder mehrere Mitarbeiter mit gleicher Tätigkeit und eine Softwareanwendung, zugeordnet werden können. Neben Aufgabe, Bearbeiter und Software charakterisieren das Aufgabenmodul insbesondere die Informationen, die für die Ausführung der Aufgabe einerseits erforderlich sind die Eingangsinformationen, und andererseits nach der Bearbeitung wieder bereitgestellt werden, die Ausgangsinformationen.

Um die Anforderungen an die eingehenden und ausgehenden Informationen definieren zu können, wurden in der Szenarioentwicklung auch typische Arten von Fachmodellen erfasst, wie sie heute in der Bauplanung und im Bauprojektmanagement eingesetzt werden. Nachdem eine Vielzahl unterschiedlicher Fachmodelle, wie z. B. Bauwerksmodelle, Baustellenmodelle, Leistungsverzeichnisse, identifiziert waren, wurden diese in neun Fachmodelldomänen mit unterschiedlichen Modellkonzeptionen und Anwendungen klassifiziert (Teil I, Kap. 1). Darüber hinaus wurde bereits in der Szenarioentwicklung vermerkt, welche Beziehungen zwischen den Fachmodellen bestehen können.

Ein wesentliches Ergebnis der Szenarioentwicklung ist die Szenariomatrix mit rund 100 Aufgabenmodulen [4], die einzelne Arbeitsaufgaben sowie die jeweils beteiligten Personen und die anwendbaren Fachmodelle und Softwareanwendungen aufzeigen.

Abbildung 13.1 stellt ein Aufgabenmodul der Szenariomatrix vereinfacht dar. Es beschreibt die Detaillierung der Baustelleneinrichtung im Rahmen der Angebotserstellung.

	Bauwerk	Baustelle	Organisation	Bauleistungen	Kosten	Termine
Aufgabe: Überprüfen u. Detaillierung der Baustelleneinrichtung, Erstellung der Baugeräteliste						
Eingang	**BW-AG_ANG-BWK** Bauwerksmodell zur Koordination der Angebotserstellung	**BS-AN_ANG-BOM** Baustellen-Ordnungsplan zur Angebotserstellung, mit Baumethoden >BW-AG_ ANG-BWK >BS-AG_ANG-CLK **BS-AG_ANG-CLK** Baustellenumgebung Stadtmodell und Logistik	**BO-AG_ANG-POK** Für Ausschreibung relevante Projektorganisation (relevante AG-Abteilungen, Fachplaner, sonst. Dienstleister) >BW-AG_ ANG-BWK	**BL-AG_ ANG -LVK** Leistungsverzeichnis zur Ausschreibung >BW-AG_ ANG-BWK >BS-AN_ANG-BOM	n/a	**TM-AG_ ANG-BSP** Baustellenterminplan Angebot >BL-AG_ ANG-LVK
	Stelle: Arbeitsvorbereitung AN					
Ausgang	n/a	**BS-AN_ANG-BST** Detailliertes Bau-stellenmodell der Arbeitsvorbereitung, mit Baumethoden, >BW-AG_ ANG-BWK >BS-AG_ANG-CLK	**BO-AN_ANG-BST** Projektorganisation Baustelle >BL-AG_ ANG-LVB	**BL-AG_ ANG-LVB** Leistungsverzeichnis zur Ausschreibung, Baustelle >BW-AG_ ANG-BWK >BS-AN_ANG-BST	n/a	n/a

Abb. 13.1 Aufgabenmodul der Szenariomatrix, Detaillierung der Baustelleneinrichtung im Rahmen der Angebotserstellung

Es weist die Aufgabe, die bearbeitende Stelle und die Softwareanwendung sowie die eingehenden und ausgehenden Fachmodelle auf. Für die Bezeichnung der Fachmodelle wurde ein viergliedriges Kennzeichnungssystem genutzt.

Das erste Glied bezeichnet die Domäne des Fachmodells.

- Vorgangsmodell/Bauprozessmodell, BT
- Bauwerksmodell, BW
- Baustellenmodell, BS
- Bauorganisationsmodell, BO
- Bauleistungsmodell, BL
- Kostenmodell, BK
- Risikomodell, BR

Das zweite Glied legt fest, ob es sich beim Ersteller um einen Vertreter des Auftraggebers oder des Auftragnehmers handelt und unterscheidet folglich zwischen:

- Auftraggeber, AG
- Auftragnehmer, AN
- Auftragnehmer und Auftraggeber, GN

Bei dem dritten Glied handelt es sich um ein max. dreistelliges Kürzel für die Phase, in der die Informationsressource erstellt wurde. Das vorliegende Gesamtszenario unterscheidet die sechs Phasen:

- Entwurf und Planung, PLN
- Ausschreibung, AUS
- Angebotserstellung, ANG
- Vergabe und Vertrag, VER
- Arbeitsvorbereitung, AVB
- Bauausführung, BAF

Das vierte Glied bildet ein aussagekräftiges Kürzel, das den gebräuchlichen Fachterminus für das Fachmodell oder, falls dieser nicht existiert, für die jeweilige Aufgabe anzeigt. Als letzte Buchstaben werden dabei wiederholt verwendet:

- ...S – für Fachmodelle aus anderen Aufgabenkomplexen, die für die weitere Bearbeitung geprüft und strukturiert wurden
- ...K – für Fachmodelle, die für die weitere Koordination der Aufgaben im Aufgabenkomplex erstellt wurden
- ...F – für finale Fachmodelle am Ende eines Aufgabenkomplexes
- ...E – Ergänzung von AG oder AN zu GN Modellen
- Danach würde die Kurzbezeichnung BW-AG_AUS-BWK, der vorgestellten Notation folgend, ein Bauwerksmodell, BW, bezeichnen, welches vom Auftraggeber, AG, in der Phase Ausschreibung, AUS, zu Koordinationszwecken, BWK, erstellt wurde.

Die horizontalen Interdomänenabhängigkeiten zwischen den Eingangs- und Ausgangsmodellen wurden durch Referenzen „>" auf andere Fachmodelle angegeben. Vertikale Detaillierungsgrade und longitudinale Phasenabhängigkeiten wurden lediglich im Rahmen der Beschreibungen festgehalten.

Im Anschluss an die Szenarioentwicklung wurde die Szenariomatrix in mehreren Diskussionen und Analysen genutzt und verfeinert. Die systematische Beschreibung der Eingangs- und Ausgangsinformationen ermöglichte es, die Abhängigkeiten unter den Aufgabenmodulen und Fachmodellen weiter zu analysieren. Zuerst wurden die Anforderungen an die jeweiligen Softwareanwendungen zum Erstellen, Bearbeiten, Synchronisieren, Verteilen und Auswerten der einzelnen Fachmodelle diskutiert. Dabei wurde bspw. berücksichtigt, inwieweit die Fachmodelle von einem Aufgabenmodul nur gelesen, evtl. angepasst oder auch vollständig neu entwickelt werden. Weiter detaillierte Anforderungen an die einzelnen Fachmodelle wurden in der anschließenden Modellanalyse zusammengetragen (Abschn. 13.2.2).

Darüber hinaus wurden die sachlogischen Anordnungsbeziehungen betrachtet, die sich dadurch ergeben, dass die für ein Aufgabenmodul erforderlichen Fachmodelle von einem anderen Modul zuvor erstellt werden müssen. Aufgrund dieser Anordnungsbeziehungen können bereits zahlreiche sachlogisch richtige Informationsflüsse generiert und untersucht werden.

Um die Referenzmodellierung der Informationsprozesse weiter zu unterstützen, wurden die Aufgabenmodule schließlich hierarchisch gegliedert und in Abstimmung mit der HOAI [5] und der AHO [6] in übergeordnete Aufgabenkomplexe, Leistungsbereiche und

<table>
<tr><th colspan="2">Aufgabe: Überprüfen und Detaillierung der Baustelleneinrichtung, Erstellung der Baugeräteliste</th></tr>
<tr><td>Elemente</td><td>Strukturierung</td></tr>
<tr><td>- Bauelemente des baulichen Ausbaus wie Fester, Türen, GK-Wände, etc.</td><td>- Zuordnung der Elemente zu Ebenen, Bauabschnitten und damit zur Projektstruktur</td></tr>
<tr><td>Eigenschaften</td><td>Repräsentation</td></tr>
<tr><td>- IDs und Bezeichner
- Geometrie, Position, geom. Mengen</td><td>- 2D und 3D Repräsentationen</td></tr>
<tr><td>Detaillierung</td><td>Abstraktionsstufen</td></tr>
<tr><td>- abstrahierte Geometrie (~ M=1:100) ohne Details und Anschlüsse</td><td>- Gebäudegrundgeometrie (ausgew. Raum-, Roh- und Ausbauelemente, baulich)</td></tr>
<tr><td colspan="2">Horizontale Modellbezüge</td></tr>
<tr><td colspan="2">> Raummodell (BW-AG_AUS-BWF): Elemente als raumbegrenzende Bauteile in der Projekt- und Raumstruktur
> Ergänzende Fachplanermodelle (BW-AG_AUS-FPF): z.B. Tragwerksplanung
> Leistungsverzeichnis (BL-AG_AUS-LVF): Leistungsverzeichnis zur Ausschreibung
> Rahmenterminenterminplan (BT-AG_AUS-RTF): Bezüge zu Terminansätzen im Steuerungsterminplan für einzelnen oder gruppierten Rohbau- und Ausbauelemente</td></tr>
</table>

Abb. 13.2 Inhaltliche Analyse des Teilmodells baulicher Ausbau im Bauwerksmodell des AGs in der Phase Vorbereitung der Ausschreibung

Projektphasen zusammengefasst. Gleichzeitig wurden wiederkehrende Aufgabenmodule zur Aufbereitung und Verteilung der Fachmodelle am Anfang einer Projektphase sowie zur Synchronisation, Prüfung und Freigabe am Ende einer Projektphase vereinheitlicht.

13.2.2 Modellanalyse

Für die Modellanalyse wurden einzelne Fachmodelltypen aus der Szenarioanalyse ausgewählt und nochmals einer detaillierteren Analyse unterzogen, um detaillierte Anforderungen an ihre Inhalte und ihre technische Formalisierung zur erfassen.

Abbildung 13.2 illustriert das Ergebnis der inhaltlichen Analyse für den Teil eines Bauwerksmodells in der Phase Vorbereitung der Ausschreibung, der den baulichen Ausbau abbildet. Das Beispiel zeigt die Kriterien auf, nach denen Modelle in der inhaltlichen Analyse diskutiert wurden.

- Elemente und Eigenschaften zeigen die primären Inhalte eines Modells auf, mit denen die gegenständlichen oder konzeptionellen Dinge einer Anwendungsdomäne beschrieben werden.
- Strukturierung beschreibt die Systematik, nach der die Elemente eines Modells untereinander in Beziehung gesetzt werden. Je nach Modelldomäne können hierbei räumliche, zeitliche, materielle oder auch energetische Klassifikationen und Topologien aufgestellt werden.

- Repräsentation gibt an, wie die Modellinhalte dem Nutzer am besten visuell präsentiert werden. Viele Inhalte können dabei in unterschiedlichen Visualisierungen, z. B. 2D/3D Geometrie, in Text- oder Tabellenform, dargestellt werden.
- Detaillierung, bzw. vertikaler Modellbezug, beschreibt, wie detailliert eine Anwendungsdomäne abgebildet wird und wie feingliedrig die Modellelemente sind. Im Laufe eines Bauprojekts werden die Fachmodelle typischerweise zunehmend technisch detaillierter. Dies bedeutet nicht, dass die Objekte auch in spezialisierende Unterobjekte strukturiert sind. Ziel war es, typische Detaillierungsgrade zu identifizieren.
- Abstraktionsstufen bzw. vertikaler Modellbezug diskutiert die Frage, wie viele Aggregationsstufen bzw. Spezialisierungsstufen ein Fachmodell umfasst. Zusätzlich zur technischen Detailierung erfolgt hierbei eine semantische Detailierung, bzw. Separierung und Spezialisierung einzelner Elemente. Hierbei werden damit auch abstraktere Repräsentationen von Elementgruppen und ganzen Projektteilen berücksichtigt.
- Horizontale Modellbezüge beschreiben, inwieweit die Elemente eines Fachmodells in Beziehung zu Elementen anderer Fachmodelle stehen.

Ausgehend von den funktionalen Anforderungen wurden anschließend auch die technischen Anforderungen an die einzelnen Fachmodelle diskutiert und mögliche Fachmodellformate und Softwarewerkezeuge für ihre Bearbeitung zusammengestellt. Diese Modellanalyse bietet eine fundierte Basis, den Detaillierungsgrad, LoD, zu definieren.

13.3 Referenzmodellierung von Kollaborationsprozessen

Für die Beschreibung der multimodellbasierten Kollaborationsprozesse wurden eine Methode zur Referenzmodellierung sowie entsprechende Modellierungstechniken und -werkzeuge entwickelt. Ausgangspunkt der Modellierung ist der schematische Entwurf einzelner Kollaborationsprozesse in unterschiedlichen Projektphasen. Hierzu wurden zuerst die Prozesse entsprechend der Szenariomatrixmethode strukturiert. Anschließend wurden die Prozesse und die darin ausgetauschten Informationsressourcen in drei Schritten weiter detailliert und unter den Projektbeteiligten diskutiert.

Im ersten Schritt wurden grundlegende Kollaborationsprozesse modelliert, welche die Erstellung und den Austausch der Multimodelle prinzipiell darstellen, wie sie in Teil II, Kap. 23 modelliert sind. Die erstellten Prozessmodelle dienen als Grundlage für die weitere Planung der Informationslogistik, d. h. des Einsatzes von Fach- und Linkmodellen sowie der Bestimmung ihrer Inhalte. Zur Abbildung der Kollaborationsprozesse wurden Prozessdiagramme in der Business Process Model and Notation [7] mit herkömmlichen BPMN Editoren erstellt. Unterstützt wurde die Modellierung durch weitere Modellierungsvorgaben sowie entsprechende Diagrammvorlagen mit einer eingeschränkten Auswahl an vorkonfigurierten Modellierungskonstrukten. Abschnitt 13.3.1 stellt die Diagrammvorlagen vor. Diese BPMN Diagramme sind ein wichtiges Werkzeug, die Prozesse und Informationen zu steuern und zu kontrollieren.

Im zweiten Schritt wurden die in den Kollaborationsprozessen ausgetauschten Multimodelle mithilfe formaler Multimodellvorlagen, Multimodelltemplates, MMT, beschrieben. Eine Multimodellvorlage bezeichnet eine Containerbeschreibung, die die Inhalte, d. h. Modellbezeichnungen und Metainformationen zukünftiger Multimodellcontainer, aufzeigt, aber noch keine instanziierten Modelle enthält. Sie wird im Detail in Abschn. 13.3.2 definiert. Grundlage sind die Spezifikationen des Multimodellcontainers (Teil I, Kap. 2) und der Multimodellontologie (Teil I, Kap. 4). Sie wurden für die Definition der Vorlagen angepasst und erweitert. Für die Bearbeitung der Vorlagen und Annotationsvokabulare wurden einige Editoren im Collaboration Manager, CoMa, realisiert (Teil I, Kap. 6). Abschnitt 13.3.2 diskutiert, wie die vordefinierten Annotationsvokabulare genutzt werden können, um Vorlagen für Fach-, Link- und Multimodelle zu erstellen und diese anschließend auf der Mefisto Plattform zu veröffentlichen. Abschnitt 13.3 zeigt weiterhin, wie die Spezifikationen der Multimodellontologie durch detaillierte Vokabulare zur Annotation der Fachmodelle erweitert wurden.

Im dritten Schritt wurden die grundlegenden Kollaborationsprozesse verfeinert und die einfachen Beschreibungen der Multimodelle durch entsprechende Vorlagen ersetzt. Hierfür wurden die Multimodellvorlagen als BPMN Stereotypen exportiert und im BPMN Editor wiederverwendet. Abschnitt 13.3.3 zeigt, wie die grundlegenden Kollaborationsprozesse nach der weiteren Verfeinerung und Formalisierung eine Grundlage für die Workflowmodellierung bieten. Die Möglichkeiten, die Multimodellcontainer auch zur Koordination dieser Workflows einzusetzen, werden schließlich in Abschn. 13.3.4 diskutiert.

13.3.1 Multimodellbasierte Kollaborationsprozesse in BPMN

Für die Modellierung der Kollaborationsprozesse wurden die Prozessdiagramme der Business Process Model and Notation, BPMN, [7] ausgewählt. Für die Abbildung unternehmensübergreifender Prozesse weisen diese zwei wesentliche Vorteile gegenüber anderen Modellierungssprachen, wie z. B. den Prozessdiagrammen der IDEF [8] oder den ereignisgesteuerten Prozessketten [9], auf. Zum einen werden die Prozesse unterschiedlicher Organisationen immer separat modelliert und können von außen nicht direkt gesteuert, sondern lediglich durch Nachrichten beeinflusst werden. Zum anderen können auch Zwischenereignisse berücksichtigt werden, die während der Ausführung innerhalb eines Prozesses auftreten oder von anderen Prozessen oder Nachrichten hervorgerufen werden.

Diese Modellierungsregeln ermöglichen es, die internen Prozesse eines Unternehmens zu kapseln und im Kollaborationsprozess lediglich übergeordnete Wertschöpfungs- oder Verhandlungsaufgaben darzustellen. Gleichzeitig können aber die Kommunikationsschnittstellen eines Prozesses, z. B. zur Koordination oder Überwachung, von außen mithilfe der Zwischenereignisse sehr viel detaillierter abgebildet werden.

Weil die BPMN eine Vielzahl von Modellierungskonstrukten und Möglichkeiten bietet, diese zu nutzen, wurden weitere Vorgaben für die Modellierung der Kollaborationsprozesse gemacht. Durch die Entwicklung entsprechender Diagrammvorlagen konnten

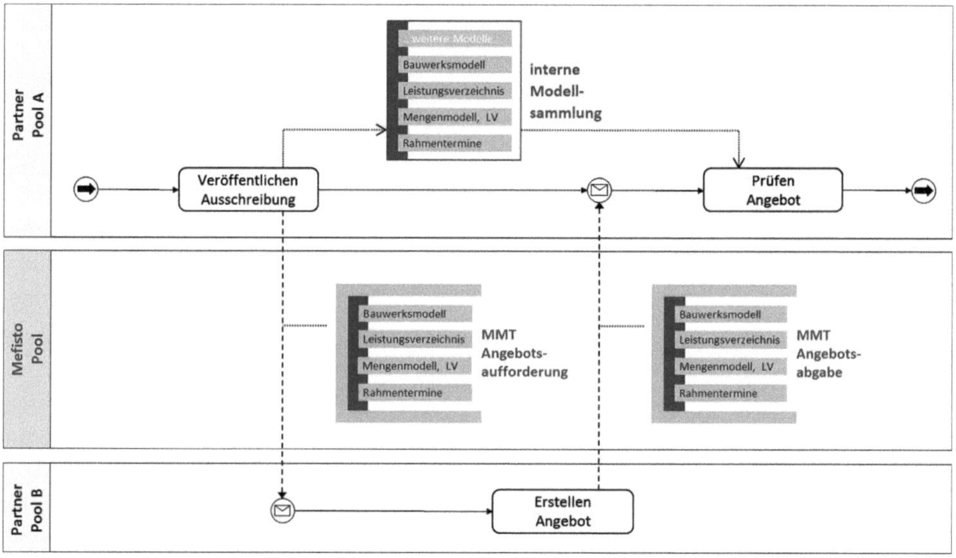

Abb. 13.3 Modellierungskonstrukte in BPMN Prozessdiagrammen am Beispiel eines schematischen Prozesses zur Ausschreibung, Erstellung und Prüfung eines multimodellbasierten Angebotes

eine effiziente Modellierung sowie einheitliche und direkt verwendbare Prozessmodelle erreicht werden. Die empfohlene Auswahl und Verwendung der Modellierungskonstrukte werden im Folgenden kurz vorgestellt.

Abbildung 13.3 illustriert die wichtigsten Modellierungskonstrukte anhand eines schematischen Prozesses zu Ausschreibung, Erstellung und Prüfung eines multimodellbasierten Angebots. Gemäß der BPMN werden die Aktivitäten der einzelnen Unternehmen eines Bauprojekts in separaten Bändern, den Pools, dargestellt und ihre Anordnungsbeziehungen anhand von durchgehenden Pfeilen, dem Sequenzfluss, aufgezeigt. Darüber hinaus wurde aber auch vereinbart, die Mefisto Plattform durch einen eigenen Pool zu repräsentieren, um die veröffentlichen Multimodellcontainer und ihre Verarbeitungsprozesse zentral abbilden zu können. Der Übersichtlichkeit halber werden die Organisationen jedoch nicht in einzelne Organisationseinheiten untergliedert.

Für die Modellierung verschiedener Ablauflogiken bietet die BPMN zahlreiche Arten von Ereignissen, den Events, und Entscheidungsknoten, den Gateways, an. Für die chronologische Verkettung oder hierarchische Gliederung enthalten alle Kollaborationsprozesse zunächst mindestens ein eingehendes und ein ausgehendes Kopplungsereignis, gekennzeichnet mit einem eingekreisten Pfeil. Beim Austausch von Nachrichten wird immer ein eingehendes Nachrichtenereignis, gekennzeichnet mit einem eingekreisten Brief, vorgesehen, das eigenständig im Pool oder an einer Aktivität angeordnet ist. Um die Prozessdiagramme einfach zu halten, werden ausgehende Nachrichtenereignisse dahingegen nicht dargestellt. Darüber hinaus wurden vereinzelt auch Entscheidungsmöglichkeiten im

Prozess durch datenbasierte Gateways und wichtige Ereignisse durch eigenständige Startereignisse abgebildet.

Die in einem Prozess eingesetzten Informationsressourcen werden in BPMN üblicherweise durch Datenartefakte repräsentiert. Für die Modellierung der Kollaborationsprozesse wurden diese durch folgende Multimodellressourcen ergänzt:

- Die organisationsinternen lokalen Informationsressourcen werden anhand von Modellsammlungen dargestellt (Abb. 13.3, Pool A), wobei die horizontalen Balken einzelne Fachmodelle repräsentieren und der vertikale Balken ihre Verlinkung durch ein oder mehrere Linkmodelle aufzeigt. Der Austausch der Modellsammlungen wird durch assoziierende Flussobjekte mittels gepunkteter Pfeile dargestellt.
- Die globalen, zwischen den Unternehmen ausgetauschten Ressourcen werden anhand von Multimodellvorlagen, MMT, repräsentiert. Je nachdem, wie detailliert die Prozesse beschrieben sind, werden in diesen alle Fachmodelle namentlich benannt (s. Abb. 13.3, Mefisto Pool) oder es wird vereinfacht nur das Multimodell insgesamt bezeichnet (s. Abb. 13.6). Der unternehmensübergreifende Austausch der Multimodelle wird durch Nachrichtenflüsse mittels gestrichelter Pfeile aufgezeigt.

13.3.2 Vorlagen für Fachmodelle, Linkmodelle und Multimodelle

Ausgehend von den Kollaborationsprozessen wurden die Inhalte der eingesetzten Modelle weiter diskutiert und mithilfe von Multimodellvorlagen detaillierte Anforderungen an die Multimodellcontainer formuliert. Grundlage der Multimodellvorlagen sind die Spezifikationen der Multimodellontologie (Teil I, Kap. 4) und des Multimodellcontainers (Teil I, Kap. 2).

Die Multimodellontologie definiert auf der zweiten Frameworkebene die bauspezifischen Kollaborationskonzepte als semantische Grundlage für die Definition unterschiedlicher Fach-, Link- und Multimodelle. Zentrale Bedeutung haben dabei die Annotationen bzw. Qualitäten von Informationsressourcen, die erstmals in der Szenarioanalyse identifiziert und angewendet wurden. Wie in Teil I, Kap. 1, Gl. 1.1–1.3 und Kap. 4 diskutiert, wurden vier objektbeschreibende Qualitäten für Informationsressourcen festgelegt: die Fachmodelldomäne, QO_Domain, das Sachgebiet, QO_Subject, das Dateiformat, QO_Format und die Detaillierung, QO_LoD. Weiterhin wurden die zwei temporalen Qualitäten Projektphase, QT_Phase und Bearbeitungsstatus, QT_Status, zur Angabe des Bearbeitungskontextes der Fachmodelle und sechs Qualitäten für das Multimodellmodell (Teil I Kap. 1, Gl. 1.4) ausgewählt.

Zur praktischen Umsetzung der fachsemantischen Vorgaben wurden zum einen die Annotationsvokabulare für die Qualitäten weiter ausgearbeitet sowie Softwarewerkzeuge für ihre Bearbeitung und Plattformdienste für ihre Verwaltung entwickelt. Zum anderen wurden die Spezifikationen der Containerbeschreibung, mmcXML in XML Repräsentation, so angepasst, dass die Fach- und Linkmodelle eines Multimodellcontainers gezielt annotiert

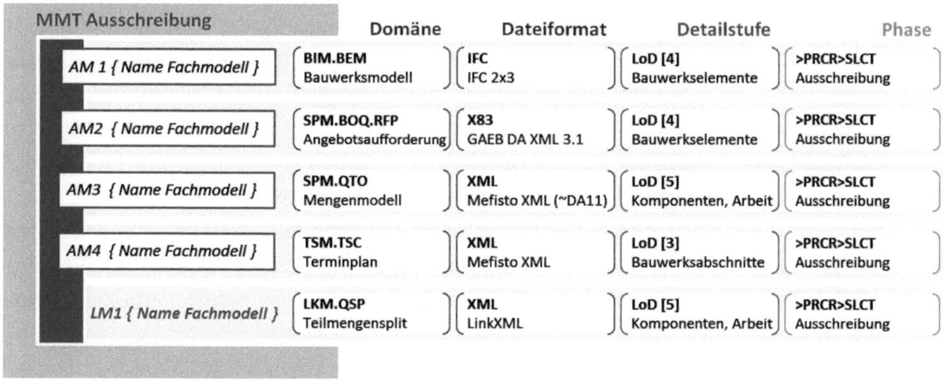

Abb. 13.4 Multimodellvorlage für die Ausschreibung von Bauleistungen

werden können [10] (Teil I Kap. 2). Die folgenden Absätze erläutern das Vorgehen zur Definition von Multimodellvorlagen. Die detaillierte Vorstellung der Annotationsvokabulare erfolgt entsprechend dem in Abb. 13.4 gegebenen Beispiel.

Eine Multimodellvorlage repräsentiert eine Containerbeschreibung, die Fach- und Linkmodelle beschreibt, die noch nicht erstellt oder eingebunden wurden. Sie wird auch als Multimodelltemplate, MMT, bezeichnet. Entsprechend werden auch die im MMT zusammengefassten Beschreibungen der einzelnen Modelle ebenfalls Fachmodellvorlagen, Application Model Template, AMT, und Linkmodellvorlagen, Link Model Template, LMT, genannt.

Abbildung 13.4 illustriert eine Vorlage für einen Multimodellcontainer zur Ausschreibung von Bauleistungen. Nach dieser Vorlage sind für die Ausschreibung von baulichen Roh- oder Ausbaugewerken vier Fachmodelle und ein Linkmodell zu kombinieren. Dies sind:

AM1, ein aktuelles Bauwerksmodell der zu erstellenden Bauelemente im Format IFC 2×3

AM2, jeweils ein aktuelles Leistungsverzeichnis im Format GAEB DA X83 zur Angebotsaufforderung und ein zugehöriges Mengenmodell und Linkmodell

AM3, Teilleistungsmengen

AM4, ein grober Terminplan, der den zeitlichen Rahmen für die Bauleistungen angibt

LM1, das die Mengen, bzw. den Mengensplit AM3 zwischen Bauwerk AM1 und Leistungsverzeichnis AM2 verlinkt und diese wiederum mit dem Terminplan AM4 verknüpft.

Weitere Möglichkeiten inhaltliche Vorgaben für die Fachmodelle zu machen, bieten die in den Kapiteln Teil I, Kap. 3 und Teil II, Kap. 14 vorgestellten Fachmodellsichten und zugehörige Filterspezifikationen, denn oftmals wird nicht das komplette Fachmodell benötigt, sondern nur Teilmodelle. Ausgehend von dem Datenschema einer Fachmodelldomäne zeigen die Fachmodellsichten die Teile des Schemas auf, die für bestimmte fachspezifische Sichten auf das Modell gelten. Die Fachmodellfilter spezifizieren wiederum Filtervorschriften, wie diese Modellsichten aus einem instanziierten Gesamtmodell generiert werden können.

In den Multimodellvorlagen werden die fachspezifischen Sichten auf ein Fachmodell zuerst dadurch berücksichtigt, dass sie unterschiedlich bezeichnet werden. Das Vokabular der Fachmodelldomänen definiert hierfür zu jeder Domäne entsprechende Subdomänen (vgl. Abschn. 13.4.1). In der Containerbeschreibung können darüber hinaus auch zughörige Modellsichten oder Filterspezifikationen explizit referenziert werden, um z. B. anzugeben, mit welchem Filter ein Modell erstellt wurde.

Die Annotationsvokabulare sowie die unterschiedlichen Modellvorlagen werden auf der Mefisto Plattform von einem zentralen Plattformdienst zur Vorlagenverwaltung gespeichert und stehen den Fachanwendungen über eine Webserviceschnittstelle zur Verfügung. Für die Definition und Bearbeitung der Annotationsvokabulare und Modellvorlagen wurden darüber hinaus verschiedene Editoren im Collaboration Manager, CoMa, umgesetzt. Detaillierte Beschreibungen der Plattformdienste und des Collaboration Managers finden sich in Teil I, Kap. 5 und Teil I, Kap. 6.

Abbildung 13.5 zeigt die Nutzeroberfläche von CoMa bei der Bearbeitung einer Multimodellvorlage. Die Oberfläche gliedert sich in drei Teile. Der linke Teil zeigt das von der zentralen Vorlagenverwaltung geladene Vokabular, hier eine Klassifikation von Fachmodelldomänen, und der rechte Teil die Attribute der jeweils ausgewählten Klasse zur Bearbeitung an. Im mittleren Teil können Multimodellvorlagen erstellt und bearbeitet werden. Hierfür können neue Fach- und Linkmodelle angelegt und weitere Annotationsvokabulare geladen werden. Zugewiesen werden die Attribute den Fach- und Linkmodellen per Drag & Drop. Am Ende können die fertigen Multimodellvorlagen auf der Mefisto Plattform veröffentlicht oder lokal als BPMN Stereotypen zur Detaillierung der Kollaborationsprozesse gespeichert werden.

13.3.3 Workflowmodellierung

In der Workflowmodellierung wurden die grundlegenden Kollaborationsprozesse weiter detailliert und die vereinfachten Repräsentationen der Multimodellvorlagen durch formale BPMN Stereotypen ersetzt.

Abbildung 13.6 stellt ein detailliertes Prozessdiagramm im BPMN Editor dar, das die Prozesse zur Verhandlung eines Bauvertrags aufzeigt. Durch die eingefügten Entscheidungsknoten, die Gateways, dargestellt als rautenförmige Symbole, ergibt sich eine Vielzahl an möglichen Prozessabläufen, in denen ein Vertragsangebot beim AG und AN geprüft, ergänzt und angenommen oder auch abgelehnt werden kann.

Das Prozessdiagramm integriert zunächst nur zwei Multimodellvorlagen, die die Fach- und Linkmodelle von Angeboten und entsprechenden Verträgen aufzeigen. Die Vorlage für Verträge ist dabei insgesamt an sieben Stellen hinterlegt, sodass die Möglichkeit geboten ist, die Anforderungen an einzelne Multimodelle in weiteren Konfigurationen des

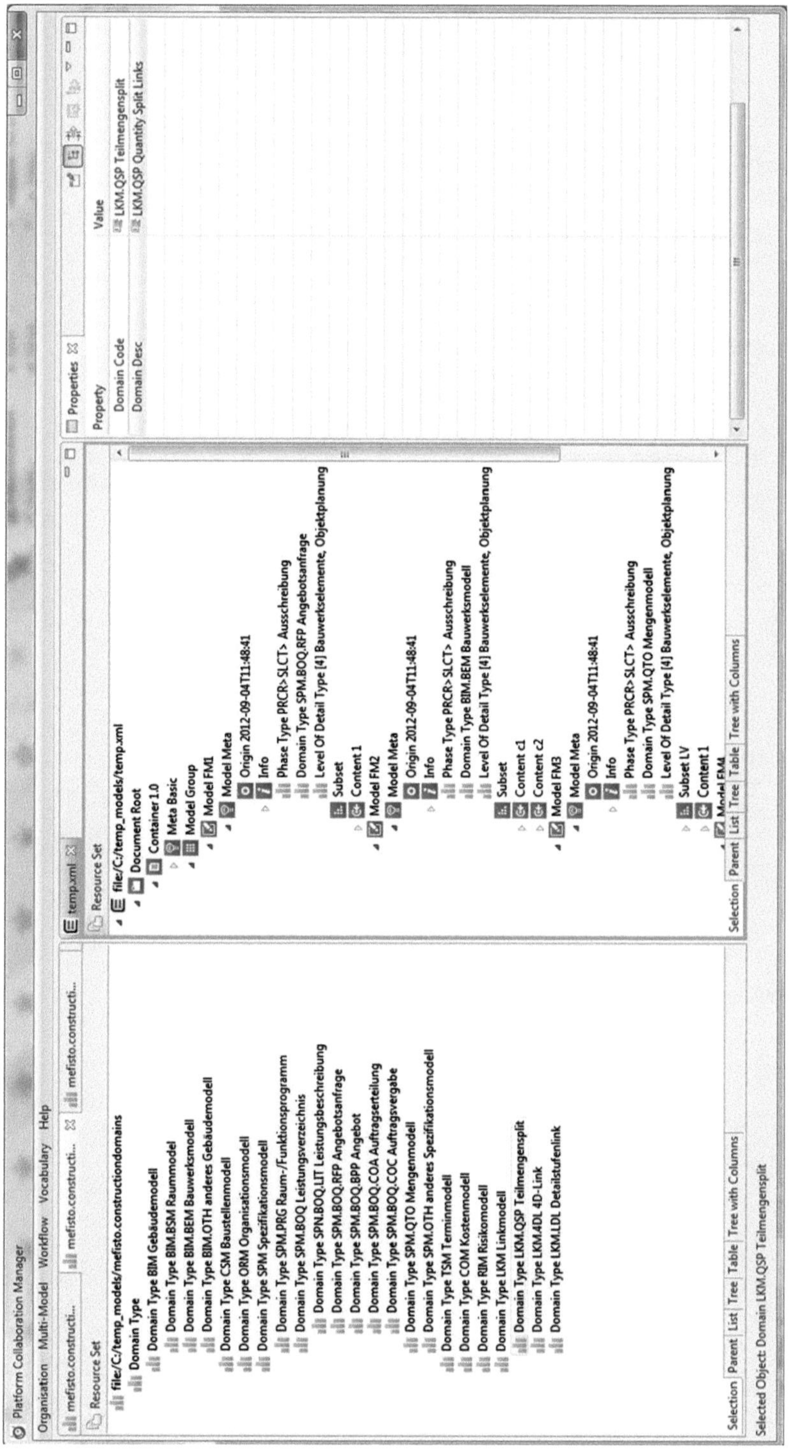

Abb. 13.5 Bearbeitung von Multimodellvorlagen mit dem Collaboration Manager, CoMa

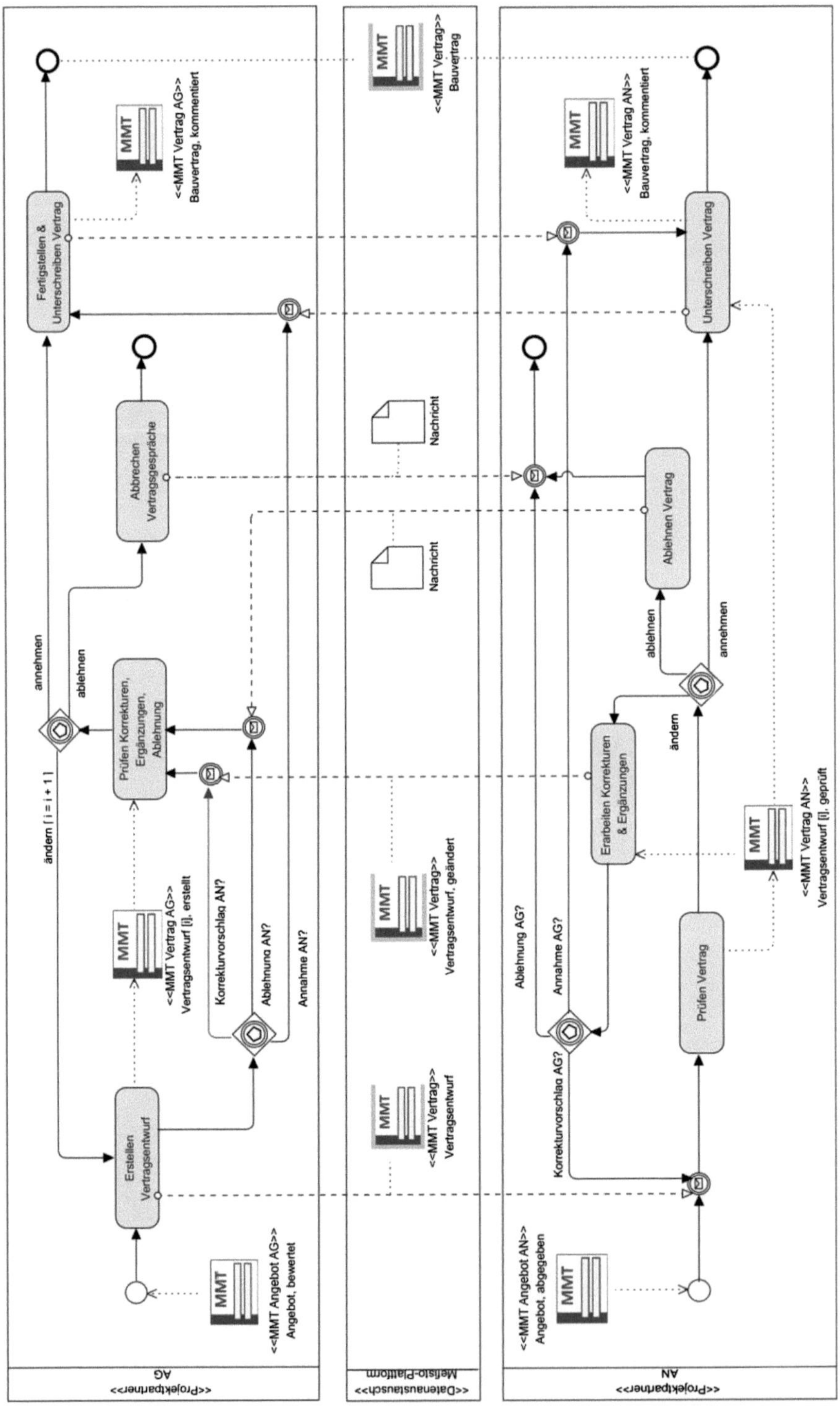

Abb. 13.6 Modellierung von Workflowmodellen im BPMN Editor

Workflows zu differenzieren und bei den Partnern intern bspw. ergänzende Bewertungen und Vergleichsmodelle vorzusehen.

Für die Konfiguration und Instanziierung der entsprechenden Workflows können die detaillierten Prozessdiagramme schließlich in das XML basierte Format der BPMN 2.0 exportiert werden. Die Multimodellvorlagen werden dabei entweder in der Datei eingebettet oder sie können bei der Workflowkonfiguration von der Mefisto Plattform geladen werden. Das Einlesen und die Anpassung der Workflowmodelle sowie die Ausführung entsprechender Workflows wurde im Rahmen einer Workflowkomponente im System GRANID des Projektpartners gibGREINER erprobt.

13.3.4 Koordination der Workflows

Schließlich kann auch die Koordination der Kollaborationsprozesse durch die Multimodellcontainer unterstützt werden. Zuerst kann dem Aufgabenträger mit der Aufgabenbeschreibung eine Multimodellvorlage übergeben werden, die Inhalt, Umfang und Formalisierung der zu produzierenden Ergebnisse festlegt. Der zur Beauftragung genutzte Multimodellcontainer wird dabei als Aufgabencontainer bezeichnet. Im Gegenzug können die erstellten Planungs- oder Controllinginformationen in einem sog. Ergebniscontainer mit entsprechenden instanziierten Fachmodellen geliefert werden.

Neben den Modellvorlagen können die Aufgaben auch bereits instanziierte Fachmodelle beinhalten. Im Aufgabencontainer können diese verwendet werden, um zusätzliche Hintergrundinformationen zu einer Aufgabe bereitzustellen. Im Ergebniscontainer können die neu erstellten Fachmodelle durch bestehende Fachmodelle ergänzt werden, um die Integrität der neu erstellten Projektinformationen überprüfen zu können. Besondere Bedeutung haben dabei die Linkmodelle, mit denen die horizontalen und vertikalen Interdependenzen zwischen bestehenden Fachmodellen und Modellvorlagen im Aufgabencontainer sowie den bestehenden und den neu erstellten Fachmodellen explizit aufgezeigt werden können.

Letztlich können in den Aufgaben- und Ergebniscontainern auch die Workflowmodelle selbst integriert sein. Zusätzlich zur Beschreibung der zu erstellenden bzw. erstellten Modellinhalte können dadurch auch Start- und Abgabetermine einer Workflowaufgabe sowie weitere abhängige Aufgaben und Akteure angeben werden.

Abbildung 13.7 illustriert den Aufgaben- und den Ergebniscontainer zu einer Workflowaufgabe für das Erstellen einer Ausführungsplanung für den Rohbau des Mefisto Hochhauses in den Geschossen 0. bis 6. OG. Beide Container enthalten dabei das Workflowmodell, hier als Gantt Diagramm dargestellt, und das Bauwerksmodell, in dem die Raumstruktur und die Baukonstruktion der Entwurfsplanung enthalten sind. Der Aufgabencontainer enthält darüber hinaus eine verlinkte Fachmodellvorlage, die die Anforderungen an das zu erstellende Bauwerksmodell des Rohbaus spezifiziert. Der Ergebniscontainer integriert dann das entsprechende Rohbaumodell. Die Aufgabe, die Ausführungsplanung für die Rohbaukonstruktion der ersten sechs Geschosse zu erstellen, wird somit durch die

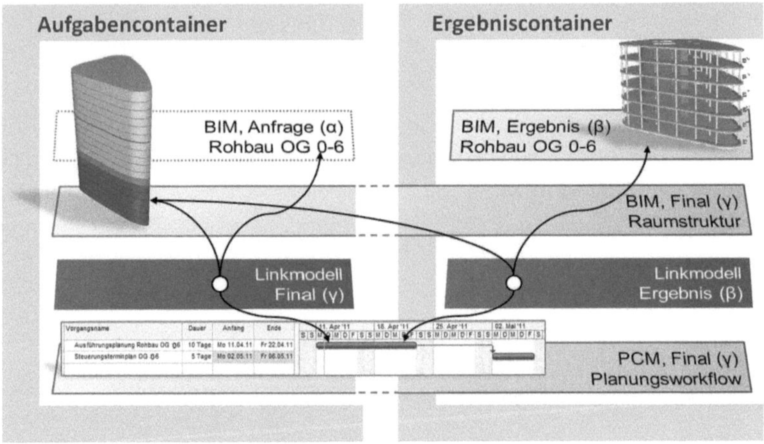

Abb. 13.7 Inhalte eines Aufgaben- und eines Ergebniscontainers

Workflowaufgabe definiert, die mit der zu bearbeitenden Raumzone im Bauwerksmodell und der Fachmodellvorlage verlinkt ist.

13.4 Annotationsvokabulare

In den Informationswissenschaften existiert eine Vielzahl von Metadatenschemas und Metadatennomenklaturen für die Beschreibung und Verwaltung von Informationsressourcen. Neben Klassfikationssystemen für bibliographische Kataloge, z. B. auf Basis der ISO 2709 [11], haben heute insbesondere Begriffssysteme für digitale Ressourcen im Internet große Verbreitung erreicht, wie z. B. das Dublin Core Metadata Element Set (DCMES, [12]) oder die standardisierten Notationen der ISO für Sprachen [13], Länder [14] und Internetmedientypen [15].

Im Bauwesen werden standardisiert Klassifikationen hingegen hauptsächlich zur Strukturierung von Fachinformationen in einzelnen Anwendungsbereichen eingesetzt, wie z. B. die DIN 277 [16] und die DIN 276 [17] für die flächen- und elementbezogene Kostenermittlung oder auch die häufig verwendete Phaseneinteilung der HOAI [5]. Mit der DIN 6779 [18] gibt es zwar auch eine Normenreihe für die Kennzeichnung technischer Produkte und Produktdokumentationen, diese wird im Bauwesen jedoch nur sehr vereinzelt genutzt. Im angelsächsischen Raum werden darüber hinaus auch allgemeine Bauklassifikationen genutzt, wie z. B. OmniClass [19], die Klassifikationen zu unterschiedlichen Aspekten des Bauwesens in einer Facettenklassifikation zusammenfasst.

Insgesamt können die für einzelne Anwendungsbereiche definierten Klassifikationen jedoch nicht gezielt für die Annotation der Multimodelle und ihre Inhalte eingesetzt werden. Ausgehend von den in der Szenarioanalyse festgelegten Begriffen wurden deshalb verschiedene Klassifikationen untersucht und schließlich eigene Annotationsvokabulare in Mefisto definiert.

13.4.1 Fachmodelldomäne

Die Auswahl der Fachmodelldomänen basiert auf den in der Szenarioanalyse identifizierten Fachmodellarten. Wie in Teil I, Kap. 1 diskutiert, wurden zuerst drei konkrete Modelldomänen mit physischen Objekten in Bauwerksmodellen, Baustellenmodellen und Organisationsmodellen sowie eine Modelldomäne mit temporalen Objekten in Prozessmodellen unterschieden. Darüber hinaus wurden drei Modelldomänen mit additiven und strukturierenden Aspekten zur Bewertung und Strukturierung der Produkte und Produktionsprozesse mit dem Leistungsmodell, Kostenmodell und Terminmodell definiert. Weiterhin wurden die drei Domänen zur Spezifikation von Unsicherheit mit Risikomodell, Stochastikmodell und Fuzzymodell festgelegt.

Tabelle 13.1 stellt eine Auswahl der definierten Fachmodelldomänen für Bauwerksmodelle, Leistungsmodelle und Baustellenmodelle dar. Zur weiteren Differenzierung der Fachmodelle und eindeutigen Bezeichnung einzelner Teilsysteme sind die Modelldomänen hierarchisch untergliedert. Subdomänen wurden zuerst dort definiert, wo auch die entsprechenden Dateiformate bereits mehrere Fachmodellsichten anbieten. Hierzu gehört zum einen die Domäne der Leistungsmodelle, in der u. a. zwischen den REB Mengenmodellen SPM.QTO und den Leistungsverzeichnissen SPM.BOQ unterschieden wird. Die Leistungsverzeichnisse werden weiterhin entsprechend den GAEB DA [20] Spezifikationen unterteilt, z. B. in Leistungsverzeichnisse zur Angebotsaufforderung, zur Angebotsabgabe, zur Auftragserteilung.

Zum anderen wurden Fachmodelldomänen für unterschiedliche Modellsichten der digitalen Bauwerksmodelle bzw. der integrierten Produktdatenmodelle festgelegt. Neben den noch zu entwickelnden Fachmodellsichten für IFC Modelle bieten diese auch Systemelemente an, welche die zu einem ingenieurtechnischen System gehörenden Elemente des Gesamtmodells gruppieren. Im IFC Schema sind dieses z. B. die Klassen IfcBuildingSystem, IfcDistributionSystem oder IfcZone. Für die Modelldomäne Bauwerk wurden die Fachmodellsichten für das Raumstruktursystem, das Rohbausystem und das Fassaden-/Hüllsystem weiter ausgearbeitet.

13.4.2 Dateiformate

Wie in Teil I, Kap. 1 diskutiert, wurden für den Austausch der entsprechenden Domänenmodelle eine Reihe anwendbarer Dateiformate ausgewählt oder auch neue Formate spezifiziert. Als Vokabular für die Datenformate dient die einfache ungeordnete Liste der anwendbaren Internetmedientypen entsprechend W3C [15]. Die Fachmodelldomänen sind in einer strengen, d. h. monohierarchischen Klassifikation abgebildet.

13.4.3 Sachgebiet

Während die Fachmodelle einer Modelldomäne auf den gleichen Grundkonzepten basieren, um geometrische, materielle, monetäre oder organisatorische Dinge abzubilden, kön-

Tab. 13.1 Klassifikation der Fachmodelldomänen für Bauwerksmodell, BIM, Leistungsmodell, SPM, und Baustelleneinrichtungsmodell, CSM

Code	Name	Name
BIM	Bauwerksmodell	Building Information Model
BIM.BSM	Raummodell	Building Spatial Model
BIM.BSM.SZS	Raumzonenstruktur	Building Spatial Zoning Structure
BIM.BSM.SRS	Raumstruktur	Building Spatial Room Structure
BIM.BEM	Bauwerkselementmodell	Building Element Model
BIM.BEM.BES	Bauteilstruktur	Building Element Structure
BIM.BEM.BDS	Verteilungssysteme	Building Distribution System
BIM.BEM....	... weitere Bauwerksmodelle	... other Building Information Models
SPM	Leistungsmodell	Specification Model
SPM.PRG	Funktions-/Raumprogramm	Functional Spatial Program
SPM.BOQ	Leistungsverzeichnis	Bill Of Quantity
SPM.BOQ.RFP	Angebotsaufforderung	Request for Proposal
SPM.BOQ.BPP	Angebotsabgabe	Bid Proposal
SPM.BOQ.COA	Auftragserteilung	Contract Award
SPM.BOQ.COC	Auftragsbestätigung	Contracted Confirmation
SPM.QTO	Mengenmodelle	Quantity Take Off
SPM.QTO.MBQ	Mengenermittlung, modellbasiert	Model Base Quantities
SPM.QTO.RBQ	Mengenermittlung, regelbasiert	Rule based Calculated Quantities
SPM.QTO.ESQ	Aufmaß	Measured Quantities
SPM.QTO....	... weitere Mengenmodelle	... other Quantity Models
SPM....	... weitere Leistungsmodelle	... other Specification Models
CSM	Baustelleneinrichtungsmodell	Construction Site Model
CSM.CSL	Baustellenlayout	Construction Site Layout
CSM.CEQ	Baumaschinen und -geräte	Construction Equipment
CSN.CMA	Baustoffe und -produkte	Building Material and Support
CSM....	... weitere Baustellenmodelle	... other Construction Site Model

nen sich diese auf unterschiedliche Bereiche der Planung, der Bauausführung und des Projektmanagements beziehen. So können Terminpläne zwar dahingehend klassifiziert werden, ob sie hierarchisch untergliedert und mit Ressourcen belegt sind, aber ob es sich dabei um einen Planungsterminplan oder einen Ausführungsterminplan für den Rohbau oder den Ausbau handelt, kann auf der Grundlage des vorhandenen Fachmodellschemas nicht entschieden werden.

Als Vokabular für die Sachgebiete wurde eine monohierarchische Klassifikation aufgebaut. Ausgangspunkt der Klassifikation sind die in Anlehnung an die DIN 276 gewähl-

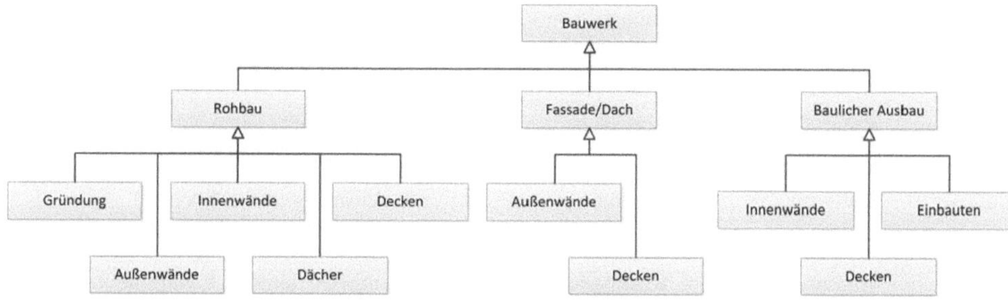

Abb. 13.8 Klassifikation der Sachgebiete im Bereich Bauwerk

ten Klassen Bauwerksumgebung mit Grundstück KG 100, Herrichten und Erschließen KG 200, Außenanlagen KG 500 sowie Konstruktion des Bauwerks KG 300, technische Anlagen KG 400, Ausstattung und Kunstwerke KG 500 und weitere Klassen für die Raum- und Nutzungsanforderungen und für die Baustelleneinrichtung [17]. Für die Unterteilung der ersten vier Klassen wurde die Systematik der DIN 276 weitgehend übernommen. Lediglich für die Gliederung der Kostengruppe KG 300 wurde eine Zwischenschicht eingeführt, die zwischen dem Rohbau, dem baulichen und dem technischen Ausbau unterscheidet. Abbildung 13.8 stellt einen Ausschnitt aus der Klassifikation der Bauwerksdomäne dar, die vollständig in [4] dokumentiert ist.

13.4.4 Detaillierung

Die Qualität Detaillierung gibt die Detailstufe Level of Detail, LOD, eines Fach- oder Linkmodells an. Zu der Detaillierung korrespondiert der Maßstab, in dem die Elemente eines Modells üblicherweise dargestellt werden. Die Detailstufen entsprechen in Analogie den klassischen Maßstabstufen für technische Zeichnungen [21], wie M1:10000, M1:1000, M1:500, M1:100, M1:50, M1:10.

Grundlage des erarbeiteten Vokabulars ist die ordinale Skala des CityGML Datenmodells [22]. Diese unterscheidet die in Tab. 13.2 dargestellten fünf Detailstufenebenen. In [23] wird gezeigt, wie die für Stadtmodelle entwickelten Detaillierungsstufen in der Domäne der Bauwerksmodelle interpretiert werden können.

Auf der Mefisto Plattform wird der Bezug zum geometrischen Bauwerksmodell auch auf andere Modelldomänen übertragen, sodass sich die Detaillierung eines Terminplans oder einer Kostenberechnung dadurch ergibt, ob sie sich auf ein Gebäudeensemble, ein Bauwerk, einen Bauabschnitt oder ein Ausstattungselement bezieht. Hierfür wurden die fünf Detaillierungsstufen der CityGML um einen weiteren Detaillierungsgrad LoD5 für die Komponenten von Bauwerkselementen erweitert (vgl. Tab. 13.2).Darüber hinaus wurden alle Detaillierungsgrade in jeweils zwei Unterklassen gegliedert und für die unterschiedlichen Modelldomänen interpretiert [4].

Tab. 13.2 Vokabular der Detaillierungen

LoD 0	Landschaft	Regional, Landscape
LoD 1	Stadt, Region	City, Region
LoD 2	Stadtteil, Liegenschaften	City District, Projects
LoD 3	Bauwerk, Bauwerksabschnitt	Building Exterior, Sections
LoD 4	Bauwerkselemente, Objektplanung	Building Elements, Interior
LoD 5	Bauwerkselemente, Komponenten, Arbeitsplanung	Building Element, Component, Construction Work Planning

13.4.5 Projektphasen

Die Qualität Projektphase gibt an, zu welchem Zeitpunkt und Zweck eine Informationressource erstellt wurde. Generell gibt es für die Einteilung von Bauprojekten eine Vielzahl von Phasenmodellen. Diese sind jedoch nur selten hierarchisch gegliedert und betrachten das Projekt zumeist entweder aus der Sicht des Auftraggebers oder des Auftragnehmers.

Abbildung 13.9 zeigt einen Teil der Klassifikation der Projektphasen, die auf der Grundlage der Szenariomatrix entwickelt wurde. Ausgangspunkt sind zunächst die Phasen der HOAI, die jedoch in Teilen hierarchisch untergliedert und durch die zwei Projektphasen des Auftragnehmers zur Angebots- und Arbeitsvorbereitung ergänzt wurden. In der dritten Hierarchie sind die Phasen weiterhin nach den allgemeinen betrieblichen Bearbeitungsphasen strukturiert, wie bspw. die Prozesse der Vorbereitung, Ausarbeitung, Dokumentation und Veröffentlichung von Planungs-, Vergabe- oder Angebotsunterlagen. Die vierte Hierarchieebene umfasst schließlich die Aufgabenkomplexe, die von einzelnen Unternehmensabteilungen übernommen werden.

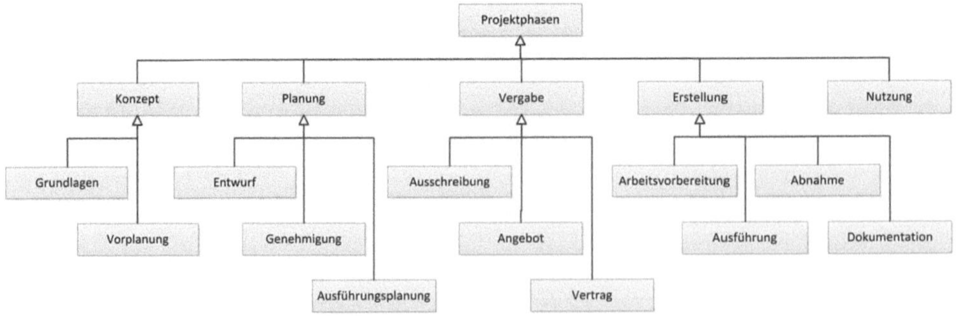

Abb. 13.9 Klassifikation der Projektphasen

13.4.6 Status

Das Attribut Status gibt den Bearbeitungsstatus eines Fachmodells im Multimodell an. Für die Mefisto Plattform wurde eine einfache ordinale Skala mit vier Bearbeitungsstatus definiert: Anfrage (α), Entwurf (β), Vereinbart/Freigegeben (γ), Verworfen/Veraltet (ε). Neben der Dokumentation des aktuellen Bearbeitungsstandes wird der Status von der Organisationsontologie auch zur Prüfung der Zugriffsrechte genutzt [24]. Darüber hinaus können Fachmodellvorlagen als Anfragen, Status α, gekennzeichnet und an andere Projektpartner zur Erstellung des entsprechenden Fachmodells geschickt werden.

13.5 Zusammenfassung und Ausblick

Der Bericht stellt eine Reihe von Techniken zur Prozessanalyse und Prozessmodellierung vor, die im Projekt Mefisto weiterentwickelt und eingesetzt wurden. Die prozesszentrierten Szenario- und Anforderungsanalysen am Projektanfang waren eine wichtige Grundlage, um die Ziele und Verfahren für den Einsatz der Multimodelle festzulegen und entsprechende Modellierungsmethoden, Softwarefunktionen und Demonstrationsszenarien auszuarbeiten.

Die BPMN Prozessdiagramme der Kollaborationsprozesse zeigen Möglichkeiten auf, die unternehmensübergreifenden Prozesse in unterschiedlichen Detaillierungen zu modellieren. Die separate Abbildung der Kommunikationsprozesse und Zwischenergebnisse in BPMN ermöglichen es, unternehmensinterne Arbeits- und Kommunikationsprozesse zu kapseln und gleichzeitig ihre Kommunikationsschnittstellen nach außen hin detailliert darzustellen. Mit den entwickelten Werkzeugen und Vorlagen können eine effiziente Modellierung erreicht und detaillierte Modelle der Aufgaben, Aufgabenträger und zu bearbeitenden Multimodelle erstellt werden. Die exportierten BPMN Prozesse bieten eine gute Grundlage für Konfiguration und Instanziierung entsprechender Workflows im Bauprojekt. Für die effiziente Anwendung der Workflowmodelle müssen jedoch weitere Techniken zur Prozessanpassung und -überwachung entwickelt werden. Hierbei sind insbesondere auch die Möglichkeiten zu untersuchen, die unternehmensinternen Prozesse auf unterschiedliche Weise zu kapseln, ihre Kommunikationsschnittstellen zu vereinheitlichen und ihre Koordination mit der Steuerung der unternehmensübergreifenden Prozesse zu koppeln.

Die Diskussion der Annotationsvokabulare weist schließlich auf unterschiedliche Aspekte hin, nach denen modellbasierte Projektinformationen in der Kollaboration beschrieben werden können. Zusätzlich zu den heute häufig nominalen Kennzeichnungssystemen für Gewerke, Projektphasen und Bearbeitungsstatus gilt es dabei, weitere flexible, hierarchische und ordinale Begriffssysteme auch für neue Facetten, wie z. B. die Modelldomäne und Detaillierung zu definieren. Im Gegensatz zum angloamerikanischen Raum kann in Deutschland dabei nur bedingt auf anerkannten Klassifikationen aufgebaut werden.

Literatur

1. Wix J, Liebich T, Katranuschkov P, Gehre A (2002) Defining the matrix of communication processes in construction to support IFC model development. In: Proc eSM@RT and CISEMIC 2002 conference, Salford, UK
2. Katranuschkov P, Gehre A, Scherer RJ, Wix J, Liebich T (2004) User requirements capture in distributed project environments: a process-centred approach. In: Proceedings (CD-ROM) of the Xth international conference on computing in civil and building engineering – ICCCBE, Paper no 255, Weimar, Germany, ISBN 3-86068-213-X (abstracts)
3. ISO 29481-1 (2010) Building information modelling – information delivery manual – Part 1: Methodology and format, © International Organisation for Standardisation, Geneva, Switzerland
4. Schapke SE, Baling M, Hienz R, Muntzinger HD, Renz J, Zeller G (2010) Mefisto-Bericht B-1.1: Anforderungen an das Gesamtsystem. Institut für Bauinformatik, Technische Universität Dresden
5. HOAI (2013) HOAI (Honorarordnung für Architekten und Ingenieure) Textausgabe, 5. Aufl. Vieweg & Sohn, Wiesbaden
6. AHO (2009) Untersuchungen zum Leistungsbild, zur Honorierung und zur Beauftragung von Projektmanagementleistungen in der Bau- und Immobilienwirtschaft. Schriftenreihe des Ausschuss der Verbände und Kammern der Ingenieure und Architekten für die Honorarordnung, Heft 9
7. OMG (2009) Business process model and notation (BPMN) 1.2
8. Mayer RJ (1992) IDEF0 function modeling. A reconstruction of the original Air Force Wright Aeronautical Laboratory. Technical report
9. Scheer AW (1998) Business process engineering. Springer, Berlin
10. Fuchs S (2014) Erschließung domänenübergreifender Informationsräume mit Multimodellen. Dissertation, Technische Universität Dresden, Institut für Bauinformatik
11. ISO 2709 (2008) Information and documentation – format for information exchange. International Organisation for Standardisation, Geneva, Switzerland
12. ISO 15836 (2009) Information and documentation – The Dublin Core metadata element set. International Organisation for Standardisation, Geneva, Switzerland
13. ISO 639 Language codes, International Organisation for Standardisation, Geneva, Switzerland
14. ISO 3166 country codes, International Organisation for Standardisation, Geneva, Switzerland
15. W3C (2002) Internet Media Type registration, consistency of use http://www.w3.org/2001/tag/2002/0129-mime
16. DIN 277 (2005) Grundflächen und Rauminhalte von Bauwerken im Hochbau, Beuth-Verlag, Berlin
17. DIN 276 (2008) Kosten im Hochbau, Beuth-Verlag, Berlin
18. DIN 6779-12 (2011) Kennzeichnungssystematik für technische Produkte und technische Produktdokumentation – Teil 12: Bauwerke und Technische Gebäudeausrüstung. Beuth-Verlag, Berlin
19. CSI (2006) OmniClass. Construction Specifications Institute (CSI) and Construction Specifications Canada (CSC). Alexandria, VA, USA
20. GAEB (2009) Gemeinsamer Datenausschuß Elektronik im Bauwesen – GAEB-DA-XML Version 3.1, unter www.gaeb-da-XML.de
21. DIN 1356-1 (1995) Bauzeichnungen. Beuth Verlag, Berlin
22. Kolbe T, Gröger G, Czerwinski A (2006) City geography markup language, OpenGIS CityGML implementation specification. Discussion paper, OGC Doc No 06-057r1

23. Nagel C, Häfele KH (2007) Using IFC-building modells for the generation of 3D-city modells. In: Entwicklerforum Geoinformationstechnik 2007 – Junge Wissenschaftler forschen. Shaker Verlag, Aachen
24. Hilbert F, Scherer RJ (2010) Dynamic context-aware information access in virtual organisations. In: Proceedings of 13th international conference on computing in civil and building engineering (ICCCBE-XIII), Nottingham, UK

14 Ein generisches Filterframework mit modularen Filtermethoden

Ronny Windisch, Alexander Wülfing, Peter Katranuschkov und Raimar J. Scherer

Zusammenfassung

Eine effiziente BIM basierte Zusammenarbeit zwischen Experten verschiedener Disziplinen erfordert die Bereitstellung geeigneter Modellauschnitte, sog. Modellsichten, die den spezifischen Informationsbedarf der beteiligten Akteure erfüllen und einen verlustfreien Datenaustausch ermöglichen. Diese Modellsichten repräsentieren spezifische Teilmengen des Bauwerksinformationsmodells, BIM. Sie weisen aufgrund der heterogenen Strukturen und unterschiedlichen Fachbereiche des Bauwesens sowie den umfangreichen und komplexen Datenmengen eine sehr hohe semantische und strukturelle Vielfalt auf. Um diese Modellsichten für die Vielzahl von Anforderungssituationen bereitstellen zu können, bedarf es flexibler und mächtiger Methoden zur Abfrage und Filterung von Bauwerksinformationsmodellen. Diese sollten auf einem einheitlichen Konzept basieren und für verschiedene Anwendungen geeignet sein. Hierfür wird das Konzept eines generischen Filterframeworks vorgestellt. Es schafft die konzeptionelle Grundlage für die vielfältigen Methoden, die eine konsistente Erzeugung der Modellsichten für zahlreiche Anforderungssituationen ermöglichen sollen. Das Konzept des generischen Filterframeworks bildet die Grundlage für die entwickelte modulare BIM Filtertoolbox, aus der Filter für die verschiedensten Aufgaben semiautomatisch generiert werden können.

14.1 Einführung und Filteranforderungen

Building Information Modeling, BIM, und das damit verbundene Arbeitsparadigma eröffnen vielfältige Möglichkeiten für eine verbesserte Integration und Koordination der bei Planung, Ausführung und Betrieb von Gebäuden beteiligten Fachdisziplinen und der zu-

R. Windisch (✉) · A. Wülfing · P. Katranuschkov · R.J. Scherer
Institut für Bauinformatik, Technische Universität Dresden, Dresden, Deutschland

R.J. Scherer, S.-E. Schapke (Hrsg.), *Informationssysteme im Bauwesen 1*,
DOI 10.1007/978-3-642-40883-0_14

geordneten Geschäftsprozesse. Die Industry Foundation Classes, IFC, ISO/PAS 16739, [1] stellen zu diesem Zweck ein offenes, standardisiertes Datenmodell zur Beschreibung digitaler Bauwerksinformationsmodelle zur Verfügung, das unterschiedliche Fachdisziplinen wie Architektur, Tragwerksplanung, Gebäudetechnik und Bauausführung mit unterschiedlicher Spezialisierung, d. h. mit unterschiedlicher Detailliertheit, integriert und umfangreiche Informationen für den gesamten Lebenszyklus eines Bauwerks beinhaltet.

Im Gegensatz zu dem ganzheitlichen Anspruch von vielen Datenmodellen wie auch des IFC im Hinblick auf das Bauprojekt als Ganzes, entsprechen die Informationsbedürfnisse der Anwender in nahezu allen Anwendungsfällen nur einer Teilmenge des Datenmodells. Das bedeutet für viele Anwendungen, dass eine vereinfachte und reduzierte Sicht auf das Modell, die nicht benötigte Informationen und Details ausspart, ausreichend ist. Solche reduzierten Modellsichten sind zudem für eine spezifische Softwareanwendung einfacher einzulesen und zu verarbeiten. Modellsichten repräsentieren somit kontextabhängige Teilmengen eines Ausgangsmodells, die einen spezifischen Informationsbedarf bedienen. Sie umfassen hinsichtlich ihres Informationsgehaltes eine sehr große Bandbreite, die von der Abfrage singulärer, numerischer Werte, wie z. B. Ermittlung der Anzahl aller raumhohen Fenster oder der Länge eines Fluchtweges, bis zur Erzeugung komplexer, anwendungsspezifischer Teilmodelle, wie z. B. für die thermische Simulation oder die Fertigungsplanung, reicht.

Die Informationsbedürfnisse hängen dabei im Einzelfall von der konkreten Anforderungssituation ab, die durch eine Kombination aus Fachdisziplin, der konkreten auszuführenden Aufgabe sowie der verwendeten Softwarewerkzeuge und der damit verbundenen internen Datenrepräsentation charakterisiert ist. Eine typische Anwendersituation wäre die Filterabfrage: „Gib mir die Informationen zu allen Stahlbetonstützen entlang des Fahrweges in der 2. Ebene der Tiefgarage." Diese Abfrage könnte erweitert bzw. weiter spezifiziert werden zu: „Von diesen Stützen nur die Informationen für das Tragsystem und die Kostenschätzung in der Entwurfsphase als Gesamtkostenwert."

Aufgrund der Heterogenität der einzelnen Fachdisziplinen sowie der Größe und Komplexität der meisten Modelldaten sind die erforderlichen Modellsichten durch eine sehr hohe semantische und strukturelle Vielfalt geprägt. Einzelne Modellsichten können dabei aus kompletten, validen Teilmodellen, aus einer Menge selektierter, reduzierter oder transformierter Objekte oder auch nur aus einzelnen abgeleiteten, aggregierten oder berechneten Objektinformationen wie Objekteigenschaften und -beziehungen bestehen, die den Informationsbedarf im Kontext einer spezifischen Anforderungssituation beschreiben. Vor dem Hintergrund der variierenden Anforderungssituationen sind daher die folgenden Arten von Modellsichten zu unterscheiden [2], die in Abb. 14.1 dargestellt sind:

(a) Gesamtmodellsicht
(b) Statische Modellsichten: eigenständige, valide Teilmodelle, deren Informationsgehalt im Vorfeld des eigentlichen Filterprozesses definiert wird und einer konkreten Teilmodellspezifikation zugeordnet ist, z. B. IFC2×3 Coordination View [3]

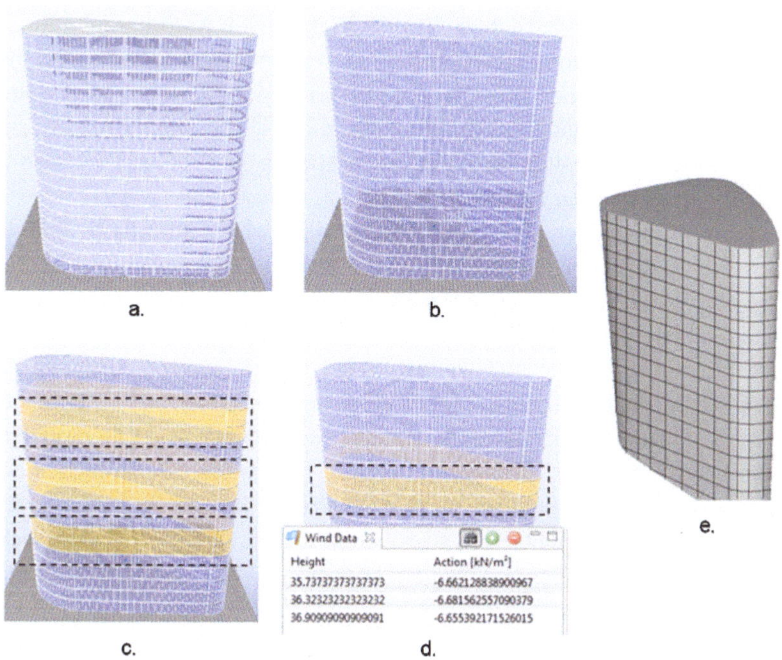

Abb. 14.1 Die unterschiedlichen Modellsichttypen, wie sie am Beispiel der aerodynamischen Gebäudeanalyse auftreten: (**a**) vollständiges Bauwerksmodell, (**b**) statische, (**c**) dynamische, (**d**) Multimodell-, (**e**) Systemmodellsicht

(c) Dynamische Modellsichten: aufgabenspezifische Teilmenge eines Modells, z. B. Abfrage des Bauteilvolumens aller Stahlbetonstützen im Bereich des ersten Betonierabschnitts der Decke ü. 3. OG; kleinster Abstand zwischen der Fahrbahn und den Stützen in einer Tiefgarage; Selektion aller Fassadenelemente bestehend aus Material „Standardglas" oberhalb des 5. OG

(d) Multimodellsichten: statische oder dynamische Modellsichten, die unter Berücksichtigung zusätzlicher, fachspezifischer Datenmodelle erzeugt werden, z. B. Ermittlung aller Räume der Nordfassade, die eine erhöhte durchschnittliche Luftfeuchte aufweisen; Ermittlung aller Fassadenelemente oberhalb des 5. OG, die eine besonders hohe Windsogbelastung aufweisen

(e) Systemmodellsichten: statische oder dynamische Modellsichten, die einer systemspezifischen Teilmenge eines Bauwerksmodells oder Multimodells zugeordnet sind, z. B. Tragwerksystem oder aerodynamisches Hüllensystem. Diese Teilmenge zeichnet sich dadurch aus, dass sie die in einem System, i. d. R. einem Ingenieursystem, geltenden, funktionalen Randbedingungen und wechselseitigen Abhängigkeiten zwischen den systembildenden Elementen mit einbezieht und damit einen Informationsgehalt repräsentiert, der mehr als die Informationen der einzelnen Elemente der Teilmenge ist.

Die Erzeugung dieser Modellsichten für eine Vielzahl von Anforderungssituationen erfordert die kombinierte Nutzung von Methoden zur Filterung und Transformation von Modelldaten auf unterschiedlichen Informationsstrukturebenen (Abschn. 14.4). Diese gehen weit über das geometrieorientierte Filtern hinaus und erschließen so neue Informationen. Die entsprechenden Informationsstrukturebenen können in Schema-, Klassen-, Objekt- und Schlussfolgerungsebenen eingeteilt werden.

Der Funktionsumfang der Methoden umfasst dabei die kontrollierte Reduktion des Informationsgehalts und der Komplexität eines Modells zum einen und berücksichtigt zum anderen die Selektion und Transformation von Objekten unter Einbeziehung eines domänen-, aufgaben- und systemspezifischen Kontextes.

Um eine möglichst flexible und weitestgehend automatisierte Erzeugung der unterschiedlichen Modellsichten für einen breiten Anwendungsbereich zu gewährleisten, ist ein konsistenter Modellzugang erforderlich, der durch ein generisches Filterkonzept ermöglicht werden kann. Ein solches Konzept trägt dazu bei, die unterschiedlichen domänen-, anwendungs- und anwenderspezifischen Methoden (Abschn. 14.6.2) zur Generierung von Modellsichten zu vereinheitlichen und so zu strukturieren, dass sie für eine Vielzahl von Anwendungen zuverlässig eingesetzt werden können.

14.2 Existierende Ansätze und verwandte Arbeiten

Aufgrund der hohen Komplexität und Größe interdisziplinärer Informationsräume im Bauwesen steht die Entwicklung von Filtermethoden seit einiger Zeit im Fokus zahlreicher Forschungsarbeiten. Dabei konzentriert sich ein überwiegender Teil dieser Arbeiten auf das Filtern von Bauwerksmodellen, die im IFC Datenmodell beschrieben sind.

Der häufigste Anwendungsfall in der Planungsphase ist das Filtern des Bauwerksmodells, was auf den, im Vergleich zu den übrigen Bauwerkslebenszyklusphasen, höheren Koordinationsbedarf und die höhere Anzahl von Planungsentscheidungen verschiedenster Fachplaner zurückzuführen ist. Die nachgelagerten Phasen Bauausführung und Betrieb kommen gerade im Kontext einer ganzheitlichen Betrachtung des Gebäudelebenszyklus zunehmend in den Fokus der Forschungsbemühungen [4–7]. Damit verbunden ist auch der zunehmende Bedarf zur Einbeziehung IFC fremder Informationen als integraler Bestandteil projektweiter Informationsressourcen, wie bspw. Termin- und Bauablaufpläne für die Analyse und Simulation von Bauprozessen oder Raumnutzungs-, Klima- und Sensordaten für die bauphysikalische Analyse sowie die gebäudetechnische Kontrolle und Steuerung. Dies stellt neue Anforderungen an die Verlinkung in Multimodellen [8] sowie an die BIM Filtermethoden.

Die unterschiedlichen Filtermethoden lassen sich hinsichtlich ihres Einsatzbereichs, ihrer Funktionsweise und ihres Funktionsumfangs in

- schemaunabhängige, d. h. generische,
- domänenspezifische, d. h. schemaabhängige und
- aufgaben- und problemorientierte

Filtermethoden einteilen (vgl. hierzu die Einteilung von Multimodellen in Teil I, Kap. 2). Es werden dabei sowohl statisch deskriptive Filtermethoden zur Erzeugung von Teilmodellen als auch dynamische Filterprozesse zur Ad hoc Abfrage von Modelldaten unterstützt.

14.2.1 Schemaunabhängige Filtermethoden

Eine Filtermethode wird als schemaunabhängig bezeichnet, wenn sie für eine beliebige Menge von Datenmodellen anwendbar ist, die auf einem gemeinsamen Metamodell basieren. Das Metamodell für z. B. IFC wird durch die Datenmodellierungssprache EXPRESS [9] spezifiziert.

Die Vorteile schemaunabhängiger Filtermethoden liegen in ihrem breiten Anwendungsbereich und ihrer Flexibilität. So ist bspw. bei einer Änderung des Datenschemas keine Anpassung der Filtermethode erforderlich. Ein Nachteil besteht jedoch in dem hohen Abstraktionsgrad der Konzepte des Metamodells. Die fachlichen Filterkriterien des Anwenders müssen erst in das jeweilige Datenschema übersetzt werden, bevor sie durch die schemaneutralen Elemente der Filtermethode ausgedrückt werden können. Die Erstellung konkreter Filterspezifikationen, d. h. Filteranfragen, erfordert daher einerseits vertieftes Wissen sowohl über das zugrundeliegende Metamodell als auch über das eigentliche Datenschema, z. B. IFC2×3, und führt andererseits, insbesondere bei komplexen Datenmodellen wie IFC, häufig zu sehr umfangreichen und komplexen Filterspezifikationen. Der Nutzer einer schemaunabhängigen Filtermethode wird daher i. d. R. nicht der Endanwender, sondern ein Datenmodellexperte oder ein Softwareentwickler sein. Die schemaunabhängige Filtermethode bildet den Kern eines Filtersystems, auf dessen Basis ein Filterbaukasten mit sehr vielen anwenderspezifischen Filtern erstellt werden kann.

Der STEP Standard ISO 10303 beinhaltet verschiedene schemaunabhängige Filtermethoden für EXPRESS basierte Modelldaten, wobei insbesondere EXPRESS-X [10, 11] zu erwähnen ist. EXPRESS-X wurde ursprünglich als eine Mappingsprache entwickelt, um unterschiedliche Darstellungsformen zwischen mehreren EXPRESS basierten Datenmodellen zu verbinden. Durch die Definition von Datentransformationen erlaubt EXPRESS-X alternative Darstellungen EXPRESS basierter Modelldaten, denen gegenüber dem Ausgangsschema strukturell verschiedene Datenschemas zugrunde liegen. EXPRESS-X kann daher auch zum Filtern von IFC Modelldaten verwendet werden, wobei auch die Nutzung von imperativen Sprachelementen und Funktionen zur Berechnung impliziter Modellinformationen, wie sie bspw. für die Mengenermittlung erforderlich sind, besteht [12]. EXPRESS-X bildet die Grundlage für das EDMquerySchema, das zur Abfrage von Modelldaten innerhalb des EDM Modellservers [13] verwendet werden kann.

Die Anfragesprachen Express Query Language, EQL, und Partial Model Query Language, PMQL, stellen ebenfalls schemaunabhängige Filtermethoden für EXPRESS basierte Datenmodelle dar. EQL [14] ist eine der ersten Anfragesprachen für EXPRESS basierte Datenmodelle und wurde für die dynamische Abfrage von Modelldaten entworfen, die im SPF Format, STEP Physical File Format, [15] vorliegen. Im Gegensatz dazu stellt PMQL [16] eine XML basierte Anfragesprache dar, die auf die Nutzung in Verbindung mit einem Modellserver ausgerichtet ist. PMQL kann für dynamische Auswahl, Änderungs- und Löschoperationen auf IFC Modelldaten verwendet werden, die in einem IFC Modellserver [17] gespeichert sind. Darüber hinaus erlaubt PMQL bis zu einem gewissen Grad auch die Spezifikation von Subschemas in Form von Abfragen, die zur Erstellung EXPRESS basierter Teilmodelle genutzt werden können.

In [18] wird eine Methode vorgestellt, die es erlaubt, EXPRESS Schemas in Web Ontology Language, OWL, [19] zu transformieren, wodurch bspw. das IFC Datenschema als eine Ontologie abgebildet werden kann. Auf der Grundlage einer solchen IFC Ontologie können Modellinformationen im RDF Format [20] repräsentiert und unter Verwendung der Ontologieanfragesprache Protocol And RDF Query Language, SPARQL, [21] abgefragt sowie Teilmodelle spezifiziert und extrahiert werden. Der Vorteil des ontologiebasierten Ansatzes besteht in der vergleichsweise einfachen Anwendung regelbasierter Ableitungsmethoden, die logisches Schlussfolgern auf den Modelldaten ermöglichen. IFC Modelldaten können damit auch auf semantischer Ebene validiert und analysiert werden.

Zur Kategorie der schemaunabhängigen Filtermethoden im Zusammenhang mit der Unterstützung des Informationsaustausches in konkreten Anwendungsszenarien kann auch die prozesszentrierte Methode zur Modellierung von Produktmodelle, der Georgia Tech Process to Product Modeling, GTPPM, gezählt werden [22]. GTPPM wurde ursprünglich für die systematische Erfassung von Informationsanforderungen einzelner Akteure im Kontext spezifischer Geschäftsprozesse und einer darauf basierenden Ableitung von Produktmodellen entwickelt. Die abgeleiteten Produktmodelle werden mittels EXPRESS spezifiziert, wobei vorab definierte Sammlungen domänenspezifischer Terme bzw. Ausdrücke, sog. Information Menues, die semantischen Konzepte des zu erstellenden Produktmodells festlegen. So kann bspw. ein IFC Schema als Information Menue genutzt und entsprechende IFC Modellsichtdefinitionen für spezifische Anwendungsfälle abgeleitet werden. Die resultierenden Modellsichtdefinitionen beschreiben eine rekonfigurierte und valide Untermenge des ursprünglichen IFC Schemas, die den Informationsanforderungen des betrachteten Anwendungsfalls zugeordnet ist.

14.2.2 Domänenspezifische Filtermethoden

Im Gegensatz zu schemaunabhängigen Filtermethoden werden die domänenspezifischen Filtermethoden auf Schemaebene definiert und sind daher ausschließlich für die Nutzung mit einem spezifischen Datenmodell oder, falls weiter spezialisiert, nur für eine abgrenzbare Domäne ausgelegt. Andererseits können damit Informationsaspekte spezifiziert werden, die mit schemaunabhängigen Filtermethoden nicht erreichbar wären. In EXPRESS können nur Klassen, Attribute, Relationen und Identifikatoren angesprochen werden. Dies ist vergleichbar mit der Spezialisierung des Multimodells, wie sie in Teil I, Kap. 2 und des Datenmodells, wie sie in Teil I, Kap. 3 dargestellt ist. Dadurch ist es aber nun möglich, die

Datenstruktur und Semantik in der Filtermethode vollständig zu integrieren. Das bedeutet, das Datenmodell kann vor dem Nutzer verborgen werden, was eine Nutzung der Filtermethoden auch ohne Kenntnis des zugrundeliegenden Datenmodells erlaubt. Im Grunde bedeutet dies, dass nutzerorientierte Filtermethoden und -abfragen aufgebaut werden können.

Ein weiterer Vorteil besteht in der höheren fachlichen Ausdrucksstärke domänenspezifischer Anfragesprachen. Die Elemente der Anfragesprache weisen einen geringeren Abstraktionsgrad auf und können somit näher an der Begriffswelt des Anwenders ausgerichtet werden. Komplexe Elementstrukturen des Datenmodells werden dabei durch interne Algorithmen auf fachliche Ausdrücke der betreffenden Domäne reduziert. Dadurch kann eine signifikante Vereinfachung bei der Formulierung von Filteranfragen erreicht werden. Ein Nachteil domänenspezifischer Filtermethoden besteht jedoch in der eingeschränkten Nutzung impliziter Modellinformationen, d. h. es können nur Daten ermittelt oder als Filterkriterien verwendet werden, die explizit im Datenmodell definiert sind.

Mit der BIM Query Language, BimQL, [23] wird eine solche domänenspezifische Abfragesprache für IFC Modelldaten vorgeschlagen. BimQL befindet sich derzeit noch in einem sehr frühen Entwicklungsstadium und soll perspektivisch die Funktionalitäten zur Abfrage und Manipulation von Modelldaten, die innerhalb des BIM Server Frameworks (bimserver.org) verwaltet werden, gemäß dem CRUD Prinzip, d. h. create, read, update, delete, bereitstellen. Um die Erstellung von Anfragen zu erleichtern und die Behandlung komplexer Objektbeziehungen innerhalb des IFC Datenmodells zu vereinfachen, werden spezielle Sprachkonstrukte vorgeschlagen, wobei IFC Typdefinitionen variabel durch alternative Begriffe ersetzbar sein sollen.

14.2.3 Aufgabenorientierte Filtermethoden

Eine weitergehende Spezialisierung der domänenspezifischen Filtermethoden stellen die aufgabenorientierten Filtermethoden dar, deren Anwendungsbereich auf eine abgrenzbare Aufgaben- oder Problemstellung beschränkt ist. Diese Filtermethoden basieren auf einer expliziten semantischen und strukturellen Trennung zwischen Datenmodell auf der einen und den Konzepten zur Formulierung von Filteranfragen, die auf der semantischen Abstraktionsebene des konkreten Anwendungsbereiches definiert werden können, auf der anderen Seite. Dadurch können nun auch implizite Modellinformationen abgefragt oder als Filterkriterien genutzt werden. Dies bedingt jedoch komplexe Transformationen der Elementstrukturen des Datenmodells in die Elemente der Filtermethode. Das kann entweder im Vorfeld durch eine Transformation der relevanten Modelldaten in eine für die Operationen und Konzepte der Filtermethode optimierte Datenstruktur oder zur Laufzeit durch die Ausführung einer entsprechenden Programmlogik erfolgen, wie es z. B. bei der graphischen Filterabfragesprache Visual BIM Query Language [24] der Fall ist (siehe Abschn. 14.7.3).

Solche hochspezialisierten Filtermethoden wurden für unterschiedliche Anwendungsbereiche entwickelt. Sie sind sehr gefragt, da sie keine oder sehr wenige Kenntnisse über die spezielle Datenstruktur voraussetzen und damit intuitiver vom Nutzer anwendbar sind. Hierzu gehören u. a. geometrische und räumlich topologische Problemstellungen [25], Aufgaben der Terminplanung und Bauablaufsimulation [4], der Bauausführung und des Baumanagements [6] sowie die fachliche Validierung von Gebäudeentwürfen [27]. Stellvertretend seien hier die räumliche Abfragesprache Spatial Query Language [26] sowie die Built Environment and Rule Analysis Language, BERA, [27] erwähnt.

Die Spatial Query Language fokussiert auf die Abfrage von geometrischen und topologischen Informationen, die durch räumliches Schlussfolgern und topologische Analysen auf Bauwerksmodellen abgeleitet werden. Es werden verschiedene topologische, z. B. contain, within, overlap, metrische, z. B. volume, distance, isCloser, und direktionale, z. B. eastOf_proj, westOf_proj, above, Operatoren zur Verfügung gestellt, mittels derer bspw. die Lagebeziehungen zwischen unterschiedlichen Bauteilen ermittelt und als Filterkriterien in Abfragen genutzt werden können.

BERA hingegen wurde speziell für die fachliche Überprüfung von Gebäudeentwürfen im Kontext der Architekturdomäne entwickelt. Hierzu können spezifische Entwurfsregeln und -anforderungen, z. B. bezüglich der räumlichen Gebäudestruktur, wie z. B. die Analyse nutzungsabhängiger Raumkonfigurationen wie Größe, Lage, Zugänge, Versorgung etc. oder der Brandschutzanforderungen, definiert und deren Einhaltung mittels BERA Anfragen für konkrete Bauwerksmodelle überprüft werden. BERA arbeitet dabei auf einem eigens dafür entwickelten, hoch spezialisierten Datenmodell, in das die IFC Modelldaten im Vorfeld übersetzt werden müssen.

Ein Ansatz, aufgabenorientierte mit schemaunabhängigen Methoden zu verknüpfen, war die Engineering Ontology [28], eine Sprache, die mittels einer ontologischen Wissensbasis und einer Schlussfolgerungskomponente versuchte, anwender- und aufgabenspezifische Abfragen auf allgemeine Datenstrukturen, wie bspw. IFC, abzubilden.

14.3 Konzept einer holistischen Filtermethode

14.3.1 Deskriptive und präskriptive Filtermethoden

Das Ziel des Filterns von Modellen ist die Reduktion eines Ausgangsmodells zu einer Teilmenge, die für eine konkrete Anforderungssituation besser geeignet ist und daher leichter verarbeitet werden kann. Grundsätzlich kann dieser Prozess auf zwei verschiedene Arten erfolgen:

(1) deskriptiv unter Verwendung eines formalen Schemas oder einer formalen Sprache, mittels derer definiert wird, wie zu einem beliebigen Zeitpunkt ein Datenschema zu einem Subschema und/oder der Modellinhalt zu einer Teilmenge reduziert werden sollen
(2) präskriptiv unter Verwendung einer Menge von Basisoperationen, die während der Laufzeit zu einer logischen Prozedur zusammengesetzt und ausgeführt werden können

Der deskriptive Ansatz beschreibt demnach anhand formaler Schema- oder Sprachkonstrukte das Ergebnis eines Filterprozesses, das selbst erst durch die Ausführung schema- oder sprachkonformer Operationen, die programmierspracheunabhängig sind, erzeugt werden kann. Die algorithmische Umsetzung und Implementierung dieser Operationen kann dabei auf verschiedene Arten erfolgen. Im Gegensatz dazu stellt der präskriptive Ansatz eine Menge von formalen Vorschriften und Regeln bereit, die in ausführbaren, programmiersprachespezifische Operationen gekapselt sind und deren logische Kombination einen spezifischen Algorithmus festlegt, durch den das Filterergebnis berechnet wird.

Deskriptive Methoden haben den Vorteil, dass sie eigenständig und unabhängig von einer bestimmten Programmiersprache oder Anwendung entwickelt und standardisiert werden können und zudem eine hohe Transparenz aufweisen. Ihre Nachteile liegen jedoch in der geringen Flexibilität sowie der begrenzten Ausdrucksstärke und Mächtigkeit. So sind deskriptive Methoden wenig brauchbar für das Filtern auf instanziierter Objektebene und es mangelt ihnen an der Fähigkeit zur Definition von Mechanismen, die eine Ableitung impliziter Modellinformationen und die hierfür erforderliche algorithmische Verarbeitung expliziter Modellinformationen ermöglichen. Deskriptive Methoden eignen sich daher besonders für die Spezifikation und Generierung großer, wohldefinierter und häufig verwendeter statischer Modellsichten, die keine dynamischen Anpassungen des Modellgehalts erfordern.

Im Vergleich dazu weisen präskriptive Methoden im Allgemeinen eine höhere Flexibilität und Mächtigkeit auf. Sie sind zudem leichter erweiterbar und erlauben eine schnelle Anpassung an veränderte Anforderungssituationen. Ihre Nachteile liegen häufig in einer geringeren Transparenz und einer begrenzten Eignung für eine Standardisierung. Sie eignen sich daher insbesondere für spezifische Aufgaben, deren Ziele die Feinanpassung oder Modifikation eines Modells oder einer Modellsicht sowie die dezidierte Abfrage detaillierter Modellinformationen unter Berücksichtigung eines spezifischen Modellgehalts oder Anwendungskontextes sind. Das ist insbesondere dann von Bedeutung, wenn Filterprozesse Informationen nutzen oder liefern sollen, die sich nur algorithmisch auf der Grundlage konkreter Objektzustände aus einem Bauwerksmodell ableiten lassen.

Bei der Entwicklung der Filtermethode wurde daher ein Ansatz verfolgt, der deskriptive und präskriptive Methoden in einem ganzheitlichen Ansatz kombiniert.

14.3.2 Ein integrativer Ansatz

Im Folgenden wird ein integrativer Ansatz vorgeschlagen, der die Entwicklung, Implementierung und Nutzung der unterschiedlichen Modellsichten gleichermaßen berücksichtigt. Dieser basiert auf einer Erweiterung der standardisierten IDM/MVD Methode zur Entwicklung von BIM Modellsichten [2], die eine Prozess- und Informationsbedarfsanalyse zur Identifikation der Informationsanforderungen für konkrete Austauschszenarien inner-

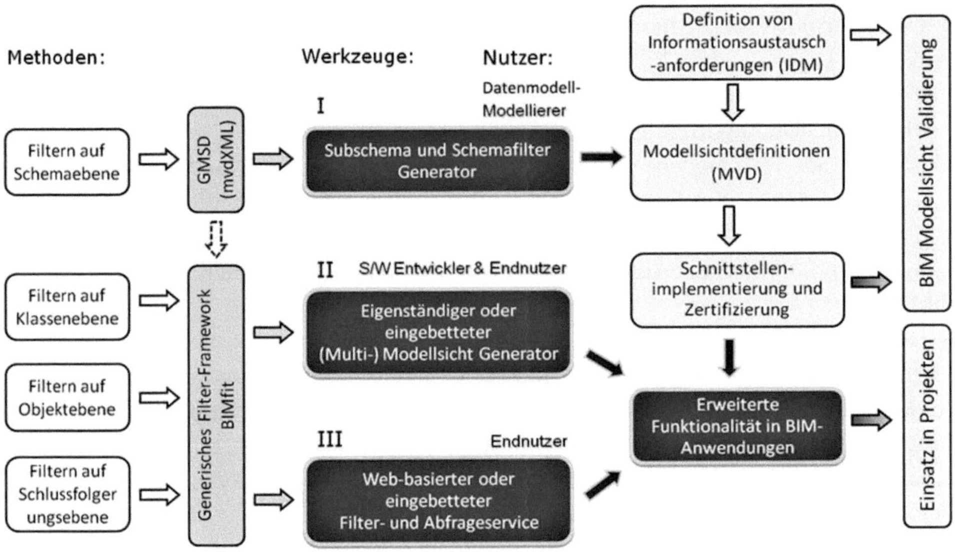

Abb. 14.2 Zusammenhang zwischen Methoden geordnet nach Datenmodellebenen, Werkzeugen und Anwendungen für die Strukturierung von Filtern und Filterkomponenten

halb von Geschäftsprozessen, eines Information Delivery Manual, IDM, [29] mit der Spezifikation daraus abzuleitender Modellsichtdefinitionen, Model View Definitions, MVD, [30] verknüpft. Die vorgeschlagene Erweiterung vereinigt deskriptive und präskriptive Filtermethoden in einem ganzheitlichen Ansatz, wodurch sowohl die Spezifikation, automatisierte Generierung und Validierung von Subschemadefinitionen berücksichtigt als auch die erforderliche modellspezifische Funktionalität für Fachanwendungen bereitgestellt wird.

Der Ansatz umfasst somit die folgenden Bereiche (Abb. 14.2):

1. Entwicklung vordefinierter und wiederverwendbarer Modellsichten. Hierbei finden insbesondere die Bedürfnisse von Modellierern Berücksichtigung, indem Methoden und Softwarewerkzeuge zur Verfügung gestellt werden, die eine formale Spezifikation, Definition und Validierung eigenständiger Modellteilmengen ermöglichen. Diesem Teil ist das Filtern auf Schemaebene zugeordnet, das durch eine deskriptive Filtermethode umgesetzt wird.
2. Unterstützung der Endanwender und Softwareentwickler durch die Bereitstellung präskriptiver Methoden und Werkzeuge für die weitergehende Feinanpassung und Modifikation von Modellsichten im aktuellen Kontext einer konkreten Anforderungssituation
3. Unterstützung direkter Anwenderoperationen auf dem Modell

Entsprechend der vorgenannten Bereiche wurden ein formales Schema zur Definition von Modellteilmengen [31] und eine Reihe von Softwarewerkzeugen wie ViewEdit [32], der Multimodell View Generator [2] und weitere offene IFC Softwarewerkzeuge entwickelt. Das in Abschn. 14.7 vorgestellte, auf dem generischen Filterframework basierende Filterwerkzeug BIMfit, das als Filterbaukasten konzipiert ist, vervollständigt die Menge der im Rahmen der holistischen Filtermethode vorgesehenen Softwarefunktionalität.

14.4 Filterarten

Die Informationsstruktur eines Bauwerksmodells ist auf unterschiedlichen Ebenen beschrieben. Die zugrundeliegenden strukturellen Filterarten können entsprechend dieser Ebenen in das Filtern auf Schema-, Klassen- und Objektebene, einschl. Schlussfolgerungsebene, unterteilt werden. Diese Filterarten beschreiben den erforderlichen Funktionsumfang zur vollständigen Erschließung des durch ein Bauwerksmodell definierten Informationsraums und dessen Nutzbarmachung in Filterprozessen unter Berücksichtigung der unterschiedlichen Anwendungsszenarien und Geschäftsprozesse, innerhalb derer die Nutzung von Modellsichten stattfindet.

14.4.1 Filtern auf Schemaebene

Ein Schema ist eine Menge von Klassendefinitionen und ihren Beziehungen, die einen abgegrenzten Ausschnitt der Realwelt zu einem Modell abstrahieren und formal beschreiben. Es wird daher auch als Datenmodell bezeichnet. Ein Datenmodell korrespondiert daher immer zu einem Ausschnitt der Realwelt, der oft als Fachbereich oder Domäne bezeichnet wird. Von einem solchen Schema können Untermengen gebildet werden, die ein Subschema und damit ein Teilfachmodell (Teil I, Kap. 2) beschreiben, indem Klassen herausgefiltert werden.

Das Filtern auf Schemaebene beschreibt demnach die Reduktion einer Modellinstanz um eine bestimmte Anzahl von Klassen und damit um alle instanziierten Objekte dieser Klassen, z. B. alle Wände und alle Stützen, entsprechend eines vordefinierten Subschemas, das den Informationsgehalt des gefilterten Teilmodells spezifiziert. Typischerweise kommen hier deskriptive Methoden zum Einsatz, die sämtliche erforderlichen Modelltransformationen vorab definieren. Ein entsprechender Schemafilter kann als eine Menge vorkonfigurierter Klassendefinitionen beschrieben werden, die in ihrer Gesamtheit eine Teilmenge des Ausgangsschemas bilden und für die i. d. R. gefordert wird, dass das auf diese Weise abgebildete Subschema valide gegen das Ausgangsschema ist. Dadurch wird sichergestellt, dass das Filterergebnis als ein eigenständiges Teilmodell korrekt interpretiert und verarbeitet werden kann. Die Erstellung eines Schemafilters für EXPRESS basierte Datenschemas kann bspw. das Entfernen oder Hinzufügen von Klassen sowie deren Konfiguration durch Entfernen oder Hinzufügen von Attributen, Beschränkung von Relationstiefe und zulässigen Wertebereichen sowie Generalisierung von Klassendefinitionen beinhalten. Insofern bezieht sich das Filtern auf Schemaebene auf zwei unterschiedliche Vorgänge:

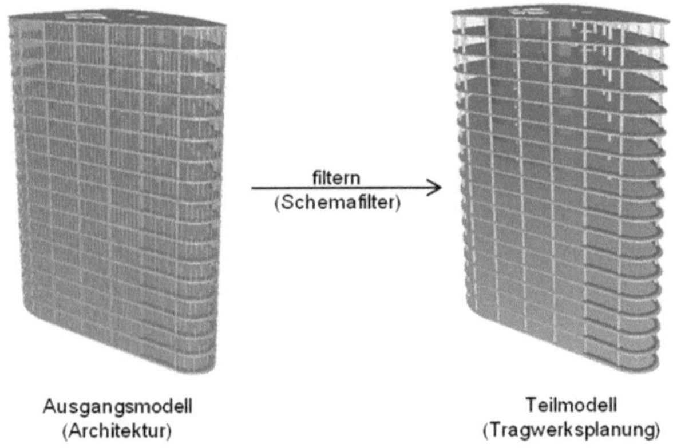

Abb. 14.3 Filtern auf Schemaebene

(1) Filtern eines Ausgangsschemas zu einem Teilschema
(2) Filtern einer Modellinstanz zu einem eigenständigen Teilmodell durch Transformation der Modelldaten

In diesem Fall wird unter einer Modelltransformation die Abbildung der Klassendefinitionen des Ausgangschemas auf die konfigurierten Klassendefinitionen eines Schemafilters verstanden, wobei der Filterprozess alle Objekte einer Modellinstanz einbezieht. Der Schemafilter selbst kann unabhängig von den Daten einer konkreten Modellinstanz erstellt werden.

Abbildung 14.3 zeigt ein Beispiel für das Filtern auf Schemaebene. In diesem Beispiel werden durch die Anwendung eines Schemafilters alle Klassen des Modells aus dem Ausgangsmodell herausgefiltert, die für die Tragwerksplanung nicht unmittelbar benötigt werden. Das Filterergebnis ist ein eigenständiges und, in Bezug auf das zugeordnete Subschema, valides Teilmodell.

14.4.2 Filtern auf Klassenebene

Das Filtern auf Klassenebene definiert die Reduktion des Modellgehalts um Informationen, die in den Klassen definiert sind. Dies erfolgt auf der Grundlage von Randbedingungen und Einschränkungen bezüglich explizit definierter Eigenschaften und Beziehungen eines Modellschemas, z. B. die Reduktion einer Klasse auf die geometrischen Eigenschaften. Anwendbare Filterkriterien basieren ausschließlich auf den Klassendefinitionen des betrachteten Datenmodells. Der Unterschied zum Filtern auf Schemaebene besteht darin, dass es während der Laufzeit durch die Anwendung präskriptiver Filtermethoden im Kontext einer spezifischen Aufgabe durchgeführt wird.

Bei dem in Abb. 14.4 dargestellten Beispiel für das Filtern auf Klassenebene werden nur Räume einschließlich ihrer geometrischen Attribute aus dem Ausgangsmodell in die Ergebnismenge übernommen. Das Filterkriterium ist die Zugehörigkeit der Objekte des Ausgangsmodells zur Klasse Raum, die im zugrundeliegenden Datenmodell explizit definiert sein muss.

Abb. 14.4 Filtern auf Klassenebene

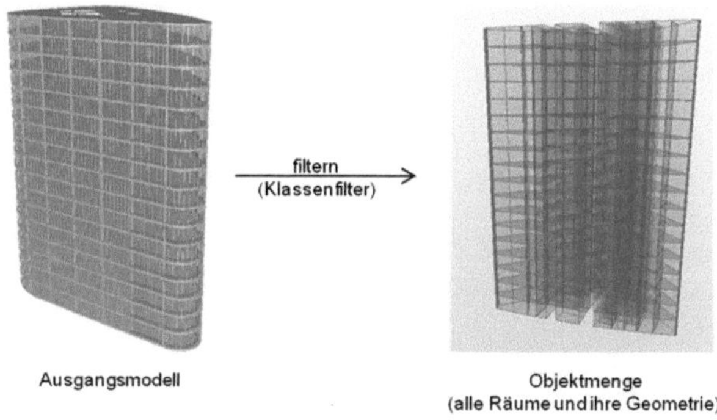

14.4.3 Filtern auf Objektebene

Das Filtern auf Objektebene reduziert den Informationsgehalt des Modells um einzelne Objekte oder Objektmengen, die spezielle Eigenschaften durch die Werte ihrer Attribute aufweisen. Es ermöglicht die Analyse spezifischer Eigenschaften individueller Objekte, deren Beschreibung nicht an das betrachtete Datenmodell gebunden ist. Dadurch kann eine detailliertere Reduktion des Modellgehalts vorgenommen werden. Es erfordert komplexere Abfragemethoden als das Filtern auf Klassenebene, erlaubt jedoch eine höhere Flexibilität und bessere Berücksichtigung der Informationsanforderungen spezifischer Anwenderaufgaben, wie bspw. „Selektiere alle Stützen im 15. OG aus Stahlbeton, die in Ortbetonbauweise auszuführen sind und ein Bruttovolumen von mehr als 0,30 m^3 aufweisen.“ (Abb. 14.5). Die Filterkriterien beziehen sich also auf den konkreten Objektzustand zu einem bestimmten Zeitpunkt.

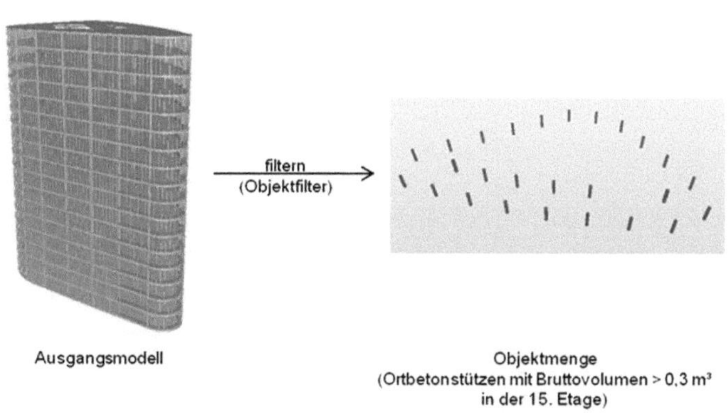

Abb. 14.5 Filtern auf Objektebene

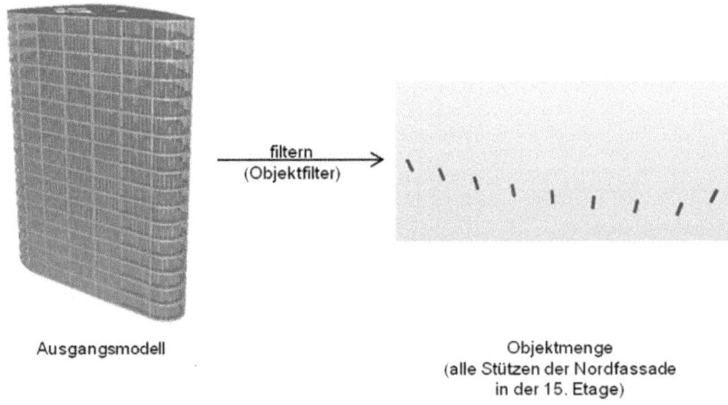

Abb. 14.6 Filtern auf Schlussfolgerungsebene

14.4.4 Filtern auf Schlussfolgerungsebene

Unter dem Begriff Filtern auf Schlussfolgerungsebene, bzw. erweiterter Objektebene, wird eine weitere Spezialisierung des Filterns auf Objektebene zusammengefasst, die auch wissensbasierte Funktionen in den Filterprozess mit einbezieht. Diese Funktionen nutzen implizite Modellinformationen, die zwar in einem Zusammenhang mit der grundlegenden Modellsemantik stehen, aber nicht direkt auf Basis der Modellstruktur ableitbar sind. So könnte das o. g. Beispiel um das Kriterium „entlang der Nordfassade" erweitert werden (Abb. 14.6).

Ein weiteres Beispiel für das Filtern auf Schlussfolgerungsebene ist das Filtern aller Stützenelemente, die z. B. aufgrund von Modellierungsungenauigkeiten oder Exportfehlern nicht explizit als Stützen bzw. Objekte vom Typ Stütze im Modell beschrieben sind, jedoch alle Anforderungen an ein konstruktives Element vom Typ Stütze erfüllen und die entsprechenden Merkmale aufweisen. Hierfür ist zusätzliche Information bereitzustellen, die diese Merkmale beschreibt und auf das betrachtete Datenmodell abbildet. Durch das Filtern auf Schlussfolgerungsebene kann also u. a. eine Reklassifizierung der Objekte eines Modells vorgenommen werden, die aus der Perspektive einer konkreten Anforderungssituation ungenaue, unvollständige oder fehlerhafte Modelldaten berücksichtigt.

14.5 Klassifikation der Modellsichten

Eine Modellsicht beschreibt einen kontextabhängigen Informationsbedarf, der durch eine Teilmenge des Informationsraumes zu einem bestimmten Zeitpunkt abgebildet werden kann und das Ergebnis eines Filterprozesses darstellt. In den folgenden Abschnitten werden die einzelnen Typen von Modellsichten näher spezifiziert und in den Kontext der allgemeinen Filtermethodik eingeordnet.

14.5.1 Statische Modellsichten

Die Generierung statischer Modellsichten beschreibt die Informationsreduktion eines Gebäudemodells auf der Grundlage einer validen Subschemaspezifikation. Eine solche Subschemaspezifikation definiert den Informationsbedarf für ein spezifisches Informationsaustauschszenario, das einem übergeordneten Geschäftsprozess zugeordnet ist, bspw. Informationsübergabe von der Architekturplanung zur gebäudetechnischen Planung oder vom Bauausführungs- zum Facilitymanagement. Bei diesem Übergang wird i d. R. eine Menge an Detailinformationen der Ausgangsdomäne in der Nachfolgedomäne nicht mehr benötigt. Ein Subschema kann den erforderlichen Informationsgehalt in Bezug auf eine Fachdomäne, d. h. ein Fachmodell oder eine Fachmodellsicht (vgl. Teil I, Kap. 3), einen Modellentwicklungsstand, Level of Development, [33] einen Detaillierungsgrad, Level of Detail, [34] oder in Bezug auf eine Kombination dieser Kontextfaktoren beschreiben.

Speziell für die Spezifikation domänenspezifischer Modellsichten wurde das Generalized Model Subset Definition Schema, GMSD, [31] entwickelt. GMSD stellt eine schemaunabhängige Filtermethode dar, die ein in EXPRESS formuliertes Filterschema als Definitionsformat für alle praktisch relevanten Datenaustauschimplementierungen zur Verfügung stellt. Mittels GMSD lassen sich sowohl Filterspezifikationen auf Schema- als auch auf Klassenebene definieren. Es werden dadurch prinzipiell zwei Arten des Filterns unterstützt:

(a) Reduktion des Informationsgehalts eines Modells auf der Grundlage eines reduzierten Datenschemas, Filtern auf Schemaebene (Abb. 14.3)
(b) Objektselektion durch Einschränkung einzelner Klassendefinitionen eines Datenschemas, Filtern auf Klassenebene (Abb. 14.4)

Ein wichtiges Anwendungsgebiet für GMSD ist die Unterstützung des Informationsaustauschs auf der Grundlage standardisierter Modellsichtdefinitionen gemäß dem IDM/MVD Verfahren [29, 30]. Zur Beschreibung von Subschemas sowie zur umfassenden Spezifikation von Modellsichtdefinitionen speziell für das IFC Schema wird seitens BuildingSMART das mvdXML Format vorgeschlagen [35], das auf der Grundlage von GMSD sowie dem IDM/MVD Ansatz im Rahmen der Projekte Mefisto und HESMOS [36] entstanden ist. Für die Spezifikation von Modellsichtdefinitionen wurde das Java basierte Softwarewerkzeug ViewEdit (Teil I, Kap. 3) entwickelt, das die Erstellung entsprechender Filterdefinitionen wesentlich vereinfacht [32].

Mit statischen Modellsichten werden häufig wiederkehrende Informationsübergänge im Lebenszyklus eines Projekts unterstützt. Der Anwender wählt ohne weitere Angaben Filter für den Informationsübergang A nach B aus. Das Filtern auf Schemaebene stellt typischerweise den ersten Schritt innerhalb des Gesamtfilterprozesses dar. Dabei werden die Modellinformationen des übergeordneten Kontexts erzeugt, die in anschließenden Filterschritten entsprechend dem temporären Kontext weiter konkretisiert werden können, um z. B. dynamische Ad hoc Modellsichten zu erzeugen.

14.5.2 Dynamische Modellsichten

Dynamische Modellsichten adressieren die Nutzung von BIM Daten im Kontext einer konkreten Aufgabe, bei der evtl. nur ganz bestimmte Informationen eines Modells von Interesse sind. Das kann Objektselektion, -aggregation, -transformation sowie Modellabfragen im Allgemeinen unter Berücksichtigung geometrischer, topologischer oder semantischer Kriterien mit Bezug auf einen spezifischen anwendungsabhängigen Kontext einschließen. Das Filtern nach geometrischen Informationen kann bspw. für nicht CAD Anwendungen hilfreich sein, die extensiv mit der Geometrie von IFC Objekten arbeiten, wie bspw. das Facility Management. Das Filtern nach topologischen Informationen hingegen ermöglicht die Untersuchung und Evaluierung von Gebäudemodellen in einem räumlichen Kontext, z. B. zur Festlegung der Reihenfolgen für die Montage oder zur Ermittlung der Aussenhülle des Gebäudes über die Nachbarschaftseigenschaften von Räumen. Für das dynamische Fokussieren auf objekt- und kontextspezifische Eigenschaften können semantische Informationen hilfreich sein, wie z. B. die Oberflächenqualität von Bauteilen oder der Nutzungstyp von Räumen. Dynamische Modellsichten unterstützen daher auch die Anforderungen von Software, die nicht BIM konforme sprachliche Konzepte nutzen.

Der Anwendungsbereich dynamischer Modellsichten ist sehr vielfältig und reicht von der Unterstützung von Visualisierungen bis zu umfassenden baubetrieblichen Modellanalysen, bspw. der Mengenermittlung oder Schalungsflächenberechnung und Soll Ist Vergleichen unter Berücksichtigung unterschiedlicher Detaillierungsgrade. Ein Beispiel für eine dynamische Modellsicht ist die in Abb. 14.6 dargestellte Selektion von Stützen auf der Grundlage topologischer bzw. geografischer Informationen.

14.5.3 Multimodellsichten

Multimodellsichten können sowohl statische als auch dynamische Modellsichten sein. Sie sind jedoch nicht auf ein Datenmodell, z. B. das IFC Modell, beschränkt. Obwohl in Bezug auf den Einsatz von Multimodellen zusätzliche Probleme zu lösen sind, folgt die Erzeugung von Multimodellsichten prinzipiell dem methodischen Ansatz für Monomodelldaten und kann durch die genannten Filterarten und zugeordneten Filtermethoden problemlos unterstützt werden. Entsprechend der beschriebenen Methodik gehört hierzu insbesondere das Filtern auf Klassen-, Objekt- und Schlussfolgerungsebene, die zum Umfang des generischen Filterframeworks gehören. In Teil II, Kap. 15 wird eine schemaunabhängige Filtermethode für Multimodelle vorgestellt, die zwar sehr generell ist, aber vom Anwender die kompletten Kenntnisse über die Datenmodelle der Fachmodelle abfordert.

Im Rahmen einer multimodellbasierten Arbeitsweise wird das in Abschn. 14.6 vorgestellte generische Filterframework, GFF, als komplementärer Ansatz zur Multimodellabfragesprache MMQL (Teil II, Kap. 15) betrachtet, das die Mächtigkeit und den Umfang der möglichen Multimodellabfragen auf semantischer Ebene, insbesondere auch zur Nutzung impliziter Modellinformationen, erweitert. Darüber hinaus stellt das generische Filterframework die erforderliche Funktionalität bereit, um den Prozess der Verlinkung von Fachmodellen unter Ausnutzung expliziter und impliziter Modellinformationen zu unterstützen und dadurch den erforderlichen Verlinkungsaufwand erheblich zu reduzieren. Das schließt auch die semantische Validierung und Verifikation der Verlinkung in konkreten Multimodellen mit ein.

14.5.4 Systemmodellsichten

Ein System ist die Teilmenge eine Modells oder eines Multimodells, das für ein charakteristisches Verhalten eines Gebäudes oder Teile davon verantwortlich ist. Dieser Modellsichttyp stellt eine Erweiterung der zuvor genannten Modellsichten dar. Er erweitert den allgemeinen modellorientierten Ansatz durch die Anwendung domänenspezifischer Ingenieursysteme. Im Gegensatz zur Erzeugung statischer und dynamischer Modellsichten, die ausschließlich auf der Ebene des Datenschemas entsprechend einer bestimmten Subschemaspezifikation erfolgt, berücksichtigt die Filterung systemorientierter Modellsichten zusätzlich systemspezifische funktionale, physikalische, topologische oder geometrische Eigenschaften und die wechselseitigen Beziehungen der Objekte eines Gebäudemodells.

Das kann jedoch nicht durch die Anwendung eines deskriptiven Filteransatzes allein erreicht werden, da die erforderlichen Informationen durch das zugrundeliegende Datenschema, wie z. B. IFC, häufig nur implizit beschrieben werden oder auch unvollständig sind. Das systemorientierte Filtern erfordert daher eine komplementäre Anwendung des Filterns auf Schemaebene und einer spezifischen Kombination aus Filteroperationen auf Klassen- und Objektebene. Dabei werden durch die Definition einer statischen Domänenmodellsicht diejenigen Elemente spezifiziert, die potentiell Teil des betrachteten Systems sind und im Weiteren für die physikalische Konstitution des Systemmodells benötigt werden. Durch einen entsprechenden Schemafilter kann abhängig vom Objekttyp, d. h. der Klasse, definiert werden, welche Attribute und Relationen der relevanten Objekttypen aus dem Ausgangsmodell extrahiert werden sollen. Der eigentliche Übergang vom Ausgansmodell zum betrachteten Systemmodell erfolgt dann durch die Anwendung des Filterns auf Klassen- und Objektebene, wodurch die Auswertung von Objekteigenschaften einzelner Objekte die systemabhängigen Randbedingungen berücksichtigt werden können.

Zusätzlich zum Schritt des eigentlichen Filterns erfordert die Erzeugung systemorientierter Modellsichten zwei weitere Arbeitsschritte, die als Konfiguration bzw. Rekonfiguration der gefilterten Objekte, d. h. Zerlegung von Objekten und Zusammenfügen von Objekten zu neuen Objekten [37], und Transformation der Datenstrukturen bezeichnet werden. Eine Rekonfiguration von Objekten ergibt sich z. B. beim Hüllensystem. Hier werden zuerst alle Objekte ermittelt, die eine oder mehrere Oberflächen besitzen, die einen Au-

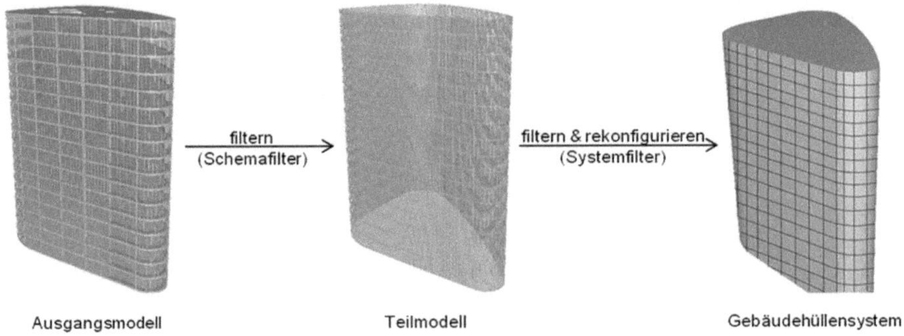

Abb. 14.7 Filtern des Gebäudehüllensystems

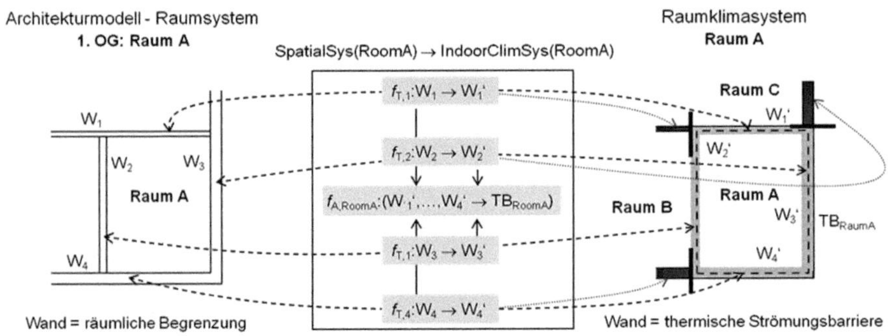

Abb. 14.8 Systemorientiertes Filtern: Ableitung des Raumklimasystems auf Grundlage des durch das Architekturmodell beschriebenen Raumsystems

ßenkontakt haben. In einem zweiten Schritt werden diese Objekte zu einem Hüllenobjekt oder zu mehreren Wandscheiben zusammengefasst (Abb. 14.7).

Abbildung 14.8 zeigt beispielhaft den Übergang vom Raumsystem der Architektur zum Raumklimasystem, das u. a. für die thermische Gebäudeanalyse notwendig ist. In einem Raumklimasystem sind Wandobjekte nur so groß, wie der einzelne Raum, den sie definieren. Die im Raumsystem beliebig großen Wände müssen daher, wie in Abb. 14.8 dargestellt, in mehrere kürzere und neu zu erzeugende Wandobjekte transformiert werden. Dies ist ein Problem, das sich bei Übergängen zwischen verschiedenen Domänen immer wieder ergibt. Dieses Problem wurde von [37] allgemein durch Einführung von Primitivobjekten gelöst, die die kleinsten gemeinsamen Objekteiler der Objekte in beiden Domänen darstellen. Die Objektzerlegung wurde auch von [4] für die Strukturierung von Bauwerksobjekten für den Fertigungsprozess verwendet. Inwieweit diese Modellabbildungen Teil des Filterframeworks sein müssen oder in einem separaten Modellabbildungsframework erfasst werden, sei hier dahingestellt und ist in einem zukünftigen Forschungsschritt zu beantworten.

14.6 Das generische Filterframework

14.6.1 Ansatz

Das generische Filterframework, GFF, basiert auf dem Konzept modularer Filterfunktionen. Die Grundidee ist die Zerlegung komplexer Filteraufgaben in konfigurierbare, flexibel kombinierbare und wiederverwendbare Filterbausteine. Es umfasst das Filtern auf Klassen-, Objekt- und Schlussfolgerungsebene sowie die damit verbundene dynamische Erzeugung von Modellsichten.

Das GFF ist aus einer Menge von generischen Filterfunktionen aufgebaut, die zur Definition und Realisierung komplexer Modellfilteroperationen dienen. Softwareentwickler können diese Funktionen nutzen, um erweiterte Filteroperationen zu konzipieren, die für die jeweilige Anforderungssituation und die zu unterstützenden Geschäftsprozesse geeignet sind. Das schließt auch die Aufbereitung von Modelldaten für erweitertes Schlussfolgern oder unterschiedliche Analyseaufgaben wie bspw. räumlichtopologische Analyse [26], numerische Tragwerksanalyse [38], thermische Gebäudeanalyse [39] und die Unterstützung zahlreicher Aufgaben des Daten- und Informationsmanagements [40] mit ein.

Das Konzept der modularen Basisfunktionen zielt auf die Unterteilung hoch spezialisierter Filteroperationen in mehrere, allgemeinere Unterfunktionen, die auf unterschiedlichen Anwendungsebenen realisiert werden. Zur Erläuterung soll folgendes Beispiel einer Filteraufgabe dienen: „Ermittlung des Volumens aller Stützen, die sich im ersten Betonierabschnitt der Decke über dem 3. OG befinden und in einer bestimmten Betonqualität hergestellt werden sollen."

Diese Aufgabe erfordert zunächst die Identifikation und Selektion aller betreffenden Stützenobjekte, die die gegebenen Kriterien, wie z. B. Betonqualität, Position innerhalb der Gebäudestruktur und Position innerhalb der Betonierabfolge, erfüllen. Um dies zu erreichen, ist es erforderlich, die globale Position der Stützenobjekte zu berechnen, um entscheiden zu können, ob ein Stützenobjekt innerhalb des Bereichs des betreffenden Betonierabschnitts positioniert ist oder nicht. Hierzu bedarf es im Allgemeinen einer Koordinatentransformation, da in den meisten Datenmodellen die lokale Position der einzelnen Bauelemente auf der Grundlage relativer Koordinaten erfolgt. Alternativ kann dies auch aus topologischen Informationen bestimmt werden, falls alle notwendigen topologischen Informationen vorliegen oder abgeleitet werden können. Weiterhin wird ein Konzept für Betonierabschnitte benötigt, das den Anforderungen des Anwendungsmodells gerecht wird und die Bestimmung dessen geometrischer Begrenzung ermöglicht sowie ein korrektes Mapping zur Datenstruktur der anfragenden Anwendung erlaubt. Letztlich muss das Bauteilvolumen aller selektierten Stützenobjekte extrahiert und berechnet werden, sofern es in dem zugrundeliegenden Datenmodell nicht explizit angegeben ist.

Durch die Unterteilung der übergeordneten Filteroperation in mehrere Unterfunktionen kann der Filterprozess als eine geordnete Ausführung einer endlichen Menge von Filterfunktionen beschrieben werden, der in seiner Gesamtheit das Filterergebnis durch eine schrittweise Reduktion und Transformation der Daten des gegebenen Ausgangsmodells

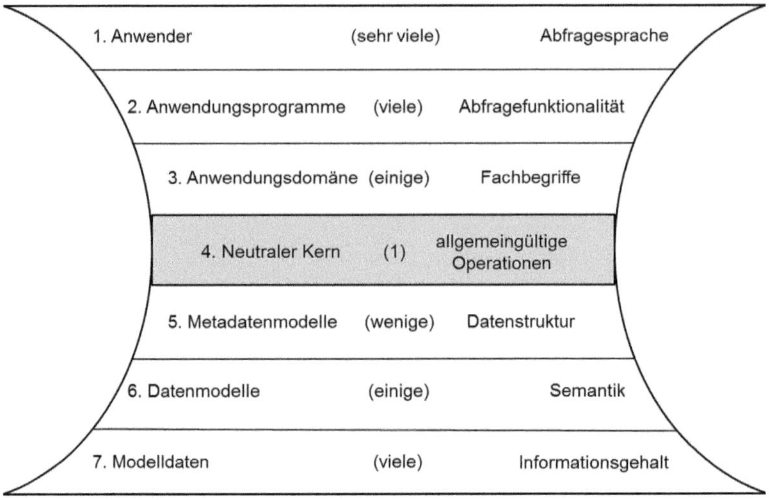

Abb. 14.9 Informationsebenen vom Übergang Mensch (Human) zu Maschine, H2M

und zusätzliche algebraische Operationen ermittelt. Jede der erforderlichen Unterfunktionen kann dabei einem bestimmten Anwendungsbereich zugeordnet werden. Bspw. werden die Berechnungen der globalen oder relativen Koordinaten von Bauteilen oder der Bauteilvolumina in vielfältigen Filteraufgaben hilfreich sein und können daher als neutrale Operationen, die unabhängig von einem bestimmten Domänen- oder Anwendungskontext sind, betrachtet werden. Hingegen stellt bspw. das Konzept eines Betonierabschnitts und dessen Nutzung in einer Filteraufgabe ein Spezifikum der Bauausführungsdomäne dar. Dementsprechend sind Multimodellräume als Spezialisierung des generischen Multimodells in Teil I, Kap. 2 definiert.

14.6.2 Aufbau des generischen Filterframeworks

Die in Abschn. 14.4 aufgeführten Filterarten sind nur bedingt als Strukturierungssystem für die Filterfunktionen geeignet, da sie an der Basisobjektstruktur orientiert sind und nicht an den vielfältigen Anwendungsmöglichkeiten, die sich in der Praxis eröffnen. Hier sind die unterschiedlichen Anwendungs- oder Fachbereiche, die Vielfalt an Anwendersoftware und die unterschiedlichen Anwendermodelle zu beachten. Hieraus kann die in Abb. 14.9 dargestellte Informationsebenenstruktur abgeleitet werden. Für die einzelnen Ebenen ist die Vielfalt in Klammern angegeben. Die Ebenen 3 und 4 sind die Ebenen, durch die die Filteroperationen definiert werden, die im Folgenden weiter detailliert werden. Die Filterarten kommen in nahezu allen von den Filteroperationen betroffenen Ebenen vor. Damit sind Informationsebenen (Abb. 14.9) und Filterarten (Abschn. 14.4) orthogonal und spannen einen 2D Raum auf.

Entsprechend ihres Anwendungsbereiches können die einzelnen Filterfunktionen in drei hierarchisch geordneten Ebenen zusammengefasst werden (Abb. 14.10):

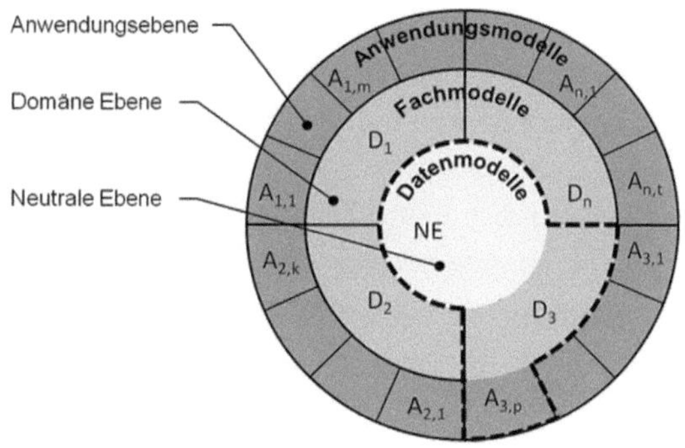

Abb. 14.10 Schematische Darstellung der Struktur des generischen Filterframeworks, mit fett gestrichelt dargestellt: selektierte Funktionsmenge für eine spezielle Filteranfrage

(1) Neutrale Ebene, NE
(2) Domäne Ebene, DE, bzw. Fachmodellebenen
(3) Anwendungsebene, AE.

Die neutrale Ebene umfasst eine Menge vordefinierter Filterfunktionen, die domänen- und anwendungsunabhängige Basisfunktionen für die Definition von Filterfunktionen für die übergeordneten Ebenen bereitstellt. Diese Basisfunktionen ermöglichen einen konsistenten Modellzugang durch strukturelles und semantisches Mapping zwischen den Filterfunktionen höherer Ebenen und dem zugrundeliegenden Datenmodell. Sie erlauben die Identifikation, Selektion, Berechnung und Extraktion der für eine spezifische Filteraufgabe erforderlichen Modelldaten, die auf der Anwendungsebene vom Anwender direkt oder durch die Anwendungssoftware formuliert werden. Zusätzlich definieren die Funktionen der neutralen Ebene verschiedene Datentransformations- und Manipulationsoperationen, die fundamentale algebraische und arithmetische Funktionalität sowie die von mehreren Domänen gemeinsam genutzte Datenmanipulationsoperationen bereitstellen, die vertieft in Abschn. 14.6.3 besprochen werden. Hierzu gehören bspw. die Koordinatentransformation, die Berechnung geometrischer oder physikalischer Objekteigenschaften oder die Transformation geometrischer Darstellungen einzelner Gebäudeelemente.

Die Domäne Ebene stellt die für verschiedene Domänen bzw. Fachbereiche erweiterte Funktionalität zur Verfügung. Diese Funktionalität wird durch Filteroperationen etabliert, die für mindestens eine oder mehrere Domänen spezialisiert sind. Dabei wird jede der enthaltenen Filteroperationen durch eine endliche Menge von Basisfunktionen der neutralen Ebene und zugeordneten Regeln für deren Kombination und Ausführung definiert. Die Filteroperationen der Domäne Ebene werden typischerweise durch den Fachsoftwareentwickler oder auch durch den geübten Endanwender selbst erstellt. Sie adaptieren die Funktionen der neutralen Ebene auf die spezifischen Filteraufgaben der betreffenden Domäne. Dies kann auf verschiedene Arten erfolgen, wobei kein vertieftes Wissen über das zugrundeliegende Datenmodell erforderlich ist. Die Filterfunktionen der Domäne Ebene sind anwendungsunabhängig und für unterschiedliche Softwareanwendungen, die der betreffenden Domäne zugeordnet sind, nutzbar. Die Domäne Ebene integriert daher sämtliche Filterfunktionalität, die die von unterschiedlichen Softwareanwendungen gemeinsam verwendeten Konzepte und Informationsanforderungen nutzt.

Auf der Anwendungsebene werden die Filterfunktionen der Domäne Ebene durch Kombination, Modifikationen und Restriktionen für konkrete Anwendungssoftware weiter spezialisiert. Gemäß diesem Ansatz kann eine beliebige Anwendung eine Teilmenge der Filteroperationen der Domäne Ebene selektieren und adaptieren, die wiederum eine Teilmenge der in der neutralen Ebene definierten Basisfunktionen nutzt (Abb. 14.10, fett gestrichelter Bereich). Aus diesem Grund konzentriert sich die Entwicklung des GFF auf die Definition der Basisfunktionen der neutralen Ebene, einschließlich der Regeln für deren Kombination, die für unterschiedliche Domänen generisch anwendbar sind, sowie auf die Erarbeitung von höherwertigen Filterfunktionen, die bedarfsabhängig für eine spezifische Domäne erstellt und konfiguriert werden können.

14.6.3 Funktionen der neutralen Ebene

Die Funktionalität der neutralen Ebene kann weiter in drei Typen von Basisfunktionen strukturiert werden:

(1) Metafunktionen
(2) Kernfunktionen
(3) Schlussfolgerungsfunktionen

Sie bauen hierarchisch aufeinander auf. (Abb. 14.11) Der allgemeinste Typ der Basisfunktionen sind die Metafunktionen. Diese Funktionen stellen die für ein bestimmtes Datenmodellierungsparadigma, das durch die Modellierungssprache, z. B. EXPRESS oder XML Schema, repräsentiert wird, fundamentale Funktionalität bereit, wie den Zugriff auf Objekte, deren Attribute oder der Änderung von Attributwerten (vgl. Definition von MMQL in Teil II, Kap. 15). Der zweite Typ sind die semantischen Kernfunktionen. Diese spezialisieren die generischen Metafunktionen in Abhängigkeit eines speziellen Datenmodells bzw. Datenschemas wie IFC2×3 [41] oder CIS/2 [42], die beide auf demselben Modellierungsparadigma, d. h. Metadatenmodell, aufbauen und in EXPRESS repräsentiert sind. Hier werden auf der Abstraktionsebene des betrachteten Datenmodells Klassen, deren Vererbungshierarchien sowie ihre Strukturierungsmöglichkeiten zu Gruppen, Systemen oder Topologien eingeführt. Der dritte Typ der Basisfunktionen umfasst die algorithmischen Funktionen und die Schlussfolgerungsfunktionen. Dieser Funktionstyp dient der Bereitstellung der erforderlichen Funktionalität für Datentransformationen, die nicht direkt durch die Datenstruktur eines Modells abgebildet werden, jedoch implizit durch die Modellsemantik beschrieben sind und erst durch zusätzliche Methoden nutzbar gemacht werden können. Dies sind für den Endanwender so einfach erscheinende Transformationen wie z. B. Elementabmessungen, Elementabstände, Elementvolumen oder -oberflächen.

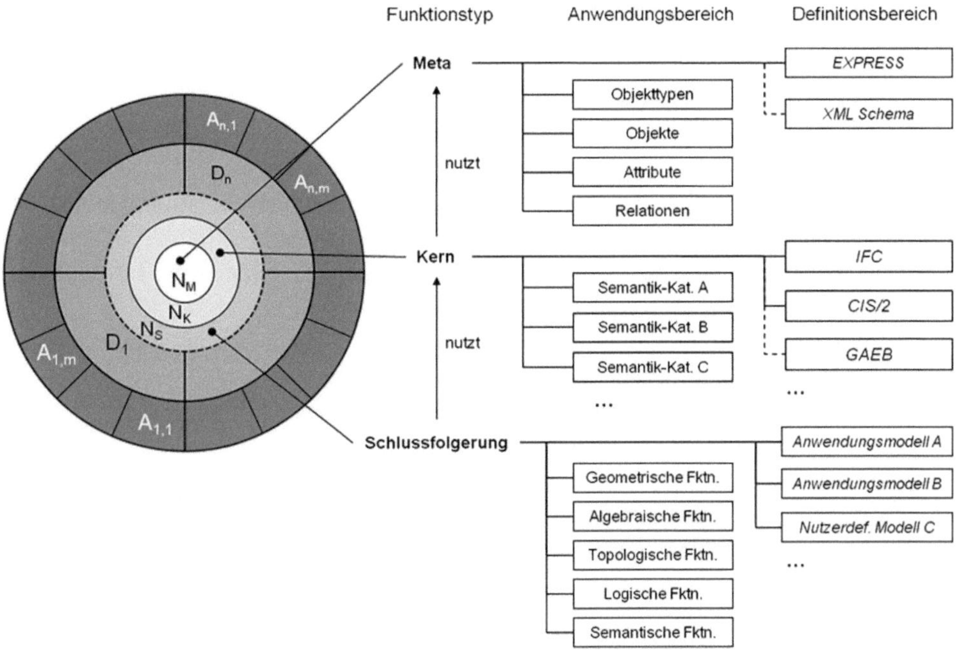

Abb. 14.11 Struktur und Funktionstypen der Neutralen Ebene und zugeordnete Anwendungs- und Definitionsbereiche

Diese Strukturierung der Filterfunktionen ist auf sehr viele Datenmodelle anwendbar und schafft einen einheitlichen und konsistenten Zugang zu unterschiedlichen Modelldaten, die für die Generierung verschiedener Modellsichten erforderlich sind. Nachfolgend werden die einzelnen Funktionstypen im Detail vorgestellt.

14.6.3.1 Metafunktionen

Die Metafunktionen repräsentieren die grundlegende Komponente des generischen Filterframeworks. Sie werden genutzt, um die Filterfunktionen der höheren Ebenen auf die Konzepte des zugrundeliegenden Metadatenmodells bzw. der entsprechenden Modellierungssprache abzubilden. Für das IFC Datenmodell bezieht sich dies auf die Modellierungskonzepte des durch die Modellierungssprache EXPRESS beschriebenen, objektorientierten Metadatenmodells. Eine noch weitere Verallgemeinerung auf generische Funktionen wird mit der MMQL in Teil II, Kap. 15 eingeführt.

Das Ziel der Metafunktionen ist somit die Realisierung eines schema-, domänen- und anwendungsunabhängigen Zugangs zum Informationsraum, der die Definition von höherwertigen Funktionen der übergeordneten Ebenen des GFF von den verwendeten Metamodellen entkoppelt.

Eine Metafunktion stellt die kleinste funktionale Einheit innerhalb des GFF dar und kann nicht weiter in Unterfunktionen zerlegt werden. Jede Metafunktion weist dabei einen eindeutigen Funktionsumfang auf, der sich ausschließlich auf die Semantik und die Struktur des Metamodells bezieht. Einzelne Metafunktionen lassen sich kombinieren und zu höherwertigen Funktionen zusammensetzen. Eine Metafunktion kann dabei sowohl auf Klassen- als auch auf Objektebene definiert werden.

Die Metafunktionen umfassen folgende Funktionalität:

- Selektion: Funktionalität für die bedingte Auswahl von Objekten, Attributen und Objektbeziehungen unter Nutzung variabler Selektionskriterien
- Projektion: Informationsreduktion selektierter Objekte, Spezifikation des Informationsgehaltes der Objekte, die Teil der Ergebnismenge sind
- Mengenoperationen: Definition und Ausführung von Operationen auf Objektmengen, wie bspw. Vereinigung, Durchschnitt und Differenz
- Arithmetische Operationen: Definition und Ausführung von arithmetischen Operationen auf numerischen und textuellen Objektattributen
- Manipulationsoperationen, z. B. Löschen, Setzen, Ändern von Attributwerten
- zusätzliche Funktionen für Validierung, Prüffunktionen, weiterhin Sortieren, Aggregation, Vergleich von Attributwerten etc.

14.6.3.2 Kernfunktionen

Die Kernfunktionen etablieren die Grundlage für die Mappingfunktionalität, um die Konzepte der Filterfunktionen und ihnen zugeordneter Operationen der übergeordneten Ebenen auf die Konzepte der Metaebene und damit auf das betrachtete Datenmodell abzubilden. Die Mappingspezifikation selbst wird durch die Komposition der einzelnen Kernfunktionen zu der gewünschten Transformations- oder Filteroperation definiert. Dabei können die elementaren Kernfunktionen miteinander kombiniert und zu neuen komplexen Kernfunktionen zusammengesetzt werden.

Die Kernfunktionen basieren auf der Semantik des Datenmodells. Sie spezialisieren die Metafunktionen unter Berücksichtigung der betreffenden semantischen Konzepte eines Datenmodells, wie bspw. IFC2×3 oder IFC4 [43]. Der Umfang der Kernfunktionen ist auf die Informationen, die explizit in einem Datenmodell definiert sind, beschränkt, um ambivalente Dateninterpretationen zu verhindern. Eine Kernfunktion beschreibt eine spezifische Interpretation einer endlichen Menge von Metafunktionen und stellt eine spezielle, geordnete Kombination einer endlichen Menge instanziierter Metafunktionen dar.

Eine einfache Kernfunktion stellt z. B. getBuildingStoreys dar (Abb. 14.12, rechter unterer Teil). Diese Funktion liefert die Objekt IDs aller Objekte vom Typ IfcBuildingStorey, die in einer bestimmten Objektmenge enthalten sind, indem sie die Metafunktion getInstancesOf spezialisiert. Diese erfordert eine Objektmenge sowie einen bestimmten Objekttyp als Eingabeparameter, die ihr von der Kernfunktion übergeben werden.

Eine komplexe Kernfunktion wird bspw. durch die Funktion getBuildingElementsContainedIn beschrieben (Abb. 14.12), die die Objekt IDs der spezifizierten Objekte zurückliefert, die innerhalb eines gegebenen Objekts vom Typ IfcBuildingStorey oder IfcBuilding positioniert sind. Diese Funktion besteht aus einer Kombination mehrerer instanziierter Meta- und Kernfunktionen, die durch einen Verbundoperator miteinander verknüpft sind.

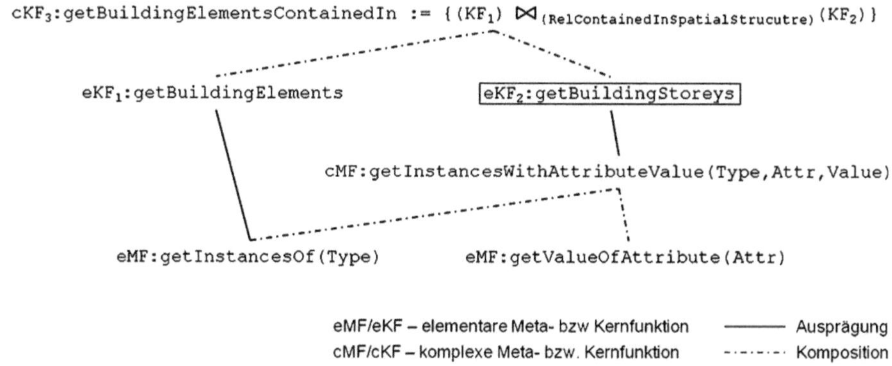

Abb. 14.12 Struktur der komplexen Kernfunktion getBuildingElementsContainedIn

Mit den semantischen Kernfunktionen kann direkt auf unterschiedliche Konstrukte des Datenmodells zugegriffen werden. Die Definition der Kernfunktionen erfolgt dabei auf der Grundlage einer facettierten Strukturierung des Informationsraums, die eine datenmodellunabhängige Neuordnung der Modellelemente vornimmt und durch die dynamische Bildung von Multifacetten auf die Bedürfnisse unterschiedlicher Fachdisziplinen ausgerichtet werden kann. Sie bildet die Grundlage einer anwenderorientierten Abfragesprache. Monofacetten gruppieren dabei die Modellelemente nach elementaren, nicht weiter reduzierbaren charakteristischen Eigenschaften, deren Kombination die Beschreibung unterschiedlicher, disziplinabhängiger Sichten auf die Modellelemente erlaubt. Facetten oder Facettenkombinationen eignen sich daher sehr gut zur Spezifikation von Filterkriterien. Das Facettenvokabular hat eine gewisse Ähnlichkeit mit dem Fachmodellvokabular (Teil I, Kap. 1), da beide eine ontologische Strukturierung des Bauinformationsraumes vornehmen. Die Weiterentwicklung des Vokabulars der Facettierung sollte auf der Grundlage standardisierter Klassifikationssysteme, wie bspw. Omniclass oder dem International Framework for Dictionaries (http://www.ifd-library.org), vorgenommen werden. Abbildung 14.13 zeigt eine Auswahl grundlegender Filterfacetten und zugeordneter Kriteriengruppen. Die einzelnen Kriteriengruppen bilden Ausprägungen der zugehörigen Facetten und beschreiben jeweils einen Aspekt, der eine Sicht auf ein Modell darstellt. Die in [25] entwickelte, räumliche Abfragesprache ist ein klassisches Beispiel für eine facettenspezifische Filtersprache, die auf die Facettengruppe räumlich fokussiert ist.

14.6.3.3 Schlussfolgerungsfunktionen

Die algorithmischen Funktionen und Schlussfolgerungsfunktionen erweitern den Funktionsumfang der neutralen Ebene, indem sie Pre- und Postprocessingfunktionalität bereitstellen. Hier steht insbesondere die Ermittlung impliziter Informationen im Vordergrund, d. h. der Zugang zu Informationen, die in dem betrachteten Datenmodell nur implizit definiert sind und erst durch Ableitung oder Schlussfolgerung erschlossen werden können. Diese Funktionalität ist von essentieller Bedeutung, da es ein funktionales Mapping zwischen modellfremden wie geometrischen, topologischen oder semantischen Konzepten,

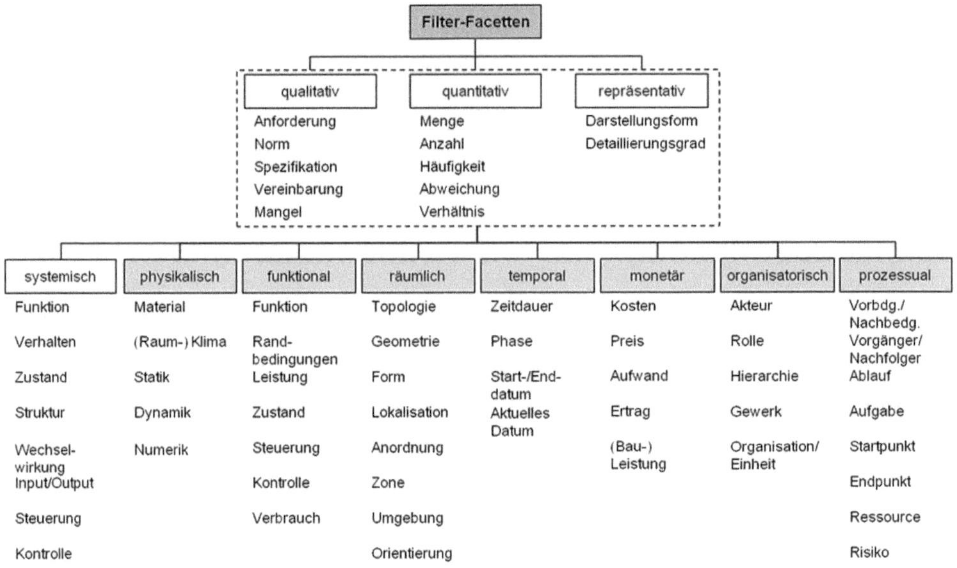

Abb. 14.13 Auswahl elementarer Filterfacetten und zugeordneter Kriteriengruppen

die in unterschiedlichen Domänen oder Anwendungen genutzt werden, und zugeordneten Konzepten des betrachteten Datenmodells, auf dem die Filteroperation arbeitet, ermöglicht. Hierbei wird unterschieden zwischen Informationen, die algorithmisch abgeleitet und Informationen, die über logische Aussagen erfasst werden können. Bei letzterem kann es sich sowohl um logische Abhängigkeiten und Beziehungen handeln, die für jede Ausprägung eines Informationsraums bzw. einer Modellinstanz Gültigkeit besitzen müssen, sog. Assertion Rules, als auch um solche, deren Gültigkeit für eine spezifische Ausprägung eines Informationsraumes gefordert wird, den sog. Derivation Rules. Über die Schlussfolgerungsfunktionalität soll zusätzlich die Nutzung wissensbasierter Filterkriterien erschlossen werden. Derartige Filterkriterien können bspw. helfen, die funktionalen Eigenschaften von Gebäudeelementen aus ihren geometrischen, physikalischen und topologischen Eigenschaften abzuleiten, was bspw. bei der Anwendung systemorientierter Modellsichten von Bedeutung ist.

Meta- und Kernfunktionen enthalten keine Transformationen. Die Transformation der Modelldaten erfolgt ausschließlich durch die algorithmischen oder Schlussfolgerungsoperationen. Diese können somit separat und unabhängig von einer speziellen Filteroperation definiert werden, wodurch auch die Nutzung externer Algorithmen und Bibliotheken ermöglicht wird.

Algorithmische oder Schlussfolgerungsfunktionen können wieder mit anderen Funktionen dieses Typs als auch mit Kernfunktionen zu komplexen Filteroperationen kombiniert werden. Die algorithmischen und Schlussfolgerungsfunktionen der neutralen Ebene dienen dabei insbesondere dem funktionalen Mapping in Bezug auf geometrische oder semantische Filteroperationen. Toplogische Aspekte werden ebenfalls betrachtet. Eine Anwendung ist z. B. die Identifikation benachbarter und außenliegender Räume sowie Bauteile, die zur Ermittlung der Gebäudehülle benötigt werden. Die Bereitstellung von algorithmischen und Schlussfolgerungsfunktionen für topologische Aufgaben stellt jedoch eine große Herausforderung dar, da topologische Konzepte gegenwärtig nur in sehr geringem Maße durch BIM CAD Anwendungen unterstützt werden und dadurch sehr aufwendige Interpretationen der geometrischen Konzepte des Datenmodells sowie umfangreiche algorithmische Datentransformationen erforderlich sind. Dies kann jedoch durch die Funktionen des generischen Filterframeworks erleichtert werden, die einen einfachen Zugang zu den erforderlichen Informationsressourcen im Datenmodell ermöglichen. Erweiterte Schlussfolgerungs- und Transformationsaufgaben wie räumliches Schlussfolgern [25] können von den definierten Filterfunktionen profitieren.

14.7 Technische Umsetzung des generischen Filterframeworks

14.7.1 BIM Filtertoolbox

Basierend auf dem Konzept des generischen Filterframeworks wurde die BIM Filtertoolbox BIMfit als Referenzimplementierung entwickelt. BIMfit implementiert eine Grundmenge von Metafunktionen sowie darauf aufbauend verschiedene Kern- und Schlussfolgerungsfunktionen. Die bereitgestellten Funktionen können entweder eigenständig, was für alle Kernfunktionen gilt, oder durch Kombination mit anderen Funktionen als zusammengesetzte, komplexe Filterfunktionen verwendet werden.

BIMfit Filterfunktionen können zur Modellabfrage, wie z. B. Objektselektion, Abfrage spezifischer Objektinformationen, zur Extraktion von Teilmodellen, auch unter Verwendung von GMSD Filterspezifikationen, und zur Validierung von Modelldaten, bspw. zur Prüfung, ob Objekte eines bestimmten Typs enthalten oder Objektbeziehungen korrekt gesetzt sind, genutzt werden.

BIMfit erlaubt unter Rückgriff auf die existierenden Funktionen die Definition zusätzlicher Funktionen auf Kern- und Schlussfolgerungsebene. Auf diese Weise können Filterfunktionen beliebiger Komplexität entsprechend dem Bedarf bestimmter Domänen und Anwendungen erstellt werden. Das Hinzufügen neuer Funktionen sowie die Erstellung von Filteroperationen durch Kombination vorhandener Funktionen müssen gemäß den formalen Richtlinien des generischen Filterframeworks erfolgen.

BIMfit nutzt das JSDAI Framework [44] zum Parsen und Exportieren von EXPRESS basierten Modellen im SPF Datenformat [15] sowie zur Übersetzung von EXPRESS Schemas in eine Java Klassenstruktur. Hierdurch ist es bspw. auch möglich, das in EXPRESS spezifizierte GMSD Schema in eine Java Klassenstruktur zu überführen und GMSD konforme Model Subset Definitions bzw. GMSD Filterspezifikationen mit BIMfit zu verarbeiten. Die eigentliche Filterlogik wird durch Java Interfaces auf Meta-, Kern- und Schlussfolgerungsebene spezifiziert und durch entsprechende Klassen auf der zugeordneten Modellebene implementiert (Abb. 14.14).

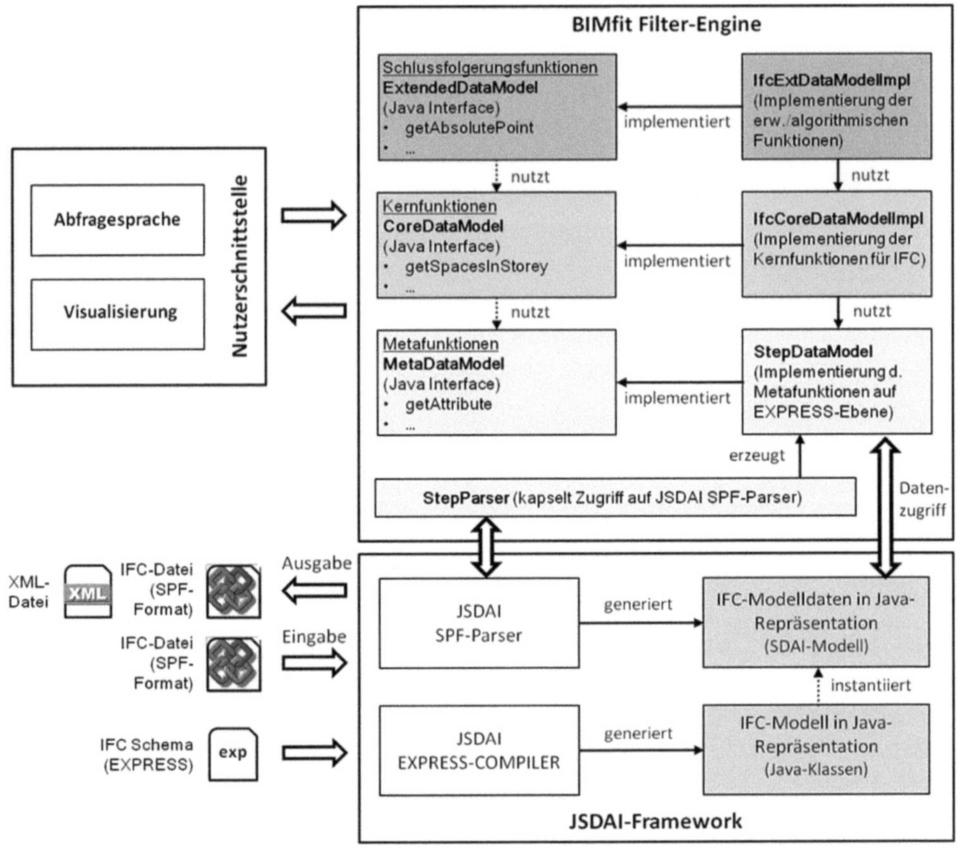

Abb. 14.14 Schematische Darstellung der BIMfit Softwarearchitektur

Für die Visualisierung der Filterergebnisse werden gegenwärtig die Open IFC Tools (http://www.ifctoolsproject.com) eingesetzt. Die Visualisierung der Ergebnisse einer Filteroperation ist unabhängig vom Filterprozess selbst und kann bspw. auch zur Visualisierung von Multimodellen in einem Multimodellviewer erfolgen (Teil II, Kap. 15). Auch die Spezifikation eines Filters kann durch entsprechende Visualisierungen unterstützt werden, z. B. wenn der Filterprozess graphische Nutzereingaben zur Definition von geometrischen Filterkriterien mit einbezieht, bspw. durch die graphische Erstellung einer Bounding Box zur Objektselektion.

Angesichts der Vielzahl denkbarer Anwendungsfälle für BIMfit und der damit verbundenen Vielfalt an erforderlichen algorithmischen Operationen wie bspw. der Ableitung triangulierter Punktmengen als Eingabe für die Netzgenerierung zur FEM Analyse [45] oder die Identifikation geometrischer Konflikte wie Bauteilkollisionen [46], ist auch die Möglichkeit zur Einbindung externer Programmbibliotheken vorgesehen.

BIMfit ist gegenwärtig als Java Programmbibliothek oder als Webservice unter AGPL Lizenz [47] verfügbar.

Tab. 14.1 Spezifikation der Metafunktion *getEntitiesWithAttributeValue*

Beschreibung	Sucht alle Entities, die im spezifizierten Attribut einen gegebenen Wert aufweisen, (a) unabhängig von der Entity Klasse, (b) nur für die gegebene Klasse. Die Funktion sucht nicht in einer Menge von Werten, hierfür sollte die Funktion *getEntitiesWithAttributeValueContainedInSet* genutzt werden
Input	(a) Name des Entity Attributs und des gesuchten Wertes `(String, Object)` (b) Klassentyp der gesuchten Entity sowie der Name des Entity Attributs und des gesuchten Wertes `(Class <T>, String)`
Output	(a) Menge aller Entitites, die den spezifizierten Wert aufweisen (b) Menge aller Entities vom spezifizierten Eingabetyp, die den spezifizierten Wert aufweisen `(beide: Entity[])`
Abhängigkeiten	*getEntitiesOf*, *getValueOfAttribute*

Codebeispiel

```
Entity[] ent = model.getEntitiesWithAttributeValue("globalid",
globalID);
```

14.7.2 Funktionen von BIMfit

Die aktuelle BIMfit Version verarbeitet beliebige EXPRESS basierte Modelldaten und kann die Funktionen der neutralen Ebene auf diese anwenden. Die Funktionen der höheren Ebenen sind derzeit nur für ein Datenmodell, das Ifc2×3 Datenmodell, implementiert. Gegenwärtig umfasst BIMfit 95 Funktionen, die sich in 31 Meta-, 52 Kern- und 12 Schlussfolgerungsfunktionen unterteilen. Die Menge der Metafunktionen unterteilt sich weiter in 19 Elementarfunktionen und 12 komplexe Funktionen, die jeweils aus einer Kombination von mindestens zwei Elementarfunktionen gebildet werden. In den Tab. 14.1 bis 14.3 sind nachfolgend die Spezifikationen je einer komplexen Meta-, Kern- und Schlussfolgerungsfunktion gemäß ihrer Implementierung für IFC in BIMfit aufgeführt.

Tabelle 14.1 zeigt die Spezifikation der Metafunktion getEntitiesWithAttributeValue. Diese Funktion stellt die Funktionalität zur Selektion von Objekten in Abhängigkeit eines gegebenen Attributwertes bereit, wobei die Ergebnismenge zusätzlich über die Angabe eines zulässigen Objekttyps eingeschränkt werden kann. Sie setzt sich aus den Basisfunktionen getEntitiesOf und getValueOfAttribute zusammen. Die Funktion getEntitiesOf dient dabei der Selektion aller Instanzen eines gegebenen Objekttyps, einschl. aller Instanzen seiner Subtypen, während die Funktion getValueOfAttribute genutzt wird, um den Wert eines Attributes für ein gegebenes Objekt zu ermitteln. Die Funktion getEntitiesWithAttributeValue wird für viele höherwertige Funktionen benötigt und kann bspw. verwendet werden, um anhand einer gegebenen Objekt ID das zugehörige Objekt zu selektieren.

Tabelle 14.2 zeigt die Spezifikation der kombinierten Kernfunktion getAdjacentSpaces. Diese Funktion dient der näherungsweisen Ermittlung aller benachbarten Räume eines gegebenen Raums und beruht auf der Auswertung expliziter Beziehungen zwischen Raumobjekten, wie sie in IFC spezifiziert sind. Die Kernfunktionen getSpacesInStorey wird dabei genutzt, um alle Räume zu bestimmen, die sich innerhalb einer gegebenen Etage

Tab. 14.2 Spezifikation der Kernfunktion *getAdjacentSpaces*

Beschreibung	Ermittelt die benachbarten Räume eines gegebenen Raumes auf der Grundlage vorhandener Raumbegrenzungen. Die Funktion nutzt IFC Modellsemantik und keine geometrischen Beziehungen. Sie beruht auf der Annahme, dass benachbarte Räume Raumbegrenzungen teilen – eine notwendige, aber nicht hinreichende Bedingung. In vielen Fällen liefert diese Funktion jedoch korrekte Ergebnisse und ist erheblich schneller als der geometrische Test
Input	Instanz von `IfcSpace`
Output	Array von `IfcSpace` Objekten, sortiert nach dem Abstand ihrer Mittelpunkte zum gegebenen Raum
Abhängigkeiten	*getSpacesInStorey* (KF), *getSpaceBoundaries* (KF)

Codebeispiel

```
IfcSpace firstSpace =
(IfcSpace)model.getEntitiesOf(IfcSpace.class)[0];
IfcSpace[] candidates = model.getAdjacentSpaces(firstSpace);
```

bzw. der Etage des gegebenen Raums befinden und demzufolge in erster Näherung Kandidaten der gesuchten Ergebnismenge darstellen. Für jeden dieser Räume werden mit der Kernfunktion getSpaceBoundaries sämtliche Raumbegrenzungen ermittelt und mit denen des gegebenen Raumes verglichen. Stimmt für einen Raum mindestens eine der ermittelten Raumbegrenzungen mit einer des gegebenen Raums überein, wird das entsprechende Objekt in die Ergebnismenge aufgenommen. Die so ermittelten Nachbarräume der Ergebnismenge werden nach dem Abstand ihrer Mittelpunkte zum Mittelpunkt des gegebenen Raumes sortiert, woraus sich bspw. ableiten lässt, für welche Elemente der Ergebnismenge die aufwendigere, exakte geometrische Analyse der Nachbarschaftsbeziehungen durchgeführt werden sollte. Die Analyse der Nachbarschaftsbeziehungen von Räumen, bzw. räumlicher Zonen im Allgemeinen ist für unterschiedliche Aufgaben, u. a. in den Domänen Architektur, z. B. Überprüfung der Fluchtwegesituation und räumliche Erschließung, Bauphysik, z. B. thermische u. akustische Gebäudeanalyse, und Bauausführung, z. B. in Bauablaufplanung zur Auslegung von Wandschalungen, von Bedeutung.

Tabelle 14.3 zeigt die Spezifikation der Schlussfolgerungsfunktion getAbsolutePoint. Diese Funktion transformiert die lokalen bzw. relativen Koordinaten eines oder mehrerer Punkte im 3D Raum in globale bzw. absolute Koordinaten bezogen auf ein modellabhängiges globales Koordinatensystem. Mithilfe dieser Funktion kann bspw. die Position von Bauteilen auf den globalen geometrischen Kontext eines Bauwerksmodells bezogen und als Filterkriterium genutzt werden. Diese Funktionalität ist insbesondere für IFC Modelldaten von Bedeutung, da hier zumeist sämtliche Bauteilpositionen durch relative Koordinaten angegeben werden und daher für zahlreiche geometrische Abfragen und Operationen eine Normalisierung der Positionsdaten vorgenommen werden muss. Die verwendeten Meta- und Kernfunktionen dienen dabei der Ermittlung der für die Durchführung der Transformationsoperation erforderlichen Modelldaten.

Tab. 14.3 Spezifikation der algorithmischen Funktion *getAbsolutePoint* bzw. *getAbsolutePoints*

Beschreibung	Transformiert die lokalen Koordinaten eines 3D Punktes, bzw. aller 3D Punkte im zweiten Fall, eines `IfcProduct` Objekts in Bezug auf die Werte des globalen Koordinatensystems. Hierfür ist die Verfügbarkeit von `IfcGeometricRepresentationContext` erforderlich, welcher das globale Koordinatensystem des Gebäudemodells referenziert. Diese Funktion ändert auch die Assoziation des adressierten `IfcProduct` Objekts zur entsprechenden geometrischen Beschreibung im Modell
Input	Ein Punkt in lokalen Koordinaten, `IfcPoint`, für die erste Funktion bzw. eine Instanz von `IfcProduct` oder seiner Subklassen für die zweite Funktion
Output	*True* wenn die Operation erfolgreich war, andernfalls *false*. Die Koordinatentransformationen werden im Hintergrund durchgeführt und führen zur Erzeugung neuer IFC Objekte
Abhängigkeiten	*getAttributeNames* (MF), *getReferences* (MF), *existReferences* (MF), *getIfcIndirectAttribute* (KF)

Codebeispiel

```
IfcSlab firstSlab =
(IfcSlab)model.getEntitiesOf(IfcSlab.class)[0];
Point3d[] points = model.getAbsolutePoints(firstSlab);
```

14.7.3 BIMfit mit einer visuellen Abfragesprache

BIMfit ist eine Filtertoolbox ohne Nutzerinteraktionsschnittstelle. BIMfit kann zwar auf unterschiedliche Weise als Komponente verschiedener Softwaresysteme, jedoch nicht als alleinstehendes Werkzeug genutzt werden. Erst mit einer GUI versehen kann BIMfit als alleinstehendes Werkzeug verwendet werden. Andererseits können beliebige GUIs an BIMfit angedockt werden. So besteht die Möglichkeit in der Nutzung von BIMfit zur Implementierung einer anwenderspezifischen Abfragesprache für Bauwerksmodelle. Die Visual BIM Query Language, VBQL, stellt eine solche, auf BIMfit basierende, deskriptive, sehr anwendernahe und intuitiv erlernbare Abfragesprache zur Generierung dynamischer Modellsichten für ein konkretes Anwendermodell dar. VBQL wird zur Unterstützung der BIM basierten Arbeitsweise in Handwerksbetrieben im Rahmen des BMBF Forschungsprojekts eWorkBau [48] entwickelt und ist sehr spezifisch auf den entsprechenden Anwendungskontext ausgerichtet. Wesentliche Anforderungen an die zu entwickelnde Abfragesprache sind dabei die Unterstützung einer möglichst intuitiven und flexiblen Erstellung von Abfragen unter Verwendung anwendungsnaher, fachspezifischer sprachlicher Konzepte, die die Bedürfnisse der unterschiedlichen Gewerke berücksichtigen.

Um diesen Anforderungen zu genügen und dem Anwender den Einstieg in die Nutzung der Abfragesprache zu erleichtern, wurde VBQL als eine visuelle Sprache entworfen, die auf einer expliziten Trennung zwischen den von der Abfragesprache zur Verfügung gestellten Funktionalitäten bzw. Sprachelementen, d. h. der abstrakten Syntax, und ihrer grafischen Repräsentation, der konkreten Syntax, basiert. Ein Vorteil der Trennung zwischen abstrakter und konkreter Syntax besteht in der Austauschbarkeit der Elemente der konkre-

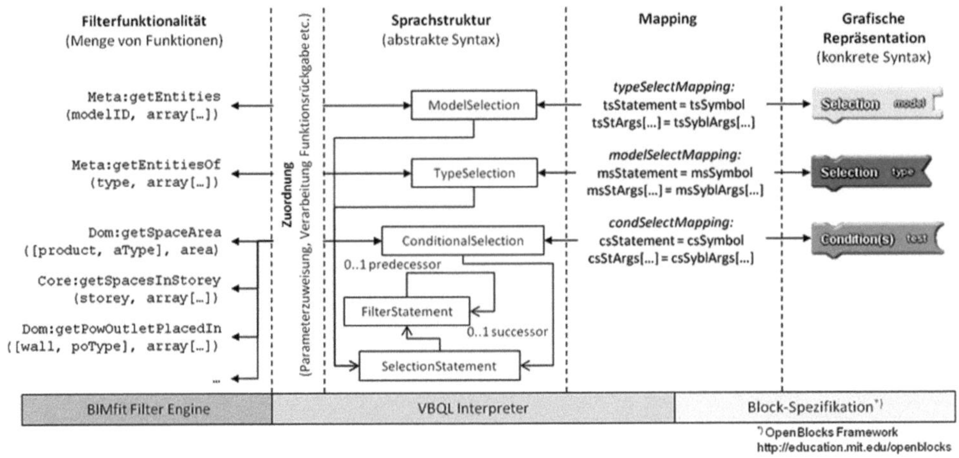

Abb. 14.15 Beziehungen zwischen BIMfit, abstrakter und konkreter Syntax in VBQL und zugeordnete Komponenten

ten Syntax, d. h. die für den Nutzer sichtbaren Sprachelemente können auf den jeweiligen Fach- bzw. Anwendungsbereich angepasst werden, ohne die Abfragesprache selbst ändern zu müssen. Die Erstellung einer Abfrage besteht dann in der Auswahl und Kombination visueller Elemente, auch als Blöcke oder grafische Symbole bezeichnet, die per Drag & Drop zu einem Abfrageausdruck miteinander verbunden werden. Welche Blöcke miteinander verbunden werden können, wird dem Anwender hierbei durch die konkrete Syntax, d. h. die Form der Blöcke und ihrer Verbindungselemente, den Konnektoren, visuell verdeutlicht. Das erleichtert die intuitive Nutzung der visuellen Abfragesprache und soll die Erstellung fehlerhafter Abfragen verhindern, da die Überprüfung eines Abfrageausdruckes auf syntaktische Korrektheit gleichzeitig mit dessen Erstellung erfolgen kann.

Die Elemente der konkreten Syntax werden über Mappingvorschriften auf die Sprachstruktur, d. h. die Elemente der abstrakten Syntax, abgebildet, deren eigentliche Filterfunktionalität durch die Funktionen von BIMfit repräsentiert wird (Abb. 14.15). Die Realisierung einer VBQL Abfrage kann daher als eine spezifische Kombination von BIMfit Funktionen betrachtet werden, die auf einer expliziten Zuordnung zwischen abstrakten VBQL Sprachelementen und einer Menge von BIMfit Funktionen basiert. Sie stellt damit die Erweiterung des GFF auf die Informationsebenen 1 und 2 der Abb. 14.9 dar. Ein VBQL Sprachelement kann entweder direkt einer konkreten BIMfit Funktion zugeordnet sein oder in seinen Argumenten eine Menge von BIMfit Funktionen als Operatoren, z. B. zur Berechnung geometrischer Bauteileigenschaften, oder Prädikate, z. B. zur Prüfung räumlicher oder funktionaler Bauteilbeziehungen, nutzen. Diese Operatoren und Prädikate können innerhalb einer VBQL Abfrage über logische Verknüpfungen zu einer spezifischen Selektionsbedingung zusammengesetzt werden. Einzelne Operatoren können zudem genutzt werden, um die gesuchten Informationen für eine selektierte Objektmenge anzugeben bzw. zu ermitteln [24]. Die Menge der zuordenbaren BIMfit Funktionen kann

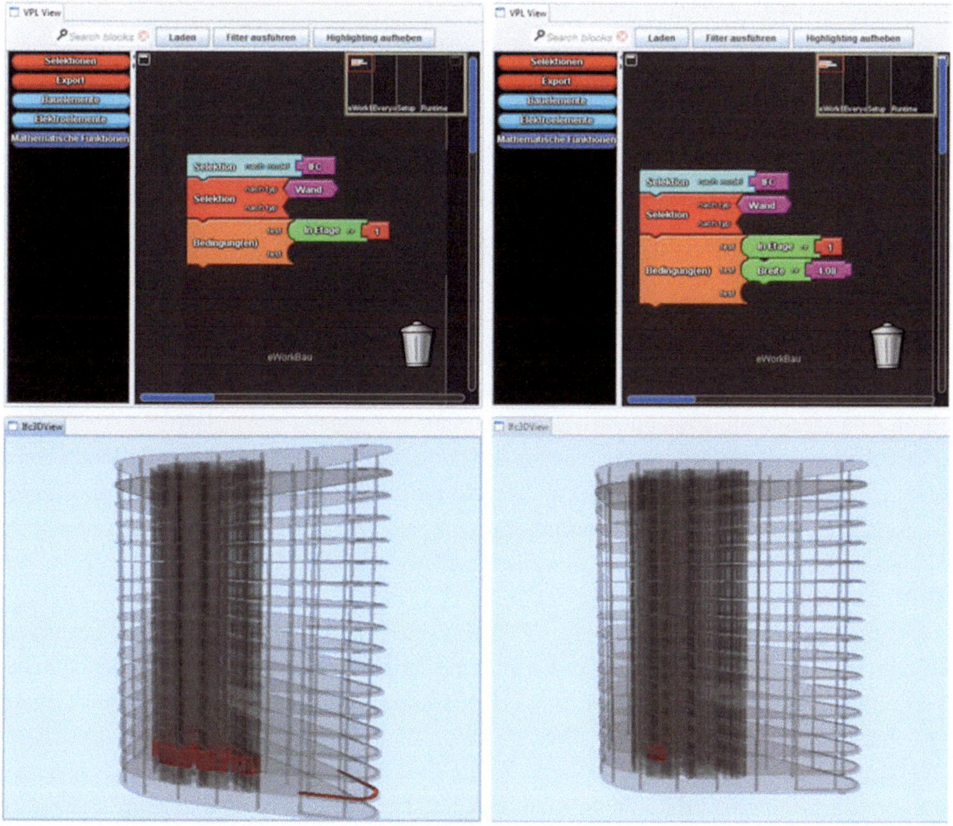

Abb. 14.16 Erstellung und Ausführung von Filteranfragen mit der visuellen Abfragesprache VBQL

variieren und ist abhängig vom Anwendungsbereich der Abfragesprache, dem erforderlichen Funktionsumfang bzw. der geforderten Sprachmächtigkeit sowie der gewünschten Flexibilität in der Abfrageerstellung. Sie kann Funktionen der neutralen, Domäne- und Anwendungsebene umfassen. VBQL kann damit auch genutzt werden, um Funktionen der Domäne- oder Anwendungsebene in Form von Abfragen zu spezifizieren.

In Abb. 14.16 ist die grafische Nutzeroberfläche zur Erstellung und Ausführung von Abfragen mit VBQL dargestellt. Diese besteht aus einem Elementkatalog, der in Abb. 14.6 oben links dargestellt ist und die verfügbaren visuellen Sprachelemente, sortiert nach Elementart, bereitstellt, einem Abfrageeditor zur Erstellung und Bearbeitung von Abfragen sowie einem 3D Model Viewer zur visuellen Ausgabe des Abfrageergebnisses. Abfrageergebnisse, wie z. B. objektbeschreibende Informationen, können im IFC korrespondierenden SPF Format oder auch in eine Tabelle, z. B. EXCEL Tabelle, exportiert werden.

Die beiden Beispiele in Abb. 14.16 zeigen die Abfrage aller Wandelemente, in rot dargestellt, die sich innerhalb des 1. Obergeschosses befinden, linkes Bild, und die Abfrage aller Wandelemente, in rot dargestellt, die sich innerhalb des 1. OG befinden und eine Länge von 4.08 m aufweisen, rechtes Bild. Durch einfaches Zoomen kann nur der interessierende Bereich im 2. OG auf dem Bildschirm aufgezeigt werden. Ebenso kann auch eine weitere Filteranfrage spezifiziert werden, mit der nur die Elemente im 2. OG aufgezeigt werden.

14.8 Zusammenfassung und Ausblick

Aufgrund der hohen Komplexität und Größe interdisziplinärer, modellbasierter Informationsräume sowie der heterogenen Arbeitsumgebungen der handelnden Akteure, die auf unterschiedlichen Daten- und Anwendungsmodellen basieren, entsteht eine enorme Vielfalt an Filteraufgaben. Erst nutzerfreundliche, auf die spezielle Aufgabe angepasste Filter erlauben ein effizientes, modellbasiertes Arbeiten in der Praxis und ermöglichen einen nahtlosen, hoch automatisierten Informationsaustausch. Sie unterstützen weiterhin zahlreiche Aufgaben des Daten- und Informationsmanagements, die vom Anwender unbemerkt ablaufen, wie Qualitätssicherung, Konflikt- und Konsistenzprüfung (Teil I, Kap. 3 und Teil II, Kap. 20).

Der hier vorgestellte Ansatz bildet die vielfältigen Informationsbedürfnisse der unterschiedlichen Akteure und Anwendungen auf eine spezifische Menge von Modellsichten ab und definiert die für deren Generierung erforderliche Filterfunktionalität auf der Grundlage charakteristischer Filterarten. Dieser Ansatz wird durch das generische Filterframework umgesetzt, das die Filterarten in modulare Basiskonzepte, Funktionen und Operationen überführt und eine einheitliche Methodik für deren kontextsensitive Kombination zu komplexen Filteroperationen auf Klassen- und Objektebene bereitstellt. Das entwickelte Framework unterstützt dabei auch die dynamische und automatisierte Erzeugung systemorientierter Modellsichten durch die Kombination aus BIM basierter Modellsemantik und generischen Modelltransformations- und Manipulationsfunktionen sowie der deklarativen Spezifikation von Domänemodellsichten. Dadurch kann eine ganzheitliche Sicht auf das Gebäudemodell gewonnen werden. Das Framework eröffnet neue Möglichkeiten für die Validierung von Gebäudeentwürfen unter Berücksichtigung funktionaler und physikalischer Randbedingungen sowie systemabhängiger Wechselwirkungen.

Das Konzept der modularen Basisfunktionen bietet eine hohe Flexibilität und Mächtigkeit, um vielfältige Filteraufgaben auf unterschiedlichen Anwendungsebenen zu realisieren. Es ermöglicht eine vergleichsweise schnelle und einfache Erstellung komplexer Filteroperationen auf Domänen- und Anwendungsebene durch die Nutzung und Anpassung der vordefinierten generischen Filterfunktionen und vermeidet so die wiederholte Neuprogrammierung der Filterfunktionen. Weiterhin integriert das Konzept der modularen Basisfunktionen, d. h. der Meta-, Kern- und Schlussfolgerungsfunktionen, die Nutzung impliziter Modellinformationen in das Filterframework. Dies erlaubt die Erstellung komplexer Filteroperationen, die über die Semantik der betrachteten Datenmodelle hinausgehen und die Möglichkeit schaffen, den potentiellen Informationsgehalt der verfügbaren

BIM Modelle unter Berücksichtigung ihrer Komplexität und Modellierungsvielfalt effektiv auszuschöpfen.

Die entwickelten Basisfunktionen können auf verschiedene Arten zur Definition und Ausführung komplexer Filteroperationen genutzt werden, bspw. (1) mittels einer domänen- oder anwenderspezifischen Abfragesprache, z. B. als Ingenieurabfragesprache oder unter Ansatz visueller Sprachkonzepte, (2) als konfigurierbare Filterbausteine innerhalb externer Filterdienste bzw. in Form von Webservices oder auch (3) als ein integraler Bestandteil von Modellservern.

In Kombination mit einem ontologischen Ansatz kann die Kombination von Basisfunktionen zu höherwertigen Filteroperationen unter Berücksichtigung eines spezifischen Ingenieursystemkontextes bspw. zur Validierung von Systemmodellen genutzt werden. Das generische Filterframework kann zur Unterstützung verschiedener modellzentrierter Aufgaben, wie bspw. der Versionierung, der Normalisierung und dem Vergleich von Modellen und Modellversionen sowie der wissensbasierten Manipulation und Transformation von Modelldaten, eingesetzt werden.

Literatur

1. ISO 16739 (2013) Industry Foundation Classes (IFC) for data sharing in the construction and facility management industries. International Organization for Standardization, Geneva, Switzerland
2. Katranuschkov P, Weise M, Windisch R, Fuchs S, Scherer RJ (2010) BIM-based generation of multi-model views. In: Proc 27th CIB W78 international conference „applications of IT in the AEC industry & accelerating BIM research workshop“, 16–19 Nov 2010, Kairo, Ägypten
3. IFC Coordination View Version 2.0, verfügbar unter http://www.buildingsmart-tech.org/specifications/ifc-view-definition/coordination-view-v2.0/summary
4. Tulke J (2010) Kollaborative Terminplanung auf Basis von Bauwerksinformationsmodellen. Dissertation, Bauhaus-Univ Weimar, Fakultät Bauingenieurwesen, Professur Informatik im Bauwesen (Herausgeber); Weimar, Verlag der Bauhaus-Universität 2010, XIII, 221 S, ISBN 978-3-86068-416-0
5. Tauscher E (2011) Vom Bauwerksinformationsmodell zur Terminplanung – Ein Modell zum Generieren von Bauablaufplänen. Dissertation, Bauhaus-Universität Weimar, Informatik im Bauwesen, Weimar
6. Scherer RJ, Grunewald J, Baumgärtel K (2011) A framework approach for eeBIM and heterogeneous eeAnalysis data models. In: Proc joint 28th CIB W78 and 6th CIB W102 2011 international conference. Biot – Sophia Antipolis, France
7. Nepal MP, Staub-French S, Pottinger R, Webster A (2012) Querying a building information model for construction-specific spatial information. Adv Eng Inform 26(4):904–923. doi:10.1016/j.aei.2012.08.003
8. Katranuschkov P, Scherer RJ, Weise M, Liebich T (2014) Extending BIM for energy simulation and design tasks. In: Proc international conference on computing in civil and building engineering (ICCCBE), Orlando, Florida, USA
9. ISO 10303-11 (1999) Industrial automation systems and integration – product data representation and exchange – Part 11: Description methods: the EXPRESS language reference manual. International Organisation for Standardisation, ISO TC 184/SC4, Geneva

10. Bailey I, Bailey Hardwick M, Laud A, Spooner DL (1996) Overview of the Express-X language. CiteSeerX [online], http://citeseerx.ist.psu.edu/viewdoc/summary?doi=10.1.1.49.8356, 20 S
11. ISO 10303-14 (2005) Industrial automation systems and integration – product data representation and exchange – Part 14: Description methods: the EXPRESS-X language reference manual. ISO TC184/SC4, Geneva
12. Weise M (2006) Formalisierung von Berechnungsvorschriften mit EXPRESS bzw. EXPRESS-X, Bericht an die IAI Arbeitsgruppe Modellbasierte Mengen, TU Dresden, Institut für Bauinformatik, Dresden
13. EDM Modellserver, http://www.epmtech.jotne.com/edmmodelserver-ifc
14. Huang L (1999) EXPRESS query language and templates and rules: two languages for advanced software system integrations. Dissertation, Ohio University
15. ISO 10303-21 (1999) Industrial automation systems and integration – product data representation and exchange – Part 21: Implementation methods: clear text encoding of the exchange structure. International Organisation for Standardisation, ISO TC 184/SC4, Geneva
16. Adachi Y (2002) Overview of partial model query language. VTT report VTT-TEC-ADA-12, Espoo, 12 S
17. Adachi Y (2002) Overview of IFC model server framework. In: European conference of product and process modeling (ECPPM 2002)
18. Beetz J, van Leeuwen JP, de Vries B (2009) IfcOWL: a case of transforming EXPRESS schemas into ontologies. Artif Intell Eng Des Anal Manuf 23:89–101, special issue 1
19. W3C (2004) OWL web ontology language reference. W3C recommendation, http://www.w3.org/2004/OWL/
20. W3C (2004) RDF/XML syntax specification. W3C recommendation 10 Feb 2004, http://www.w3.org/TR/REC-rdf-syntax/
21. W3C (2013) SPARQL 1.1. W3C recommendation, http://www.w3.org/TR/sparql11-overview/
22. Lee G (2004) A new and formal process to product modeling (PPM) method and its application to the precast concrete industry. PhD thesis, Georgia Institute of Technology, Atlanta, GA
23. Mazairac W, Beetz J (2012) Towards a framework for a domain specific open query language for building information models. In: Proc international workshop on intelligent computing in engineering 2012 (EG-ICE), Herrrsching
24. Wülfing A, Windisch R, Scherer RJ (2014) A visual BIM query language. In: Proc 10th European conference on product & process modelling, Wien, Österreich
25. Borrmann A (2008) Computerunterstützung verteilt-kooperativer Bauplanung durch Integration interaktiver Simulationen und räumlicher Datenbanken. Dissertation, Lehrstuhl für Bauinformatik, Fakultät für Bauingenieur- und Vermessungswesen, Technische Universität München
26. Borrmann A, Rank E (2009) Topological analysis of 3D building models using a spatial query language. Adv Eng Inform. doi:10.1016/j.aei.2009.06.001
27. Lee JK (2011) Building environment rule and analysis (BERA) language – and its application for evaluating building circulation and spatial program. Dissertation, College of Architecture, Georgia Institute of Technology
28. Katranuschkov P, Gehre A, Scherer RJ (2003) An ontology framework to access IFC model data. ITcon 8:413–437
29. Hietanen J (2006) IFC model view definition format [online documentation], ©IAI, April 2006. http://www.iai-international.org/software/MVD_060424/IAI_IFCModelViewDefinitionFormat.pdf
30. Wix J (Hrsg) (2006) Information delivery manual: guide to components and development methods. Available at http://idm.buildingsmart.no
31. Weise M, Katranuschkov P, Scherer RJ (2003) Generalised model subset definition schema. In: Amor R (Hrsg) Construction IT: bridging the distance. Proc CIB-W78 workshop. Waiheke Island, NZ, 16 S

32. Scherer RJ, Weise M, Katranuschkov P (2006) Adaptable views supporting long transactions in concurrent engineering. In: Proc joint international conf on computing and decision making in civil and building engineering, Montreal, Kanada, 14–16 June 2006, S 3677–3686
33. Level of development specification, BIMFORUM, Draft 1, 19 April 2013. Verfügbar unter http://bimforum.org/wp-content/uploads/2013/05/DRAFT-LOD-Spec.pdf
34. de Laat R, van Berlo L (2011) Integration of BIM and GIS: the development of the CityGML GeoBIM extension. In: Advances in 3D geo-information sciences. Springer, Berlin Heidelberg, S 211–225
35. Chipman T, Liebich T, Weise M (2012) mvdXML – specification of a standardized format to define and exchange model view definitions with exchange requirements and validation rules. buildingSMART International
36. Liebich T, Stuhlmacher K, Guruz R (2012) Information delivery manual work within HESMOS – a descriptive approach to defining information delivery manuals. In: Registered with buildingSMART, IDM registration form by Jan Karlshoej, 31 July 2012
37. Fink T, Protopsaltis B, Katranuschkov P, Scherer RJ (1995) Die Produktmodellierungsmethode für die durchgängige Bearbeitung Architekturplanung – Tragwerksplanung – Detaillierung. In: Ramm E (Hrsg) Finite Elemente in der Baupraxis. Ernst & Sohn Verlag, Berlin, S 571–584
38. Romberg R, Niggl A, van Treeck C, Rank E (2004) Structural analysis based on the product model standard IFC. In: Proc of international conference on computing in civil and building engineering, ICCCBE, 02–04.06.2004
39. Baumgärtel K, Katranuschkov P, Scherer RJ (2012) Design and software architecture of a cloud-based virtual energy laboratory für energy-efficient design and life cycle simulation. In: 9th European conference of product and process modelling (ECPPM), Reykjavik, Island, 25–27 July 2012
40. Bazjanac V, Kiviniemi A (2007) Reduction, simplification, translation and interpretation in the exchange of model data. In: Rebolj D (Hrsg) Proc 24th CIB W78 international conference "bringing ITC knowledge to work", University of Maribor, Slovenien, S 163–168
41. IFC 2×3 TC1 Online specification, verfügbar unter http://www.buildingsmart-tech.org/ifc/IFC2x3/TC1/html/index.htm
42. CIS/2 product data standard for structural steel, online specification, verfügbar unter http://cic.nist.gov/vrml/cis/lpm6/index.html
43. IFC 4 online specification, verfügbar unter http://www.buildingsmart-tech.org/specifications/ifc-releases/ifc2x4-release
44. ISO/TS 10303-27 (2000) Industrial automation systems and integration – product data representation and exchange – Part 27: Implementation methods: Java TM programming language binding to the standard data access interface with Internet/Intranet extensions, Geneva
45. Windisch R, Baumgärtel K, Protopsaltis B, Scherer RJ (2011) Entwurf eines Virtuellen Wind-Labors auf BIM-Basis. In: Proc 2nd Fachkonferenz Bauinformatik – Baupraxis 2011 „Industrieforschungsprojekte in der Bau-IT", Dresden, Germany, 14 October 2011, S 107–122, ISBN 978-3-86780-251-2
46. van den Helm P, Böhms M, van Berlo L (2010) IFC-based clash detection for the open-source BIMserver. In: Tizani W (Hrsg) Computing in civil and building engineering, proceedings of the international conference. Nottingham University Press, Nottingham, UK, 30 June–2 July, Paper 91, S 181, ISBN 978-1-907284-60-1
47. AGPL (2007) GNU Affero General Public License, Version 3, November 2007, http://www.gnu.org/licenses/agpl-3.0.html
48. Postel F (2012) BIM im Handwerk. In: 3. Fachkonferenz Bauinformatik – Baupraxis 2012 „Industrieforschungsprojekte in der Bau-IT", S 41–45, Dresden, 21 September 2012, eWorkBau http://ework-bau.de/. ISBN 978-3-86780-297-0

Eine Abfragesprache für Multimodelle 15

Sebastian Fuchs und Raimar J. Scherer

Zusammenfassung

Es wird eine Methode zur unabhängigen domänenübergreifenden Informationsabfrage aus Multimodellen mit beliebigen Fachmodellen vorgestellt. Dazu werden der generische Zugriff auf Fachmodellinhalte sowie neue Aspekte des Multimodellfilterns analysiert. Es werden die daraus entstandene Abfragesprache Multimodellquerrylanguage, MMQL, und ein zugehöriger Interpreter vorgestellt, in denen diese Erkenntnisse zur Anwendung kommen.

15.1 Motivation

Multimodelle bieten Lösungsansätze für strukturelle Probleme der nD Modellierung in Bauinformationsprozessen. Sie bündeln Fachmodelle unterschiedlicher Domänen und erlauben die Verbindung von deren Elementen in expliziten Linkmodellen. Da die Fachmodelle unberührt bleiben, wird auf diesem Weg eine lose und temporäre Kopplung ermöglicht. Durch den Verzicht auf ein führendes oder integrierendes Datenschema werden (1) keine Transformationsprozesse benötigt, (2) können etablierte und heute übliche Datenformate weitergenutzt und (3) verlinkte Fachmodelle neutral ausgetauscht werden. Solche verknüpften Daten bieten einen informationellen Mehrwert gegenüber alleinstehenden Fachmodellen. Zusammengehörende Informationen können über die persistenten Links automatisch ausgewertet werden, anstelle manuell vom Menschen immer wieder flüchtig neu zugeordnet werden zu müssen. Somit erscheint das Multimodell gegenüber einem Benutzer wie ein einziger abgeschlossener Informationsraum. Mit dem Übergang von bauwerksorientierter zu prozessorientierter Arbeitsweise erlangt die domänenübergreifende Bereitstellung von Informationen wachsende Bedeutung, bspw. bei der Erstel-

S. Fuchs (✉) · R.J. Scherer
Institut für Bauinformatik, Technische Universität Dresden, Dresden, Deutschland

R.J. Scherer, S.-E. Schapke (Hrsg.), *Informationssysteme im Bauwesen 1*,
DOI 10.1007/978-3-642-40883-0_15

lung von Controllingkennwerten, der Vorbereitung von Simulationen oder der Betrachtung neuer Aspekte wie Energieeffizienz.

Zwar ist es bereits möglich, Multimodelle zwischen Softwareanwendungen auszutauschen, z. B. per RIB iTWO [1] oder GRANID von gibGREINER [2], jedoch beschränkt sich der erzielbare Informationsgewinn auf die Domänen der jeweiligen Softwareanwendungen sowie die implementierten Filtermechanismen. Bisher gibt es noch keine unabhängige Methode, um auf Informationen in Multimodellen, bestehend aus beliebigen Fachmodellen, zuzugreifen. Erst mit einer generischen und vollständigen Abfragemöglichkeit kann das breite Einsatzpotential von Multimodellen in vollem Umfang realisiert werden. In dieser Arbeit wird eine solche Methode in Form einer neu entwickelten, deklarativen Abfragesprache, Multimodellquerrylanguage MMQL, mit textueller Syntax sowie zugehörigem Interpreter vorgestellt.

15.2 Verwandte Forschung

Zwischen Filter- und Mappingsprache besteht eine sehr hohe Ähnlichkeit. Eine generische Mappingsprache, die eine Filtermethode, die Generalized Model Subset Definition Methode, GMSD, initiiert hat [3], wird von [4] vorgestellt. Die Sprache ist deklarativ und dient der Überführung von Informationen in andere Datenstrukturen. Es werden allgemeine Prinzipien komplexer Datenstrukturen im Bauwesen analysiert. Die vorgeschlagenen Mappingpatterns stellen u. a. Prinzipien zum Zugriff auf Datenstrukturen dar, die auch in Filtersprachen anwendbar sind. In [5] wird ein linkbasierter Ansatz zur Bauwerksmodellierung präsentiert, bei dem die ursprüngliche Information auf Partialmodelle aufgeteilt wird. Der Fokus der Arbeit liegt auf der dynamischen und semiautomatischen Erstellung und Verwaltung von Mappings, realisiert durch einen hybriden Modellansatz mit zentraler Komponente. Eine räumliche Anfragesprache wird in [6] vorgestellt, die auf geometrische und topologische Aspekte von Bauwerksmodellen spezialisiert ist. [7] präsentiert eine Methode zum Zugriff auf Bauprojektmanagementdaten über ein zentrales Datenmodell mittels Data Warehousemethoden und hochentwickelten Visualisierungstechnologien. [8] beschreibt eine Umgebung zur Informationssuche in domänenspezifischen Dokumenten mittels Identifikatoren, die mit Repräsentationen von Realweltobjekten verlinkt sind. [9] schlägt eine Methode zur Integration der Terminplanung basierend auf Bauwerksmodellen vor. Dabei wird eine allgemeine Sprache zum Verlinken spezifiziert, deren Fokus auf räumlichen Anfragen und Objektteilung zur Identifikation verlinkbarer Objekte liegt.

15.3 Multimodellinformationen

Um domänenübergreifende Informationen aus einem Multimodell gewinnen zu können, muss der Zugriff auf die zugrunde liegenden Daten geregelt werden. Dabei sind folgende zwei Aspekte zu untersuchen: (1) die Datenstruktur zur Bündelung und Verlinkung von Fachmodellen sowie (2) eine Struktur zum generischen Zugriff auf Fachmodellinhalte.

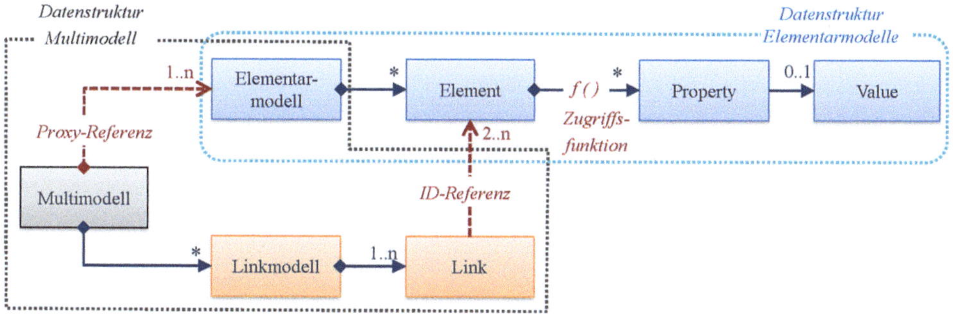

Abb. 15.1 Schematischer Aufbau von Multimodellen

Aus diesen Regelungen muss auch hervorgehen, welche Fachmodelle überhaupt in Multimodellen anwendbar sind. Fachmodelle, die beide Aspekte erfüllen, sind Elementarmodelle oder aus ihnen bildbar (Teil I, Kap. 2, Abb. 2.4–2.6).

In [10] wird zur Lösung von Aspekt (1) das generische Multimodell vorgeschlagen (Teil I, Kap. 2), das ein Datenschema sowie zugehörige Constraints und Metadaten zum neutralen Austausch und Zugriff auf Multimodelle besitzt. Elementarmodelle werden dort als übertragbare Instanz eines Datenmodells mit einer abgegrenzten Fachdomäne und einer vereinbarten Semantik definiert. Das bedeutet, dass ein Elementarmodell nicht zwangsläufig ein korrespondierendes explizites Schema benötigt. Bspw. sind XML Dokumente ohne XSD möglich. Lediglich die Bedeutung der Daten muss bekannt sein. Weiterhin wird davon ausgegangen, dass die verlinkbaren Elemente eine innerhalb des Elementarmodells eindeutige ID besitzen. Ausweichlösungen für Modelle ohne explizite ID werden ebenfalls in Teil I, Kap. 2 beschrieben.

Diese Definition wird hier um eine Struktur zum generischen Datenzugriff erweitert. Dabei wird der innere Aufbau von Elementarmodellen ideell abgebildet. Um eine möglichst große Anzahl von Fachmodellen repräsentieren zu können, muss diese Abbildung genügend abstrakt und den Erfordernissen des generischen Multimodells angepasst sein. Abbildung 15.1 zeigt den resultierenden Aufbau von Multimodellen. Der Bereich Datenstruktur Multimodell spiegelt Aspekt (1), respektive das generische Multimodell, wider. Der Bereich Datenstruktur Elementarmodelle repräsentiert Aspekt (2), die im Folgenden beschriebene, ideelle Datenstruktur des Elementarmodells.

Elementarmodelle bestehen aus 0 bis n Elementen. Elemente sind die verlinkbaren Einheiten und besitzen eine ID. ID und Elementinstanz sind äquivalent. Elemente besitzen 0 bis n Properties. Ein Property ist eine von seinem Element aus zugreifbare Einheit, hinter der sich ein Value, die eigentliche Information, befindet. Dieser Wert muss nicht gesetzt sein. Der Zugriff auf die Properties erfolgt über Funktionen, sogenannte Property Accessors, die die Grundfunktion der Multimodellquerylanguage, MMQL, darstellen. Diese können trivial sein und bspw. den Zugriff von einem XML Element auf sein Attribut realisieren. MMQL unterstützt syntaktisch auch den Zugriff über Pfade auf verschachtelte Properties sowie das inhärente Property ID. Property Accessors können aber auch semantisch

Tab. 15.1 Mögliche Überführung von Metadatenstrukturen in die ideelle Elementarmodelldatenstruktur

Metadatenstruktur	Elementarmodell	Element	Property
Relationale Datenbanken	Datenbank	Tabelle	Spalte
XML	Dokument	Element	Elementinhalt, Attribut
Express	Dokument	Entität	Attribut
CSV	Dokument	Zelle	(Proxy Property) Value
INI	Dokument	Sektion	Schlüssel
JSON	Dokument	Objekt	Eigenschaft

hochwertig sein und unter Anwendung zusätzlicher Logik, bspw. in einem IFC Modell, die geometrische Höhe einer Wand liefern. Die Abbildung von Fachmodelldatenstrukturen wird so teilweise an die Implementierungen für die jeweiligen Elementarmodelltypen delegiert und wird somit zu einer Spezialimplementierung, was für Sonderfälle gerechtfertigt ist.. Diese Implementierungen können sich an generische Vorlagen, bspw. für XML Datenstrukturen, anlehnen oder, wie am Beispiel IFC erwähnt, semantisch hochwertige Funktionen bereitstellen, die in Teil II, Kap. 14 besprochen wurden. Wird das Filtern von Multimodellen auf generische Filterfunktionen beschränkt, d. h. der Anwender muss die Datenmodelle kennen, ist eine allgemein gültige Definition möglich. Auf diese Art und Weise können möglichst viele Fachmodelle zur Verwendung in Multimodellen befähigt werden. Die in Teil I, Kap. 2 gegebene Definition eines Elementarmodells wird hierzu wie folgt erweitert.

► **Definition** Elementarmodelle sind übertragbare Instanzen eines Datenmodells mit einer abgegrenzten Fachdomäne und einer vereinbarten Semantik. Das Datenmodell muss sich in die ideelle Elementarmodelldatenstruktur *Element→Property→Value* überführen lassen.

Tabelle 15.1 zeigt mögliche Überführungen von übergeordneten Datenstrukturen in die beschriebene, ideelle Elementarmodelldatenstruktur. Für inhärent objekt- bzw. klassenorientierte Metadatenstrukturen können Komplexeinheiten, bspw. Klassen, Entitäten, Typen, auf Elemente abgebildet werden. Deren atomare Merkmale, bspw. Feld, Attribut, werden auf Properties abgebildet. Analog können auch relationale Datenbanken behandelt werden. Beim Format Comma Separated Value, CSV, können die Zellen als Elemente aufgefasst werden, ihre ID bestimmt sich dabei über Zeilen- und Spaltennummer. Da eine Zelle keine weiteren untergeordneten Merkmale hat, wird für ihren Inhalt ein ideelles Property als Value eingeführt. Somit sind alle Fachmodelle in Multimodellen nutzbar, die auf Basis abbildbarer Metadatenstrukturen definiert sind und deren Elemente per ID angesprochen werden können. Bspw. sind die Fachmodelle GAEB DA XML, XPDL oder MS Project nutzbar, da sie XML basiert sind. IFC ist als Expressinstanz ebenfalls nutzbar sowie Dokumente von Tabellenkalkulationen im CSV Format.

15.4 Multimodellfilter

Multimodelle ermöglichen die Filterung des repräsentierten Informationsraums auf neuartige Weise. Zusätzlich zu den bekannten Methoden zur Filterung von Fachmodellen kann die Einschränkung relevanter Elemente über die Auswertung der Linkmodelle erfolgen. [11] demonstrieren die Idee im Kontext von IFC. Die Einführung einer formalen Abfragesprache erfordert eine grundlegend systematische Betrachtung der Linkauswertung. Diese gliedert sich in die unabhängigen Aspekte Elementkombination und Linkinterpretation. Die Entwicklung der MMQL konzentriert sich auf die Methoden zur Linkauswertung, während die weiteren, höherwertigen Filterfunktionen bzgl. einzelner Fachmodelle in Teil II, Kap. 14 dargestellt sind, die konzeptionell in die MMQL integriert werden können.

Die Elementkombination legt fest, welche Elemente aus den Fachmodellen kombiniert werden sollen und wie diese Kombination zu erfolgen hat. Diese Operation kann in Analogie zur relationalen Algebra wie eine JOIN Anweisung betrachtet werden. Dabei entsprechen die Elemente der Elementarmodelle den Relationen und die Linkmodelle den Mappingtabellen. Der Modus (1) Natural kombiniert demzufolge alle Elemente nach Maßgabe der vorhandenen Links in den Linkmodellen. Das bedeutet, dass nur diejenigen Elemente weiterverarbeitet werden, die auch verlinkt sind. Im Modus (2) Right Outer werden alle Elemente des rechten Arguments weiterverarbeitet. Elemente, die nicht verlinkt sind, werden auf der linken Seite mit `NULL` aufgefüllt. Der Modus (3) Full Cross Product ignoriert vorhandene Links und bildet immer ein vollständiges Kreuzprodukt aller Elemente. Die Anzahl weiterzuverarbeitender Elemente wächst potentiell von Modus (1) nach (3). Es wird vermutet, dass das Verhalten im Modus Natural der intuitiven Erwartungshaltung eines Nutzers entspricht. In der Syntax wird daher auf einen speziellen Modifikator verzichtet und nur Modus (1) weiter betrachtet.

Die Linkinterpretation bestimmt, welche Bedeutung ein gegebener Link für eine korrespondierende Menge von Elementen hat. Die Notwendigkeit dieser Betrachtung ergibt sich hauptsächlich durch die n:m Kardinalität der Links. Ein Link kann n Elemente aus m Elementarmodellen verknüpfen. Im Zuge einer Abfrage können jedoch einige dieser Elemente ungültig werden, z. B. durch Einschränkungen bei Elementkombinationen oder aufgrund von Elementarmodellfiltern. Im Modus (1) Strict gelten Links nur dann als existent, wenn alle ihre Elemente gültig sind. Es werden also entweder alle Elemente eines Links oder keines weiterverarbeitet. Im Modus (2) Standard gelten Links als dann existent, wenn mindestens 2 Elemente aus mindestens 2 Elementarmodellen gültig sind. Es können also auch Elemente weiterverarbeitet werden, wenn Teile eines Links entfallen. Im Modus (3) Transitiv werden Links transitiv ausgewertet. Ein Link wird dabei um all diejenigen Elemente erweitert, die von seinen Elementen aus über andere Links erreichbar sind. Für die Weiterverarbeitung von Elementen gelten die gleichen Regeln wie im Modus Standard. Die Anzahl weiterzuverarbeitender Elemente wächst auch hier potentiell von Modus (1) nach (3). Für den Aspekt der Linkinterpretation wird vermutet, dass das Verhalten im Modus Standard der intuitiven Erwartungshaltung eines Nutzers entspricht.

Tab. 15.2 Syntaxübersicht für Linkauswertung

Elementkombination	Linkinterpretation		
	Strict	Standard	Transitiv
Natural	strict linkedwith	linkedwith	trans linkedwith
Right Outer	strict right linkedwith	right linkedwith	trans right linkedwith
Full Cross Product	cross linkedwith		

Deswegen wurde auch hier in der Syntax auf einen Modifikator verzichtet und nur Modus (1) weiter betrachtet.

Tabelle 15.2 zeigt die möglichen Kombinationen der Modi Elementkombination und Linkinterpretation anhand der Syntax der Modifikatoren für den `linkedwith` Operator, dem MMQL Sprachelement zur Linkauswertung. Die Multimodellabfragesprache MMQL kann auch nur als Elementarmodellfiltersprache genutzt werden, indem ein Statement ohne `linkedwith` Anweisung verwendet wird. Als Kriterien kommen dann Konditionen auf die Properties des gewählten Elements oder die Ausführung benannter externer Elementarmodellfilter infrage.

15.5 Multimodellabfragesprache MMQL

Die Abfrage von Multimodellinformationen soll mit einer Programmiersprache erfolgen. Das Sprachparadigma ist dabei mengenorientiert deklarativ, d. h. ein Anwender beschreibt das Resultat, nicht den Lösungsweg. Es wurde eine textuelle Syntax gewählt, da diese (1) ausdruckstärker als GUI Elemente, API Aufrufe oder eine grafische Syntax ist und (2) einen direkten Einsatz als Serverkomponente ermöglicht. Syntax und Semantik wurden weitestgehend an SQL [12] angelehnt, um eine geringe Einarbeitungszeit und hohe Nutzerakzeptanz zu erreichen. Syntax und Semantik der Sprache sind in [13] dargestellt und können an dieser Stelle nur prinzipiell, keinesfalls vollständig, wiedergegeben werden.

15.5.1 Allgemeines Konzept der MMQL

Ein MMQL Anweisungsblock gilt nur für ein Multimodell. Operationen über mehrere Multimodelle hinweg werden nicht unterstützt. Ein MMQL Anweisungsblock besteht aus der Deklaration des zu benutzenden Multimodells (Befehl use, vgl. Zeile 1, Abb. 15.2) sowie weiteren Anweisungen. Ein Multimodell kann über seinen Dateinamen, fileName oder, bspw. im Falle ungespeicherter Multimodelle in Anwendungen mit grafischer Oberfläche, über den Namen des geöffneten Editors, editorName deklariert werden:

Gültige weitere Anweisungen sind Abfragebefehle wie Select, sowie die Manipulationsanweisungen zum Erstellen, CreateLM, strukturellen Ändern, AlterLM und Löschen, DeleteLM von Linkmodellen sowie deren Links, UpdateLM. Der weitere Teil des MMQL

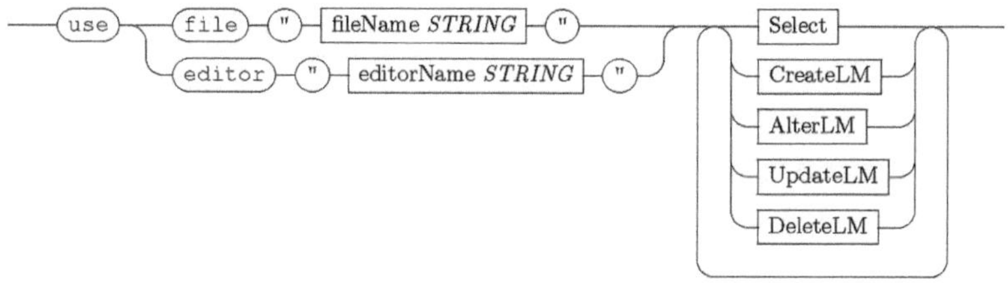

Abb. 15.2 MMQL Use

Anweisungsblock, der hier nicht weiter gezeigt wird, enthält die Zugriffe auf die Elementarmodelle und ihre Elemente, ihre Properties und den zugeordneten Values. In Tab. 15.3 sind die wichtigsten Operatoren der MMQL zusammengestellt und kurz beschrieben.

15.5.2 Filterfunktion

Um den Multimodellinformationsraum nutzbringend zu erschließen, muss das Multimodell gefiltert werden. Dazu darf das ResultSet nur die für den Anwender relevanten Daten enthalten. Zu diesem Zweck wird die Anzahl der Spalten und Zeilen dieser Tabelle reduziert. Folgende Methoden bilden das Prinzip des Multimodellfilterns:

- Projektion, d. h. Reduktion der Spalten
- Selektion, d. h. Reduktion der Zeilen
  - Filtern von Elementarmodellen
    - Property-Kriterien
    - Benannte Elementmengen
  - Modellübergreifendes Filtern
    - Linkauswertung
      - Elementkombination
      - Linkinterpretation
    - Elementarmodellübergreifende Property-Kriterien

Ein Multimodellfilter besteht somit aus der Kombination bekannter Methoden zum Filtern von Elementarmodellen sowie neuen Methoden zur modellübergreifenden Filterung, hauptsächlich der Linkauswertung.

Das Select Statement (Abb. 15.3) der MMQL greift diese Methoden auf und stellt eine SQL artige Syntax zur Multimodellfilterung zu Verfügung: Die Festlegung der Spalten des ResultSets mittels Projektion geschieht durch Angabe von Propertyspezifikationen mittels der select Klausel. Elementkombination und Linkinterpretation erfolgen in der from sowie in den linkedwith Klauseln. Benannte Elementmengen sowie elementarmodellweite und -übergreifende Propertykriterien werden in der where Klausel angegeben.

Tab. 15.3 Übersicht der relevanten MMQL-Befehle

Befehl	Bedeutung
Allgemein	
Use	Angabe des zu nutzenden Multimodells
"Elementarmodell". "Element"."Property"	Struktur des Ideellen Elementarmodells: Angabe von Elementarmodell, Elementtyp und Propertynamen
Id	Zugriff auf die ID als inhärentes Property jedes Elements
Multimodellfilter	
select	Angabe der Projektion: Festlegung der Properties als Spalten des ResultSets. Die Properties dürfen aus unterschiedlichen Elementarmodellen stammen
from	Angabe des ersten zu verwendenden Elementarmodells
(cross, strict, trans, right) linkedwith (by)	Strukturelle Linksemantik: Weitere Elementarmodelle sowie die Angaben, welche Linkmodelle zu verwenden sind (by) und wie deren Linkauswertung geschehen soll. Die Linkauswertung ist der neuartige Teil der Selektion (Reduktion der Zeilen des ResultSets)
where	Optionale Angabe von Kriterien für Properties. Es sind auch elementarmodellübergreifende Kriterien möglich. Traditioneller Teil der Selektion (Reduktion der Zeilen des ResultSets)
Linkmodelloperationen	
create linkmodel	Erzeugt ein neues leeres Linkmodell. Angabe der teilnehmenden Elementarmodelle
drop linkmodel	Löscht ein Linkmodell
Linkerzeugung	
update linkmodel	Angabe des zu ändernden Linkmodells
add (distinct, strict) links between	Hinzufügen von Links. Angabe zu Parametern der Strukturellen Linksemantik
(one, many) "Element", (one, many) "Element", ...	Angabe der zu verlinkenden Elemente aus min. 2 Elementarmodellen sowie die Zuweisung der Kardinalität (one für ein Element je Link, many für ein oder mehrere Elemente je Link)
where	Optionale Kriterien für Properties der Elemente. Links werden nur für diejenigen Elementkombinationen erzeugt, deren Kriterien erfüllt sind
Links löschen	
update linkmodel	Angabe des zu ändernden Linkmodells
delete links between "Element", "Element",...	Angabe der Elemente zwischen denen Links zu löschen sind
where	Optionale Kriterien für Properties der Elemente. Es werden nur diejenigen Links gelöscht, deren Kriterien erfüllt sind

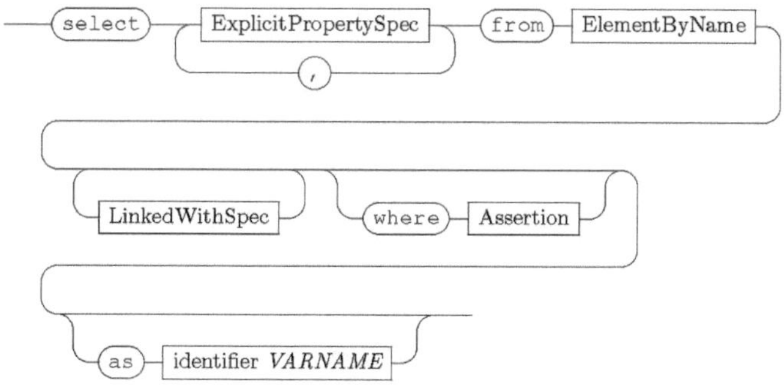

Abb. 15.3 Select

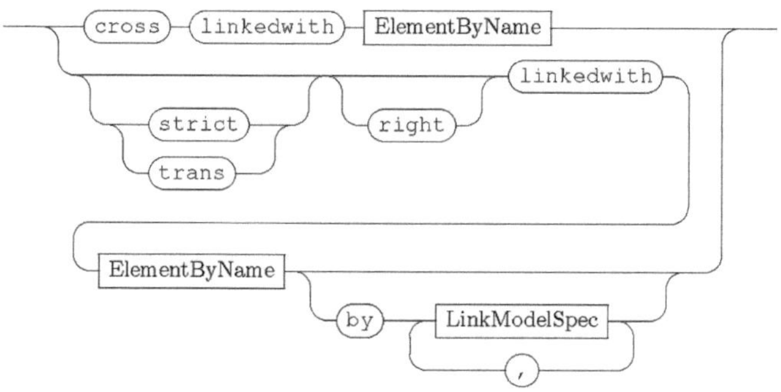

Abb. 15.4 LinkedWith Anweisung

15.5.3 Linksauswertung

In Tab. 15.2 sind die möglichen Kombinationen der Modi Elementkombination und Linkinterpretation anhand der Syntax der Modifikatoren für den linkedwith Operator, dem MMQL Sprachelement zur Linkauswertung zusammengestellt. Entsprechend sind linkedwith Anweisungen (Abb. 15.4) wie folgt definiert: Die Elementkombinationen Natural und Right Outer operieren auf Linkmodellen. Dabei werden alle Linkmodelle des Multimodells herangezogen, die für die konkreten Anfrage relevant sind. Alternativ kann über das Schlüsselwort by eine durch Komma separierte Liste von zu verwendenden Linkmodellen angegeben werden. Die Spezifikation erfolgt dabei über den Namen des Linkmodells oder über dessen Index.

15.5.4 Beispiel einer MMQL Abfrage

Eine MMQL Anfrage liefert Values von Elementarmodellen in Tabellenstruktur, das sog. ResultSet. Analog zu einer SQL JOIN Anfrage werden dabei die Values, korrespondierend zu den m:n Links ihrer Elemente, zeilenweise kombiniert. Der Aufbau einer solchen select Anweisung ist im Wesentlichen im folgenden Beispiel dargestellt. Zum Aufsetzen

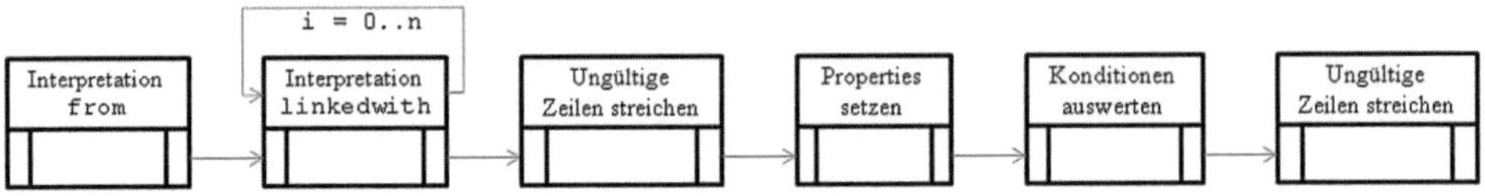

Abb. 15.5 Prinzip der Interpretation einer Select Anweisung

einer MMQL Abfrage muss der Anwender die Datenmodelle der Fachmodelle kennen, da MMQL eine generische, d. h. eine vom Datenmodell unabhängige Sprache ist.

```
1  // kommentar
2  USE <EDITOR multimodell_name> | <FILE pfad_zu_multimodell>
3  SELECT
4     < element.property <AS property_alias>? >*
5  FROM
6     element <AS element_alias>
7  < <STRICT | TRANS>? <RIGHT | CROSS>? LINKEDWITH
8     element <AS element_alias>? <BY linkmodel,>* >*
9  <WHERE
10    condition>*
```

Zeile 1 zeigt die Syntax von Kommentaren. Das use Statement in Zeile 2 legt fest, mit welchem Multimodell gearbeitet werden soll. Im ersten Teil des select Statements in Zeile 3–4 wird die Projektion deklariert, also diejenigen Properties bestimmt, deren Values als Spalten im ResultSet erscheinen sollen. Hier können auch Property Accessors verwendet werden. Optional kann ein Alias vergeben werden, um das Property bequemer in weiteren Ausdrücken verwenden zu können. Das erste Element wird im from Teil in Zeile 5–6 angegeben. Elementen kann ebenfalls ein Alias gegeben werden, bspw. zur Verwendung in Zeile 4. Alle weiteren Elemente werden über den linkedwith Operator in Zeile 7–8 deklariert, d. h. es wird gefordert, dass die Elemente verlinkt sind. Dazu werden alle Linkmodelle in Betracht gezogen oder, wenn angegeben, nur die mittels by benannten. Eine Selektion kann ab Zeile 9 optional erfolgen, indem Konditionen auf Properties angegeben werden. Diese Ausdrücke ähneln in Syntax und Semantik denen der WHERE Rules in SQL. In Abschn. 15.3 wurde festgelegt, dass Values nicht belegt sein müssen. Sie evaluieren dann zu null. Aus diesem Grund gilt in den Konditionen eine dreiwertige Logik [14]. Als Kondition können auch benannte, parametrisierte Elementarmodellfilter aufgeführt werden, wodurch eine komplexe Logik außerhalb der MMQL definiert werden kann.

15.5.5 Ausweiterung der Links einer MMQL Abfrage

Abbildung 15.5 zeigt das Prinzip der Interpretation einer select Anweisung. Nach der Auswertung des from Arguments und der wiederholten Linkauswertung existiert eine Tabelle mit $n + 1$ Spalten kombinierter IDs. Nach Entfernung ungültiger Zeilen, die bei einigen Modi zur Linkauswertung entstehen können, werden die IDs durch die Properties der Pro-

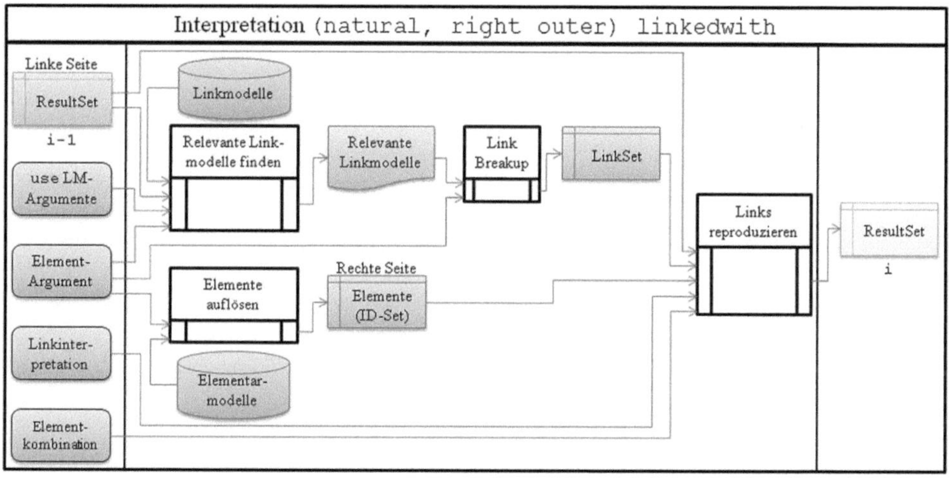

Abb. 15.6 Interpretationsprozess für LinkedWith Anweisung bei Elementkombination Natural oder Right Outer

jektion ersetzt. Dadurch entsteht das ResultSet mit seiner endgültigen Spaltenanzahl. Properties werden immer als Zeichenkette behandelt, lediglich bei Verwendung in Konditionen werden sie in einen der folgenden Typen gewandelt: String, Double, Integer, Date oder Boolean. Durch Auswertung der Kondition findet die Selektion statt und es werden diejenigen Zeilen gestrichen, die die Kondition nicht erfüllen. Abschließend werden noch einmal ungültige Zeilen entfernt, die nun bspw. ungewollte, unvollständige Links enthalten.

Abbildung 15.6 zeigt den detaillierten Interpretationsprozess zur Linkauswertung. Dabei wird versucht, vorhandene Links unter Anwendung der Regeln zur Linkauswertung zu reproduzieren. Jeder Link wird dafür zeilenweise aufgespalten und entsprechend den Elementen der linken und rechten Seite kombiniert, LinkBreakup. Das Ergebnis ist ein ResultSet, das aus den Zeilen der erfolgreich teilweise oder vollständig nachbildbaren Links besteht.

15.5.6 Multimodell Analyse- und Assembly Platform

Die MMQL wurde mithilfe des Frameworks EMFText [15] umgesetzt. Dabei wird eine textuelle Syntax, Concrete Syntax, CS, für ein Ecore Metamodell des abstrakten Syntaxbaums definiert. Davon ausgehend wurden ein Editor sowie Interpreterstubs generiert und in die Multimodell Analyzing and Assembly Platform, M2A2, implementiert (http://www.youtube.com/watch?v=fkzrmRy3W58). Die M2A2 Plattform ist ein Framework für Multimodelloperationen und zur Integration von Elementarmodellplugins der TU Dresden [16]. Die Software kann einschließlich der MMQL Sprachdefinition und Beispieldateien über die Homepage des Instituts für Bauinformatik (http://tu-dresden.de/biw/cib) heruntergeladen werden. Abbildung 15.7 zeigt ein geöffnetes Multimodell (1), eine

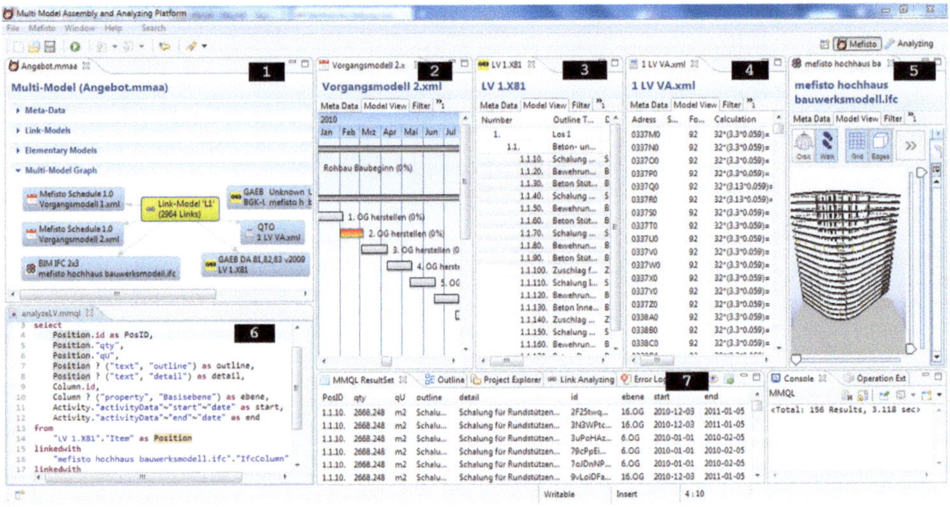

Abb. 15.7 Bildschirmaufnahme Multimodell mit MMQL in M2A2

MMQL Abfrage zur Erstellung eines Mittelabflussplans (6), das zugehörige ResultSet (7) sowie die Selektion der Elemente des ResultSets in den Elementarmodellviewern Vorgangsplan (2), Leistungsverzeichnis (3), Mengenansatz (4) und Bauwerksmodell (5).

Die MMQL ist nicht nur zur Abfrage von Multimodellcontainerinhalten geeignet, sondern sie ist die Basisfunktion für die Verlinkung von Elementen, die ebenfalls in M2A2 implementiert ist.

15.6 Fazit

Es wurde eine Methode zur neutralen, domänenübergreifenden Informationsabfrage von Multimodellen mit beliebigen Elementarmodellen vorgestellt. Dazu wurde eine ideelle Elementarmodelldatenstruktur zum generischen Zugriff auf Fachmodelldaten vorgestellt sowie das neuartige Prinzip der Linkauswertung als Teil des Multimodellfilterns analysiert. Die textuelle, deklarative, mengenorientierte Abfragesprache MMQL greift diese Konzepte auf und bietet mit dem zugehörigen Interpreter die Möglichkeit zur Ausführung auf einem Computer. Der grundlegende Anwendungsaspekt von MMQL, die Überwindung von Datenstrukturheterogenität, spiegelt sich in Syntax und Semantik wider. Syntax und Semantik von Fachmodellen werden durch MMQL nicht unterstützt und müssen durch den Anwender der MMQL eingebracht werden. Zur Anwenderzielgruppe zählen daher Bauanwendungsentwickler oder ambitionierte Endnutzer.

Die vorgestellte Methode bietet noch Entwicklungsmöglichkeiten für höhere Performance. So könnten zu Beginn statische Konditionen, bspw. Vergleiche von Properties mit einem festen Wert, ausgewertet und damit die Größe der Zwischenergebnisse verkleinert werden. Fortführender Forschungsbedarf besteht für den Export des Filterergebnisses als neues Multimodell auf Basis des ResultSets.

Weiterhin kann die MMQL um die Methoden, die für BIMfit entwickelt wurden, erweitert werden bzw. BIMfit direkt nutzen und integrieren, um die Syntax und Semantik der Fachmodelle abzubilden.

Literatur

1. Demharter J, Pflug C (2011) Einsatz von Multimodellen zur Projektabwicklung beim Auftragnehmer. In: Scherer RJ, Tauscher H, Schapke S-E (Hrsg) MEFISTO: Management-Führung-Information-Simulation im Bauwesen, Tagungsband 2. Kongress, Dresden, S 43–58
2. Hienz R (2011) Multimodellbasierte Planung und Ausschreibung von Bauprojekten. In: Scherer RJ, Tauscher H, Schapke S-E (Hrsg) MEFISTO: Management-Führung-Information-Simulation im Bauwesen, Tagungsband 2. Kongress, Dresden, S 147–171
3. Romberg R, Niggl A, van Treeck C, Rank E (2004) Structural analysis based on the product model standard IFC. In: Proc of international conference on computing in civil and building engineering, ICCCBE
4. Katranuschkov P (2000) A mapping language for concurrent engineering processes. Dissertation, Technische Universität Dresden
5. Willenbacher H (2002) Interaktive verknüpfungsbasierte Bauwerksmodellierung als Integrationsplattform für den Bauwerkslebenszyklus. Dissertation, Bauhaus Universität Weimar
6. Bormann A (2007) Computerunterstützung verteilt-kooperativer Bauplanung durch Integration interaktiver Simulationen und räumlicher Datenbanken. Dissertation, Technische Universität München
7. Ye J (2009) Integrating data models, analysis and multidimensional visualizations: a unified construction project management arena. Dissertation, University of British Columbia
8. Wender K (2009) Das virtuelle Bauwerk als Informationsumgebung für die Planung im Bestand zur Organisation und Strukturierung einer digitalen Bauwerksdokumentation. Dissertation, Bauhaus-Universität Weimar
9. Tulke J (2010) Kollaborative Terminplanung auf Basis von Bauwerksinformationsmodellen. Dissertation, Bauhaus-Universität Weimar
10. Fuchs S, Kadolsky M, Scherer RJ (2011) Formal description of a generic multimodel. In: Reddy S, Tata S (Hrsg) Proceedings of the 2011 IEEE 20th international workshops on enabling technologies: infrastructure for collaborative enterprises, WETICE'11. IEEE Computer Society, Washington, DC, USA, S 205–210
11. Katranuschkov P, Weise M, Windisch R, Fuchs S, Scherer RJ (2010) BIM-based generation of multi-model views. In: Proc CIB W78
12. INCITS/ISO/IEC (2008) INCITS/ISO/IEC 9075-1-2008 SQL/framework, Part 1
13. Fuchs S (2014) Erschließung domänenübergreifender Informationsräume mit Multimodellen. Disseration, TU Dresden, Inst F Bauinformatik
14. Codd EF (1979) Extending the database relational model to capture more meaning. ACM Trans Database Syst 4(4):397–434
15. Heidenreich F, Johannes J, Karol S, Seifert M, Wende C (2009) Derivation and refinement of textual syntax for models. In: Proceedings of the 5th European conference on model dri-

ven architecture – foundations and applications, ECMDA-FA'09. Springer, Berlin, Heidelberg, S 114–129

16. Fuchs S, Katranuschkov P, Scherer RJ (2010) A framework for multi-model collaboration and visualization. In: Menzel K, Scherer R (Hrsg) eWork and eBusiness in architecture, engineering and construction, European conference on product and process modelling 2010. CRC Press/Balkema, Boca Raton/Rotterdam, S 115–120

Dynamische Multimodellfunktionen zum Verlinken, Filtern und Abfragen von Multimodellen

16

Jürgen Demharter, Wolfgang Müller und Raimar J. Scherer

Zusammenfassung

Das Arbeiten mit Multimodellen benötigt neue Methoden für das Filtern und Abfragen von Modellen, um den Informationen in den Links und ihren Konsequenzen Rechnung tragen zu können. Ebenso werden Methoden benötigt, um Links komfortabel, fehlerfrei und vor allem zügig erstellen zu können. Diesem kommt besonders hohe Bedeutung zu, da die Anzahl der Links um ein Vielfaches größer ist als die Menge der Objekte in den Fachmodellen. Es wird eine prädiktive Methode zum Filtern von Multimodellen entwickelt, die es erlaubt, sequentiell kombinierbare Filterfunktion zu generieren. Die Filterspezifikation ist in XML formalisiert, sodass Filterspezifikationsvorlagen erstellt und wiederholt eingesetzt werden können.

16.1 Einleitung

Das prozessorientierte Arbeiten [1, 2] mit Multimodellen erfordert den Zugriff auf Teile eines Multimodells nach beliebigen Kriterien. Als Beispiel kann hier die Darstellung aller Objekte mit der Leistungsposition Stahlbetonwand, die im Monat Mai 2013 ausgeführt werden, genannt werden. In diesem Fall ist der Zugriff auf das Multimodell, bestehend aus den Fachmodellen Bauwerksmodell, Leistungsmodell und Terminmodell, notwendig.

Auch der Teilmultimodelldatenaustausch erfordert intelligentes Filtern in Multimodellen. Soll z. B. im Zuge der Nachtragsbearbeitung das Multimodell beschränkt auf die nachtragsrelevanten Elemente nur ausgetauscht werden, so sind die einzelnen Fach- und Linkmodelle auf das dafür Notwendige zu reduzieren. Die Abfrage von Informationen,

J. Demharter (✉) · W. Müller
RIB Software AG, Stuttgart, Deutschland

R.J. Scherer
Institut für Bauinformatik, Technische Universität Dresden, Dresden, Deutschland

R.J. Scherer, S.-E. Schapke (Hrsg.), *Informationssysteme im Bauwesen 1*,
DOI 10.1007/978-3-642-40883-0_16

die z. B. nur den 1. Nachtrag betreffen mit dem speziellen Filterkriterium Nachtrag =1, kann dabei ausschließlich in einem Fachmodell, hier dem Leistungsmodell, verwaltet sein und bedingt aufgrund der Restriktionen des Multimodells eine Reduzierung der anderen Fachmodelle, wie z. B. Bauwerksmodell, Mengenmodell sowie des Linksmodells zu Teilfachmodellen.

Nicht nur der Zugriff mittels Filter auf Multimodellbestandteile ist von zentraler Bedeutung, sondern auch die Methoden zur Verlinkung von unabhängigen Fachmodellen zu einem homogenen Multimodell. Auch hier kann der Einsatz von intelligenten Linkmethoden, basierend auf Multimodellfiltern, den Arbeitsprozess des Anwenders deutlich erleichtern, die Qualität eines Multimodells erheblich steigern und seinen Einsatz effizient gestalten.

Das Filtern innerhalb Multimodellen bedarf einer entsprechenden Multimodellfiltersprache. Diese hat das primäre Ziel, Elemente eines Fachmodells anhand der Verlinkung zu anderen Fachmodellen und deren Eigenschaften zu filtern und diese als Ergebnismenge zu liefern. In RIB iTWO wurde dazu eine allgemeine Abfragesprache entwickelt, die Kriterien der allgemeinen Abfragesprache von Mefisto nutzt (Teil II, Kap. 14) und auf das interne Multimodelldatenmodell von RIB iTWO abgestimmt, d. h. spezialisiert ist. Insofern muss zwischen dem bisher allgemein beschriebenen Multimodell und dem RIB iTWO Datenmodell unterschieden werden. Die internen Datenstrukturen von RIB iTWO können als eine Serialisierung auf das allgemeine Multimodell abgebildet werden. Das RIB iTWO Datenmodell ist ein spezialisiertes Multimodell.

16.2 Multimodell von RIB iTWO

In Abb. 16.1 ist die Struktur des RIB Multimodells dargestellt. Das Linkmodell besteht aus Linkelementen, die als Objekte repräsentiert sind und neben den Links zu den diversen Fachmodellen weitere Informationen aufnehmen können. Als Fachmodelle sind über das Linkmodell die vier folgenden Fachmodelle verlinkt:

- Bauwerksmodell mit dem Teilmodell
  - Objektbuch, bzw. Objekt
- Kostenmodell mit den zwei Teilmodellen
  - Kostenelementinstanz
  - Kostenelement
- Terminmodell, bzw. Activity mit dem Teilmodell
  - Vorgangsmodell
- Leistungsmodell
  - Mengensplit, bzw. Mengenmodell
  - Mengensplit RE/LE Menge je AZ/BZ für Abrechnungs-/Berichtszeitraum
  - PV LV Pos.

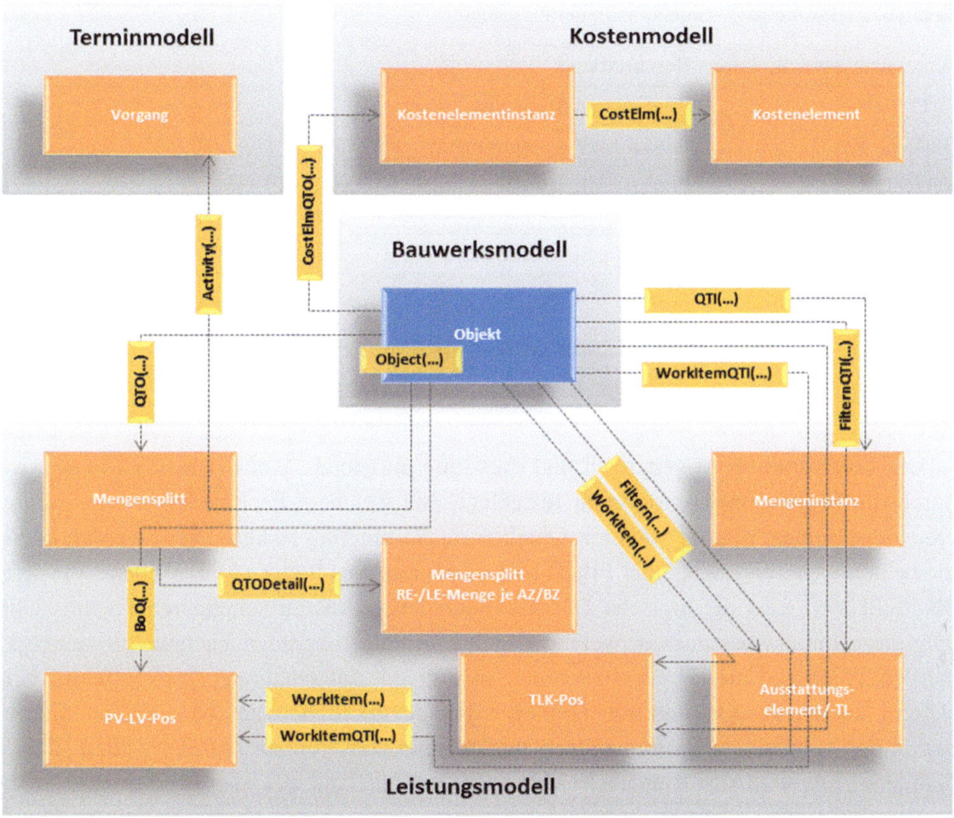

Abb. 16.1 Multimodellstruktur von RIB iTWO; Die *grauen Rechtecke* bezeichnen Fachmodelle, in denen eingebettet Teilfachmodelle dargestellt sind, die über die *gestrichelte Linien* verlinkt sind.

- Ausstattungselement-/Teilleistung
- TLK Pos.

16.3 Dynamische Multimodellfilterfunktion

Das Filtern in Multimodellen erfolgt über die in Gl. 16.1 nachfolgend dargestellte Filterfunktion, die entsprechend der Definition in Teil II, Kap. 14 eine präskriptive Filtermethode ist, zum dynamischen Filtern, d. h. eine an die jeweilige Situation angepasste Filtermethode darstellt [3], die abhängig vom speziellen Kontext zu instanziieren ist. Die generische Filterfunktion definiert durch ihre Prameter sowohl die Ergebnismenge als auch die Bedingungen der beteiligten Fachmodellelemente, wobei LO für Logischer Operator steht.

Tab. 16.1 Beispielhafte Ergebnismengenfunktionen

Ergebnismengenfunktion	Beschreibung
QTI_Res	Filtern nach Mengeninstanzen
FitItem_Res	Filtern nach Ausstattungen
Object_Res	Filtern nach visuellen Objekten (CPI: genericObject, container, rootContainer, object2D und object3D)
BoQ_Res	Filtern nach LV Objekten

<Ergebnismengenfunktion>(<Prädikatfunktion>(<Prädikat>LO . . .)LO . . .) (16.1)

Die Filterfunktion ist generisch und dreistufig aufgebaut. Auf der ersten Ebene wird durch die Ergebnismengenfunktion festgelegt, aus welchem Fachmodell die gefilterten Objekte stammen, die mit weiteren Objekten in Verbindung stehen. Diese werden durch die beiden weiteren Ebenen der Filterfunktion spezifiziert. In der zweiten Ebene, der Prädikatfunktion, wird die logische Datenstruktur der verlinkten sekundären Fachmodelle adressiert, die (1) bestimmen, welche Objekte in dem führenden Fachmodell selektiert werden sollen und die (2) gegebenenfalls auch eigene Informationen zum Ergebnis beisteuern. In der Prädikatfunktion können Filterspezifikationen gesetzt werden, mit denen in den sekundären Fachmodellen Objekte selektiert werden. Auf der dritten Ebene, dem Prädikat, wird die Klassenstruktur angesprochen, mit der auf die Attribute, d. h. die Inhalte der zu selektierenden Objekte, zugegriffen werden kann. Die zweite Ebene entspricht bei der generischen Filtermethode der Domänenebene (Teil II, Kap. 14, Abschn. 14.6.2), während die dritte Ebene der neutralen Ebene entspricht. Die Filterregel ist auf das Fachmodell ausgerichtet, das durch die Ergebnismengenfunktion bestimmt wird. Die anderen Fachmodelle, die durch die Regel angesprochen werden, stellen zum einem Filterkriterien dar und zum anderen steuern sie Informationen zu der Ergebnisinformation bei.

16.3.1 Ergebnismengenfunktionen

Als erstes muss beim Filtern der Typ der Ergebnismenge definiert werden. Dieser Typ bestimmt, aus welchem Fachmodell die Elemente der Ergebnismenge stammen. Zur Adressierung wird dabei in Gl. 16.1 die Ergebnismengenfunktion verwendet (Tab. 16.1).

Für die Filtermethode von RIB iTWO wurde eine eigene Regelsprache entwickelt, die sich durch Einfachheit und geringe Verkettungstiefe bzw. Transitivitätstiefe auszeichnet, sodass sich eine performante Laufzeit, auch bei großen Datenmengen, ergibt.

Es ist nicht vorgesehen, dass diese Ergebnismengenfunktionen vom Anwender eingegeben werden. Sie werden daher auch nicht nach außen dargestellt. Sie sind nur für den internen Gebrauch vorgesehen, um (1) die Analyse und Auswertung des Datenbestands zu unterstützen, (2) die Plausibilitätsprüfung auf dem Datenbestand durchzuführen, (3) die GUI bzgl. Modellsichten zu unterstützen und (4) die Makrofilterabfragen zu konzipieren, die dem Anwender über die GUI zur Verfügung gestellt werden. Es ist angedacht, über eine Programmierschnittstelle dem geübten Anwender, sprich Drittprogrammierer, die Filtersprache evtl. zugänglich zu machen.

Die Filterfunktionen werden automatisch aus dem jeweiligen Kontext der einzelnen Anwendungskomponenten heraus instanziiert, d. h. mit Werten auf allen drei Ebenen belegt. Im weiteren wird speziell auf die Funktion Object_Res näher eingegangen, die das Bauwerksmodell adressiert. Das Bauwerk ist in der Visualisierung das zentrale Medium mit dessen Hilfe weitere Information leicht zum Anwender transportiert werden kann. Es stellt daher auch den besten Einstieg in die modellorientierte Arbeitsweise dar. Die Funktion Object_Res liefert als Ergebnismenge die 3D visualisierbaren Objekte eines Multimodells. Da Baustelleneinrichtungsobjekte noch nicht mit geometrischen Modellen hinterlegt sind, werden durch die Funktion Object_Res z. Z. nur Objekte des Fachmodells Bauwerk geliefert

16.3.2 Prädikatfunktionen

Über die Prädikatfunktionen werden die Bedingungen für die einzelnen Fachmodelle spezifiziert. Für die unterschiedlichen Linktypen und Relationen zwischen den Fachmodellen werden jeweils eigene Prädikatfunktionen definiert. Die Prädikatfunktionen sind in Abb. 16.1 angegeben und können der nachfolgenden Auflistung entnommen werden. Es können in einer Regel mehrere Prädikatfunktionen angegeben werden.

Object Die Prädikatfunktion Object(...) gibt alle Objekte des Bauwerks zurück, deren Attribute die Bedingung erfüllen.

BoQ Die Prädikatfunktion BoQ(...) gibt alle Objekte zurück, die über den Mengensplit eine Beziehung zu einer PV LV Position haben.
Dabei sind über BoQ(...) die Attribute der Position adressierbar.

QTO Die Prädikatfunktion QTO(...) gibt alle Objekte zurück, denen über den Mengensplit Mengen zugeordnet sind.

QTODetail Die Prädikatfunktion QTODetail(...) gibt alle Objekte zurück, denen über den Mengensplit Mengen zugeordnet sind.
Dabei sind über QTODetail(...) die Attribute des Detailmengensplitts auf Abrechnungszeitraum- (AZ) und Berichtszeitraum- (BZ) Ebene adressierbar.

QTI Die Prädikatfunktion QTI(...) gibt alle Objekte zurück, zu denen in der Ausstattung Mengeninstanzen mit den entsprechenden Attributen hinterlegt sind.

FitItem Die Prädikatfunktion FitItem(...) gibt alle Objekte zurück, die direkt per Bemusterung einer Ausstattungselement-/Teilleistung zugewiesen wurden.

FitItem_QTI Die Prädikatfunktion FitItem_QTI(...) gibt alle Objekte zurück, die über die Mengeninstanz der Ausstattung eine Beziehung zu einem Ausstattungselement-/Teilleistung haben.

WorkItem Die Prädikatfunktion WorkItem(...) gibt alle Objekte zurück, die direkt per Bemusterung einem Ausstattungselement-/Teilleistung mit Bezug zu einer PV LV Position oder TLK Position mit entsprechenden Eigenschaften zugewiesen wurden.

WorkItem_QTI Die Prädikatfunktion WorkItem_QTI(...) gibt alle Objekte zurück, die über die Mengeninstanz der Ausstattung eine Beziehung zu einer Ausstattungselement-/Teilleistung mit Bezug zu einer PV LV Position oder TLK Position mit entsprechenden Eigenschaften haben.

CostElm Die Prädikatfunktion CostElm(...) gibt alle Objekte zurück, die über das Objektbuch eine Verbindung zu Kostenelementen haben.
Dabei sind über CostElm(...) die Attribute des Kostenelements adressierbar.

CostElmQTO Die Prädikatfunktion CostElmQTO(...) gibt alle Objekte zurück, die über das Objektbuch eine Verbindung zu der Mengenermittlung der Kostenelemente haben.
Dabei sind über CostElmQTO(...) die Attribute der einzelnen Instanzen der Mengenermittlung eines Kostenelements adressierbar.

Activity Die Prädikatfunktion Activity(...) gibt alle Objekte zurück, die über den Mengensplit eine Beziehung zu einem Vorgang haben.
Dabei sind über Activity(...) die Attribute des Vorgangs adressierbar.

16.3.3 Prädikate

Eine Regel besteht aus einer Menge von Prädikaten, verknüpft durch die logischen Operatoren *und* und *oder* sowie Klammern. Jede Prädikatregel wirkt auf genau einen Elementtyp bzw. eine Klasse eines Fachmodells und wird syntaktisch als Funktion um das Prädikat dargestellt. Die Prädikatfunktion erhält als Eingabe immer ein Element des Fachmodells, auf das geprüft bzw. gefiltert werden soll, evtl. mit weiteren Einschränkungen bzgl. seiner Attribute, und liefert als Ergebnis true oder false. Falls das Ergebnis true ist, wird das gefundene Element in die Ergebnisliste übernommen. Das Prädikat wird entweder nur auf dem Element selbst geprüft oder aber auf dem Element und den Elternelementen. Die Unterscheidung wird über den Präfix des Attributnamens über das Prädikat @ bzw. $ gesteuert.

Für die Realisierung und Anwendung ergeben sich die folgenden Vorteile.

Die Prädikate haben eine einfache Syntax, die für den Anwender einfach zu erlernen und durch die Anwendung einfach zu parsen ist.

- Die Prädikate stellen gleichförmige Algorithmen dar, dadurch ist eine generische Implementierung möglich und kann für verschiedene Fachmodelle verwendet werden.

- Die Beschränkung der Attributsuche auf das Element sowie die Elternelemente ermöglicht eine performante und speichereffiziente Implementierung, da nicht die kompletten Elementbäume zu durchsuchen sind.
- Die Syntax eines Prädikats selbst besteht aus dem Attributnamen, einem logischen Operator (<, <=, >, >=, ==, ! =) und dem gesuchten Wert.
- Die Verwendung von Wildcards ist bei Attributnamen möglich. Mehrere Prädikate können auch wieder per *und* und *oder* sowie mit Klammerung verknüpft werden.

Syntaxbesonderheiten Für die Anwendung der Regelsprache gelten für die Syntax die nachfolgenden Festlegungen:

- Der logische Operator für *ist gleich* lautet ==, für „*ist ungleich*" lautet ! =.
- Attribute, die direkt bei einem Element vorhanden sein müssen, werden durch ein vorangestelltes @ gekennzeichnet. Attribute, die sowohl am Element direkt als auch bei einem Elternelement vorkommen dürfen, werden durch ein vorangestelltes $ gekennzeichnet.
- Attributnamen mit Leerzeichen müssen {} eingeschlossen umschlossen werden. Beispiel: @{Dieser Name enthält Leerzeichen}
- String Werte werden mit einfachen Anführungszeichen oben umschlossen, z. B. 'Test'.
- Zahlen werden direkt angegeben. Hinter einer Zahl kann in eckigen Klammern die Mengeneinheit angegeben werden, z. B. 42,5[m2].
- Die logischen Operatoren *und* und *oder* werden intern durch && bzw. || dargestellt.
- Wildcards (* und ?) sind nur bei Strings und der Verwendung der Operatoren == bzw. ! = zulässig.

Einfache Beispiele für Prädikate

- QTI(@value > 5,0)
  Prüft, ob für eine Mengeninstanz der Wert > 5,0 ist.
- Object(@volume > 42,0[m3])
  Prüft, ob für ein 3D Objekt das Attribut Volume größer als 42 Kubikmeter ist.
- BoQ($name =='*Beton*')
  Prüft für eine LV Position oder Gruppenstufe, ob deren Kurztext die Zeichenfolge Beton enthält.
- Object($RevitType == 'Floor' && @Material == 'Concrete')
  Prüft für ein visuelles Objekt, ob es zu einem Stockwerk gehört und aus Beton besteht.

Komplexere Prädikate Prädikate können auch einen Vergleich zwischen Attributen beinhalten oder auch mit numerischen Attributwerten rechnen:

- Object(@Length > @Width)
  Prüft, ob die Länge größer als die Breite ist.

- Soll mit Attributwerten gerechnet werden, muss der gesamte Operand in { } eingeschlossen werden:
  Object({(@Length * @Width) / 2} > 20,4
  Für die Berechnung können *, /, + und − sowie *und* verwendet werden.

Filtern mit Wildcards

- *Attribute (Text)*
  Beim Filtern mit Wildcards führen die nachfolgenden Abfragen zu den dargestellten Ergebnissen:
  - Object(@Name == '*')
    Liefert alle Objekte mit einem vorhandenen Attribut „Name".
    Damit werden auch Objekte mit Attributwert = „ " gefunden.
  - Object(@Name != '*')
    Liefert alle Objekte, bei denen das Attribut „Name" nicht vorhanden ist.
- *Attribute (numerisch)*
  Numerische Attribute können speziell über das Wildcard Zeichen # gefiltert werden. Dabei gilt Folgendes:
  - QTO(@WQ == #)
    Liefert alle Objekte, zu denen ein Mengensplit mit vorhandener „LV Menge" existiert.
    Hier werden auch Objekte mit LV Menge = 0 gefunden.
  - QTO(@WQ ! = #)
    Liefert alle Objekte, zu denen kein Mengensplit mit „LV Menge" existiert.

Prüfung aller Assoziationen Ist das Ergebniselement mit den abgefragten Elementen über eine 1:*n* Relation verbunden, kann nicht im Voraus bestimmt werden, wie viele dieser Assoziationen die Bedingung des Prädikates erfüllen müssen.

Beispiel Es soll nach allen 3D Bauwerksobjekten (Object_Res) gesucht werden, die eine bestimmte Mindestmenge aufweisen. Diese Bedingung kann mithilfe des Prädikats z. B. mit QTI (@value $> 5,0$) formuliert werden. Die Filterfunktion prüft daraufhin alle Objekte auf die angegebene Mengeninstanz.

Einem 3D Bauwerksobjekt können beliebig viele Mengeninstanzen zugeordnet sein. Im Normalfall reicht es aus, wenn eines der assoziierten Objekte das Prädikat erfüllt. Deshalb kann das Prädikat mit Zusatzbedingungen ausgestattet werden. So kann z. B. mit dem zusätzlichen Ausdruck (; all) am Ende der Funktion festgelegt werden, dass alle assoziierten Objekte das Prädikat erfüllen müssen. Damit liefert QTI (@value > 5,0; all) für ein 3D Bauwerksobjekt nur dann true, wenn für alle Mengeninstanzen des Objektes die Bedingung erfüllt ist.

Attribute Es stehen eine Vielzahl von Attributen zur Verfügung, auf die in den oben genannten Filterfunktionen zugegriffen werden kann. Sie sind in Abschn. 16.7 aufgelistet.

16.4 Anwendung der Filterfunktion

Basierend auf den theoretischen Ansätzen der Multimodellfilterung und der entwickelten Multimodellfiltersprache werden im Nachfolgenden diverse Beispiele aus der Implementierung in RIB iTWO dargestellt. Hierbei können drei Fälle unterschieden werden:

- Filtern über das primäre Fachmodell
- Filtern über das Multimodell
- Filtern als Hilfestellung bei der Erstellung von Multimodellen

16.4.1 Filtern über das primäre Fachmodell

Von Filtern über das primäre Fachmodell wird hier gesprochen, wenn der Typ der Ergebnismenge mit dem Fachmodell der Prädikatsfunktion übereinstimmt. Als Beispiel kann hier das Filtern innerhalb des Bauwerksmodells angeführt werden, wenn ausschließlich Filterkriterien vom Fachmodell Bauwerksmodell benutzt werden (Abb. 16.2).

Das Filtern über die hierarchische Elementstruktur kann durch einen freien, manuellen Filter über die Attribute dieses primären Fachmodells erweitert werden. Das Beispiel in Abb. 16.3 zeigt das Filtern (a) über die Objektstruktur und (b) über das Attribute Bauteiltyp==Wall. Diese beiden einfachen Fälle zeigen, dass man beim Filtern innerhalb des primären Fachmodells auch ohne eine separate Multimodellabfragesprache auskommen kann. Sobald jedoch die Abfragen und die Bedingungen komplexer werden, versagen die herkömmlichen Methoden und es muss auch in diesem Falle auf die Multimodellabfragesprache für das Filtern zurückgegriffen werden.

In Gl. 16.2 wird zum Filtern aller Stahlbetonwände im Level E02 eine Multimodellabfrage gestellt.

$$\begin{aligned}\text{Object\_Res} = \{&\text{Object}(@\text{IfcType} == \text{'IfcWall'}\&\&@\text{IfcMaterial\_Name}\\&== \text{'Stahlbeton} - \text{Ortbeton'})\&\&\text{Object}(@\text{4D}{-}\text{Level} == \text{'E02'})\}\end{aligned} \tag{16.2}$$

Die Objekt_Res Menge sind alle Wandobjekte des zweiten Obergeschosses des Bauwerksmodells, die in Stahlbeton, Ortbetonbauweise ausgeführt sind. Die Ergebnismenge der dem Filterkriterium entsprechenden Objekte ist in Abb. 16.4 über den RIB iTWO Viewer dargestellt.

Im RIB iTWO Viewer werden nicht nur die gefilterten Elemente graphisch dargestellt, sondern im linken Fenster auch die Elementstruktur und im rechten Fenster werden die Elemente mit ihren gegenwärtigen Attributen aufgezeigt.

16.4.2 Filtern über das Multimodell

Der Informationsgehalt eines Multimodells kann erst durch die Multimodellabfragen vollständig ausgewertet und verarbeitet werden.

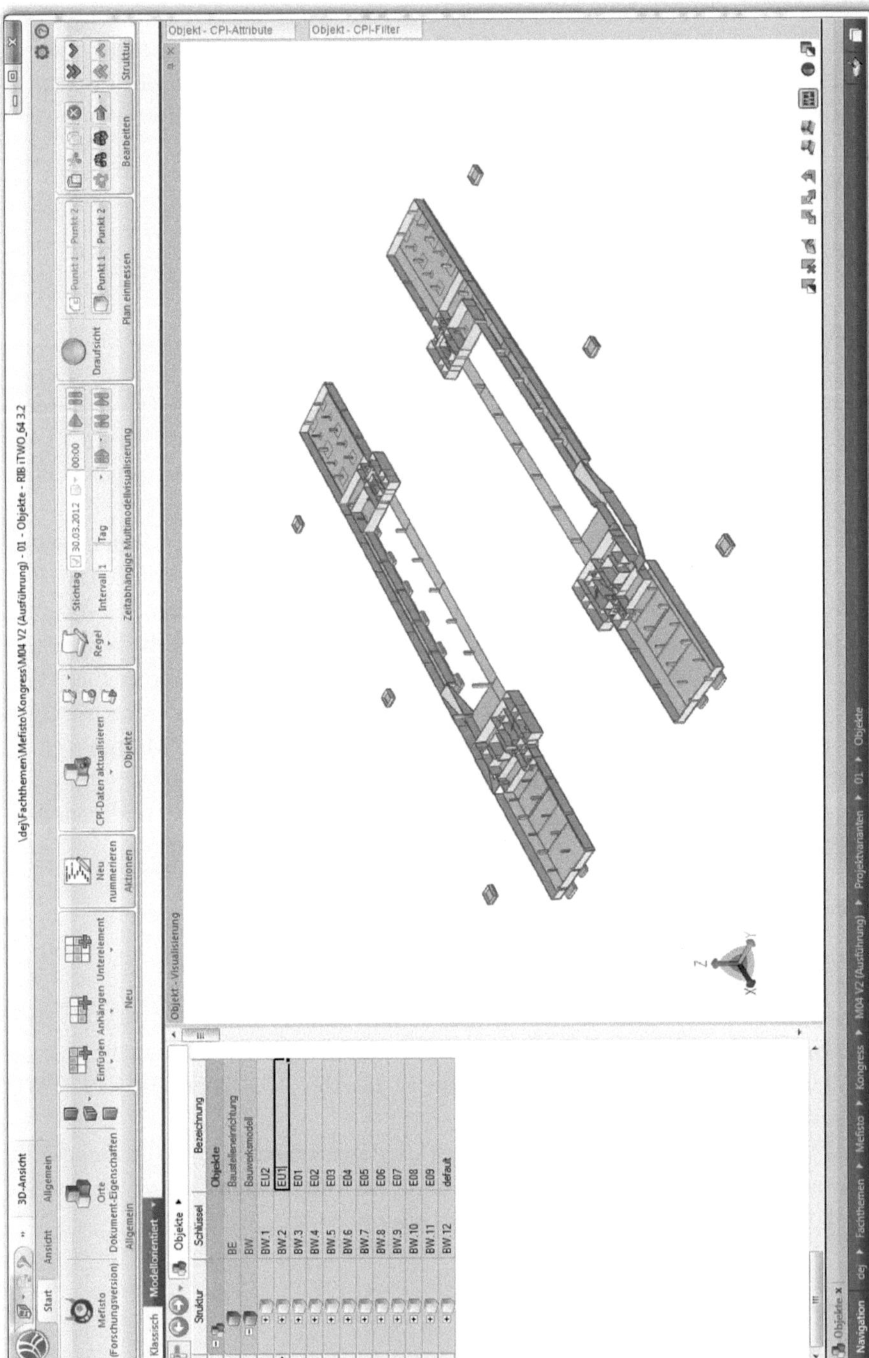

Abb. 16.2 Objektfilterung nach der Objektstruktur Geschoss, 2. OG

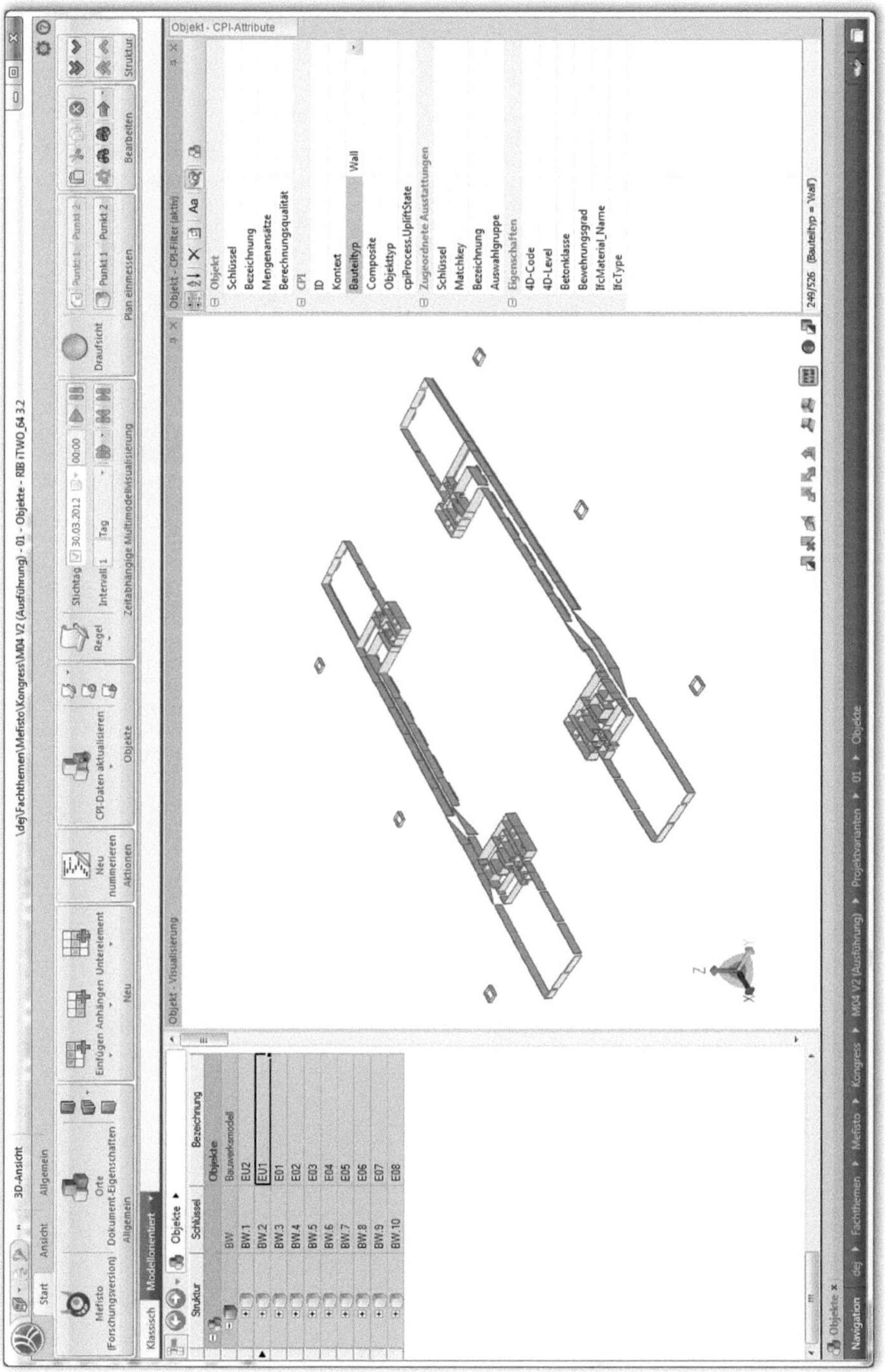

Abb. 16.3 Objektfilterung nach dem Attribute Bauteiltyp = Wall im Geschoss 2.OG

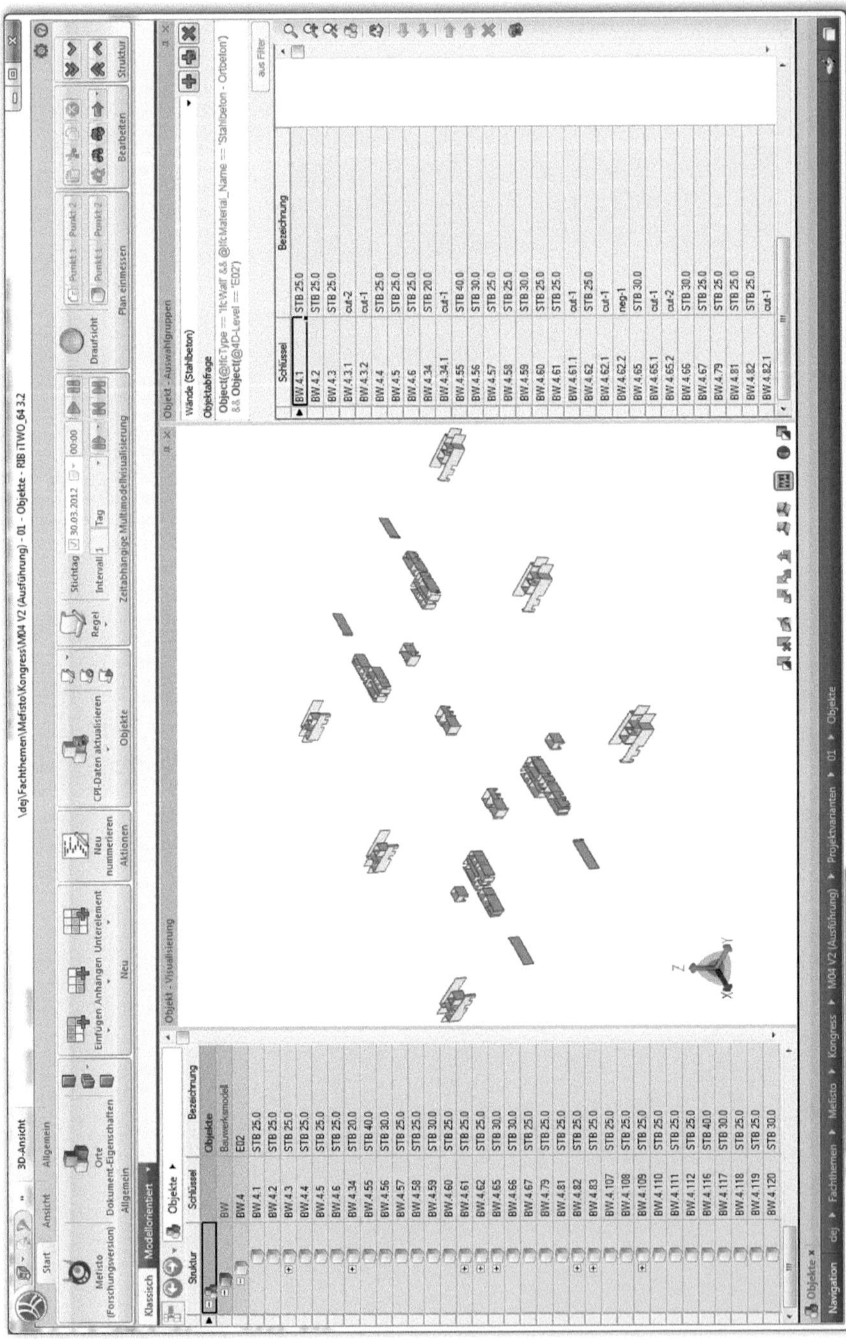

Abb. 16.4 Darstellung der Objekte, die mittels der Multimodellabfrage für eine Objektauswahlgruppe entsprechend Gl. 16.2 gefiltert wurden, die alle Stahlbetonwände in Ortbetonausführung im 2. OG selektiert

Soll z. B. eine Abfrage nach allen Bauwerksobjekten eines Multimodells mit Linkbezügen zu einer Position mit einem konkreten Text im Kurztext der Position gestellt werden, so ist dies eine prädestinierte Aufgabe für eine Multimodellabfrage. Im konkreten Fall werden mittels Filtereingabe entsprechend Gl. 16.3 alle Objekte mit Zuordnung zu einer Position Schalung, d. h. der Kurztext enthält das Fachbegriff Schalung, gefiltert (Abb. 16.5).

$$\text{Object\_Res} = \{\text{WorkItem\_QTI}(@\text{OutlineSpec} == \text{'*schalung*'})\} \tag{16.3}$$

In diesem Fall wird nicht anhand von Attributen des primären Ergebnisfachmodells Baumwerksmodell gefiltert, sondern es werden zur Filterung des Bauwerksmodells die Eigenschaften des Leistungsmodells mit herangezogen.

16.4.3 Filtern bei der Multimodellerstellung

Eine weitere Aufgabe des Filterns ergibt sich bei der Erstellung von Multimodellcontainern. Als beispielhafte Aufgabenstellung kann hier das Filtern eines Multimodells auf die notwendigen Bestandteile eines Nachtrags angesehen werden. Die Zuordnung zu einem Nachtrag ist ein fester Vertragsbestandteil und wird heute standardmäßig über das Leistungsmodell, konkret die LV Position, durchgeführt. Die LV Position ist der Träger der Information Nachtrag mit Zuordnung zu einer konkreten Nachtragsinstanz, z. B. der Nachtragnummer 1. Beim Filtern reicht somit als variable Steuerungsinformation die Angabe der Nachtragsbezeichnung, z. B. die Nachtragsnummer, durch die Angabe des Filterparameters NTNo==1 aus. Alle weiteren abhängigen Filterungen innerhalb des Multimodells können fix definiert und als Filtervorlagen, sog. subset Filter, in Multimodellen und Multimodellvorlagen immer wieder verwendet werden.

Folgende Schritte sind somit beim Filtern des Multimodells zu beachten:

1. Der subsetFilter, der durch die Filtersteuerungsparameter NTNo==1 ausgewählt wird, wird bei dem Fachmodell Leistungsmodell M1 angewandt.
2. Das so gefilterte Fachmodell M1 bedingt automatisch die Filterung mit den vorhandenen Linkmodellen L1, da es in ein Multimodell eingebettet ist; nur Elemente in M1, die auch mit Elementen in den anderen Fachmodellen verlinkt sind, stellen gültige Ergebnisse dar.
3. Über den subsetFilter am Linkmodell können noch weitere Einschränkungen für die Links, z. B. NotEmpty[M1], definiert werden.
4. Durch das über Pkt. 2 und 3 reduzierte Linkmodell können die beteiligten Fachmodelle Mengenmodell M2, Bauwerksmodell M3 und Terminmodell M4 weiter gefiltert werden. Dies wird über das Attribut filterbyLinkModels im subsetFilter eines jeden Fachmodells definiert. In unserem konkreten Fall bedeutet dies eine Filterung des Mengenmodells anhand der bereits schon gefilterten Nachtragspositionen des Leistungsmodells.

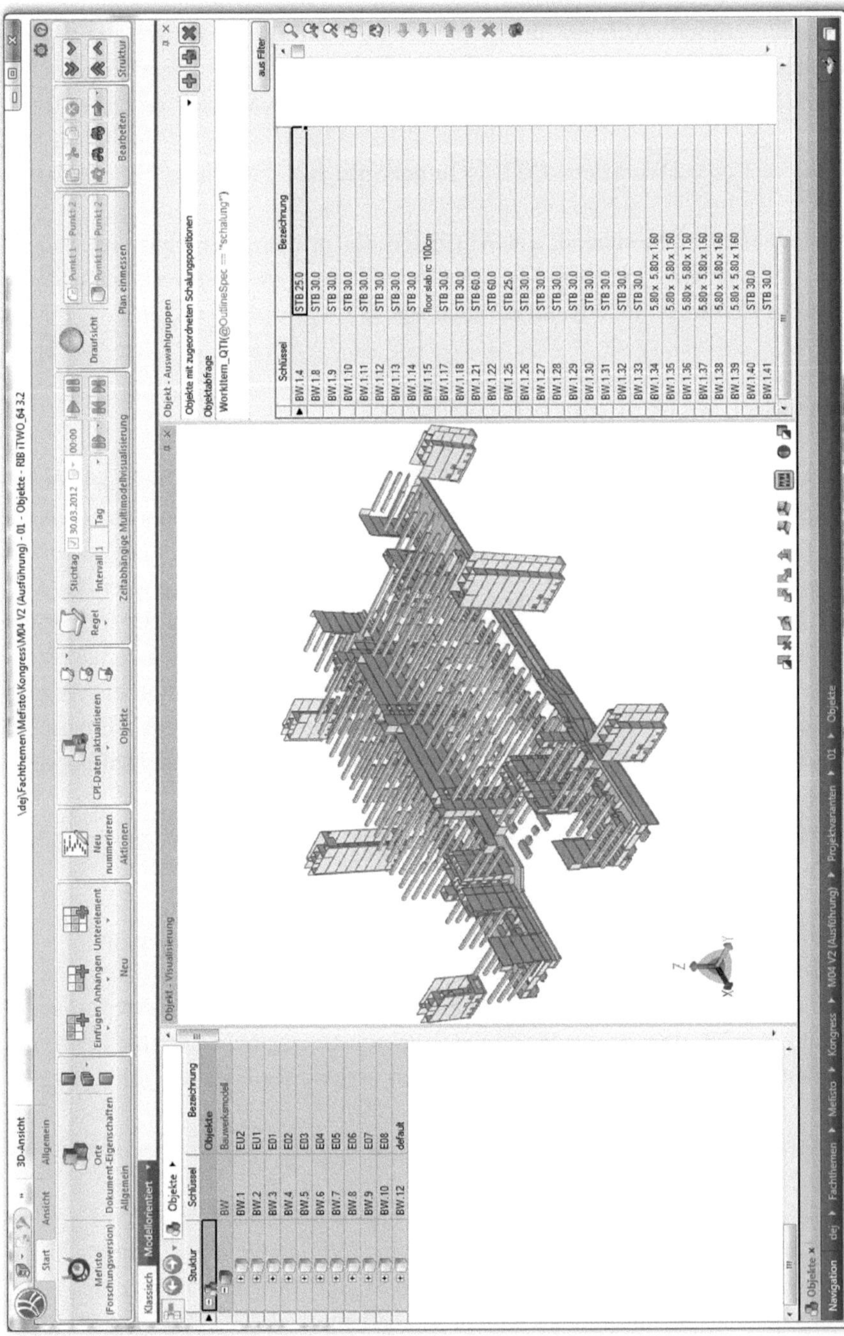

Abb. 16.5 Objektfilterung über die beiden Fachmodelle Bauwerksmodell und Leistungsmodell nach dem Begriff Schalung im Kurztext der LV Position mittels einer Objektauswahlgruppen

Die entsprechenden Filteranweisungen sind in der RIB iTWO Filternotation in Abb. 16.6 dargestellt.

16.5 Anwendungen zum Verlinken

Neben dem Filtern über dynamische Auswahlfilter stellt das Verlinken von Fachmodellen eine wesentliche Grundfunktionalität der Multimodellbearbeitung dar. Der Informationsgehalt eines Multimodells gegenüber den einzelnen Fachmodellen entsteht erst durch das Linkmodell. Zur Erstellung eines Linkmodells dient die Funktionalität des Verlinkens in den einzelnen Multimodellanwendungen. Hierzu stehen generell drei verschiedene Verfahren zur Verfügung:

- Manuelles Verlinken
- Semiautomatisches Verlinken mithilfe von Linkvorlagen
- Automatisches bzw. dynamisches Verlinken auf Basis von Regeln und Linkvorlagen

16.5.1 Manuelles Verlinken

Manuelles Verlinken von zwei oder mehreren Fachmodellen erfolgt komplett durch die Eingaben des Endanwenders ohne weitere Unterstützung. Das Beispiel in Abb. 16.7 zeigt das Verlinken zwischen zwei Fachmodellen, dem Leistungs- und dem Bauwerksmodell. Durch diesen Prozess werden den einzelnen Positionen des Leistungsverzeichnisses die dazugehörigen Objekte des Bauwerksmodells zugeordnet. Der Verlinkungsvorgang erfolgt, indem man ein Linkobjekt, hier eine Mengensplitzeile, bei einer Position anlegt und das entsprechende Objekt über den Objektschlüssel zuordnet.

16.5.2 Semiautomatisches Verlinken

In Abb. 16.8 wird gezeigt, dass die Zuordnung zweier Fachmodelle auch komfortabel und effizient über eine einfache grafische Benutzerinteraktion erfolgen kann. So steht z. B. RIB iTWO im Modul Ausstattung eine Linkvorlage zur Verfügung. Sie enthält viele vordefinierte Linkinformationen über die Leistungsmodellstruktur der Ausstattung, der vom Anwender beliebig selektierte Objekte zugeordnet werden können. Diese Auswahl kann semiautomatisch, d. h. unterstützt erfolgen, indem vor der eigentlichen Verlinkung die zu verbindenden Objekte des Bauwerksmodells über die bereits vorgestellten Filtermethoden gefiltert werden. Zusätzlich können optional per Selektion über den 3D Viewer weitere Objekte ausgewählt oder abgewählt werden. Anschließend findet die Zuordnung eines Ausstattungselements über einen Drag & Drop Prozess auf den 3D Viewer statt. Die Verlinkung wird mittels Dialog durch den Anwender bestätigt.

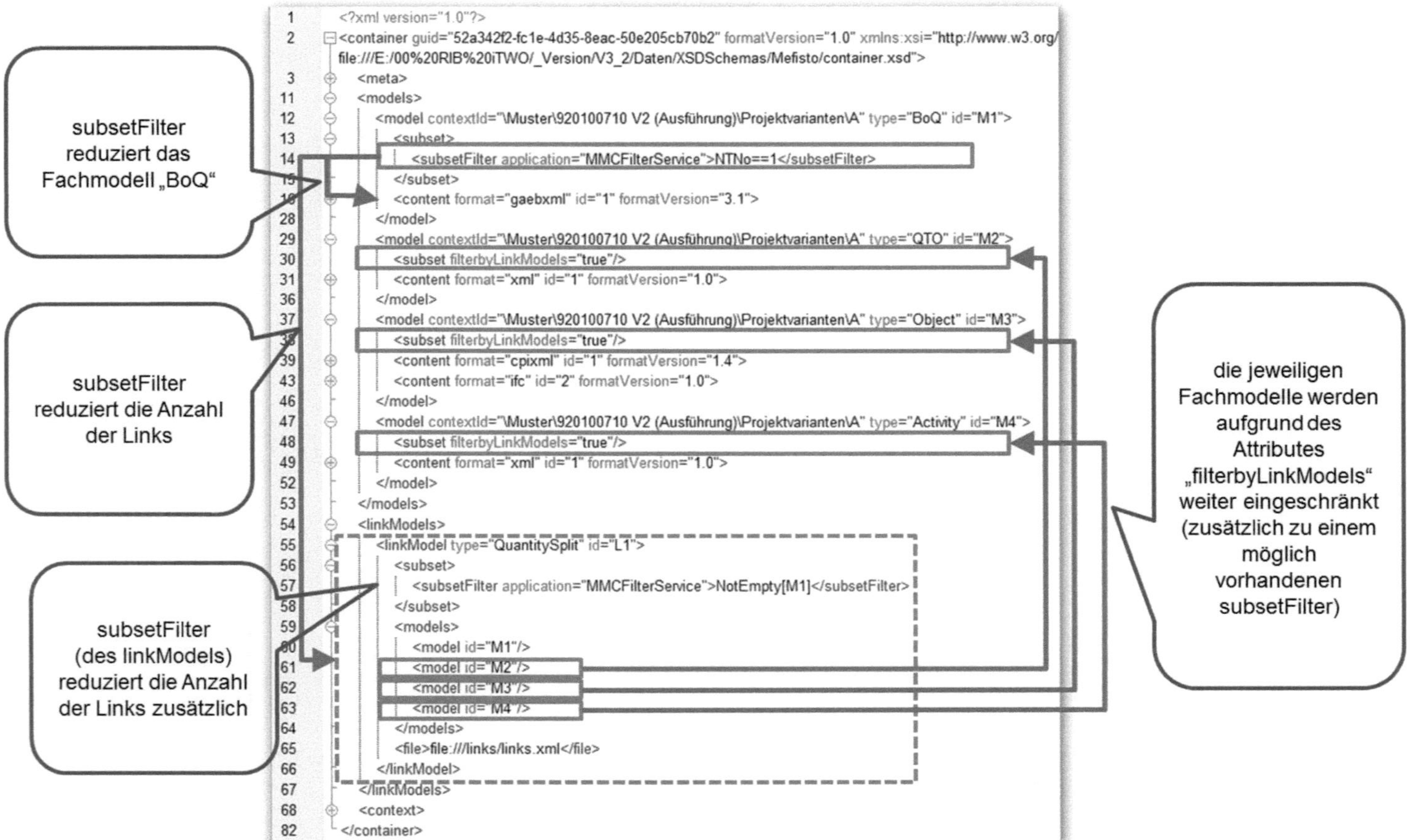

Abb. 16.6 Vordefinierter subsetFilter innerhalb einer Multimodellvorlage in RIB iTWO Notation

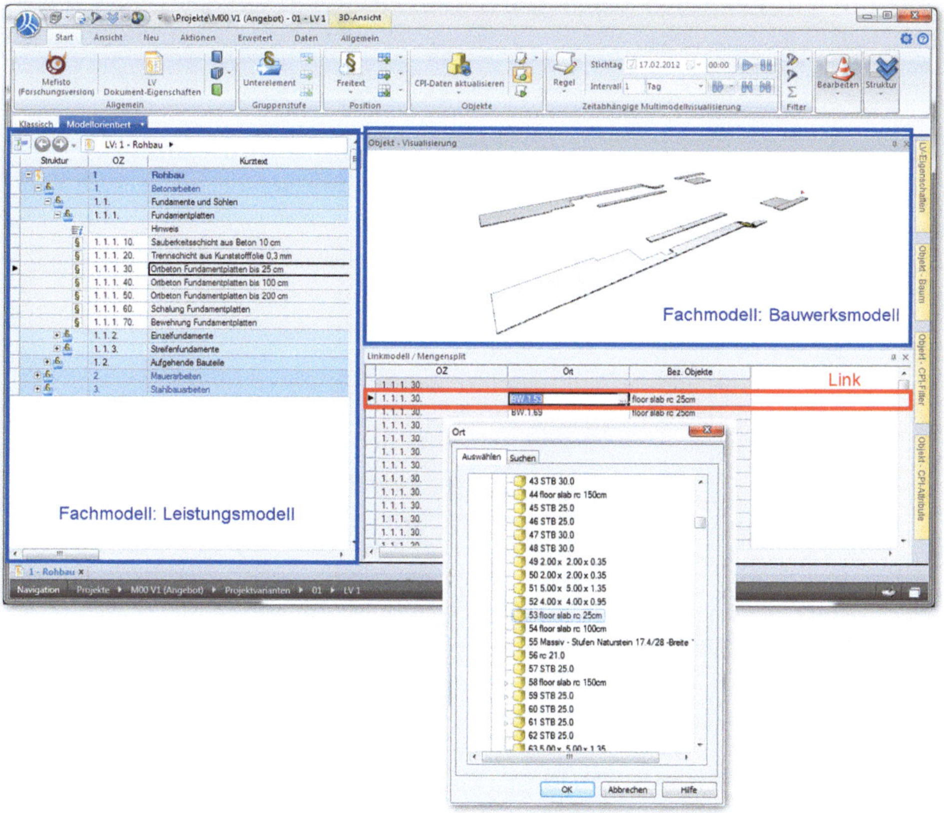

Abb. 16.7 Verlinkung zwischen den Fachmodellen Leistungsmodell und Bauwerksmodell in RIB iTWO

In Abb. 16.9 werden drei Fachmodelle miteinander verlinkt. Diese Verlinkungsart ergibt sich z. B. für das Verlinken des Vorgangsmodells in RIB iTWO. Hierbei werden das Leistungsmodell, das Bauwerksmodell und das Terminmodell, dem das Vorgangsmodell als Teilfachmodell untergeordnet ist, miteinander verbunden. Aufgrund des verlinkten Informationsgehalts ist eine vollständige Bauablaufanimation möglich. Durch die Verlinkung von Terminen des Terminmodells mit den Vorgängen des Vorgangsmodells entsteht das Prozessmodell für den Baubetrieb. Durch das Leistungsmodell werden den Prozessaktivitäten, d. h. den Vorgängen die Ressourcen zugeordnet und durch Detailinformationen bzgl. der Ausführung und den Produktionsdetails, die in dem LV Positionstext enthalten sind, weiter ergänzt. Durch die Information aus dem Bauwerksmodell werden weitere Produktionsinformationen bereitgestellt, u. a. der Liefer- und Einbauort der Teilprodukte. Je aktiviertem Vorgang können die gefilterten Positionen des Leistungsverzeichnisses und die gefilterten, selektierten Objekte des Bauwerksmodells per Linkmodell verbunden werden.

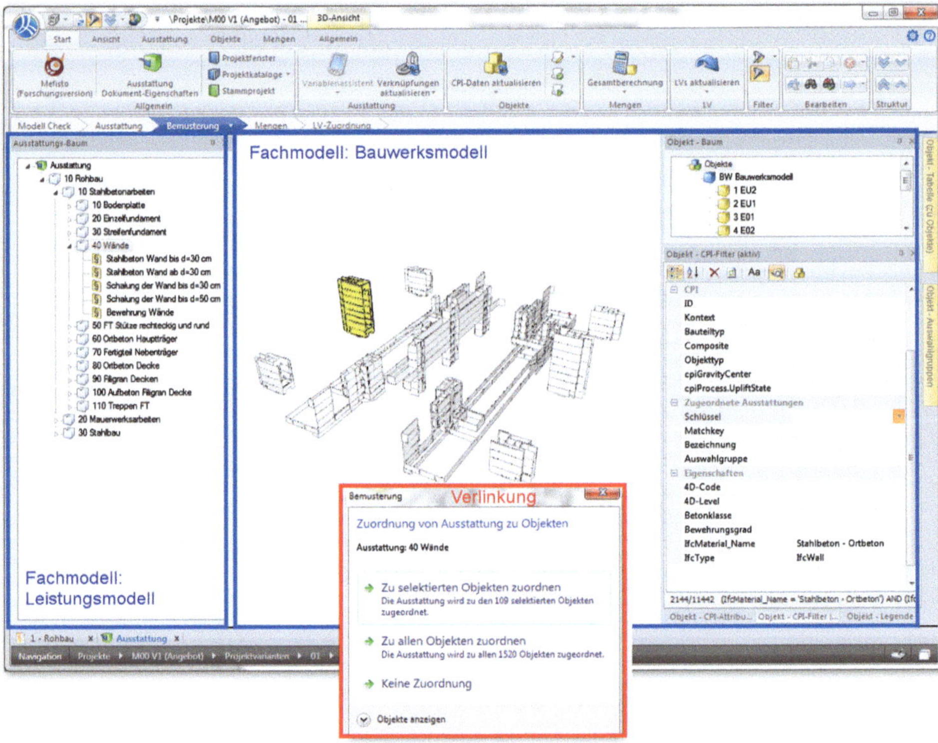

Abb. 16.8 Semiautomatische Verlinkung per Drag & Drop zwischen Ausstattung und Bauwerksmodell in RIB iTWO

16.5.3 Verlinken unter Anwendung von Multimodellfiltern

Die manuelle und semiautomatische Verlinkung stellt eine sehr flexible Methodik dar, mit der alle Linkvarianten individuell erstellt werden können. Ihre Methoden haben allerdings einen ganz gravierenden Nachteil, der im Aufwand der Erstellung der Links beruht. Insbesondere bei Aktualisierungen der einzelnen Fachmodelle ist das Anpassen der vorhandenen Links und das Einfügen neuer zusätzlicher Links immer von Neuem notwendig. Da prinzipiell alle Objekte eines Fachmodells mit allen Objekten eines anderen Fachmodells verlinkt werden können, gilt das Kreuzprodukt über die beiden Objektmengen der Fachmodelle. Für die beiden Mefistogebäude ergäben sich z. B. mehrere Millionen von Links. Daher gilt es, den Prozess des Verlinkens so weit wie möglich zu automatisieren, um damit das Erstellen und Arbeiten mit Multimodellen auch wirtschaftlich zu gestalten. Ein diesbezüglicher Lösungsansatz besteht dabei in der Verbindung der beiden bereits vorgestellten Methoden, des Filterns und des manuellen bzw. semiautomatischen Verlinkens. Im Nachfolgenden wird das Beispiel aus Abschn. 16.5.2, Abb. 16.8 wieder aufgegriffen und mit einer Methodik des dynamischen bzw. automatischen Verlinkens umgesetzt.

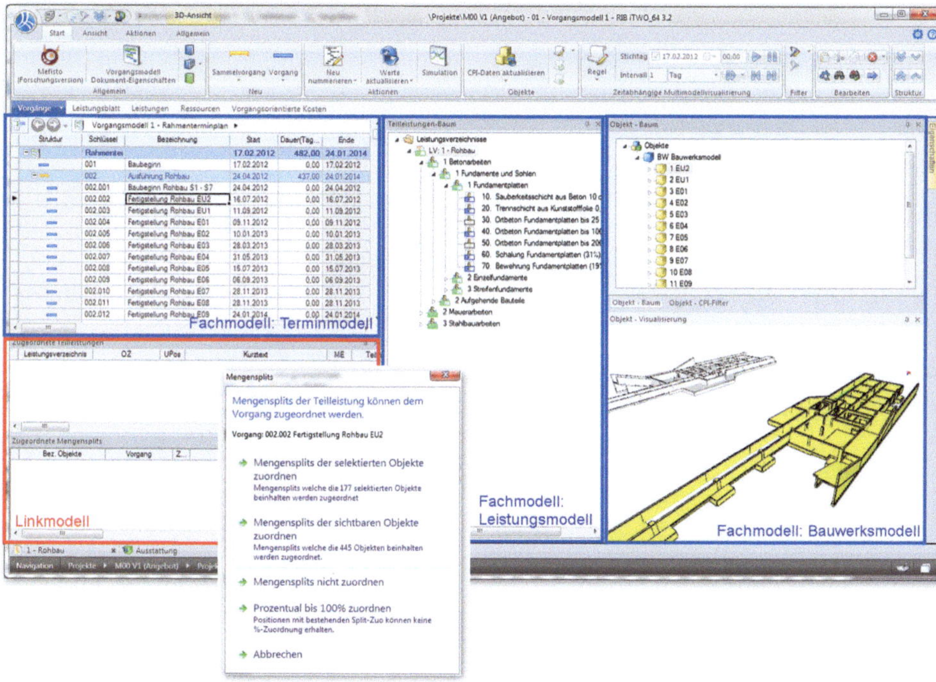

Abb. 16.9 Semiautomatische Verlinkung im Vorgangsmodell von RIB iTWO

Aus Abb. 16.10 ist ersichtlich, wie das Programmsystem RIB iTWO nach Durchführung der manuellen Zuordnung die gefilterten Objekte automatisch analysiert und feststellt, dass diese gefilterte Objektmenge auch über eine dynamische Auswahlgruppe (Abschn. 16.1) abgebildet werden kann. Vergibt der Anwender für diese Auswahlgruppe einen Namen, z. B. Stahlbetonwände, wird sie automatisch eine dynamische Auswahlgruppenregel und bei dem Ausstattungselement Wände entsprechend dem Ausstattungskatalog des Ausstattungsmodels von RIB iTWO hinterlegt.

$$\begin{aligned} &\text{Object\_Res(Object(@IfcMaterial\_Name} \\ &\quad == \text{'Stahlbeton - Ortbeton'\&\&@IfcType} == \text{'IfcWall'))} \end{aligned} \tag{16.4}$$

Wird im Nachgang das Objektmodell aktualisiert oder durch ein komplett neues Objektmodell ausgetauscht, so wird die Verlinkung wieder automatisch anhand dieser Regel der dynamischen Auswahlgruppe hergestellt. Auf diese Weise lassen sich umfangreiche Multimodellvorlagen erstellen, die dann in Verbindung mit konkreten Projektdaten zu einer automatischen Verlinkung und Erstellung der zugehörigen Multimodelle führen.

Ebenso kann das Beispiel nach Abb. 16.9 über solche dynamischen Verlinkungsregeln abgebildet werden. Die entsprechende Filteranweisung ist in Gl. 16.4 gegeben.

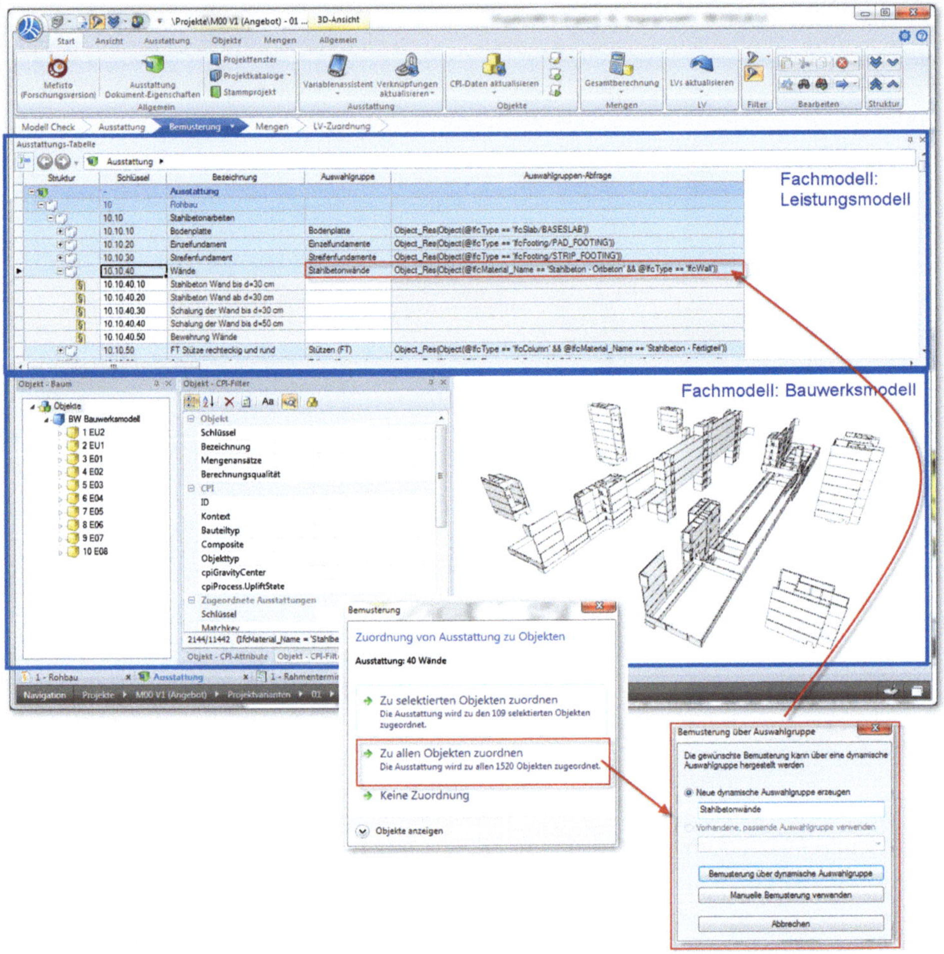

Abb. 16.10 Dynamisches Verlinken der Fachmodelle Leistungs- und Bauwerksmodell in RIB iTWO

$$\begin{aligned} &\text{QTI\_Res(BoQ(\$name} == \text{'*Mauerarbeiten*') and} \\ &\quad \text{Object(@RevitType} == \text{'Wall'\&\&@Material} == \text{'Concrete'))} \end{aligned} \tag{16.5}$$

Gleichung 16.5 zeigt die Zuordnung von Mengeninstanzen, gefiltert nach Kriterien der beiden Fachmodelle Bauwerksmodell und Leistungsmodell, zu einem Vorgang.

16.6 Anwendung zum Visualisieren

Nachdem über Multimodellfilter bestimmte Elementmengen eines Multimodells bestimmt werden können, bietet es sich an, die Methodik des Filterns mit den Methoden der Visua-

Tab. 16.2 Darstellung der möglichen Attribute für die Prädikatsfunktion ACTIVITY(...)

Prädikat	Bedeutung
Activity_End	Enddatum eines Vorgangs
Activity_Start	Startdatum eines Vorgangs
Desc	Bezeichnung
Duration	Dauer
Key	Schlüssel
Remark	Kommentar eines Vorgangs
VisTyp	Visualisierungstyp eines Vorgangs
Visual_Int	Intervall für die zeitabhängige Visualisierung (definiert über den Ribbon)
Visual_Time	Stichtagsdatum aus dem animierten Ribbonfeld

Tab. 16.3 Darstellung der möglichen Attribute für die Prädikatsfunktion BOQ(...)

Prädikat	Bedeutung
IsWIC	Ist Teilleistungsposition (Is WorkItemCatalog)
ItemTotal	Gesamtbetrag (ohne Nachlass)
OutlineSpec	Kurztext
PA_CO_Desc	Nachtrag der Projektvariantenposition (Beschreibung)
PA_CO_No	Nachtrag der Projektvariantenposition (Nummer)
PA_CO_NoDesc	Nachtrag der Projektvariantenposition (Nummer und Beschreibung)
RefNo	Ordnungszahl (OZ)
SC_CO_Desc	Nachtrag der zugeordneten Vergabeeinheit (Beschreibung)
SC_CO_No	Nachtrag der zugeordneten Vergabeeinheit (Nummer)
SC_CO_NoDesc	Nachtrag der zugeordneten Vergabeeinheit (Nummer und Beschreibung)
SCDesc	Zugeordnete Vergabeeinheiten (Beschreibung)
SCKey	Zugeordnete Vergabeeinheiten (Schlüssel)
SCKeyDesc	Zugeordnete Vergabeeinheiten (Schlüssel und Beschreibung)
WC	Leistungsbereichschlüssel (WorkCategory)

lisierung zu verbinden und die gefilterten Informationen auch visuell darzustellen. Erst durch die Visualisierung können die Ergebnisse des Filterns innerhalb von Multimodellen dem Anwender transparent vermittelt werden.

Insofern wird in Teil II, Kap. 20, Visuelle Prüfung von Multimodellen, nochmals auf die Multimodellfilterung in Verbindung mit der Visualisierung dieser Informationen eingegangen.

Tab. 16.4 Darstellung der möglichen Attribute für die Prädikatsfunktion COSTELM(...)

Prädikat	Bedeutung
Description	Bezeichnung
ItemTotal	Gesamtbetrag (ohne Nachlass)
Key	Schlüssel
Unit	Mengeneinheit
Value	Einheitspreis

Tab. 16.5 Darstellung der möglichen Attribute für die Prädikatsfunktion COSTELMQTO(...)

Prädikat	Bedeutung
Key	Name der Variablen der Mengeninstanz (z. B. ELM)
Unit	Mengeneinheit der Variablen der Mengeninstanz
Value	Wert der Variablen der Mengeninstanz

Tab. 16.6 Darstellung der möglichen Attribute für die Prädikatsfunktion FITITEM(...)

Prädikat	Bedeutung
Description	Beschreibung
FitKey	Matchkey der Ausstattung
Formula	Mengenabfrage
ItemTotal	Gesamtbetrag
Key	0 sonst
Unit	Mengeneinheit
Value	Menge
WC	Leistungsbereichschlüssel (WorkCategory)

Tab. 16.7 Darstellung der möglichen Attribute für die Prädikatsfunktion FITITEM_QTI(...)

Prädikat	Bedeutung
Description	Beschreibung
FitKey	Matchkey der Ausstattung
Formula	Mengenabfrage
ItemTotal	Gesamtbetrag
Key	Schlüssel der Ausstattung
Unit	Mengeneinheit
Value	Menge
WC	Leistungsbereichschlüssel (WorkCategory)

16.7 Filtersensitive Attribute der Fachmodelle

In den Tabellen 16.2–16.13 sind die Attribute der Fachmodelle aufgelistet, die mit der Filter- und Abfragefunktion abgerufen werden können.

Tab. 16.8 Darstellung der möglichen Attribute für die Prädikatsfunktion OBJECT(...)

Prädikat	Bedeutung
Composite	Composite Objekte
CompositePart	1 wenn das Objekt Teil eines Composite Objektes ist
cpiComponentType	CPI Bauteiltyp
cpiFitMatchKey	Matchkey der Objekte
CpiID	CPI ID
CpiPath	CPI Kontext
Description	Bezeichnung
DynAssignments	Anzahl der Zuordnungen von Ausstattungen (über die Dynamische Objektauswahlgruppe) zu einem Objekt
FullID	Schlüssel
ManAssignments	Anzahl der manuellen Zuordnungen von Ausstattungen zu einem Objekt
MaxQTOInstanceDiff	Maximale Differnz zwischen manueller und berechneter Menge in Prozent
Negative	Negative Objekte
NoComposite	1, wenn das Objekt kein Composite Objekt und auch kein Teil eines Composite Objektes ist
NoQTOInstance	1, wenn es zum Objekt keine Menge gibt
NoQTOInstance3D	1, wenn es zum Objekt keine berechnete Menge gibt
NoQTOInstanceMan	1, wenn es zum Objekt keine manuelle Menge gibt
POC_Cost	Fertigstellungsgrad eines Objekts zum Stichtagsdatum (aus Ribbon), errechnet über das Kostenverhältnis der LE/VA Menge
<CPI-Attributsnamen>	Objekt CPI Attribute
VAR_<Variablenname>	Objekt Variablen

Tab. 16.9 Darstellung der möglichen Attribute für die Prädikatsfunktion QTI(...)

Prädikat	Bedeutung
BOQ_IsWIC	Ist Teilleistungsposition (Is WorkItemCatalog) der zugeordneten Position
BOQ_ItemTotal	Gesamtbetrag (ohne Nachlass) der zugeordneten Position
BOQ_OutlineSpec	Kurztext der zugeordneten Position
BOQ_PA_CO_Desc	Nachtrag der Projektvariantenposition (Beschreibung) der zugeordneten Position
BOQ_PA_CO_No	Nachtrag der Projektvariantenposition (Nummer) der zugeordneten Position

Tab. 16.9 (Fortsetzen)

Prädikat	Bedeutung
BOQ_PA_CO_NoDesc	Nachtrag der Projektvariantenposition (Nummer und Beschreibung) der zugeordneten Position
BOQ_RefNo	Ordnungszahl (OZ) der zugeordneten Position
BOQ_SC_CO_Desc	Nachtrag der zugeordneten Vergabeeinheit (Beschreibung) der zugeordneten Position
BOQ_SC_CO_No	Nachtrag der zugeordneten Vergabeeinheit (Nummer) der zugeordneten Position
BOQ_SC_CO_NoDesc	Nachtrag der zugeordneten Vergabeeinheit (Nummer und Beschreibung) der zugeordneten Position
BOQ_SCDesc	Zugeordnete Vergabeeinheiten (Beschreibung) der zugeordneten Position
BOQ_SCKey	Zugeordnete Vergabeeinheiten (Schlüssel) der zugeordneten Position
BOQ_SCKeyDesc	Zugeordnete Vergabeeinheiten (Schlüssel und Beschreibung) der zugeordneten Position
BOQ_WC	Leistungsbereichschlüssel (WorkCategory) der zugeordneten Position
Manual	1 für Instanzherkunft „manuell“
Quality	Berechnungsqualität (1 – beste … 4 – schlechsteste)
Unit	Einheit als String
Value	Wert (Zahl mit Einheit)

Tab. 16.10 Darstellung der möglichen Attribute für die Prädikatsfunktion QTO(…)

Prädikat	Bedeutung
Activity_End	Endedatum eines Vorgangs
Activity_Start	Startdatum eines Vorgangs
ActivityModel	0 = es existiert kein Vorgangsmodell
AQ	Gesamt VA Menge
AQ_BP	VA Menge per Abrechnungszeitraum
AQ_BPAfter	VA Menge per Abrechnungszeitraum +1
AQ_BPBef	VA Menge per Abrechnungszeitraum −1
AQ_RP	VA Menge per Berichtszeitraum
AQ_RPAfter	VA Menge per Berichtszeitraum +1
AQ_RPBef	VA Menge per Berichtszeitraum −1
AQInBP	VA Menge im Abrechnungszeitraum
AQInBPAfter	VA Menge im Abrechnungszeitraum +1

Tab. 16.10 (Fortsetzen)

Prädikat	Bedeutung
AQInBPBef	VA Menge im Abrechnungszeitraum −1
AQInRP	VA Menge im Berichtszeitraum
AQInRPAfter	VA Menge im Berichtszeitraum +1
AQInRPBef	VA Menge im Berichtszeitraum −1
AuditBQ_BP	Geprüfte Menge per Abrechnungszeitraum
AuditBQ_BPAfter	Geprüfte Menge per Abrechnungszeitraum +1
AuditBQ_BPBef	Geprüfte Menge per Abrechnungszeitraum −1
AuditBQInBP	Geprüfte Menge im Abrechnungszeitraum
AuditBQInBPAfter	Geprüfte Menge im Abrechnungszeitraum +1
AuditBQInBPBef	Geprüfte Menge im Abrechnungszeitraum −1
BP_End	Enddatum des zugeordneten AZs
BP_Start	Startdatum des zugeordneten AZs
BQ_BP	RE Menge per Abrechnungszeitraum
BQ_BP_DivWQ	Fertigstellungsgrad per Abrechnungszeitraum
BQ_BPAfter	RE Menge per Abrechnungszeitraum +1
BQ_BPBef	RE Menge per Abrechnungszeitraum −1
BQ_Time_End	Enddatum der RE Datumswerte
BQ_Time_Start	Startdatum der RE Datumswerte
BQInBP	RE Menge im Abrechnungszeitraum
BQInBPAfter	RE Menge im Abrechnungszeitraum +1
BQInBPBef	RE Menge im Abrechnungszeitraum −1
CPU	KostenProEinheit
GetCCCPU(1,11)	KostenProEinheit einer Kostenart
IQ_RP	LE Menge per Berichtszeitraum
IQ_RP_DivAQ	Fertigstellungsgrad per Berichtszeitraum
IQ_RPAfter	LE Menge per Berichtszeitraum +1
IQ_RPBef	LE Menge per Berichtszeitraum −1
IQ_Time_End	Enddatum der LE Datumswerte
IQ_Time_Start	Startdatum der LE Datumswerte
IQInRP	LE Menge im Berichtszeitraum
IQInRPAfter	LE Menge im Berichtszeitraum +1
IQInRPBef	LE Menge im Berichtszeitraum −1
RP_End	Enddatum des zugeordneten BZs
RP_Start	Startdatum des zugeordneten BZs
UP	Einheitspreis

Tab. 16.10 (Fortsetzen)

Prädikat	Bedeutung
Visual_Int	Intervall für die zeitabhängige Visualisierung (definiert über die Multifunktionsleiste)
Visual_Time	Stichtagsdatum aus der animierten Multifunktionsleiste
WQ	Gesamt LV Menge
WQDivAQ	LV Menge dividiert VA Menge

Tab. 16.11 Darstellung der möglichen Attribute für die Prädikatsfunktion QTODETAIL(. . .)

Prädikat	Bedeutung
BQ	RE Menge
BQ_Time_End	Enddatum der RE Datumswerte
BQ_Time_Start	Startdatum der RE Datumswerte
IQ	LE Menge
IQ_Time_End	Enddatum der LE Datumswerte
IQ_Time_Start	Startdatum der LE Datumswerte
Visual_Int	Intervall für die zeitabhängige Visualisierung (definiert über den Ribbon)
Visual_Time	Stichtagsdatum aus dem animierten Ribbonfeld

Tab. 16.12 Darstellung der möglichen Attribute für die Prädikatsfunktion WORKITEM(. . .)

Prädikat	Bedeutung
IsWIC	Ist Teilleistungsposition (Is WorkItemCatalog)
ItemTotal	Gesamtbetrag (ohne Nachlass)
OutlineSpec	Kurztext
RefNo	OZ
WC	Leistungsbereichschlüssel (WorkCategory)

Tab. 16.13 Darstellung der möglichen Attribute für die Prädikatsfunktion WORKITEM_QTI(. . .)

Prädikat	Bedeutung
IsWIC	Ist Teilleistungsposition (Is WorkItemCatalog)
ItemTotal	Gesamtbetrag (ohne Nachlass)
OutlineSpec	Kurztext
RefNo	OZ
WC	Leistungsbereichschlüssel (WorkCategory)

16.8 Zusammenfassung

Die Ausführungen haben gezeigt, dass dem Filtern von Multimodellen sowie den Methoden der Verlinkung von Fachmodellen eine zentrale Bedeutung in der Multimodellbearbeitung zukommt.

Diese Möglichkeiten konnten nur ansatzweise dargestellt werden. Die tatsächliche Bedeutung und der Nutzen können nur in der täglichen Projektbearbeitung richtig bewertet werden. Hier stellen die bereits schon aktuell in RIB iTWO implementierten Komponenten der dynamischen Objektauswahlgruppen die optimalen Grundkomponenten dar, mit denen der Anwender seine entsprechende Aufgabenstellung einfach und maßgeschneidert abbilden kann. Nicht zuletzt, da er auch bei der Erstellung dieser mächtigen Multimodellfilterregeln über entsprechende Assistenten unterstützt wird.

Dem dynamischen Verlinken von Fachmodellen wird im Zuge der Multimodellbearbeitung immer mehr Bedeutung zukommen, da neben dem Nutzen der Multimodellarbeitsweise auch die ökonomische Bearbeitung von Multimodellen sichergestellt werden muss. Durch Weiterentwicklung und Parametrisierung der dynamischen Verlinkungsregeln werden sich enorme Effizienzsteigerungen erzielen lassen. Ziel dieser Entwicklung könnte sein, die kompletten Multimodellarbeitsprozesse durch entsprechende Wissensbibliotheken bzw. Content zu hinterlegen und so dem Anwender Routinearbeiten abzunehmen, die allerdings bei einer multimodellspezifischen Arbeitsweise ein deutlich höheres Datenvolumen und somit mehr Verarbeitungstiefe erfordern wird als bei der herkömmlichen Arbeitsweise mit alleinstehenden Fachmodellen.

Literatur

1. Scheer AW (1991) Aris – Modellierungsmethoden, Metamodelle, Anwendungen. Springer, Berlin
2. Weise M, Katranuschkov P, Scherer RJ (2003) Generalised model subset definition schema. In: Amor R (Hrsg) Construction IT: bridging the distance. Proc CIB-W78 workshop. Waiheke, Island, NZ, S 16
3. Scheer AW (1994) Business process engineering study edition: reference models for industrial enterprises. Springer, Berlin

CPIxml Schnittstelle zur Interoperabilität zwischen SolidWorks und RIB iTWO

17

Günter Schaber und Helene Felsinger

Zusammenfassung

Die Flugzeug- und Automobilindustrie sind Vorreiter beim Einsatz moderner IKT Werkzeuge im Produktentstehungsprozess. Neben der Entwicklung ist auch die Fertigung zunehmend durch virtuelle Modelle in der digitalen Fabrik planerisch abgesichert. Um in der Gesamtheit der beteiligten Prozesse möglichst effizient arbeiten zu können, werden die beteiligten IKT Werkzeuge miteinander vernetzt und die Informationen und Datenmodelle zwischen diesen ausgetauscht. Diese vernetzte IKT Struktur wird unter dem Begriff Produktlebenszyklusmanagement zusammengefasst. Nachdem diese Technologien und Methoden im Maschinenbau erfolgreich adaptiert wurden, konnte dieser Ansatz unter Beachtung der Unikatstrukturen des Bauwesens auf dieses in Teilen übertragen werden, um in eine Baumanagementlösung integriert werden zu können.

Der 3D CAD Standard im Maschinenbau eröffnet neue Modellierungsmöglichkeiten, die einige elementare Vorteile gegenüber bauspezifischer CAD Software in der Modellierung komplexer Bauwerks- und Baustelleneinrichtungsmodelle bietet. Um diese Modellierungsfunktionalität für die Baubranche zu öffnen, wurde eine Schnittstelle entwickelt, die SolidWorks Modelle und ihre Baubranchenerweiterung in die Datenmodellrepräsentation der Baudatenmodelle überführt.

17.1 Die Erweiterung von SolidWorks mit dem Datenmodell CPIxml

Mithilfe der CPIxml Add in Software von RIB iTWO [1] wurde SolidWorks [2] um eine Funktionalität erweitert, die es dem Anwender erlaubt, die geometrischen Modelle mit bauspezifischen Informationen aufzuwerten. Über zusätzliche Attribute, strukturiert in

G. Schaber (✉) · H. Felsinger
Solidpro, Langenau, Deutschland

R.J. Scherer, S.-E. Schapke (Hrsg.), *Informationssysteme im Bauwesen 1*,
DOI 10.1007/978-3-642-40883-0_17

Klassen, ist es so einfach und schnell möglich, ein 3D Bauwerksmodell mit herstellungsrelevanten Informationen anzureichern.

Zur Übertragung sämtlicher Metainformationen und der Bauwerksgeometrie wurde eine CPIxml Schnittstelle für SolidWorks entwickelt, die diese Informationen und eine für RIB iTWO lesbare Geometrie generiert und überträgt.

Im Folgenden wird die Erweiterung des SolidWorks Datenschema um baurelevante Informationen beschrieben.

17.1.1 Attribuierung

SolidWorks Objekten können Attribute zugeordnet werden. Zur übersichtlichen Organisation werden Klassen verwendet, die definierte Attributsätze enthalten. Die Klassen werden vom Anwender angelegt.

Folgende SolidWorks Objekttypen können mit Attributen versehen werden:

- Baugruppe
- Bauteil, bzw. Baugruppenkomponente
- Volumenkörper
- Feature
- Fläche
- Skizze
- Kante
- Punkt
- Ebene

Die vergebenen Attribute können in einem Elementeigenschaftendialog angezeigt, gelöscht bzw. editiert werden.

17.1.1.1 Klassifizierung

Für die Attribuierung wird eine Klassifizierung verwendet, die vom Benutzer definiert und angelegt werden muss. Um die Attribuierung zu strukturieren, werden alle Attribute zu Klassen zusammengefasst. Für jede Klasse können mehrere Unterklassen, hier Arten genannt, definiert werden, die auch unterschiedliche Attribute beinhalten können. Die Klassifizierung wird in SolidWorks unter der Registerkarte SP abgelegt und besteht aus Projekten, Klassen, Kategorien, Typen, Bezeichnungen und Attributen. Die Struktur der Klassifizierung wird in einer Baumansicht organisiert und kann mit einem Browser in SolidWorks aufgezeigt werden, Abb. 17.1.

Per Drag & Drop kann die ausgewählte Klasse einem oder mehreren Objekten zugeordnet werden. Dabei werden die Klassen, die für selektierte Objekte nicht zulässig sind, ausgegraut dargestellt und stehen für die Zuordnung nicht zur Verfügung.

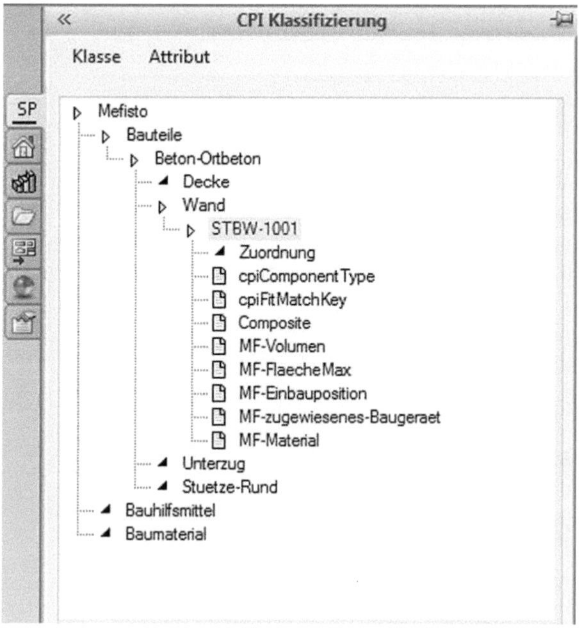

Abb. 17.1 CPI Klassifizierungsbaum

17.1.1.2 Attribute

Durch Attribute können den SolidWorks Objekten weitere Eigenschaften zugeordnet werden, Abb. 17.2. Diese Merkmale und Kennzeichen helfen in den weiterführenden Systemen dabei, objektspezifische Berechnungen und Prozessschritte auszuführen.

Die Attribute sind dabei nach folgender Struktur aufgebaut:

- Name: Name des Attributes
- Typ
- Datum
- Ganzzahl
- Ja/Nein
- Liste
- SWX Werte (maxSurface1, maxSurface2, midSurface, minSurface, maxLength, minLength, name, thicknessWall, thicknessSlab, volume, mass, length, x, y, z, area, macro, material, property)
- Text
- Zahl als Gleitkommazahl
- Länge
- Fläche
- Volumen
- Wert
- Angabe, ob das Attribut ein Typparameter oder ein Exemplarparameter ist

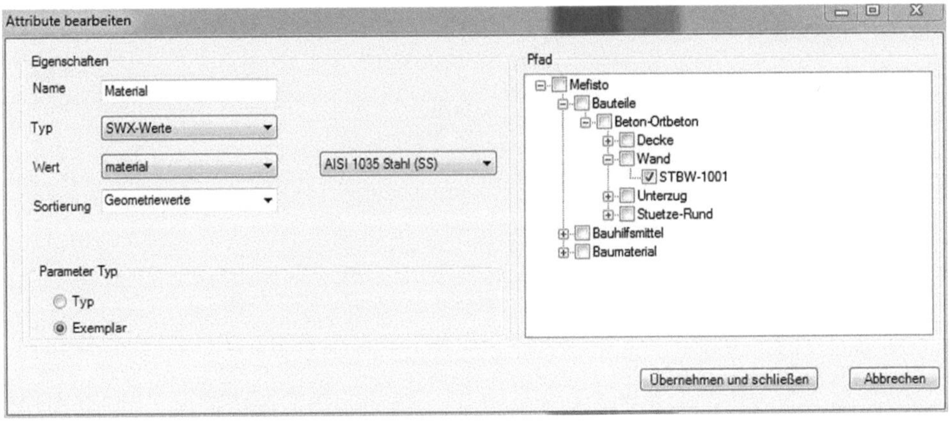

Abb. 17.2 Dialog zum Bearbeiten von Attributen

Tab. 17.1 SolidWorks Attributen Liste

Vorlage	Bedeutung	Objekttype
maxSurface1	größte Einzelfläche	Körper
maxSurface2	zweitgrößte Einzelfläche	Körper
midSurface	(maxSurface1 + maxSurface2) / 2	Körper
minSurface	kleinste Einzelfläche	Körper
maxLength	längste Kantenlänge	Körper
minLength	kürzeste Kantenlänge	Körper
Name	SWX Name vom Objekt	Baugruppe, Bauteil, Körper, Skizze
thicknessWall	Abstand zw. zwei größten parallelen oder konzentrischen Flächen (für gerade und gebogene Wände, Splines), senkrecht	Körper
thicknessSlab	Abstand zw. zwei größten parallelen oder konzentrischen Flächen (für gerade und gebogene Wände, Splines), waagrecht	Körper
volume	Volumen	Baugruppe, Bauteil, Körper
Mass	Masse	Baugruppe, Bauteil, Körper
Length	(Gesamt-)Kantenlänge	Kante, Skizze
x, y, z	Punktkoordinaten	Eckpunkt
Macro	Wert wird durch ein Makro Feature bestimmt	alle
SWX Attribute – automatisch aus dem 3D Modell berechnet		

Neben den selbst angelegten und zugewiesenen Attributen steht eine Fülle an Informationen aus dem SolidWorks Modell zur Verfügung. Diese Informationen sind zumeist

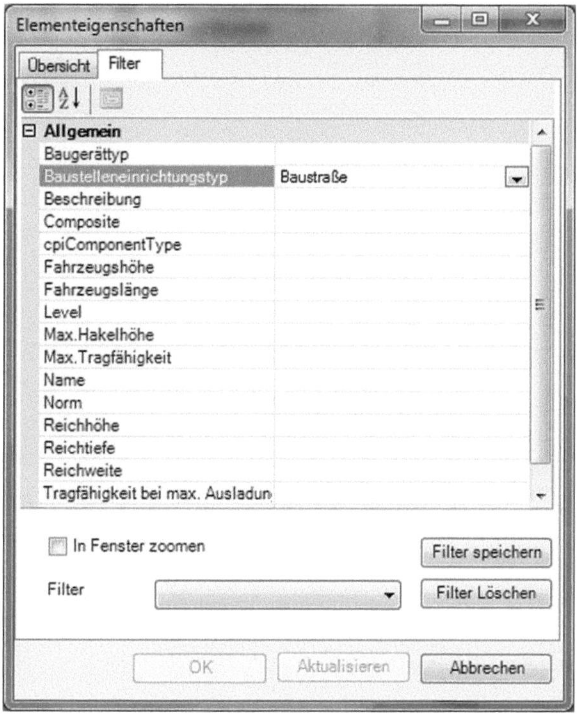

Abb. 17.3 Filter Funktion

Nebenprodukte des geometrischen Modells, wie Flächeninhalte, Koordinatenwerte und viele weitere mehr. Die wichtigsten sind in Tab. 17.1 dargestellt.

Der Nutzen der in SolidWorks berechneten Werte für Massen, Volumen etc. ist die hohe Genauigkeit. Die ausgelesenen Werte müssen außerdem nicht in nachfolgenden Systemen kalkuliert werden, was Zeit einspart. Die automatisch in SolidWorks berechneten Attribute können nicht bearbeitet werden. Für manuell zugewiesene Attribute hängt dies vom Schreibschutz des SolidWorks Dokuments ab. Ist das Dokument schreibgeschützt, werden Attribute nur zur Ansicht angeboten und können weder editiert noch aus der Klassenbibliothek einem Objekt zugeordnet werden.

17.2 Filter

Filter, wie in Abb. 17.3 dargestellt, dienen der schnellen Übersicht im Modell. Die Filterfunktion stellt alle im aktiven SolidWorks Modell vorhandenen Attribute zur Auswahl, so auch die mit dem CPIxml Addin erweiterten Bauattribute. Nach der Auswahl eines Filterkriteriums werden referenzierte Modelle bzw. SolidWorks Elemente dargestellt und die restlichen SolidWorks Elemente werden ausgeblendet.

Der Filter kann zur späteren Verwendung mit Filter speichern gespeichert werden.

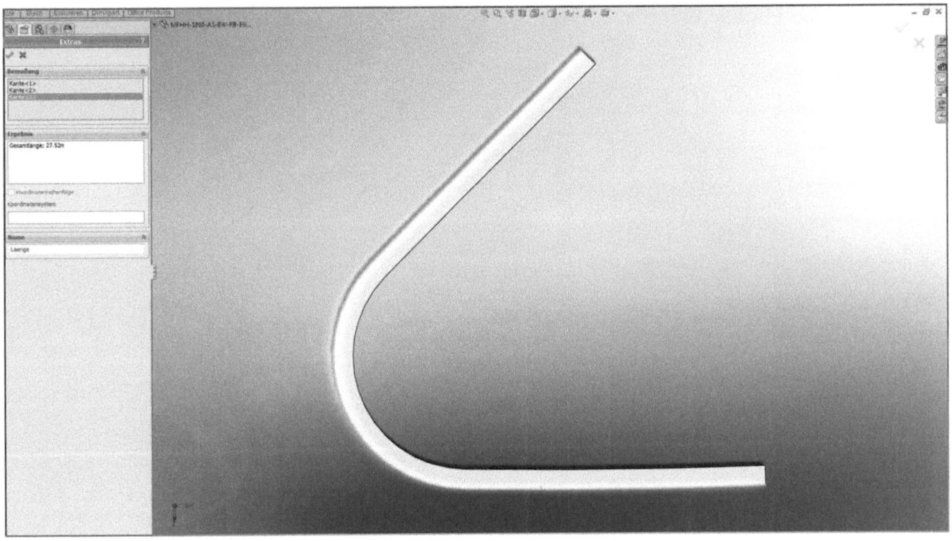

Abb. 17.4 Bemaßungswerkzeug #M

17.3 Bemaßung

Mit dem in Abb. 17.4 dargestellten, über die CPIxml Add in Software erzeugten CPI Bemaßungswerkzeug Bemaßung können SolidWorks Elemente bemaßt werden. Das Bemaßungsergebnis kann dann als Wert einem Attribut zugewiesen werden.

Folgende Bemaßungen können ermittelt werden:

- Volumen von Volumenkörpern
- Inhalt von Flächen
- Länge von Kanten
- Abstand zwischen zwei Punkten
- Koordinaten von einem Punkt
- Koordinatenreihenfolge von Punkten

Das Makrofeature liefert immer das aktuelle Bemaßungsergebnis. Wird also das Modell geändert, so wird der Bemaßungswert ebenfalls aktualisiert. Das bestehende Makrofeature darf man editieren. Falls das Makrofeature bereits mit einem Attribut verknüpft ist, bleibt die Verknüpfung auch nach einem Editieren, bzw. Umbenennen erhalten.

Falls man ausschließlich Eckpunkte bzw. Skizzenpunkte auswählt, werden die Checkbox Koordinatenreihenfolge und die Selektionsbox Koordinatensystem aktiviert.

Falls man das Häkchen bei Koordinatenreihenfolge setzt, werden im Feld Ergebnis die Koordinaten von den selektierten Punkten ausgegeben, und zwar in der Reihenfolge, in der die Punkte selektiert sind.

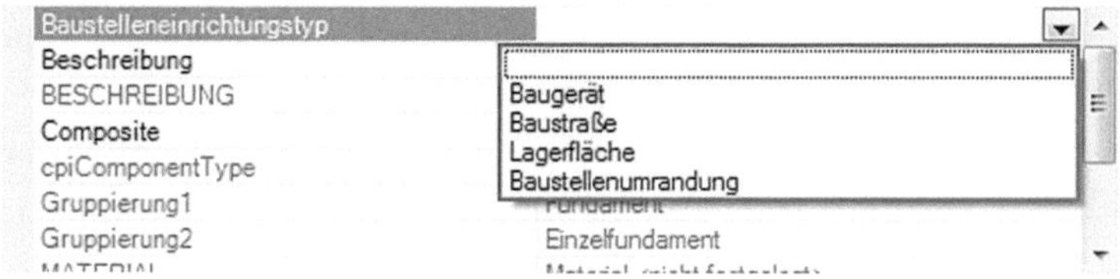

Abb. 17.5 Baustelleneinrichtung

Falls man in die Selektionsbox Koordinatensystem ein erstelltes Koordinatensystem aus dem Feature Baum selektiert, werden die Koordinaten bezüglich dieses Koordinatensystems umgerechnet.

17.4 Baustelleneinrichtung

CAD Programme speziell für die Baustellenplanung sind i. d. R. nicht kompatibel mit der BIM Datenstruktur. Daher war es ein besonderes Anliegen, SolidWorks für die Baustellenplanung zu erweitern. Das Baustellenmodell sollte so implementiert werden, dass es über die CPIxml Schnittstelle problemlos in die BIM Datenwelt überführt werden, in AVA Programme wie RIB iTWO ausgewertet und in Simulationsprogrammen für die Logistik- oder Bauproduktionssimulation verwendet werden kann.

Mithilfe des CPIxml Baustellenreports können Leistungsdaten aus SolidWorks z. B. für die Logistik- und Bauproduktionssimulationen (Band 2, Teil I, Kap. 5–7) verwendet werden. Neben geometrischen Daten wie BoundingBox, Plazierungskoordinaten u. a., werden auch benutzerdefinierte Eigenschaften in einer CPIxml Datei gespeichert. Dadurch lassen sich solche Baustellenparameter wie z. B. Sicherheitszonen und Platzbedarf ermitteln.

Für die Definition der Baustelleneinrichtungen stehen in der CPI Schnittstelle vier Typen zur Verfügung: Lagerflächen, Baustraßen, Baugeräte und Baustellenumrandung. Jedes dieser Objekte kann durch Attribuierung in SolidWorks definiert und dementsprechend bearbeitet werden (Abb. 17.5). Für den Baustellenreport werden objektspezifische Attribute, einschließlich vorhandener Attributierung automatisch erfasst und protokolliert.

Die hiermit vergeben Attribute bilden eine wichtige Eingangsgröße für die Logistiksimulation, die dem Simulanten erheblichen Aufwand in der Simulationsdefinition ersparen.

17.4.1 Baustraße

Als Baustraße wird die SolidWorks Eingabeskizze verwendet. Mit ihr kann eine Baustraße definiert werden, die einen Linienzug darstellt, der nicht geschlossen ist und keine Überschneidungen aufweist. Um eine Skizze als Baustraße zu definieren, sind dieser das Attribut Baustelleneinrichtungstyp zuzuordnen. Bei einer Baustraße können Kontrollpunkte, wie z. B. Zugänge bzw. Ausgänge, festgelegt werden.

Eine Baustraße wird in der CPIxml Datei durch die Skizzensegmente, genaugenommen durch die Anfangs- und Endpunkte der Skizzensegmente, beschrieben. Folgende Informationen werden für eine Baustraße in die CPIxml Datei geschrieben:

- Baustelleneinrichtungstyp: Baustraße
- <SiteFacilities type="Road">
- Gesamtlänge
- <length value="571161,82"/>
- Straßensegment, Anfang- und Endpunkt
- <segment nr="0" start="-291703.84 26568.88 144943.11" end="-291703.84 26568.88 96175.43"/>
- Benutzerdefinierte Attribute
- <property name="Baustelleneinrichtungstyp" value="Baustraße"/>
- <property name="Name" value="Strasse-LKW-Beide-Richtungen"/>

17.4.2 Kontrollpunkte einer Baustraße

Es gibt zwei Arten von Kontrollpunkten: Zugang und Ausgang. Zugang steht für den Anfang der Baustraße und Ausgang fürs Ende. Als Kontrollpunkt darf/kann nur ein Randpunkt der Skizze ausgewählt werden.

Folgende Informationen sind für Kontrollpunkte in der XML Datei enthalten:

- Baustelleneinrichtungstyp: Kontrollpunkt
- <SiteFacilities type="ControlPoint">
- Objekt ID, Einheiten
- <object n="4" unit="mm">
- Type: Zugang bzw. Ausgang
- <desc name="Zugang" refID="3"/>
- Dazugehörige Baustraße (Ref.ID)
- <desc name="Zugang" refID="3"/>
- Koordinaten (Punkt auf der Baustraße)
- <placement ref="-291703.84 26568.88 96175.43"/>
- Segment Nummer, laut Baustraßenbeschreibung
- <refSegm nr="11"/>

17.4.3 Lagerflächen

Als Lagerfläche dürfen nur das SolidWorks Objekt Flächen verwendet werden. Um eine Fläche oder mehrere Flächen als Lagerfläche zu definieren, ist der Fläche das Attribut Baustelleneinrichtungstyp mit dem Wert Lagerfläche zuzuordnen.

Eine Lagerfläche wird durch die Reihenfolge der Polygonendpunkte beschrieben, die die Flächen umschreiben.

Folgende Informationen werden für eine Lagerfläche in der CPIxml Datei hinterlegt:

- Baustelleneinrichtungstyp: Lagerfläche
- `<SiteFacilities type="StorageArea">`
- Objekt ID, Einheiten
- `<object n="6" unit="mm">`
- Umfang:
- `<length value="413180,96"/>`
- Flächeninhalt:
- `<area value="9085473705,19"/>`
- Massenschwerpunkt:
- `<CenterOfMass ref="-206109.39 26568.88 -34716.71"/>`
- Achsengerichtete BoundingBox
- `<AABB ref="-277659.45 26568.88 -66461.85" vx="143100.18 0 0" vy="0 0 0" vz="0 0 63490.3"/>`
- Begrenzungspolgon:
- `<pl length="5" points="0 1 2 3 0">`
- `<p nr="0" ref="-134559.3 26568.88 -66461.86"/>`
- `<p nr="1" ref="-134559.3 26568.88 -2971.56"/>`
- `<p nr="2" ref="-277659.48 26568.88 -2971.56"/>`
- `<p nr="3' ref="-277659.48 26568.88 -66461.86"/>`
- `</pl>`
- wobei
- „`length`“ – Anzahl der Punkte
- „`points`“ – Reihenfolge der Punkte
- „`nr`“ – Nummerierung der Punkte
- „`ref`“ – Punktkoordinaten
- Benutzerdefinierte Attribute:
- `<property name="Beschreibung" value="Test-Fläche"/>`
- `<property name="Baustelleneinrichtungstyp" value="Lagerfläche"/>`

17.4.4 Baugeräte

Als Baugerät kann entweder eine Baugruppenkomponente, ein Teil oder ein Volumenkörper definiert werden. Dem ausgesuchten Objekt ist das Attribut Baustelleneinrichtungstyp mit dem Wert Baugerät zuzuordnen, um es als Baugerät zu definieren.

Folgende Informationen werden für ein Baugerät in der CPIxml Datei ausgegeben:

- Baustelleneinrichtungstyp: Baugerät
- SiteFacilities type="ConstructionEquipment">
- Objekt ID, Einheiten
- <object n="1" unit="mm">
- Platzierung in SolidWorks (Benutzerdefinierte oder Standard Koordinatensystem)
- <placement ref="-132924.27 26568.88 111018.9" vx="0 0 1" vz="0 -1 0"/>
- Orientierte BoundingBox
- <optOBB ref="-132974.76 26605 47496.67" vx="10507.42 7.16 -7.16" vy="-76.17 111798.31 76.22" vz="56.09 -56.01 82208.32"/>
- Wobei
- „ref" – die Positionierung des BoundingBox
- „vx" – Richtung der größten Ausdehnung und Ausdehnung in x Richtung
- „vy" – Richtung der größten Ausdehnung und Ausdehnung in y Richtung
- „vz„ – Richtung der größten Ausdehnung und Ausdehnung in z Richtung
- Achsengerichtete BoundingBox
- <AABB ref="-134622 26568.9 47555.4" vx="14947.75 0 0" vy="0 111791.43 0" vz="0 0 82218.97"/>
- Attribute aus RIB iTWO Geräte Bibliothek (falls vorhanden):
- <property name="Desc" value="TURMKRAN KOMPAKT"/>
- <property name="PowerInKW" value="21"/>
- <property name="Load" value="1"/>
- <property name="SimultFactor" value="1"/>
- <property name="NetWight" value="8.9"/>
- <property name="Transport" value="16"/>
- <property name="TransportVolume" value="0"/>
- <property name="VolumeL" value="0"/>
- <property name="VolumeB" value="0"/>
- <property name="VolumeH" value="0"/>
- <property name="CELNumber" value="2112-0045"/>
- Benutzerdefinierte Attribute:
- <property name="Baustelleneinrichtungstyp" value="Baugerät"/>

- `<property name="Name" value="LiebherrKranXY-2"/>`
- `<property name="Baugerättyp" value="TURMKRAN KOMPAKT"/>`

Um ein Objekt mit Baugeräteigenschaften, d. h. Attributen, aus einem RIB iTWO Gerätekatalog versehen zu können, lässt sich der RIB iTWO Gerätekatalog.xml in die CPI Schnittstelle einlesen. Nachdem dem SolidWorks Objekt ein bestimmter RIB iTWO Gerätetyp im Aufklappmenü Baugerätetyp zugewiesen ist, werden die dem Gerätetyp entsprechenden Attribute aus dem RIB iTWO Gerätekatalog dem Objekt automatisch zugeordnet und unter der Klasse iTWO_BGL gespeichert.

Die Attribute aus dem Gerätekatalog sind schreibgeschützt und können im Eigenschaftenfenster nicht bearbeitet werden.

Die Drop Down Liste für das Attribut Baugerätetyp kann zusätzlich zu dem RIB iTWO Gerätekatalog beliebig erweitert werden.

17.5 Die SolidWorks CPIxml Schnittstelle und Exportoptionen

Für die anwenderspezifische Anpassung der CPIxml Schnittstelle ist über einen Optionendialog (Abb. 17.6) eine Konfiguration der Schnittstelle ohne Programmieraufwand möglich.

- Daten erfassen:
  - Ist ein benutzerdefiniertes Koordinatensystem vorhanden, kann dies für den CPI Export und für Definition der Baustelleneinrichtungen verwendet werden. Hierfür ist der Name des benutzerdefinierten Koordinatensystems in Feld Benutzerdefinierte Koordinatensystem verwenden einzutragen. Alle 3D Objekte werden in Bezug auf dieses Koordinatensystem erfasst.
  - Berührungen, Durchdringungen und Höhenreferenzen erfassen: Ist diese Optionen gesetzt, werden bei der CPI Export alle Objekte auf Berührungen und Durchschneidungen, sowie auf Höhenreferenzen untersucht und die Daten in der CPIxml Datei erfasst. Diese Informationen sind für die RIB iTWO Mengenermittlung notwendig.
  - Genauigkeit: Genauigkeit für die Erfassung der Kontakte, Berührungen und der Berechnung der BoundingBox.
  - Ausgeblendete Komponente ignorieren: Ausgeblendete Komponente werden beim CPI Export nicht erfasst.
  - Abbrechen bei Fehler: Falls diese Option aktiviert wurde und Unstimmigkeiten und Fehler bei der Erfassung der Geometrie auftreten, wird die Geometrieerfassung bei dem CPI Export abgebrochen.
  - SWX Dateieigenschaften ausschließen: Die Masseneigenschaften des Modells werden nach RIB iTWO nicht exportiert.
  - Klassenattribute ausschließen: Die Klassenattribute werden nicht exportiert.
  - SpKlassen.xml: Hier kann man den Pfad von SpKlassen.xml angeben. Falls das Feld leer ist, wird nach der Datei SpKlassen.xml im Installationsverzeichnis gesucht.

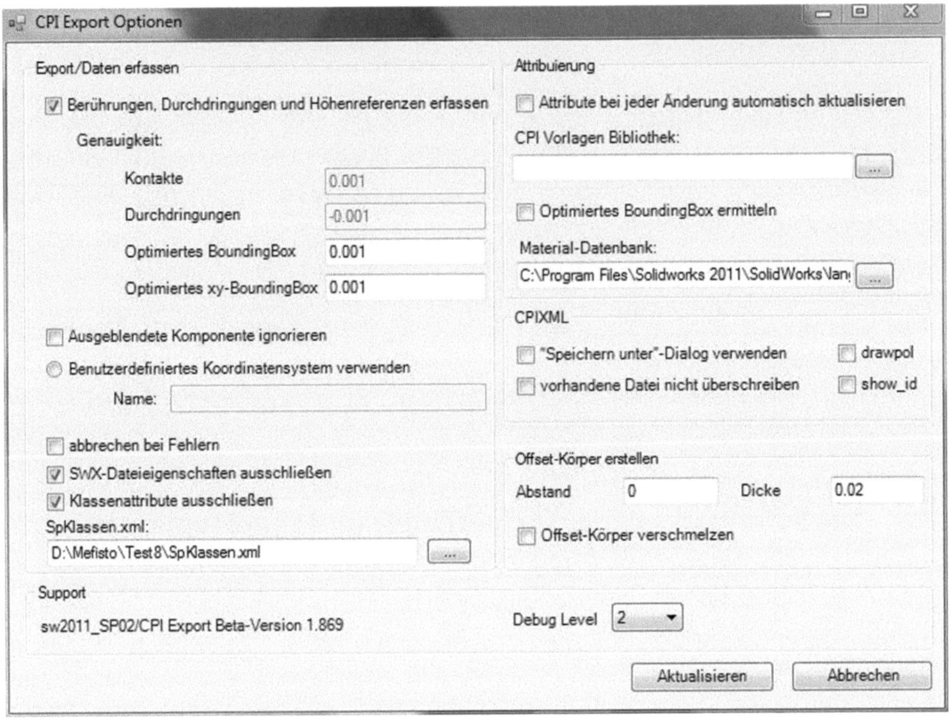

Abb. 17.6 CPI Optionendialog

- Attribuierung:
  - Attribute bei jeder Änderung automatisch aktualisieren: Bei jeder Änderung im Eigenschaftenfenster werden Attribute automatisch aktualisiert.
  - CPI Vorlagen Bibliothek: Pfad der CPI Vorlagen Bibliothek. Das gleiche Verzeichnis muss zur SolidWorks Konstruktionsbibliothek hinzugefügt werden, damit diese Bibliothek für die Attribuierung verwendet werden kann.
  - BoundingBox berechnen: Ist diese Funktion aktiviert, wird bei der Erfassung der Baustelleneinrichtung zusätzlich eine optimiertes BoundingBox berechnet. Das kann bei größeren Modellen länger dauern.
  - Materialdatenbank: Hier muss man den verwendeten Materialdatenbankpfad angeben (eine *.sldmat Datei), um einem Volumenkörper oder einem Einzelteil ein Material zuweisen zu können.
- CPIxml
  - Speichern unter Dialog verwenden: Standardmäßig bekommt die CPIxml Datei den gleichen Namen wie die 3D Modelldatei mit Endung.cpixml. Wird diese Option aktiviert, hat der Anwender die Möglichkeit, einen anderen Name für die Datei einzugeben.

  - vorhandene Datei nicht überschreiben: Falls die CPIxml Datei schon existiert, wird sie bei Aktivierung dieser Option nicht überschrieben, sondern eine neue Version erzeugt.
- Offset Körper erstellen
  - Abstand: Parameter für Offset Fläche
  - Dicke: Parameter für Wanddicke
  - Offset Körper verschmelzen: Bei mehreren ausgewählten Flächen wird ein einziger Offset Körper erstellt.
- Support
  - Debug Level: Option nur für Solidpro interne Entwicklungszwecke

17.6 Zusammenfassung

Die CPIxml Schnittstelle bietet eine Fülle an Möglichkeiten zur detaillierten Attribuierung von SolidWorks Objekten. Das geometrische Modell wird durch diese Informationen zu einem intelligenten Objekt innerhalb der gesamten Bauplanung. In Kombination mit der Möglichkeit, auch komplexe Geometrie exakt darstellen zu können, ist dies eine erhebliche Erweiterung der bis dato bekannten Methoden in der Bau IT. Da die Berechnungen innerhalb SolidWorks schneller ablaufen als eine Interpretation und Nachkalkulation in RIB iTWO, ist ein erheblicher Zeitgewinn realisierbar.

SolidWorks in Verbindung mit der CPIxml Schnittstelle erweitert die Möglichkeiten von Baufirmen hinsichtlich der Modellierung und Kalkulation von geometrisch anspruchsvollen Bauwerken.

Literatur

1. CPIxml, Construction process information XML, http://www.rib-software.com/de/landingpage/rib-itwo.html
2. SolidWorks, http://www.solidworks.de

Visualisierungsframework für Bauprojektinformationen in Multimodellen

18

Helga Tauscher, Raimar J. Scherer, Martin Voigt und Klaus Meißner

Zusammenfassung

Mit der Building Information Modelling, BIM, Arbeitsweise werden Gebäudeinformationen in zunehmend komplexeren und mehrere Domänen umfassenden Modellen abgebildet. Dabei werden semantisch explizite Informationen von ihrer visuellen Repräsentation getrennt und die Visualisierung als nachgelagertes Problemfeld betrachtet, obwohl visuelle Repräsentationen essentiell für den Zugang zu den komplexen Informationen sind. Gleichzeitig eröffnet diese Trennung eine hohe Flexibilität und ein großes Potential, die komplexe und multidimensionale Information für unterschiedliche Problemsichten kontextgerecht aufzubereiten. Derzeit existiert jedoch kein generischer und systematischer Ansatz für die Visualisierung von Bauinformationen, der es ermöglichen würde, domänenspezifisches Visualisierungswissen nutzbar zu machen. Auf dem Weg zu einem solchen Ansatz leistet dieser Beitrag zweierlei. Zum einen wird mit dem Konzept der Multimodellvisualisierungen der Raum potentieller, komplexer, aus bekannten Einzelvisualisierungen zusammengesetzter Visualisierungen systematisch untersucht. Andererseits wird ein generisches Visualisierungsmodell entwickelt, das die Basis für die Architektur einer konfigurierbaren Visualisierungskomponente bildet.

H. Tauscher (✉) · R.J. Scherer
Institut für Bauinformatik, Technische Universität Dresden, Dresden, Deutschland

M. Voigt · K. Meißner
Institut für Software- und Multimediatechnik, Technische Universität Dresden, Dresden, Deutschland

R.J. Scherer, S.-E. Schapke (Hrsg.), *Informationssysteme im Bauwesen 1*,
DOI 10.1007/978-3-642-40883-0_18

18.1 Einleitung und Kontext

18.1.1 Ziel

Mit dem Paradigmenwechsel hin zu modellbasiertem Arbeiten werden Information und Präsentation entkoppelt. Die visuellen Repräsentationen, die zuvor implizit in den ausgetauschten Dokumenten und Zeichnungen enthalten waren, werden dann nur noch nach Bedarf generiert und unterscheiden sich, je nachdem welcher Viewer verwendet wird, sie werden flexibler. Damit die visuellen Repräsentationen jedoch ihren Kommunikationszweck erfüllen können, müssen sie reproduzierbar sein. Das kann erreicht werden, indem entweder die Nutzung des gleichen Viewers für alle Kommunikationspartner erzwungen wird oder indem die Visualisierungsmethoden explizit beschrieben werden und diese Beschreibung als Teil der Kommunikation unter den Beteiligten ausgetauscht wird.

Durch die explizite Beschreibung der Visualisierungsmethoden wird auch die Entwicklung von angepassten, wiederverwendbaren Visualisierungskomponenten unterstützt. Die Vorteile wiederverwendbarer Visualisierungskomponenten sind zweifach. Auf der einen Seite kann die gleiche Visualisierung auf viele Informationsmodelle angewandt werden und auf der anderen Seite ermöglicht ein reiches Repositorium von angepassten, aufgabenspezifischen Komponenten die differenzierte Erschließung der Modelle.

Während andere Ansätze Visualisierungskomponenten kapseln [1] (Teil II, Kap. 19), indem sie Visualisierungsmethoden fest verdrahtet in der Komponente implementieren und nur einige Konfigurationsparameter exponieren, soll hier eine generische Komponente entwickelt werden, die in der Lage ist, alle erforderlichen visuellen Repräsentationen zu erzeugen. Ein Visualisierungssystem, das auf dem erstgenannten Ansatz beruht, nutzt ein Repositorium vieler vorgefertigter Visualisierungskomponenten, während im letzteren Fall die Visualisierungskomponente auf der Basis einer gegebenen Beschreibung erzeugt wird.

18.1.2 Verwandte Arbeiten

18.1.2.1 Bauwerksvisualisierung

In das Bauwerksinformationsmodell werden fortlaufend immer mehr Informationen einbezogen. Neben der 3D Geometrie wurden weitere nichtgeometrische Informationen, wie z. B. Material, hinzugefügt [2]. Parallel zu diesen Erweiterungen wurden die generierten visuellen Repräsentationen zu fotorealistischen 3D Bildern erweitert. Als Terminplaninformationen einbezogen wurden, als 4D bezeichnet, konnten zeitbasierte Visualisierungstechniken angewendet werden [3]. Um auch Kosteninformationen widerzuspiegeln, als 5D bezeichnet, konzentrieren sich die entsprechenden Visualisierungstechniken auf die Frage von passenden Farbschemata [4]. Die im Bauwerksproduktmodell enthaltenen Informationen umfassen jedoch viel mehr Dimensionen und die bisher behandelte Auswahl erscheint willkürlich bzw. einseitig bestimmt von den Dimensionen des euklidischen Anschauungsraums. Der Bauinformatik fehlt ein generischer Ansatz für die Visualisierung von nD Bauinformationen.

Eine geeignete Lösung muss einerseits flexibel genug sein, um existierendes fachspezifisches Visualisierungswissen zu integrieren, wie etwa technische Zeichnungen, Skizzen und grobe 3D Modelle. Andererseits muss sie auch die besondere Rolle von Zeit und 3D Raum berücksichtigen, da diese Informationen ein wesentlicher Bestandteil von Bauwerksinformationsmodellen sind. Bestehende Untersuchungen zur Integration von domänespezifischem Wissen [5] decken die Integration bestehenden Visualisierungswissens für Multimodelle nicht ab.

18.1.2.2 Generische Mapping Tools

Generische Mapping Tools, Bibliotheken oder Frameworks erlauben die Transformation von kompletten Datengraphen. Viele davon erlauben auch die explizite Spezifikation von Mappingregeln in einem deklarativen Stil, z. B. mit XML wie im Framework Dozer [6]. Objektmodellmapper werden für Softwarearchitekturen verwendet, die nach dem Schichtenmodell aufgebaut sind, um die Objektgraphen der verschiedenen Schichten zu verbinden. Bekannte Implementationen für Java Objektgraphen sind Dozer oder Modellmapper. Es gibt auch generische MappingTools, die für domänenspezifische Modelle gedacht sind, wie z. B. die Context independent Schema Mapping Language, CSML, [7].

Die wichtigste Einschränkung generischer Modellmapper bei der Anwendung für Visualisierungsmappings ist, dass sie keinen einfachen Umgang mit heterogenen Modellen erlauben. Sie sind auf ähnlich strukturierte Modellhierarchien auf der Quell- und Zielseite angewiesen und können z. B. keine Eltern Kind Beziehungen umkehren oder Modellhierarchien einebnen. Außerdem sind sie zu generisch und müssen mit Modellen von eng eingegrenzten Anwendungsbereichen auf der Quellseite, d. h. der Datenseite, und der Zielseite, d. h. der Visualisierungsseite, ergänzt werden. Generische Mapping Tools sind jedoch eine der Inspirationsquellen für das hier vorgestellte Modell.

18.1.2.3 Model View Controller – Architektur

Als Model View Controller, MVC, wird ein objektorientiertes Software Entwurfsmuster bezeichnet, das dazu gedacht ist, Anwendungsdaten, Anwendungslogik und Benutzungsoberfläche voneinander zu trennen. Da die Benutzungsoberfläche die Anwendung visuell repräsentiert, lässt sich das Konzept leicht für beliebige visuelle Repräsentationen übertragen. Das Entwurfsmuster deckt jedoch nicht den deklarativen Anspruch einer Visualisierungsbeschreibung ab.

Die Definition des Begriffs ist unscharf, umfasst viele verschiedene Muster und Variationen und wird oft fehlinterpretiert [8]. Existierende Frameworks, die MVC implementieren, wie z. B. das Eclipse Graphical Editing Framework, GEF, [9] enthalten einen bidirektionalen Controller, mit dessen Hilfe auch Modelländerungen durch Interaktionen in der Repräsentation ausgelöst werden können. Das übersteigt den unidirektionalen Rahmen der vorgesehenen Visualisierungsbeschreibung.

Die Idee der Trennung von Modell und View bzw. Visualisierung wurde auch in die BIM Theorie aufgenommen, die implizit zwischen Modell und Visualisierung unterscheidet, indem sie sich auf das Modell konzentriert und die endgültige visuelle Repräsentation ausschließt. [10] schlägt das Konzept der Monitore vor, um verschiedene Typen von visuellen Repräsentationen, den Media, zu generieren, die klar vom Modell getrennt sind. Nach diesem Konzept müsste aber das Wissen um verschiedene visuelle Repräsentationen im Modell explizit enthalten sein. Aus empirischer Sicht ist erkennbar, dass das nicht sinnvoll ist, erstens weil nicht alle Repräsentationen im Vorhinein bekannt sind und zweitens, weil die explizite Beschreibung verschiedener visueller Repräsentationen eine hohe Redundanz in das Modell einbringt. Daher ist ein vermittelndes Konzept zwischen Modell und Sicht essentiell.

18.1.2.4 Deklarative Informationsvisualisierungssysteme

Die meisten Visualisierungsbibliotheken, -frameworks und -toolboxes haben imperative Schnittstellen, die sich auf die Seite des Visualisierungsmodells fokussieren und erlauben, eine Prozedur zur Konstruktion des Visualisierungsmodells zu spezifizieren. Deklarative Frameworks zur Informationsvisualisierung erlauben anzugeben, was in der Visualisierung dargestellt werden soll, und abstrahieren dabei von den konkreten Visualisierungsobjekten und davon, wie diese zu konstruieren sind [11]. Studien zur formalen Beschreibung von Visualisierungen [12], die auf einer systematischen Untersuchung des Mapping Prozesses von den Rohdaten zur endgültigen visuellen Repräsentation basieren, haben sich zu Visualisierungssprachen [11] weiterentwickelt.

Deklarative Systeme bieten eine bessere Einbindung von Datenquellen oder sehen konsequenterweise sogar komplett von Szenengraphen oder anderen Visualisierungsmodellen ab und wenden Formatierungsregeln direkt auf das Datenmodell an [13]. Dieser zuletzt genannte Ansatz führt aber zu außerordentlichen Ansprüchen an das Datenmodell und kann daher nicht auf bestehende bauspezifische Modelle angewendet werden. Außerdem können Bauvisualisierungen nicht ohne eine 3D Komponente gedacht werden, die nahezu allen Informationsvisualisierungssystemen fehlt.

18.1.3 Lösungsansatz

Zunächst wird im ersten Teil das Multimodellkonzept untersucht und daraus eine Definition für Multimodellvisualisierungen abgeleitet, die darauf abzielt, vorhandene domänenspezifische Visualisierungen zu integrieren und nutzbar zu machen. Durch die Klassifikation von Multimodellen und die Definition von Integrationstechniken für elementare Visualisierungen wird der Raum möglicher Multimodellvisualisierungen systematisch abgedeckt. Auf diese Weise ist einerseits die Untersuchung einzelner Visualisierungen hinsichtlich der effizienten Nutzung von Ressourcen der Human Computer Interaction, HCI, möglich. Andererseits bietet diese Systematik eine Übersicht über den Umfang der in ein Visualisierungsframework für Bauprojektinformationen aufzunehmenden Funktionalitäten, für das im zweiten Teil ein generisches Modell vorgestellt wird. Die Integrationstechniken wurden in sehr einfachen Prototypen implementiert [14].

Die Überlegungen gehen jeweils vom Referenzmodell der Visualisierungspipeline aus, wie in [15] vorgeschlagen wird. Dabei wird die zentrale Transformation von gefilterten und vorbereiteten domänenspezifischen Daten zu einem Visualisierungsmodell, das dann gerendert werden kann, als essentieller Schritt des Visualisierungsprozesses identifiziert. Sowohl die Definition der Multimodellvisualisierungen als auch das generische Visualisierungsmodell fokussieren daher auf diesen Transformationsschritt.

Das generische Visualisierungsmodell wird mittels eines Bottom Up Ansatzes aus einfachen Visualisierungsanwendungen ermittelt [16], sodass alle potentiellen Visualisierungsparameter und Datentypen aus Gebäudeinformationsmodellen abgedeckt sind. Auf der Seite des zu rendernden Visualisierungsmodells werden die folgenden Visualisierungsparameter einbezogen: 0 bis xD Elemente im xD Raum, bzgl. Position, Form, Größe sowie Farbe und Zeit in Form von Animation und Interaktion. Auf der Seite des Informationsmodells können folgende Typen von Informationen unterschieden werden: 3D Gebäudegeometrie, Bauprozesse und -terminpläne, abstrakte Werte zugeordnet zu Bauelementen, räumlichen Strukturen und Bauprozessen. Für eine weiterführende Strukturierung der Information in Typen können die Filterfacetten dienen, die in Teil II, Kap. 14, Abb. 14.13 zur Strukturierung der Information zu Filterzwecken entwickelt wurden.

In Teil II, Kap. 21 wird die Anwendung des generischen Mappingmodells und Frameworks auf reale, im Projekt aufgestellte Multimodelldaten anhand komplexerer Visualisierungskomponenten demonstriert.

18.2 Methode zur Multimodellvisualisierung

Zunächst werden die Definitionen von Multimodellen für Bauwerke zusammengefasst und daraus ein Konzept für Multimodellvisualisierungen abgeleitet. Ausgehend vom Zusammenhang zwischen Elementarmodellen und existierenden Visualisierungen wird die Beziehung zwischen Multimodellen und Multimodellvisualisierungen beschrieben. Als zweites werden Charakteristiken von Elementarmodellen identifiziert, die für die Visualisierung relevant sind, und daraus Multimodellkonfigurationen abgeleitet. Im dritten Schritt werden aus diesen Multimodellkonfigurationen Anwendungsszenarien konstruiert.

18.2.1 Konstruktion von Visualisierungen aus verbundenen Elementarmodellen

Multimodelle setzen sich aus Elementarmodellen zusammen. Das Konzept von Multimodellen nach [17], Teil I, Kap. 2 definiert Elementarmodelle als Instanzen eines Datenmodells mit einer begrenzten Domäne. Allerdings impliziert diese Definition nicht, dass das Modell elementar ist im Sinne von atomar. Daher können die gleichen Daten in einem Elementarmodell modelliert werden oder auch über mehrere Elementarmodelle verteilt, die in einem Multimodell untereinander verlinkt sind. Das Konzept der Partialmodelle, wie es von [18] und [19] vorgeschlagen wird, betrachtet das Problem Top Down statt Bottom Up, leitet dabei aber ein ähnliches Konzept ab. Statt mehrere für sich stehende Elementarmodelle in einem Multimodell zu verlinken, wird in [18] ein Produktmodell in mehrere gewerkespezifische Aspektmodelle zerlegt, die sich über die zeitlichen Phasen entwickeln und in gewissen Zeitabständen synchronisiert werden [20], während in [19] ein einzelnes Produktmodell in mehrere Partialmodelle zerlegt wird. Diese Partialmodelle werden als spezifisch für eine bestimmte Planungsphase und -disziplin definiert, sind also ebenfalls begrenzt im Sinne der Definition von [17].

Entsprechend dieser Definitionen wird davon ausgegangen, dass die Domänengrenzen der Elementarmodelle entlang der Grenzen von Disziplinen und Planungsaufgaben wohldefiniert sind. Sie leiten sich aus dem Wissen der Disziplinen und den konzeptionellen Modellen für einzelne Planungsaufgaben ab. Weiterhin wird angenommen, dass für jedes Elementarmodell eine nichtleere Menge von Visualisierungen existiert, die keine Daten von zusätzlichen Modellen einbezieht. Die komplette Menge der Visualisierungen erlaubt die visuelle Abbildung aller im entsprechenden Elementarmodell enthaltenen Informationen.

Der Visualisierungsprozess kann als Mapping von Daten auf Parameter eines Visualisierungsmodells beschrieben werden, das wiederum durch einen passenden Renderer in ein darstellbares Bild transformiert wird. Dieses Paradigma ist als Visualisierungspipeline bekannt [15]. Für ein gegebenes Elementarmodell E wird eine Visualisierungsmethode v definiert als Mapping von einer Teilmenge von E auf eine Menge P von verfügbaren Parametern eines Visualisierungsmodells:

$$v : E_v \rightarrow P \quad \text{wobei } E_v \subseteq \mathrm{E} \tag{18.1}$$

Es wird angenommen, dass es für jedes E eine nichtleere Menge von Visualisierungsmethoden gibt, die den Datenraum von E abdecken:

$$V_E = \{v_1, v_2, \ldots, v_n\} \quad \text{mit } \bigcup_{i=1}^{n} E_{vi} = E \tag{18.2}$$

V_E kann als eine bekannte Menge von Methoden betrachtet werden, mit denen die Informationen eines spezifischen Elementarmodells visuell kodiert werden können. Somit repräsentiert die Menge der bekannten Visualisierungstechniken eines Elementarmodells das Visualisierungswissen einer bestimmten Disziplin und für eine bestimmte Planungsaufgabe.

Wegen der Verlinkung mehrerer Elementarmodell zu einem Multimodell wird ein Konzept für die Visualisierung des zusammengesetzten Modells erforderlich. Die Visualisierungen der einzelnen Elementarmodelle werden genutzt, um neue Visualisierungstechniken für das Multimodell zu konzipieren. Ausgehend von den Definitionen in Gl. 18.1 und Gl. 18.2 definiert sich eine MMV für die Elementarmodelle E_1 und E_2 wie folgt:

$$v : E_v \rightarrow P \quad \text{mit } E_v \subseteq E_1 \cup E_2,\ E_1 \cap E_v \neq \emptyset \text{ und } E_2 \cap E_v \neq \emptyset \tag{18.3}$$

Da die Elementarmodelle nicht zwangsläufig paarweise disjunkt sein müssen, können einige MMV bereits in der Menge der bekannten Visualisierungen für Elementarmodelle enthalten sein. Eine Visualisierungsmethode V eines Elementarmodells E_1 ist eine solche

Pseudomultimodellvisualisierung, wenn $E_v$eine Teilmenge von E_1 ist und mindestens ein Element von E_v zusätzlich in einem anderen Elementarmodell E_2 enthalten ist, es also eine nichtleere Schnittmenge von E_1 und E_2 gibt, deren Elemente in die Visualisierung von E_1 einbezogen sind. Wenn hingegen eine Multimodellvisualisierung von E_1 und E_2 mindestens ein Element aus jedem Elementarmodell einbezieht, das nicht in der Schnittmenge enthalten ist, sprechen wir von einer echten Multimodellvisualisierung:

$$v : E_v \rightarrow P \quad \text{mit } E_v \subseteq E_1 \cup E_2,\ (E_1 - E_2) \cap E_v \neq \emptyset \text{ und } (E_2 - E_1) \cap E_v \neq \emptyset \qquad (18.4)$$

Mithilfe dieses MMV Ansatzes ist es möglich, die Potentiale des Multimodellkonzepts zu nutzen, da er die visuelle, analytische Exploration von Multimodellen ermöglicht und die Nutzer dabei unterstützt, die Modelldaten zu verstehen.

18.2.2 Visualisierungsrelevante Charakteristika von Elementarmodellen und elementare Multimodellszenarien

Jedes Elementarmodell des Multimodells lässt sich durch eine Reihe von Eigenschaften charakterisieren wie etwa Autor, Erstellungsdatum, Zweck, Fachgebiet, Detaillierungsgrad oder Status (Teil I, Kap. 1). Drei dieser Eigenschaften sind entscheidend beim Erstellen von Visualisierungen, das zugrunde liegende Domänenmodell, die Detaillierungsstufe und die Phase Metadaten. Daher werden Paare von Elementarmodellen untersucht, die sich in genau einer dieser Eigenschaften unterscheiden. Während die Domäne etwa die Unterscheidung zwischen Kosten- und Bauwerksmodell erlaubt und der Detaillierungsgrad die Struktur des Modells definiert, umfasst die allgemeinere Eigenschaft des Status alle verbleibenden Modellunterschiede. Diese Vereinfachung ist legitim, da es im Sinne der Multimodellvisualisierung irrelevant ist, ob zwei Modelle von verschiedenen Autoren erstellt wurden, verschiedenen Zwecken dienen oder Daten aus verschiedenen Quellen enthalten, z. B. geplante Werte und gemessene Werte, solange die anderen Schlüsseleigenschaften Phase, Domäne und Detaillierungsgrad identisch sind.

Eine Visualisierungsressource VR ist spezifiziert durch

$$_{\mathit{phase}\ p}\mathrm{VR}^{\mathit{level\ of\ detail}\ l}_{\mathit{model\ domain}\ d} \qquad (18.5)$$

und entspricht der fachlichen Grundannotation einer Informationsressource in Teil I, Kap. 1. Eine Visualisierungsressource ist ein Elementarmodell oder eine Datensicht eines Elementarmodells, wie es in Gl. 18.1 definiert ist.

Im Folgenden werden zur Illustration des Problems von zwei verknüpften Elementarmodellen drei Szenarien vorgestellt, die zwei verschiedene Domänen einbeziehen, das Bauwerksmodell B und das Kostenmodell C. Diese werden dann in den folgenden beiden Abschnitten verwendet, um das entwickelte Konzept zu präsentieren. Beide Elementarmodelle können mit existierenden Visualisierungstechniken abgebildet werden.

Die gebräuchlichste Visualisierungsmethode für das geometrische Bauwerksmodell ist die Abbildung der hierarchischen räumlichen Struktur auf einen 3D Szenengraphen, der

z. B. als isometrische Darstellung gerendert werden kann. Das geometrische Bauwerksmodell B wird in den Szenarien in zwei Varianten hinsichtlich der Detaillierungstiefe vorbereitet. Die erste Variante B1 hat eine geringere Detaillierungstiefe und enthält nur die Begrenzungsgeometrie der einzelnen Geschosse. Die detailliertere Modellinstanz B2 enthält dagegen Grundrissgeometrie mit Räumen und Wänden für jedes Geschoss.

Eine typische Visualisierung für das Kostenmodell stellt ein Balkendiagramm dar, das besonders für kategorische und quantitative Daten geeignet ist. Wie das Bauwerksmodell B ist auch das Kostenmodell C zweifach instantiiert. Während beide Instanzen hier die gleiche Detaillierungstiefe aufweisen, unterscheiden sie sich in ihrer Phase. Die erste Variante Ca enthält die geplanten Kostenwerte. Die zweite Variante Cb bezieht sich dagegen auf die tatsächlich entstandenen Kosten, nachdem das Bauprojekt abgeschlossen ist.

In Abb. 18.1 werden die vier Modellinstanzen mit Pseudocode wiedergegeben. Für die grobe Bauwerksgeometrie B1 sind nur Geschosshöhen und die Begrenzung der Geschossfläche gegeben, während im detaillierteren Bauwerksmodell B2 der Grundriss für jedes Geschoss als Polylinien modelliert ist. Die beiden Versionen des Kostenmodells enthalten beliebige, teilweise übereinstimmende und teilweise nach oben oder unten abweichende Kostenwerte.

Die Szenarios sind entlang der drei verschiedenen Charakteristiken der Elementarmodelle entworfen. Für ein Paar von Modellinstanzen werden zwei der Facetten gleichgesetzt und nur die dritte geändert. Auf diese Weise können die folgenden Szenarios unterschieden werden:

1. Unterschiedliche Domänen: Die Elementarmodelle B1 und Ca werden kombiniert.
2. Unterschiedlicher Detaillierungsgrad: Die Elementarmodelle B1 und B2 werden kombiniert.
3. Unterschiedliche Phasen: Die Elementarmodelle Ca und Cb werden kombiniert.

18.2.3 Methoden zur visuellen Integration

Um Multimodelldaten mit existierenden Visualisierungstechniken abzubilden, konnten anhand des Beispiels zuvor drei disjunkte Integrationsmethoden identifiziert werden, mit denen kombinierte Visualisierungstechniken konstruiert werden können.

Zum einen ist es möglich, jedes Elementarmodell in einer unabhängigen Ansicht zu repräsentieren. Um die explorative Interaktion mit den Modellen zu ermöglichen, werden die Ansichten gekoppelt und es entsteht eine MMV Interaktion.

Ein zweiter, stärker integrativer Ansatz ist die Verschränkung von unabhängigen Primär- und Sekundärvisualisierungen, wobei die Sekundärvisualisierung in die Primärvisualisierung eingebettet wird, was zur MMV Einbettung führt.

Beim am stärksten integrativen Ansatz werden die beiden Elementarmodelle verschmolzen und dann auf ein einziges Visualisierungsmodell abgebildet. Auf diese Weise wird das Visualisierungsmodell des dominanten Elementarmodells mit Werten aus dem zweiten Elementarmodell angereichert, der MMV Überblendung.

```
def model_B1 = [
   outline: [[0, 0], [20, 0], [20, 15], [0, 15]],
   levels: [0, 3, 6]
]
```

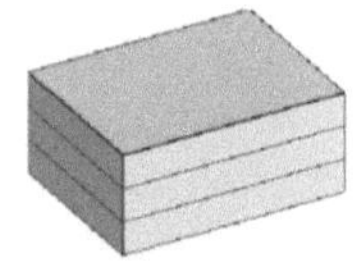

```
def model_B2 = [
   points: [[0, 0], [0, 20], [5, 20], [5, 0], [5, 10],
     [15, 10], [15, 0], [5, 15], [15, 15], [15, 20],
     [5, 5], [15, 5]],
   floorplan: [[[0, 1, 2, 3], [3, 4, 5, 6], [4, 7, 8, 5],
     [7, 2, 9, 8]], [[0, 1, 2, 3], [3, 10, 11, 6],
     [10,4, 5, 11], [4, 7, 8, 5], [7, 2, 9, 8]],
     [[0, 1, 9, 8, 7, 10, 11, 6],[7, 8, 11, 10]]],
   levels: [0, 3, 6]
]
```

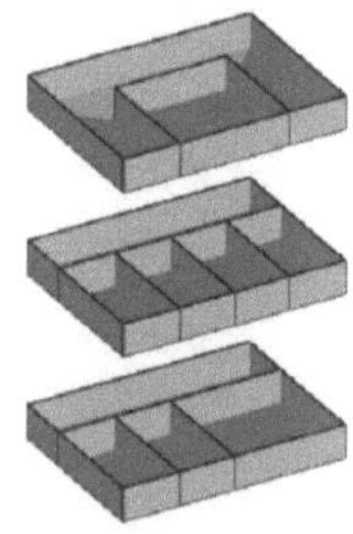

```
def model_Ca = [
   construction: [100, 200, 150],
   facade: [75, 50, 80],
   finish: [80, 120, 250]
]
```

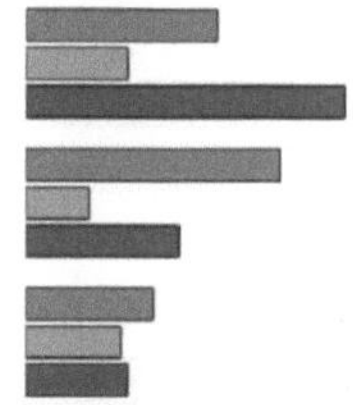

```
def model_Cb = [
   construction: [120, 200, 220],
   facade: [75, 60, 100],
   finish: [100, 120, 120]
]
```

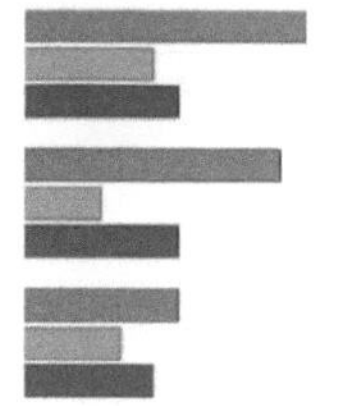

Abb. 18.1 Daten für vier Elementarmodelle und die resultierende Elementarvisualisierung

Abbildung 18.2 zeigt, wie verschiedene Elementarmodelle mit ihren entsprechenden Visualisierungsmethoden in eine kombinierte Visualisierungsmethode integriert werden können. Die Integrationsmethoden werden in den folgenden Abschnitten detailliert vorgestellt und diskutiert. Außerdem wird kurz die Implementation der Anwendungsfälle mit den drei verschiedenen Methoden beschrieben.

18.2.3.1 Visualisierungsmethode der Interaktion

Diese Form der visuellen Integration behält die ursprünglichen Elementarmodellvisualisierungen unverändert bei und verbindet sie durch verschiedene Interaktionsmöglichkeiten. Für das skizzierte Beispiel werden die zwei Elementarmodelle auf zwei unabhängige Visualisierungsmodelle abgebildet und in separate Ansichten gerendert. Interaktionen, wie etwa paralleles Zoomen oder Selektieren und Hervorheben, unterstützen den Betrachter beim Wahrnehmen und Verstehen der Darstellungen. In Abb. 18.3 ist links ein Raum in

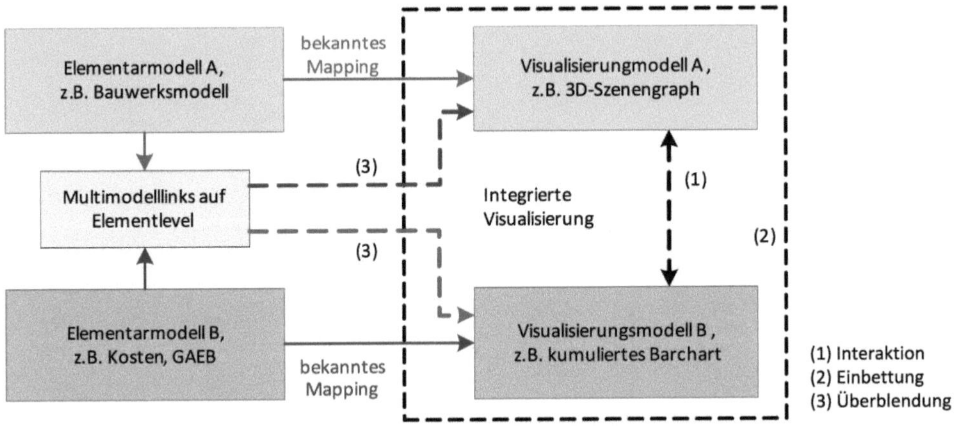

Abb. 18.2 Integrationsmethoden für Multimodellvisualisierungen

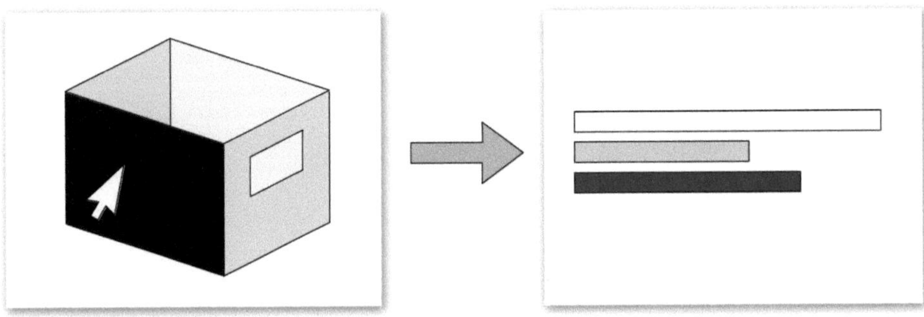

Abb. 18.3 Visualisierungsintegration durch Interaktion

3D Darstellung visualisiert und rechts ein Balkendiagramm mit den Kosten verschiedener Leistungen. Durch Selektieren eines Bauteils im linken Bereich wird rechts das Balkendiagramm mit den Leistungen und Kostenanteilen der Auswahl aktualisiert.

Diese Art von Integration ermöglicht den Nutzern autonom zu navigieren, verschiedene Teile der Elementarmodelle durch Mausklicks oder andere Eingabegeräte zu zeigen und hervorzuheben. Die integrierte Visualisierung kann auch ohne Interaktion realisiert werden, wenn sie die Elementarmodelle in den zwei koordinierten Ansichten entsprechend einer vorproduzierten Choreografie durchläuft. In jedem Fall ist jedoch ein Medium erforderlich, das den Zugriff auf die Betrachtungszeit erlaubt, also ein animierbares Medium.

Relevante Arbeiten für diese visuelle Integrationsmethode sind im Forschungsfeld der Coordinated Multiple Views zu finden. Einen kompakten Überblick über das Forschungsgebiet gibt [21]. Die Implementation flexibler Systeme für diese Art der visuellen Integration erfordert eine geeignete Kapselung der einzelnen Visualisierungskomponenten und

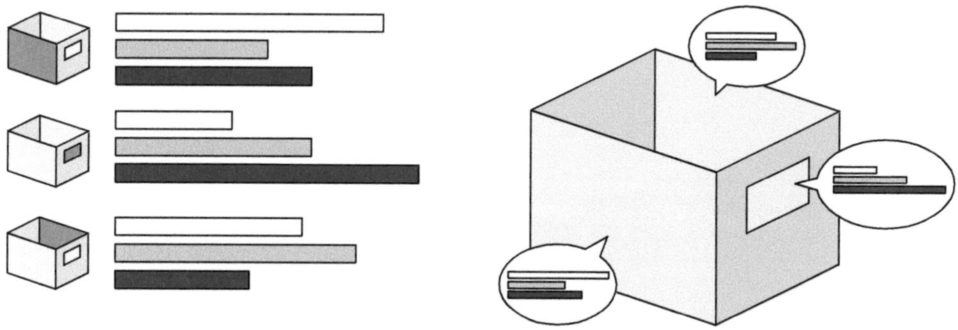

Abb. 18.4 Visualisierungsintegration durch Einbetten; Primär- und Sekundärvisualisierung im linken und rechten Beispiel vertauscht

ihres Verhaltens. In [22] wird untersucht, wie die Vorgänge der Aktualisierung zwischen den Ansichten formal beschrieben werden können. Abgesehen vom Gebiet der Coordinated Multiple Views ist das Mashup Paradigma ein bekannter Ansatz, um die Integration verschiedener Datenquellen, z. B. Elementarmodelle, auf der Ebene der Nutzungsoberfläche zu ermöglichen. Flexible Mashup Frameworks wie CRUISe [23] erlauben es, generische Komponenten für Nutzungsoberflächen, aber auch spezialisierte Visualisierungskomponenten zu beschreiben. Die CRUISe Laufzeitumgebung unterstützt deren kontext- und aufgabenspezifische Integration, um flexible Web Applikationen zu erstellen. Auch der Forschungszweig der explorativen Visualisierung fokussiert sich auf die interaktive Verbindung von mehreren Visualisierungen und die Koordination mehrerer einzelner Views [24].

Die Visualisierungsmethoden, die in M2A2 für die Darstellung der Fachmodelle in einem Multimodell (Teil II, Kap. 15) und in RIB iTWO zur Verlinkung von Fachmodellen (Teil II, Kap. 16) verwendet werden, sind der visuellen Integration durch Interaktion zuzuordnen.

18.2.3.2 Visualisierungsmethode der Einbettung

Diese Art der visuellen Integration legt eine der originalen Visualisierungen als Primärvisualisierung fest und bettet Teile der anderen Visualisierung als Annotationen in diese ein. Die Elementarmodelle werden auf zwei unabhängige Visualisierungsmodelle abgebildet, die aber schließlich in eine gemeinsame Abbildung gerendert werden. Im oben skizzierten Szenario werden bspw. ein Balkendiagramm für die Kostenwerte und eine isometrische Darstellung für die geometrischen Bauwerksdaten genutzt. In der linken Variante Abb. 18.4 bildet das Balkendiagramm die Primärvisualisierung, die mit eingebetteten isometrischen Bauwerksausschnitten annotiert ist. Das rechte Beispiel nutzt dagegen die isometrische Bauwerksdarstellung als Primärvisualisierung und bettet darin Balkendiagramme ein.

Wenn das primäre Visualisierungsmodell keine eigenen grafischen Objekte enthält, sondern lediglich als Referenzrahmen für die Positionierung der grafischen Objekte des Se-

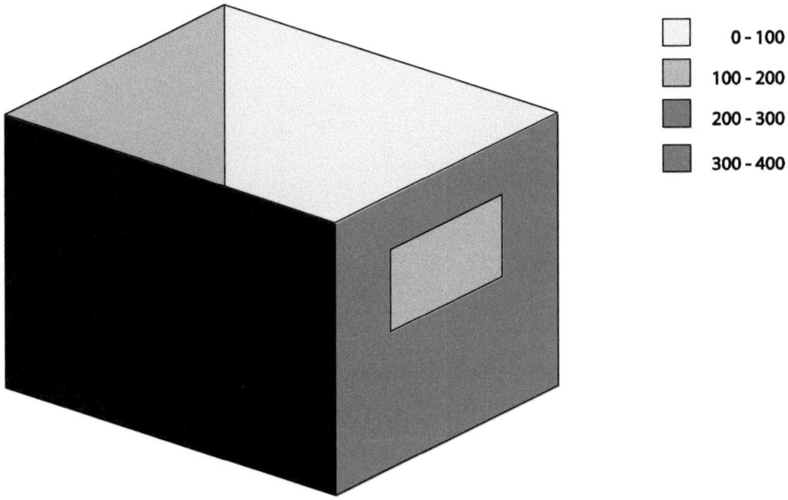

Abb. 18.5 Visualisierungsintegration durch Überblendung

kundärmodells dient, wird das Konzept als small multiples [20], worlds within worlds [25] oder facets [12] bezeichnet. [12] unterscheidet das Konzept der facets von Annotationen. Die Integrationsmethode, die hier beschrieben wird, umfasst beide Konzepte. Während erstere auf die Sekundärvisualisierung fokussiert, basiert letztere auf Primärvisualisierungen mit eigenen grafischen Objekten und einer hohen Relevanz für die Gesamtvisualisierung.

18.2.3.3 Visualisierungsmethode der Überblendung

Dieser Typ der visuellen Integration nutzt ebenfalls ein Elementarmodell als Primärmodell und das dazugehörige Visualisierungsmodell als Basis für die gesamte Darstellung. Einzelne Visualisierungsparameter des primären Visualisierungsmodells werden mit Informationen aus dem Sekundärmodell belegt. Diese Methode bildet beide Elementarmodelle auf ein einziges Visualisierungsmodell ab, das konsequenterweise in eine einzelne Ansicht gerendert wird (siehe Abb. 18.5).

Im Gegensatz zum Einbetten ist diese Integrationsmethode auf verfügbare freie Visualisierungsparameter, z. B. Farbe, Position oder Größe, im primären Visualisierungsmodell angewiesen. Diesen Parametern können Werte aus dem sekundären Elementarmodell zugewiesen werden, entweder weil sie in der ursprünglichen Visualisierung ungenutzt waren oder weil sie explizit freigestellt wurden. Während der erste Fall eine geringe Informationsdichte in der originalen Elementarvisualisierung voraussetzt, basiert der zweite Fall auf einem bestimmten Anteil an irrelevanter Information, die zugunsten der dann zusätzlich integrierbaren Informationen weggelassen werden kann. Der naheliegendste Kandidat für diese Art der Integration ist das Farbattribut, aber es gibt auch Visualisierungen mit ungenutzten Größenattributen, was die meistgenutzte Visualisierung für kategorische Werte ist,

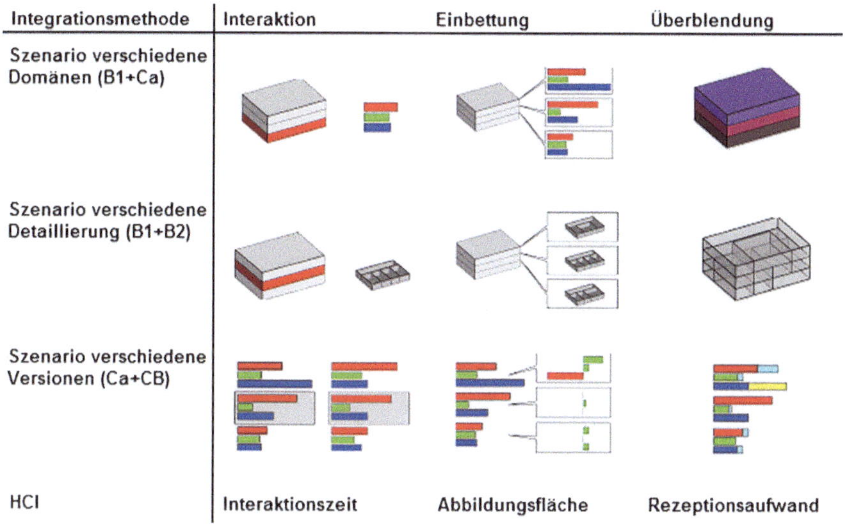

Abb. 18.6 Anwendung der MMV Methoden, *Spalten*, auf die Multimodellszenarien, *Zeilen*

und Versuche, das Größenattribut teilweise neu zu belegen, ohne dabei zu viel Information zu verlieren [26].

Weitere mögliche Überblendungen sind Isolinien- oder Trajektorendarstellungen von Parametern aus dem Sekundärmodell auf den Flächen des Primärmodells, z. B. Winddruck auf Flächen, Siloschüttgutkräfte auf Wandflächen, Wasserströmungen auf Wasserbauwerke etc. Einen Überblick gibt [27].

Die Visualisierungsfunktionen für die visuelle Prüfung von Multimodellen, die in Teil II, Kap. 20 vorgestellt werden, sind der visuellen Integration durch Überblendung zuzuordnen.

18.2.4 Anwendung der MMV Methoden auf die Multimodellszenarien und Untersuchung des Visualisierungsraums

Für jede der beschriebenen, visuellen MMV Methoden wurde eine prototypische Implementierung mit dem Visualisierungsframework Processing, http://processing.org, entwickelt. Außerdem wurde für jedes der beiden Elementarmodelle eine Visualisierungstechnik umgesetzt, die aus einem einfachen Visualisierungsmodell und einem geeigneten Mapping besteht. Durch die Kombination der beiden Implementierungen in einer prototypischen Anwendung konnten die drei MMV Methoden für Elementarmodellvisualisierungen im Kontext der Multimodellkonfigurationen untersucht werden, die durch die Anwendungsszenarien spezifiziert wurden. Abbildung 18.6 zeigt die resultierenden visuellen Repräsentationen. Beim Vergleich der MMV Methoden zeigt sich, dass jede Methode vorrangig eine bestimmte HCI Ressource in Anspruch nimmt. Diese Ressourcen sind in der letzten Zeile aufgelistet und werden im folgenden Abschnitt diskutiert.

18.2.4.1 Bedarf an HCI Ressourcen

Abbildung 18.6 zeigt, dass jede Methode der MMV unterschiedliche Ressourcen bei Mensch oder Computer in Anspruch nimmt. Der interaktionsbasierte Ansatz beansprucht beim Menschen aufgrund des explorativen Charakters Zeit für die Interaktion mit der Visualisierung. Demgegenüber beansprucht die MMV basierend auf der Einbettung Bildschirmplatz für die größere Darstellung. Die Methode der Überblendung erfordert oftmals größere Kapazität bei der menschlichen Wahrnehmung. Welche Ressource hauptsächlich beansprucht wird, ist abhängig davon, wie die eigentliche Komplexität abgebildet wird. Nach [28] ist bei der Entwicklung von Multiple View Systemen darauf zu achten, dass die Nutzung von Zeit und Raum ausgeglichen ist. Es ist die Berechnungs- bzw. Interaktionszeit mit dem Platz aufzuwiegen, der für die Visualisierungen benötigt wird.

Diese Idee der Balance zwischen den zwei Größen ist nun um die des mentalen Anspruchs bei der Wahrnehmung einer Visualisierung zu erweitern. Betrachtet man Visualisierung als einen Prozess zur Verteilung graphischer Informationen im Darstellungsraum, z. B. auf der Bildschirmfläche, und in der Rezeptionszeit, so werden Nutzer kognitiv in Anspruch genommen, um weit voneinander entfernte Informationen, bzgl. Zeit und/oder Raum, in Relation zueinander zu setzen, aber auch, um nahe beieinander liegende Informationen auseinanderhalten zu können. Unter der Annahme, dass es eine optimale, kompakte Verteilung gibt, die den mentalen Anspruch hierbei minimiert, wird die erste Art kognitiven Aufwands notwendig, wenn die Visualisierungsmethode über dieses Optimum hinaus die Größen Raum und Zeit verbraucht. Die zweite Art kognitiven Aufwands bei der Rezeption ist notwendig, wenn die Raum- und Zeitressourcen auf Werte unterhalb dieses Optimums begrenzt sind. Das ist der Fall bei der Methode der Überblendung.

18.2.4.2 Struktur und Quantität der Daten als Merkmal der Performanz

Die Struktur und Quantität der Daten hat einen Einfluss auf die Performanz der verschiedenen MMV Methoden. Diese bezieht sich hierbei auf die effiziente Verwendung der verschiedenen HCI Ressourcen. Durch die Analyse der Daten kann vorausgesagt werden, welche MMV Methode für welche Multimodellkonfiguration am passendsten ist.

Einige der Richtlinien in [28] helfen bzgl. der Verwendung von Multiple Views. So sind diese und damit die interaktionsbasierte Integration geeignet, wenn man unterschiedliche Modelle und Abstraktionsgrade visualisieren oder auch komplexe Vergleiche durchführen möchte. Insgesamt sollten mehrere Views jedoch nur angewandt werden, wenn die darzustellenden Daten zu komplex für die Visualisierung in einem einzelnen View sind und damit der zusätzliche Navigationsaufwand gerechtfertigt ist.

Wie in Abb. 18.6 gezeigt, wird bei der Integration durch Einbettung hauptsächlich Bildschirmplatz beansprucht. Diese Methode ist vor allem dann dienlich, wenn das zweite Datenmodell nur wenig zusätzliche Informationen zum Primärmodell enthält. Sie kann u. a. durch zusätzliche Symbole dargestellt werden.

Die auf Überblendung basierende MMV ist wie die vorhergehende nur geeignet, wenn das zweite Datenmodell nur wenig zusätzliche Informationen hinzufügt. Weiterhin müsste das primäre Modell einfach strukturiert sein, bzw. man muss einige Teile weglassen können, um eine engere Verknüpfung realisieren zu können.

18.2.4.3 Szenarienbezogene Erkenntnisse

Für das Szenario mit unterschiedlichen Domänen ist nur die MMV auf Basis der Interaktion geeignet, da die Modelle zu unterschiedlich sind. Die beiden anderen Methoden können nur genutzt werden, wenn es möglich ist, einige Aspekte der Modelle herauszugreifen. Dies bedeutet, dass das primäre Modell als eine Art Referenz für z. B. die MMV durch Einbettung dient. Könnte man das sekundäre Modell auf eine oder wenige Eigenschaften reduzieren, wäre eine Integration auf Basis von Überblendung denkbar.

Im Szenario mit unterschiedlichen Detailgraden ist die Informationsdichte im zweiten Modell stets höher als im ersten. Dies führt dazu, dass die MMV durch Einbettung oder Überblendung viel Raum erfordert oder hohe kognitive Ansprüche stellt. Dennoch wäre die Einbettung denkbar, da das primäre Modell abstrakter ist und somit als Referenz für das zweite dienen kann. Bei der Überblendung ist vor allem das zweite Modell zu nutzen, da dieses auch die grobe Struktur beinhaltet. Über verschiedene Zoomstufen wäre eine Navigation zwischen den beiden Modellen in einer Darstellung möglich. Die MMV auf Basis von Interaktion ist gut realisierbar, da das abstrakte Modell als Überblicksdarstellung und das sekundäre Modell als Detailvisualisierung dienen kann.

Für das Vergleichsszenario ist vor allem wichtig, inwiefern sich die beiden Modelle unterscheiden. Der Informationsunterschied kann dabei reduziert werden, indem man das Delta aus den beiden Modellen errechnet und dieses als sekundäres Datenmodell nutzt. Sind die Unterschiede in beiden Modellen gering, sind vorrangig die Methoden der Einbettung bzw. Überblendung zu verwenden.

Entsprechend diesen Betrachtungen wurde für die Visualisierung der Multimodellinformation entweder die MMV Methode der Interaktion oder der Überblendung gewählt. Sollen möglichst mehrere Fachmodelle und die Verlinkung im Detail dargestellt werden, wurde in M2A2 (Teil II, Kap. 15) und in RIB iTWO, z. B. bei der Verlinkung (Teil II, Kap. 16) die MMV Methode der Interaktion gewählt. In mehreren parallel angeordneten Fenstern werden die einzelnen Fachmodelle dargestellt. Ihre Verlinkung wird durch die Interaktion realisiert, wobei immer nur ein Link visualisiert werden kann.

Sollen hingegen die Verlinkung oder Konsequenzen der Verlinkung aufgezeigt werden, wird in RIB iTWO, z. B. bei der visuellen Prüfung von Multimodellen, die MMV Methode der Überblendung eingesetzt (Teil II, Kap. 20).

18.3 Framework für Multimodellvisualisierungen

Die Beschreibung der visuellen Präsentation ist komplexer als eine einfache Konfiguration und entspricht daher der Definition einer domänenspezifischen Sprache Domain Specific Language, DSL. Nach [29] kann man sich eine DSL als einen dünnen Layer über einem semantischen Modell vorstellen. Um die beabsichtigte Visualisierungsbeschreibungssprache entwickeln zu können, muss also zunächst ein solches Modell des Visualisierungsprozesses aufgestellt werden. Das Modell muss generisch genug sein, um alle gewünschten visuellen Präsentationen erstellen zu können. In weiteren Schritten können auf dieser Basis dann Modellsemantiken für die DSL ausgewählt und eine passende Syntax und Grammatik für die deskriptive Spezifikation der Visualisierungsmethoden entwickelt werden.

18.3.1 Einfaches Mappingszenario

18.3.1.1 Mappingmodell

Um das Visualisierungsmodell zu erstellen, müssen Informationseinheiten in graphische Elemente konvertiert werden. Es gibt zwei verschiedene Ansätze für diese Aufgabe, einen eingabezentrierten und einen ausgabezentrierten Ansatz [29]. Der erste Ansatz durchläuft das Eingabemodell, wendet die Transformationen für jedes Element während des Durchlaufens an und baut schließlich die erstellten Visualisierungselemente zum Visualisierungsmodell zusammen. Der Ausgabe zentrierte Ansatz baut zuerst das Visualisierungsmodell auf, durchläuft das vorgefertigte Visualisierungsmodell und konfiguriert die Visualisierungselemente entsprechend gegebener Mappingregeln. In der Praxis können diese Ansätze gemischt sein und Implementationen auf Basis der beiden Ansätze auch transparent ausgetauscht werden, solange die Mappingregeln klar separiert sind. Allerdings verlangt der ausgabezentrierte Ansatz effiziente Methoden, um Informationen aus dem Datenmodell präzise zu spezifizieren und abzufragen, während der Eingabe zentrierte Ansatz Methoden zum Durchlaufen des Eingabemodells und zum Abgleich einzelner Elemente mit den Bedingungen der Regeln erfordert. Für die vorliegende Implementation wurde der eingabezentrierte Ansatz dem ausgabezentrierten vorgezogen.

Den Entwurfsmustern des Builders folgend, wird das Visualisierungsmapping von einem Director gesteuert, der die folgenden Komponenten nutzt, um seine Aufgabe zu erfüllen:

- Visualisierungsfactory und Visualisierungsbuilder: Diese abstrakten Komponenten erlauben die Kapselung verschiedener Visualisierungsmodelle, die Erstellung von Visualisierungselementen, Factory, und ihre Komposition, Builder.
- Data Access: Diese abstrakte Komponente erlaubt einen einheitlichen Zugriff auf verschiedene Dateneingabemodelle.
- Ein Satz von Mappingregeln: Dies ist die eigentliche Konfiguration für das Visualisierungsmapping. Sie besteht aus Klassen- und Eigenschaftsmappings. Diese Komponente ist von allgemeinen Mappingframeworks inspiriert.

Das UML Diagramm in Abb. 18.7 zeigt, wie sich diese Konzepte zueinander verhalten.

18.3.1.2 Mappingprozess

Der zentrale Mappingalgorithmus, den der Director abarbeitet, führt nacheinander die folgenden Schritte aus:

1. Visualisierungsbuilder initialisieren
2. Über alle Datenelemente mithilfe des Data Access iterieren. Für jedes gefundene Element:

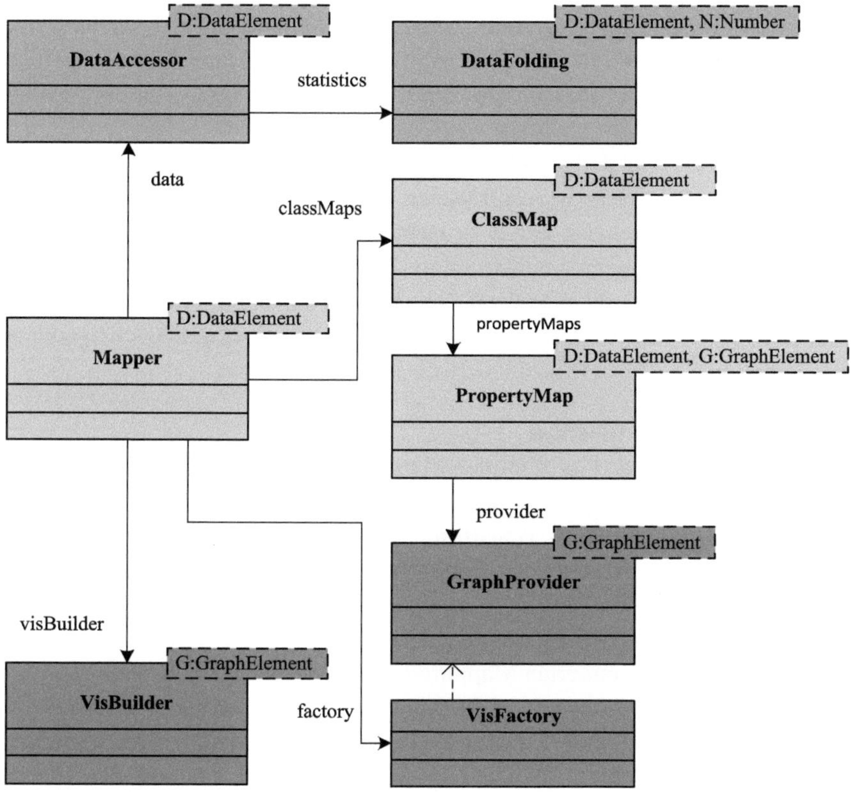

Abb. 18.7 Mapping mit den Abhängigkeiten unter den Klassen in UML Darstellung

- passende Mappingregeln finden, auf Grundlage ihrer Conditions
- Visualisierungselemente konstruieren mithilfe des von der Visualisierungsfactory erhaltenen Providers
- Property Mappings anwenden
- das Ergebnis an den Visualisierungsbuilder übergeben

3. Visualisierungsbuilder abschließen

Nach [12] besteht der Mappingprozess aus den folgenden Schritten: „Create Variables, Apply Algebra, Apply Scales, Compute Statistics, Construct Geometry, Apply Coordinates, Compute Aesthetics". Obwohl die exakte Reihenfolge dieser Schritte diskussionswürdig ist, ist klar, dass sich die erste Hälfte auf die Seite des Datenmodells bezieht, während die zweite Hälfte die Seite des Visualisierungsmodells betrifft. Der hier gezeigt Ansatz berücksichtigt alle diese Schritte.

Die Schritte, die das Visualisierungsmodell betreffen, werden vom Visualisierungsbuilder und den -factories abgedeckt. Sie liefern generische Schnittstellen, um Visualisierungsmodelle zu konstruieren und zusammenzufügen. Konkrete Implementationen dieser Builder und Factories kapseln existierende Visualisierungsbibliotheken und -renderer wie etwa Java3D oder Eclipse Draw 2D. Auf diese Weise können die Mappingspezifikationen mit abstrakten Visualisierungselementen arbeiten und sind unabhängig von der verwendeten Visualisierungsbibliothek.

Die Schritte, die das Datenmodell betreffen, werden durch den Data Access behandelt, der verantwortlich dafür ist, die Dateien zu öffnen, Modelle zu parsen und einen Iterator über die Datenelemente bereit zu stellen. Zusätzlich können die Daten dadurch weiter transformiert und angereichert werden, z. B. um Geometriedaten zu normalisieren, d. h. triangulierte Netze vorbereiten, oder die Daten können sortiert, indiziert und gefiltert werden. Die Abstraktionen auf der Datenseite sind weniger generisch als die auf der Visualisierungsseite, weil die Datenmodellsemantik diverser ist.

18.3.1.3 Mappingspezifikation

Im einfachsten Basisfall wird im zentralen Mappingschritt ein einfaches 1:1 Mapping der semantischen Dateneinheiten auf Elemente des Visualisierungsmodells ausgeführt.

Das Mapping wird explizit als Transformationsobjekt spezifiziert, das in der Lage ist, Objekte einer bestimmten Klasse, die bestimmte Konditionen erfüllen, auf abstrakte graphische Objekte zu mappen. Mit der Zusammenführung von Mappingkonditionen und der Mappingspezifikation in einem expliziten Methodenobjekt entspricht dieses Vorgehen dem generischen, objektorientierten Mappingmuster, wie es in [30] gezeigt ist.

Das Mapping kann allerdings auch die Konstruktion mehrerer Visualisierungsobjekte aus einem Datenobjekt erfordern $1{:}n$ oder die Eigenschaften mehrerer Datenobjekte in die Konstruktion eines einzelnen Visualisierungsobjektes einfließen lassen $m{:}1$. Für das $1{:}n$ Mapping müssen mehrere Spezifikationen deklariert werden, die auf das gleiche Datenobjekt passen. Für das $m{:}1$ Mapping dagegen muss der Datenzugriff die Datenobjekte so vorbereiten, dass alle erforderlichen zugehörigen Datenobjekte von den gemappten Daten während des Mappingschritts erreichbar sind.

Drei konzeptionelle Erweiterungen des Mappingmodells ergeben sich für komplexere Mappingszenarios. Abgesehen von einfachen und funktionalen Äquivalenzmappings sind homomorphe, transitive und gruppierte Mappingmuster erforderlich, wie sie in [7] definiert werden. Homomorphe Mappingmuster erlauben das Mapping mehrerer zusammenhängender Datenmodellelemente auf Visualisierungsmodellelemente, die ebenfalls zusammenhängen. Transitive Entwurfsmuster falten verkettete Referenzen zwischen verschiedenen Objekten zu Eigenschaften eines einzelnen Objekts.

18.3.2 Komplexere Mappingszenarien

18.3.2.1 Erweiterung für 3D

Für das Mapping von 3D Eigenschaften auf 3D Visualisierungselemente ist eine zusätzliche Implementation des abstrakten Datenzugriffs nötig, die über das IFC Modell inklusive Geometrie iterieren kann, und eine zusätzliche Implementation des abstrakten Visualisierungsbuilders und der -factory, die in der Lage sind, Modellelemente für einen 3D Szenengraph, hier in Java3D, zu erstellen und zusammenzufügen. Außerdem sind, wegen der Generalisierung zu 3D, zusätzliche abstrakte Visualisierungselemente notwendig, die den 3D Teil des Visualisierungsmodells kapseln. Da die dritte Dimension bei der Projektion auf die Bildschirmfläche verloren geht und der Verlust durch verschiedene Projektionen wieder kompensiert werden muss, sind Interaktionsmethoden erforderlich, um die Projektion manipulieren zu können.

18.3.2.2 Erweiterung für Farbe

Farben sind in den meisten Visualisierungsmodellen nicht als einfache Eigenschaften von Visualisierungselementen modelliert. Stattdessen sind sie als separate Objekte modelliert, die von mehreren Visualisierungselementen gemeinsam benutzt werden können. Farbskalen sind daher ein Beispiel für wiederverwendbare grafische Elemente, besonders wenn sie kategorischer Natur sind und damit ein Beispiel für ein gruppierendes Mappingmuster. Um gemeinsam genutzte, grafische Elemente zu erhalten, muss der Mappingprozess um einen Schritt der vorausgehenden Konstruktion dieser gemeinsam genutzten Elemente erweitert werden, die dann in der Mappingphase referenziert werden.

Außerdem können Pre- und Postmappingschritte erforderlich werden. Premappingschritte werden gebraucht, um allgemeine Informationen aus dem Modell zu extrahieren, die entweder aus einem wesentlichen Teil der Inputdaten aggregiert werden oder die einfach für jedes Element gebraucht werden. Dieser Schritt wird notwendig, weil die Mappingregeln ansonsten auf in sich geschlossenen, unabhängigen semantischen Einheiten beruhen. Postmappingschritte erfordern, dass die grafischen Objekte schon erstellt wurden und operieren auf diesen. Ein Beispiel dafür sind Layoutalgorithmen für Graphdarstellungen.

Dieses Konzept kann zu einem Multipass Mappingprozess erweitert werden, bei dem mehrere Durchläufe aufeinanderfolgen und jeweils auf die zuvor generierten Ressourcen zurückgreifen. Der vollständige Mappingzyklus sieht dann folgendermaßen aus:

- optional ein oder mehrere Premapping Durchläufe, um statistische Werte vorauszuberechnen, operiert nur auf Datenobjekten
- mindestens ein Mapping Durchlauf, der die grafischen Objekte aus den Daten generiert und zusammenfügt
- optional ein oder mehrere Postmapping Durchläufe, um die generierten Grafikobjekte zu justieren oder zu layouten, operiert nur auf Grafikobjekten

18.3.2.3 Erweiterung für Animation

Zunächst muss das Konzept von Animationen im generalisierten Visualisierungsmodell reflektiert werden. Eine naiver Ansatz dafür wäre, mehrere Instanzen des ganzen Modells zu generieren, die den Status des Modells zu bestimmten Zeitpunkten reflektieren und sukzessive gerendert werden. Für die meisten Animationen erzeugt dieser Ansatz aber einen redundanten Overhead, sodass ein inkrementeller Ansatz die Speicherperformanz signifikant verbessert und deshalb allgemein in Visualisierungsmodellen verwendet wird.

Um das im generischen Visualisierungsmodell zu realisieren, können die Konfigurationen für das Propertymapping nicht nur einen einzelnen Status für eine Visualisierungsobjekt erzeugen, sondern auch Änderungen für bestimmte Zeitpunkte. Während der Mappingphase werden die Änderungen in einer globalen Zeitachse gesammelt. Sobald das Visualisierungsmodell erzeugt wurde, kann die Zeitachse abgespielt werden, sodass die Änderungen ausgeführt werden. Änderungsobjekte können über die gesamte Zeitachse von Objekten desselben Typs gemeinsam verwendet werden.

Jede konkrete Implementierung sollte die Konzepte der zugrunde liegenden Visualisierungs- oder Szenengraphbibliothek so effektiv wie möglich nutzen, um von Performanzoptimierungen in der jeweiligen Bibliothek zu profitieren. Da nur ausgewählte Konzepte im generischen Modell übernommen wurden, müssen dabei jedoch Kompromisse gemacht werden. Derzeit sind Änderungen begrenzt auf diskrete Änderungen, Unterstützung für kontinuierliche Änderung könnte in der Zukunft ergänzt werden.

18.3.2.4 Feedback durch Hervorhebung - Visualisierungsinterne Interaktion am Einzelobjekt

Das Hervorheben von Visualisierungsobjekten bei der Auswahl kann als Spezialfall eines Farbschemas angesehen werden, das sehr einfach ist und nur aus zwei farbkodierten Zuständen besteht, einem unselektierten, default und einem selektierten Status. Ein neues Farbschema wieder und wieder auf das komplette Modell anzuwenden, verbraucht jedoch viele Ressourcen.

Ein Update orientierter Ansatz wie in Abschn. 18.3.2.3 scheint eine angemessenere Lösung zu sein, besonders für lokal begrenzte Änderungen wie Hervorhebung und Deaktivierung einzelner Elemente auf Mausklick. Der einzige Unterschied zu dem Animationsbeispiel besteht in der Art des Ereignisses, das die Änderung auslöst. Während Animationsupdates durch einen bestimmten Status des globalen Timers ausgelöst werden, werden Interaktionsupdates durch eine Eingabeaktion ausgelöst, wie z. B. das Klicken mit der Maus oder das Drücken einer Taste.

So können während der Mappingphase für interaktive Visualisierungen die gleichen Changeobjekte konstruiert werden, wie während der Mappingphase für animierte Visualisierungen. Statt diese Änderungsobjekte einem bestimmten Punkt auf der Zeitleiste zuzuordnen, werden sie an eine bestimmte Eingabeaktion gebunden und ausgeführt, sobald das Ereignis eintritt.

Für Ereignisse, die durch Zeigegeräte generiert werden, muss das Ereignis evtl. weiter spezifiziert werden hinsichtlich des Objekts, auf das gerade gezeigt wird. Im Fall des Feedbacks durch Hervorhebung in diesem Abschnitt fallen das Zielobjekt des auslösenden Ereignisses und das Zielobjekt der Änderung in eins. Daher können beide, Trigger und Update, während des Mappings des initialen Zustands des Visualisierungsobjekts erfolgen.

Die meisten Visualisierungs- oder Szenengraphbibliotheken enthalten Methoden, um die Position des Zeigegeräts dem Visualisierungsobjekt zuzuordnen, das an dieser Stelle

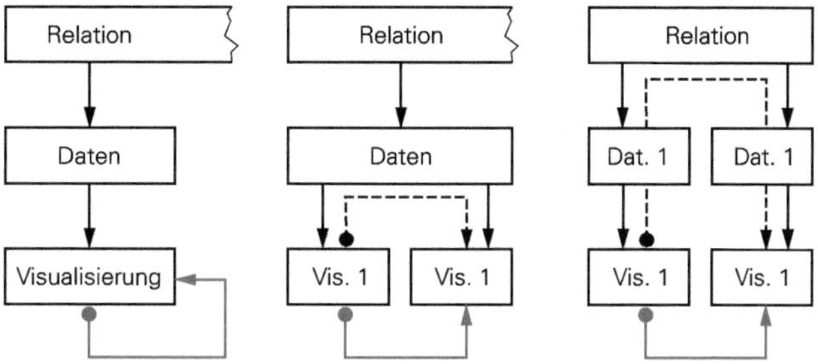

Abb. 18.8 Erforderliche Auflösungstiefe für verschiedene Arten der Interaktion auf einem oder auf mehreren Visualisierungs- und Datenobjekten

gerendert wird. Diese Methoden müssen in einen generischen Eventmanager gekapselt werden, der dafür verantwortlich ist, die betreffenden Ereignisse zu den entsprechenden Objekten zu übermitteln.

18.3.2.5 Brushing – Interaktion über Objekte und Views hinweg

Im Gegensatz zum im vorhergehenden Abschnitt vorgestellten Fall involviert das Brushing mindestens zwei verschiedene Visualisierungsobjekte, möglicherweise sogar in unterschiedlichen Views, eines, das das Updateereignis auslöst und eines, das die Änderungen erhält. Um diese Art der Interaktion im Visualisierungsmodell zu realisieren, muss eine Beziehung zwischen den generierten Visualisierungsobjekten etabliert werden, die auf der Beziehung der zugrundeliegenden Datenobjekte beruht. Diese Beziehungen können auch als unabhängige Koordinationsobjekte aufgefasst werden, die zwischen mehreren Views ausgetauscht werden können [22].

Diese Beziehung kann entweder während der Generierung der Update auslösenden Visualisierungsobjekte etabliert werden oder während der Erzeugung der die Änderung empfangenden Visualisierungsobjekte. Letzteres ist der flexibelste Ansatz, der Ereignisobjekte erfordert, die durch das auslösende Visualisierungsobjekt aufgerufen werden und durch das zu ändernde Visualisierungsobjekt verarbeitet werden. Dieser generische Ansatz erlaubt auch die spätere Erweiterung des Mappingmodells für Updates, die durch Ereignisse in externen Modellen ausgelöst werden und für Benachrichtigungen über Interaktionen, die an externe Modelle weitergegeben werden.

Wie auch immer das Event Handling implementiert wird, die Visualisierungsobjekte müssen zu den mit ihnen verbundenen Datenobjekten immer zurückverfolgt werden. Daher ist es notwendig, die Beziehung zwischen Daten- und Visualisierungsobjekt zu speichern. Abbildung 18.8 zeigt, wie die erforderliche Tiefe der Auflösung von der Beziehung der Visualisierungsobjekte abhängt, die durch die Interaktion betroffen sind.

18.3.3 Modulare Implementation

Ergebnis der theoretischen Überlegungen ist ein generisches Visualisierungsframework, das in der Lage ist, aus gegebenen BIM Daten und einer Visualisierungsspezifikation eine konfigurierte Visualisierungskomponente zu erzeugen, die wiederum in eine Anwendung

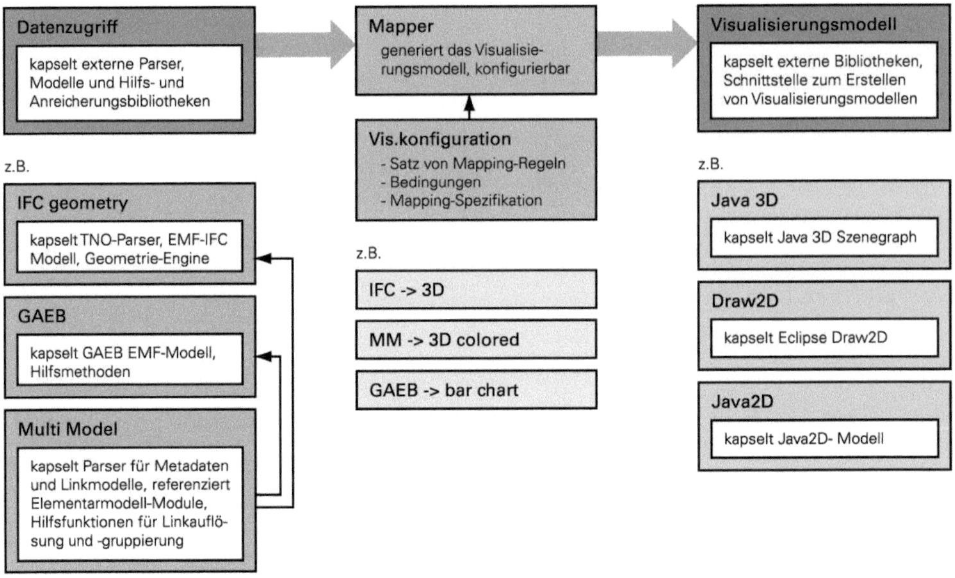

Abb. 18.9 Modulare Architektur des Frameworks

eingebunden werden kann, um z. B. die Ergebnisse von Rechenoperationen oder statistischen Auswertungen anzuzeigen.

Aufgrund der stetigen Entwicklungen im Bereich des BIM muss dieses Framework für Eingangsdaten in weiteren Formaten erweiterbar sein. Auch auf der Seite der Ausgangsdaten müssen verschiedene Umgebungen berücksichtigt werden, die durch die einbindende Anwendung vorgegeben sein und jeweils unterschiedliche Visualisierungsmodelle erfordern können. Diese Erweiterbarkeit wird durch eine modulare Architektur erreicht, die sich an der Visualisierungspipeline und dem zuvor beschriebenen Visualisierungsmodell orientiert. Abbildung 18.9 zeigt die Architektur des Frameworks und Beispiele für Eingangsdaten, Ausgangsdaten und Konfigurationen.

Entgegen der Vision ist die Visualisierungsspezifikation für die Konfiguration noch nicht als separate Eingabe möglich. Die Voraussetzungen sind aber mit dem generischen Visualisierungsmodell geschaffen. Bereits jetzt können mithilfe des Frameworks relativ einfach programmatisch neue Visualisierungskonfigurationen erzeugt werden. Im Beitrag Teil II, Kap. 21 finden sich Beispiele dafür. Exemplarische Konfigurationen auf Basis des Frameworks sind in dem Prototypen M2V enthalten, der unter http://www.mefisto-bau.de/resources/resources_software.html heruntergeladen werden kann.

Die Visualisierungskonfigurationen sind dabei spezifisch für bestimmte Eingangsdaten, können aber mit Einschränkungen Visualisierungsmodelle für verschiedene Umgebungen erzeugen. Einschränkungen entstehen bei Konfigurationen für 3D-, animierte oder interaktive Darstellungen. Bei diesen Konfigurationen müssen die Visualisierungsmodelle und die Umgebung die entsprechenden Features unterstützen.

18.4 Zusammenfassung

18.4.1 Untersuchung des Design Space für Multimodellvisualisierungen

In der Untersuchung des Design Space für Multimodellvisualisierungen in Abschn. 18.2 wurden die verschiedenen Möglichkeiten für die Kombination bereits bekannter Visualisierungen in neuen Visualisierungskomponenten aufgezeigt. Diese Integrationsmethoden wurden auf ihre Eignung für bestimmte Multimodellkonfigurationen überprüft und sind im Anschluss in das generalisierte Visualisierungsmodell eingeflossen. Die Aufschlüsselung möglicher Konfigurationen der Modelle auf der Daten- und auf der Visualisierungsseite bildet weiterhin die Grundlage für eine systematische Untersuchung und Eingrenzung des Raums potentieller Visualisierungsmappings, die ein generalisiertes Visualisierungsmodell abdecken muss.

18.4.2 Generalisiertes Visualisierungsmodell

Das generalisierte Visualisierungsmodell aus Abschn. 18.3 kann die folgenden Konzepte abbilden: 2D Visualisierungsobjekte, 3D Visualisierungsobjekte, Zeitachse für Animationen, Selektion und interaktive Navigationskonzepte, komponentenübergreifende Kommunikation. Im Folgenden sind die Teile des Modells zusammengefasst.

Mapping und Erstellung des Visualisierungsmodells: Zentraler Teil des Visualisierungsmodells ist ein Set von explizit ausgedrückten Mappingregeln für die Erzeugung der Visualisierungsobjekte aus den korrespondierenden Datenobjekten. Weiterhin wurde ein dreistufiger Mappingprozess vorgeschlagen, um diese Regeln mithilfe bestehender Bibliotheken für Datenzugriff und Rendering abzuhandeln.

Statistiken, Skalen und wiederverwendbare Visualisierungselemente: Wegen des lokal begrenzten Gültigkeitsbereichs der Mappingregeln muss das Visualisierungsmodell zusätzliche Werte und Objekte über den lokalen Rahmen der Mappingregeln hinaus vorhalten. Das betrifft sowohl aus den Datenobjekten aggregierte Werte als auch vorab generierte wiederverwendbare Visualisierungsobjekte.

Erinnerung und Rückwärtsmapping: Für interaktive Visualisierungen ist es notwendig, die Beziehung zwischen Datenobjekten und Visualisierungsobjekten zu speichern. Auf diese Weise können Interaktionen im Visualisierungsmodell zurück zu den dahinterliegenden Datenobjekten verfolgt werden und können zu anderen Visualisierungsobjekten in Beziehung gesetzt werden, die aus zugehörigen Datenobjekten erzeugt wurden.

Änderungen und Ereignisse: Der letzte, grundlegende Teil des generischen Mappingmodells besteht in der Möglichkeit, Änderungen und Updates zu spezifizieren. Diese Spezifikationen sind ähnlich den Mappingregeln, weil sie ebenfalls Datenobjekte auf Visualisierungsobjekte abbilden. Anders als Mappingregeln erzeugen sie aber keine neuen Visualisierungsobjekte, sondern operieren stattdessen auf existierenden Visualisierungsobjekten. Zuvor instanziierte Visualisierungsobjekte sind daher notwendig. Die Änderungsmappingspezifikationen werden verzögert ausgeführt, wenn sie durch ein auslösendes Ereignis aktiviert werden.

18.5 Offene Fragen

Der Hauptbeitrag dieses Artikels ist ein generisches Modell für die Visualisierung von Bauprojektinformationen. Dieses Modell kann in der Folge genutzt werden, um eine Beschreibungssprache für Visualisierungsmethoden zu entwickeln. Dazu sind weitere Untersuchungen von Sprachen, Grammatiken und der Korrelation mentaler Modelle und geeigneter Sprachkonstrukte erforderlich. Der Beitrag Teil II, Kap. 21 zeigt Beispiele für die Instanziierung dieses Modells.

Mit einer Beschreibungssprache wird die Übertragung der entwickelten und spezifizierten Visualisierungskomponenten in andere Laufzeitumgebungen möglich, bspw. für browserbasierte Visualisierungen. Eine zweite Implementation des Visualisierungsframeworks kann zur Überprüfung dieser Möglichkeit dienen.

Das Visualisierungsmappingmodell wurde durch einen Bottom Up Ansatz aus konkreten Visualisierungen generiert, von denen angenommen wurde, dass sie den Raum möglicher Visualisierungen vollständig abdecken. Weiterhin wurde dieser Raum durch die systematische Untersuchung möglicher Multimodellkonstellationen und Integrationsmethoden möglichst vollständig abgetastet. Ein Beweis, dass das Modell in der Lage ist, den Raum potentieller Visualisierungen komplett zu bedienen, ist vermutlich schwer zu erbringen. Weitere Untersuchungen zum Verhältnis zwischen der Komplexität der Bauwerksinformationen und dem Abbildungspotential verschiedener Medien können dazu aber Aufschluss geben.

Im Bereich der Komposition komplexer Visualisierungen und des Setups von koordinierten Views kann das Modell verfeinert und erweitert werden. Hierzu wäre die quantitative Untersuchung der Komplexität von Bauprojektinformationen und Visualisierungsmodellen hilfreich.

Literatur

1. Voigt M (2012) Context-aware recommendation of visualization components for semantic data. In: 4th international conference on information, process, and knowledge management (eKNOW 2012), Valencia, Spain
2. Eastman C, Teichholz P, Sacks R, Liston K (2011) BIM handbook. A guide to building information modeling. for owners, managers, designers, engineers, and contractors, 2. Aufl. Wiley, New York
3. Haque ME, Rahman M (2009) Time-space-activity conflict detection using 4D visualization in multi-storied construction project. In: Visual informatics. Bridging research and practice. First international visual informatics conference, IVIC 2009. Kuala Lumpur, Malaysia
4. Chang HS, Chih-Chung K, Po-Han C (2009) Systematic procedure of determining an ideal color scheme on 4d models. Adv Eng Inform 23(4):463–473
5. Gilson O, Silva N, Grant P, Chen M (2008) From web data to visualization via ontology mapping. Comput Graph Forum 27(3):959–966
6. Dozer contributors (2011) User's guide. Custom mappings via Dozer XML files http://dozer.sourceforge.net/documentation/mappings.html

7. Katranuschkov P (2000) A mapping language for concurrent engineering. Processes. PhD thesis, TU-Dresden, Dresden
8. Fowler M (2003) Patterns of enterprise application architecture. Addison-Wesley, Boston
9. Daum B (2007) Rich-Client-Entwicklung mit Eclipse 3.3. Dpunkt Verlag, Heidelberg
10. Liebich T (1993) Wissensbasierter Architekturentwurf. Von den Modellen des Entwurfs zu einer intelligenten Computerunterstützung. PhD thesis, Bauhausuniversität, Weimar; VDG, Weimar
11. Heer J, Bostock M (2010) Declarative language design for interactive visualization. IEEE Trans Vis Comput Graph 16(6):1149–1156
12. Wilkinson L (2005) The grammar of graphics. Springer, Berlin
13. Bostock M, Ogievetsky V, Heer J (2011) D3. Data-driven documents. IEEE Trans Vis Comput Graph 17(12):2301–2309
14. Tauscher H, Voigt M, Scherer RJ (2011) Integrating visual presentations of construction multi models. visualization design space exploration. In: Bargstädt H-J, Ailland K (Hrsg) ConVR 2011. Proceedings of the 11th international conference on construction applications of virtual reality 2011, Weimar, Germany
15. Haber RB, McNabb DA (1979) Visualization idioms: a conceptual model for scientific visualization systems. In: Nielson GM, Shriver B, Rosenblum LJ (Hrsg) Visualization in scientific computing. IEEE Comput Soc, Los Alamitos
16. Tauscher H, Scherer RJ (2012) Towards a configurable nd-viewer for building information models. A generic model for the description of visualization methods. In: Gudnason G, Scherer R (Hrsg) eWork and eBusiness in architecture, engineering and construction, European conference on product and process modelling 2012. CRC Press/Balkema, Boca Raton/Rotterdam, ISBN 978-0415621281
17. Fuchs S, Kadolsky M, Scherer RJ (2011) Formal description of a generic multi-model. In: WETICE – 20th international conference on collaboration technologies and infrastructures, Paris, France
18. Scherer RJ, Wasserfuhr R, Katranuschkov P, Hamann D, Amor R, Hannus M, Turk Ž (1997) A concurrent engineering IT environment for the building construction industry. In: Fichtner D, Mackay R (Hrsg) Facilitating deployment of information and communication technologies for competitive manufacturing. Proc of the conference on integration in manufacturing, Dresden, Germany, S 31–39
19. Willenbacher H (2002) Interaktive verknüpfungsbasierte Bauwerksmodellierung als Integrationsplattform für den Bauwerkslebenszyklus. PhD thesis, Bauhaus-Universität Weimar, Weimar
20. Turk Ž, Wasserfuhr R, Katranuschkov P, Amor R, Hannus M, Scherer RJ (1997) Conceptual modelling of a concurrent engineering environment. In: Anumba C, Evbuomwan N (Hrsg) Concurrent engineering in construction. Institution of Structural Engineers, London
21. Roberts JC (2007) State of the art: coordinated & multiple views in exploratory visualization. In: Fifth international conference on coordinated and multiple views in exploratory visualization, Zurich, Switzerland
22. Boukhelifa N, Rodgers PJ (2003) A model and software system for coordinated and multiple views in exploratory visualization. Inf Vis 2(4):258–269
23. Pietschmann S (2009) A model-driven development process and runtime platform for adaptive composite web applications. Int J Adv Internet Technol 2(4):277–288
24. Andrienko G, Andrienko N (2007) Coordinated multiple views: a critical view. In: Fifth international conference on coordinated and multiple views in exploratory visualization, Zurich, Switzerland
25. Feiner S, Beshers C (1990) Worlds within worlds. Metaphors for exploring *n*-dimensional virtual worlds. In: UIST'90 proceedings of the 3rd annual ACM SIGGRAPH symposium on user interface software and technology, Snowbird, UT, USA. ACM, New York

26. Tauscher H, Scherer RJ (2011) Area cartograms in building product model visualization. A case study on the presentation of non-spatial object properties in spatial context with anamorphic maps. In: Respecting fragile places (eCAADe 29), Ljubljana, Slovenia
27. Scherer RJ (1996) Vorlesungsskriptum Grundlagen der Bauinformatik
28. Baldonado MQW, Kuchinsky A, Woodruff A (2000) Guidelines for using multiple views in information visualization. In: ACM (Hrsg) AVI'00 proceedings of the working conference on advanced visual interfaces
29. Fowler M (2010) Domain-specific languages. Addison-Wesley, Reading
30. Nørmark K, Thomsen B, Thomsen LL (2008) Mapping and visiting in functional and object-oriented programming. J Object Technol 7(7):75–105

Wissensmodelle als Basis für intelligente Visualisierungssysteme

19

Martin Voigt, Jan Polowinski und Klaus Meißner

Zusammenfassung

Durch die stetig wachsende Datenflut wird es zunehmend schwerer, interessante Informationen zu erkennen, diese richtig zu interpretieren und letztlich Erkenntnisse zu gewinnen. Durch den Einsatz von Visualisierungswerkzeugen kann dieser Prozess erheblich verbessert werden. Jedoch adressieren aktuelle Anwendungen vor allem den Experten. Um auch Endanwendern die Informationsvisualisierung zu ermöglichen, muss das Visualisierungssystem fehlendes Expertenwissen kompensieren. Hierzu eignen sich besonders Wissensmodelle. Ein verbreiteter Ansatz sind Ontologien, da sie die Beschreibung von komplexen Zusammenhängen und dabei die gleichzeitige Trennung vom Anwendungscode ermöglichen. Für die Visualisierung existierten zwar schon erste Bestrebungen für eine Visualisierungsontologie, jedoch sind diese nicht für die Verwendung in aktuellen intelligenten Systemen geeignet und zugänglich. Daher wird eine modulare, frei zugängliche Visualisierungsontologie, VISO, vorgestellt und deren praktischer Einsatz skizziert. Die iterativ entwickelte Ontologie basiert auf einer Vielzahl von verbreiteten Terminologien und Taxonomien der Domäne und deckt dabei Teilbereiche wie Daten, graphisches Vokabular und menschliche Aktivität ab.

19.1 Einleitung

Das stetig wachsende Datenaufkommen [1] wird mehr und mehr zur Herausforderung für den Nutzer in allen Bereichen des beruflichen Alltags, u. a. auch in der Bauindustrie. Um relevante Informationen zu identifizieren, aber vor allem auch zu verstehen, nehmen Techniken und Systeme zur visuellen Analyse der Daten einen immer größeren Stellenwert

M. Voigt (✉) · J. Polowinski · K. Meißner
Institut für Software- und Multimediatechnik, Technische Universität Dresden, Dresden, Deutschland

R.J. Scherer, S.-E. Schapke (Hrsg.), *Informationssysteme im Bauwesen 1*,
DOI 10.1007/978-3-642-40883-0_19

ein. Bekannte Werkzeuge wie Microsoft Excel, aber auch webbasierte Anwendungen wie IBMs Many Eyes[1] oder Tableau Public[2] bieten auch dem Endanwender Möglichkeiten, Daten zu visualisieren. Weiterhin bieten Onlinegalerien wie z. B. visual.ly[3] die Möglichkeit, sich über die Breite der Visualisierungsmöglichkeiten zu informieren. Dennoch hat sich das „Visualisieren für die Masse" noch nicht durchgesetzt [2]. Die Gründe hierfür sind vielschichtig, wobei ein wesentlicher die Erstellung einer effektiven Visualisierung ist [3]. Demnach müssen die Anwendungen u. a. die Fähigkeit besitzen, für die aktuell gewählten Daten die passende Darstellung zu wählen und diese zu konfigurieren. Dies wird insbesondere dadurch erschwert, dass die Auswahl von verschiedenen Faktoren wie der Aufgabe, dem Können, den Präferenzen oder aber dem Endgerät des Nutzers stark abhängt. Die programmatische Abbildung all dieser Zusammenhänge in Visualisierungssystemen stellt neben bspw. der Gebrauchstauglichkeit eine große Hürde dar.

Ein mittlerweile bewährtes Mittel, um die Komplexität einer Domäne von der eigentlichen Softwareentwicklung zu trennen, ist der Einsatz von Ontologien [4]. So wurde bspw. im Rahmen des Projekts Mefisto die mehrteilige Baukernontologie entworfen [5]. In den meisten Fällen werden diese als Informationsquelle oder als Teil der Geschäftslogik genutzt, ohne die Benutzerschnittstelle zu beeinflussen. Dass deren Entwicklung durch die Nutzung von Ontologien jedoch auf vielfältige Art und Weise positiv beeinflusst werden kann, wird in [6] gezeigt. Beispiele sind die Adaption des User Interfaces,UI, das Reduzieren von Informationen, z. B. durch Clustern, oder das gezielte Wiederverwenden von UI Komponenten.

Für den Einsatz von Ontologien zur Unterstützung der visuellen Analyse ergeben sich zwei grundlegende Probleme. Einerseits muss eine Ontologie für die Visualisierungsdomäne konzipiert und entwickelt werden, die alle wichtigen Bereiche abdeckt und auf das interdisziplinäre, existierende Wissen zurückgreift. Eine große Herausforderung ist dabei, die teils konkurrierenden Ansichten und Definitionen abzuwägen und die Community mit einzubeziehen. Andererseits wird ein Konzept für ein flexibles Visualisierungsframework benötigt, das das in der Ontologie formalisierte Wissen gezielt nutzt, um die kontextadaptive Visualisierung von Daten zu ermöglichen.

Abbildung 19.1 stellt einen Lösungsansatz für ein Ontologie gestütztes, komponentenbasiertes, adaptives Visualisierungssystem vor. Hierbei steht die Visualisierungsontologie, VISO, im Mittelpunkt (1). Sie wird zunächst genutzt, um Visualisierungswissen zu formalisieren (2). Dies sind Klassen, Eigenschaften und Fakten, die z. B. die Modellierung von Aussagen wie „die Sättigung ermöglicht die Darstellung von ordinalen Daten" gestatten. Weiterhin ermöglicht sie, die zu visualisierenden Daten zu annotieren (3), etwa die Skala, z. B. nominal, ordinal, quantitativ, oder die Domäne, z. B. Zeit, Raum. Auch dient die VISO zur Beschreibung von Widgets zur Visualisierung (4). Neben den grafischen Eigenschaften, wie etwa der Darstellungsform, z. B. Balkendiagramm oder Graph, werden

[1] http://www-958.ibm.com/software/data/cognos/manyeyes/.

[2] http://www.tableausoftware.com/public/.

[3] http://visual.ly/.

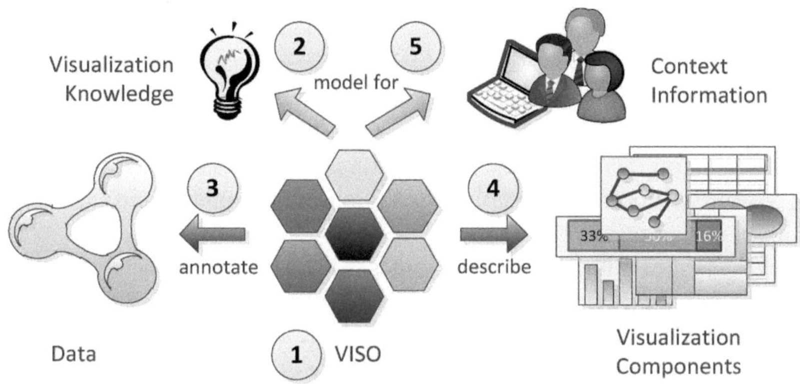

Abb. 19.1 Überblick des Forschungsansatzes

die Datenschnittstelle, das Interaktionsvermögen und letztlich implementierungsspezifische Anforderungen beschrieben. Zudem macht die VISO die Beschreibung des Visualisierungskontextes möglich. Dies können u. a. die Präferenzen des Nutzers oder auch die Displaygröße seines Endgerätes für die zielgerichtete Adaption sein.

Im folgenden Abschn. 19.2 wird der Stand der Forschung und Technik sowie offene wissenschaftliche Fragestellungen beschrieben. In Abschn. 19.3 wird der Aufbau und Inhalt einer Visualisierungsontologie diskutiert sowie deren prototypische Implementierung vorgestellt. Anhand zweier Szenarien aus dem Bauwesen werden schließlich in Abschn. 19.4 die definierten Konzepte der VISO am Beispiel diskutiert. Bevor in Abschn. 19.6 abschließend die Ergebnisse bewertet werden, gibt Abschn. 19.5 einen Einblick in die Architektur eines Ontologie gestützten Visualisierungssystems.

19.2 Stand der Forschung und Technik

Es wird eine kurze Darstellung des Standes der Forschung und Technik hinsichtlich semantischer Modelle im Bereich der visuellen Analyse sowie deren Anwendungen in interaktiven Systemen gegeben. Hierbei werden offene Fragestellungen verdeutlicht, die das später vorgestellte Konzept löst.

19.2.1 Visualisierungsmodelle und Klassifikationen

Der Prozess der Generierung von Wissen aus Daten unter Verwendung von Visualisierung ist sehr komplex und wird durch eine Vielzahl von Faktoren bestimmt. Um ihn besser zu verstehen, wurden unterschiedliche Modelle entwickelt, wovon das Pipeline Modell, das zuerst von [7] publiziert wurde, das am weitesten verbreitete ist. Es beschreibt Visualisierung als Prozess mit einer Serie von Transformationsschritten, die Daten in ein Bild wandeln. Andere Wissenschaftler nutzten dieses Modell und erweiterten es um bspw. Interaktion und Aufgaben [8], untersuchten die Datentransformation [9] oder auch die Koordination mehrerer paralleler, grafischer Repräsentationen [10]. Aber es existieren auch andere Modellvorstellungen im Bereich der (Informations-) Visualisierung. Das eine Modell ermöglicht zumindest theoretisch die Kalkulation des Wertes einer visuellen Repräsentation [11]. Andere Autoren konzipierten ein Visualisierungsmodell, um ihre „high level" Taxonomie zu untermauern [12].

Der kurze Überblick über die existierenden Visualisierungsmodelle macht deutlich, dass man sich bei der Entwicklung einer Modellvorstellung auf verschiedene Facetten fokussieren kann. Die ist oftmals notwendig, um die Komplexität zu beherrschen. Die betrachteten Beispiele untersuchen hierbei vor allem die Facetten der darzustellenden Daten sowie die der grafischen Repräsentation. In einigen Fällen wird auch die Nutzer- und Aufgabenmodellierung aufgegriffen. Eine formalisierte, durch ein Computersystem verständliche und verarbeitbare Definition des Modells existiert jedoch nur in wenigen Fällen, z. B. in [11].

Klassifikationen sind seit jeher ein probates Mittel, größere Wissensgebiete zu strukturieren, zu verstehen und auch vermitteln zu können. Um eine Klassifikation gleichzeitig für Menschen verständlich und durch Maschinen bearbeitbar zu modellieren, spielt der Grad der Formalisierung eine wichtige Rolle. In [13] werden drei Formalisierungsgrade unterschieden:

- Terminologien beschreiben Begriffe in einer wenig strukturierten und informalen Art, wie etwa die Definition von Nutzermodellen und mentalen Modellen in [14].
- Taxonomien definieren Konzepte meist in einer informalen, hierarchischen Struktur, sodass maschinelle Operationen über mehrere Taxonomien hinweg eine Interpretation bedingen. Ein Beispiel ist die bereits erwähnte high level Taxonomie aus [12].
- Ontologien besitzen den höchsten Formalisierungsgrad, sodass Wissen auf Basis eines gemeinsamen Verständnisses definiert werden kann. Die von [15] entworfene Visualization Representation Ontology besitzt diesen Formalisierungsgrad.

Nachfolgend wird zusammenfassend ein Überblick zu in der Visualisierungsdomäne existierenden Terminologien, Taxonomien und Ontologien vorgestellt.

Terminologien und Taxonomien Die Vielzahl der existierenden Terminologien und Taxonomien kann hier nicht im Detail diskutiert werden. Deshalb stellt Abb. 19.2 einen zusammenfassenden Überblick über die Erkenntnisse der Recherchearbeit dar. Eine vollständige Übersicht aller betrachteten Arbeiten, z. B. Modelle, Terminologien, Taxonomien und Ontologien, wird auf unserer Webseite[4] präsentiert.

Ähnlich zu den vorgestellten Modellen konnten auch hier verschiedene Facetten identifiziert werden, die die Klassifikationen abdecken. So konnten die Gebiete Daten (in Abb. 19.2a), Domäne, Do, grafisches Vokabular, Vo, grafische Repräsentation, Re, Auf-

[4] http://mmt.inf.tu-dresden.de/VO/.

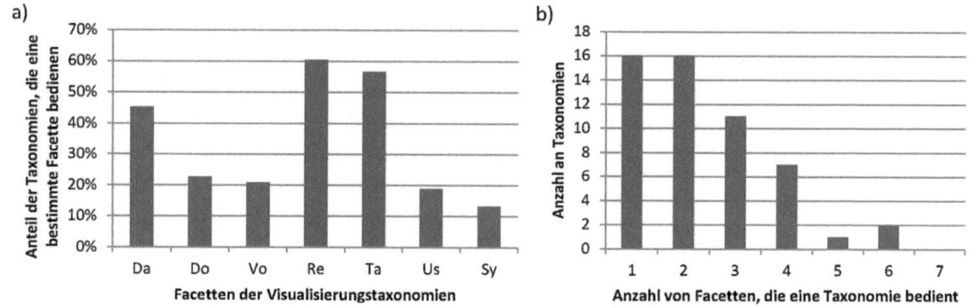

Abb. 19.2 Statistischer Überblick der betrachteten Literatur, unterteilt nach dem Fokus bzw. der Anzahl der in ihnen betrachteten Gebiete

gaben und Interaktion, Ta, Nutzer, Us, sowie System, Sy, unterschieden werden. Daten bedeutet, dass sich die betrachtete Arbeit mit der Strukturierung des Wissens hinsichtlich Daten auseinandersetzt. Domäne steht für den Bezug der Visualisierung zu einer bestimmten Domäne wie Architektur bzw. sie setzt sich mit der Modellierung von Domänenwissen zur Unterstützung des Visualisierungsprozesses auseinander. Eine grafische Repräsentation ist das Resultat der Visualisierung, das durch die Synthese auf Basis eines Grafischen Vokabulars erzeugt wurde. Eine klare Trennung von Aufgaben und Interaktion war nicht möglich (Abschn. 19.3.3), sodass beide zusammengefasst wurden. Die letzten beiden Gebiete beziehen sich auf die Nutzer- und Endgerätemodellierung und ihre Beeinflussung der Visualisierung. Die einzelnen Felder werden in Abschn. 19.3 näher diskutiert.

Durch die Bestandsaufnahme konnten folgende Erkenntnisse gewonnen werden. Abbildung 19.2a zeigt, dass sich die meisten Klassifikationen auf die Gebiete Daten, grafische Repräsentation sowie Aufgaben und Interaktion beziehen. Die anderen Felder wurden weniger einbezogen und sind Gegenstand zukünftiger Forschung. Weiterhin beziehen sich die meisten Arbeiten nur auf 1 bis 3 Gebiete (Abb. 19.2b), sodass eine vereinheitlichte Betrachtung aller Bereiche der Visualisierungsdomäne weitestgehend fehlt. Letztlich beinhalten über 90 % der analysierten Arbeiten nur Terminologien und Taxonomien, sodass es an formalen Klassifikationen mangelt.

Visualisierungsontologien In [16] wird angeregt, existierende Wissensfragmente der Visualisierungsdomäne in einer Ontologie zu integrieren, die ein gemeinsames Vokabular für Menschen und Maschinen bieten. Ihre Arbeit beinhaltet nur einen kleinen Satz von Konzepten und Relationen, wie etwa Daten, Aufgaben und grafische Repräsentationen. Leider existiert keine implementierte Version des Konzepts. In [17] wurde die Idee der Visualisierungsontologien für die Beschreibung von Visualisierungsressourcen aufgegriffen, wobei der Fokus auf der Beschreibung von Hard- und Softwareeigenschaften lag. Insgesamt fehlt es aber an einem vollständigen Überblick zu den integrierten Konzepten sowie einer öffentlichen Version der Ontologie. An einem System zur Kategorisierung von Systemen zur Softwarevisualisierung wurde in [18] gearbeitet. Hierbei werden die Arbeiten von [16] einbezogen, doch auch hier fehlt eine Beschreibung, welche Konzepte wie verwendet wurden. Neben der Tatsache, dass die Ontologie nicht veröffentlicht wurde, trägt ihr Fokus auf Softwarevisualisierung dazu bei, dass die Konzepte nicht im Rahmen des Projekts einsetzbar sind. In der bereits erwähnten Arbeit von [15] wird eine Visualization Representation Ontology als Teil eines Visualisierungswerkzeugs vorgestellt. Diese beinhaltet Konzepte zur Beschreibung sowohl von grafischen Repräsentationen, wie etwa deren Ausmaße, aber auch von einzelnen grafischen Objekten, wie z. B. die Form oder Farbe. Diese Arbeit stellt einen sehr großen Fortschritt dar, dennoch ist ihr Fokus begrenzt. So werden Aufgaben oder Nutzer nicht betrachtet. Der bisher letzte Ansatz einer Visualisierungsontologie stammt aus dem Jahr 2008 [19]. Diese dient zur Beschreibung von Visualisierungsdiensten und basiert auf der initialen Arbeit in [16] und verschiedener Taxonomien. Die Ontologie besitzt vier abstrakte Konzepte: Data Model, Visualization Technique, Data Representation und Primitive Set. Felder wie Nutzer oder Aufgabe existieren nicht. Ein weiterer großer Nachteil sind die für den Menschen schwierig zu verstehenden Name der Klassen wie etwa *EnS3* oder *A3_3T4*.

Der Überblick zeigt deutlich, dass die existierenden Ansätze für Visualisierungsontologien bestehendes Wissen aus anderen Modellen und Taxonomien nur ungenügend aufgreifen und formalisieren. Ein weiteres großes Manko aller Ansätze ist die Tatsache, dass sie nicht zugänglich und damit nicht wiederverwendbar sind. Demnach bleibt die Konzeption und Implementierung einer Visualisierungsontologie weiterhin eine zu lösende Aufgabe.

19.2.2 Verwendung von Wissensmodellen in Visualisierungssystemen

Die in Abb. 19.1 dargestellte Vision zeigt auf, dass nicht nur definiert werden muss, was das semantische Modell beinhaltet und wie es strukturiert ist, sondern auch, wie es eingesetzt wird. Wie erwähnt, gibt vor allem der Artikel von [6] hierzu einen sehr guten Überblick. Demnach werden Ontologien bisher auf UI Ebene eingesetzt, um die Visualisierung und Interaktion, aber auch die Entwicklung von Benutzerschnittstellen zu verbessern bzw. zu vereinfachen. Letzteres wird u. a. möglich, in dem Bestandteile der UI gekapselt und wiederverwendet werden.

Ein prominentes Beispiel stellt das Konzept zur Applikationsintegration von [20] dar. Hierbei werden drei Arten von Ontologien eingesetzt, die gemeinsam die Komposition und den Datenaustausch ermöglichen: eine domänen- und applikationsunabhängige User Interface and Interaction Ontology, eine Real World Domain Ontology und je Applikation eine Application Ontology. Alle Anwendungsbestandteile kommunizieren über Ereignisse, die wiederum mit Ressourcen aus den Ontologien beschrieben sind. Die Kommunikation verläuft indirekt über einen Event Bus, der mithilfe eines Reasoners die Daten weiterleitet und dabei ggf. unter Verwendung von Ontolgy Mapping die Daten mediiert. Auch in der Mashup Plattform CRUISe [21] wird die ereignisgetriebene Kommunikation und Mediation durch Ontologien gestützt. Sie dienen weiterhin zur Beschreibung von UI- und Servicekomponenten sowie von Kontextinformationen, sodass passende situative Komponenten gefunden und integriert werden können. Diese beispielhaften Ansätze zeigen deutlich die Möglichkeiten Ontologie basierter Architekturen, doch adressieren sie nicht speziell die Visualisierungsdomäne, wo bspw. zur Designzeit der Anwendung die möglichen Daten noch nicht feststehen, die zur Laufzeit auf verschiedene Visualisierungskomponenten abgebildet werden müssen. Auch die in [6] diskutierte und notwendige Reduktion der Daten wird adressiert.

Aber auch in der Visualisierungsdomäne wurde, neben den bereits in Abschn. 19.2.1 genannten Modellen und Klassifikationen erkannt, dass der Einsatz von Ontologien den Visualisierungsprozess hinsichtlich der Automatisierung und Flexibilität positiv beeinflussen kann. Hierbei wird ab und an der Begriff der Knowledge Assisted Visualization geprägt [23]. Um den möglichen Einsatz von formalisiertem Wissen zu verdeutlichen, wurden in [23] zwei Prozessmodelle aufgestellt, die grob aufzeigen, dass aus den zu visualisierenden Daten mittels eines wissensgestützten Systems Steuerdaten ermittelt werden können, die den Prozess in Ergänzung zum Anwender steuern. Doch es existieren auch konkretere Konzepte, wie die von [15] und [22]. Erstere definieren einen Prozess, der es mittels Ontologien ermöglicht, Daten zu extrahieren, auf visuelle Objekte abzubilden und schließlich die Visualisierung zu generieren. Dieses Konzept erzeugt aufgrund der manuell definierten Bridging Ontology hohen initialen Overhead, der die Verwendung des Konzepts in Frage stellt. Auch fehlt es an der Kontextadaptivität sowie der Unterstützung der Kommunikation zwischen Komponenten. In [22] wird ein Prozess der Wissensüberführung im Bereich der visuellen Analyse auf Basis des Modells aus [11] definiert. Evaluiert wird das Konzept anhand eines domänenspezifischen, funktionsreichen, aber relativ starren Tools. Das generische Mapping von Daten auf visuelle Repräsentationen mittels Ontologien wird hier leider nicht unterstützt, ebenso wenig die Adaption an Nutzer und Endgerät.

Die Betrachtungen des Stands der Forschung und Technik zeigen deutlich, dass es eine Vielzahl von Bemühungen gibt, die interdisziplinäre Domäne der visuellen Analyse mit Modellen und Klassifikationen zu strukturieren. Dennoch fehlt es an einer umfassenden, freien Ontologie, die bisheriges Wissen formal vereint. Weiterhin existieren Ansätze in den Bereichen der Applikationsintegration und Visualisierung, die Gebrauch von Ontologien machen, aber nur einige der vorhandenen Probleme adressieren. Als erster Schritt hin zu einer ontologiegestützten, visuellen Analyse werden im folgenden Abschnitt der Inhalt und die Umsetzung einer Visualisierungsontologie im Detail diskutiert.

19.3 Diskussion wichtiger Inhalte einer Visualisierungsontologie und deren Umsetzung

In diesem Abschnitt wird auf die eingeführten Felder der Visualisierungsdomäne näher eingegangen, wobei es das Ziel ist, auf Gegensätze, Synonyme und Homonyme hinzuweisen sowie wichtige Konzepte, die Potential für eine Visualisierungsontologie bieten, aufzugreifen.

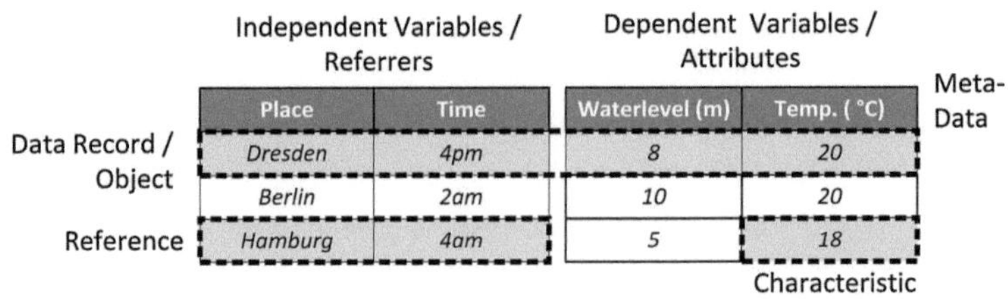

Abb. 19.3 Überblick zu relevanten Begriffen im Gebiet der Daten am Bsp. von tabellarischen Daten

19.3.1 Daten

In Abb. 19.3 wird ein erster Überblick zu relevanten Begriffen im Bereich der Daten am Beispiel einer Tabelle gegeben. Die Tabelle Data Set besteht aus einzelnen Zeilen, den Data Records, die wiederum einzelne Zellen, die Data Values aufweisen. Sie besitzt weiterhin veränderliche Spalten, Independent Variables, und gemessene Spalten, Dependent Variables. Alle Spalten zusammen bilden die Datenstruktur, wobei die Anzahl unabhängiger Variablen als Dimensionalität, Dimensionality, der Struktur bezeichnet wird. Ein einzelner Datenwert besitzt weiterhin eine Skala, Scale of Measurement, der einer Einheit, Unit, zugeordnet werden kann.

Nachfolgend wird auf die wichtigen und vor allem in der Literatur kontrovers diskutierten Begriffe näher eingegangen.

Eigenschaften der Datenstruktur

- Abhängige und unabhängige Variablen: Der Begriff der Variable wird in den Bereichen der Informatik, der Statistik und der Mathematik unterschiedlich verwendet, auf die hier nicht näher eingegangen werden soll. In [24] sehen sie den gesamten Datensatz als eine Funktion zwischen unabhängigen und abhängigen Variablen. Erstere, auch als Referrer oder Variable der Domäne bezeichnet, werden beim Messen der Daten verändert, wobei sich letztere, auch Attribut oder Variable des Bereichs genannt, bei der Messung ergeben (Abb. 19.3). Anzumerken bleibt, dass die Un-/Abhängigkeit auch verändert werden kann, sodass diese austauschbare Rolle auch in der Ontologie modelliert werden sollte.
- Dimensionalität: Die Dimensionalität einer Datenstruktur wird in der Domäne der Visualisierung oftmals als die Anzahl aller Variablen, der unabhängigen und abhängigen, gesehen, vor allem weil der Begriff Dimension synonym zu Variable und Attribut verwendet wird [12, 25, 26]. Hingegen bezieht sich die Dimensionalität bei Datenbanken und Datawarehouses auf die Anzahl unabhängiger Variablen [24]. Diese unterschiedlichen Sichtweisen haben bereits Tory und Möller in ihrer eigenen Taxonomie feststellen müssen [12]. Ein ähnliches Problem existiert zwischen den Begriffen multidimensional und multivariat. Doch die Trennung ist durchaus wichtig, sodass sich hier Dimensionalität auf unabhängigen Variablen bezieht, wohingegen man bei Vorhandensein mehrerer abhängiger Variablen von multivariat spricht. Andernfalls ist es nach [27] ratsam, den

Begriff der Dimensionalität immer in direktem Bezug zu unabhängigen bzw. abhängigen Variablen zu nutzen.

- Graphen: Datensätze können verbunden werden, sodass die Struktur als Graph bezeichnet werden kann. Deren Topologie kann eine Sequenz, ein Baum oder auch ein gerichteter Graph sein. Neben der Topologie können Eigenschaften wie Reflexivität oder Symmetrie den linked data structures zugeordnet werden.
- Weitere Eigenschaften von Datenstrukturen: Es können verschiedene Grade der Strukturierung unterschieden werden: Dokumente sind unstrukturiert, Markup- Sprachen wie etwa XML gelten als semistrukturiert und Datenbanken oder auch RDF Daten gelten als strukturiert. Weiterhin kann zwischen Roh- und Metadaten unterschieden werden, wobei letztere den Kontext der Rohdaten beschreiben. Letztlich können Daten noch homogen oder heterogen sein. Homogenität bedeutet in diesem Fall, dass Daten die gleiche Struktur aufweisen und aus einer Quelle stammen.

Eigenschaften von Datenvariablen

- Skalen: Insgesamt können 3 Möglichkeiten zur Einteilung der Scales of Measurement unterschieden werden. Die erste basiert auf der Arbeit des Statistikers Stevens aus dem Jahr 1946 [28], die sich auf die möglichen Operationen beziehen, die mit den Daten durchgeführt werden können. Er unterscheidet zwischen nominal, ordinal, interval sowie ratio. Unter anderen haben [26] und [29] diese Einteilung aufgenommen und dabei die beiden letzten Kategorien zusammengefasst: categorical, ordinal, quantitative. Eine zweite Möglichkeit der Klassifikation von Skalen ist nach [30] die Unterscheidung in sogenannte Basisklassen des internationalen Einheitensystems [31], wie etwa Länge, Masse und Zeit. Von diesen können wiederum neue Klassen wie etwa die Fläche oder die Dichte abgeleitet werden. Weiterhin existieren im SI noch die sog. dimensionslosen Skalen, wozu einfache Aufzählungen, aber auch Prozente gehören. Vor allem [24] verweisen direkt auf mathematische Eigenschaften der Daten, um so die Probleme der fixen Skalen zu umgehen. Sie unterscheiden Skalen anhand von Eigenschaften wie etwa der Ordnung, Distanz oder der Kontinuität. Im Rahmen des Projekts erscheint der zweite Ansatz als der interessanteste, da dieser die Semantik der Skalen berücksichtigt.
- Kontinuierlich vs. Diskret: Oftmals wird zwischen kontinuierlichen und diskreten Daten unterschieden, jedoch ist das Verständnis hierfür nicht immer klar. Eine Variable ist diskret, wenn nur eine begrenzte, zählbare Anzahl von Werten existiert. Diese Definition ist jedoch leider sehr unscharf. Demzufolge kann der Sichtweise in [12] zugestimmt werden, dass die Kontinuität einer Datenreihe abhängig von dem Modell der Daten ist, das der Nutzer in seinem Kopf hat.

19.3.2 Grafisches Vokabular

Nachdem die Daten diskutiert wurden, werden nun Begriffe vorgestellt und untersucht, die im Forschungsbereich der grafischen Grammatiken, einem Teilgebiet der Visualisierung, entwickelt wurden, mit denen die Beschreibung existierender grafischer Repräsentationen ermöglicht wird. Als grundlegende Strukturierung dient hier vor allem die Arbeit von [32].

Grafische Repräsentation Eine grafische Repräsentation, GR, ist das Ergebnis des Visualisierungsprozesses, d. h. eine bildliche Darstellung der gewählten Daten basierend auf einer gegebenen Konfiguration. Unterschieden wird in [32] zwischen primären GR wie etwa Karten, Tabellen oder statistischen Diagrammen, und hybriden GR, wie z. B. chronologische Link Diagramme, die verschiedene Charakteristiken der primären GR verbinden. Vor allem die Nutzung der primären GR erscheint als sehr sinnvoll, da gerade die Endanwender Begriffe wie den einer Karte kennen und nutzen. Ob jedoch hybride Klassen sinnvoll sind, muss in Frage gestellt werden, da eine Klassen- und damit eine Namensexplosion zu erwarten ist. Weiterhin können an GR Eigenschaften wie bspw. der Grad der Expressivität oder der Effektivität [33], bzw. auch, ob diese eher konvergent oder divergent sind [34], vergeben werden.

Grafisches Objekt Eine GR wird durch grafische Objekte, GO, komponiert, die elementare oder komposite GO sein können. Letztere bestehen aus einem grafischen Raum, einer bestimmten Menge von GO dieses Raumes und einem Satz von grafischen Relationen, die die GO mit anderen oder aber mit dem Raum eingehen [32]. GR können als spezielle komposite GO angesehen werden. Neben dem Begriff der grafischen Objekte wird in der Literatur noch der in [35] eingeführte Begriff „mark" verwendet.

Visuelle Variablen und syntaktische Strukturen Im Folgenden wird näher auf die bei den grafischen Objekten angesprochenen Relationen eingegangen. In [35] wurde die Verwendung des Begriffs der visuellen Variable zum ersten Mal benutzt. Da hier aber auch GR mit komplexen Strukturen bzw. Relationen in Betracht gezogen werden, ist der Begriff der Variable nicht immer geeignet, um diese auszudrücken. In [32] nutzte man aus diesem Grund den Term grafisch syntaktische Struktur, andere Autoren aber auch Begriffe wie bspw. Perceptual Tasks [33] oder Visualization Primitives [24]. Hin und wieder wird auch über zeitliche Abhängigkeiten diskutiert, wie sie u. a. in Animationen eingesetzt werden.

Visuelle Variablen beschreiben Eigenschaften von elementaren GO. Hierbei kann zwischen räumlichen und flächigen Attributen unterschieden werden. Erstere ändern die Lage, die Orientierung oder die Größe eines GO im Raum. Zu flächenbezogenen Attributen zählt bspw. die Farbe mit Farbton, der Helligkeit und Sättigung, aber auch die Textur.

GR besitzen syntaktische Strukturen, die wie auch die einfachen visuellen Variablen hinsichtlich des räumlichen Bezugs unterschieden werden können. Strukturen ohne Raumbezug sind bspw. Relationen zwischen Objekten auf Basis unterschiedlicher Farbe oder Form. Ein räumlicher Bezug zwischen zwei GO kann durch Verbindungen oder durch Verschachtelung erreicht werden. Relationen zum Raum entstehen durch Nutzung unterschiedlicher Abstände.

Abhängigkeiten zwischen visuellen Variablen Visuelle Variablen bzw. syntaktische Strukturen sind voneinander unabhängig, wenn man ihnen einen Wert zuweisen kann, ohne den Wert anderer Variablen zu ändern. So können z. B. die Farbe und Form eines

Abb. 19.4 Die Verwendung von Extremwerten bzgl. der Größe sorgt für eine schlechte Erkennbarkeit der Form, nach [33]

GO unabhängig voneinander geändert werden. Da sich aber bspw. die Fläche eines Rechtecks aus der Höhe und Breite ergibt, können die beiden Variablen nicht unabhängig mit Werten belegt werden. In diesem Zusammenhang wird in [30] von Variablen, wie etwa die Helligkeit, Sättigung und der Farbton einer Farbe, gesprochen. Eine andere Art von Abhängigkeit, die in [33] als Interaktion zwischen Variablen bezeichnet wird, ist die Verwendung von extremen Werten. Abbildung 19.4 verdeutlicht die Abhängigkeit der Form und Größe. Wird die visuelle Variable der Größe des GO sehr verkleinert, kann die Form des GO nur noch sehr schlecht unterschieden werden.

19.3.3 Menschliche Aktivität

Die Modellierung und Klassifikation menschlicher Aufgaben hat eine lange Tradition in der interdisziplinären Domäne des benutzerzentrierten Designs. Ziel ist das Verständnis zu verstärken, wie ein Anwender mit seiner Benutzerschnittstelle interagiert, um eine Aufgabe zu erledigen [36]. Aus diesem Grund werden Aufgaben und Interaktion in den Domänen der HCI [37], der Kognitionswissenschaften [38], der Webservices [39], aber auch der Visualisierung [40] untersucht. Weiterhin stellen [24] Prinzipien dar, um eine qualifizierte Unterstützung von Aufgaben in Visualisierungstools zu ermöglichen.

Bei genauerer Betrachtung existierender Modelle und Taxonomien muss man jedoch feststellen, dass diese teils große Unterschiede aufweisen und somit nur schwer zu vereinheitlichen sind. In [41] wird dargestellt, dass die Granularität der Modelle sehr unterschiedlich ist, sodass diese von Low Level Interaktionen bis hin zu High Level Aufgaben reichen. Auch werden die Begriffe Interaktion und Aufgabe in der Literatur oftmals synonym genutzt, sodass eine begriffliche Trennung der zwei Welten fehlt. In [36] wird verdeutlicht, dass die Modelle unterschiedliche Konzepte, wie etwa Daten, Rollen, Ereignisse oder auch Systemoperationen, nutzen. Letztlich können die Taxonomien noch in zwei Gruppen geteilt werden: Daten- bzw. fragenbezogene [24] und operationsbezogene [40] Ansätze.

Im Rahmen der Forschungsarbeit wurden viele verschiedene Modelle und Taxonomien zur Strukturierung der menschlichen Aktivität untersucht, doch vor allem die im HCI Bereich etablierte Aktivitätstheorie erscheint als gutes Fundament zur Strukturierung existierender Begriffe und Relationen. In [42] wird ein knapper, aber guter Überblick zur Theorie gegeben, wobei hier auf die dreistufige Hierarchie Bezug genommen wird:

- Die Ebene der Aktivität beschreibt, warum eine Person etwas tut. Eine Aktivität besteht dabei aus einer oder mehreren Aktionen.

- Die Ebene der Aktion spezifiziert, was eine Person macht. Eine Aktion ist eine bewusst ausgeführte, zielorientierte Handlung, die wiederum aus einer oder mehreren Operationen besteht.
- Die Ebene der Operationen definiert, wie eine Person eine Aktion realisiert. Operationen sind unterbewusste Handlungen, deren Ausführung vom Kontext der Aktivität abhängt.

Ziel der Aktivitätstheorie im Bereich des HCI ist die Verbesserung des Verständnisses zur Verwendung von Technologie bei der menschlichen Arbeit, was auch den Zielen der Entwicklung der Visualisierungsontologie entspricht. Betrachtet man andere Modelle, wie etwa GOMS [43], das zur Messung der menschlichen Performanz in interaktiven Systemen entwickelt wurde, so können auch hier Parallelen, wie z. B. die dreistufige Hierarchie, identifiziert werden. Diese wird aktuell auch in anderen Arbeiten [44] im Bereich der Visualisierung genutzt. Nachstehend werden existierende Aufgaben- und Interaktionstaxonomien aus der Visualisierungsdomäne auf Basis der Aktivitätstheorie verglichen und abgegrenzt.

Aufgaben Bezogen auf die Aussage von [45] sind zu erfüllende Aufgaben auf der Ebene der Aktivität angesiedelt. Jedoch können nur sehr wenige Taxonomien, die die Frage beantworten wollen, warum ein Nutzer etwas tut, hier zugeordnet werden. Bspw. ist die High Level Task Taxonomy in [46] als Klassifikation für Aufgaben anzusehen. Jedoch wird auch in anderen Arbeiten belegt [41, 47], dass dieser Level nötig ist. Ein Beispiel für eine Aufgabe ist: „Identifiziere grundlegende Marktprinzipien, um Vorschläge für Investitionen zu geben" [44]. Man kann gut erkennen, dass Aufgaben einer speziellen Domäne,im Beispiel dem Finanzsektor, zugeordnet werden, was u. a. auch in [48] bestätigt wird. Weiterhin besitzen Aufgaben einen kompositen Charakter, d. h., sie können in kleinere, aber spezifischere Teilaufgaben zerlegt werden. Bezogen auf das Beispiel wäre eine mögliche Teilaufgabe: „Charakterisiere den Trend des letzten Jahres im IT Sektor". Diese konkreteren Fragen sind ähnlich zum Aufgabenverständnis in den bereits erwähnten fragenbezogenen Ansätzen, die Aufgaben bzgl. der zugrundeliegenden Daten definieren. Letztlich bilden die Aufgaben auf der untersten Ebene die Brücke zu den Aktionen [49].

Aktionen Wie oben definiert, erklären Aktionen, was Nutzer mit der Anwendung machen, um ein konkretes Ziel zu erfüllen. Im Gegensatz zu Aufgaben sind diese jedoch anwendungs- und domänenunabhängig, sodass diese in verschiedensten Systemen eingesetzt werden können. Der Begriff der Aktion wird in den meisten Taxonomien nicht verwendet, obwohl diese zumeist charakterisieren, wie der Anwender bewusst interagiert. Aus diesem Grund wird behauptet, dass all diese operationsbezogenen Taxonomien, z. B. [40, 46, 50], auf dieser Ebene angesiedelt sind. Während Aktionen domänenunabhängig sind, besitzen sie einen Bezug zu den Daten bzw. zum View, der diese Daten anzeigt. So können Nutzer Daten abrufen, ändern, filtern oder gar löschen, bzw. sie können in der Benutzerschnittstelle zoomen, pannen oder die einzelnen Sichten oder auch den angezeigten

Datensatz umsortieren [44]. Des Weiteren besitzt jede Aktion mindestens eine Operation. Ein Beispiel ist die Nutzung von Gesten zum Zoomen bei Smartphones.

Letztlich muss festgestellt werden, dass, wenn auch wenige, bekannte Taxonomien nicht gut in die Ebene der Aktionen, die eine nutzerzentrierte Sicht besitzt, eingeordnet werden können. Diese besitzen meist eine sehr technische Sichtweise [25] oder definieren Anforderungen [51], die ein Werkzeug zur Informationsvisualisierung unterstützen sollte.

Operationen Den niedrigsten Level der Hierarchie bilden die Operationen, die spezifizieren, wie der Anwender das Visualisierungswerkzeug direkt manipuliert. Bspw. können nach [52, 53] die menschlichen Interaktionen auf dieser Ebene angeordnet werden. Für eine effektive Kommunikation zwischen Mensch und Maschine können verschiedene Medien verwendet werden. Unterschieden wird zum einen in Eingabegeräte, z. B. Maus, Tastatur oder Touch Display, und Ausgabegeräte, z. B. verschieden große Displays. Die menschliche Interaktion kann durch eine Serie von durch das System aufgezeichneten Low Level Ereignissen verstanden werden, die jedoch nur eine geringe Semantik und damit die geringste in der 3 Ebenenhierarchie besitzen [44, 49]. Leider wurde bisher die Interaktion durch die Visualisierungscommunity nur wenig beachtet, jedoch bietet [53] einen guten Einblick, wie Visualisierung und Interaktion einen gemeinsamen Mehrwert bieten.

19.3.4 Nutzer, System und Domänenwissen

Bei der Verfolgung der Idee, eine einheitliche Visualisierungsontologie zu entwickeln, müssen neben den oben näher betrachteten Feldern auch das Wissen aus anderen Gebieten hinzugezogen werden. Wie in Abschn. 19.2.1 identifiziert, sind dies das Nutzer-, System- und Domänenwissen, das es zu modellieren gilt, um situationsbezogen adäquate grafische Repräsentationen zu verwenden. Die Visualisierungsontologie wird dabei als sich stets weiterentwickelnder Prototyp gesehen, die auf Basis ihrer Anforderungen wächst. Dabei wird versucht, auf bereits formalisiertes Wissen zurückzugreifen. Im Folgenden wird ein knapper Einblick in die Themen Nutzer, System und Domäne gegeben.

Nutzer Die Entwicklung von Nutzermodellen wurde in den letzten Jahrzehnten u. a. durch die Domänen der HCI [54], aber auch die der adaptiven Websysteme [55] vorangetrieben. Dabei spielen Begriffe wie Nutzer-, Design-, mentales bzw. kognitives Modell eine wesentliche Rolle. Ohne diese hier genau gegenüberzustellen, besteht der wichtigste Unterschied darin, dass das mentale Modell im Kopf des Nutzers existiert, wohingegen das Nutzermodell Informationen zum Anwender beinhaltet und diese im System gespeichert werden [54]. Häufig werden beide Begriffe in der Literatur nicht klar voneinander getrennt [12].

In der Visualisierungsontologie ist die Modellierung von Wissen bzgl. des mentalen Modells gut möglich und sehr wünschenswert, zunächst wird jedoch das Nutzermodell betrachtet. Für dieses existieren verschiedene Charakteristiken [56], wobei der Formalisierungsgrad für das Projekt die wichtigste Rolle einnimmt und damit ontologiebasierte

Modelle vorrangig betrachtet werden. So wurde bspw. [57, 58] ein Modell entwickelt, um Basisinformationen, aber auch Interessen oder das Können des Anwenders zu hinterlegen. GUMO [59] ist ein weiterer Ansatz, der neben Friend of a Friend, FOAF, [60] die Basis des Grapple User Modeling [61] bildet. Letztlich bietet auch das gut erweiterbare Context Framework CroCo [62] Möglichkeiten, Nutzerinformationen formalisiert abzuspeichern und schließlich adaptiven Visualisierungssystemen bereit zu stellen.

System Die Modellierung von Systemkontext hat ebenfalls eine längere Tradition, vor allem im Bereich adaptiver Websysteme [55] sowie in der Domäne des Ubiquitous Computing [64]. Sie wird oftmals gleichzeitig zur Nutzermodellierung verwendet [55, 62]. Für die Auslieferung passender grafischer Repräsentationen sind Hardwareinformationen, wie etwa Displaygröße, Inputmodalität oder die Systemleistung ebenso relevant wie die zur Verfügung stehende Softwareplattform. Ein guter Überblick zur Kontextmodellierung mit Fokus auf Systemkontext gibt [63], jedoch sind ontologiebasierte Systemmodelle eher selten zu finden. Auch hier erscheint das bereits erwähnte CroCo [62] als guter Ansatzpunkt, der u. a. durch System Information API[5] erweitert werden kann.

Domäne Wie in Abschn. 19.3.3 erörtert, beziehen sich zu erledigende Aufgaben, für die passend grafische Repräsentationen ermittelt werden müssen, stets auf eine bestimmte Domäne. Das Verständnis, wie Domänenwissen einzusetzen ist, ist ähnlich dem Ansatz von [15]. Es existieren bereits einige verbreitete Domänenontologien, die für die adäquate Visualisierung der Daten eingesetzt werden können. Speziell für die Visualisierung von Daten aus dem Bauwesen kann die Baukernontologie genutzt werden.

19.3.5 Prototypische Umsetzung

Basierend auf den zuvor dargestellten Aspekten wurde die Visualisierungsontologie, VISO, in einem iterativen Prozess modelliert. Um diesen zu strukturieren, wurden mehrere Entwicklungsmethoden, z. B. [65] sowie Überblickartikel [66] betrachtet. Hierbei stellte sich jedoch heraus, dass keine etablierte Vorgehensweise existiert, sodass vielmehr die weitläufig genutzten und unter [67] zusammengefassten Kriterien Ausgangsbasis für die Ontologieentwicklung waren. Beispiele sind die Wiederverwendung existierender, wenn möglich formaler Wissensbasen oder auch die inkrementelle Entwicklung, sodass stets nur die Konzepte und Eigenschaften modelliert werden, die auch benötigt werden. Eine weitere wichtige Grundlage für die Entwicklung war das Dokumentieren. Einerseits galt es, alle Ressourcen eindeutig und für den Menschen verständlich zu benennen. Hierzu wurden die bekannten Möglichkeiten wie *rdfs:label* oder *rdfs:comment* genutzt. Andererseits muss aber auch die Herkunft der Definitionen der einzelnen Ressourcen klar semantisch dokumentiert werden, sodass man sich bspw. mit gezielten Abfragen ein Bild machen kann,

[5] http://www.w3.org/TR/system-info-api/.

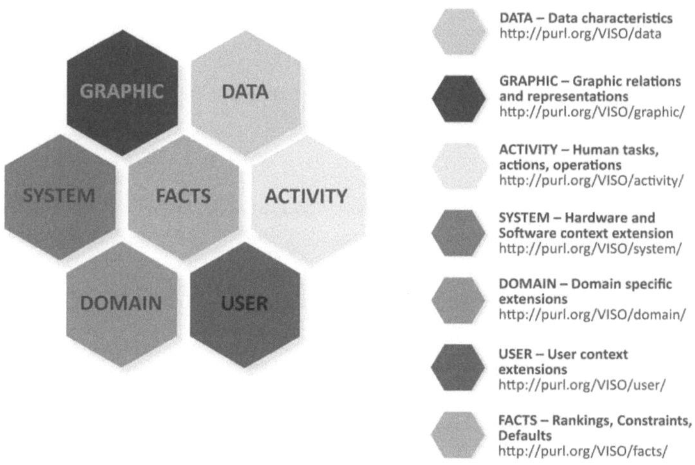

Abb. 19.5 Überblick zur modularen Visualisierungsontologie

welcher Autor welche Konzepte definiert hat. Nach Recherchen stellte sich die Bibliographic Ontology[6] als das am besten passendste Vokabular heraus, da es die Modellierung verschiedener Dokumente, z. B. Buch oder Artikel, samt deren Informationen rund um die Veröffentlichung, z. B. Autor oder Verlag, ermöglicht. Es wurden jedoch kleinere Ergänzungen gemacht, die z. B. genauere Aussagen ermöglichen, ob eine Quelle einer Definition folgt, followsSource, oder dieser widerspricht, contradictsSource.

Abbildung 19.5 zeigt den Aufbau der Visualisierungsontologie im Überblick. Basierend auf den Erkenntnissen aus den Recherchen (Abschn. 19.2) und der Diskussion in den vorangegangenen Abschnitten wurden sieben Module basierend auf dem OWL2 Standard[7] entwickelt. Hinzu kommt der querschneidende Belang der Dokumentation mittels des BIBO Vokabulars, der in einer eigenständigen Ontologie modelliert wurde und nicht in der Grafik gezeigt wird. Im Folgenden werden die Module kurz vorgestellt.

- DATA: In diesem Modul wird das Vokabular zur Beschreibung von Daten bzw. dessen Eigenschaften, wie etwa Skalen (Abschn. 19.3.1) vorgehalten. Es wurden ebenso Klassenhierarchien entwickelt, um bspw. Datenstrukturen zu klassifizieren.
- GRAPHIC: Die Breite des grafischen Vokabulars wurde bereits in Abschn. 19.3.2 verdeutlicht. Dementsprechend ist dieses Modul auch das umfangreichste. Dreh- und Angelpunkt ist hierbei das grafische Objekt, das Basis für alle grafischen Repräsentationen ist und gleichzeitig von verschiedensten visuellen Attributen näher beschreiben wird.
- ACTIVITY: Basierend auf der dreistufigen Hierarchie in der Aktivitätstheorie wurde die menschliche Interaktion auch in Tasks, Actions und Operations unterteilt. Schwierig

[6]http://bibliontology.com/.

[7]http://www.w3.org/TR/owl2-overview/.

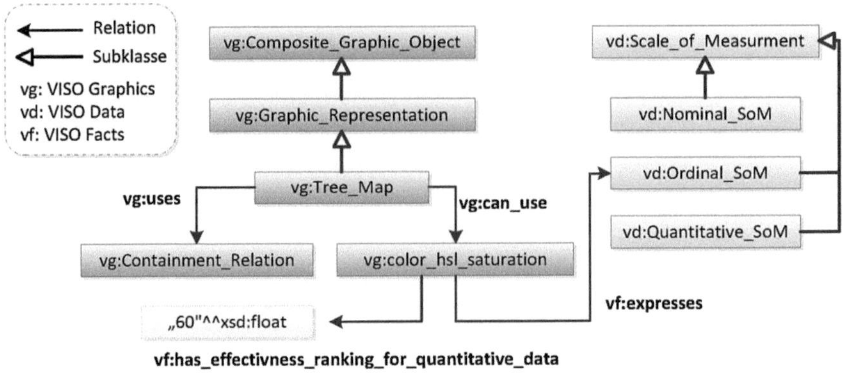

Abb. 19.6 Beispielhafter Ausschnitt aus der VISO

war hier auch das Identifizieren und Strukturieren der Vielzahl von Actions, sodass diese domänen- und anwendungsunabhängig wiederverwendet werden können.

- SYSTEM und USER: Da hier bereits einige Ontologien für die Modellierung von System- und Nutzereigenschaften existieren [62], wurden diese wiederverwendet.
- DOMAIN: Dieses Vokabular ist das kleinste und dient vor allem der Verknüpfung von Daten oder Aufgaben mit domänenspezifischen Konzepten.
- FACTS: Diese Ontologie enthält Konzepte zur Formalisierung von Faktenwissen zum Thema Visualisierung. Ein Beispiel wäre die Aussage, dass die Sättigung genutzt werden kann, um ordinale Daten auszudrücken (Abb. 19.6).
- ANNOTATION: Wie bereits erläutert, werden in der VISO definierte Konzepte so gut wie möglich referenziert, um sie Originalquellen zuordnen zu können. Hierzu stellt dieses Modul das notwendige Vokabular bereit. Neben Metainformation wie dem Autor werden, wenn möglich, die konkreten DOI Links genutzt.

In Abb. 19.6 wird ein sehr kleiner Ausschnitt aus drei verschiedenen Modulen dargestellt. So wird aus dem Modul VISO GRAPHIC das grafische Objekt gezeigt, wovon bspw. die Tree Map Darstellungen eine Subklasse sind. Letztere stellt stets eine beinhaltende Relation dar und kann aber auch Farbe nutzen, um etwa ordinale Daten zu visualisieren. Die Verknüpfung zwischen grafischen Attributen und Daten, speziell die Eignung für bestimmten Arten von Skalen, wird mit dem Vokabular aus VISO FACTS umgesetzt. Es ist hier unter anderem möglich, Mapping Eigenschaften quantitativ zu gewichten.

Der aktuelle Stand der Ontologie, vor allem das Daten-, Grafik- und Faktenmodul sind öffentlich unter http://purl.org/viso/ zugänglich, wobei die einzelnen Module voneinander getrennt sind, z. B. http://purl.org/viso/graphic/. Über den Aufruf der URL kann man einerseits die Dokumentation als eine Art OwlDoc aufrufen, die mittels einer angepassten Version des LODE Projekts erzeugt wurde. Andererseits kann über die URL mit einem Ontologiebrowser auch die Ontologie selbst betrachtet bzw. geladen werden. Hierzu wurde das Prinzip der Conent Negotiation eingesetzt. Die Dokumentation jeder einzelnen Ressource verweist weiterhin auf ein kleines Q&A Forum, um die Diskussion der Begriffe in der Community zu ermöglichen und damit über eine längere Periode die Ontologie iterativ zu verbessern.

19.3.6 Zusammenfassung

Die in Abschn. 19.2.1 identifizierten Felder im Bereich der Visualisierung wurden in diesem Abschnitt näher untersucht. Hierbei stellte sich heraus, dass alle Gebiete wichtige Kandidaten für die Verwendung in der Visualisierungsontologie darstellen, wobei die Daten, das grafische Vokabular sowie menschliche Aktivitäten die größeren Bereiche darstellen. Innerhalb aller Gebiete wurde ein manuelles Pattern Matching durchgeführt und wichtige Konzepte identifiziert, deren Verwendung als ein einheitliches Vokabular die Beschreibung bzw. Modellierung von Visualisierungssituationen ermöglicht. Es kann festgehalten werden, dass nur für wenige Begriffe ein einheitliches Verständnis über verschiedene Autoren hinweg existiert. Ist dies vorhanden, dann sind es meist sehr einfache Konzepte wie etwa das der Farbe im Bereich der visuellen Variablen. Ausgehend von der Untersuchung wurde in einem iterativen Prozess eine erste prototypische Version der modularen Visualisierungsontologie mittels OWL2 entworfen. Um die Diskussion der Konzepte innerhalb der Community zu forcieren, wurde auch eine menschlich gut lesbare Dokumentation auf Basis der Ontologie generiert, die ein Diskussionsforum integriert. Die VISO ermöglicht nun erstmals die formale, domänenunabhängige Beschreibung von Visualisierungstechniken und deren Kontext.

19.4 Evaluation der Visualisierungsontologie anhand eines konkrete Visualisierungsszenarios

Im diesem Abschnitt wird ein Szenario aus der Bauwirtschaft vorgestellt, in dem eine Vielzahl von Visualisierungskomponenten eingesetzt werden kann, um den Anwender bei seiner Arbeit zu unterstützen. Vor allem zur vereinfachten Kontrolle des aktuellen Baufortschritts werden zwei sehr unterschiedliche grafische Repräsentationen vorgestellt und auf Basis des in der VISO definierten Vokabulars näher beschrieben.

19.4.1 Vorstellung des Szenarios

Bei dem Szenario handelt es sich um die Erstellung und Modifizierung eines Terminplans für den Rohbau eines Hochhauses. Die Daten des Terminplans werden dabei für das Controlling bereitgestellt und ermöglichen somit eine qualitative und quantitative Steuerung des Projekts.

Der Auftraggeber legt im Bauvertrag die Termine für den Baubeginn und die Fertigstellung fest. Damit liegen genaue Rahmentermine oder Meilensteine vor, die den Gesamtzeitraum für den Rohbau eingrenzen und an denen sich der Auftragnehmer orientieren muss. Dieser Terminplan wird mit einem Leistungsverzeichnis verknüpft, sodass deutlich wird, welche Arbeiten zu welchen Terminen abgeschlossen sein müssen. Aus diesen Angaben generiert der Auftragnehmer wiederum den Steuerungsterminplan, der verfeinert wird, indem Feiertage, Wochenenden und erfahrungsgemäße Fehlzeiten berücksichtigt werden und damit eine neue Gesamtbaudauer entsteht.

Anschließend wird die Baustelleneinrichtung für den Rohbau festgelegt und die für ein Geschoss benötigte Bauzeit ermittelt. Auf Basis von Erfahrungswerten wird geprüft, ob die Werte eingehalten werden können. Anhand der neuen, durch Erfahrungswerte überprüften Ergebnisse können Maßnahmen zur Erfüllung des Terminplans eingeleitet werden, indem bspw. die Baustelleneinrichtung verändert wird. Dieser Vorgang wird so oft wiederholt, bis genügend Maßnahmen zur Verfügung stehen, die ergriffen werden können, um die veranschlagte Bauzeit pro Geschoss einzuhalten. Während der Bauphase werden die Soll- und Isttermine ständig miteinander verglichen, um gegebenenfalls bei zu großen Abweichungen steuernd eingreifen zu können. Der Baufortschritt wird daher auch an den Auftraggeber gemeldet, um diesem die Möglichkeit zu geben, ebenfalls eingreifen zu können.

Trotz der knappen Darstellung des Szenarios fallen mehrere Möglichkeiten der Visualisierung auf. Zum einen ermöglicht die Darstellung der einzelnen Termine direkt am Rohbau die zeitnahe Erfassung der wichtigsten Eckdaten. Zum anderen erlaubt eine Darstellung der Soll- und Isttermine einen ständigen Vergleich des aktuellen Baufortschritts. Damit kann das Controlling eine Übersicht gewinnen, wann in den Projektverlauf steuernd eingegriffen werden muss. Eine weitere Möglichkeit einer Visualisierung besteht in der Art der Darstellung nach unterschiedlichen Detaillierungsstufen, sodass je nach Bedarf ein grober Überblick geschaffen oder auch Details betrachtet werden können.

19.4.2 Beschreibung von Visualisierungen anhand der Ontologie

Das vorangegangene Szenario macht deutlich, dass es bereits trotz weniger Bearbeitungsschritte verschiedene Möglichkeiten für Visualisierungen gibt. An dieser Stelle werden exemplarisch zwei unterschiedlich komplexe Visualisierungskomponenten vorgestellt, die der Kontrolle von Terminen und Fristen dienen. Diese werden schließlich basierend auf den in der Visualisierungsontologie existierenden Merkmalen charakterisiert, sodass diese in einem kontextsensitiven Visualisierungswerkzeug semiautomatisch als passend identifiziert und eingesetzt werden können.

19.4.2.1 Darstellung des Baufortschritts am Gebäude

Ziel der in Abb. 19.7 dargestellten grafischen Repräsentation ist die Darstellung des aktuellen Baufortschritts direkt am Bauwerk. Hierbei wird zwischen fertiggestellten, im Bau befindlichen, je nach Fertigstellungsgrad in grün, gelb und rot eingefärbt, und letztlich noch nicht fertiggestellten Bauteilen in transparenter Darstellung, unterschieden. Der Fokus liegt hier bei den aktuell im Bau befindlichen Elementen, die durch Metainformationen, wie dem Zeitverzug, angereichert werden. Die Informationen beziehen sich dabei auf das Datum, welches im Zeitstrahl ausgewählt wurde.

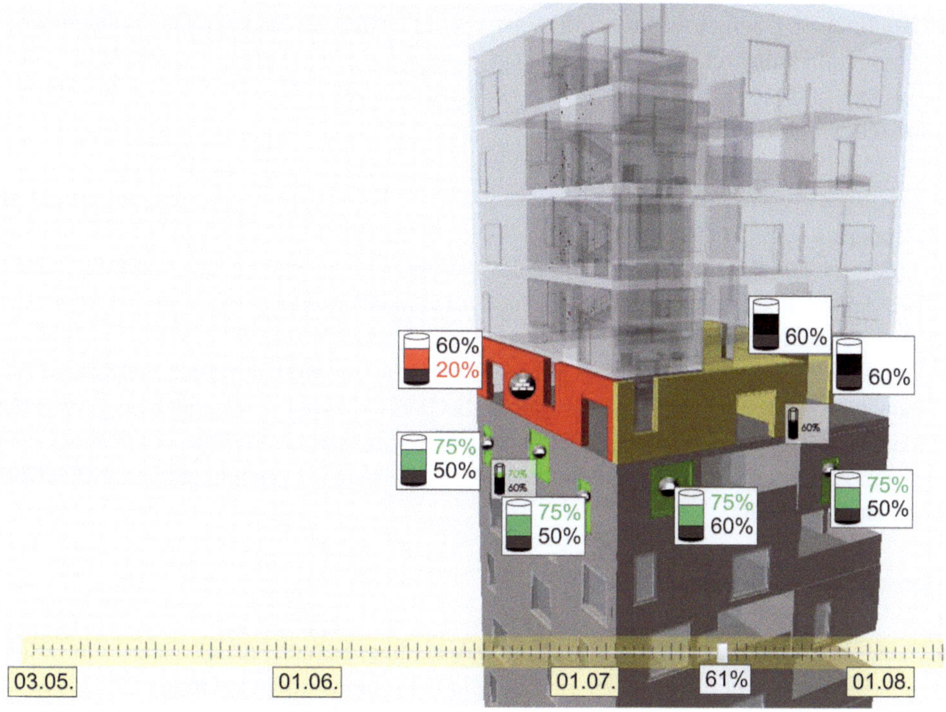

Abb. 19.7 Darstellung des Baufortschritts am Gebäudemodell

Die Eigenschaften der Darstellung können basierend auf den Konzepten, Eigenschaften und Relationen der VISO wie folgt beschrieben werden. Auf eine Auflistung von konkreten Links der VISO wird wegen des Umfangs sowie der schlechten Übersichtlichkeit verzichtet.

Daten

- Unabhängige Variablen: Es existiert ein komplexes 3D Modell, das in seiner Gesamtheit aller Bestandteile als unabhängige Variable gilt. Dieses liegt im Multimodellcontainer zumeist als IFC Datei vor [68].
- Abhängige Variablen: Das Terminmodell kann insgesamt als unabhängige Variable gesehen werden.
- Skalen: Die beiden genutzten Modelle besitzen mehrere Datendimensionen. So existieren im 3D Modell einzelne Bauteile, die u. a. durch eine nominale Bezeichnung, z. B. Wand, aber auch durch quantitative Geometriedaten beschrieben werden. Ähnlich ist das Terminmodell aufgebaut: Quantitative Termine stehen in Beziehung zu deren nominalen Bezeichnung. Betrachtet man die Abhängigkeiten zwischen den Dimensionen innerhalb eines Modells, so sind diese wechselseitig abhängig voneinander, je nach Sichtweise des Nutzers.

- Kontinuität: Geometriedaten sind meist kontinuierlich, die anderen Datendimensionen vornehmlich diskret.

Grafisches Vokabular

- Grafische Repräsentation: Die primäre grafische Repräsentation besteht aus einem 3D Modell.
- Grafische Objekte: In der Visualisierungskomponente existieren eine Vielzahl GO. Sie werden für Flächendarstellungen genutzt, die das 3D Modell repräsentieren. Icons zeigen weitere Metainformationen an.
- Visuelle Variablen und syntaktische Strukturen: Im 3D Modell werden vielzählige syntaktische Beziehungen zwischen den grafischen Objekten, z. B. Flächen, verwendet, die zusammen das Gebäude modellieren. Die Position der Icons bzgl. der Flächen zeigt deren Zugehörigkeit. Die visuelle Variable der Farbe wird genutzt, um den Projektfortschritt zu zeigen.

Menschliche Aktivität

- Aufgaben: Der Nutzer kann durch die Verwendung dieser Visualisierungskomponente den Baufortschritt überwachen bzw. mögliche Probleme identifizieren.
- Aktionen: Daten kann man u. a. identifizieren und durch semantisches Zoom die dargestellten Daten ändern bzw. neu laden. Aber auch die Aktionen zur Bewegung im Raum der dargestellten Daten stehen hier im Vordergrund, sodass der Nutzer zoomen, laufen oder „fliegen" kann.
- Operationen: Die oben genannten Aktionen können mit unimodalen Operationen, wie z. B. mit Mausklicks ausgeführt werden. Jedoch sind multimodale Eingaben besser geeignet, um sich im 3D Raum zu bewegen.

Domäne, System, Nutzer

- Domäne: Die Visualisierungskomponente ist extra für das Projektcontrolling im Bauwesen entwickelt wurden, sodass deren Verwendung in anderen Domänen schwer oder nicht möglich ist.
- System: Die grafische Repräsentation kann auf herkömmlichen Displays dargestellt werden, jedoch sind größere Displays besser geeignet. Weiterhin muss das System eine 3D Engine besitzen, um die 3D Geometriedaten auch visualisieren zu können.
- Nutzer: Da die Visualisierungskomponente ein 3D Gebäudemodell beinhaltet und dieses um Metainformationen erweitert, ist diese eher für Nutzer, die Vorwissen zur Arbeit mit 3D Modellen besitzen oder aus der Domäne des Bauingenieurwesen kommen, geeignet. Diese Nutzergruppe sollte von der Informationsfülle nicht erschlagen werden. Jedoch kann die Verwendung der Visualisierungskomponente auch schnell erlernt werden.

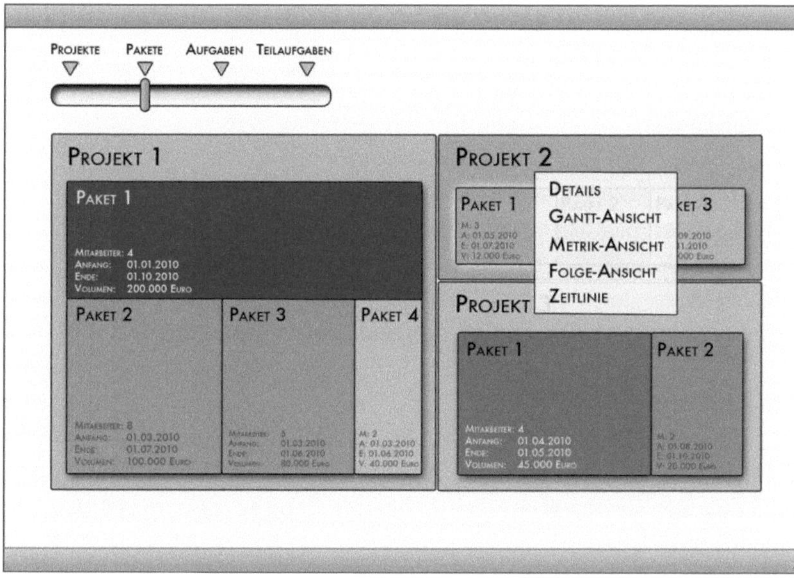

Abb. 19.8 Analyse von Abweichung mittels einer Treemap

19.4.2.2 Kosten- und Termindarstellung zur Prüfung von Abweichungen bei bauwirtschaftlichen Prozessaktivitäten

Bauprojekte besitzen eine hierarchische Struktur. Jedes Projekt, Teilprojekt, jede Aufgabe oder Teilaufgabe, besitzt eine zugehörige Dauer sowie Kosten. Bei beiden Dimensionen kann zwischen Sollzuständen, die während der Planung definiert werden, und aktuellen Istzuständen unterschieden werden. Durch die Berechnung der Differenz beider Größen lassen sich eine positive und negative Abweichung identifizieren. Mithilfe der in Abb. 19.8 dargestellten Visualisierungskomponente kann der Anwender einerseits einfach durch die Projekthierarchie navigieren und andererseits leicht mehr oder weniger starke Abweichungen bei der Projektdurchführung identifizieren.

Die Eigenschaften der Darstellung können basierend auf den Konzepten, Eigenschaften und Relationen der VISO wie folgt beschrieben werden. Als Datenbasis dient vor allem das Vorgangsmodell aus dem Multimodellcontainer.

Daten

- Unabhängige Variablen: Die einzelnen Prozessaktivitäten sind unabhängige Datenvariablen.
- Abhängige Variablen: Dauer und Kosten stehen in direkter Beziehung zu einer Prozessaktivität.
- Skalen: Prozessaktivitäten sind durch ihre Namen gekennzeichnet und werden demnach als nominale Werte abgebildet. Die Dauer und die Kosten sind quantitative Werte, die semantisch den Skalen der Zeit bzw. der Währung zugerechnet werden können.

- Kontinuität: Prozessaktivitäten sind diskrete Werte, wohingegen Dauer und Kosten kontinuierliche Werte darstellen.

Grafisches Vokabular

- Grafische Repräsentation: Die Treemap ist die primäre graphische Repräsentation.
- Grafische Objekte: Rechtecke stellen Kosten oder Zeiten dar.
- Visuelle Variablen und syntaktische Strukturen: Die Größe der Rechtecke stellt die quantitativen Werte der jeweiligen Kosten bzw. Dauer dar. Durch die Farbe wird die Abweichung, positiv wie negativ, vom geplanten Wert repräsentiert.

Menschliche Aktivität

- Aufgaben: Der Nutzer kann durch die Verwendung dieser Visualisierungskomponente die Einhaltung der Kosten sowie der definierten Termine überwachen bzw. mögliche Probleme identifizieren.
- Aktionen: Der Nutzer kann Daten u. a. vergleichen und spezielle Probleme identifizieren, indem er navigiert.
- Operationen: Die oben genannten Aktionen können mit unimodalen Operationen, wie z. B. mit Mausklicks ausgeführt werden.

Domäne, System, Nutzer

- Domäne: Die Visualisierungskomponente kann vor allem im Projektmanagement eingesetzt werden, wobei dies nicht zwingend auf die Bauwirtschaft bezogen ist.
- System: Die grafische Repräsentation kann durch den platzsparenden Charakter auch sehr gut auf Geräten mit kleinen Displays genutzt werden.
- Nutzer: Da die Visualisierungskomponente auf der Treemap Darstellung basiert, ist sie auch sehr gut von Nutzern mit wenig Vorwissen zu verstehen und zu verwenden.

Die Beschreibungen der Komponenten werden als Instanzdaten in der Visualisierungsontologie abgelegt, sodass diese von einem Visualisierungssystem mithilfe einer Problemspezifikation in einer passenden Anfragesprache identifiziert, integriert und schließlich verwendet werden kann. Ein solches adaptives Visualisierungssystem wird im folgenden Abschnitt näher vorgestellt.

19.5 Komponentenorientierte, modellbasierte Architektur für ein Visualisierungssystem

Wie eingangs erwähnt, war die intelligente, kontextsensitive Visualisierung von Bauprojektdaten ein Ziel des Projekts Mefisto. Hierzu wurde ein endnutzergetriebener Visualisie-

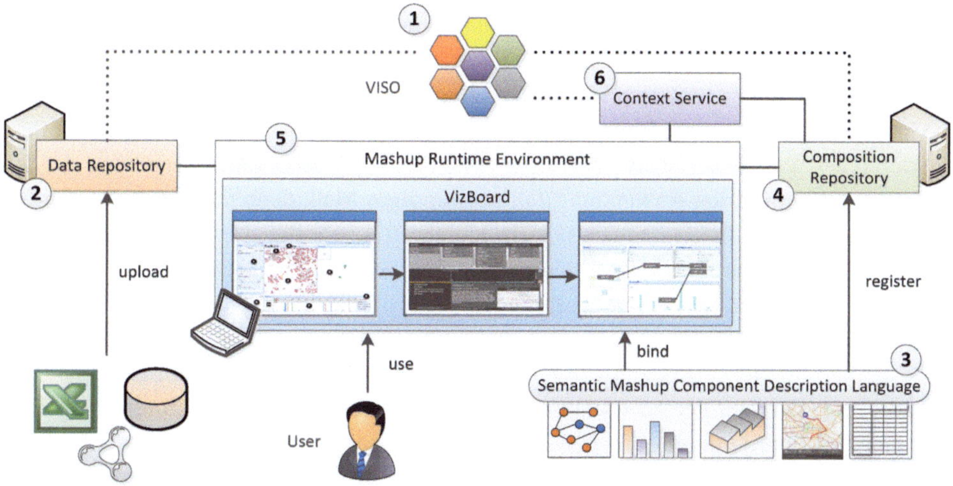

Abb. 19.9 Überblick zur VizBoard Architektur

rungsworkflow definiert, der in den einzelnen Prozessschritten u. a. semantischen Informationen der VISO nutzt. Weiterhin wurde ein komponentenorientiertes Visualisierungssystem basierend auf der CRUISe Mashup Plattform [69] entwickelt, das den Visualisierungsprozess implementiert. Beide werden in [70] detailliert vorgestellt. Um jedoch ein Verständnis zu schaffen, wie die VISO zur kontextsensitiven Informationsvisualisierung eingesetzt wird, wird die Architektur und die Funktionsweise anhand der Abb. 19.9 kurz erläutert.

Die VISO (Abb. 19.9(1)) ist das Bindeglied zwischen den Daten, die im sog. Data Repository, DaRe, (Abb. 19.9(2)) vorgehalten werden, und den Visualisierungskomponenten, die durch das Component Repository, CoRe, (Abb. 19.9(4)) bereitgestellt werden. Daten bspw. aus Tabellen oder Datenbanken, die dem DaRe zur Verfügung gestellt werden, durchlaufen zunächst die Augmentation. Das heißt, die Struktur und die Instanzdaten werden zunächst hinsichtlich der in Abschn. 19.3.1 diskutierten Eigenschaften automatisch analysiert und in ein semantisches Datenmodell transformiert. Letzteres bietet den Vorteil, dass die identifizierten Eigenschaften problemlos mit dem VISO Vokabular an den Daten annotiert werden können.

Auf der anderen Seite ist es Aufgabe des Entwicklers die Visualisierungskomponenten (Abb. 19.9(3)) mit dem VISO Konzepten und Relationen zu annotieren, wie es beispielhaft in Abschn. 19.4.2 in textueller Form gezeigt wurde. Grundlage ist hierfür die in CRUISe existierende Semantic Mashup Component Description Language, SMCDL, die Möglichkeiten zur Beschreibung mit ontologischen Ressourcen wie etwa auch SAWSDL[8] bietet. Bei der Registrierung einer Komponente im CoRe werden demnach neben den Schnittstelleninformationen auch die visualisierungsspezifischen Informationen wie die darstellbare

[8]http://www.w3.org/2002/ws/sawsdl/.

Datenstruktur, die Art der grafischen Repräsentation oder mögliche Interaktionsformen für die spätere semantische Suche bereitgestellt.

Will der Endanwender Daten visualisieren, nutzt er die CRUISe Anwendung VizBoard, die in der Mashup Runtime Environment, MRE, (Abb. 19.9(5)) geladen wird. Diese führt ihn durch den Visualisierungsprozess. Der erste Schritt ist dabei die Reduzierung des Datensatzes auf ein für den Anwendungsfall notwendiges Maß, denn meist wird bei der Suche nach passenden Informationen nur ein kleiner Teil benötigt. Um diese Teilmenge zu identifizieren, existieren im DaRe unterschiedliche Funktionen. Neben Filtern, z. B. zur Stichwort- oder Facettensuche, wurden auch Algorithmen zum Clustern oder zum Vorschlagen von Kernkonzepten integriert, die sich speziell die vernetzten Informationen, insbesondere die der VISO zunutze machen. Der zweite und wichtigste Schritt ist dann die konkrete Auswahl der zu visualisierenden Daten und der Visualisierungskomponenten, die in VizBoard mittels einer gewichteten facettierten Suche [71] realisiert wurde. Um die passenden Mappings zwischen den gewählten Daten und den Komponenten zu bestimmen, wurde ein mehrstufiger Algorithmus [72] entwickelt, der wiederum auf dem VISO Vokabular, deren Faktenwissen sowie auf aktuellen Kontextinformationen (Abb. 19.9(6)) aufbaut. Letztlich kann der Nutzer eine oder mehrere Visualisierungskomponenten einbinden und bei Bedarf miteinander verknüpfen. Letzteres ermöglicht bspw. das Hervorheben von, in einer Komponente selektierten Daten in den anderen Visualisierungskomponenten.

Da die webbasierte CRUISe Plattform auch gut in Geschäftsprozesse integrierbar ist [73] und durch den vorgestellten Ansatz für die Informationsvisualisierung erweitert wurde, lässt sich VizBoard bei den verschiedenen am Bauprozess beteiligten Personen und Organisationen integrieren. Neben den im Projekt entstandenen, spezifischen Multimodellviewern [74] wurde damit eine flexible, kontextsensitive Lösung speziell für Endanwender geschaffen, die die Informationsvisualisierung von Projektdaten in generischer Art und Weise ermöglicht.

19.6 Zusammenfassung und Ausblick

Die Visualisierung von Informationen ist eine komplexe, interdisziplinäre Aufgabe, die Endanwender nur mit Unterstützung intelligenter Anwendungen zufriedenstellend und zielführend meistern können. Um die kognitive Last für den Nutzer zu reduzieren, müssen die Werkzeuge mehr und mehr Visualisierungswissen in die verschiedenen Stufen des Prozesses, z. B. zur Filterung oder zum Mapping der Daten, einbeziehen. Für die Formalisierung dieses Wissens wurde im Rahmen des Projekts eine Ontologie, VISO, geschaffen, die die verschiedenen Facetten wie Daten, grafisches Vokabular oder menschliche Aktivität, abbildet, miteinander in Relation setzt und letztlich für Menschen und Maschinen nutzbar macht. Die geschaffene VISO ist frei verfügbar und zielt auf die Weiterentwicklung durch die Visualisierungscommunity ab. Durch den modularen Ansatz ist sie domänenunabhängig, sodass VISO für generische Daten auch außerhalb der Baudomäne eingesetzt werden kann. Mit VizBoard wurde ein solcher generischer Ansatz gezeigt, der die intelligente Informationsvisualisierung mittels bekannter grafischer Repräsentationen anpasst und den aktuellen Kontext ermöglicht.

Es existieren verschiedene Optionen zur Verwendung der VISO in eigenen Softwaresystemen. Eine einfache und sehr effektive Möglichkeit ist das Verlinken einzelner VISO Ressourcen, wie z. B. http://purl.org/viso/graphic/Graphic_Representation. Durch deren Nutzung kann man Labels, Beschreibungen oder Beispiele abrufen, die ein Verständnis des Konzepts ermöglichen. Für den Entwickler entfällt damit u. a. die zeitaufwendige Aufgabe der eigenständigen Recherche und die Definition des Begriffs.

Eine Wissensbasis ist nie vollständig und frei von Widersprüchen. Dies gilt natürlich auch für die VISO, sodass es auch nach Projektabschluss Ziel ist, die Ontologie weiter auszubauen und zu evaluieren. Hierzu existieren zwei Ansätze. Einerseits wird die Community durch die in Abschn. 19.3.5 erwähnte Dokumentation und das Forum eingebunden, um Begriffe zu diskutieren und Lücken aufzuzeigen. Andererseits soll die VISO auch in anderen Tools und Anwendungsfeldern integriert werden. Ein Beispiel ist die Evaluation von grafischen Repräsentationen. Aber auch durch bevorstehende Nutzerstudien in VizBoard kann das Visualisierungsergebnis bewertet und Rückschlüsse auf die Wissensbasis gezogen werden.

Literatur

1. Pierre Audion Conultants (2012) In-Memory-Datenanalyse in Zeiten von Big Data. Tech report
2. Heer J, van Ham F, Carpendale S, Weaver C, Isenberg P (2008) Creation and collaboration: engaging new audiences for information visualization. In: Information visualization, Bd 4950. Springer, Berlin, S 92–133
3. Grammel L, Tory M, Storey MA (2010) How information visualization novices construct visualizations. In: Proc of InfoVis 2010
4. Ruiz F, Hilera JR (2006) Using ontologies in software engineering and technology. In: Calero C, Ruiz F, Piattini M (Hrsg) Ontologies for software engineering and software technology. Springer, Berlin, S 49–102
5. Schapke SE, Katranuschkov P, Scherer RJ (2010) Towards ontology-based management of distributed multi-model project spaces. In: Proc of the CIB-W78 conference on IT in construction 2010
6. Paulheim H, Probst F (2010) Ontology-enhanced user interfaces: a survey. Int J Semantic Web Inf Syst, 36–59
7. Haber R, McNabb DA (1990) Visualization idioms: a conceptual model for scientific visualization systems visualization. In: Scientific computing. IEEE Comput Soc, Los Alamitos, S 74–93
8. Card SK, Mackinlay JD, Shneiderman B (1999) Readings in information visualization: using vision to think. Morgan Kaufmann, San Mateo
9. Chi EA (2000) Taxonomy of visualization techniques using the data state reference model. In: IEEE symposium on information visualization, S 69–75
10. Boukhelifa N, Roberts J, Rodgers P (2003) A coordination model for exploratory multiview visualization. In: Coordinated and multiple views in exploratory visualization, S 76–85
11. van Wijk JJ (2005) The value of visualization. In: Proc of IEEE visualization, S 79–86
12. Tory M, Möller T (2004) Rethinking visualization: a high-level taxonomy. In: IEEE symposium on information visualization, S 151–158

13. Duke D, Brodlie K, Duce D, Herman I (2005) Do you see what I mean? IEEE Comput Graph Appl 25:6–9
14. Allen RB (1997) Mental models and user models. In: Helander MG, Landauer TK, Prabhu PV (Hrsg) Handbook of human-computer interaction. Elsevier, Amsterdam, S 49–63
15. Gilson O, Silva N, Grant P, Chen M (2008) From web data to visualization via ontology mapping. Comput Graph Forum 27:959–966
16. Duke D, Brodlie K, Duce D (2004) Building an Ontology of Visualization. IEEE Vis
17. Potter R, Wright H (2006) An ontological approach to visualization resource management. DSV-IS, S 151–156
18. Rhodes P, Kraemer E, Reed B (2006) VisIOn: an interactive visualization ontology. ACM-SE 44. In: Proc of the 44th annual Southeast regional conference. ACM, New York, S 405–410
19. Shu G, Avis N, Rana O (2008) Bringing semantics to visualization services. Adv Eng Softw 39:514–520
20. Paulheim H (2009) Ontologies for user interface integration. In: Proc of the 8th international semantic web conference. Springer, Berlin, S 973–981
21. Pietschmann S (2012) Modellgetriebene Entwicklung adaptiver, komponentenbasierter Mashup-Anwendungen. Dissertation, TU Dresden
22. Wang X, Jeong DH, Dou W, Lee SW, Ribarsky W, Chang R (2009) Defining and applying knowledge conversion processes to a visual analytics system. Comput Graph 33:616–623
23. Chen M, Ebert D, Hagen H, Laramee R, van Liere R, Ma KL, Ribarsky W, Scheuermann G, Silver D (2009) Data, information, and knowledge in visualization. IEEE Comput Graph Appl 29:12–19
24. Andrienko N, Andrienko G (2006) Exploratory analysis of spatial and temporal data: a systematic approach. Springer, New York
25. Keim DA (2002) Information visualization and visual data mining. IEEE Trans Vis Comput Graph 8:1–8
26. Mazza R (2009) Introduction to information visualization. Springer, Berlin
27. Kemp K, Vckovski A (1998) Towards an ontology of fields. In: Third international conference on GeoComputation
28. Stevens SS (1946) On the theory of scales of measurement. Science 103:677–680
29. Ware C (2004) Information visualization: perception for design, 2. Aufl. Morgan Kaufmann, San Mateo
30. Wilkinson L (2005) The grammar of graphics. Springer, Berlin
31. Taylor BN, Thompson A (2001) The international system of units (SI). US Dept. of Commerce, Technology Administration, National Institute of Standards and Technology
32. Engelhardt vJ (2002) The language of graphics. PhD thesis, Universiteit van Amsterdam
33. Mackinlay J (1986) Automating the design of graphical presentations of relational information. ACM Trans Graph 5:110–141
34. Lengler R, Eppler MJ (2007) Towards a periodic table of visualization methods for management. In: Proc of the conference on graphics and visualization in engineering (GVE 2007), IASTED, S 1–6
35. Bertin J (1983) Semiology of graphics. University of Wisconsin Press, Madison
36. Limbourg Q, Vanderdonckt J (2003) Comparing task models for user interface design. In: Diaper D, Stanton N (Hrsg) The handbook of task analysis for human-computer interaction. Lawrence Erlbaum Associates, Mahwah, S 135–154
37. Norman DA (1988) The psychology of everyday things. Doubleday, New York
38. Zhang J (1996) A representational analysis of relational information displays. Int J Hum-Comput Stud 45(1):59–74
39. OASIS BPEL4People (2009). TC Web services – human task (ws-humantask) specification

40. Zhou MX, Feiner SK (1998) Visual task characterization for automated visual discourse synthesis. In: Proc of the SIGCHI conference on human factors in computing systems. ACM, New York, S 392–399
41. Yi JS, Kang Ya, Stasko J, Jacko J (2007) Toward a deeper understanding of the role of interaction in information visualization. IEEE Trans Vis Comput Graph 13:1224–1231
42. Bardram JE (1997) I love the system – I just don't use it! GROUP'97: proc of the international ACM SIGGROUP conference on supporting group work ACM, New York, S 251–260
43. Card SK, Newell A, Moran TP (1983) The psychology of human-computer interaction. Lawrence Erlbaum Associates Inc, Mahwah
44. Gotz D, Zhou M (2008) Characterizing users' visual analytic activity for insight provenance. In: IEEE symposium on visual analytics science and technology (VAST'008), S 123–130
45. Paterno F (2001) Task models in interactive software systems. In: Chang S (Hrsg) Handbook of software engineering and knowledge engineering. World Scientific Publishing Company, Singapore, S 1
46. Amar R, Stasko J (2004) A knowledge task-based framework for design and evaluation of information visualizations. In: IEEE symposium on information visualization, S 143–150
47. Amar R, Eagan J, Stasko J (2005) Low-level components of analytic activity in information visualization. In: IEEE symposium on information visualization, S 111–117
48. Nigay L, Vernier F (1998) Design method of interaction techniques for large information spaces. In: Proc of the working conference on advanced visual interfaces. ACM, New York, S 37–46
49. Bezold M (2009) Describing user interactions in adaptive interactive systems. In: User modeling, adaptation, and personalization, Bd 5535. Springer, Berlin/Heidelberg, S 150–161
50. Wehrend S, Lewis C (1990) A problem-oriented classification of visualization techniques. In: Proc of the 1st conference on Visualization'90. IEEE Comput Soc, Los Alamitos, S 139–143
51. Shneiderman B (1996) The eyes have it: a task by data type taxonomy for information visualizations. In: IEEE symposium on visual languages, S 336–343
52. Chi EHH, Riedl J (1998) An operator interaction framework for visualization systems. In: IEEE symposium on information visualization, S 63–70
53. Fikkert W, D'Ambros M, Bierz T, Jankun-Kelly TJ (2007) Interacting with visualizations. Human-centered visualization environments, Bd 4417. Springer, Berlin, S 77–162
54. Allen RB (1997) Mental models and user models. In: Helander MG, Landauer TK, Prabhu PV (Hrsg) Handbook of human-computer interaction. Elsevier, Amsterdam, S 49–63
55. Brusilovsky P, Millán E (2007) User models for adaptive hypermedia and adaptive educational systems. In: The adaptive web: methods and strategies of web personalization. Springer, Berlin, S 3–53
56. Rich E (1983) Users are individuals: individualizing user models. Int J Man-Mach Stud 18:199–214
57. Golemati M, Halatsis C, Vassilakis C, Katifori A, Lepouras GA (2006) Context-based adaptive visualization environment. In: Tenth international conference on information visualization, S 62–67
58. Golemati M, Katifori A, Vassilakis C, Lepouras G, Halatsis C (2007) Creating an ontology for the user profile: method and applications. In: Proc of the first international conference on research challenges in information science
59. Heckmann D, Schwartz T, Brandherm B, Schmitz M, von Wilamowitz-Moellendorff M (2005) GUMO – the general user model ontology. User modeling, Bd 3538. Springer, Berlin, S 428–432
60. Brickley D, Miller L (2010) FOAF vocabulary specification 0.98. Online
61. Abel F, Heckmann D, Herder E, Hidders J, Houben GJ, Krause D, Leonardi E, van der Slujis K (2009) A framework for flexible user profile mashups. In: Proc of international workshop on adaptation and personalization for Web 2.0 (AP-WEB 2.0 2009), S 1–10.

62. Pietschmann S, Mitschick A, Winkler R, Meißner K (2008) CroCo: ontology-based, cross-application context management. In: Proc of the 3rd international workshop on semantic media adaptation and personalization (SMAP 2008), IEEE CPS
63. Strang T, Linnhoff-Popien C (2004) A context modeling survey. In: First international workshop on advanced context modelling, reasoning and management
64. Strassner J, O'Sullivan D (2009) Knowledge management for context-aware, policy-based ubiquitous computing systems. In: Proc of the 6th international workshop on managing ubiquitous communications and services. ACM, New York, S 67–76
65. Fernández-López M, Gómez-Pérez A, Juristo N (1997) Methontology: from ontological art towards ontological engineering. In: Proc symposium on ontological engineering of AAAI
66. Simperl E, Mochol M, Bürger T, Popov I (2009) Achieving maturity: the state of practice in ontology engineering. In: Meersman R, Dillon T, Herrero P (Hrsg) On the move to meaningful Internet systems: OTM 2009, Bd 5871. Springer, Berlin/Heidelberg, S 983–991
67. Bergman MA (2010) New methodology for building lightweight, domain ontologies. Online 01.09.2010
68. Fuchs S, Kadolsky M, Scherer RJ (2011) Formal description of a generic multi-model. In: Proc of 20th IEEE international workshops on enabling technologies: infrastructure for collaborative enterprises (WETICE'11)
69. Pietschmann SA (2009) Model-driven development process and runtime platform for adaptive composite web applications. Int J Adv Internet Technol 2(4)
70. Voigt M, Pietschmann S, Meißner K (2013) A semantics-based, end-user-centered information visualization process for semantic web data. Semantic models for adaptive interactive systems. Springer, Berlin
71. Voigt M, Werstler A, Polowinski J, Klaus M (2012) Weighted faceted browsing for characteristics-based visualization selection through end users. In: Proc of the 4th ACM SIGCHI symposium on engineering interactive computing systems (EICS). ACM, New York, S 151–156
72. Voigt M, Pietschmann S, Grammel L, Meißner K (2012) Context-aware recommendation of visualization components. In: Proc of the 4th international conference on information, process, and knowledge management. (eKNOW 2012), XPS
73. Pietschmann S, Voigt M, Meißner K (2009) Adaptive rich user interfaces for human interaction in business processes. In: Proc of the 10th international conference on web information systems engineering (WISE 2009). Springer, Berlin, S 351–364
74. Tauscher H, Scherer RJ (2012) Towards a configurable nd-viewer for building information models. In: Gudnason G, Scherer R (Hrsg) eWork and eBusiness in architecture, engineering and construction, European conference on product and process modelling 2012. CRC Press/Balkema, Boca Raton/Rotterdam, S 271–277, ISBN 978-0415621281

20 Visuelle Prüfung und Vergleich von Multimodellen

Jürgen Demharter und Raimar J. Scherer

Zusammenfassung

Die visuelle Prüfung von Modellen ermöglicht, eine gesamtheitliche, den Kontext erfassende Prüfung durchzuführen. Dem Modellersteller erlaubt sie seiner Verantwortung bei der Modellerstellung nachzukommen. Für einen Modellempfänger hat sie den großen Vorteil, neben der Prüfung den Sinninhalt eines Modells zu erfassen. Für Multimodelle ist sie derzeit die einzige Methode, die Qualität der Verlinkung von Fachmodellen zu prüfen. Weitere Vorteile sind die Möglichkeit, Informationen eines Modells in einem anderen Modell zu visualisieren, um Projektzustände schnell zu erfassen oder auch um Modelle zu vergleichen, z. B. diverse Soll Ist Zustände. Weiterhin ist es so möglich, die Auswirkungen von Änderungen in einem Modell über die Verlinkungen auf andere Modelle zu übertragen und so dem Nutzer visuell ihre Konsequenzen zu verdeutlichen.

20.1 Einführung

Der Vorteil einer multimodellorientierten Arbeitsweise liegt vor allem in dem hohen Informationsgehalt eines Multimodells. Die verlinkten Fachmodelle können dabei anhand des Linkmodells Informationen eines sekundären Fachmodells auf das primäre Fachmodell durch Überblendung (Teil II, Kap. 18) projizieren. Dabei gilt es, diesen hohen Informationsgrad dem Anwender einfach und verständlich zugänglich und verwertbar zu machen. Dies kann am besten durch die bauwerkszentrierte Visualisierung der Multimodellinformation erreicht werden. Die visuelle Darstellung von Multimodellen vermittelt dem An-

J. Demharter (✉)
RIB Software AG, Stuttgart, Deutschland

R.J. Scherer
Institut für Bauinformatik, Technische Universität Dresden, Dresden, Deutschland

R.J. Scherer, S.-E. Schapke (Hrsg.), *Informationssysteme im Bauwesen 1*,
DOI 10.1007/978-3-642-40883-0_20

wender erst die enormen Vorteile eines Multimodells im Vergleich zum einzelnen, isoliert dargestellten Fachmodell.

Bei der visuellen Prüfung geht es in erster Linie um die Visualisierung von Aspekten und nicht um die visuelle Darstellung des Gesamtmodells. Daher ist die Visualisierung von Multimodellen und insbesondere die visuelle Prüfung von Multimodellen immer mit Filtern von Multimodellen verbunden. Entsprechend wird zuerst eine Methode vorgestellt, die es erlaubt, Filter für spezielle Filteraufgaben zu spezifizieren, diese Filter zu kombinieren und die gefilterten Objekte oder auch einzelne Informationen von Objekten einer visuellen Darstellung zu zuführen. Für die Filterspezifikation wird eine Methode entwickelt, die auf den in Teil II, Kap. 14, 15 und 16 entwickelten Filtermethoden aufbaut und im Folgenden als Filterregelwerk bezeichnet wird. Die Vorschriften zur visuellen Darstellung sind deklarativ und so aufgebaut, dass sie in dem Regelwerk gleich mit den Filterregeln verknüpft werden können. Bei der visuellen Prüfung können mehrere Visualisierungsarten genutzt werden. Dies sind zum einen die statische Visualisierung von Modelldatenzuständen und zum anderen die dynamische Visualisierung in Form einer Animation. Beide Arten können sowohl auf isoliert betrachtete Fachmodelle als auch auf verlinkte Fachmodelle angewandt werden. Weiterhin können Fachmodelle, die zwei zeitliche Zustände oder zwei verschiedene Detaillierungen beinhalten, gegenübergestellt werden.

So ist die Visualisierung in Verbindung mit dem Filtern auch die beste Methode zur Prüfung und zum Vergleich von Multimodellen. Durch leicht bedienbare Filterwerkzeuge können Multimodelle unter verschiedenen Aspekten untersucht werden. Dabei kommt eine statische Transformation der sekundären Fachmodellinformationen auf das primär darzustellende Fachmodell nicht in Betracht, da es die Fragestellungen des Anwenders nicht ausreichend beantworten kann, bzw. den Informationsgehalts eine Multimodells nicht umfassend darstellen kann.

Dies sei über das nachfolgende Beispiel illustriert:

Einer zu erstellenden Wand seien die beiden nachfolgenden Positionen zugeordnet:

Pos1	Schalen	LV-Menge = 100 m^2	VA-Menge = 120 m^2
Pos2	Betonieren	LV-Menge = 25 m^3	VA-Menge = 20 m^3

Wenn die Mengenabweichungen auf der Oberfläche der Wand visuell dargestellt werden soll, nimmt das Objekt Wand je nach der darzustellenden Position einen anderen Zustand ein. Sie wird kontextabhängig.

In der Darstellung soll z. B. nachfolgende visuelle Darstellung gewählt werden:

- Blau für Mengenmehrungen
- Grün für Mengenminderungen

Damit wird die Wand im Kontext der Pos 1 blau, im Kontext der Pos 2 grün dargestellt. Der Zustand des Objektes Wand verändert sich somit aufgrund eines geänderten Kontexts.

Wie das Beispiel illustriert, ergibt sich die visuelle Darstellung aus den beteiligten Fachmodellen und dem entsprechenden Kontext, der sich in der Filterung der Fachmodelle zu Teilfachmodellen ausdrückt.

Im Weiteren wird für die Visualisierungsdarstellung als primäres Fachmodell das Bauwerksmodell verwendet, da es gegenüber den anderen Fachmodellen das beste Kommunikationsmedium zum Anwender darstellt.

20.2 Regelbasierte Visualisierung von Multimodellen

Bei der Visualisierung erfolgt ein Mapping vom Datenmodell auf ein Visualisierungsmodell, wobei für die einzelnen Objekte des Datenmodells individuelle Visualisierungsvorschriften gelten können (Teil II, Kap. 18). Die visuelle Darstellung eines Multimodells benötigt je nach Anwendungsfall und Fragestellung ein unterschiedliches Visualisierungsregelwerk. Dies führte zur Entwicklung eines flexiblen Visualisierungsregelwerks für Multimodelle, das im Folgenden dargestellt wird.

Die Multimodellvisualisierungskomponente besteht aus den drei nachfolgenden Teilkomponenten (Abb. 20.1) und kann in fast jedem modellorientierten Modul in RIB iTWO eingebunden werden:

- 3D Viewer
  Stellt die 3D Objekte in den über die Visualisierungsregeln definierten Farb- und Körperdarstellungsarten dar.
- Visualisierungslegende
  Erklärt die Farbdarstellung der Objekte, die sich aus den Visualisierungsregeln ergeben.
- Visualisierungsregeln
  Ermöglicht die Erstellung von neuen Visualisierungsregelwerken und Auswahl sowie Anwendung von bereits definierten Visualisierungsregelwerken.

Die Kernteilkomponente, das Visualisierungsregelwerk, wird anhand des in RIB iTWO entwickelten Editors nachfolgend im Detail beschrieben.

Ein Visualisierungsregelwerk besteht aus beliebig vielen einzelnen, frei definierbaren Visualisierungsregeln. Die einzelnen Visualisierungsregeln werden bei der Auswertung der Reihenfolge nach in Serie ausgewertet. Parallele oder rekursive Anwendungen von Visualisierungsregeln sind nicht erlaubt. Jeder Visualisierungsregel ist ein Filterregelwerk zugeordnet. Das Filterregelwerk besteht aus einer oder mehreren Filterregeln. Die Filter-

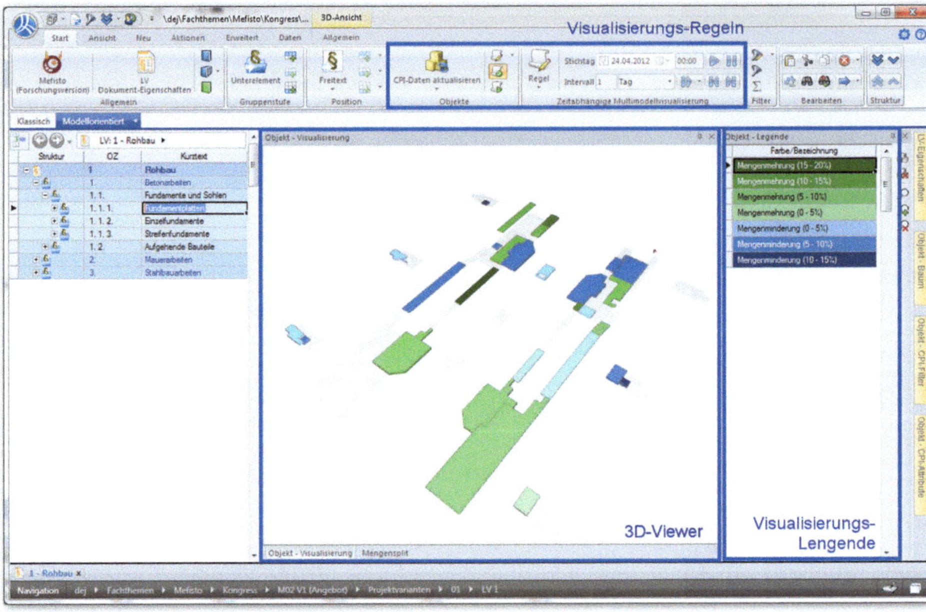

Abb. 20.1 Multimodellauswertung in RIB iTWO; 3D Viewer als zentrales Element zur Darstellung

regeln wurden in Teil II, Kap. 15 vorgestellt. Mithilfe des Filterregelwerks werden die Objekte des Multimodells bestimmt, auf die die Visualisierungsregel anzuwenden ist. Sobald ein Objekt eine Regel erfüllt hat, wird die Visualisierungsregel auf das Objekt angewandt. Die nachfolgenden Filter- und Visualisierungsregeln werden für dieses Objekt nicht mehr ausgewertet. Die Möglichkeit einer Verfeinerung oder Überschreibung des Darstellungszustands ist nicht vorgesehen. Aus diesem Grund ist die Reihenfolge der Regeln maßgebend für das Ergebnis.

$$
\begin{aligned}
V\text{-}Regelwerk = \sum_{i=1}^{n} V\text{-}Regel_i \big(& F\text{-}Regelwerk_i \{Objektmenge_i - Objektmenge_{i-1}\}, \\
& Darstellungsform \big) \quad i = 1, \ldots, n \\
mit \quad & Objektmenge_0 = \{\emptyset\} \; und \; Objektmenge_1 = Gesamtmodell \; und \\
& n = Anzahl \; der \; V\text{-}Regeln
\end{aligned}
\tag{20.1}
$$

Die Visualisierungsregeln sind zweiwertig aufgebaut (Gl. 20.1). Zuerst wird das Objekt bestimmt. Dies erfolgt mit einem Filteroperator. Hierzu kommen die Filterfunktionen zum Einsatz, die in Teil II, Kap. 16, Abschn. 16.2 definiert wurden. Den gefilterten Objekten wird eine Darstellungsform fest zugewiesen. Das Ergebnis eines Visualisierungsregelwerks ist ein Visualisierungsmodell. Visualisierungsregelwerke können auch seriell kombiniert werden. So können Visualisierungsregelwerke auch modular aufgebaut werden und Module mit Wiederholungspotential identifiziert und in einem Katalog hinterlegt werden.

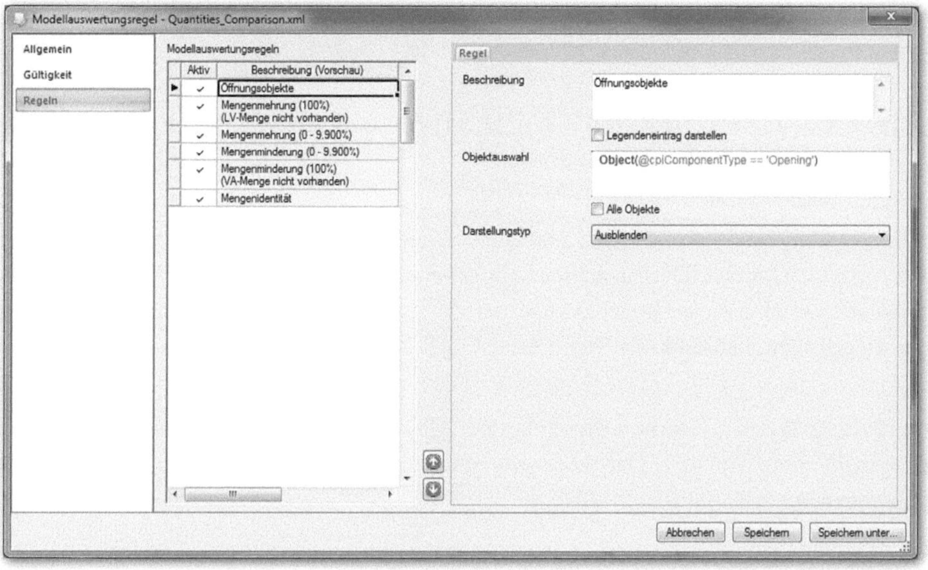

Abb. 20.2 Visualisierungsregeleditor in RIB iTWO

Die Visualisierungsmethode ist die Methode der Überblendung (Teil II, Kap. 19). Die Objekte des primären Fachmodells, die durch das Filtern bestimmt werden, werden mit einer Information des sekundären Fachmodells über die Darstellungsform belegt.

Einzelne Visualisierungsregeln können im Visualisierungsregeleditor (Abb. 20.2) über die nachfolgenden Bereiche definiert werden:

Beschreibung/Legendenbezeichnung In dem Feld Beschreibung kann die Regelbeschreibung definiert werden. Diese kann durch das Setzen des Kennzeichens Legendeneintrag darstellen als Legendenbeschreibung verwendet werden. Für die Definition der Beschreibung stehen die nachfolgenden Parameter für die Darstellungstypen Farbverlauf und Farbliste bereit.

- Numerisch

\$Min	gibt den minimalen Wert des Farbbereichs wieder.
\$Max	gibt den maximalen Wert des Farbbereichs wieder.
\$Obj	gibt die Anzahl der Objekte zu diesem Farbbereich wieder.

- String

\$Text	gibt den Text einmalig je Legendenzeile wieder.
\$LText	gibt den Text jeweils je Wert in der Legendenzeile wieder.
\$Obj	gibt die Anzahl der Objekte zu diesem Farbbereich wieder. Die Variable \$Obj kann auch bei dem Darstellungstyp Fixe Farbdarstellung verwendet werden.

Objektauswahl Über das Feld Objektauswahl können die Objekte, die dieser Visualisierungsregel zugeordnet werden sollen, spezifiziert werden.

$$\mathbf{QTO}(\{(@AQ\text{-}@WQ)/@WQ\} > 0.01)\&\&\mathbf{QTO}(@AQ == \#\&\&@WQ == \#;\ all)) \tag{20.2}$$

Hierzu wird die Syntax der Dynamischen Objektauswahlgruppen (Teil II, Kap. 16, Abschn. 16.2) verwendet. Die zusätzliche Eingabeunterstützung kann eingeblendet werden. Sollen alle Objekte dieser Regel zugeordnet werden, kann dies explizit über das Kennzeichen *all* erfolgen. In diesem Fall kann keine Objektauswahlgruppenabfrage erfasst werden.

Darstellungstypen Für die Darstellung der Objekte einzelner Visualisierungsregelausdrücke gibt es verschiedene Darstellungstypen, die sich im Weiteren auch in der Definition unterscheiden.

- Ausblenden

  Blendet die selektierten Objekte aus.
- Originalfarbe

  Setzt die Objektfarben wieder auf den originalen Farbzustand der Daten zurück. Die Darstellungsoptionen Objektkörper- und Objektkantendarstellung sowie die Aktion Objektselektion können hier zusätzlich definiert werden. Ferner kann die Originalfarbe durch die Angabe einer Transparenz verändert werden.
- Fixe Farbdarstellung

  Alle Objekte der Visualisierungsregel werden mit einer einheitlichen fixen Farbe dargestellt. Neben der Farbe der Objekte lassen sich auch die Transparenz sowie die Darstellung von Körper und Kanten sowie die Selektion der Objekte steuern.
- Farbverlauf

  Alle Objekte der Visualisierungsregel werden in Abhängigkeit einer wählbaren freien Größe (Attributwert) mit einer automatisch ermittelten Farbe dargestellt. Dabei wird je Objekt und Attributwert eine Farbe aus einem Farbbereich, definiert durch zwei Farbwerte, ermittelt.

  Neben der Farbe der Objekte lassen sich auch die Transparenz sowie die Darstellung von Körper, Kanten sowie die Selektion der Objekte steuern.

  Der eigentliche Farbverlauf wird auf dem zweiten Tab Farbverlauf (Abb. 20.3) definiert.

  Im Folgenden werden die einzelnen Felder erläutert:

  – Darstellungswert

    Nachdem die Objektauswahlgruppenabfrage die zu visualisierenden Objekte bereits ermittelt hat, soll hier der Darstellungswert definiert werden, in dessen Abhängigkeit ein Farbton automatisch festgelegt werden soll.

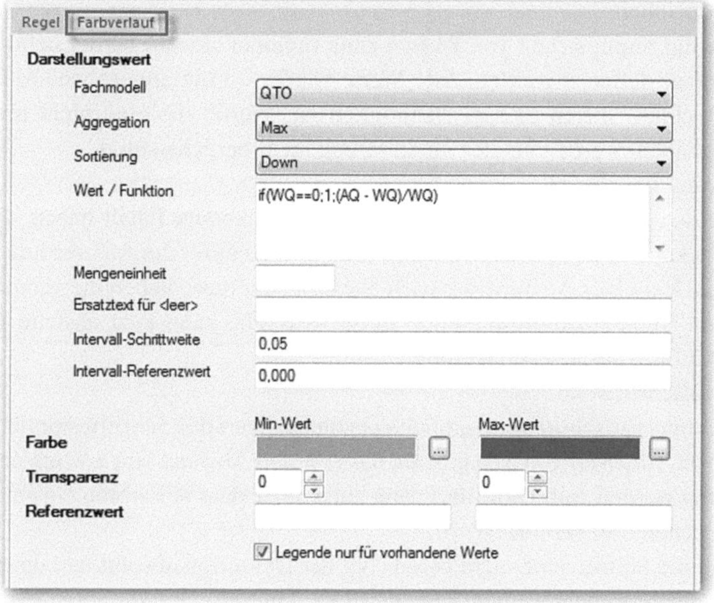

Abb. 20.3 Objektdarstellungsform Farbverlaufdefinition in RIB iTWO

- Fachmodell

  Da zu einem Objekt mehrere mögliche Verlinkungen existieren, ist eine Einschränkung auf ein geeignetes Fachmodell notwendig. Hierzu stehen die Fachmodelle Leistungsmodell, BoQ, Terminmodell, Activity, Bauwerksmodell, Object, und Mengenmodell, QTO, zur Verfügung.
- Aggregation

  Eine weitere Eingrenzung der zugeordneten Fachmodellinstanzen erfolgt durch das Kriterium der Aggregation.

  Hier stehen neben Max, Min auch die Aggregation der Summierung zur Verfügung. Min ermittelt aus allen Werten des gewählten Fachmodells zu dem konkreten Objekt den minimalen Wert. Max genau den umgekehrten Fall. Sum liefert die Summierung aller Werte. Z. B. ist für die Summierung zu beachten, dass für eine abhängige Farbauswahl anhand eines Kostenbetrags eines Objekts es notwendig ist, alle einzelnen Kostenbeträge der zugeordneten Mengensplitzeilen zu summieren.
- Sortierung

  Die Sortierung beeinflusst die Visualisierungsreihenfolge bei der Darstellung der Legendeneinträge im Andockfenster Legenden.
- Wert/Funktion

  Hier erfolgt die Auswahl des Wertes von dem Fachmodell, das für die Farbvergabe maßgebend ist. Ferner kann auch über Formeln der Ausdruck errechnet werden. Die Variablen können dabei über einen Dialog ausgewählt werden.

- Mengeneinheit
  Für die Summierung von Werten kann optional eine zu berücksichtigende Mengeneinheit definiert werden. Alle Werte werden in die angegebene Mengeneinheit umgerechnet, sofern es logisch möglich ist. Werte, die eine nicht umrechenbare Größe haben, werden bei der Summierung nicht berücksichtigt.
- Ersatztext für <leer>
  Werden Attribute/Variablen ausgewertet, die keinen Inhalt haben, aber existent sind, so kann anstelle des Leerstrings auch ein Inhalt für die Auswertung mitgegeben werden. Bei einer Auswertung nach Nachtragsnummer haben die Hauptauftragspositionen keine Nachtragsnummer. In der Ausgabe kann jetzt anstelle <leer> z. B. Hauptauftrag ausgegeben werden.
- Intervallschrittweite
  Die Intervallschrittweite gibt den absoluten Wert der Schrittweite für die Farbbereiche an. Ein Wert von 5 % gibt an, dass für den Abstand von 5 % ein neuer Farbton ermittelt werden soll. Dies führt dann auch dazu, dass je Farbton ein entsprechender Legendeneintrag gebildet wird.
  Soll die Schrittweite nicht bereits bei der Definition absolut und unabhängig von den Daten festgelegt werden, kann diese auch mithilfe der Variablen $Max und $Min berechnet werden.
  ($Max − $Min)/10 teilt den Wertebereich immer in 10 gleiche Schritte auf.
- Intervallreferenzwert
  Er definiert den Referenzwert, von dem aus die Farbbereichswerte nach oben und unten ermittelt werden. Standardmäßig ist dieser 0,000.
- Festlegung der Farbe
  In Korrelation zum ermittelten Wert kann hier die Darstellung der Farbe festgelegt werden.
- Farbe
  Hier wird die Farbe für den Minimal- und Maximalwert definiert.
- Transparenz
  Hier kann eine Transparenz für die beiden Farbwerte definiert werden.
- Referenzwert
  Optional kann für den Farbton ein Referenzwert definiert werden. Für diesen Wert gilt dann der Farbton explizit. Die Interpolation der Farbtöne findet anhand der Referenzwerte statt.
  Wird als Referenzwert nichts erfasst, gilt hier der Wert Min und Max entsprechend.
- Legende nur für vorhandene Werte
  Durch das Aufspannen eines Wertebereichs in der Legende können mit dieser Option die Legendeneinträge nur für vorhandene Werte erzeugt werden.

• Farbliste
  Alle Objekte der Visualisierungsregel werden in Abhängigkeit einer wählbaren freien Größe, Attributwert mit einer automatisch ermittelten Farbe dargestellt. Da-

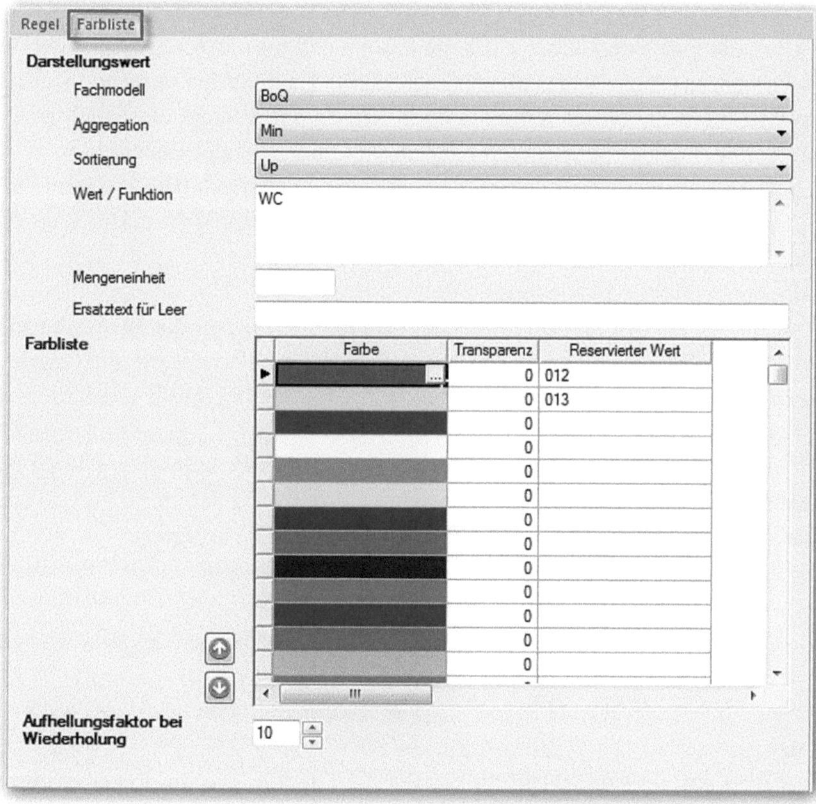

Abb. 20.4 Objektdarstellungsform Farblistendefinition in RIB iTWO

bei wird je Objekt und Attributwert eine Farbe aus einer frei definierten Farbliste (Abb. 20.4) ermittelt.

Neben der Farbe der Objekte lassen sich auch die Transparenz, die Darstellung von Körper und Kanten sowie die Selektion der Objekte steuern.

Die weiteren Eingabegrößen sind:

– Ersatztext für <leer>

  Für Werte, die <leer> sind, kann hier ein alternativer Text angegeben werden. Generell werden leere Werte in der Legende nicht dargestellt. Durch die Angabe eines alternativen Wertes werden diese mit angegeben.

  Bei Objekten wird die zugewiesene Nachtragsnummer ausgegeben. Nachdem aber Objekten i. d. R. sowohl Nachtragsleistungen als auch Leistungen des Hauptauftrages zugewiesen sind, werden bei einem Objekt u. U. der Nachtragswert „“ und „1“, . . . ausgegeben.

  Über das Feld „Ersatztext für Leer“ kann gesteuert werden, welcher Text hier ausgegeben wird oder ob der Legendeneintrag unterdrückt werden soll.

- Farbliste

  Über die Farbliste können explizite Farben definiert werden, die bei der Vergabe der Farben zu einem Wert entsprechend dieser Reihenfolge vergeben werden. Dadurch ist die Reihenfolge der definierten Farben, die anhand der Schaltflächen verschoben/manuell sortiert werden können, von maßgebender Bedeutung.

  Soll für besondere Werte, z. B. für den Leistungsbereich 013, eine fixe Farbe definiert werden, kann über die Tabellenspalte Reservierter Wert dieser Wert optional hinterlegt werden.
- Aufhellungsfaktor bei Wiederholung

  Wenn bei der Auswertung und der Vergabe der Farben die Werte der Farbliste nicht ausreichen, wird diese Liste immer wieder von vorne wiederholt. Dabei kann über den Aufhellungsfaktor das Aufhellen der Farben bei dieser Wiederholung festgelegt werden.

• Darstellungsoptionen Über die Darstellungsoptionen Objektkörperdarstellung und Objektkantendarstellung kann festgelegt werden, für was die definierte Farbe verwendet werden soll. Hier stehen die nachfolgenden Zustände zur Verfügung:
  - Körper/Kanten werden unabhängig von den Anzeigeoptionen des Viewers dargestellt.
  - Körper/Kanten werden unabhängig von den Anzeigeoptionen des Viewers nicht dargestellt.
  - Körper/Kanten werden abhängig von den Anzeigeoptionen des Viewers dargestellt.

• Aktionen

  Über die Option Objektselektion können die Objekte, die die Regel erfüllen, auch gleich durch das Anwenden der Visualisierungsregel selektiert werden.

20.3 Anwendung von statischen Multimodellvisualisierungsregeln

Nachfolgend werden beispielhaft Szenarien der visuellen Prüfung von Multimodellen vorgestellt, bei denen definierte Multimodellvisualisierungsregelwerke zum Einsatz kommen.

20.3.1 Prüfung eines Fachmodells

Die visuelle Prüfung eines Multimodells kann sich auf die Prüfung eines Fachmodells ohne Berücksichtigung von Verknüpfungen zu anderen Fachmodellen beschränken. So können z. B. einzelne Objekte des Bauwerksmodells leicht auf Vollständigkeit bzgl. ihrer Objektattribute geprüft werden. Diese Prüfung ist insbesondere notwendig, wenn auf das Bauwerksmodell contentbasierte Prozesse aufbauen sollen, die ein Existieren von definierten und standardisierten Attributen voraussetzen (Abb. 20.5).

Auch die Prüfung der Kombination von verschiedenen Attributen, z. B. ifcType und Betonklasse, kann leicht und übersichtlich visualisiert werden, wie Abb. 20.6 zeigt.

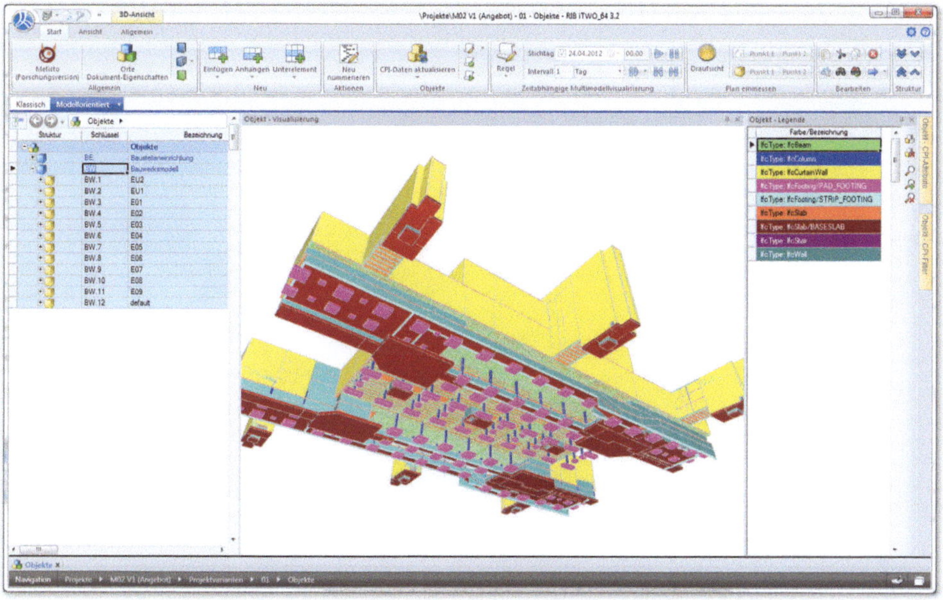

Abb. 20.5 Visualisierung des Objektattributes ifcTye in RIB iTWO

20.3.2 Prüfung eines Fachmodells in Verbindung mit weiteren Fachmodellen

Die Prüfung einer vollständigen Verlinkung zwischen Fachmodellen nimmt bei vorhandenen Multimodellen einen wesentlichen Stellenwert ein, da die Verlinkung direkt die Qualität des Multimodells bestimmt. Nachfolgend sind drei typische Beispiele dargestellt, die Plausibilitätsprüfungen zeigen, die wiederholt im praktischen Projektmanagement auftreten.

Das erste Beispiel (Abb. 20.7) zeigt die visuelle Prüfung der Verlinkung des Bauwerksmodells mit dem Leistungsmodell und dem Terminmodell, indem alle Ortbetonbauteile des Bauwerks in einer Farbe dargestellt werden, die mit beiden Fachmodellen verlinkt sind. Objekte, die nur mit jeweils einem Fachmodell verlinkt sind, sind mit je einer anderen Farbe und Objekte, die keinerlei Verlinkung aufweisen, mit einer vierten Farbe dargestellt.

Plausibilitätsprüfungen von Multimodellen, die wiederholt durchzuführen sind, können anhand von Visualisierungsregeln standardisiert werden. Ein klassisches Beispiel sind Bauteile aus Ortbeton. Diese Bauwerksobjekte müssen mindestens die zwei Leistungspositionen Bewehrung und Schalung gleichzeitig aufweisen. Diese Prüfung kann in einem Visualisierungsregelwerk nach (Gl. 20.2) hinterlegt werden und nach Bedarf einzeln, wie in Abb. 20.8 oder in Verbindung mit anderen Prüfungen durchgeführt werden. Für diesen einfachen Fall wurde daher exemplarisch eine Visualisierungsregel aufgestellt, die diesen Zusammenhang prüft (Abb. 20.8).

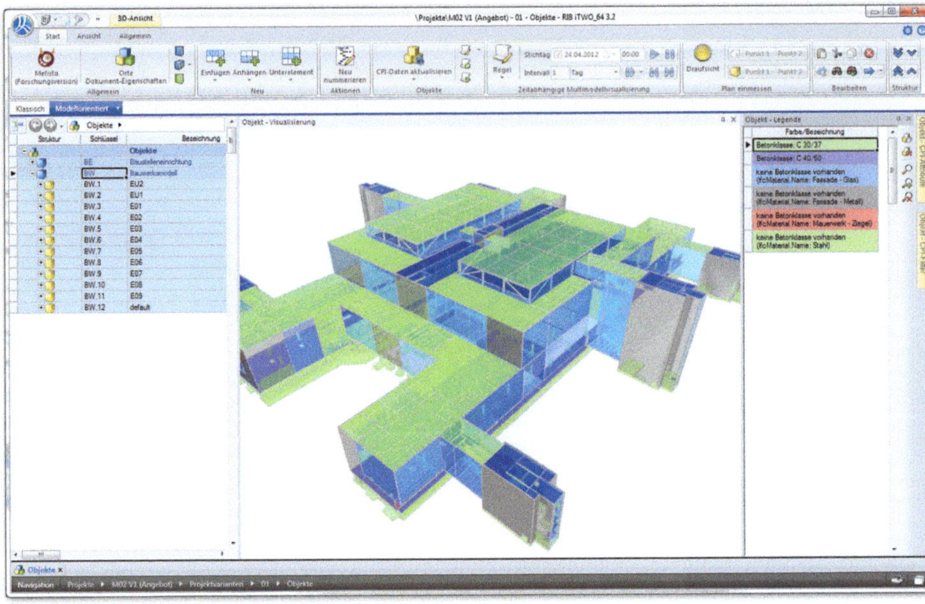

Abb. 20.6 Visualisierung des Objektattributes ifcTye in Verbindung mit Betonklasse in RIB iTWO

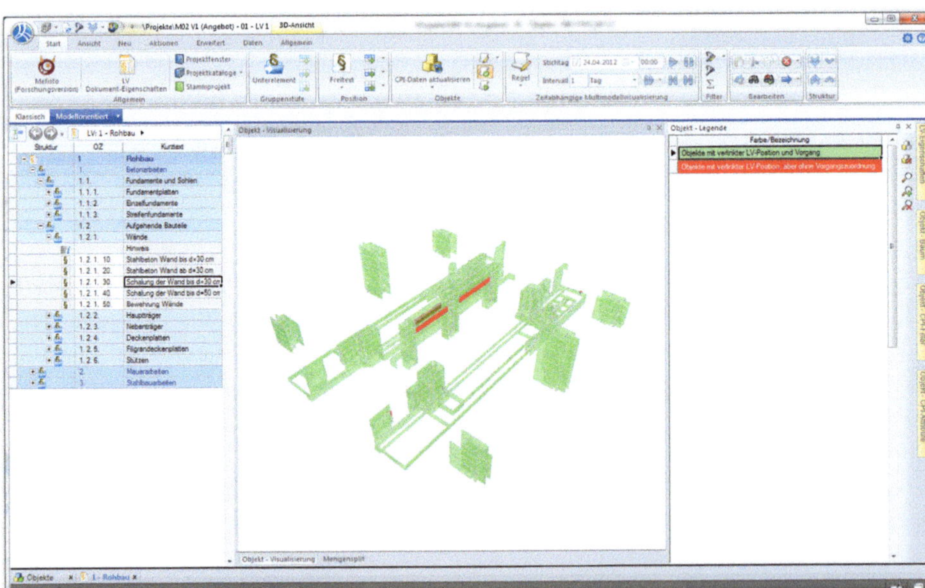

Abb. 20.7 Visualisierung in RIB iTWO im Modul Leistungsverzeichnis

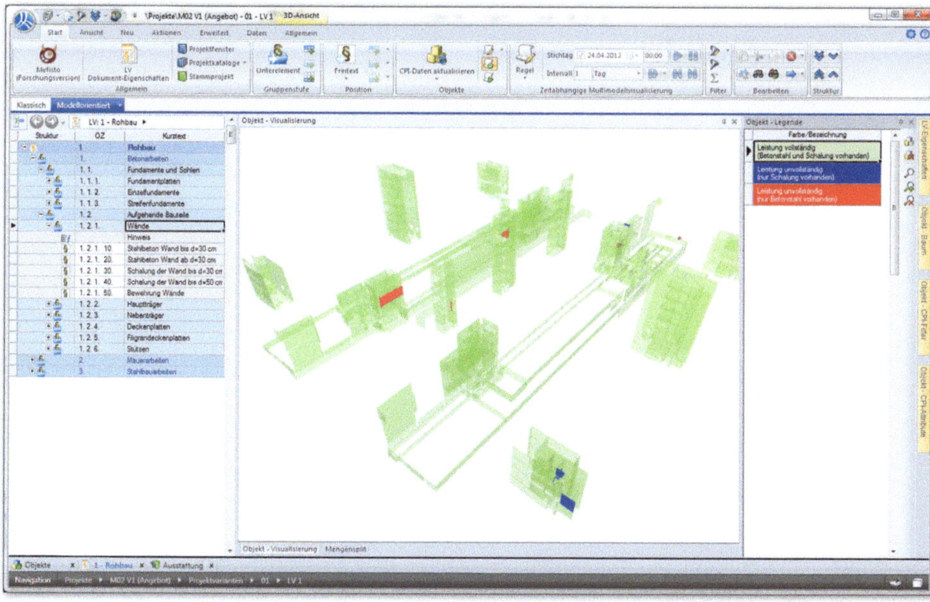

Abb. 20.8 Plausibilitätsprüfung von gleichzeitiger Zuordnung von Bewehrung zu Schalung zu Stahlbetonbauteilen in Ortbetonbauweise in RIB iTWO

In diesem Fall werden anhand von 3 Regeln, die ein Regelwerk bilden, die Zusammenhänge einzeln geprüft.

- Die erste Regel prüft das Vorhandensein beider Leistungspositionen zu einem Objekt.
- Ist dies nicht erfüllt, prüft die zweite Regel die Existenz auf Schalung.
- Ist dies nicht erfüllt, prüft die dritte Regel die Existenz auf Bewehrung.

Prozesse wie die modellorientierte Mengenermittlung benötigen die Sicherheit der Vollständigkeit der Ergebnisse. Diese ist nicht gegeben, wenn nicht alle Verknüpfungen zwischen den drei Fachmodellen Bauwerksmodell, Mengenmodell und Leistungsmodell vorhanden und fehlerfrei sind. Diese Überprüfungen können in einem Arbeitsschritt über die Visualisierungsregeln am Multimodell erfolgen. Die Überprüfung erfolgt stufenweise, indem erst das Vorhandensein der Verlinkung von Bauwerksmodell mit dem Leistungsmodell kontrolliert wird, um die Existenz von Leistungspositionen pro Bauteil zu prüfen. Nachgeordnet wird die Verlinkung mit dem Mengenmodell kontrolliert, um festzustellen, ob die Leistungspositionen auch quantitativ belegt sind.

Das nachfolgende Beispiel (Abb. 20.9) zeigt die Überprüfung zwischen Leistungsmodell, Bauwerksmodell und Mengenmodell.

Im Visualisierungsregelwerk sind die nachfolgenden Regeln definiert:

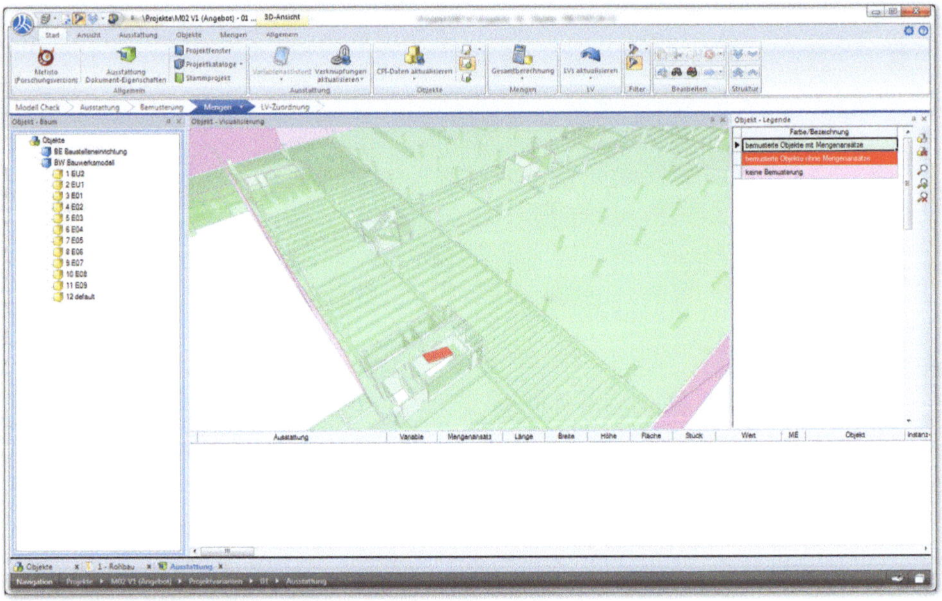

Abb. 20.9 Visualisierung von fehlenden Mengenzuweisungen in RIB iTWO

- Über die erste Regel werden Objekte mit Zuordnung zum Leistungsmodell und einer vorhandenen Menge geprüft und im Zustand Vollständig dargestellt.
- Anschließend werden Objekte, die eine Zuordnung zum Leistungsmodell besitzen, aber mit keiner Menge ausgezeichnet ist, als fehlerhaft markiert.
- Objekte, die überhaupt keine Zuordnung zu einem Leistungsmodell haben, werden über die dritte Regel geprüft und mit der Legende Keine Bemusterung gekennzeichnet. Im Beispiel in Abb. 20.9 sind das die Fassadenobjekte, die im Rahmen der Rohbauausschreibung nicht beachtet wurden.

20.4 Anwendung von Dynamischen Multimodellvisualisierungsregeln

Die bisher vorgestellten Multimodellvisualisierungsregeln betrachten immer einen statischen Zustand ohne einen Zeitbezug. Da aber gerade die Multiprojektbearbeitung auf einer Zeitachse erfolgt, ist der Zeitbezug von zentraler Bedeutung. Das prädestinierteste Fachmodell für die Zeitangaben stellt das Terminmodell dar. Über das Linkmodell erhalten somit auch andere Fachmodelle einen Zeitbezug. Auch das Mengenmodell kann bzgl. der Leistungs- und Rechnungsmengen einen Zeitbezug aufweisen, sei es in Form der Zuordnung zu einem Berichts- oder Abrechnungszeitraum oder durch explizite Angabe eines konkreten Zeitwerts, z. B. eines Datums. Über letzteres wird bevorzugt ein IST Zeitbezug abgebildet.

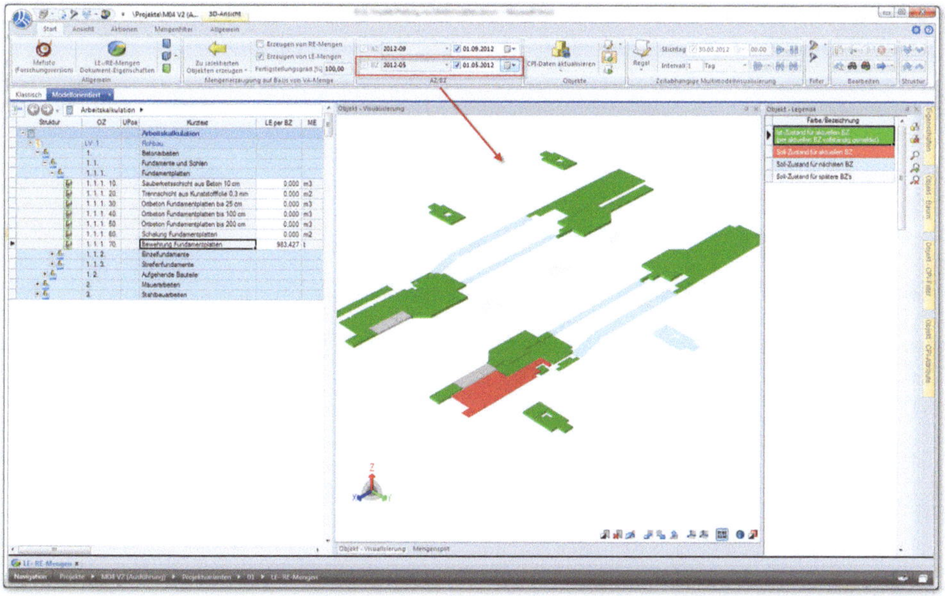

Abb. 20.10 Leistungsstand der Position Bewehr und Fundamentplatten in RIB iTWO

Somit stehen über das Multimodell bereits zahlreiche Zeitbezugsgrößen zur Verfügung. Der Zugriff auf diese Größen ist über die dynamischen Objektauswahlgruppen (Teil II, Kap. 16) möglich.

In Verbindung mit den Visualisierungsregeln kann beispielhaft der geplante und tatsächliche Leistungsstand auf Objektebene in Bezug zu der ausgewählten Leistungsposition zu beliebigen Zeitpunkten dargestellt werden. So zeigt z. B. Abb. 20.10 für die Position Bewehrung Fundamentplatten einen Leistungsstand von 100 %.

Der Zustand ist von der Auswahl des entsprechenden Berichtszeitraums abhängig, der über die Multifunktionsleiste im Programm durch den Anwender gesteuert werden kann. In Abb. 20.11, links, erkennt man einen Fertigstellungsgrad von 0 % für die Leistung Ortbeton Fundamentplatten bis 100 cm. Dagegen wird der Leistungsstand für diese Objekte bei der Gesamtbetrachtung (Abb. 20.11, rechts) des gesamten Titels Fundamentplatten als teilfertiggestellt gekennzeichnet. Durch die Gegenüberstellungen beider Visualisierungen, die einen unterschiedlichen Detaillierungsgrad aufweisen, können die Ursache des Teilfertigungsgrads geklärt und gezielt Konsequenzen daraus gezogen werden. Der Vergleich verschiedener LoD ermöglicht oft, Ursachen im Detail zu identifizieren, ohne dabei die Übersicht zu verlieren.

Die Visualisierung des Leistungszustands ist eine immer wiederkehrende Aufgabe und erfolgt ebenfalls über ein erstelltes Visualisierungsregelwerk, das nachfolgend im Visualisierungsregeleditor dargestellt wird (Abb. 20.12).

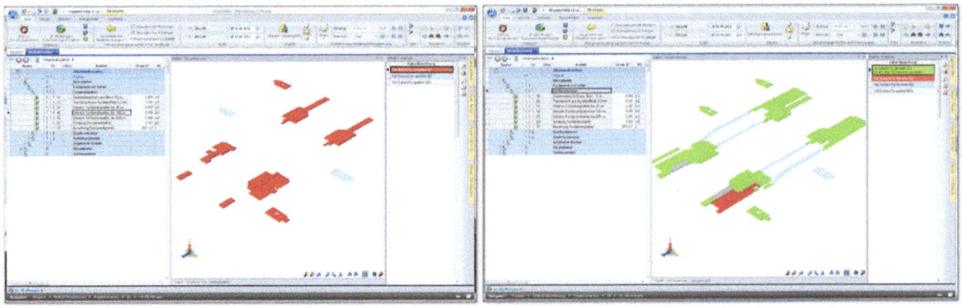

Abb. 20.11 Leistungszustände für Position Ortbeton und aggregierter Zustand des Titels in RIB iTWO

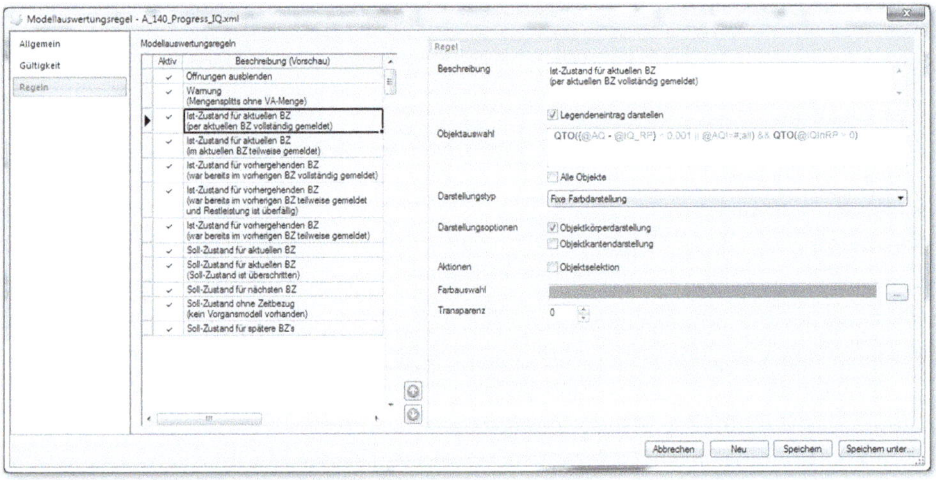

Abb. 20.12 Definition der Visualisierungsregel in RIB iTWO

Durch einen allgemeinen Ansatz können vom Endnutzer freie Zeitabstände für die Visualisierung definiert werden. Hierzu ist die Angabe eines Stichtags @Visual_Time und eines Intervalls @Visual_Int, z. B. Tag, Woche, Monat, notwendig. Diese Endnutzereingaben stehen für die Definition von Visualisierungsregeln zur Verfügung. Über das Visualisierungsregelwerk des nachfolgenden dynamischen Objektauswahlfilters (Gl. 20.3) kann somit die Darstellung der Objekte, die in einem bestimmten Zeitraum erstellt werden sollen, definiert werden.

$$\begin{aligned} &\textbf{Activity}((@\text{Activity\_End} > @\text{Visual\_Time}\&\&@\text{Activity\_Start} \\ &\quad < \{@\text{Visual\_Time} + @\text{Visual\_Int}\})|| \\ &\quad (@\text{Activity\_End} == @\text{Activity\_Start}\&\&@\text{Activity\_Start} == @\text{Visual\_Time})) \end{aligned} \tag{20.3}$$

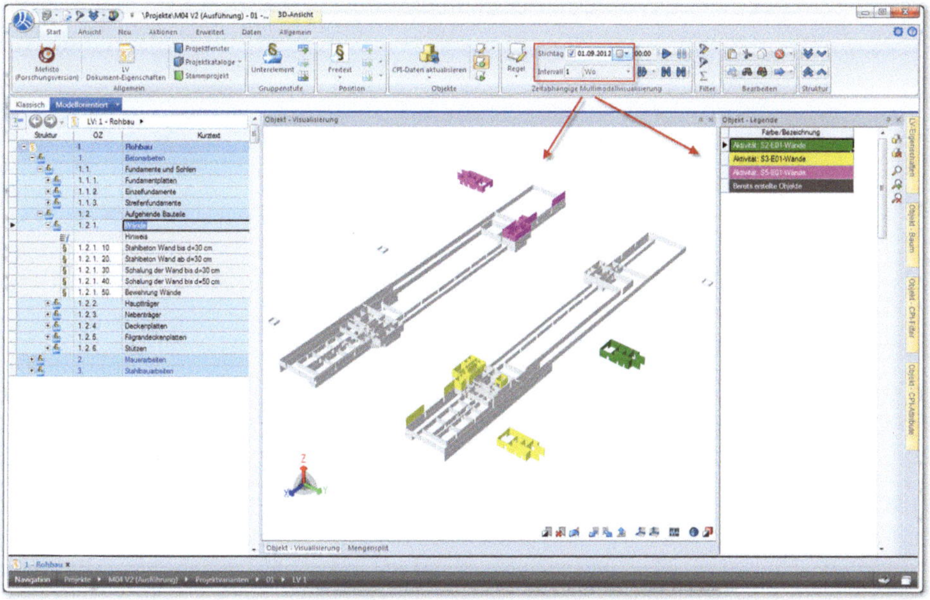

Abb. 20.13 Zeitabhängige Darstellung von Leistungen/Objekten mit Angabe der entsprechenden Aktivität

Die Anwendung dieses Visualisierungsregelwerks (Gl. 20.3) ergibt nachfolgende Visualisierung (Abb. 20.13).

Die Farben werden dabei in Abhängigkeit des Namens des hinterlegten Sollvorgangs des Terminmodells dynamisch vergeben. Somit ist aufgrund der Farbdarstellung auch die Tätigkeit, z. B. Schalen, Bewehren, Betonieren, usw. in jedem Kontext und zu jedem Zeitpunkt erkennbar.

Anstelle einer manuellen Endnutzerinteraktion zur Bestimmung des Stichtags wurde ein Generator implementiert. Durch Betätigung des Buttons Play wird der Stichtag um das vom Nutzer vorgegebene Intervall, z. B. Tag, Woche, Monat, erhöht. Anschließend werden die Visualisierungsregeln automatisch neu angewandt, um dann wiederum den Stichtag zu erhöhen. Durch diese funktionale Erweiterung entstand in allen Modulen von RIB iTWO mit Visualisierungsregeln eine Animation der Multimodelldarstellung bzgl. frei definierbarer Kriterien.

20.5 Anwendung von dynamischen Multimodellvisualisierungsregeln in Verbindung mit einer Aggregation

Bei der Visualisierung von Multimodellen steht ein sehr hoher Informationsgehalt zur Verfügung, der nicht ohne weiteres dem Anwender vermittelt werden kann, wie auch schon

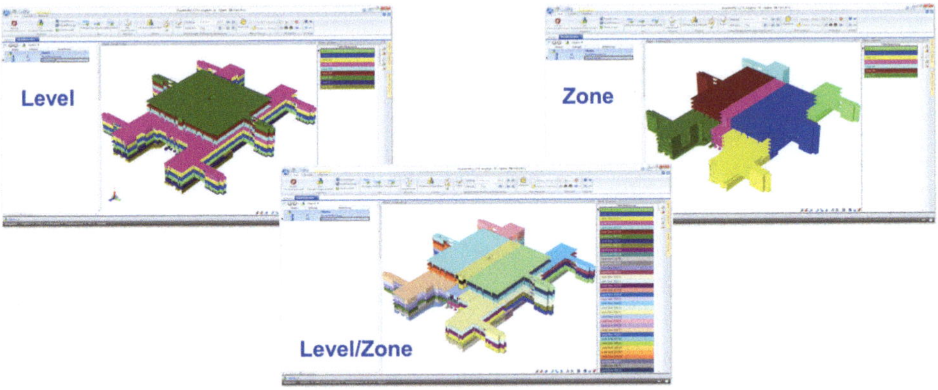

Abb. 20.14 Darstellung von Möglichkeiten des Level of Details für die Informationsaggregation

die vorherigen Beispiele anschaulich aufgezeigt haben. Themen- und Bildausschnitte von Multimodellen sind unabdinglich, um dem Anwender transparente Einblicke in den mehrdimensionalen Informationsraum zu gewähren. Hierbei ist die Darstellung dieser Informationen über den 3D Viewer, bevorzugt projiziert auf das Bauwerksmodell, eine grundlegende Visualisierungstechnik, um eine hohe Transparenz zu erreichen. Allerdings können diese Informationen, projiziert auf jedes einzelne Bauteil, zu einem Informationsgehalt mit zu viel Detailaussagen führen, sodass ein Gesamtüberblick für den Anwender nicht mehr gegeben ist. In diesem Fällen ist die Aggregation von Informationen und somit eine Reduzierung der einzelnen Informationen unbedingt notwendig. Dies wird anhand der zwei nachfolgenden Beispiele näher erläutert.

Mit den in Gl. 20.3 dargestellten Visualisierungsregeln ist es möglich, die Kostenentwicklung eines jeden einzelnen Bauteils über die Zeitachse in einer Animation darzustellen. Bei der Vielzahl der einzelnen Objekte ist man jedoch nicht mehr in der Lage, diese Informationen für das komplette Bauvorhaben als Anwender zu verarbeiten. Daher wird hier eine Aggregation der Informationen auf gröbere Bauwerksmodelleinheiten gewählt, d. h. Verdichten entlang der vertikalen Dimension des Multimodells (Teil I, Kap. 1).

In diesem Fall wird das Fachmodell Bauwerksmodell temporär in einen anderen Level of Detail, LoD, transformiert. Hier bieten sich bei diesem Beispiel die nachfolgenden Möglichkeiten an (Abb. 20.14).

Die Aggregation für die Visualisierung erfolgt, indem man das komplette Multimodell entsprechend vom Nutzer vorgegebener Vorschriften temporär verdichtet. Dazu wird zum einen das Bauwerksmodell anhand von Strukturinformationen, z. B. Geschossebene und/oder Objektattributen verdichtet. Dadurch wird eine erhebliche Reduzierung der einzelnen Objekte erreicht. Das vorhandene Linkmodell wird dabei ebenfalls auf die reduzierten Objekte umgesetzt, d. h. alle Links zu Einzelobjekten verweisen jetzt auf das neu erzeugte virtuelle, aggregierte Objekt. Dieser Vorgang des Verdichtens kann algorithmisiert werden und damit automatisch ablaufen. Die Eingabevorschriften durch den Anwender sind hierbei Kriterien, die entweder im LoD zu definieren sind oder individuell vom

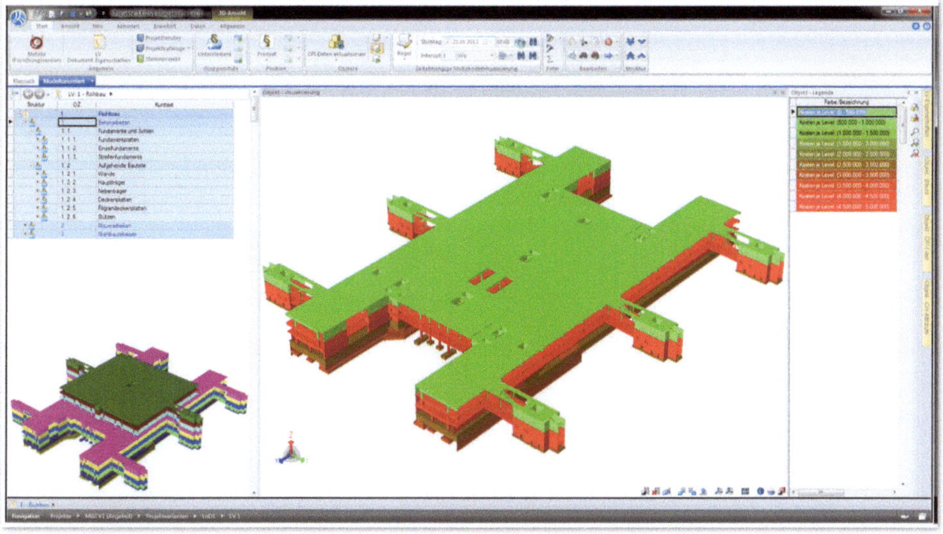

Abb. 20.15 Geschossweise Visualisierung der Kosten in RIB iTWO

Softwareersteller in Form von Gruppierungskriterien oder einer Topologietaxonomie vorgegeben werden sollten.

Im Beispiel (Abb. 20.15) ging eine Summenbildung der Kosten je aggregiertem Bauteil als Verdichtungsvorgang in die Animation ein. Es wurden alle Bauteile pro Geschoss zu einem Objekt zusammengefasst.

Neben der Summierung von Werten können auch weitere Aggregationsfunktionen bzgl. der Wertebildung verwendet werden und über Formeln zu weiteren Werten in die Visualisierung eingehen. Dies zeigt das nachfolgende Beispiel (Abb. 20.16), in dem ein Fertigstellungsgrad je aggregiertem Bauteil, z. B. Geschoss/Zone, berechnet wurde. Dieser definiert sich aus der Summe der Kosten der fertiggestellten Einzelbauteile dividiert durch die Gesamtkosten je Bauteil bezogen auf das Bauzeitende. Dies unterstellt, dass es zu keiner Kostenüberschreitung kommt. Daher ist der so ermittelte Fertigstellungsgrad als fehlerbehaftet einzuordnen.

In Abb. 20.16, links unten wird die Detailsicht auf die Einzelbauteile dargestellt. Hier nehmen die Bauteile immer nur einen Zustand von 0 % bzw. 100 % ein. Dagegen ergibt sich auf den aggregierten Bauteilen ein Fertigstellungsgrad zwischen 0 % und 100 %, der über den Farbverlauf visualisiert wird.

20.6 Zusammenfassung

Erst in der Visualisierung eines Multimodells eröffnet sich für den Endnutzer der enorm hohe Informationsgehalt, den Multimodelle bieten. Insbesondere hierdurch kann den An-

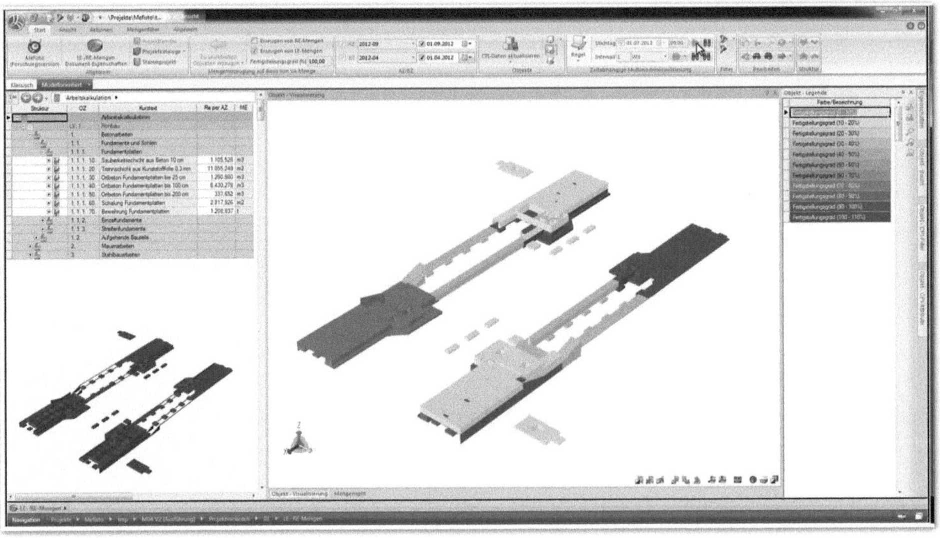

Abb. 20.16 Visualisierung der Entwicklung des Fertigstellungsgrades in RIB iTWO

wendern der Vorteil einer modellorientierten Arbeitsweise veranschaulicht werden. Die Visualisierung ist die Kommunikationsschnittstelle zwischen Software und Anwender.

Im Rahmen des Forschungsprojekts Mefisto wurde in RIB iTWO ein leistungsfähiges und flexibles Visualisierungsregelwerk geschaffen, das sowohl statische als auch dynamische Visualisierungen ermöglicht. Auch die Fortführung dieser Entwicklung in Form der Animation und Aggregation von Informationen über verschiedene Levels of Detail wurde pilothaft bereits in RIB iTWO implementiert. Es gilt jetzt dieses weiter auszubauen, Erfahrungen mit konkreten zielgerichteten Anwendungsfällen zu sammeln und dies zu einem festen Baustein der Multimodellarbeitsweise zu machen.

Visualisierung von Bauprojektinformationen in Multimodellen 21

Helga Tauscher und Raimar J. Scherer

Zusammenfassung

Durch die gestiegene Komplexität der in BIM und Multimodellen gespeicherten Bauprojektinformationen gewinnen visuelle Repräsentationen immer mehr an Bedeutung. Es existiert jedoch derzeit im Bauwesen kein generischer Ansatz, der es Domänespezialisten erlaubt, solche Visualisierungen zu generieren und mit ihnen Erfahrungen zu sammeln. Erste Schritte in diese Richtung wurden mit dem generischen Visualisierungsframework gemacht, dessen Konzept und Architektur in Teil II, Kap. 18 beschrieben ist. Auf Basis des Visualisierungsframeworks werden neuartige Visualisierungsmethoden vorgestellt, die helfen den komplexen Informationsraum zu erschließen. Die betrachteten Szenarien umfassen drei verschiedene Visualisierungskomponenten: verschieden eingefärbte 3D Darstellungen des Bauwerks, zeitbasierte, animierte Darstellungen verschiedener Dimensionalität und abstrakte Darstellungen auf der Basis von Hierarchical Edge Bundles, HEB.

21.1 Einführung

21.1.1 Ziel

Der vorliegende Beitrag zeigt, wie die in Teil II, Kap. 18 vorgestellten Methoden zur Visualisierung von Multimodellen auf ein konkretes Anwendungsszenario und konkrete Beispieldaten übertragen werden können.

H. Tauscher (✉) · R.J. Scherer
Institut für Bauinformatik, Technische Universität Dresden, Dresden, Deutschland

R.J. Scherer, S.-E. Schapke (Hrsg.), *Informationssysteme im Bauwesen 1*,
DOI 10.1007/978-3-642-40883-0_21

21.1.2 Anwendungsszenario

Das Szenario der Visualisierungsanwendung beinhaltet typische Problemstellungen aus dem Leistungs-, Kosten und Fortschrittscontrolling. In diesen Bereichen kumulieren Daten aus verschiedenen Phasen der Planung und Ausführung mit verschiedenen Detaillierungsgraden und aus verschiedenen Domänen. Ohne eine Überblickssicht über die große Menge von Informationen, aber auch ohne die Möglichkeit, detaillierte Daten zu vergleichen und zu korrelieren, sind die in dieser Phase anfallenden Aufgaben, wie etwa Rechnungsfreigaben oder Aktualisierung der Terminplanung zur Koordination der Gewerke, kaum zu bewältigen.

Im Folgenden wird am Beispiel von drei unterschiedlichen Visualisierungskomponenten gezeigt, wie sich mit dem generischen Framework und den gezeigten Konfigurationen konkrete Visualisierungskomponenten erzeugen lassen. Dies sind im Einzelnen:

- verschieden eingefärbte 3D Darstellungen
- zeitbasierte, animierte Darstellungen, 2D Gantt Charts und 3D Darstellungen
- abstrakte Darstellungen auf der Basis von Hierarchical Edge Bundles, HEB

21.1.3 Beispieldaten

Die zugrundeliegenden Daten basieren auf den Multimodellcontainern Ausschreibung, Angebot, Vertrag und Leistungsmeldung. Es wird angenommen, dass die Container Angebot und Vertrag identisch sind, also der Vertrag ohne Änderungen zustande gekommen ist. Die Container Vertrag und Leistungsmeldung enthalten jeweils die Vertragsversionen vom Gebäude und Leistungsmodell, das Leistungsverzeichnis sowie Mengenmodelle, die entweder alle Mengen wie im Vertrag oder nur die gemeldeten bzw. abgerechneten Teilmengen bei der Leistungsmeldung umfassen. Der Multimodellcontainer Vertrag enthält darüber hinaus noch einen Rahmenterminplan. Da das Leistungsverzeichnis im Vertragscontainer keine beschreibenden Kurz- und Langtexte enthält, musste noch das Leistungsverzeichnis aus dem Ausschreibungscontainer Berücksichtigung finden, das jedoch wiederum keine Einheitspreise enthält.

Um die Redundanz zu vermindern und einen effizienten Datenzugriff für die Visualisierungsanwendung zu ermöglichen, wurden alle Elementarmodelle und Linkmodelle aus den einzelnen Multimodellcontainern in einem Multimodellcontainer für die Visualisierung zusammengeführt. Die Elementarmodelle sind dabei separat gehalten worden, nur die Linkmodelle der Einzelcontainer wurden zu einem Linkmodell zusammengefasst. Abbildung 21.1 zeigt den Inhalt des Containers in der diagrammatischen Darstellung. Dieser Container für die Visualisierung dient im Gegensatz zu den meisten anderen in diesem Buch vorgestellten Containern weniger dem Datenaustausch als dem Persistieren einer vorbereiteten, auf Konsistenz geprüften Datenbasis.

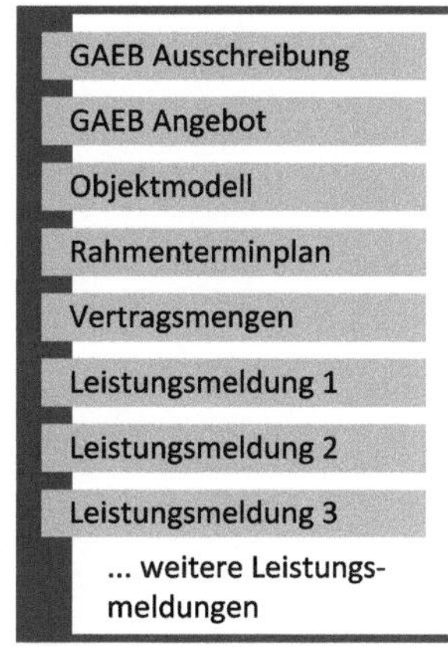

Abb. 21.1 Multimodellcontainer für die Visualisierung

21.2 Farbige 3D Darstellungen des Bauwerks mit verschiedenen Farbschemas

21.2.1 Extraktion und Gruppierung der Bauwerksdaten auf die Visualisierungsparameter

Farbige Darstellungen am 3D Bauwerk sind eine sehr anschauliche und intuitive Form der Visualisierung von Bauwerksinformationen. Die Geometrie der Visualisierungsobjekte entspricht dabei derjenigen des geplanten Bauwerks und wird direkt aus dem elementaren Bauwerksmodell übernommen. Das Bauwerksmodell bildet damit die Basis der Visualisierung. Die Farbparameter der Visualisierung werden jedoch meist aus anderen Elementarmodellen bezogen, wie etwa dem Leistungsverzeichnis mit Angebot aus der Phase Kostenkontrolle, den Terminplänen oder Leistungsmeldungen aus der Phase Fortschrittskontrolle. Diese Werte müssen unter Zuhilfenahme des Linkmodells ausgelesen, gruppiert und auf das Elementarmodell des Bauwerks, das die Basis für die Geometrie bildet, akkumuliert werden.

Abbildung 21.2 zeigt die Zugriffsstruktur, die aus dem Zusammenfügen von Elementarmodellen und dem Linkmodell gebildet wird. Das der Geometrie zugrundeliegende Elementarmodell wird dabei als Schlüsselmodell verwendet und alle in den anderen Elementarmodellen verlinkten Objekte in Relation zu den Objekten des Schlüsselmodells gesetzt. Dafür muss zunächst der Multimodellcontainer mit seinen Elementar- und Linkmodellen eingelesen, das Linkmodell durchlaufen und für jedes Element des Schlüsselmodells ein gruppiertes Linkobjekt erstellt werden. Diesem werden dann alle verlinkten Objekte aus anderen Modellen zugeordnet. Die Zugriffsstruktur existiert neben den Datenstrukturen der Elementarmodelle, sodass die Beziehungen zwischen Objekten eines Elementarmodells erhalten bleiben und ebenso über die Zugriffsstruktur ausgelesen werden können.

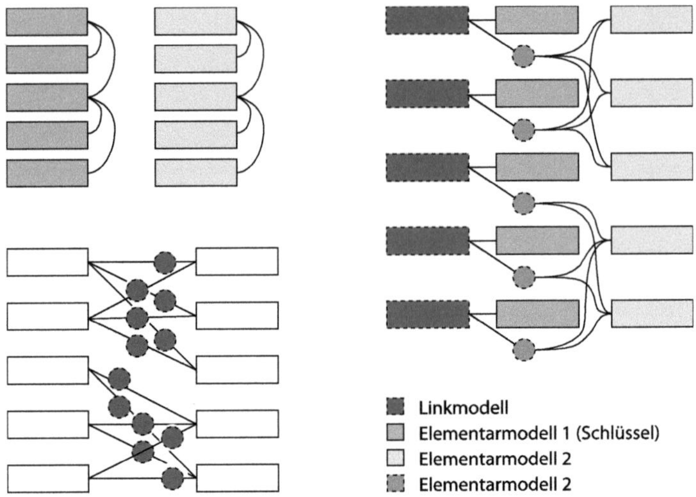

Abb. 21.2 Zugriffsstruktur für Multimodelle: Elementarmodelle (*links oben*), Linkmodell (*links unten*) und gruppierte Zugriffsstruktur (*rechts*)

21.2.2 Mapping der extrahierten Daten auf Visualisierungsparameter

Um die ausgelesenen Werte in der Visualisierung darstellen zu können, muss die Skala des darzustellenden Merkmals auf die Skala eines Visualisierungsparameters abgebildet werden. Die Skalen können auf beiden Seiten der Abbildung metrisch, d. h. kardinal, oder kategorial, d. h. nominal oder ordinal sein. Metrische Skalen auf der Seite der darzustellenden Merkmale können je nach vorliegenden Werten unterschiedlich verteilt sein, z. B. linear oder algorithmisch. Wenn Skalenniveau und Auflösung der Skalen auf beiden Seiten übereinstimmen, können die Informationen vollständig abgebildet werden und der Visualisierungsparameter wird auch vollständig ausgeschöpft, andernfalls sind entweder die Informationen nur rundungsweise darstellbar und werden evtl. abgeschnitten oder der Visualisierungsparameter wird nicht ausgeschöpft. Statusinformationen mit wenigen Werten und einer Rangordnung, wie bspw. offen, begonnen, blockiert, fertiggestellt, abgerechnet, bilden eine Ordinalskala, während Euro genaue Preisinformationen sind, die sich z. B. auf einer metrischen Proportionalskala anordnen lassen.

In den meisten Farbmodellen sind die Farbräume dreidimensional organisiert, wie bspw. im RGB und im HLS Modell. Der Wertebereich der einzelnen Dimensionen umfasst in der technischen Umsetzung jeweils 8 Bit, also Werte von 0 bis 255, und übersteigt damit bereits die durchschnittliche menschliche Wahrnehmungsfähigkeit. Theoretisch ist es möglich, gleichzeitig verschiedene Merkmale auf die einzelnen Dimensionen abzubilden, allerdings erweist sich dabei das HLS Modell als intuitiver lesbar. In den Beispielen wird durchgängig der RGB Farbraum verwendet und nur ein Merkmal auf den Farbraum abgebildet. Die Dimensionen des Farbraums werden vereinfachend als lineare Skalen verwendet, wobei dies nicht der menschlichen Wahrnehmung entspricht, die abgesehen von

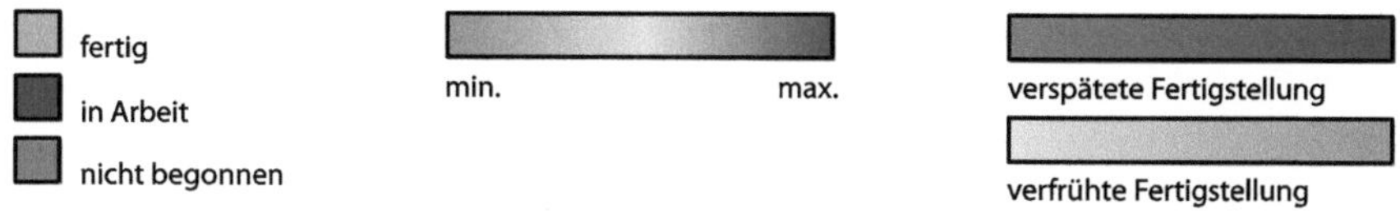

Abb. 21.3 Farbskalen aus später folgenden Farbdarstellungen: kategorisch (*links*), kontinuierlich (*Mitte*), komplex (*rechts*)

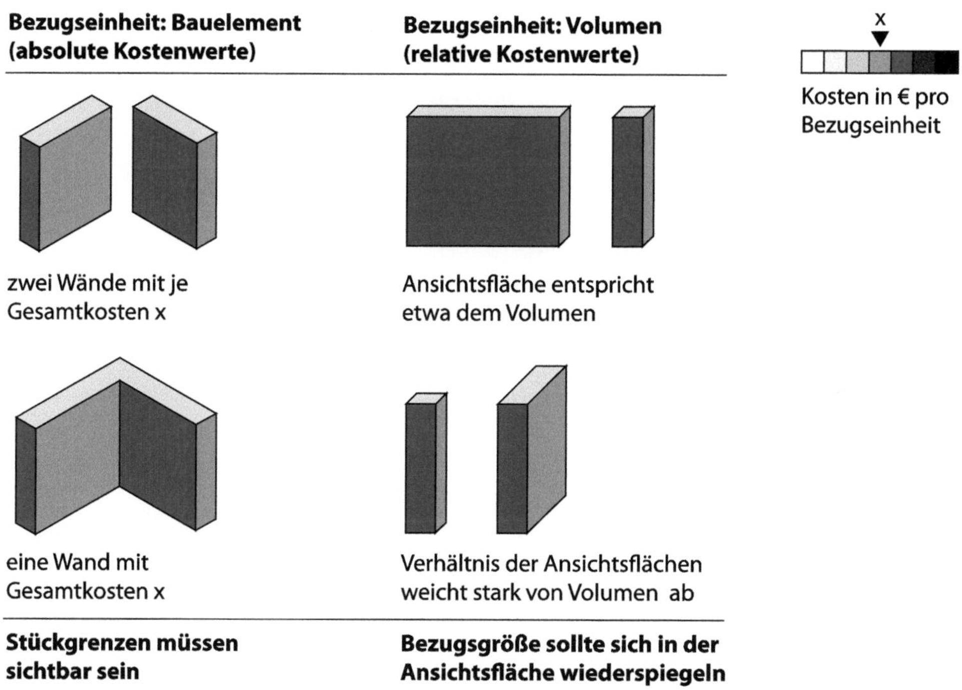

Abb. 21.4 Bezugsgrößenprobleme bei Visualisierungen von 3D Objektdarstellungen mit Farbskalen

individuellen Unterschieden in verschiedenen Bereichen des Farbraums unterschiedlich gut differenzieren kann. Ebenso liegen Methoden zur Auswahl geeigneter Farbschemata und der Überprüfung ihrer Eignung für bestimmte Aufgaben, wie sie etwa in [1] vorgestellt und untersucht werden, außerhalb des Fokus dieses Beitrags. Abbildung 21.3 zeigt verschiedene, später in diesem Beitrag verwendete Farbskalen.

Wie oben gezeigt, sind die Möglichkeiten, Informationen mit dem Parameter Farbe darzustellen, durchaus begrenzt. Eine allgemeinere quantitative Untersuchung, die auch das Darstellungspotential anderer Visualisierungsparameter einbezieht und dem Informationsgehalt von Bauwerksproduktmodellen gegenübersteht, steht noch aus.

Eine weitere Fragestellung, die sich im Zusammenhang mit dem Visualisierungsparameter Farbe stellt, ist die nach geeigneten Bezugswerten. Abbildung 21.4 illustriert die sich für die visuelle Darstellung ergebenden Probleme an zwei Möglichkeiten. Werden die Werte, z. B. Kostenwerte, als absolute Werte auf Bauelemente bezogen, ist es notwendig, die Grenzen zwischen den Bezugseinheiten deutlich aufzuzeigen. Andernfalls geht die Aussage der Darstellung verloren. Die Anzeige der Elementgrenzen geht aber zu Lasten der Intuitivität und Übersichtlichkeit der 3D Darstellung.

Alternativ müssen die per Farbe darzustellenden Werte auf eine gemeinsame homogene Bezugseinheit normalisiert werden. Dafür bietet sich das Volumen an. Kostenwerte liegen in der Regel für verschiedene Leistungen mit spezifischen Bezugseinheiten vor, z. B. Volumen, Grundfläche, Mantelfläche, Gewicht, Stück u. a. Die Normalisierung auf die Bezugseinheit Volumen benötigt zunächst Rechenaufwand, der aber kaum höher ist als die Ermittlung von Absolutwerten aus den Mengen und Einheitspreisen. Die Darstellung kann allerdings dennoch problematisch bleiben und zwar, wenn die Bezugsgröße, hier das Volumen, verhältnismäßig gesehen stark von der Ansichtsgröße abweicht. Unter Ansichtsgröße wird hier die Fläche verstanden, die das Element in der 3D Darstellung einnimmt. Signifikante Abweichungen können etwa zustande kommen, wenn große Teile des Bauelements verdeckt sind oder wenn die Ausdehnung vertikal zur Projektionsebene stark differiert. Eine Lösungsmöglichkeit besteht in der Übertragung von Methoden der Kartografie auf die Bauwerksvisualisierungen in Form von Flächenkartogrammen. Erste Ansätze hierzu wurden in [2] untersucht. Hier besteht weiterer Forschungsbedarf.

21.2.3 Kosten

In diesem Abschnitt wird die Anwendung des in Abschn. 21.2.1 vorgestellten Visualisierungsmappings auf Kostenwerte vorgestellt. Der Visualisierungsprototyp in Abb. 21.5 und Abb. 21.6 bildet Bauelemente mit ihrer 3D Geometrie und den korrespondierenden Kosten ab. Dabei werden die Kostenwerte normalisiert und auf durchgängige Einheiten bezogen. Experimentelle Abbildungsmethoden für den Fall, dass Bezugswert und Darstellungsfläche nicht korrespondieren, wurden u. a. in der Kartografie entwickelt. Erste Überlegungen zur Übertragung auf Bauwerksvisualisierungen finden sich in [2].

Neben der Wahl einer geeigneten Bezugsgröße besteht eine weitere Schwierigkeit beim Erstellen von 3D Darstellungen mit Farbskalen in der Kompensation der fehlenden dritten Dimension bei der 2D Abbildung, da die dritte Dimension üblicherweise durch Farben bzw. Farbschattierungen simuliert wird. Dies führt zu optischen Konflikten bei der Verwendung von Farben für Sekundärmodellinformationen.

21.3 Zeitbasierte Visualisierungen

21.3.1 Mapping von Zeitinformationen und auf zeitliche Visualisierungsparameter

Die Modelldaten können verschiedene zeitliche Informationen enthalten, wie z. B. Informationen in Terminplänen oder Erstellungs- und Änderungszeitpunkte von Dokumenten.

Abb. 21.5 Relative Kosten pro m2 Schalung

Die Informationen können Zeiträume oder Zeitpunkte umfassen und mehrere Aspekte betreffen, z. B. geplante und tatsächliche Abläufe. Sofern das zur Visualisierung verwendete Medium dies erlaubt, enthält auch die Visualisierung eine Zeitdimension, d. h. sie kann sich über die Zeit verändern.

Wie bereits für die Geometrieinformationen gelten auch für die Zeitinformationen, dass die intuitiv verständlichste Form der Abbildung diejenige ist, bei der Zeitinformationen auf den Visualisierungsparameter Zeit abgebildet werden. Es sind aber ebenso Abbildungen gebräuchlich, bei denen Zeitinformationen auf einen räumlichen Visualisierungsparameter, z. B. in der Darstellungsfläche, oder räumliche bzw. abstrakte Informationen auf den Visualisierungsparameter Zeit abgebildet werden. Ersteres findet sich bei allen Visualisie-

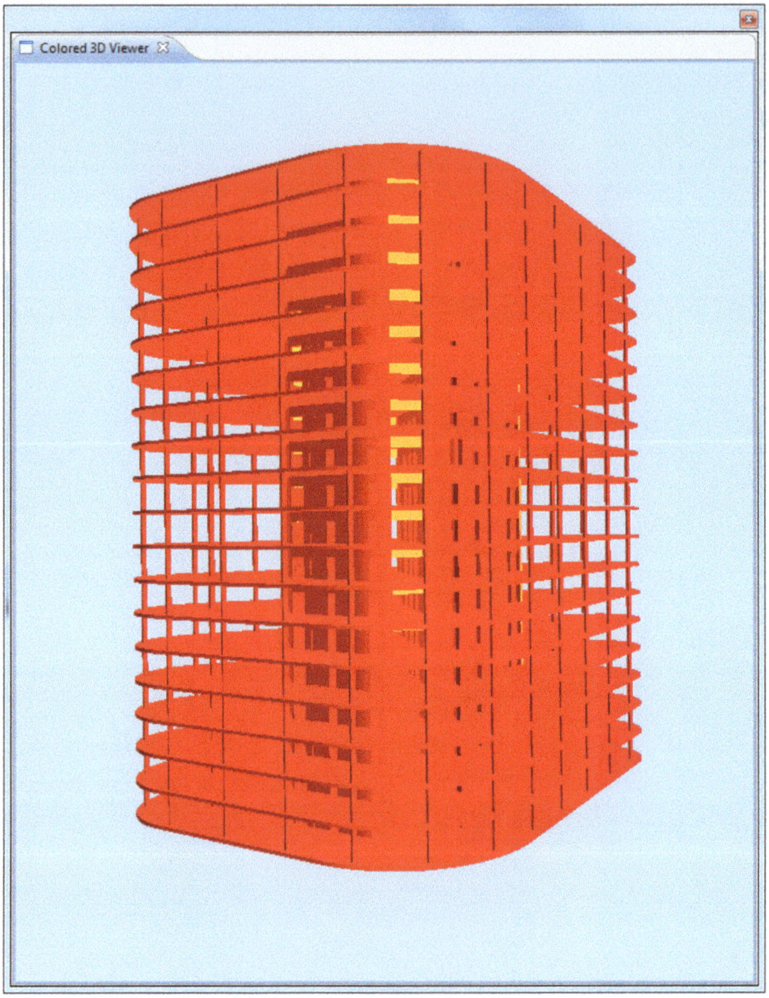

Abb. 21.6 Summe Rohbaukosten normalisiert auf m3

rungen, die auf einem Zeitstrahl beruhen, etwa dem hier vorgestellten Gantt Chart; letzteres findet sich beim sogenannten Slide Through, wo eine Schnittebene animiert oder interaktiv verschoben wird.

Auch bei zeitbasierten Darstellungen existiert die Genauigkeits- und Bezugsproblematik. Zunächst kann zwischen Zeitpunkten und Zeiträumen unterschieden werden. Beobachtungen, Messungen oder Feststellungen beziehen sich zumeist auf Zeitpunkte, nämlich die Zeitpunkte, an denen sie erhoben wurden. Sobald aber eine Reihe von Informationen in festen Zeitabständen erhoben wird, beziehen sich die Informationen in der Regel auf Ereignisse in den dazwischenliegenden Intervallen. Man kann hier auch von der Auflösung der Zeitdimension sprechen.

21.3.2 Animierter Balkenplan

21.3.2.1 Daten

Im vorliegenden Beispiel wird nur die Zeitachse der Bauausführung betrachtet. Informationen über den geplanten Ablauf, d. h. Sollwerte, werden aus dem Rahmenterminplan entnommen. Im Rahmenterminplan Rohbau im vorliegenden Modell gibt es jeweils nur einen zugehörigen Vorgang pro Bauteil. Das wird als allgemeingültige Eigenschaft von Rahmenterminplänen angenommen. Die Informationen über den tatsächlichen Ablauf, d. h. Istwerte, finden sich in den Metainformationen der Leistungsmeldungen, da diese jeweils einen bestimmten Meldungszeitpunkt betreffen. In den folgenden Betrachtungen wird vereinfachend nicht zwischen Meldungs-, Abrechnungs- und Fertigstellungsdatum differenziert. Die Leistungsmeldungen erfolgen im Abstand von jeweils einem Monat. Für die Leistungsmeldung wird weiterhin folgende Einschränkung gemacht: sie umfassen Bauteile immer vollständig, es gibt nur zwei Zustände. Ein gegebenes Bauteil ist also zu einem gegebenen Zeitpunkt entweder ganz fertig oder gar nicht, es gibt keine teilweise fertiggestellten Bauteile, die Bauteile sind hinsichtlich des Fortschritts atomar.

Für die animierte Gantt Darstellung werden die grafischen Objekte aus den Vorgängen gebildet. Dementsprechend muss die Gruppierung der Informationen anhand des Vorgangsmodells erfolgen.

21.3.2.2 Darstellung des geplanten und tatsächlichen Fortschritts am Balkenplan

Beim Balkenplan bzw. Gantt Chart wird die Zeitinformation auf der x-Achse der zweidimensionalen Darstellung abgebildet. Vorgänge, die sich in der Zeit erstrecken, sind als horizontal verlaufende Strecken oder schmale Rechtecke repräsentiert. Der Anfangs- und Endpunkt der Vorgänge entsprechen dem Start- und Endzeitpunkt. Für die Anordnung auf der y-Achse können verschiedene Sortierkriterien festgelegt werden, z. B. der früheste Anfangszeitpunkt oder die zumeist an die Leistungsbeschreibung angelehnte Sortierung aus dem Vorgangsmodell.

Statuswerte (siehe Teil I, Kap. 1) für die einzelnen Vorgänge zu einem bestimmten Zeitpunkt können auf die grafischen Objekte, die den jeweiligen Vorgang repräsentieren, durch Einfärbungen aufgetragen werden. Dabei kann entweder der ganze Vorgang oder nur ein Teil entsprechend einer Farbskala eingefärbt werden. Für das Szenario sollen die zu den Zeitpunkten der Leistungsmeldungen jeweils aktuellen Soll- und Istwerte dargestellt werden. Die resultierende Darstellung ist in Abb. 21.7 abgebildet.

Die Animation erfolgt in diskreten Schritten zu den Leistungsmeldungen. Als Erweiterung könnte auch eine Animation mit kontinuierlich fortschreitenden Soll- und Istwerten vorgenommen werden. Der zusätzliche Nutzen einer kontinuierlichen Animation ist aber fraglich und wäre zu diskutieren.

21.3.2.3 Ermittlung der Soll- und Istwerte

Weil die Leistungsmeldungen, auf denen die Istwerte in der Darstellung basieren, nicht zwangsläufig an den Vorgangsgrenzen erfolgen, müssen die Sollwerte, die sich aus den

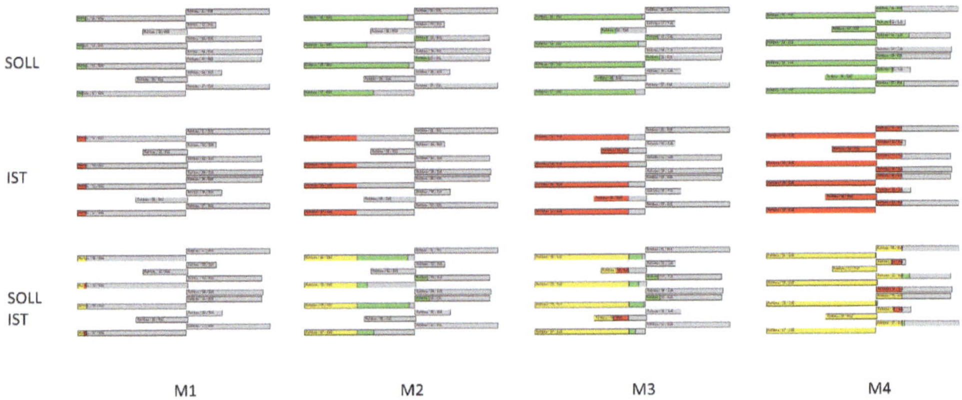

Abb. 21.7 Eingefärbtes Balkendiagramm zu vier Zeitpunkten (Monate 1–4) der Leistungsmeldung: Sollwerte (*oben*), Istwerte (*Mitte*), Überlagerung (*unten*), Farbskale bei Überlagerung: *grün* = voraus, *gelb* = im Plan, *rot* = im Rückstand

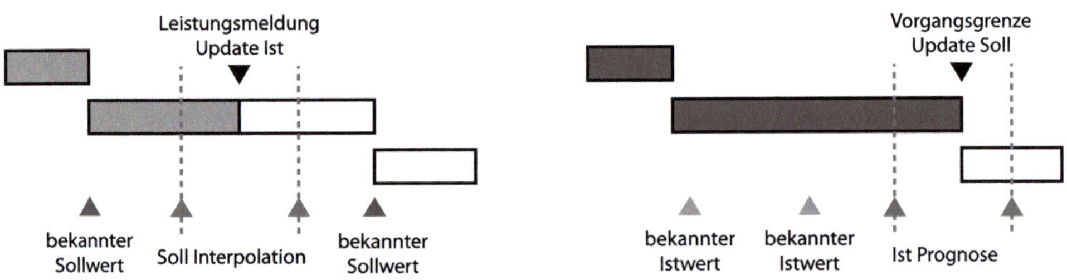

Abb. 21.8 Interpolation links für Sollwerte, z. B. bei Leistungsmeldungen und rechts für Istwerte, z. B. an Vorgangsgrenzen

Vorgängen ergeben, für die Zeitpunkte der Leistungsmeldungen interpoliert werden. Dafür müssen Annahmen über die Verteilung der Bauteile und der Leistungsmengen über den Vorgang im Verlauf der Zeit getroffen werden. Hier wird von einer linearen Verteilung ausgegangen, gleichwohl mittels einer Verteilungskurve realistischere Darstellungen erzielt werden würden, deren Bestimmung aber meistens mit einer hohen Unschärfe versehen ist.

Die Abbildung 21.8 zeigt, wie die Soll- und Istwerte zu den Zeitpunkten der Leistungsmeldungen und Vorgangsgrenzen jeweils durch genaue Angabe, z. B. kontinuierlicher Aktualisierung, durch Interpolation oder Prognose bestimmt werden.

Der Darstellung des Fortschritts zu Managementzwecken liegt ein grobgranularer Rahmenterminplan zugrunde. Darin sind mehrere Leistungen in einem Vorgang zusammengefasst. Die Quantifizierung der Leistung erfolgt über Mengenbezüge, die auf verschiedenen Ansätzen beruhen und verschiedene Dimensionen des Bauteils einbeziehen, wie z. B. Volumen, Oberfläche, Grundfläche oder Gewicht. Diese können nur durch Aufwandsfaktoren zu vergleichbaren Werten umgerechnet werden. Um den Fortschritt an Vorgängen des

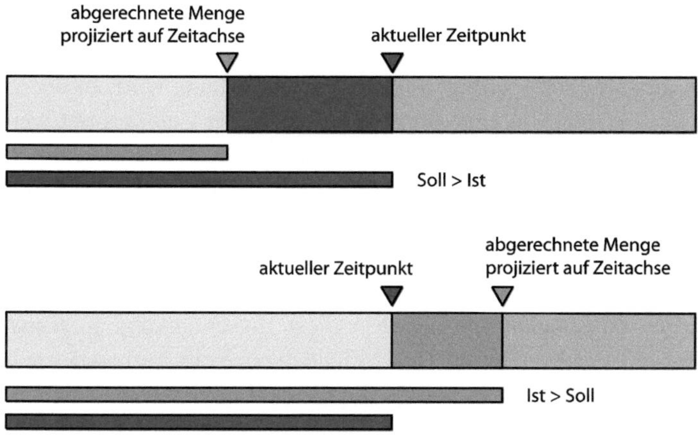

Abb. 21.9 Soll Ist Vergleich Farbskalen für Balkenplan

Rahmenterminplans darzustellen, ist es zwingend erforderlich, Leistungen mit verschiedenen Mengenbezügen zusammenzufassen. Die nivellierenden Aufwandsfaktoren, die diese Zusammenfassung ermöglichen, beruhen jedoch auf Annahmen, Schätzungen oder Erfahrungswerten, was zwangsläufig zu sehr unscharfen Fortschrittswerten führt. Für die hier gezeigten Darstellungen wurden vereinfachend durchgängig Aufwandsfaktoren von 1 verwendet. Die Fortschrittskontrolle beruht also auf der unrealistischen Annahme, dass die Herstellung von 1 cm Beton genauso aufwändig ist wie die von 1 qm Schalung.

Um die vorgestellten Visualisierungen für das Management nutzbar zu machen, müssten die Aufwandsfaktoren wie auch die Kurven für die Verteilung der Aufwände über die Zeit konfigurierbar gemacht werden. Dann kann die Visualisierung helfen, einen realistischen Eindruck des Fortschritts zu gewinnen. Um die Auswirkung der Annahmen von den Auswirkungen der Leistungsmeldungen abgrenzen zu können, sollte die Anpassung der Aufwandskonfiguration in Echtzeit möglich sein.

21.3.2.4 Farbskala durch Überlagerung von Soll- und Istwerten

Die Farbigkeit des Balkenplans in Abb. 21.7 kommt durch die Überlagerung von Soll- und Istwerten zustande. Abbildung 21.9 illustriert das Prinzip: Die ermittelten Soll- und Istmengen zum betrachteten Zeitpunkt werden zunächst auf die Zeitachse projiziert. Bei der angenommenen Gleichverteilung des Aufwands über den Zeitraum des Vorgangs wird der Sollwert exakt an die Stelle des Betrachtungszeitpunkts projiziert, bei realistischeren Verteilungen wäre das nicht der Fall. Dem Sollwert wird die Farbe rot zugeordnet und dem Istwert die Farbe grün. Der Überlagerung entsprechend des RGB Farbmodells ergibt sich ein dreifarbiges Schema mit den Farben Rot, Grün und Gelb. Gelb steht für den planmäßig ausgeführten Anteil, der sowohl in der Istmenge als auch in der Sollmenge enthalten ist. Grün hingegen steht für überplanmäßige Mengen, also den Anteil, der nur in der Ist-, aber nicht in der Sollmenge enthalten ist. Rot schließlich stellt die rückständigen Mengen da, also den Anteil, der nur in der Soll-, aber nicht in der Istmenge enthalten ist.

21.3.3 Farbige 4D Darstellung

Im Gegensatz zur animierten, farbigen Balkenplandarstellung wird der übergeordnete Bezug nicht durch einzelne Vorgänge hergestellt, die in der Zeit verortet werden, sondern durch die Bauelemente, die im 3D Raum verortet werden. Die 4D farbige Darstellung wird also aus den grafischen Objekten der Bauwerkselemente gebildet. Dementsprechend muss die Gruppierung der Informationen anhand des Bauwerksmodells erfolgen. Dabei werden Vorgänge, Leistungen oder Menge den Bauwerkselementen geordnet. In der derzeitigen Implementation geht dabei die Relation zwischen den zugeordneten Informationen verloren. Im vorliegenden Spezialfall ist diese Einschränkung aufgrund der Spezifik des Anwendungsfalls nicht relevant. Hier ist jedoch noch ein Ausbau der generischen Datenzugriffsmethoden erforderlich, sodass die Gruppierung nach Abb. 21.2 geschachtelt werden kann. Alternativ müsste das Visualisierungsframework so ausgebaut werden, dass externe Filter- und Zugriffsmethoden eingebunden werden können, die diese Fähigkeiten aufweisen, wie z. B. geeignete Multimodellfilter.

Da der Ablaufplan und das Bauwerksmodell unterschiedlich strukturiert sind, weisen die Beziehungen zwischen beiden Modellen eine Kardinalität der Form n:m auf. So können an einem Bauteil verschiedene Vorgänge ausgeführt werden und ein Vorgang kann mehrere Bauteile umfassen. Wurde zuvor dargestellt, wie sich der Status eines bestimmten Vorgangs aus dem Status der betroffenen Bauteile zusammensetzt, wird nun dargestellt, wie sich der Status eines Bauteils aus dem Status verschiedener Vorgänge zusammensetzt.

Daraus ergibt sich zunächst die Frage nach der Gewichtung der Vorgänge in der Darstellung: Ein Bauteil wird von mehreren Vorgängen berührt, die sich zeitlich überschneiden können. Es lassen sich aber nur eine bis maximal drei verschiedene Skalen in einer Darstellung zusammenbringen. Wie lässt sich aus den verschiedenen Statuswerten für die Vorgänge am Bauteil ein einzelner Statuswert für dieses Bauteil ermitteln? Genügt die Bildung eines arithmetischen Mittels oder müssen die Vorgänge mit unterschiedlichen Gewichten eingehen? Dies ist analog zu der Frage nach der Verteilung der einzelnen Bauteile innerhalb eines Vorgangs (s. Abschn. 21.3.2). Wie dort wären auch hier Aufwandswerte eine geeignete Möglichkeit, um die Verteilung realistisch zu gestalten. Der Einfachheit halber wird aber auch hier von einer linearen Verteilung ausgegangen.

Ein weiteres Darstellungsproblem ergibt sich aus der Tatsache, dass der Rahmenterminplan wesentlich gröber granular ist als das Bauwerksmodell und dass die Leistungsmeldungen ebenfalls feiner granuliert sind und vor allem nicht an den Grenzen der Vorgänge erfolgen, sondern in einem regelmäßigen Rhythmus. Zu einem beliebigen Zeitpunkt innerhalb eines Vorgangs lässt sich aus dem Terminplan mit einer Annahme über die Verteilung (s. o.) bestimmen, welcher Anteil der vom Vorgang betroffenen Bauteile fertiggestellt sein sollte. Ohne eine detailliertere Planung vorzunehmen, lässt sich aber nicht bestimmen, welche Bauteile genau fertiggestellt sein sollten. Diese Angabe zu den Sollwerten lässt sich nur für die Zeitpunkte der Vorgangsgrenzen ohne weiteres treffen. Die Istwerte aus den Leistungsmeldungen wiederum treffen nur auf die Zeitpunkte der Leistungsmeldung zu. Nur für diese Zeitpunkte lässt sich sagen, welche Bauteile fertiggestellt sind. Für Zeiten zwischen Leistungsmeldungen ist eine sinnvolle Interpolation vorzunehmen.

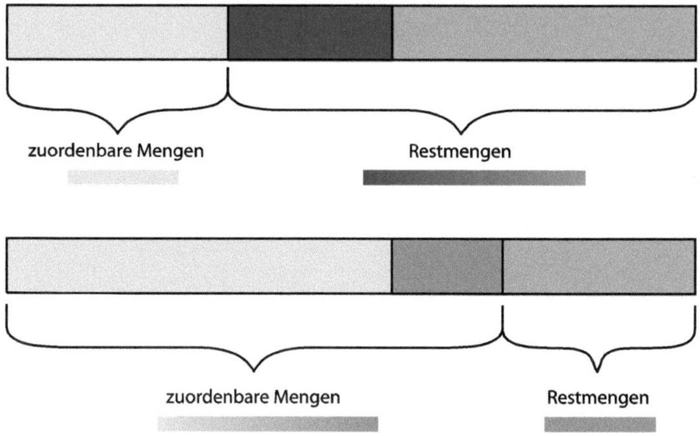

Abb. 21.10 Soll Ist Vergleich: Farbskalen für animierte 4D Darstellung

Tab. 21.1 Soll Ist Vergleich: Farbskalen für animierte 4D Darstellung

Soll Ist Verhältnis Vorgang	Bauteil fertig gemeldet	Bauteil noch nicht fertig gemeldet
Soll > Ist	R, G, B = 1, 1, 0 Alpha = 0	R, G, B = 1, 0, 0 Alpha = (Soll Ist)/(Vorgang Soll Ist)
Ist > Soll	R, G, B = Soll Ist, 1, 0 Alpha = 0	R, G, B = ∗, ∗, ∗ Alpha = 1

Das sich ergebende Darstellungsproblem tritt erst bei der Zusammenführung von Soll- und Istdarstellungen zu Vergleichszwecken auf. Während in der Solldarstellung die Zustände der Bauteile an den Vorgangsgrenzen wechseln und in der Istdarstellung an den Zeitpunkten der Leistungsmeldung, müssen in der Darstellung zum Soll Ist Vergleich alle Statuswechsel zu den gegeneinander versetzten Zeitpunkten berücksichtigt werden. Dabei können jeweils einige Statuswechsel direkt auf das Bauteil bezogen dargestellt werden, andere müssen mangels Zuordnung zum Bauteil anteilig auf den gesamten Vorgang bezogen und der ermittelte Wert an allen betroffenen Bauteilen dargestellt werden.

Abbildung 21.10 und Tab. 21.1 zeigen, wie sich die Farbskalen ergeben. Entsprechend dem in Abb. 21.9 gezeigten Schema sind Soll- und Istwerte zu überlagern. Durch die Leistungsmeldung wird die Menge aller Bauteile in die Gruppe der bereits abgerechneten und die der noch nicht abgerechneten unterteilt. Die Istmengen können also den Bauteilen zugeordnet werden und die betreffenden 3D Objekte direkt eingefärbt werden. Für die Sollmengen außerhalb der Vorgangsgrenzen trifft dies jedoch, wie oben beschrieben, nicht zu. Die Darstellung dafür muss daher anteilig über alle potentiell betroffenen Bauteile erfolgen. Statt also konkrete Objekte grün, d. h. Fertigstellung ausgeführt, aber noch nicht geplant oder rot, d. h. Fertigstellung geplant, aber noch nicht ausgeführt, zu färben, werden die potentiell betroffenen Objekte entsprechend einer Skala von gelb nach grün bzw. von grau nach rot eingefärbt. Die gegenüber der Planung zu früh fertig gestellten Bauteile

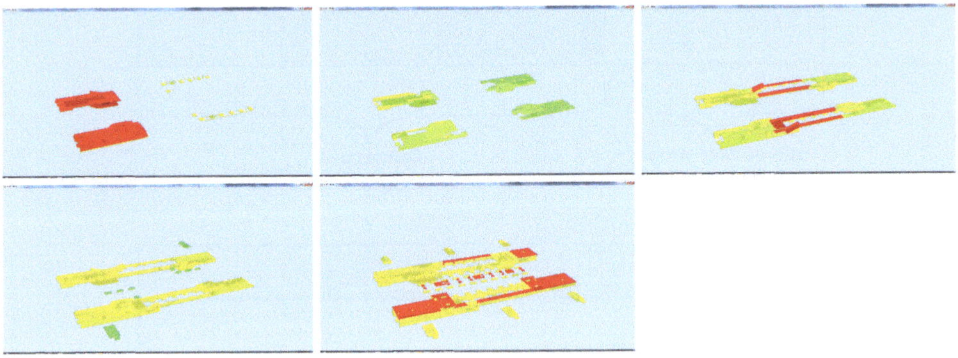

Abb. 21.11 Soll Ist Vergleich Farbskalen für animierte 4D Darstellung

lassen sich innerhalb aller fertiggestellten nicht identifizieren, daher werden alle fertiggestellten Bauteile entsprechend des Anteils der zu früh fertiggestellten gelbgrün eingefärbt. Entsprechend lassen sich gegenüber der Planung noch ausstehende Bauteile innerhalb der nicht fertiggestellten nicht identifizieren, daher werden alle nicht fertiggestellten Bauteile entsprechend des Anteils der davon laut Planung bereits ausstehenden Bauteile graurot eingefärbt.

Zusätzliche Differenzierung würde die Farbskala dadurch erfahren, dass ein Bauteil teilweise fertiggestellt sein kann. Dies wäre der Fall, wenn einige der das Bauteil betreffenden Leistungen bereits abgerechnet sind, andere aber noch nicht. In Abschn. 21.3.2.1 wurde dieser Sonderfall für die vorliegenden Daten ausgeschlossen. Ebenso wurde davon ausgegangen, dass es keine sich überschneidenden Vorgänge pro Bauteil gibt, sondern pro Bauteil immer nur ein Vorgang gleichzeitig aktiv ist, der jedoch mehrere Leistungen umfassen kann. Bei einer feingliedrigeren Strukturierung der Vorgänge entsprechend des Leistungsverzeichnisses könnte diese Voraussetzung nicht mehr aufrechterhalten werden und die Visualisierung in der vorgestellten Form würde nicht mehr funktionieren.

Wie bei der animierten Färbung des Balkenplans erfolgt die Animation in fixen, diskreten Schritten entsprechend der Leistungsmeldungen. Eine kontinuierliche Animation wäre ebenso möglich, aber auch ebenso fragwürdig, wie in Abschn. 21.3.2.2 für den Balkenplan gezeigt. Diese Problematik kann nur abschließend mit einer standardisierten Skala für den Detailierungsgrad, LoD, gelöst werden.

Abbildung 21.11 zeigt die sich ergebenden Darstellungen.

Weitere Farbskalen, die sich mithilfe der beschriebenen Daten und Zusammenhänge bilden und auf die Leistungsmeldungszeitpunkte anwenden lassen, wären:

- Soll/Total Verhältnis ergibt den geplanten Fertigstellungsgrad
- Ist/Total Verhältnis ergibt den tatsächlichen Fertigstellungsgrad
- Ist/Soll Verhältnis ergibt den Planerfüllungsgrad

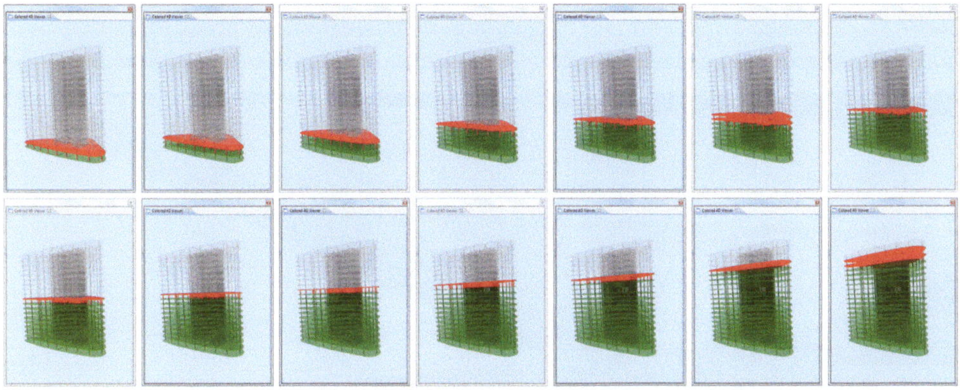

Abb. 21.12 Animierter 4D View mit dem Status des Bauprojekts zu verschiedenen Zeitpunkten

Abbildung 21.12 zeigt ein Set von visuellen Repräsentationen, die von einer Animation über die Zeit stammen. Die verschiedenen Farben der Visualisierung beziehen sich auf den unterschiedlichen Status des Gebäudes während der Ausführung: Rot gefärbte Teile sind in Bearbeitung, während transparent grüne Teile fertiggestellt sind und transparent graue Teile noch nicht begonnen wurden.

21.4 Icicles und Hierarchical Edge Bundles für diagrammatische Darstellungen

21.4.1 Mapping für diagrammatische Darstellungen

In den Abschn. 21.2 und 21.3 wurden für die Visualisierungen die intuitivsten Abbildungen gewählt, nämlich die Abbildung räumlicher Modellinformationen auf räumliche Visualisierungsparameter und die Abbildung zeitlicher Modellinformationen auf zeitliche Visualisierungsparameter. Abstrakte Darstellungen nutzen die Raum- und Zeitdimensionen der Visualisierung jedoch für andere Informationen und Zusammenhänge aus dem Modell. Sie sind zumeist zweidimensional, wobei die Dimensionen nicht den x- und y-Dimensionen des Bauwerks entsprechen. Der Abbildungsraum kann durch Verwendung der dritten oder vierten Dimension vergrößert werden, die dann aber i. d. R. nicht immer mit Informationen aus den entsprechenden Dimensionen befüllt werden.

Mit der hier beschriebenen diagrammatischen Darstellung werden die Zusammenhänge zwischen verschiedenen Elementarmodellen aufgezeigt und in einer Überblickssicht zugänglich gemacht. Dafür werden die Informationen aus dem Linkmodell in die Visualisierung überführt. Bei den gewählten Elementarmodellen handelt es sich um das IFC Bauwerksmodell und das GAEB Leistungsmodell. Beide Elementarmodelle sind hierarchisch gruppiert, die Links setzen auf der untersten Ebene der Hierarchie an. Um komplexe Zusammenhänge in einer Übersichtsdarstellung verständlich zu machen, müssen die Grenzen der menschlichen Kapazität für die Informationsverarbeitung beachtet und die komplexen

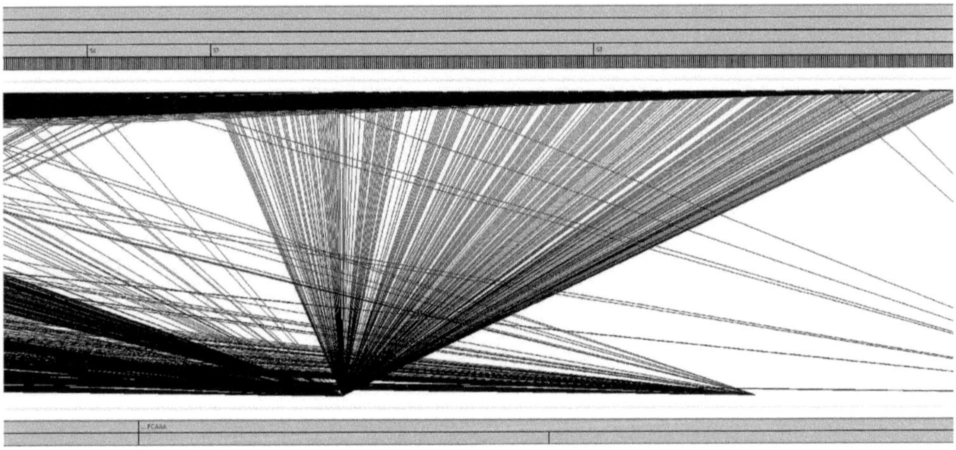

Abb. 21.13 Darstellung der Verlinkung durch einfache Linien

Sachverhalte in überschaubare Einheiten zerlegt werden. Daher wird auch die hierarchische Struktur in die Visualisierung mit einbezogen.

21.4.2 Verlinkungsdarstellung

Die in [3] vorgeschlagene, komplexe Visualisierung zeigt den Zusammenhang zwischen zwei jeweils hierarchisch strukturierten Modellen. Der ursprüngliche Anwendungsfall war der Vergleich der Quellen von Softwarepaketen, die hierarchisch organisiert sind, vor und nach dem Refactoring. Die Visualisierung setzt sich aus zwei Teilen zusammen, je einem Icicle für die beiden Hierarchien und hierarchisch gebündelte Linienzüge für die Zusammenhänge zwischen den beiden Hierarchien. Als Icicle wird die Darstellung einer Baumstruktur bezeichnet, bei der jeder Knoten als Rechteck abgebildet wird. Die Rechtecke sind mit aufsteigender Knotentiefe gestapelt und haben eine fixe Höhe und eine Breite, die sich aus der Summe der Breiten der Kindknoten ergibt. Für jedes Modell wird ein Icicle aufgebaut und die beiden Icicles werden so angeordnet, dass die Seiten der größten Tiefe einander zuweisen und die Rechtecke der untersten Ebene durch Linien miteinander verbunden werden können. Dafür muss eines der Icicles gespiegelt aufgebaut werden.

Die Verbindung der Elemente durch einfache Linien führt zu einer Darstellung in der Art einer Fadengrafik (siehe Abb. 21.13), die sehr unübersichtlich ist. Die in [3] vorgeschlagene hierarchische Bündelung fasst nun Gruppen von Linien zusammen entsprechend der Position der verbundenen Elemente und ihrer Elternelemente in der Hierarchie. Abbildung 21.14 zeigt die gleiche Darstellung mit Bündelung nach dem vorgeschlagenen Algorithmus und einem Bündelungsgrad von 70 %.

Die explizite Darstellung der Links ermöglicht einen Überblick über den Verlinkungsgrad der beiden Elementarmodelle und über die Verteilung der Linkabdeckung. So kön-

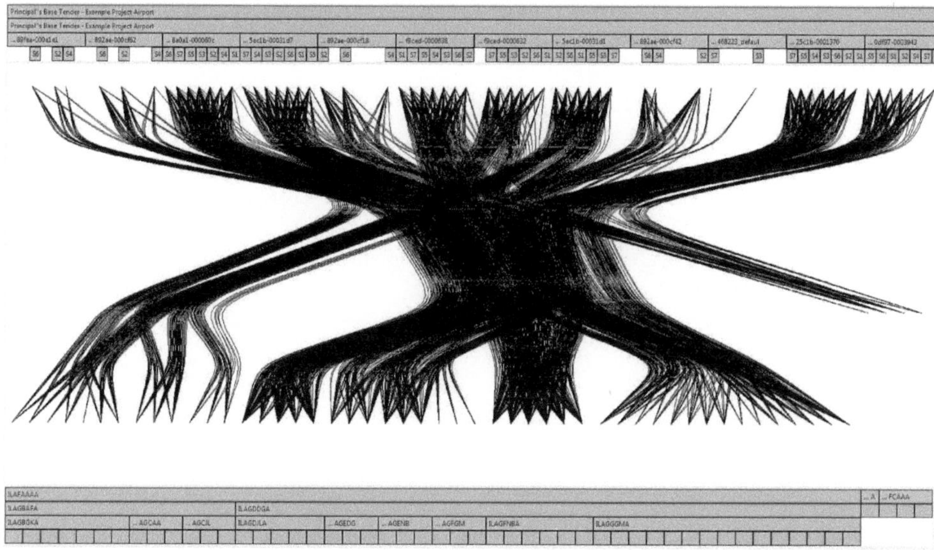

Abb. 21.14 Darstellung der Verlinkung durch gebündelte Bezierkurven

nen bspw. nicht oder schwachverlinkte Modellbereiche aufgefunden werden. Es ist außerdem ersichtlich, wie sich die Linkabdeckung auf höhere Hierarchieebenen auswirkt. Bspw. kann überprüft werden, dass einige Positionen nicht in allen Etagen vorkommen. Weiterhin wird es so möglich, Links oder Gruppen von Links auszuwählen, um weitere Eigenschaften der Links anzuzeigen oder Operationen auszuführen. Durch die Bündelung der Links werden die Überblickssicht und die Auswahl erleichtert.

21.4.3 Leistungsmeldungen

Durch die explizite Linkdarstellung ist es außerdem möglich, weitere Informationen darzustellen, die einzelne Links betreffen. Die Linien stellen jeweils den kleinsten gemeinsamen Nenner der beiden dargestellten Hierarchien dar. In den vorgestellten Beispielen mit Leistungs- und Bauwerkshierarchie sind das bspw. die Teilmengen, die durch Bauelement und Leistung definiert sind. Abbildung 21.15 zeigt etwa eine Linkdarstellung, in der alle Mengen einer Position aus dem Leistungsverzeichnis hervorgehoben sind. Dadurch kann anschaulich nachvollzogen werden, in welchen Bereichen des Bauwerks diese Leistungen vorgesehen sind. Die Darstellung ist übersichtlich als eine 3D Darstellung mit entsprechender Hervorhebung und eignet sich deshalb als Überblickssicht.

Die Leistungsmeldungen beziehen sich ebenfalls auf den kleinsten gemeinsamen Nenner von Bauwerk und Leistungsverzeichnis und dabei immer auf fertiggestellte Mengen. Darum ist es möglich, den Baufortschritt ebenfalls mithilfe der Linkdarstellung zu visualisieren. Abbildung 21.16 zeigt den Fertigstellungsgrad zu einem bestimmten Zeitpunkt, Abb. 21.17 zeigt den Startzeitpunkt, z. B. Monat, auf einer Spektralskala.

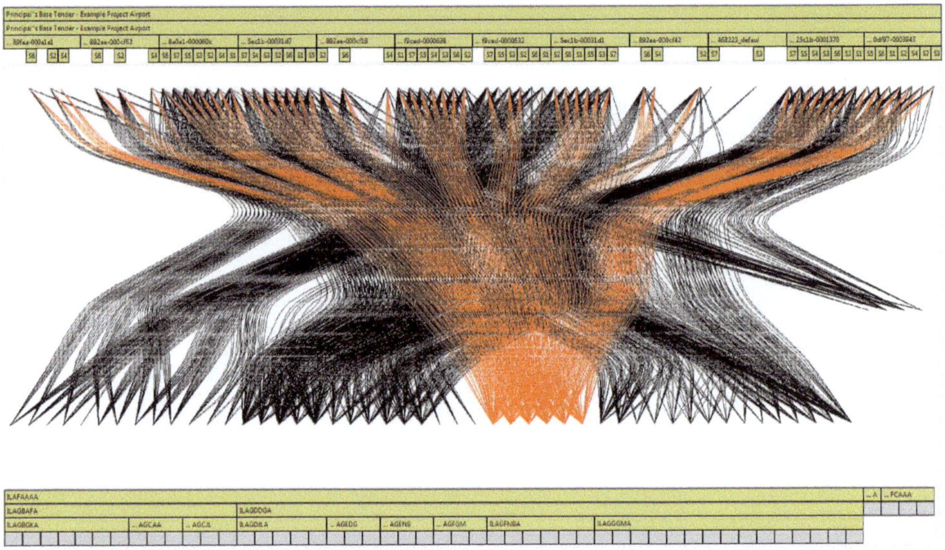

Abb. 21.15 Gebündelte Linkdarstellung mit Herverhebung der Leistungsposition 1.2.5 (Filigrandecken)

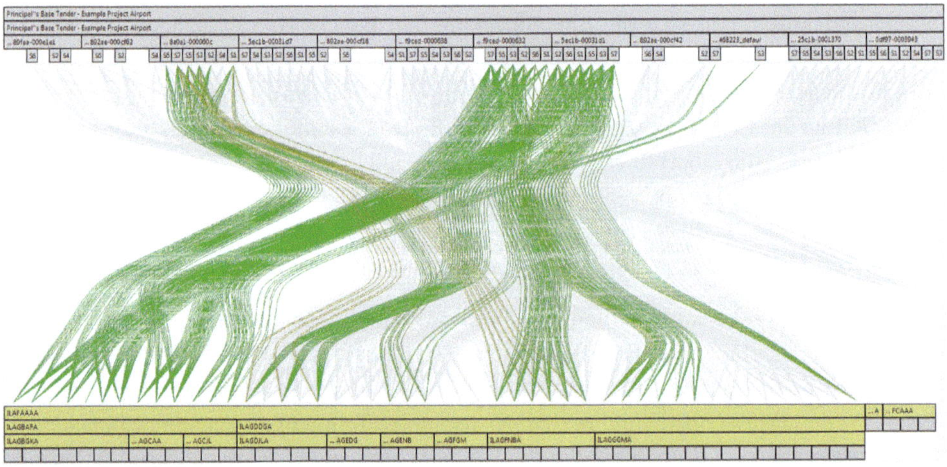

Abb. 21.16 Farbskala nach Fertigstellungsgrad

21.5 Zusammenfassung und offene Fragen

Dieser Beitrag zeigt, wie mit den in Teil II, Kap. 18 beschriebenen generischen Methoden konkrete Visualisierungskomponenten erzeugt und auf ein komplexes Szenario angewendet werden können. Dafür wurden drei Beispiele herangezogen: farbige 3D Darstellungen, farbige animierte Darstellungen und diagrammatische 2D Darstellungen. Diese Visualisie-

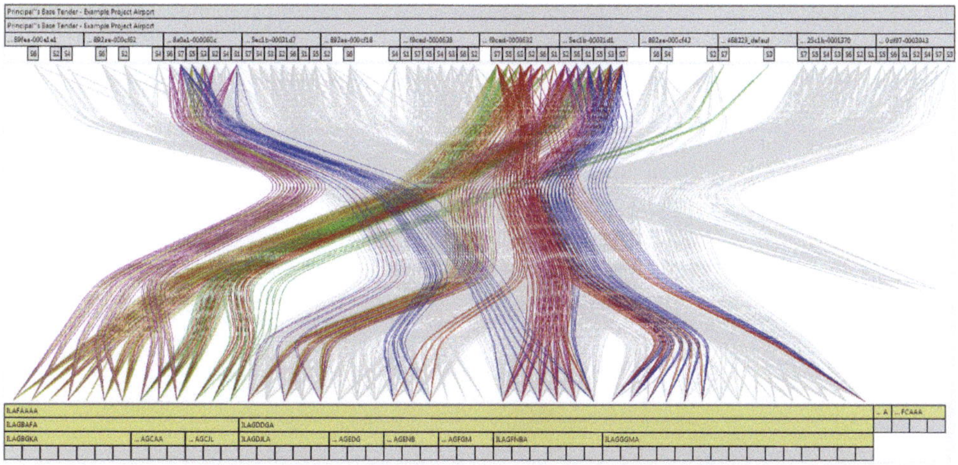

Abb. 21.17 Farbskala nach Monat der ersten Leistungsmeldung (Startmonat)

rungskomponenten können in der Weiterentwicklung einer formalisierten Visualisierungsbeschreibungssprache als Use Cases verwendet und auch in andere Laufzeitumgebungen übertragen werden.

Weiterer Forschungsbedarf besteht zu den Bezugswerten bei farbigen 3D Darstellungen und zu möglichen Interaktionen in bei HEB Darstellungen. Die Komposition und Konfiguration von Visualisierungskomponenten in einem komplexeren Setup bedarf einer weiteren Verallgemeinerung.

Literatur

1. Chang HS, Kang CC, Chen PH (2009) Systematic procedure of determining an ideal color scheme on 4d models. Adv Eng Inform 23(4):463–473
2. Tauscher H, Scherer RJ (2011) Area cartograms in building product model visualization. A case study on the presentation of non-spatial object properties in spatial context with anamorphic maps. In: Respecting fragile places (eCAADe 29), Ljubljana
3. Holten D (2006) Hierarchical edge bundles: visualization of adjacency relations in hierarchical data. IEEE Trans Vis Comput Graph 12(5):741–748

Webbasierte Geovisualisierung von Baustellendaten

22

Martin Voigt, Maxim Müller, Klaus Meißner, Helga Tauscher und Raimar J. Scherer

Zusammenfassung

In heutigen Bauprojekten entsteht durch die Vielzahl der Beteiligten eine große Menge heterogener Daten, die durch den neu geschaffenen Multimodellcontainer, MMC, erstmals zusammengeführt werden, sodass ein ganzheitlicher Datenzugriff und Informationsvisualisierung ermöglicht wird. Speziell die Darstellung von Baustellendaten, d. h. das grobgranulare Bauobjekt, die Baustelle sowie deren Einrichtung im Kontext der geografischen Lage, ist von Interesse. Durch die Entwicklung zahlreicher Kartendienste ist es heute schon möglich, diese Informationen in Web Browsern zu jeder Zeit an jedem Ort der Welt mit nahezu jedem Endgerät zu betrachten. Um dies für das Bauwesen zu erschließen, wird zunächst ein detaillierter Überblick zu webbasierten Kartendiensten gegeben, die anhand verschiedener, auf die Baustellenvisualisierung ausgerichteter Kriterien verglichen werden. Weiterhin wird ein Visualisierungsworkflow definiert, der das Mapping von zustandsbehafteten Baustellendaten auf eine Kartenrepräsentation ermöglicht und so erstmals automatisch ein einheitliches, aktuelles Modell für alle Beteiligten im geographischen Kontext visualisiert werden kann.

22.1 Einleitung

In heutigen Bauprojekten entsteht durch die Vielzahl von Stakeholdern bzw. durch die unterschiedlichen Anwendungen eine große Menge heterogener Daten. Durch den im Projekt Mefisto geschaffenen Multimodellcontainer, MMC, [1] wird es erstmals möglich, den Da-

M. Voigt (✉) · M. Müller · K. Meißner
Institut für Software- und Multimediatechnik, Technische Universität Dresden, Dresden, Deutschland

H. Tauscher · R.J. Scherer
Institut für Bauinformatik, Technische Universität Dresden, Dresden, Deutschland

R.J. Scherer, S.-E. Schapke (Hrsg.), *Informationssysteme im Bauwesen 1*,
DOI 10.1007/978-3-642-40883-0_22

tenaustausch auf Basis eines Quasistandards zu vereinheitlichen und im gewissen Maße zu automatisieren. Anwendungen können bspw. miteinander verknüpfte Gebäude- und Leistungsdaten verarbeiten und dem Nutzer präsentieren. Speziell die Verknüpfung und Visualisierung des 3D Modells mit verschiedensten zeitlichen Informationen ermöglicht das Erkennen von Problemen im Planungs- bzw. Ausführungsprozess. Jedoch wurden bisher nicht alle Bereiche der Informationsvisualisierung von Bauprojektdaten gleichermaßen betrachtet. Besonders die Darstellung von Baustellendaten, d. h. des grobmaßstäblichen Bauobjekts, der Baustelle sowie ihrer Einrichtung im Kontext der geografischen Lage, steckt noch in den Kinderschuhen.

Andererseits entstanden in den letzten Jahren zahlreiche Kartendienste, wie z. B. Google Maps oder Bing Maps. Diese ermöglichen das freie, webbasierte Browsen in geographischem Kartenmaterial zu jeder Zeit an jedem Ort der Welt. Hierbei ist es zumeist möglich, zwischen Vektor- und Rasterdaten zu wechseln, um je nach Aufgabe die beste Darstellung zu ermöglichen. Weiterhin können durch Verwendung der APIs beliebige ortsbezogene Daten visualisiert werden. Google Maps Mania oder auch [2] zeigt beispielhaft die Bandbreite der Verwendungsmöglichkeiten. So liegt es nah, auch die Baustellendaten der Bauprojekte mithilfe existierender Kartenanbieter zu präsentieren. Durch die Nutzung der bekannten Dienste können auch Laien, die kaum fachliches Wissen im Bauingenieurwesen besitzen, sich ein Bild von der Baustelle machen, ohne auf teure Spezialsoftware angewiesen zu sein.

Hierbei existieren jedoch unterschiedliche Herausforderungen, die in diesem Kapitel aufgegriffen und gelöst werden. Ein grundlegendes Problem ist die Identifikation eines oder mehrerer Anbieter aus der breiten Masse an verfügbaren Kartendiensten. Hierzu müssen verschiedenste Anforderungen, die mit der Baustellenvisualisierung einhergehen, definiert und dann zum Vergleich herangezogen werden. Aufbauend auf diesen Erkenntnissen muss der MMC erweitert werden, damit alle notwendigen Baustelleninformationen modelliert und später visualisiert werden können. Eine besondere Herausforderung ist dabei die Abbildung des zeitlichen Verlaufs des Bauprojekts im Modell sowie der Verknüpfung im gesamten MMC. Basierend auf der Datengrundlage gilt es einen Visualisierungsworkflow zu definieren, der das automatische Mapping von Baustellendaten sowie verschiedener Zusatzinformationen aus anderen Modellen des MMC auf eine Kartenrepräsentation und andere graphische Repräsentationen ermöglicht. Es muss möglich sein, die verschiedenen Zustände der Baustelle räumlich und zeitlich vergleichen zu können. Letztlich gilt es Eckpunkte einer webbasierten Architektur festzulegen, die den Visualisierungsworkflow implementiert und auf Basis unterschiedlicher Technologien umgesetzt werden kann.

Die zwei wissenschaftlichen Beiträge dieses Kapitels sind folgende: Es wird ein detaillierter Überblick zu webbasierten Kartendiensten gegeben, die anhand verschiedener, auf die Baustellenvisualisierung ausgerichteter Kriterien verglichen werden. Als Ergebnis werden Anbieter vorgeschlagen, die in Anwendungen abseits von CAD Programmen für die Baustellenvisualisierung genutzt werden können. Weiterhin wird ein Visualisierungsworkflow definiert, der das automatische Mapping von zustandsbehafteten Baustellendaten auf eine Kartenrepräsentation ermöglicht. Hiermit ist es erstmals möglich, Bauprojektdaten, die ein einheitliches Modell für alle Stakeholder des Bauprozesses haben, im geographischen Kontext zu visualisieren. Dies erhöht deutlich die Transparenz während der Planung und Ausführung und führt weiterhin zu einem einheitlichen Verständnis zwischen den Beteiligten.

Dieses Kapitel ist folgendermaßen strukturiert: Im folgenden Abschnitt werden die Grundlagen für den Rest das Kapitels gelegt, in dem eine kurze Einführung in das Thema Geoinformationssysteme, GIS, deren Einsatz im Bauumfeld sowie der Aufbau des MMC präsentiert werden. Im dritten Abschnitt werden auf Basis von unterschiedlichen Anforderungen an die Baustellenvisualisierung existierende webbasierte Kartenanbieter verglichen. Darauf aufbauend wird im folgenden Abschnitt das Konzept der Baustellenvisualisierung des MMC vorgestellt. Ehe das Kapitel mit einer Zusammenfassung und einem Ausblick schließt, wird im 5. Abschnitt die Implementierung skizziert sowie anhand zweier Szenarien evaluiert.

22.2 Grundlagen und verwandte Arbeiten

Der Ausgangspunkt für die Entwicklung des Konzepts ist zweigeteilt. Einerseits ist zu klären, ob, und wenn ja, wie Web GIS bereits in Bauprojekten genutzt werden. Andererseits gilt es zu prüfen, ob die bestehende Datengrundlage, der MMC, ausreichend für die Visualisierung der Baustelle im räumlichen Kontext ist. Beide Bereiche werden im Folgenden näher untersucht.

22.2.1 Geographische Informationssysteme, Kartendienste und deren Anwendung in Bauprojekten

Ein Geographisches Informationssystem, GIS, ist nach [3] ein Computersystem zur Erstellung, Speicherung, Analyse und zur Darstellung geographisch referenzierter Daten, daher Daten mit räumlichem Bezug. Ein GIS besteht dabei aus vier grundlegenden Bestandteilen: (1) der Hardware, auf dem (2) die GIS Software läuft, (3) dem Kartenmaterial sowie (4) den Menschen, die das GIS konzipieren, implementieren und nutzen [1]. Vor allem aufgrund der teuren Hardware und des Kartenmaterials waren GIS früher zumeist nur in Universitäten oder großen Unternehmen zugänglich. Dies hat sich heutzutage grundlegend geändert: Die Systeme sind weit verbreitet und oftmals auch frei zugänglich, sodass auch kleinere Unternehmen und teils gar private Endanwender ihre ortsbezogenen Daten verwalten und analysieren können. Weiterhin ist, wie in vielen anderen Domänen auch, der Trend zu beobachten, dass immer mehr GIS als Webanwendung bereitgestellt werden, so dass deren Nutzung zunehmend unabhängig von der benötigten Hard- und Software wird. Eine der treibenden Kräfte ist u. a. die Open Source Geospatial Foundation, der auch das GeoServer Projekt angehört.

An dieser Stelle verschwimmt die Grenze zwischen den sogenannten Web GIS und den webbasierten Kartendiensten, die sich im letzten Jahrzehnt stark verbreitet haben [2]. Erstere zielen weiterhin auf den gesamten GIS Workflow ab, also auf die Verarbeitung,

Analyse und Exploration von meist projektspezifischen Geodaten [4]. Vor allem die Möglichkeit, die Infrastruktur selbst zu hosten, bei Bedarf zu erweitern und auch Herr über die eigenen Daten zu sein, ist ein Abgrenzungsmerkmal. Webbasierte Kartendienste dienen hingegen vor allem der Visualisierung und Exploration eigener raumbezogener Daten für Nichtexperten. Dies wird in der Literatur auch Neogeographie genannt [5]. Die technische Umsetzung basiert hierbei meist auf der clientseitigen (REST-)API. Durch die programmatische Kombination der Kartendienste mit anderen Informationsquellen entstehen sog. Mashups, die wiederum einen Mehrwert für den Nutzer generieren [6]. Da der in diesem Abschnitt adressierte Anwendungsfall allein auf die Darstellung und Exploration von Baustelleninformation im geographischen Kontext abzielt, werden im weiteren Verlauf Web GIS und webbasierte Kartendienste synonym verwendet.

Wie eingangs erwähnt, werden Web GIS Anwendungen in vielen Domänen, wie etwa der Verfolgung von Zügen im Streckennetzwerk oder der Visualisierung des Potentials von Solaranlagen, angewendet. Auch im Bereich der Bauindustrie gibt es seit Jahren Konzepte, die GIS und teils auch Web GIS mit unterschiedlichem Fokus, wie etwa Kostenkontrolle oder Routenplanung, einsetzen [7]. Im Fokus dieser Arbeit liegt vor allem die Visualisierung der Baustelle samt Einrichtung in ihrer geographischen Umgebung über die Projektlaufzeit. In diesem Kontext ordnen sich u. a. die Arbeiten [8] sowie [9] ein. Erste adressiert hierbei die Simulation, visuelle Analyse und Planung von Raum Zeit Konflikten innerhalb der Baustelle. Technologische Basis sind ein desktopbasiertes 3D Planungswerkzeug sowie ein MS Project Terminplan, die auf proprietäre Art und Weise verknüpft werden. Ein GIS, das u. a. die Baustellenumgebung einbezieht, wird nicht genutzt. In [9] werden speziell die algorithmische Layout Optimierung der Lagerflächen auf der Baustelle behandelt. Deren Datenbasis sind Zeit- und Raumpläne, die manuell in ein desktopbasiertes GIS übernommen werden. Insgesamt steht hier die Simulation während der Planungsphase im Vordergrund. Eine Visualisierung der Baustelle und ihrer Umgebung existiert leider nicht.

Im Gegensatz zu diesen Ansätzen wird in [10] in einem Konzept zur Sicherheitsplanung auf der Baustelle die topologischen Begebenheiten in und um die Baustelle mit einbezogen. Diese werden vor allem bei Baustellen mit großen Höhenunterschieden benötigt, wie z. B. beim Bau von Brücken oder Dämmen. Diese Informationen können existierende 4D CAD Anwendungen z. Z. nicht liefern, sodass mit ArcGIS auf ein etabliertes GIS gesetzt wurde. Im Gegensatz zu dieser Arbeit werden im Projekt Mefisto jedoch nicht die 4D bzw. GIS Experten, sondern die Domänenexperten oder gar Endanwender mit weniger technischem Verständnis adressiert, die zumeist kein GIS Tool installiert haben. Ein weiteres Beispiel für die Nutzung von GIS ist ein Werkzeug zur kollaborativen Raumplanung von Windparks [11]. Ziel ist es, die Entscheidungsfindung der verschiedenen Beteiligten zu unterstützen. Wie auch in den in Mefisto adressierten Bauprojekten existiert ein sehr heterogener Nutzerkreis mit unterschiedlichem Kenntnisstand, sodass Inhalte einfach und verständlich präsentiert werden müssen. Hierbei wird jedoch keine 3D Darstellung genutzt, sodass hier eine konzeptionelle Erweiterung erfolgen muss.

Insgesamt kann festgehalten werden, dass Web GIS heute weit verbreitet sind und größtenteils den Endanwender adressieren. Im Bereich der Bauindustrie finden Web GIS bisher nur wenig Eingang in die Tools. Gebäude werden zumeist losgelöst vom örtlichen Kontext visualisiert. Ebenso werden die Baustellen inkl. deren Einrichtung fast immer außenvorgelassen. Daher gilt es, ein Konzept aufzustellen, das die automatische Darstellung von Bauprojektdaten, insbesondere der Baustelleninformationen, im räumlichen Kontext ermöglicht.

22.2.2 Der Multimodellcontainer im Überblick

Wie bereits einleitend erwähnt, wurde im Projekt Mefisto ein Datencontainerformat entworfen, in dem die unterschiedlichen Belange eines Bauprojekts mittels Modellen repräsentiert werden. Dieser Multimodellcontainer [1] deklariert und verlinkt verschiedenartige Datenformate mithilfe von XML Deskriptoren, wie z. B. 3D Objektmodelle, Leistungsverzeichnis, Mengeninstanzen, Vorgangsmodell, Kalkulationsmodell und Gerätemodelle. So finden sich unter anderem Kosten- und Termindaten im GAEB Format und Geometriedaten im IFC Format innerhalb eines MMC. Eine Kopfdatei, das sog. Multimodell, deklariert dabei alle im MMC befindlichen Datenobjekte, versieht sie mit Metainformationen und beschreibt Relationen zwischen ihnen. Mithilfe dieses Informationsmodells soll im Folgenden ein visuelles Baustellenmodell erarbeitet werden. Dazu werden ausgewählte Datenstrukturen im MMC betrachtet.

Bauwerksmodell Das Bauwerksmodell, BIM, beinhaltet ein oder mehrere 3D Modelle, die verschiedene Versionen des Bauwerks darstellen können, z. B. zu verschiedenen Zeitpunkten. Typischerweise wird in der Baubranche auf Industry Foundation Classes, IFC, als standardisiertes Dateiformat zurückgegriffen. IFC ist ein objektorientiertes Produktdatenmodell und präsentiert das Bauprojekt durch die Schlüsselstrukturen Objekt, IFCObject, Eigenschaft, IFCProperty und Relation, IFCRelationship. An oberster Stelle der IFC Hierarchie steht genau ein Projekt. Es kann mehrere Baustellen haben und jede Baustelle mehrere Gebäude. Ein Gebäude wird in Stockwerke unterteilt und kann innerhalb eines Stockwerks bis auf alle physischen Einzelbauteile, wie bspw. Stahlbetonträger, aufgelöst werden. Jedes Bauteil besitzt eine geometrische Beschreibung, z. B. in Form einer Boundary Representation, B Rep, bei der begrenzende Faces, d. h. planare Oberflächen die Geometrie definieren, die wiederum durch ihre Eckpunkte definiert sind. Somit lässt sich ein Gebäude grafisch als 3D Modell darstellen. Ein IFCSite, d. h. Baugrundstück, besitzt eine geographische Lage, die den Ursprung des Koordinatensystems mit geographischer Länge, Breite und Höhe über dem Meeresspiegel angibt. Diese Angaben beziehen sich auf das World Geodetic System 1984 (WGS84), ein geodätisches Referenzsystem, das auch von den meisten GIS verwendet wird.

Weitere ausgewählte Fachmodelle sind (Teil I, Kap. 1):

- Das Vorgangsmodell beschreibt die logischen und zeitlichen Abhängigkeiten der Teilvorgänge im Bauablauf.
- Das Leistungsverzeichnis listet alle Bauleistungen auf.

- Das Baugerätemodell, BGM, als Teil des Baustelleneinrichtungsmodells, enthält Informationen über die Klasse und Attribute eines Baugeräts.
- Das Linkmodell enthält die Informationen zur Verknüpfung der Fachmodelle.

Zwar kann mittels IFC der Baugrund der Baustelle definiert werden, jedoch fehlt es bspw. an der konkreten Zuordnung der Objekte der Baustelleneinrichtung. Diese müssen weiterhin an die verschiedenen Zustände, die entweder im Vorgangsmodell oder über die Leistungen zu den einzelnen Zeiträumen verknüpft werden. Demnach ist es zwingend notwendig, ein Baustellenzustandsmodell zu definieren, das u. a. die genannten Probleme beseitigt und damit die Grundlage zur automatisierten Visualisierung der Baustelle mittels webbasierten GIS bildet.

22.3 Analyse webbasierter GIS

Nachdem die Grundlagen dargestellt und die Defizite verwandter Arbeiten diskutiert wurden, werden in diesem Abschnitt existierende webbasierte GIS vorgestellt und anhand von Anforderungen verglichen. Ziel ist die Identifikation von einem oder mehreren Systemen, mit denen die Baustelleninformationen adäquat visualisiert werden können.

22.3.1 Anforderungen

In diesem Abschnitt werden Anforderungen erläutert, denen ein webbasiertes GIS für die Anzeige der Baustellengeometrie genügen muss. Die Anforderungen werden in funktionale und nichtfunktionale aufgeteilt und innerhalb dieser Kategorien absteigend nach ihrer Wichtigkeit aufgestellt. Dabei stehen die mit P versehenen Kriterien für Pflichtanforderungen und die mit W versehenen für Wunschanforderungen. Neben den genannten könnte man auch weitere Kriterien wie Möglichkeiten zur Routenberechnung einbeziehen, was jedoch nicht im Vordergrund steht. Auf Grundlage dieser Liste wird im Anschluss mithilfe einer Vergleichstabelle das geeignetste GIS ermittelt.

Funktionale Anforderungen

- Datenangebot, P: Das GIS muss rasterbasierte Satelliten- bzw. Luftbildaufnahmen und vektorbasierte Infrastrukturkarten von Europa automatisch zur Verfügung stellen, d. h. der Benutzer sollte diese Daten nicht manuell herunterladen müssen. Somit wird gewährleistet, dass jede Baustelle sofort im geographischen Kontext betrachtet werden kann.
- Einbindung von separaten Datenlayern, P: Das GIS muss zweidimensionale Raster- und Vektordatenlayer einbinden können, die sich separat ein- und ausblenden lassen. Diese Datenlayer sollen die räumlichen Baustellzustände beinhalten.

- Unterstützung von 3D Formaten, P: Das GIS muss dreidimensionale Vektordaten darstellen können, um Gebäude in abstrakter Form anzeigen zu können.
- Bedienbarkeit, W: Die GUI sollte intuitiv und schnell zu verstehen sein. Symbole und Menüs sollten sich daher an etablierten und gängigen Metaphern orientieren.
- Auflösung, W: Die remote sensing Rasterdaten des GIS sollten eine hohe Auflösung besitzen und bis auf wenige Meter auflösen, um die Baustellenvektordaten visuell adäquat unterstützen zu können.
- IFC Darstellung, W: Das GIS sollte IFC Geometriedaten darstellen können, da IFC das am häufigsten verwendete Format im BIM darstellt.
- Koordinatenreferenzsystem, W: Das GIS sollte das World Geodetic System 1984 (WGS84) unterstützen, da dies auch von den IFC Daten des MMCs verwendet wird.

Nichtfunktionale Anforderungen

- Preis, P: Das GIS muss kostenlos sein, da die Visualisierung der Baustelle vor allem für Nichtplaner und teils Laien erstellt werden soll. Insgesamt soll die Darstellung von Informationen aus dem MMC frei zugänglich sein, sodass auch das GIS frei verfügbar sein muss.
- Verfügbarkeit, P: Das GIS muss rund um die Uhr, also 24 Stunden am Tag und 7 Tage in der Woche verfügbar sein. Da verschiedene Akteure an verschiedenen Orten auf der Welt an einem Bauprojekt zusammenarbeiten können, muss das GIS zeitzonenunabhängig verfügbar sein.
- Unabhängigkeit von Endgeräten, P: Das GIS muss plattformunabhängig verfügbar sein. Da verschiedene Akteure mit unterschiedlichen Endgeräten an einem Bauprojekt zusammenarbeiten, soll das GIS ohne Einschränkungen verfügbar sein. Wünschenswert ist daher ein webbasiertes GIS, welches keine separate Installation einer Benutzeroberfläche benötigt.
- Aktualität und Konsistenz der Daten, W: Die Vektorkarten des GIS sollten konsistent mit der Realität übereinstimmen. Die Satelliten- und Luftbildaufnahmen sollen möglichst aktuell sein, bzw. in regelmäßigen Abständen aktualisiert werden, um die Vektordaten visuell zu unterstützen.
- Dokumentation, W: Die Funktionalitäten, Architektur, Datenhaltung und Dateneinbindungsmöglichkeiten durch den Nutzer sollten möglichst gut dokumentiert sein, um die spätere Einbettung von Daten zu vereinfachen.

22.3.2 Vergleich von webbasierten GIS

Durch Recherchen konnten eine Reihe von frei verfügbaren WebGIS identifiziert werden: Bing Maps, Google Maps, MapQuest, Ovi Maps, OpenStreetMap, WikiMapia, Wayfaring und Yahoo Maps. Diese werden nachfolgend kurz vorgestellt und anhand der in Abschn. 22.3.1 definierten Anforderungen untersucht.

Abb. 22.1 Darstellung der Dresdner Frauenkirche in Bing Maps

Bing Maps Bing Maps, früher noch VirtualEarth, ist ein 2005 gestarteter kostenloser Internetkartendienst von Microsoft. Durch ein Fenster kann der Benutzer über dynamisch nachladende Karten navigieren. Die Pfeiltasten dienen dabei zur Bewegung in alle Himmelsrichtungen. Mit der Maus kann die Karte per Drag & Drop auf die Karte oder per Klick auf ein Kompassicon verschoben werden. Über eine Plus Minus Skala, dem Scrollrad der Maus oder per Plus/Minus Taste lässt sich der aktuelle Ausschnitt herein- und herauszoomen.

Es werden vektorbasierte Infrastrukturkarten und Rasterbilder des gesamten Globus angeboten. Die Rasterbilder teilen sich in senkrechte Luftbildaufnahmen, die bis ca. fünf Meter auflösen, und in 45 Grad Aufnahmen in urbanen Regionen, die bis unter einen Meter auflösen und für alle vier Himmelsrichtungen verfügbar sind. Jeder der fünf Layer lässt sich separat anzeigen. Bing Maps verwendet Karten von Navteq North America LLC, NAVTEQ, und verschiedenen anderen Anbietern digitaler Karten-, Verkehrs- und Positionsdaten. Es ist daher nicht ersichtlich, ob und wie oft Karten aktualisiert werden. Die Auflösung der Rasterdaten ist mit weniger als einem Meter sehr gut.

Bing Maps kann personalisierte Benutzerdaten in den Formaten Keyhole Markup Language, KML, GPS Exchange Format, GPX, und GeoRSS anzeigen. Nach Installation des kostenlosen Browserplugins Microsoft Silverlight und BingMaps3D lassen sich COLLADA 3D Modelle darstellen. Abbildung 22.1 zeigt die Benutzeroberfläche von Bing Maps anhand der Dresdner Frauenkirche.

Google Maps Google Maps ist ein 2005 gestarteter kostenloser Internetkartendienst von Google. Die Navigation ist analog zu Bing Maps. Es werden ebenfalls vektorbasierte Infrastrukturkarten und Rasterbilder des gesamten Globus angeboten. Die beiden Layer lassen sich zusammen oder separat anzeigen. Google Maps verwendet digitale Karten-, Verkehrs-

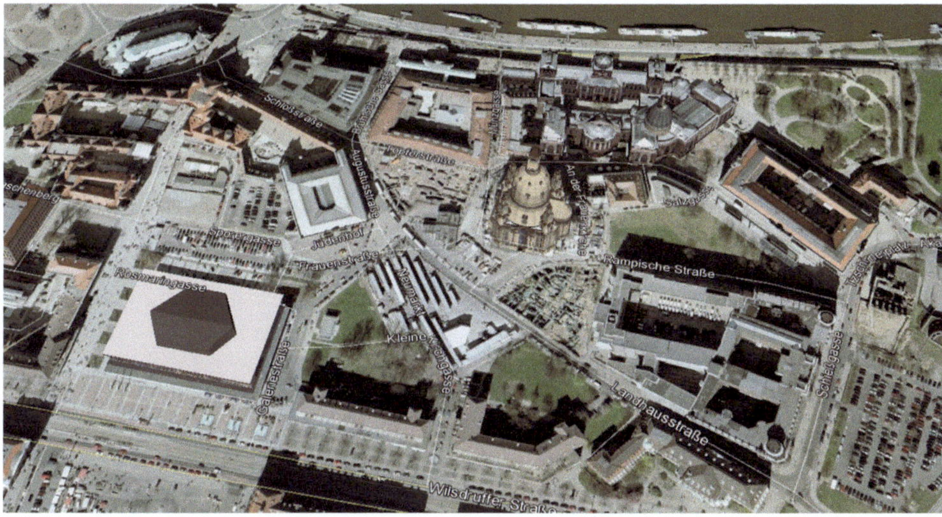

Abb. 22.2 Darstellung der Dresdner Frauenkirche in Google Maps

und Positionsdaten von NAVTEQ, Tele Atlas North America, Inc., TANA, oder anderen Drittanbietern. Es ist nicht ersichtlich, ob und wie oft Karten aktualisiert werden. Google selber übernimmt keine Gewähr für die Korrektheit oder Vollständigkeit dieser Informationen. Die Auflösung der Rasterdaten ist mit weniger als einem Meter sehr gut.

Google Maps kann die Formate KML und GeoRSS anzeigen. Nach Installation des kostenlosen Google Earth Browserplugin lassen sich Collada 3D Modelle anzeigen. Abbildung 22.2 zeigt die Benutzeroberfläche von Google Maps. Das 3D Modell der Frauenkirche ist aktuell, das darunterliegende Satellitenbild zeigt die Frauenkirche jedoch noch vor ihrer Fertigstellung Oktober 2005. Google Maps scheint zumindest stellenweise mit veralteten Karten zu arbeiten.

MapQuest MapQuest ist ein 1996 gestarteter kostenloser Internetkartendienst von AOL LLC. Die Interaktionsmöglichkeiten sind etwas eingeschränkter als bei Bing Maps. So lässt sich nicht mehr per Mausrad zoomen. Es werden vektorbasierte Infrastrukturkarten und Rasterbilder des gesamten Globus angeboten. Die beiden Layer lassen sich zusammen oder separat anzeigen. MapQuest verwendet digitale Karten-, Verkehrs- und Positionsdaten von NAVTEQ und i cubed. Die Aktualität ist auch hier nicht ersichtlich. Die Auflösung der Rasterdaten ist mit ca. 100 m über nicht urbanen Gebieten sehr schlecht. MapQuest ist nicht 3D fähig und es lassen sich keine personalisierten Benutzerkarten integrieren.

Ovi Maps Ovi Maps ist ein kostenloser Internetkartendienst von Nokia. Durch ein Fenster kann der Benutzer analog zu Bing Maps über dynamisch nachladende Karten navigieren. Es werden vektorbasierte Infrastrukturkarten und Rasterbilder des gesamten Globus angeboten. Zusätzlich gibt es eine eingefärbte vektorbasierte Geländekarte. Ovi Maps verwendet digitale Karten-, Verkehrs- und Positionsdaten von NAVTEQ, THTC, DigitalGlobe, NavInfo Co Ltd., SRTM V4 und CIAT. Es ist daher nicht ersichtlich, ob und wie oft Karten aktualisiert werden. Die Auflösung der Rasterdaten ist mit bis zu 1 m sehr gut. Mit einem kostenlosen Nokia Account lassen sich persönliche Orte, d. h. Punkte in die Karte integrieren und veröffentlichen. Personalisierte Benutzerkarten sind jedoch nicht importierbar. Mithilfe eines Browserplugins lassen sich 3D Modelle ausgewählter Welthauptstädte betrachten, jedoch nicht selber integrieren.

OpenStreetMap OpenStreetMap ist ein 2004 gestartetes Projekt mit dem Ziel, eine freie und kostenlose Geodatenbank zu schaffen, die an keine proprietären Einschränkungen gebunden ist. Die Navigation ist auch hier analog zu Bing Maps. Es werden vier verschiedene vektorbasierte Infrastrukturkarten des gesamten Globus angeboten. Alle Kartendaten von OpenStreetMap werden von Freiwilligen erstellt, verifiziert und aktualisiert. Über einen kostenlosen OpenStreetMap Account lassen sich alle Kartendaten ändern und neue hinzufügen. Mithilfe eines GPS Systems lassen sich GPS Tracks aufnehmen und hochladen. Personalisierte Benutzerkarten sind jedoch nicht importierbar. OpenStreetMaps ist ebenfalls nicht 3D fähig.

Wayfaring Wayfaring ist ein kostenloser Internetkartendienst. Die Navigation ist analog zu Bing Maps. Wayfaring bindet Kartenmaterial von Goolge Maps ein. Mit einem kostenloses Wayfaring Account lassen sich personalisierte Karten erstellen, die aber lediglich Orte, Routen und Nachrichten beinhalten können. Wayfaring unterstützt keine Austauschformate und ist nicht 3D fähig.

WikiMapia WikiMapia ist ein am 24. Mai 2006 von Alexandre Koriakine und Evgeniy Saveliev gestartetes kostenloses Projekt, dass Google Maps und OpenStreetMap mit einem Wikisystem kombiniert. Die Navigation ist analog zu Bing Maps. Über eine Plus-Minus Skala, dem Scrollrad der Maus oder per Plus/Minus Taste kann man in die Karte hinein und heraus zoomen. Es werden vektorbasierte Infrastrukturkarten und Rasterbilder des gesamten Globus angeboten. WikiMapia bindet hierbei Karten von Google, OpenStreetMap und Kartendaten ein, die von Nutzern hochgeladen wurden. Mit einem kostenloses WikiMapia Account lassen sich im Sinne von OpenStreetMap Kartendaten ändern, Polygonmarkierungen mit Textbeiträgen platzieren und Entfernungsmessungen durchführen, jedoch keine personalisierten Nutzerkarten importieren. WikiMapia ist nicht 3D fähig.

Yahoo Maps Yahoo Maps ist ein Internetkartendienst der Yahoo! Incorporation. Die Steuerung funktioniert analog zu Bing Maps. Es werden vektorbasierte Infrastrukturkarten und Rasterbilder des gesamten Globus angeboten. Die beiden Layer lassen sich zusammen oder separat anzeigen. Yahoo Maps verwendet digitale Karten-, Verkehrs- und Positionsdaten von NAVTEQ. Es ist daher nicht ersichtlich, ob und wie oft Karten aktualisiert werden. Die Auflösung der Rasterdaten ist mit ca. 5 m gut. Personalisierte Benutzerkarten lassen sich nicht importieren. YahooMaps ist ebenfalls nicht 3D fähig.

Zusammenfassender Vergleich der webbasierten GIS Nachdem die verschiedenen webbasierten GIS näher betrachtet wurden, lässt sich ein Vergleich ziehen. Alle Systeme entsprechen der Einordnung als WebGIS. Sie sind browserbasiert, kostenlos und rund um die Uhr verfügbar. Alle stellen dem Nutzer geographische Kartendaten zur Verfügung. Bis auf die Rasterkarten von Google und die Anbieter, die auf Google zurückgreifen, lässt sich die Aktualität bzw. Richtigkeit der Kartendaten schwer nachzuvollziehen. Dass die Karten bei Google nicht aktuell sind, kann schnell am Beispiel der Dresdner Frauenkirche festgemacht werden, da diese nocht nicht aufgebaut ist. OpenStreetMap hingegen ist stets aktuell, da die Daten nicht nur frei zugänglich sind, sondern auch fortwährend von Freiwilligen ergänzt werden. Weiterhin ist OpenStreetMap der einzige Service, der keine Remote Sensing Daten anbietet, da diese nicht (kosten-)frei verfügbar sind. In fast allen Systemen lassen sich Daten integrieren, Austauschformate unterstützen jedoch nur Bing Maps und Google Maps. Beide können KML Dateien und mithilfe von kostenlosen Browserplugins auch COLLADA 3D Modelle importieren. IFC Geometriedaten unterstützt keines der Systeme. Die Auflösungen der Satellitenkarten sind bis auf die von MapQuest, allerdings hier über nichturbanen Gebieten, für die Größe eines Baustellenmodells geeignet. Da das World Geodetic System 1984 das verbreitetste Referenzsystem ist und die meisten Kartendaten von den gleichen Anbietern stammen, ist anzunehmen, dass alle WebGIS auf Grundlage des WGS84 arbeiten. Bei Bing Maps und Google Maps ist zumindest die Kompatibilität sicher, da diese KML Daten importieren können, die ausschließlich mit dem WGS84 arbeiten. Die Informationen bzw. die Dokumentation zu den Fähigkeiten der einzelnen Anbieter sind bis auf Ausnahme von MapQuest gut. Google liefert mit einem ei-

Tab. 22.1 Überblick zur Erfüllung der Anforderungen der einzelnen Dienste. Geodaten können als Vektor- (V) oder Rasterdaten (R) angezeigt werden. Die Dokumentation, Bedienbarkeit und Rastqualität wurde anhand von Schulnoten (1–6) bewertet. Wurden keine konkreten Informationen identifiziert, wird dies mit „?" verdeutlicht

Anforderung	Werkzeug bzw. Dienst							
	Bing Maps	Google Maps	Map Quest	Ovi Maps	Open Street Maps	Way-faring	Wiki-Mapia	Yahoo! Maps
Verfügbarkeit (P)	24/7	24/7	24/7	24/7	24/7	24/7	24/7	24/7
Geodaten (P)	V/R	V/R	V/R	V/R	V/–	V/R	V/R	V/R
eigene Daten (P)	ja	ja	nein	nein	nein	ja	nein	nein
3D fähig (P)	ja	ja	nein	ja	nein	nein	nein	nein
Aktuelle Karten (W)	?	nein	?	?	ja	nein	nein	?
Dokumentation (W)	2	1	4	2	1	2	3	3
Bedienbarkeit (W)	1	1	3	2	2	3	2	1
Rasterqualität (W)	1	2	5	3	–	2	2	2
WGS84 (W)	ja	ja	?	?	?	?	?	?
IFC (W)	nein	nein	nein	nein	nein	nein	nein	nein

genen Handbuch und Videotutorials die benutzerfreundlichste Dokumentation. Die wichtigsten Anforderungen werden in Tab. 22.1 zusammenfassend dargestellt. Insgesamt kann nur Bing und Google die gestellten Anforderungen erfüllen, um die Baustellendaten webbasiert anzuzeigen. Nur diese ermöglichen das Integrieren von eigenen Datenebenen sowie die Darstellung von 3D Modellen im COLLADA Format, nachdem ein kleines Browserplugin installiert wurde. Weiterhin unterstützen nur diese Anbieter KML, was die Modellierung verschiedener, zeitlich getrennter Zustände der 2D und 3D Modelle ermöglicht.

22.4 Geovisualisierung der Baustelleninformationen auf Basis des Multimodellcontainers

Basierend auf den Vorbetrachtungen wird in diesem Abschnitt ein Konzept zur Geovisualisierung der Baustelleninformationen vorgeschlagen. Hierzu wird zunächst das Baustellenmodell in dem MMC integriert, der schließlich Basis für den Visualisierungsworkflow ist. Letztlich wird eine Client Server Architektur definiert, die den Workflow umsetzt.

22.4.1 Baustellenmodell im MMC

Wie bereits in Abschn. 22.2.2 verdeutlich wurde, ist der bisher definierte MMC mit seinen Teilmodellen nicht geeignet, um Baustelleninformationen angemessen zu visualisieren. So liefern das Objektmodell neben dem 3D Modell des Bauobjekts lediglich dessen Lage und Ausrichtung und das Grundstück, aber keine Informationen über die Baustelleneinrichtung. Im Baugerätemodell sind zudem nur mögliche Baugerätetypen gelistet, aber keine konkreten Angaben, zu welcher Zeit im Projektablauf sich welches Baugerät wo auf der Baustelle befindet. Lagerflächen und Baustraßen wurden vom Multimodell ebenfalls nicht abgedeckt. Diese Defizite werden durch das nachstehend definierte Baustellenzustandsmodell, BZM, beseitigt.

Das BZM wurde dem MMC als neues XML basiertes Modell hinzugefügt. In ihm sind neben Headerdaten zeitabhängige Baustellenzustände und die Baustellenausmaße gegeben. Die Headerdaten umfassen, wie in anderen Modellen auch, Metainformationen über den Erzeuger des Modells, Start- und Endzeitpunkt der vom Modell abgedeckten Zeitspanne. Das Datum ist, wie in allen anderen Modellen auch, als *xsd:dateTime* angegeben. Jeder Zustand wird durch eine eindeutige Identifikationsnummer identifiziert und beinhaltet fakultativ Lagerflächen, Baustraßen und Gerätepositionen. Vor allen Zuständen ist der Mittelpunkt des Baustellenkoordinatensystems im World Geodetic System 1984, WGS84, angegeben. Zudem wird einmalig im Dokument das Baustellengrundstück als Polygon festgelegt. Jedes Baugerät in diesem Modell besitzt einen eindeutigen Identifizierungsschlüssel und wird als dynamisch oder statisch klassifiziert.

In Abb. 22.3 wird die Struktur des BZM nochmals verdeutlicht. Alle Elemente mit dem Index 1 müssen genau einmal vorkommen, Elemente mit einem $*$ können beliebig oft oder gar nicht vorkommen. Das Element SiteLocation enthält die geographische Position

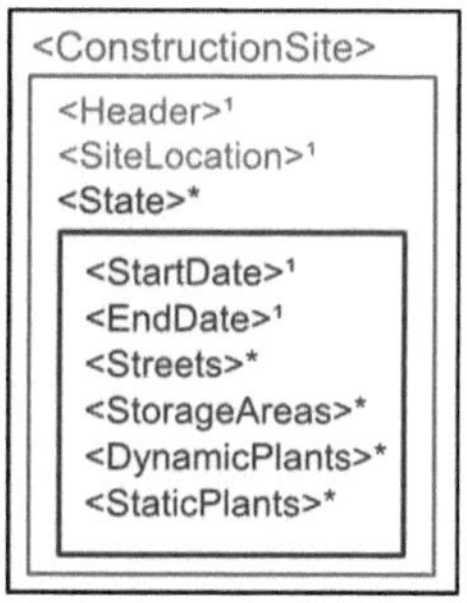

Abb. 22.3 Baustellenzustandsmodell im Überblick

der Baustelle und deren Eckpunkte. Jeder Zustand besitzt ein eigenes Start- und Enddatum. Um die Baugeräteinformationen einerseits und die 3D Daten des Objektmodells andererseits mit den Zuständen des BZM zu verknüpfen, müssen diese Informationen in LinkObjekts abgebildet werden. Dabei kann ein Zustand mehrere Baugeräte desselben oder verschiedener Typen besitzen, welchen wiederum mehrere Objektmodelle zugeordnet sein können. Ein Beispiel sind inkrementelle Geometriemodelle, die nicht das gesamte Bauobjekt zu einem Zeitpunkt beinhalten.

22.4.2 Rollen und Visualisierungsworkflow

Nachdem das grundlegende Modell für die Baustellenvisualisierung eingeführt wurde, wird in diesem Abschnitt geklärt, welche Rollen an der Visualisierung beteiligt sind und wie aus den verschiedenen Teilmodellen des MMC die komposite Visualisierung automatisch erstellt werden kann.

22.4.2.1 Rollenmodell

Insgesamt ergeben sich drei am Gesamtsystem beteiligte Rollen. Eine erste Rolle nehmen Manager oder externe Stakeholder ein, die sich keine Gedanken um die Datenhaltung machen wollen. Für sie ist es nur wichtig, aus einem Pool an Multimodellen das für sie wichtige wählen zu können, um es sich visualisieren zu lassen. Die zentrale Speicherung von Daten auf dem Server ist eine wichtige Anforderung. Das System benötigt daher eine Rolle für Anwender, im Folgenden als Planer bezeichnet, die die Daten in das System integrieren. Da ein weiterer Aspekt des Konzepts seine Erweiterbarkeit ist und zu einem späteren Zeitpunkt möglicherweise bisher noch unberücksichtigte Baustellendaten in die Visualisierung mit einfließen könnten, ist es nötig, die festgelegte Datengrundlage des MMCs strukturell zu erweitern. Hier kristallisiert sich die Rolle von Technikern heraus, die neben der Durchführung von Wartungsarbeiten auch die Struktur der Datengrundlage pflegen und erweitern. Die einzelnen Aufgaben und Nutzeraktionen werden nachstehend noch einmal kurz dargestellt.

Manager Diese Rolle umfasst clientseitige Anwender. Die erste Funktionalität für die Managerrolle ist die Anzeige der Liste der vorhandenen MMC. Von diesen kann einer ausgewählt werden. Mit der zweiten Funktionalität wird der ausgewählte MMC visualisiert.

Eine dritte stellt eine Fehlermeldung dar, falls in einem der vorherigen Schritte ein Fehler aufgetreten ist. Dieser Fall tritt bspw. ein, wenn der verwendete Web GIS Server nicht ansprechbar ist, der Benutzer ein notwendiges GIS Plugin noch nicht installiert hat, oder wenn während der Anzeige der MMC Liste ein MMC vom Server gelöscht wird und der Manager den gelöschten MMC anzeigen lassen will.

Planer Auch diese Rolle ist auf der Client Seite angesiedelt. Anwender in der Planerrolle können einzelne MMC hochladen. Bei der Übertragung kann es zu Fehlern kommen, daher ist auch für die Planer die Funktion einer Fehlermeldung vorgesehen. Nach dem erfolgreichen Hochladen eines MMC wird dieser vom System auf seine syntaktische Gültigkeit geprüft. Sollte der MMC nicht gültig sein, wird dies ebenfalls per Fehlermeldung kommuniziert. Mithilfe von Rückmeldungen des Systems, respektive vorgefertigten Fehlermeldungen, kann gewährleistet werden, dass nur vollständige Daten auf den Server geladen werden, die den Strukturvorgaben des Systems entsprechen. Zum Beispiel wäre es nicht sinnvoll, wenn ein Baustellenmodell ohne Baustellenzustände hochgeladen werden könnte, da dann keine zeitabhängigen Informationen extrahiert werden könnten.

Techniker Die Technikerrolle befindet sich nicht auf der Anwenderseite des Systems, sondern auf der Entwicklerseite. Techniker warten und erweitern zum einen die Anwendungslogik und legen die Anforderungen des Systems an einen hochgeladenen MMC fest. Eine Erweiterung könnte zum Beispiel das Hinzufügen eines neuen Modells, respektive eines noch ungenutzten, in den Visualisierungsprozess sein, oder auch die Visualisierung mehrerer MMC gleichzeitig. Damit ist dieser Rolle indirekt die Verantwortung für den Aufbau und die Erweiterung des MMC zugewiesen.

22.4.2.2 Visualisierungsworkflow

Nachdem die Datengrundlage (Abschn. 22.4.1) sowie die Rollen definiert wurden, wird im Folgenden ein Ablaufschema entwickelt, das zur Einbettung der Daten aus einem MMC im GIS und damit zu deren Visualisierung im Client führt. Hierfür eignete sich die Visualisierungspipeline als Referenzmodell [12]. Am Anfang der Pipeline stehen Rohdaten. Diese werden in einem Filterungsprozess für die Visualisierung aufbereitet, mit einem Mappingverfahren in ein graphisches Modell überführt und letztendlich durch ein Bildgenerierungsverfahren in ein Bild gerendert. Abbildung 22.4 zeigt den Ablauf der Visualisierung in Anlehnung an die Visualisierungspipeline im Überblick. Am Anfang existieren ein Bauprojekt bzw. dessen MMC mit all den unterschiedlichen Sichtweisen der Teilnehmer und daraus entstehende, unterschiedliche Datenmodelle und Datentypen. Während eines Filterprozesses werden diese Daten selektiert, geordnet und angereichert. Das Ergebnis ist der MMC, der dieser Arbeit als Vorlage dient. Die Anwendungslogik ist nun dafür zuständig, dass die vier Modelle in eine darstellbare Form gemappt werden.

Das BZM mit seiner Baustellengeometrie stellt die räumlichen Daten, die im GIS Plugin angezeigt werden, bereit. Da KML das primäre Austauschformat der in Abschn. 22.3.2

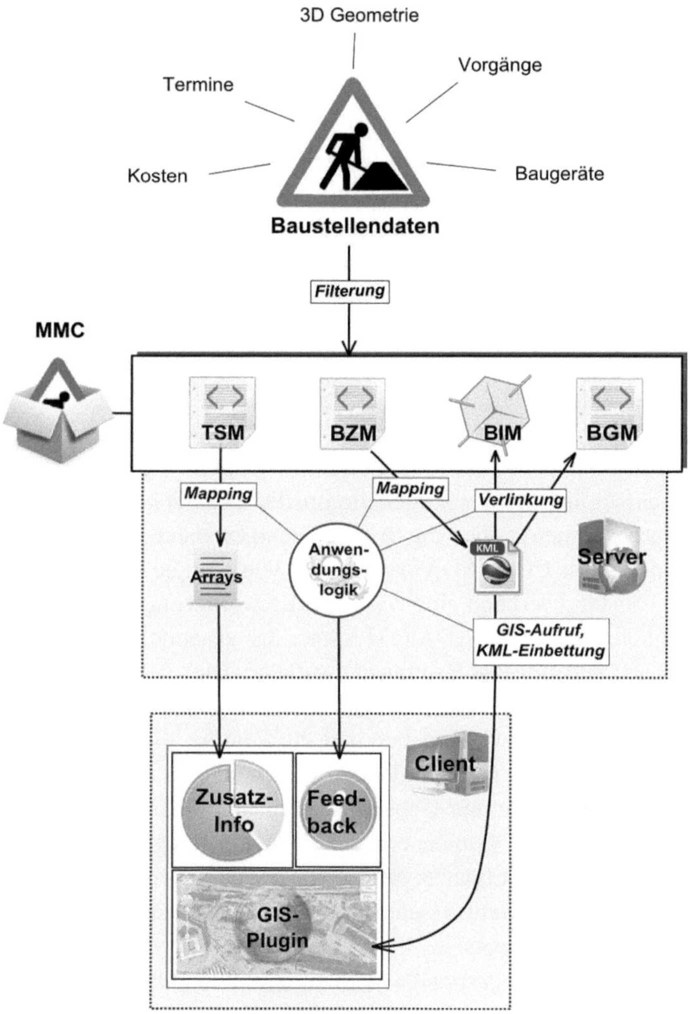

Abb. 22.4 Visualisierungsworkflow im Überblick

gefundenen GIS ist, bedeutet das Mapping hier die Abbildung der BZM Daten in eine KML Struktur. Mithilfe des Linkmodells werden zudem Pfade zu 3D Objektmodellen im KML referenziert und Informationen zu Baugeräten aus dem BGM hinzugefügt. Das Vorgangsmodell liefert nur Zusatzinformationen und wird nicht direkt im GIS eingebettet. Diese Informationen umfassen Start- und Enddatum, Beschreibung und Kosten einer Aktivität im Vorgangsmodell. Die Daten werden in einer Liste an den Client Browser gesendet und dort als Text dargestellt. Die Anwendungslogik ist dafür zuständig, das KML in einem GISPlugin einzubetten und gegebenenfalls an jeder Stelle der Verarbeitung, sei es beim Mapping, Linken oder Einbetten, auftretende Fehler anzuzeigen.

Im letzten Schritt der Pipeline steht das Rendern der Daten im Browser. Alle drei Ansichten, daher das GISPlugin, die Zusatzdaten und die Fehleranzeige, werden vom Server in HTML und JavaScript ausgegeben.

Mapping des Objektmodells und der Baustellenzustände In diesem Abschnitt wird gezeigt, wie die Daten eines MMC in eine vom GIS anzeigbare Form gebracht werden. Die große Schwierigkeit in diesem Schritt besteht darin, eine Struktur für das GIS Austauschformat KML zu erarbeiten, die sowohl geometrischen als auch zeitlichen Aspekte des neu erschaffenen BZM zu vereinigen und mit dem 3D Objektmodell zu verknüpfen. Zunächst wird kurz auf die Vorbearbeitung des Objektmodells eingegangen und anschließend die Struktur für ein KML Dokument erarbeitet, das die MMC Daten in ein GIS einzubetten vermag.

Wie in Abschn. 22.2.2 bereits beschrieben, ist IFC für die Repräsentation eines Bauobjekts als standardisiertes Format sehr verbreitet. Da keine Konvention existiert, die besagt, dass im MMC ausschließlich Objektmodelle im IFC Format verwendet werden müssen, kann die Bauwerksgeometrie auch durch ein beliebiges anderes 3D Format repräsentiert werden. Letztendlich ist COLLADA das einzige von Google und Bing unterstützte 3D Format. Dieser Umstand verlangt eine vorherige Konvertierung in COLLADA. Weiterhin ist es zwar möglich, dass COLLADA OM immer das gesamte, bis zu einem bestimmten Zeitpunkt fertiggestellte absolute Bauobjekt darstellen. Dies würde eine unnötig hohe Datenredundanz bedeuten. Es ist daher erwünscht, dass COLLADA OM nur Fortschritte in einem bestimmten Zeitraum wiedergeben und die Summe aller Teilobjekte letztlich das gesamte Bauobjekt ergibt. Es ist außerdem zu beachten, dass aus dem Objektmodell alle Baugeräte entfernt werden und nur Gebäudeteile an sich modelliert werden, um missverständliche oder inkonsistente Visualisierungen, z. B. ein Baugerät gleichzeitig in 3D und in 2D, zu vermeiden. Diese Aufgaben, ebenso wie die daraus resultierende Anpassung der MMC Modelle, müssen vor dem Visualisierungsprozess erledigt werden und sind daher nicht Bestandteil dieses Konzepts.

KML ist eine Auszeichnungssprache in XML Syntax und bedient sich einer hierarchischen Struktur, die der User nach seinen Wünschen gestalten kann. Um ein beliebiges Graphikprimitiv anzeigen zu können, sei es ein Icon, ein Polygon oder ein externes 3D Modell, muss dies innerhalb des Strukturelements Placemark aufgerufen werden. Ein Placemark kann neben dem Primitiv einen Namen, eine Beschreibung und einen graphischen Style besitzen. Primitive, die für das BZM benötigt werden, sind Punkte, um Baugeräte, Linien für die Baustraßen, ein Polygon für die Form des Baugrundstückes und Lagerflächen und COLLADA Dateien für das Gebäude zu platzieren. Jedes Strukturelement eines KML Dokuments kann eine eigene Zeitspanne TimeSpan und einen Blickpunkt besitzen LookAt.

Da das Modell viele verschiedene Placemarks an verschiedenen Orten und zu verschiedenen Zeiten erfordert, ist es nötig, das KML Dokument nicht nur räumlich, sondern auch zeitlich zu strukturieren. KML liefert mit Document und Folder zwei geeignete Container Elemente für diese Aufgabe. In einem Document können Styles global und wiederverwendbar definiert werden. In einem Style können Icons, wie etwa ein Baggersymbol, referenziert werden. Document wurde daher als Rahmen für alle Zustände verwendet und

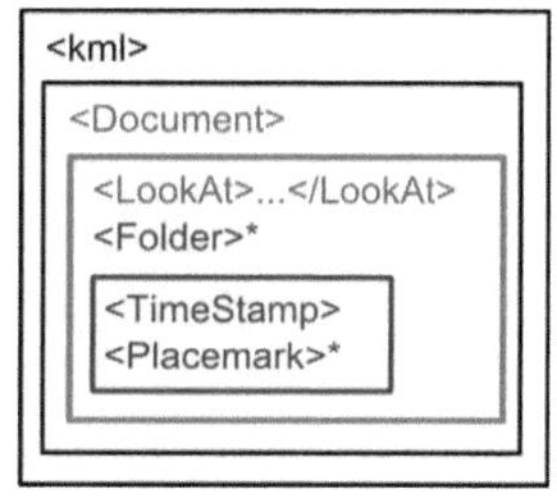

Abb. 22.5 KML im Überblick

mit einem gobalen LookAt versehen, da sich die Position der gesamten Baustelle über die Zeit nicht verändert. Jeder Baustellenzustand wird mit all seinen verschiedenen Placemarks in jeweils einem Folder Element untergebracht, dem wiederum ein Zeitstempel gegeben wird. So muss ein Zeitstempel nur einmal pro Zustand definiert werden und ist für alle Unterelemente gültig. In Abb. 22.5 ist das nach den Bedürfnissen unseres Modells spezifizierte Gerüst des KML Dokuments nochmal verdeutlicht. Elemente mit dem Index 1 müssen dabei genau einmal vorkommen, Elemente mit Index + müssen mindestens einmal vorkommen und solche mit $*$ können beliebig oft oder gar nicht vorkommen.

22.4.3 Konzeptionelle Architektur

Für die Architektur eignet sich eine Client Server Architektur, bei der die Daten- und Anwendungslogik im Server, die Präsentationslogik jedoch im Client abgewickelt wird. Die Anwendungslogik im Server wird den Anforderungen entsprechend die zwei wesentlichen Funktionen Speicherung und Einbettung und Visualisierung der Daten mit einem GIS bereitstellen. Der Workflow für letztere wurde bereits im vorherigen Abschnitt beschrieben. Zur Speicherung können Planer über den Upload Screen einzelne MMC auf den Server hochladen, die dort im Dateisystem gespeichert werden. Die Anwendungslogik wird nun mittels eines Parsers die benötigten räumlichen und zeitlichen Baustelleninformationen aus den MMCs extrahieren, prüfen und, falls diese den technischen Vorgaben entsprechen, persistent in einer Datenbank speichern, andernfalls wird eine Fehlermeldung zurückgegeben. Die Kommunikation mit der Datenbank wird über eine eigene Zugriffschicht realisiert, damit die zugrundeliegende Datenbasis flexibel ausgetauscht werden kann.

Jedes Bauprojekt, das in der Datenbank gespeichert wird, bekommt eine eigene ID zugewiesen. Für die Visualisierung sendet der Server auf Anfrage des Clients, diesmal in der Managerrolle, zunächst eine Liste aller in der Datenbank befindlichen Multimodelle an diesen zurück. Aus den Baustellenmodellen wird eines ausgewählt und dessen ID an den Server gesendet, damit dieser es in das GIS Plugin eingebettet wieder an den Client zurücksendet, um es zu rendern. Der Ablauf aus Sicht der Managerrolle ist in Abb. 22.6 dargestellt.

Die Kommunikation zwischen Client und Server wird über eine REST Schnittstelle abgewickelt. Der Client verwendet die http POST Methode zum Speichern eines MMCs und die GET Methode zum Senden einer ID. Die Anfragen werden vom Server entgegengenommen und an die Anwendungsschicht weitergegeben. Nach der serverseitigen Verarbei-

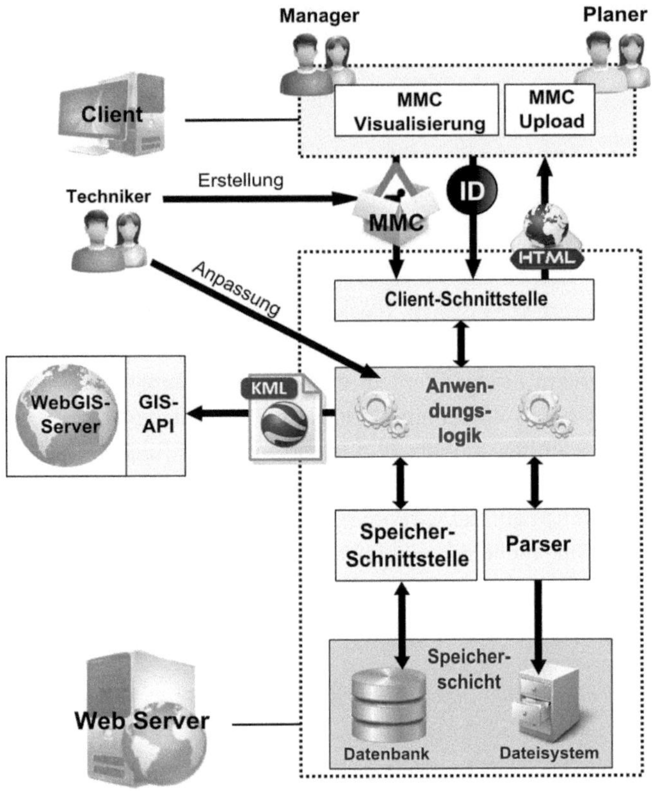

Abb. 22.6 Softwarearchitektonischer Überblick

tung sendet die Anwendungsschicht ein HTML Dokument an den Client Browser, damit dieser es rendern kann. In Abb. 22.6 ist die gesamte Architektur des Konzepts nochmal abstrakt dargestellt.

22.5 Implementierung und Evaluation

Nachdem im vorangegangen Abschnitt das Konzept für die Baustellenvisualisierung dargelegt wurde, wird nachstehend gezeigt, wie es evaluiert wurde. Hierzu wurde die Architektur prototypisch implementiert und anhand zweier Szenarien aus dem Projektkontext getestet.

22.5.1 Prototypische Implementierung

Basierend auf dem Architekturkonzept wurde der Prototyp als Webanwendung umgesetzt. Hierzu ist eine serverseitige Anwendung nötig, die dynamisch angepasste HTML Dokumente erzeugt. Für diese Aufgabe eigneten sich bspw. PHP Frameworks, Ruby on Rails oder Java Technologien wie z. B. JavaServer Pages. Da der Parser als Bestandteil des Konzepts bereits in Java implementiert wurde, fiel die Wahl auf Java als Programmiersprache und JavaServer Pages, JSP, als Framework. Entwickelt wurde der Prototyp mit der Netbeans IDE 7.0.1, wobei Glassfish 3.0 als Web- und Applicationserver eingesetzt wurde.

Für die Datenhaltung wurde auf einen MySQL Datenbankserver zurückgegriffen. Netbeans bietet hier eine integrierte Schnittstelle für eine Object Relational Mapping, um aus einem MySQL Datenbankschema automatisch Datenobjekte und Datenzugriffsobjekte zu generieren. Aufgrund der besseren Dokumentation wurde Google Maps mit dem Google Earth Plugin als webbasiertes GIS verwendet. Voraussetzung für die Nutzung des Protoytps ist damit neben dem Webbrowser die Vorinstallation des kostenlosen Plugins.

Parsen des MMC Sobald ein MMC in das Dateisystem hochgeladen wurde, muss dieser auf die Strukturvorgaben hin überprüft werden. Um die Elementarmodelle im MMC einzeln ansprechen zu können, wurde vom Institut für Bauinformatik der TU Dresden bereits ein Parser in Java implementiert, der den MMC entpackt, die Headerdatei *Multimodell.xml* durchsucht und die Pfade der anderen Modelle innerhalb des MMCs zurückgibt. Dieser Parser wurde im Rahmen dieser Arbeit erweitert, sodass er mittels *XML ContentHandlern* Daten aus den jeweiligen Modellen filtert und in der Datenbank speichert. Hier wird die einfache Erweiterbarkeit deutlich. Sollte zu einem späteren Zeitpunkt ein neues, für die Visualisierung relevantes Modell zum MMC hinzukommen, reichte es aus, im MMC Parser eine neue Methode parseNewModel einzufügen und einen neuen ContentHandler für das Modell anzulegen.

Visualisierungs JSP Nach erfolgreichem Parsen eines neuen MMC werden die Daten des Baustellenzustandsmodells vom Servlet in einen KML Dokument und die Aktivitäten des Vorgangsmodells in eine Liste geschrieben und mittels JavaBeans an das vis.jsp weitergereicht.

Das GoogleEarth Plugin wird per Java Script aufgerufen, konfiguriert und dann in einem DIV Container angezeigt. Wenn später ein KML Dokument in das Plugin geladen wird, interpoliert der Zeitregler automatisch vom ersten bis zum letzten Zeitpunkt innerhalb des Dokuments. Wenn sich der Zeitregler durch Nutzerinteraktion verschiebt, wird die aktuelle Zeit des Plugins ausgelesen und aus der Liste aller Aktivitäten des Vorgansmodells genau jene gefiltert, die zu diesem Zeitpunkt stattfinden. Dies geschieht mithilfe der JavaScript Bibliothek jQuery, die Änderungen des DOM zur Laufzeit, also ohne Neuladen des HTML Dokuments, erleichtert. Da der Zeitregler bei Änderungen kein abfangbares Event erzeugt, wird ein Timer von JQuery verwendet, der das Plugin im Sekundentakt nach der aktuellen Plugin Zeit fragt.

Der Prototyp umfasst vier verschiedene Ansichten: die Startseite mit Instruktionen zur Handhabung, einen Upload Screen, eine Listenansicht mit allen bisher hochgeladenen MMCs und die Visualisierungsansicht, der einen ausgewählten MMC mithilfe des Google Earth Plugins visualisiert. In Abb. 22.7 ist der Upload Bildschirm des Prototyps dargestellt.

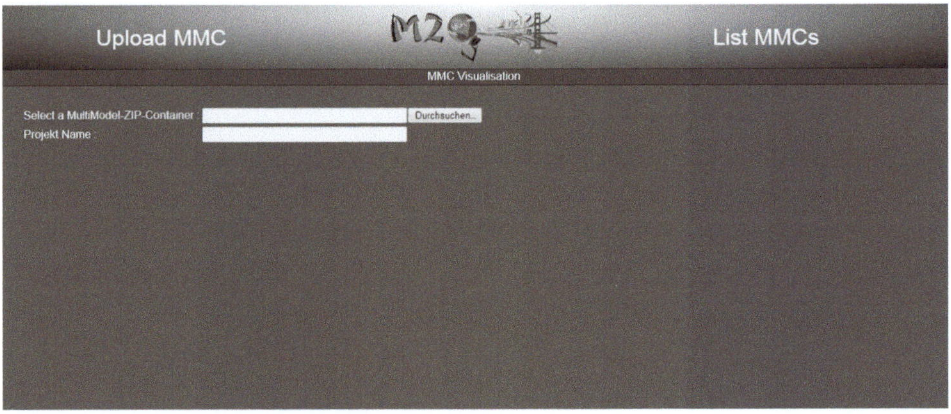

Abb. 22.7 Upload Screen für Multimodellcontainer

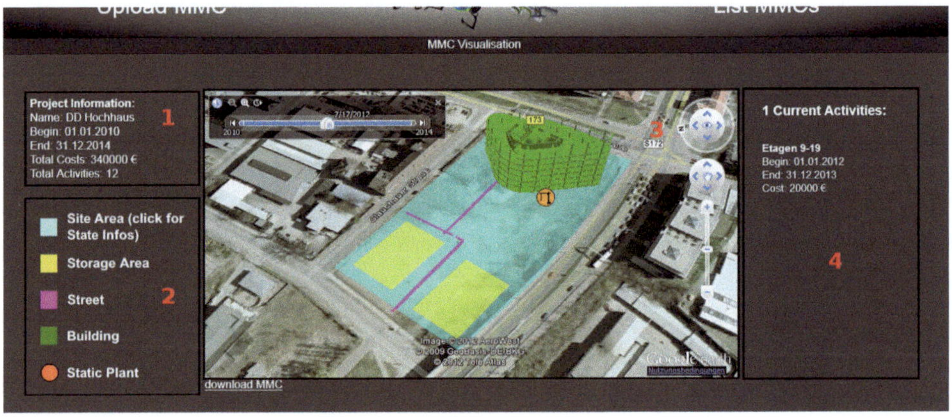

Abb. 22.8 Hochhausbeispiel ca. zur Mitte der Bauzeit

Nachdem ein MMC aus dem lokalen Dateisystem ausgewählt wurde, kann diesem unter „Projektname“ ein separater Name zugewiesen werden, bevor er auf den Server hochgeladen wird.

22.5.2 Evaluation anhand zweier Szenarien

Für die Evaluation wurden zwei fiktive und stark vereinfachte Baustellenszenarien in Form zweier MMC erstellt. Im ersten Szenario wurde der Bau eines Hochhauses mit sechs verschiedenen Zuständen in Dresden modelliert. Hierbei wurde jedem Zustand ein 3D Modell des gesamten Gebäudes zum jeweiligen Zeitpunkt zugewiesen. In Abb. 22.8 ist ein Baustellenzustand nach ungefähr der Hälfte der Bauzeit dargestellt. Im linken oberen Feld (1) werden globale Projektinformationen wie Name des hochgeladenen Multimodellcontai-

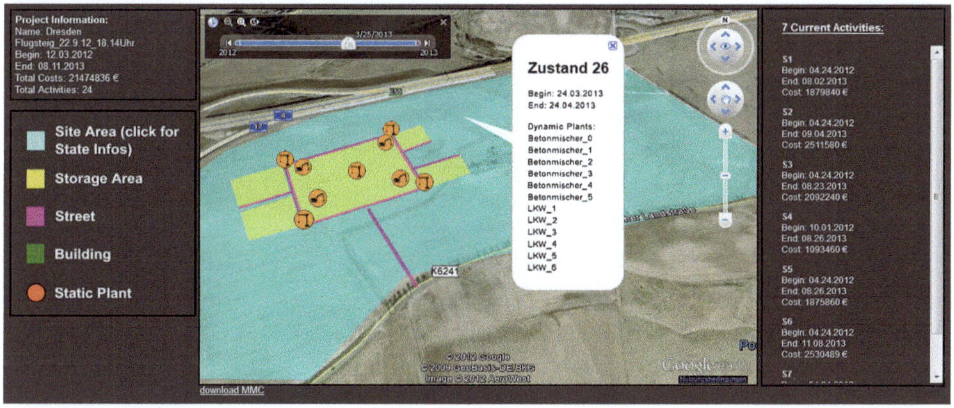

Abb. 22.9 Flughafenterminal Beispiel zu Baubeginn

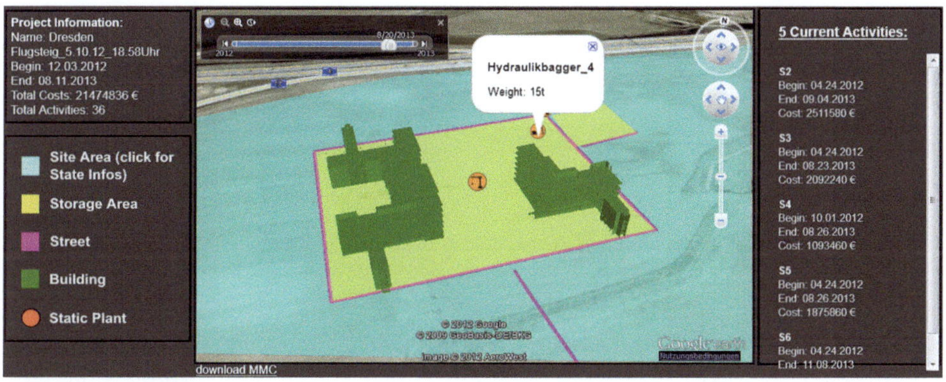

Abb. 22.10 Flughafenterminal Beispiel im fortgeschrittenem Stadium

ners, Startdatum, Enddatum und Kosten des Bauprojekts und die Anzahl der Aktivitäten im Vorgangsmodell angezeigt. Im linken unteren Feld (2) ist eine Farblegende für alle im Google Earth Plugin (3) dargestellten Elemente gegeben. Im Plugin ist zum einen das Objektmodell und die Baustellengeometrie zu sehen, zum anderen ein Zeitregler, mit dem Nutzer einen beliebigen Zeitpunkt innerhalb der Bauzeit ansteuern können. Die Baustellenzustände passen sich automatisch dem Zeitregler an, ebenso die aktuellen Aktivitäten auf der Baustelle, die im rechten Feld (3) zu sehen sind.

Im zweiten, etwas komplexeren Szenario wurde der Bau eines Flughafenterminals in Dresden modelliert. Dieses beinhaltet 13 Zustände und verwendet ein inkrementelles Gebäudemodell. So werden die sieben Teilgebäude S1 bis S7 nacheinander hinzugefügt und der Speicherbedarf erhöht sich nicht wie im ersten Szenario. In Abb. 22.9 ist der Baustellenzustand noch vor der Fertigstellung des ersten Teilgebäudes dargestellt. Mit Klick auf das Baustellengrundstück lassen sich Detailinformationen zum jeweiligen Zustand an-

Abb. 22.11 Flughafenterminal Beispiel mit ausgewähltem Turmdrehkran

zeigen. In dieser Abbildung hat der ausgewählte Zustand die ID 26, läuft vom 24.03. bis 24.04.2013 und beinhaltet zwölf dynamische Baugeräte.

Mit Klick auf ein statisches Baugerät lassen sich Details zu diesem aufrufen. In Abb. 22.10 und Abb. 22.11 ist das jeweils an einem Hydraulikbagger und einem Turmdrehkran dargestellt.

22.6 Zusammenfassung und Ausblick

In den letzten Jahren hat das Web GIS mehr und mehr an Bedeutung vor allem für die Endanwender gewonnen. Auch im Bereich des Bauwesens existieren Ansätze, diese Art von Tools in die Planungsprozesse zu integrieren und damit das Verständnis und die Kommunikation zu unterstützen. Dennoch existierte bisher kein durchgängiges Konzept, wie Bauprojektdaten, insbesondere Gebäude-, Baustellen,- und Vorgangsinformationen, im großmaßstäblichen räumlichen Kontext visualisiert werden können. Aus diesem Grund wurde zunächst anhand mehrerer Kriterien untersucht, welche webbasierten GIS überhaupt für den Problembereich in Frage kommen. Bing und Google Maps waren die einzigen Anbieter, die mit minimalen Abstrichen empfohlen werden können. Daraufhin wurde ein Konzept aufgestellt, dass den existierenden MMC erweitert und Rollen im Visualisierungsprozess definiert. Letzterer wurde im Detail vorgestellt und dessen Einsatz anhand einer Referenzarchitektur aufgezeigt. Diese wurde prototypisch implementiert und anhand zweier Szenarien aus dem Projekt evaluiert. Hierbei konnte die funktionelle Tragfähigkeit des Gesamtkonzeptes verdeutlicht werden. Vorher war es nicht möglich, eine Baustelle in 2D und 3D Darstellung im räumlichen Kontext einzuordnen.

In einem nächsten Schritt gilt es, die Evaluation mit anderen Projektdaten, aber vor allem mit verschiedenen Nutzergruppen, auszuweiten, um eventuelle Problem zu identifizieren und Anknüpfungspunkte für Erweiterungen zu erfahren. Doch erste Ideen existieren bereits. So wäre es wünschenswert, mehrere Baustellen aus mehreren MMC auf einmal zu visualisieren und ggf. Routen zwischen ihnen zu berechnen. Letzteres ist weitestgehend Bestandteil aktueller webbasierter GIS. Eine andere Idee ist die Einbindung von Zensus-

oder Verkehrsdaten. Planer könnten sofort sehen, wie bspw. Anfahrten an die Baustelle verkehrsgünstig zu bestimmen sind. Weiterhin ist die Integration von Fotos aus der Baustellendokumentation denkbar. Dies ermöglicht einerseits das schnelle Auffinden der Bilder durch den lokalen Kontext und andererseits wird durch die visuellen Eindrücke das Verständnis der ansonsten sehr abstrakten Baustellendarstellung verbessert.

Literat

1. Fuchs S, Kadolsky M, Scherer RJ (2011) Formal description of a generic multi-model. In: Proc of 20th IEEE international workshops on enabling technologies: infrastructure for collaborative enterprises (WETICE '11)
2. Haklay M, Singleton A, Parker C (2008) Web mapping 2.0: the neogeography of the GeoWeb. In: Geography compass, Bd 2. Blackwell Publishing Ltd, Oxford
3. USGS Eastern Region PSC 4 (2007) Geographic information systems. http://egsc.usgs.gov/isb/pubs/gis_poster/
4. Fu P, Sun J (2010) Web GIS: principles and applications. Esri Press
5. Turner A (2006). Introduction to neogeography. O'Reilly
6. Benslimane D, Dustdar S, Sheth A (2008) Services mashups: the new generation of web applications. IEEE Internet Comput 12:13–15
7. Bansal V, Pal M (2007) Potential of geographic information systems in building cost estimation and visualization. Autom Constr 16:311–322
8. Dawood N, Mallasi Z (2006) Construction workspace planning: assignment and analysis utilizing 4D visualization technologies. Comput-Aided Civ Infrastruct Eng 21:498–513
9. Su X, Andoh A, Cai H, Pan J, Kandil A, Said HM (2012) GIS-based dynamic construction site material layout evaluation for building renovation projects. Autom Constr 27:40–49
10. Bansal V (2011) Application of geographic information systems in construction safety planning. Int J Proj Manag 29:66–77
11. Simão A, Densham PJ, Haklay M (2009) Web-based GIS for collaborative planning and public participation: an application to the strategic planning of wind farm sites. J Environ Manag 90:2027–2040
12. Haber R, McNabb DA (1990) Visualization idioms: a conceptual model for scientific visualization systems visualization. In: Scientific computing. IEEE Comput. Soc., Los Alamitos, S 74–93

Prozessgesteuertes Bauprojektmanagement mit Multimodellen

23

Raimar J. Scherer und Sven-Eric Schapke

Zusammenfassung

Es werden ein Überblick und eine Einführung in die neue prozessbasierte Arbeitsweise gegeben, die durch den Multimodellansatz ermöglicht wird. Die informatorische Grundlage ist die formale Modellierung der Prozesse in Business Process Modelling Notation, BPMN, erweitert um das Konstrukt Multimodell. Für mehrere Projektphasen werden die Prozesse in BPMN und die Informationslogistik mit Multimodellen modelliert. Sie werden jeweils für eine Projektphase in einem separaten Unterkapitel vorgestellt. Der Schwerpunkt liegt auf der Prozessmodellierung in BPMN, während die detaillierte Modellierung und die Verwendung der Multimodelle in den Kapiteln der Band 2, Teile I und II sowie die Methoden zu Bearbeitung und Management von Multimodellen in den Kapiteln der Teile I und II vertieft behandelt werden.

23.1 Einleitung

Mit der Mefisto Plattform wurde ein verteiltes Managementführungssystem für das modellbasierte und prozessgesteuerte Bauen realisiert, das neue Projektanalysemöglichkeiten und neue Formen der Zusammenarbeit im Bauprojektmanagement, in der Bauablaufsimulation und im Risikomanagement eröffnet. Grundlage des Systems ist eine semantische Dienstplattform, über die Planungs- und Controllinginformationen in Form von Multimodellen ausgetauscht werden können. In diesen Multimodellen können Fachmodelle unterschiedlicher Fachdisziplinen und Organisationen kombiniert und die Integrität der enthaltenen Planungs- und Controllinginformationen überprüft und weiterführende Analysemodelle erstellt werden.

R.J. Scherer (✉) · S.-E. Schapke
Institut für Bauinformatik, Technische Universität Dresden, Dresden, Deutschland

R.J. Scherer, S.-E. Schapke (Hrsg.), *Informationssysteme im Bauwesen 1*,
DOI 10.1007/978-3-642-40883-0_23

Im Gegensatz zu den Integrationsansätzen des Building Information Modelling, BIM, ist eine Grundannahme im Projekt Mefisto, dass es in Bauprojekten auch zukünftig vielfältige Fachmodelle geben wird, die von den Projektteilnehmern mit spezialisierten Bausoftwareanwendungen erstellt und in unterschiedlichen Dateiformaten verteilt gespeichert werden. Zentrale Ergebnisse des Projekts Mefisto sind deshalb die vermittelnden Technologien der Multimodelle, der Dienstplattform und der Prozesse in Kombination mit der Informationslogistik, die den kombinierten, verteilten und prozessgesteuerten Einsatz der Fachmodelle ermöglichen.

23.2 Komponenten des Mefisto Systems

Der Mefisto Ansatz baut im Wesentlichen auf drei Komponenten auf. Dies sind zum einem die neu entwickelten Multimodelle zur gesamtheitlichen Formalisierung der aus unterschiedlichen Teildisziplinen stammenden Informationen, die auch die Basis für die Erweiterungen der beiden anderen Komponenten bilden. Die zweite Komponente sind die Prozessmodelle zusammen mit der Informationslogistik, die sich aus den Produktions- und Managementprozessen ableiten und die in dieser Form erst durch die Multimodelle ermöglicht werden. Die dritte Komponente ist die Mefisto Dienstplattform, die die Werkzeuge für das Multimodellmanagement und die Informationslogistik bereitstellt.

23.2.1 Multimodelle

Grundidee des entwickelten Multimodells ist es, zusammengehörige Fachmodelle aus der Planung und aus dem Projektmanagement in einer Informationsressource zusammenzufassen (Teil I, Kap. 1). Innerhalb der Ressourcen können separate Linkmodelle die Abhängigkeiten unter den Fachmodellen unterschiedlicher Detaillierungen, d. h. vertikale Interdependenz, Fachdisziplinen, d. h. horizontale Interdependenz, und Projektzeitpunkte, d. h. longitudinale Interdependenz explizit wiedergeben (Abb. 23.1). Um die Fachmodelle in Multimodellen zu verlinken und durch weitere Fachmodelle zu ergänzen, wurden etablierte Fachanwendungen erweitert und neue Werkzeuge entwickelt. Für den Austausch von Multimodellen wurde ein neutrales Datenaustauschformat, der Multimodell Container, MMC, spezifiziert (Teil I, Kap. 2). Abb. 23.2 zeigt die Grundstruktur des Containers, in der die Fachmodelle und zugehörigen Linkmodelle eingeordnet und durch semantische Metadaten ausgezeichnet werden. Die einzelnen Fachmodelle werden dabei weiterhin als unabhängige Datenressourcen behandelt, für die etablierte Datenschemas und Datenformalisierungen genutzt werden können. Neben den Datenstandards IFC 2×3 und GAEB DA XML werden auf der Mefisto Plattform bestehende sowie neu entwickelte Datenschemas und -formate für Fachmodelle, wie z. B. Terminpläne, Mengenmodelle, Organisationen und Projektrisiken, eingesetzt.

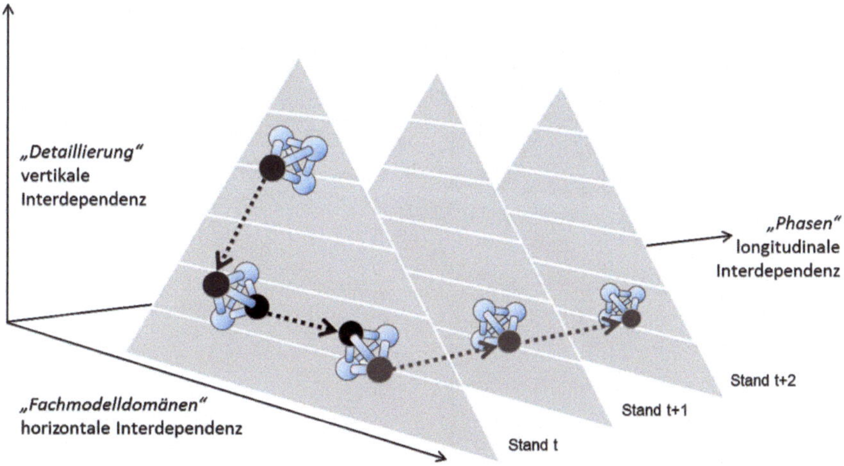

Abb. 23.1 Prinzipieller Aufbau der Multimodelle; ein Multimodell enthält mehrere Fachmodelle (*Molekülsymbol*), die Objekte (*Kugelsymbol*) der Fachmodelle sind nach Bedarf verlinkt

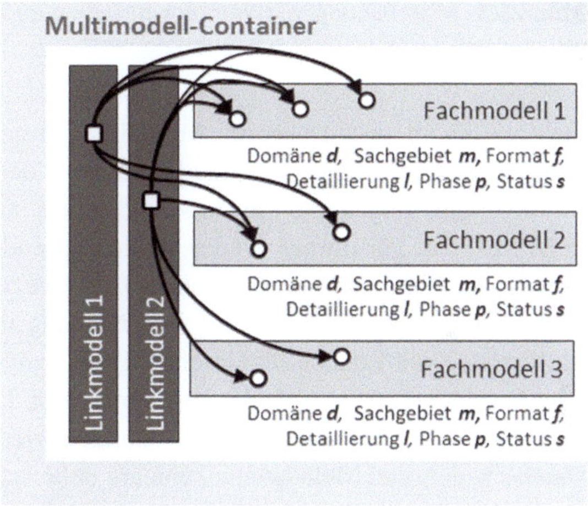

Abb. 23.2 Prinzipieller Aufbau des Multimodellcontainers; ein Multimodellcontainer repräsentiert ein Multimodell, die Verlinkung der Objekte der Fachmodelle ist in Linkmodellen gespeichert

23.2.2 Prozesse und Informationslogistik

Für den Einsatz der Multimodelle auf der Mefisto Plattform wurde eine Geschäftssystematik definiert, mit der die Speicherung und der Austausch der Multimodelle koordiniert und die Zugriffe auf ihre Inhalte geregelt werden können. Es wird eine Informationslogistik installiert. Als Grundlage für die interoperable Nutzung der Multimodelle werden zuerst die Datenschemas und Formate sowie die Vokabularformate festgelegt, mittels denen die Metadaten- und Merkmalskataloge für Multimodelle bereitgestellt werden. Diese werden komplementiert durch entsprechende Modellierungsvorlagen, die auch als Multimodelltemplates, MMT, bezeichnet werden. Weiterhin basiert die zentrale Nutzerverwal-

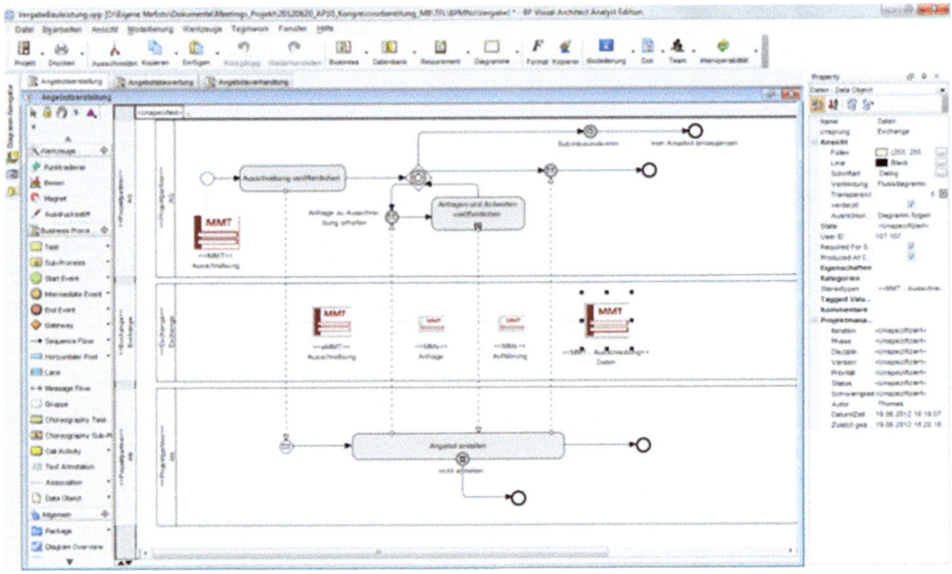

Abb. 23.3 Modellierung von Workflowmodellen im BPMN Editor Visual Architect mit MM Erweiterungen

tung auf einem austauschbaren Modell der Projektorganisation, das durch ein IFC 2×3 Teilschema definiert ist. Wichtige Instrumente der Informationslogistik stellen schließlich Multimodellvorlagen und Prozess- bzw. daraus instanziierte Workflowmodelle, modelliert in BPMN, dar. Für immer wieder ähnlich oder identisch vorkommende Prozesse wurden Prozessvorlagen, auch als Referenzprozesse bezeichnet (Teil II, Kap. 10), definiert. Mit diesen kann leicht die Erstellung und Nutzung von Multimodellen geplant werden. Das Multimodell wird dabei als Geschäftsobjekt angesehen, das die Eingangsinformationen oder Ergebnisse einer Aufgabe zusammenfasst. Die Vorlagen für typische Multimodelle, z. B. zur Ausschreibung von Bauleistungen, werden auf Grundlage der veröffentlichten Datenschemas und Metadatenvokabulare definiert (Band 2, Teil II, Kap. 10).

Für die Modellierung der Kollaborationsprozesse auf der Mefisto Plattform können die Multimodellvorlagen als Datenobjekte in BPMN Prozessdiagrammen wiederverwendet werden. Hierfür wurden BPMN Datenobjekte generiert, die wichtige Informationen der Multimodellvorlage, wie z. B. den Identifikator und die Namen der Vorlage sowie Name und Art der enthaltenen Fach- und Linkmodelle, als Metadaten tragen. Diese BPMN Datenobjekte konnten in kommerziellen BPMN Editoren als Stereotypen wiederverwendet werden und sind über ihre URL auch aus dem exportierten BPMN Modell nutzbar. Abbildung 23.3 zeigt ein Workflowmodell für die Einholung eines Angebots im BPMN Editor der Fa. Visual Paradigm.

Für die Modellierung der Kollaborationsprozesse auf der Mefisto Plattform können die Multimodellvorlagen als typisierte Datenobjekte in BPMN Prozessdiagrammen wiederverwendet werden. Abbildung 23.3 zeigt ein Workflowmodell für die Einholung eines

Angebots im BPMN Editor, während Abb. 23.4 das detaillierte Workflowmodell für den Abschluss eines multimodellbasierten Bauvertrags wiedergibt. Ein Gesamtüberblick über alle in den Szenarien modellierten Informationen und kollaborativen Prozessen, die die Phasen Ausschreibung bis Risikomanagement umfassen, ist in Abb. 23.5 als BPMN Diagramm mit dem Detaillierungsgrad LoD2 dargestellt. Die einzelnen Vorgänge werden im Folgenden aufgebrochen und als BPMN Prozesse in LoD3 in den folgenden Unterkapiteln vorgestellt. Die hierbei verwendeten wichtigsten BPMN Elemente sind in Abb. 23.6 aufgelistet, während Abb. 23.7 die Multimodellelemente zeigt, um die BPMN erweitert wurde.

23.2.3 Dienstplattform

Das Mefisto System entsteht durch die Vernetzung der einzelnen Fachanwendungen mit zentralen Plattformdiensten über eine einheitliche Webserviceschnittstelle (s. Abb. 23.8), das als virtuelles Unternehmen (Teil I, Kap. 5) organisiert ist. Die Fachanwendungen des Auftraggebers, AG, und des Auftragnehmers, AN, werden zuerst durch die Softwaresysteme der Projektpartner, GRANID von gibGREINER GmbH, RIB iTWO von RIB Information Technologies AG und SolidWorks, bereitgestellt über Solidpro GmbH, repräsentiert. Darüber hinaus wurden unter anderem M2A2, eine Multimodellfilter- und Analyseplattform, BIMfit, eine Filtertoolbox, Billi, eine Visulalisierungstoolbox und Prosim, eine Montagesimulationstoolbox, an der Technischen Universität Dresden und SiteSimEditor, ein Logistik- und Montagesimulationssystem, an der Ruhr Universität Bochum entwickelt. Die Plattformdienste der Informationslogistik koordinieren das Zusammenspiel der Fachanwendungen auf der Mefisto Plattform. Sie registrieren die Nutzer- und Softwaredienste der Plattform und ermöglichen die Koordination bearbeiteter Aufgaben sowie die Verwaltung der dabei erstellten Multimodelle. Die Plattformdienste zum Multimodellmanagement unterstützen den interoperablen Einsatz der Multimodelle, indem sie Funktionen, z. B. für das Filtern, Transformieren und Prüfen der Multimodelle, zentral bereitstellen.

23.3 Prozesse und Informationslogistik für das Ausschreibungscontrolling

Das Projektcontrolling (Band 2, Teil II, Kap. 9) basiert auf Daten, die als Ergebnis der Planungs- und Ausführungsphase einer Baumaßnahme als Geschäftsobjekte, z. B. im Projektcontrollingsystem GRANID, erhoben werden. Verschiedene Fachmodelle organisieren die Datenhaltung mit dem Ziel, aussagekräftige Berichte und Analysen für Entscheidungsprozesse zu erstellen. Der Informationsfluss mittels Multimodellen ist beginnend mit der Phase Bedarfsplanung bis zur Phase Ausschreibung als BPMN und Informationslogistikprozess modelliert (Abb. 23.9, Abb. 23.10). Über die Mefisto Plattform stehen so allen Beteiligten die aktuellen Multimodelle zur Verfügung und dienen ihnen als Übersicht, Orientierungs- und Zugriffshilfe auf den aktuellen Stand der Arbeiten.

Das Ausschreibungscontrolling stellt sicher, dass die Struktur der auszuführenden Leistungen mit den Inhalten der Planung konsistent ist und den Anforderungen des AG an

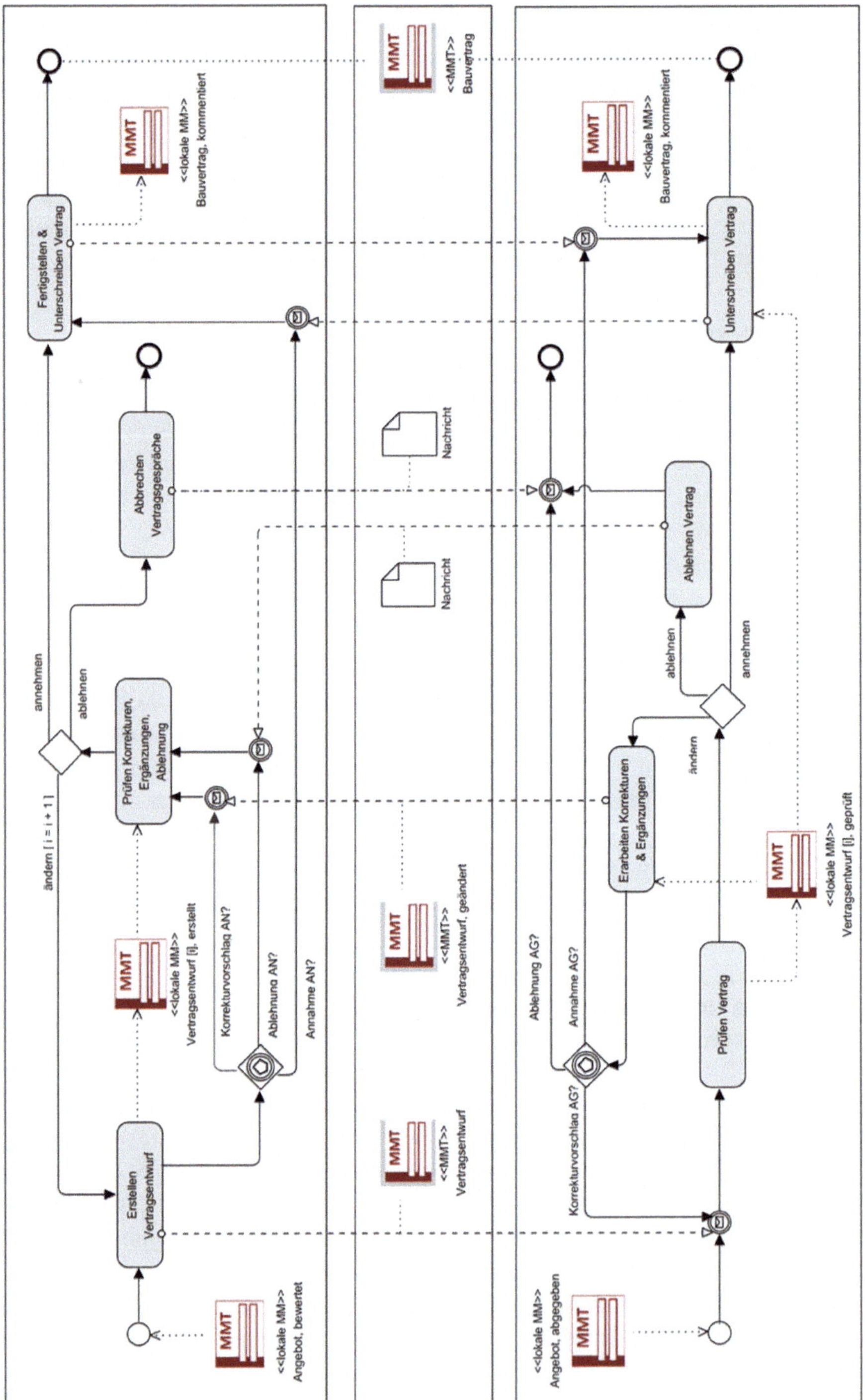

Abb. 23.4 Workflow mit Multimodellelementen für den Vorgang Vertragsverhandlungen

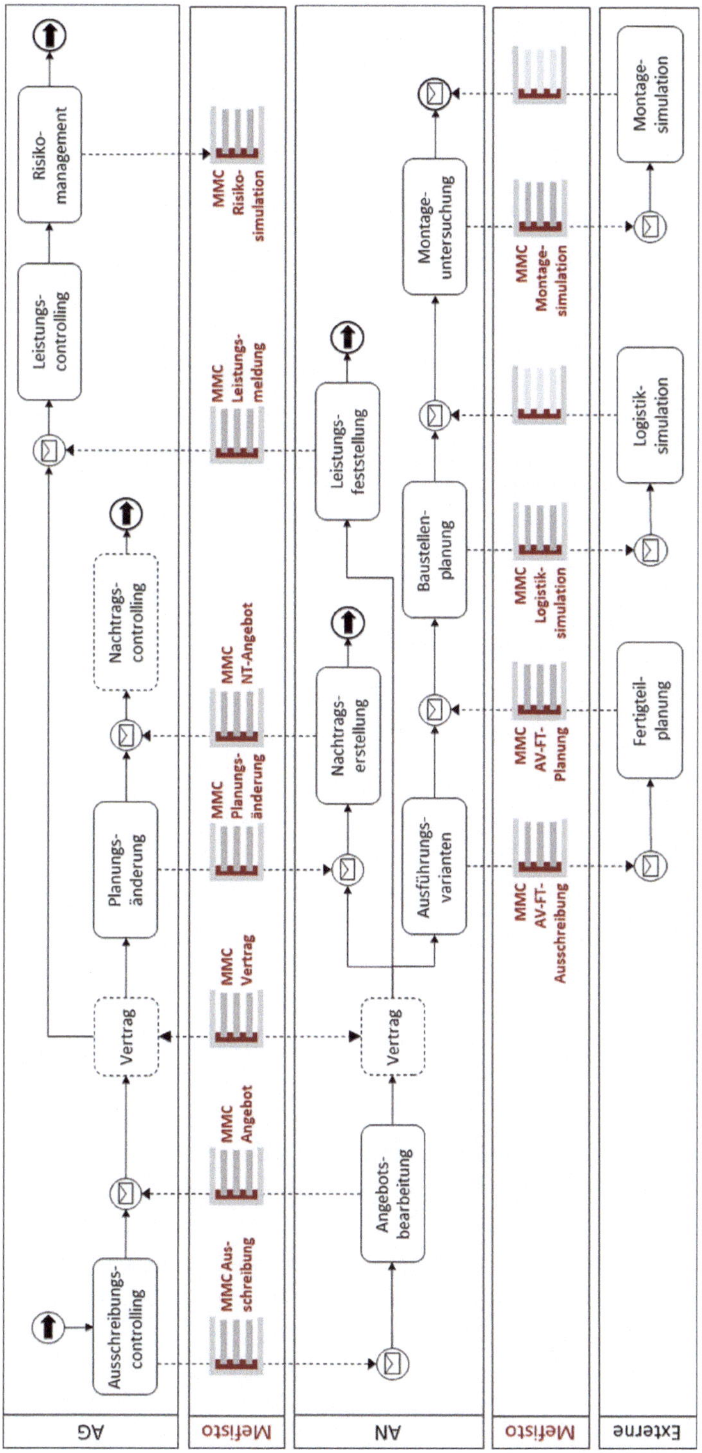

Abb. 23.5 Prozesse in Detaillierungsgrad LoD2 für die Phase Ausschreibungscontrolling bis Montage und Risikomanagement

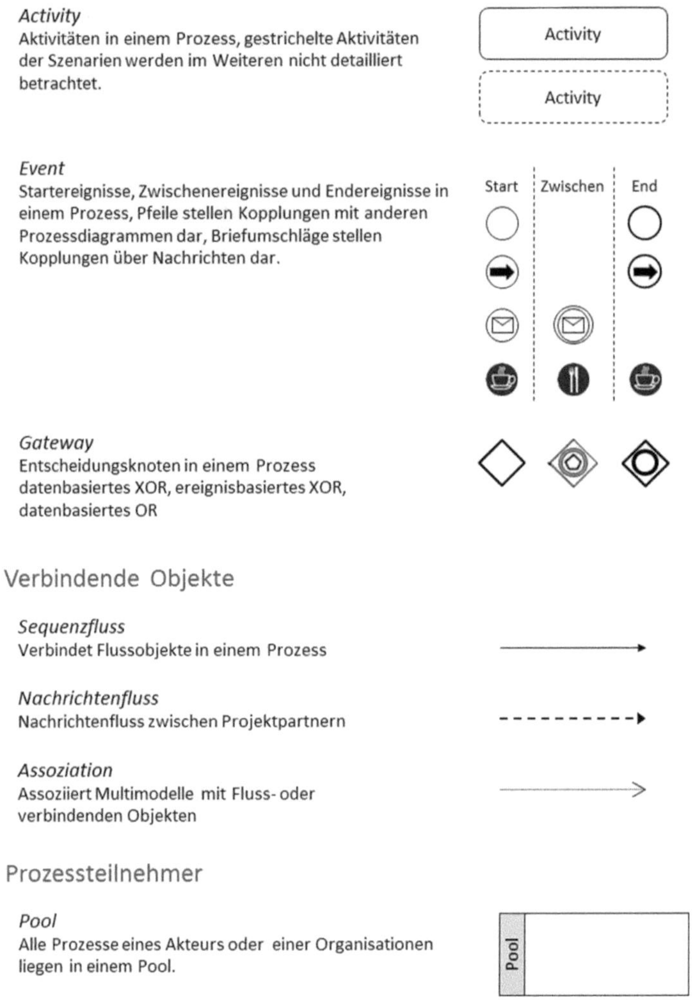

Abb. 23.6 Wichtigste BPMN Elemente

das Bauwerk entspricht (s. hierzu auch Abschn. 23.4). Dazu ist das Leistungsverzeichnis so aufzubereiten, dass eine Integration mit dem Bauwerks-, Kosten- und Terminmodell gegeben ist.

Die Anforderungen des AG werden in Form eines Raum- und Funktionsprogramms dokumentiert und vom Architekten während der Objektplanung sukzessive in ein Bauwerksmodell überführt. Der Projektcontroller übernimmt mittels des Multimodellcontainers die jeweiligen Modellierungsstufen in die Projektplattform des AG (Abb. 23.12). Die alphanumerischen Daten, die die Modellinhalte detailliert beschreiben, werden je nach Planungsstand geordnet in Versionen in einem Objektbuch strukturiert abgelegt (Abb. 23.11).

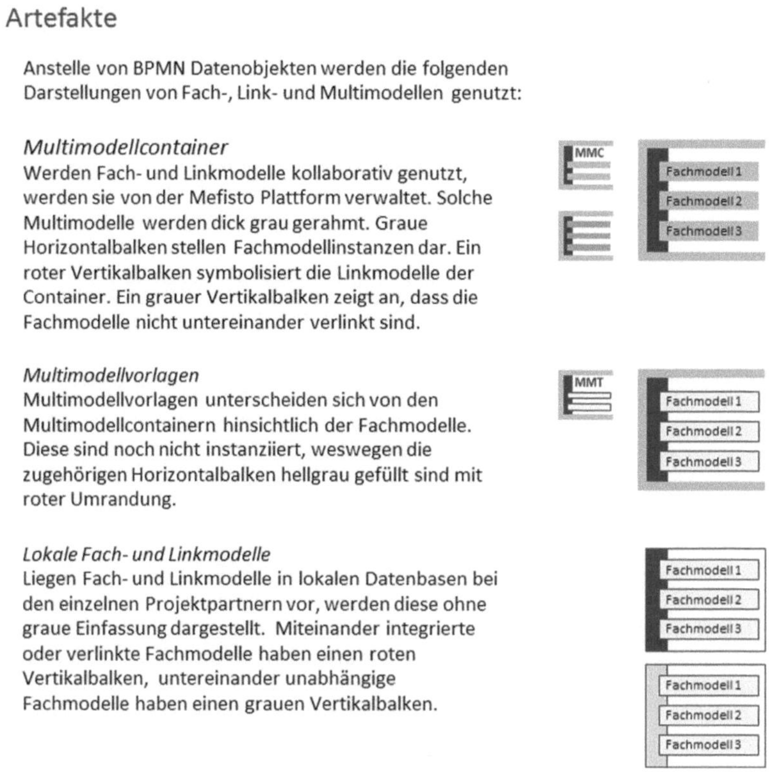

Abb. 23.7 Multimodellelemente um die BPMN erweitert wurde

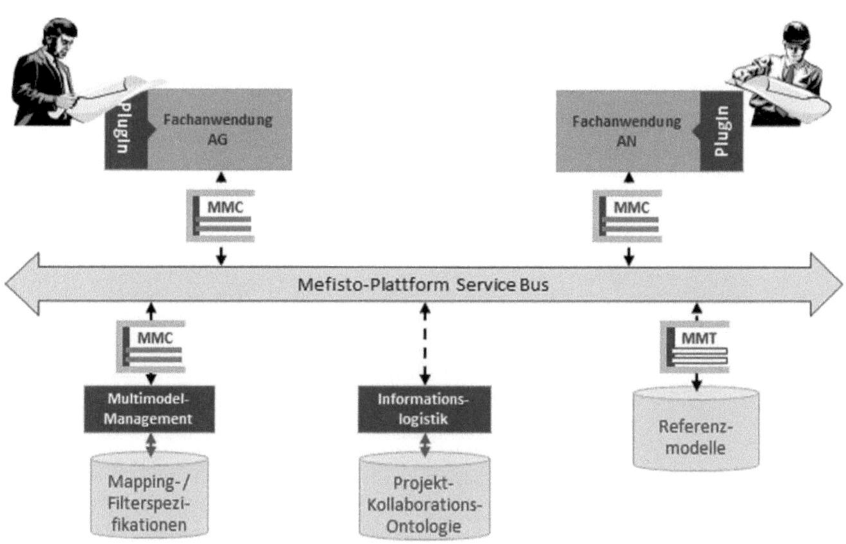

Abb. 23.8 Softwaresysteme auf der Mefisto Plattform

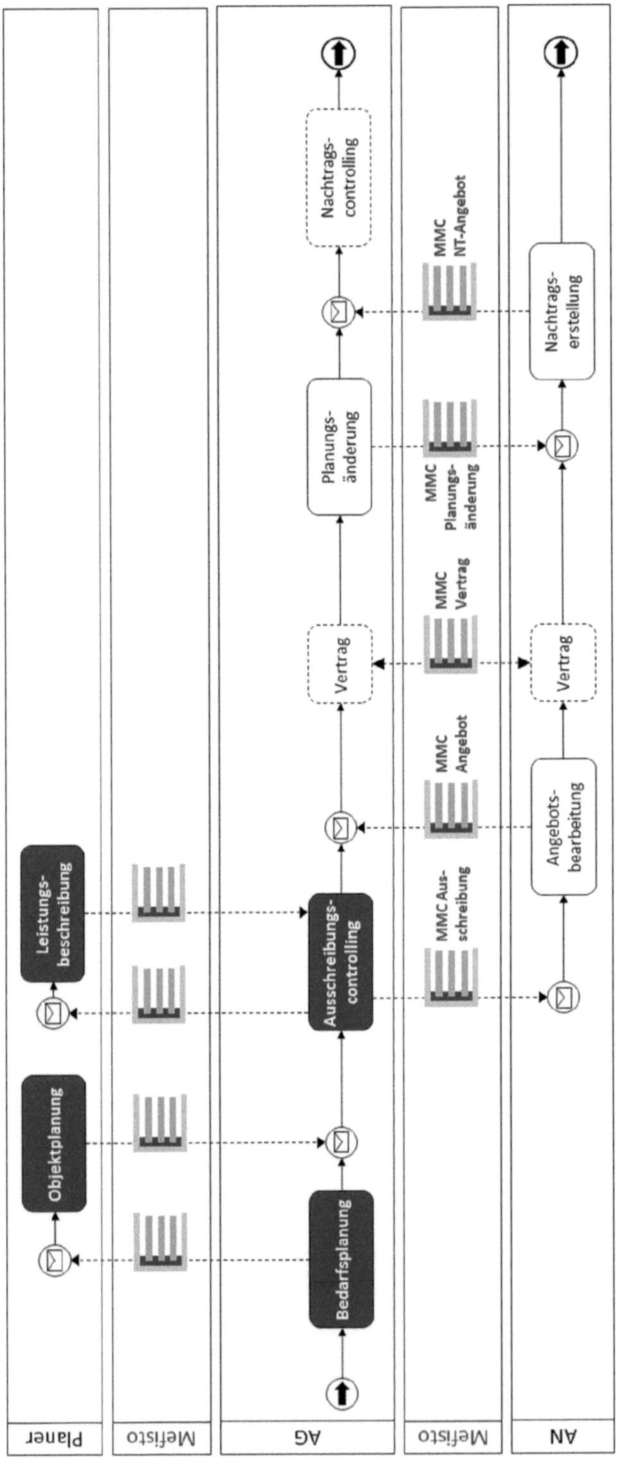

Abb. 23.9 Vorgang Ausschreibungscontrolling im Prozess- und Informationslogistikkontext

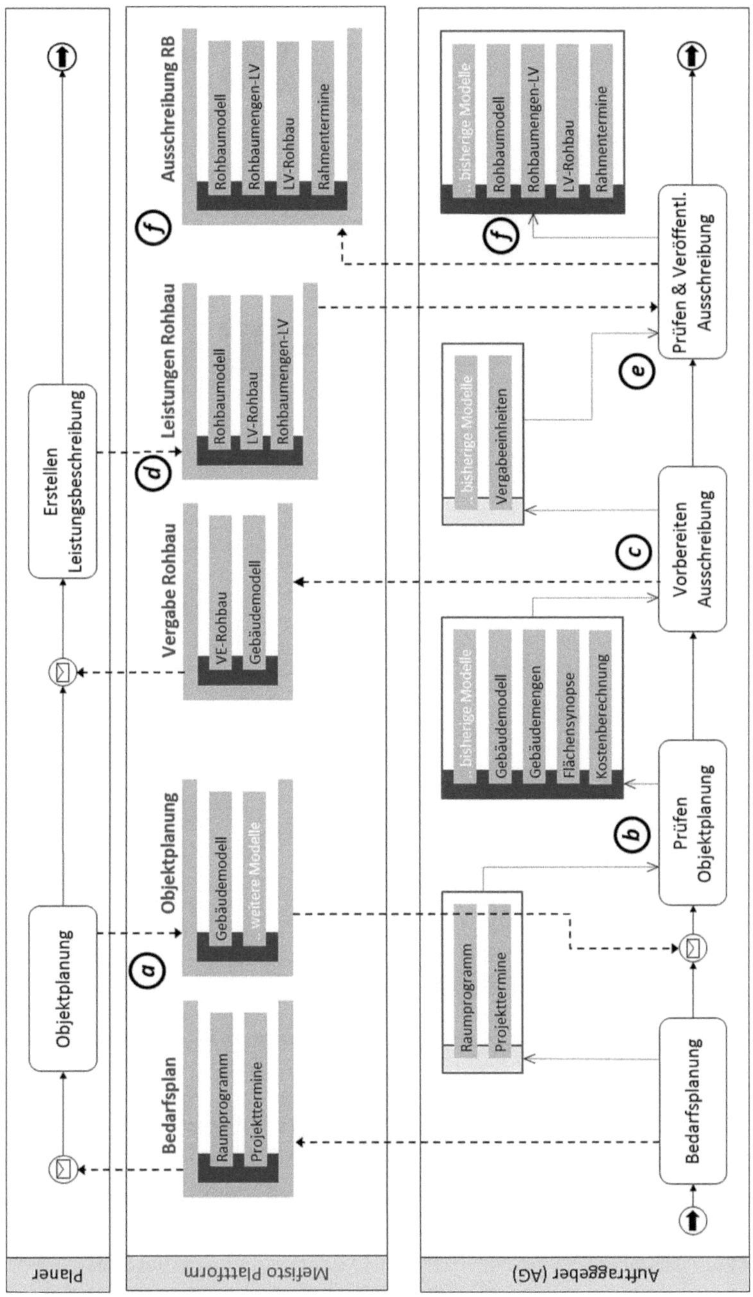

Abb. 23.10 Übersicht über die Multimodelle, die Informationsraum und -logistik für das Ausschreibungscontrolling bilden

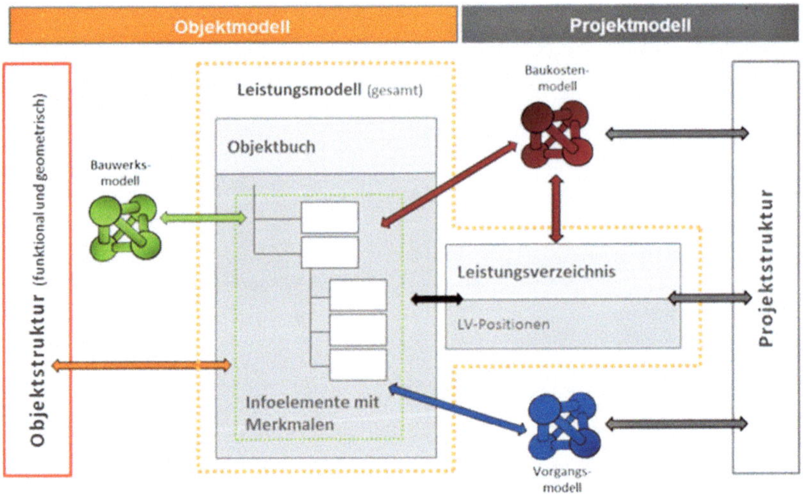

Abb. 23.11 Integration des Objektmodells mit Fachmodellen des Projektcontrollings entsprechend der Umsetzung in GRANID

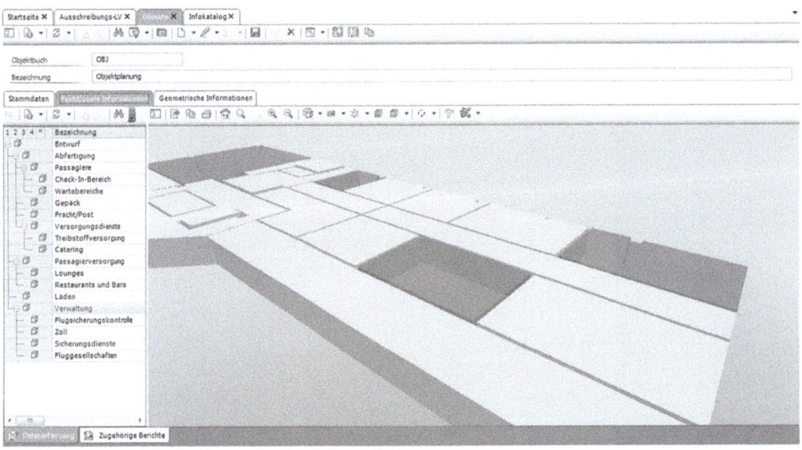

Abb. 23.12 Visualisierung eines Funktionsbereichs im Raummodell, Bildschirmfoto von GRANID

Gleichzeitig werden Integrations- bzw. Linkbeziehungen zwischen den verschiedenen Fachmodellen geschaffen, z. B. mit dem Werkzeug GRANID oder M2A2 (Abb. 23.10a).

Der Projektcontroller prüft mit dem Projektcontrollingsystem zunächst die Planungsergebnisse formal hinsichtlich Strukturierung und Vollständigkeit der Attribute, z. B. Codierung, Mengen etc. Ausgehend vom verifizierten Datenbestand werden Soll Ist Vergleiche zur Überprüfung der Vorgaben aus dem Raumprogramm erstellt (Abb. 23.10b). Ebenso sind mittels der Flächen und Bauteilmengen vergleichende bzw. alternative Kostenermittlungen möglich. Die Fachplanungsräume werden erstmals gezielt zu einem multidimen-

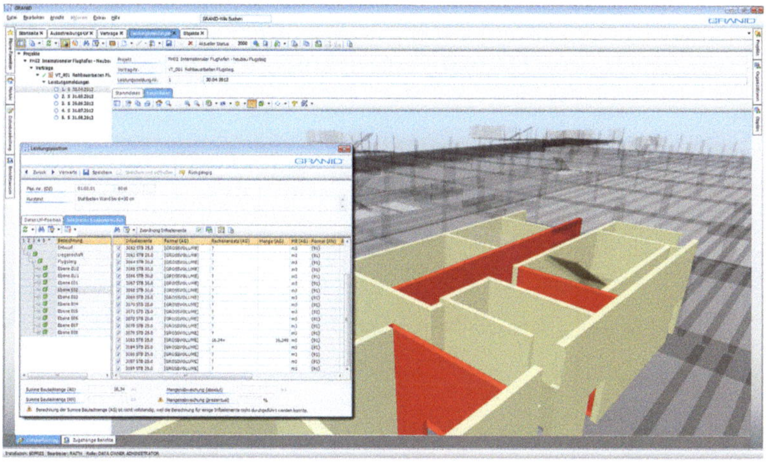

Abb. 23.13 Objektbuch Ausschreibung zur strukturierten Beschreibung der Räume und Bauelemente eines Bauwerksmodells, z. B. in GRANID mit 3D Darstellung

sionalen Informationsraum verlinkt, verdichtet ausgewertet und können auf Konsistenz geprüft werden.

Die vom Controllingsystem unterstützte Kostenplanung nach der Elementmethode ermöglicht die Strukturierung der Kostenplanung nach gewerkebezogenen Vergabeeinheiten. Dabei bleibt der Zusammenhang zu den betroffenen Bauelementen des Bauwerksmodells gewahrt. Der ausschreibende Planer erhält damit ergänzende qualitative Vorgaben aus dem Objektbuch für die auszuschreibende Leistung in strukturierter Form für das entstehende Multimodell (Abb. 23.10c).

Der ausschreibende Planer übergibt das nach den Vorgaben des Controllers strukturierte Leistungsverzeichnis mit Bezug zu den Bauteilen des Bauwerksmodells sowie zu den anteiligen VOB gerechten Splittmengen (Abb. 23.13). Für den Fall, dass der Ausschreibende keinen Bezug zu den Bauteilen liefern kann, ist dieser nachträglich im System des AG herzustellen, d. h. das Linkmodell nachträglich aufzubauen (Abb. 23.10d).

Eine Mengenermittlung nach den Ansprüchen des AG ist bauteilbezogen zunächst nur auf Grundlage der sog. Basismengen möglich, da nur diese derzeit über die IFC Schnittstelle übergeben werden können. Der Controller nutzt diese Basismengen zur Plausibilisierung der Mengen im Leistungsverzeichnis. Parallel dazu können mittels Integration über die Vergabeeinheit mit vergabeorientierten Links die geplanten Mengen der Kostenberechnung mit den ausgeschriebenen Mengen abgeglichen werden. In beiden Fällen werden Mengendifferenzen außerhalb einer definierten Bandbreite von z. B. 5 % mit dem Planer geklärt. Damit erhält der AG eine höhere Transparenz, verbunden mit einer größeren Sicherheit bei den Mengen (Abb. 23.10e).

Analog zur Integration der Leistungspositionen werden die Bauteile mit den Vorgängen des Rahmenterminplans, z. B. über die Werkzeuge M2A2 oder RIB iTWO, verlinkt. Damit sind alle Voraussetzungen geschaffen, die Ausschreibung mittels des Multimodell-

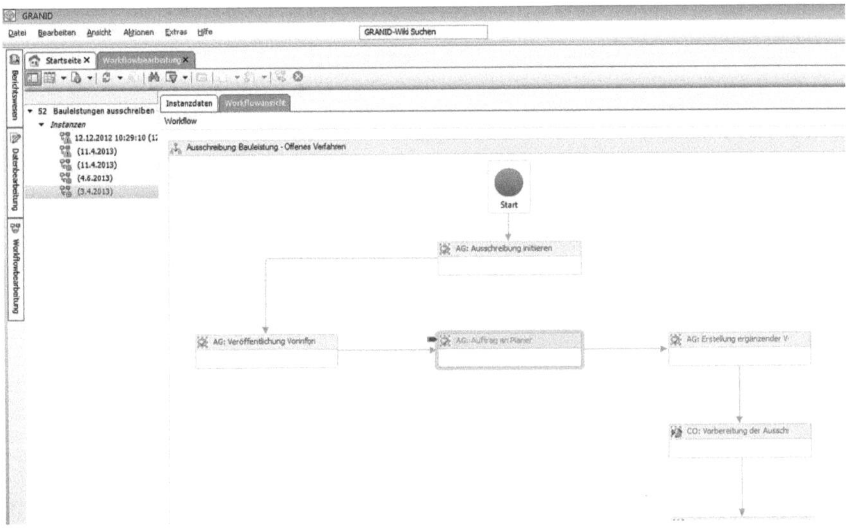

Abb. 23.14 Starten eines Workflows für eine Ausschreibung

containers zu veröffentlichen. Der Container enthält das Bauwerksmodell, das Leistungsverzeichnis mit den Splittmengen der LV Positionen auf Bauteilebene, die Rahmentermine sowie die Verlinkung der Modelle (Abb. 23.10f).

Eine weitere Unterstützung erhält das Projektcontrolling dadurch, dass wiederkehrende Prozesse wie die Erstellung und Veröffentlichung der Ausschreibung durch einen Workflow unterstützt werden. Dazu werden durch einen Prozessverantwortlichen vorab definierte Workflows (Abb. 23.14) aus dem Prozessmodell heraus gestartet (Abb. 23.10). Eine nachträgliche Individualisierung durch den Prozessverantwortlichen kann mittels grafischer Elemente per Drag & Drop durchgeführt werden. Einzelne Aktivitäten eines Workflows können mit den Vorgängen eines Terminplans verlinkt werden, um den Ablauf mit Terminvorgaben zu versehen. Checklisten für einzelne Aktivitäten reduzieren die Komplexität des Workflows. Damit erhält der Controller ein leistungsfähiges Instrument zur Führung und Steuerung seiner Aufgaben. Dem jeweiligen Systemnutzer werden, z. B. auf der Startseite des Systems, alle Workflows angezeigt, die er berechtigt ist zu starten. Zusätzlich erhält jeder Nutzer eine Übersicht zu allen seinen offenen Aktivitäten, die sich aus den einzelnen Workflows ergeben, wie sie z. B. in den Projekten ToCEE [1] und ICSS [2] für das Planungsmanagement und im Projekt BauVOGrid [3] für das Mängelmanagement entwickelt wurden und in die Entwicklung der Mefisto Plattform eingeflossen sind.

Der eigentliche Mehrwert der vorgestellten Methoden entsteht dann, wenn bei komplexeren Bauvorhaben die Ergebnisse verschiedener Planer auf einer Plattform zentral verwaltet und gesamtheitlich ausgewertet und analysiert werden. Eine Zusammenführung zu einem Modell in einem Datenformat ist dazu nicht notwendig. Dies sollte sogar vermieden werden, da ein Zusammenführen durch die notwendigen und komplexen Modelltransformationen hoch fehleranfällig ist. Die strukturierte Ablage der Daten aus den Planungs-

und den anschließenden Ausführungsprozessen ermöglicht auch die flexible Anbindung vor- und nachgelagerter Systeme eines Unternehmens.

23.4 Prozesse und Informationslogistik für die Modellqualitätsprüfungen

Die Nutzung standardisierter Formate für Multimodelle innerhalb der vertraglich zu vereinbarenden Übergabe von Multimodellen ermöglicht den offenen Zugang zu den Planungs- und Ausführungsinformationen aller Projektbeteiligten.

Wenn Folgeprozesse direkt auf Modellübergaben aufsetzen, wird deren Effizienz und Genauigkeit direkt von der Qualität der Modellinhalte abhängig. Daher ist eine genaue Vereinbarung, wer, z. B. Objektplaner, Fachplaner, Auftragnehmer, Unterauftragnehmer, wann, d. h. während der Entwurfsphase, der Angebotsphase, der Ausführungsphase, welche Informationen und mit welcher Informationstiefe bzw. welchen Detaillierungsgrad, LoD, der einzelnen Modelle als Teil des Multimodells zu liefern hat, von entscheidender Bedeutung. Hierzu wurden auf allen drei Ebenen: 1. der vertraglichen Vereinbarung der zu beachtenden technischen Vorschriften und Leistungen als BIM Vertragsanhang, 2. der inhaltlichen Vereinbarung der Informationstiefe im Zusammenhang einer BIM Richtlinie und den BIM Objektkatalogen (Abb. 23.15a, b) und 3. der IT gestützten Kontrolle der vertraglich vereinbarten Lieferung als BIM Qualitätsprüfung (Abb. 23.15c, d), die notwendigen Komponenten entwickelt. Die hierfür notwendigen Modellvoraussetzungen und Datenmodellerweiterungen werden in Teil I, Kap. 3 besprochen. Prüfkataloge und entsprechende Werkzeuge werden von der AEC3 Deutschland GmbH angeboten.

Die Qualitätskontrolle muss auf nachvollziehbaren und offenen Verfahren und Standards beruhen, wie z. B. auf BIM Objektkatalogen, die eine Auswahl normierter Bauelementbeschreibungen enthalten. Die im Multimodell übergebenen einzelnen Fachmodelle können dann mittels Qualitätsregeln beim Planer oder AN geprüft werden (Abb. 23.15c) oder bei der Übernahme durch den AG (Abb. 23.15d) oder auch durch einen Dienstleister, der das BIM Management sicherstellt. Das Ergebnis einer solchen Prüfung ist in Abb. 23.16 dargestellt.

Eine der grundlegenden Annahmen, die zum Leitthema von Mefisto wurde, ist die Erkenntnis, dass die modellbasierte Projektabwicklung, auch Building Information Modelling, BIM, oder Virtual Design and Construction, VDC, sich nicht auf ein zentrales all in one Datenmodell stützen wird, sondern auf eine Reihe miteinander in Beziehung stehender Fachmodelle, die die Komplexität des gesamten Projektraums bzgl. der Verantwortung dezentralisieren und so erst beherrschbar und prüfbar machen. Die technologische Antwort darauf sind das Multimodell und der Mefisto Multimodellcontainer.

Die einzelnen Fachmodelle innerhalb des Multimodellcontainers sollen möglichst auf bestehenden Standards beruhen oder in Bezugnahme auf Standards angepasst bzw. abgeleitet werden. Für das Gebäudemodell war mit ISO 16739 in der Version IFC2×3 ein eingeführter internationaler Standard gesetzt, für das Leistungs- und Terminmodell mit GAEB DA XML ein nationaler deutscher Standard. Für die weiteren Modelle,

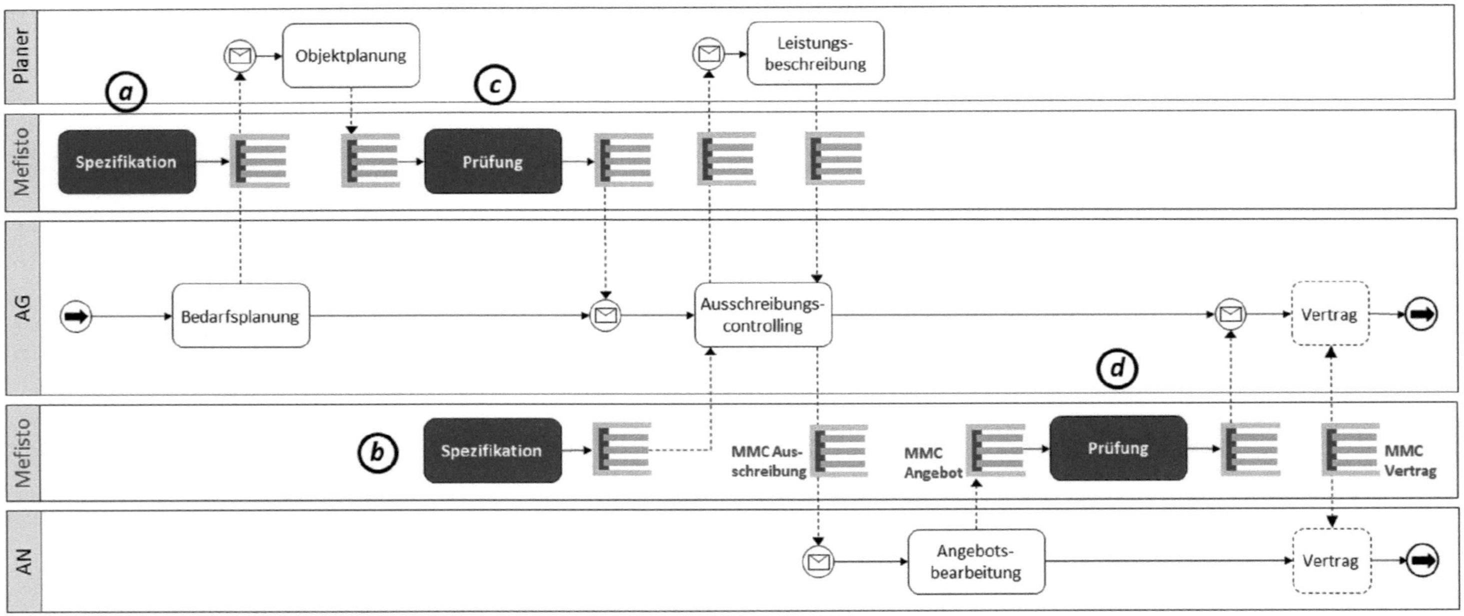

Abb. 23.15 Prozessmodell des Ausschreibungscontrollings (wie Abb. 23.10) ergänzt um die vier neuen Aktivitäten der Qualitätskontrolle für die Modelldaten

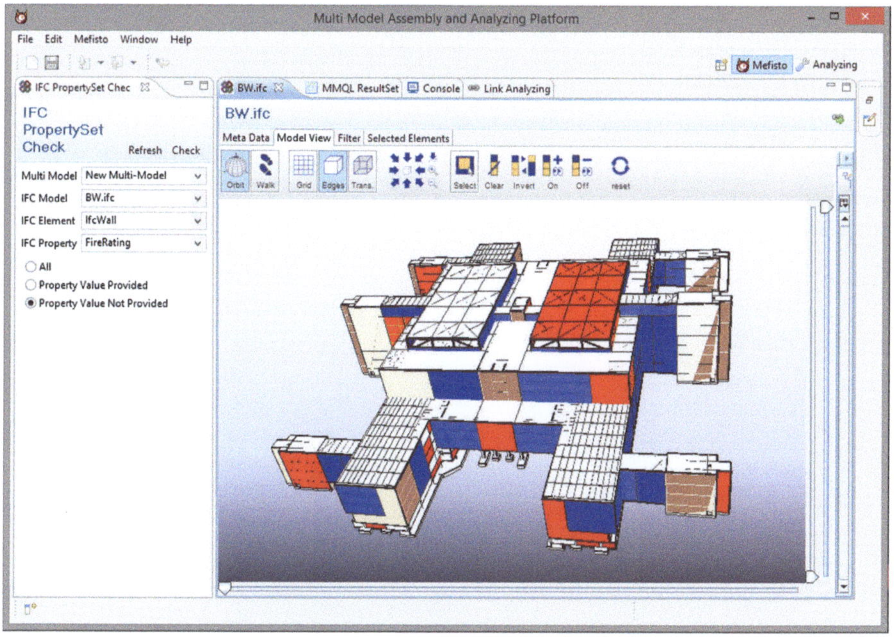

Abb. 23.16 Ergebnis einer Qualitäts- und Vollständigkeitsprüfung – fehlende Brandschutzangaben in rot eingefärbten Bauteilen

das Termin-, Organisations- und Baustelleneinrichtungsmodell, waren keine eingeführten Standards vorhanden. Daher wurden hierfür die sich in Entwicklung befindlichen Teile des Standards IFC4 übernommen und weiterentwickelt (Teil I, Kap. 1 und 3).

Die dazu notwendigen Filter- und Transformationsverfahren auf der Ebene der Schemadefinition und, daraus später abgeleitet, auch die für die aktuellen Modelldaten gemäß diesem Datenschema wurden entwickelt und in einem für Entwickler bestimmten Werkzeug, dem ViewEdit, implementiert (Abb. 23.17), der durch die beiden Filterwerkzeuge BIMfit und M2A2 ideal komplementiert wird. Die Schemafilterung erlaubt es, bestehende Definitionen zu selektieren und daraus ein gültiges Unterschema, spezifisch für aktuelle Modellanforderung, zu erzeugen. Das Unterschema kann dann noch in eine andere Beschreibungssprache transformiert und optimiert werden. Im konkreten Beispiel wurden, das Termin- und das Organisationsmodell von der EXPRESS Sprache in die heute allgemein verwendete XML Schema Sprache übersetzt und es wurde ein XSD erzeugt. Die sich daraus ergebenden simple ifcXML Definitionen konnten nun einfacher in das Multimodell integriert und die Daten untereinander verlinkt und geprüft werden.

Da diese Herangehensweise auch über den Mefisto Multimodellcontainer hinaus generell anwendbar ist, wurde sie als eine Methode für zukünftige Standardisierungen weiterentwickelt und den Standardisierungsorganisationen buildingSMART und ISO vorgestellt. Beide Verfahren, die Schemafilterung und die Schematransformation, werden als mvdXML und als simple ifcXML derzeit in buildingSMART weiterentwickelt und sind

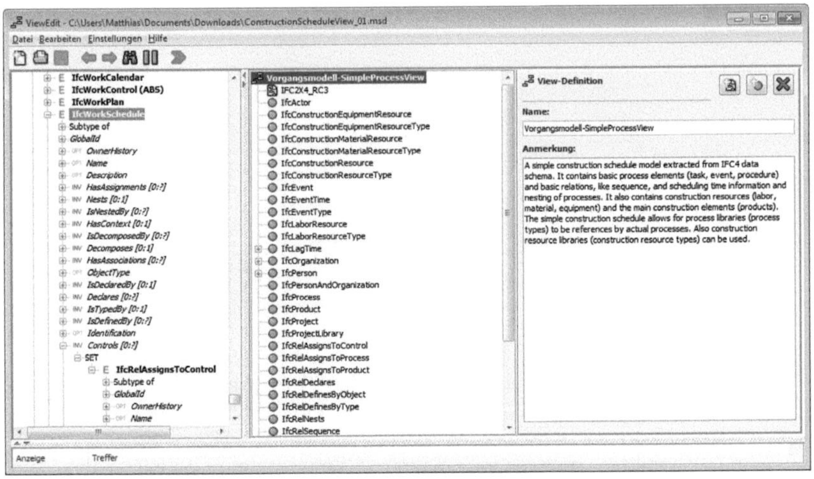

Abb. 23.17 Schemafilterung im Entwicklertool ViewEdit

als offizielle Verfahren anerkannt. Damit sind diese in Mefisto entwickelten Verfahren auch zukünftig für die Standardisierungen von Datenmodellen im Bauwesen nutzbar und die Ergebnisse können dann schneller der Industrie zur Verfügung gestellt werden.

23.5 Prozesse und Informationslogistik für die Angebotsvorbereitung

Der Prozess der Angebotsvorbereitung ist in seinem Informationskontext von der Bedarfsplanung bis zur Vertragserstellung in Abb. 23.18 in LoD 2 dargestellt. Der Prozess der Erstellung der Ausschreibung (Abb. 23.18) wurde in Abschn. 23.3 schon im Rahmen des Ausschreibungscontrollings angesprochen. Bei einer multimodellbasierten Ausschreibung (Band 2, Teil II, Kap. 10) holt sich das an der Ausschreibung teilnehmende Bauunternehmen, AN, den auf der Mefisto Plattform veröffentlichten Multimodellcontainer Ausschreibung Rohbau zur weiteren Bearbeitung und importiert ihn z. B. im System RIB iTWO (Abb. 23.19a).

Der AN beginnt vor der eigentlichen Angebotsbearbeitung mit einer Prüfung des Multimodells, um sich zum einen ein Verständnis über die ausgeschriebene Bauaufgabe zu verschaffen und zum anderen die enthaltenen Daten, respektive Datenstrukturen, auf Konsistenz zu kontrollieren (Abb. 23.19b), wie es in Abschn. 23.4 beschrieben wurde. Dies wird um visuelle Prüfungen (Teil II, Kap. 18, 19 und 20) ergänzt. Die Visualisierung ist mit einem Multimodell besonders einfach möglich, da die Abhängigkeiten zwischen den ausgeschriebenen Leistungspositionen des Leistungsverzeichnisses, den LV Mengen, der Geometrie des 3D Bauwerksmodells sowie den Rahmenterminen über das Linkmodell explizit repräsentiert sind und damit direkt ohne weiteren Aufwand visualisiert werden können. Insbesondere die interaktive Visualisierung mit dem 3D Bauwerksmodell unter-

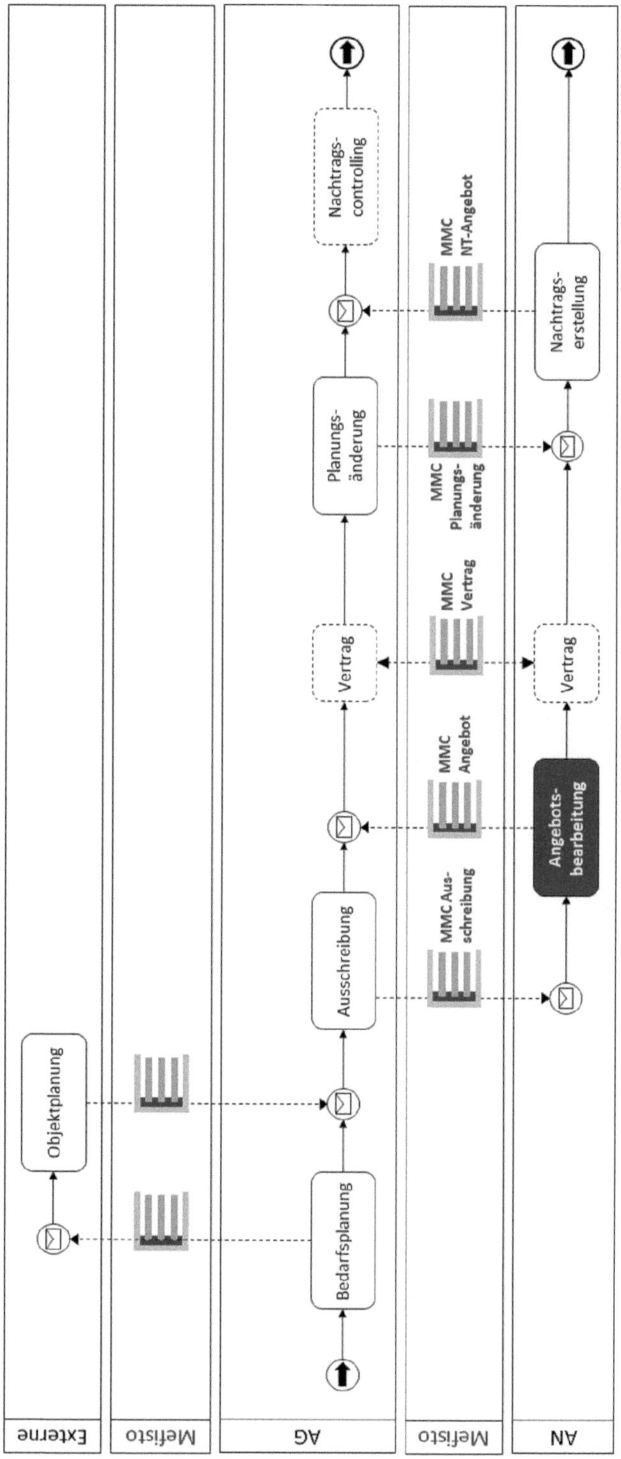

Abb. 23.18 Vorgang Angebotsbearbeitung im Prozesskontext

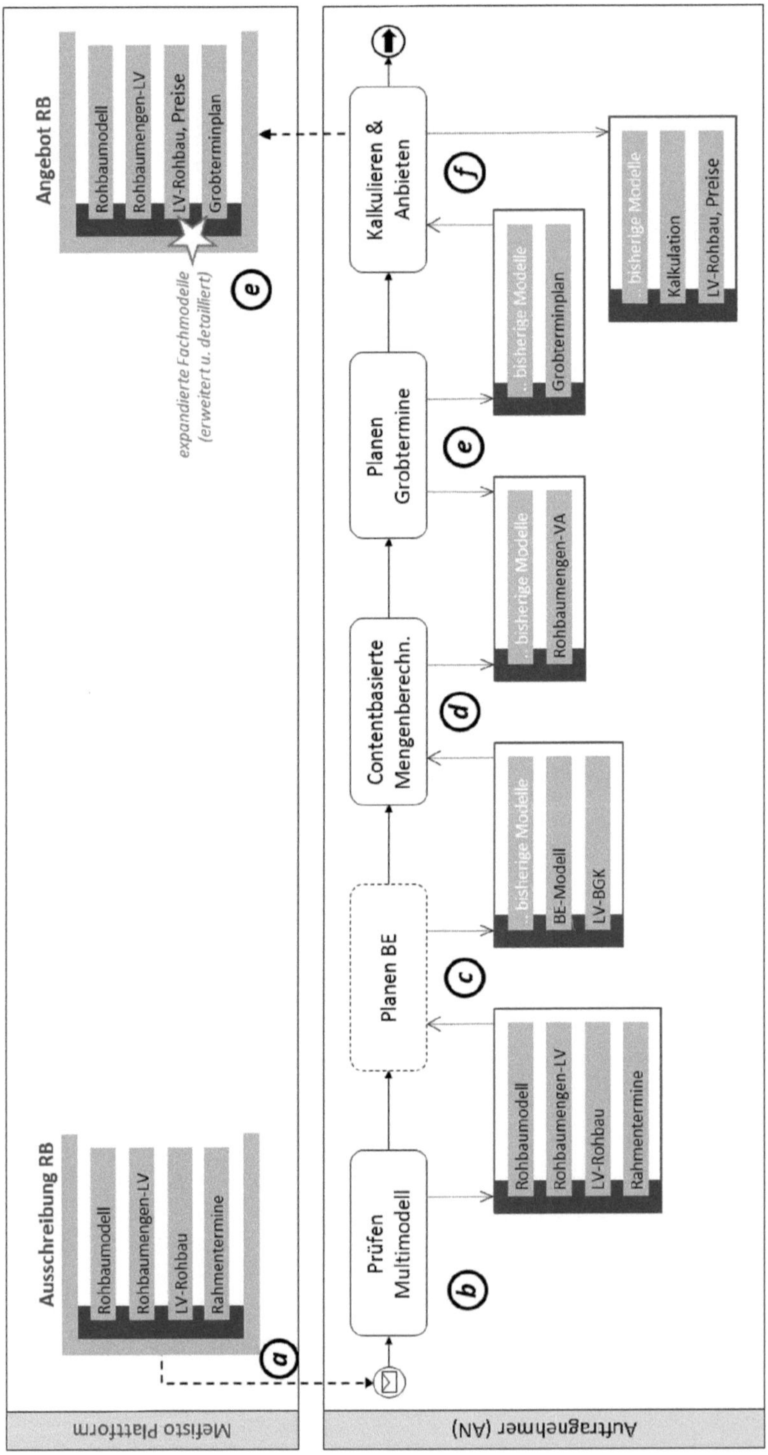

Abb. 23.19 Prozessschnitt Angebotsbearbeitung einschließlich der Informationslogistik mit Multimodellen

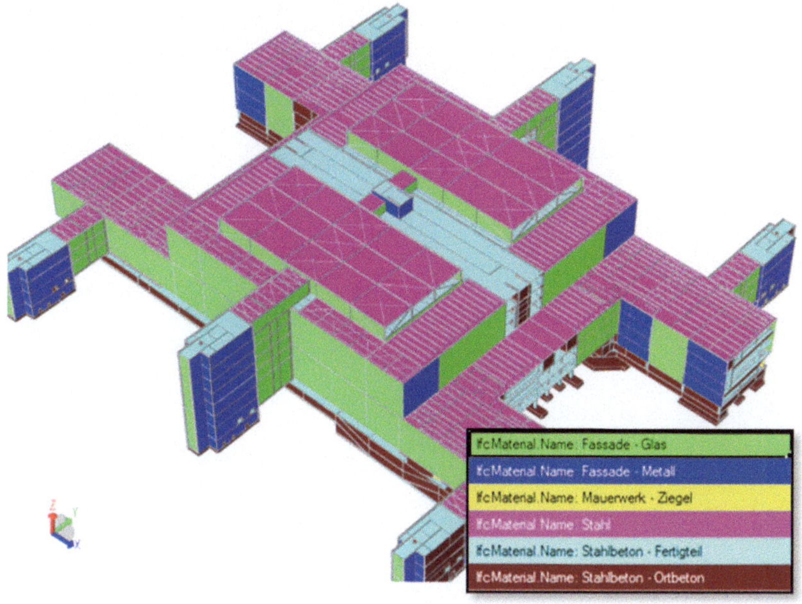

Abb. 23.20 Prüfung der Ausschreibungsunterlagen, z. B. durch farbliche Darstellung aller Bauteile aus gleichen Materialien

stützt die Entwicklung eines gesamtheitlichen Verständnisses über die ausgeschriebene Bauaufgabe. Die Prüfung der enthaltenen Daten und Datenstrukturen erfolgt mit verschiedenen Prüfregeln (Teil II, Kap. 20, Band 2, Teil II, Kap. 10), die die Projektion aller Multimodellbestandteile auf das 3D Bauwerksmodells erlauben (Abb. 23.20). Damit können gegebenenfalls Fehler im Multimodell grafisch hervorgehoben werden (Teil II, Kap. 21).

Mit der Entscheidung, ein Angebot zu erstellen, wählt der AN zur weiteren Angebotsbearbeitung geeignete Bauverfahren aus und erstellt ein erstes Konzept für die Baustelleneinrichtung und den Bauablauf (Band 2, Teil I, Kap. 1, 2, 3). Damit wird das bestehende Multimodell des AN um die Fachmodelle Leistungsverzeichnis für die Baustellengemeinkosten, BGK LV, sowie ein erstes grobes 3D Baustelleneinrichtungsmodell (Abb. 23.19c) ergänzt.

Im weiteren Vorgehen werden die ausgeschriebenen Leistungen des AG unternehmensintern weiter qualifiziert und in detaillierte Teilleistungen untergliedert. Diese bilden dann die Basis für eine contentgestützte Angebotsbearbeitung (Band 2, Teil II, Kap. 10), die im ersten Schritt mit einer weitgehend automatisierten, regelbasierten Mengenermittlung auf Basis dieser internen Teilleistungen und des 3D Bauwerksmodells beginnt. Die hierbei entstehenden voraussichtlichen Ausführungsmengen, kurz VA Mengen, dienen zum einen zur Überprüfung der ausgeschriebenen LV Mengen und zum anderen für die Ausarbeitung des Angebots (Abb. 23.21).

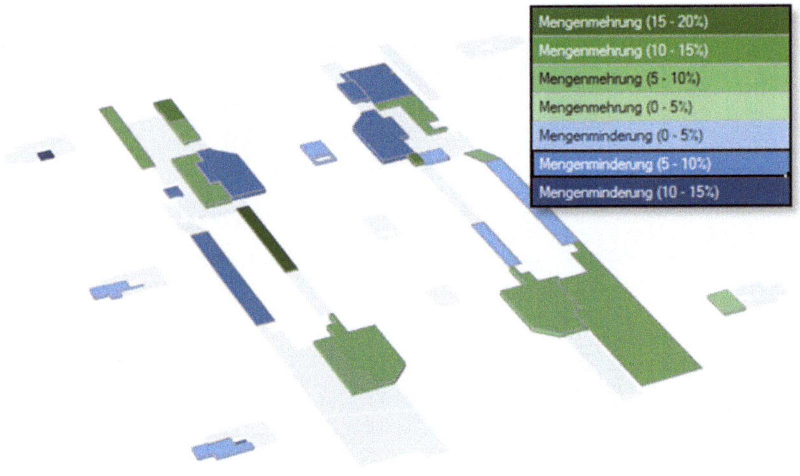

Abb. 23.21 Mengenabweichungen zwischen LV und VA Mengen

Dem Prozess der Mengenermittlung kommt insofern eine besondere Bedeutung zu, da Mengen eine zentrale Rolle für die Angebotsbearbeitung übernehmen. Mengen bilden sowohl die Basis zur Kalkulation als auch zur Termin- und Ressourcenplanung. Sie müssen demnach für die unterschiedlichen Prozesse stets belastbar sein und in der entsprechenden Detaillierung vorliegen.

Zur Angebotsbearbeitung wird in einem weiteren Arbeitsschritt anhand der Terminvorgaben des Rahmenterminplans des AG ein Grobterminplan erstellt (Abb. 23.19e). Dieser teilt den zu erstellenden Baukörper unter bauablaufspezifischen Aspekten in mehrere Bauabschnitte ein und definiert den angedachten Bauablauf. Der Grobterminplan wird durch den Einsatz verschiedener Filter- und Verknüpfungsservices (Teil II, Kap. 14, 15 und 16) mit den bereits bestehenden Multimodellstrukturen vollständig verknüpft. Abschließend wird das Multimodell um die Kalkulation ergänzt und Preise zur Angebotsabgabe werden gebildet. Hierbei beruht die Kalkulation insbesondere auf contentbasierten Bibliotheken mit vorgefertigten Kalkulationsbausteinen (Abb. 23.19f).

Vor der Angebotsabgabe wird das erstellte Multimodell respektive Angebot sowohl inhaltlich als auch auf Vollständigkeit geprüft. Dadurch, dass die verschiedenen Fachmodelle miteinander verknüpft sind, ergibt sich eine Vielzahl an Prüfmöglichkeiten, um Geometrie, Mengen, Kosten und Zeitbezug in unterschiedlichen Kombinationen zueinander abschließend für eine Angebotsabgabe zu bewerten. Bspw. können besondere Kostenrisiken (Band 2, Teil II, Kap. 8, 12–17) bei Einzelbauteilen oder kritische Bauphasen mit einem hohen Ressourcenbedarf anschaulich dargestellt (Teil II, Kap. 20) und somit frühzeitig erkannt werden (Abb. 23.22).

Die Zusammenstellung des Multimodellcontainers Angebot erfolgt vorteilhafterweise mithilfe einer Multimodellvorlage, die die benötigten Daten der Fachmodelle mit den entsprechenden Datenstandards definiert. So enthält z. B. der Container zur Angebotsabgabe für den Rohbau des Flughafenterminals (Abb. 23.19e): 1. das Rohbaumodell, ein Teilm-

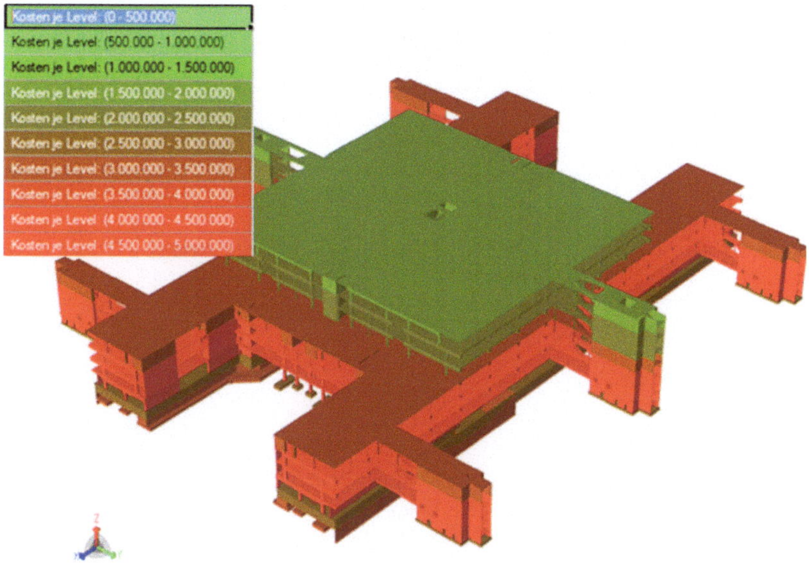

Abb. 23.22 Kosten je Geschoss

odell des Bauwerksmodells im IFC2×3 Format, 2. die Rohbaumengen zum Leistungsverzeichnis, d. h. Mengenmodell im Mefisto XML Format, 3. das Leistungsverzeichnis mit Preisen, d. h. Leistungsmodell SPM im GAEB XML 3.1 Format und 4. den Grobterminplan, d. h. das Vorgangsmodell TSM im Mefisto XML Format zur Darstellung des geplanten Bauablaufs. Weiterhin befindet sich im Container das Linkmodell im Mefisto XML Format, das die Verknüpfungen zwischen den Daten der Fachmodelle bildet. Die Abgabe des Multimodellcontainers Angebot erfolgt mittels eines Webservices über die Mefisto Plattform.

23.6 Prozess und Informationslogistik für Vertrag und Nachtrag

Das Szenario Vertrag und Nachtrag mit Multimodellen geht davon aus, dass der AG und der AN sich vertraglich für die Beauftragung des AN zur Ausführung der Rohbauarbeiten für das Bauvorhaben Mefisto Flughafenterminal geeinigt haben (Band 2, Teil II, Kap. 9). Der Prozess, der dabei durchlaufen werden muss, ist in Abb. 23.23 dargestellt. Die vertragliche Vereinbarung wird mit dem Multimodellcontainer Vertrag dokumentiert. Er enthält: 1. das Rohbaumodell, 2. die Rohbaumengen zum Leistungsverzeichnis, 3. das Leistungsverzeichnis mit Preisen und 4. den Rahmenterminplan. Darüber hinaus sind die Daten der Fachmodelle mit dem im Container enthaltenen Linkmodell verknüpft. Es liegen somit wichtige Bestandteile für die Beschreibung der vertraglich vereinbarten Bauleistung vor (Abb. 23.24a).

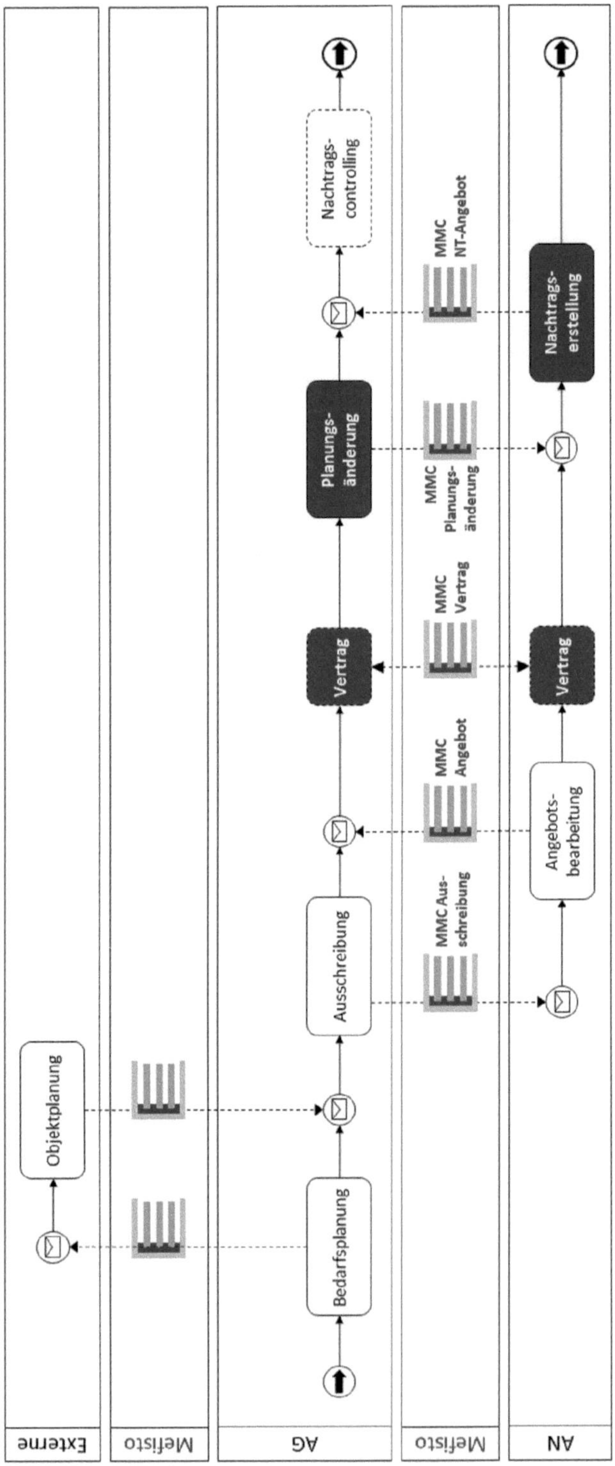

Abb. 23.23 Vorgänge Vertrags- und Nachtragerstellung im Prozesskontext

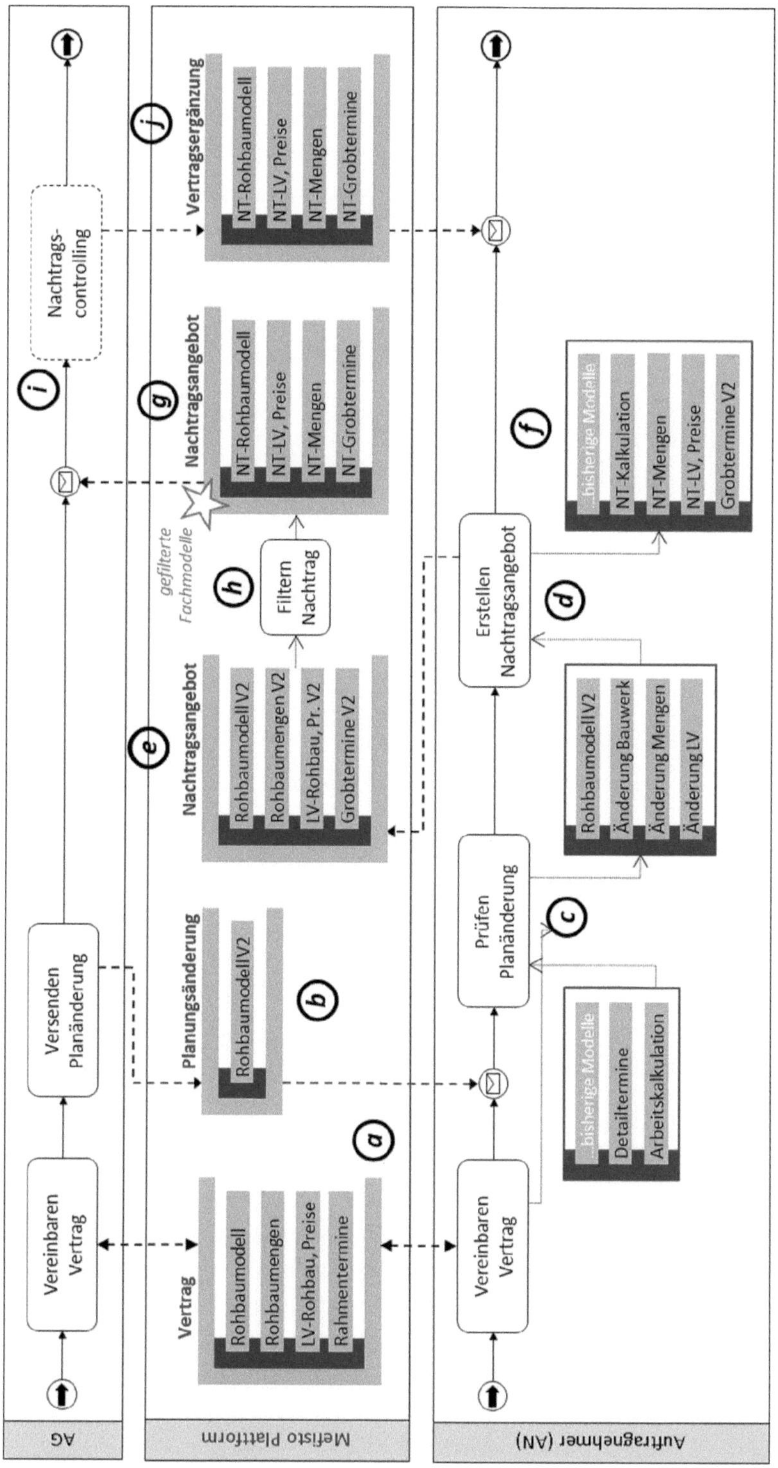

Abb. 23.24 Multimodelle der Informationslogistik für die beiden Prozessschritte Vertrags- und Nachtragserstellung

Abb. 23.25 Planungsänderung an Hauptträgern

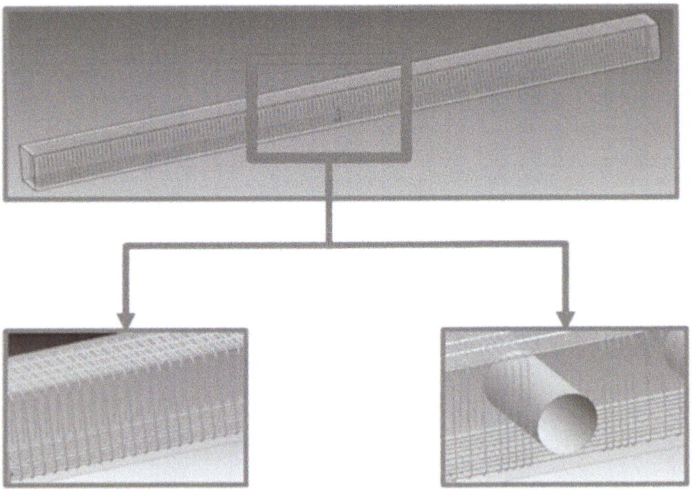

Abb. 23.26 Detailauszug der geänderten Bewehrungsführung

Im Weiteren wird davon ausgegangen, dass die Arbeitsvorbereitung des AN abgeschlossen ist und die ersten Bauarbeiten am Flughafenterminal begonnen haben. Im Zuge der Ausführungsplanung konkretisiert der AG den Bauinhalt, indem er abweichend von der ursprünglichen Planung zusätzliche Aussparungen in mehreren Unterzügen vorsieht (Abb. 23.25), die nachfolgend als Hauptträger bezeichnet werden. Aufgrund dieser Änderung kommt es zudem zu einer geänderten Bewehrungsführung (Abb. 23.26), die in einem insgesamt höheren Bewehrungsgrad in den Hauptträgern mündet, die zu einem Nachtrag führen (Band 2, Teil II, Kap. 11). Die Daten zur Planungsänderung bekommt der AN über

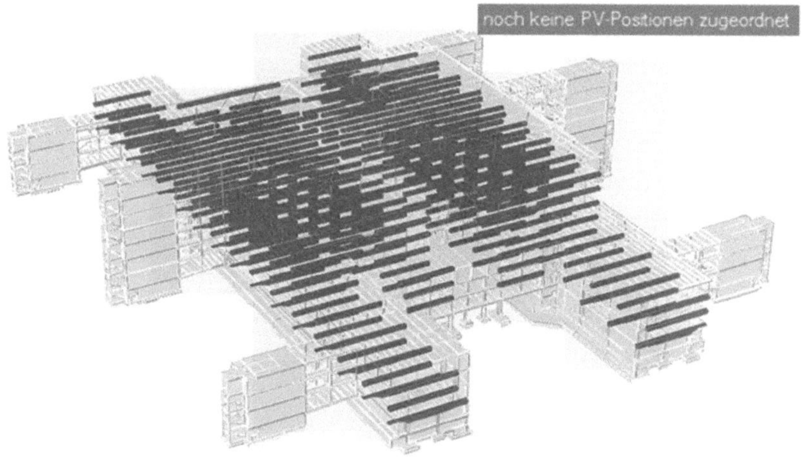

Abb. 23.27 Hervorhebung der Planungsänderung

die Mefisto Plattform innerhalb eines Multimodellcontainers, der die überarbeitete und aktualisierte Version des Rohbaumodells in der Version V2 enthält (Abb. 23.24b).

Zur Auftragsabwicklung muss der AN diese Änderung in seine bestehenden Multimodelle einarbeiten. Die Änderung bildet zunächst einmal die Konkretisierung der zu erbringenden Bauleistung. Zudem ist diese Änderung mit der ursprünglich beauftragten Bauleistung zu vergleichen und zu bewerten (Abb. 23.24c).

Mit den Werkzeugen und Services des Mefisto Systems können im Vergleich des ursprünglichen und des überarbeiteten 3D Bauwerksmodells sowohl die geometrischen Änderungen als auch Änderungen von Attributen in beiden Modellen leicht erkannt werden (Teil II, Kap. 15, 18, 20 und 21). In der Überlagerung respektive Hervorhebung der Änderungen zwischen beiden Modellen (Band 2, Teil II, Kap. 10) können diese zudem anschaulich verdeutlicht werden (Abb. 23.27 und Abb. 23.28).

Das Einpflegen der Planungsänderung in die bestehenden Multimodelle bedingt, dass die Auswirkungen der Änderung auf die verschiedenen Fachmodelle ermittelt und bewertet werden müssen.

Beginnend mit einer modellorientierten Mengenermittlung zur Integration des geänderten 3D Bauwerksmodells, wird in Bezug auf die vertraglich vereinbarten Leistungspositionen festgestellt, dass es neben der reinen Geometrieänderung auch zu Änderungen in der Leistungsstruktur kommt. Es wird festgestellt, dass die Hauptträger mit dem erhöhten Bewehrungsgrad in der ursprünglichen Leistungsstruktur nicht mehr zugeordnet werden können (Abb. 23.27). Die entsprechend hinterlegten Regeln für das Verknüpfen der neu ermittelten Mengenansätze, basierend auf dem geänderten 3D Bauwerksmodell mit den bestehenden Teilleistungen, schließen eine Zuordnung zum vertraglich vereinbarten Leistungsverzeichnis aus.

Mit der signifikanten Abweichung hinsichtlich der Quantität und der Art und Weise der neu zu erbringenden Leistung entscheidet sich der AN im weiteren Vorgehen für eine Neu-

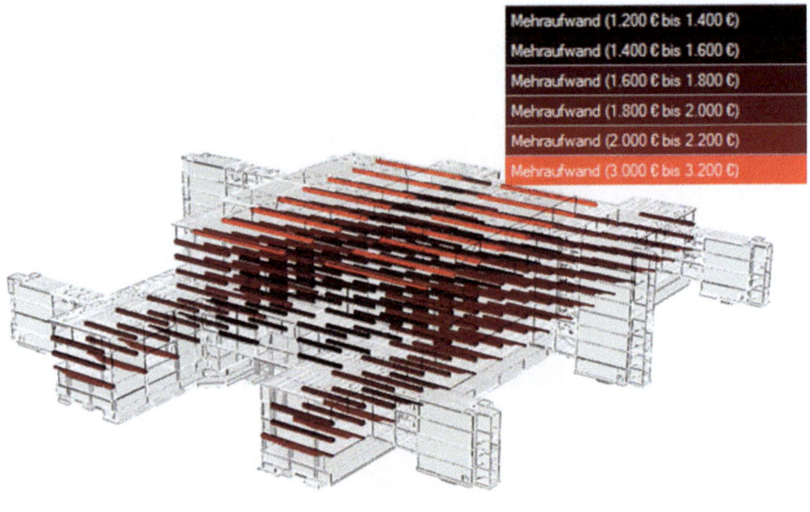

Abb. 23.28 Mehraufwand je Hauptträger

bewertung der Auswirkungen infolge der Planungsänderung auf das Gesamtmultimodell und meldet einen Nachtragsanspruch beim AG an.

Das Erstellen des Nachtragsangebots (Abb. 23.24d), basierend auf den vorliegenden Kalkulationsannahmen, führt zu einer Weiterentwicklung des Multimodells in eine neue Version, V2 (Abb. 23.24e). Hierzu werden entsprechende Nachtragspositionen, z. B. mit RIB iTWO, angelegt und der Mehr- und Minderaufwand kalkulatorisch ermittelt (Abb. 23.24f) und visualisiert (Abb. 23.28). Anschließend erfolgt eine Ausarbeitung weiterer Auswirkungen hinsichtlich des terminlichen Gefüges in der Multimodellstruktur.

Nach der Fertigstellung des Nachtragsangebots und einer entsprechenden Überprüfung auf Konsistenz und Vollständigkeit wird der Multimodellcontainer Nachtragsangebot, z. B. mit RIB iTWO, gebildet (Abb. 23.24g). Hierzu wird das überarbeitete Multimodell V2 mit entsprechenden Filterservices auf der Mefisto Plattform auf den Inhalt des Nachtragsangebots im Multimodellcontainer reduziert (Abb. 23.24h), der dann beim AG eingereicht wird. Der AG überprüft daraufhin den über die Plattform kommunizierten Multimodellcontainer Nachtragsangebot seinerseits (Abb. 23.24i). Nach erfolgreicher Prüfung kommt es im Anschluss zur Einigung beider Parteien, und das akzeptierte Nachtragsangebot wird zusammen mit den gesamtheitlichen Änderungen und Auswirkungen Bestandteil des Vertrages (Abb. 23.24j). Der AN ist folglich mit der geänderten respektive neuen Leistung beauftragt und führt diese entsprechend dem aktualisierten Multimodell aus.

23.7 Prozesse und Informationslogistik für Ausführungsvarianten und Vergabe von Aufträgen an Nachunternehmer

Der Prozess von der Baustelleneinrichtungsplanung zusammen mit der Erstellung von Ausführungsvarianten und der Montageuntersuchung bis hin zur Logistik- und Montagesimulation ist in Abb. 23.29 zusammen mit der Informationslogistik basierend auf Multimodellen dargestellt. Hierbei werden auch der Prozess der Nachunternehmerbeauftragung und die zugehörige Informationslogistik mit Multimodellen und ihre Vorteile aufgezeigt.

23.7.1 Ausführungsvariante

Um zu identifizieren, welche Bauteile und Bauprozesse sinnvoll optimiert werden können, werden im fortlaufenden Planungsprozess die Herstellungsprozesse mit den geometrischen Gegebenheiten verglichen. Dies erfolgt im betrachteten Szenario auf Grundlage des Multimodells Vertrag Rohbau (Abb. 23.30a). Nach einer genauen geometrischen, bauprozess- und kostenorientierten Analyse, basierend auf dem Multimodell Ausführung AG (Abb. 23.30b), wird hier eine Ausführungsvariante für eine Fertigteillösung für die Nebenträger und Geschossdecken festgelegt. Die betroffenen Bauteile werden angepasst und neu attribuiert. Das Multimodell Ausführungsvariante (Abb. 23.30c) entsteht aus dem Multimodell Ausführung, indem dieses durch die drei Fachmodelle Rohbaumodell AV1, Rohbaumengen AV1 und LV Rohbau AV1 ergänzt wird. Mehrere LV Positionen sind in der Multimodellrepräsentation von RIB iTWO in Abb. 23.31 dargestellt.

23.7.2 Ausschreibung Nachunternehmer

Auf Grundlage des Multimodells Ausführungsvariante wird nun ein Multimodellcontainer Ausschreibung Nachunternehmer, NU, erstellt. Dieser beinhaltet die Fachmodelle und die Teillinkmodelle des Multimodells Ausführungsvariante, die für den NU für die Erstellung eines Angebots von Bedeutung sind. Dieses Multimodell Ausschreibung NU enthält alle für den NU relevanten Informationen (Abb. 23.30d) in standardisierten Dateiformaten. Nur so können die Daten verlustfrei ausgetauscht werden. Das Multimodell Ausschreibung Nachunternehmer ist ein Teilmodell des Multimodells Ausführungsvariante und kann aus diesem leicht mit den Filtermethoden, die in Teil I, Kap. 2, Teil II, Kap. 14 und 15 beschrieben und in den Werkzeugen M2A2, RIB iTWO, BIMfit und ViewEdit implementiert sind, erzeugt werden.

23.7.3 Angebotserstellung

Die anbietenden NU bekommen über einen Zugang zur Mefisto Plattform Zugriff auf den MMC Ausschreibung NU. Die Angebotserstellung erfolgt auf Grundlage dieser Daten. Anschließend werden auf dieser Grundlage die Rohbaumengen aktualisiert und die Kosten für diese Bauteile ermittelt. Die anbietenden NU erstellen einen neuen Multimodellcontainer Angebot NU (Abb. 23.30e), der ein Rohbaumodell AV2, Rohbaumengen AV2 und LV Rohbau Preis AV2 enthält, und stellen diese auf der Mefisto Plattform für den Datenaustausch zur Verfügung.

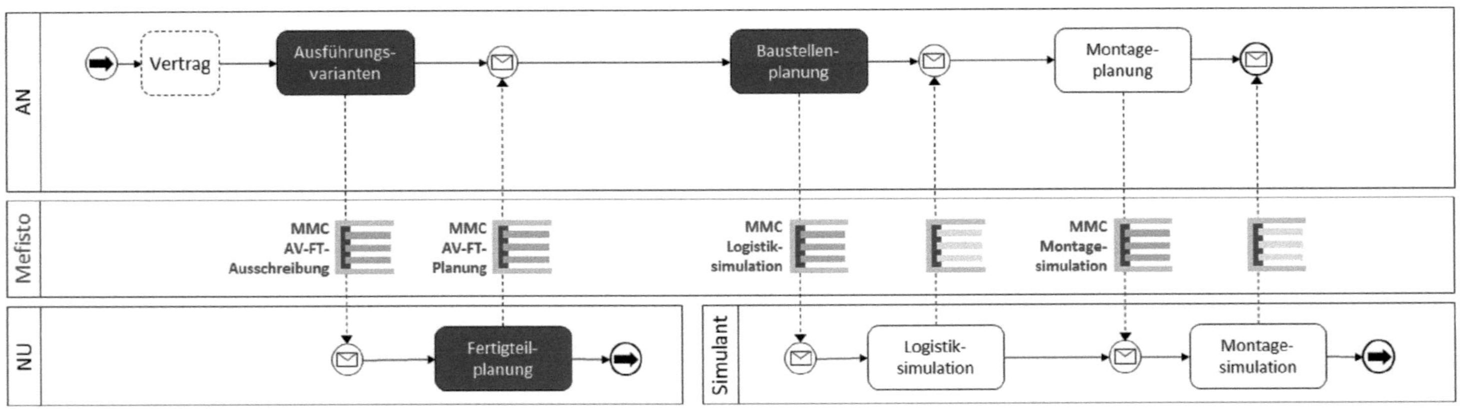

Abb. 23.29 Prozesskontext für den Vorgang Ausführungsvarianten und die davon direkt betroffenen Nachfolgevorgänge, Baustelleneinrichtungs- und Fertigteilplanung

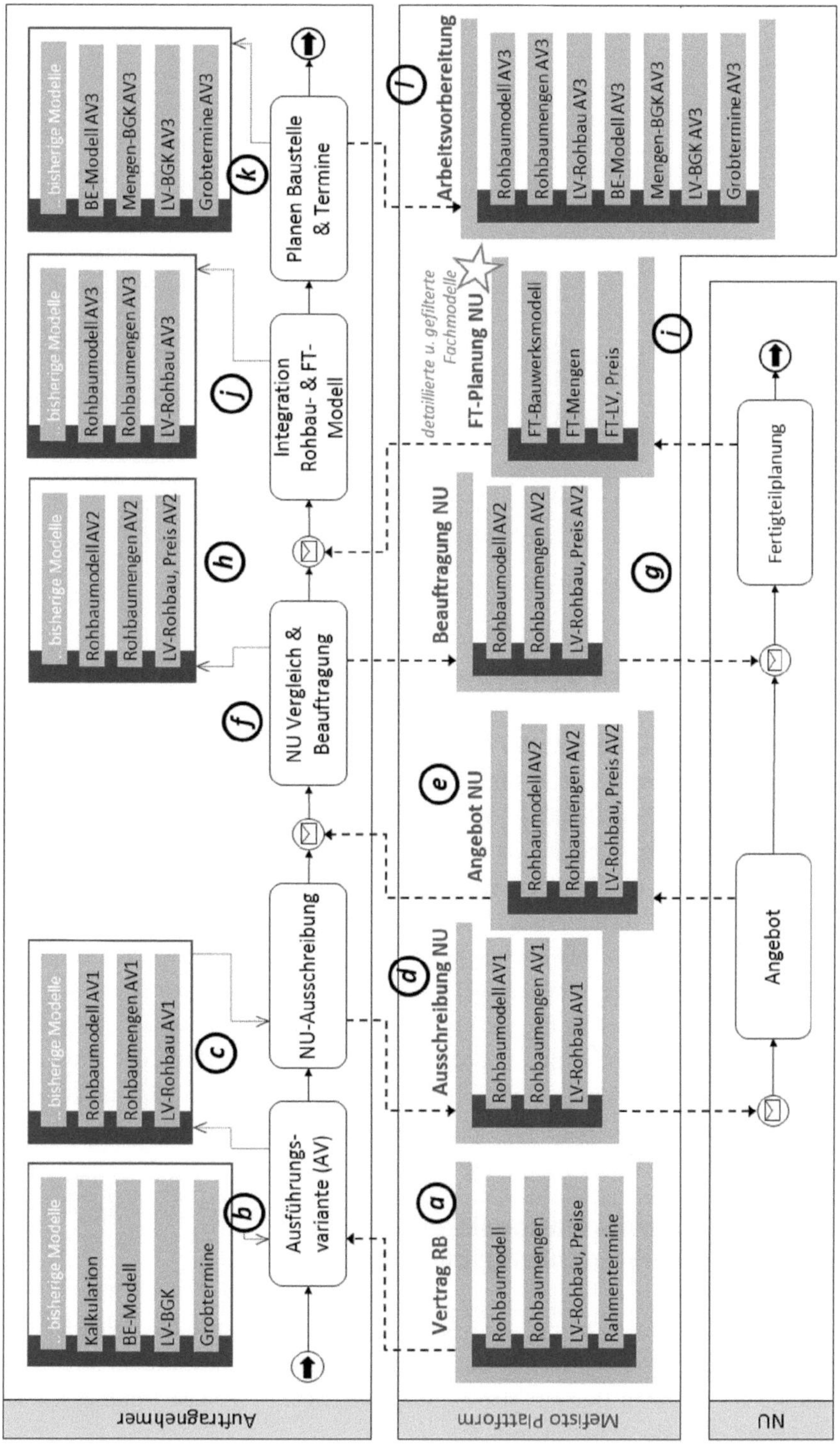

Abb. 23.30 Multimodell der Informationslogistik für die Erstellung von Ausführungsvarianten und der Einbindung von Nachunternehmern

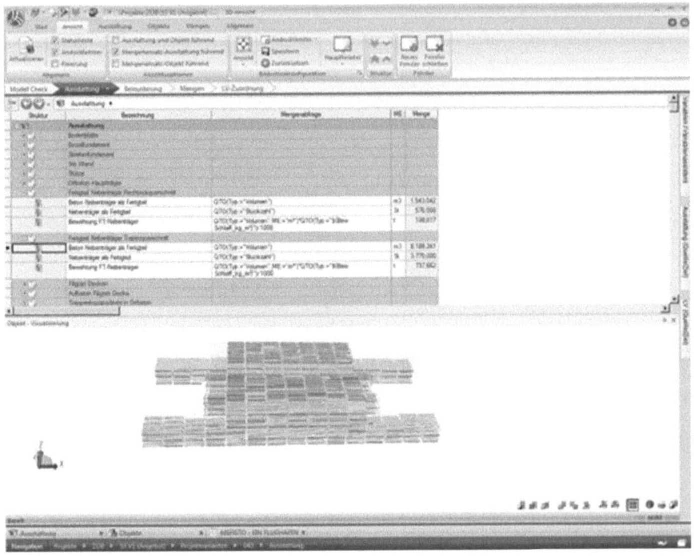

Abb. 23.31 LV Positionen für Ausführungsvariante in RIB iTWO

23.7.4 Angebotsvergleich und Beauftragung des Nachunternehmers

Um die Angebote der Nachunternehmer für die erforderlichen Leistungen vergleichen zu können, werden im Multimodell, z. B. mithilfe des BIM Systems RIB iTWO durch Erstellung entsprechender Linkmodelle (Teil I, Kap. 2, Teil II, Kap. 15 und 16), Projektvarianten angelegt. Dies bedeutet, dass nicht nur die Fachmodelle von mehreren Domänen, wie Bauwerk, LV, Kosten, Termine miteinander verlinkt sind, sondern dass über das für alle gleiche Fachmodell Bauwerk die Informationen in den weiteren Fachmodellen der verschieden anbietenden NU indirekt verlinkt sind und somit leicht gegenübergestellt werden können. So können z. B. die Unterschiede in den Angebotskosten auf dem 3D Gebäudemodell auch leicht visualisiert werden (Teil II, Kap. 20 und 21) Dies ermöglicht einen transparenten Vergleich von Angeboten, der so bisher noch nicht möglich war. Nach der Auswertung und Auswahl des Nachunternehmers wird dieser beauftragt (Abb. 23.30f), und das neue Multimodell Beauftragung NU wird Vertragsbestandteil.

23.8 Prozess- und Informationslogistik für die Baustelleneinrichtungsplanung

Für die Baustelleneinrichtungsplanung sind zuerst die Herstellungsprozesse zu klären. Dafür sind entsprechend korrespondierende Bauabschnitte festzulegen, was alles strategische Vorentscheidungen sind. Am Beispiel der Stahlbetonfertigteile für den Rohbau soll kurz die Informationslogistik dargestellt werden.

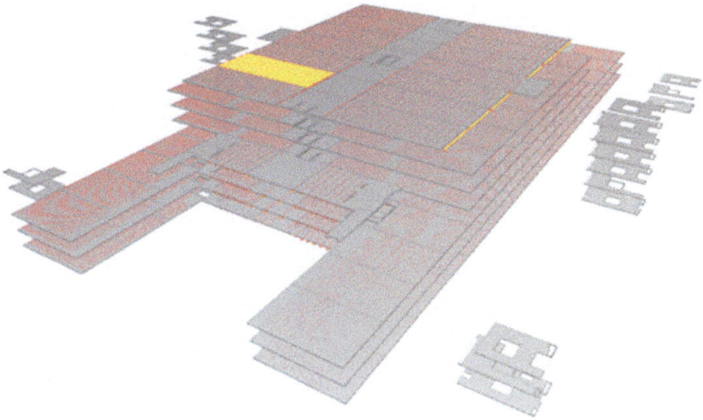

Abb. 23.32 Vertikale Teilung der Elementdecken in SolidWorks

23.8.1 Ausführungsplanung am Beispiel Fertigteile

Um im ersten Bearbeitungsprozess, Erstellung Fertigteildecken, eine Grundlage zu erhalten, erfolgt eine vertikale Aufteilung der Montagefelder der Elementdeckenplatten (Abb. 23.32). Dies geschieht immer im Kontext mit den angrenzenden Rohbaubauteilen. Der mit dem Nachunternehmer auszutauschende MMC enthält das Fertigteil Bauwerksmodell, die Fertigteilmengen und die Fertigteil LV Preise (Abb. 23.30g), während der korrespondierende MMC des AN (Abb. 23.30h) auch die weiteren Fachmodelle des AG enthält. Hieraus wird das Teilmultimodell Fertigteil Planung NU extrahiert, das der NU in eine weiter detaillierte Stufe überführt. Dieses Modell bildet die Grundlage seines Produktionsprozesses (Abb. 23.30i).

23.8.2 Integration Rohbau- und Fertigteilmodell

Im Laufe der Planung, insbesondere durch die Planung von Alternativen, die Planung der Bauabschnitte, die zu Umplanungen in Details führen können, sowie die Vergabe von Arbeiten an verschiedene NU, entsteht eine Reihe paralleler Multimodelle, die alle durch den GU zu beachten sind, um ein fehlerfreies Bauausführungsmanagement zu gewährleisten. Daher ist es vorteilhaft, diese korrespondierenden Multimodelle zu einem Multimodell oder zu einigen wenigen Multimodellen zusammenzuführen. Dies erfolgt in unserem Szenario durch die Zusammenführung der Teilmultimodelle des Rohbaus und Fertigteilmodells (Abb. 23.30j) zu einem neuen Gesamtmultimodell auf der Basis von Linkmodellen und nicht durch Vereinigung der Fachmodelle. Auf dieser Grundlage lassen sich die Mengen und Kosten zu jedem Planungsstand transparent darstellen. Das Multimodell enthält die Ergänzungen: Rohbaumodell AV3, Rohbaumengen AV3 und LV Rohbau AV3.

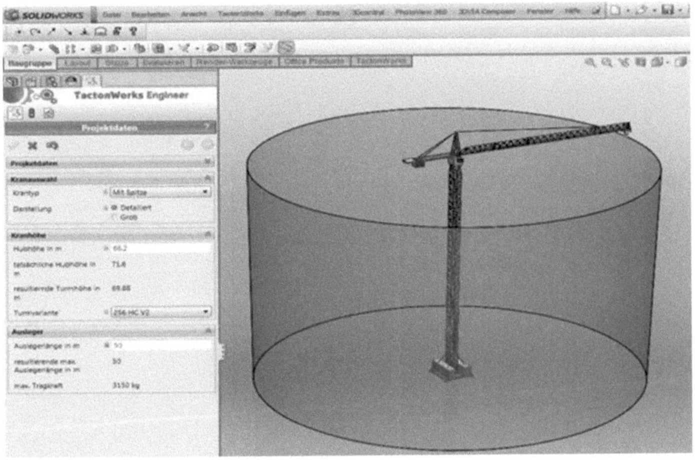

Abb. 23.33 Baugerätekonfigurator in SolidWorks

23.8.3 Baustellenplanung und Terminplanung

Über eine Klassifizierungs- und Bauteilbibliothek werden die Verkehrs-, Stell- und Lagerflächen erzeugt und über einen Konfigurator die Baugeräte konfiguriert (Band 2, Teil I, Kap. 2 und 3) In Abb. 23.33 ist ein konfigurierter Kran dargestellt. Dies erfolgt über die Eingabe von Werten, die eine Datenbank abfragt und geeignete Baugeräte zur Auswahl anbietet. Durch die Positionierung im 3D Modell können Überschneidungen schnell erkannt (Teil I, Kap. 7) und die Geräte an das Bauwerksmodell optimal angepasst werden (Abb. 23.34). Im Multimodell wird hierzu ein Teilfachmodell Baugeräte LV angelegt, das einen Teil des Fachmodells Baustelleneinrichtung repräsentiert, das die 3D Objekte der Baugeräte und Bauhilfsmittel erfasst und deren Eigenschaften in Attribute verwaltet (Abb. 23.30k).

Die Terminplanung wird angepasst und die Fertigteilbauteile werden eingearbeitet. Der Terminplan enthält zusätzlich Informationen über die Baustelleneinrichtung und die notwendigen stationären Geräte. Das endgültige Multimodell enthält zu den bisherigen Modellen das BE Modell AV3, das Mengen BGK, das LV BGK AV2 und die Grobtermine AV3 (Abb. 23.30k).

23.8.4 Arbeitsvorbereitung und Simulation

Für die Arbeitsvorbereitung werden die Arbeitsabläufe möglichst wirklichkeitsnah durchgespielt. Dies erfolgt am besten durch Simulation. Hierbei werden lokale 3D Simulationen für die Montagegrobplanung (Band 2, Teil I, Kap. 2), Logistiksimulation (Band 2, Teil I, Kap. 5) und Montagesimulation (Band 2, Teil I, Kap. 6) unterschieden. Um die Simulation anbinden zu können, wird ein Multimodell Logistiksimulation erarbeitet und auf der Me-

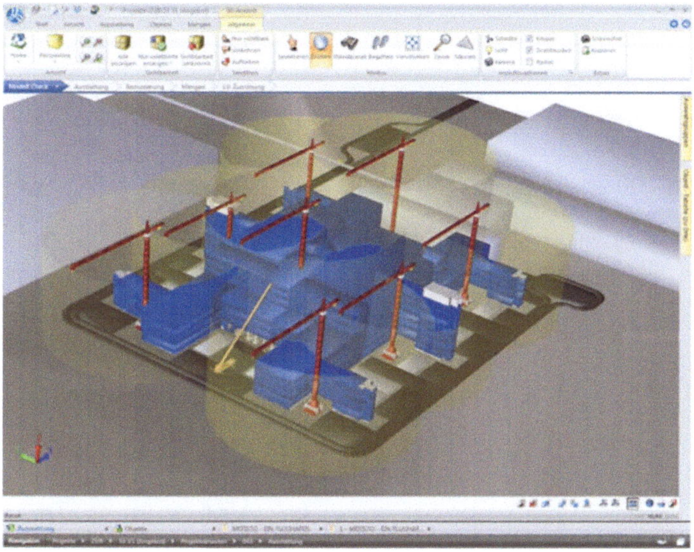

Abb. 23.34 Baustellenmodell bestehend aus Bauwerks- und Baustellenmodell in RIB iTWO

fisto Plattform zur Verfügung gestellt. Dies enthält folgende Fachmodelle: Rohbaumodell AV3, Rohbaumengen AV3, LV Rohbau AV3, BE Modell AV3, Mengen BGK, LV BGK AV2, Grobtermine AV3 (Abb. 23.30l).

23.9 Prozesse und Informationslogistik für Baustellenlogistikplanung und Baustellenlogistiksimulation

Die Baustellenlogistikplanung und -simulation sind im Kontext der Prozesse und Informationslogistik in Abb. 23.29 dargestellt. Das Aufbrechen des Vorgangs Baustellenlogistikplanung und -simulation in seine Teilprozesse und Vorgänge sowie die Informationslogistik mittels Multimodell ist in Abb. 23.35 wiedergegeben.

Die Logistikplanung für eine Baustelle basiert auf statistischen Durchschnittswerten für die einzelnen modellierten Prozesse. Damit lässt sich zwar sicherstellen, dass durchschnittlich genügend Kapazitäten auf der Baustelle vorhanden sind. Ungleichmäßige, stark schwankende Ressourcenbelastungen, Engpässe oder gar Verklemmungen, wie Life- oder Deadlocks, lassen sich damit aber nicht ermitteln.

Erst mithilfe der Logistiksimulation werden diese dynamischen Effekte vorhersehbar und beherrschbar. Die einzelnen Prozesse werden dabei in Vorgänge und Untervorgänge bzw. Aktivitäten aufgebrochen und in einen stringenten zeitlichen Ablauf gestellt. Die einzelnen modellierten Vorgänge und Aktivitäten basieren zwar weiterhin auf statistischen

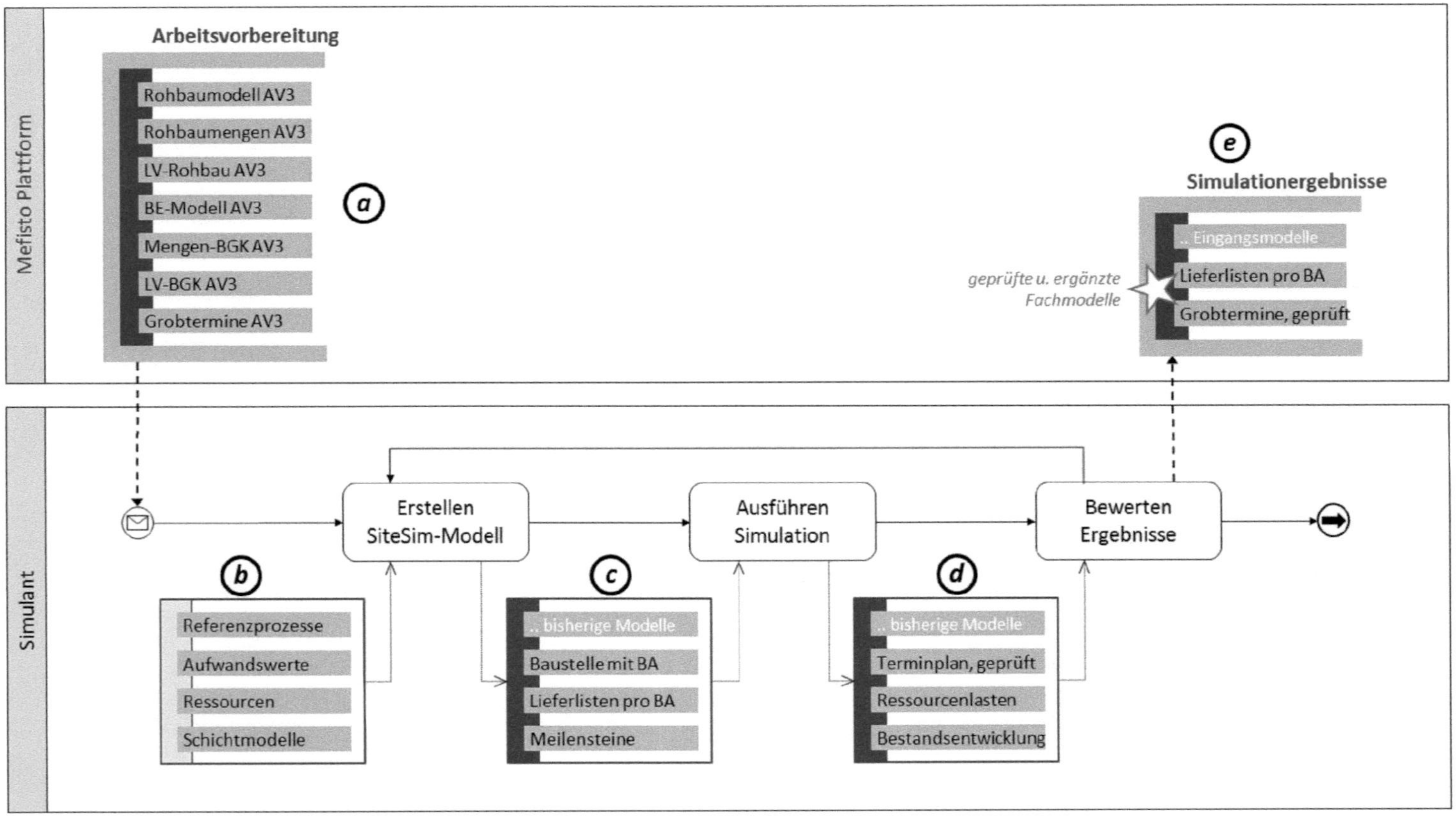

Abb. 23.35 Multimodelle und Informationslogistik für die Baustellensimulation im Rahmen der Baustelleneinrichtungsplanung und Arbeitsvorbereitung

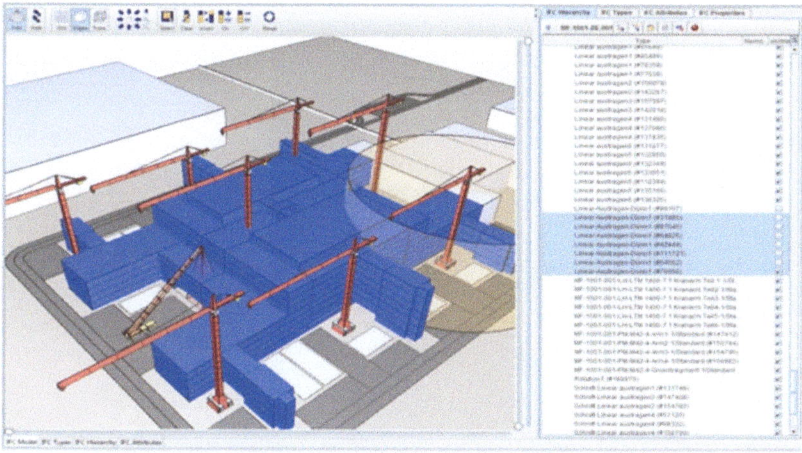

Abb. 23.36 Bauwerk und Baustelleneinrichtung im SiteSimEditor

Mittelwerten, aber ihre Zusammenführung zu den Prozessen führt über die tatsächlich möglichen Abfolgen, sodass Sicherheitszuschläge und Vergröberungen für die Abfolgen und Interaktionen entfallen und sich realistische, individuelle Abfolgen ergeben. Damit werden die vielen Abweichungen vom mittleren Ablauf und Sonderfälle sichtbar. Im Prinzip wird das grobe Prozessmodell in ein sehr feines überführt, das zwei bis drei Detaillierungsstufen genauer ist. Werden Engpässe zu bestimmten Zeiten ermittelt, können mithilfe der Simulation Maßnahmen zur Behebung, z. B. Änderungen in der Vorgehensweise, Auswirkung von zusätzlichen Kapazitäten etc., untersucht und bewertet werden. In diesem Szenario wird überprüft, ob der Rahmenterminplan, d. h. das Vorgangsmodell mit den geplanten Ressourcen wie Kranen, Betonpumpen etc. und weiteren Restriktionen, z. B. vorgegebener Schichtplan oder vorgegebene Zeiten für Betonanlieferungen, eingehalten werden kann. Weiter hin kann ermittelt werden, welche Abhilfen bei eventuell auftretenden Engpässen notwendig sind. Der Vorgang Logistiksimulation ist in Abb. 23.35 im Prozesskontext dargestellt.

Der Multimodellcontainer aus der Arbeitsplanung (Abb. 23.35a) ist die Grundlage für die Simulation. Die Daten müssen aber noch aufbereitet und ergänzt werden. So müssen bspw. Prozesse generiert und in Arbeitsschritten zusammengefasst werden. Regeln für die Abarbeitung müssen definiert und um zusätzliche simulationsspezifische Informationen, wie z. B. Schichten, Ressourcenkapazitäten, Liefereinheiten, Aufwandswerte etc., ergänzt werden. Diese Informationen werden strukturiert in den Fachmodellen Referenzprozesse, Aufwandswerte, Ressourcen und Schichtmodelle zur Verfügung gestellt (Abb. 23.35b). Dies erfolgt u. a. durch die neuentwickelten Werkzeuge SiteSimEditor (Abb. 23.36 und Abb. 23.37) oder ProSim, deren Einsatz in den Teil I, Kap. 7, Band 2, Teil I, Kap. 2, Kap. 3, Kap. 5 und Kap. 6 beschrieben ist.

Abb. 23.37 Detailansicht aus dem SiteSimEditor, Einteilung der Elemente und Vorgänge in Arbeitsabschnitte

Über das Linkmodell sind die Vorgänge mit den Bauwerkselementen des Fachmodells Bauwerk und den zugehörigen Mengen des Fachmodells QTO verknüpft. Wird im SiteSimEditor ein Vorgang ausgewählt, werden dadurch die zugehörigen Bauwerkselemente gleich mitaktiviert und zu einem Arbeitsabschnitt zusammengefasst. Diesem werden dann Prozessvorlagen, sog. Referenzprozesse mit den zugehörigen Aufwandswerten und benötigten Ressourcen zugeordnet und die Liefereinheiten werden generiert. Die Arbeitsabschnitte werden in eine Reihenfolge zueinandergesetzt und Meilensteine definiert (Abb. 23.35c). Mit dem SiteSimEditor, der im Rahmen des Projekts Mefisto entwickelt wurde, wird durch vielfältige Automatismen die Aufbereitung des Simulationsmodells erheblich erleichtert, was erst durch die verlinkten Informationen in den Multimodellen ermöglicht wird.

Die Daten werden in eine Simulationsdatenbank exportiert, von der aus sie in das Simulationsprogramm eingelesen werden. Mithilfe speziell für den Bausektor entwickelter Bibliotheksbausteine wird automatisch ein lauffähiges Simulationsmodell generiert. Die Simulation, die von einem marktgängigen Produktionslogistiksystem durchgeführt wird, wird vom SiteSimEditor gestartet, ohne dass weitere Arbeiten an dem Simulationsmodell notwendig sind. Die Simulationsergebnisse werden wieder in die Simulationsdatenbank zurückgeschrieben und können so wiederholt in den SiteSimEditor eingelesen werden und beliebig visualisiert und analysiert werden (Abb. 23.38).

Die Simulation generiert einen geprüften Terminplan (Abb. 23.35d). Er wird mit dem vorgegebenen Terminplan verglichen. Im SiteSimEditor lässt sich der Soll Ist Vergleich gut visuell darstellen. Abweichungen vom Soll müssen analysiert werden. Dazu stehen die Auslastungsdiagramme aller Ressourcen zur Verfügung (Abb. 23.38). Temporäre Engpässe müssen gegebenenfalls durch modifizierte Abläufe bzw. durch die Bereitstellung zusätzlicher Ressourcen entschärft werden.

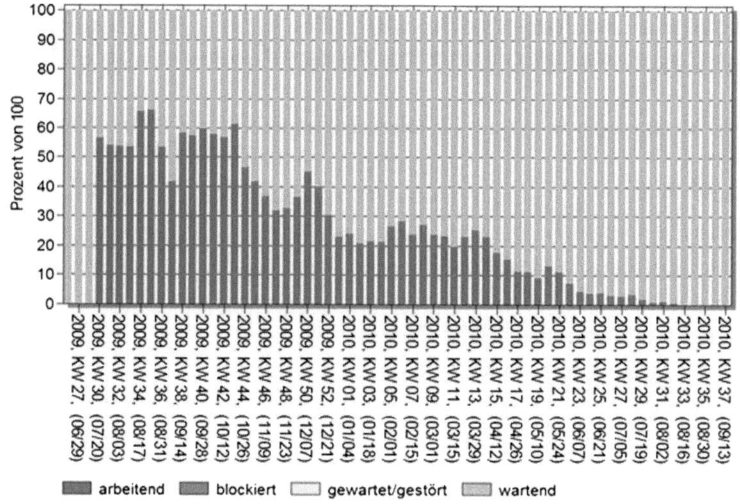

Abb. 23.38 Visualisierung von Ergebnissen aus dem Simulationsmodell, Auslastung Betonpumpe

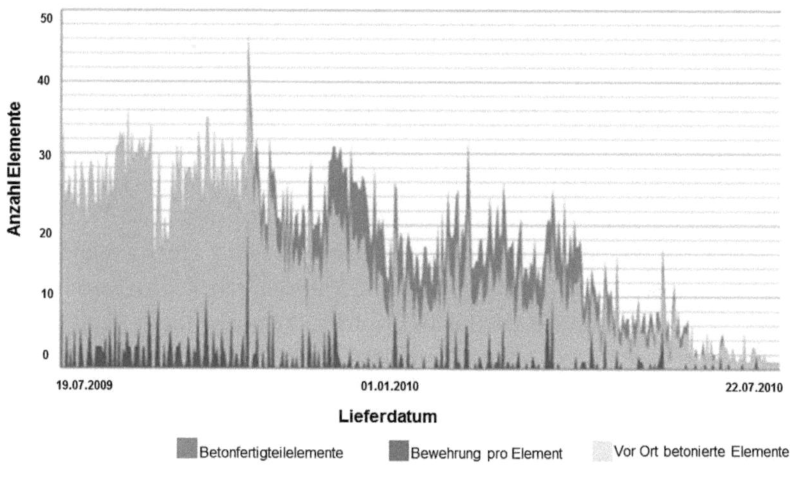

Abb. 23.39 Visualisieren von Ergebnissen aus dem Simulationsmodell, tägliche Anlieferungen

Weitere Auswertungen, wie z. B. der zeitliche Verlauf der kumulierten Anlieferungen von Beton, liefern eine Übersicht, mit der ermittelt werden kann, ob der Betonlieferant die Liefermengenspitzen bereitstellen kann (Abb. 23.39).

Mit den Simulationsergebnissen (Abb. 23.35e) kann die Planungsqualität deutlich verbessert werden. Planungsvarianten können schnell und einfach untersucht werden. Der Vorteil von Sonderlösungen kann visualisiert und leicht verständlich gemacht werden. Auswirkungen von Verspätungen und Störungen können quantifiziert werden, Maßnahmen zur Beschleunigung von Vorgängen können untersucht und bewertet werden.

23.10 Prozesse und Informationslogistik für die Montageplanung, Montagesimulation und korrespondierende Logistiksimulation

Die Vorgänge Montageplanung und -simulation sind in Abb. 23.29 im Prozesskontext dargestellt.

In der Montageplanung wird durch die Untersuchung von alternativen Bauweisen und Maschineneinsätzen versucht, eine zeit- und kostengünstigere Variante zu erhalten. Diese Untersuchung ist oftmals auf einzelne Bauteile, wie z. B. die Umstellung der Deckenkonstruktion von Ortbeton- auf eine Fertigteillösung oder auf die Anzahl und Art der eingesetzten Maschinen, begrenzt. Es ist eine lokal begrenzte Situation, die sehr im Detail untersucht wird. Daher wurde in Mefisto der Begriff der lokalen 3D Simulation (Band 2, Teil I, Kap. 2) eingeführt, die sich von der Montagesimulation (Band 2, Teil I, Kap. 6) dadurch unterscheidet, dass es bei der lokalen 3D Simulation meistens um die Baubarkeit geht, d. h. Kollisionen und Erreichbarkeit stehen im Mittelpunkt der Untersuchung, die primär vom Maschinentyp und weniger vom Ressourcenumfang abhängig ist. Die Montagesimulation wird hingegen eingesetzt, wenn zusätzlich die Erstellungszeit und die Kosten gefragt sind, sodass der gesamte Herstellungsablauf mit einem detaillierten und optimierten Ressourceneinsatz zu untersuchen ist. Die Baustellenlogistiksimulation (Abschn. 23.9) umfasst hingegen den gesamten Bauprozess.

Eingangsinformation ist das Multimodell Arbeitsvorbereitung (Abb. 23.40a). Mit der Durchführung einiger aussagekräftiger, fokussierter Untersuchungen kann dem Baumanagement die Information zur Verfügung gestellt werden, ob die angestrebte Zeit- oder Kostenersparnis für dieses Herstellungs- bzw. Montageverfahren durch den kombinierten Maschineneinsatz erreicht werden kann.

Vor der Generierung eines Simulationsmodells sind zuerst die vorhandenen Fachmodelle des Multimodells Arbeitsvorbereitung auf Vollständigkeit und Konsistenz zu prüfen und die Teilfachmodelle für das lokale Szenario herauszufiltern (Abb. 23.40b). Das Terminmodell liefert den gewünschten Zeitrahmen, den es einzuhalten oder idealerweise zu unterbieten gilt. Das Bauwerksmodell enthält die Bauwerksgeometrie und die angedachte Aufteilung in Fertigteile. Nach Ergänzung des Bauwerksmodells um erforderliche Arbeitsfugen kann das Zusammenfügen der Fertigteile und eine dreidimensionale Kollisionskontrolle mit der lokalen 3D Simulation (Abb. 23.41) erfolgen. Das BE Modell enthält die projektierte Baustelleneinrichtung. In Kombination mit dem Bauwerksmodell kann das Handling der Fertigteile überprüft und können mögliche Kollisionen ermittelt werden (Abb. 23.40c), wie es in Band 2, Teil I, Kap. 2 dargestellt ist.

Durch die Ergänzung mit weiteren Baumaschinen, Hebezeugen und Gerüsten wird die Baustellenplanung zu einer ausführungsreifen Montageplanung weiterentwickelt. Die zusätzlich erforderlichen Baumaschinen und Geräte können schnell und zielsicher aus einem Baumaschinenkatalog ausgewählt werden. Der Baumaschinenkatalog wurde im Zuge des Projekts Mefisto angelegt und enthält neben den geometrischen Baumaschinenmodellen zusätzlich auch Leistungsdaten der Baumaschinen. Alle erkannten Optimierungsmöglichkeiten können in dieser Phase baustellengerecht durchgeplant werden.

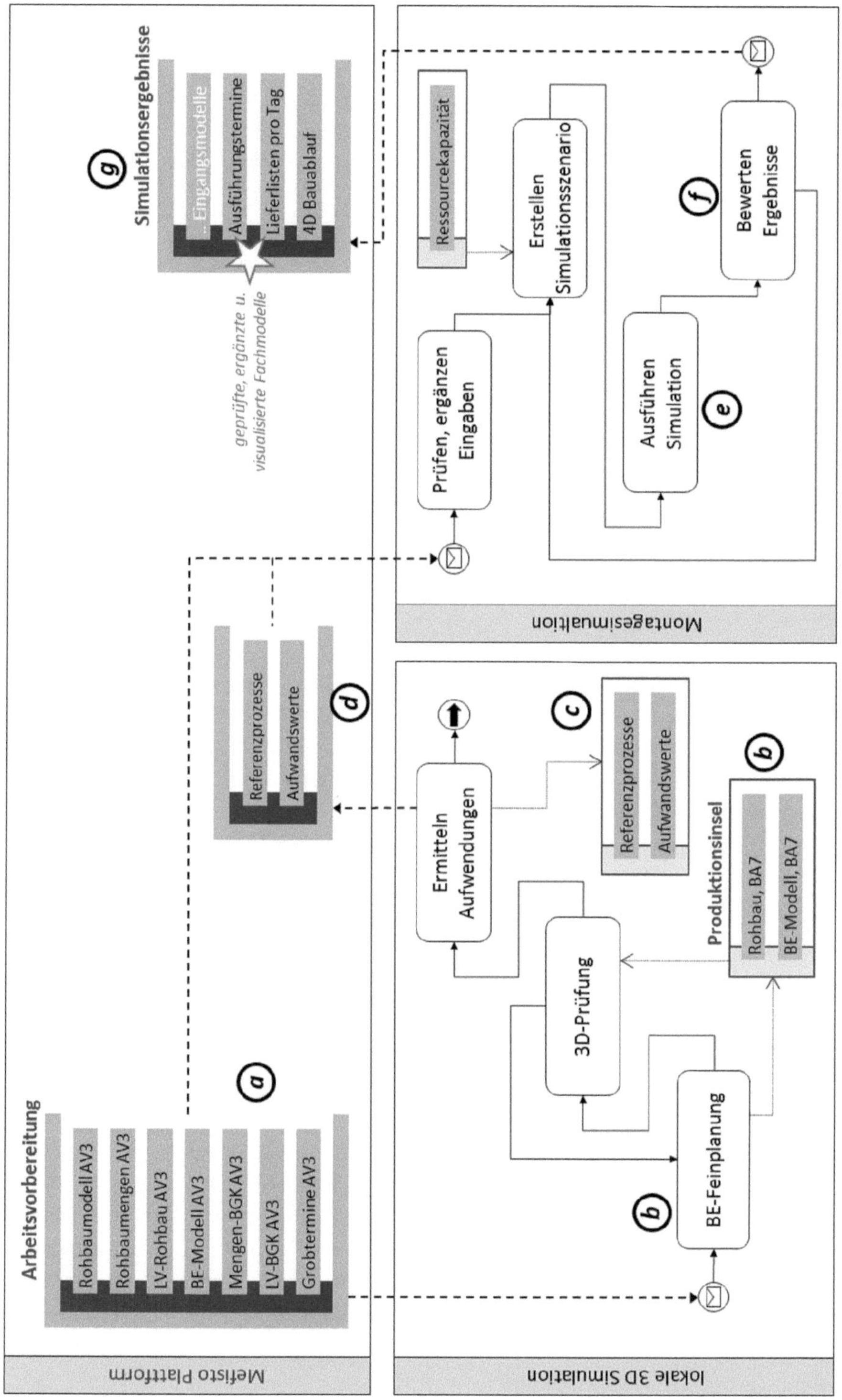

Abb. 23.40 Multimodelle und Informationslogistik für die Montageplanung und -simulation im Rahmen der Baustelleneinrichtungsplanung und Arbeitsvorbereitung

Abb. 23.41 Typische lokale 3D Simulation, Herstellung Decke durch Einsatz und Zusammenspiel von drei Baugeräten

Eine genauere Prognose der Herstelldauer erfordert eine Montagesimulation. Die Eingabe hierzu sind das Multimodell Arbeitsvorbereitung bzw. nur Sichten, sog. Views, davon und das Multimodell Simulationsinformation mit den Fachmodellen Referenzprozessmodell und Aufwandswerte (Abb. 23.40d). Die Simulationsuntersuchung erfolgt mithilfe bauspezifischer, prozessbasierter Simulationsbausteine, die im Rahmen des Projekts Mefisto entwickelt wurden. Die Bausteinbibliothek nutzt das ereignisorientierte Simulationswerkzeug Plant Simulation von Siemens als Simulationskern (Band 2, Teil I, Kap. 6). Grundlage für die Simulation sind, neben zahlreichen Eingaben aus dem Multimodellcontainer, die Referenzprozessmodelle. Sie dienen als Prozessvorlagen, um die Herstellprozesse zu strukturieren, zu priorisieren, mit den erforderlichen Ressourcen zu verknüpfen und die Prozessdauer zu ermitteln. Referenzprozesse und Aufwandswerte (Abb. 23.40d) können durch die lokale 3D Simulation individuell kalibriert werden (Abb. 23.40c) und stehen dann für die Montage und die Logistiksimulation zur Verfügung.

Es erfolgt eine Prozessanalyse mit Blick auf erforderliche Materialien, Ressourcen und firmenspezifische Leistungskennwerte. Verschiedene Herstellprozesse stehen in Interaktion zueinander und beeinflussen sich gegenseitig. Nach der Modellierung der Fertigteilmontage als Simulationsprozessmodell kann eine Prognose für die Herstelldauer ermittelt werden (Abb. 23.40e). Wird die angestrebte Herstelldauer nicht erreicht, so wird man Optimierungen vornehmen, im aktuellen Fall an den Leistungskennwerten und Zwangsbedingungen, die über die Montageplanung kalibriert werden können. Durch die schnelle, zeitnahe Berechnung von Simulationen können mehrere Varianten untersucht und es kann so ein Minimalwert für die Herstelldauer ermittelt werden.

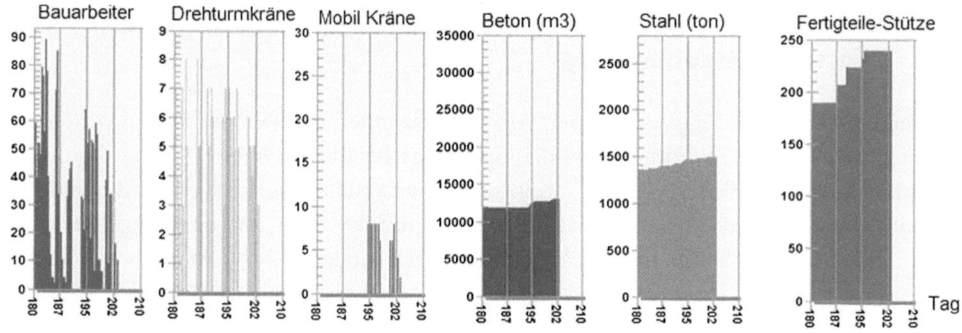

Abb. 23.42 Materialverbrauch und Ressourcenauslastung für den Montageprozess für die Betonfertigteilelemente pro Geschoss

Diese gesuchte Simulationsvariante oder auch mehrere konkurrierende Simulationsvarianten können dann als Bauablauf visualisiert und bewertet werden (Abb. 23.40f). Die Visualisierung dient der Projektabstimmung zwischen den Projektpartnern und den Herstellteams. Dazu wurde im Projekt Mefisto der Webservice ProSim entwickelt, der die Daten aus dem Multimodellcontainer ausliest, aufarbeitet und die Simulationsergebnisse in verschiedenen Visualisierungsarten online darstellt. Zur gewählten Simulationsvariante stehen eine 2D Animation, ein 4D Simulationsablauf und ein Balkenplan zur Verfügung. Die Anzahl des erforderlichen Personals, der benötigten Krane und Baumaschinen und deren Auslastung werden als graphische Diagramme ausgegeben (Abb. 23.42). Damit können die Simulationsergebnisse schnell und einfach validiert und die zugehörige Baustellenplanung kann angepasst werden.

Als Nächstes richtet sich die Aufmerksamkeit auf die Volumenströme, die der geplante Herstellprozess benötigen würde. Die Auswertung der gewählten Simulationsvariante liefert genaue Angaben zum Materialverbrauch auf der Baustelle, z. B. die Anzahl der benötigten Fertigteile und den erforderlichen Anlieferzeitpunkt. Ebenso wird der Transportbetonbedarf nach Menge und Lieferzeit genau beschrieben. Dieser Materialbedarf wird in LKW Transportmengen umgerechnet und den Ergebnissen der Logistiksimulation gegenübergestellt. Wenn die Belieferung der Baustelle durch die Logistiksimulation (Abschn. 23.9) bestätigt werden kann, dann ist die Prognose für die Herstelldauer in vollem Umfang gültig.

Abschließend können alle Projektbeteiligten mit für ihren jeweiligen Aufgabenbereich signifikanten Informationen versorgt werden. Die Informationen werden, bedarfsgerecht aufgearbeitet, unter Nutzung des Multimodellcontainers weitergegeben. Informationen an Projektbeteiligte sind, z. B. eine Liste der erforderlichen Baugeräte und Baumaschinen, der konkrete Personalbedarf inkl. eines qualifizierten Vorschlags für die Einteilung der Herstellteams, Hinweise auf geometrische Kollisionen mit schlüssigem Lösungsansatz und einer eindeutigen Visualisierung der Montageplanung (Abb. 23.40g).

23.11 Prozesse und Informationslogistik für das Leistungs- und Fortschrittscontrolling

Die regelmäßigen Leistungsmeldungen von der Baustelle folgen einem im Bauwesen üblichen Prozess (Abb. 23.43) und sind die Grundlage für die Rechnungslegung durch den Auftragnehmer, AN. Basis sind die Vereinbarungen zwischen Auftraggeber, AG, und AN im Bauvertrag, verbunden mit den Rechtsvorschriften des BGB und dem Regelwerk der VOB. Daran soll sich durch die objektorientierte und modellbasierte Arbeitsweise nichts ändern. Vielmehr soll der Prozess effizienter und transparenter gestaltet werden (Band 2, Teil II, Kap. 8 und Kap. 9). Ausgangspunkt sind das Leistungsverzeichnis mit Bezug der Leistungspositionen zum Bauwerksmodell und der zwischen AG und AN geführte Steuerungsterminplan im Multimodell Vertrag RB (Abb. 23.44a). Der AN erstellt laufend, d. h. täglich oder wöchentlich, seine internen Statusmeldungen zum Leistungsfortschritt (Abb. 23.44b). Dabei kennzeichnet er die fertiggestellten Bauteile im Bauwerksmodell, z. B. mit dem System RIB iTWO. Das System ermittelt auf Basis der hinterlegten Mengenermittlungsformeln entweder nach REB oder VOB die bauteilkonkrete Menge sowie die Summe je LV Position. In regelmäßigen Abständen, z. B. monatlich, fasst der AN die in diesem Zeitraum erbrachte Bauleistung zusammen. Es entsteht ein Multimodellcontainer mit dem aktuellen Bauwerksmodell, den abzurechnenden LV Positionen sowie den bauteilkonkreten Splittmengen der LV Positionen mit Bezug zum Bauwerksmodell (Abb. 23.44c). Nutzt der AN für die Bauausführung ein detaillierteres Bauwerksmodell, so sind die Leistungen auf das zwischen AG und AN geltende Vertragsmodell zu beziehen. Vor der Übergabe an den AG prüft der AN vorteilhafterweise anhand einer Bauablaufsimulation, ob zu erwarten ist, dass die vertraglich vereinbarte Leistung in der vereinbarten Bauzeit fertig gestellt werden kann (Abb. 23.45).

Der AG erhält die Leistungsmeldung durch den Multimodellcontainer Leistungsfeststellung über entsprechende Services der Mefisto Plattform. Beim Einlesen, z. B. in das Controllingsystem GRANID, wird zunächst formal geprüft, ob die LV Positionen beauftragt sind und die Splittmengen den Bauteilen des Bauwerksmodells zugeordnet werden können (Abb. 23.44d). Die Leitmengen werden vom AG mittels der Basismengen plausibilisiert. Mengendifferenzen außerhalb einer definierten Bandbreite von z. B. 5 % werden gekennzeichnet und können leicht verständlich auf dem Bauwerksmodell visualisiert werden (Teil II, Kap. 21, Abb. 23.46). Für das Kostencontrolling sowie zur Überprüfung der ggf. parallel eingehenden Abrechnung des AN wird im System GRANID mittels der hinterlegten Vertragskonditionen und der Mengen des AN eine vergleichende AG Kontrollabrechnung erstellt. Die im Zuge der Prüfung der Leistungsmeldung (Abb. 23.44e) aufgetretenen Differenzen, z. B. nicht beauftragte Positionen, nicht plausible Mengen, falsche Rabatte oder keine Einbehalte, müssen zwischen AG und AN geklärt werden. Eine Zahlungsanweisung kann nun über die im Controllingsystem nachweisbaren Leistungen und Vertragskonditionen erfolgen (Abb. 23.44f).

Damit kann der aktuelle Vertragsstand ermittelt und er kann ein Soll Ist Vergleich mit dem aus der Kostenplanung abgeleiteten Budget der Vergabeeinheit transparent erstellt werden (Abb. 23.44g). In Verbindung mit den im Multimodell verlinkten Steuerungster-

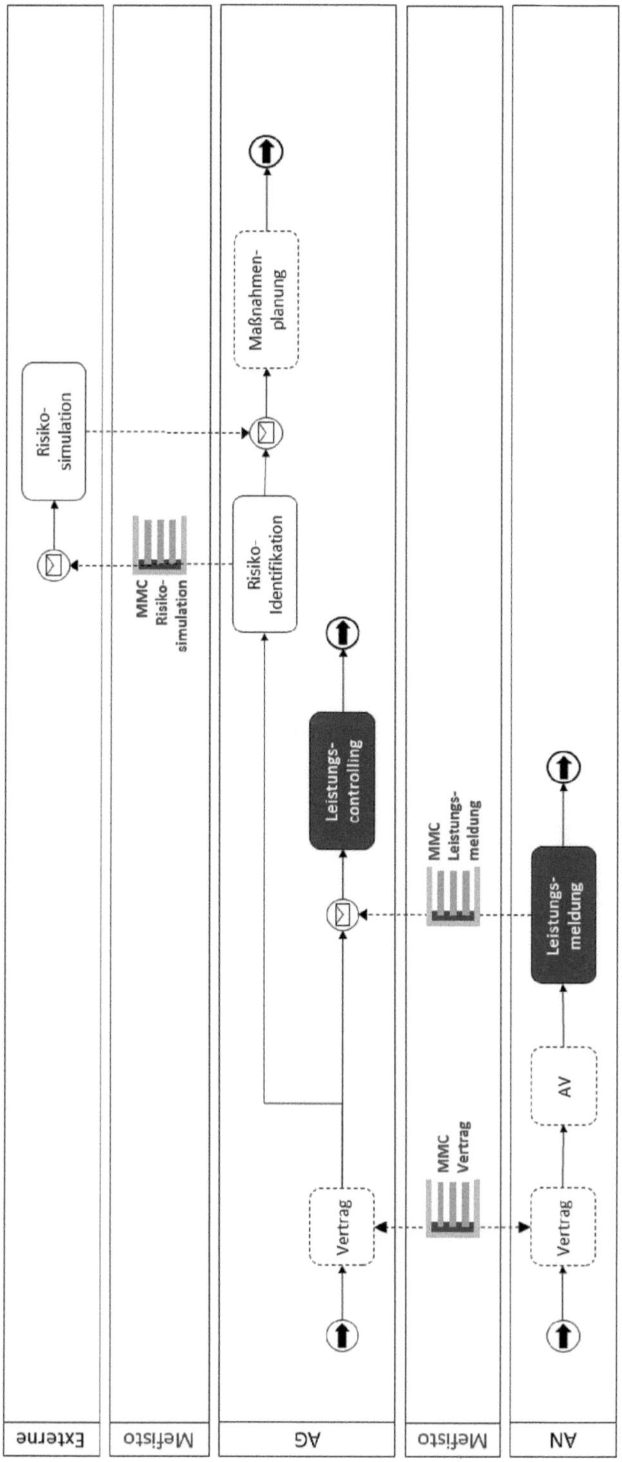

Abb. 23.43 Prozesskontext für das Leistungs- und Fortschrittscontrolling

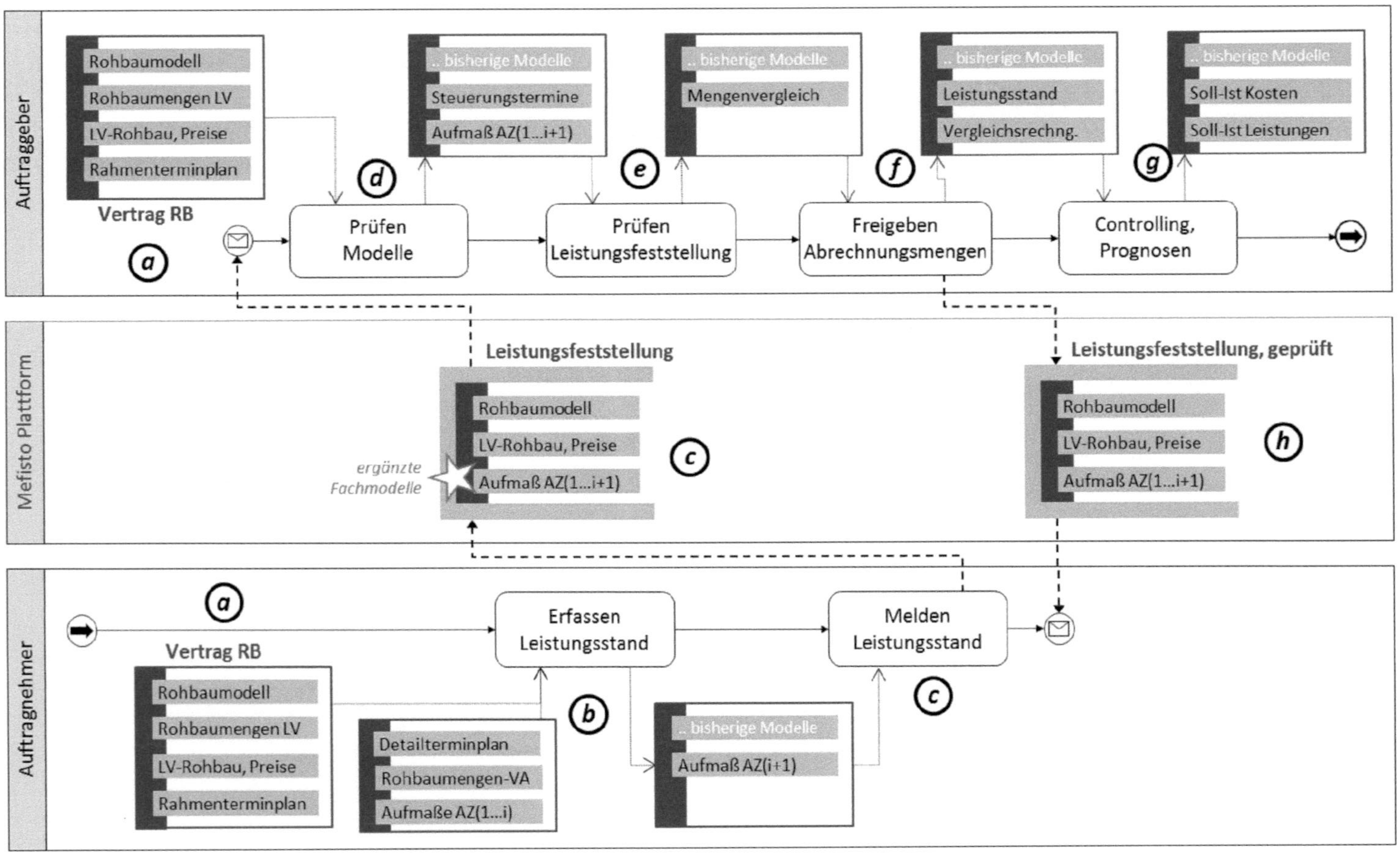

Abb. 23.44 Multimodelle und Informationslogistik für das Leistungs- und Fortschrittscontrolling

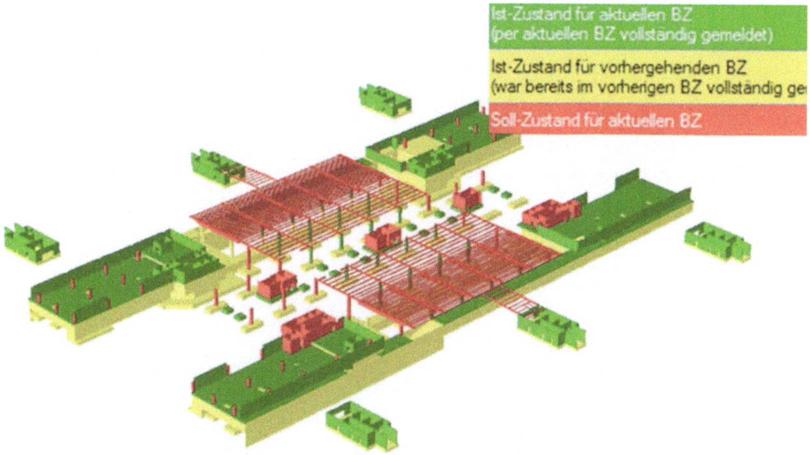

Abb. 23.45 Leistungsfeststellung beim AN mit Ist- und Sollzuständen

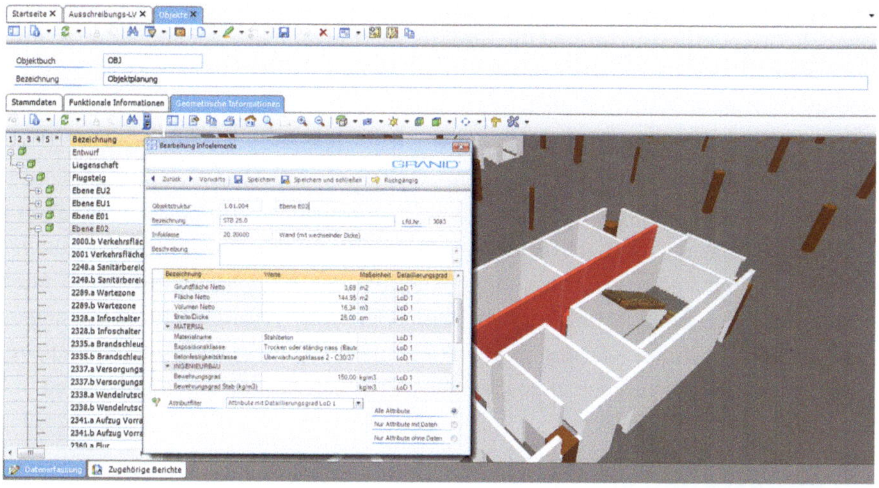

Abb. 23.46 Visualisierung von Mengenabweichungen für die Position Wände in Ebene 3 beim AG

minen können Soll-Ist Abweichungen festgestellt und Änderungen zu den geplanten Terminen und zum voraussichtlichen Mittelabfluss prognostiziert werden.

Auf der Basis der Leistungsmeldungen können Baufortschritt und Mittelabfluss im Kontext der Termin- und Kostenplanungen visuell dargestellt werden (Abb. 23.47). Dafür wird der ausgetauschte Multimodellcontainer Leistungsmeldung in Verbindung mit bestehenden Vorgangsmodellen und Leistungsverzeichnissen in verschiedene Multimodellvisualisierungen überführt (Teil II, Kap. 21), z. B.:

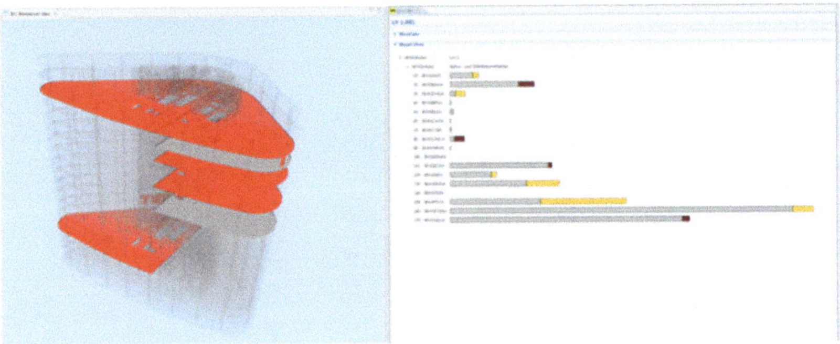

Abb. 23.47 Visualisierung Soll-Ist Vergleich für ausgewählte Elemente

- mittels verschiedener Skalen eingefärbte 3D Darstellungen des Bauwerksmodells, z. B. Fertigstellungsgrad, Terminerfüllung, abgerechneter Anteil des Budgets
- retrospektive und prognostizierende Soll Ist Animationen des Terminplans, mit farblicher Hervorhebung der Rückstände und Vorsprünge
- diagrammatische Übersichtsdarstellungen des Fertigstellungsgrades, bezogen auf die räumliche Bauwerksstruktur und die Struktur der Leistungsverzeichnisse, z. B. mithilfe von Hierarchical Edge Bundles, HEB
- Überblickssichten im georäumlichen Maßstab

Die modellbasierte Leistungsfeststellung, verbunden mit einem multimodellbasierten Datenaustausch zwischen AN und AG, reduziert den bisher betriebenen manuellen Aufwand erheblich. Die im Zuge der Prüfung festgestellten Differenzen können in den Systemen effizient und nachvollziehbar einer Klärung zugeführt werden. Ebenso wird die Erstellung der bei öffentlich finanzierten Baumaßnahmen erforderlichen Leistungsnachweise erleichtert. Prüfung, Klärung und Dokumentation der Leistungsmeldungen werden durch auf die jeweilige Aufgabe zugeschnittene visuelle Darstellungen unterstützt.

23.12 Prozesse und Informationslogistik für Risikomanagement und -simulation

Für den Prozess Risikomanagement (Abb. 23.48) wurde ein Datenmodell entwickelt und in zwei Datenbanken implementiert, mit dem alle Arten von Projektrisiken mit ihren Eigenschaften erfasst werden können. Es unterscheidet zwischen zwei Komponenten: dem Risikokatalog und der Risikoliste (Band 2, Teil II, Kap. 13). Der Risikokatalog enthält generische Risiken bzw. Referenzrisiken (Abb. 23.49a). Diese sind hierarchisch geordnet und ergeben sich aus der Erfahrung früherer Projekte. Risikokataloge dienen dazu, bei der Risikobewertung von aktuellen Projekten Risiken zu identifizieren und das Risiko und seine Beschreibung, angepasst auf das aktuelle Projekt, in der Risikoliste zu speichern. Die Risikoliste enthält nur identifizierte Risiken, die das Projekt betreffen (Abb. 23.49b).

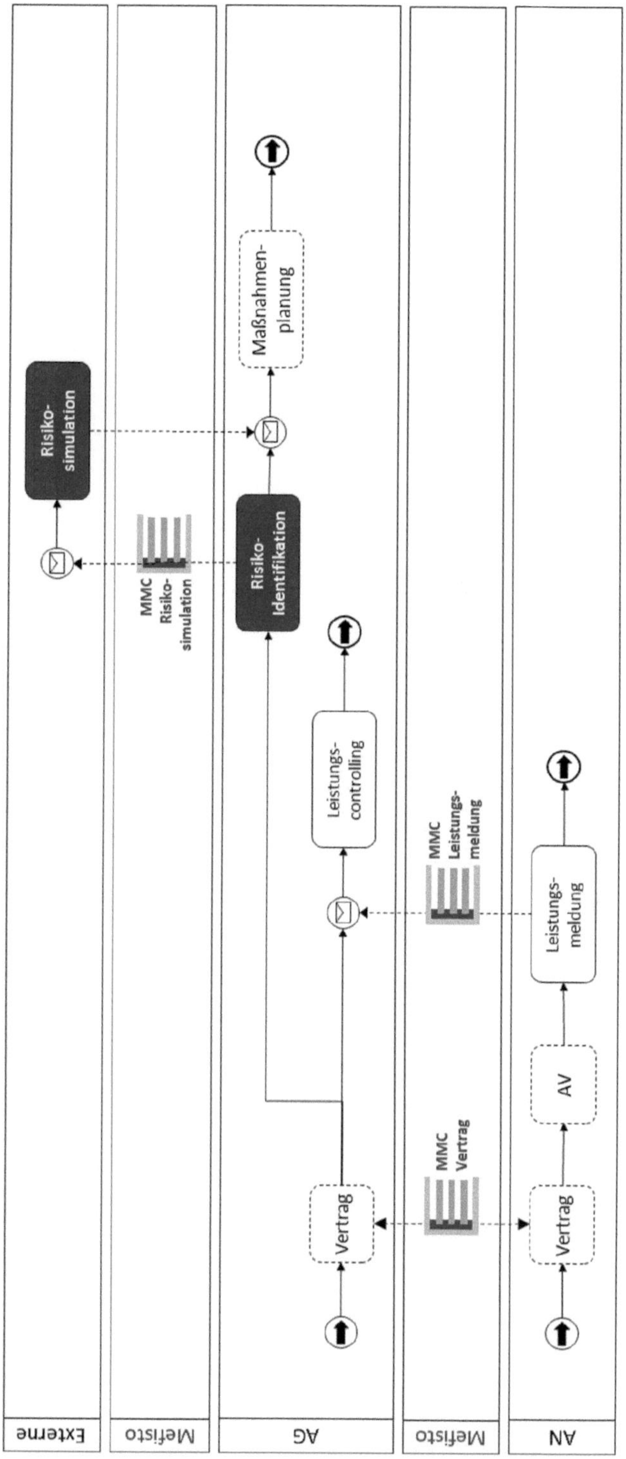

Abb. 23.48 Prozesskontext für das Risikomanagement

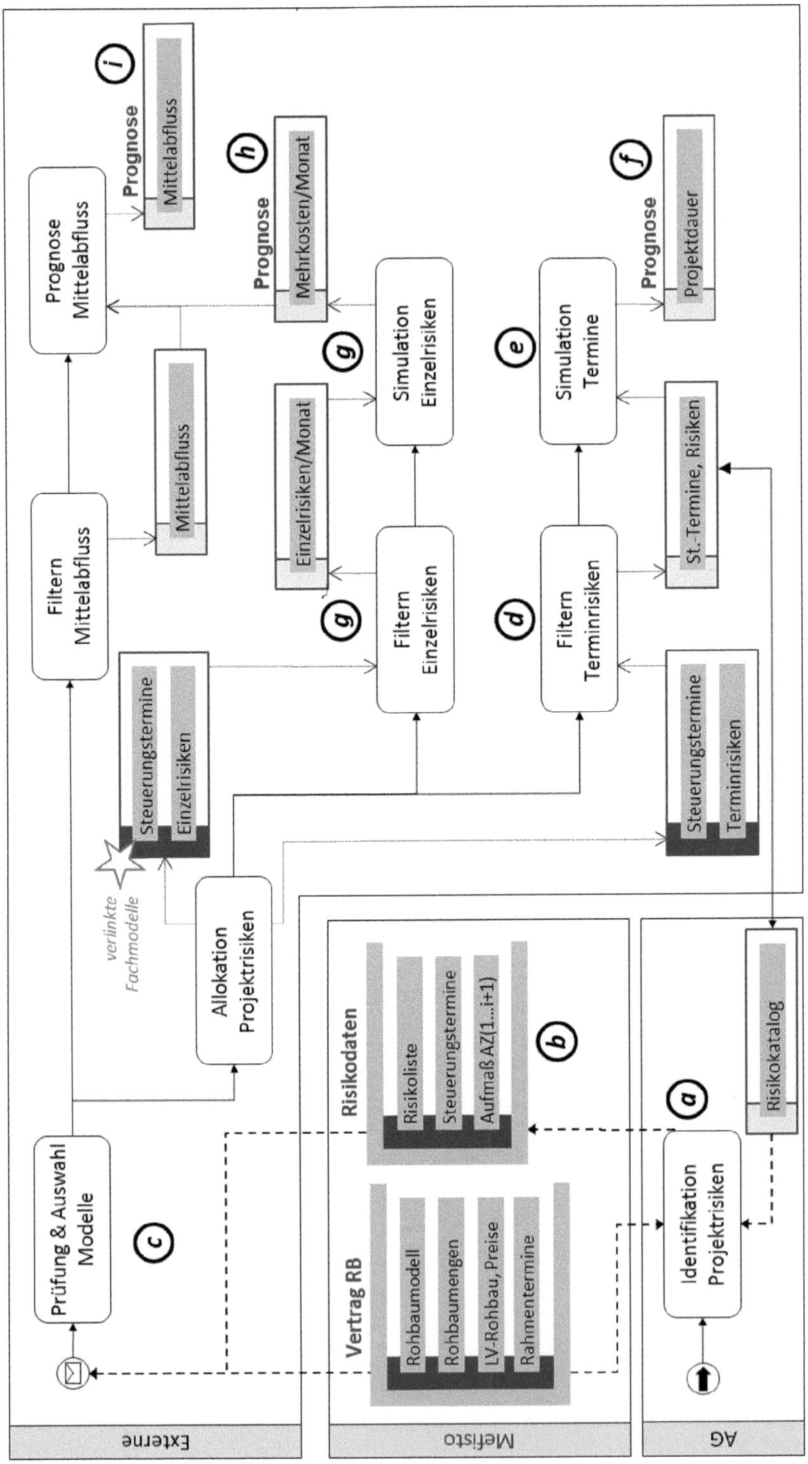

Abb. 23.49 Multimodelle und Informationslogistik für das Risikomanagement

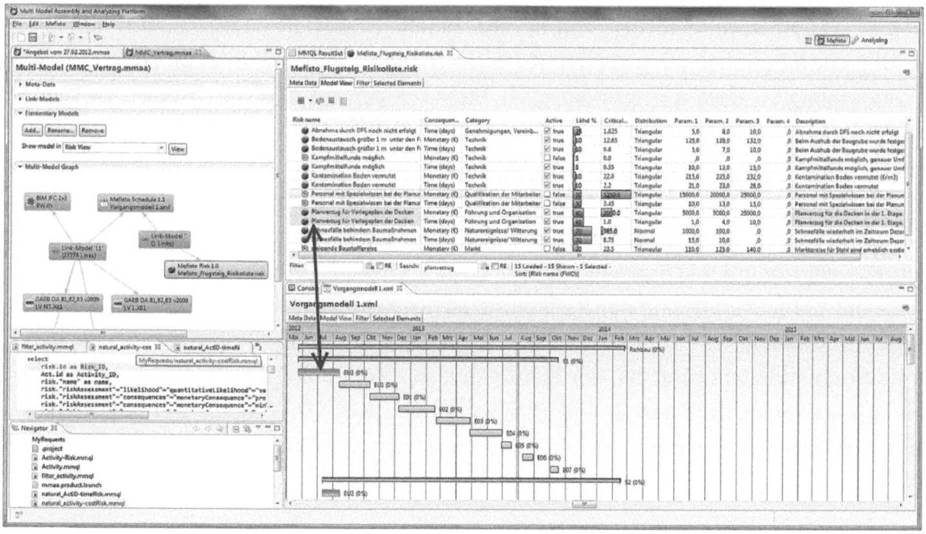

Abb. 23.50 Verlinkung von Vorgangs- und Risikomodell im M2A2

Im Rahmen der Risikoanalyse wird das Risikomodell, ein Multimodell, in einem Multimodellcontainer gespeichert. Die Mefisto Plattform ermöglicht dem Projekt- bzw. Risikomanager, das Risikomodell zu editieren und die Risikoliste mit anderen Fachmodellen zu verlinken. Die Risiken werden entsprechend ihrer Natur mit den betroffenen Projektobjekten, wie Leistungspositionen, Bauterminen, Bauelementen, Kosten usw., verlinkt, z. B. mit dem Werkzeug M2A2 (Teil II, Kap. 15) oder RIB iTWO (Teil II, Kap. 16), deren Zielwerte diesen Risikoeinflüssen unterliegen und dadurch abweichen können (Abb. 23.50). Die Verknüpfungen werden in Linkmodellen gespeichert, die Teil des Multimodellcontainers sind.

Das Konzept des multimodellbasierten Risikomanagements wurde so definiert, dass sich verschiedene Arten von Risikoanalysen durchführen lassen. Die Durchführung von Kosten- und Terminrisikosimulation ist in Band 2, Teil II, Kap. 12 bis 18 dargestellt.

Das Risikomanagement wird meistens von Risikoexperten im Auftrag von AG und AN ausgeführt. Es sind in der Regel unabhängige Dritte, da sie auch als Moderatoren zwischen AG und AN auftreten sollen. Sie prüfen zuerst die übergebenen Modelle und treffen eine Auswahl entsprechend dem ihnen erteilten Auftrag (Abb. 23.49c).

Nachdem das Multimodell Vertrag RB um das Multimodell Risikodaten ergänzt wurde, kann mit der Multimodellfilter- und analyseplattform, M2A2, eine Eingabedatei entsprechend dem Analysentyp erzeugt werden. Diese wird durch die in der Plattform integrierte Multimodellabfrageengine erstellt, die aus dem Multimodell die benötigte Information für die Analyse durch Auswertung der Linkmodelle extrahiert, die einer Sicht auf das Multimodell entspricht, ergänzt evtl. durch einige spezifische Risikoinformationen. Zum Beispiel werden zur Durchführung einer Terminrisikosimulation über eine bestimmte Bauphase Bauvorgänge des Terminmodells mit den verlinkten Terminrisiken und deren statistischen Parametern abgefragt und in eine Tabelle exportiert (Abb. 23.49d). Für die Ermittlung der möglichen monatlichen Kosten werden Kosteneinzelrisiken entsprechend ihrer Zuordnung zu dem Terminplan nach Monaten sortiert und durch eine stochastische Simulation in die Berechnung integriert (Band 2, Teil II, Kap. 18). Da die Eingabetabelle in einem standardisierten Format erstellt wird, können Simulationen mit marktgängigen, auf Excel basierenden Solvern oder auch Simulationssystemen, wie z. B. PlantSimulation von Siemens, durchgeführt und so kann z. B. die Projektdauer für eine vorgegebene Eintrittswahrscheinlichkeit prognostiziert werden (Abb. 23.49f).

Für die Berücksichtigung der Risiken in der Kostenprognose (Band 2, Teil II, Kap. 14) wurde im Rahmen des Projekts Mefisto eine neue 4 Stufen Risikosimulation für eine separate Simulation des Eintritts, der Häufigkeit, des Zeitpunkts und der Tragweite der Kostenrisiken entwickelt (Band 2, Teil II, Kap. 15 und Kap. 16). Damit werden die Risiken realistisch abgebildet und eine Integration des unsicheren Wissens über die einzelnen Risiken ermöglicht.

Stufe 1: Simulation des Eintritts
Stufe 2: Simulation der Häufigkeit des Risikoeintritts
Stufe 3: Simulation des Zeitpunkts des Risikoeintritts (Abb. 23.49g)
Stufe 4: Simulation der Kosten des Risikoeintritts (Abb. 23.49h)

Mithilfe der 4 Stufen Risikosimulation kann die Basis für die Entscheidungsfindung verbessert werden. Durch die Integration der zeitlichen Dimension kann für beliebige Betrachtungszeiträume, z. B. Monate, Jahre, das Risikopotenzial ermittelt werden. So kann bspw. für jeden Monat angegeben werden, welche Gesamtkosten bestehend aus den Kosten für die Bauleistung und den Risikokosten anfallen und anhand der individuellen Risikoeinstellung die Budgetierung abgeleitet oder das vorhandene Budget überprüft werden (Abb. 23.49i).

23.13 Zusammenfassung

Anhand zweier realer Bauprojekte wurde die formalisierte Prozessmodellierung in BPMN aufgezeigt. Die modellierten Informationsflüsse wurden um das Multimodell erweitert und es wurde dargestellt, wie wichtig die Verlinkung der Fachmodelle in Multimodelle für eine wirklichkeitsnahe Wiedergabe der Informationslogistik ist, um die Zusammenhänge zwischen den vielschichtigen Aspekten der Bauprozesse zu erfassen und eindeutig kommunizieren zu können. Ohne persistente Linkinformation würden sich unweigerlich Informationsverluste oder Missverständnisse einstellen, wie sie aus der laufenden Praxis bekannt sind. Die Formalisierung der Bauprozesse gibt jedem Projektbeteiligten einen transparenten Überblick über seine Verantwortung und seine Tätigkeiten im Bauprozess. Weiterhin hilft es allen, die aktuellen Multimodelle zu identifizieren und sich so jederzeit einen aktuellen, ganzheitlichen Informationsstand über das Projekt zu verschaffen. Besonders für das Projektcontrolling und das Risikomanagement ist die ganzheitliche Informationsdarstellung von unschätzbarem Wert und beeinflusst somit das gesamte Bauprojekt positiv in Richtung Fehlerreduktion, Kosten- und Bauzeitentreue und Reaktionsfähigkeit im Fall von sich anbahnenden oder eingetretenen Risiken.

Literatur

1. Katranuschkov P, Scherer RJ, Turk Z (2001) Intelligent services and tools for concurrent engineering: An approach towards the next generation of collaboration platforms. e-journal ITcon, www.itcon.org, special issue
2. Keller M, Juli R, Protopsaltis B, Scherer RJ, Menzel K (2002) Personalisiertes Workflowmanagement – Prozessplanung für virtuelle Organisationen. VDI-Tagung „Bauen mit Computern – Kooperation in IT-Netzwerken", Bonn
3. Katranuschkov P, Rybenko K, Scherer RJ (2009) Ontology-based dynamic process support on the example of defect management. In: Dikbas A, Ergen E, Giritli H (Hrsg) Proc 26th CIB W078 conf „managing IT in construction", Istanbul, Turkey, 1–3 Oct 2009. CRC Press/Balkema, Boca Raton/Rotterdam, S 191–201, ISBN 978-0-415-56744-2

Sachverzeichnis

R.J. Scherer, S.-E. Schapke (Hrsg.), *Informationssysteme im Bauwesen 1*,
DOI 10.1007/978-3-642-40883-0

W

Z

MIX
Papier aus verantwortungsvollen Quellen
Paper from responsible sources
FSC® C105338

If you have any concerns about our products,
you can contact us on
ProductSafety@springernature.com

In case Publisher is established outside the EU,
the EU authorized representative is:
Springer Nature Customer Service Center GmbH
Europaplatz 3, 69115 Heidelberg, Germany

Printed by Libri Plureos GmbH
in Hamburg, Germany